野火

野火嵌入式系列

标准库

STM32库开发实战指南

基于STM32F103

（第2版）

刘火良 杨森 编著

机械工业出版社
CHINA MACHINE PRESS

图书在版编目（CIP）数据

STM32库开发实战指南：基于STM32F103/刘火良，杨森编著 . —2版. —北京：机械工业出版社，2017.5（2025.8重印）
（电子与嵌入式系统设计丛书）

ISBN 978-7-111-56531-4

I. S… II. ①刘… ②杨… III. 微控制器 – 系统开发 – 指南 IV. TP332.3-62

中国版本图书馆CIP数据核字（2017）第070091号

STM32库开发实战指南：基于STM32F103（第2版）

出版发行：机械工业出版社（北京市西城区百万庄大街22号 邮政编码：100037）
责任编辑：迟振春 责任校对：殷 虹
印　　刷：河北虎彩印刷有限公司 版　　次：2025年8月第2版第24次印刷
开　　本：186mm×240mm　1/16 印　　张：44.25
书　　号：ISBN 978-7-111-56531-4 定　　价：129.00元

客服电话：(010) 88361066　68326294

版权所有·侵权必究
封底无防伪标均为盗版

前　　言

再版说明

本书是《STM32库开发实战指南》的第2版，第1版解决了当时市面上几乎没有关于STM32库开发技术书籍的燃眉之急，并且受到了广大读者的好评。

但由于技术的革新、读者的反馈以及自身经验的积累，我们发现第1版书籍还存在一些缺陷：目前配套的硬件开发板已更新换代，部分程序已不再适用；从寄存器开发过渡到库函数开发的教学过程不够平滑；介绍STM32各种外设的深入度不足。

因此，第2版中对大部分的内容进行了改进：升级代码，匹配最新的开发板；增加了自行编写库函数的入门章节，引导读者加深对库函数原理的理解；每个章节增加了STM32外设框图剖析，增加了库函数结构体说明，使读者更了解基本原理，便于以后迁移至不同的芯片平台；以本书为教材，制作了教学课件，并录制了非常详细的教学视频，使之更适合于高校、培训机构及员工培训时使用。

本书的学习顺序

本书分为基础篇和提高篇。基础篇需要按照顺序学习，讲究循序渐进，步步为营。学习完基础篇之后，已经算是基本入门STM32开发了。提高篇属于高级例程，学习的时候并不一定要按照书中的章节排序，可根据需要跳跃式地学习。

本书的编写风格

本书着重讲解STM32F103的外设以及外设的应用，力争全面分析每个外设的功能框图和外设的使用方法，让读者可以全面、细致地掌握STM32F103系列芯片。基本每个章节对应一个外设，每章的主要内容大致分为3个部分：第1部分为简介，第2部分为外设功能框图分析，第3部分为代码讲解。

外设简介是作者用自己的话把外设概括性地介绍一遍,力图语句简短,通俗易懂,并不会完全照抄数据手册的介绍。

外设功能框图分析则是每章的重点,该部分会详细讲解功能框图中每个部分的作用,这是学习 STM32F103 的精髓所在,掌握了整个外设的框图则可以熟练地使用该外设,进而熟练地编程,日后学习其他型号的单片机也将会得心应手。因为即使单片机的型号不同,外设的框图也是基本一样的。这一步的学习比较枯燥,但是必须下功夫学,方能达成所愿。

代码分析则是针对使用该外设的实验进行讲解,主要分析代码流程和一些编程的注意事项。在掌握了框图之后,代码部分则是手到擒来。

本书的参考资料

本书的主要参考资料为:《STM32F10x-中文参考手册》《STM32F10x-数据手册》以及《Cortex-M3 权威指南》。它们是 ST 及 ARM 官方的资料,属于精华版,全面翔实,无所不包。限于篇幅问题,本书不可能面面俱到,只侧重于框图分析和代码讲解,有关寄存器的详细描述则略过。在学习本书的时候,涉及寄存器描述部分还请参考上述两本手册,这样学习效果会更佳。

本书的配套资料

硬件平台

本书配套的硬件平台为:秉火 STM32F103-指南者,型号简称为"指南者",见图 1。学习的时候如果基于该硬件平台做实验,必会达到事半功倍的效果,可以省去中间移植时遇到的各种问题。

工程代码、原理图及课件

本书中涉及的工程代码、开发板原理图以及课件均在秉火论坛提供:http://www.firebbs.cn。

部分章节涉及的各种通信协议、字符编码以及芯片的数据手册均有相应的参考资料,如《I^2C 总线协议》《SPI 总线协议》和《AT24C02》(EEPROM 数据手册)等电子文档,也包含在相应章节的课件文件夹中。在阅读本书时请一定

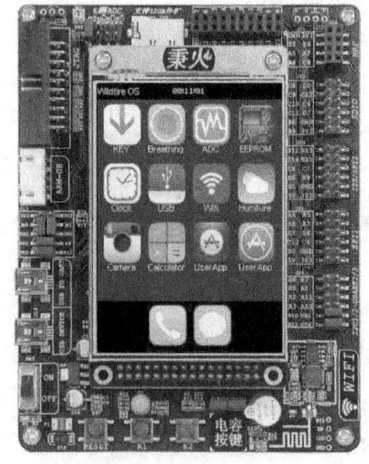

图 1 秉火 STM32F103-指南者

打开这些资料来配合阅读，特别是涉及通信协议的章节。

教学视频

为提高学习效率，我们为本书制作了配套的课件 PPT 以及教学视频，请到论坛 http://www.firebbs.cn 上观看或下载。

本书的技术论坛

如果在学习过程中遇到问题，可以到论坛 http://www.firebbs.cn 上发帖交流，开源共享，共同进步。

鉴于水平有限，本书难免有纰漏，热心的读者也可把勘误发到论坛上，好让我们的技术不断完善，做得更好。祝广大读者学习愉快，STM32 的世界中，秉火与您同行！

目　　录

前言

第一部分　基础篇

第1章　如何安装KEIL5 ……………… 2
1.1　温馨提示 ……………………………… 2
1.2　获取KEIL5安装包 …………………… 2
1.3　开始安装KEIL5 ……………………… 3
1.4　安装STM32芯片包 …………………… 5

第2章　如何用DAP仿真器下载程序 …………………… 7
2.1　仿真器简介 …………………………… 7
2.2　硬件连接 ……………………………… 7
2.3　仿真器配置 …………………………… 8
2.4　选择目标板 …………………………… 9
2.5　下载程序 ……………………………… 10

第3章　如何用串口下载程序 …… 11
3.1　安装USB转串口驱动 ………………… 11
3.2　硬件连接 ……………………………… 11
3.3　开始下载 ……………………………… 12
3.4　ISP一键下载原理分析 ……………… 14
  3.4.1　ISP简介 ………………………… 14
  3.4.2　ISP普通下载 …………………… 14
  3.4.3　BOOT配置 ……………………… 15
  3.4.4　ISP一键下载 …………………… 15

第4章　初识STM32 …………………… 17
4.1　什么是STM32 ………………………… 17
4.2　STM32能做什么 ……………………… 17
  4.2.1　智能手环 ………………………… 18
  4.2.2　微型四轴飞行器 ………………… 19
  4.2.3　淘宝众筹 ………………………… 19
4.3　STM32怎么选型 ……………………… 20
  4.3.1　STM32分类 ……………………… 20
  4.3.2　STM32命名方法 ………………… 21
  4.3.3　选择合适的MCU ……………… 21

第5章　什么是寄存器 ……………… 24
5.1　STM32芯片外观 ……………………… 24
5.2　芯片里面有什么 ……………………… 25
5.3　存储器映射 …………………………… 27
5.4　寄存器映射 …………………………… 30
  5.4.1　STM32的外设地址映射 ……… 31
  5.4.2　C语言对寄存器的封装 ……… 33

第6章　新建工程——寄存器版 … 38
6.1　新建本地工程文件夹 ………………… 38
6.2　新建工程 ……………………………… 39
6.3　下载程序 ……………………………… 42

第 7 章　使用寄存器点亮 LED 43
- 7.1　GPIO 简介 43
- 7.2　GPIO 框图剖析 43
  - 7.2.1　基本结构分析 43
  - 7.2.2　GPIO 工作模式 47
- 7.3　实验：使用寄存器点亮 LED 48
  - 7.3.1　硬件连接 49
  - 7.3.2　启动文件 50
  - 7.3.3　stm32f10x.h 文件 51
  - 7.3.4　main 文件 52
  - 7.3.5　下载验证 56

第 8 章　自己写库——构建库函数雏形 57
- 8.1　什么是 STM32 函数库 57
- 8.2　为什么采用库来开发及学习 58
- 8.3　实验：构建库函数雏形 58
  - 8.3.1　外部寄存器结构体定义 59
  - 8.3.2　外设存储器映射 60
  - 8.3.3　外设声明 60
  - 8.3.4　定义位操作函数 62
  - 8.3.5　定义初始化结构体 65
  - 8.3.6　定义引脚模式的枚举类型 65
  - 8.3.7　定义 GPIO 初始化函数 69
  - 8.3.8　全新面貌，使用函数点亮 LED 72
  - 8.3.9　下载验证 73
  - 8.3.10　总结 73

第 9 章　初识 STM32 标准库 75
- 9.1　CMSIS 标准及库层次关系 75
  - 9.1.1　库目录、文件简介 76
  - 9.1.2　库各文件间的关系 81
- 9.2　使用帮助文档 81
  - 9.2.1　常用官方资料 81
  - 9.2.2　初识库函数 83

第 10 章　新建工程——库函数版 85
- 10.1　新建本地工程文件夹 85
- 10.2　新建工程 86

第 11 章　GPIO 输出——使用固件库点亮 LED 93
- 11.1　硬件设计 93
- 11.2　软件设计 93
  - 11.2.1　编程要点 94
  - 11.2.2　代码分析 94
  - 11.2.3　下载验证 99
- 11.3　STM32 标准库补充知识 99

第 12 章　GPIO 输入——按键检测 102
- 12.1　硬件设计 102
- 12.2　软件设计 103
  - 12.2.1　编程要点 103
  - 12.2.2　代码分析 103
- 12.3　下载验证 105

第 13 章　GPIO——位带操作 106
- 13.1　位带简介 106
  - 13.1.1　外设位带区 106
  - 13.1.2　SRAM 位带区 107
  - 13.1.3　位带区和位带别名区地址转换 107
- 13.2　GPIO 位带操作 108

第 14 章 启动文件 ………… 111
14.1 启动文件简介 ………………… 111
14.2 查找 ARM 汇编指令 ………… 111
14.3 启动文件代码讲解 …………… 111

第 15 章 RCC——使用 HSE/HSI 配置时钟 ………… 118
15.1 RCC 主要作用——时钟部分 … 118
15.2 RCC 框图剖析——时钟部分 … 118
15.2.1 系统时钟 ……………… 118
15.2.2 其他时钟 ……………… 122
15.3 配置系统时钟实验 …………… 123
15.3.1 使用 HSE ……………… 123
15.3.2 使用 HSI ……………… 123
15.3.3 硬件设计 ……………… 123
15.3.4 软件设计 ……………… 124
15.3.5 下载验证 ……………… 128

第 16 章 STM32 中断应用概览 … 130
16.1 异常类型 ……………………… 130
16.2 NVIC 简介 …………………… 131
16.2.1 NVIC 寄存器简介 …… 131
16.2.2 NVIC 中断配置固件库 … 132
16.3 中断优先级 …………………… 132
16.3.1 优先级定义 …………… 132
16.3.2 优先级分组 …………… 132
16.4 中断编程 ……………………… 133

第 17 章 EXTI——外部中断 / 事件控制器 …………… 135
17.1 EXTI 简介 …………………… 135
17.2 EXTI 功能框图剖析 ………… 135
17.3 中断 / 事件线 ………………… 137
17.4 EXTI 初始化结构体详解 …… 138
17.5 外部中断控制实验 …………… 138
17.5.1 硬件设计 ……………… 139
17.5.2 软件设计 ……………… 139
17.5.3 下载验证 ……………… 143

第 18 章 SysTick——系统定时器 ………………… 144
18.1 SysTick 简介 ………………… 144
18.2 SysTick 寄存器介绍 ………… 144
18.3 SysTick 定时实验 …………… 145
18.3.1 硬件设计 ……………… 145
18.3.2 软件设计 ……………… 145
18.3.3 下载验证 ……………… 152

第 19 章 通信的基本概念 ……… 153
19.1 串行通信与并行通信 ………… 153
19.2 全双工、半双工及单工通信 … 154
19.3 同步通信与异步通信 ………… 154
19.4 通信速率 ……………………… 155

第 20 章 USART——串口通信 … 156
20.1 串口通信协议简介 …………… 156
20.1.1 物理层 ………………… 156
20.1.2 协议层 ………………… 159
20.2 STM32 的 USART 简介 …… 160
20.3 USART 功能框图剖析 ……… 161
20.4 USART 初始化结构体详解 … 165
20.5 USART1 接发通信实验 …… 166
20.5.1 硬件设计 ……………… 166
20.5.2 软件设计 ……………… 167
20.5.3 下载验证 ……………… 171
20.6 使用 USART1 指令控制 RGB 彩灯的实验 …………………… 172

20.6.1 硬件设计 …………… 172	23.1.2 协议层 …………… 196
20.6.2 软件设计 …………… 172	23.2 STM32 的 I²C 特性及架构 …… 199
20.6.3 下载验证 …………… 176	23.2.1 STM32 的 I²C 外设简介 … 199
	23.2.2 STM32 的 I²C 架构剖析 … 199
	23.2.3 通信过程 …………… 201

第 21 章 DMA——直接存储器访问 …… 177

- 21.1 DMA 简介 …………… 177
- 21.2 DMA 控制器的框图剖析 …… 177
- 21.3 DMA 数据配置 …………… 179
- 21.4 DMA 初始化结构体详解 …… 180
- 21.5 从存储器到存储器模式的实验 … 182
  - 21.5.1 硬件设计 …………… 182
  - 21.5.2 软件设计 …………… 182
  - 21.5.3 下载验证 …………… 186
- 21.6 从存储器到外设模式的实验 …… 186
  - 21.6.1 硬件设计 …………… 186
  - 21.6.2 软件设计 …………… 186
  - 21.6.3 下载验证 …………… 189

第 22 章 常用存储器介绍 ……… 190

- 22.1 存储器种类 …………… 190
- 22.2 RAM …………… 191
  - 22.2.1 DRAM …………… 191
  - 22.2.2 SRAM …………… 192
  - 22.2.3 DRAM 与 SRAM 的应用场合 …………… 192
- 22.3 非易失性存储器 …………… 192
  - 22.3.1 ROM …………… 192
  - 22.3.2 Flash 存储器 …………… 193

第 23 章 I²C——读写 EEPROM … 195

- 23.1 I²C 协议简介 …………… 195
  - 23.1.1 I²C 物理层 …………… 195

- 23.3 I²C 初始化结构体详解 ……… 203
- 23.4 I²C——读写 EEPROM 实验 …… 204
  - 23.4.1 硬件设计 …………… 204
  - 24.4.2 软件设计 …………… 205
  - 23.4.3 下载验证 …………… 222

第 24 章 SPI——读写串行 Flash 存储器 …………… 223

- 24.1 SPI 协议简介 …………… 223
  - 24.1.1 SPI 物理层 …………… 223
  - 24.1.2 协议层 …………… 224
- 24.2 STM32 的 SPI 特性及架构 …… 226
  - 24.2.1 STM32 的 SPI 外设简介 … 226
  - 24.2.2 STM32 的 SPI 架构剖析 … 227
  - 24.2.3 通信过程 …………… 228
- 24.3 SPI 初始化结构体详解 ……… 229
- 24.4 SPI——读写串行 Flash 存储器实验 …………… 231
  - 24.4.1 硬件设计 …………… 231
  - 24.4.2 软件设计 …………… 232
  - 24.4.3 下载验证 …………… 250

第 25 章 串行 Flash 文件系统 ——FatFs …………… 251

- 25.1 文件系统 …………… 251
- 25.2 FatFs 文件系统简介 ………… 252
  - 25.2.1 FatFs 的目录结构 ……… 252
  - 25.2.2 FatFs 帮助文档 ………… 252

25.2.3 FatFs 源码·················253
25.3 FatFs 文件系统移植实验··········254
　25.3.1 FatFs 程序结构图··········254
　25.3.2 硬件设计················254
　25.3.3 FatFs 移植步骤···········254
　25.3.4 FatFs 底层设备驱动函数···256
　25.3.5 FatFs 功能配置··········261
　25.3.6 FatFs 功能测试··········262
　25.3.7 下载验证················265
25.4 FatFs 功能使用实验············266
　25.4.1 硬件设计················266
　25.4.2 软件设计················266
　25.4.3 下载验证················271

第二部分　提高篇

第 26 章　LCD——液晶显示器···274
26.1 显示器简介····················274
　26.1.1 液晶显示器··············274
　26.1.2 LED 和 OLED 显示器·····275
　26.1.3 显示器的基本参数········276
26.2 液晶控制原理··················276
　26.2.1 液晶面板的控制信号·····277
　26.2.2 液晶数据传输时序········278
　26.2.3 显存····················280
26.3 秉火 3.2 寸液晶屏简介·········280
　26.3.1 3.2 寸电阻触摸屏实物····280
　26.3.2 ILI9341 液晶控制器简介···281
　26.3.3 液晶屏的信号线及 8080
　　　　 时序····················282
26.4 使用 STM32 的 FSMC 模拟
　　 8080 接口时序················283
　26.4.1 FSMC 简介···············283

26.4.2 FSMC 的地址映射·········285
26.4.3 FSMC 控制异步 NOR Flash
　　　　存储器的时序··············287
26.4.4 用 FSMC 模拟 8080 时序···288
26.5 NOR Flash 存储器时序结构体···289
26.6 FSMC 初始化结构体············291
26.7 FSMC——液晶显示实验········293
　26.7.1 硬件设计················293
　26.7.2 软件设计················295
　26.7.3 下载验证················316

第 27 章　LCD——液晶显示
　　　　中英文················317
27.1 字符编码······················317
　27.1.1 ASCII 编码···············317
　27.1.2 中文编码················319
　27.1.3 Unicode 字符集和编码····322
　27.1.4 UTF-32····················323
　27.1.5 UTF-16····················323
　27.1.6 UTF-8·····················324
　27.1.7 BOM······················325
27.2 什么是字模····················325
　27.2.1 字模的构成··············325
　27.2.2 字模显示原理············326
　27.2.3 如何制作字模············327
　27.2.4 字模寻址公式············328
　27.2.5 存储字模文件············329
27.3 各种模式的液晶显示字符实验···329
　27.3.1 硬件设计················329
　27.3.2 显示 ASCII 编码的字符···330
　27.3.3 显示 GB2312 编码的
　　　　 字符····················338
　27.3.4 显示任意大小的字符·····346

27.3.5 下载验证 ……………… 352

第28章 电阻触摸屏——触摸画板 ……………… 353

28.1 触摸屏简介 ……………………… 353
    28.1.1 电阻式触摸屏检测原理 … 354
    28.1.2 电阻触摸屏控制芯片 …… 355
    28.1.3 电容式触摸屏检测原理 … 356
28.2 电阻触摸屏——触摸画板实验 … 357
    28.2.1 硬件设计 ………………… 357
    28.2.2 软件设计 ………………… 359
    28.2.3 下载验证 ………………… 375

第29章 ADC——电压采集 ……… 376

29.1 ADC 简介 ……………………… 376
29.2 ADC 功能框图剖析 …………… 376
29.3 ADC 初始化结构体详解 ……… 381
29.4 独立模式单通道采集实验 …… 382
    29.4.1 硬件设计 ………………… 382
    29.4.2 软件设计 ………………… 382
    29.4.3 下载验证 ………………… 387
29.5 独立模式多通道采集实验 …… 387
    29.5.1 硬件设计 ………………… 387
    29.5.2 软件设计 ………………… 387
    29.5.3 下载验证 ………………… 391
29.6 双重 ADC 同步规则模式采集实验 ……………………… 391
    29.6.1 硬件设计 ………………… 392
    29.6.2 软件设计 ………………… 393
    29.6.3 下载验证 ………………… 397

第30章 TIM——基本定时器 …… 398

30.1 定时器分类 …………………… 398
30.2 基本定时器功能框图剖析 …… 398
30.3 定时器初始化结构体详解 …… 399
30.4 基本定时器定时实验 ………… 400
    30.4.1 硬件设计 ………………… 400
    30.4.2 软件设计 ………………… 400
    30.4.3 下载验证 ………………… 403

第31章 TIM——高级定时器 … 404

31.1 高级控制定时器 ……………… 404
31.2 高级控制定时器功能框图剖析 … 405
31.3 输入捕获应用 ………………… 413
    31.3.1 测量脉宽或者频率 ……… 413
    31.3.2 PWM 输入模式 ………… 414
31.4 输出比较应用 ………………… 415
31.5 定时器初始化结构体详解 …… 417
31.6 PWM 互补输出实验 ………… 420
    31.6.1 硬件设计 ………………… 420
    31.6.2 软件设计 ………………… 420
    31.6.3 下载验证 ………………… 424
31.7 脉宽测量输入捕获实验 ……… 424
    31.7.1 硬件设计 ………………… 424
    31.7.2 软件设计 ………………… 425
    31.7.3 下载验证 ………………… 429
31.8 PWM 输入捕获实验 ………… 430
    31.8.1 硬件设计 ………………… 430
    31.8.2 软件设计 ………………… 430
    31.8.3 下载验证 ………………… 437

第32章 TIM——电容按键检测 ……………… 438

32.1 电容按键原理 ………………… 438
32.2 电容按键检测实验 …………… 439
    32.2.1 硬件设计 ………………… 440
    32.2.2 软件设计 ………………… 440

32.2.3 下载验证 ………………… 446

第 33 章 IWDG——独立看门狗 ……………… 447

33.1 IWDG 简介 …………………… 447
33.2 IWDG 功能框图剖析 ………… 447
33.3 怎么用 IWDG ………………… 448
33.4 IWDG 超时实验 ……………… 449
 33.4.1 硬件设计 ………………… 449
 33.4.2 软件设计 ………………… 449
 33.4.3 下载验证 ………………… 451

第 34 章 WWDG——窗口看门狗 ……………… 452

34.1 WWDG 简介 ………………… 452
34.2 WWDG 功能框图剖析 ……… 452
34.3 怎么用 WWDG ……………… 454
34.4 WWDG 喂狗实验 …………… 454
 34.4.1 硬件设计 ………………… 454
 34.4.2 软件设计 ………………… 454
 34.4.3 下载验证 ………………… 457

第 35 章 SDIO——SD 卡读写测试 ……………… 458

35.1 SDIO 简介 …………………… 458
35.2 SD 卡物理结构 ……………… 459
35.3 SDIO 总线 …………………… 460
 35.3.1 总线拓扑 ………………… 460
 35.3.2 总线协议 ………………… 461
 35.3.3 命令 ……………………… 462
 35.3.4 响应 ……………………… 465
35.4 SD 卡的操作模式及切换 …… 466
 35.4.1 SD 卡的操作模式 ……… 466
 35.4.2 卡识别模式 ……………… 467
 35.4.3 数据传输模式 …………… 468
35.5 STM32 的 SDIO 功能框图分析 … 469
35.6 SDIO 初始化结构体 ………… 473
35.7 SDIO 命令初始化结构体 …… 474
35.8 SDIO 数据初始化结构体 …… 475
35.9 SD 卡读写测试实验 ………… 475
 35.9.1 硬件设计 ………………… 475
 35.9.2 软件设计 ………………… 476
 35.9.3 下载验证 ………………… 504

第 36 章 基于 SD 卡的 FatFs 文件系统 ……………… 505

36.1 FatFs 移植步骤 ……………… 505
36.2 FatFs 接口函数 ……………… 507
36.3 FatFs 功能测试 ……………… 511
36.4 下载验证 …………………… 514

第 37 章 电源管理——实现低功耗 ……………… 515

37.1 STM32 的电源管理简介 …… 515
 37.1.1 电源监控器 ……………… 515
 37.1.2 STM32 的电源系统 …… 516
 37.1.3 STM32 的功耗模式 …… 517
37.2 电源管理相关的库函数及命令 … 519
 37.2.1 配置 PVD 监控功能 …… 519
 37.2.2 WFI 与 WFE 命令 ……… 520
 37.2.3 进入停止模式 …………… 520
 37.2.4 进入待机模式 …………… 521
37.3 PWR——睡眠模式实验 …… 522
 37.3.1 硬件设计 ………………… 522
 37.3.2 软件设计 ………………… 522
 37.3.3 下载验证 ………………… 525

37.4	PWR——停止模式实验·········525		38.4.4	Listing 目录下的文件·····574
	37.4.1 硬件设计··············525		38.4.5	sct 分散加载文件的
	37.4.2 软件设计··············525			格式与应用···············581
	37.4.3 下载验证··············529	38.5	实验：自动分配变量到指定的
37.5	PWR——待机模式实验·········529		SRAM 空间·····················589
	37.5.1 硬件设计··············529		38.5.1	补充关于"__attribute__"
	37.5.2 软件设计··············529			关键字的说明···········590
	37.5.3 下载验证··············532		38.5.2	硬件设计··················590
37.6	PWR——PVD 电源监控实验···532		38.5.3	软件设计··················590
	37.6.1 硬件设计··············532		38.5.4	下载验证··················598
	37.6.2 软件设计··············534	38.6	实验：优先使用内部 SRAM
	37.6.3 下载验证··············537		并把堆区分配到指定空间········598
			38.6.1	硬件设计··················598

第 38 章 MDK 的编译过程及
文件类型全解············538

			38.6.2	软件设计··················598
38.1	编译过程·······················538		38.6.3	下载验证··················604
	38.1.1 编译过程简介·········538			
	38.1.2 具体工程中的编译过程···539	**第 39 章 在 SRAM 中调试代码···605**		
38.2	程序的组成、存储与运行·······540	39.1	在 RAM 中调试代码············605	
	38.2.1 CODE、RO、RW、	39.2	STM32 的启动方式·············606	
	ZI Data 域及堆栈空间····540	39.3	内部 Flash 的启动过程··········607	
	38.2.2 程序的存储与运行·······541	39.4	实验：在内部 SRAM 中调试	
38.3	编译工具链·····················542		代码·····························609	
	38.3.1 设置环境变量···········542		39.4.1	硬件设计··················609
	38.3.2 armcc、armasm 及		39.4.2	软件设计··················609
	armlink·················544		39.4.3	下载验证··················618
	38.3.3 armar、fromelf 及用户			
	指令·····················548	**第 40 章 读写内部 Flash··········619**		
38.4	MDK 工程的文件类型···········549	40.1	STM32 的内部 Flash 简介······619	
	38.4.1 uvprojx、uvoptx 及 uvguix	40.2	对内部 Flash 的写入过程········621	
	工程文件·················550	40.3	查看工程的空间分布············622	
	38.4.2 源文件··················553	40.4	操作内部 Flash 的库函数········624	
	38.4.3 Output 目录下生成的	40.5	实验：读写内部 Flash··········627	
	文件·····················553		40.5.1	硬件设计··················627

40.5.2 软件设计 ………………… 627
40.5.3 下载验证 ………………… 629

第 41 章　设置 Flash 的读写保护及解除 ………… 630

41.1 选项字节与读写保护 …………… 630
　41.1.1 选项字节的内容 …………… 630
　41.1.2 RDP 读保护 ……………… 632
　41.1.3 WRP 写保护 ……………… 633
41.2 修改选项字节的过程 …………… 633
41.3 操作选项字节的库函数 ………… 633
41.4 实验：设置读写保护及解除 …… 638
　41.4.1 硬件设计 ………………… 638
　41.4.2 软件设计 ………………… 638
　41.4.3 下载验证 ………………… 642

第 42 章　OV7725 摄像头驱动 … 643

42.1 摄像头简介 ……………………… 643
　42.1.1 数字摄像头与模拟摄像头的区别 ………… 643
　42.1.2 CCD 与 CMOS 的区别 …… 644
42.2 OV7725 摄像头 ………………… 644
　42.2.1 OV7725 传感器简介 ……… 644
　42.2.2 OV7725 引脚及功能框图剖析 ………………… 645
　42.2.3 SCCB 时序 ………………… 646
　42.2.4 OV7725 的寄存器 ………… 647
　42.2.5 像素数据输出时序 ………… 648
　42.2.6 FIFO 读写时序 …………… 649
　42.2.7 摄像头的驱动原理 ………… 652
42.3 摄像头驱动实验 ………………… 655
　42.3.1 硬件设计 ………………… 655
　42.3.2 软件设计 ………………… 656
　42.3.3 下载验证 ………………… 678

第 43 章　移植 Huawei LiteOS 到 STM32 ……………… 679

43.1 Huawei LiteOS 简介 …………… 679
43.2 Huawei LiteOS 内核移植 ……… 680
　43.2.1 Huawei LiteOS 内核简介 … 680
　43.2.2 内核源代码简介 …………… 682
　43.2.3 内核移植详细介绍 ………… 683
　43.2.4 Huawei LiteOS 多任务编程 ………………… 691

第一部分 基础篇

基础篇可以帮助初学者快速掌握 STM32 开发技术，写出自己的应用程序。其中包含如何搭建开发环境，如何使用寄存器、固件库点亮 LED，如何使用 STM32 主要片上外设，并介绍常用的 USART、I^{2}C 和 SPI 通信协议，以及如何使用 EEPROM、Flash 等存储器存储数据。

以点亮 LED 灯的教程为例，从原始的寄存器操作入手，逐渐搭建库函数雏形。从软件工程的角度深入剖析什么是固件库，为什么使用固件库和怎样使用固件库；从 STM32 新建工程、编译下载程序出发，介绍如何操作 GPIO，让新手由浅入深，尽享 STM32 的学习乐趣。

基础篇需要按照顺序学习，讲究循序渐进，细致扎实。学习完基础篇之后，就可以说是基本上对 STM32 开发入门了。

我们对初学者的要求是具有基本的 C 语言基础，但不一定精通。读者在学习 STM32 的时候，无须担心自己的基础，我们更需要的是学习的勇气，需要的是真正学会 STM32 的决心。试问，我们刚开始学习最简单的 C 语言的时候，是不是也没基础呢？是不是因此就停止自己的学习脚步了呢？不是的。我们需要做的是认定一个目标，行动起来，坚持朝着目标努力，其中艰辛芳华，唯你自知。

第 1 章
如何安装 KEIL5

1.1 温馨提示

1）安装路径名中不能带中文，必须是英文路径名。
2）安装目录不能与 51 单片机的 KEIL 或者 KEIL4 冲突，三者目录必须分开。
3）KEIL5 的安装比 KEIL4 多一个步骤，必须添加 MCU 库，不然没法使用。
4）如果使用的时候出现莫名其妙的错误，先在百度网站上查找解决方法，一般都能找到。

1.2 获取 KEIL5 安装包

要想获得 KEIL5 的安装包，可以到 KEIL 的官网下载：https://www.keil.com/download/product/，注册之后即可下载。我们这里的 KEIL5 版本是 MDK5.16a，见图 1-1。以后有新版本大家可使用更高版本。

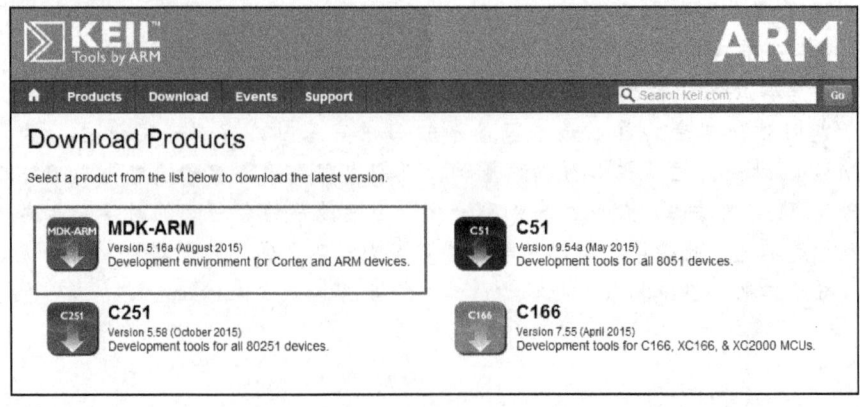

图 1-1　KEIL 官网中的 MDK 下载页面

1.3 开始安装 KEIL5

下载好安装文件后，双击 KEIL5 的安装包，在弹出的对话框中点击 Next 按钮开始安装，见图 1-2。

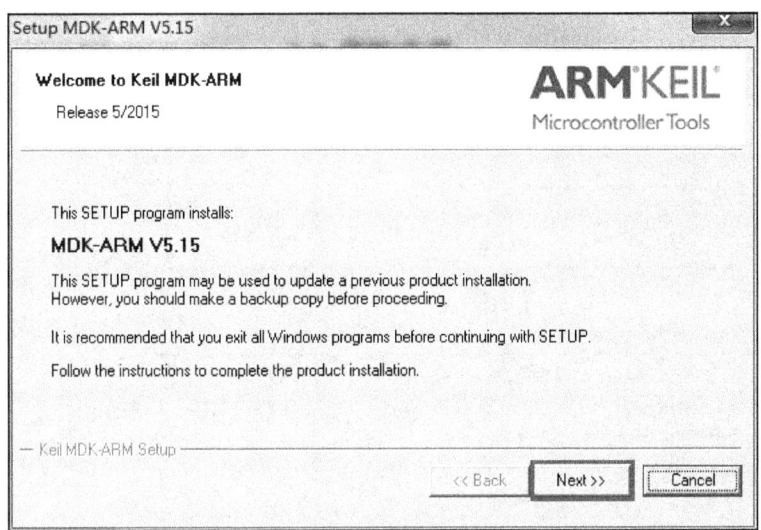

图 1-2 安装初始界面

勾选同意软件使用条款复选框，点击 Next 按钮，见图 1-3。

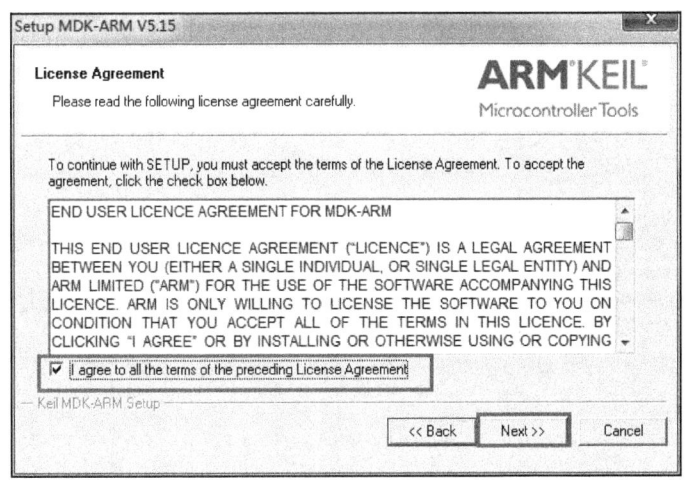

图 1-3 软件使用条款

选择安装路径，路径名中不能带中文，单击 Next 按钮，见图 1-4。
填写用户信息，全部填空格（按键盘的 Space 键）即可，单击 Next 按钮，见图 1-5。
单击 Finish 按钮，安装完成，见图 1-6。

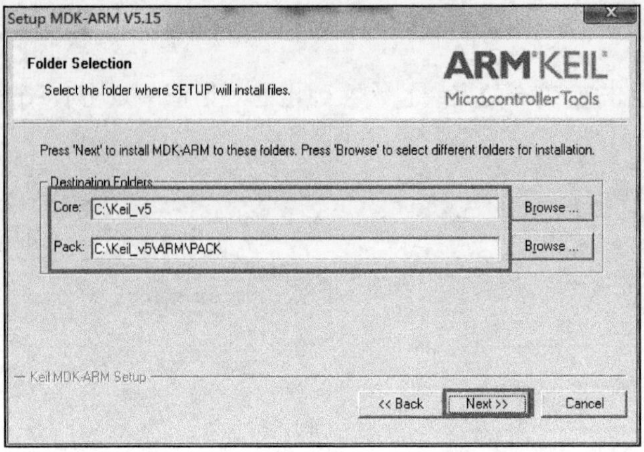

图 1-4 选择安装路径

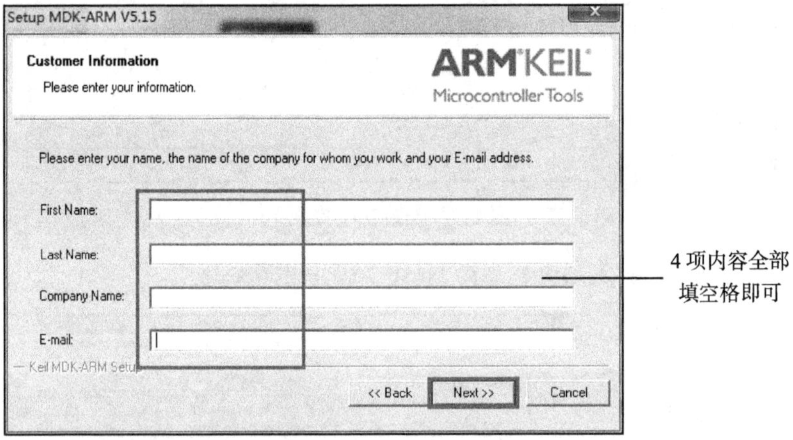

图 1-5 填写用户信息

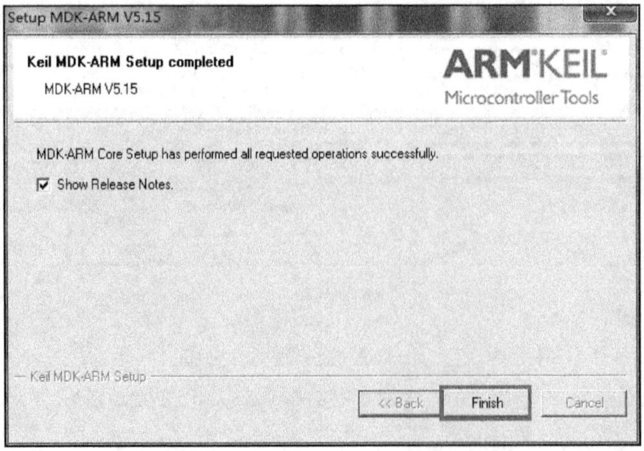

4 项内容全部填空格即可

图 1-6 安装完成

1.4 安装 STM32 芯片包

KEIL5 不像 KEIL4 那样自带了很多厂商的 MCU 型号,而是需要自己安装。

关掉弹出的界面,见图 1-7。我们直接去 KEIL 的官网下载:http://www.keil.com/dd2/pack/,或者直接用我们下载好的包。

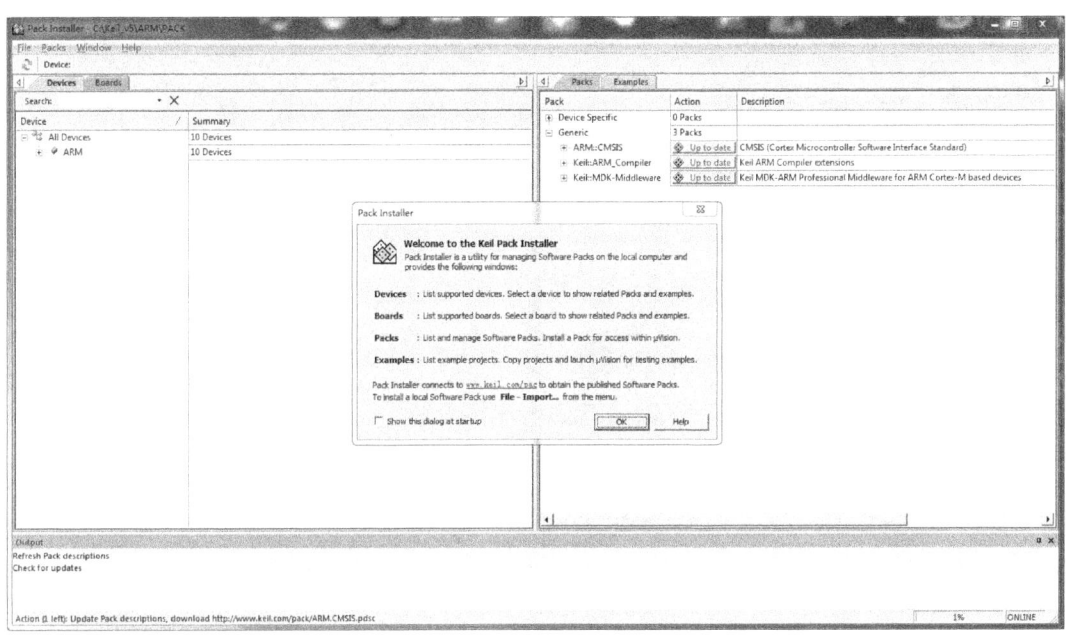

图 1-7 MDK 中的芯片包安装界面

在官网中找到 STM32F1、STM32F4、STM32F7 这 3 个系列的包,下载到本地电脑中,具体下载哪个系列要根据你使用的型号。这里只下载需要使用的 F1、F4、F7 这 3 个系列的包,F1 代表 M3,F4 代表 M4,F7 代表 M7,见图 1-8。

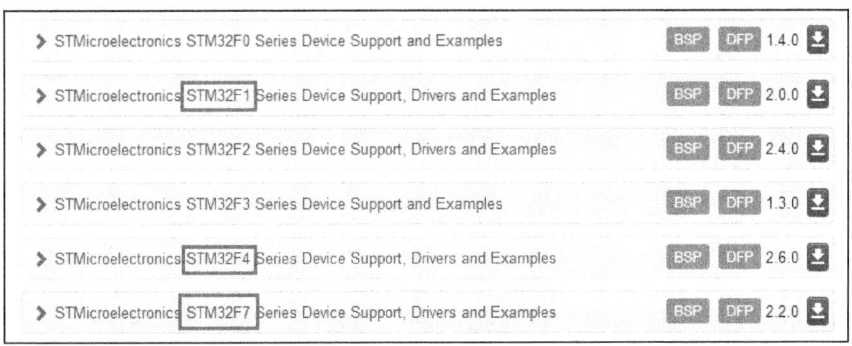

图 1-8 在官网下载芯片包

双击下载好的包安装即可,选择与 KEIL5 一样的安装路径。安装成功之后,在 KEIL5

的 Pack Installer 中就可以看到所安装的包，见图 1-9。以后新建工程的时候，就有单片机的型号可选。

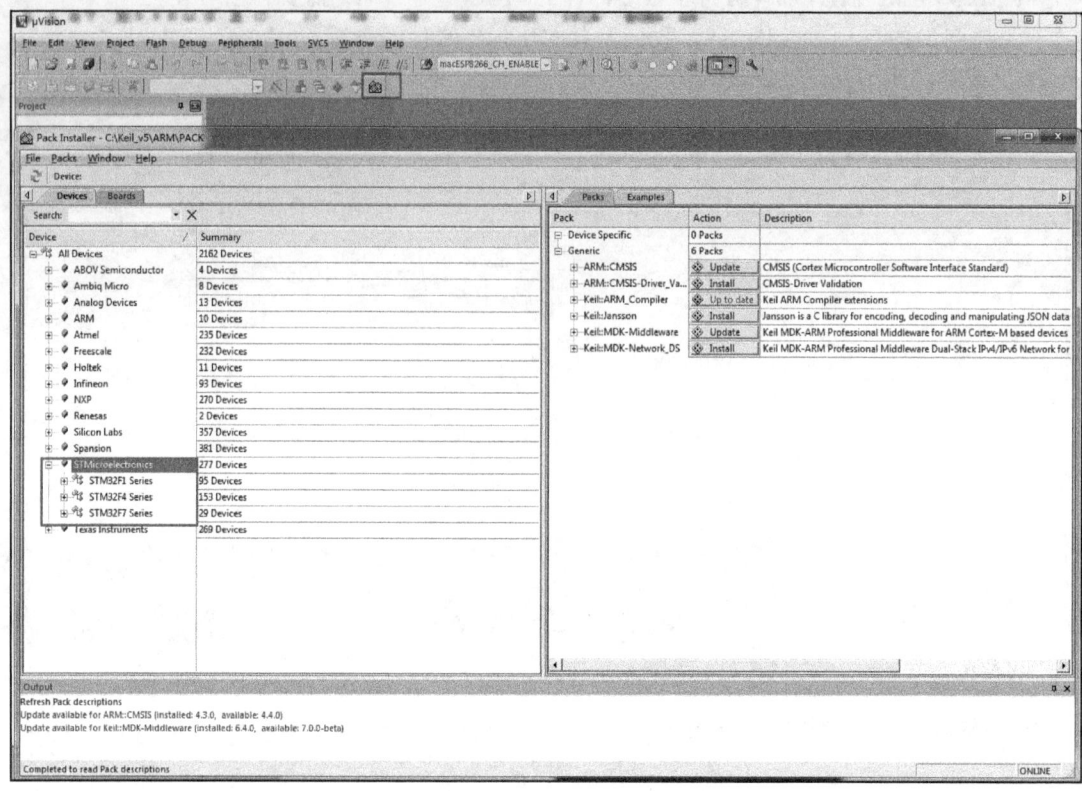

图 1-9 芯片包安装完成后的界面

第 2 章
如何用 DAP 仿真器下载程序

2.1 仿真器简介

本书配套的仿真器为 Fire-Debugger，它遵循 ARM 公司的 CMSIS-DAP 标准，支持所有基于 Cortex-M 内核的单片机，对常见的 M3、M4 和 M7 都可以提供完美支持。

Fire-Debugger 支持下载和在线仿真程序，支持 Windows XP/7/8/10 这 4 个操作系统，并且不需要安装驱动即可使用，支持 KEIL 和 IAR 直接下载，非常方便。

2.2 硬件连接

把仿真器用 USB 线连接至电脑，如果仿真器的灯亮则表示正常，可以使用。再把仿真器的另外一端连接到开发板，给开发板上电，就可以通过软件 KEIL 或者 IAR 给开发板下载程序，见图 2-1。仿真器与指南者连接图见图 2-2，与霸道连接图见图 2-3。

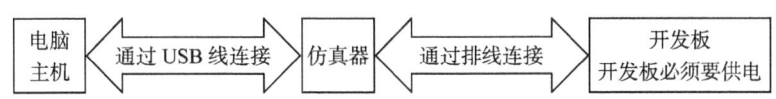

图 2-1 仿真器与电脑和开发板连接方式

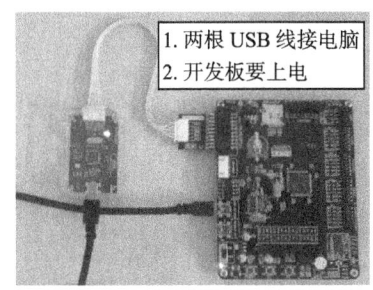

图 2-2 仿真器与指南者连接图

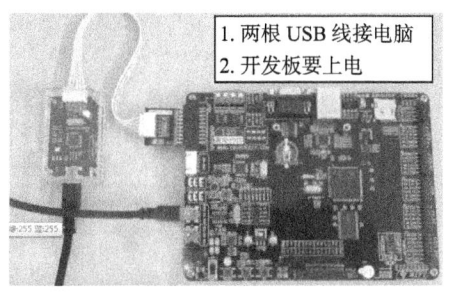

图 2-3 仿真器与霸道连接图

2.3 仿真器配置

在仿真器连接好电脑和开发板且开发板供电正常的情况下,打开编译软件 KEIL,在魔术棒选项卡里面选择仿真器的型号,具体步骤如下:

1)配置 Debug 选项,见图 2-4。

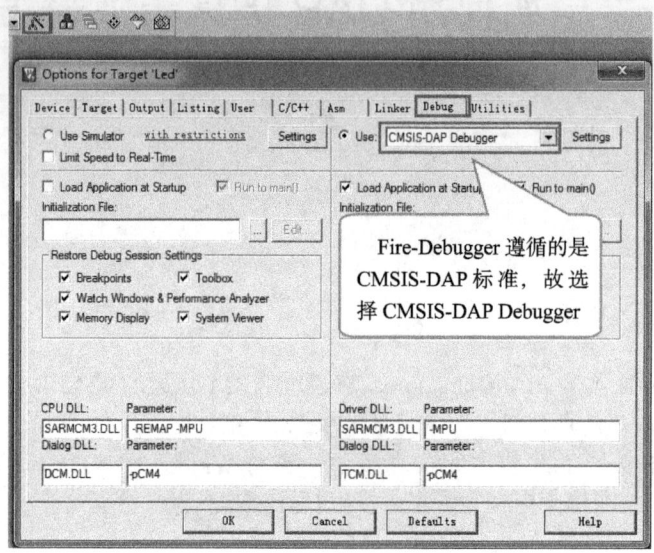

图 2-4 Debug 选项

2)配置 Utilities 选项,见图 2-5。

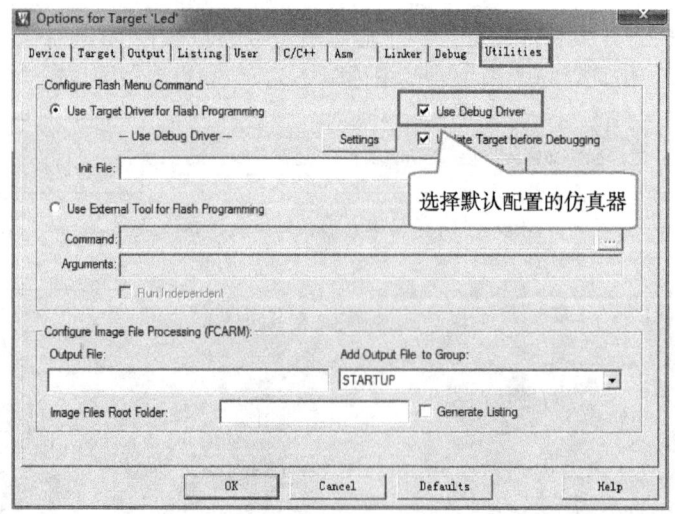

图 2-5 Utilities 选项

3)配置 Debug Settings 选项,见图 2-6。

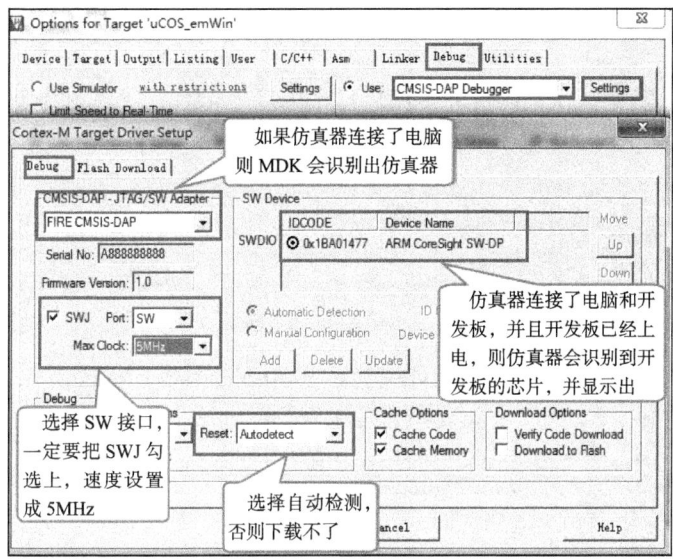

图 2-6　Debug Settings 选项

2.4　选择目标板

选择目标板，具体选择多大的 Flash 要根据板子上的芯片型号决定。秉火 STM32 开发板的配置是：F1 选 512K，F4 选 1M。这里面有个小技巧就是勾选 Reset and Run 复选框，这样程序下载完之后就会自动运行，否则需要手动复位。擦除的 Flash 大小选择 Sectors 即可，不要选择 Full Chip，会非常慢。具体选项见图 2-7。

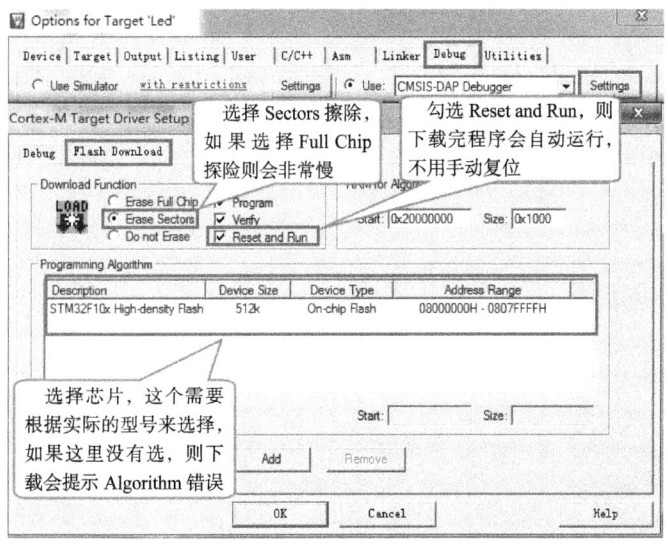

图 2-7　选择目标板

2.5 下载程序

如果前面的步骤都成功了,接下来就可以把编译好的程序下载到开发板上运行。下载程序不需要其他额外的软件,直接单击 KEIL 中的 LOAD 按钮即可,见图 2-8。

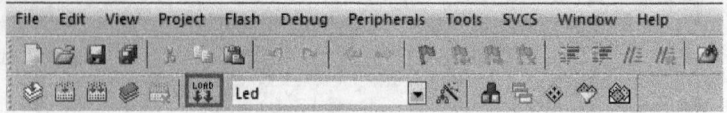

图 2-8　单击 LOAD 按钮

程序下载后,Build Output 窗格中如果显示"Application running...",则表示程序下载成功,见图 2-9。如果没有出现实验现象,可按复位键试试。

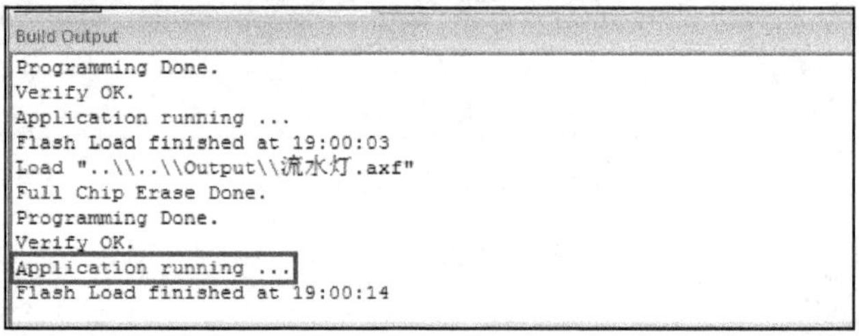

图 2-9　程序下载成功

第 3 章 如何用串口下载程序

秉火 STM32F103VET6（指南者）自带串口下载电路，配合上位机可实现一键 ISP 下载，不需要修改开发板上的 BOOT 设置。与仿真器 Fire-Debugger 相比，ISP（In-System Programming，在系统可编程）只能下载程序，不能在线调试且下载速度慢。

3.1 安装 USB 转串口驱动

秉火的 STM32 开发板用的 USB 转串口的驱动芯片是 CH340，要使用串口，需要先在电脑中安装 USB 转串口驱动：CH340 版本，见图 3-1。驱动可在网上搜索下载，或者使用我们论坛里面提供的。Windows 7 用户请用管理员身份安装。如果不能安装成功，上网查找原因自行解决。

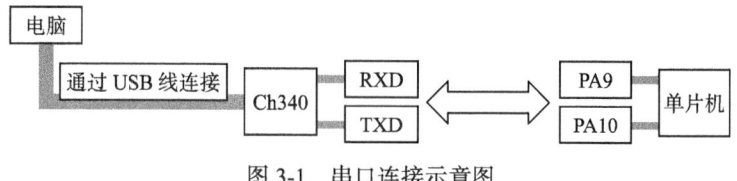

图 3-1 串口连接示意图

如果 USB 转串口驱动安装成功，USB 线与板子连接没有问题，依次选择"计算机→管理→设备管理器→端口"，可识别到串口。

如果识别不了串口，请检查 USB 线是否完好，或换一根 USB 线试试。

3.2 硬件连接

如图 3-2 所示，用 USB 线连接电脑和开发板的"USB 转串口"接口，给开发板上电（见图 3-3）。

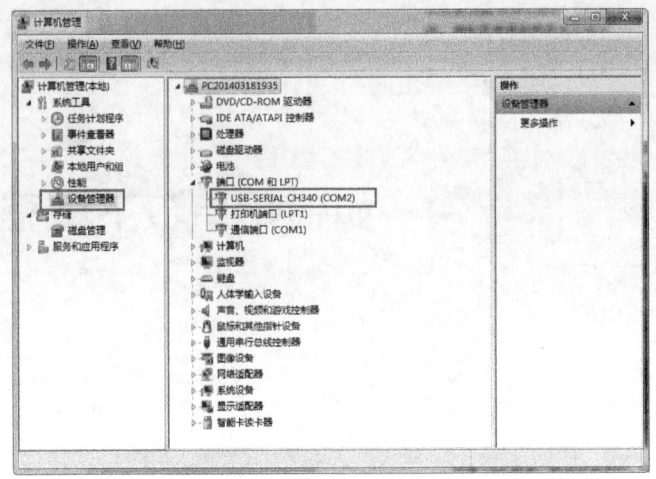

图 3-2 USB 转串口驱动安装成功

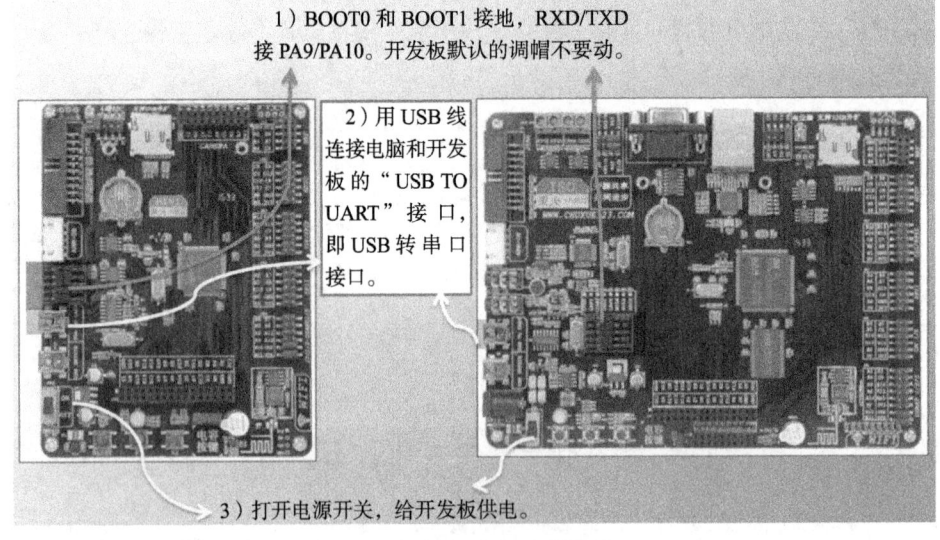

图 3-3 指南者串口连接图

3.3 开始下载

打开 mcuisp 软件，配置如下：①选择"搜索串口"，设置波特率为 460800（尽量不要设置得太高）；②选择要下载的 HEX 文件；③勾选"校验""编程后执行"复选框；④选择"DTR 低电平复位，RTS 高电平进 BootLoader"选项；⑤开始编程，见图 3-4。如果出现一直连接的情况，按一下开发板上的复位键即可。下载成功界面见图 3-5。

第 3 章 如何用串口下载程序　13

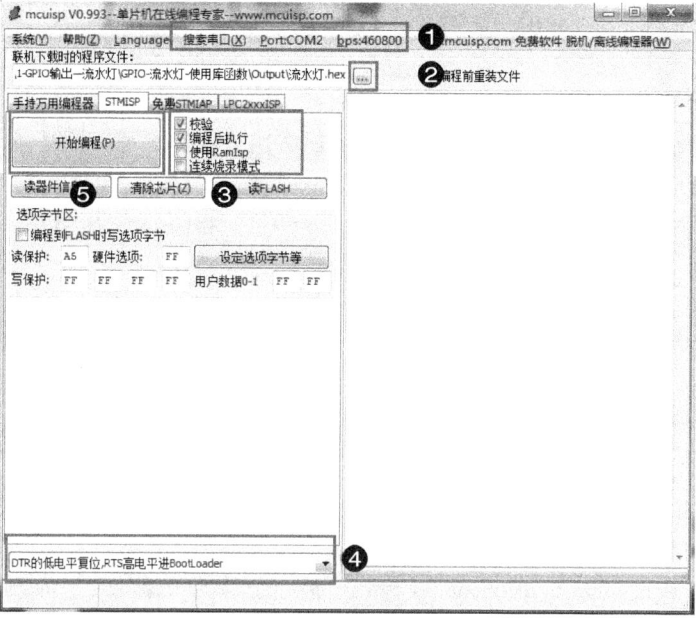

图 3-4　ISP 下载配置

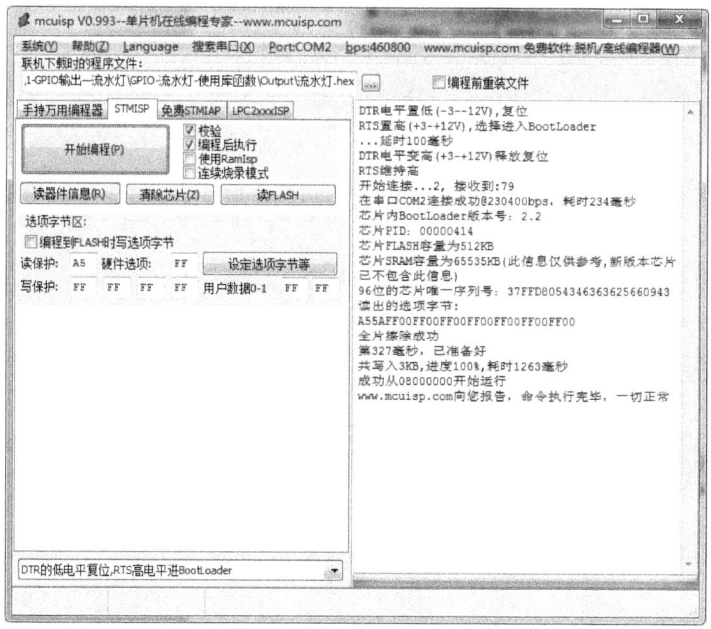

图 3-5　ISP 下载成功

3.4 ISP 一键下载原理分析

3.4.1 ISP 简介

ISP 指电路板上的空白元器件可以编程写入最终用户代码，而不需要从电路板上取下元器件。已经编程的器件也可以用 ISP 方式擦除或再编程。

使用 ISP 的时候需要用到自举程序（BootLoader），自举程序存储在 STM32 器件的内部自举 ROM（系统存储器）中。其主要任务是通过一种可用的串行外设（USART、CAN、USB、I^2C 等）将应用程序下载到内部 Flash 存储器中。每种串行接口都定义了相应的通信协议，其中包含兼容的命令集和序列。

3.4.2 ISP 普通下载

现在我们针对 USART1 的 ISP 进行分析，通常的 ISP 下载的步骤如下：

1）通过 USB 转串口线将电脑连接到 STM32 的 USART1，并打开电脑端的上位机；
2）设置跳线保持 BOOT0 为高电平，BOOT1 为低电平；
3）复位单片机使其进入 BootLoader 模式，通过上位机下载程序；
4）下载完毕，设置跳线保持 BOOT0 为低电平，BOOT1 为低电平；
5）复位单片机即可启动用户代码，正常运行。

以上步骤有个不好的地方就是：下载程序需要跳线及复位操作，很繁琐。理解了 ISP 的原理，就理解一键 ISP 了。它需要做的事情就是用上位机去控制 BOOT0 引脚和单片机的复位引脚，电路图见图 3-6。

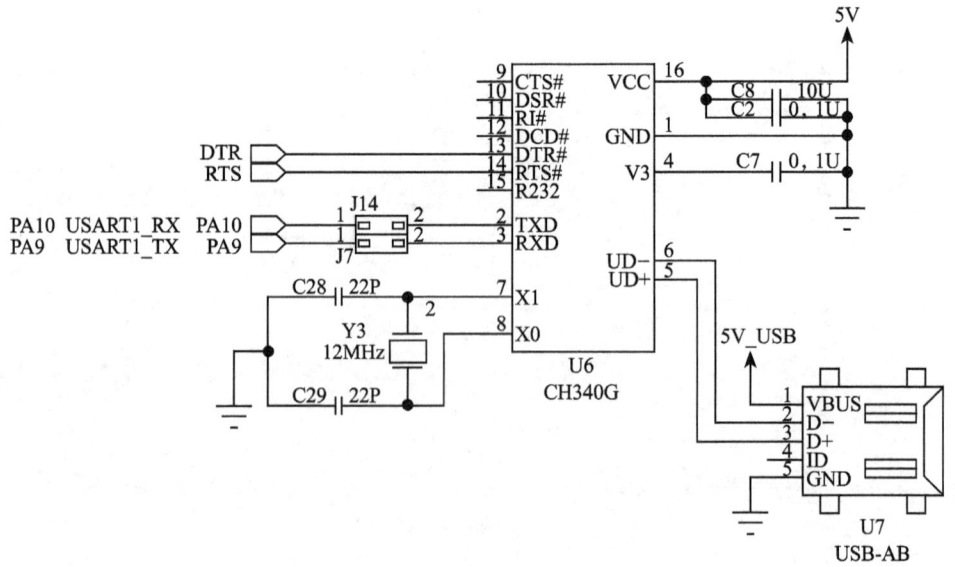

图 3-6 ISP 一键下载电路图

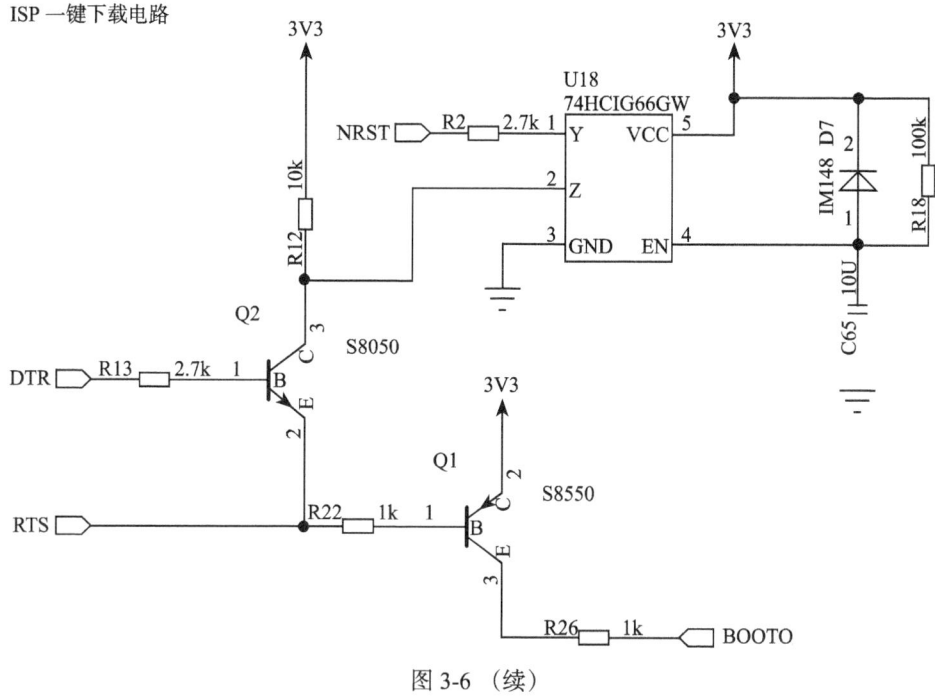

ISP 一键下载电路

图 3-6 （续）

3.4.3 BOOT 配置

在 ISP 下载电路中，需要配置 BOOT 引脚，BOOT 引脚不同的配置会产生不同的启动方式，具体见表 3-1。

表 3-1 BOOT 配置

BOOT0	BOOT1	启动方式
0	X	内部 Flash 存储器
1	0	系统存储器
1	1	内部 SRAM 存储器

3.4.4 ISP 一键下载

USB 转串口大家都很熟悉，一般是用 RXD 和 TXD 这两个引脚。在一键 ISP 电路中，我们需要用 USB 转串口的芯片的 DTR 引脚和 RTS 引脚来控制单片机的 BOOT0 和 NRST，原理如下：

1）通过上位机控制 U6（CH340G）的 RTS 引脚为低电平，Q1 导通，BOOT0 的电平上拉为高电平。

2）通过上位机控制 U6（CH340G）的 DTR 引脚为高电平，由于 RTS 为低电平，Q2 导通，U8 的 2 引脚为低电平，U18 为一个模拟开关，使能端由 4 引脚控制，默认为高电平，U18 的 1 引脚和 2 引脚导通，所以 NRST 为低电平，系统复位。

3）单片机进入 ISP 模式，此时可以将 DTR 引脚设置为低电平，RTS 设置为高电平。Q1 和 Q2 处于截止状态，BOOT0 和 NRST 还原默认电平。

4）上位机将程序下载到单片机，下载完毕之后，程序自动运行。

5）有人认为 U18、Q1、Q2 是多余的，用 U6 的 RTS 和 DTR 直接控制也可以。正常情况下，这样理解没有问题，但是他们忽略了一点，就是在单片机上电瞬间，如果 USB 转串口连接了电脑，DTR 和 RTS 的电平是变化的，如果处理不好，单片机会一直进入 ISP 模式，或者系统会复位多次，这种情况是不允许的。

6）于是，就有了全新的一键 ISP 电路。我们主要是分析上电瞬间的逻辑关系，单片机上电时通过示波器观察波形得知 DTR 和 RTS 的电平是变化的，但是也有一个规律就是：当 RTS 为低电平的时候，DTR 也是低电平，因此一般情况下 Q2 不会导通，但由于这两个 IO 口的电平存在"竞争冒险"，会出现 RTS 的下降沿刚好遇到 DTR 的上升沿，这个时候 Q2 导通，导致系统复位，而 BOOT0 此时有可能也为高电平，就会进入 ISP 模式。这个是不受我们控制的，而我们不想系统出现这样的情况，因此加入了模拟开关来切断这种干扰。

7）加入模拟开关 U18，通过控制 U18 的 4 引脚的开关来达到隔离干扰电平的目的。下面我们分析一下延时开关电路，上电瞬间，电容 C65 通过电阻 R18 来充电，由于电阻 100kΩ 很大，电容的充电电流很小，电容充电达到 U18 的 4 引脚的有效电平 2V 大概耗时 1 秒，在这个 1 秒时间内 U18 的模拟开关是断开的，因此 RTS 和 DTR 的干扰电平不会影响到系统复位。这样就保证了系统正常运行。

第 4 章
初识 STM32

4.1 什么是 STM32

STM32，从字面上来理解，ST 是指意法半导体公司，M 是 Microelectronics 的缩写，32 表示 32 位，合起来理解，STM32 就是指 ST 公司开发的 32 位微控制器。在如今的 32 位控制器当中，STM32 可以说是最璀璨的新星，它深受工程师和市场的青睐，无其他芯片能出其右。

STM32 诞生的背景

51 单片机是嵌入式学习中一款入门级的经典 MCU，因其结构简单，易于教学，且可以通过串口编程而不需要额外的仿真器，所以在单片机教学中被大量采用，至今很多大学在嵌入式教学中用的还是 51 单片机。它诞生于 20 世纪 70 年代，属于传统的 8 位单片机，如今，久经岁月的洗礼，既有其辉煌又有其不足。现在的市场产品竞争越来越激烈，对成本极其敏感，相应地对 MCU 的性能要求也更苛刻：更多功能，更低功耗，易用界面和多任务。面对这些要求，51 单片机现有的资源就显得得力不从心。所以无论是高校教学还是市场需求，都急需一款新的 MCU 来为这个领域注入新的活力。

基于这样的市场需求，ARM 公司推出了其全新的基于 ARMv7 架构的 32 位 Cortex-M3 微控制器内核。紧随其后，ST 公司推出了基 Cortex-M3 内核的 MCU-STM32。STM32 凭借其产品线的多样化、极高的性价比、简单易用的库开发方式，迅速在众多 Cortex-M3 MCU 中脱颖而出，成为最闪亮的一颗新星。STM32 一上市就迅速占领了中低端 MCU 市场，受到了市场和开发人员的无比青睐，颇有星火燎原之势。

作为一名合格的嵌入式工程师，面对新出现的技术，我们不是充耳不闻，而是要尽快契合市场的需要，跟上技术的发展潮流。如今 STM32 的出现就是一种趋势，一种潮流，我们要做的就是搭上这趟快车，让自己的技术更有竞争力。

4.2 STM32 能做什么

STM32 属于一个微控制器，自带了各种常用通信接口，比如 USART、I^2C、SPI 等，可连接非常多的传感器，可以控制很多的设备。现实生活中，我们接触到的很多电器产品中都有 STM32 的身影，比如智能手环、微型四轴飞行器、平衡车、移动 POST 机、智能电饭锅、3D 打印机等。下面我们以近两年最为火爆的两个产品来讲解下：一个是手环，一个是飞行器。

4.2.1 智能手环

三星 GearFit 智能手环见图 4-1。

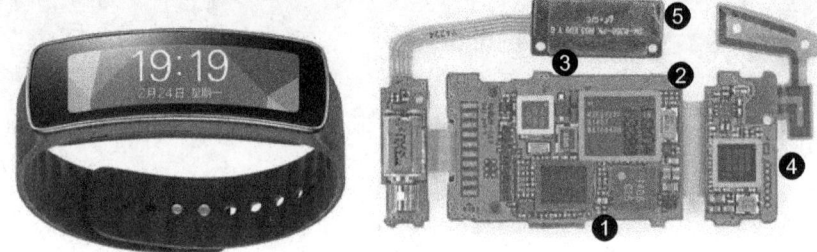

图 4-1 三星 GearFit 智能手环

① STM32F439ZIY6S 处理器，2048kB Flash，256kB RAM，WLCSP143 封装。
② Macronix MX69V28F64 16MB 闪存，基于 MCP 封装的存储器，是一种包含了 NOR 和 SRAM 的闪存，在手环、手机这种移动设备中经常使用，其优点是体积小，可以减小 PCB 的尺寸。这个闪存用 439 的 FSMC 接口驱动。
③ InvenSense MPU-6050 陀螺仪/加速度计，用 439 的 I^2C 接口驱动。
④ 博通 BCM4334WKUBG 芯片，支持 802.11n，蓝牙 4.0+HS 以及 FM 接收芯片，用 439 的 SDIO 或者 SPI 接口驱动。
⑤ 1.84" 可弯曲屏幕（Super AMOLED），432×128 像素。触摸部分用 439 的 I^2C 接口驱动，OLED 显示部分用 LTDC 接口驱动。

三星 GearFit 和秉火 STM32F103 资源对比见表 4-1。

表 4-1 三星 GearFit 和秉火 STM32F103 资源对比

资　源	三星 GearFit	STM32F103
CPU	STM32F439ZIY6S，WLCSP143 封装	STM32F103VET6，LQPF100 封装
存储	NOR+SRAM 16MB，FSMC 接口	串行 Flash 16MB，SPI 接口
显示	1.84 寸的 AMOLED，RGB 接口，LTDC 驱动	3.2 寸电阻屏，FSMC 接口
陀螺仪	MPU-6050，I^2C 接口	可外接 MPU-6050 模块，I^2C 接口
无线通信	蓝牙：博通 BCM4334，SDIO 或者 SPI 接口	WIFI：ESP8266，UART 接口

除了这几个重要资源以外，STM32F103 指南者开发板上还板载了 EEPROM、USB 转串口、蜂鸣器、LED、普通按键、电容按键等外设资源，还可以扩展 VS1053 MP3 模块、W5500 以太网模块，利用这些可以更充分地学习 STM32F103VET6 这个芯片。在板子上面，还可以运行系统 μcosiii，学习图形界面 emwin，见图 4-2。如果功夫所至，学完之后，甚至可以自己做一个类似 GearFit 这样的手环。可很多人又会说，GearFit 涉及硬件和软件，整个系统这么复杂，并不是一个人可以完成的。说的没错，我们可能做不了手环，但是我

们的能力可以无限接近，多学点不无裨益，俗话说：技多不压身。

图 4-2　μcosiii+emwin 做的系统界面（指南者的开机界面）

4.2.2　微型四轴飞行器

现在无人机在业内非常火，高端的无人机用 STM32 做不了，但是微型四轴飞行器用 STM32 做还是绰绰有余的。如图 4-3 所示的飞行器基本都可以用 STM32 完成。

图 4-3　微型四轴飞行器

上面的是属于产品，如果想自己 DIY，可以在入门 STM32 之后，买一本飞行器 DIY 的书，边学边做。入门级的书籍推荐《四轴飞行器 DIY——基于 STM32 微控制器》。

4.2.3　淘宝众筹

学会了 STM32，想自己做产品，如何实现自己的梦想呢？淘宝众筹吧，见图 4-4。自己做出产品原型，用别人的钱为自己的梦想买单。

淘宝众筹科技类网址如下，这里面有很多小玩意都可以用 STM32 实现，只要你有创意，就会有人买单，前提是我们要先学会 STM32。

https://hi.taobao.com/market/hi/list.php?spm=a215p.1596646.1.8.LbVyJk#type=121288001

图 4-4 淘宝众筹科技类

4.3 STM32 怎么选型

4.3.1 STM32 分类

STM32 有很多系列,可以满足市场的各种需求,从内核上分有 Cortex-M0、M3、M4 和 M7 这几种,每个内核又大概分为主流、高性能和低功耗,具体见表 4-2。

表 4-2 STM8 和 STM32 分类

CPU 位数	内核	系列	描述
32	Cortex-M0	STM32-F0	入门级
		STM32-L0	低功耗
	Cortex-M3	STM32-F1	基础型,主频 72MHz
		STM32-F2	高性能
		STM32-L1	低功耗
	Cortex-M4	STM32-F3	混合信号
		STM32-F4	高性能,主频 180MHz
		STM32-L4	低功耗
	Cortex-M7	STM32-F7	高性能
8	超级版 6502	STM8S	标准系列
		STM8AF	标准系列的汽车应用
		STM8AL	低功耗的汽车应用
		STM8L	低功耗

单纯从学习的角度出发,可以选择 F1 和 F4,F1 代表了基础型,基于 Cortex-M3 内核,主频为 72MHz;F4 代表了高性能,基于 Cortex-M4 内核,主频 180MHz。

与 F1 相比,F4(429 系列以上)除了内核不同和主频的提升外,升级的明显特色就是带了 LCD 控制器和摄像头接口,支持 SDRAM,这个区别在项目选型上会被优先考虑。但是就大学教学和用户初学而言，还是首选 F1 系列，目前在市场上资料最多、产品占有量最多的就是 F1 系列的 STM32。

4.3.2　STM32 命名方法

我们以秉火 F103 指南者用的型号 STM32F103VET6，来讲解下 STM32 的命名方法，见表 4-3。

表 4-3　STM32F103VET6 命名解释

—	STM32	F	103	V	E	T	6
家族	STM32 表示 32 位的 MCU						
产品类型	F 表示基础型						
具体特性	基础型						
引脚数目	V 表示 100pin，其他常用的为：C 表示 48，R 表示 64，Z 表示 144，Z 表示 144，B 表示 208，N 表示 216						
Flash 大小	E 表示 512kB，其他常用的为：C 表示 256，E 表示 512，I 表示 2048						
封装	T 表示 QFP 封装，是最常用的封装						
温度	6 表示温度等级为 A：-40～85℃						

更详细的命名方法见图 4-5，摘自《STM8 和 STM32 选型手册》。

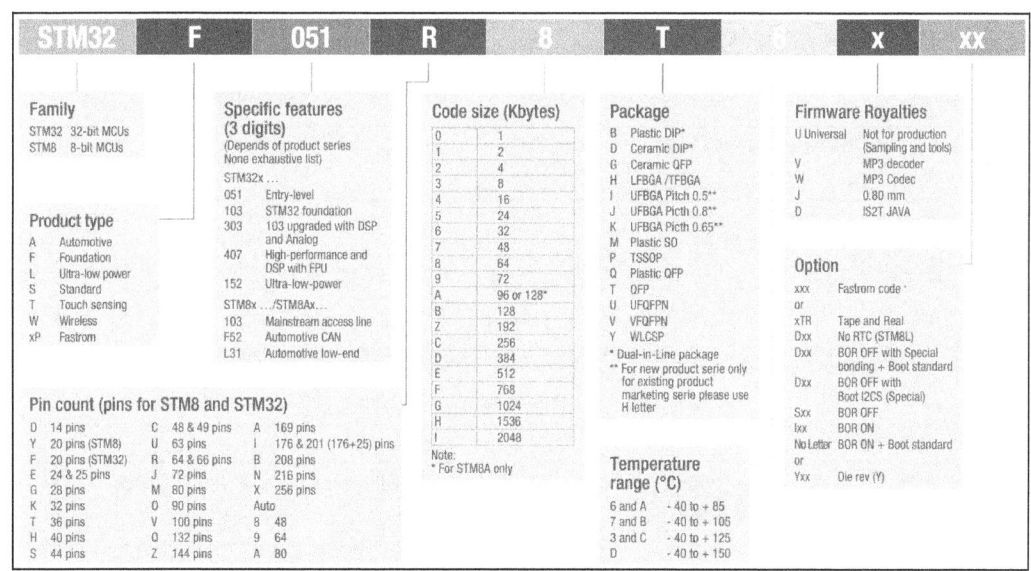

图 4-5　STM8 和 STM32 命名方法

4.3.3　选择合适的 MCU

了解了 STM32 的分类和命名方法之后，就可以根据项目的具体需求先大概选择哪类内核的 MCU。普通应用、不需要接大屏幕的一般选择 Cortex-M3 内核的 F1 系列；如果追求高性能，需要大量的数据运算，且需要外接 RGB 大屏幕的则选择 Cortex-M4 内核的 F429 系列。

明确了大方向之后，接下来就是细分选型。先确定引脚数，引脚多的功能就多，价格也贵，具体得根据实际项目中需要使用到什么功能，够用就好。确定好了引脚数目之后再选择 Flash 大小，相同引脚数的 MCU 会有不同的 Flash 大小可供选择，这个也是根据实际需要选择，程序大的就选择大点的 Flash，也是够用就好。有些月出货量以 KK（百万数量级）为单位的产品，不仅是 MCU，连电阻、电容能少用就少用，更有甚者连 PCB 的过孔的多少都要算计。项目中的元器件的选型很有学问。

1. 如何分配原理图 IO

在画原理图之前，一般的做法是先把引脚分类好，然后才开始画原理图。引脚分类具体见表 4-4。

表 4-4 画原理图时的引脚分类

引脚分类	引脚说明
电源	（VBAT）、（VDD VSS）、（VDDA VSSA）、（VREF+VREF-）等
晶振 IO	主晶振 IO，RTC 晶振 IO
下载 IO	用于 JTAG 下载的 IO：JTMS、JTCK、JTDI、JTDO、NJTRST
BOOT IO	BOOT0、BOOT1，用于设置系统的启动方式
复位 IO	NRST，用于外部复位
注：上面 5 部分 IO 组成的系统也叫作最小系统	
GPIO	专用器件接到专用的总线，比如 I²C、SPI、SDIO、FSMC、DCMI 这些总线的器件需要接到专用的 IO
	普通的元器件接到 GPIO，比如蜂鸣器、LED、按键等元器件用普通的 GPIO
	如果还有剩下的 IO，可根据项目需要引出或者不引出

2. 如何寻找 IO 的功能说明

要想根据功能来分配 IO，那就得先知道每个 IO 的功能说明，这个可以从官方的数据手册里面找到。在学习的时候，有两个官方资料我们会经常用到，一个是参考手册（Reference Manual），另外一个是数据手册（Data Sheet），两者的具体区别见表 4-5。

表 4-5 参考手册和数据手册的内容区别

手册	主要内容	说明
参考手册	片上外设的功能说明和寄存器描述	对片上每一个外设的功能和使用做了详细的说明，包含寄存器的详细描述。编程的时候需要反复查询这个手册
数据手册	功能概览	主要讲这个芯片有哪些功能，属于概括性的介绍。芯片选型的时候首先看这个部分
	引脚说明	详细描述每一个引脚的功能，设计原理图和写程序的时候需要参考这部分
	内存映射	讲解该芯片的内存映射，列举每个总线的地址和包含哪些外设
	封装特性	讲解芯片的封装，包含每个引脚的长度、宽度等，画 PCB 封装的时候需要参考这部分的参数

一句话概括：数据手册主要在芯片选型和设计原理图时参考，参考手册主要在编程的时候查阅。官方的这两个文档可以从官方网址下载：http://www.stmcu.org/document/list/index/

category-150，也可以从我们配置的资料里面找到。

在数据手册中，有关引脚定义的部分在 Pinouts and pin description 小节中，具体定义见表 4-6，更详细的解释见表 4-7。

表 4-6　数据手册中对引脚定义

Pins ❶						❷	❸	❹	❺	❻ Alternate functions[4]	
LFBGA144	LFBGA100	WLCSP64	LQFP64	LQFP100	LQFP144	Pin name	Type[1]	I'O level	Main function[3] (after reset)	Default	❼ Remap
A3	A3	-	-	1	1	PE2	I/O	FT	PE2	TRACECK/FSMC_A23	
A2	B3	-	-	2	2	PE3	I/O	FT	PE3	TRACED0/FSMC_A19	
B2	C3	-	-	3	3	PE4	I/O	FT	PE4	TRACED1/FSMC_A20	
B3	D3	-	-	4	4	PE5	I/O	FT	PE5	TRACED2/FSMC_A21	
B4	E3	-	-	5	5	PE6	I/O	FT	PE6	TRACED3/FSMC_A22	
C2	B2	C6	1	6	6	V_{BAT}	S		V_{BAT}		

表 4-7　对引脚定义的解读

名称	缩写	说　明
①引脚序号		阿拉伯数字表示 LQFP 封装，英文字母开头的表示 BGA 封装。列出了 6 种封装型号，具体使用哪一种要根据实际情况来选择
②引脚名称		指复位状态下的引脚名称
③引脚类型	S	电源引脚
	I	输入引脚
	I/O	输入 / 输出引脚
④ I/O 结构	FT	兼容 5V
	TTa	只支持 3V3，且直接到 ADC
	B	BOOT 引脚
	RST	复位引脚，内部带弱上拉
⑤主功能		每个引脚复位后的功能
⑥复用功能		这里指的是 I/O 默认的复用功能
⑦重映射功能		I/O 除了默认的复用功能之外，还可以通过重映射的方法映射到其他的 I/O，这样可以增加 I/O 口功能的多样性和灵活性

3. 开始分配原理图 I/O

比如我们的 F103 指南者使用的 MCU 型号是 STM32F103VET6，封装为 LQFP100。我们在数据手册中找到这个封装的引脚定义，然后根据引脚序号，一个一个复制出来，整理成 Excel 表。具体整理方法按照表 4-4 画原理图时的引脚分类即可。分配好之后就开始画原理图。

第 5 章 什么是寄存器

STM32 编程通常有两种方法：一种是寄存器编程；另外一种是固件库编程，其中寄存器编程是基础，而固件库编程是在寄存器编程的基础上升级而来的一种易于学习和开发的编程方法，是学习 STM32 编程时需重点掌握的一种编程方法。固件库编程对于项目开发固然简单和快速，但是从学习的角度出发，寄存器编程的方法也不能不掌握。其实，我们在学习 8 位或者 16 位单片机的时候，大多采用寄存器编程。

在探索寄 STM32 寄存器深层次的问题时，我们从 STM32 芯片的外观开始，逐层深入学习。最后，在学习完本章内容之后，看看大家能否用一句话给寄存器下一个定义。

5.1 STM32 芯片外观

我们开发板中使用的芯片是 100pin 的 STM32F103VET6，具体见图 5-1。这个就是我们接下来要学习的 STM32，它将带领我们进入嵌入式的领域。

芯片正面是丝印，ARM 应该是表示该芯片使用的是 ARM 的内核，STM32F103VET6 是芯片型号，后面的字与生产批次相关，左下角的是 ST 的 LOGO。

芯片四周是引脚，左下角的小圆点表示引脚 1，然后从引脚 1 起按照逆时针的顺序排列（所有芯片的引脚顺序都是逆时针排列的），见图 5-2。开发板中把芯片的引脚引出

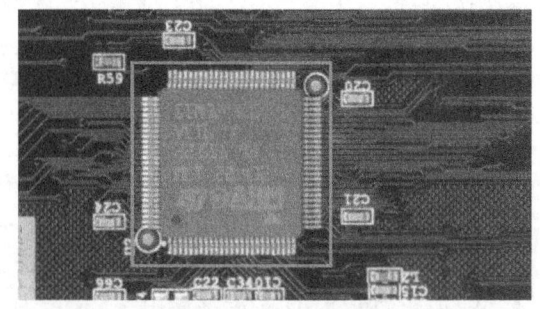

图 5-1 STM32F103VET6 实物图（方框中部分）

来，连接到各种传感器上，然后在 STM32 上编程（实际就是通过程序控制这些引脚输出高电平或者低电平）来控制各种传感器工作，通过做实验的方式来学习 STM32 芯片的各个资源。开发板是一种评估板，板载资源非常丰富，引脚复用比较多，力求在一个板子上验证芯片的全部功能。

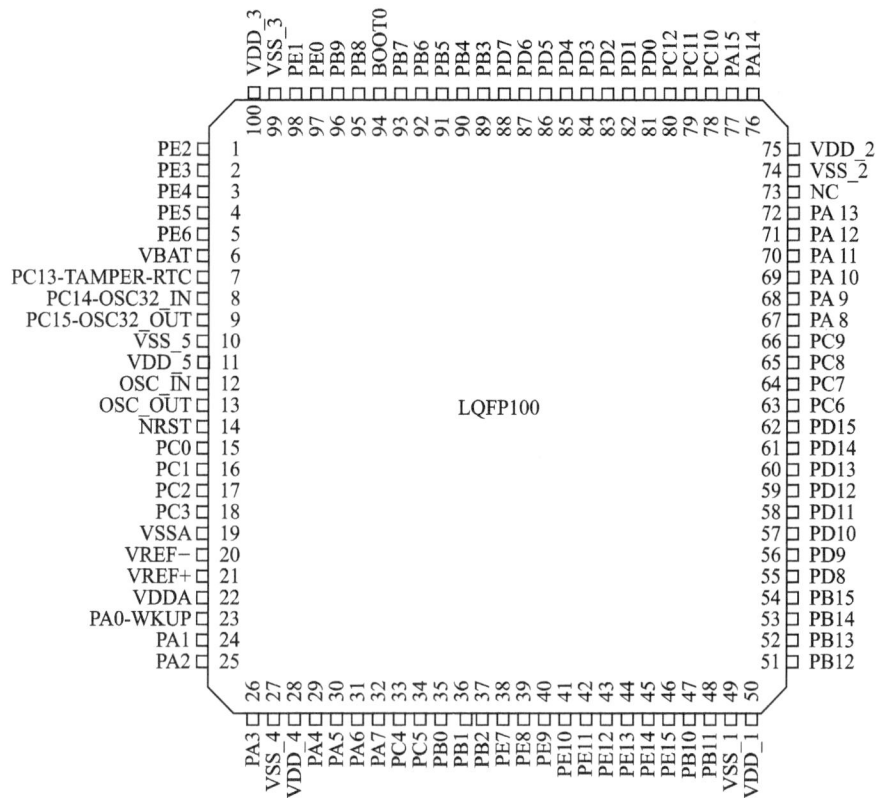

图 5-2 STM32F103VET6 正面引脚图

5.2 芯片里面有什么

我们看到的 STM32 芯片是已经封装好的成品，主要由内核和片上外设组成。若与电脑类比，内核与外设的关系就如同电脑上的 CPU 与主板、内存、显卡、硬盘的关系。

STM32F103 采用的是 Cortex-M3 内核，内核即 CPU，由 ARM 公司设计。ARM 公司并不生产芯片，而是出售其芯片技术授权。芯片生产厂商（SOC）如 ST、TI、Freescale，负责在内核之外设计部件并生产整个芯片。这些内核之外的部件被称为核外外设或片上外设，如 GPIO、USART（串口）、I²C、SPI 等都叫作片上外设，具体见图 5-3。

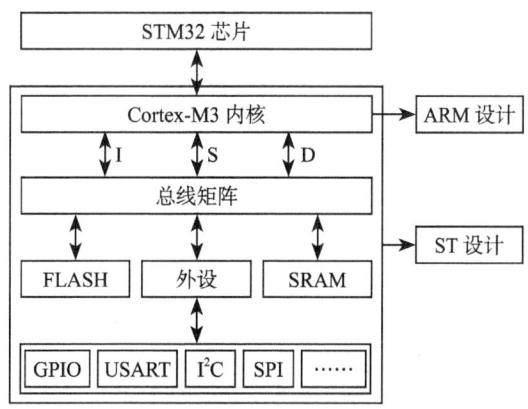

图 5-3 STM32 芯片架构简图

芯片（这里指内核，或者叫 CPU）和外设之间通过各种总线连接，其中驱动单元有 4 个，被动单元也有 4 个，具体见图 5-4。为了方便理解，可以把驱动单元理解成 CPU 部分，而把被动单元理解成外设。下面我们简单介绍下驱动单元和被动单元的各个部件。

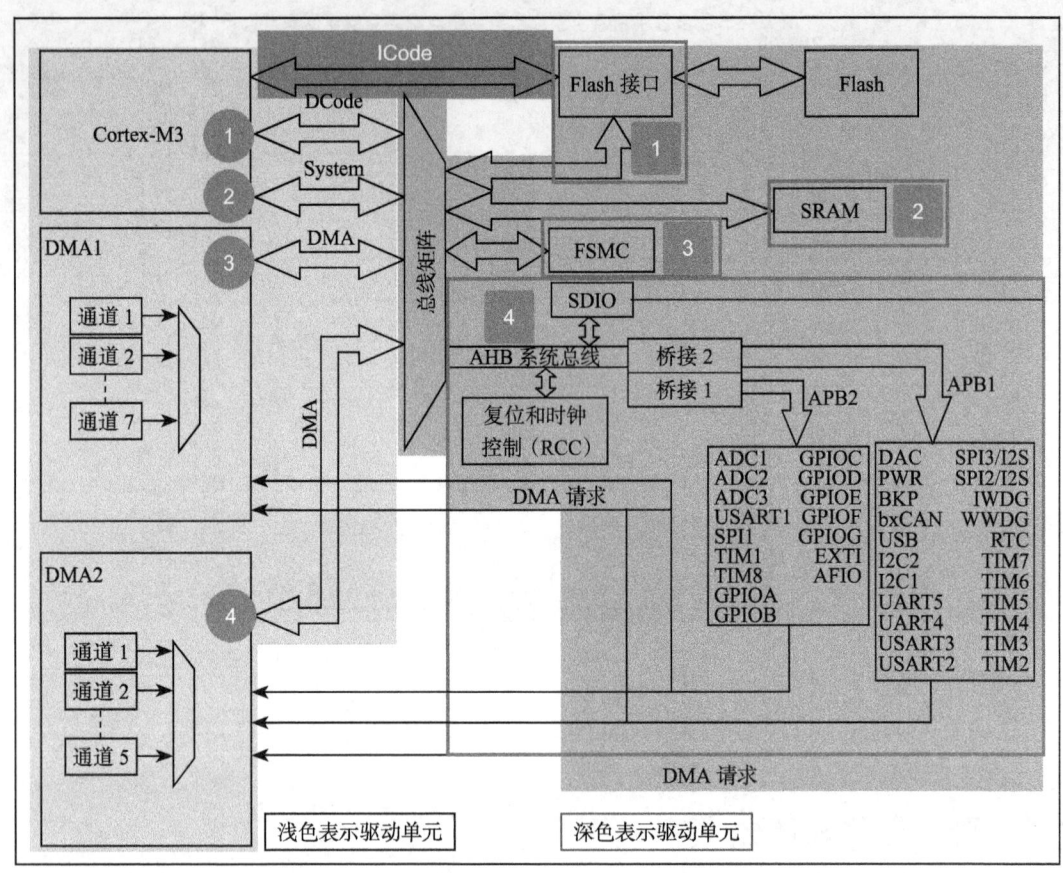

图 5-4　STM32F10xx 系统框图（不包括互联型）

1. ICode 总线

ICode 中的 I 表示 Instruction，即指令。我们写好的程序编译之后都是一条条指令，存放在 Flash 中，内核要读取这些指令来执行程序就必须通过 ICode 总线，它几乎每时每刻都需要被使用，是专门用来取指的。

2. 驱动单元

（1）DCode 总线

DCode 中的 D 表示 Data，即数据，说明这条总线是用来取数的。我们在写程序的时候，数据有常量和变量两种，常量就是固定不变的，在 C 语言中用 const 关键字修饰，是放到内部的 Flash 当中的；变量是可变的，不管是全局变量还是局部变量都放在内部的 SRAM 中。因为数据可以被 DCode 总线和 DMA 总线访问，为了避免访问冲突，在取数的时候需要经过一个总线矩阵来仲裁，决定哪个总线取数。

（2）System 总线

System（系统）总线主要是访问外设的寄存器，我们通常说的寄存器编程，即读写寄存器都是通过这根系统总线来完成的。

（3）DMA 总线

DMA 总线也主要用来传输数据，这个数据可以在某个外设的数据寄存器中，可以在 SRAM 中，也可以在内部的 Flash 中。因为数据可以被 DCode 总线和 DMA 总线访问，所以为了避免访问冲突，在取数的时候需要经过一个总线矩阵来仲裁，决定哪个总线取数。

3. 被动单元

（1）内部的闪存存储器

内部的闪存存储器即 Flash，我们编写好的程序就放在这个地方，内核通过 ICode 总线来取里面的指令。

（2）内部的 SRAM

内部的 SRAM，即我们通常说的 RAM，程序的变量、堆栈等的开销都基于内部的 SRAM。内核通过 DCode 总线来访问它。

（3）FSMC

FSMC 的英文全称是 Flexible static memory controller，即灵活的静态的存储器控制器，是 STM32F10xx 中一个很有特色的外设。通过 FSMC，我们可以扩展内存，如外部的 SRAM、NANDFlash 和 NORFlash。但我们要注意的一点是，FSMC 只能扩展静态的内存，即名称里面的 S：static，不能是动态的内存，比如 SDRAM 就不能扩展。

（4）AHB 到 APB 的桥

从 AHB 总线延伸出来的两条 APB2 和 APB1 总线，上面挂载着 STM32 各种各样的特色外设。我们经常说的 GPIO、串口、I^2C、SPI 这些外设就挂载在这两条总线上，这个是我们学习 STM32 的重点，就是要学会编程这些外设去驱动外部的各种设备。

5.3 存储器映射

在图 5-4 中，被动单元 Flash、RAM、FSMC 和 AHB 到 APB 的桥（片上外设）这些功能部件共同排列在一个 4GB 的地址空间内。我们在编程的时候，可以通过它们的地址找到它们，进而操作它们（通过 C 语言对它们进行数据的读和写）。

存储器本身不具有地址信息，它的地址是由芯片厂商或用户分配，给存储器分配地址的过程称为存储器映射，具体见图 5-5。如果给存储器再分配一个地址就叫存储器重映射。

在这 4GB 的地址空间中，ARM 已经粗线条地把它平均分成了 8 个块，每块 512MB，每个块也都规定了用途，具体分类见表 5-1。每个块的大小都有 512MB，显然这是非常大的，芯片厂商在每个块的范围内设计各具特色的外设时并不一定都用得完，只用了其中的一部分而已。

在这 8 个块里面，有 3 个块非常重要，也是我们最关心的 3 个块：Block0 被设计成内部 Flash，Block1 被设计成内部 RAM，Block2 被设计成片上的外设。下面我们简单地介绍下这 3 个 Block 里面的具体区域的功能划分。

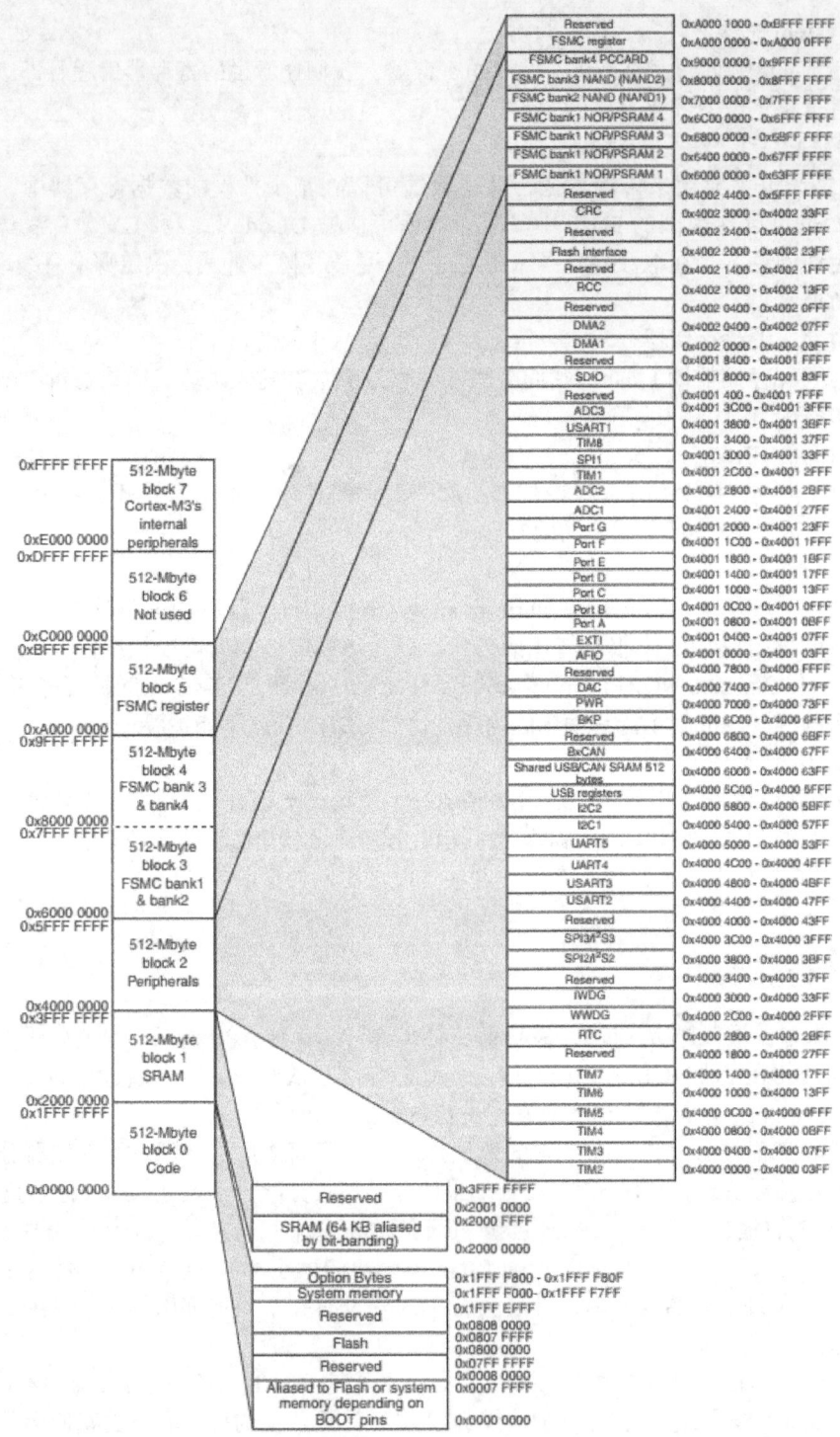

图 5-5 存储器映射（摘自《参考手册》存储器映射章节）

表 5-1　存储器功能分类

序号	用途	地址范围
Block 0	Code	0x0000 0000 ～ 0x1FFF FFFF
Block 1	SRAM	0x2000 0000 ～ 0x3FFF FFFF
Block 2	片上外设	0x4000 0000 ～ 0x5FFF FFFF
Block 3	FSMC 的 bank1～bank2	0x6000 0000 ～ 0x7FFF FFFF
Block 4	FSMC 的 bank3～bank4	0x8000 0000 ～ 0x9FFF FFFF
Block 5	FSMC 寄存器	0xA000 0000 ～ 0xBFFF FFFF
Block 6	没有使用	0xC000 0000 ～ 0xDFFF FFFF
Block 7	Cortex-M3 内部外设	0xE000 0000 ～ 0xFFFF FFFF

1. 存储器 Block0 内部区域功能划分

Block0 主要用于设计片内的 Flash，我们使用的 STM32F103ZET6（霸道）和 STM32F103VET6（指南者）的 Flash 都是 512kB，属于大容量。要在芯片内部集成更大的 Flash 或者 SRAM 都意味着芯片成本的增加，往往片内集成的 Flash 都不会太大，ST 能在追求性价比的同时做到 512kB，实属不易。Block0 内部区域的功能划分具体见表 5-2。

表 5-2　存储器 Block0 内部区域功能划分

块	用途说明	地址范围
Block0	预留	0x1FFE C008 ～ 0x1FFF FFFF
	选项字节：用于配置读写保护、BOR 级别、软件/硬件看门狗以及器件处于待机或停止模式下的复位。当芯片不小心被锁住之后，可以从 RAM 里启动来修改这部分相应的寄存器位	0x1FFF F800 - 0x1FFF F80F
	系统存储器：里面存的是 ST 出厂时烧写好的 isp 自举程序（即 BootLoader），用户无法改动。串口下载的时候需要用到这部分程序	0x1FFF F000- 0x1FFF F7FF
	预留	0x0808 0000 ～ 0x1FFF EFFF
	Flash：我们的程序就放在这里	0x0800 0000 ～ 0x0807 FFFF（512kB）
	预留	0x0008 0000 ～ 0x07FF FFFF
	取决于 BOOT 引脚，为 Flash、系统存储器、SRAM 的别名	0x0000 0000 ～ 0x0007 FFFF

2. 储存器 Block1 内部区域功能划分

Block1 用于设计片内的 SRAM。我们使用的 STM32F103ZET6（霸道）和 STM32F103VET6（指南者）的 SRAM 都是 64kB。Block1 内部区域的功能划分具体见表 5-3。

表 5-3　存储器 Block1 内部区域功能划分

块	用途说明	地址范围
Block1	预留	0x2001 0000 ～ 0x3FFF FFFF
	SRAM 64kB	0x2000 0000 ～ 0x2000 FFFF

3. 储存器 Block2 内部区域功能划分

Block2 用于设计片内的外设，根据外设的总线速度不同，Block 被分成了 APB 和 AHB 两部分，其中 APB 又被分为 APB1 和 APB2，具体见表 5-4。

表 5-4 存储器 Block2 内部区域功能划分

块	用途说明	地址范围
Block2	APB1 总线外设	0x4000 0000 ~ 0x4000 77FF
	APB2 总线外设	0x4001 0000 ~ 0x4001 3FFF
	AHB 总线外设	0x4001 8000 ~ 0x5003 FFFF

5.4 寄存器映射

我们知道，存储器本身没有地址，给存储器分配地址的过程叫存储器映射。那什么叫寄存器映射？寄存器到底是什么？

在存储器 Block2 这块区域，设计的是片上外设，它们以 4 个字节为一个单元，共 32 位，每一个单元对应不同的功能，当我们控制这些单元时就可以驱动外设工作。我们可以找到每个单元的起始地址，然后通过 C 语言指针的操作方式来访问这些单元。但如果每次都是通过这种地址的方式来访问，不仅不好记忆还容易出错，那么可以根据每个单元功能的不同，以功能为名给这个内存单元取一个别名，这个别名就是我们经常说的寄存器，这个给已经分配好地址的、有特定功能的内存单元取别名的过程就叫寄存器映射。

比如，我们找到 GPIOB 端口的输出数据寄存器 ODR 的地址是 0x4001 0C0C（至于这个地址如何找到可以先跳过，后面会有详细的讲解），ODR 寄存器是 32 位，低 16 位有效，对应 16 个外部 IO，写 0/1 对应的 IO 输出低 / 高电平。现在我们通过 C 语言指针的操作方式，让 GPIOB 的 16 个 IO 都输出高电平，具体见代码清单 5-1。

代码清单5-1 通过绝对地址访问内存单元

```
1  // GPIOB 端口全部输出高电平
2  *(unsigned int*)(0x4001 0C0C) = 0xFFFF;
```

0x4001 0C0C 在我们看来是 GPIOB 端口 ODR 的地址，但是在编译器看来，这只是一个普通的变量，是一个立即数，要想让编译器也认为是指针，得进行强制类型转换，把它转换成指针，即 (unsigned int *)0x4001 0C0C，然后再对这个指针进行 * 操作。

刚刚我们说了，通过绝对地址访问内存单元不好记忆且容易出错，我们可以通过寄存器的方式来操作，具体见代码清单 5-2。

代码清单5-2 通过寄存器别名方式访问内存单元

```
1  // GPIOB 端口全部输出高电平
2  #define GPIOB_ODR            (unsigned int*)(GPIOB_BASE+0x0C)
3  * GPIOB_ODR = 0xFF;
```

为了方便操作，我们干脆把指针操作"*"也定义到寄存器别名里面，具体见代码清单 5-3。

代码清单5-3 通过寄存器别名访问内存单元

```
1  // GPIOH 端口全部输出高电平
2  #define GPIOB_ODR            *(unsigned int*)(GPIOB_BASE+0x0C)
3  GPIOB_ODR = 0xFF;
```

5.4.1 STM32 的外设地址映射

片上外设区分为 3 条总线，根据不同的外设速度，不同总线挂载着不同的外设，APB1 挂载低速外设，APB2 和 AHB 挂载高速外设。相应总线的最低地址称为该总线的基地址，总线基地址也是挂载在该总线上的首个外设的地址。其中 APB1 总线的地址最低，片上外设从这里开始，它也叫外设基地址。

1. 总线基地址

总线基地址见表 5-5。

表 5-5 中的"相对外设基地址的偏移"即该总线地址与"片上外设"基地址 0x4000 0000 的差值。关于地址的偏移后面还会讲到。

2. 外设基地址

总线上挂载着各种外设，这些外设也有自己的地址范围，特定外设的首个地址称为"XX 外设基地址"，也叫 XX 外设的边界地址。具体有关 STM32F10xx 外设的边界地址请参考《STM32F10xx 参考手册》的 2.3 小节中的存储器映射的表 1：STM32F10xx 寄存器边界地址。

这里面我们以 GPIO 这个外设来讲解外设的基地址，GPIO 属于高速的外设，挂载到 APB2 总线上，具体见表 5-6。

3. 外部寄存器

在 XX 外设的地址范围内，分布着的就是该外设的寄存器。以 GPIO 外设为例，GPIO 是"通用输入输出端口"的简称，简单来说就是 STM32 可控制的引脚，基本功能是控制引脚输出高电平或者低电平。最简单的应用就是把 GPIO 的引脚连接到 LED 的阴极，LED 的阳极接电源，然后通过 STM32 控制该引脚的电平，从而实现控制 LED 亮灭的功能。

GPIO 有很多寄存器，每一个都有特定的功能。每个寄存器为 32 位，占 4 个字节，在该外设的基地址上按照顺序排列，寄存器的位置都以相对该外设基地址的偏移地址来描述。这里我们以 GPIOB 端口为例，来说明 GPIO 都有哪些寄存器，具体见表 5-7。

表 5-5 总线基地址

总线名称	总线基地址	相对外设基地址的偏移
APB1	0x4000 0000	0x0
APB2	0x4001 0000	0x0001 0000
AHB	0x4001 8000	0x0001 8000

表 5-6 外设 GPIO 基地址

外设名称	外设基地址	相对 APB2 总线的地址偏移
GPIOA	0x4001 0800	0x0000 0800
GPIOB	0x4001 0C00	0x0000 0C00
GPIOC	0x4001 1000	0x0000 1000
GPIOD	0x4001 1400	0x0000 1400
GPIOE	0x4001 1800	0x0000 1800
GPIOF	0x4001 1C00	0x0000 1C00
GPIOG	0x4001 2000	0x0000 2000

表 5-7 GPIOB 端口的寄存器地址列表

寄存器名称	寄存器地址	相对 GPIOB 基址的偏移
GPIOB_CRL	0x4001 0C00	0x00
GPIOB_CRH	0x4001 0C04	0x04
GPIOB_IDR	0x4001 0C08	0x08
GPIOB_ODR	0x4001 0C0C	0x0C
GPIOH_BSRR	0x4001 0C10	0x10
GPIOH_BRR	0x4001 0C14	0x14
GPIOH_LCKR	0x4001 0C18	0x18

有关外设的寄存器说明可参考《STM32F10xx 参考手册》具体章节中的寄存器描述部分，在编程的时候我们需要反复查阅外设的寄存器说明。

这里我们以"GPIO端口置位/复位寄存器"为例，教大家如何理解寄存器的说明，具体见图5-6。

❶ 端口位设置/清除寄存器（GPIOx_BSRR）(x=A..E)
❷ 地址偏移：0x10
   复位值：0x0000 0000
                                                                              ❸

31	30	29	28	27	26	25	24	23	22	21	20	19	18	17	16
BR15	BR14	BR13	BR12	BR11	BR10	BR9	BR8	BR7	BR6	BR5	BR4	BR3	BR2	BR1	BR0
w	w	w	w	w	w	w	w	w	w	w	w	w	w	w	w
15	14	13	12	11	10	9	8	7	6	5	4	3	2	1	0
BS15	BS14	BS13	BS12	BS11	BS10	BS9	BS8	BS7	BS6	BS5	BS4	BS3	BS2	BS1	BS0
w	w	w	w	w	w	w	w	w	w	w	w	w	w	w	w

❹ 位31:16 BRy：清除端口 x 的位 y（y = 0...15）(Port × Reset bit y)
          这些位只能写入并只能以字（16位）的形式操作。
          0：对对应的 ODRy 位不产生影响
          1：清除对应的 ODRy 位为 0
          注：如果同时设置了 BSy 和 BRy 的对应位，BSy 位起作用。
  位15:0   BRy：设置端口 x 的位 y（y = 0...15）(Port × Set bit y)
          这些位只能写入并只能以字（16位）的形式操作。
          0：对对应的 ODRy 位不产生影响
          1：设置对应的 ODRy 位为 1

图 5-6　GPIO 端口置位/复位寄存器说明

（1）名称

寄存器说明中首先列出了该寄存器中的名称，"(GPIOx_BSRR)(x=A…E)"这段的意思是：该寄存器名为"GPIOx_BSRR"，其中的"x"可以为 A～E，也就是说这个寄存器说明适用于 GPIOA、GPIOB 至 GPIOE，这些 GPIO 端口都有这样的一个寄存器。

（2）地址偏移

地址偏移是指本寄存器相对于这个外设的基地址的偏移。本寄存器的偏移地址是 0x18，从参考手册中我们可以查到 GPIOA 外设的基地址为 0x4001 0800，由此可以算出 GPIOA 的这个 GPIOA_BSRR 寄存器的地址为：0x4001 0800+0x18；同理，由于 GPIOB 的外设基地址为 0x4001 0C00，可算出 GPIOB_BSRR 寄存器的地址为：0x4001 0C00+0x18。其他 GPIO 端口以此类推即可。

（3）寄存器位表

紧接着的是本寄存器的位表，表中列出它的 0～31 位的名称及权限。表上方的数字为位编号，中间为位名称，最下方为读写权限，其中 w 表示只写，r 表示只读，rw 表示可读写。本寄存器中的位权限都是 w，所以只能写，如果要读本寄存器，则无法保证读取到它真正内容。而有的寄存器为只读，一般用于表示 STM32 外设的某种工作状态的，由 STM32 硬件自动更改，程序通过读取那些寄存器位来判断外设的工作状态。

（4）位功能说明

位功能是寄存器说明中最重要的部分，它详细介绍了寄存器每一位的功能。例如本寄存器中有两种寄存器位,分别为 BRy 及 BSy,其中的 y 数值可以是 0～15,这里的 0～15 表示端口的引脚号,如 BR0、BS0 用于控制 GPIOx 的第 0 个引脚,若 x 表示 GPIOA,那就是控制 GPIOA 的第 0 引脚,而 BR1、BS1 就是控制 GPIOA 的第 1 个引脚。

其中 BRy 引脚的说明是 "0:对对相应的 ODRy 位不产生影响;1:清除对相应 ODRy 位为 0"。说明中的 ODRx 是另一个寄存器的寄存器位,我们只需要知道 ODRx 位为 1 的时候,对应的引脚 x 输出高电平,为 0 的时候对应的引脚输出低电平即可(感兴趣的读者可以查询该寄存器 GPIOx_ODR 的说明了解)。所以,如果对 BR0 写入 "1" 的话,那么 GPIOx 的第 0 个引脚就会输出 "低电平",但是对 BR0 写入 "0" 的话,却不会影响 ODR0 位,所以引脚电平不会改变。要想该引脚输出 "高电平",就需要对 "BS0" 位写入 "1",寄存器位 BSy 与 BRy 是相反的操作。

5.4.2 C 语言对寄存器的封装

以上所有关于存储器映射的内容,最终都是为大家更好地理解如何用 C 语言控制读写外部寄存器做准备,本节是本章的重点内容。

1. 封装总线和外设基地址

在编程上,为了方便理解和记忆,我们把总线基地址和外设基地址都用相应的宏定义,总线或者外设都以它们的名字作为宏名,具体见代码清单 5-4。

代码清单 5-4　总线和外设基址宏定义

```
 1  /* 外设基地址 */
 2  #define PERIPH_BASE            ((unsigned int)0x40000000)
 3
 4  /* 总线基地址 */
 5  #define APB1PERIPH_BASE        PERIPH_BASE
 6  #define APB2PERIPH_BASE        (PERIPH_BASE + 0x00010000)
 7  #define AHBPERIPH_BASE         (PERIPH_BASE + 0x00020000)
 8
 9
10  /* GPIO 外设基地址 */
11  #define GPIOA_BASE             (APB2PERIPH_BASE + 0x0800)
12  #define GPIOB_BASE             (APB2PERIPH_BASE + 0x0C00)
13  #define GPIOC_BASE             (APB2PERIPH_BASE + 0x1000)
14  #define GPIOD_BASE             (APB2PERIPH_BASE + 0x1400)
15  #define GPIOE_BASE             (APB2PERIPH_BASE + 0x1800)
16  #define GPIOF_BASE             (APB2PERIPH_BASE + 0x1C00)
17  #define GPIOG_BASE             (APB2PERIPH_BASE + 0x2000)
18
19
20  /* 寄存器基地址,以 GPIOB 为例 */
21  #define GPIOB_CRL              (GPIOB_BASE+0x00)
22  #define GPIOB_CRH              (GPIOB_BASE+0x04)
23  #define GPIOB_IDR              (GPIOB_BASE+0x08)
24  #define GPIOB_ODR              (GPIOB_BASE+0x0C)
25  #define GPIOB_BSRR             (GPIOB_BASE+0x10)
26  #define GPIOB_BRR              (GPIOB_BASE+0x14)
27  #define GPIOB_LCKR             (GPIOB_BASE+0x18)
```

代码清单5-4首先定义了"片上外设"基地址PERIPH_BASE，接着在PERIPH_BASE上加入各个总线的地址偏移，得到APB1、APB2总线的地址APB1PERIPH_BASE、APB2PERIPH_BASE，在其之上加入外设地址的偏移，得到GPIOA～CPIOG的外设地址，最后在外设地址上加入各寄存器的地址偏移，即可得到特定寄存器的地址。一旦有了具体地址，就可以用指针读写，具体见代码清单5-5。

代码清单5-5　使用指针控制BSRR寄存器

```
1  /* 控制GPIOB引脚0输出低电平(BSRR寄存器的BR0置1) */
2  *(unsigned int *)GPIOB_BSRR = (0x01<<(16+0));
3
4  /* 控制GPIOB引脚0输出高电平(BSRR寄存器的BS0置1) */
5  *(unsigned int *)GPIOB_BSRR = 0x01<<0;
6
7  unsigned int temp;
8  /* 读取GPIOB端口所有引脚的电平(读IDR寄存器) */
9  temp = *(unsigned int *)GPIOB_IDR;
```

该代码使用(unsigned int *)把GPIOB_BSRR宏的数值强制转换成了地址，然后再用"*"号做取指针操作，对该地址的赋值，从而实现了写寄存器的功能。同样，读寄存器也是用取指针操作，把寄存器中的数据取到变量里，从而获取STM32外设的状态。

2. 封装寄存器列表

用上面的方法定义地址，还是稍显繁琐，例如GPIOA～GPIOE都各有一组功能相同的寄存器，如GPIOA_ODR、GPIOB_ODR、GPIOC_ODR等，它们只是地址不一样，但却要为每个寄存器都定义地址。为了更方便地访问寄存器，我们引入C语言中的结构体语法对寄存器进行封装，具体见代码清单5-6。

代码清单5-6　使用结构体对GPIO寄存器组的封装

```
1  typedef unsigned         int uint32_t; /*无符号32位变量*/
2  typedef unsigned short   int uint16_t; /*无符号16位变量*/
3
4  /* GPIO寄存器列表 */
5  typedef struct {
6      uint32_t CRL;       /*GPIO端口配置低寄存器      地址偏移：0x00 */
7      uint32_t CRH;       /*GPIO端口配置高寄存器      地址偏移：0x04 */
8      uint32_t IDR;       /*GPIO数据输入寄存器        地址偏移：0x08 */
9      uint32_t ODR;       /*GPIO数据输出寄存器        地址偏移：0x0C */
10     uint32_t BSRR;      /*GPIO位设置/清除寄存器     地址偏移：0x10 */
11     uint32_t BRR;       /*GPIO端口位清除寄存器      地址偏移：0x14 */
12     uint16_t LCKR;      /*GPIO端口配置锁定寄存器    地址偏移：0x18 */
13 } GPIO_TypeDef;
```

这段代码用typedef关键字声明了名为GPIO_TypeDef的结构体类型，结构体内有7个成员变量，变量名正好对应寄存器的名字。C语言的语法规定，结构体内变量的存储空间是连续的，其中32位的变量占用4个字节，16位的变量占用2个字节，具体见图5-7。

也就是说，我们定义的这个GPIO_TypeDef，假如这个结构体的首地址为0x4001 0C00（这也是第1个成员变量CRL的地址），那么结构体中第2个成员变量CRH的地址即为0x4001

0C00 +0x04，加上的这个 0x04，正是代表 CRL 所占用的 4 个字节地址的偏移量，其他成员变量相对于结构体首地址的偏移，在上述代码右侧注释中给出。

这样的地址偏移与 STM32 GPIO 外设定义的寄存器地址偏移一一对应，只要给结构体设置好首地址，就能把结构体内成员的地址确定下来，然后就能以结构体的形式访问寄存器，具体见代码清单 5-7。

这段代码先用 GPIO_TypeDef 类型定义一个结构体指针 GPIOx，并让指针指向地址 GPIOB_BASE(0x4001 0C00)，使用地址确定下来，然后根据 C 语言访问结构体的语法，用 GPIOx->ODR 及 GPIOx->IDR 等方式读写寄存器即可。

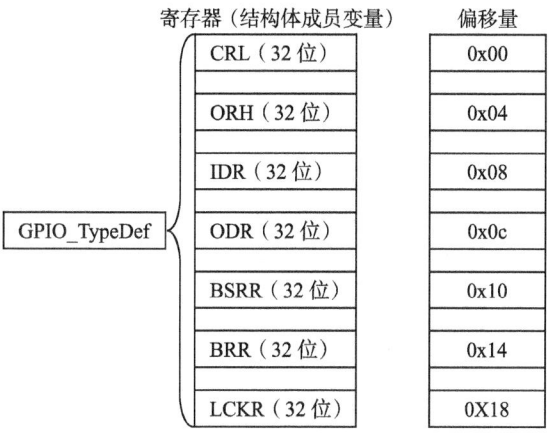

图 5-7　GPIO_TypeDef 结构体成员的地址偏移

最后，更进一步，直接使用宏定义好 GPIO_TypeDef 类型的指针，而且指针指向各个 GPIO 端口的首地址，使用时直接用该宏访问寄存器即可，具体见代码清单 5-8。

代码清单5-7　通过结构体指针访问寄存器

```
1  GPIO_TypeDef * GPIOx;              // 定义一个 GPIO_TypeDef 型结构体指针 GPIOx
2  GPIOx = GPIOB_BASE;                // 把指针地址设置为宏 GPIOH_BASE 地址
3  GPIOx->IDR = 0xFFFF;
4  GPIOx->ODR = 0xFFFF;
5
6
7  uint32_t temp;
8  temp = GPIOx->IDR;                 // 读取 GPIOB_IDR 寄存器的值到变量 temp 中
```

代码清单5-8　定义好GPIO端口首地址指针

```
1  /* 使用 GPIO_TypeDef 把地址强制转换成指针 */
2  #define GPIOA              ((GPIO_TypeDef *) GPIOA_BASE)
3  #define GPIOB              ((GPIO_TypeDef *) GPIOB_BASE)
4  #define GPIOC              ((GPIO_TypeDef *) GPIOC_BASE)
5  #define GPIOD              ((GPIO_TypeDef *) GPIOD_BASE)
6  #define GPIOE              ((GPIO_TypeDef *) GPIOE_BASE)
7  #define GPIOF              ((GPIO_TypeDef *) GPIOF_BASE)
8  #define GPIOG              ((GPIO_TypeDef *) GPIOG_BASE)
9  #define GPIOH              ((GPIO_TypeDef *) GPIOH_BASE)
10
11
12
13 /* 使用定义好的宏直接访问 */
14 /* 访问 GPIOB 端口的寄存器 */
15 GPIOB->BSRR = 0xFFFF;              // 通过指针访问并修改 GPIOB_BSRR 寄存器
16 GPIOB->CRL = 0xFFFF;               // 修改 GPIOB_CRL 寄存器
17 GPIOB->ODR =0xFFFF;                // 修改 GPIOB_ODR 寄存器
18
19 uint32_t temp;
```

```
20  temp = GPIOB->IDR;                  // 读取 GPIOB_IDR 寄存器的值到变量 temp 中
21
22  /* 访问 GPIOA 端口的寄存器 */
23  GPIOA->BSRR = 0xFFFF;
24  GPIOA->CRL  = 0xFFFF;
25  GPIOA->ODR  =0xFFFF;
26
27  uint32_t temp;
28  temp = GPIOA->IDR;                   // 读取 GPIOA_IDR 寄存器的值到变量 temp 中
```

这里我们仅是以 GPIO 这个外设为例，给大家讲解了 C 语言对寄存器的封装。以此类推，其他外设也同样可以用这种方法来封装。好消息是，这部分工作已经由固件库帮我们完成了，这里我们只是分析这个封装的过程，让大家知其然，也知其所以然。

3. 修改寄存器的位操作方法

使用 C 语言对寄存器赋值时，我们常常要求只修改该寄存器的某几位的值，且其他的寄存器位不变，这个时候就需要用到 C 语言的位操作方法了。

（1）把变量的某位清零

此处我们以变量 a 代表寄存器，并假设寄存器中本来已有数值，此时我们需要把变量 a 的某一位清零，且其他位不变，方法见代码清单 5-9。

代码清单5-9　对某位清零

```
1  // 定义一个变量 a = 1001 1111 b（二进制数）
2  unsigned char a = 0x9f;
3
4  // 对 bit2 清零
5
6  a &= ~(1<<2);
7
8  // 括号中的 1 左移两位，(1<<2) 得二进制数：0000 0100 b
9  // 按位取反，~(1<<2) 得 1111 1011 b
10 // 假如 a 中原来的值为二进制数：a = 1001 1111 b
11 // 所得的数与 a 作"位与 &"运算，a = (1001 1111 b)&(1111 1011 b),
12 // 经过运算后，a 的值 a=1001 1011 b
13 // a 的 bit2 位被清零，而其他位不变
```

（2）把变量的某几个连续位清零

由于寄存器中有时会有连续几个寄存器位用于控制某个功能，现假设我们需要把寄存器的某几个连续位清零，且其他位不变，方法见代码清单 5-10。

代码清单5-10　对某几个连续位清零

```
1
2  // 若把 a 中的二进制位分成两个一组
3  // 即 bit0、bit1 为第 0 组, bit2、bit3 为第 1 组
4  //   bit4、bit5 为第 2 组, bit6、bit7 为第 3 组
5  // 要对第 1 组的 bit2、bit3 清零
6
7  a &= ~(3<<2*1);
8
9  // 括号中的 3 左移两位，(3<<2*1) 得二进制数：0000 1100 b
10 // 按位取反，~(3<<2*1) 得 1111 0011 b
```

```
11  // 假如 a 中原来的值为二进制数: a = 1001 1111 b
12  // 所得的数与 a 作"位与 &"运算, a = (1001 1111 b)&(1111 0011 b),
13  // 经过运算后, a 的值 a=1001 0011 b
14  // a 的第 1 组的 bit2、bit3 被清零, 而其他位不变
15
16  // 上述 (~(3<<2*1)) 中的 (1) 即为组编号; 如清零第 3 组 bit6、bit7 此处应为 3
17  // 括号中的 (2) 为每组的位数, 每组有两个二进制位; 若分成 4 个一组, 此处即为 4
18  // 括号中的 (3) 是组内所有位都为 1 时的值; 若分成 4 个一组, 此处即为二进制数 "1111 b"
19
20  // 例如对第 2 组 bit4、bit5 清零
21  a &= ~(3<<2*2);
```

（3）对变量的某几位进行赋值

寄存器位经过上面的清零操作后，接下来就可以方便地对某几位写入所需要的数值了，且其他位不变，方法见代码清单 5-11。这时候写入的数值一般就是需要设置寄存器的位参数。

代码清单5-11　对某几位进行赋值

```
1  //a = 1000 0011 b
2  // 此时对清零后的第 2 组 bit4、bit5 设置成二进制数 "01 b"
3
4  a |= (1<<2*2);
5  //a = 1001 0011 b, 成功设置了第 2 组的值, 其他组不变
```

（4）对变量的某位取反

某些情况下，我们需要对寄存器的某个位进行取反操作，即 1 变 0, 0 变 1, 这可以直接用如下操作，其他位不变，见代码清单 5-12。

代码清单5-12　对某位进行取反操作

```
1  //a = 1001 0011 b
2  // 把 bit6 取反, 其他位不变
3
4  a ^=(1<<6);
5  //a = 1101 0011 b
```

关于修改寄存器位的这些操作，在下一章中有应用实例代码，可配合阅读。

第 6 章
新建工程——寄存器版

6.1 新建本地工程文件夹

为了使工程目录更加清晰,我们在本地电脑上新建 1 个文件夹用于存放整个工程,如命名为"LED",然后在该目录下新建两个文件夹,具体见表 6-1 和图 6-1。

表 6-1 工程目录文件夹清单

名 称	作 用
Listings	存放编译器编译时产生的 C/ 汇编 / 链接的代码清单
Objects	存放编译产生的调试信息、hex 文件、预览信息、封装库等

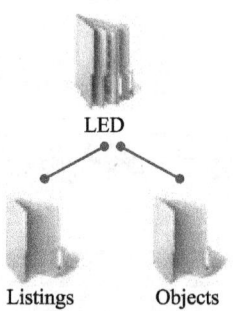

图 6-1 工程文件夹目录

在本地新建好文件夹后,在文件夹下新建一些文件,见表 6-2。

表 6-2 工程目录文件夹内容清单

名 称	作 用
LED	存放 startup_stm32f10x_hd.s、stm32f10x.h、main.c 文件
Listing	暂时为空
Objects	暂时为空

6.2 新建工程

打开 KEIL5，新建一个工程，见图 6-2。工程名根据喜好命名，这里取 LED-REG，直接保存在 LED 文件夹下。

1. 选择 CPU 型号

这个根据自己开发板使用的 CPU 具体型号来选择，F103"指南者"选 STM32F103VE 型号，见图 6-3。如果这里没有出现想要的 CPU 型号，或者一个型号都没有，那么肯定是你的 KEIL5 没有添加 device 库，KEIL5 不像 KEIL4 那样自带了很多 MCU 的型号，而是需要自己添加。关于如何添加请参考第 1 章。

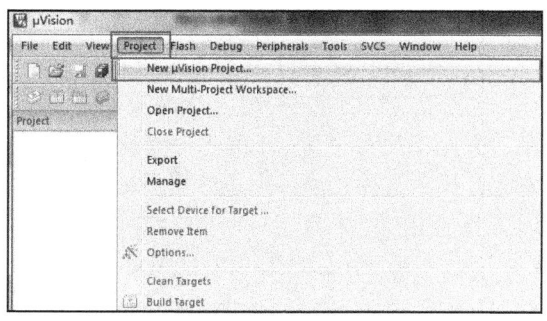

图 6-2 在 KEIL5 中新建工程

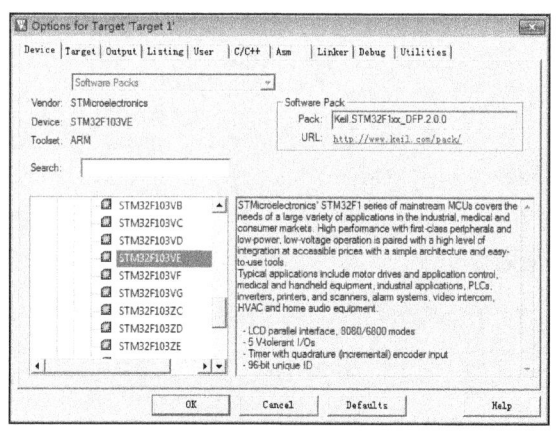

图 6-3 选择具体的 CPU 型号

2. 在线添加库文件

用寄存器控制 STM32 时我们不需要在线添加库文件，这里单击关闭按钮，见图 6-4。

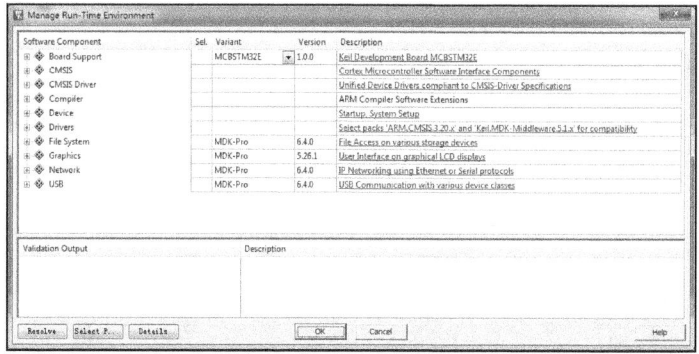

图 6-4 库文件管理

3. 添加文件

在新建的工程中添加文件，可以从本地建好的工程文件夹下获取，双击组文件夹就会出现添加文件的路径，然后选择文件即可。我们对要添加的 3 个文件说明如下，见图 6-5。

（1）startup_stm32f10x_hd.s

这是启动文件、系统上电后第一个运行的程序，由汇编语言编写，C 编程用得比较少，可暂时不管，这个文件从固件库里面拷贝而来，由官方提供。文件在这个目录下：STM32F10x_StdPeriph_Lib_V3.5.0\Libraries\CMSIS\CM3\DeviceSupport\ST\STM32F10x\startup\arm\startup_stm32f10x_hd.s。

（2）stm32f10x.h

用户手动新建，用于存放寄存器映射的代码，暂时为空。

（3）main.c

用户手动新建，用于存放 main 函数，暂时为空。

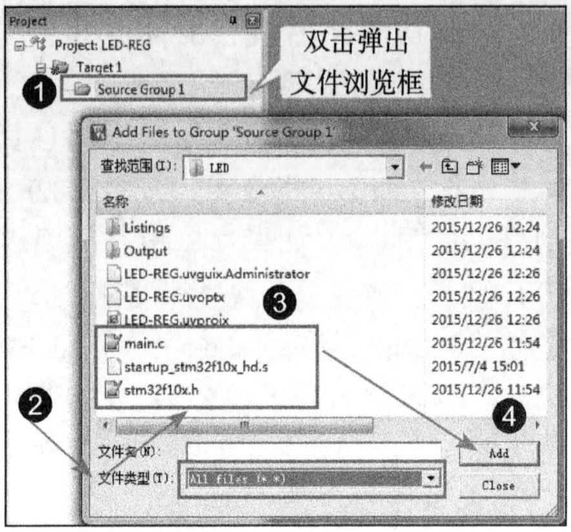

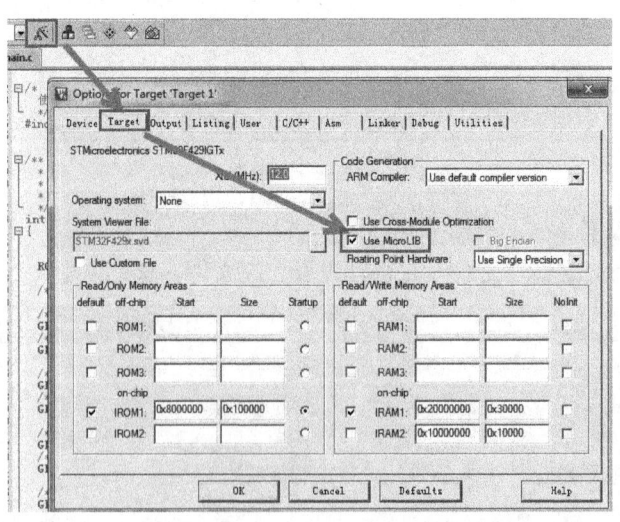

图 6-5 在工程中添加文件

4. 配置魔术棒选项卡

这一步的配置工作很重要，很多时候，串口用不了 printf 函数，编译有问题，或下载有问题，都是在这个步骤的配置中出了错。

1）在 Target 选项卡中选中"Use MicroLIb"复选框，为的是在日后编写串口驱动的时候可以使用 printf 函数，见图 6-6。

图 6-6 选中微库

2）在 Output 选项卡中把输出文件夹定位到工程目录下的 Output 文件夹。如果想在编译的过程中生成 hex 文件，那么把 Create HEX File 选项勾选上，见图 6-7。

第 6 章 新建工程——寄存器版

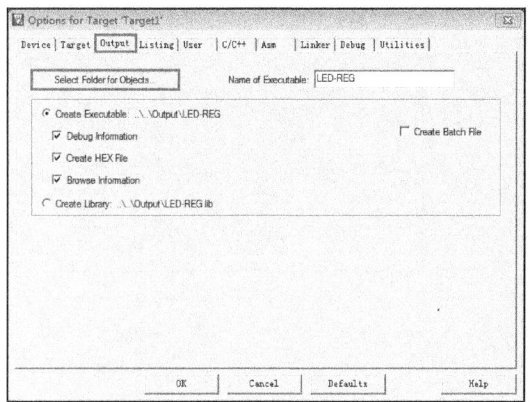

图 6-7 配置 Output 选项卡

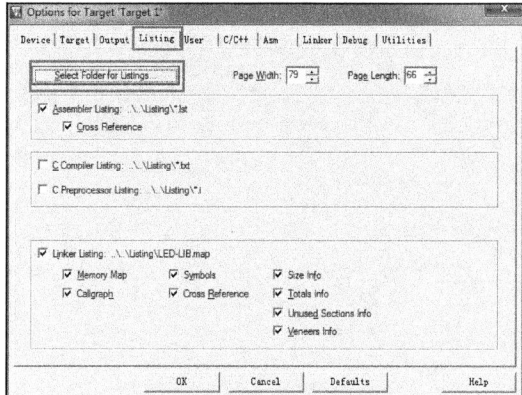

图 6-8 配置 Listing 选项卡

3）在 Listing 选项卡中把输出文件夹定位到工程目录下的 Listing 文件夹，见图 6-8。

5. 下载器配置

在仿真器连接好电脑和开发板且开发板供电正常的情况下，打开编译软件 KEIL，在魔术棒选项卡里面选择仿真器的型号，具体过程如下。

1）Debug 选项的配置见图 6-9。

2）Utilities 选项的配置见图 6-10。

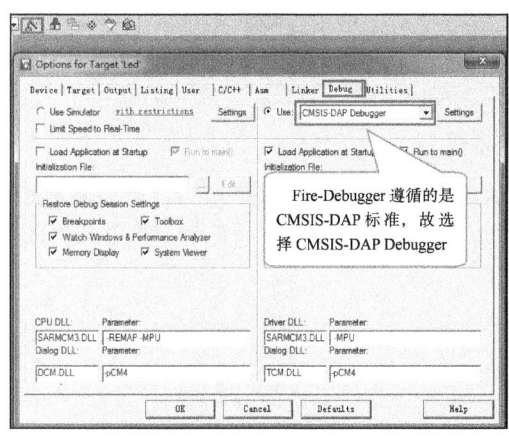

图 6-9 在 Debug 选项卡中选择
CMSIS-DAP Debugger

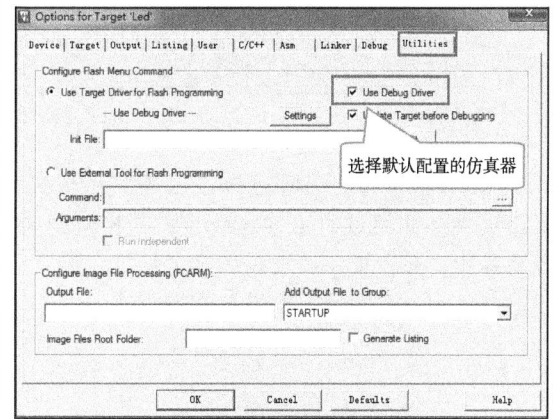

图 6-10 在 Utilities 选项卡中选择
Use Debug Driver

3）Debug 选项的配置见图 6-11。

选择目标板，具体选择多大的 Flash 要根据板子上的芯片型号决定，见图 6-12。F103 指南者选 512k。这里面有个小技巧就是把 Reset and Run 也勾选上，这样程序下载完之后就会自动运行，否则需要手动复位。擦除的 Flash 大小选择 Erase Sectors 即可，不要选择 Erase Full Chip，下载会非常慢。

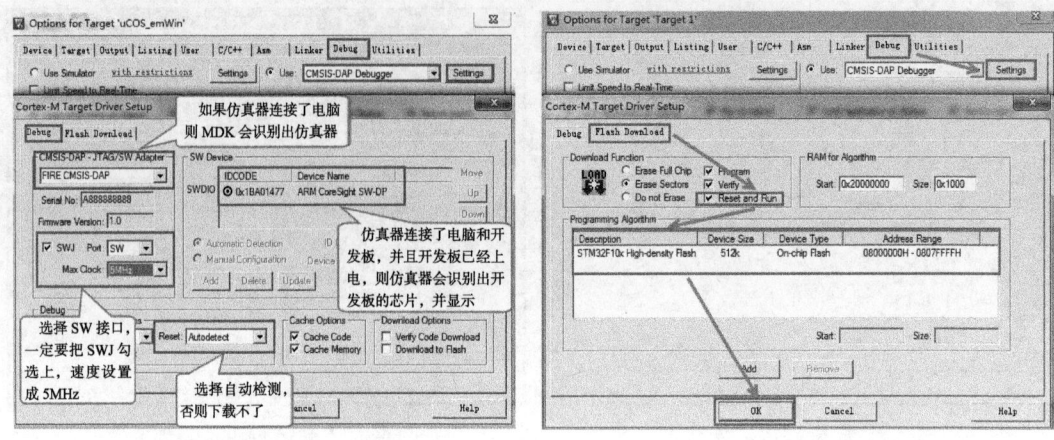

图 6-11　Debug 选项的配置　　　　　　图 6-12　选择目标板

6.3　下载程序

如果前面的步骤都成功了，接下来就可以把编译好的程序下载到开发板上运行。下载程序不需要其他额外的软件，直接单击 KEIL 中的 LOAD 按钮即可，见图 6-13。

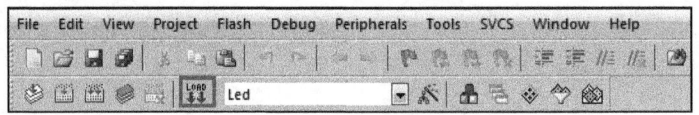

图 6-13　下载程序

程序下载后，在 Build Output 窗格中如果显示出 "Application running..." 则表示程序下载成功。如果没有出现实验现象，按复位键试试。当然，这只是一个工程模板，我们还没写程序，开发板不会有任何现象。

至此，一个新的工程模板新建完毕。

第 7 章 使用寄存器点亮 LED

7.1 GPIO 简介

GPIO 是通用输入输出端口的简称，简单来说就是 STM32 可控制的引脚。将 STM32 芯片的 GPIO 引脚与外部设备连接起来，即可实现与外部通信、控制以及数据采集的功能。STM32 芯片的 GPIO 被分成很多组，每组有 16 个引脚，如型号为 STM32F103VET6 的芯片有 GPIOA 至 GPIOE 共 5 组 GPIO。芯片一共 100 个引脚，其中 GPIO 就占了一大部分，所有的 GPIO 引脚都有基本的输入输出功能。

最基本的输出功能是由 STM32 控制引脚输出高、低电平，实现开关控制，如把 GPIO 引脚接入 LED 灯，就可以控制 LED 灯的亮灭；引脚接入继电器或三极管，就可以通过继电器或三极管控制外部大功率电路的通断。

最基本的输入功能是检测外部输入电平，如把 GPIO 引脚连接到按键，然后通过电平高低区分按键是否被按下。

7.2 GPIO 框图剖析

通过 GPIO 硬件结构框图，就可以从整体上深入了解 GPIO 外设及它的各种应用模式，见图 7-1。从最右端看起，最右端就是代表 STM32 芯片引出的 GPIO 引脚，其余部件都位于芯片内部。

7.2.1 基本结构分析

下面我们按图 7-1 中的编号对 GPIO 端口的结构部件进行说明。

1. 保护二极管及上、下拉电阻

引脚的两个保护二极管可以防止引脚外部过高或过低的电压输入，当引脚电压高于 V_{DD} 时，上方的二极管导通，当引脚电压低于 V_{SS} 时，下方的二极管导通，防止不正常电压引入芯片导致芯片烧毁。尽管有这样的保护，并不意味着 STM32 的引脚能直接外接大功率驱动器件，如直接驱动电机，要么电机不转，要么导致芯片烧坏，必须要加大功率及隔离电路驱动。

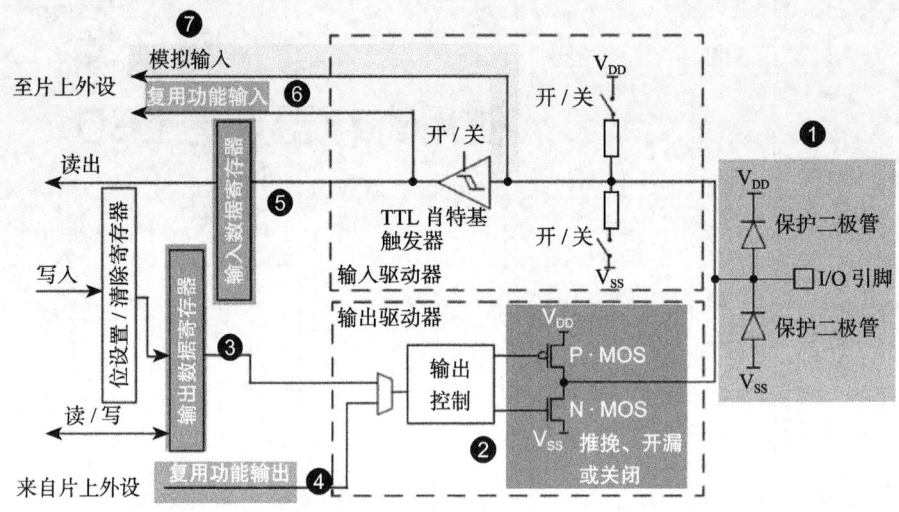

图 7-1　GPIO 结构框图

2. P-MOS 管和 N-MOS 管

GPIO 引脚线路经过两个保护二极管后，向上流向"输入模式"结构，向下流向"输出模式"结构。先看输出模式部分，线路经过一个由 P-MOS 和 N-MOS 管组成的单元电路。这个结构使 GPIO 具有了"推挽输出"和"开漏输出"两种模式。

所谓推挽输出模式，是根据这两个 MOS 管的工作方式来命名的。在该结构中输入高电平时，经过反向后，上方的 P-MOS 导通，下方的 N-MOS 关闭，对外输出高电平；而在该结构中输入低电平时，经过反向后，N-MOS 管导通，P-MOS 关闭，对外输出低电平。当引脚高低电平切换时，两个 MOS 管轮流导通，P 管负责灌电流，N 管负责拉电流，使其负载能力和开关速度都比普通的方式有很大的提高。推挽输出的低电平为 0V，高电平为 3.3V，推挽输出模式时的等效电路见图 7-2。

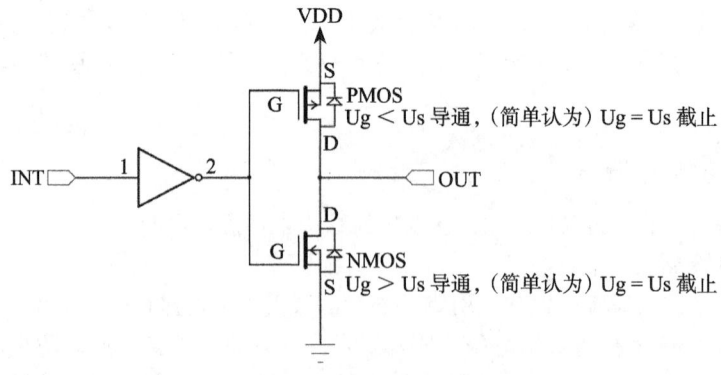

图 7-2　推挽等效电路

而在开漏输出模式时，上方的 P-MOS 管完全不工作。如果我们控制输出为 0，低电平，则 P-MOS 管关闭，N-MOS 管导通，使输出接地，若控制输出为 1（它无法直接输出高电平）时，则 P-MOS 管和 N-MOS 管都关闭，所以引脚既不输出高电平，也不输出低电平，为高阻态。正常使用时必须外部接上拉电阻，等效电路见图 7-3。它具有"线与"特性，也就是说，若有很多个开漏模式引脚连接到一起时，只有当所有引脚都输出高阻态时，才由上拉电阻提供高电平，此高电平的电压为外部上拉电阻所接的电源的电压。若其中一个引脚为低电平，那线路就相当于短路接地，使得整条线路都为低电平，0V。

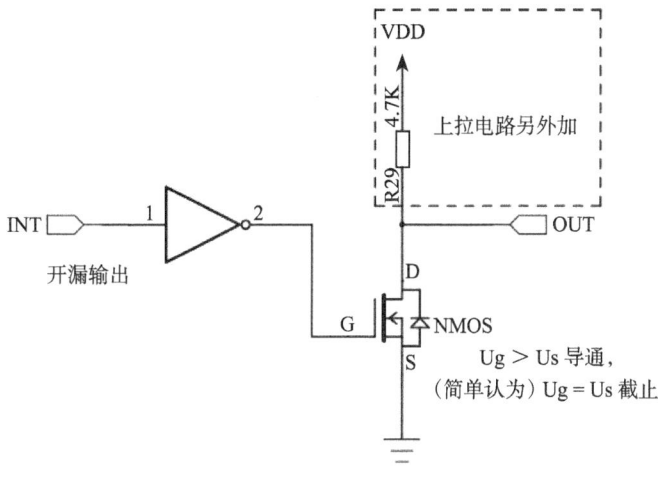

图 7-3　开漏电路

推挽输出模式一般应用在输出电平为 0 和 3.3V 而且需要高速切换开关状态的场合。在 STM32 的应用中，除了必须用开漏模式的场合，一般习惯使用推挽输出模式。

开漏输出一般应用在 I²C、SMBUS 通信等需要"线与"功能的总线电路中。除此之外，还用在电平不匹配的场合，如需要输出 5V 的高电平，就可以在外部接一个上拉电阻，上拉电源为 5V，并且把 GPIO 设置为开漏模式，当输出高阻态时，由上拉电阻和电源向外输出 5V 的电平，具体见图 7-4。

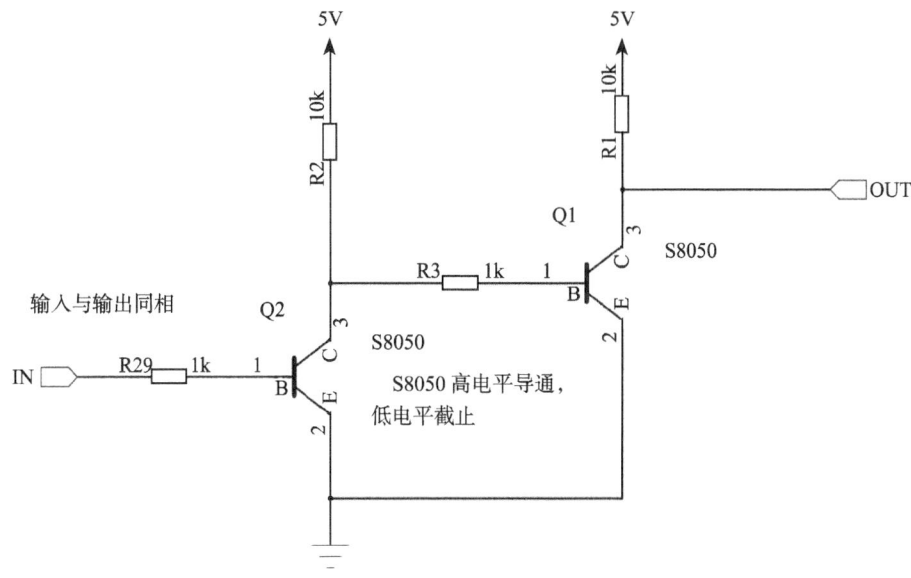

图 7-4　STM32 IO 对外输出 5V 电平

3. 输出数据寄存器

前面提到的双 MOS 管结构电路的输入信号，是由 GPIO "输出数据寄存器 GPIOx_ODR"提供的，因此我们通过修改输出数据寄存器的值，就可以修改 GPIO 引脚的输出电平。而"置位 / 复位寄存器 GPIOx_BSRR"可以通过修改输出数据寄存器的值，从而影响电路的输出。

4. 复用功能输出

"复用功能输出"中的"复用"是指 STM32 的其他片上外设对 GPIO 引脚进行控制，此时 GPIO 引脚用作该外设功能的一部分，算是第二用途。从其他外设引出来的"复用功能输出信号"与 GPIO 本身的数据寄存器都连接到双 MOS 管结构的输入中，将图 7-1 中的梯形结构作为开关切换选择。

例如我们使用 USART 串口通信时，需要用到某个 GPIO 引脚作为通信发送引脚，这个时候就可以把该 GPIO 引脚配置成 USART 串口复用功能，由串口外设控制该引脚，发送数据。

代码清单7-1　控制IO口全输出0xFF

```
1 // GPIOB 16个 IO 全输出 0XFF
2 GPIOB->ODR = 0XFF;
```

5. 输入数据寄存器

看 GPIO 结构框图（见图 7-1）的上半部分，GPIO 引脚经过内部的上、下拉电阻，可以配置成上 / 下拉输入，然后再连接到肖特基触发器，信号经过触发器后，模拟信号转化为 0、1 的数字信号，然后存储在"输入数据寄存器 GPIOx_IDR"中，通过读取该寄存器就可以了解 GPIO 引脚的电平状态。

代码清单7-2　读取端口的数据值

```
1 // 读取GPIOB端口的16位数据值
2 uint16_t temp;
3 temp = GPIOB->IDR;
```

6. 复用功能输入

与"复用功能输出"模式类似，在"复用功能输入模式"时，GPIO 引脚的信号传输到 STM32 其他片上外设，由该外设读取引脚状态。

同样，如我们使用 USART 串口通信时，需要用到某个 GPIO 引脚作为通信接收引脚，这个时候就可以把该 GPIO 引脚配置成 USART 串口复用功能，使 USART 可以通过该通信引脚的接收远端数据。

7. 模拟输入输出

当 GPIO 引脚用于 ADC 采集电压的输入通道时，用作"模拟输入"功能，此时信号是不经过肖特基触发器的，因为经过肖特基触发器后信号只有 0、1 两种状态，所以 ADC 外设要采集到原始的模拟信号，信号源输入必须在肖特基触发器之前。类似地，当 GPIO 引脚用于 DAC 作为模拟电压输出通道时，此时作为"模拟输出"功能，DAC 的模拟信号输出就不经过双 MOS 管结构，而是直接输出到引脚。

7.2.2 GPIO 工作模式

总结一下，由 GPIO 的结构决定了 GPIO 可以配置成以下模式，见代码清单 7-3。

代码清单7-3　GPIO8种工作模式

```
1  typedef enum
2  {
3      GPIO_Mode_AIN = 0x0,              // 模拟输入
4      GPIO_Mode_IN_FLOATING = 0x04,     // 浮空输入
5      GPIO_Mode_IPD = 0x28,             // 下拉输入
6      GPIO_Mode_IPU = 0x48,             // 上拉输入
7      GPIO_Mode_Out_OD = 0x14,          // 开漏输出
8      GPIO_Mode_Out_PP = 0x10,          // 推挽输出
9      GPIO_Mode_AF_OD = 0x1C,           // 复用开漏输出
10     GPIO_Mode_AF_PP = 0x18,           // 复用推挽输出
11 } GPIOMode_TypeDef;
```

在固件库中，GPIO 总共有 8 种细分的工作模式，稍加整理可以大致归类为以下 3 类。

1. 输入模式（模拟 / 浮空 / 上拉 / 下拉）

在输入模式时，肖特基触发器打开，输出被禁止，可通过输入数据寄存器 GPIOx_IDR 读取 I/O 状态。其中输入模式可设置为上拉、下拉、浮空和模拟 4 种。上拉和下拉输入很好理解，默认的电平由上拉或者下拉决定。浮空输入的电平是不确定的，完全由外部的输入决定，一般接按键的时候用的是这个模式。模拟输入则用于 ADC 采集。

2. 输出模式（推挽 / 开漏）

在输出模式中，推挽模式时双 MOS 管轮流工作，输出数据寄存器 GPIOx_ODR 可控制 I/O 输出高低电平。开漏模式时，只有 N-MOS 管工作，输出数据寄存器可控制 I/O 输出高阻态或低电平。输出速度可配置，有 2MHz、10MHz、50MHz 几种选项。此处的输出速度即 I/O 支持的高低电平状态最高切换频率，支持的频率越高，功耗越大，如果功耗要求不严格，把速度设置成最大即可。

在输出模式时肖特基触发器是打开的，即输入可用，通过输入数据寄存器 GPIOx_IDR 可读取 I/O 的实际状态。

3. 复用功能（推挽 / 开漏）

复用功能模式中，输出使能，输出速度可配置，可工作在开漏及推挽模式，但是输出信号源于其他外设，输出数据寄存器 GPIOx_ODR 无效；输入可用，通过输入数据寄存器可获取 I/O 实际状态，但一般直接用外设的寄存器来获取该数据信号。

通过对 GPIO 寄存器写入不同的参数，就可以改变 GPIO 的工作模式。再强调一下，要了解具体寄存器，一定要查阅《STM32F10X- 中文参考手册》中对应外设的寄存器说明。在 GPIO 外设中，控制端口高低控制寄存器 CRH 和 CRL 可以配置每个 GPIO 的工作模式和工作的速度，每 4 位控制一个 IO，CRL 控制端口的低 8 位（见图 7-5），CRH 控制端口的高 8 位（见图 7-6），具体要看 CRL 和 CRH 的寄存器描述。

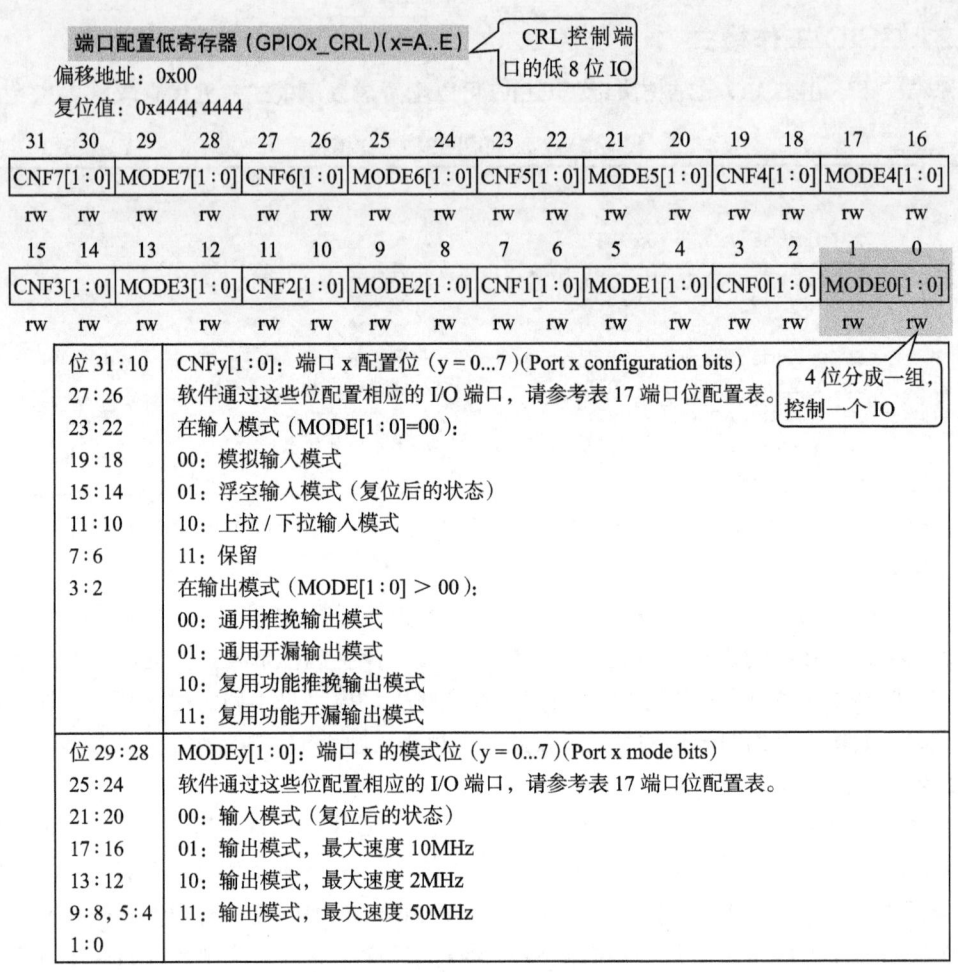

图 7-5　GPIO 端口配置低寄存器

7.3　实验：使用寄存器点亮 LED

本小节中，我们以实例讲解如何通过控制寄存器来点亮 LED。此处侧重于讲解原理，请直接用 KEIL5 软件打开我们提供的实验例程配合阅读，先了解原理。学习完本小节后，再尝试自己建立一个同样的工程。本节配套例程名称为"GPIO 输出——使用寄存器点亮 LED"，在工程目录下找到后缀为".uvprojx"的文件，用 KEIL5 打开即可。

自己尝试新建工程时，请对照查阅第 6 章。若没有安装 KEIL5 软件，请参考第 1 章。

打开该工程，见图 7-7，可看到一共有 3 个文件，分别为 startup_stm32f10x_hd.s、stm32f10x.h 以及 main.c。下面我们对这 3 个文件进行讲解。

第 7 章 使用寄存器点亮 LED   49

端口配置高寄存器（GPIOx_CRH）(x=A..E)
偏移地址：0x04
复位值：0x4444 4444

CRH 控制端口的高 8 位 IO

31	30	29	28	27	26	25	24	23	22	21	20	19	18	17	16
CNF15[1:0]		MODE15[1:0]		CNF14[1:0]		MODE14[1:0]		CNF13[1:0]		MODE13[1:0]		CNF12[1:0]		MODE12[1:0]	
rw	rw	rw	rw	rw	rw	rw	rw	rw	rw	rw	rw	rw	rw	rw	rw

15	14	13	12	11	10	9	8	7	6	5	4	3	2	1	0
CNF11[1:0]		MODE11[1:0]		CNF10[1:0]		MODE10[1:0]		CNF9[1:0]		MODE9[1:0]		CNF8[1:0]		MODE8[1:0]	
rw	rw	rw	rw	rw	rw	rw	rw	rw	rw	rw	rw	rw	rw	rw	rw

4 位分成一组，控制一个 IO

位 31:10 27:26 23:22 19:18 15:14 11:10 7:6 3:2	CNFy[1:0]：端口 x 配置位（y = 8...15）(Port x configuration bits) 软件通过这些位配置相应的 I/O 端口，请参考表 17 端口位配置表。 在输入模式（MODE[1:0]=00）： 00：模拟输入模式 01：浮空输入模式（复位后的状态） 10：上拉/下拉输入模式 11：保留 在输出模式（MODE[1:0] > 00）： 00：通用推挽输出模式 01：通用开漏输出模式 10：复用功能推挽输出模式 11：复用功能开漏输出模式
位 9:28 25:24 21:20 17:16 13:12 9:8, 5:4 1:0	MODEy[1:0]：端口 x 的模式位（y = 8...15）(Port x mode bits) 软件通过这些位配置相应的 I/O 端口，请参考表 17 端口位配置表。 00：输入模式（复位后的状态） 01：输出模式，最大速度 10MHz 10：输出模式，最大速度 2MHz 11：输出模式，最大速度 50MHz

图 7-6　GPIO 端口配置高寄存器

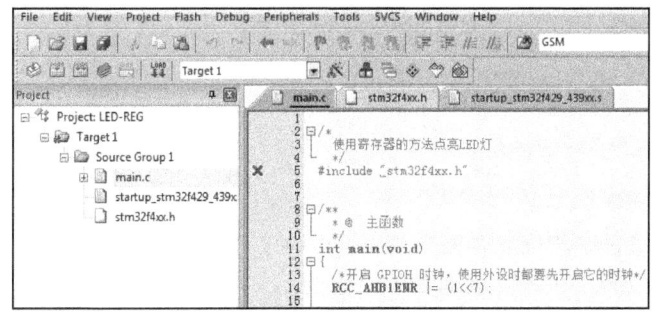

图 7-7　工程文件结构

7.3.1　硬件连接

在本书中 STM32 芯片与 LED 的连接见图 7-8。这是一个 RGB 灯，由红蓝绿 3 个小灯构成，使用 PWM 控制时可以混合成 256 种不同的颜色。

图 7-8 中从 3 个 LED 的阳极引出连接到 3.3V 电源，阴极各经过 1 个限流电阻引入至 STM32 的 3 个 GPIO 引脚，所以我们只要控制这 3 个引脚输出高低电平，即可控制其所连接的 LED 的亮灭。如果您的实验板 STM32 连接到 LED 的引脚或极性不一样，只需要修改程序到对应的 GPIO 引脚即可，工作原理都是一样的。

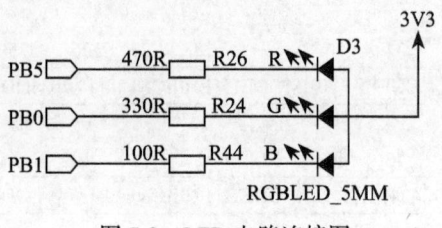

图 7-8　LED 电路连接图

我们的目标是把 GPIO 的引脚设置成推挽输出模式，并且默认下拉，输出低电平，这样就能让 LED 亮起来了。

7.3.2　启动文件

启动文件在这里只是简要地介绍，关于这个文件的详解请参考第 14 章。

名为 startup_stm32f10x_hd.s 的文件中用汇编语言写好了基本程序，当 STM32 芯片上电启动的时候，首先会执行这里的汇编程序，从而建立起 C 语言的运行环境，所以我们把这个文件称为启动文件。该文件使用的汇编指令是 Cortex-M3 内核支持的指令，可参考《Cortex-M3 权威指南》中指令集内容。

startup_stm32f10x_hd.s 文件由官方提供，一般需要修改也是在官方的基础上修改，不会自己完全重写。该文件可以从 ST 固件库里面找到，找到该文件后把启动文件添加到工程中即可。不同型号的芯片以及不同编译环境下使用的汇编文件是不一样的，但功能相同。

对于启动文件这部分我们主要总结它的功能，不详细讲解里面的代码。其功能如下：

- 初始化堆栈指针 SP。
- 初始化程序计数器指针 PC。
- 设置堆、栈的大小。
- 初始化中断向量表。
- 配置外部 SRAM 作为数据存储器（这个由用户配置，一般的开发板没有外部 SRAM）。
- 调用 SystemIni() 函数配置 STM32 的系统时钟。
- 设置 C 库的分支入口 "__main"（最终用来调用 main 函数）。

先去除繁枝细节，挑重点的讲，主要理解最后两点。在启动文件中有一段复位后立即执行的程序，见代码清单 7-4。在实际工程中阅读时，可使用编辑器的搜索（〈Ctrl+F〉）功能查找这段代码在文件中的位置，搜索关键字 Reset_Handler 即可找到。

代码清单7-4　复位后执行的程序

```
1 ;Reset handler
2 Reset_Handler    PROC
3                  EXPORT  Reset_Handler          [WEAK]
4                  IMPORT  SystemInit
5                  IMPORT  __main
6
7                  LDR     R0, =SystemInit
```

```
 8                BLX      R0
 9                LDR      R0, =__main
10                BX       R0
11                ENDP
```

第 1 行是程序注释，在汇编里面注释用的是"；"，相当于 C 语言的"//"注释符。

第 2 行定义了一个子程序：Reset_Handler。PROC 是子程序定义伪指令。这里就相当于 C 语言里定义了一个函数，函数名为 Reset_Handler。

第 3 行 EXPORT 表示 Reset_Handler 这个子程序可供其他模块调用。相当于 C 语言的函数声明。关键字 [WEAK] 表示弱定义，如果编译器发现在别处定义了同名的函数，则在链接时用别处的地址进行链接，如果其他地方没有定义，编译器也不报错，以此处地址进行链接。

第 4 行和第 5 行的 IMPORT 说明 SystemInit 和 __main 这两个标号在其他文件中，在链接的时候需要到其他文件中去寻找。相当于 C 语言中，从其他文件引入函数声明。以便下面对外部函数进行调用。

SystemInit 需要由我们自己实现，即要编写一个具有该名称的函数，用来初始化 STM32 芯片的时钟，一般包括初始化 AHB、APB 等各总线的时钟，需要经过一系列的配置才能使 STM32 达到稳定运行的状态。其实这个函数在固件库里面有，官方已经为用户写好。

__main 其实不是我们定义的（不要与 C 语言中的 main 函数混淆），这是一个 C 库函数，当编译器编译时，只要遇到这个标号就会定义这个函数。该函数的主要功能是：初始化栈、堆，配置系统环境，并在函数的最后调用用户编写的 main 函数，从此进入 C 的环境。

第 7 行把 SystemInit 的地址加载到寄存器 R0。

第 8 行程序跳转到 R0 中的地址执行程序，即执行 SystemInit 函数的内容。

第 9 行把 __main 的地址加载到寄存器 R0。

第 10 行程序跳转到 R0 中的地址执行程序，即执行 __main 函数，执行完毕就进入我们熟知的 C 世界，运行 main 函数。

第 11 行表示子程序的结束。

总之，看完这段代码后，了解到如下内容即可：我们需要在外部定义一个 SystemInit 函数设置 STM32 的时钟；STM32 上电后，会执行 SystemInit 函数，最后执行 C 语言中的 main 函数。

7.3.3　stm32f10x.h 文件

看完启动文件，该写 SystemInit 和 main 函数了吧？别着急，定义好了 SystemInit 函数和 main 我们又能写什么内容？连接 LED 的 GPIO 引脚，是要通过读写寄存器来控制的，就这样空着手，如何控制寄存器呢？我们知道，寄存器就是给一个已经分配好地址的特殊的内存空间取的一个别名，这个特殊的内存空间可以通过指针来操作。在编程之前我们要先实现寄存器映射，有关寄存器映射的代码都统一写在 stm32f10x.h 文件中，见代码清单 7-5。

代码清单7-5 外设地址定义

```
 1  /* 片上外设基地址    */
 2  #define PERIPH_BASE              ((unsigned int)0x40000000)
 3
 4  /* 总线基地址,GPIO 都挂载到 APB2 上 */
 5  #define APB2PERIPH_BASE          (PERIPH_BASE + 0x10000)
 6
 7  /* GPIOB 外设基地址 */
 8  #define GPIOB_BASE               (APB2PERIPH_BASE + 0x0C00)
 9
10  /* GPIOB 寄存器地址,强制转换成指针 */
11  #define GPIOB_CRL                *(unsigned int*)(GPIOB_BASE+0x00)
12  #define GPIOB_CRH                *(unsigned int*)(GPIOB_BASE+0x04)
13  #define GPIOB_IDR                *(unsigned int*)(GPIOB_BASE+0x08)
14  #define GPIOB_ODR                *(unsigned int*)(GPIOB_BASE+0x0C)
15  #define GPIOB_BSRR               *(unsigned int*)(GPIOB_BASE+0x10)
16  #define GPIOB_BRR                *(unsigned int*)(GPIOB_BASE+0x14)
17  #define GPIOB_LCKR               *(unsigned int*)(GPIOB_BASE+0x18)
18
19  /* RCC 外设基地址 */
20  #define RCC_BASE                 (AHBPERIPH_BASE + 0x1000)
21  /* RCC 的 AHB1 时钟使能寄存器地址,强制转换成指针 */
22  #define RCC_APB2ENR              *(unsigned int*)(RCC_BASE+0x18)
```

GPIO 外设的地址跟前面章节讲解的相同,不过此处把寄存器的地址值都直接强制转换成了指针,方便使用。代码的最后两段是 RCC 外部寄存器的地址定义,RCC 外设是用来设置时钟的,以后我们会详细分析,本实验中只要了解到使用 GPIO 外设必须开启它的时钟即可。

7.3.4 main 文件

现在可以开始编写程序,在 main 文件中先编写一个 main 函数,里面什么都没有,暂时为空。

```
1  int main (void)
2  {
3  }
```

此时直接编译的话,会出现如下错误:

```
Error: L6218E: Undefined symbol SystemInit (referred from startup_stm32f10x.o)
```

错误提示 SystemInit 没有定义。从分析启动文件时我们知道,Reset_Handler 调用了该函数用来初始化 SMT32 系统时钟,为了简单起见,我们在 main 文件里面定义一个 SystemInit 空函数,什么也不做,为的是骗过编译器,把这个错误去掉。关于配置系统时钟我们在后面再写。当我们不配置系统时钟时,STM32 会把 HSI 当作系统时钟,HSI=8M,由芯片内部的振荡器提供。我们在 main 中添加如下函数:

```
1  // 函数为空,目的是为了骗过编译器不报错
2  void SystemInit(void)
```

```
3 {
4 }
```

这时再编译就没有错了,完美解决。还有一个方法就是在启动文件中把有关 SystemInit 的代码注释掉也可以,见代码清单 7-6。

代码清单7-6　注释掉启动文件中调用SystemInit的代码

```
 1 ; Reset handler
 2 Reset_Handler    PROC
 3     EXPORT  Reset_Handler    [WEAK]
 4     ;IMPORT  SystemInit
 5     IMPORT  __main
 6
 7     ;LDR    R0, =SystemInit
 8     ;BLX    R0
 9     LDR    R0, =__main
10     BX     R0
11     ENDP
```

接下来在 main 函数中添加代码,实现我们的点亮 LED 功能。

1. GPIO 模式

首先我们把连接到 LED 的 GPIO 引脚 PB0 配置成输出模式,即配置 GPIO 的端口配置低寄存器 CRL,见图 7-9。CRL 中包含 0～7 号引脚,每个引脚占用 4 个寄存器位。MODE 位用来配置输出的速度,CNF 位用来配置各种输入输出模式。在这里我们把 PB0 配置为通用推挽输出,输出的速度为 10M,具体见代码清单 7-7。

代码清单7-7　配置输出模式

```
1 // 清空控制 PB0 的端口位
2 GPIOB_CRL &= ~( 0x0F<< (4*0));
3 // 配置 PB0 为通用推挽输出,速度为 10M
4 GPIOB_CRL |= (1<<4*0);
```

在代码中,我们先把控制 PB0 的端口位清 0,然后向它赋值 "0001 b",从而将 GPIOB0 引脚设置成输出模式,速度为 10M。

代码中使用了 "&=~" "|=" 这种操作方法,这是为了避免影响寄存器中的其他位,因为寄存器不能按位读写,假如我们直接给 CRL 寄存器赋值:

```
1 GPIOB_CRL = 0x0000001;
```

这时 CRL 的低 4 位被设置成 "0001" 输出模式,但其他 GPIO 引脚就有问题了,因为其他引脚的 MODER 位都已被设置成输入模式。

2. 控制引脚输出电平

在输出模式时,对端口位设置 / 清除寄存器 BSRR 寄存器、端口位清除寄存器 BRR 和 ODR 寄存器写入参数即可控制引脚的电平状态,其中操作 BSRR 和 BRR 最终影响的都是 ODR 寄存器,然后通过 ODR 寄存器的输出来控制 GPIO,见图 7-10。为了一步到位,我们在这里直接操作 ODR 寄存器来控制 GPIO 的电平,具体见代码清单 7-8。

端口配置低寄存器（GPIOx_CRL）(x=A..E)

偏移地址：0x00
复位值：0x4444 4444

31	30	29	28	27	26	25	24	23	22	21	20	19	18	17	16
CNF7[1:0]		MODE7[1:0]		CNF6[1:0]		MODE6[1:0]		CNF5[1:0]		MODE5[1:0]		CNF4[1:0]		MODE4[1:0]	
rw	rw	rw	rw	rw	rw	rw	rw	rw	rw	rw	rw	rw	rw	rw	rw

15	14	13	12	11	10	9	8	7	6	5	4	3	2	1	0
CNF3[1:0]		MODE3[1:0]		CNF2[1:0]		MODE2[1:0]		CNF1[1:0]		MODE1[1:0]		CNF0[1:0]		MODE0[1:0]	
rw	rw	rw	rw	rw	rw	rw	rw	rw	rw	rw	rw	0	0	0	1

位 31:10 27:26 23:22 19:18 15:14 11:10 7:6 3:2	CNFy[1:0]：端口 x 配置位（y = 0...7）(Port x configuration bits) 软件通过这些位配置相应的 I/O 端口，请参考表 17 端口位配置表。 在输入模式（MODE[1:0]=00）： 00：模拟输入模式 01：浮空输入模式（复位后的状态） 10：上拉 / 下拉输入模式 11：保留 在输出模式（MODE[1:0] > 00）： 00：通用推挽输出模式 01：通用开漏输出模式 10：复用功能推挽输出模式 11：复用功能开漏输出模式
位 29:28 25:24 21:20 17:16 13:12 9:8, 5:4 1:0	MODEy[1:0]：端口 x 的模式位（y = 0...7）(Port x mode bits) 软件通过这些位配置相应的 I/O 端口，请参考表 17 端口位配置表。 00：输入模式（复位后的状态） 01：输入模式，最大速度 10MHz 10：输入模式，最大速度 2MHz 11：输出模式，最大速度 50MHz

> CRL 低四位配置为：0001，即可设置 GPIO 端口 0 为输出模式，速度为 10M

图 7-9　GPIO 端口控制低寄存器 CRL

端口输出数据寄存器（GPIOx_ODR）(x=A..E)

地址偏移：0Ch
复位值：0x0000 0000

31	30	29	28	27	26	25	24	23	22	21	20	19	18	17	16
保留															

15	14	13	12	11	10	9	8	7	6	5	4	3	2	1	0
ODR15	ODR14	ODR13	ODR12	ODR11	ODR10	ODR9	ODR8	ODR7	ODR6	ODR5	ODR4	ODR3	ODR2	ODR1	ODR0
rw	rw	rw	rw	rw	rw	rw	rw	rw	rw	rw	rw	rw	rw	rw	rw

> 低 16 位有效，每一位对应一个 IO

位 31:16	保留，始终读为 0。
位 15:0	ODRy[15:0]：端口输出数据（y = 0...15）(Port output data) 这些位可读写并只能以字（16 位）的形式操作。 注：对 GPIOx_BSRR（x = A...E），可以分别地对各个 ODR 位进行独立的设置 / 清除。

图 7-10　GPIO 数据输出寄存器 ODR

代码清单7-8　控制引脚输出电平

```
1 // PB0 输出低电平
2 GPIOB_ODR |= (0<<0);
```

3. 开启外设时钟

设置完 GPIO 的引脚，控制了电平输出，现在总算可以点亮 LED 了吧？其实还差最后一步。由于 STM32 的外设很多，为了降低功耗，每个外设都对应一个时钟。在芯片刚上电的时候这些时钟都是关闭的，如果想要外设工作，必须把相应的时钟打开。

STM32 的所有外设的时钟由一个专门的外设来管理，叫 RCC（reset and clockcontrol），RCC 在《STM32 中文参考手册》的第 6 章中介绍。关于 RCC 外设中的时钟部分，在第 15 章中有详细的讲解，见图 7-11。这里我们先了解下。

所有的 GPIO 都挂载到 APB2 总线上，具体的时钟由 APB2 外设时钟使能寄存器（RCC_APB2ENR）来控制，见图 7-11。具体见代码清单 7-9。

代码清单7-9　开启端口时钟

```
1 // 开启 GPIOB 端口时钟
2 RCC_APB2ENR |= (1<<3);
```

4. 水到渠成

开启时钟，配置引脚模式，控制电平，经过这 3 步，我们总算可以控制一个 LED 了。现在我们完整地组织一下用 STM32 控制一个 LED 的代码，见代码清单 7-10。

APB2 外设时钟使能寄存器（RCC_APB2ENR）

地址偏移：0x18
复位值：0x0000 0000
访问：字、半字和字节访问

通常无访问等待周期。但在 APB2 总线上的外设被访问时，将插入等待状态直到 APB2 的外设访问结束。
注：当外设时钟没有启用时，软件不能读出外设寄存器的数值，返回的数值始终为 0x0。

31	30	29	28	27	26	25	24	23	22	21	20	19	18	17	16
保留															

15	14	13	12	11	10	9	8	7	6	5	4	3	2	1	0
ADC3 EN	USARY1 EN	TIM5 EN	SPI1 EN	TIM1 EN	ADC2 EN	ADC1 EN	IOPG EN	IOPF EN	IOPE EN	IOPD EN	IOPC EN	IOPB EN	IOPA EN	保留	AFIO EN
rw	rw	rw	rw	rw	rw	rw	rw	rw	rw	rw	rw	rw	rw		rw

（控制 GPIOB 端口时钟位：位 3）

图 7-11　APB2 外设时钟使能寄存器

代码清单7-10　main文件中控制LED的代码

```
1 int main(void)
2 {
3     // 开启 GPIOB 端口时钟
4     RCC_APB2ENR |= (1<<3);
5
6     // 清空控制 PB0 的端口位
7     GPIOB_CRL &= ~( 0x0F<< (4*0));
8     // 配置 PB0 为通用推挽输出，速度为 10M
```

```
 9      GPIOB_CRL |= (1<<4*0);
10
11      // PB0 输出低电平
12      GPIOB_ODR |= (0<<0);
13
14      while (1);
15
16  }
```

在本章中,要求完全理解 stm32f10x.h 文件及 main 文件的内容(RCC 相关的除外)。

7.3.5 下载验证

把编译好的程序下载到开发板并复位,可看到板子上的 LED 被点亮。

第 8 章
自己写库——构建库函数雏形

虽然上面用寄存器点亮了 LED，乍看来好像代码也很简单，但是别侥幸地认为以后就可以一直用寄存器开发。在用寄存器点亮 LED 的时候，会发现 STM32 的寄存器都是 32 位的，每次配置的时候都要对照《STM32F10X-中文参考手册》中寄存器的说明，然后对每个控制的寄存器位写入特定参数，因此在配置的时候非常容易出错，而且代码还很不好理解，不便于维护。所以学习 STM32 最好的方法是用固件库，然后在固件库的基础上了解底层，学习寄存器。

8.1 什么是 STM32 函数库

以上所说的固件库是指"STM32 标准函数库"，它是 ST 公司针对 STM32 提供的函数接口，即 API（Application Program Interface），开发者可调用这些函数接口来配置 STM32 的寄存器，使开发人员得以脱离最底层的寄存器操作，有开发快速、易于阅读、维护成本低等优点。

当我们调用库 API 的时候，不需要挖空心思地去了解库底层的寄存器操作，就像当年我们刚开始学习 C 语言的时候，对于 printf() 函数，只是学习它的使用格式，并不用去研究它的源码实现。但当需要深入研究的时候，经过千锤百炼的库源码就是最佳的学习范例。

实际上，库是架设在寄存器与用户驱动层之间的代码，向下处理与寄存器直接相关的配置，向上为用户提供配置寄存器的接口。库开发方式与直接配置寄存器方式的区别见图 8-1。

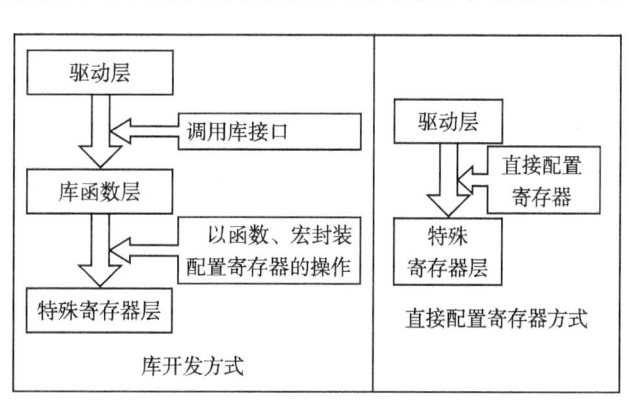

图 8-1 固件库开发与寄存器开发对比图

8.2 为什么采用库来开发及学习

在以前 8 位机时代的程序开发中，一般直接配置芯片的寄存器，控制芯片的工作方式，如中断、定时器等。配置的时候，常常要查阅寄存器表，看会用到哪些配置位，为了配置某功能，对这些位该置 1 还是置 0。这些都是很琐碎的、机械的工作，因为 8 位机的软件相对来说较简单，而且资源很有限，所以可以用直接配置寄存器的方式来开发。

对于 STM32，因为外设资源丰富，带来的必然是寄存器的数量和复杂度的增加，这时直接配置寄存器方式的缺陷就显现出来了：

1）开发速度慢。
2）程序可读性差。
3）维护复杂。

这些缺陷直接影响了开发效率、程序维护成本、交流成本。库开发方式则正好弥补了这些缺陷。

而坚持采用直接配置寄存器的方式开发的程序员，会列举以下优势：

1）具体参数更直观。
2）程序运行占用资源少。

相对于库开发的方式，直接配置寄存器方式生成的代码量的确会少一点，但因为 STM32 有充足的资源，权衡库的优势与不足，绝大部分时候，我们愿意牺牲一点 CPU 资源，而选择库开发。一般只有在对代码运行时间要求极苛刻的情况下，才用直接配置寄存器的方式代替，如频繁调用的中断服务函数。

对于库开发与直接配置寄存器的方式，就好比编程是用汇编语言好还是用 C 语言好一样。在 STM32F1 系列刚推出函数库时引起了程序员的激烈争论，但是，随着 ST 库的完善，以及大家对库的了解，更多的程序员选择了库开发。现在 STM32F1 系列和 STM32F4 系列各有一套自己的函数库，但是它们大部分是兼容的，F1 和 F4 之间的程序移植，只需要做小修改即可。而如果要移植用寄存器写的程序，那简直跟脱胎换骨差不多。

用库来进行开发，市场已有定论，用户群说明了一切，但对于 STM32 的学习仍然有人认为用寄存器好，而且汇编语言也不是还没退出大学教材吗？那些人认为这种方法直观，能够了解到配置了哪些寄存器，怎样配置寄存器。事实上，库函数的底层实现恰恰是直接配置寄存器方式的最佳例子，它代替我们完成了寄存器配置的工作，而想深入了解芯片是如何工作的话，只要直接查看库函数的最底层实现就能理解，相信你会为它严谨、优美的实现方式而折服。要想修炼 C 语言，就从 ST 的库开始吧。所以在以后的章节中，使用软件库是我们的重点，而且通过讲解库 API 去高效地学习 STM32 的寄存器，并不会因为用库学习，就不会用寄存器控制 STM32 芯片了。

8.3 实验：构建库函数雏形

虽然库的优点很多，但很多人对库还是很忌惮，因为一开始用库的时候涉及很多代码，很多文件，不知道如何入手。不知道大家是否认同这么一句话：一切的恐惧都来源于无知。我们对库忌惮是因为不知道什么是库，不知道库是怎么实现的。

接下来，我们在寄存器点亮 LED 的代码上继续完善，把代码一层层封装，实现库的最初雏形。相信经过这一步的学习后，对库的运用会游刃有余。这里我们只讲如何实现 GPIO 函数库，其他外设的函数库直接参考 ST 标准库学习即可，不必自己写。

打开本章配套例程"构建库函数雏形"来阅读理解，该例程是在上一章的基础上修改得来的。

8.3.1 外部寄存器结构体定义

上一章中在操作寄存器的时候，操作的都是寄存器的绝对地址，如果每个外部寄存器都这样操作，那将非常麻烦。考虑到外部寄存器的地址都是基于外设基地址的偏移地址，都是在外设基地址上逐个连续递增的，每个寄存器占 32 个字节，这种方式跟结构体里面的成员类似，所以我们可以定义一种外设结构体，结构体的地址等于外设的基地址，结构体的成员等于寄存器，成员的排列顺序跟寄存器的顺序一样。这样在操作寄存器的时候就不用每次都找到绝对地址，只要知道外设的基地址就可以操作外设的全部寄存器，即操作结构体的成员即可。

在工程中的 stm32f10x.h 文件中，我们使用结构体封装 GPIO 及 RCC 外设的寄存器，见代码清单 8-1。结构体成员的顺序按照寄存器的偏移地址从低到高排列，成员类型与寄存器类型一样。

代码清单8-1　封装寄存器列表

```
1  // 寄存器的值常常是芯片外设自动更改的，即使 CPU 没有执行程序，也有可能发生变化
2  // 编译器有可能会对没有执行程序的变量进行优化
3
4  //volatile表示易变的变量，防止编译器优化
5  #define     __IO     volatile
6  typedef unsigned int uint32_t;
7  typedef unsigned short uint16_t;
8
9  // GPIO 寄存器结构体定义
10 typedef struct
11 {
12     __IO uint32_t CRL;       // 端口配置低寄存器，     地址偏移 0X00
13     __IO uint32_t CRH;       // 端口配置高寄存器，     地址偏移 0X04
14     __IO uint32_t IDR;       // 端口数据输入寄存器，   地址偏移 0X08
15     __IO uint32_t ODR;       // 端口数据输出寄存器，   地址偏移 0X0C
16     __IO uint32_t BSRR;      // 端口位设置/清除寄存器，地址偏移 0X10
17     __IO uint32_t BRR;       // 端口位清除寄存器，     地址偏移 0X14
18     __IO uint32_t LCKR;      // 端口配置锁定寄存器，   地址偏移 0X18
19 } GPIO_TypeDef;
```

这段代码在每个结构体成员前增加了一个"__IO"前缀，它的原型在这段代码的第 1 行，代表了 C 语言中的关键字 volatile，在 C 语言中该关键字用于表示变量是易变的，要求编译器不要优化。这些结构体内的成员都代表寄存器，而寄存器很多时候是由外设或 STM32 芯片状态修改的，也就是说即使 CPU 不执行代码修改这些变量，变量的值也有可能

被外设修改、更新,所以每次使用这些变量的时候,我们都要求 CPU 去该变量的地址重新访问。若没有这个关键字修饰,在某些情况下,编译器认为没有代码修改该变量,就直接从 CPU 的某个缓存获取该变量值,这样可以加快执行速度,但该缓存中的是陈旧数据,与我们要求的寄存器最新状态可能会有出入。

8.3.2 外设存储器映射

外部寄存器结构体定义仅仅是一个定义,要想实现给这个结构体赋值就达到操作寄存器的效果,我们还需要找到该寄存器的地址,把寄存器地址与结构体的地址对应起来。所以还要再找到外设的地址,根据前面的学习,可以把这些外设的地址定义成一个个宏,以实现外设存储器的映射。

```
 1  /* 片上外设基地址 */
 2  #define PERIPH_BASE        ((unsigned int)0x40000000)
 3
 4  /* APB2 总线基地址 */
 5  #define APB2PERIPH_BASE    (PERIPH_BASE + 0x10000)
 6  /* AHB 总线基地址 */
 7  #define AHBPERIPH_BASE     (PERIPH_BASE + 0x20000)
 8
 9  /* GPIO 外设基地址 */
10  #define GPIOA_BASE         (APB2PERIPH_BASE + 0x0800)
11  #define GPIOB_BASE         (APB2PERIPH_BASE + 0x0C00)
12  #define GPIOC_BASE         (APB2PERIPH_BASE + 0x1000)
13  #define GPIOD_BASE         (APB2PERIPH_BASE + 0x1400)
14  #define GPIOE_BASE         (APB2PERIPH_BASE + 0x1800)
15  #define GPIOF_BASE         (APB2PERIPH_BASE + 0x1C00)
16  #define GPIOG_BASE         (APB2PERIPH_BASE + 0x2000)
17
18  /* RCC 外设基地址 */
19  #define RCC_BASE           (AHBPERIPH_BASE + 0x1000)
```

8.3.3 外设声明

定义好外部寄存器结构体,实现外设存储器映射后,我们再把外设的基地址强制类型转换成相应的外部寄存器结构体指针,然后再把该指针声明成外设名,这样一来,外设名就与外设的地址对应起来了,而且该外设名还是一个该外设类型的寄存器结构体指针,通过该指针可以直接操作该外设的全部寄存器,见代码清单 8-2。

代码清单8-2　指向外设首地址的结构体指针

```
 1  // GPIO 外设声明
 2  #define GPIOA        ((GPIO_TypeDef *) GPIOA_BASE)
 3  #define GPIOB        ((GPIO_TypeDef *) GPIOB_BASE)
 4  #define GPIOC        ((GPIO_TypeDef *) GPIOC_BASE)
 5  #define GPIOD        ((GPIO_TypeDef *) GPIOD_BASE)
 6  #define GPIOE        ((GPIO_TypeDef *) GPIOE_BASE)
 7  #define GPIOF        ((GPIO_TypeDef *) GPIOF_BASE)
 8  #define GPIOG        ((GPIO_TypeDef *) GPIOG_BASE)
 9
```

```
10
11   // RCC 外设声明
12   #define RCC                       ((RCC_TypeDef *) RCC_BASE)
13
14   /* RCC 的 AHB1 时钟使能寄存器地址,强制转换成指针 */
15   #define RCC_APB2ENR         *(unsigned int*)(RCC_BASE+0x18)
```

首先通过强制类型转换把外设的基地址转换成 GPIO_TypeDef 类型的结构体指针,然后通过宏定义把 GPIOA、GPIOB 等定义成外设的结构体指针,通过外设的结构体指针就可以达到访问外设的寄存器的目的。

通过操作外设结构体指针的方式,我们把 main 文件里对应的代码修改掉,见代码清单 8-3 和代码清单中 else 部分。

代码清单8-3　C语言条件编译

```
1   /*
2    *  C语言知识,条件编译
3    *  #if 为真
4    *  执行这里的程序
5    *  #else
6    *  否则,执行这里的程序
7    *  #endif
8   */
```

代码清单8-4　使用寄存器结构体指针操作寄存器

```
1   // 使用寄存器结构体指针点亮 LED
2   int main(void)
3   {
4   #if 0  // 直接通过操作内存来控制寄存器
5       // 开启 GPIOB 端口时钟
6       RCC_APB2ENR |= (1<<3);
7
8       // 清空控制 PB0 的端口位
9       GPIOB_CRL &= ~( 0x0F<< (4*0));
10      // 配置 PB0 为通用推挽输出,速度为 10M
11      GPIOB_CRL |= (1<<4*0);
12
13      // PB0 输出低电平
14      GPIOB_ODR |= (0<<0);
15
16      while (1);
17
18  #else  // 通过寄存器结构体指针来控制寄存器
19
20      // 开启 GPIOB 端口时钟
21      RCC->APB2ENR |= (1<<3);
22
23      // 清空控制 PB0 的端口位
24      GPIOB->CRL &= ~( 0x0F<< (4*0));
25      // 配置 PB0 为通用推挽输出,速度为 10M
26      GPIOB->CRL |= (1<<4*0);
27
28      // PB0 输出低电平
```

```
29          GPIOB->ODR |= (0<<0);
30
31          while (1);
32
33   #endif
34   }
```

乍一看,除了把"_"换成了"->",其他都与使用寄存器点亮 LED 的代码一样。这是因为我们现在只是实现了库函数的基础,还没有定义库函数。

打好了地基,下面就来建高楼。接下来使用函数来封装 GPIO 的基本操作,这样在以后应用的时候就不需要再查询寄存器,而是直接通过调用这里定义的函数即可实现。我们把针对 GPIO 外设操作的函数及其宏定义分别存放在 stm32f10x_gpio.c 和 stm32f10x_gpio.h 文件中,这两个文件需要自己新建。

8.3.4 定义位操作函数

在 stm32f10x_gpio.c 文件中定义两个位操作函数,分别用于控制引脚输出高电平和低电平,见代码清单 8-5。

代码清单8-5　GPIO置位函数与复位函数的定义

```
1    /**
2      * 函数功能: 设置引脚为高电平
3      * 参数说明: GPIOx: 该参数为 GPIO_TypeDef 类型的指针, 指向 GPIO 端口的地址
4      *           GPIO_Pin: 选择要设置的 GPIO 端口引脚, 可输入宏 GPIO_Pin_0 ~ 15,
5      *                    表示 GPIOx 端口的 0 ~ 15 号引脚
6      */
7    void GPIO_SetBits(GPIO_TypeDef* GPIOx, uint16_t GPIO_Pin)
8    {
9           /* 设置 GPIOx 端口 BSRR 寄存器的第 GPIO_Pin 位, 使其输出高电平 */
10          /* 因为 BSRR 寄存器写 0 不影响,
11             宏 GPIO_Pin 只是对应位为 1, 其他位均为 0, 所以可以直接赋值 */
12
13          GPIOx->BSRR = GPIO_Pin;
14   }
15
16   /**
17     * 函数功能: 设置引脚为低电平
18     * 参数说明: GPIOx: 该参数为 GPIO_TypeDef 类型的指针, 指向 GPIO 端口的地址
19     *           GPIO_Pin: 选择要设置的 GPIO 端口引脚, 可输入宏 GPIO_Pin_0 ~ 15,
20     *                    表示 GPIOx 端口的 0 ~ 15 号引脚
21     */
22   void GPIO_ResetBits(GPIO_TypeDef* GPIOx, uint16_t GPIO_Pin)
23   {
24          /* 设置 GPIOx 端口 BRR 寄存器的第 GPIO_Pin 位, 使其输出低电平 */
25          /* 因为 BRR 寄存器写 0 不影响,
26             宏 GPIO_Pin 只是对应位为 1, 其他位均为 0, 所以可以直接赋值 */
27
28          GPIOx->BRR = GPIO_Pin;
29   }
```

这两个函数体内都只有一个语句,对 GPIOx 的 BSRR 或 BRR 寄存器赋值,从而设置

引脚为高电平或低电平,操作 BSRR 或者 BRR 可以实现单独地操作某一位,有关这两个的寄存器说明见图 8-2 和图 8-3。其中 GPIOx 是一个指针变量,通过函数的输入参数可以修改它的值,如给它赋予 GPIOA、GPIOB、GPIOH 等结构体指针值,这个函数就可以控制相应的 GPIOA、GPIOB、GPIOH 等端口的输出。

端口位设置/清除寄存器(GPIOx_BSRR)(x=A..E)

地址偏移:0x10

复位值:0x0000 0000

31	30	29	28	27	26	25	24	23	22	21	20	19	18	17	16
BR15	BR14	BR13	BR12	BR11	BR10	BR9	BR8	BR7	BR6	BR5	BR4	BR3	BR2	BR1	BR0
w	w	w	w	w	w	w	w	w	w	w	w	w	w	w	w
15	14	13	12	11	10	9	8	7	6	5	4	3	2	1	0
BS15	BS14	BS13	BS12	BS11	BS10	BS9	BS8	BS7	BS6	BS5	BS4	BS3	BS2	BS1	BS0
w	w	w	w	w	w	w	w	w	w	w	w	w	w	w	w

位 31:16	BRy:清除端口 x 的位 y(y = 0...15) 这些位只能写入并只能以字(16 位)的形式操作。 0:对对应的 ODRy 位不产生影响 1:清除对应的 ODRy 位为 0 注:如果同时设置了 BSy 和 BRy 的对应位,BSy 位起作用。
位 15:0	BSy:设置端口 x 的位 y(y = 0...15)(Port x Set bit) 这些位只能写入并只能以字(16 位)的形式操作。 0:对对应的 ODRy 位不产生影响 1:设置对应的 ODRy 位为 1

图 8-2 BSRR 寄存器说明(摘自《STM32F10X- 中文参考手册》)

端口位清除寄存器(GPIOx_BRR)(x=A..E)

地址偏移:0x14

复位值:0x0000 0000

31	30	29	28	27	26	25	24	23	22	21	20	19	18	17	16
保留															
15	14	13	12	11	10	9	8	7	6	5	4	3	2	1	0
BR15	BR14	BR13	BR12	BR11	BR10	BR9	BR8	BR7	BR6	BR5	BR4	BR3	BR2	BR1	BR0
w	w	w	w	w	w	w	w	w	w	w	w	w	w	w	w

位 31:16	保留。
位 15:0	BRy:清除端口 x 的位 y(y = 0...15) 这些位只能写入并只能以字(16 位)的形式操作。 0:对对应的 ODRy 位不产生影响 1:清除对应的 ODRy 位为 0

图 8-3 BRR 寄存器说明(摘自 STM32F10X- 中文参考手册)

利用这两个位操作函数,可以方便地操作各种 GPIO 的引脚电平。控制各种端口引脚的范例见代码清单 8-6。

代码清单8-6　位操作函数使用范例

```
1
2  /* 控制GPIOB的引脚10输出高电平 */
3  GPIO_SetBits(GPIOB,(uint16_t)(1<<10));
4  /* 控制GPIOB的引脚10输出低电平 */
5  GPIO_ResetBits(GPIOB,(uint16_t)(1<<10));
6
7  /* 控制GPIOB的引脚10、引脚11输出高电平,使用"|"同时控制多个引脚 */
8  GPIO_SetBits(GPIOB,(uint16_t)(1<<10)|(uint16_t)(1<<11));
9  /* 控制GPIOB的引脚10、引脚11输出低电平 */
10 GPIO_ResetBits(GPIOB,(uint16_t)(1<<10)|(uint16_t)(1<<10));
11
12 /* 控制GPIOA的引脚8输出高电平 */
13 GPIO_SetBits(GPIOA,(uint16_t)(1<<8));
14 /* 控制GPIOB的引脚9输出低电平 */
15 GPIO_ResetBits(GPIOB,(uint16_t)(1<<9));
```

使用以上函数输入参数、但设置引脚号时,还是稍感不便,为此我们把表示16个引脚的操作数都定义成宏,见代码清单8-7。

代码清单8-7　选择引脚参数的宏

```
1  /* GPIO引脚号定义 */
2  #define GPIO_Pin_0     (uint16_t)0x0001)   /*!< 选择Pin0  (1<<0)*/
3  #define GPIO_Pin_1     ((uint16_t)0x0002)  /*!< 选择Pin1  (1<<1)*/
4  #define GPIO_Pin_2     ((uint16_t)0x0004)  /*!< 选择Pin2  (1<<2)*/
5  #define GPIO_Pin_3     ((uint16_t)0x0008)  /*!< 选择Pin3  (1<<3)*/
6  #define GPIO_Pin_4     ((uint16_t)0x0010)  /*!< 选择Pin4  */
7  #define GPIO_Pin_5     ((uint16_t)0x0020)  /*!< 选择Pin5  */
8  #define GPIO_Pin_6     ((uint16_t)0x0040)  /*!< 选择Pin6  */
9  #define GPIO_Pin_7     ((uint16_t)0x0080)  /*!< 选择Pin7  */
10 #define GPIO_Pin_8     ((uint16_t)0x0100)  /*!< 选择Pin8  */
11 #define GPIO_Pin_9     ((uint16_t)0x0200)  /*!< 选择Pin9  */
12 #define GPIO_Pin_10    ((uint16_t)0x0400)  /*!< 选择Pin10 */
13 #define GPIO_Pin_11    ((uint16_t)0x0800)  /*!< 选择Pin11 */
14 #define GPIO_Pin_12    ((uint16_t)0x1000)  /*!< 选择Pin12 */
15 #define GPIO_Pin_13    ((uint16_t)0x2000)  /*!< 选择Pin13 */
16 #define GPIO_Pin_14    ((uint16_t)0x4000)  /*!< 选择Pin14 */
17 #define GPIO_Pin_15    ((uint16_t)0x8000)  /*!< 选择Pin15 */
18 #define GPIO_Pin_All   ((uint16_t)0xFFFF)  /*!< 选择全部引脚 */
```

这些宏代表的参数是某位置为"1"其他位置为"0"的数值,其中最后一个"GPIO_Pin_ALL"是所有数据位都为"1",所以用它可以一次设置整个端口的0~15,即所有引脚。利用这些宏,GPIO的控制代码可改为代码清单8-8。

代码清单8-8　使用位操作函数及宏控制GPIO

```
1
2  /* 控制GPIOB的引脚10输出高电平 */
3  GPIO_SetBits(GPIOB,GPIO_Pin_10);
4  /* 控制GPIOB的引脚10输出低电平 */
5  GPIO_ResetBits(GPIOB,GPIO_Pin_10);
6
7  /* 控制GPIOB的引脚10、引脚11输出高电平,使用"|",同时控制多个引脚 */
8  GPIO_SetBits(GPIOB,GPIO_Pin_10|GPIO_Pin_11);
```

```
 9  /* 控制GPIOB的引脚10、引脚11输出低电平 */
10  GPIO_ResetBits(GPIOB,GPIO_Pin_10|GPIO_Pin_11);
11  /* 控制GPIOB的所有引脚输出低电平 */
12  GPIO_ResetBits(GPIOB,GPIO_Pin_ALL);
13
14  /* 控制GPIOA的引脚8输出高电平 */
15  GPIO_SetBits(GPIOA,GPIO_Pin_8);
16  /* 控制GPIOB的引脚9输出低电平 */
17  GPIO_ResetBits(GPIOB,GPIO_Pin_9);
```

使用以上代码控制 GPIO，就不需要再看寄存器了，直接从函数名和输入参数就可以直观看出这个语句要实现什么操作（英文 Set 表示"置位"，即高电平，Reset 表示"复位"，即低电平）。

8.3.5 定义初始化结构体

定义完位操作函数后，控制 GPIO 输出电平的代码得到了简化，但在控制 GPIO 输出电平前还需要初始化 GPIO 引脚的各种模式，这部分代码涉及的寄存器有很多，我们希望初始化 GPIO 也能以如此简单的方法去实现。为此，先将 GPIO 初始化时涉及的初始化参数以结构体的形式封装起来，声明一个名为 GPIO_InitTypeDef 的结构体类型，见代码清单 8-9。

代码清单8-9 定义GPIO初始化结构体

```
1  typedef struct
2  {
3      uint16_t GPIO_Pin;          /*!< 选择要配置的GPIO引脚 */
4
5      uint16_t GPIO_Speed;        /*!< 选择GPIO引脚的速率 */
6
7      uint16_t GPIO_Mode;         /*!< 选择GPIO引脚的工作模式 */
8  } GPIO_InitTypeDef;
```

这个结构体中包含了初始化 GPIO 所需要的信息，包括引脚号、工作模式、输出速率。设计这个结构体的思路是：初始化 GPIO 前，先定义一个这样的结构体变量，根据需要配置 GPIO 的模式，对这个结构体的各个成员进行赋值，然后把这个变量作为"GPIO 初始化函数"的输入参数，该函数能根据这个变量值中的内容去配置寄存器，从而实现 GPIO 的初始化。

8.3.6 定义引脚模式的枚举类型

上面定义的结构体很直接，美中不足的是在对结构体中各个成员赋值实现某个功能时还需要查手册中的寄存器说明。我们不希望每次用到寄存器的时候都查询手册，所以可以使用 C 语言中的枚举定义功能，根据手册把每个成员的所有取值都定义好，具体见代码清单 8-10。GPIO_Speed 和 GPIO_Mode 这两个成员对应的寄存器是 CRL 和 CRH 这两个端口配置寄存器，具体见图 8-4 和图 8-5。

端口配置低寄存器（GPIOx_CRL）(x=A..E) 　CRL 控制端口的低 8 位 IO
偏移地址：0x00
复位值：0x4444 4444

31	30	29	28	27	26	25	24	23	22	21	20	19	18	17	16
CNF7[1:0]		MODE7[1:0]		CNF6[1:0]		MODE6[1:0]		CNF5[1:0]		MODE5[1:0]		CNF4[1:0]		MODE4[1:0]	
rw	rw	rw	rw	rw	rw	rw	rw	rw	rw	rw	rw	rw	rw	rw	rw
15	14	13	12	11	10	9	8	7	6	5	4	3	2	1	0
CNF3[1:0]		MODE3[1:0]		CNF2[1:0]		MODE2[1:0]		CNF1[1:0]		MODE1[1:0]		CNF0[1:0]		MODE0[1:0]	
rw	rw	rw	rw	rw	rw	rw	rw	rw	rw	rw	rw	rw	rw	rw	rw

4 位分成一组，控制一个 IO

位 31:10 27:26 23:22 19:18 15:14 11:10 7:6 3:2	CNFy[1:0]：端口 x 配置位（y = 0...7） 软件通过这些位配置相应的 I/O 端口，请参考表 17 端口位配置表。 输入模式（MODE[1:0]=00）： 00：模拟输入模式 01：浮空输入模式（复位后的状态） 10：上拉/下拉输入模式 11：保留 输出模式（MODE[1:0] > 00）： 00：通用推挽输出模式 01：通用开漏输出模式 10：复用功能推挽输出模式 11：复用功能开漏输出模式
位 29:28 25:24 21:20 17:16 13:12 9:8, 5:4 1:0	MODEy[1:0]：端口 x 的模式位（y = 0...7） 软件通过这些位配置相应的 I/O 端口，请参考表 17 端口位配置表。 00：输入模式（复位后的状态） 01：输入模式，最大速度 10MHz 10：输入模式，最大速度 2MHz 11：输出模式，最大速度 50MHz

图 8-4　端口配置低寄存器

代码清单8-10　GPIO枚举类型定义

```
1  /**
2    * GPIO 输出速率枚举定义
3    */
4  typedef enum
5  {
6          GPIO_Speed_10MHz = 1,          // 10MHz     (01)b
7          GPIO_Speed_2MHz,               // 2MHz      (10)b
8          GPIO_Speed_50MHz               // 50MHz     (11)b
9  } GPIOSpeed_TypeDef;
10
11 /**
12   * GPIO 工作模式枚举定义
13   */
14 typedef enum
15 {
```

```
16          GPIO_Mode_AIN = 0x0,                // 模拟输入            (0000 0000)b
17          GPIO_Mode_IN_FLOATING = 0x04,       // 浮空输入            (0000 0100)b
18          GPIO_Mode_IPD = 0x28,               // 下拉输入            (0010 1000)b
19          GPIO_Mode_IPU = 0x48,               // 上拉输入            (0100 1000)b
20
21          GPIO_Mode_Out_OD = 0x14,            // 开漏输出            (0001 0100)b
22          GPIO_Mode_Out_PP = 0x10,            // 推挽输出            (0001 0000)b
23          GPIO_Mode_AF_OD = 0x1C,             // 复用开漏输出        (0001 1100)b
24          GPIO_Mode_AF_PP = 0x18              // 复用推挽输出        (0001 1000)b
25       } GPIOMode_TypeDef;
```

端口配置高寄存器（GPIOx_CRH）(x=A..E) — CRH 控制端口的高 8 位 IO

偏移地址：0x04
复位值：0x4444 4444

31	30	29	28	27	26	25	24	23	22	21	20	19	18	17	16
CNF15[1:0]		MODE15[1:0]		CNF14[1:0]		MODE14[1:0]		CNF13[1:0]		MODE13[1:0]		CNF12[1:0]		MODE12[1:0]	
rw	rw	rw	rw	rw	rw	rw	rw	rw	rw	rw	rw	rw	rw	rw	rw

15	14	13	12	11	10	9	8	7	6	5	4	3	2	1	0
CNF11[1:0]		MODE11[1:0]		CNF10[1:0]		MODE10[1:0]		CNF9[1:0]		MODE9[1:0]		CNF8[1:0]		MODE8[1:0]	
rw	rw	rw	rw	rw	rw	rw	rw	rw	rw	rw	rw	rw	rw	rw	rw

（4 位分成一组，控制一个 IO）

位 31:10、27:26、23:22、19:18、15:14、11:10、7:6、3:2 CNFy[1:0]：端口 x 配置位（y = 8...15）
软件通过这些位配置相应的 I/O 端口，请参考表 17 端口位配置表。
输入模式（MODE[1:0]=00）：
00：模拟输入模式
01：浮空输入模式（复位后的状态）
10：上拉 / 下拉输入模式
11：保留
输出模式（MODE[1:0] > 00）：
00：通用推挽输出模式
01：通用开漏输出模式
10：复用功能推挽输出模式
11：复用功能开漏输出模式

位 9:28、25:24、21:20、17:16、13:12、9:8、5:4、1:0 MODEy[1:0]：端口 x 的模式位（y = 8...15）
软件通过这些位配置相应的 I/O 端口，请参考表 17 端口位配置表。
00：输入模式（复位后的状态）
01：输入模式，最大速度 10MHz
10：输入模式，最大速度 2MHz
11：输出模式，最大速度 50MHz

图 8-5　端口配置高寄存器

关于这两个枚举类型的值如何与端口控制寄存器里面的说明对应起来，我们简单分析一下。有关速度的枚举类型有：(01)b 10MHz、(10)b 2MHz 和 (11)b 50MHz，这 3 个值与寄存器说明对得上，很容易理解。至于模式的枚举类型的值理解起来就比较难，这让很多人费了脑筋，下面我们通过一个表格来梳理一下，具体见图 8-6。

STM32F103 GPIO 引脚工作模式真值表分析											
				十六进制	二进制						
					bit7	bit6	bit5	bit4	bit3	bit2	bit1	bit0
						上/下拉		输入/输出	具体工作模式对照寄存器说明			
GPIOMode_TypeDef	GPIO_Mode_AIN	模拟输入	0X00	0	0	0	0	0	0	0	0
	GPIO_Mode_IN_FLOATING	浮空输入	0X04	0	0	0	0	0	1	0	0
	GPIO_Mode_IPD	下拉输入	0X28	0	0	1	0	1	0	0	0
	GPIO_Mode_IPU	上拉输入	0X48	0	1	0	0	0	0	0	0
	GPIO_Mode_Out_OD	开漏输出	0X14	0	0	0	1	0	1	0	0
	GPIO_Mode_Out_PP	推挽输出	0X10	0	0	0	1	0	0	0	0
	GPIO_Mode_AF_OD	复用开漏输出	0X1C	0	0	0	1	1	1	0	0
	GPIO_Mode_AF_PP	复用推挽输出	0X18	0	0	0	1	1	0	0	0
这8个宏的高4位可随意设置,只要能在程序上帮助判断出模式即可,真正写到寄存器的值是bit2和bit3											

图 8-6 GPIO 引脚工作模式真值表分析

如果从这些枚举值的十六进制来看,很难发现规律,转化成二进制之后,就比较容易发现规律。bit4 用来区分端口是输入还是输出,0 表示输入,1 表示输出,bit2 和 bit3 对应寄存器的 $CNF_Y[1:0]$ 位,是真正要写入 CRL 和 CRH 这两个端口控制寄存器中的值。bit0 和 bit1 对应寄存器的 $MODE_Y[1:0]$ 位,这里暂不初始化,在 GPIO_Init() 初始化函数中用来与 GPIO-Speed 的值相加即可实现速率的配置。有关具体的代码分析见 GPIO_Init() 库函数。其中在下拉输入和上拉输入中设置 bit5 和 bit6 的值为 01 和 10 以示区别。

有了这些枚举定义,GPIO_InitTypeDef 结构体就可以使用枚举类型来限定输入参数,使用枚举定义的 GPIO 初始化结构体见代码清单 8-11。

代码清单8-11 使用枚举定义的GPIO初始化结构体

```
 1  /**
 2    * GPIO 初始化结构体类型定义
 3    */
 4  typedef struct
 5  {
 6          uint16_t GPIO_Pin;              /*!< 选择要配置的 GPIO 引脚
 7                                              可输入 GPIO_Pin_ 定义的宏 */
 8
 9          GPIOSpeed_TypeDef GPIO_Speed;/*!< 选择 GPIO 引脚的速率
10                                              可输入 GPIOSpeed_TypeDef 定义的枚举值*/
11
12          GPIOMode_TypeDef GPIO_Mode;     /*!< 选择 GPIO 引脚的工作模式
13                                              可输入 GPIOMode_TypeDef 定义的枚举值 */
14  } GPIO_InitTypeDef;
```

如果不使用枚举类型,仍使用 "uint16_t" 类型来定义结构体成员,那么成员值的范围就是 0 ~ 255,而实际上这些成员只能输入几个数值。所以使用枚举类型可以对结构体成员起到限定输入的作用，只能输入相应已定义的枚举值。

利用这些枚举定义，给 GPIO_InitTypeDef 结构体类型赋值就变得非常直观，范例见代码清单 8-12。

代码清单8-12　给GPIO_InitTypeDef初始化结构体赋值范例

```
1  GPIO_InitTypeDef GPIO_InitStructure;
2
3  /* GPIO 端口初始化 */
4  /*选择要控制的 GPIO 引脚 */
5  GPIO_InitStructure.GPIO_Pin = GPIO_Pin_0;
6  /* 设置引脚模式为输出模式 */
7  GPIO_InitStructure.GPIO_Mode = GPIO_Mode_Out_PP;
8  /* 设置引脚的输出类型为推挽输出 */
9  GPIO_InitStructure.GPIO_Speed = GPIO_Speed_50MHz;
```

8.3.7　定义 GPIO 初始化函数

接着前面的思路，对初始化结构体赋值后，把它输入 GPIO 初始化函数，由它来实现寄存器配置。GPIO 初始化函数实现见代码清单 8-13。

代码清单8-13　GPIO初始化函数

```
1  /**
2   * 函数功能：初始化引脚模式
3   * 参数说明：GPIOx,该参数为 GPIO_TypeDef 类型的指针，指向 GPIO 端口的地址
4   *           GPIO_InitTypeDef:GPIO_InitTypeDef 结构体指针，指向初始化变量
5   */
6  void GPIO_Init(GPIO_TypeDef* GPIOx, GPIO_InitTypeDef* GPIO_InitStruct)
7  {
8      uint32_t currentmode =0x00,currentpin = 0x00,pinpos = 0x00,pos = 0x00;
9      uint32_t tmpreg = 0x00, pinmask = 0x00;
10
11     /*---------------- GPIO 模式配置 -------------------*/
12     // 把输入参数 GPIO_Mode 的低 4 位暂存在 currentmode
13     currentmode = ((uint32_t)GPIO_InitStruct->GPIO_Mode) &
14                   ((uint32_t)0x0F);
15
16     //bit4 是 1 表示输出,bit4 是 0 则是输入
17     // 判断 bit4 是 1 还是 0，即首先判断是输入还是输出模式
18     if ((((uint32_t)GPIO_InitStruct->GPIO_Mode) &
19         ((uint32_t)0x10)) != 0x00)
20     {
21         // 若是输出模式，则要设置输出速度
22         currentmode |= (uint32_t)GPIO_InitStruct->GPIO_Speed;
23     }
24     /*-----GPIO CRL 寄存器配置 CRL 寄存器控制低 8 位 IO-----*/
25     // 配置端口低 8 位，即 Pin0~Pin7
26     if (((uint32_t)GPIO_InitStruct->GPIO_Pin &
27         ((uint32_t)0x00FF)) != 0x00)
28     {
29         // 先备份 CRL 寄存器的值
30         tmpreg = GPIOx->CRL;
31
```

```c
32              // 循环,从Pin0开始配对,找出具体的Pin
33              for (pinpos = 0x00; pinpos < 0x08; pinpos++)
34              {
35                  // 若pos的值为1,左移pinpos位
36                  pos = ((uint32_t)0x01) << pinpos;
37
38                  // 令pos与输入参数GPIO_PIN做位与运算
39                  currentpin = (GPIO_InitStruct->GPIO_Pin) & pos;
40
41                  // 若currentpin=pos,则找到使用的引脚
42                  if (currentpin == pos)
43                  {
44                      //pinpos的值左移两位(乘以4),因为由寄存器中4位配置一个引脚
45                      pos = pinpos << 2;
46                      // 把控制这个引脚的4个寄存器位清零,其他寄存器位不变
47                      pinmask = ((uint32_t)0x0F) << pos;
48                      tmpreg &= ~pinmask;
49
50                      // 向寄存器写入将要配置的引脚模式
51                      tmpreg |= (currentmode << pos);
52
53                      // 判断是否为下拉输入模式
54                      if (GPIO_InitStruct->GPIO_Mode == GPIO_Mode_IPD)
55                      {
56                          // 若为下拉输入模式,引脚默认置0,对BRR寄存器写1可对引脚置0
57                          GPIOx->BRR = (((uint32_t)0x01) << pinpos);
58                      }
59                      else
60                      {
61                          // 判断是否为上拉输入模式
62                          if (GPIO_InitStruct->GPIO_Mode == GPIO_Mode_IPU)
63                          {
64                              // 若为上拉输入模式,引脚默认值为1,对BSRR寄存器写1可
65                              // 对引脚置1
                              GPIOx->BSRR = (((uint32_t)0x01) << pinpos);
66                          }
67                      }
68                  }
69              }
70              // 把前面处理后的暂存值写入CRL寄存器中
71              GPIOx->CRL = tmpreg;
72          }
73          /*--------GPIO CRH 寄存器配置 CRH寄存器控制高8位IO------*/
74          // 配置端口高8位,即Pin8~Pin15
75          if (GPIO_InitStruct->GPIO_Pin > 0x00FF)
76          {
77              // 先备份CRH寄存器的值
78              tmpreg = GPIOx->CRH;
79
80              // 循环,从Pin8开始配对,找出具体的Pin
81              for (pinpos = 0x00; pinpos < 0x08; pinpos++)
82              {
83                  pos = (((uint32_t)0x01) << (pinpos + 0x08));
```

```c
84
85                    //pos 与输入参数 GPIO_PIN 做位与运算
86                    currentpin = ((GPIO_InitStruct->GPIO_Pin) & pos);
87
88                    // 若 currentpin=pos，则找到使用的引脚
89                    if (currentpin == pos)
90                    {
91                        //pinpos 的值左移两位（乘以 4），因为由寄存器中 4 位配置一个引脚
92                        pos = pinpos << 2;
93
94                        // 把控制这个引脚的 4 个寄存器位清零，其他寄存器位不变
95                        pinmask = ((uint32_t)0x0F) << pos;
96                        tmpreg &= ~pinmask;
97
98                        // 向寄存器写入将要配置的引脚的模式
99                        tmpreg |= (currentmode << pos);
100
101                       // 判断是否为下拉输入模式
102                       if (GPIO_InitStruct->GPIO_Mode == GPIO_Mode_IPD)
103                       {
104                           // 若为下拉输入模式，引脚默认置 0，对 BRR 寄存器写 1 可对引脚置 0
105                           GPIOx->BRR = (((uint32_t)0x01) << (pinpos + 0x08));
106                       }
107                       // 判断是否为上拉输入模式
108                       if (GPIO_InitStruct->GPIO_Mode == GPIO_Mode_IPU)
109                       {
110                           // 若为上拉输入模式，引脚默认值为 1，对 BSRR 寄存器写 1 可对引脚置 1
111                           GPIOx->BSRR = (((uint32_t)0x01) << (pinpos + 0x08));
112                       }
113                   }
114               }
115               // 把前面处理后的暂存值写入 CRH 寄存器中
116               GPIOx->CRH = tmpreg;
117           }
118       }
```

这个函数有 GPIOx 和 GPIO_InitStruct 两个输入参数，分别是 GPIO 外设指针和 GPIO 初始化结构体指针，分别用来指定要初始化的 GPIO 端口及引脚的工作模式。

要充分理解这个 GPIO 初始化函数，得配合刚刚分析的 GPIO 引脚工作模式真值表来看（见图 8-6）。

1）先取得 GPIO_Mode 的值，判断 bit4 是 1 还是 0，判断是输出还是输入。如果是输出，则设置输出速率，即加上 GPIO_Speed 的值；输入没有速率之说，不用设置。

2）配置 CRL 寄存器。通过 GPIO_Pin 的值计算出具体需要初始化哪个引脚，算出后，把需要配置的值写入 CRL 寄存器中，具体分析见代码注释。有一个比较有趣的现象是上 / 下拉输入并不是直接通过配置某一个寄存器来实现的，而是通过写 BSRR 或者 BRR 寄存器来实现的。这让很多只看手册没看固件库底层源码的人摸不着头脑，因为手册的寄存器说明中没有明确指出如何配置上拉 / 下拉，具体见图 8-7。

3）配置 CRH 寄存器过程同 CRL。

位 31:10	CNFy[1:0]：端口 x 配置位（y = 0...7）
27:26	软件通过这些位配置相应的 I/O 端口，请参考表 17 端口位配置表。
23:22	输入模式（MODE[1:0]=00）：
19:18	00：模拟输入模式
15:14	01：浮空输入模式（复位后的状态）
11:10	10：上拉 / 下拉输入模式
7:6	11：保留
3:2	输出模式（MODE[1:0] > 00）：
	00：通用推挽输出模式
	01：通用开漏输出模式
	10：复用功能推挽输出模式
	11：复用功能开漏输出模式

（如何区分上拉或者下拉？）

图 8-7　上拉 / 下拉寄存器说明

8.3.8　全新面貌，使用函数点亮 LED

完成以上的准备后，我们就可以用自己定义的函数来点亮 LED，见代码清单 8-14。

代码清单8-14　使用函数点亮LED

```
1  // 使用固件库点亮 LED
2  int main(void)
3  {
4      // 定义一个 GPIO_InitTypeDef 类型的结构体
5      GPIO_InitTypeDef GPIO_InitStructure;
6
7      // 开启 GPIO 端口时钟
8      RCC_APB2ENR |= (1<<3);
9
10     // 选择要控制的 GPIO 引脚
11     GPIO_InitStructure.GPIO_Pin = GPIO_Pin_0;
12
13     // 设置引脚模式为通用推挽输出
14     GPIO_InitStructure.GPIO_Mode = GPIO_Mode_Out_PP;
15
16     // 设置引脚速率为 50MHz
17     GPIO_InitStructure.GPIO_Speed = GPIO_Speed_50MHz;
18
19     // 调用库函数，初始化 GPIO 引脚
20     GPIO_Init(GPIOB, &GPIO_InitStructure);
21
22     // 使引脚输出低电平，点亮 LED1
23     GPIO_ResetBits(GPIOB,GPIO_Pin_0);
24
25     while (1)
26     {
27         // 使引脚输出低电平，点亮 LED
28         GPIO_ResetBits(GPIOB,GPIO_Pin_0);
29
30         /* 延时一段时间 */
31         Delay(0xFFFF);
```

```
32
33              /* 使引脚输出高电平,关闭 LED1*/
34              GPIO_SetBits(GPIOB,GPIO_Pin_0);
35
36              /* 延时一段时间 */
37              Delay(0xFFFF);
38      }
39 }
```

现在看起来,使用函数来控制 LED 的代码与之前直接控制寄存器的代码已经有了很大的区别:main 函数中先定义了一个 GPIO 初始化结构体变量 GPIO_InitStructure,然后对该变量的各个成员按点亮 LED 所需要的 GPIO 配置模式进行赋值;赋值后,调用 GPIO_Init 函数,让它根据结构体成员值对 GPIO 寄存器写入控制参数,完成 GPIO 引脚初始化。控制电平时,直接使用 GPIO_SetBits 和 GPIO_Resetbits 函数控制输出。若对其他引脚进行不同模式的初始化,只要修改 GPIO 初始化结构体 GPIO_InitStructure 的成员值,把新的参数值输入 GPIO_Init 函数再调用即可。

代码中新增的 Delay 函数的主要功能是延时,让我们可以看清楚实验现象(不延时的话指令执行太快,肉眼看不出来),它的实现原理是让 CPU 执行无意义的指令,消耗时间,在此不要纠结它的延时时间,写一个大概输入参数值,下载到实验板实测,觉得太久可把参数值改小,太短就改大即可。若需要精确延时,会使用 STM32 的定时器外设进行设置。

8.3.9 下载验证

把编译好的程序下载到开发板并复位,可看到板子上的灯被点亮。

8.3.10 总结

什么是 ST 标准固件库?不懂的时候总觉得它高深莫测,懂了之后会发现一切都是"纸老虎"。

我们从寄存器映射开始,把内存跟寄存器建立起一一对应的关系,然后操作寄存器点亮 LED,再把寄存器操作封装成一个个函数。一步一步走来,实现了库最简单的雏形,如果不断地增加操作外设的函数,并且把所有的外设都写完,一个完整的库就实现了。

本章中的 GPIO 相关库函数及结构体定义,实际上都是从 ST 标准库搬过来的。这样分析它纯粹是为了满足自己的求知欲,学习其编程的方式、思想,这对提高我们的编程水平是很有好处的,顺便感受一下 ST 库设计的严谨性,这样的代码不仅严谨且华丽优美。

与直接配置寄存器相比,从执行效率上看会有额外的消耗:初始化变量赋值的过程、库函数在被调用的时候要耗费调用时间;在函数内部,对输入参数转换所需要的额外运算也消耗一些时间(如在 GPIO 中运算求出引脚号时)。而其他的宏、枚举等解释操作是在编译过程中完成的,这部分并不消耗内核的时间。那么函数库的优点呢?是可以快速上手 STM32 控制器;配置外设状态时,不需要再纠结要向寄存器写入什么数值;交流方便,查错简单。这些就是我们选择库的原因。

现在的处理器的主频越来越高,我们不需要担心 CPU 耗费那么多时间来干活会不会被"累倒",库主要应用是在初始化过程,而初始化过程一般是在芯片刚上电或在核心运算之前执行的,这段等待时间是 0.02 μs 还是 0.01 μs 在很多时候并没有什么区别。相对来说,我们还是担心如果都用寄存器操作,每行代码都要查数据手册的寄存器说明,自己会被累倒吧。

在以后开发的工程中,一般不会去分析 ST 的库函数的实现。因为外设的库函数是很类似的,库外设都包含初始化结构体,以及特定的宏或枚举标识符,这些封装被库函数转化成相应的值,写入寄存器中,函数内部的具体实现是十分枯燥和机械的工作。如果读者有兴趣,在掌握了如何使用外设的库函数之后,可以阅读一下它的源码实现。

通常只需要了解每种外设的"初始化结构体",就能够通过它了解 STM32 的外设功能及控制。

第 9 章
初识 STM32 标准库

在上一章中,我们构建了几个控制 GPIO 外设的函数,算是实现了函数库的雏形。但 GPIO 还有很多功能函数我们没有实现,而且 STM32 芯片不仅仅只有 GPIO 这一个外设。如果我们想要亲自完成这个函数库,工作量非常巨大。ST 公司提供的标准软件库包含了 STM32 芯片所有寄存器的控制操作,我们直接学习如何使用 ST 标准库,会极大地方便控制 STM32 芯片。

9.1 CMSIS 标准及库层次关系

基于 Cortex 系列芯片采用的内核都是相同的,区别主要为核外的片上外设的差异,而这些差异却导致软件在同内核、不同外设的芯片上移植困难。为了解决不同的芯片厂商生产的 Cortex 微控制器软件的兼容性问题,ARM 与芯片厂商建立了 CMSIS 标准(Cortex MicroController Software Interface Standard)。

所谓 CMSIS 标准,实际是新建了一个软件抽象层,见图 9-1。

CMSIS 标准中最主要的是 CMSIS 核心层,它包

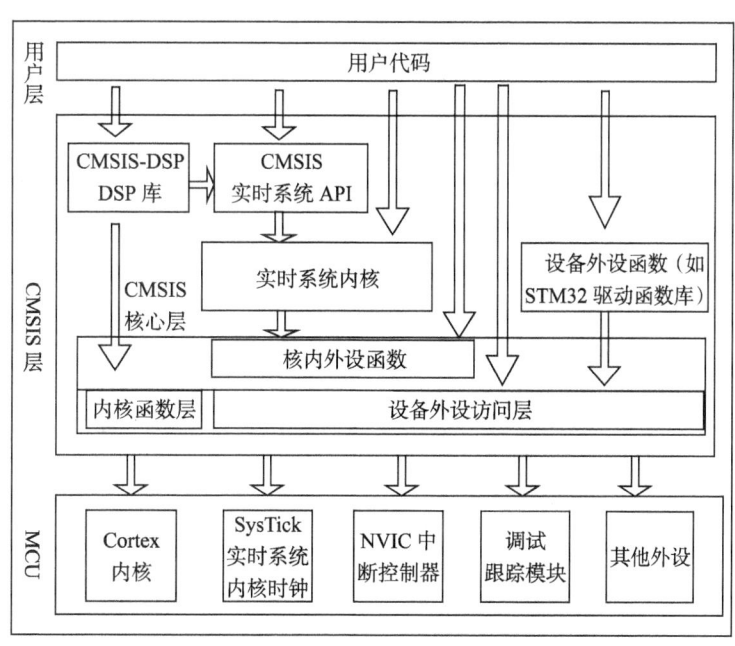

图 9-1 CMSIS 架构

括以下两部分。

- 内核函数层：其中包含用于访问内核寄存器的名称、地址定义，主要由 ARM 公司提供。
- 设备外设访问层：提供了片上的核外外设的地址和中断定义，主要由芯片生产商提供。

可见 CMSIS 层位于硬件层与操作系统或用户层之间，提供了与芯片生产商无关的硬件抽象层，可以为接口外设、实时操作系统提供简单的处理器软件接口，屏蔽了硬件差异，这对软件的移植是有极大好处的。STM32 的库就是按照 CMSIS 标准建立的。

9.1.1 库目录、文件简介

STM32 标准库可以从官网获得，也可以直接从论坛中的配套资料得到。本书讲解的例程全部采用 3.5.0 库文件。以下内容请打开 STM32 标准库文件配合阅读。

解压库文件后进入其目录 STM32F10x_StdPeriph_Lib_V3.5.0\，软件库各文件夹的内容说明见图 9-2。

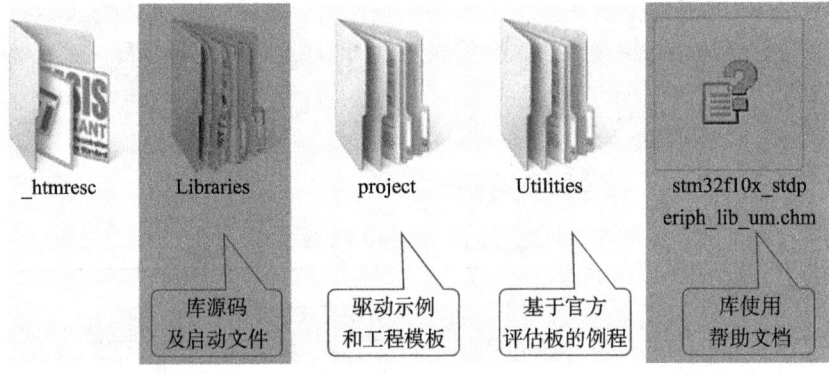

图 9-2　ST 标准库

- Libraries：文件夹下是驱动库的源代码及启动文件，这个文件夹非常重要，我们要使用的固件库就在这个文件夹里面。
- Project：文件夹下是用驱动库写的例子和工程模板，其中那些为每个外设写好的例程对我们非常有用，在学习的时候可以参考这里面的例程，非常全面，简直就是穷尽了外设的所有功能。
- Utilities：包含了基于 ST 官方实验板的例程，不需要用到，略过即可。
- stm32f10x_stdperiph_lib_um.chm：库帮助文档，这个很有用，不喜欢直接看源码的用户可以在这里查询每个外设的函数说明，非常详细。这是一个已经编译好的 HTML 文件，主要讲述如何使用驱动库来编写自己的应用程序。说得形象一点，这个 HTML 就是告诉我们：ST 公司已经为你写好了每个外设的驱动了，想知道如何运用这些例子就来向我求救吧。但是，这个帮助文档是英文的，这对很多英文不好的朋友来说是一个很大的障碍。但这里要告诉大家，英文仅仅是一种工具，绝对不能让它成为我们学习的障碍。

在使用库开发时，我们需要把 libraries 目录下的库函数文件添加到工程中，并查阅库帮助文档来了解 ST 提供的库函数，这个文档说明了每一个库函数的使用方法。

进入 Libraries 文件夹，可以看到关于内核与外设的库文件分别存放在 CMSIS 和 STM32F10x_StdPeriph_Driver 文件夹中。

1. CMSIS 文件夹

STM32F10x_StdPeriph_Lib_V3.5.0\Libraries\CMSIS\ 文件夹展开内容见图 9-3。

其中带阴影的文件是我们需要用到的内容，下面我们一一讲解这几个文件的作用。

（1）内核相关文件

在 CoreSupport 文件夹中有 core_cm3.c 和 core_cm3.h 两个文件。core_cm3.h 头文件里面实现了内核的寄存器映射，对应外设头文件 stm32f10x.h，区别就是一个针对内核的外设，一个针对片上（内核之外）的外设。core_cm3.c 文件实现了操作内核外部寄存器的函数，用得比较少。

我们还需要了解的是 core_cm3.h 头文件中包含了 stdint.h 这个头文件，这是一个 ANSI C 文件，是独立于

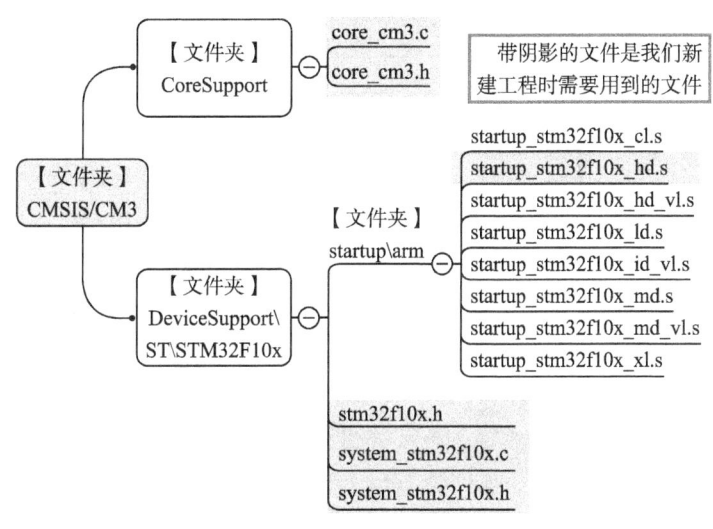

图 9-3　CMSIS 文件夹内容

处理器之外的，就像我们熟知的 C 语言头文件 stdio.h 文件一样。它位于 RVMDK 这个软件的安装目录下，主要作用是提供一些类型定义，见代码清单 9-1。

代码清单9-1　stdint.h文件中的类型定义

```
 1  /* exact-width signed integer types */
 2  typedef   signed            char  int8_t;
 3  typedef   signed short       int  int16_t;
 4  typedef   signed             int  int32_t;
 5  typedef   signed          __int64  int64_t;
 6
 7  /* exact-width unsigned integer types */
 8  typedef unsigned            char  uint8_t;
 9  typedef unsigned short       int  uint16_t;
10  typedef unsigned             int  uint32_t;
11  typedef unsigned          __int64  uint64_t;
```

这些新类型定义屏蔽了在不同芯片平台时，出现的诸如 int 的大小是 16 位，还是 32 位的差异。所以我们以后的程序中，都将使用新类型，如 uint8_t、uint16_t 等。

在稍旧版的程序中还经常会出现如 u8、u16、u32 这样的类型，分别表示无符号的 8

位、16位、32位整型。初学者碰到这样的旧类型会感觉一头雾水，它们定义的位置在STM32f10x.h文件中。建议在以后的新程序中尽量使用uint8_t、uint16_t类型的定义。

（2）启动文件

启动文件放在startup/arm这个文件夹下面，这里面启动文件有很多个，不同型号的单片机用的启动文件不一样，有关每个启动文件的详细说明见表9-1。

表9-1 各启动文件匹配的芯片类型

启动文件	区 别
startup_stm32f10x_ld.s	ld：low-density 小容量，Flash容量为16~32k
startup_stm32f10x_md.s	md：medium-density 中容量，Flash容量为64~128k
startup_stm32f10x_hd.s	hd：high-density 大容量，Flash容量为256~512k
startup_stm32f10x_xl.s	xl：超大容量，Flash容量为512~1024k
以上4种都属于基本型，包括STM32F101xx、STM32F102xx、STM32F103xx系列	
startup_stm32f10x_cl.s	cl：connectivity line devices 互联型，特指STM32F105xx和STM32F107xx系列
startup_stm32f10x_ld_vl.s	vl：value line devices 超值型系列，特指STM32F100xx系列
startup_stm32f10x_md_vl.s	
startup_stm32f10x_hd_vl.s	

我们开发板中用的STM32F103VET6或者STM32F103ZET6中的Flash都是512k，属于基本型的大容量产品，启动文件统一选择startup_stm32f10x_hd.s。

（3）Stm32f10x.h

这个头文件实现了片上外设的所以寄存器的映射，是一个非常重要的头文件，在内核中与之相对应的头文件是core_cm3.h。

（4）system_stm32f10x.c

system_stm32f10x.c文件实现了STM32的时钟配置，操作的是片上的RCC这个外设。系统在上电之后，首先会执行由汇编编写的启动文件，启动文件中的复位函数中调用的SystemInit函数就在这个文件里面定义。调用完之后，系统的时钟就被初始化成72M。如果后面我们需要重新配置系统时钟，我们就可以参考这个函数重写。为了维持库的完整性，我们不会直接在这个文件里面修改时钟配置函数。

2. STM32F10x_StdPeriph_Driver 文件夹

libraries目录下的STM32F10x_StdPeriph_Driver文件夹见图9-4。

STM32F10x_StdPeriph_Driver文件夹下有inc（include的缩写）与src（source的缩写）这两个文件夹，这里的文件属于CMSIS之外的、芯片片上的外设部分。src里面是每个设备外设的驱动源程序，inc则是相对应的外设头文件。src及inc文件夹是ST标准库的主要内容，不少人甚至认为ST标准库就是指这些文件，可见其重要性。

在src和inc文件夹里的就是ST公司针对每个STM32外设而编写的库函数文件，每个外设对应一个.c和.h后缀的文件。我

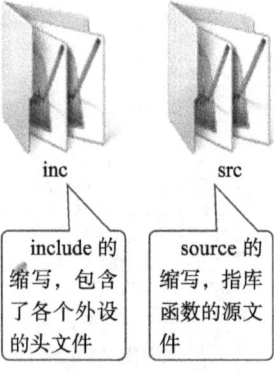

图9-4 外设驱动

们把这类外设文件统称为 stm32f10x_ppp.c 或 stm32f10x_ppp.h 文件，ppp 表示外设名称。如在上一章中我们自建的 stm32f10x_gpio.c 及 stm32f10x_gpio.h 文件，就属于这一类。

如针对模数转换（ADC）外设，在 src 文件夹下有一个 stm32f10x_adc.c 源文件，在 inc 文件夹下有一个 stm32f10x_adc.h 头文件，若我们开发的工程中用到了 STM32 内部的 ADC，则至少要把这两个文件包含到工程里，见图 9-5。

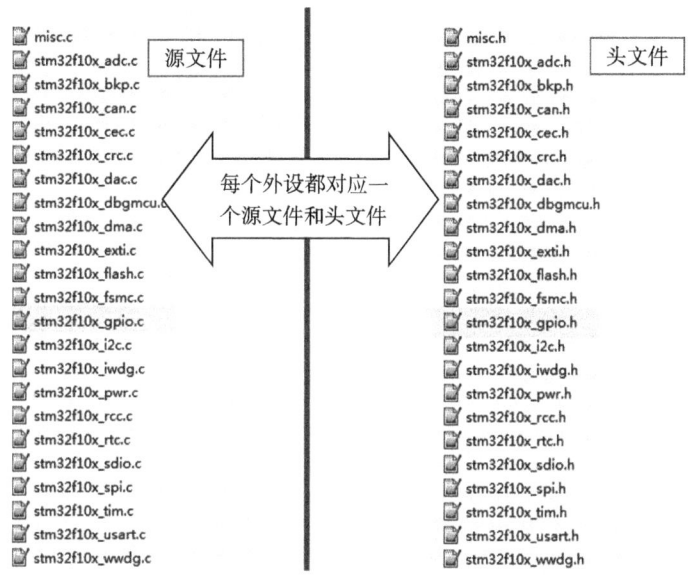

图 9-5　驱动的源文件及头文件

这两个文件夹中，还有一个很特别的 misc.c 文件，这个文件提供了外设对内核中的 NVIC（中断向量控制器）的访问函数，在配置中断时，必须把这个文件添加到工程中。

3. stm32f10x_it.c、stm32f10x_conf.h 和 system_stm32f10x.c 文件

在文件目录 STM32F10x_StdPeriph_Lib_V3.5.0\Project\STM32F10x_StdPeriph_Template 下，存放了官方的一个库工程模板，在用库建立一个完整的工程时，还需要添加这个目录下的 stm32f10x_it.c、stm32f10x_conf.h 和 system_stm32f10x.c 这 4 个文件。

（1）stm32f10x_it.c

这个文件是专门用来编写中断服务函数的，在我们修改前，这个文件已经定义了一些系统异常（特殊中断）的接口，其他普通中断服务函数由我们自己添加。但是我们怎么知道这些中断服务函数的接口如何写呢？是不是可以自定义呢？答案当然不是，这些都可以在汇编启动文件中找到，在学习中断和启动文件的时候会详细介绍。

（2）system_stm32f10x.c

这个文件包含了 STM32 芯片上电后初始化系统时钟、扩展外部存储器用的函数，例如我们前两章提到供启动文件调用的 SystemInit 函数，用于上电后初始化时钟，该函数的定义就存储在 system_stm32f10x.c 文件中。STM32F103 系列的芯片，调用库的这个 SystemInit 函数后，系统时钟被初始化为 72MHz，如需要可以修改这个文件的内容，设置

成自己所需的时钟频率。但鉴于保持库的完整性,我们在做系统时钟配置的时候会另外重写时钟配置函数。

(3) stm32f10x_conf.h

这个文件被包含进 stm32f10x.h 文件。当使用固件库编程的时候,如果需要某个外设的驱动库,就需要包含该外设的头文件:stm32f10x_ppp.h。包含一个还好,如果用了多个外设,就需要包含多个头文件,这不仅影响代码美观,而且也不好管理。现我们用一个头文件 stm32f10x_conf.h 把这些外设的头文件都包含在里面,让这个配置头文件统一管理这些外设的头文件,我们在应用程序中只需要包含这个配置头文件即可。我们又知道这个头文件在 stm32f10x.h 的最后被包含,所以最终我们只需要包含 stm32f10x.h 这个头文件即可,非常方便。Stm32f10x_conf.h 见代码清单 9-2。默认情况下是所有头文件都被包含,没有被注释掉。也可以把不要的都注释掉,只留下需要使用的即可。

代码清单9-2　stm32f10x_conf.h文件配置软件库

```
1  #include "stm32f10x_adc.h"
2  #include "stm32f10x_bkp.h"
3  #include "stm32f10x_can.h"
4  #include "stm32f10x_cec.h"
5  #include "stm32f10x_crc.h"
6  #include "stm32f10x_dac.h"
7  #include "stm32f10x_dbgmcu.h"
8  #include "stm32f10x_dma.h"
9  #include "stm32f10x_exti.h"
10 #include "stm32f10x_flash.h"
11 #include "stm32f10x_fsmc.h"
12 #include "stm32f10x_gpio.h"
13 #include "stm32f10x_i2c.h"
14 #include "stm32f10x_iwdg.h"
15 #include "stm32f10x_pwr.h"
16 #include "stm32f10x_rcc.h"
17 #include "stm32f10x_rtc.h"
18 #include "stm32f10x_sdio.h"
19 #include "stm32f10x_spi.h"
20 #include "stm32f10x_tim.h"
21 #include "stm32f10x_usart.h"
22 #include "stm32f10x_wwdg.h"
23 #include "misc.h"
```

stm32f10x_conf.h 这个文件还可配置是否使用"断言"编译选项,见代码清单9-3。

代码清单9-3　断言配置

```
1  #ifdef  USE_FULL_ASSERT
2  /**
3    * @brief  The assert_param macro is used for  parameters check.
4    * @param  expr: If expr is false, it calls assert_failed function
5    *         which reports the name of the source file and the source
6    *         line number of the call that failed.
7    *         If expr is true, it returns no value.
```

```
 8     * @retval None
 9     */
10 #define assert_param(expr) ((expr) ? (void)0 : assert_failed((uint8_t
11 *)__FILE__, __LINE__))
12 /* Exported functions ------------------------------------- */
13 void assert_failed(uint8_t* file, uint32_t line);
14 #else
15 #define assert_param(expr) ((void)0)
16 #endif /* USE_FULL_ASSERT */
```

在 ST 标准库的函数中，一般会包含输入参数检查，即上述代码中的 assert_param 宏，当参数不符合要求时，会调用 assert_failed 函数，这个函数默认是空的。

实际开发中使用断言时，先通过定义 USE_FULL_ASSERT 宏来使能断言，然后定义 assert_failed 函数，通常会让它调用 printf 函数输出错误说明。使能断言后，程序运行时会检查函数的输入参数，当软件经过测试可发布时，会取消 USE_FULL_ASSERT 宏来去掉断言功能，使程序全速运行。

9.1.2 库各文件间的关系

前面简单介绍了各个库文件的作用，库文件直接包含进工程即可，丝毫不用修改，而有的文件就要我们在使用的时候根据具体的需要进行配置。接下来从整体上把握一下各个文件在库工程中的层次或关系，这些文件对应到 CMSIS 标准架构上，见图 9-6。

图 9-6 描述了 STM32 库各文件之间的调用关系，在实际使用库开发工程的过程中，我们把位于 CMSIS 层的文件包含进工程，除了特殊系统时钟需要修改 system_stm32f10x.c，其他文件丝毫不用修改，也不建议修改。

对于位于用户层的几个文件，就是我们在使用库的时候，针对不同的应用对库文件进行增删（用条件编译的方法增删）和改动的文件。

9.2 使用帮助文档

俗话说，授之以鱼不如授之以渔。官方资料是所有关于 STM32 知识的源头，所以本节介绍如何使用官方资料。官方的帮助手册是最好的教程，几乎包含了所有在开发过程中会遇到的问题。这些资料可以到秉火论坛下载。

9.2.1 常用官方资料

1.《STM32F10X- 中文参考手册》

这个手册全方位介绍了 STM32 芯片的各种片上外设，它把 STM32 的时钟、存储器架构，以及各种外设、寄存器都描述得清清楚楚。当我们对 STM32 的外设感到困惑时，可查阅这个手册。以直接配置寄存器方式开发的话，查阅这个文档寄存器部分的频率会相当高，但这样开发效率太低了。

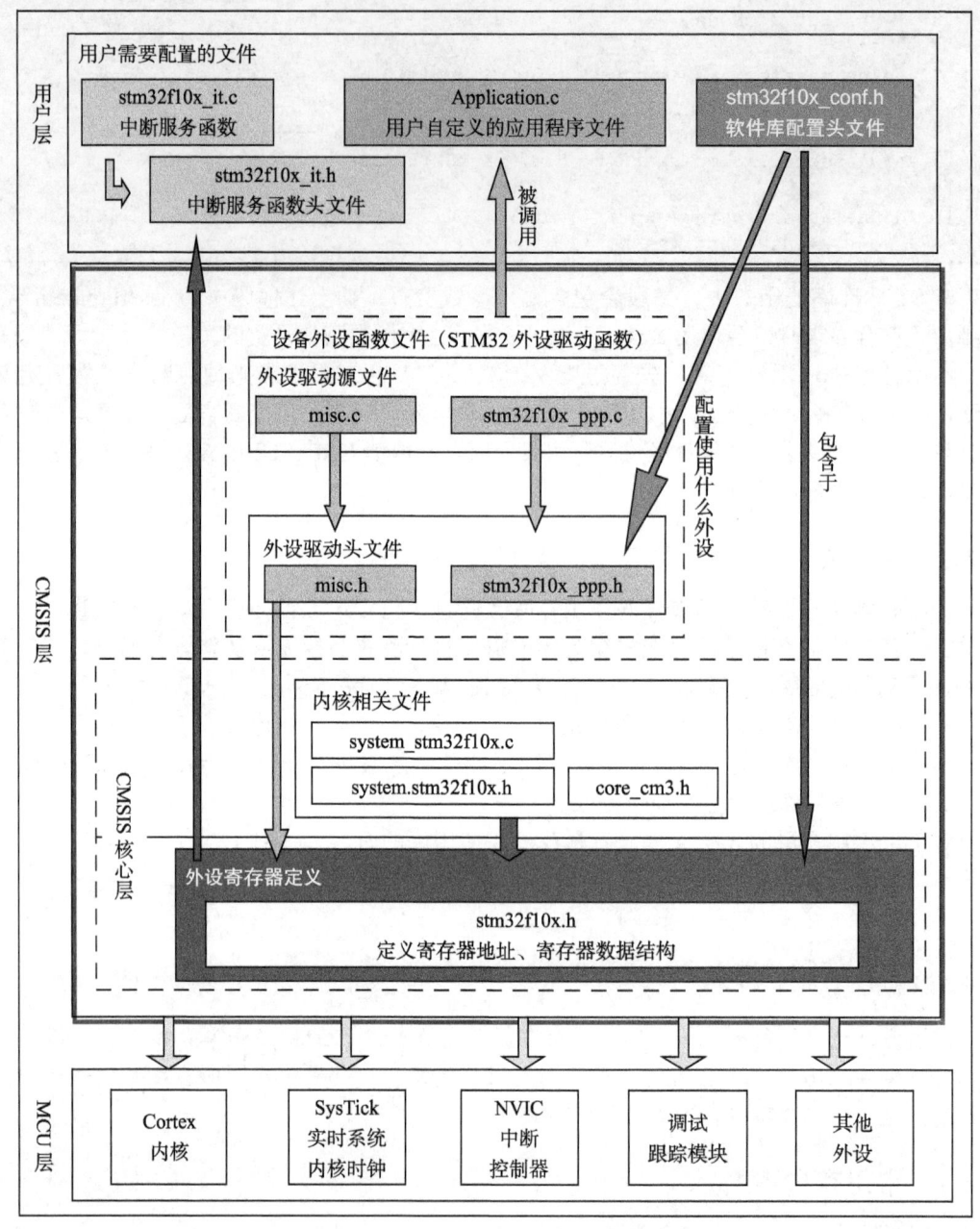

图 9-6 库各文件关系

2.《STM32 规格书》

本文档相当于 STM32 的数据手册，包含了 STM32 芯片所有的引脚功能说明，以及存储器架构、芯片外设架构说明。后面我们使用 STM32 其他外设时，常常需要查找这个文档，了解外设对应到 STM32 的哪个 GPIO 引脚。

3.《Cortex-M3 内核编程手册》

本手册由 ST 公司提供，主要讲解 STM32 内核寄存器相关的说明，例如系统定时器、NVIC 等核外设的寄存器。这部分的内容是对《STM32F10X-中文参考手册》没涉及的内核部分的补充。相对来说，本文档虽然介绍了内核寄存器，但不如以下两个文档详细，要了解内核时，可作为以下两个手册的配合资料使用。

4.《Cortex-M3 权威指南》

这个手册是由 ARM 公司提供的，它详细讲解了 Cortex 内核的架构和特性，要深入了解 Cortex-M 内核，这是首选，是经典中的经典。这个手册已被翻译成中文，出版发行，我们配套的资料里面提供中文版的电子版。

5.《stm32f10x_stdperiph_lib_um.chm》

这个就是本章提到的库的帮助文档，在使用库函数时，我们最好通过查阅此文件来了解标准库提供了哪些外设、函数原型或库函数的调用的方法，也可以直接阅读源码里面的函数说明。

9.2.2 初识库函数

所谓库函数，就是 STM32 的库文件中为我们编写好驱动外设的函数接口，只要调用这些库函数，就可以对 STM32 进行配置，达到控制的目的。我们可以不知道库函数是如何实现的，但调用函数时必须知道函数的功能、可传入的参数及其意义和函数的返回值。

有读者可能会问：那么多函数我怎么记呀？回答是：会查就行了，哪个人记得了那么多。所以学会查阅库帮助文档是很有必要的。

打开库帮助文档《stm32f10x_stdperiph_lib_um.chm》，见图 9-7。

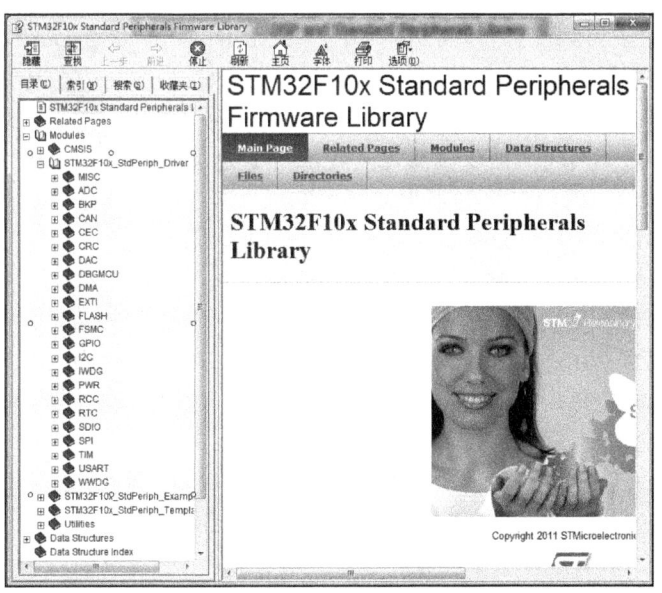

图 9-7 库帮助文档

层层打开文档的目录标签 Modules\STM32F10x_StdPeriph_Driver\，可看到 STM32F10x_StdPeriph_Driver 标签下有很多外设驱动文件的名字：MISC、ADC、BKP、CAN 等。

我们试着查看 GPIO 的"位设置函数 GPIO_SetBits"，打开标签 Modules\STM32F10x_StdPeriph_Driver\GPIO\Functions\GPIO_SetBits，见图 9-8。

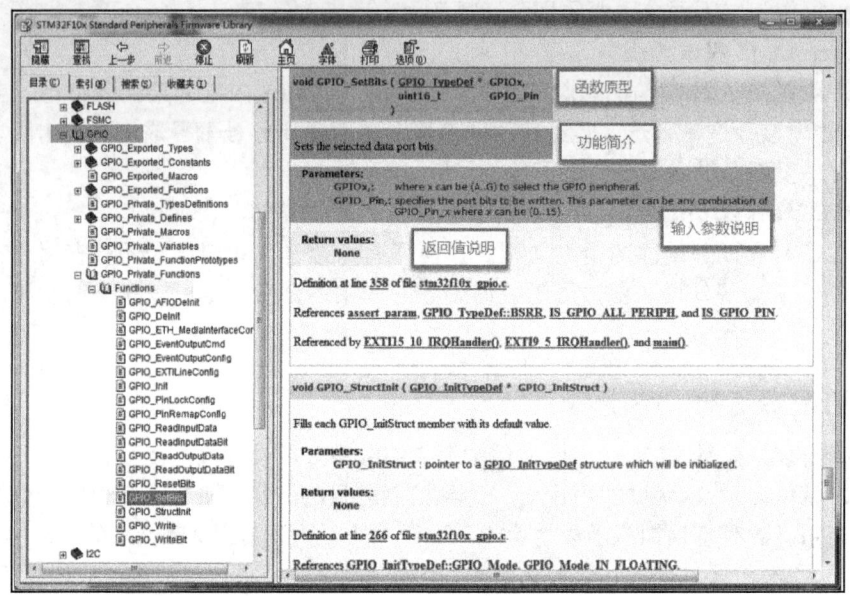

图 9-8　库帮助文档的函数说明

利用这个文档，我们即使不去看它的具体源代码，也知道怎么利用它了。

如 GPIO_SetBits，函数的原型为 void GPIO_SetBits(GPIO_TypeDef * GPIOx , uint16_t GPIO_Pin)。它的功能是：输入一个类型为 GPIO_TypeDef 的指针 GPIOx 参数，选定要控制的 GPIO 端口；输入 GPIO_Pin_x 宏，其中 x 指端口的引脚号，指定要控制的引脚。

其中输入的参数 GPIOx 为 ST 标准库中定义的自定义数据类型，这两个传入参数均为结构体指针。初学时，我们并不知道像 GPIO_TypeDef 这样的类型是什么意思，单击函数原型中带下划线的 GPIO_TypeDef 就可以查看这个类型的声明了。

就这样初步了解一下库函数，就可以发现 STM32 的库写得很优美。每个函数和数据类型都符合见名知义的原则，当然，这样的名称写起来特别长，而且对于中国人来说要输入这么长的英文，很容易出错，所以在开发软件的时候，在用到库函数的地方，直接把库帮助文档中的函数名称复制并粘贴到工程文件中就可以了。而且，配合 MDK 软件的代码自动补全功能，可以减少输入量。

有的用户觉得使用库文档麻烦，也可以直接查阅 STM32 标准库的源码，库帮助文档的说明都是根据源码生成的，所以直接看源码也可以了解函数功能。

第 10 章
新建工程——库函数版

了解了 STM32 的标准库文件之后，我们就可以使用它来建立工程了，因为用库新建工程的步骤较多，一般是使用库建立一个空的工程，作为工程模板。以后直接复制一份工程模板，在它之上进行开发。

本章的"工程模板"范例可在配套资料中找到，自己新建工程模板时可参考该工程。

本章内容所涉及的软件只供教学使用，不得用于商业用途。个人或公司因商业用途导致的法律责任，后果自负。

版本说明：MDK5.15（MDK 即 KEIL 软件）

版本号可从 MDK 软件的"Help → About μVision"选项中查询到。

10.1 新建本地工程文件夹

为了使工程目录更加清晰，我们在本地电脑上新建一个"工程模板"文件夹，在它之下再新建 6 个文件夹，具体见表 10-1 和图 10-1。

表 10-1 工程目录文件夹清单

名称	作用
Doc	存放程序说明文件，由写程序的人添加
Libraries	存放库文件
Listing	存放编译器编译时候产生的 C/ 汇编 / 链接的列表清单
Output	存放编译产生的调试信息、hex 文件、预览信息、封装库等
Project	存放工程
User	用户编写的驱动文件

Doc　　Libraries　　Listing　　Output　　Project　　User

图 10-1 工程文件夹目录

在本地新建好文件夹后，把准备好的库文件添加到相应的文件夹下，见表 10-2。

表 10-2　工程目录文件夹内容清单

名称	作用
Doc	工程说明 .txt
Libraries	CMSIS：存放与 CM3 内核有关的库文件 STM32F10x_StdPeriph_Driver：STM32 外设库文件
Listing	暂时为空
Output	暂时为空
Project	暂时为空
User	stm32f10x_conf.h：用来配置库的头文件 stm32f10x_it.h：stm32f10x_c 的头文件 stm32f10x_it.c：中断相关的函数都在这个文件中编写，暂时为空 main.c：main 函数文件

10.2　新建工程

打开 KEIL5，新建一个工程，见图 10-2。工程名根据喜好命名，这里取 Template（中文是模板的意思），保存在 Project\RVMDK（uv5）文件夹下。

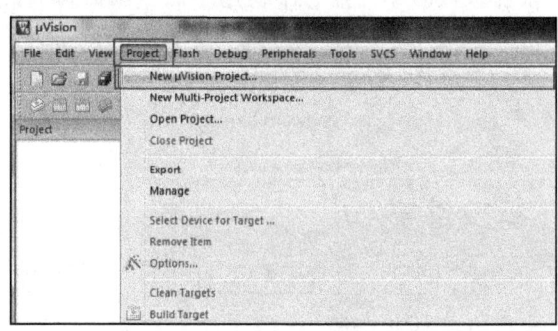

图 10-2　在 KEIL5 中新建工程

1. 选择 CPU 型号

这个根据开发板所使用的 CPU 具体的型号来选择，STM32 旗舰版选 STM32F103ZE 型号，见图 10-3。如果这里没有出现想要的 CPU 型号，或者一个型号都没有，那么肯定是 KEIL5 中没有添加 device 库，KEIL5 不像 KEIL4 那样自带了很多 MCU 的型号，而是需要自己添加，关于如何添加请参考第 1 章。

2. 在线添加库文件

在后面我们手动添加库文件，这里单击关闭按钮，见图 10-4。

3. 添加组文件夹

在新建的工程中添加 5 个组文件夹，用来存放各种不同的文件，见表 10-3。文件从本地建好的工程文件夹下获取，双击组文件夹就会出现添加文件路径的菜单，然后选择文件即可，见图 10-5。

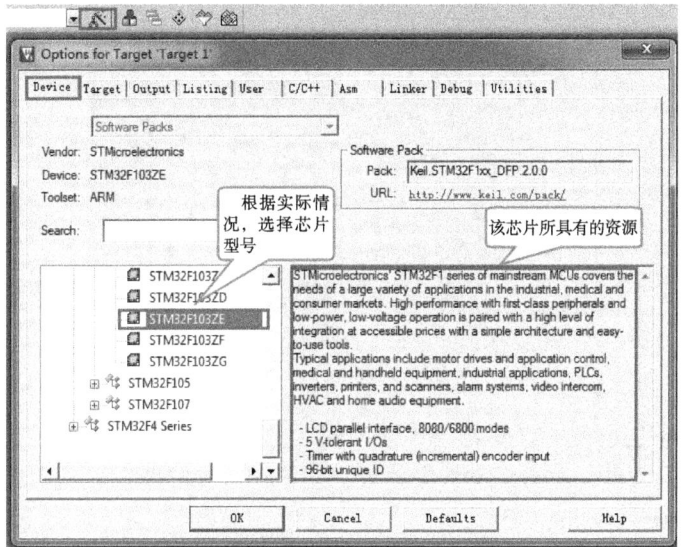

图 10-3　选择具体的 CPU 型号

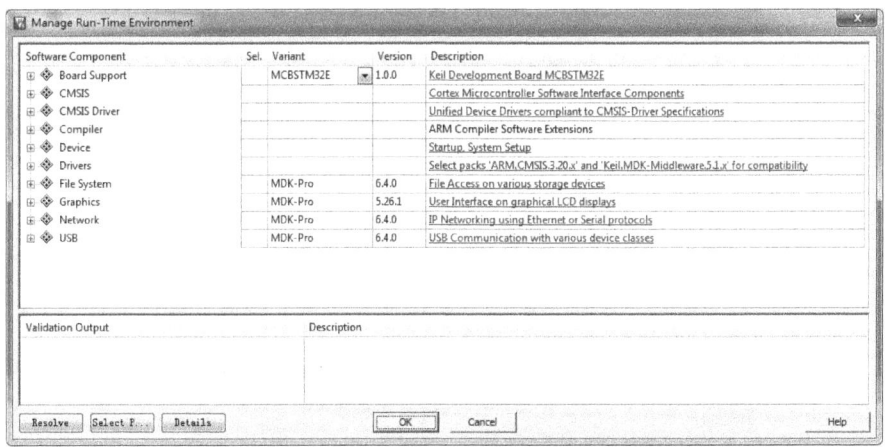

图 10-4　库文件管理

表 10-3　工程内组文件夹内容清单

名称	存放的文件
STARTUP	startup_stm32f10x_hd.s
CMSIS	core_cm3.c、system_stm32f10x.c
FWLB	STM32F10x_StdPeriph_Driver\src 文件夹下的全部 C 文件，即固件库
USER	用户编写的文件 main.c：main 函数文件，暂时为空 stm32f10x_it.c：与中断有关的函数都放这个文件中，暂时为空
DOC	工程说明 .txt：程序说明文件，用于说明程序的功能和注意事项等

图 10-5　在工程中添加组文件夹

4. 添加文件

先把上面提到的文件从 ST 标准库中复制到工程模板对应文件夹的目录下，然后在新建的工程中添加这些文件，双击组文件夹就会出现添加文件的路径，然后选择文件即可，见图 10-6。

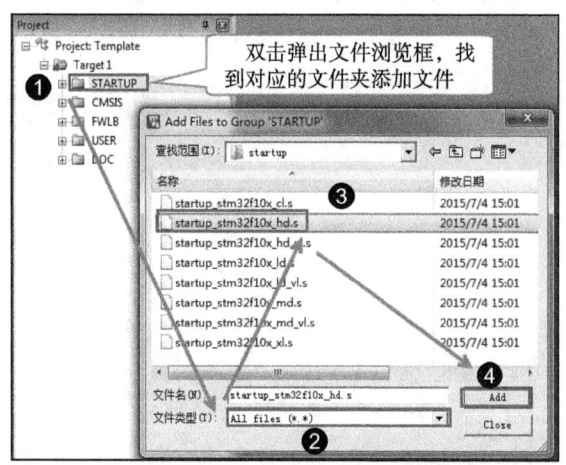

图 10-6　在工程中添加文件

5. 配置魔术棒选项卡

这一步的配置工作很重要，很多用户的串口用不了 printf 函数、编译有问题、下载有问题，都是这个步骤的配置出了错。

1）在 Target 选项卡，中选中"Use MicroLIb"复选框，为的是在日后编写串口驱动的时候可以使用 printf 函数，见图 10-7。

2）在 Output 选项卡中把输出文件夹定位到工程目录下的"Output"文件夹，如果想在编译的过程中生成 hex 文件，那么把 Create HEX File 选项勾选上，见图 10-8。

3）在 Listing 选项卡中把输出文件夹定位到工程目录下的"Listing"文件夹，见图 10-9。

4）在 C/C++ 选项卡中添加处理宏及编译器编译时查找的头文件路径，见图 10-10。如果头文件路径添加有误，则编译的时候会报错"找不到头文件"。

第 10 章　新建工程——库函数版　89

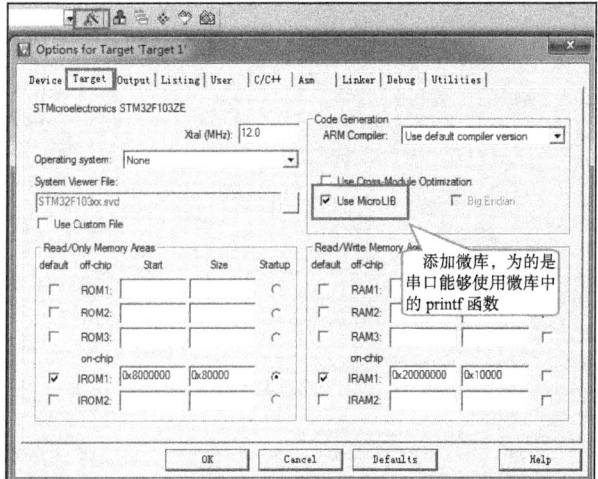

图 10-7　添加微库

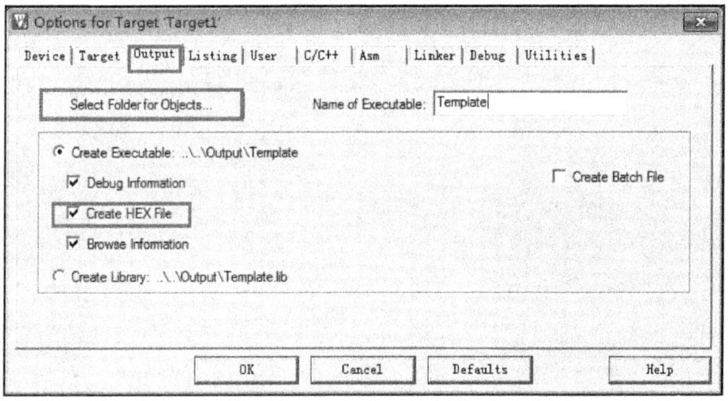

图 10-8　配置 Output 选项卡

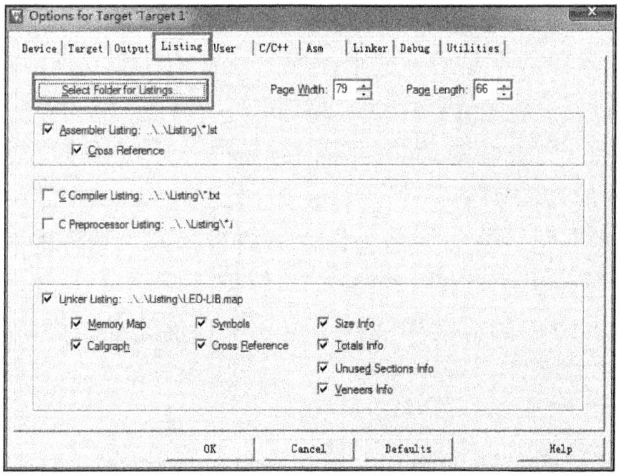

图 10-9　配置 Listing 选项卡

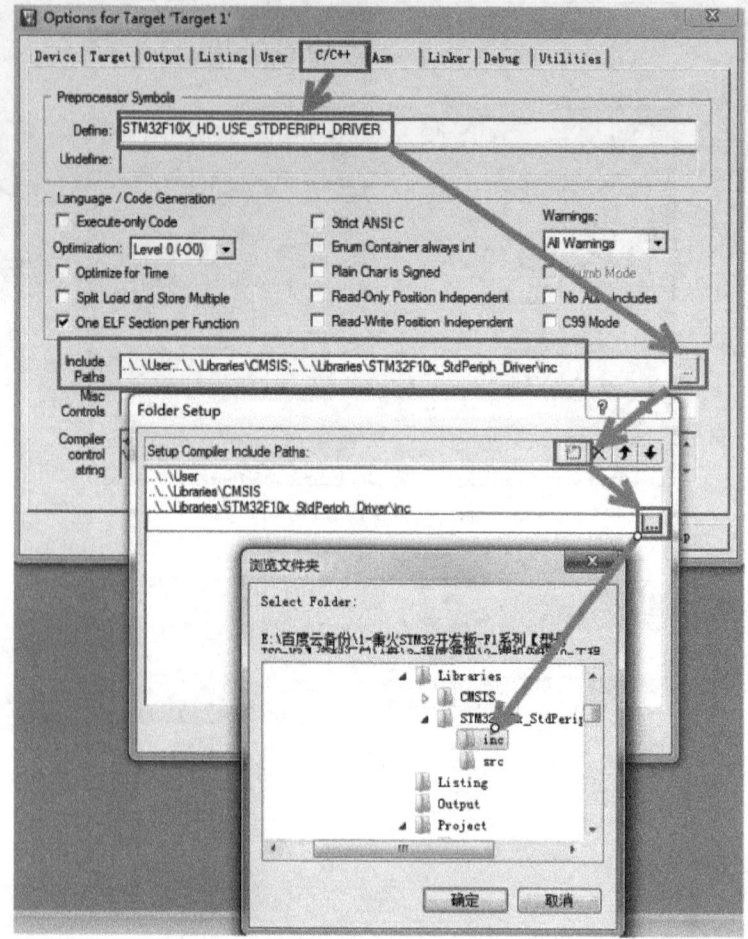

图 10-10　添加头文件路径

在 C/C++ 选项中添加宏，就相当于我们在文件中使用"#define"语句定义宏一样。在编译器中添加宏的好处就是，只要用了这个模板，就不用在源文件中修改代码。

- STM32F10X_HD 宏：它告诉 STM32 标准库，我们使用的芯片类型是 STM32 型号，是大容量的，使 STM32 标准库根据我们选定的芯片型号来配置。
- USE_STDPERIPH_DRIVER 宏：让 stm32f10x.h 包含 stm32f10x_conf.h 这个头文件。

"Include Paths"文本框中添加的是头文件的路径，如果编译的时候提示"找不到头文件"，一般就是这里的配置出了问题。把头文件放到了哪个文件夹，就把该文件夹添加到那里即可。应使用图 10-10 中的方法用文件浏览器去添加路径，而不要直接手动输入路径，避免出错。

6. 仿真器配置

本书使用的仿真器是 Fire-Debugger，可下载和仿真程序。Fire-Debugger 支持 Windows XP/7/8/10 这几个操作系统，无需安装驱动，使用非常方便，具体配置见图 10-11～图 10-13。

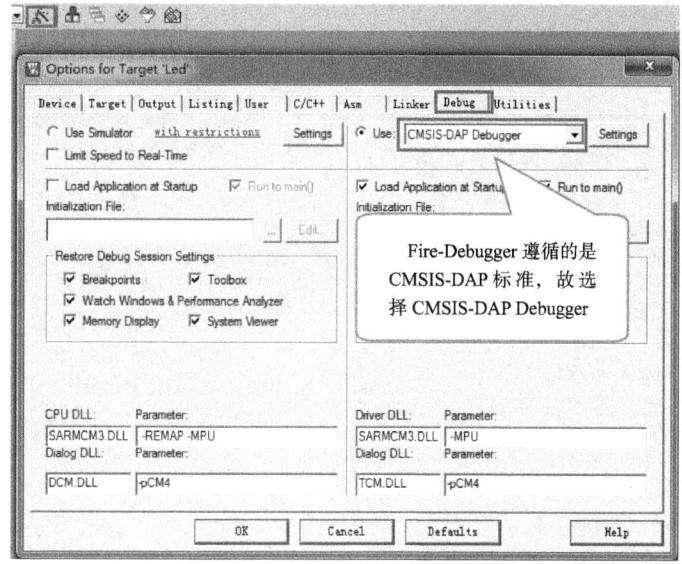

图 10-11　在 Debug 选项卡中选择 CMSIS-DAP Debugger

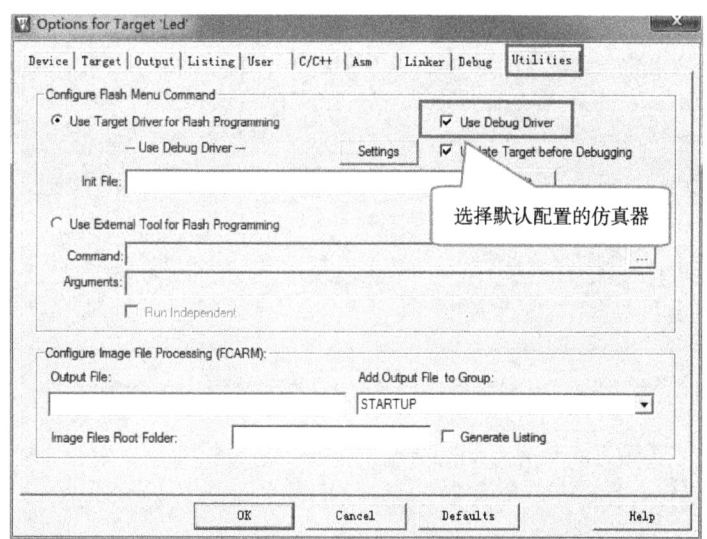

图 10-12　在 Utilities 选项卡中选择 Use Debug Driver

7. 选择 CPU 型号

这一步的配置也不是配置一次之后就完事，常常会因为各种原因需要重新选择。当你下载的时候，若提示"说找不到 Device"，应查看该配置是否正确。有时候下载程序之后，不会自动运行，要手动复位的时候，也要再次查看这里的"Reset and Run"配置是否失效。指南者用的 STM32 的 Flash 大小是 512KB，所以这里选择 512k 的容量，如果使用的是其他型号的，要根据实际情况选择，见图 10-14。

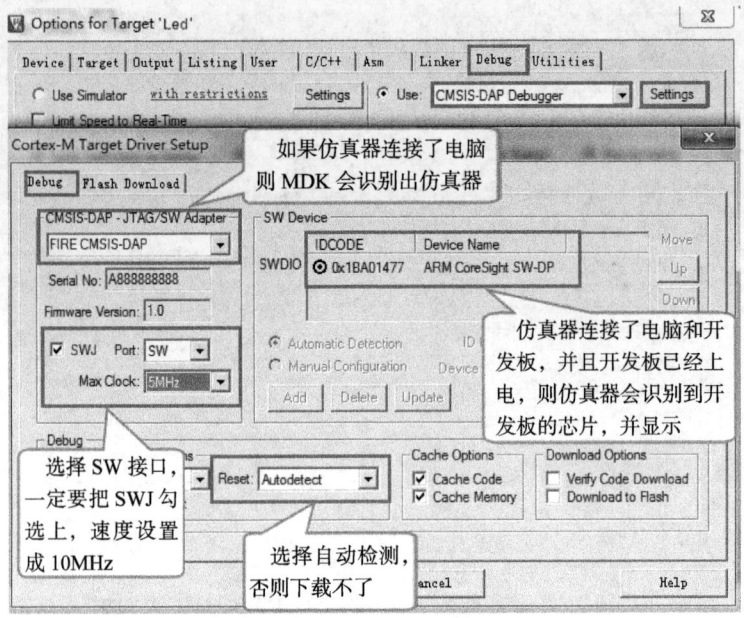

图 10-13 Debug 选项的配置

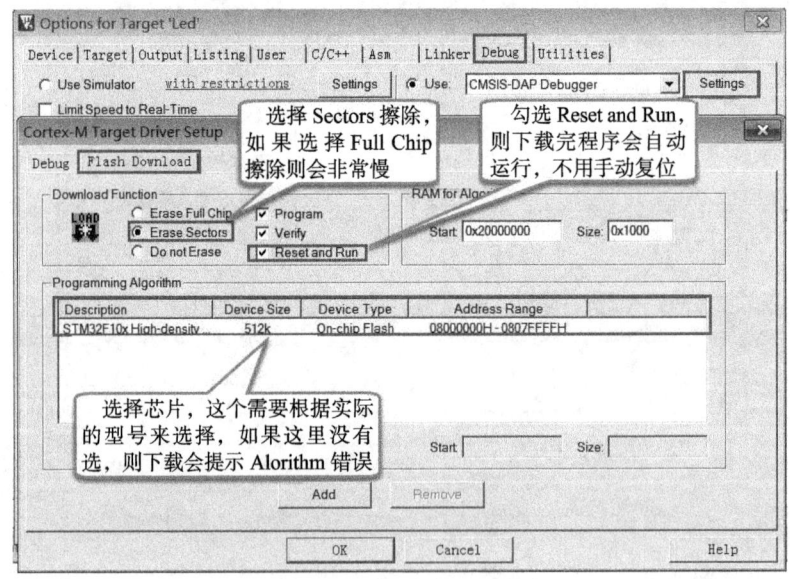

图 10-14 选择芯片型号

一个新的工程模板新建完毕。

第 11 章
GPIO 输出——使用固件库点亮 LED

利用库建立好工程模板，就可以方便地使用 STM32 标准库编写应用程序了。可以说，从这一章起我们真正开始迈入 STM32 固件库开发的大门。

LED 的控制使用到 GPIO 外设的基本输出功能，本章中不赘述 GPIO 外设的概念，如果忘记了，可重读前面 7.3 节。STM32 标准库中 GPIO 初始化结构体 GPIO_TypeDef 的定义与 8.3.6 节中讲解的相同。

11.1 硬件设计

在本教程中，STM32 芯片与 LED 的连接见图 11-1。这是一个 RGB 灯，由红蓝绿 3 个小灯构成，使用 PWM 控制时可以混合成 256 种不同的颜色。

这些 LED 的阴极都连接到 STM32 的 GPIO 引脚，只要我们控制 GPIO 引脚的电平输出状态，即可控制 LED 的亮灭。若你使用的实验板中 LED 的连接方式或引脚不一样，只需根据我们的工程修改引脚即可，程序的控制原理相同。

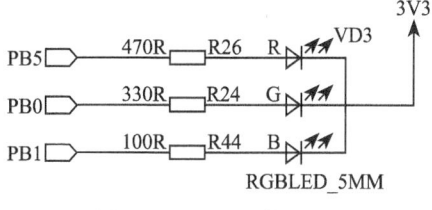

图 11-1 LED 硬件原理图

11.2 软件设计

这里只讲解核心部分的代码，有些变量的设置、头文件的包含等可能不会涉及，完整的代码请参考本章配套的工程。

为了使工程更加有条理，我们把 LED 控制相关的代码独立分开存储，方便以后移植。在"工程模板"之上新建 bsp_led.c 及 bsp_led.h 文件，其中的 bsp 即 Board Support Packet 的缩写（板级支持包），这些文件也可根据个人喜好命名，不属于 STM32 标准库的内容，是由我们自己根据应用需要编写的。

11.2.1 编程要点

1）使能 GPIO 端口时钟；
2）初始化 GPIO 目标引脚为推挽输出模式；
3）编写简单测试程序，控制 GPIO 引脚输出高、低电平。

11.2.2 代码分析

1. LED 引脚宏定义

在编写应用程序的过程中，要考虑更改硬件环境的情况，例如 LED 的控制引脚与当前的不一样，我们希望程序只需要做最小的修改即可在新的环境正常运行。这个时候一般把硬件相关的部分使用宏来封装，若更改了硬件环境，只修改这些硬件相关的宏即可。这些定义一般存储在头文件，即本例子中的 bsp_led.h 文件中，见代码清单 11-1。

代码清单11-1 LED控制引脚相关的宏

```
1  // R- 红色
2  #define LED1_GPIO_PORT      GPIOB
3  #define LED1_GPIO_CLK       RCC_APB2Periph_GPIOB
4  #define LED1_GPIO_PIN       GPIO_Pin_5
5  // G- 绿色
6  #define LED2_GPIO_PORT      GPIOB
7  #define LED2_GPIO_CLK       RCC_APB2Periph_GPIOB
8  #define LED2_GPIO_PIN       GPIO_Pin_0
9  // B- 蓝色
10 #define LED3_GPIO_PORT      GPIOB
11 #define LED3_GPIO_CLK       RCC_APB2Periph_GPIOB
12 #define LED3_GPIO_PIN       GPIO_Pin_1
```

以上代码分别把控制 LED 的 GPIO 端口、GPIO 引脚号以及 GPIO 端口时钟封装起来了。在实际控制的时候我们就直接用这些宏，以达到应用代码与硬件无关的效果。

其中的 GPIO 时钟宏 RCC_APB2Periph_GPIOB 是 STM32 标准库定义的 GPIO 端口时钟相关的宏，它的作用与 GPIO_Pin_x 这类宏类似，用于指示寄存器位，方便库函数使用，下面初始化 GPIO 时钟的时候可以看到它的用法。

2. 控制 LED 亮灭状态的宏定义

为了方便控制 LED，我们把 LED 常用的亮、灭及状态反转的控制也直接定义成宏，见代码清单 11-2。

代码清单11-2 控制LED亮灭的宏

```
1  /* 直接操作寄存器的方法控制 IO */
2  #define digitalHi(p,i)      {p->BSRR=i;}    // 输出高电平
3  #define digitalLo(p,i)      {p->BRR=i;}     // 输出低电平
4  #define digitalToggle(p,i)  {p->ODR ^=i;}   // 输出反转状态
5
6
7  /* 定义控制 IO 的宏 */
8  #define LED1_TOGGLE         digitalToggle(LED1_GPIO_PORT,LED1_GPIO_PIN)
9  #define LED1_OFF            digitalHi(LED1_GPIO_PORT,LED1_GPIO_PIN)
10 #define LED1_ON             digitalLo(LED1_GPIO_PORT,LED1_GPIO_PIN)
```

```c
11
12 #define LED2_TOGGLE        digitalToggle(LED2_GPIO_PORT,LED2_GPIO_PIN)
13 #define LED2_OFF           digitalHi(LED2_GPIO_PORT,LED2_GPIO_PIN)
14 #define LED2_ON            digitalLo(LED2_GPIO_PORT,LED2_GPIO_PIN)
15
16 #define LED3_TOGGLE        digitalToggle(LED2_GPIO_PORT,LED3_GPIO_PIN)
17 #define LED3_OFF           digitalHi(LED2_GPIO_PORT,LED3_GPIO_PIN)
18 #define LED3_ON            digitalLo(LED2_GPIO_PORT,LED3_GPIO_PIN)
19
20 /* 基本混色,后面高级用法使用 PWM 可混出全彩颜色,且效果更好 */
21
22 // 红
23 #define LED_RED         \
24                         LED1_ON;\
25                         LED2_OFF;\
26                         LED3_OFF
27
28 // 绿
29 #define LED_GREEN       \
30                         LED1_OFF;\
31                         LED2_ON;\
32                         LED3_OFF
33
34 // 蓝
35 #define LED_BLUE        \
36                         LED1_OFF;\
37                         LED2_OFF;\
38                         LED3_ON
39
40
41 // 黄(红+绿)
42 #define LED_YELLOW      \
43                         LED1_ON;\
44                         LED2_ON;\
45                         LED3_OFF
46 // 紫(红+蓝)
47 #define LED_PURPLE      \
48                         LED1_ON;\
49                         LED2_OFF;\
50                         LED3_ON
51
52 // 青(绿+蓝)
53 #define LED_CYAN        \
54                         LED1_OFF;\
55                         LED2_ON;\
56                         LED3_ON
57
58 // 白(红+绿+蓝)
59 #define LED_WHITE       \
60                         LED1_ON;\
61                         LED2_ON;\
62                         LED3_ON
63
64 // 黑(全部关闭)
65 #define LED_RGBOFF      \
66                         LED1_OFF;\
```

```
67                    LED2_OFF;\
68                    LED3_OFF
```

这部分宏控制 LED 亮灭的操作是直接向 BSRR、BRR 和 ODR 这 3 个寄存器写入控制指令来实现的，对 BSRR 写 1 输出高电平，对 BRR 写 1 输出低电平，对 ODR 寄存器某位进行异或操作可反转位的状态。

RGB 彩灯可以实现混色，如第 41 行代码控制红灯和绿灯亮而蓝灯灭，可混出黄色效果。

代码中的"\"是 C 语言中的续行符语法，表示续行符的下一行与续行符所在的代码是同一行。因为代码中宏定义关键字"#define"只对当前行有效，所以我们使用续行符来连接起来。以下的代码是等效的：

```
#define LED_YELLOW    LED1_ON; LED2_ON; LED3_OFF
```

应用续行符的时候要注意，在"\"后面不能有任何字符（包括注释、空格），只能直接换行。

3. LED GPIO 初始化函数

利用上面的宏即可编写 LED 的初始化函数，见代码清单 11-3。

代码清单11-3　LED GPIO初始化函数

```
1  void LED_GPIO_Config(void)
2  {
3      /* 定义一个 GPIO_InitTypeDef 类型的结构体 */
4      GPIO_InitTypeDef GPIO_InitStructure;
5  
6      /* 开启 LED 相关的 GPIO 外设时钟 */
7      RCC_APB2PeriphClockCmd( LED1_GPIO_CLK|
8                              LED2_GPIO_CLK|
9                              LED3_GPIO_CLK, ENABLE);
10     /* 选择要控制的 GPIO 引脚 */
11     GPIO_InitStructure.GPIO_Pin = LED1_GPIO_PIN;
12  
13     /* 设置引脚模式为通用推挽输出 */
14     GPIO_InitStructure.GPIO_Mode = GPIO_Mode_Out_PP;
15  
16     /* 设置引脚速率为 50MHz */
17     GPIO_InitStructure.GPIO_Speed = GPIO_Speed_50MHz;
18  
19     /* 调用库函数，初始化 GPIO*/
20     GPIO_Init(LED1_GPIO_PORT, &GPIO_InitStructure);
21  
22     /* 选择要控制的 GPIO 引脚 */
23     GPIO_InitStructure.GPIO_Pin = LED2_GPIO_PIN;
24  
25     /* 调用库函数，初始化 GPIO */
26     GPIO_Init(LED2_GPIO_PORT, &GPIO_InitStructure);
27  
28     /* 选择要控制的 GPIO 引脚 */
29     GPIO_InitStructure.GPIO_Pin = LED3_GPIO_PIN;
```

```
30
31      /* 调用库函数,初始化GPIO */
32      GPIO_Init(LED3_GPIO_PORT, &GPIO_InitStructure);
33
34      /* 关闭LED灯1 */
35      GPIO_SetBits(LED1_GPIO_PORT, LED1_GPIO_PIN);
36
37      /* 关闭LED灯2 */
38      GPIO_SetBits(LED2_GPIO_PORT, LED2_GPIO_PIN);
39
40      /* 关闭LED灯3 */
41      GPIO_SetBits(LED3_GPIO_PORT, LED3_GPIO_PIN);
42  }
```

整个函数与第8章中的类似,主要区别是硬件相关的部分使用宏来代替,初始化GPIO端口时钟时也采用了STM32库函数。函数执行流程如下:

1)使用GPIO_InitTypeDef定义GPIO初始化结构体变量,以便后面用于存储GPIO配置。

2)调用库函数RCC_APB2PeriphClockCmd来使能LED的GPIO端口时钟。在前面的章节中我们是直接向RCC寄存器赋值来使能时钟的,不如这样直观。该函数有两个输入参数,第1个参数用于指示要配置的时钟,如本例中的RCC_APB2Periph_GPIOB,应用时我们使用"|"操作同时配置3个LED的时钟;函数的第2个参数用于设置状态,可输入Disable关闭或Enable使能时钟。

3)向GPIO初始化结构体赋值,把引脚初始化成推挽输出模式,其中的GPIO_Pin使用宏LEDx_GPIO_PIN来赋值,使函数的实现便于移植。

4)使用以上初始化结构体的配置,调用GPIO_Init函数向寄存器写入参数,完成GPIO的初始化。这里的GPIO端口使用LEDx_GPIO_PORT宏来赋值,也是为了程序移植方便。

5)使用同样的初始化结构体,只修改控制的引脚和端口,初始化其他LED使用的GPIO引脚。

6)使用宏控制RGB灯默认关闭。

4. main函数

编写完LED的控制函数后,就可以在main函数中测试了,见代码清单11-4。

代码清单11-4 控制LED,main文件

```
1 #include "stm32f10x.h"
2 #include "./led/bsp_led.h"
3
4 #define SOFT_DELAY Delay(0x0FFFFF);
5
6 void Delay(__IO u32 nCount);
7
8 /**
9  * @brief   main函数
10 * @param   无
11 * @retval  无
```

```
12     */
13  int main(void)
14  {
15        /* LED端口初始化 */
16        LED_GPIO_Config();
17  
18        while (1)
19        {
20              LED1_ON;                    //亮
21              SOFT_DELAY;
22              LED1_OFF;                   //灭
23  
24              LED2_ON;                    //亮
25              SOFT_DELAY;
26              LED2_OFF;                   //灭
27  
28              LED3_ON;                    //亮
29              SOFT_DELAY;
30              LED3_OFF;                   //灭
31  
32              /*轮流显示红、绿、蓝、黄、紫、青、白颜色*/
33              LED_RED;
34              SOFT_DELAY;
35  
36              LED_GREEN;
37              SOFT_DELAY;
38  
39              LED_BLUE;
40              SOFT_DELAY;
41  
42              LED_YELLOW;
43              SOFT_DELAY;
44  
45              LED_PURPLE;
46              SOFT_DELAY;
47  
48              LED_CYAN;
49              SOFT_DELAY;
50  
51              LED_WHITE;
52              SOFT_DELAY;
53  
54              LED_RGBOFF;
55              SOFT_DELAY;
56        }
57  }
58  
59  void Delay(__IO uint32_t nCount)          // 简单的延时函数
60  {
61        for (; nCount != 0; nCount--);
62  }
```

在 main 函数中，调用我们前面定义的 LED_GPIO_Config 初始化好 LED 的控制引脚，然后直接调用各种控制 LED 亮灭的宏来实现 LED 的控制。

以上就是一个使用 STM32 标准软件库开发应用的流程。

11.2.3 下载验证

把编译好的程序下载到开发板并复位，可看到 RGB 彩灯轮流显示不同的颜色。

11.3 STM32 标准库补充知识

1. SystemInit 函数在哪里

在前面章节中我们自己新建工程的时候需要定义一个 SystemInit 空函数，但是在这个用 STM32 标准库开发的工程却没有这样做，SystemInit 函数在哪里呢？

这个函数在 STM32 标准库的 system_stm32f10x.c 文件中定义了，而我们的工程已经包含该文件。标准库中的 SystemInit 函数把 STM32 芯片的系统时钟设置成了 72MHz，即此时 AHB 时钟频率为 72MHz，APB2 为 72MHz，APB1 为 36MHz。当 STM32 芯片上电后，执行启动文件中的指令时，会调用该函数，将系统时钟设置为以上状态。

2. 断言

细心对比前几章我们自己定义的 GPIO_Init 函数与 STM32 标准库中同名函数，会发现标准库中的函数内容多了一些乱七八糟的东西，那是断言，具体见代码清单 11-5。

代码清单11-5 GPIO_Init函数的断言部分

```
1  void GPIO_Init(GPIO_TypeDef* GPIOx, GPIO_InitTypeDef* GPIO_InitStruct)
2  {
3      uint32_t pinpos = 0x00, pos = 0x00 , currentpin = 0x00;
4
5      /* 检查参数 */
6      assert_param(IS_GPIO_ALL_PERIPH(GPIOx));
7      assert_param(IS_GPIO_MODE(GPIO_InitStruct->GPIO_Mode));
8      assert_param(IS_GPIO_PIN(GPIO_InitStruct->GPIO_Pin));
9
10     /* ------- 以下内容省略，跟前面我们定义的函数内容相同 ----- */
```

基本上每个库函数的开头都会有类似的内容，这里的"assert_param"实际上是一个宏，在库函数中它用于检查输入参数是否符合要求，若不符合要求则执行某个函数输出警告。assert_param 的定义见代码清单 11-6。

代码清单11-6 stm32f10x_conf.h文件中关于断言的定义

```
1
2  #ifdef  USE_FULL_ASSERT
3  /**
4    * @brief  assert_param 宏用于函数的输入参数检查
5    * @param  expr: 若expr值为假，则调用assert_failed函数
6    *               报告文件名及错误行号
7    *               若expr值为真，则不执行操作
8    */
9  #define assert_param(expr) \
10         ((expr) ? (void)0 : assert_failed((uint8_t *)__FILE__, __LINE__))
11 /* 错误输出函数 ---------------------------------------------- */
12 void assert_failed(uint8_t* file, uint32_t line);
13 #else
```

```
14 #define assert_param(expr) ((void)0)
15 #endif
```

这段代码的意思是,假如我们不定义 USE_FULL_ASSERT 宏,那么 assert_param 就是一个空的宏(#else 与 #endif 之间的语句生效),没有任何操作。从而所有库函数中的 assert_param 实际上都无意义,我们就当它不存在。

假如我们定义了 USE_FULL_ASSERT 宏,那么 assert_param 就是一个有操作的语句(#if 与 #else 之间的语句生效),该宏对参数 expr 使用 C 语言中的问号表达式进行判断,若 expr 值为真,则无操作(void 0),若 expr 值为假,则调用 assert_failed 函数,且该函数的输入参数为"__FILE__"及"__LINE__",这两个参数分别代表 assert_param 宏被调用时所在的"文件名"及"行号"。

但库文件只对 assert_failed 写了函数声明,没有写函数定义,实际使用时需要用户来定义,我们一般会用 printf 函数来输出这些信息,见代码清单 11-7。

代码清单11-7 assert_failed输出错误信息

```
1 void assert_failed(uint8_t* file, uint32_t line)
2 {
3     printf("\r\n 输入参数错误,错误文件名 =%s,行号 =%s",file,line);
4 }
```

注意,在我们的这个 LED 工程中,还不支持 printf 函数(在第 20 章会讲解),想测试 assert_failed 输出的读者,可以在这个函数中进行点亮红色 LED 的操作,作为警告输出测试。

那么为什么函数输入参数不对的时候,assert_param 宏中的 expr 参数值会是假呢?这要回到 GPIO_Init 函数,看它对 assert_param 宏的调用,它被调用时分别以 IS_GPIO_ALL_PERIPH(GPIOx)、IS_GPIO_PIN(GPIO_InitStruct->GPIO_Pin) 等作为输入参数,也就是说被调用时,expr 实际上是一条针对输入参数的判断表达式。例如 IS_GPIO_PIN 的宏定义:

```
1 #define IS_GPIO_PIN(PIN)    ((PIN) != (uint32_t)0x00)
```

若它的输入参数 PIN 值为 0,则表达式的值为假;PIN 非 0,表达式的值为真。我们知道,用于选择 GPIO 引脚号的宏 GPIO_Pin_x 的值至少有一个数据位为 1,这样的输入参数才有意义,若 GPIO_InitStruct->GPIO_Pin 的值为 0,输入参数就无效了。配合 IS_GPIO_PIN 这句表达式,assert_param 就实现了检查输入参数的功能。对 assert_param 宏的其他调用方式类似,大家可以自己参考库源码来研究一下。

3. Doxygen 注释规范

在 STM32 标准库以及我们自己编写的 bsp_led.c 文件中,可以看到一些比较特别的注释,类似代码清单 11-8。

代码清单11-8 Doxygen注释规范

```
1 /**
2   * @brief    初始化控制 LED 的 IO
3   * @param    无
4   * @retval   无
5   */
```

这是一种名为 Doxygen 的注释规范，如果在工程文件中按照这种规范去注释，可以使用 Doxygen 软件自动根据注释生成帮助文档。我们所说的非常重要的库帮助文档《stm32f10x_stdperiph_lib_um.chm》，就是由该软件根据库文件的注释生成的。关于 Doxygen 注释规范本教程不作讲解，感兴趣的读者可自行搜索网络上的资料学习。

4. 防止头文件重复包含

在 STM32 标准库的所有头文件以及我们自己编写的 bsp_led.h 头文件中，可看到类似代码清单 11-9 的宏定义。它的功能是防止头文件被重复包含，避免引起编译错误。

代码清单11-9　防止头文件重复包含的宏

```
1 #ifndef __LED_H
2 #define __LED_H
3
4 /* 此处省略头文件的具体内容 */
5
6 #endif /* end of __LED_H */
```

在头文件的开头，使用"#ifndef"关键字，判断标号"__LED_H"是否被定义，若没有被定义，则从"#ifndef"至"#endif"关键字之间的内容都有效，也就是说，这个头文件若被其他文件"#include"，它就会被包含到该文件中了，且头文件中紧接着使用"#define"关键字定义上面判断的标号"__LED_H"。当这个头文件被同一个文件第 2 次"#include"包含的时候，由于有了第 1 次包含中的"#define __LED_H"定义，这时再判断"#ifndef __LED_H"，判断的结果就是假了，从"#ifndef"至"#endif"之间的内容都无效，从而防止了同一个头文件被包含多次，编译时就不会出现"redefine（重复定义）"的错误了。

一般来说，我们不会直接在 C 的源文件写两个"#include"来包含同一个头文件，但可能因为头文件内部的包含导致重复，这种代码主要是避免这样的问题。如 bsp_led.h 文件中使用了"#include "stm32f10x.h""语句，按习惯，可能我们写主程序的时候会在 main 文件写"#include "bsp_led.h" 及 #include "stm32f10x.h""，这个时候"stm32f10x.h"文件就被包含两次了，如果没有这种机制，就会出错。

至于为什么要用两个下划线来定义"__LED_H"标号，其实这只是防止它与其他普通宏定义重复了，如我们用"GPIO_PIN_0"来代替这个判断标号，就会因为 stm32f10x.h 已经定义了 GPIO_PIN_0，结果导致 bsp_led.h 文件无效了，bsp_led.h 文件一次都没被包含。

第 12 章
GPIO 输入——按键检测

按键检测会使用到 GPIO 外设的基本输入功能，本章中不赘述 GPIO 外设的概念，若忘记了，可重读前面 7.2 节，STM32 标准库中 GPIO 初始化结构体 GPIO_TypeDef 的定义与 8.3.6 节中讲解的相同。

12.1 硬件设计

按键机械触点断开、闭合时，由于触点的弹性作用，按键开关不会马上稳定接通或一下子断开，使用按键时会产生如图 12-1 所示的抖动信号，需要用软件消抖处理滤波，不方便输入检测。本实验板连接的按键附带硬件消抖功能，见图 12-2。它利用电容充放电的延时消除了波纹，从而简化软件的处理，软件只需要直接检测引脚的电平即可。

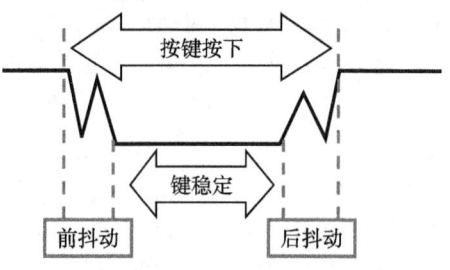

图 12-1 按键抖动信号

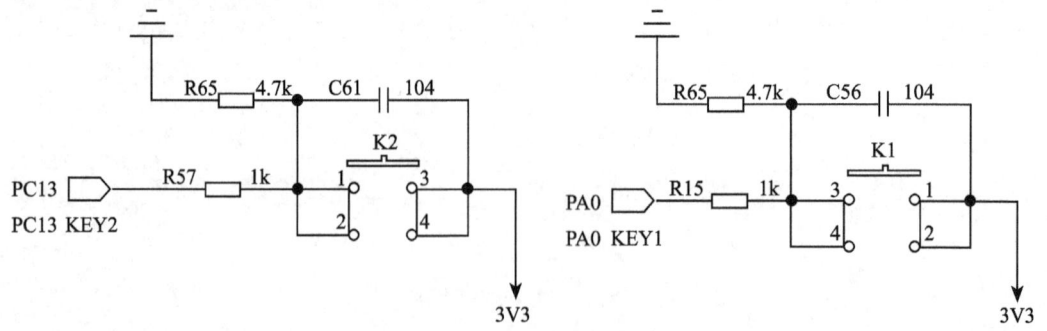

图 12-2 硬件消抖原理图

从按键的原理图可知，这些按键在没有被按下的时候，GPIO 引脚的输入状态为低电平（按键所在的电路不通，引脚接地），当按键按下时，GPIO 引脚的输入状态为高电平（按键所在的电路导通，引脚接到电源）。只要我们检测引脚的输入电平，即可判断按键是否被按下。

若使用的实验板按键的连接方式或引脚不一样，只需根据工程修改引脚即可，程序的控制原理相同。

12.2 软件设计

与 LED 的相同，为了使工程更加有条理，我们把与按键相关的代码独立分开存储，方便以后移植。在"工程模板"之上新建 bsp_key.c 及 bsp_key.h 文件，这些文件也可根据个人喜好命名。这些文件不属于 STM32 标准库的内容，是由我们自己根据应用需要编写的。

12.2.1 编程要点

1）使能 GPIO 端口时钟；
2）初始化 GPIO 目标引脚为输入模式（浮空输入）；
3）编写简单测试程序，检测按键的状态，实现按键控制 LED。

12.2.2 代码分析

1. 按键引脚宏定义

同样，在编写按键驱动时，也要考虑更改硬件环境的情况。我们把按键检测引脚相关的宏定义到 bsp_key.h 文件中，见代码清单 12-1。

代码清单12-1 按键检测引脚相关的宏

```
1  // 引脚定义
2  #define     KEY1_GPIO_CLK       RCC_APB2Periph_GPIOA
3  #define     KEY1_GPIO_PORT      GPIOA
4  #define     KEY1_GPIO_PIN       GPIO_Pin_0
5
6  #define     KEY2_GPIO_CLK       RCC_APB2Periph_GPIOC
7  #define     KEY2_GPIO_PORT      GPIOC
8  #define     KEY2_GPIO_PIN       GPIO_Pin_13
```

以上代码根据按键的硬件连接，把检测按键输入的 GPIO 端口、GPIO 引脚号以及 GPIO 端口时钟封装起来了。

2. 按键 GPIO 初始化函数

利用上面的宏，编写按键的初始化函数，见代码清单 12-2。

代码清单12-2 按键GPIO初始化函数

```
1  void Key_GPIO_Config(void)
2  {
3      GPIO_InitTypeDef GPIO_InitStructure;
4
5      /* 开启按键端口的时钟 */
6      RCC_APB2PeriphClockCmd(KEY1_GPIO_CLK|KEY2_GPIO_CLK,ENABLE);
7
8      // 选择按键的引脚
9      GPIO_InitStructure.GPIO_Pin = KEY1_GPIO_PIN;
```

```
10      // 设置按键的引脚为浮空输入
11      GPIO_InitStructure.GPIO_Mode = GPIO_Mode_IN_FLOATING;
12      // 使用结构体初始化按键
13      GPIO_Init(KEY1_GPIO_PORT, &GPIO_InitStructure);
14
15      // 选择按键的引脚
16      GPIO_InitStructure.GPIO_Pin = KEY2_GPIO_PIN;
17      // 设置按键的引脚为浮空输入
18      GPIO_InitStructure.GPIO_Mode = GPIO_Mode_IN_FLOATING;
19      // 使用结构体初始化按键
20      GPIO_Init(KEY2_GPIO_PORT, &GPIO_InitStructure);
21  }
```

同为 GPIO 的初始化函数，初始化的流程与 8.3.7 节中的类似，主要区别是引脚的模式。函数执行流程如下：

1）使用 GPIO_InitTypeDef 定义 GPIO 初始化结构体变量，以便后面用于存储 GPIO 配置。

2）调用库函数 RCC_APB2PeriphClockCmd 来使能按键的 GPIO 端口时钟，调用时使用"|"操作同时配置两个按键的时钟。

3）向 GPIO 初始化结构体赋值，把引脚初始化成浮空输入模式，其中的 GPIO_Pin 使用宏 KEYx_GPIO_PIN 来赋值，使函数的实现方便移植。由于引脚的默认电平受按键电路影响，所以设置成浮空输入。

4）使用以上初始化结构体的配置，调用 GPIO_Init 函数向寄存器写入参数，完成 GPIO 的初始化，这里的 GPIO 端口使用 KEYx_GPIO_PORT 宏来赋值，也是为了程序移植方便。

5）使用同样的初始化结构体，只修改控制的引脚和端口，初始化其他按键检测时使用的 GPIO 引脚。

3. 检测按键的状态

初始化按键后，就可以通过检测对应引脚的电平来判断按键状态了，见代码清单 12-3。

代码清单 12-3　检测按键的状态

```
1   /** 按键按下标志宏
2    *  若按键按下为高电平，设置 KEY_ON=1，KEY_OFF=0
3    *  若按键按下为低电平，把宏设置成 KEY_ON=0，KEY_OFF=1 即可
4    */
5   #define KEY_ON   1
6   #define KEY_OFF  0
7
8   /**
9     * @brief    检测是否有按键按下
10    * @param    GPIOx：具体的端口，x可以是（A...G）
11    * @param    GPIO_PIN：具体的端口位，可以是 GPIO_PIN_x（x可以是 0～15）
12    * @retval   按键的状态
13    *       @arg KEY_ON：按键按下
14    *       @arg KEY_OFF：按键没按下
15    */
16  uint8_t Key_Scan(GPIO_TypeDef* GPIOx,uint16_t GPIO_Pin)
17  {
18          /*检测是否有按键按下 */
19          if (GPIO_ReadInputDataBit(GPIOx,GPIO_Pin) == KEY_ON ) {
20              /* 等待按键释放 */
21              while (GPIO_ReadInputDataBit(GPIOx,GPIO_Pin) == KEY_ON);
22              return  KEY_ON;
```

```
23          } else
24              return KEY_OFF;
25  }
```

在这里我们定义了一个 Key_Scan 函数用于扫描按键状态。GPIO 引脚的输入电平可通过读取 IDR 寄存器对应的数据位来感知，而 STM32 标准库提供了库函数 GPIO_ReadInputDataBit 来获取位状态，该函数输入 GPIO 端口及引脚号，返回该引脚的电平状态，高电平返回 1，低电平返回 0。Key_Scan 函数中用 GPIO_ReadInputDataBit 的返回值与自定义的宏 KEY_ON 对比，若检测到按键按下，则使用 while 循环持续检测按键状态，直到按键释放，按键释放后 Key_Scan 函数返回一个 KEY_ON 值；若没有检测到按键按下，则函数直接返回 KEY_OFF。若按键的硬件没有做消抖处理，则需要在这个 Key_Scan 函数中做软件滤波，防止波纹抖动引起误触发。

4. main 函数

接下来使用 main 函数编写按键检测程序，见代码清单 12-4。

代码清单12-4　按键检测main函数

```
1   /**
2     * @brief   main 函数
3     * @param   无
4     * @retval  无
5     */
6   int main(void)
7   {
8       /* LED 端口初始化 */
9       LED_GPIO_Config();
10
11      /* 初始化按键 */
12      Key_GPIO_Config();
13
14      /* 轮询按键状态，若按键按下，则反转 LED */
15      while (1) {
16          if ( Key_Scan(KEY1_GPIO_PORT,KEY1_PIN) == KEY_ON  ) {
17              /*LED1 反转 */
18              LED1_TOGGLE;
19          }
20
21          if ( Key_Scan(KEY2_GPIO_PORT,KEY2_PIN) == KEY_ON  ) {
22              /*LED2 反转 */
23              LED2_TOGGLE;
24          }
25      }
26  }
```

代码中初始化 LED 及按键后，在 while 函数里不断调用 Key_Scan 函数，并判断其返回值，若返回值表示按键按下，则反转 LED 的状态。

12.3　下载验证

把编译好的程序下载到开发板并复位，按下按键可以控制 LED 亮、灭状态。

第 13 章 GPIO——位带操作

13.1 位带简介

位操作就是可以单独地对一个比特位进行读和写，这个在 51 单片机中非常常见。在 51 单片机中通过关键字 sbit 来实现位定义，STM32 中没有这样的关键字，而是通过访问位带别名区来实现。

在 STM32 中，有两个地方实现了位带，一个是 SRAM 区的最低 1MB 空间，另一个是外设区最低 1MB 空间，见图 13-1。这两个 1MB 的空间除了可以像正常的 RAM 一样操作外，它们还有自己的位带别名区，位带别名区把这 1MB 的空间的每一个位膨胀成一个 32 位的字，访问位带别名区的这些字，就可以达到访问位带区某个位的目的。

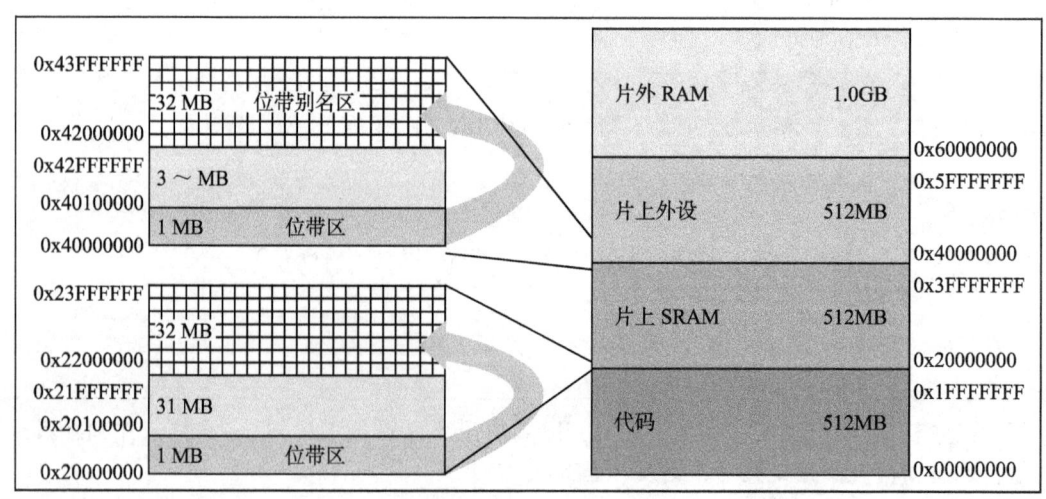

图 13-1 STM32 位带示意图

13.1.1 外设位带区

外设位带区的地址为：0x40000000～0x40100000，大小为 1MB，这 1MB 的大小

在 F103 系列大、中、小容量型号的单片机中包含了片上外设的全部寄存器，这些寄存器的地址为 0x40000000 ～ 0x40029FFF。外设位带区经过膨胀后的位带别名区地址为 0x42000000 ～ 0x43FFFFFF，这个地址仍然在 CM3 片上外设的地址空间中。在 F103 系列大、中小容量型号的单片机里面，0x40030000 ～ 0x4FFFFFFF 属于保留地址，膨胀后的 32MB 位带别名区刚好就落到这个地址范围内，不会跟片上外设的其他寄存器地址重合。

STM32 的全部寄存器都可以通过访问位带别名区的方式来达到访问原始寄存器位的效果，这比 51 单片机强大很多。因为 51 单片机里面并不是所有的寄存器都可以进行位操作，有些寄存器还是得用字节操作，比如 SBUF。

虽然说全部寄存器都可以实现位操作，但我们在实际项目中并不会这么做。有时候为了特定的项目需要，比如需要频繁地操作很多 IO 口，这个时候可以考虑把 IO 相关的寄存器实现位操作。

13.1.2 SRAM 位带区

SRAM 位带区的地址为 0x20000000 ～ 0x20100000，大小为 1MB，经过膨胀后的位带别名区地址为 0x22000000 ～ 0x23FFFFFF，大小为 32MB。操作 SRAM 的位用得很少。

13.1.3 位带区和位带别名区地址转换

位带区的一个位经过膨胀之后，虽然变大到 4 个字节，但是还是 LSB 才有效。有人会问，这不是浪费空间吗？要知道 STM32 的系统总线是 32 位的，按照 4 个字节访问的时候是最快的，所以膨胀成 4 个字节来访问是最高效的。

我们可以通过指针的形式访问位带别名区地址，从而达到操作位带区位的目的。这两个地址如何直接转换，我们简单介绍一下。

1. 外设位带别名区地址

对于片上外设位带区的某个位，记它所在字节的地址为 A，位序号为 n（$0 \leqslant n \leqslant 7$），则该位在别名区的地址为：

```
1 AliasAddr=  =0x42000000+ (A-0x40000000)*8*4 +n*4
```

0x42000000 是外设位带别名区的起始地址，0x40000000 是外设位带区的起始地址，(A-0x40000000) 表示该位前面有多少个字节。一个字节有 8 位，所以 ×8，一个位膨胀后是 4 个字节，所以 ×4。n 表示该位在 A 地址的序号，因为一个位经过膨胀后是 4 个字节，所以也 ×4。

2. SRAM 位带别名区地址

对于 SRAM 位带区的某个位，记它所在字节的地址为 A，位序号为 n（$0 \leqslant n \leqslant 7$），则该位在别名区的地址为：

```
1 AliasAddr=  =0x22000000+ (A-0x20000000)*8*4 +n*4
```

公式分析同上。

3. 统一公式

为了方便操作，可以把这两个公式合并成一个公式，把"位带地址 + 位序号"转换成别名区地址，统一成一个宏。

```
1  // 把"位带地址 + 位序号"转换成别名地址的宏
2  #define BITBAND(addr, bitnum) ((addr & 0xF0000000)+0x02000000+((addr & 0x00FFFFFF)<<5)+(bitnum<<2))
```

addr & 0xF0000000 是为了区别是 SRAM 还是外设，实际效果就是取出 4 或者 2，如果是外设，则取出的是 4，+0x02000000 之后就等于 0x42000000，0x42000000 是外设别名区的起始地址。如果是 SRAM，则取出的是 2，+0x02000000 之后就等于 0x22000000，0x22000000 是 SRAM 别名区的起始地址。

addr & 0x00FFFFFF 屏蔽了高 3 位，相当于减去 0x20000000 或者 0x40000000。但是为什么是屏蔽高 3 位？因为外设的最高地址是：0x20100000，跟起始地址 0x20000000 相减的时候，总是低 5 位才有效，所以干脆就把高 3 位屏蔽掉，来达到减去起始地址的效果，具体屏蔽掉多少位跟最高地址有关。SRAM 同理分析即可。<<5 相当于 ×8×4，<<2 相当于 ×4，这在上面分析过。

最后就可以通过指针的形式操作这些位带别名区地址，最终实现位带区的位操作。

```
1  // 把一个地址转换成一个指针
2  #define MEM_ADDR(addr)  *((volatile unsigned long  *)(addr))
3
4  // 把位带别名区地址转换成指针
5  #define BIT_ADDR(addr, bitnum)   MEM_ADDR(BITBAND(addr, bitnum))
```

13.2 GPIO 位带操作

外设的位带区覆盖了全部的片上外设的寄存器，可以通过宏为每个寄存器的位都定义一个位带别名区地址，从而实现位操作。但这个在实际项目中不是很现实，也很少人有会这么做，我们在这里仅仅演示 GPIO 中 ODR 和 IDR 这两个寄存器的位操作。

从手册中可以知道，ODR 和 IDR 这两个寄存器对应 GPIO 基址的偏移是 12 和 8，先实现这两个寄存器的地址映射，其中 GPIOx_BASE 在库函数里面有定义。

1. GPIO 寄存器映射

代码清单13-1 GPIO ODR和IDR寄存器映射

```
1  //GPIO ODR 和 IDR 寄存器地址映射
2  #define GPIOA_ODR_Addr    (GPIOA_BASE+12)  //0x4001080C
3  #define GPIOB_ODR_Addr    (GPIOB_BASE+12)  //0x40010C0C
4  #define GPIOC_ODR_Addr    (GPIOC_BASE+12)  //0x4001100C
5  #define GPIOD_ODR_Addr    (GPIOD_BASE+12)  //0x4001140C
6  #define GPIOE_ODR_Addr    (GPIOE_BASE+12)  //0x4001180C
7  #define GPIOF_ODR_Addr    (GPIOF_BASE+12)  //0x40011A0C
8  #define GPIOG_ODR_Addr    (GPIOG_BASE+12)  //0x40011E0C
```

第 13 章 GPIO——位带操作

```
 9
10 #define GPIOA_IDR_Addr    (GPIOA_BASE+8)    //0x40010808
11 #define GPIOB_IDR_Addr    (GPIOB_BASE+8)    //0x40010C08
12 #define GPIOC_IDR_Addr    (GPIOC_BASE+8)    //0x40011008
13 #define GPIOD_IDR_Addr    (GPIOD_BASE+8)    //0x40011408
14 #define GPIOE_IDR_Addr    (GPIOE_BASE+8)    //0x40011808
15 #define GPIOF_IDR_Addr    (GPIOF_BASE+8)    //0x40011A08
16 #define GPIOG_IDR_Addr    (GPIOG_BASE+8)    //0x40011E08
```

现在就可以用位操作的方法来控制 GPIO 的输入和输出了，其中宏参数 n 表示具体是哪一个 IO 口，n 为 0～16。这里面包含了端口 A~G，并不是每个单片机型号都有这么多端口，使用这部分代码时，要查看单片机型号，如果是 64pin 的，则最多只能使用 A～C 端口。

2. GPIO 位操作

代码清单13-2　GPIO输入输出位操作

```
 1 // 单独操作 GPIO 的某一个 IO 口，n(0～16),n 表示具体是哪一个 IO 口
 2 #define PAout(n)    BIT_ADDR(GPIOA_ODR_Addr,n)    // 输出
 3 #define PAin(n)     BIT_ADDR(GPIOA_IDR_Addr,n)    // 输入
 4
 5 #define PBout(n)    BIT_ADDR(GPIOB_ODR_Addr,n)    // 输出
 6 #define PBin(n)     BIT_ADDR(GPIOB_IDR_Addr,n)    // 输入
 7
 8 #define PCout(n)    BIT_ADDR(GPIOC_ODR_Addr,n)    // 输出
 9 #define PCin(n)     BIT_ADDR(GPIOC_IDR_Addr,n)    // 输入
10
11 #define PDout(n)    BIT_ADDR(GPIOD_ODR_Addr,n)    // 输出
12 #define PDin(n)     BIT_ADDR(GPIOD_IDR_Addr,n)    // 输入
13
14 #define PEout(n)    BIT_ADDR(GPIOE_ODR_Addr,n)    // 输出
15 #define PEin(n)     BIT_ADDR(GPIOE_IDR_Addr,n)    // 输入
16
17 #define PFout(n)    BIT_ADDR(GPIOF_ODR_Addr,n)    // 输出
18 #define PFin(n)     BIT_ADDR(GPIOF_IDR_Addr,n)    // 输入
19
20 #define PGout(n)    BIT_ADDR(GPIOG_ODR_Addr,n)    // 输出
21 #define PGin(n)     BIT_ADDR(GPIOG_IDR_Addr,n)    // 输入
```

3. main 函数

该工程是直接从 LED 库函数操作移植过来的，有关 LED GPIO 初始化和软件延时等函数可直接用，修改的是：控制 GPIO 输出的部分改成了位操作。该实验中让 IO 口输出高低电平来控制 LED 的亮灭，负逻辑点亮。具体使用哪一个 IO 和点亮方式由硬件平台决定。

代码清单13-3　main函数

```
1 int main(void)
2 {
3     // 程序进入 main 函数之前，启动文件 statup_stm32f10x_hd.s 已经调用
4     // SystemInit() 函数把系统时钟初始化成 72MHz
5     // systemInit() 在 system_stm32f10x.c 中定义
6     // 如果用户想修改系统时钟，可自行编写程序修改
7
```

```
 8      LED_GPIO_Config();
 9
10      while ( 1 ) {
11          // PB0 = 0,点亮 LED
12          PBout(0)= 0;
13          SOFT_Delay(0x0FFFFF);
14
15          // PB1 = 1,熄灭 LED
16          PBout(0)= 1;
17          SOFT_Delay(0x0FFFFF);
18      }
19 }
```

第 14 章 启动文件

14.1 启动文件简介

启动文件由汇编语言编写,是系统上电复位后第一个执行的程序,主要做了以下工作:
1) 初始化堆栈指针:SP=_initial_sp。
2) 初始化程序指针:PC=Reset_Handler。
3) 初始化中断向量表。
4) 配置系统时钟。
5) 调用 C 库函数 _main 初始化用户堆栈,最终调用 main 函数进入 C 语言世界。

14.2 查找 ARM 汇编指令

在讲解启动代码的时候,会涉及 ARM 的汇编指令和 Cortex 内核的指令,有关 Cortex 内核的指令可以参考《CM3 权威指南 CnR2》第 4 章。剩下的 ARM 的汇编指令可以在 MDK->Help->Uvision Help 中检索到,以 EQU 为例,检索过程如图 14-1 所示。

检索出来的结果会有很多,我们只需要看 Assembler User Guide 这部分即可。表 14-1 列出了启动文件中使用到的 ARM 汇编指令,该表中的指令全部是从 ARM Development Tools 这个帮助文档里面检索而来。其中编译器相关的指令 WEAK 和 ALIGN 为了方便讲解也放在这个表格中了。

14.3 启动文件代码讲解

1. Stack——栈

```
1  Stack_Size      EQU     0x00000400
2
3                  AREA    STACK, NOINIT, READWRITE, ALIGN=3
4  Stack_Mem       SPACE   Stack_Size
5  __initial_sp
```

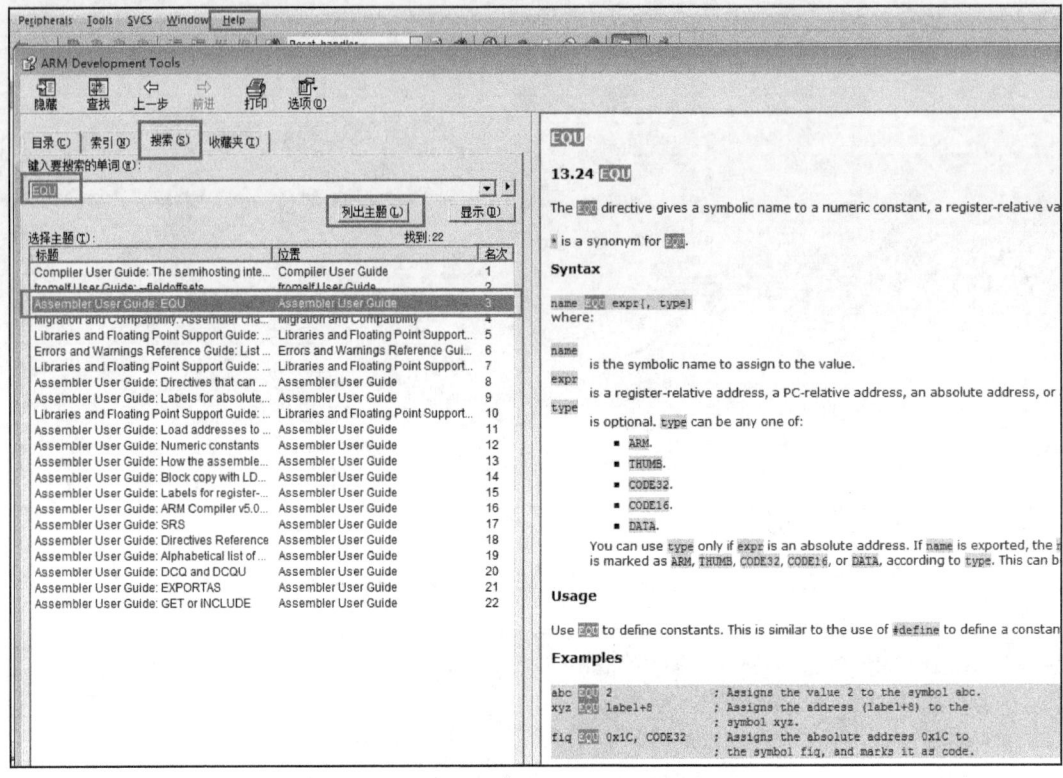

图 14-1 ARM 汇编指令检索示例

表 14-1 启动文件使用的 ARM 汇编指令汇总

指令名称	作 用
EQU	给数字常量取一个符号名，相当于 C 语言中的 define
AREA	汇编一个新的代码段或者数据段
SPACE	分配内存空间
PRESERVE8	当前文件堆栈需按照 8 字节对齐
EXPORT	声明一个标号具有全局属性，可被外部的文件使用
DCD	以字为单位分配内存，要求 4 字节对齐，并要求初始化这些内存
PROC	定义子程序，与 ENDP 成对使用，表示子程序结束
WEAK	弱定义，如果外部文件声明了一个标号，则优先使用外部文件定义的标号，如果外部文件没有定义也不出错。要注意的是：这个不是 ARM 的指令，是编译器的，放在这里只是为了方便讲解
IMPORT	声明标号来自外部文件，与 C 语言中的 EXTERN 关键字类似
B	跳转到一个标号
ALIGN	编译器对指令或者数据的存放地址进行对齐，一般需要跟一个立即数，缺省表示 4 字节对齐。要注意的是：这个不是 ARM 的指令，是编译器的，放在这里一起只是为了方便讲解
END	到达文件的末尾，文件结束
IF、ELSE、ENDIF	汇编条件分支语句，与 C 语言中的 if else 类似

开辟栈的大小为 0x00000400（1kB），名字为 STACK，NOINIT 即不初始化，可读可写，8（2^3）字节对齐。

栈是用于局部变量、函数调用、函数形参等的开销，栈的大小不能超过内部 SRAM 的大小。如果编写的程序比较大，定义的局部变量很多，那么就需要修改栈的大小。如果某一天，你写的程序出现了莫名奇怪的错误，并进入了硬 fault，这时就要考虑下是不是栈不够大，溢出了。

EQU：宏定义的伪指令，相当于等于，类似于 C 中的 define。

AREA：告诉汇编器汇编一个新的代码段或者数据段。STACK 表示段名，这个可以任意命名；NOINIT 表示不初始化；READWRITE 表示可读可写，ALIGN=3，表示按照 2^3 对齐，即 8 字节对齐。

SPACE：用于分配一定大小的内存空间，单位为字节。这里指定大小等于 Stack_Size。

标号 __initial_sp 紧挨着 SPACE 语句放置，表示栈的结束地址，即栈顶地址（栈是由高向低生长的）。

2. Heap——堆

```
1 Heap_Size      EQU     0x00000200
2
3               AREA    HEAP, NOINIT, READWRITE, ALIGN=3
4 __heap_base
5 Heap_Mem       SPACE   Heap_Size
6 __heap_limit
```

开辟堆的大小为 0x00000200（512 字节），名字为 HEAP，NOINIT 即不初始化，可读可写，8（2^3）字节对齐。__heap_base 表示堆的起始地址，__heap_limit 表示堆的结束地址（堆是由低向高生长的，与栈的生长方向相反）。

堆主要用于动态内存的分配，像 malloc() 函数申请的内存就在堆上面。这个在 STM32 里面用得比较少。

```
1 PRESERVE8
2 THUMB
```

PRESERVE8：指定当前文件的堆栈按照 8 字节对齐。

THUMB：表示后面指令兼容 THUMB 指令。THUBM 是 ARM 以前的指令集，16 位。现在 Cortex-M 系列都使用 THUMB-2 指令集，THUMB-2 是 32 位的，兼容 16 位和 32 位的指令，是 THUMB 的超集。

3. 向量表

```
1 AREA     RESET, DATA, READONLY
2 EXPORT   __Vectors
3 EXPORT   __Vectors_End
4 EXPORT   __Vectors_Size
```

定义一个数据段，名字为 RESET，可读，并声明 __Vectors、__Vectors_End 和 __Vectors_Size 这 3 个标号具有全局属性，可供外部的文件调用。

EXPORT：声明一个标号可被外部的文件使用，使标号具有全局属性。如果是 IAR 编译器，则使用 GLOBAL 这个指令。

当内核响应了一个发生的异常后，对应的异常服务例程（ESR）就会执行。为了决定 ESR 的入口地址，内核使用了"向量表查表机制"。这里使用一张向量表，见表 14-2。向量表其实是一个 WORD（32 位整数）数组，每个下标对应一种异常，该下标元素的值则是该 ESR 的入口地址。向量表在地址空间中的位置是可以设置的，通过 NVIC 中的一个重定位寄存器来指出向量表的地址。在复位后，该寄存器的值为 0。因此，在地址 0（即 Flash 地址 0）处必须包含一张向量表，用于初始时的异常分配。要注意的是，这里有个另类：0 号类型并不是什么入口地址，而是给出了复位后 MSP 的初值。

表 14-2 F103 向量表

编号	优先级	优先级类型	名称	说明	地址
—	—	—	—	保留（实际存的是 MSP 起始地址）	0x0000 0000
	−3	固定	Reset	复位	0x0000 0004
	−2	固定	NMI	不可屏蔽中断，RCC 时钟安全系统（CSS）连接到 NMI 向量	0x0000 0008
	−1	固定	HardFault	所有类型的错误	0x0000 000C
	0	可编程	MemManage	存储器管理	0x0000 0010
	1	可编程	BusFault	预取指失败，存储器访问失败	0x0000 0014
	2	可编程	UsageFault	未定义的指令或非法状态	0x0000 0018
—	—	—	—	保留	0x0000 001C ~ 0x0000 002B
	3	可编程	SVCall	通过 SWI 指令调用的系统服务	0x0000 002C
	4	可编程	Debug Monitor	调试监控器	0x0000 0030
—	—	—	—	保留	0x0000 0034
	5	可编程	PendSV	可挂起的系统服务	0x0000 0038
	6	可编程	SysTick	系统嘀嗒定时器	0x0000 003C
0	7	可编程	WWDG	窗口看门狗中断	0x0000 0040
1	8	可编程	PVD	连到 EXTI 的电源电压检测（PVD）中断	0x0000 0044
2	9	可编程	TAMPER	侵入检测中断	0x0000 0048
中间部分省略，详情请参考《STM32 中文参考手册》第 9 章向量表部分					
57	64	可编程	DMA2 通道 2	DMA2 通道 2 中断	0x0000 0124
58	65	可编程	DMA2 通道 3	DMA2 通道 3 中断	0x0000 0128
59	66	可编程	DMA2 通道 4_5	DMA2 通道 4 和通道 5 中断	0x0000 012C

F103 向量表相关代码如代码清单 14-1 所示。

代码清单14-1 向量表

```
1   __Vectors   DCD     __initial_sp        // 栈顶地址
2               DCD     Reset_Handler       // 复位程序地址
3               DCD     NMI_Handler
4               DCD     HardFault_Handler
5               DCD     MemManage_Handler
6               DCD     BusFault_Handler
```

```
7               DCD     UsageFault_Handler
8               DCD     0                           // 0表示保留
9               DCD     0
10              DCD     0
11              DCD     0
12              DCD     SVC_Handler
13              DCD     DebugMon_Handler
14              DCD     0
15              DCD     PendSV_Handler
16              DCD     SysTick_Handler
17
18
19  // 外部中断开始
20              DCD     WWDG_IRQHandler
21              DCD     PVD_IRQHandler
22              DCD     TAMPER_IRQHandler
23
24  // 限于篇幅，中间代码省略
25              DCD     DMA2_Channel2_IRQHandler
26              DCD     DMA2_Channel3_IRQHandler
27              DCD     DMA2_Channel4_5_IRQHandler
28  __Vectors_End
29  __Vectors_Size EQU  __Vectors_End - __Vectors
30
```

__Vectors 为向量表起始地址，__Vectors_End 为向量表结束地址，两个相减即可算出向量表大小。

向量表从 Flash 的 0 地址开始放置，以 4 个字节为一个单位，地址 0 存放的是栈顶地址，0x04 存放的是复位程序的地址，以此类推。从代码上看，向量表中存放的都是中断服务函数的函数名，可我们知道 C 语言中的函数名就是一个地址。

DCD：分配一个或者多个以字为单位的内存，以 4 字节对齐，并要求初始化这些内存。在向量表中，DCD 分配了一堆内存，并且以 ESR 的入口地址初始化它们。

4. 复位程序

```
1  AREA      |.text|, CODE, READONLY
```

定义一个名称为 .text 的代码段，只读。

```
1  Reset_Handler PROC
2               EXPORT  Reset_Handler    [WEAK]
3               IMPORT  SystemInit
4               IMPORT  __main
5
6               LDR     R0, =SystemInit
7               BLX     R0
8               LDR     R0, =__main
9               BX      R0
10              ENDP
```

复位子程序是系统上电后第一个执行的程序，调用 SystemInit 函数初始化系统时钟，然后调用 C 库函数 _mian，最终调用 main 函数进入 C 语言世界。

WEAK:表示弱定义,如果外部文件优先定义了该标号,则首先引用该标号,如果外部文件没有声明,也不会出错。这里表示复位子程序可以由用户在其他文件中重新实现,这里并不是唯一的。

IMPORT:表示该标号来自外部文件,与 C 语言中的 EXTERN 关键字类似。这里表示 SystemInit 和 __main 这两个函数均来自外部的文件。

SystemInit():一个标准的库函数,在 system_stm32f10x.c 这个库文件中定义。其主要作用是配置系统时钟,这里调用这个函数之后,单片机的系统时钟配被配置为 72MHz。

__main:一个标准的 C 库函数,主要作用是初始化用户堆栈,并在函数的最后调用 main 函数进入 C 语言世界。这就是为什么我们写的程序都有一个 main 函数的原因。

LDR、BLX、BX 是 CM4 内核的指令,可在《CM3 权威指南 CnR2》第 4 章里面查询到,具体作用见表 14-3。

表 14-3 指令作用

指令名称	作用
LDR	从存储器中加载字到一个寄存器中
BL	跳转到由寄存器或标号给出的地址,并把跳转前的下条指令地址保存到 LR
BLX	跳转到由寄存器给出的地址,并根据寄存器的 LSE 确定处理器的状态,还要把跳转前的下条指令地址保存到 LR
BX	跳转到由寄存器或标号给出的地址,不用返回

5. 中断服务程序

启动文件已经帮我们写好所有中断的服务函数,但与我们平时写的中断服务函数不一样,这些函数都是空的,真正的中断服务程序需要在外部的 C 文件里面重新实现,这里只是提前占了一个位置而已。

如果在使用某个外设的时候,开启了某个中断,但是又忘记编写配套的中断服务程序或者函数名写错,那当中断来临时,程序就会跳转到启动文件预先写好的空的中断服务程序中,并且在这个空函数中无限循环,即程序就"死"在这里。

```
 1 NMI_Handler       PROC      //系统异常
 2                   EXPORT    NMI_Handler          [WEAK]
 3                   B         .
 4                   ENDP
 5
 6 ;限于篇幅,中间代码省略
 7 SysTick_Handler PROC
 8                   EXPORT    SysTick_Handler      [WEAK]
 9                   B         .
10                   ENDP
11
12 Default_Handler PROC        //外部中断
13                   EXPORT    WWDG_IRQHandler      [WEAK]
14                   EXPORT    PVD_IRQHandler       [WEAK]
15                   EXPORT    TAMP_STAMP_IRQHandler [WEAK]
16
17 //限于篇幅,中间代码省略
```

```
18    LTDC_IRQHandler
19    LTDC_ER_IRQHandler
20    DMA2D_IRQHandler
21                  B       .
22                  ENDP
```

B：跳转到一个标号。这里跳转到一个 "."，表示无限循环。

6. 用户堆栈初始化

```
1 ALIGN
```

ALIGN：对指令或者数据存放的地址进行对齐，后面会跟一个立即数，缺省表示 4 字节对齐。

```
1  // 用户栈和堆初始化，由 C 库函数 _main 来完成
2      IF        :DEF:__MICROLIB   // 这个宏在 KEIL 里面开启
3
4      EXPORT    __initial_sp
5      EXPORT    __heap_base
6      EXPORT    __heap_limit
7
8      ELSE
9
10     IMPORT    __use_two_region_memory // 这个函数由用户自己实现
11     EXPORT    __user_initial_stackheap
12
13 __user_initial_stackheap
14
15     LDR       R0, =  Heap_Mem
16     LDR       R1, =(Stack_Mem + Stack_Size)
17     LDR       R2, = (Heap_Mem +  Heap_Size)
18     LDR       R3, = Stack_Mem
19     BX        LR
20
21     ALIGN
22
23     ENDIF
24     END
```

首先判断是否定义了 __MICROLIB，如果定义了这个宏，则赋予标号 __initial_sp（栈顶地址）、__heap_base（堆起始地址）、__heap_limit（堆结束地址）全局属性，可供外部文件调用。有关这个宏在 KEIL 里面配置，具体见图 14-2。然后堆栈的初始化就由 C 库函数 _main 来完成。

如果没有定义 __MICROLIB，则采用双段存储器模式，且声明标号 __user_initial_stackheap 具有全局属性，让用户自己初始化堆栈。

IF、ELSE、ENDIF：汇编的条件分支语句，与 C 语言中的 if、else 类似。

END：文件结束。

图 14-2 使用微库 MICROLIB

第 15 章
RCC——使用 HSE/HSI 配置时钟

本章主要讲解时钟部分，特别是要着重理解时钟树，理解了时钟树，对 STM32 的一切时钟的来龙去脉都会了如指掌。

15.1 RCC 主要作用——时钟部分

设置系统时钟 SYSCLK、设置 AHB 分频因子（决定 HCLK 等于多少）、设置 APB2 分频因子（决定 PCLK2 等于多少）、设置 APB1 分频因子（决定 PCLK1 等于多少）、设置各个外设的分频因子；控制 AHB、APB2 和 APB1 这 3 条总线时钟的开启、控制每个外设的时钟的开启。对于 SYSCLK、HCLK、PCLK2、PCLK1 这 4 个时钟的配置一般是：PCLK2 = HCLK = SYSCLK=PLLCLK = 72MHz，PCLK1=HCLK/2 = 36MHz。这个时钟配置也是库函数的标准配置，我们用得最多的就是这个。

15.2 RCC 框图剖析——时钟部分

对于时钟树，单纯讲理论的话会比较枯燥，如果选取一条主线，并辅以代码，先主后次讲解的话会很容易，而且记忆还更深刻。这里选取库函数时钟系统时钟函数：SetSysClockTo72()，以这个函数的编写流程来讲解时钟树，这个函数也是我们用库的时候默认的系统时钟设置函数。该函数的功能是利用 HSE 把时钟设置为：PCLK2 = HCLK = SYSCLK = 72MHz，PCLK1=HCLK/2 = 36MHz。下面就以这个代码的流程为主线来分析时钟树，见图 15-1。代码流程在时钟树中以数字的大小顺序标识，如图 15-1 中的①～⑦。

15.2.1 系统时钟

1. HSE 高速外部时钟信号

HSE 是高速的外部时钟信号，可以由有源晶振或者无源晶振提供，频率为 4～16MHz。当使用有源晶振时，时钟从 OSC_IN 引脚进入，OSC_OUT 引脚悬空；当使用无源晶振时，时钟从 OSC_IN 和 OSC_OUT 进入，并且要配谐振电容。

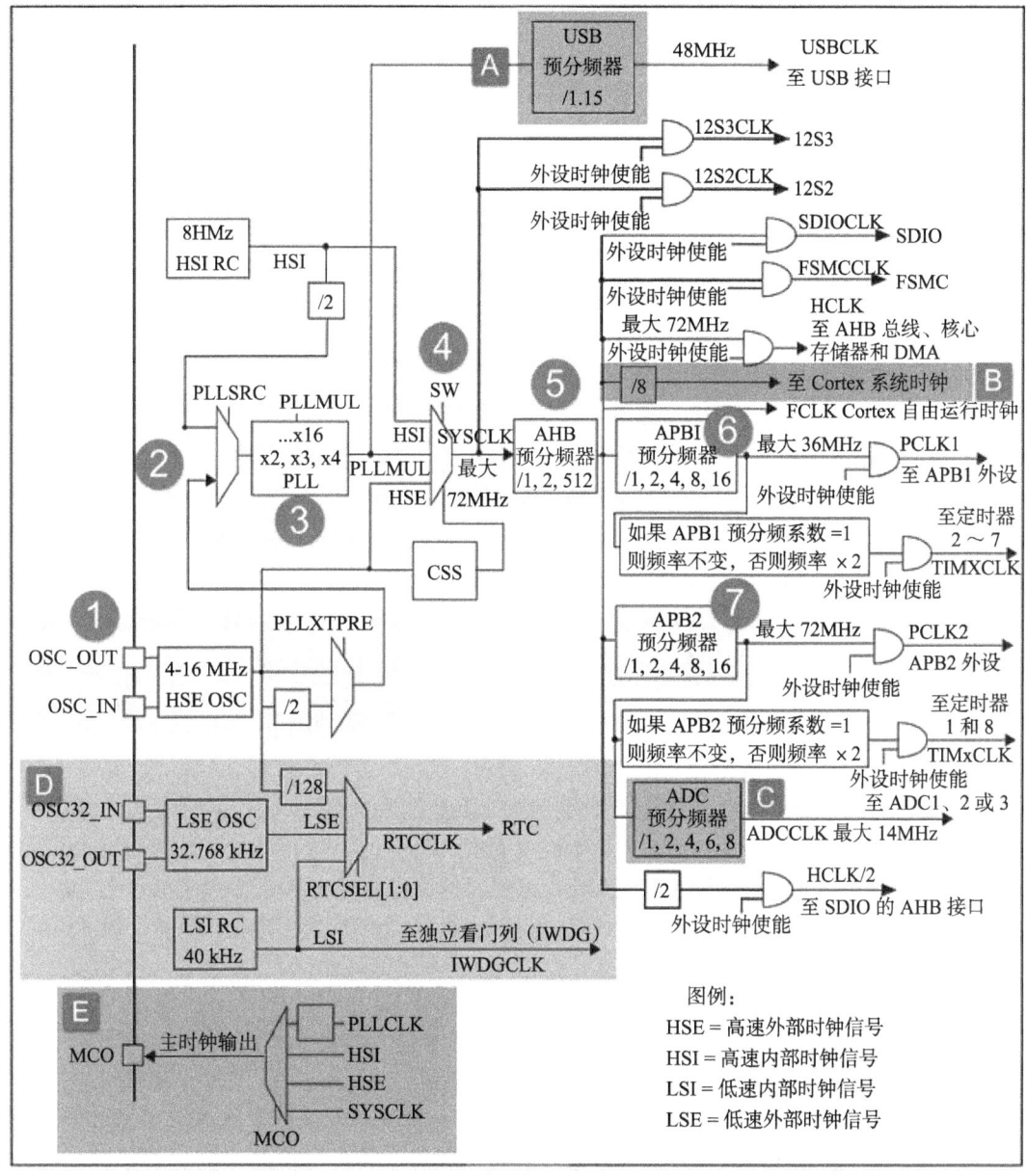

图 15-1 STM32 时钟树

HSE 最常使用的就是 8MHz 的无源晶振。当确定 PLL 时钟来源的时候，HSE 可以不分频或者 2 分频，这个由时钟配置寄存器 CFGR 的位 17，即 PLLXTPRE 设置。这里设置为 HSE 不分频。

2. PLL 时钟源

PLL 时钟来源可以有两个：一个是 HSE，另外一个是 HSI/2。具体用哪个由时钟配置寄存器 CFGR 的位 16，即 PLLSRC 设置。HSI 是内部高速的时钟信号，频率为 8MHz，根据温度和环境的情况频率会漂移，一般不作为 PLL 的时钟来源。这里我们选 HSE 作为 PLL 的时钟来源。

3. PLL 时钟 PLLCLK

通过设置 PLL 的倍频因子，可以对 PLL 的时钟来源进行倍频，倍频因子可以是 2～16，具体设置成多少，由时钟配置寄存器 CFGR 的位 21～18，即 PLLMUL[3:0] 设置。这里设置为 9 倍频，因为上一步设置 PLL 的时钟来源为 HSE=8MHz，所以经过 PLL 倍频之后的 PLL 时钟为：PLLCLK = 8M × 9 = 72MHz。72MHz 是 ST 官方推荐的稳定运行时钟，如果想超频的话，增大倍频因子即可，最高为 128MHz。这里设置 PLL 时钟：PLLCLK = 8M × 9 = 72MHz。

4. 系统时钟 SYSCLK

系统时钟的来源可以是 HSI、PLLCLK、HSE，具体由时钟配置寄存器 CFGR 的位 1～0，即 SW[1:0] 设置。这里设置系统时钟：SYSCLK = PLLCLK = 72MHz。

5. AHB 总线时钟 HCLK

系统时钟 SYSCLK 经过 AHB 预分频器分频之后得到的时钟叫 APB 总线时钟，即 HCLK，分频因子可以是 [1，2，4，8，16，64，128，256，512]，具体由时钟配置寄存器 CFGR 的位 7～4，即 HPRE[3:0] 设置。片上大部分外设的时钟都是经过 HCLK 分频得到的，至于 AHB 总线上的外设的时钟设置为多少，得等到使用该外设的时候才设置，这里只需粗略设置好 APB 的时钟即可，设置为 1 分频，即 HCLK=SYSCLK=72MHz。

6. APB2 总线时钟 HCLK2

APB2 总线时钟 PCLK2 由 HCLK 经过高速 APB2 预分频器得到，分频因子可以是 [1，2，4，8，16]，具体由时钟配置寄存器 CFGR 的位 13～11，即 PPRE2[2:0] 决定。HCLK2 属于高速的总线时钟，片上高速的外设就挂载到这条总线上，比如全部的 GPIO、USART1、SPI1 等。至于 APB2 总线上的外设的时钟设置为多少，得等到使用该外设的时候才设置，这里只需粗略设置好 APB2 的时钟即可，设置为 1 分频，即 PCLK2 = HCLK = 72MHz。

7. APB1 总线时钟 HCLK1

APB1 总线时钟 PCLK1 由 HCLK 经过低速 APB 预分频器得到，分频因子可以是 [1，2，4，8，16]，具体由时钟配置寄存器 CFGR 的位 10～8，即 PRRE1[2:0] 决定。HCLK1 属于低速的总线时钟，最高为 36MHz，片上低速的外设就挂载到这条总线上，比如 USART2/3/4/5、SPI2/3，$I^2C1/2$ 等。至于 APB1 总线上外设的时钟设置，得等到使用该外设的时候才进行，这里只需粗略设置好 APB1 的时钟即可，设置为 2 分频，即 PCLK1 = HCLK/2 = 36MHz。

上面的 7 个步骤对应的设置系统时钟的库函数如代码清单 15-1 所示。该函数截取自固件库文件 system_stm32f10x.c。为了方便阅读，已把互联型相关的代码删掉，把英文注释翻译成了中文，并把代码标上了序号（与图 15-1 中的相对应），总共 7 个步骤。该函数是直接操作寄存器的,有关寄存器部分请参考数据手册的 RCC 寄存器描述部分。

代码清单15-1 设置系统时钟库函数

```
 1  static void SetSysClockTo72(void)
 2  {
 3      __IO uint32_t StartUpCounter = 0, HSEStatus = 0;
 4  
 5      // ① 使能 HSE,并等待 HSE 稳定
 6      RCC->CR |= ((uint32_t)RCC_CR_HSEON);
 7      // 等待 HSE 启动稳定,并做超时处理
 8      do {
 9          HSEStatus = RCC->CR & RCC_CR_HSERDY;
10          StartUpCounter++;
11      } while ((HSEStatus == 0)
12            &&(StartUpCounter !=HSE_STARTUP_TIMEOUT));
13  
14      if ((RCC->CR & RCC_CR_HSERDY) != RESET) {
15          HSEStatus = (uint32_t)0x01;
16      } else {
17          HSEStatus = (uint32_t)0x00;
18      }
19      // HSE 启动成功,则继续往下处理
20      if (HSEStatus == (uint32_t)0x01) {
21  
22          //-----------------------------------------------------------
23          // 使能 Flash 预存取缓冲区
24          Flash->ACR |= Flash_ACR_PRFTBE;
25  
26          // 设置 SYSCLK 周期与 Flash 访问时间的比例,这里统一设置成 2
27          // 设置成 2 的时候,SYSCLK 低于 48MHz 也可以工作,如果设置成 0 或者 1,
28          // 且配置的 SYSCLK 超出了范围的话,则会进入硬件错误,程序就死了
29          // 0: 0 < SYSCLK <= 24M
30          // 1: 24< SYSCLK <= 48M
31          // 2: 48< SYSCLK <= 72M */
32          Flash->ACR &= (uint32_t)((uint32_t)~Flash_ACR_LATENCY);
33          Flash->ACR |= (uint32_t)Flash_ACR_LATENCY_2;
34          //-----------------------------------------------------------
35  
36          // ② 设置 AHB、APB2、APB1 预分频因子
37          // HCLK = SYSCLK
38          RCC->CFGR |= (uint32_t)RCC_CFGR_HPRE_DIV1;
39          //PCLK2 = HCLK
40          RCC->CFGR |= (uint32_t)RCC_CFGR_PPRE2_DIV1;
41          //PCLK1 = HCLK/2
42          RCC->CFGR |= (uint32_t)RCC_CFGR_PPRE1_DIV2;
43  
44          // ③ 设置 PLL 时钟来源,设置 PLL 倍频因子,PLLCLK = HSE * 9 = 72 MHz
45          RCC->CFGR &= (uint32_t)((uint32_t)
46                                 ~(RCC_CFGR_PLLSRC
47                                 | RCC_CFGR_PLLXTPRE
48                                 | RCC_CFGR_PLLMULL));
49          RCC->CFGR |= (uint32_t)(RCC_CFGR_PLLSRC_HSE
50                                 | RCC_CFGR_PLLMULL9);
```

```
51
52          // ④ 使能 PLL
53          RCC->CR |= RCC_CR_PLLON;
54
55          // ⑤ 等待 PLL 稳定
56          while ((RCC->CR & RCC_CR_PLLRDY) == 0) {
57          }
58
59          // ⑥ 选择 PLL 作为系统时钟来源
60          RCC->CFGR &= (uint32_t)((uint32_t)~(RCC_CFGR_SW));
61          RCC->CFGR |= (uint32_t)RCC_CFGR_SW_PLL;
62
63          // ⑦ 读取时钟切换状态位,确保 PLLCLK 被选为系统时钟
64          while ((RCC->CFGR&(uint32_t)RCC_CFGR_SWS) != (uint32_t)0x08){
65          }
66    } else {// 如果 HSE 启动失败,用户可以在这里添加错误代码
67    }
68 }
```

15.2.2 其他时钟

通过对系统时钟设置的讲解,整个时钟树我们已经把握了六七成,对于其他时钟部分只讲解几个重要的。

1. USB 时钟

USB 时钟是由 PLLCLK 经过 USB 预分频器得到的,分频因子可以是 1 或 1.5,具体由时钟配置寄存器 CFGR 的位 22,即 USBPRE 配置。USB 的时钟最高是 48MHz,根据分频因子反推过来算,PLLCLK 只能是 48MHz 或者 72MHz。一般设置 PLLCLK=72MHz,USBCLK=48MHz。USB 对时钟要求比较高,所以 PLLCLK 只能是由 HSE 倍频得到,不能使用 HSI 倍频。

2. Cortex 系统时钟

Cortex 系统时钟由 HCLK 8 分频得到,等于 9MHz,Cortex 系统时钟用来驱动内核的系统定时器 SysTick,SysTick 一般用于操作系统的时钟节拍,也可以用作普通的定时。

3. ADC 时钟

ADC 时钟由 PCLK2 经过 ADC 预分频器得到,分频因子可以是 [2,4,6,8],具体由时钟配置寄存器 CFGR 的位 15 ~ 14,即 ADCPRE[1:0] 决定。很奇怪的是没有 1 分频。ADC 时钟最高只能是 14MHz,如果采样周期设置成最短的 1.5 个周期的话,ADC 的转换时间可以达到最短的 1μs。如果真要达到最短的转换时间 1μs 的话,那么 ADC 的时钟就得是 14MHz,反推 PCLK2 的时钟只能是 28MHz、56MHz、84MHz、112MHz。鉴于 PCLK2 最高是 72MHz,所以只能取 28MHz 和 56MHz。

4. RTC 时钟、独立看门狗时钟

RTC 时钟可由 HSE/128 分频得到,也可由低速外部时钟信号 LSE 提供,频率为 32.768kHz,也可由低速内部时钟信号 HSI 提供,具体选用哪个时钟,由备份域控制寄存器 BDCR 的位 9 ~ 8,即 RTCSEL[1:0] 配置。独立看门狗的时钟由 LSI 提供,且只能由 LSI

提供，LSI 是低速的内部时钟信号，频率为 30~60kHz，一般取 40kHz。

5. MCO 时钟输出

MCO 是 Microcontroller Clock Output 的缩写，是微控制器时钟输出引脚，在 STM32 F1 系列中由 PA8 复用所得，主要作用是对外提供时钟，相当于一个有源晶振。MCO 的时钟来源可以是：PLLCLK/2、HSI、HSE、SYSCLK，具体选哪个由时钟配置寄存器 CFGR 的位 26 ~ 24，即 MCO[2:0] 决定。除了对外提供时钟这个作用之外，我们还可以通过示波器监控 MCO 引脚的时钟输出来验证系统时钟配置是否正确。

15.3 配置系统时钟实验

15.3.1 使用 HSE

一般情况下，都是使用 HSE，然后将 HSE 经过 PLL 倍频之后作为系统时钟。通常的配置是：HSE=8MHz，PLL 的倍频因子为 9，系统时钟就设置成 SYSCLK = 8M × 9 = 72MHz。使用 HSE，系统时钟 SYSCLK 最高是 128MHz。我们使用的库函数就是这样的，当程序来到 main 函数之前，启动文件 statup_stm32f10x_hd.s 已经调用 SystemInit() 函数，把系统时钟初始化成 72MHz，SystemInit() 在库文件 system_stm32f10x.c 中定义。如果想把系统时钟设置低一点或者超频的话，可以修改底层的库文件。但是为了维持库的完整性，可以根据时钟树的流程自行写一个。

15.3.2 使用 HSI

如果 PLL 的时钟来源是 HSE，那么当 HSE 故障的时候，不仅 HSE 不能使用，连 PLL 也会被关闭，这个时候系统会自动切换 HSI 作为系统时钟。此时 SYSCLK=HSI=8MHz，如果没有开启 CSS 和 CSS 中断的话，那么整个系统就只能在低速率运行，这时系统跟瘫痪没什么两样。如果开启了 CSS 功能的话，那么当 HSE 故障时，可以在 CSS 中断里面采取补救措施，使用 HSI，并把系统时钟设置为更高的频率，最高是 64MHz，64MHz 的频率足够一般的外设使用，如：ADC 、SPI、I²C 等。但是这里又有一个问题了，原来 SYSCLK=72MHz，现在因为故障改成 64MHz，那么那些外设的时钟肯定被改变了，外设工作就会被打乱。是否需要在设置 HSI 时钟的时候，重新调整外设总线的分频因子，即 AHB、APB2 和 APB1 的分频因子，使外设的时钟达到跟 HSE 没有故障之前一样。但是这个也不是最保险的办法，毕竟不能一直使用 HSI，所以当 HSE 出故障时还是要采取报警措施。

还有一种情况是，有些用户不想用 HSE，而想用 HSI，但是又不知道怎么用 HSI 来设置系统时钟，因为调用库函数都是使用 HSE。下面的例子给出使用 HSI 配置系统时钟的方法，仅起抛砖引玉的作用。

15.3.3 硬件设计

1）RCC

2）LED 一个

RCC 是单片机内部资源，不需要外部电路。通过 LED 闪烁的频率来直观地判断不同系统时钟频率对软件延时的效果。

15.3.4 软件设计

我们编写两个 RCC 驱动文件：bsp_clkconfig.h 和 bsp_clkconfig.c，用来存放 RCC 系统时钟配置函数。

1. 编程要点

1）开启 HSE/HSI，并等待 HSE/HSI 稳定。
2）设置 AHB、APB2、APB1 的预分频因子。
3）设置 PLL 的时钟来源和 PLL 的倍频因子，各种频率主要就是在这里设置。
4）开启 PLL，并等待 PLL 稳定。
5）把 PLLCK 切换为系统时钟 SYSCLK。
6）读取时钟切换状态位，确保 PLLCLK 被选为系统时钟。

2. 代码分析

这里只讲解核心的部分代码，有些变量的设置、头文件的包含等并没有涉及，完整的代码请参考本章配套的工程。

（1）使用 HSE 配置系统时钟

代码清单15-2 HSE作为系统时钟来源

```
 1  void HSE_SetSysClock(uint32_t pllmul)
 2  {
 3      __IO uint32_t StartUpCounter = 0, HSEStartUpStatus = 0;
 4
 5      // 把 RCC 外设初始化成复位状态
 6      RCC_DeInit();
 7
 8      // 使能 HSE，开启外部晶振，秉火 STM32F103 系列开发板用的是 8MHz
 9      RCC_HSEConfig(RCC_HSE_ON);
10
11      // 等待 HSE 启动稳定
12      HSEStartUpStatus = RCC_WaitForHSEStartUp();
13
14      // 当 HSE 稳定之后继续往下执行
15      if (HSEStartUpStatus == SUCCESS) {
16  //----------------------------------------------------------------
17
18          // 使能 Flash 预存取缓冲区
19          Flash_PrefetchBufferCmd(Flash_PrefetchBuffer_Enable);
20
21          // 设置 SYSCLK 周期与 Flash 访问时间的比例，这里统一设置成 2
22          // 设置成 2 的时候，SYSCLK 低于 48MHz 也可以工作，如果设置成 0 或者 1，
23          // 且配置的 SYSCLK 超出了范围的话，则会进入硬件错误，程序就死了
24          // 0: 0 < SYSCLK ≤ 24M
25          // 1: 24< SYSCLK ≤ 48M
26          // 2: 48< SYSCLK ≤ 72M
27          Flash_SetLatency(Flash_Latency_2);
28  //----------------------------------------------------------------
```

```c
29
30            // AHB 预分频因子设置为 1 分频，HCLK = SYSCLK
31            RCC_HCLKConfig(RCC_SYSCLK_Div1);
32
33            // APB2 预分频因子设置为 1 分频，PCLK2 = HCLK
34            RCC_PCLK2Config(RCC_HCLK_Div1);
35
36            // APB1 预分频因子设置为 2 分频，PCLK1 = HCLK/2
37            RCC_PCLK1Config(RCC_HCLK_Div2);
38
39 //----------------- 各种频率主要就是在这里设置 --------------------
40            // 设置 PLL 时钟来源为 HSE，设置 PLL 倍频因子
41            // PLLCLK = 8MHz * pllmul
42            RCC_PLLConfig(RCC_PLLSource_HSE_Div1, pllmul);
43 //-------------------------------------------------------------
44
45            // 开启 PLL
46            RCC_PLLCmd(ENABLE);
47
48            // 等待 PLL 稳定
49            while (RCC_GetFlagStatus(RCC_FLAG_PLLRDY) == RESET) {
50            }
51
52            // 当 PLL 稳定之后，把 PLL 时钟切换为系统时钟 SYSCLK
53            RCC_SYSCLKConfig(RCC_SYSCLKSource_PLLCLK);
54
55            // 读取时钟切换状态位，确保 PLLCLK 被选为系统时钟
56            while (RCC_GetSYSCLKSource() != 0x08) {
57            }
58     } else {
59            // 如果 HSE 开启失败，那么程序就会来到这里，用户可在这里添加出错的处理代码
60            // 当 HSE 开启失败或者有故障的时候，单片机会自动把 HSI 设置为系统时钟，
61            // HSI 是内部的高速时钟，8MHz
62            while (1) {
63            }
64     }
65 }
```

这个函数采用库函数编写，有个形参 pllmul，用来设置 PLL 的倍频因子，在调用的时候形参可以是：RCC_PLLMul_x，x 为 2 ~ 16，这些宏来源于库函数的定义，宏展开是一些 32 位的十六进制数，具体功能是：配置时钟配置寄存器 CFGR 的位 21 ~ 18 PLLMUL[3:0]，预先定义好倍频因子，方便调用。

函数调用举例：HSE_SetSysClock(RCC_PLLMul_9)；设置系统时钟为：8MHz×9 = 72MHz。HSE_SetSysClock(RCC_PLLMul_16)；设置系统时钟为：8MHz×16 = 128MHz。超频慎用。

（2）使用 HSI 配置系统时钟

```c
1 void HSI_SetSysClock(uint32_t pllmul)
2 {
3     __IO uint32_t HSIStartUpStatus = 0;
4
5     // 把 RCC 外设初始化成复位状态
```

```c
 6      RCC_DeInit();
 7
 8      // 使能 HSI
 9      RCC_HSICmd(ENABLE);
10
11      // 等待 HSI 就绪
12      HSIStartUpStatus = RCC->CR & RCC_CR_HSIRDY;
13
14      // 当 HSI 就绪之后继续往下执行
15      if (HSIStartUpStatus == RCC_CR_HSIRDY) {
16      //------------------------------------------------------------
17
18          // 使能 Flash 预存取缓冲区
19          Flash_PrefetchBufferCmd(Flash_PrefetchBuffer_Enable);
20
21          // 设置 SYSCLK 周期与 Flash 访问时间的比例,这里统一设置成 2
22          // 设置成 2 的时候,SYSCLK 低于 48MHz 也可以工作,如果设置成 0 或者 1,
23          // 且配置的 SYSCLK 超出了范围的话,则会进入硬件错误,程序就死了
24          // 0: 0 < SYSCLK ≤ 24M
25          // 1: 24< SYSCLK ≤ 48M
26          // 2: 48< SYSCLK ≤ 72M
27          Flash_SetLatency(Flash_Latency_2);
28      //------------------------------------------------------------
29
30          // AHB 预分频因子设置为 1 分频, HCLK = SYSCLK
31          RCC_HCLKConfig(RCC_SYSCLK_Div1);
32
33          // APB2 预分频因子设置为 1 分频, PCLK2 = HCLK
34          RCC_PCLK2Config(RCC_HCLK_Div1);
35
36          // APB1 预分频因子设置为 2 分频, PCLK1 = HCLK/2
37          RCC_PCLK1Config(RCC_HCLK_Div2);
38
39          //----------- 各种频率主要就是在这里设置 --------------------
40          // 设置 PLL 时钟来源为 HSI,设置 PLL 倍频因子
41          // PLLCLK = 4MHz * pllmul
42          RCC_PLLConfig(RCC_PLLSource_HSI_Div2, pllmul);
43          //------------------------------------------------------------
44
45          // 开启 PLL
46          RCC_PLLCmd(ENABLE);
47
48          // 等待 PLL 稳定
49          while (RCC_GetFlagStatus(RCC_FLAG_PLLRDY) == RESET) {
50          }
51
52          // 当 PLL 稳定之后,把 PLL 时钟切换为系统时钟 SYSCLK
53          RCC_SYSCLKConfig(RCC_SYSCLKSource_PLLCLK);
54
55          // 读取时钟切换状态位,确保 PLLCLK 被选为系统时钟
56          while (RCC_GetSYSCLKSource() != 0x08) {
57          }
58      } else {
59          // 如果 HSI 开启失败,那么程序就会来到这里,用户可在这里添加出错的处理代码
60
61
```

```
62          while (1) {
63          }
64     }
65 }
```

HSI 设置系统时钟函数与 HSE 设置系统时钟函数在原理上是一样的，有一个区别是：HSI 必须 2 分频之后才能作为 PLL 的时钟来源（见图 15-1）。所以使用 HSI 时，最大的系统时钟 SYSCLK 只能是 HSI/2 × 16=4 × 16=64MHz。

函数调用举例：HSI_SetSysClock(RCC_PLLMul_9)；设置系统时钟为：4MHz × 9 = 36MHz。

（3）软件延时

```
1 void Delay(__IO uint32_t nCount)
2 {
3      for (; nCount != 0; nCount--);
4 }
```

软件延时函数使用不同的系统时钟，延时时间不一样，可通过 LED 闪烁频率来判断。

（4）MCO 输出

在 STM32F103 系列中，PA8 可以复用为 MCO 引脚，对外提供时钟输出，我们也可以用示波器监控该引脚的输出来判断系统时钟是否设置正确。

代码清单15-3　MCO GPIO初始化

```
1  /*
2   * 初始化 MCO 引脚 PA8
3   * 在 F103 系列中 MCO 引脚只有一个，即 PA8，在 F4 系列中，MCO 引脚有两个
4   */
5  void MCO_GPIO_Config(void)
6  {
7        GPIO_InitTypeDef GPIO_InitStructure;
8        // 开启 GPIOA 的时钟
9        RCC_APB2PeriphClockCmd(RCC_APB2Periph_GPIOA, ENABLE);
10
11       // 选择 GPIO8 引脚
12       GPIO_InitStructure.GPIO_Pin = GPIO_Pin_8;
13
14       // 设置为复用功能推挽输出
15       GPIO_InitStructure.GPIO_Mode = GPIO_Mode_AF_PP;
16
17       // 设置 IO 的反转速率为 50MHz
18       GPIO_InitStructure.GPIO_Speed = GPIO_Speed_50MHz;
19
20       // 初始化 GPIOA8
21       GPIO_Init(GPIOA, &GPIO_InitStructure);
22 }
```

代码清单15-4　MCO输出时钟选择

```
1 // 设置 MCO 引脚输出时钟，用示波器即可在 PA8 测量到输出的时钟信号
2 // 可以把 PLLCLK/2 作为 MCO 引脚的时钟来检测系统时钟是否配置准确
3 // MCO 引脚输出可以是 HSE、HSI、PLLCLK/2、SYSCLK
```

```
4   //RCC_MCOConfig(RCC_MCO_HSE);
5   //RCC_MCOConfig(RCC_MCO_HSI);
6   //RCC_MCOConfig(RCC_MCO_PLLCLK_Div2);
7   RCC_MCOConfig(RCC_MCO_SYSCLK);
```

初始化 MCO 引脚之后,可以直接调用库函数 RCC_MCOConfig() 来选择 MCO 时钟来源。

(5) main 函数

```
1   int main(void)
2   {
3       // 程序来到 main 函数之前,启动文件 statup_stm32f10x_hd.s 已经调用
4       // SystemInit() 函数把系统时钟初始化成 72MHz
5       // SystemInit() 在 system_stm32f10x.c 中定义
6       // 如果用户想修改系统时钟,可自行编写程序修改
7
8       // 重新设置系统时钟,这时候可以选择是使用 HSE 还是 HSI
9
10      // 使用 HSE 时,SYSCLK = 8MHz * RCC_PLLMul_x,x 为 2~16,最高是 128MHz
11      HSE_SetSysClock(RCC_PLLMul_9);
12
13      // 使用 HSI 时,SYSCLK = 4MHz * RCC_PLLMul_x,x 为 2~16,最高是 64MHz
14      //HSI_SetSysClock(RCC_PLLMul_16);
15
16      // MCO 引脚初始化
17      MCO_GPIO_Config();
18
19      // 设置 MCO 引脚输出时钟,用示波器即可在 PA8 测量到输出的时钟信号
20      // 可以把 PLLCLK/2 作为 MCO 引脚的时钟来检测系统时钟是否配置准确
21      // MCO 引脚输出可以是 HSE、HSI、PLLCLK/2、SYSCLK
22      //RCC_MCOConfig(RCC_MCO_HSE);
23      //RCC_MCOConfig(RCC_MCO_HSI);
24      //RCC_MCOConfig(RCC_MCO_PLLCLK_Div2);
25      RCC_MCOConfig(RCC_MCO_SYSCLK);
26
27      // LED 端口初始化
28      LED_GPIO_Config();
29      while (1) {
30          LED1( ON );         // 亮
31          Delay(0x0FFFFF);
32          LED1( OFF );        // 灭
33          Delay(0x0FFFFF);
34      }
35  }
```

在 main 函数中,可以调用 HSE_SetSysClock() 或者 HSI_SetSysClock() 这两个函数把系统时钟设置成各种常用的时钟,然后通过 MCO 引脚监控,或者通过 LED 闪烁的快慢体验不同的系统时钟对同一个软件延时函数的影响。

15.3.5 下载验证

把编译好的程序下载到开发板,可以看到,设置不同的系统时钟,LED 闪烁的快慢不一样。更精确的数据可以用示波器监控 MCO 引脚看到,见图 15-2 和图 15-3。

第 15 章 RCC——使用 HSE/HSI 配置时钟

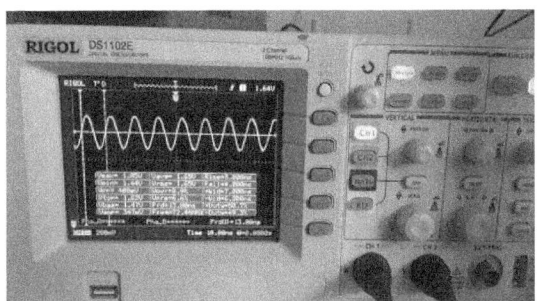

图 15-2　MCO=SYSCLK=72MHz

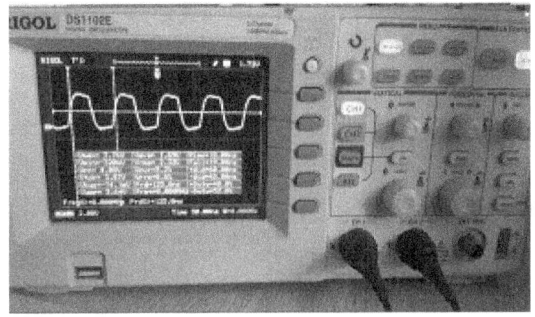

图 15-3　MCO=HSI=8MHz

第 16 章
STM32 中断应用概览

STM32 中断非常强大，每个外设都可以产生中断，所以中断的介绍放在哪一个外设里面去讲都不合适，这里单独抽出一章来做一个总结性的介绍，这样在其他章节涉及中断部分的知识我们就不用费很大的篇幅去讲解，只要示意性带过即可。

本章如无特别说明，异常就是中断，中断就是异常，二者相同。

16.1 异常类型

F103 在内核水平上搭载了一个异常响应系统，支持为数众多的系统异常和外部中断。其中系统异常有 8 个（如果把 Reset 和 HardFault 也算上的话就是 10 个），见表 16-1。外部中断有 60 个，见表 16-2。除了个别异常的优先级被定死外，其他异常的优先级都是可编程的。有关具体的系统异常和外部中断可在标准库文件 stm32f10x.h 这个头文件中查询到，在 IRQn_Type 这个结构体里面包含了 F103 系列全部的异常声明。

表 16-1 F103 系统异常清单

编号	优先级	优先级类型	名称	说明	地址
—	—	—	—	保留（实际存的是 MSP 起始地址）	0X0000 0000
−3	固定	Reset	复位	0X0000 0004
−2	固定	NMI	不可屏蔽中断。RCC 时钟安全系统（CSS）连接到 NMI 向量	0X0000 0008
−1	固定	HardFault	所有类型的错误	0X0000 000C
0	可编程	MemManage	存储器管理	0X0000 0010
1	可编程	BusFault	预取指失败，存储器访问失败	0X0000 0014
2	可编程	UsageFault	未定义的指令或非法状态	0X0000 0018
—	—	—	—	保留	0X0000 001C～0X0000 002B
3	可编程	SVCall	通过 SWI 指令调用的系统服务	0X0000 002C
4	可编程	Debug Monitor	调试监控器	0X0000 0030

(续)

编号	优先级	优先级类型	名称	说明	地址
	—	—	—	保留	0X0000 0034
	5	可编程	PendSV	可挂起的系统服务	0X0000 0038
	6	可编程	SysTick	系统嘀嗒定时器	0X0000 003C

表 16-2　F103 外部中断清单

编号	优先级	优先级类型	名称	说明	地址
0	7	可编程	WWDG	窗口看门狗中断	0X0000 0040
1	8	可编程	PVD	连到 EXTI 的电源电压检测（PVD）中断	0X0000 0044
2	9	可编程	TAMPER	侵入检测中断	0X0000 0048
中间部分省略，详情请参考《STM32 中文参考手册》第 9 章向量表部分					
57	64	可编程	DMA2 通道 2	DMA2 通道 2 中断	0X0000 0124
58	65	可编程	DMA2 通道 3	DMA2 通道 3 中断	0X0000 0128
59	66	可编程	DMA2 通道 4_5	DMA2 通道 4 和通道 5 中断	0X0000 012C

16.2　NVIC 简介

在介绍如何配置中断优先级之前，我们需要先了解下 NVIC。NVIC 是嵌套向量中断控制器，控制着整个芯片中断相关的功能，它跟内核紧密耦合，是内核里面的一个外设。但是各个芯片厂商在设计芯片的时候会对 Cortex-M3 内核里面的 NVIC 进行裁剪，把不需要的部分去掉，所以说 STM32 中的 NVIC 是 Cortex-M3 的 NVIC 的一个子集。

16.2.1　NVIC 寄存器简介

在固件库中，NVIC 的结构体定义可谓是颇有远见，它给每个寄存器都预留了很多位，为的是日后扩展功能。不过 STM32F103 可用不了这么多，只是用了部分而已，具体使用了多少可参考《Cortex-M3 内核编程手册》4.3.11 节。

代码清单16-1　NVIC结构体定义，来自固件库头文件：core_cm3.h

```
 1 typedef struct {
 2     __IO uint32_t ISER[8];         // 中断使能寄存器
 3     uint32_t RESERVED0[24];
 4     __IO uint32_t ICER[8];         // 中断清除寄存器
 5     uint32_t RSERVED1[24];
 6     __IO uint32_t ISPR[8];         // 中断使能挂起寄存器
 7     uint32_t RESERVED2[24];
 8     __IO uint32_t ICPR[8];         // 中断清除挂起寄存器
 9     uint32_t RESERVED3[24];
10     __IO uint32_t IABR[8];         // 中断有效位寄存器
11     uint32_t RESERVED4[56];
12     __IO uint8_t  IP[240];         // 中断优先级寄存器 (8 位)
13     uint32_t RESERVED5[644];
14     __O  uint32_t STIR;            // 软件触发中断寄存器
15 } NVIC_Type;
```

在配置中断的时候我们一般只用 ISER、ICER 和 IP 这 3 个寄存器，ISER 用来使能中断，ICER 用来清除中断，IP 用来设置中断优先级。

16.2.2 NVIC 中断配置固件库

固件库文件 core_cm3.h 的最后，还提供了 NVIC 的一些函数，这些函数遵循 CMSIS 规则，只要是 Cortex-M3 的处理器都可以使用，具体如表 16-3 所示。

表 16-3 符合 CMSIS 标准的 NVIC 库函数

NVIC 库函数	描述
void NVIC_EnableIRQ(IRQn_Type IRQn)	使能中断
void NVIC_DisableIRQ(IRQn_Type IRQn)	清除中断
void NVIC_SetPendingIRQ(IRQn_Type IRQn)	设置中断挂起位
void NVIC_ClearPendingIRQ(IRQn_Type IRQn)	清除中断挂起位
uint32_t NVIC_GetPendingIRQ(IRQn_Type IRQn)	获取挂起中断编号
void NVIC_SetPriority(IRQn_Type IRQn, uint32_t priority)	设置中断优先级
uint32_t NVIC_GetPriority(IRQn_Type IRQn)	获取中断优先级
void NVIC_SystemReset(void)	系统复位

这些库函数我们在编程的时候用得比较少，甚至基本不用。在配置中断的时候我们还有更简洁的方法，请看 16.4 节。

16.3 中断优先级

16.3.1 优先级定义

在 NVIC 中有一个专门的寄存器：中断优先级寄存器 NVIC_IPRx，用来配置外部中断的优先级，IPR 宽度为 8 位，原则上每个外部中断可配置的优先级为 0~255，数值越小，优先级越高。但是绝大多数 CM3 芯片都会精简设计，以致实际上支持的优先级数减少，在 F103 中，只使用了高 4 位，如表 16-4 所示。

表 16-4 F103 使用 4 位表达优先级

bit7	bit6	bit5	bit4	bit3	bit2	bit1	bit0
用于表达优先级				未使用，读回为 0			

用于表达优先级的这 4 位，又被分成抢占优先级和子优先级两组。如果有多个中断同时响应，抢占优先级高的就会先于抢占优先级低的，优先得到执行，如果抢占优先级相同，就比较子优先级。如果抢占优先级和子优先级都相同的话，就比较它们的硬件中断编号，编号越小，优先级越高。

16.3.2 优先级分组

优先级的分组由内核外设 SCB 的应用程序中断及复位控制寄存器 AIRCR 的 PRIGROUP [10:8] 位决定。F103 分为了 5 组，具体见表 16-5（主优先级 = 抢占优先级）。

设置优先级分组可调用库函数 NVIC_PriorityGroupConfig() 实现，有关 NVIC 中断相关的库函数都在库文件 misc.c 和 misc.h 中。

表 16-5 优先级分组

PRIGROUP[2:0]	中断优先级值 PRI_N[7:4]			级数	
	二进制点	主优先级位	子优先级位	主优先级	子优先级
0b 011	0b xxxx	[7:4]	None	16	None
0b 100	0b xxx.y	[7:5]	[4]	8	2
0b 101	0b xx.yy	[7:6]	[5:4]	4	4
0b 110	0b x.yyy	[7]	[6:4]	2	9
0b 111	0b .yyyy	None	[7:4]	None	16

代码清单16-2 中断优先级分组库函数NVIC_PriorityGroupConfig()

```
1  /**
2    * 配置中断优先级分组：抢占优先级和子优先级
3    * 形参如下：
4    * @arg NVIC_PriorityGroup_0: 0 位用于抢占优先级
5    *                           4 位用于子优先级
6    * @arg NVIC_PriorityGroup_1: 1 位用于抢占优先级
7    *                           3 位用于子优先级
8    * @arg NVIC_PriorityGroup_2: 2 位用于抢占优先级
9    *                           2 位用于子优先级
10   * @arg NVIC_PriorityGroup_3: 3 位用于抢占优先级
11   *                           1 位用于子优先级
12   * @arg NVIC_PriorityGroup_4: 4 位用于抢占优先级
13   *                           0 位用于子优先级
14   * @注意 如果优先级分组为 0，则抢占优先级就不存在，就全部由子优先级控制
15   */
16  void NVIC_PriorityGroupConfig(uint32_t NVIC_PriorityGroup)
17  {
18      // 设置优先级分组
19      SCB->AIRCR = AIRCR_VECTKEY_MASK | NVIC_PriorityGroup;
20  }
```

优先级分组真值表见表 16-6。

表 16-6 优先级分组真值表

优先级分组	主优先级	子优先级	描述
NVIC_PriorityGroup_0	0	0 ~ 15	主 -0bit，子 -4bit
NVIC_PriorityGroup_1	0 ~ 1	0 ~ 7	主 -1bit，子 -3bit
NVIC_PriorityGroup_2	0 ~ 3	0 ~ 3	主 -2bit，子 -2bit
NVIC_PriorityGroup_3	0 ~ 7	0 ~ 1	主 -3bit，子 -1bit
NVIC_PriorityGroup_4	0 ~ 15	0	主 -4bit，子 -0bit

16.4 中断编程

在配置每个中断的时候，一般有 3 个编程要点：

1）使能外设某个中断，这个具体由每个外设的相关中断使能位控制。比如串口有发送完成中断，接收完成中断，这两个中断都由串口控制寄存器的相关中断使能位控制。

2）初始化 NVIC_InitTypeDef 结构体，配置中断优先级分组，设置抢占优先级和子优先级，使能中断请求。NVIC_InitTypeDef 结构体在固件库头文件 misc.h 中定义。

代码清单16-3　NVIC初始化结构体

```
1  typedef struct {
2      uint8_t NVIC_IRQChannel;                      // 中断源
3      uint8_t NVIC_IRQChannelPreemptionPriority;    // 抢占优先级
4      uint8_t NVIC_IRQChannelSubPriority;           // 子优先级
5      FunctionalState NVIC_IRQChannelCmd;           // 中断使能或者失能
6  } NVIC_InitTypeDef;
```

有关 NVIC 初始化结构体的成员解释如下。

- **NVIC_IROChannel**：用来设置中断源，不同的中断，中断源不一样，且不可写错，即使写错了程序也不会报错，只会导致不响应中断。具体的成员配置可参考 stm32f10x.h 头文件里面的 IRQn_Type 结构体定义，这个结构体包含了所有的中断源。

代码清单16-4　IRQn_Type中断源结构体

```
1  typedef enum IRQn {
2      //Cortex-M3 处理器异常编号
3      NonMaskableInt_IRQn      = -14,
4      MemoryManagement_IRQn    = -12,
5      BusFault_IRQn            = -11,
6      UsageFault_IRQn          = -10,
7      SVCall_IRQn              = -5,
8      DebugMonitor_IRQn        = -4,
9      PendSV_IRQn              = -2,
10     SysTick_IRQn             = -1,
11     //STM32 外部中断编号
12     WWDG_IRQn                = 0,
13     PVD_IRQn                 = 1,
14     TAMP_STAMP_IRQn          = 2,
15
16     // 限于篇幅，中间部分代码省略，具体的可查看库文件 stm32f10x.h
17
18     DMA2_Channel2_IRQn       = 57,
19     DMA2_Channel3_IRQn       = 58,
20     DMA2_Channel4_5_IRQn     = 59
21 } IRQn_Type;
```

- **NVIC_IRQChannelPreemptionPriority**：抢占优先级，具体的值要根据优先级分组来确定，具体参考表 16-6 优先级分组真值表。
- **NVIC_IRQChannelSubPriority**：子优先级，具体的值要根据优先级分组来确定，具体参考表 16-6 优先级分组真值表。
- **NVIC_IRQChannelCmd**：中断使能（ENABLE）或者失能（DISABLE）。操作的是 NVIC_ISER 和 NVIC_ICER 这两个寄存器。

3）编写中断服务函数。在启动文件 startup_stm32f10x_hd.s 中，我们预先为每个中断都写了一个中断服务函数，只是这些中断函数都为空，为的只是初始化中断向量表。实际的中断服务函数都需要我们重新编写，为了方便管理我们把中断服务函数统一写在 stm32f10x_it.c 这个库文件中。

中断服务函数的函数名必须与启动文件里面预先设置的一样，如果写错，系统就在中断向量表中找不到中断服务函数的入口，直接跳转到启动文件里面预先写好的空函数，并且在里面无限循环，实现不了中断。

第 17 章
EXTI——外部中断/事件控制器

上一章节我们已经详细介绍了 NVIC，对 STM32F10x 系列的中断管理系统有个全局的了解，这章的内容是 NVIC 的实例应用，也是 STM32F10x 控制器非常重要的一个资源。学习本章时，配合《STM32F10X-中文参考手册》中断和事件章节一起阅读，效果会更佳，特别是涉及寄存器说明的部分。

特别说明，本书内容是讲解 STM32F10X 系列控制器资源。

17.1 EXTI 简介

EXTI（External interrupt/event controller）是外部中断/事件控制器，管理了控制器的 20 个中断/事件线。每个中断/事件线都对应一个边沿检测器，可以实现输入信号的上升沿检测和下降沿的检测。EXTI 可以实现对每个中断/事件线进行单独配置，可以单独配置为中断或者事件，以及触发事件的属性。

17.2 EXTI 功能框图剖析

EXTI 的功能框图包含了 EXTI 最核心内容，掌握了功能框图，对 EXTI 就有一个整体的把握，在编程时思路就非常清晰。EXTI 功能框图见图 17-1。

在图 17-1 中可以看到很多在信号线上打一个斜杠并标注"20"字样，这个表示在控制器内部类似的信号线路有 20 个，这与 EXTI 总共有 20 个中断/事件线是吻合的。所以我们只要明白其中一个的原理，其他 19 个线路原理也就知道了。

EXTI 可分为两大部分功能：一个是产生中断，另一个是产生事件，这两个功能从硬件上有所不同。

首先我们来看图 17-1 中上面虚线指示的电路流程。它是一个产生中断的线路，最终信号流入 NVIC 控制器内。

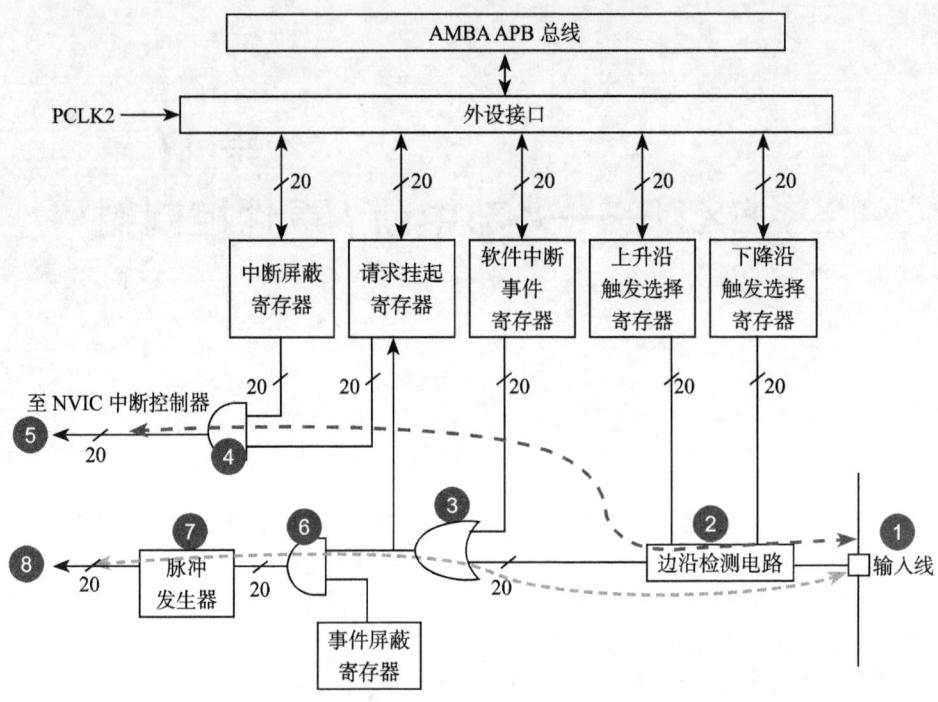

图 17-1　EXTI 功能框图

编号 1 是输入线，EXTI 控制器有 19 个中断 / 事件输入线，这些输入线可以通过寄存器设置为任意一个 GPIO，也可以是一些外设的事件，这部分内容将在后面专门讲解。输入线一般是存在电平变化的信号。

编号 2 是一个边沿检测电路，它会根据上升沿触发选择寄存器（EXTI_RTSR）和下降沿触发选择寄存器（EXTI_FTSR）对应位的设置来控制信号触发。边沿检测电路以输入线作为信号输入端，如果检测到有边沿跳变就输出有效信号 1 给编号 3 电路，否则输出无效信号 0。而 EXTI_RTSR 和 EXTI_FTSR 两个寄存器可以控制需要检测哪些类型的电平跳变过程，可以是只有上升沿触发、只有下降沿触发或者上升沿和下降沿都触发。

编号 3 电路实际就是一个或门电路，它一个输入来自编号 2 电路，另外一个输入来自软件中断事件寄存器（EXTI_SWIER）。EXTI_SWIER 允许我们通过程序控制启动中断 / 事件线，这在某些地方非常有用。我们知道或门的作用就是有 1 就为 1，所以这两个输入随便哪一个有有效信号 1 就可以输出 1 给编号 4 和编号 6 电路。

编号 4 电路是一个与门电路，它一个输入是编号 3 电路，另外一个输入来自中断屏蔽寄存器（EXTI_IMR）。与门电路要求输入都为 1 才输出 1，导致的结果是如果 EXTI_IMR 设置为 0 时，那不管编号 3 电路的输出信号是 1 还是 0，最终编号 4 电路输出的信号都为 0；如果 EXTI_IMR 设置为 1，最终编号 4 电路输出的信号由编号 3 电路的输出信号决定，这样我们可以简单地通过控制 EXTI_IMR 来实现是否产生中断的目的。编号 4 电路输出的信号会被保存到挂起寄存器（EXTI_PR）内，如果确定编号 4 电路输出为 1 就会把 EXTI_

PR 对应位置 1。

编号 5 是将 EXTI_PR 寄存器内容输出到 NVIC 内，从而实现系统中断事件控制。

接下来我们来看看下面虚线指示的电路流程。它是一个产生事件的线路，最终输出一个脉冲信号。

产生事件线路在编号 3 电路之后与中断线路有所不同，之前电路都是共用的。编号 6 电路是一个与门，它一个输入来自编号 3 电路，另外一个输入来自事件屏蔽寄存器（EXTI_EMR）。如果 EXTI_EMR 设置为 0，那不管编号 3 电路的输出信号是 1 还是 0，最终编号 6 电路输出的信号都为 0；如果 EXTI_EMR 设置为 1，最终编号 6 电路输出的信号由编号 3 电路的输出信号决定，这样我们可以简单地通过控制 EXTI_EMR 来实现是否产生事件的目的。

编号 7 是一个脉冲发生器电路，当它的输入端，即编号 6 电路的输出端，是一个有效信号 1 时，就会产生一个脉冲；如果输入端是无效信号就不会输出脉冲。

编号 8 是一个脉冲信号，就是产生事件的线路最终的产物，这个脉冲信号可以给其他外设电路使用，比如定时器 TIM、模拟数字转换器 ADC 等。这样的脉冲信号一般用来触发 TIM 或者 ADC 开始转换。

产生中断线路目的是把输入信号输入 NVIC，进一步会运行中断服务函数，实现功能，这样是软件级的。而产生事件线路目的就是传输一个脉冲信号给其他外设使用，并且是电路级别的信号传输，属于硬件级的。

另外，EXTI 是在 APB2 总线上的，在编程时候需要注意这点。

17.3 中断 / 事件线

EXTI 有 20 个中断 / 事件线，每个 GPIO 都可以被设置为输入线，占用 EXTI0～EXTI15，还有另外 7 根用于特定的外设事件，见表 17-1。

4 根特定外设中断 / 事件线由外设触发，具体用法参考《STM32F10X- 中文参考手册》中对外设的具体说明。

表 17-1 EXTI 中断 / 事件线

中断 / 事件线	输 入 源	中断 / 事件线	输 入 源
EXTI0	PX0(X 可为 A, B, C, D, E, F, G, H, I)	EXTI10	PX10(X 可为 A, B, C, D, E, F, G, H, I)
EXTI1	PX1(X 可为 A, B, C, D, E, F, G, H, I)	EXTI11	PX11(X 可为 A, B, C, D, E, F, G, H, I)
EXTI2	PX2(X 可为 A, B, C, D, E, F, G, H, I)	EXTI12	PX12(X 可为 A, B, C, D, E, F, G, H, I)
EXTI3	PX3(X 可为 A, B, C, D, E, F, G, H, I)	EXTI13	PX13(X 可为 A, B, C, D, E, F, G, H, I)
EXTI4	PX4(X 可为 A, B, C, D, E, F, G, H, I)	EXTI14	PX14(X 可为 A, B, C, D, E, F, G, H, I)
EXTI5	PX5(X 可为 A, B, C, D, E, F, G, H, I)	EXTI15	PX15(X 可为 A, B, C, D, E, F, G, H, I)
EXTI6	PX6(X 可为 A, B, C, D, E, F, G, H, I)	EXTI16	PVD 输出
EXTI7	PX7(X 可为 A, B, C, D, E, F, G, H, I)	EXTI17	RTC 闹钟事件
EXTI8	PX8(X 可为 A, B, C, D, E, F, G, H, I)	EXTI18	USB 唤醒事件
EXTI9	PX9(X 可为 A, B, C, D, E, F, G, H, I)	EXTI19	以太网唤醒事件（只适用于互联型）

EXTI0 至 EXTI15 用于 GPIO，通过编程控制可以实现任意一个 GPIO 作为 EXTI 的输入源。由表 17-1 可知，EXTI0 可以通过 AFIO 的外部中断配置寄存器 1（AFIO_EXTICR1）的 EXTI0[3:0] 位选择配置为 PA0、PB0、PC0、PD0、PE0、PF0、PG0，见图 17-2。其他 EXTI 线（EXTI 中断/事件线）使用配置都是类似的。

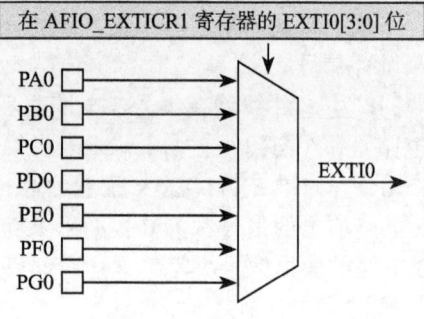

图 17-2　EXTI0 输入源选择

17.4　EXTI 初始化结构体详解

标准库函数对每个外设都建立了一个初始化结构体，比如 EXTI_InitTypeDef。结构体成员用于设置外设工作参数，并由外设初始化配置函数，比如 EXTI_Init() 调用。这些设定参数将会设置外设相应的寄存器，达到配置外设工作环境的目的。

初始化结构体和初始化库函数配合使用是标准库精髓所在，理解了初始化结构体每个成员意义基本上就可以对该外设运用自如了。初始化结构体定义在 stm32f10x_exti.h 文件中，初始化库函数定义在 stm32f10x_exti.c 文件中，编程时我们可以结合这两个文件内的注释使用。

代码清单17-1　EXTI初始化结构体

```
1 typedef struct {
2     uint32_t EXTI_Line;                    // 中断/事件线
3     EXTIMode_TypeDef EXTI_Mode;            // EXTI 模式
4     EXTITrigger_TypeDef EXTI_Trigger;      // 触发类型
5     FunctionalState EXTI_LineCmd;          // EXTI 使能
6 } EXTI_InitTypeDef;
```

1）EXTI_Line：EXTI 中断/事件线选择，可选 EXTI0 至 EXTI19，可参考表 17-1 选择。

2）EXTI_Mode：EXTI 模式选择，可选为产生中断（EXTI_Mode_Interrupt）或者产生事件（EXTI_Mode_Event）。

3）EXTI_Trigger：EXTI 边沿触发事件，可选上升沿触发（EXTI_Trigger_Rising）、下降沿触发（EXTI_Trigger_Falling）或者上升沿和下降沿都触发（EXTI_Trigger_Rising_Falling）。

4）EXTI_LineCmd：控制是否使能 EXTI 线，可选使能 EXTI 线（ENABLE）或禁用（DISABLE）。

17.5　外部中断控制实验

中断在嵌入式应用中占有非常重要的地位，几乎每个控制器都有中断功能。中断对保证紧急事件在第一时间处理是非常重要的。

我们设计使用外接的按键来作为触发源，使得控制器产生中断，并在中断服务函数中实现控制 RGB 彩灯的任务。

17.5.1 硬件设计

轻触按键在按下时会使得引脚接通,通过电路设计可以使得按下时产生电平变化,见图 17-3。

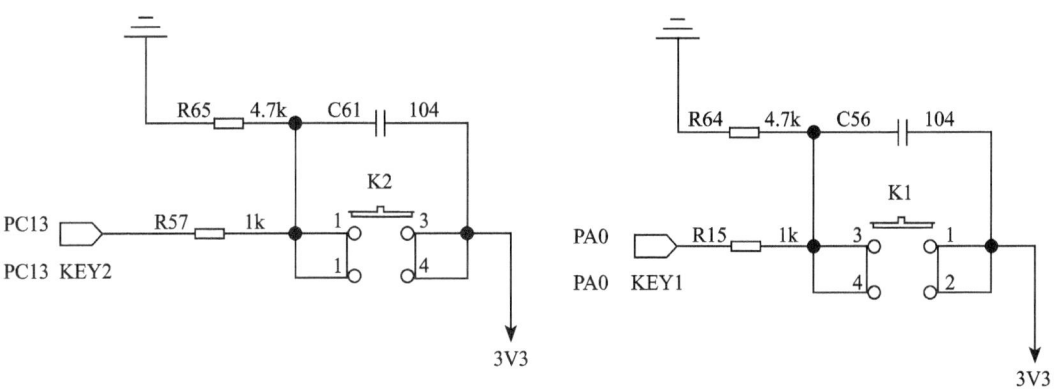

图 17-3 按键电路

17.5.2 软件设计

这里只讲解核心的部分代码,有些变量的设置、头文件的包含等并没有涉及,完整的代码请参考本章配套的工程。我们创建了两个文件 bsp_exti.c 和 bsp_exti.h,用来存放 EXTI 驱动程序及相关宏定义,中断服务函数放在 stm32f10x_it.h 文件中。

1. 编程要点

1)初始化用来产生中断的 GPIO。
2)初始化 EXTI。
3)配置 NVIC。
4)编写中断服务函数。

2. 软件分析

(1)按键和 EXTI 宏定义

代码清单 17-2 按键和 EXTI 宏定义

```
 1  // 引脚定义
 2  #define KEY1_INT_GPIO_PORT           GPIOA
 3  #define KEY1_INT_GPIO_CLK            (RCC_APB2Periph_GPIOA\
 4                                       |RCC_APB2Periph_AFIO)
 5  #define KEY1_INT_GPIO_PIN            GPIO_Pin_0
 6  #define KEY1_INT_EXTI_PORTSOURCE     GPIO_PortSourceGPIOA
 7  #define KEY1_INT_EXTI_PINSOURCE      GPIO_PinSource0
 8  #define KEY1_INT_EXTI_LINE           EXTI_Line0
 9  #define KEY1_INT_EXTI_IRQ            EXTI0_IRQn
10
11  #define KEY1_IRQHandler              EXTI0_IRQHandler
12
13
14  #define KEY2_INT_GPIO_PORT           GPIOC
```

```
15  #define KEY2_INT_GPIO_CLK            (RCC_APB2Periph_GPIOC\
16                                       |RCC_APB2Periph_AFIO)
17  #define KEY2_INT_GPIO_PIN            GPIO_Pin_13
18  #define KEY2_INT_EXTI_PORTSOURCE     GPIO_PortSourceGPIOC
19  #define KEY2_INT_EXTI_PINSOURCE      GPIO_PinSource13
20  #define KEY2_INT_EXTI_LINE           EXTI_Line13
21  #define KEY2_INT_EXTI_IRQ            EXTI15_10_IRQn
```

使用宏定义方法指定与硬件电路设计相关配置，这对于程序移植或升级非常有用。

在上面的宏定义中，我们除了打开 GPIO 的端口时钟外，我们还打开了 AFIO 的时钟，这是因为后面配置 EXTI 信号源的时候需要用到 AFIO 的外部中断控制寄存器 AFIO_EXTICRx，具体见《STM32F10X- 中文参考手册》8.4 节。

（2）嵌套向量中断控制器 NVIC 配置

代码清单17-3　NVIC配置

```
1  static void NVIC_Configuration(void)
2  {
3      NVIC_InitTypeDef NVIC_InitStructure;
4
5      /* 配置 NVIC 为优先级组 1 */
6      NVIC_PriorityGroupConfig(NVIC_PriorityGroup_1);
7
8      /* 配置中断源：按键1 */
9      NVIC_InitStructure.NVIC_IRQChannel = KEY1_INT_EXTI_IRQ;
10     /* 配置抢占优先级：1 */
11     NVIC_InitStructure.NVIC_IRQChannelPreemptionPriority = 1;
12     /* 配置子优先级：1 */
13     NVIC_InitStructure.NVIC_IRQChannelSubPriority = 1;
14     /* 使能中断通道 */
15     NVIC_InitStructure.NVIC_IRQChannelCmd = ENABLE;
16     NVIC_Init(&NVIC_InitStructure);
17
18     /* 配置中断源：按键2，其他使用上面相关配置 */
19     NVIC_InitStructure.NVIC_IRQChannel = KEY2_INT_EXTI_IRQ;
20     NVIC_Init(&NVIC_InitStructure);
21  }
```

有关 NVIC 配置问题可参考第 16 章内容，这里不做过多解释。

这里我们配置两个的中断软件优先级一样，如果出现了两个按键同时按下的情况，那怎么办？到底该执行哪一个中断？若两个中断的软件优先级一样，中断来临时，具体先执行哪个中断服务函数由硬件的中断编号决定，编号越小，优先级越高。有关外设的硬件编号可查询《STM32F10X- 中文参考手册》中中断和事件章节中的向量表，表中的位置编号即是每个外设的硬件中断优先级。当然，我们也可以把抢占优先级设置成一样，子优先级设置成不一样，这样就可以区别两个按键同时按下的情况，而不用去对比硬件编号。

（3）EXTI 中断配置

代码清单17-4　EXTI中断配置

```
1  void EXTI_Key_Config(void)
2  {
```

```c
3      GPIO_InitTypeDef GPIO_InitStructure;
4      EXTI_InitTypeDef EXTI_InitStructure;
5
6      /* 开启按键GPIO口的时钟 */
7      RCC_APB2PeriphClockCmd(KEY1_INT_GPIO_CLK,ENABLE);
8
9      /* 配置NVIC中断 */
10     NVIC_Configuration();
11
12     /*--------------------------KEY1 配置---------------------*/
13     /* 选择按键用到的GPIO */
14     GPIO_InitStructure.GPIO_Pin = KEY1_INT_GPIO_PIN;
15     /* 配置为浮空输入 */
16     GPIO_InitStructure.GPIO_Mode = GPIO_Mode_IN_FLOATING;
17     GPIO_Init(KEY1_INT_GPIO_PORT, &GPIO_InitStructure);
18
19     /* 选择EXTI的信号源 */
20     GPIO_EXTILineConfig(KEY1_INT_EXTI_PORTSOURCE, \
21                         KEY1_INT_EXTI_PINSOURCE);
22     EXTI_InitStructure.EXTI_Line = KEY1_INT_EXTI_LINE;
23
24     /* EXTI为中断模式 */
25     EXTI_InitStructure.EXTI_Mode = EXTI_Mode_Interrupt;
26     /* 上升沿中断 */
27     EXTI_InitStructure.EXTI_Trigger = EXTI_Trigger_Rising;
28     /* 使能中断 */
29     EXTI_InitStructure.EXTI_LineCmd = ENABLE;
30     EXTI_Init(&EXTI_InitStructure);
31
32     /*--------------------------KEY2 配置------------------*/
33     /* 选择按键用到的GPIO */
34     GPIO_InitStructure.GPIO_Pin = KEY2_INT_GPIO_PIN;
35     /* 配置为浮空输入 */
36     GPIO_InitStructure.GPIO_Mode = GPIO_Mode_IN_FLOATING;
37     GPIO_Init(KEY2_INT_GPIO_PORT, &GPIO_InitStructure);
38
39     /* 选择EXTI的信号源 */
40     GPIO_EXTILineConfig(KEY2_INT_EXTI_PORTSOURCE, \
41                         KEY2_INT_EXTI_PINSOURCE);
42     EXTI_InitStructure.EXTI_Line = KEY2_INT_EXTI_LINE;
43
44     /* EXTI为中断模式 */
45     EXTI_InitStructure.EXTI_Mode = EXTI_Mode_Interrupt;
46     /* 下降沿中断 */
47     EXTI_InitStructure.EXTI_Trigger = EXTI_Trigger_Falling;
48     /* 使能中断 */
49     EXTI_InitStructure.EXTI_LineCmd = ENABLE;
50     EXTI_Init(&EXTI_InitStructure);
51 }
```

首先，使用 GPIO_InitTypeDef 和 EXTI_InitTypeDef 结构体定义两个用于 GPIO 和 EXTI 初始化配置的变量，关于这两个结构体前面都已经做了详细的讲解。

使用 GPIO 之前必须开启 GPIO 端口的时钟；用到 EXTI 必须开启 AFIO 时钟。

调用 NVIC_Configuration 函数完成对按键 1、按键 2 优先级配置，并使能中断通道。

作为中断/事件输入线时需把 GPIO 配置为输入模式，具体为浮空输入，由外部电路决定引脚的状态。

GPIO_EXTILineConfig 函数用来指定中断/事件线的输入源，它实际是设定外部中断配置寄存器的 AFIO_EXTICRx 值，该函数接收两个参数，第 1 个参数指定 GPIO 端口源，第 2 个参数为选择对应 GPIO 引脚源编号。

我们的目的是产生中断，执行中断服务函数，EXTI 选择中断模式，按键 1 使用上升沿触发方式，并使能 EXTI 线。

按键 2 基本上采用与按键 1 相关参数配置，只是改为下降沿触发方式。

两个按键的电路是一样的，可代码中我们设置按键 1 是上升沿中断，按键 2 是下降沿中断，有人就会问：这是不是设置错了？实际上可以这么理解，按键 1 检测的是按键按下的状态，按键 2 检测的是按键弹开的状态。这样就解释得通了。

（4）EXTI 中断服务函数

代码清单17-5　EXTI中断服务函数

```
 1  void KEY1_IRQHandler(void)
 2  {
 3      // 确认是否产生了 EXTI Line 中断
 4      if (EXTI_GetITStatus(KEY1_INT_EXTI_LINE) != RESET) {
 5          // LED1 取反
 6          LED1_TOGGLE;
 7          // 清除中断标志位
 8          EXTI_ClearITPendingBit(KEY1_INT_EXTI_LINE);
 9      }
10  }
11
12  void KEY2_IRQHandler(void)
13  {
14      // 确认是否产生了 EXTI Line 中断
15      if (EXTI_GetITStatus(KEY2_INT_EXTI_LINE) != RESET) {
16          // LED2 取反
17          LED2_TOGGLE;
18          // 清除中断标志位
19          EXTI_ClearITPendingBit(KEY2_INT_EXTI_LINE);
20      }
21  }
```

当中断发生时，对应的中断服务函数就会被执行，我们可以在中断服务函数中实现一些控制。

一般为确保中断确实发生，我们会在中断服务函数中调用中断标志位状态读取函数，读取外设中断标志位，并判断标志位状态。

EXTI_GetITStatus 函数用来获取 EXTI 的中断标志位状态，如果 EXTI 线有中断发生，函数返回"SET"，否则返回"RESET"。实际上，EXTI_GetITStatus 函数是通过读取 EXTI_PR 寄存器的值来判断 EXTI 线状态的。

按键 1 的中断服务函数中我们让 LED1 翻转其状态，按键 2 的中断服务函数中我们让 LED2 翻转其状态。执行任务后需要调用 EXTI_ClearITPendingBit 函数清除 EXTI 线的中断标志位。

（5）main 函数

代码清单17-6 main函数

```
1  int main(void)
2  {
3      /* LED 端口初始化 */
4      LED_GPIO_Config();
5  
6      /* 初始化 EXTI 中断，按下按键会触发中断，
7       *  触发中断会进入 stm32f10x_it.c 文件中的函数
8       *  KEY1_IRQHandler 和 KEY2_IRQHandler，处理中断，反转 LED
9       */
10     EXTI_Key_Config();
11 
12     /* 等待中断，由于使用中断方式，CPU 不用轮询按键 */
13     while (1) {
14     }
15 }
```

main 函数非常简单，只有两个任务函数。LED_GPIO_Config 函数定义在 bsp_led.c 文件内，完成 RGB 彩灯的 GPIO 初始化配置；EXTI_Key_Config 函数完成两个按键的 GPIO 和 EXTI 配置。

17.5.3 下载验证

保证开发板相关硬件连接正确，把编译好的程序下载到开发板。此时 RGB 彩色灯是暗的，如果我们按下开发板上的按键 1，RGB 彩灯变亮，再按下按键 1，RGB 彩灯又变暗；如果我们按下开发板上的按键 2 并弹开，RGB 彩灯变亮，再按下开发板上的 KEY2 并弹开，RGB 彩灯又变暗。按键按下表示上升沿，按键弹开表示下降沿，这跟我们软件的设置是一样的。

第 18 章
SysTick——系统定时器

18.1 SysTick 简介

SysTick—系统定时器是属于 CM3 内核中的一个外设，内嵌在 NVIC 中。系统定时器是一个 24 位的向下递减的计数器，计数器每计数一次的时间为 1/SYSCLK，一般我们设置系统时钟 SYSCLK 等于 72MHz。当重装载数值寄存器的值递减到 0 的时候，系统定时器就产生一次中断，以此循环往复。

因为 SysTick 是属于 CM3 内核的外设，所以所有基于 CM3 内核的单片机都具有这个系统定时器，这使得软件在 CM3 单片机中可以很容易被移植。系统定时器一般用于操作系统，用于产生时基，维持操作系统的心跳。

18.2 SysTick 寄存器介绍

SysTick 系统定时器中有 4 个寄存器，见表 18-1。在使用 SysTick 产生定时的时候，只需要配置前 3 个寄存器，最后一个校准寄存器不需要使用，见表 18-2～表 18-5。

表 18-1 SysTick 寄存器汇总

寄存器名称	寄存器描述
CTRL	SysTick 控制及状态寄存器
LOAD	SysTick 重装载数值寄存器
VAL	SysTick 当前数值寄存器
CALIB	SysTick 校准数值寄存器

表 18-2 SysTick 控制及状态寄存器

位段	名称	类型	复位值	描述
16	COUNTFLAG	R/W	0	如果在上次读取本寄存器后，SysTick 已经计到了 0，则该位为 1
2	CLKSOURCE	R/W	0	时钟源选择位，0=AHB/8，1= 处理器时钟 AHB

(续)

位段	名称	类型	复位值	描述
1	TICKINT	R/W	0	1:SysTick 倒数计数到 0 时产生 SysTick 异常请求 0: 计数到 0 时无动作 也可以通过读取 COUNTFLAG 标志位来确定计数器是否倒数到 0
0	ENABLE	R/W	0	SysTick 定时器的使能位

表 18-3 SysTick 重装载数值寄存器

位段	名称	类型	复位值	描述
23:0	RELOAD	R/W	0	当倒数计数至 0 时，将被重装载的值

表 18-4 SysTick 当前数值寄存器

位段	名称	类型	复位值	描述
23:0	CURRENT	R/W	0	读取时返回当前倒数计数的值，写它则使之清零，同时还会清除在 SysTick 控制及状态寄存器中的 COUNTFLAG 标志

表 18-5 SysTick 校准数值寄存器

位段	名称	类型	复位值	描述
31	NOREF	R	0	NOREF 标志，读取时值为 0。用于指示已经提供了一个独立的参考时钟，本时钟频率为 HCLK/8
30	SKEW	R	1	读取时值为 1。因为 TENMS 是未知的，1ms 的校准值未知。这会影响 SysTick 作为一个软件实时时钟的稳定性
23:0	TENMS	R	0	指示校准值，当 SysTick 计数器运行在 HCLK 作为外部时钟时。这个值在每个产品中都不同，请查阅产品参考手册中的 SysTick 校准值章节了解。当 HCLK 被设置为最高频率时，SysTick 周期为 1ms。若校准信息未知，计算校准值时需要内核时钟或外部时钟的支持

系统定时器的校准数值寄存器在定时实验中不需要用到。有关各个位的描述这里引用手册里面的英文版本，比较晦涩难懂，这个寄存器的用途有待研究。

18.3 SysTick 定时实验

利用 SysTick 产生 1s 的时基，LED 以 1s 的频率闪烁。

18.3.1 硬件设计

SysTick 属于单片机内部的外设，不需要额外的硬件电路，只需一个 LED 即可。

18.3.2 软件设计

这里只讲解核心的部分代码，有些变量的设置、头文件的包含等并没有涉及，完整的代码请参考本章配套的工程。我们创建了两个文件：bsp_SysTick.c 和 bsp_SysTick.h，用来存放 SysTick 驱动程序及相关宏定义，中断服务函数放在 stm32f10x_it.h 文件中。

1. 编程要点

1) 设置重装载寄存器的值。
2) 清除当前数值寄存器的值。
3) 配置控制与状态寄存器。

2. 代码分析

SysTick 属于内核的外设,有关的寄存器定义和库函数都在内核相关的库文件 core_cm3.h 中。

(1) SysTick 配置库函数

代码清单18-1　SysTick配置库函数

```
1   __STATIC_INLINE uint32_t SysTick_Config(uint32_t ticks)
2   {
3       // 不可能的重装载值,超出范围
4       if ((ticks - 1UL) > SysTick_LOAD_RELOAD_Msk) {
5           return (1UL);
6       }
7
8       // 设置重装载寄存器
9       SysTick->LOAD  = (uint32_t)(ticks - 1UL);
10
11      // 设置中断优先级
12      NVIC_SetPriority (SysTick_IRQn, (1UL << __NVIC_PRIO_BITS) - 1UL);
13
14      // 设置当前数值寄存器
15      SysTick->VAL   = 0UL;
16
17      // 设置系统定时器的时钟源为 AHBCLK=72MHz
18      // 使能系统定时器中断
19      // 使能定时器
20      SysTick->CTRL  = SysTick_CTRL_CLKSOURCE_Msk |
21                       SysTick_CTRL_TICKINT_Msk   |
22                       SysTick_CTRL_ENABLE_Msk;
23      return (0UL);
24  }
```

用固件库编程的时候我们只需要调用库函数 SysTick_Config() 即可,形参 ticks 用来设置重装载寄存器的值,最大不能超过重装载寄存器的值 2^{24},当重装载寄存器的值递减到 0 的时候产生中断,然后重装载寄存器的值又重新装载往下递减计数,以此循环往复。随后设置好中断优先级,最后配置系统定时器的时钟等于 AHBCLK=72MHz,使能定时器和定时器中断,这样系统定时器就配置好了。

SysTick_Config() 库函数主要配置了 SysTick 中的 3 个寄存器:LOAD、VAL 和 CTRL,有关具体的部分看代码注释即可。

(2) 配置 SysTick 中断优先级

SysTick_Config() 库函数还调用了固件库函数 NVIC_SetPriority() 来配置系统定时器的中断优先级,该库函数也在 core_m3.h 中定义。原型如下:

```
1   __STATIC_INLINE void NVIC_SetPriority(IRQn_Type IRQn, uint32_t priority)
2   {
```

```
3      if ((int32_t)IRQn < 0) {
4          SCB->SHP[(((uint32_t)(int32_t)IRQn) & 0xFUL)-4UL] =
5              (uint8_t)((priority << (8 - __NVIC_PRIO_BITS)) & (uint32_t)0xFFUL);
6      } else {
7          NVIC->IP[((uint32_t)(int32_t)IRQn)] =
8              (uint8_t)((priority << (8 - __NVIC_PRIO_BITS)) & (uint32_t)0xFFUL);
9      }
10  }
```

函数首先判断形参 IRQn 的大小，如果小于 0，则表示这个是系统异常，系统异常的优先级由内核外设 SCB 的寄存器 SHPRx 控制；如果大于 0，则是外部中断，外部中断的优先级由内核外设 NVIC 中的 IPx 寄存器控制。

因为 SysTick 属于内核外设，与普通外设的中断优先级有些区别，并没有抢占优先级和子优先级的说法。在 STM32F103 中，内核外设的中断优先级由内核 SCB 这个外设的寄存器 SHPRx（x=1 ~ 3）来配置。有关 SHPRx 寄存器的详细描述可参考《Cortex-M3 内核编程手册》4.4.8 节。下面我们简单介绍这个寄存器。

SPRH1 ~ SPRH3 是一个 32 位的寄存器，但是只能通过字节访问，每 8 个字段控制一个内核外设的中断优先级的配置。在 STM32F103 中，只有位 7 ~ 位 3 这高 4 位有效，低 4 位没有用到，所以内核外设的中断优先级可编程为 0~15，只有 16 个可编程优先级，数值越小，优先级越高。如果软件优先级配置相同，那就根据它们在中断向量表里面的位置编号来决定优先级大小，编号越小，优先级越高，见表 18-6。

表 18-6 系统异常优先级字段

异常	字段	寄存器描述
Memory management fault	PRI_4	SHPR1
Bus fault	PRI_5	
Usage fault	PRI_6	
SVCall	PRI_11	SHPR2
PendSV	PRI_14	SHPR3
SysTick	PRI_15	

如果要修改内核外设的优先级，只需要修改 3 个寄存器对应的某个字段即可，见图 18-1 ~ 图 18-3。

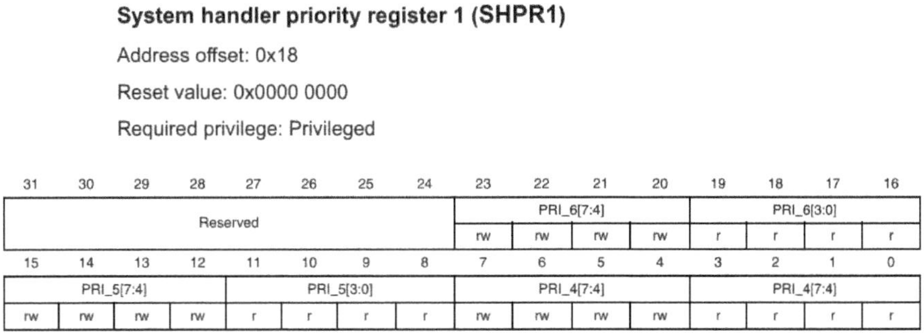

System handler priority register 1 (SHPR1)

Address offset: 0x18
Reset value: 0x0000 0000
Required privilege: Privileged

31	30	29	28	27	26	25	24	23	22	21	20	19	18	17	16
			Reserved						PRI_6[7:4]				PRI_6[3:0]		
								rw	rw	rw	rw	r	r	r	r
15	14	13	12	11	10	9	8	7	6	5	4	3	2	1	0
PRI_5[7:4]				PRI_5[3:0]				PRI_4[7:4]				PRI_4[7:4]			
rw	rw	rw	rw	r	r	r	r	rw	rw	rw	rw	r	r	r	r

图 18-1 SHPR1 寄存器

在系统定时器中，配置优先级为 (1UL << __NVIC_PRIO_BITS) - 1UL，其中宏 __NVIC_PRIO_BITS 为 4，计算结果就等于 15。可以看出，系统定时器此时设置的优先级在内核外设中是最低的，如果要修改优先级则修改这个值即可，范围为 0 ~ 15。

```
1 // 设置系统定时器中断优先级
2 NVIC_SetPriority (SysTick_IRQn, (1UL << __NVIC_PRIO_BITS) - 1UL);
```

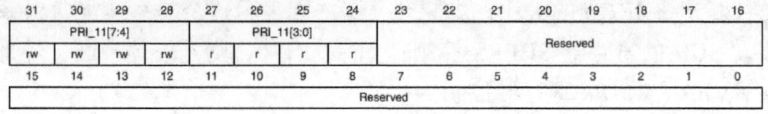

图 18-2 SHPR2 寄存器

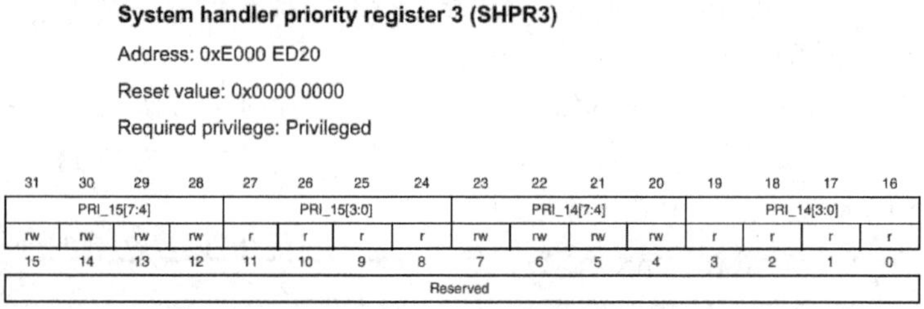

图 18-3 SHPR3 寄存器

但是，问题来了，刚刚我们只是学习了内核的外设的优先级配置。如果同时使用了 SysTick 和片上外设呢？而且片上外设也刚好需要使用中断，那 SysTick 的中断优先级跟外设的中断优先级怎么设置？会不会因为 SysTick 是内核里面的外设，所以它的中断优先级就一定比内核之外的外设的优先级高？

从第 16 章我们知道，外设在设置中断优先级的时候，首先要分组，然后设置抢占优先级和子优先级。而 SysTick 这类内核的外设在配置的时候，只需要配置一个寄存器即可，取值范围为 0~15。既然配置方法不同，那如何区分两者的优先级？下面举例说明。

比如配置一个外设的中断优先级分组为 2，抢占优先级为 1，子优先级也为 1，SysTick 的优先级为固件库默认配置的 15。当我们比较内核外设和片上外设的中断优先级的时候，我们只需要抓住 NVIC 的中断优先级分组不仅对片上外设有效，同样对内核的外设也有效这一点，把 SysTick 的优先级 15 转换成二进制值就是 1111(0b)，又因为 NVIC 的优先级分组为 2，那么前两位的 11(0b) 就是 3，后两位的 11(0b) 也是 3。无论从抢占还是子优先级都比我们设定的外设的优先级低。如果当两个的软件优先级都配置成一样，那么就比较它们在中断向量表中的硬件编号，编号越小，优先级越高。

（3）SysTick 初始化函数

代码清单18-2 SysTick初始化函数

```
1 /**
2  * @brief  启动系统滴答定时器 SysTick
```

```
3    * @param  无
4    * @retval 无
5    */
6  void SysTick_Init(void)
7  {
8      /* SystemFrequency / 1000      1ms 中断一次
9       * SystemFrequency / 100000    10μs 中断一次
10      * SystemFrequency / 1000000   1μs 中断一次
11      */
12     if (SysTick_Config(SystemCoreClock / 100000)) {
13         /* Capture error */
14         while (1);
15     }
16  }
```

SysTick 初始化函数由用户编写，里面调用了 SysTick_Config() 这个固件库函数，通过设置该固件库函数的形参，就决定了系统定时器经过多少时间产生一次中断。

（4）SysTick 中断时间的计算

SysTick 定时器的计数器是向下递减计数的，计数一次的时间 $T_{DEC}=1/CLK_{AHB}$，当重装载寄存器中的值 $VALUE_{LOAD}$ 减到 0 的时候，产生中断，可知中断一次的时间 $T_{INT}=VALUE_{LOAD} \times T_{DEC}= VALUE_{LOAD}/CLK_{AHB}$，其中 CLK_{AHB} =72MHz。如果设置 $VALUE_{LOAD}$ 为 72，那中断一次的时间 T_{INT}=72/72M=1μs。不过 1μs 的中断没啥意义，整个程序的重心都花在进出中断上了，根本没有时间处理其他的任务。

```
SysTick_Config(SystemCoreClock / 100000)
```

SysTick_Config() 的形参我们配置为 SystemCoreClock/100000=72M/100000=720，从刚刚分析我们知道这个形参的值最终是写到重装载寄存器 LOAD 中的，从而可知现在 SysTick 定时器中断一次的时间 T_{INT}=720/72M=10μs。

（5）SysTick 定时时间的计算

当设置好中断时间 T_{INT} 后，我们可以设置一个变量 t，用来记录进入中断的次数，那么用变量 t 乘以中断的时间 T_{INT}，就可以计算出需要定时的时间。

（6）SysTick 定时函数

现在我们定义一个微秒级别的延时函数，形参为 nTime，用这个形参乘以中断时间 T_{INT} 就得出我们需要的延时时间，其中 T_{INT} 我们已经设置好为 10μs。关于这个函数的具体调用看注释即可。

```
1  /**
2    * @brief   μs 延时程序，10μs 为一个单位
3    * @param
4    *   @arg nTime: Delay_us( 1 ) 则实现的延时为 1×10μs = 10μs
5    * @retval 无
6    */
7  void Delay_us(__IO u32 nTime)
8  {
9          TimingDelay = nTime;
10
11         while (TimingDelay != 0);
12  }
```

函数 Delay_us() 中我们等待 TimingDelay 为 0，当 TimingDelay 为 0 的时候表示延时时间到。变量 TimingDelay 在中断函数中递减，即 SysTick 每进一次中断，即 10μs 的时间，TimingDelay 递减一次。

（7）SysTick 中断服务函数

```
1  void SysTick_Handler(void)
2  {
3      TimingDelay_Decrement();
4  }
```

中断复位函数调用了另外一个函数 TimingDelay_Decrement()，原型如下：

```
1  /**
2   * @brief   获取节拍程序
3   * @param   无
4   * @retval  无
5   * @attention  在 SysTick 中断函数 SysTick_Handler()中调用
6   */
7  void TimingDelay_Decrement(void)
8  {
9      if (TimingDelay != 0x00) {
10         TimingDelay--;
11     }
12 }
```

TimingDelay 的值等于延时函数中传进去的 nTime 的值，比如 nTime=100 000，则延时的时间等于 100 000 × 10 μs=1s。

（8）main 函数

```
1  int main(void)
2  {
3      /* LED 端口初始化 */
4      LED_GPIO_Config();
5  
6      /* 配置 SysTick 为 10μs 中断一次，时间到后触发定时中断，
7       * 进入 stm32fxx_it.c 文件的 SysTick_Handler 中处理，通过数中断次数计时
8       */
9      SysTick_Init();
10 
11     while (1) {
12 
13         LED_ON;
14         Delay_us(100000);      // 10000×10us = 1000ms
15 
16         LED2_ON;
17         Delay_us(100000);      // 10000×10us = 1000ms
18 
19         LED3_ON;
20         Delay_us(100000);      // 10000×10us = 1000ms
21     }
22 }
```

main 函数中初始化 LED 和 SysTick，然后在一个 while 循环中以 1s 的频率让 LED 闪烁。

（9）另外一种更简洁的定时编程

在上面的实验中，我们使用了中断，而且经过多个函数的调用，还使用了全局变量，理解起来挺费劲的，其实还有另外一种更简洁的写法。我们知道，SysTick 的 counter 从 reload 值往下递减到 0 的时候，CTRL 寄存器的位 16:countflag 会置 1，且读取该位的值可清 0，所以我们可以使用软件查询的方法来实现延时。具体代码见代码清单 18-3 和代码清单 18-4，我敢肯定这样的写法初学者肯定会更喜欢，因为它直接、容易理解。

代码清单18-3　SysTick微秒级延时

```
1  void SysTick_Delay_Us( __IO uint32_t us)
2  {
3      uint32_t i;
4      SysTick_Config(SystemCoreClock/1000000);
5
6      for (i=0; i<us; i++) {
7          // 当计数器的值减到 0 的时候，CRTL 寄存器的位 16 会置 1
8          while ( !((SysTick->CTRL)&(1<<16)) );
9      }
10     // 关闭 SysTick 定时器
11     SysTick->CTRL &=~SysTick_CTRL_ENABLE_Msk;
12 }
```

代码清单18-4　SysTick毫秒级延时

```
1  void SysTick_Delay_Ms( __IO uint32_t ms)
2  {
3      uint32_t i;
4      SysTick_Config(SystemCoreClock/1000);
5
6      for (i=0; i<ms; i++) {
7          // 当计数器的值减到 0 的时候，CRTL 寄存器的位 16 会置 1
8          // 当置 1 时，读取该位会清 0
9          while ( !((SysTick->CTRL)&(1<<16)) );
10     }
11     // 关闭 SysTick 定时器
12     SysTick->CTRL &=~ SysTick_CTRL_ENABLE_Msk;
13 }
```

其中 SystemCoreClock 是一个宏，值为 72 000 000，如果不想使用这个宏，也可以直接改成数字。在这两个微秒和毫秒级别的延时函数中，我们还调用了 SysTick_Config 这个固件库函数，有关这个函数的说明具体见代码清单 18-5，阅读代码注释理解即可。

代码清单18-5　SysTick配置函数

```
1  // 这个固件库函数在 core_cm3.h 中
2  static __INLINE uint32_t SysTick_Config(uint32_t ticks)
3  {
4      // reload 寄存器为 24 位，最大值为 2^24
5      if (ticks > SysTick_LOAD_RELOAD_Msk)   return (1);
6
7      // 配置 reload 寄存器的初始值
8      SysTick->LOAD  = (ticks & SysTick_LOAD_RELOAD_Msk) - 1;
9
```

```
10      // 配置中断优先级为 1<<4 -1 = 15, 优先级为最低
11      NVIC_SetPriority (SysTick_IRQn, (1<<__NVIC_PRIO_BITS) - 1);
12
13      // 配置 counter 计数器的值
14      SysTick->VAL   = 0;
15
16      // 配置 systick 的时钟为 72MHz
17      // 使能中断
18      // 使能 systick
19      SysTick->CTRL  = SysTick_CTRL_CLKSOURCE_Msk |
20                       SysTick_CTRL_TICKINT_Msk   |
21                       SysTick_CTRL_ENABLE_Msk;
22      return (0);
23  }
```

18.3.3 下载验证

把编译好的程序下载到开发板并复位，可看到 RGB 彩灯每 1 秒变换一次颜色。

第 19 章
通信的基本概念

在计算机设备与设备之间或集成电路之间常常需要进行数据传输,在本书后面的章节中我们会学习各种各样的通信方式,所以本章先统一介绍通信的基本概念。

19.1 串行通信与并行通信

按数据传送的方式,通信可分为串行通信与并行通信。串行通信是指设备之间通过少量数据信号线(一般是 8 根以下)、地线以及控制信号线,按数据位形式一位一位地传输数据的通信方式;而并行通信一般是指使用 8、16、32 及 64 根或更多的数据线进行传输的通信方式。它们的通信传输对比说明见图 19-1,并行通信就像多条车道的公路,可以同时传输多位数据,而串行通信则像单条车道的公路,同一时刻只能传输一位数据。

很明显,因为并行通信一次可传输多位数据,所以在数据传输速率相同的情况下,并行通信传输的数据量要大得多,而串行通信则可以节省数据线的硬件成本(特别是远距离时)以及 PCB 的布线面积。串行通信与并行通信的特性对比见表 19-1。

不过由于并行传输对同步要求较高,且随着通信速率的提高,信号干扰的问题会显著影响通信性能。现在,随着技术的发展,越来越多的应用场合采用高速率的串行差分传输。

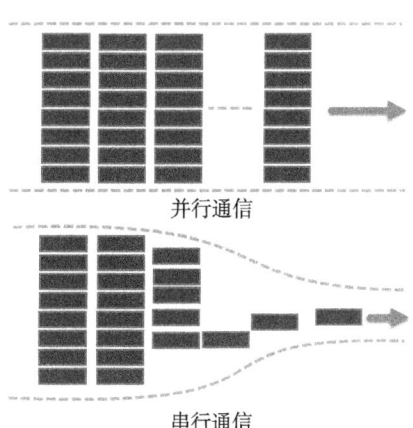

图 19-1 并行通信与串行通信的对比图

表 19-1 串行通信与并行通信的特性对比

特 性	串行通信	并行通信
通信距离	较远	较近
抗干扰能力	较强	较弱
传输速率	较慢	较高
成本	较低	较高

19.2 全双工、半双工及单工通信

根据数据通信的方向,通信又分为全双工、半双工及单工通信,相关说明见表 19-2,通信的示意图见图 19-2。

表 19-2 通信方式说明

通信方式	说　明
全双工	在同一时刻,两个设备之间可以同时收发数据
半双工	两个设备之间可以收发数据,但不能在同一时刻进行
单工	在任何时刻都只能进行一个方向的通信,即一个固定为发送设备,另一个固定为接收设备

仍以公路来类比,全双工通信就是一个双向车道,两个方向上的车流互不相干;半双工通信则像乡间小道那样,同一时刻只能让一辆小车通过,另一方向来的车只能等待道路空出来时才能通过;而单工通信则像单行道,完全禁止另一方向的车辆通行。

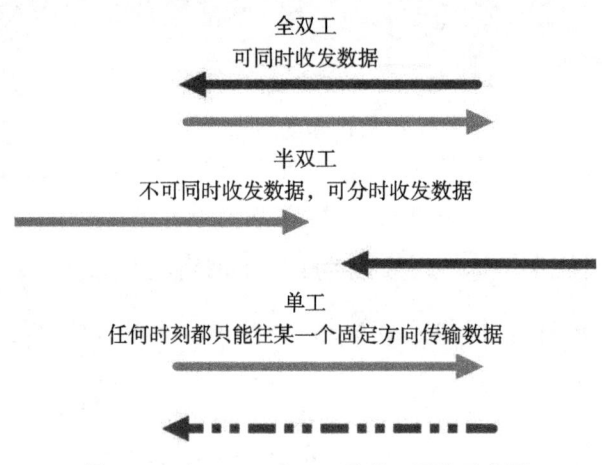

图 19-2　全双工、半双工及单工通信示意图

19.3 同步通信与异步通信

根据通信中的数据同步方式,又分为同步和异步两种,可以根据通信过程中是否使用时钟信号进行简单的区分。

在同步通信中,收发设备双方会使用一根信号线表示时钟信号,在时钟信号的驱动下双方进行协调,同步数据,见图 19-3。通信中通常双方会统一规定在时钟信号的上升沿或下降沿对数据线进行采样。

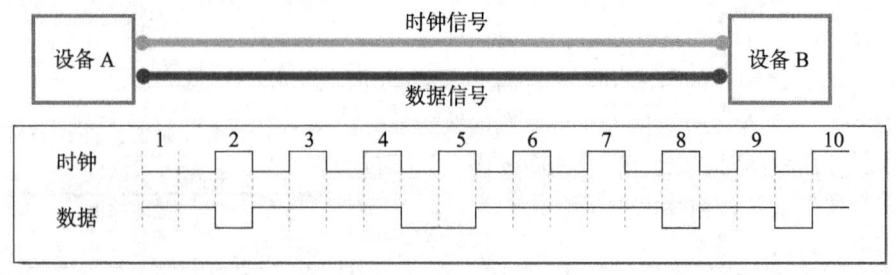

图 19-3　同步通信

在异步通信中,不使用时钟信号进行数据同步,它们直接在数据信号中穿插一些同步用的信号位,或者把主体数据进行打包,以数据帧的格式传输数据,见图 19-4。某些通信中还需要双方约定数据的传输速率,以便更好地同步。

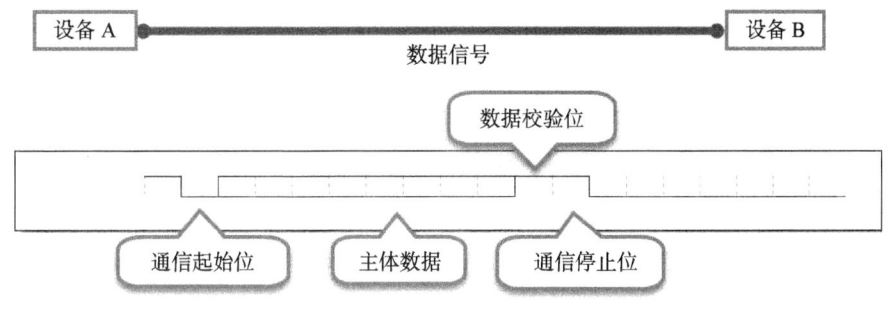

图 19-4　某种异步通信

在同步通信中，数据信号所传输的内容绝大部分都是有效数据，而异步通信中会包含帧的各种标识符，所以同步通信的效率更高。但是同步通信中双方的时钟允许误差较小，而异步通信双方的时钟允许误差较大。

19.4　通信速率

衡量通信性能一个非常重要的参数就是通信速率，通常以比特率（Bitrate）来表示，即每秒传输的二进制位数，单位为比特每秒（bit/s）。容易与比特率混淆的概念是"波特率"（Baudrate），它表示每秒传输了多少个码元。而码元是通信信号调制的概念，通信中常用时间间隔相同的符号来表示一个二进制数字，这样的信号称为码元。如果在常见的通信传输中，用 0V 表示数字 0，5V 表示数字 1，那么一个码元可以表示两种状态 0 和 1，所以一个码元等于一个二进制位，此时波特率的大小与比特率一致；如果在通信传输中，用 0V、2V、4V 以及 6V 分别表示二进制数 00、01、10、11，那么每个码元可以表示 4 种状态，即两个二进制位，所以码元数是二进制位数的一半，这个时候的波特率为比特率的一半。因为很多常见的通信中一个码元都表示两种状态，人们常常直接以波特率来表示比特率，虽然严格来说没什么错误，但还是要了解它们的区别。

第 20 章
USART——串口通信

20.1 串口通信协议简介

串口通信（Serial Communication）是一种设备间非常常用的串行通信方式，因为它简单便捷，因此大部分电子设备都支持该通信方式，电子工程师在调试设备时也经常使用该通信方式输出调试信息。

在计算机科学里，大部分复杂的问题都可以通过分层来简化。如芯片被分为内核层和片上外设；STM32 标准库则是在寄存器与用户代码之间的软件层。对于通信协议，我们也以分层的方式来理解，最基本的是把它分为物理层和协议层。物理层规定通信系统中具有机械、电子功能部分的特性，确保原始数据在物理媒体的传输。协议层主要规定通信逻辑，统一收发双方的数据打包、解包标准。简单来说，物理层规定我们是用嘴巴还是用肢体来交流，协议层则规定我们是用中文还是英文来交流。

下面我们分别对串口通信协议的物理层及协议层进行讲解。

20.1.1 物理层

串口通信的物理层有很多标准及变种，我们主要讲解 RS-232 标准。RS-232 标准主要规定了信号的用途、通信接口以及信号的电平标准。

使用 RS-232 标准的串口设备间常见的通信结构见图 20-1。

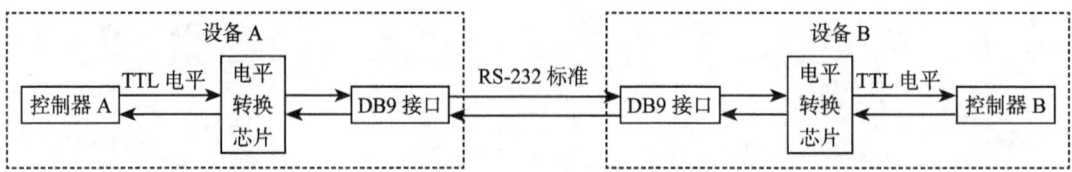

图 20-1　串口通信结构图

在上面的通信方式中，两个通信设备的"DB9 接口"之间通过串口信号线建立起连接，串口信号线中使用"RS-232 标准"传输数据信号。由于 RS-232 电平标准的信号不能被控制器直接识别,所以这些信号会经过一个"电平转换芯片"转换成控制器能识别的"TTL标准"的电平信号,才能实现通信。

1. 电平标准

根据通信使用的电平标准不同,串口通信可分为 TTL 标准及 RS-232 标准,见表 20-1。

我们知道,常见的电子电路中常使用 TTL 的电平标准,理想状态下,使用 5V 表示二进制逻辑 1,使用 0V 表示逻辑 0;而为了增加串口通信的远距离传输及抗干扰能力,RS-232 使用 −15V 表示逻辑 1,+15V 表示逻辑 0。使用 RS-232 与 TTL 电平校准表示同一个信号时的对比见图 20-2。

表 20-1 TTL 电平标准与 RS-232 电平标准

通信标准	电平标准(发送端)
5V TTL	逻辑 1:2.4 ~ 5V
	逻辑 0:0 ~ 0.5V
RS-232	逻辑 1:−15 ~ −3V
	逻辑 0:+3 ~ +15V

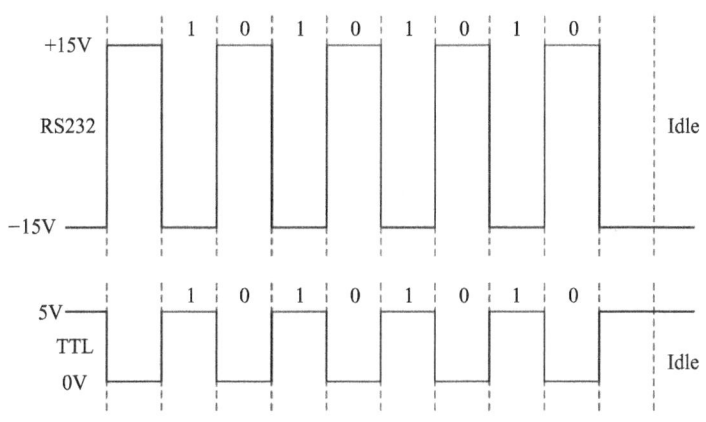

图 20-2 RS-232 与 TTL 电平标准下表示同一个信号

因为控制器一般使用 TTL 电平标准,所以常常会使用 MA3232 芯片将 TTL 及 RS-232 电平的信号进行互相转换。

2. RS-232 信号线

在最初的应用中,RS-232 串口标准常用于计算机、路由与调制调解器(MODEN,俗称"猫")之间的通信。在这种通信系统中,设备被分为数据终端设备 DTE(计算机、路由)和数据通信设备 DCE(调制调解器)。我们以这种通信模型讲解它们的信号线连接方式及各个信号线的作用。

在旧式的台式计算机中,一般会有 RS-232 标准的 COM 口(也称 DB9 接口),见图 20-3。

其中接线口以针式引出信号线的称为公头,以孔式引出信号线的称为母头。在计算机中一般引出公头接口,而在调制调解器设备中引出的一般为母头,使用图 20-3 中的串口线即可把它与计算机连接起来。通信时,串口线中传输的信号就是使用前面讲解的 RS-232 标准调制的。

在这种应用场合下,DB9 接口中的公头及母头的各个引脚的标准信号线接法见图 20-4 及表 20-2。

158　第一部分　基　础　篇

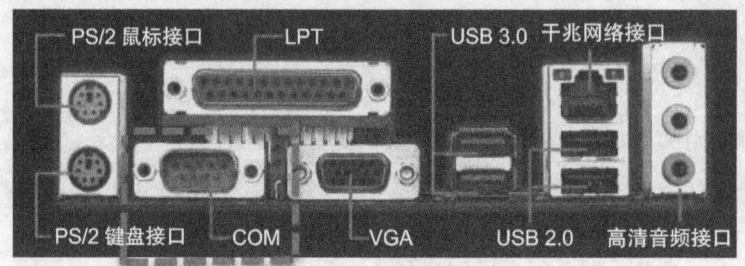

串口线

图 20-3　电脑主板上的 COM 口及串口线

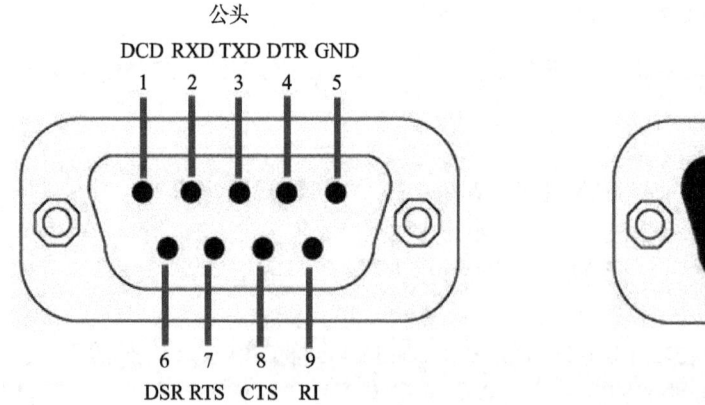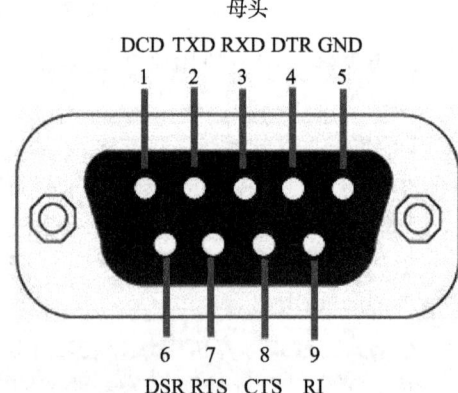

图 20-4　DB9 标准的公头及母头接法

表 20-2　DB9 信号线说明

序号	名称	符号	数据方向	说　　明
1	载波检测	DCD	DTE→DCE	Data Carrier Detect，数据载波检测，用于 DTE 告知对方，本机是否收到对方的载波信号

(续)

序号	名称	符号	数据方向	说明
2	接收数据	RXD	DTE←DCE	Receive Data，数据接收信号，即输入
3	发送数据	TXD	DTE→DCE	Transmit Data，数据发送信号，即输出。两个设备之间的 TXD 与 RXD 应交叉相连
4	数据终端（DTE）就绪	DTR	DTE→DCE	Data Terminal Ready，数据终端就绪，用于 DTE 向对方告知本机是否已准备好
5	信号地	GND	—	地线，两个通信设备之间的地电位可能不一样，这会影响收发双方的电平信号，所以两个串口设备之间必须要使用地线连接，即共地
6	数据设备（DCE）就绪	DSR	DTE←DCE	Data Set Ready，数据发送就绪，用于 DCE 告知对方本机是否处于待命状态
7	请求发送	RTS	DTE→DCE	Request To Send，请求发送，DTE 请求 DCE 本设备向 DCE 端发送数据
8	允许发送	CTS	DTE←DCE	Clear To Send，允许发送，DCE 回应对方的 RTS 发送请求，告知对方是否可以发送数据
9	响铃指示	RI	DTE←DCE	Ring Indicator，响铃指示，表示 DCE 端与线路已接通

表 20-2 中的是计算机端的 DB9 公头标准接法，由于两个通信设备之间的收发信号（RXD 与 TXD）应交叉相连，所以调制调解器端的 DB9 母头的收发信号接法一般与公头的相反，两个设备之间连接时，只要使用"直通型"的串口线连接起来即可，见图 20-5。

串口线中的 RTS、CTS、DSR、DTR 及 DCD 信号，使用逻辑 1 表示信号有效，逻辑 0 表示信号无效。例如，当计算机端控制 DTR 信号线表示为逻辑 1 时，是告知远端的调制调解器，本机已准备好接收数据；而 0 则表示还没准备就绪。

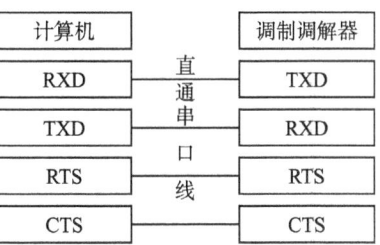

图 20-5 计算机与调制调解器的信号线连接

在目前的其他工业控制使用的串口通信中，一般只使用 RXD、TXD 及 GND 3 条信号线直接传输数据信号，而 RTS、CTS、DSR、DTR 及 DCD 信号都被裁剪掉了。

20.1.2 协议层

串口通信的数据包由发送设备通过自身的 TXD 接口传输到接收设备的 RXD 接口。在串口通信的协议层中，规定了数据包的内容，它由启始位、主体数据、校验位以及停止位组成，通信双方的数据包格式要约定一致才能正常收发数据，其组成见图 20-6。

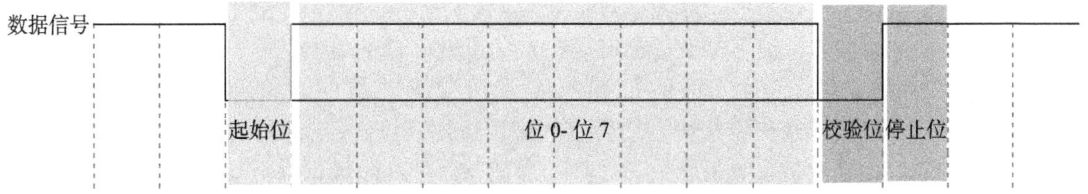

图 20-6 串口数据包的基本组成

1. 波特率

本章中主要讲解的是串口异步通信,异步通信中由于没有时钟信号(如前面讲解的 DB9 接口中是没有时钟信号的),所以两个通信设备之间需要约定好波特率,即每个码元的长度,以便对信号进行解码,图 20-6 中用虚线分开的每一格就代表一个码元。常见的波特率为 4800、9600、115200 等。

2. 通信的起始和停止信号

串口通信的一个数据包从起始信号开始,直到停止信号结束。数据包的起始信号由一个逻辑 0 的数据位表示,而数据包的停止信号可由 0.5、1、1.5 或 2 个逻辑 1 的数据位表示,只要双方约定一致即可。

3. 有效数据

在数据包的起始位之后紧接着的就是要传输的主体数据内容,也称为有效数据。有效数据的长度常被约定为 5、6、7 或 8 位长。

4. 数据校验

在有效数据之后,有一个可选的数据校验位。由于数据通信相对更容易受到外部干扰导致传输数据出现偏差,可以在传输过程加上校验位来解决这个问题。校验方法有奇校验(odd)、偶校验(even)、0 校验(space)、1 校验(mark)以及无校验(noparity)。

奇校验要求有效数据和校验位中 "1" 的个数为奇数,比如一个 8 位长的有效数据为 01101001,此时总共有 4 个 "1",为达到奇校验效果,校验位为 "1",最后传输的数据将是 8 位的有效数据加上 1 位的校验位,总共 9 位。

偶校验与奇校验要求刚好相反,要求帧数据和校验位中 "1" 的个数为偶数,比如数据帧 11001010,此时数据帧 "1" 的个数为 4 个,所以偶校验位为 "0"。

0 校验是不管有效数据中的内容是什么,校验位总为 "0",而 1 校验是校验位总为 "1"。

20.2 STM32 的 USART 简介

通用同步异步收发器(Universal Synchronous Asynchronous Receiver and Transmitter,USART)是一个串行通信设备,可以灵活地与外部设备进行全双工数据交换。有别于 USART,还有一个 UART(Universal Asynchronous Receiver and Transmitter),它是在 USART 基础上裁剪掉了同步通信功能,只有异步通信。简单区分同步和异步就是看通信时需要不需要对外提供时钟输出,我们平时用的串口通信基本上都是 UART。

串行通信一般是以帧格式传输数据,即一帧一帧地传输,每帧包含有起始信号、数据信息、停止信息,可能还有校验信息。USART 就是对这些传输参数有具体规定,当然也不是只有唯一一个参数值,很多参数值都可以自定义设置,只是增强它的兼容性。

USART 满足外部设备对工业标准 NRZ 异步串行数据格式的要求,并且使用了小数波特率发生器,可以提供多种波特率,使得它的应用更加广泛。USART 支持同步单向通信和半双工单线通信;还支持局域互联网络 LIN、智能卡(SmartCard)协议与 lrDA(红外线数据协会)SIR ENDEC 规范。

USART 支持使用 DMA，可实现高速数据通信。有关 DMA 具体应用将在第 21 章具体讲解。

USART 在 STM32 中的应用最多莫过于"打印"程序信息，一般在硬件设计时都会预留一个 USART 通信接口连接电脑，用于在调试程序时把一些调试信息"打印"在电脑端的串口调试助手工具上，从而了解程序运行是否正确、如果出错了具体哪里出错等。

20.3 USART 功能框图剖析

USART 的功能框图包含了 USART 最核心内容，掌握了功能框图，对 USART 就有一个整体的把握，在编程时就会思路非常清晰。USART 功能框图见图 20-7。

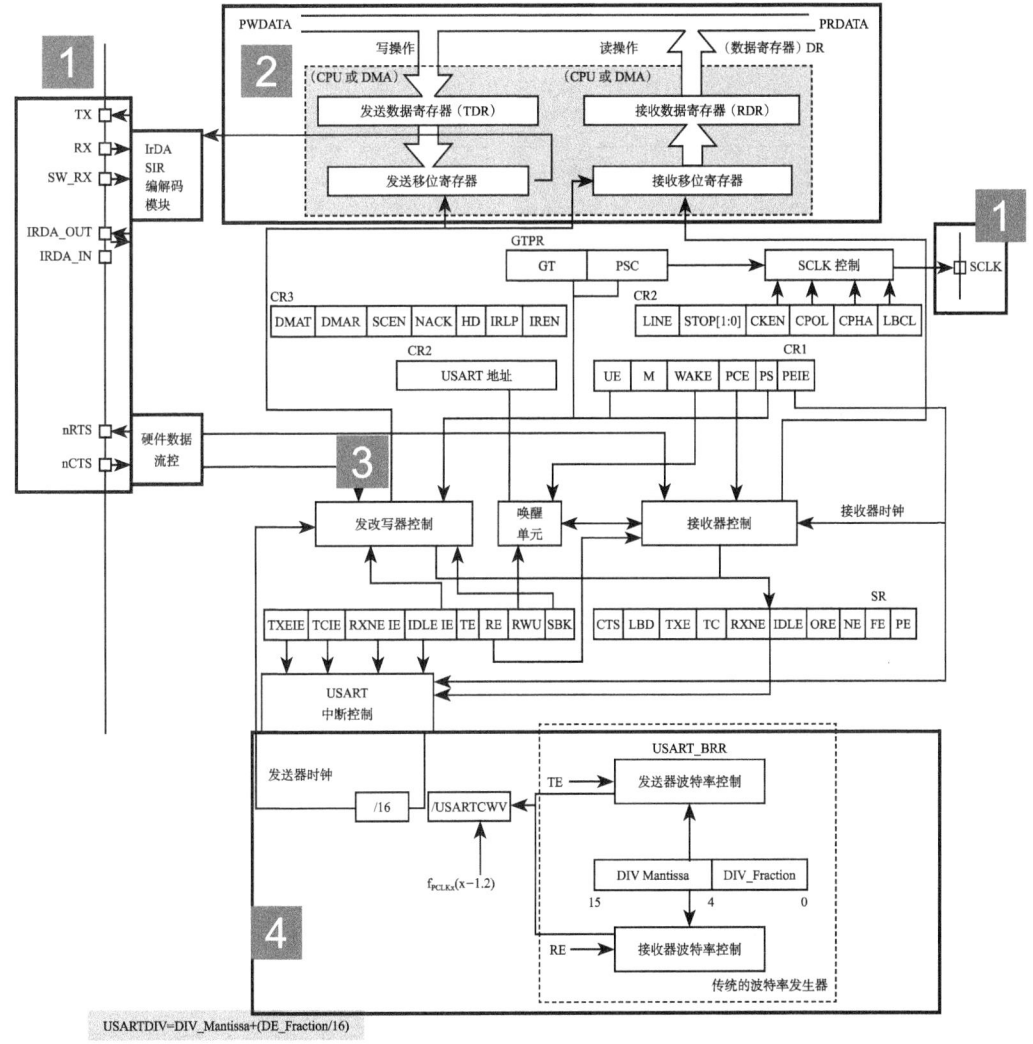

图 20-7 USART 功能框图

1. 功能引脚

TX：发送数据输出引脚。

RX：接收数据输入引脚。

SW_RX：数据接收引脚，只用于单线和智能卡模式，属于内部引脚，没有具体外部引脚。

nRTS：请求以发送（Request To Send），n 表示低电平有效。如果使能 RTS 流控制，当 USART 接收器准备好接收新数据时，就会将 nRTS 变成低电平；当接收寄存器已满时，nRTS 将被设置为高电平。该引脚只适用于硬件流控制。

nCTS：清除以发送（Clear To Send），n 表示低电平有效。如果使能 CTS 流控制，发送器在发送下一帧数据之前会检测 nCTS 引脚，如果为低电平，表示可以发送数据；如果为高电平则在发送完当前数据帧之后停止发送。该引脚只适用于硬件流控制。

SCLK：发送器时钟输出引脚。这个引脚仅适用于同步模式。

USART 引脚在 STM32F103ZET6 芯片上的具体分布见表 20-3。

表 20-3　STM32F103VET6 芯片的 USART 引脚

引脚	APB2 总线	APB1 总线			
	USART1	USART2	USART3	UART4	UART5
TX	PA9	PA2	PB10	PC10	PC12
RX	PA10	PA3	PB11	PC11	PD2
SCLK	PA8	PA4	PB12		
nCTS	PA11	PA0	PB13		
nRTS	PA12	PA1	PB14		

STM32F103VET6 系统控制器有 3 个 USART 和两个 UART，其中 USART1 的时钟来源于 APB2 总线时钟，其最大频率为 72MHz，其他 4 个的时钟来源于 APB1 总线时钟，其最大频率为 36MHz。UART 只有异步传输功能，所以没有 SCLK、nCTS 和 nRTS 功能引脚。

2. 数据寄存器

USART 数据寄存器（USART_DR）只有低 9 位有效，并且第 9 位数据是否有效要取决于 USART 控制寄存器 1（USART_CR1）的 M 位设置，当 M 位为 0 时表示 8 位数据字长，当 M 位为 1 表示 9 位数据字长。我们一般使用 8 位数据字长。

USART_DR 包含了已发送的数据或者接收到的数据。USART_DR 实际上是包含了两个寄存器，一个专门用于发送的可写 TDR，一个专门用于接收的可读 RDR。当进行发送操作时，往 USART_DR 写入数据会自动存储在 TDR 内；当进行读取操作时，向 USART_DR 读取数据会自动提取 RDR 数据。

TDR 和 RDR 都介于系统总线和移位寄存器之间。串行通信是一个位一个位传输的，发送时把 TDR 内容转移到发送移位寄存器，然后把移位寄存器数据每一位发送出去；接收时把接收到的每一位顺序保存在接收移位寄存器内，然后才转移到 RDR。

USART 支持 DMA 传输，可以实现高速数据传输，具体 DMA 使用将在第 21 章讲解。

3. 控制器

USART 有专门控制发送的发送器、控制接收的接收器，还有唤醒单元、中断控制等。

使用 USART 之前需要向 USART_CR1 寄存器的 UE 位置 1 使能 USART，UE 位用来开启供给串口的时钟。发送或者接收数据字长可选 8 位或 9 位，由 USART_CR1 的 M 位控制。

（1）发送器

当 USART_CR1 寄存器的发送使能位 TE 置 1 时，启动数据发送，发送移位寄存器的数据会在 TX 引脚输出，低位在前，高位在后。如果是同步模式 SCLK 也输出时钟信号。

一个字符帧发送需要 3 个部分：起始位、数据帧、停止位。起始位是一个位周期的低电平，位周期就是每一位占用的时间；数据帧就是我们要发送的 8 位或 9 位数据，数据是从最低位开始传输的；停止位是一定时间周期的高电平。

停止位时间长短是可以通过 USART 控制寄存器 2（USART_CR2）的 STOP[1:0] 位控制，可选 0.5 个、1 个、1.5 个和 2 个停止位。默认使用 1 个停止位。2 个停止位适用于正常 USART 模式、单线模式和调制解调器模式。0.5 个和 1.5 个停止位用于智能卡模式。

当选择 8 位字长，使用 1 个停止位时，具体发送字符时序图见图 20-8。

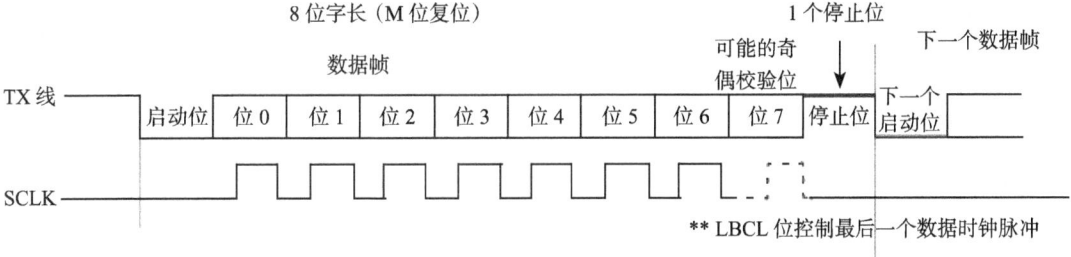

图 20-8　字符发送时序图

当发送使能位 TE 置 1 之后，发送器开始会先发送一个空闲帧（一个数据帧长度的高电平），接下来就可以往 USART_DR 寄存器写入要发送的数据。在写入最后一个数据后，需要等待 USART 状态寄存器（USART_SR）的 TC 位为 1，表示数据传输完成。如果 USART_CR1 寄存器的 TCIE 位置 1，将产生中断。

在发送数据时，编程的时候有几个比较重要的标志位我们来总结下。

- TE：发送使能。
- TXE：发送寄存器为空，发送单个字节的时候使用。
- TC：发送完成，发送多个字节数据的时候使用。
- TXIE：发送完成中断使能。

（2）接收器

如果将 USART_CR1 寄存器的 RE 位置 1，使能 USART 接收，使得接收器在 RX 线开始搜索起始位。在确定起始位后，就根据 RX 线电平状态把数据存放在接收移位寄存器内。接收完成后就把接收移位寄存器数据移到 RDR 内，并把 USART_SR 寄存器的 RXNE 位置 1。如果 USART_CR2 寄存器的 RXNEIE 置 1 的话可以产生中断。

在接收数据时，编程的时候有几个比较重要的标志位我们来总结下。

- RE：接收使能。
- RXNE：读数据寄存器非空。

- RXNEIE：发送完成中断使能。

4. 小数波特率生成

USART 的发送器和接收器使用相同的波特率。计算公式如下：

$$\text{Tx/Rx 波特率} = \frac{f_{\text{PLCK}}}{(16 \times USARTDIV)}$$

其中，f_{PLCK} 为 USART 时钟，USARTDIV 是一个存放在波特率寄存器（USART_BRR）中的无符号定点数，DIV_Mantissa[11:0] 位定义 USARTDIV 的整数部分，DIV_Fraction[3:0] 位定义 USARTDIV 的小数部分。

例如：DIV_Mantissa=24(0x18)，DIV_Fraction=10(0x0A)，此时 USART_BRR 值为 0x18A；那么 USARTDIV 的小数位 10/16=0.625；整数位 24，最终 USARTDIV 的值为 24.625。

如果知道 USARTDIV 的值为 27.68，那么 DIV_Fraction=16×0.68=10.88，最接近的正整数为 11，所以 DIV_Fraction[3:0] 为 0xB；DIV_Mantissa= 整数 (27.68)=27，即 0x1B。

波特率的常用值有 2400、9600、19200、115200。下面以实例讲解如何设定寄存器值得到波特率的值。

我们知道，USART1 使用 APB2 总线时钟，最高可达 72MHz，其他 USART 的最高频率为 36MHz。我们选取 USART1 作为实例讲解，即 f_{PLCK}=72MHz。为得到 115200bps 的波特率，此时：

$$115200 = \frac{72000000}{16 \times USARTDIV}$$

解得 USARTDIV=39.0625，可算得 DIV_Fraction=0.0625×16=1=0x01，DIV_Mantissa=39=0x17，即应该设置 USART_BRR 的值为 0x171。

5. 校验控制

STM32F103 系列控制器 USART 支持奇偶校验。当使用校验位时，串口传输的长度将在 8 位的数据帧加上 1 位的校验位，总共 9 位，此时 USART_CR1 寄存器的 M 位需要设置为 1，即 9 数据位。将 USART_CR1 寄存器的 PCE 位置 1 就可以启动奇偶校验控制，奇偶校验由硬件自动完成。启动了奇偶校验控制之后，在发送数据帧时会自动添加校验位，接收数据时自动验证校验位。接收数据时如果出现奇偶校验位验证失败，会将 USART_SR 寄存器的 PE 位置 1，并可以产生奇偶校验中断。

使能了奇偶校验控制后，每个字符帧的格式将变成：起始位 + 数据帧 + 校验位 + 停止位。

6. 中断控制

USART 有多个中断请求事件，具体见表 20-4。

表 20-4 USART 中断请求

中断请求事件	事件标志	使能控制位
发送数据寄存器为空	TXE	TXEIE
CTS 标志	CTS	CTSIE
发送完成	TC	TCIE
准备好读取接收到的数据	RXNE	RXNEIE
检测到上溢错误	ORE	
检测到空闲线路	IDLE	IDLEIE
奇偶校验错误	PE	PEIE
断路标志	LBD	LBDIE
多缓冲通信中的噪声标志、上溢错误和帧错误	NF/ORE/FE	EIE

20.4 USART 初始化结构体详解

标准库函数对每个外设都建立了一个初始化结构体，比如 USART_InitTypeDef，结构体成员用于设置外设工作参数，并由外设初始化配置函数，比如 USART_Init() 调用，这些设定参数将会设置外设相应的寄存器，达到配置外设工作环境的目的。

初始化结构体和初始化库函数配合使用是标准库精髓所在，理解了初始化结构体每个成员意义基本上就可以对该外设运用自如了。初始化结构体定义在 stm32f10x_usart.h 文件中，初始化库函数定义在 stm32f10x_usart.c 文件中，编程时我们可以结合这两个文件内的注释使用。

USART 初始化结构体

```
1 typedef struct {
2     uint32_t USART_BaudRate;            // 波特率
3     uint16_t USART_WordLength;          // 字长
4     uint16_t USART_StopBits;            // 停止位
5     uint16_t USART_Parity;              // 校验位
6     uint16_t USART_Mode;                // USART 模式
7     uint16_t USART_HardwareFlowControl; // 硬件流控制
8 } USART_InitTypeDef;
```

1）USART_BaudRate：波特率设置。一般设置为 2400、9600、19200、115200。标准库函数会根据设定值计算得到 USARTDIV 值，从而设置 USART_BRR 寄存器值。

2）USART_WordLength：数据帧字长，可选 8 位或 9 位。它设定 USART_CR1 寄存器的 M 位的值。如果没有使能奇偶校验控制，一般使用 8 数据位；如果使能了奇偶校验则一般设置为 9 数据位。

3）USART_StopBits：停止位设置，可选 0.5 个、1 个、1.5 个和 2 个停止位，它设定 USART_CR2 寄存器的 STOP[1:0] 位的值，一般选择 1 个停止位。

4）USART_Parity：奇偶校验控制选择，可选 USART_Parity_No（无校验）、USART_Parity_Even（偶校验）以及 USART_Parity_Odd（奇校验），它设定 USART_CR1 寄存器的 PCE 位和 PS 位的值。

5）USART_Mode：USART 模式选择，有 USART_Mode_Rx 和 USART_Mode_Tx，允许使用逻辑或运算选择两个，它设定 USART_CR1 寄存器的 RE 位和 TE 位。

6）USART_HardwareFlowControl：硬件流控制选择，只有在硬件流控制模式下才有效，可选有，使能 RTS、使能 CTS、同时使能 RTS 和 CTS、不使能硬件流。

当使用同步模式时，需要配置 SCLK 引脚输出脉冲的属性，标准库使用一个时钟初始化结构体 USART_ClockInitTypeDef 来设置，该结构体内容也只有在同步模式下才需要设置。

USART 时钟初始化结构体

```
1 typedef struct {
2     uint16_t USART_Clock;   // 时钟使能控制
3     uint16_t USART_CPOL;    // 时钟极性
4     uint16_t USART_CPHA;    // 时钟相位
5     uint16_t USART_LastBit; // 最尾位时钟脉冲
6 } USART_ClockInitTypeDef;
```

1）USART_Clock：同步模式下 SCLK 引脚上时钟输出使能控制，可选禁止时钟输出（USART_Clock_Disable）或开启时钟输出（USART_Clock_Enable）；如果使用同步模式发送，一般都需要开启时钟。它设定 USART_CR2 寄存器的 CLKEN 位的值。

2）USART_CPOL：同步模式下 SCLK 引脚上输出时钟极性设置，可设置在空闲时 SCLK 引脚为低电平（USART_CPOL_Low）或高电平（USART_CPOL_High）。它设定 USART_CR2 寄存器的 CPOL 位的值。

3）USART_CPHA：同步模式下 SCLK 引脚上输出时钟相位设置，可设置在时钟第 1 个变化沿捕获数据（USART_CPHA_1Edge）或在时钟第 2 个变化沿捕获数据。它设定 USART_CR2 寄存器的 CPHA 位的值。USART_CPHA 与 USART_CPOL 配合使用可以获得多种模式时钟关系。

4）USART_LastBit：选择在发送最后一个数据位的时候时钟脉冲是否在 SCLK 引脚输出，可以是不输出脉冲（USART_LastBit_Disable）或输出脉冲（USART_LastBit_Enable）。它设定 USART_CR2 寄存器的 LBCL 位的值。

20.5　USART1 接发通信实验

USART 只需两根信号线即可完成双向通信，对硬件要求低，使得很多模块都预留 USART 接口来实现与其他模块或者控制器进行数据传输，比如 GSM 模块、WiFi 模块、蓝牙模块等。在硬件设计时，注意还需要一根"共地线"。

我们经常使用 USART 来实现控制器与电脑之间的数据传输，这使得我们调试程序非常方便。比如我们可以把一些变量的值、函数的返回值、寄存器标志位等，通过 USART 发送到串口调试助手，这样我们可以非常清楚程序的运行状态，在我们正式发布程序时再把这些调试信息去掉即可。

我们不仅可以将数据发送到串口调试助手，还可以从串口调试助手发送数据给控制器，控制器程序根据接收到的数据进行下一步工作。

首先，我们来编写一个程序实现开发板与电脑通信，在开发板上电时通过 USART 发送一串字符串给电脑，然后开发板进入中断接收等待状态。如果电脑发送数据过来，开发板就会产生中断，我们通过中断服务函数接收数据，并马上把数据返回给电脑。

20.5.1　硬件设计

为利用 USART 实现开发板与电脑通信，需要用到一个 USB 转 USART 的 IC，我们选择 CH340G 芯片来实现这个功能。CH340G 是一个 USB 总线的转接芯片，实现 USB 转 USART、USB 转 IrDA 红外或者 USB 转打印机接口。我们使用其 USB 转 USART 功能，具体电路设计见图 20-9。

我们将 CH340G 的 TXD 引脚与 USART1 的 RX 引脚连接，CH340G 的 RXD 引脚与 USART1 的 TX 引脚连接。CH340G 芯片集成在开发板上，其地线（GND）已与控制器的 GND 连通。

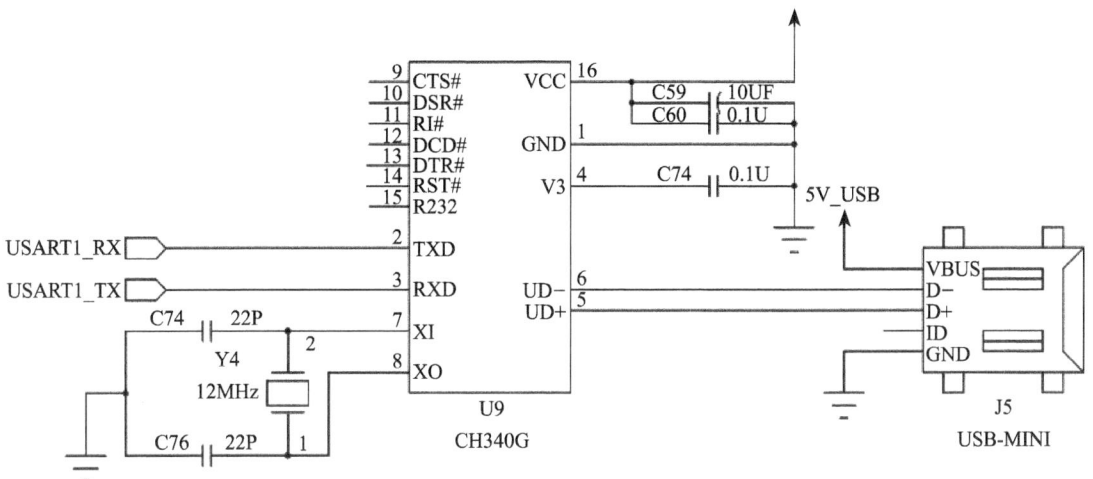

图 20-9 USB 转串口硬件设计

20.5.2 软件设计

这里只讲解核心的部分代码，有些变量的设置、头文件的包含等并没有涉及，完整的代码请参考本章配套的工程。我们创建了两个文件 bsp_usart.c 和 bsp_usart.h，用来存放 USART 驱动程序及相关宏定义。

1. 编程要点

1）使能 RX 和 TX 引脚 GPIO 时钟和 USART 时钟；
2）初始化 GPIO，并将 GPIO 复用到 USART 上；
3）配置 USART 参数；
4）配置中断控制器并使能 USART 接收中断；
5）使能 USART；
6）在 USART 接收中断服务函数中实现数据接收和发送。

2. 代码分析

（1）GPIO 和 USART 宏定义

代码清单20-1 GPIO和USART宏定义

```
 1  /**
 2    * 串口宏定义，不同的串口挂载的总线和IO不一样，移植时需要修改这几个宏
 3    */
 4
 5  // 串口 1-USART1
 6  #define    DEBUG_USARTx                    USART1
 7  #define    DEBUG_USART_CLK                 RCC_APB2Periph_USART1
 8  #define    DEBUG_USART_APBxClkCmd          RCC_APB2PeriphClockCmd
 9  #define    DEBUG_USART_BAUDRATE            115200
10
11  // USART GPIO 引脚宏定义
12  #define    DEBUG_USART_GPIO_CLK            (RCC_APB2Periph_GPIOA)
```

```
13  #define  DEBUG_USART_GPIO_APBxClkCmd      RCC_APB2PeriphClockCmd
14
15  #define  DEBUG_USART_TX_GPIO_PORT         GPIOA
16  #define  DEBUG_USART_TX_GPIO_PIN          GPIO_Pin_9
17  #define  DEBUG_USART_RX_GPIO_PORT         GPIOA
18  #define  DEBUG_USART_RX_GPIO_PIN          GPIO_Pin_10
19
20  #define  DEBUG_USART_IRQ                  USART1_IRQn
21  #define  DEBUG_USART_IRQHandler           USART1_IRQHandler
```

使用宏定义方便程序移植和升级。开发板中的 CH340G 的收发引脚默认通过跳帽连接到 USART1，如果想使用其他串口，可以把 CH340G 与 USART1 直接连接的跳帽拔掉，然后再把其他串口的 IO 用杜邦线接到 CH340G 的收发引脚即可。

这里我们使用 USART1，设定波特率为 115 200，选定 USART 的 GPIO 为 PA9 和 PA10。

（2）嵌套向量中断控制器 NVIC 配置

代码清单20-2　中断控制器NVIC配置

```
 1  static void NVIC_Configuration(void)
 2  {
 3      NVIC_InitTypeDef NVIC_InitStructure;
 4
 5      /* 嵌套向量中断控制器组选择 */
 6      NVIC_PriorityGroupConfig(NVIC_PriorityGroup_2);
 7
 8      /* 配置USART为中断源 */
 9      NVIC_InitStructure.NVIC_IRQChannel = DEBUG_USART_IRQ;
10      /* 抢占优先级为1 */
11      NVIC_InitStructure.NVIC_IRQChannelPreemptionPriority = 1;
12      /* 子优先级为1 */
13      NVIC_InitStructure.NVIC_IRQChannelSubPriority = 1;
14      /* 使能中断 */
15      NVIC_InitStructure.NVIC_IRQChannelCmd = ENABLE;
16      /* 初始化配置NVIC */
17      NVIC_Init(&NVIC_InitStructure);
18  }
19
```

在第 16 章已对嵌套向量中断控制器的工作机制做了详细的讲解，这里我们就直接使用，配置 USART 作为中断源。因为本实验没有使用其他中断，所以对优先级什么具体要求。

（3）USART 初始化配置

代码清单20-3　USART初始化配置

```
 1  void USART_Config(void)
 2  {
 3      GPIO_InitTypeDef GPIO_InitStructure;
 4      USART_InitTypeDef USART_InitStructure;
 5
 6      // 打开串口GPIO的时钟
 7      DEBUG_USART_GPIO_APBxClkCmd(DEBUG_USART_GPIO_CLK, ENABLE);
 8
```

```c
9      // 打开串口外设的时钟
10     DEBUG_USART_APBxClkCmd(DEBUG_USART_CLK, ENABLE);
11
12     // 将USART Tx的GPIO配置为推挽复用模式
13     GPIO_InitStructure.GPIO_Pin = DEBUG_USART_TX_GPIO_PIN;
14     GPIO_InitStructure.GPIO_Mode = GPIO_Mode_AF_PP;
15     GPIO_InitStructure.GPIO_Speed = GPIO_Speed_50MHz;
16     GPIO_Init(DEBUG_USART_TX_GPIO_PORT, &GPIO_InitStructure);
17
18     // 将USART Rx的GPIO配置为浮空输入模式
19     GPIO_InitStructure.GPIO_Pin = DEBUG_USART_RX_GPIO_PIN;
20     GPIO_InitStructure.GPIO_Mode = GPIO_Mode_IN_FLOATING;
21     GPIO_Init(DEBUG_USART_RX_GPIO_PORT, &GPIO_InitStructure);
22
23     // 配置串口的工作参数
24     // 配置波特率
25     USART_InitStructure.USART_BaudRate = DEBUG_USART_BAUDRATE;
26     // 配置帧数据字长
27     USART_InitStructure.USART_WordLength = USART_WordLength_8b;
28     // 配置停止位
29     USART_InitStructure.USART_StopBits = USART_StopBits_1;
30     // 配置校验位
31     USART_InitStructure.USART_Parity = USART_Parity_No ;
32     // 配置硬件流控制
33     USART_InitStructure.USART_HardwareFlowControl =
34         USART_HardwareFlowControl_None;
35     // 配置工作模式，收发一起
36     USART_InitStructure.USART_Mode = USART_Mode_Rx | USART_Mode_Tx;
37     // 完成串口的初始化配置
38     USART_Init(DEBUG_USARTx, &USART_InitStructure);
39
40     // 串口中断优先级配置
41     NVIC_Configuration();
42
43     // 使能串口接收中断
44     USART_ITConfig(DEBUG_USARTx, USART_IT_RXNE, ENABLE);
45
46     // 使能串口
47     USART_Cmd(DEBUG_USARTx, ENABLE);
48 }
```

使用GPIO_InitTypeDef和USART_InitTypeDef结构体定义一个GPIO初始化变量以及一个USART初始化变量，这两个结构体内容我们之前已经详细讲解过。

调用RCC_APB2PeriphClockCmd函数开启GPIO端口时钟，使用GPIO之前必须开启对应端口的时钟。使用RCC_APB2PeriphClockCmd函数开启USART时钟。

使用GPIO之前需要初始化配置它，并且还要添加特殊设置，因为我们使用它作为外设的引脚，一般都有特殊功能。我们在初始化时需要把它的模式设置为复用功能。这里把串口的Tx引脚配置为复用推挽输出，Rx引脚为浮空输入，数据完全由外部输入决定。

接下来，我们配置USART1通信参数为：波特率115 200，字长为8，1个停止位，没

有校验位，不使用硬件流控制，收发一体工作模式，然后调用 USART 初始化函数完成配置。

程序用到 USART 接收中断，需要配置 NVIC，这里调用 NVIC_Configuration 函数完成配置。配置完 NVIC 之后调用 USART_ITConfig 函数使能 USART 接收中断。

最后调用 USART_Cmd 函数使能 USART，这个函数最终配置的是 USART_CR1 的 UE 位，具体的作用是开启 USART 的工作时钟，没有时钟那 USART 这个外设自然就工作不了。

（4）字符发送

代码清单20-4　字符发送函数

```
1  /*****************  发送一个字符  *********************/
2  void Usart_SendByte( USART_TypeDef * pUSARTx, uint8_t ch)
3  {
4      /* 发送一个字节数据到 USART */
5      USART_SendData(pUSARTx,ch);
6
7      /* 等待发送数据寄存器为空 */
8      while (USART_GetFlagStatus(pUSARTx, USART_FLAG_TXE) == RESET);
9  }
10
11 /*****************  发送字符串  *********************/
12 void Usart_SendString( USART_TypeDef * pUSARTx, char *str)
13 {
14     unsigned int k=0;
15     do {
16         Usart_SendByte( pUSARTx, *(str + k) );
17         k++;
18     } while (*(str + k)!='\0');
19
20     /* 等待发送完成 */
21     while (USART_GetFlagStatus(pUSARTx,USART_FLAG_TC)==RESET) {
22     }
23 }
```

Usart_SendByte 函数用来指定 USART 发送一个 ASCLL 码值字符，它有两个形参：第 1 个为 USART，第 2 个为待发送的字符。它是通过调用库函数 USART_SendData 来实现的，并且增加了等待发送完成功能。通过使用 USART_GetFlagStatus 函数来获取 USART 事件标志，实现发送完成功能等待，它接收两个参数：一个是 USART，一个是事件标志。这里我们循环检测发送数据寄存器为空这个标志，当跳出 while 循环时，说明发送数据寄存器为空。

Usart_SendString 函数用来发送一个字符串，它实际是调用 Usart_SendByte 函数发送每个字符，直到遇到空字符才停止发送。最后使用循环检测发送完成的事件标志 TC，保证数据发送完成后才退出函数。

（5）USART 中断服务函数

代码清单20-5　USART中断服务函数

```
1  void DEBUG_USART_IRQHandler(void)
2  {
```

```
3       uint8_t ucTemp;
4       if (USART_GetITStatus(DEBUG_USARTx,USART_IT_RXNE)!=RESET) {
5           ucTemp = USART_ReceiveData( DEBUG_USARTx );
6           USART_SendData(USARTx,ucTemp);
7       }
8
9   }
```

这段代码是存放在 stm32f10x_it.c 文件中的，该文件用来集中存放外设中断服务函数。当我们使能了中断并且中断发生时，就会执行这里的中断服务函数。

我们在代码清单 20-3 中使能了 USART 接收中断，当 USART 接收到数据时就会执行 USART_IRQHandler 函数。USART_GetITStatus 函数与 USART_GetFlagStatus 函数类似，用来获取标志位状态，但 USART_GetITStatus 函数是专门用来获取中断事件标志的，并返回该标志位状态。使用 if 语句来判断是否是真的产生 USART 数据接收这个中断事件，如果是真的就使用 USART 数据读取函数 USART_ReceiveData，读取数据到指定存储区。然后再调用 USART 数据发送函数 USART_SendData，把数据发送给源设备，即 PC 端的串口调试助手。

（6）main 函数

代码清单20-6　main函数

```
1   int main(void)
2   {
3       /* 初始化USART 配置模式为 115200 8-N-1，中断接收 */
4       USART_Config();
5
6       Usart_SendString( DEBUG_USARTx,"这是一个串口中断接收回显实验\n");
7
8       while (1) {
9
10      }
11  }
```

首先我们需要调用 USART_Config 函数完成 USART 初始化配置，包括 GPIO 配置、USART 配置、接收中断使能等。

接下来就可以调用字符发送函数把数据发送给串口调试助手了。

最后 main 函数什么都不做，只是静静地等待 USART 接收中断的产生，并在中断服务函数中回传数据。

20.5.3　下载验证

保证开发板相关硬件连接正确，用 USB 线连接开发板的 USB 转串口与电脑，在电脑端打开串口调试助手并配置好相关参数：115200 8-N-1，把编译好的程序下载到开发板，此时串口调试助手即可收到开发板发过来的数据。我们在串口调试助手发送区域输入任意字符，单击"手动发送"按钮，在串口调试助手接收区即可看到相同的字符。

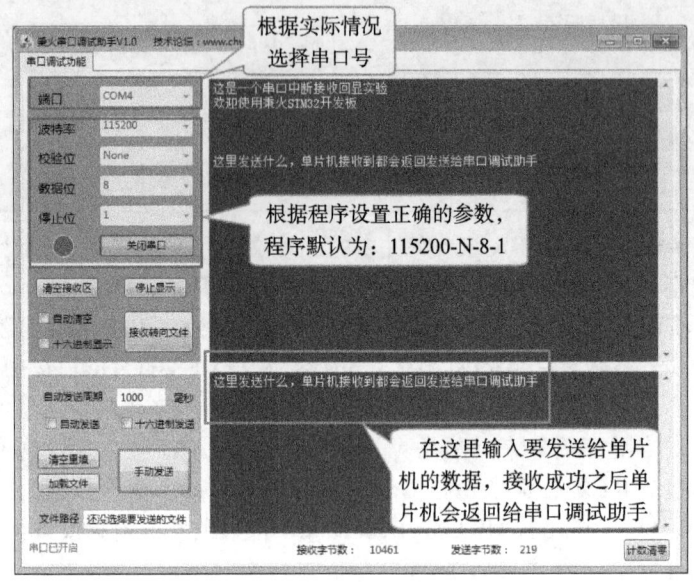

图 20-10　实验现象

20.6　使用 USART1 指令控制 RGB 彩灯的实验

在学习 C 语言时我们经常使用 C 语言标准函数库输入输出函数，比如 printf、scanf、getchar 等。为让开发板也支持这些函数，需要把 USART 发送和接收函数添加到这些函数的内部函数中。

正如之前所讲，可以在串口调试助手输入指令，让开发板根据这些指令执行一些任务。现在我们编写程序让开发板接收 USART 数据，然后根据数据内容控制 RGB 彩灯的颜色。

20.6.1　硬件设计

硬件设计同第一个实验（见 20.5.1 节）。

20.6.2　软件设计

这里只讲解核心的部分代码，有些变量的设置、头文件的包含等并没有涉及，完整的代码请参考本章配套的工程。我们创建了两个文件 bsp_usart.c 和 bsp_usart.h，用来存放 USART 驱动程序及相关宏定义。

1. 编程要点

1）初始化配置 RGB 彩色灯 GPIO；
2）使能 RX 和 TX 引脚 GPIO 时钟和 USART 时钟；
3）初始化 GPIO，并将 GPIO 复用到 USART 上；
4）配置 USART 参数；

5）使能 USART；

6）获取指令输入，根据指令控制 RGB 彩色灯。

与上一个实验不同的是，我们这里不使用接收中断，而是通过查询标志位的方式来实现接收。

2. 代码分析

（1）GPIO 和 USART 宏定义

代码清单20-7　GPIO和USART宏定义

```
1  #define  DEBUG_USARTx                  USART1
2  #define  DEBUG_USART_CLK               RCC_APB2Periph_USART1
3  #define  DEBUG_USART_APBxClkCmd        RCC_APB2PeriphClockCmd
4  #define  DEBUG_USART_BAUDRATE          115200
5
6  // USART GPIO 引脚宏定义
7  #define  DEBUG_USART_GPIO_CLK          (RCC_APB2Periph_GPIOA)
8  #define  DEBUG_USART_GPIO_APBxClkCmd   RCC_APB2PeriphClockCmd
9
10 #define  DEBUG_USART_TX_GPIO_PORT      GPIOA
11 #define  DEBUG_USART_TX_GPIO_PIN       GPIO_Pin_9
12 #define  DEBUG_USART_RX_GPIO_PORT      GPIOA
13 #define  DEBUG_USART_RX_GPIO_PIN       GPIO_Pin_10
14
15 #define  DEBUG_USART_IRQ               USART1_IRQn
16 #define  DEBUG_USART_IRQHandler        USART1_IRQHandler
```

使用宏定义方便程序移植和升级，这里我们使用 USART1，设定波特率为 115 200。

（2）USART 初始化配置

代码清单20-8　USART初始化配置

```
1  void USART_Config(void)
2  {
3      GPIO_InitTypeDef GPIO_InitStructure;
4      USART_InitTypeDef USART_InitStructure;
5
6      // 打开串口 GPIO 的时钟
7      DEBUG_USART_GPIO_APBxClkCmd(DEBUG_USART_GPIO_CLK, ENABLE);
8
9      // 打开串口外设的时钟
10     DEBUG_USART_APBxClkCmd(DEBUG_USART_CLK, ENABLE);
11
12     // 将 USART Tx 的 GPIO 配置为推挽复用模式
13     GPIO_InitStructure.GPIO_Pin = DEBUG_USART_TX_GPIO_PIN;
14     GPIO_InitStructure.GPIO_Mode = GPIO_Mode_AF_PP;
15     GPIO_InitStructure.GPIO_Speed = GPIO_Speed_50MHz;
16     GPIO_Init(DEBUG_USART_TX_GPIO_PORT, &GPIO_InitStructure);
17
18     // 将 USART Rx 的 GPIO 配置为浮空输入模式
19     GPIO_InitStructure.GPIO_Pin = DEBUG_USART_RX_GPIO_PIN;
20     GPIO_InitStructure.GPIO_Mode = GPIO_Mode_IN_FLOATING;
21     GPIO_Init(DEBUG_USART_RX_GPIO_PORT, &GPIO_InitStructure);
22
23     // 配置串口的工作参数
```

```c
24      // 配置波特率
25      USART_InitStructure.USART_BaudRate = DEBUG_USART_BAUDRATE;
26      // 配置帧数据字长
27      USART_InitStructure.USART_WordLength = USART_WordLength_8b;
28      // 配置停止位
29      USART_InitStructure.USART_StopBits = USART_StopBits_1;
30      // 配置校验位
31      USART_InitStructure.USART_Parity = USART_Parity_No ;
32      // 配置硬件流控制
33      USART_InitStructure.USART_HardwareFlowControl =
34          USART_HardwareFlowControl_None;
35      // 配置工作模式，收发一起
36      USART_InitStructure.USART_Mode = USART_Mode_Rx | USART_Mode_Tx;
37      // 完成串口的初始化配置
38      USART_Init(DEBUG_USARTx, &USART_InitStructure);
39
40      // 使能串口
41      USART_Cmd(DEBUG_USARTx, ENABLE);
42  }
```

该配置函数与上一个实验的基本一样，不一样的地方是没有使用接收中断。

（3）重定向 printf 和 scanf 函数

代码清单20-9　重定向输入输出函数

```c
1   // 重定向C库函数 printf 到串口，重定向后可使用 printf 函数
2   int fputc(int ch, FILE *f)
3   {
4       /* 发送一个字节数据到串口 */
5       USART_SendData(DEBUG_USARTx, (uint8_t) ch);
6
7       /* 等待发送完毕 */
8       while (USART_GetFlagStatus(DEBUG_USARTx, USART_FLAG_TXE) == RESET);
9
10      return (ch);
11  }
12
13  // 重定向C库函数 scanf 到串口，重定向后可使用 scanf、getchar 等函数
14  int fgetc(FILE *f)
15  {
16      /* 等待串口输入数据 */
17      while (USART_GetFlagStatus(DEBUG_USARTx, USART_FLAG_RXNE) == RESET);
18
19      return (int)USART_ReceiveData(DEBUG_USARTx);
20  }
```

在 C 语言标准库中，fputc 函数是 printf 函数内部的一个函数，功能是将字符 ch 写入文件指针 f 所指向文件的当前写指针位置，简单理解就是把字符写入特定文件中。我们使用 USART 函数重新修改 fputc 函数内容，达到类似"写入"的功能。

fgetc 函数与 fputc 函数非常相似，实现字符读取功能。在使用 scanf 函数时需要注意字符输入格式。

还有一点需要注意，使用 fput 和 fgetc 函数达到重定向 C 语言标准库输入输出函数，必须在 MDK 的工程选项中把"Use MicroLIB"勾选上，MicroLIB 是默认 C 库的备选库，它

对标准 C 库进行了高度优化，使代码更少，占用更少资源。

为使用 printf、scanf 函数，需要在文件中包含 stdio.h 头文件。

（4）输出提示信息

代码清单20-10　输出提示信息

```
1  static void Show_Message(void)
2  {
3      printf("\r\n    这是一个通过串口通信指令控制 RGB 彩灯实验 \n");
4      printf("使用 USART   参数为:%d 8-N-1 \n",USART_BAUDRATE);
5      printf("开发板接到指令后控制 RGB 彩灯颜色,指令对应如下:\n");
6      printf("    指令     ------  彩灯颜色 \n");
7      printf("     1       ------    红 \n");
8      printf("     2       ------    绿 \n");
9      printf("     3       ------    蓝 \n");
10     printf("     4       ------    黄 \n");
11     printf("     5       ------    紫 \n");
12     printf("     6       ------    青 \n");
13     printf("     7       ------    白 \n");
14     printf("     8       ------    灭 \n");
15 }
```

Show_Message 函数完全是调用 printf 函数，"打印"实验操作信息到串口调试助手。

（5）main 函数

代码清单20-11　main函数

```
1  int main(void)
2  {
3      char ch;
4  
5      /* 初始化 RGB 彩灯 */
6      LED_GPIO_Config();
7  
8      /* 初始化 USART 配置模式为 115200 8-N-1 */
9      USART_Config();
10 
11     /* 打印指令输入提示信息 */
12     Show_Message();
13     while (1)
14     {
15         /* 获取字符指令 */
16         ch=getchar();
17         printf("接收到字符:%c\n",ch);
18 
19         /* 根据字符指令控制 RGB 彩灯颜色 */
20         switch (ch)
21         {
22         case '1':
23             LED_RED;
24             break;
25         case '2':
26             LED_GREEN;
27             break;
28         case '3':
```

```
29                LED_BLUE;
30                break;
31            case '4':
32                LED_YELLOW;
33                break;
34            case '5':
35                LED_PURPLE;
36                break;
37            case '6':
38                LED_CYAN;
39                break;
40            case '7':
41                LED_WHITE;
42                break;
43            case '8':
44                LED_RGBOFF;
45                break;
46            default:
47                /* 如果不是指定指令字符,打印提示信息 */
48                Show_Message();
49                break;
50        }
51    }
52 }
```

首先我们定义一个字符变量来存放接收到的字符。

接下来调用 LED_GPIO_Config 函数完成 RGB 彩色 GPIO 初始化配置,该函数定义在 bsp_led.c 文件内。

调用 USART_Config 函数完成 USART 初始化配置。

Show_Message 函数使用 printf 函数打印实验指令说明信息。

getchar 函数用于等待获取一个字符,并返回字符。我们使用 ch 变量保持返回的字符,接下来判断 ch 的内容,执行对应的程序。使用 switch 语句判断 ch 变量内容,并执行对应的功能程序。

20.6.3 下载验证

保证开发板相关硬件连接正确,用 USB 线连接开发板"USB 转串口"接口与电脑,在电脑端打开串口调试助手,把编译好的程序下载到开发板,此时串口调试助手即可收到开发板发过来的数据。我们在串口调试助手发送区域输入一个特定字符,单击"手动发送"按钮,RGB 彩色灯状态随之改变。

第 21 章 DMA——直接存储器访问

21.1 DMA 简介

DMA（Direct Memory Access，直接存储器访问）它的主要功能是传输数据，但是不需要占用 CPU，即在它传输数据的时候，CPU 可以干其他的事情，好像多线程一样。数据传输支持从外设到存储器或者从存储器到存储器，这里的存储器可以是 SRAM 或者 Flash 存储器。DMA 控制器包含了 DMA1 和 DMA2，其中 DMA1 有 7 个通道，DMA2 有 5 个通道，这里的通道可以理解为传输数据的一种管道。要注意的是，DMA2 只存在于大容量的单片机中。

21.2 DMA 控制器的框图剖析

DMA 控制器独立于内核，属于一个单独的外设，结构比较简单。从编程的角度来看，我们只需掌握功能框图中的 3 部分内容即可，DMA 控制器的框图见图 21-1。

1. DMA 请求

如果外设要想通过 DMA 来传输数据，必须先向 DMA 控制器发送 DMA 请求，DMA 收到请求信号之后，控制器会给外设一个应答信号，当外设应答且 DMA 控制器收到应答信号之后，就会启动 DMA 的传输，直到传输完毕。

DMA 有 DMA1 和 DMA2 两个控制器，DMA1 有 7 个通道，DMA2 有 5 个通道，不同 DMA 控制器的通道对应不同的外设请求，这决定了我们在软件编程上该怎么设置，具体的 DMA 请求映像表见图 21-2 和图 21-3。

2. 通道

DMA 具有 12 个独立可编程的通道，DMA1 有 7 个通道，DMA2 有 5 个通道，每个通道对应不同外设的 DMA 请求。虽然每个通道可以接收多个外设的请求，但是同一时间只能接收一个，不能同时接收多个。

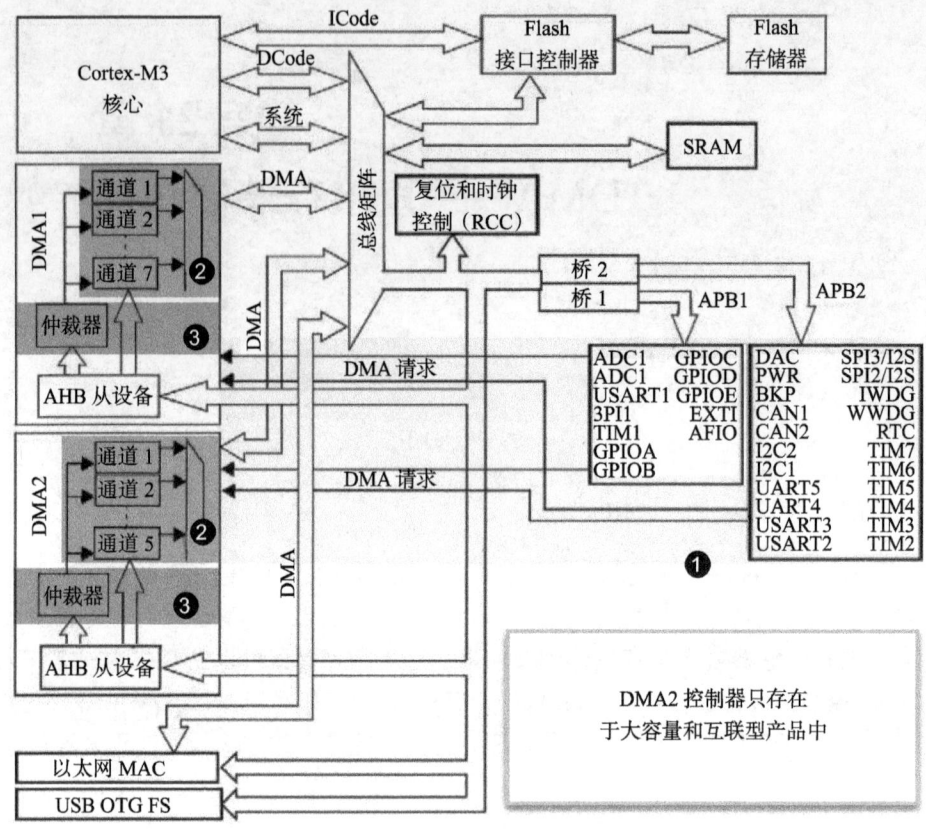

图 21-1 DMA 控制器的框图

外设	通道 1	通道 2	通道 3	通道 4	通道 5	通道 6	通道 7
ADC1	ADC1						
SPI/I²S		SPI1_RX	SPI1_TX	SPI/I2S2_RX	SPI/I2S2T_X		
USART		USART3_TX	USART3_RX	USART1_TX	USART1_RX	USART2_RX	USART2_TX
I²C				I2C2_TX	I2C2_RX	I2C1_TX	I2C1_RX
TIM1		TIM1_CH1	TIM1_CH2	TIM1_TX4 TIM1_TRIG TIM1_COM	TIM1_UP	TIM1_CH3	
TIM2	TIM2_CH3	TIM2_UP			TIM2_CH1		TIM2_CH2 TIM2_CH4
TIM3		TIM3_CH3	TIM3_CH4 TIM3_UP			TIM3_CH1 TIM3_TRIG	
TIM4	TIM4_CH1			TIM4_CH2	TIM4_CH3		TIM4_UP

图 21-2 DMA1 各个通道的请求映像

外设	通道 1	通道 2	通道 3	通道 4	通道 5
ADC3①					ADC3
SPI/I2S3	SPI/I2S3_RX	SPI/I2S3_TX			
UART4			UART4_RX		UART4_TX
SDIO①				SDIO	
TIM5	TIM5_CH4 TIM5_TRIG	TIM5_CH3 TIM5_UP		TIM5_CH2	TIM5_CH1
TIM6/DAC 通道 1			TIM6_UP/DAC 通道 1		
TIM7/DAC 通道 2				TIM7_UP/DAC 通道 2	
TIM8①	TIM8_CH3 TIM8_UP	TIM8_CH4 TIM8_TRIG TIM8_COM	TIM8_CH1		TIM8_CH2

① ADC3、SDIO 和 TIM8 的 DMA 请求只在大容量产品中存在，这个在具体项目开发时要注意。

图 21-3　DMA2 各个通道的请求映像

3. 仲裁器

当同时有多个 DMA 请求时，就意味着有先后响应顺序的问题，这个就由仲裁器管理。仲裁器管理 DMA 请求分为两个阶段：第 1 阶段属于软件阶段，可以在 DMA_CCRx 寄存器中设置，有 4 个等级：非常高、高、中和低；第 2 阶段属于硬件阶段，如果两个或以上的 DMA 请求设置的优先级一样，则它们的优先级取决于通道编号，编号越低越优先级越，比如通道 0 高于通道 1 的优先级。在大容量产品和互联型产品中，DMA1 控制器拥有高于 DMA2 控制器的优先级。

21.3　DMA 数据配置

使用 DMA 时，最核心的就是配置要传输的数据，包括数据从哪里来，要到哪里去，传输数据的单位是什么，要传多少数据，是一次传输还是循环传输等。

1. 从哪里来，到哪里去

我们知道 DMA 传输数据的方向有 3 个：从外设到存储器，从存储器到外设，从存储器到存储器。具体的方向由 DMA_CCR 中第 4 位的 DIR 配置：0 表示从外设到存储器，1 表示从存储器到外设。这里面涉及的外设地址由 DMA_CPAR 配置，存储器地址由 DMA_CMAR 配置。

（1）从外设到存储器

从外设到存储器传输以 ADC 采集为例。DMA 外部寄存器的地址对应的就是 ADC 数据寄存器的地址，DMA 存储器的地址就是我们自定义的变量（用来接收、存储 ADC 采集的数据）的地址。方向设置外设为源地址。

（2）从存储器到外设

从存储器到外设传输以串口向电脑端发送数据为例。DMA 外部寄存器的地址对应的就是串口数据寄存器的地址，DMA 存储器的地址就是我们自定义的变量（相当于一个缓冲区，用来存储通过串口发送到电脑的数据）的地址。方向设置外设为目标地址。

（3）从存储器到存储器

从存储器到存储器传输以内部 Flash 存储器向内部 SRAM 复制数据为例。DMA 外部寄存器的地址对应的就是内部 Flash 存储器（这里把内部 Flash 当作一个外设来看）的地址，DMA 存储器的地址就是我们自定义的变量（相当于一个缓冲区，用来存储来自内部 Flash 存储器的数据）的地址。方向设置外设（内部 Flash 存储器）为源地址。与上面两个不一样的是，这里需要把 DMA_CCR 中的第 14 位（MEM2MEM）存储器到存储器模式配置为 1，启动 M2M 模式。

2. 要传多少，单位是什么

当我们配置好数据要从哪里来以及到哪里去之后，还需要知道要传输的数据是多少，数据的单位是什么。

以串口向电脑发送数据为例，可以一次性给电脑发送很多数据，具体多少由 DMA_CNDTR 配置。这是一个 32 位寄存器，一次最多只能传输 65 535 个数据。

要使数据正确传输，源和目标地址存储的数据宽度还必须一致，串口数据寄存器是 8 位，所以我们定义的待发送数据也必须是 8 位。外设的数据宽度由 DMA_CCRx 的 PSIZE[1:0] 配置，可以是 8、16、32 位，存储器的数据宽度由 DMA_CCRx 的 MSIZE[1:0] 配置，可以是 8、16、32 位。

在 DMA 控制器的控制下，数据要想有条不紊地从一个地方传输另外一个地方，还必须正确设置两边数据指针的增量模式。外设的地址指针由 DMA_CCRx 的 PINC 配置，存储器的地址指针由 MINC 配置。以串口向电脑发送数据为例，要发送的数据很多，每发送完一个，存储器的地址指针就应该加 1。而串口数据寄存器只有一个，那么外设的地址指针就固定不变。具体的数据指针的增量模式由实际情况决定。

3. 什么时候传输完成

数据什么时候传输完成，我们可以通过查询标志位或者通过中断的方式来鉴别。每个 DMA 通道在 DMA 传输过半、传输完成和传输错误时都会有相应的标志位，如果使能了该类型的中断后，则会产生中断。有关各个标志位的详细描述请参考 DMA 中断状态寄存器 DMA_ISR 的相关资料。

传输的完成还分两种模式：一次传输和循环传输。一次传输很好理解，即传输一次之后就停止，要想再传输的话，必须关闭 DMA 使能后再重新配置，才能继续传输。循环传输则是一次传输完成之后又恢复第一次传输时的配置循环传输，不断重复。具体的模式由 DMA_CCRx 寄存器的 CIRC 循环模式位控制。

21.4　DMA 初始化结构体详解

标准库函数对每个外设都建立了一个初始化结构体 xxx_InitTypeDef（xxx 为外设名称），

结构体成员用于设置外设工作参数，并由标准库函数 xxx_Init() 调用这些设定参数进入设置外设相应的寄存器，达到配置外设工作环境的目的。

结构体 xxx_InitTypeDef 和库函数 xxx_Init 配合使用是标准库精髓所在，理解了结构体 xxx_InitTypeDef 中每个成员的意义基本上就可以对该外设运用自如。结构体 xxx_InitTypeDef 定义在 stm32f10x_xxx.h（xxx 为外设名称）文件中，库函数 xxx_Init 定义在 stm32f10x_xxx.c 文件中，编程时我们可以结合这两个文件内的注释使用。

DMA_InitTypeDef初始化结构体

```
1  typedef struct
2  {
3      uint32_t DMA_PeripheralBaseAddr;    // 外设地址
4      uint32_t DMA_MemoryBaseAddr;        // 存储器地址
5      uint32_t DMA_DIR;                   // 传输方向
6      uint32_t DMA_BufferSize;            // 传输的数据量
7      uint32_t DMA_PeripheralInc;         // 外设地址增量模式
8      uint32_t DMA_MemoryInc;             // 存储器地址增量模式
9      uint32_t DMA_PeripheralDataSize;    // 外设数据宽度
10     uint32_t DMA_MemoryDataSize;        // 存储器数据宽度
11     uint32_t DMA_Mode;                  // 模式选择
12     uint32_t DMA_Priority;              // 通道优先级
13     uint32_t DMA_M2M;                   // 存储器到存储器模式
14 } DMA_InitTypeDef;
```

1) DMA_PeripheralBaseAddr：外设地址，设定 DMA_CPAR 寄存器的值；一般设置为外设的数据寄存器地址。如果是存储器到存储器模式，则设置为其中一个存储器的地址。

2) DMA_Memory0BaseAddr：存储器地址，设定 DMA_CMAR 寄存器值，一般设置为自定义存储器首地址。

3) DMA_DIR：传输方向选择，可选从外设到存储器、从存储器到外设。它设定 DMA_CCR 寄存器的 DIR[1:0] 位的值。这里并没有从存储器到存储器的方向选择，当使用从存储器到存储器时，只需要把其中一个存储器当作外设使用即可。

4) DMA_BufferSize：设定待传输数据量，初始化设定 DMA_CNDTR 寄存器的值。

5) DMA_PeripheralInc：如果配置为 DMA_PeripheralInc_Enable，使能外设地址自动递增功能，它设定 DMA_CCR 寄存器中 PINC 位的值。一般外设都只有一个数据寄存器，所以一般不会使能该位。

6) DMA_MemoryInc：如果配置为 DMA_MemoryInc_Enable，使能存储器地址自动递增功能，它设定 DMA_CCR 寄存器的 MINC 位的值。我们自定义的存储区一般都存放多个数据，所以要使能存储器地址自动递增功能。

7) DMA_PeripheralDataSize：外设数据宽度，可选字节（8 位）、半字（16 位）和字（32 位），它设定 DMA_CCR 寄存器的 PSIZE[1:0] 位的值。

8) DMA_MemoryDataSize：存储器数据宽度，可选字节（8 位）、半字（16 位）和字（32 位)，它设定 DMA_CCR 寄存器的 MSIZE[1:0] 位的值。当外设和存储器之间传数据时，两边的数据宽度应该设置为一样大小。

9) DMA_Mode：DMA 传输模式选择，可选一次传输或者循环传输，它设定 DMA_

CCR 寄存器的 CIRC 位的值。例程中我们的 ADC 采集是持续循环进行的，所以使用循环传输模式。

10）DMA_Priority：软件设置通道的优先级，有 4 个可选优先级，分别为：非常高、高、中和低，它设定 DMA_CCR 寄存器的 PL[1:0] 位的值。DMA 通道优先级只有在多个 DMA 通道同时使用时才有意义，如果是单个通道，优先级可以随便设置。

11）DMA_M2M：从存储器到存储器模式，使用从存储器到存储器模式时用到，设定 DMA_CCR 的第 14 位（MEN2MEN），即可启动从存储器到存储器模式。

21.5 从存储器到存储器模式的实验

本章只讲解从存储器到存储器和从存储器到外设这两种模式，其他功能模式在其他章节使用到的时候再讲。从存储器到存储器模式可以实现数据在两个内存中的快速拷贝。我们先定义一个静态的源数据，存放在内部 Flash 存储器中，然后使用 DMA 传输，把源数据拷贝到目标地址上（内部 SRAM），最后对比源数据和目标地址的数据，看看是否准确传输。

21.5.1 硬件设计

DMA 存储器到存储器实验不需要其他硬件要求，只使用 RGB 彩色灯，用于指示程序状态。

21.5.2 软件设计

这里只讲解核心的部分代码，有些变量的设置、头文件的包含等并没有涉及，完整的代码请参考本章配套的工程。这个实验的代码比较简单，主要程序代码都在 main.c 文件中。

1. 编程要点

1）使能 DMA 时钟；
2）配置 DMA 数据参数；
3）使能 DMA，进行传输；
4）等待传输完成，并对源数据和目标地址数据进行比较。

2. 代码分析

（1）DMA 宏定义及相关变量定义

代码清单21-1　DMA数据流和相关变量定义

```
1  // 当使用存储器到存储器模式时，通道可以随便选，没有硬性的规定
2  #define DMA_CHANNEL      DMA1_Channel6
3  #define DMA_CLOCK        RCC_AHBPeriph_DMA1
4
5  // 传输完成标志
6  #define DMA_FLAG_TC      DMA1_FLAG_TC6
7
8  // 要发送的数据大小
9  #define BUFFER_SIZE      32
10
```

```c
11  /* 定义 aSRC_Const_Buffer 数组作为 DMA 传输数据源
12   * const 关键字将 aSRC_Const_Buffer 数组变量定义为常量类型
13   * 表示数据存储在内部的 Flash 存储器中
14   */
15  const uint32_t aSRC_Const_Buffer[BUFFER_SIZE]=
16  {
17      0x01020304,0x05060708,0x090A0B0C,0x0D0E0F10,
18      0x11121314,0x15161718,0x191A1B1C,0x1D1E1F20,
19      0x21222324,0x25262728,0x292A2B2C,0x2D2E2F30,
20      0x31323334,0x35363738,0x393A3B3C,0x3D3E3F40,
21      0x41424344,0x45464748,0x494A4B4C,0x4D4E4F50,
22      0x51525354,0x55565758,0x595A5B5C,0x5D5E5F60,
23      0x61626364,0x65666768,0x696A6B6C,0x6D6E6F70,
24      0x71727374,0x75767778,0x797A7B7C,0x7D7E7F80
25  };
26  /* 定义 DMA 传输目标存储器
27   * 存储在内部的 SRAM 中
28   */
29  uint32_t aDST_Buffer[BUFFER_SIZE];
```

使用宏定义设置外设配置,方便程序修改和升级。

从存储器到存储器的传输通道没有硬性规定,可以随意选择。

aSRC_Const_Buffer[BUFFER_SIZE] 定义用来存放源数据,并且使用了 const 关键字修饰,即常量类型,使得变量存储在内部 Flash 空间上。

(2) DMA 数据配置

代码清单21-2 DMA传输参数配置

```c
1   void DMA_Config(void)
2   {
3       DMA_InitTypeDef DMA_InitStructure;
4
5       // 开启 DMA 时钟
6       RCC_AHBPeriphClockCmd(DMA_CLOCK, ENABLE);
7       // 源数据地址
8       DMA_InitStructure.DMA_PeripheralBaseAddr =
9           (uint32_t)aSRC_Const_Buffer;
10      // 目标地址
11      DMA_InitStructure.DMA_MemoryBaseAddr = (uint32_t)aDST_Buffer;
12      // 方向:外设到存储器(这里的外设是内部的 Flash)
13      DMA_InitStructure.DMA_DIR = DMA_DIR_PeripheralSRC;
14      // 传输大小
15      DMA_InitStructure.DMA_BufferSize = BUFFER_SIZE;
16      // 外设(内部的 Flash)地址递增
17      DMA_InitStructure.DMA_PeripheralInc = DMA_PeripheralInc_Enable;
18      // 内存地址递增
19      DMA_InitStructure.DMA_MemoryInc = DMA_MemoryInc_Enable;
20      // 外设数据单位
21      DMA_InitStructure.DMA_PeripheralDataSize =
22          DMA_PeripheralDataSize_Word;
23      // 内存数据单位
24      DMA_InitStructure.DMA_MemoryDataSize = DMA_MemoryDataSize_Word;
25      // DMA 模式,一次或者循环模式
26      DMA_InitStructure.DMA_Mode = DMA_Mode_Normal ;
```

```
27          //DMA_InitStructure.DMA_Mode = DMA_Mode_Circular;
28          // 优先级：高
29          DMA_InitStructure.DMA_Priority = DMA_Priority_High;
30          // 使能内存到内存的传输
31          DMA_InitStructure.DMA_M2M = DMA_M2M_Enable;
32          // 配置 DMA 通道
33          DMA_Init(DMA_CHANNEL, &DMA_InitStructure);
34          // 使能 DMA
35          DMA_Cmd(DMA_CHANNEL,ENABLE);
36     }
```

使用 DMA_InitTypeDef 结构体定义一个 DMA 初始化变量，这个结构体之前已经详细讲解过。

调用 RCC_AHBPeriphClockCmd 函数开启 DMA 时钟，使用 DMA 控制器之前必须开启对应的时钟。

源地址和目标地址使用之前定义的数组首地址，传输的数据量由宏 BUFFER_SIZE 决定，源和目标地址指针地址递增，使用一次传输模式而不能循环传输。因为只有一个 DMA 通道，所以优先级随便设置。最后调用 DMA_Init 函数完成 DMA 的初始化配置。

DMA_ClearFlag 函数用于清除 DMA 标志位，代码用到传输完成标志位，使用之前，先清除传输完成标志位，以免产生不必要的干扰。DMA_ClearFlag 函数需要 1 个形参，即事件标志位，其他可选的标志位有传输完成标志位、半传输标志位、FIFO 错误标志位、传输错误标志位等，非常多。这里选择传输完成标志位，它由宏 DMA_FLAG_TC 定义。

DMA_Cmd 函数用于启动或者停止 DMA 数据传输，它接收两个参数，一个是 DMA 通道，另一个参数用于开启 ENABLE 或者停止 DISABLE。

（3）存储器数据对比

代码清单21-3　源数据与目标地址数据对比

```
1  uint8_t Buffercmp(const uint32_t* pBuffer,
2                    uint32_t* pBuffer1, uint16_t BufferLength)
3  {
4      /* 数据长度递减 */
5      while (BufferLength--) {
6          /* 判断两个数据源是否对应相等 */
7          if (*pBuffer != *pBuffer1) {
8              /* 对应数据源不相等马上退出函数，并返回 0 */
9              return 0;
10         }
11         /* 递增两个数据源的地址指针 */
12         pBuffer++;
13         pBuffer1++;
14     }
15     /* 完成判断并且对应数据相等 */
16     return 1;
17 }
```

上述代码判断指定长度的两个数据源是否完全相等，如果完全相等返回 1；只要其中一对数据不相等则返回 0。它需要 3 个形参，前两个是两个数据源的地址，第 3 个是要比较的数据长度。

（4）main 函数

代码清单21-4　从存储器到存储器模式的main函数

```c
int main(void)
{
    /* 定义存放比较结果的变量 */
    uint8_t TransferStatus;

    /* LED 端口初始化 */
    LED_GPIO_Config();

    /* 设置RGB彩色灯为紫色 */
    LED_PURPLE;

    /* 简单延时函数 */
    Delay(0xFFFFFF);

    /* DMA 传输配置 */
    DMA_Config();

    /* 等待DMA传输完成 */
    while (DMA_GetFlagStatus(DMA_FLAG_TC)==RESET)
    {

    }

    /* 比较源数据与传输后数据 */
    TransferStatus=Buffercmp(aSRC_Const_Buffer, aDST_Buffer, BUFFER_SIZE);

    /* 判断源数据与传输后数据比较结果 */
    if (TransferStatus==0)
    {
        /* 源数据与传输后数据不相等时RGB彩色灯显示红色 */
        LED_RED;
    }
    else
    {
        /* 源数据与传输后数据相等时RGB彩色灯显示蓝色 */
        LED_BLUE;
    }

    while (1)
    {
    }
}
```

首先定义一个变量用来保存存储器数据比较结果。

RGB彩色灯用来指示程序进程，使用之前需要初始化它，LED_GPIO_Config定义在bsp_led.c文件中。开始设置RGB彩色灯为紫色，LED_PURPLE是定义在bsp_led.h文件的一个宏定义。

Delay函数只是一个简单的延时函数。

调用DMA_Config函数完成DMA数据流配置并启动DMA数据传输。

DMA_GetFlagStatus 函数获取 DMA 事件标志位的当前状态，这里获取 DMA 数据传输完成这个标志位，使用循环持续等待直到该标志位被置位，即 DMA 传输完成时这个事件发生，然后退出循环，运行之后的程序。

确定 DMA 传输完成之后，就可以调用 Buffercmp 函数，比较源数据与 DMA 传输后目标地址的数据是否一一对应。TransferStatus 保存比较结果，如果为 1，表示两个数据源一一对应相等，说明 DMA 传输成功；相反，如果为 0，表示两个数据源数据存在不等情况，说明 DMA 传输出错。

如果 DMA 传输成功设置 RGB 彩色灯为蓝色，如果 DMA 传输出错设置 RGB 彩色灯为红色。

21.5.3 下载验证

确保开发板供电正常，编译程序并下载。观察 RGB 彩色灯变化情况。正常情况下 RGB 彩色灯先为紫色，然后变成蓝色。如果 DMA 传输出错才会为红色。

21.6 从存储器到外设模式的实验

上个实验中我们讲了从存储器到存储器模式，接下来讲一个从存储器到外设的实验。我们先定义一个数据变量，存于 SRAM 中，通过 DMA 的方式传输到串口的数据寄存器，然后通过串口把这些数据发送到电脑的上位机显示出来。

21.6.1 硬件设计

存储器到外设模式使用 USART1 功能，具体电路设置参考第 20 章，无需其他硬件设计。

21.6.2 软件设计

这里只讲解部分核心的代码，有些变量的设置、头文件的包含等并没有涉及，完整的代码请参考本章配套的工程。我们编写两个串口驱动文件 bsp_usart_dma.c 和 bsp_usart_dma.h，有关串口和 DMA 的宏定义以及驱动函数都在里边。

1. 编程要点

1）配置 USART 通信功能；
2）设置串口 DMA 工作参数；
3）使能 DMA；
4）DMA 传输的同时，CPU 可以运行其他任务。

2. 代码分析

（1）USART 和 DMA 宏定义

代码清单21-5 USART和DMA相关宏定义

```
1 // 串口工作参数宏定义
2 #define  DEBUG_USARTx                      USART1
```

```
 3 #define    DEBUG_USART_CLK                  RCC_APB2Periph_USART1
 4 #define    DEBUG_USART_APBxClkCmd           RCC_APB2PeriphClockCmd
 5 #define    DEBUG_USART_BAUDRATE             115200
 6
 7 // USART GPIO 引脚宏定义
 8 #define    DEBUG_USART_GPIO_CLK             (RCC_APB2Periph_GPIOA)
 9 #define    DEBUG_USART_GPIO_APBxClkCmd      RCC_APB2PeriphClockCmd
10
11 #define    DEBUG_USART_TX_GPIO_PORT         GPIOA
12 #define    DEBUG_USART_TX_GPIO_PIN          GPIO_Pin_9
13 #define    DEBUG_USART_RX_GPIO_PORT         GPIOA
14 #define    DEBUG_USART_RX_GPIO_PIN          GPIO_Pin_10
15
16 // 串口对应的 DMA 请求通道
17 #define    USART_TX_DMA_CHANNEL             DMA1_Channel4
18 // 外部寄存器地址
19 #define    USART_DR_ADDRESS                 (USART1_BASE+0x04)
20 // 一次发送的数据量
21 #define    SENDBUFF_SIZE                    5000
```

使用宏定义设置外设配置，方便程序修改和升级。

USART 部分的设置与第 20 章内容相同，可以参考第 20 章内容理解。串口的发送请求对应固定的 DMA 通道，这里外设的地址即串口的数据寄存器，一次要发送的数据量可以自定义，配置 SENDBUFF_SIZE 这个宏即可。

（2）串口 DMA 传输配置

代码清单21-6　USART1发送请求DMA设置

```
 1 void USARTx_DMA_Config(void)
 2 {
 3     DMA_InitTypeDef DMA_InitStructure;
 4
 5     // 开启 DMA 时钟
 6     RCC_AHBPeriphClockCmd(RCC_AHBPeriph_DMA1, ENABLE);
 7     // 设置 DMA 源地址：串口数据寄存器地址
 8     DMA_InitStructure.DMA_PeripheralBaseAddr = USART_DR_ADDRESS;
 9     // 内存地址 (要传输的变量的指针)
10     DMA_InitStructure.DMA_MemoryBaseAddr = (u32)SendBuff;
11     // 方向：从内存到外设
12     DMA_InitStructure.DMA_DIR = DMA_DIR_PeripheralDST;
13     // 传输大小
14     DMA_InitStructure.DMA_BufferSize = SENDBUFF_SIZE;
15     // 外设地址不增
16     DMA_InitStructure.DMA_PeripheralInc = DMA_PeripheralInc_Disable;
17     // 内存地址自增
18     DMA_InitStructure.DMA_MemoryInc = DMA_MemoryInc_Enable;
19     // 外设数据单位
20     DMA_InitStructure.DMA_PeripheralDataSize =
21         DMA_PeripheralDataSize_Byte;
22     // 内存数据的单位
23     DMA_InitStructure.DMA_MemoryDataSize = DMA_MemoryDataSize_Byte;
24     // DMA 模式，一次或者循环模式
25     DMA_InitStructure.DMA_Mode = DMA_Mode_Normal ;
26     //DMA_InitStructure.DMA_Mode = DMA_Mode_Circular;
```

```
27        // 优先级:中
28        DMA_InitStructure.DMA_Priority = DMA_Priority_Medium;
29        // 禁止内存到内存的传输
30        DMA_InitStructure.DMA_M2M = DMA_M2M_Disable;
31        // 配置 DMA 通道
32        DMA_Init(USART_TX_DMA_CHANNEL, &DMA_InitStructure);
33        // 使能 DMA
34        DMA_Cmd (USART_TX_DMA_CHANNEL,ENABLE);
35  }
```

首先定义一个 DMA 初始化变量,用来填充 DMA 的参数,然后使能 DMA 时钟。

因为数据是从存储器到串口,所以设置存储器为源地址,串口的数据寄存器为目标地址。如果要发送的数据有很多且都先存储在存储器中,则存储器地址指针递增;如果串口数据寄存器只有一个,则外设地址不变,两边数据单位设置成一致,传输模式可选一次或者循环传输;只有一个 DMA 请求,优先级随便设最后调用 DMA_Init 函数把这些参数写到 DMA 的寄存器中,然后使能 DMA 开始传输。

(3) main 函数

代码清单 21-7 从存储器到外设模式的 main 函数

```
1   int main(void)
2   {
3       uint16_t i;
4       /* 初始化 USART */
5       USART_Config();
6
7       /* 配置使用 DMA 模式 */
8       USARTx_DMA_Config();
9
10      /* 配置 RGB 彩色灯 */
11      LED_GPIO_Config();
12
13      printf("\r\n USART1 DMA TX 测试 \r\n");
14
15      /* 填充将要发送的数据 */
16      for (i=0; i<SENDBUFF_SIZE; i++)
17      {
18          SendBuff[i]  = 'P';
19
20      }
21
22      /* 为演示 DMA 持续运行而 CPU 还能处理其他事情,持续使用 DMA 发送数据,量非常大,
23       * 长时间运行可能会导致电脑端串口调试助手卡死、鼠标指针乱飞的情况,
24       * 或把 DMA 配置中的循环模式改为单次模式 */
25
26      /* USART1 向 DMA 发出 TX 请求 */
27      USART_DMACmd(USARTx, USART_DMAReq_Tx, ENABLE);
28
29      /* 此时 CPU 是空闲的,可以干其他的事情 */
30      // 例如同时控制 LED
31      while (1)
32      {
33          LED1_TOGGLE
```

```
34          Delay(0xFFFFF);
35      }
36 }
```

USART_Config 函数定义在 bsp_usart_dma.c 中，它完成 USART 初始化配置，包括 GPIO 初始化、USART 通信参数设置等，具体可参考第 20 章中的讲解。

USARTx_DMA_Config 函数也定义在 bsp_usart_dma.c 中，之前已详细分析过。

LED_GPIO_Config 函数定义在 bsp_led.c 中，它完成 RGB 彩色灯初始化配置，具体可参考第 11 章中的讲解。

使用 for 循环填充源数据，SendBuff[SENDBUFF_SIZE] 是定义在 bsp_usart_dma.c 中的一个全局无符号 8 位整数数组，是 DMA 传输的源数据，在 USART_DMA_Config 函数中已经被设置为存储器地址。

USART_DMACmd 函数用于控制 USART 的 DMA 请求的启动和关闭。它接收 3 个参数：第 1 个参数用于设置串口外设，可以是 USART1/2/3 和 UART4/5 这 5 个参数之一；第 2 个参数设置串口的具体 DMA 请求，有串口发送请求 USART_DMAReq_Tx 和接收请求 USART_DMAReq_Rx 可选；第 3 个参数用于设置启动请求 ENABLE 或者关闭请求 DISABLE。运行该函数后 USART 的 DMA 发送传输就开始了，根据配置存储器的数据会发送到串口。

DMA 传输过程是不占用 CPU 资源的，可以一边传输一边运行其他任务。

21.6.3 下载验证

保证开发板相关硬件连接正确，用 USB 线连接开发板的 USB 转串口和电脑，在电脑端打开串口调试助手，把编译好的程序下载到开发板中。程序运行后在串口调试助手可接收到大量的数据，同时开发板上的 RGB 彩色灯不断闪烁。

这里要注意，为演示 DMA 持续运行并且 CPU 还能处理其他事情，持续使用 DMA 发送数据，量非常大，长时间运行可能会导致电脑端串口调试助手卡死、鼠标指针乱飞的情况，所以在测试时最好把串口调试助手的自动清除接收区数据功能勾选上，或把 DMA 配置中的循环模式改为单次模式。

第 22 章
常用存储器介绍

22.1 存储器种类

存储器是计算机结构的重要组成部分。存储器是用来存储程序代码和数据的部件，有了存储器计算机才具有记忆功能。基本的存储器种类见图 22-1。

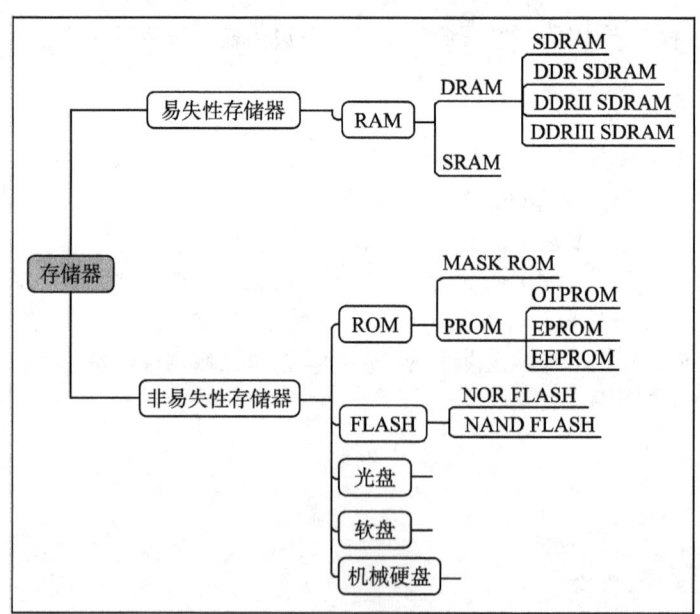

图 22-1 基本存储器种类

存储器按其存储介质特性主要分为"易失性存储器"和"非易失性存储器"两大类。其中的"易失/非易失"是指存储器断电后，它存储的数据内容是否会丢失的特性。由于一般易失性存储器存取速度快，而非易失性存储器可长期保存数据，所以它们都在计算机中占据着重要角色。在计算机中易失性存储器最典型的代表是内存，非易失性存储器的代表则是硬盘。

22.2 RAM

RAM 是 Random Access Memory 的缩写，被译为随机存储器。所谓"随机存取"，指的是当存储器中的消息被读取或写入时，所需要的时间与这段信息所在的位置无关。这个词的由来是因为早期计算机曾使用磁鼓作为存储器，磁鼓是顺序读写设备，不能随机存取数据，而 RAM 可随读取其内部任意地址的数据，时间都是相同的，因此得名。实际上，现在 RAM 已经专门用于指代作为计算机内存的易失性半导体存储器。

根据 RAM 的存储机制，又分为动态随机存储器 DRAM（Dynamic RAM）以及静态随机存储器 SRAM（Static RAM）两种。

22.2.1 DRAM

动态随机存储器 DRAM 的存储单元以电容的电荷来表示数据，有电荷代表 1，无电荷代表 0，见图 22-2。但时间一长，代表 1 的电容会放电，代表 0 的电容会吸收电荷，因此它需要定期刷新操作，这就是"动态"（Dynamic）一词所形容的特性。刷新操作会对电容进行检查，若电量大于满电量的 1/2，则认为其代表 1，并把电容充满电；若电量小于 1/2，则认为其代表 0，并把电容放电，借此来保证数据的正确性。

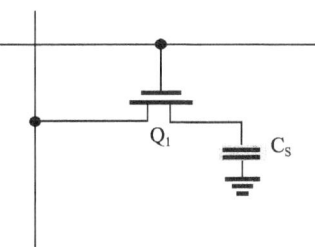

图 22-2 DRAM 存储单元

1. SDRAM

根据 DRAM 的通信方式，又分为同步和异步两种，这两种方式根据通信时是否需要使用时钟信号来区分。图 22-3 是一种利用时钟进行同步的通信时序，它在时钟的上升沿表示有效数据。

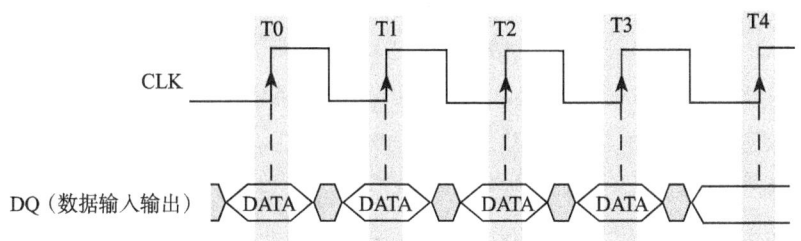

图 22-3 同步通信时序图

由于使用时钟同步的通信速度更快，所以同步 DRAM 使用更为广泛，这种 DRAM 被称为 SDRAM（Synchronous DRAM）。

2. DDR SDRAM

为了进一步提高 SDRAM 的通信速度，人们设计了 DDR SDRAM 存储器（Double Data Rate SDRAM）。它的存储特性与 SDRAM 没有区别，但 SDRAM 只在上升沿表示有效数据，在 1 个时钟周期内，只能表示 1 位数据；而 DDR SDRAM 在时钟的上升沿及下降沿各表示一个数据，也就是说在 1 个时钟周期内可以表示 2 位数据，在时钟频率同样的情况下，提高了一倍的速度。至于 DDRII 和 DDRIII，它们的通信方式并没有区别，主要是通信同步时钟的频率提高了。

当前个人计算机常用的内存条是 DDRIII SDRAM 存储器，在一个内存条上包含多个 DDRIII SDRAM 芯片。

22.2.2 SRAM

静态随机存储器 SRAM 的存储单元以锁存器来存储数据，见图 22-4。这种电路结构不需要定时刷新充电，就能保持状态（当然，如果断电了，数据还是会丢失的），所以这种存储器被称为"静态"（Static）RAM。

同样地，SRAM 根据其通信方式也分为同步（SSRAM）和异步 SRAM，相对来说，异步 SRAM 用得比较广泛。

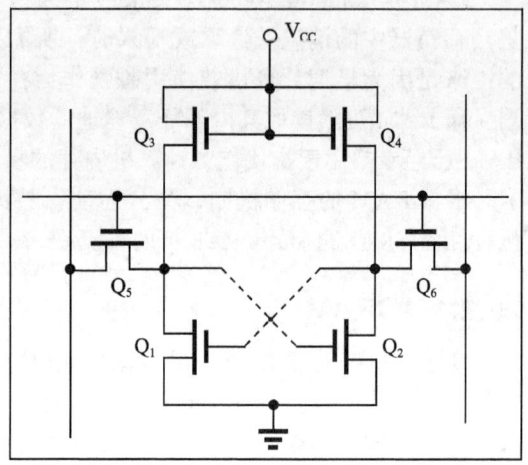

图 22-4 SRAM 存储单元

22.2.3 DRAM 与 SRAM 的应用场合

对比 DRAM 与 SRAM 的结构可知，DRAM 的结构简单得多，所以生产相同容量的存储器，DRAM 的成本要更低，且集成度更高。而 DRAM 中的电容结构则决定了它的存取速度不如 SRAM，特性对比见表 22-1。

表 22-1 DRAM 与 SRAM 对比

特 性	DRAM	SRAM	特 性	DRAM	SRAM
存取速度	较慢	较快	生产成本	较低	较高
集成度	较高	较低	是否需要刷新	是	否

所以在实际应用场合中，SRAM 一般只用于 CPU 内部的高速缓存（Cache），而外部扩展的内存一般使用 DRAM。在 STM32 系统的控制器中，只有 STM32F429 型号或更高级的芯片才支持扩展 SDRAM，其他型号如 STM32F1、STM32F2 及 STM32F407 等，只支持扩展 SRAM。

22.3 非易失性存储器

非易失性存储器种类非常多，半导体类的有 ROM 和 Flash，其他还有光盘、软盘及机械硬盘。

22.3.1 ROM

ROM 是 "Read Only Memory" 的缩写，意为只能读的存储器。由于技术的发展，后来设计出了可以方便写入数据的 ROM，而这个 "Read Only Memory" 的名称被沿用下来了，现在一般用于指代非易失性半导体存储器，包括后面介绍的 Flash 存储器，有些人也把它归到 ROM 类里边。

1. MASK ROM

MASK（掩膜）ROM 就是正宗的"Read Only Memory"，存储在它内部的数据是在出厂时使用特殊工艺固化的，生产后就不可修改，其主要优势是大批量生产时成本低。当前在生产量大、数据不需要修改的场合还有应用。

2. OTPROM

OTPROM（One Time Programable ROM）是一次可编程存储器。这种存储器出厂时里面并没有资料，用户可以使用专用的编程器将自己的资料写入，但只能写入一次，被写入过后，它的内容也不可再修改。在 NXP 公司生产的控制器芯片中，常使用 OTPROM 来存储密钥或设备独有的 mac 地址等内容。

3. EPROM

EPROM（Erasable Programmable ROM）是可重复擦写的存储器，它解决了 PROM 芯片只能写入一次的问题。这种存储器使用紫外线照射芯片内部擦除数据，擦除和写入都要专用的设备。现在这种存储器基本淘汰，被 EEPROM 取代。

4. EEPROM

EEPROM（Electrically Erasable Programmable ROM）是电可擦除存储器。EEPROM 可以重复擦写，它的擦除和写入都是直接使用电路控制，不需要再使用外部设备来擦写。而且可以按字节为单位修改数据，无需擦除整个芯片。现在主要使用的 ROM 芯片都是 EEPROM。

22.3.2 Flash 存储器

Flash 存储器又称为闪存，它也是可重复擦写的存储器，部分书籍会把 Flash 存储器称为 Flash ROM，但它的容量一般比 EEPROM 大得多，且在擦除时，一般以多个字节为单位。如有的 Flash 存储器以 4096 个字节为扇区，最小的擦除单位为一个扇区。根据存储单元电路的不同，Flash 存储器又分为 NOR Flash 和 NAND Flash，见表 22-2。

表 22-2　NOR Flash 与 NAND Flash 特性对比

特　性	NOR Flash	NAND Flash
同容量存储器成本	较贵	较便宜
集成度	较低	较高
介质类型	随机存储	连续存储
地址线和数据线	独立分开	共用
擦除单元	以"扇区/块"擦除	以"扇区/块"擦除
读写单元	可以基于字节读写	必须以"块"为单位读写
读取速度	较高	较低
写入速度	较低	较高
坏块	较少	较多
是否支持 XIP	支持	不支持

NOR 与 NAND 的共性是在数据写入前都需要进行擦除操作，而擦除操作一般是以"扇区/块"为单位的。而 NOR 与 NAND 特性的差别主要在于其内部"地址/数据线"是否分开。

由于 NOR 的地址线和数据线分开，它可以按"字节"读写数据，符合 CPU 的指令译码执行要求，所以假如 NOR 中存储了代码指令，CPU 给 NOR 一个地址，NOR 就能向 CPU 返回一个数据让 CPU 执行，中间不需要额外的处理操作。

而由于 NAND 的数据和地址线共用，只能按"块"来读写数据，假如 NAND 上存储了代码指令，CPU 给 NAND 地址后，它无法直接返回该地址的数据，所以不符合指令译码要求。表 22-2 中的最后一项"是否支持 XIP"描述的就是这种立即执行的特性（eXecute In Place）。

若代码存储在 NAND 上，可以把它先加载到 RAM 存储器上，再由 CPU 执行。所以在功能上可以认为 NOR 是一种断电后数据不丢失的 RAM。但它的擦除单位与 RAM 有区别，且读写速度比 RAM 要慢得多。

另外，Flash 的擦除次数都是有限的（现在普遍是 10 万次左右），当它的使用接近寿命极限的时候，可能会出现写操作失败。由于 NAND 通常是整块擦写的，块内有一位失效整个块就会失效，这被称为坏块。而且由于擦写过程复杂，从整体来说 NOR 坏块更少，寿命更长。由于可能存在坏块，所以 Flash 存储器需要使用"探测/错误更正"（EDC/ECC）算法来确保数据的正确性。

由于两种 Flash 存储器特性的差异，NOR Flash 一般应用在代码存储的场合，如嵌入式控制器内部的程序存储空间。而 NAND Flash 一般应用在大数据量存储的场合，包括 SD 卡、U 盘以及固态硬盘等，这些都是 NAND Flash 类型的。

第 23 章
I²C——读写 EEPROM

23.1 I²C 协议简介

I²C 通信协议（Inter-Integrated Circuit）是由 Philips 公司开发的，由于它引脚少，硬件实现简单，可扩展性强，不需要使用 USART、CAN 等通信协议的外部收发设备，现在被广泛地用于系统内多个集成电路（I²C）间的通信。

在计算机科学里，大部分复杂的问题都可以通过分层来简化。如芯片被分为内核层和片上外设；STM32 标准库则是在寄存器与用户代码之间的软件层。对于通信协议，我们也以分层的方式来理解，最基本的是把它分为物理层和协议层。物理层规定通信系统中具有机械、电子功能部分的特性，确保原始数据在物理媒体中的传输。协议层主要规定通信逻辑，统一收发双方的数据打包、解包标准。简单来说，物理层规定我们是用嘴巴还是用肢体来交流，协议层则规定我是用中文还是英文来交流。

下面分别对 I²C 协议的物理层及协议层进行讲解。

23.1.1 I²C 物理层

I²C 通信设备之间的常用连接方式见图 23-1。

它的物理层有如下特点：

1）它是一个支持设备的总线。"总线"指多个设备共用的信号线。在一个 I²C 通信总线中，可连接多个 I²C 通信设备，支持多个通信主机及多个通信从机。

2）一个 I²C 总线只使用两条总线线路，一条双向串行数据线（SDA），一条串行时钟线（SCL）。数据线用来表示数据，时钟线用于同步数据的收发。

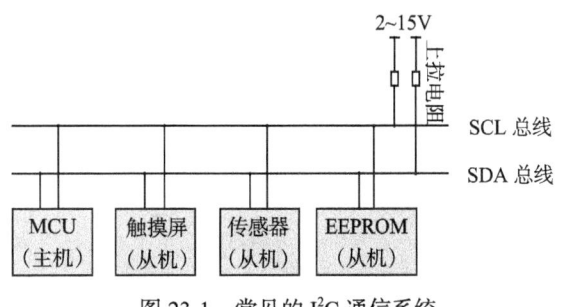

图 23-1 常见的 I²C 通信系统

3）每个连接到总线的设备都有一个独立的地址，主机可以利用这个地址进行不同设备之间的访问。

4）总线通过上拉电阻接到电源。当 I²C 设备空闲时，会输出高阻态，而当所有设备都空闲，都输出高阻态时，由上拉电阻把总线拉成高电平。

5）多个主机同时使用总线时，为了防止数据冲突，会利用仲裁方式决定由哪个设备占用总线。

6）具有 3 种传输模式：标准模式传输速率为 100kbps，快速模式为 400kbps，高速模式可达 3.4Mbps，但目前大多 I²C 设备尚不支持高速模式。

7）连接到相同总线的 IC 数量受到总线的最大电容 400pF 限制。

23.1.2 协议层

I²C 的协议定义了通信的起始和停止信号、数据有效性、响应、仲裁、时钟同步和地址广播等环节。

1. I²C 基本读写过程

先看看 I²C 通信过程的基本结构，它的通信过程见图 23-2、图 23-3 及图 23-4。

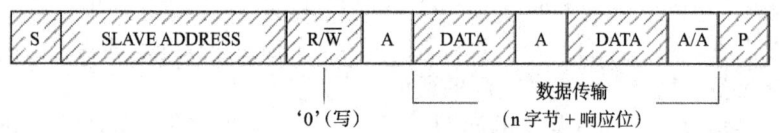

图 23-2　主机写数据到从机

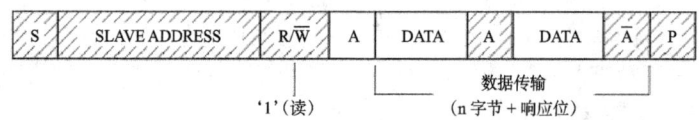

图 23-3　主机由从机中读数据

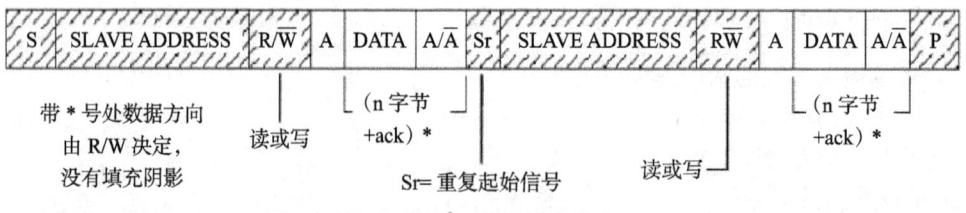

图 23-4　I²C 通信复合格式

图例：▨ 数据由主机传输至从机；
S：传输开始信号
SLAVE_ADDRESS：从机地址
R/W：传输方向选择位，1 为读，0 为写
DATA 数据 A/Ā：应答（ACK）或非应答（NACK）信号
P：停止传输信号
☐ 数据由从机传输至主机

这些图表示的是主机和从机通信时，SDA 线的数据包序列。

其中 S 表示由主机的 I²C 接口产生的传输起始信号，这时连接到 I²C 总线上的所有从机都会接收到这个信号。

起始信号产生后，所有从机就开始等待主机紧接下来广播的从机地址信号（SLAVE_ADDRESS）。在 I²C 总线上，每个设备的地址都是唯一的，当主机广播的地址与某个设备地址相同时，这个设备就被选中了，没被选中的设备将会忽略之后的数据信号。根据 I²C 协议，这个从机地址可以是 7 位或 10 位。

在地址位之后，是传输方向的选择位，该位为 0 时，表示后面的数据传输方向是由主机传输至从机，即主机向从机写数据。该位为 1 时，则相反，即主机由从机读数据。

从机接收到匹配的地址后，主机或从机会返回一个应答（ACK）或非应答（NACK）信号，只有接收到应答信号后，主机才能继续发送或接收数据。

（1）写数据

若配置的方向传输位为"写数据"方向，即图 23-2 的情况。广播完地址，接收到应答信号后，主机开始正式向从机传输数据（DATA）。数据包的大小为 8 位，主机每发送完一个字节数据，都要等待从机的应答信号（ACK），然后重复这个过程。可以向从机传输 N 个数据，这个 N 没有大小限制。当数据传输结束时，主机向从机发送一个停止传输信号（P），表示不再传输数据。

（2）读数据

若配置的方向传输位为"读数据"方向，即图 23-3 的情况。广播完地址，接收到应答信号后，从机开始向主机返回数据（DATA）。数据包大小也为 8 位，从机每发送完一个数据，都会等待主机的应答信号（ACK），然后重复这个过程。可以返回 N 个数据，这个 N 也没有大小限制。当主机希望停止接收数据时，就向从机返回一个非应答信号（NACK），则从机自动停止数据传输。

（3）读和写数据

除了基本的读写，I²C 通信更常用的是复合格式，即图 23-4 的情况。该传输过程有两次起始信号（S）。一般在第 1 次传输中，主机通过 SLAVE_ADDRESS 寻找到从设备后，发送一段"数据"，这段数据通常用于表示从设备内部的寄存器或存储器地址（注意区分它与 SLAVE_ADDRESS 的区别）；在第 2 次的传输中，对该地址的内容进行读或写。也就是说，第 1 次通信是告诉从机读写地址，第 2 次则是读写的实际内容。

以上通信流程中包含的各个信号分解如下：

2. 通信的起始和停止信号

前文中提到的起始（S）和停止（P）信号是两种特殊的状态，见图 23-5。当 SCL 线是高电平时 SDA 线从高电平向低电平切换，表示通信的起始。当 SCL 是高电平时 SDA 线由低电平向高电平切换，表示通信的停止。起始和停止信

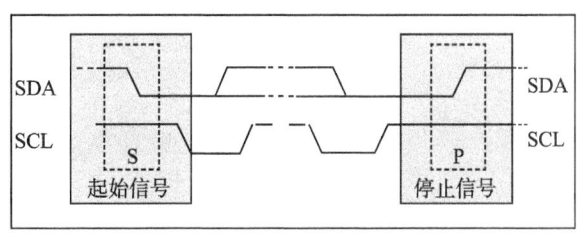

图 23-5　起始和停止信号

号一般由主机产生。

3. 数据有效性

I^2C 使用 SDA 信号线来传输数据，使用 SCL 信号线进行数据同步，见图 23-6。SDA 数据线在 SCL 的每个时钟周期传输一位数据。传输时，SCL 为高电平的时候 SDA 表示的数据有效，即此时的 SDA 为高电平时表示数据"1"，为低电平时表示数据"0"。当 SCL 为低电平时，SDA 的数据无效，一般在这个时候 SDA 进行电平切换，为下一次表示数据做好准备。

每次数据传输都以字节为单位，每次传输的字节数不受限制。

4. 地址及数据方向

I^2C 总线上的每个设备都有自己的独立地址，主机发起通信时，通过 SDA 信号线发送设备地址（SLAVE_ADDRESS）来查找从机。I^2C 协议规定设备地址可以是 7 位或 10 位，实际中 7 位的地址应用比较广泛。紧跟设备地址的一个数据位用来表示数据传输方向，它是数据方向位（R/$\overline{W}$），第 8 位或第 11 位。数据方向位为"1"时表示主机由从机读数据，该位为"0"时表示主机向从机写数据，见图 23-7。

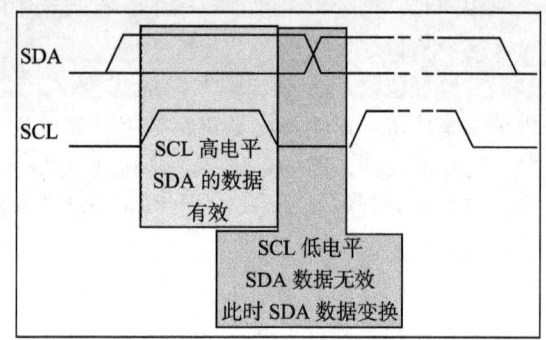

图 23-6 数据有效性

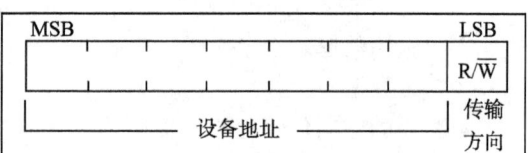

图 23-7 设备地址（7 位）及数据传输方向

读数据方向时，主机会释放对 SDA 信号线的控制，由从机控制 SDA 信号线；主机接收信号；写数据方向时，SDA 由主机控制，从机接收信号。

5. 响应

I^2C 的数据和地址传输都带响应。响应包括"应答"（ACK）和"非应答"（NACK）两种信号。作为数据接收端时，当设备（无论主从机）接收到 I^2C 传输的一个字节数据或地址后，若希望对方继续发送数据，则需要向对方发送"应答"（ACK）信号，发送方会继续发送下一个数据；若接收端希望结束数据传输，则向对方发送"非应答"（NACK）信号，发送方接收到该信号后会产生一个停止信号，结束信号传输，见图 23-8。

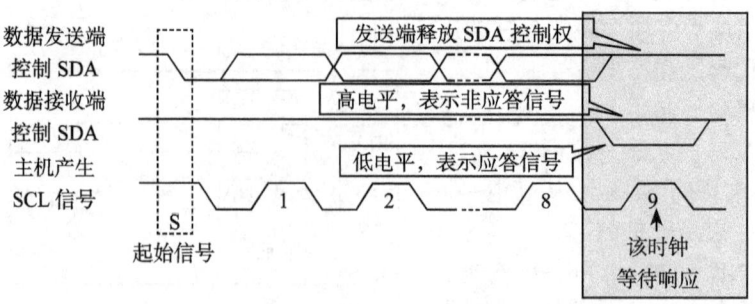

图 23-8 应答与非应答信号

传输时主机产生时钟，在第 9 个时钟时，数据发送端会释放 SDA 的控制权，由数据接收端控制 SDA，若 SDA 为高电平，表示非应答信号（NACK），低电平表示应答信号（ACK）。

23.2　STM32 的 I²C 特性及架构

如果我们直接控制 STM32 的两个 GPIO 引脚，分别用作 SCL 及 SDA，按照上述信号的时序要求，直接像控制 LED 那样控制引脚的输出（若是接收数据时则读取 SDA 电平），就可以实现 I²C 通信。同样，假如我们按照 USART 的要求去控制引脚，也能实现 USART 通信。所以只要遵守协议，就是标准的通信，不管如何实现它，不管是 ST 生产的控制器还是 ATMEL 生产的存储器，都能按通信标准交互。

由于直接控制 GPIO 引脚电平产生通信时序时，需要由 CPU 控制每个时刻的引脚状态，所以称之为"软件模拟协议"方式。

相对地，还有"硬件协议"方式，STM32 的 I²C 片上外设专门负责实现 I²C 通信协议，只要配置好该外设，它就会自动根据协议要求产生通信信号、收发数据并缓存起来。CPU 只要检测该外设的状态和访问数据寄存器，就能完成数据收发。这种由硬件外设处理 I²C 协议的方式减轻了 CPU 的工作，且使软件设计更加简单。

23.2.1　STM32 的 I²C 外设简介

STM32 的 I²C 外设可用作通信的主机及从机，支持 100kbps 和 400kbps 的速率，支持 7 位、10 位设备地址，支持 DMA 数据传输，并具有数据校验功能。它的 I²C 外设还支持 SMBus2.0 协议，SMBus 协议与 I²C 类似，主要应用于笔记本电脑的电池管理，本书不展开，感兴趣的读者可参考《SMBus20》文档了解。

23.2.2　STM32 的 I²C 架构剖析

STM32 的 I²C 架构见图 23-9。

1. 通信引脚

I²C 的所有硬件架构都是根据图 23-9 中左侧 SCL 线和 SDA 线展开的（其中的 SMBA 线用于 SMBus 的警告信号，I²C 通信中不使用），STM32 芯片有多个 I²C 外设，它们的 I²C 通信信号引出到不同的 GPIO 引脚上，使用时必须配置到这些指定的引脚，见表 23-1。关于 GPIO 引脚的复用功能，以规格手册为准。

2. 时钟控制逻辑

SCL 线的时钟信号，由 I²C 接口根据时钟控制寄存器（CCR）控制，控制的参数主要为时钟频率。配置 I²C 的 CCR 寄存器可修改通信速率相关的参数。

- 可选择 I²C 通信的"标准 / 快速"模式，这两个模式分别对应 100、400kbps 的通信速率。
- 在快速模式下可选择 SCL 时钟的占空比，可选 Tlow/Thigh=2 或 Tlow/Thigh=16/9 模

式。我们知道 I²C 协议在 SCL 高电平时对 SDA 信号采样，SCL 低电平时 SDA 准备下一个数据。修改 SCL 的高低电平比会影响数据采样，但其实这两个模式的比例差别并不大，若不是要求非常严格，这里随便选就可以了。

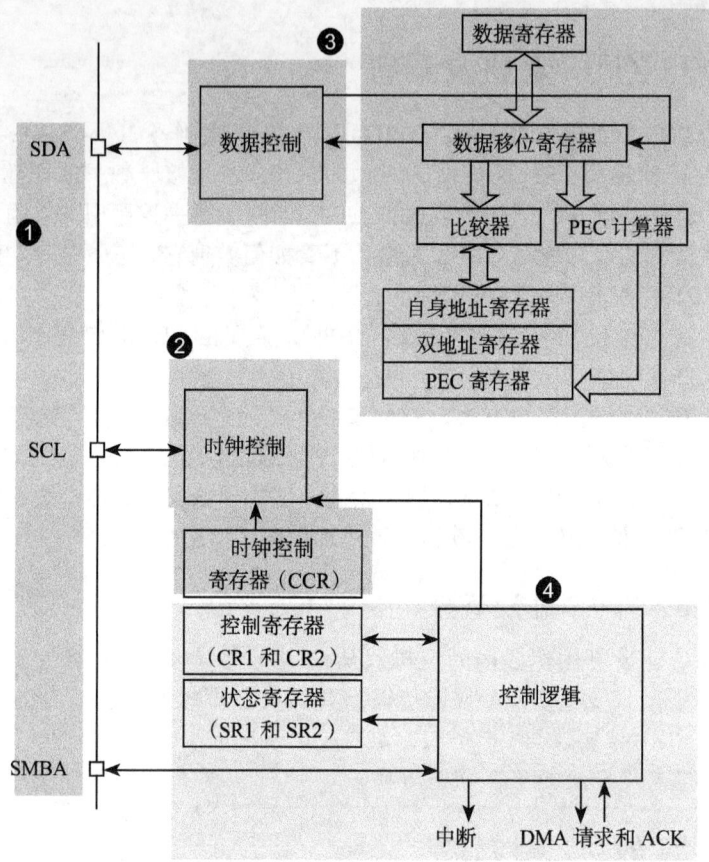

图 23-9　I²C 架构图

- CCR 寄存器中还有一个 12 位的配置因子 CCR，它与 I²C 外设的输入时钟源共同作用，产生 SCL 时钟。STM32 的 I²C 外设都挂载在 APB1 总线上，使用 APB1 的时钟源 PCLK1，SCL 信号线的输出时钟公式如下。

表 23-1　STM32F10x 的 I²C 引脚

引脚	I2C1	I2C2
SCL	PB5 / PB8（重映射）	PB10
SDA	PB6 / PB9（重映射）	PB11

标准模式：

$T_{high} = CCR \times T_{PCKL1}$　　　　　$T_{low} = CCR \times T_{PCKL1}$

快速模式中 $T_{low}/T_{high}=2$ 时：

$T_{high} = CCR \times T_{PCKL1}$　　　　　$T_{low} = 2 \times CCR \times T_{PCKL1}$

快速模式中 $T_{low}/T_{high}=16/9$ 时：

$T_{high} = 9 \times CCR \times T_{PCKL1}$　　　　$T_{low} = 16 \times CCR \times T_{PCKL1}$

例如，PCLK1=36MHz，想要配置400kbps的速率，计算方式如下：
PCLK时钟周期：TPCLK1 = 1/36000000
目标SCL时钟周期：TSCL = 1/400000
SCL时钟周期内的高电平时间：THIGH = TSCL/3
SCL时钟周期内的低电平时间：TLOW = 2×TSCL/3
计算CCR的值：CCR = THIGH/TPCLK1 = 30

计算结果得出CCR为30，向该寄存器位写入此值则可以控制I²C的通信速率为400kHz。其实即使配置出来的SCL时钟不完全等于标准的400kHz，I²C通信的正确性也不会受到影响，因为所有数据通信都是由SCL协调的，只要它的时钟频率不远高于标准即可。

3. 数据控制逻辑

I²C的SDA信号主要连接到数据移位寄存器上，数据移位寄存器的数据来源及目标是数据寄存器（DR）、地址寄存器（OAR）、PEC寄存器以及SDA数据线。当向外发送数据的时候，数据移位寄存器以"数据寄存器"为数据源，把数据一位一位地通过SDA信号线发送出去；当从外部接收数据的时候，数据移位寄存器把SDA信号线采样到的数据一位一位地存储到"数据寄存器"中。若使能了数据校验，接收到的数据会经过PEC计算器运算，运算结果存储在"PEC寄存器"中。当STM32的I²C工作在从机模式的时候，接收到设备地址信号时，数据移位寄存器会把接收到的地址与STM32自身的"I²C地址寄存器"的值作比较，以便响应主机的寻址。STM32的自身I²C地址可通过"自身地址寄存器"修改，支持同时使用两个I²C设备地址，两个地址分别存储在OAR1和OAR2中。

4. 整体控制逻辑

整体控制逻辑负责协调整个I²C外设，控制逻辑的工作模式根据我们配置的"控制寄存器（CR1/CR2）"的参数而改变。在外设工作时，控制逻辑会根据外设的工作状态修改"状态寄存器（SR1和SR2）"，我们只要读取这些寄存器相关的寄存器位，就可以了解I²C的工作状态。除此之外，控制逻辑还根据要求，控制产生I²C中断信号、DMA请求及各种I²C的通信信号（起始、停止、应答信号等）。

23.2.3 通信过程

使用I²C外设通信时，在通信的不同阶段会对"状态寄存器（SR1及SR2）"的不同数据位写入参数，我们通过读取这些寄存器标志来了解通信状态。

1. 主发送器

图23-10中是"主发送器"流程，即作为I²C通信的主机端时，向外发送数据时的过程。主发送器发送流程及事件说明如下：

1）控制产生起始信号（S），当发生起始信号后，它产生事件"EV5"，并会对SR1寄存器的"SB"位置1，表示起始信号已经发送；

2）发送设备地址并等待应答信号。若有从机应答，则产生事件"EV6"及"EV8"，这时SR1寄存器的"ADDR"位及"TxE"位被置1，ADDR为1表示地址已经发送，TxE

为 1 表示数据寄存器为空；

7 位主发送器

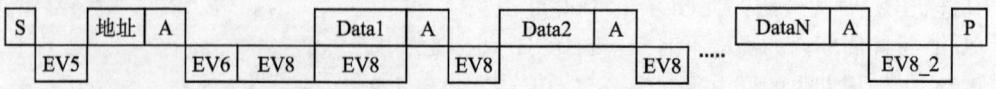

图注：S=起始位，P=停止位，A=应答，
EVx=事件（如果 ITEVFEN=1，则出现中断）
EV5：SB=1
EV6：ADDR=1
EV8：TxE=1
EV8_2：TxE=1，BTF=1

图 23-10　主发送器通信过程

3）以上步骤正常执行并对 ADDR 位清零后，往 I²C 的"数据寄存器 DR"写入要发送的数据，这时 TxE 位会被重置 0，表示数据寄存器非空，I²C 外设通过 SDA 信号线一位位把数据发送出去后，又会产生"EV8"事件，即 TXE 位被置 1，重复这个过程，就可以发送多个字节数据了；

4）当发送了足够的数据后，设置控制寄存器 CR1 的 STOP 位，这种情况下，当 I²C 发送了最后一个数据后会产生 EV8_2 事件，SR1 的 TxE 位及 BTF 位都被置 1，然后 I²C 总线产生一个停止信号（P），表示通信结束。

假如我们使能了 I²C 中断，以上所有事件产生时，都会产生 I²C 中断信号，进入同一个中断服务函数。进入 I²C 中断服务程序后，再通过检查寄存器位来判断是哪一个事件。

2. 主接收器

再来分析主接收器过程，即作为 I²C 通信的主机端时，从外部接收数据的过程，见图 23-11。

7 位主接收器

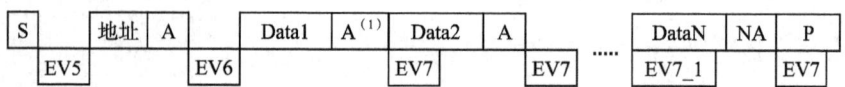

图注：S=起始位，P=停止位，A=应答，NA=非应答，
EVx=事件（如果 ITEVFEN=1，则出现中断）
EV5：SB=1
EV6：ADDR=1
EV7：RxNE=1
EV7_1：RxNE=1

图 23-11　主接收器过程

主接收器接收流程及事件说明如下：

1）同主发送流程，起始信号（S）是由主机端产生的，控制发生起始信号后，它产生事件"EV5"，并会对 SR1 寄存器的"SB"位置 1，表示起始信号已经发送；

2）发送设备地址并等待应答信号，若有从机应答，则产生事件"EV6"，这时 SR1 寄存器的"ADDR"位被置1，表示地址已经发送；

3）从机端接收到地址后，开始向主机端发送数据；当主机接收到这些数据后，会产生"EV7"事件，SR1 寄存器的 RxNE 被置1，表示接收数据寄存器非空，读取该寄存器后，可对数据寄存器清空，以便接收下一次数据；此时我们可以控制 I²C 发送应答信号（ACK）或非应答信号（NACK），若应答，则重复以上步骤接收数据，若非应答，则停止传输；

4）发送非应答信号后，产生停止信号（P），结束传输。

在发送和接收过程中，有的事件不仅标志了我们上面提到的状态位，还可能同时标志主机状态之类的状态位，而且读了之后还需要清除标志位，比较复杂。可使用 STM32 标准库函数来直接检测这些事件的复合标志，以降低编程难度。

23.3　I²C 初始化结构体详解

与其他外设一样，STM32 标准库提供了 I²C 初始化结构体及初始化函数，来配置 I²C 外设。初始化结构体及函数定义在库文件 stm32f10x_i2c.h 及 stm32f10x_i2c.c 中，编程时可以结合这两个文件内的注释使用或参考库帮助文档。了解初始化结构体后，就能对 I²C 外设运用自如了，见代码清单 23-1。

代码清单23-1　I²C初始化结构体

```
1 typedef struct {
2     uint32_t I2C_ClockSpeed;  /*!< 设置 SCL 时钟频率,此值要低于400000*/
3     uint16_t I2C_Mode;        /*!< 指定工作模式,可选I2C模式或SMBus模式 */
4     uint16_t I2C_DutyCycle;   /* 指定时钟占空比,可选low/high = 2:1 或 16:9模式 */
5     uint16_t I2C_OwnAddress1; /*!< 指定自身的I2C设备地址 */
6     uint16_t I2C_Ack;         /*!< 使能或关闭响应(一般都要使能)*/
7     uint16_t I2C_AcknowledgedAddress; /*!< 指定地址的长度,可为7位或10位 */
8 } I2C_InitTypeDef;
```

这些结构体成员说明如下，其中括号内的文字是对应参数在 STM32 标准库中定义的宏。

（1）I2C_ClockSpeed

本成员设置的是 I²C 的传输速率，在调用初始化函数时，函数会根据我们输入的数值经过运算后把时钟因子写入 I²C 的时钟控制寄存器 CCR。而写入的这个参数值不得高于 400kHz。实际上由于 CCR 寄存器不能写入小数类型的时钟因子，使得 SCL 的实际频率可能会低于本成员设置的参数值，这时除了通信稍慢一点以外，不会对 I²C 的标准通信造成其他影响。

（2）I2C_Mode

本成员是选择 I²C 的使用方式，有 I²C 模式（I2C_Mode_I2C）和 SMBus 主、从模式（I2C_Mode_SMBusHost、I2C_Mode_SMBusDevice）。I²C 不需要在此处区分主从模式，直接设置 I2C_Mode_I2C 即可。

（3）I2C_DutyCycle

本成员设置的是 I²C 的 SCL 线时钟的占空比。该配置有两个选择，分别为低电平时间比高电平时间为 2:1（I2C_DutyCycle_2）和 16:9（I2C_DutyCycle_16_9）。其实这两个模式的比例差别并不大,一般要求都不会如此严格,这里随便选就可以。

(4) I2C_OwnAddress1

本成员配置的是STM32的I²C设备自己的地址,每个连接到I²C总线上的设备都要有一个自己的地址,作为主机也不例外。地址可设置为7位或10位(受下面I2C_AcknowledgeAddress成员决定),只要该地址是I²C总线上唯一的即可。

STM32的I²C外设可同时使用两个地址,即同时对两个地址做出响应,这个结构成员I2C_OwnAddress1配置的是默认的OAR1寄存器存储的地址,若需要设置第2个地址寄存器OAR2,可使用I2C_OwnAddress2Config函数来配置。OAR2不支持10位地址,只有7位。

(5) I2C_Ack_Enable

本成员是关于I²C应答设置,设置为使能则可以发送响应信号。本实验配置为允许应答(I2C_Ack_Enable),这是绝大多数遵循I²C标准的设备的通信要求,改为禁止应答(I2C_Ack_Disable)往往会导致通信错误。

(6) I2C_AcknowledgeAddress

本成员选择I²C的寻址模式是7位还是10位地址。这需要根据实际连接到I²C总线上设备的地址进行选择。这个成员的配置也影响I2C_OwnAddress1成员,只有这里设置成10位模式时,I2C_OwnAddress1才支持10位地址。

配置完这些结构体成员值,调用库函数I2C_Init即可把结构体的配置写入寄存器中。

23.4 I²C——读写EEPROM实验

EEPROM是一种掉电后数据不丢失的存储器,常用来存储一些配置信息,以便系统重新上电的时候加载之。EEPOM芯片最常用的通信方式就是I²C协议,本小节以EEPROM的读写实验为例,讲解STM32的I²C使用方法。实验中STM32的I²C外设采用主模式,分别用作主发送器和主接收器,通过查询事件的方式来确保正常通信。

23.4.1 硬件设计

本实验板中的EEPROM芯片(型号:AT24C02)的SCL及SDA引脚连接到了STM32对应的I²C引脚中,结合上拉电阻,构成了I²C通信总线,它们通过I²C总线交互,见图23-12。EEPROM芯片的设备地址一共有7位,其中高4位固定为:1010 b,低3位则由A0、A1、A2信号线的电平决定,见图23-13。图中的R/W是读写方向位,与地址无关。

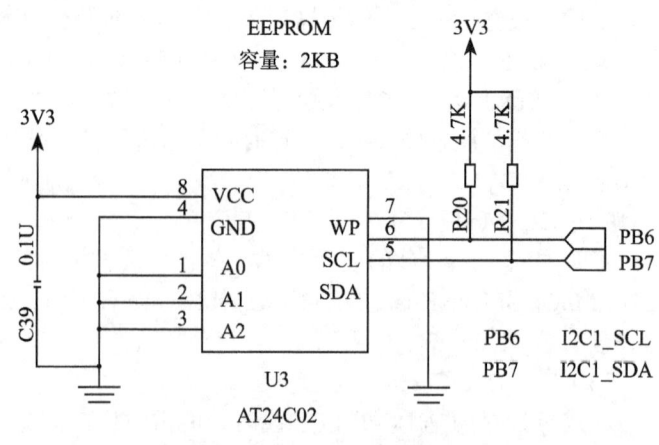

图23-12 EEPROM硬件连接图

按照我们此处的连接，A0、A1、A2 均为 0，所以 EEPROM 的 7 位设备地址是：101 0000b，即 0x50。由于 I^2C 通信时常常是地址与读写方向连在一起，构成一个 8 位数，且当 R/W 位为 0 时，表示写方向，所以加上 7 位地址，其值为 0xA0，常称该值为 I^2C 设备的"写地址"；当 R/W 位为 1 时，表示读方向，加上 7 位地址，其值为 0xA1，常称该值为"读地址"。

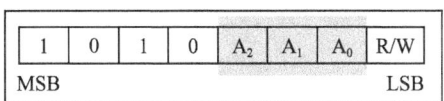

图 23-13　EEPROM 设备地址（摘自《AT24C02》规格书）

EEPROM 芯片中还有一个 WP 引脚，具有写保护功能。当该引脚电平为高时，禁止写入数据，当引脚为低电平时，可写入数据。这里直接接地，不使用写保护功能。

关于 EEPROM 的更多信息，可参考其数据手册《AT24C02》来了解。若您使用的实验板 EEPROM 的型号、设备地址或控制引脚不一样，只需根据我们的工程修改即可，程序的控制原理相同。

24.4.2　软件设计

为了使工程更加有条理，我们把读写 EEPROM 相关的代码独立分开存储，以方便以后移植。在"工程模板"之上新建 bsp_i2c_ee.c 及 bsp_i2c_ee.h 文件，这些文件也可根据令人喜好命名，它们不属于 STM32 标准库的内容，是由我们自己根据应用需要编写的。

1. 编程要点

1）配置通信使用的目标引脚为开漏模式；
2）使能 I^2C 外设的时钟；
3）配置 I^2C 外设的模式、地址、速率等参数，并使能 I^2C 外设；
4）编写基本 I^2C 按字节收发的函数；
5）编写读写 EEPROM 存储内容的函数；
6）编写测试程序，对读写数据进行校验。

2. 代码分析

（1）I^2C 硬件相关宏定义

我们把 I^2C 硬件相关的配置都以宏的形式定义到 bsp_i2c_ee.h 文件中，见代码清单 23-2。

代码清单 23-2　I^2C 硬件配置相关的宏

```
1  /*******************************I2C参数定义，I2C1 或 I2C2*******************/
2  #define        EEPROM_I2Cx                         I2C1
3  #define        EEPROM_I2C_APBxClock_FUN            RCC_APB1PeriphClockCmd
4  #define        EEPROM_I2C_CLK                      RCC_APB1Periph_I2C1
5  #define        EEPROM_I2C_GPIO_APBxClock_FUN       RCC_APB2PeriphClockCmd
6  #define              EEPROM_I2C_GPIO_CLK           RCC_APB2Periph_GPIOB
7  #define        EEPROM_I2C_SCL_PORT                             GPIOB
8  #define        EEPROM_I2C_SCL_PIN                              GPIO_Pin_6
9  #define        EEPROM_I2C_SDA_PORT                             GPIOB
10 #define        EEPROM_I2C_SDA_PIN                              GPIO_Pin_7
11
12 /* STM32 I2C 快速模式 */
13 #define I2C_Speed                       400000
```

```
14
15  /* 这个地址只要与 STM32 外挂的 I2C 器件地址不一样即可 */
16  #define I2Cx_OWN_ADDRESS7         0X0A
17
18  /* AT24C01/02 每页有 8 个字节 */
19  #define I2C_PageSize              8
```

以上代码根据硬件连接,把与 EEPROM 通信使用的 I²C 号、引脚号都以宏封装起来,并且定义了自身的 I²C 地址及通信速率,以便配置模式的时候使用。

(2)初始化 I²C 的 GPIO

利用上面的宏,编写 I²C GPIO 引脚的初始化函数,见代码清单 23-3。

代码清单23-3 I²C GPIO初始化函数

```
1  static void I2C_GPIO_Config(void)
2  {
3      GPIO_InitTypeDef  GPIO_InitStructure;
4
5      /* 使能与 I2C 有关的时钟 */
6      EEPROM_I2C_APBxClock_FUN ( EEPROM_I2C_CLK, ENABLE );
7      EEPROM_I2C_GPIO_APBxClock_FUN ( EEPROM_I2C_GPIO_CLK, ENABLE );
8
9      /* I2C_SCL、I2C_SDA */
10     GPIO_InitStructure.GPIO_Pin = EEPROM_I2C_SCL_PIN;
11     GPIO_InitStructure.GPIO_Speed = GPIO_Speed_50MHz;
12     GPIO_InitStructure.GPIO_Mode = GPIO_Mode_AF_OD;        // 开漏输出
13     GPIO_Init(EEPROM_I2C_SCL_PORT, &GPIO_InitStructure);
14
15     GPIO_InitStructure.GPIO_Pin = EEPROM_I2C_SDA_PIN;
16     GPIO_InitStructure.GPIO_Speed = GPIO_Speed_50MHz;
17     GPIO_InitStructure.GPIO_Mode = GPIO_Mode_AF_OD;        // 开漏输出
18     GPIO_Init(EEPROM_I2C_SDA_PORT, &GPIO_InitStructure);
19  }
```

开启相关的时钟并初始化 GPIO 引脚,函数执行流程如下:

1)使用 GPIO_InitTypeDef 定义 GPIO 初始化结构体变量,以便下面用于存储 GPIO 配置;

2)调用库函数 RCC_APB1PeriphClockCmd(代码中为宏 EEPROM_I2C_APBxClock_FUN)使能 I²C 外设时钟,调用 RCC_APB2PeriphClockCmd(代码中为宏 EEPROM_I2C_GPIO_APBxClock_FUN)来使能 I²C 引脚使用的 GPIO 端口时钟。

3)向 GPIO 初始化结构体赋值,把引脚初始化成复用开漏模式。要注意,I²C 的引脚必须使用这种模式。

4)使用以上初始化结构体的配置,调用 GPIO_Init 函数向寄存器写入参数,完成 GPIO 的初始化。

(3)配置 I2C 的模式

以上只是配置了 I²C 使用的引脚,还不算对 I²C 模式的配置,见代码清单 23-4。

代码清单23-4 配置I²C模式

```
1  /**
2    * @brief  I2C 工作模式配置
```

```
 3    * @param  无
 4    * @retval 无
 5    */
 6  static void I2C_Mode_Configu(void)
 7  {
 8       I2C_InitTypeDef  I2C_InitStructure;
 9
10       /* I2C 配置 */
11       I2C_InitStructure.I2C_Mode = I2C_Mode_I2C;
12
13       /* 高电平数据稳定，低电平数据变化 SCL 时钟线的占空比 */
14       I2C_InitStructure.I2C_DutyCycle = I2C_DutyCycle_2;
15
16       I2C_InitStructure.I2C_OwnAddress1 =I2Cx_OWN_ADDRESS7;
17       I2C_InitStructure.I2C_Ack = I2C_Ack_Enable ;
18
19       /* I2C 的寻址模式 */
20  I2C_InitStructure.I2C_AcknowledgedAddress = I2C_AcknowledgedAddress_7bit;
21
22       /* 通信速率 */
23       I2C_InitStructure.I2C_ClockSpeed = I2C_Speed;
24
25       /* I2C 初始化 */
26       I2C_Init(EEPROM_I2Cx, &I2C_InitStructure);
27
28       /* 使能 I2C */
29       I2C_Cmd(EEPROM_I2Cx, ENABLE);
30  }
31
32
33  /**
34    * @brief   I2C 外设 (EEPROM) 初始化
35    * @param  无
36    * @retval 无
37    */
38  void I2C_EE_Init(void)
39  {
40       I2C_GPIO_Config();
41
42       I2C_Mode_Configu();
43
44       /* 根据头文件 i2c_ee.h 中的定义来选择 EEPROM 要写入的设备地址   */
45       /* 选择 EEPROM Block0 来写入 */
46       EEPROM_ADDRESS = EEPROM_Block0_ADDRESS;
47  }
```

熟悉 STM32 I²C 结构的话，这段初始化程序就十分好理解。它把 I²C 外设通信时钟 SCL 的低 / 高电平比设置为 2，使能响应功能，使用 7 位地址 I2C_OWN_ADDRESS7，速率配置为 I2C_Speed（前面在 bsp_i2c_ee.h 中定义的宏）。最后调用库函数 I2C_Init 把这些配置写入寄存器，并调用 I2C_Cmd 函数使能外设。

为方便调用，我们把 I²C 的 GPIO 及模式配置都用 I2C_EE_Init 函数封装起来。

（4）向 EEPROM 写入一个字节的数据

初始化好 I²C 外设后，就可以使用 I²C 通信了。我们看看如何向 EEPROM 写入一个字节的数据，见代码清单 23-5。

代码清单23-5　向EEPROM写入一个字节的数据

```
/*******************************************************************/
/* 通信等待超时时间 */
#define I2CT_FLAG_TIMEOUT      ((uint32_t)0x1000)
#define I2CT_LONG_TIMEOUT      ((uint32_t)(10 * I2CT_FLAG_TIMEOUT))

/**
 * @brief   I2C等待事件超时的情况下会调用这个函数来处理
 * @param   errorCode: 错误代码,可以用来定位是哪个环节出错.
 * @retval  返回0,表示IIC读取失败.
 */
static  uint32_t I2C_TIMEOUT_UserCallback(uint8_t errorCode)
{
    /* 使用串口printf输出错误信息,方便调试 */
    EEPROM_ERROR("I2C 等待超时!errorCode = %d",errorCode);
    return 0;
}
/**
 * @brief    写一个字节到I2C EEPROM中
 * @param    pBuffer:缓冲区指针
 * @param    WriteAddr:写地址
 * @retval   正常返回1,异常返回0
 */
uint32_t I2C_EE_ByteWrite(u8* pBuffer, u8 WriteAddr)
{
    /* 产生I2C起始信号 */
    I2C_GenerateSTART(EEPROM_I2Cx, ENABLE);

    /* 设置超时等待时间 */
    I2CTimeout = I2CT_FLAG_TIMEOUT;
    /* 检测EV5事件并清除标志 */
    while (!I2C_CheckEvent(EEPROM_I2Cx, I2C_EVENT_MASTER_MODE_SELECT))
    {
        if ((I2CTimeout--) == 0) return I2C_TIMEOUT_UserCallback(0);
    }

    /* 发送EEPROM设备地址 */
    I2C_Send7bitAddress(EEPROM_I2Cx, EEPROM_ADDRESS,
                        I2C_Direction_Transmitter);

    I2CTimeout = I2CT_FLAG_TIMEOUT;
    /* 检测EV6事件并清除标志 */
    while (!I2C_CheckEvent(EEPROM_I2Cx,
                           I2C_EVENT_MASTER_TRANSMITTER_MODE_SELECTED))
    {
        if ((I2CTimeout--) == 0) return I2C_TIMEOUT_UserCallback(1);
    }

    /* 发送要写入的EEPROM内部地址(即EEPROM内部存储器的地址) */
    I2C_SendData(EEPROM_I2Cx, WriteAddr);

    I2CTimeout = I2CT_FLAG_TIMEOUT;
```

```
53      /* 检测 EV8 事件并清除标志 */
54      while (!I2C_CheckEvent(EEPROM_I2Cx,
55                             I2C_EVENT_MASTER_BYTE_TRANSMITTED))
56      {
57          if ((I2CTimeout--) == 0) return I2C_TIMEOUT_UserCallback(2);
58      }
59      /* 发送一字节要写入的数据 */
60      I2C_SendData(EEPROM_I2Cx, *pBuffer);
61
62      I2CTimeout = I2CT_FLAG_TIMEOUT;
63      /* 检测 EV8 事件并清除标志 */
64      while (!I2C_CheckEvent(EEPROM_I2Cx,
65                             I2C_EVENT_MASTER_BYTE_TRANSMITTED))
66      {
67          if ((I2CTimeout--) == 0) return I2C_TIMEOUT_UserCallback(3);
68      }
69
70      /* 发送停止信号 */
71      I2C_GenerateSTOP(EEPROM_I2Cx, ENABLE);
72
73      return 1;
74  }
```

先来分析 I2C_TIMEOUT_UserCallback 函数，它的函数体里只调用了宏 EEPROM_ERROR，这个宏封装了 printf 函数，方便使用串口向上位机打印调试信息，阅读代码时把它当成 printf 函数即可。I²C 通信中的很多过程都需要检测事件，当检测到某事件后才能继续下一步的操作，但有时通信错误或者 I²C 总线被占用，就不能无休止地等待下去，所以我们设定每个事件检测都有等待的时间上限，若超过这个时间，就调用 I2C_TIMEOUT_UserCallback 函数输出调试信息（或可以自己加其他操作），并终止 I²C 通信。

了解了这个机制，再来分析 I2C_EE_ByteWrite 函数，这个函数实现了前面讲的 I²C 主发送器通信流程。

1）使用库函数 I2C_GenerateSTART 产生 I²C 起始信号，其中的 EEPROM_I2C 宏是前面硬件定义相关的 I²C 编号。

2）对 I2CTimeout 变量赋值为宏 I2CT_FLAG_TIMEOUT。这个 I2CTimeout 变量在下面的 while 循环中每次循环减 1，该循环通过调用库函数 I²C_CheckEvent 检测事件，若检测到事件；则进入通信的下一阶段；若未检测到事件，则停留在此处一直检测。当检测 I2CT_FLAG_TIMEOUT 次都还没等待到事件，则认为通信失败，调用前面的 I2C_TIMEOUT_UserCallback 输出调试信息，并退出通信。

3）调用库函数 I2C_Send7bitAddress 发送 EEPROM 的设备地址，并把数据传输方向设置为 I2C_Direction_Transmitter（发送方向），这个数据传输方向就是通过设置 I²C 通信中紧跟地址后面的 R/W 位实现的。发送地址后以同样的方式检测 EV6 标志。

4）调用库函数 I2C_SendData 向 EEPROM 发送要写入的内部地址，该地址是 I2C_EE_ByteWrite 函数的输入参数，发送完毕后等待 EV8 事件。要注意，这个内部地址跟上面的 EEPROM 地址不一样，上面的是指 I²C 总线设备的独立地址，而此处的内部地址是指 EEPROM 内数据组织的地址，也可理解为 EEPROM 内存的地址或 I²C 设备的寄存器地址。

5)调用库函数 I2C_SendData 向 EEPROM 发送要写入的数据,该数据是 I2C_EE_ByteWrite 函数的输入参数,发送完毕后等待 EV8 事件。

6)一个 I²C 通信过程完毕,调用 I2C_GenerateSTOP 发送停止信号。

在这个通信过程中,STM32 实际上通过 I²C 向 EEPROM 发送了两个数据,但为何第 1 个数据被解释为 EEPROM 的内存地址?因为这是由 EEPROM 的自己定义的单字节写入时序,见图 23-14。

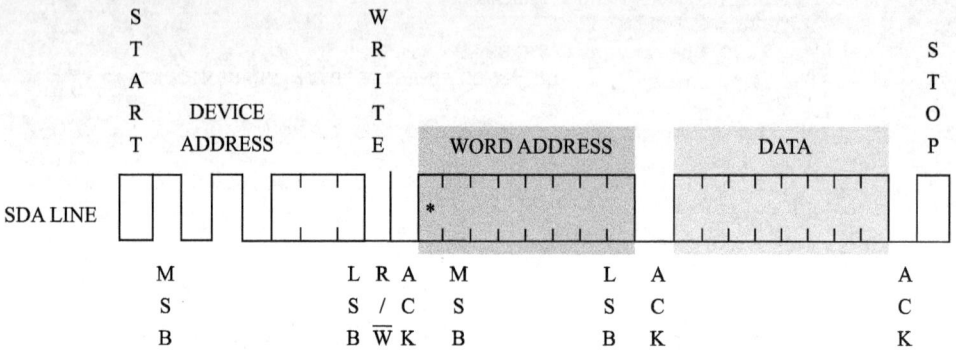

图 23-14　EEPROM 单字节写入时序(摘自《AT24C02》规格书)

EEPROM 的单字节时序规定,向它写入数据的时候,第 1 个字节为内存地址,第 2 个字节是要写入的数据内容。所以我们需要理解:命令、地址的本质都是数据,对数据的解释不同,它就有了不同的功能。

(5)多字节写入及状态等待

单字节写入通信结束后,EEPROM 芯片会根据这个通信结果擦写该内存地址的内容,这需要一段时间,所以我们在多次写入数据时,要先等待 EEPROM 内部擦写完毕。多个数据写入过程见代码清单 23-6。

代码清单23-6　多字节写入

```
/**
 * @brief   将缓冲区中的数据写到 I2C EEPROM 中,采用单字节写入的方式
 *          速度比页写入慢
 * @param   pBuffer:缓冲区指针
 * @param   WriteAddr:写地址
 * @param   NumByteToWrite:写的字节数
 * @retval  无
 */
uint8_t I2C_EE_ByetsWrite(uint8_t* pBuffer,uint8_t WriteAddr,
                          uint16_t NumByteToWrite)
{
    uint16_t i;
    uint8_t res;

    /* 每写一个字节调用一次 I2C_EE_ByteWrite 函数 */
    for (i=0; i<NumByteToWrite; i++)
    {
        /* 等待 EEPROM 准备完毕 */
```

```
19          I2C_EE_WaitEepromStandbyState();
20          /* 按字节写入数据 */
21          res = I2C_EE_ByteWrite(pBuffer++,WriteAddr++);
22      }
23      return res;
24 }
```

这段代码比较简单，直接使用 for 循环调用前面定义的 I2C_EE_ByteWrite 函数，一个字节一个字节地向 EEPROM 发送要写入的数据。在每次数据写入通信前调用 I2C_EE_WaitEepromStandbyState 函数，等待 EEPROM 内部擦写完毕，该函数的定义见代码清单 23-7。

代码清单23-7　等待EEPROM处于准备状态

```
1  /**
2    * @brief   等待 EEPROM 到准备状态
3    * @param   无
4    * @retval  无
5    */
6  void I2C_EE_WaitEepromStandbyState(void)
7  {
8      vu16 SR1_Tmp = 0;
9
10     do {
11         /* 发送起始信号 */
12         I2C_GenerateSTART(EEPROM_I2Cx, ENABLE);
13
14         /* 读 I2C1 SR1 寄存器 */
15         SR1_Tmp = I2C_ReadRegister(EEPROM_I2Cx, I2C_Register_SR1);
16
17         /* 发送 EEPROM 地址 + 写方向 */
18         I2C_Send7bitAddress(EEPROM_I2Cx, EEPROM_ADDRESS,
19                             I2C_Direction_Transmitter);
20     }
21     // SR1 位 1 ADDR: 1 表示地址发送成功，0 表示地址发送没有结束
22     // 等待地址发送成功
23     while (!(I2C_ReadRegister(EEPROM_I2Cx, I2C_Register_SR1) & 0x0002));
24
25     /* 清除 AF 位 */
26     I2C_ClearFlag(EEPROM_I2Cx, I2C_FLAG_AF);
27     /* 发送停止信号 */
28     I2C_GenerateSTOP(EEPROM_I2Cx, ENABLE);
29 }
```

这个函数主要实现向 EEPROM 发送设备地址，检测 EEPROM 的响应，若 EEPROM 接收到地址后返回应答信号，则表示 EEPROM 已经准备好，可以开始下一次通信。函数中检测响应是通过读取 STM32 的 SR1 寄存器的 ADDR 位及 AF 位来实现的。当 I²C 设备响应了地址的时候，ADDR 会置 1；若应答失败，AF 位会置 1。

（6）EEPROM 的页写入

在以上的数据通信中，每写入一个数据都需要向 EEPROM 发送写入的地址，当我们希望向连续地址写入多个数据的时候，只要告诉 EEPROM 第 1 个内存地址 address1，后面的数据按次序写入 address2、address3 等这样可以节省通信的时间，加快速度。为应对这种需

求，EEPROM 定义了一种页写入时序，见图 23-15。

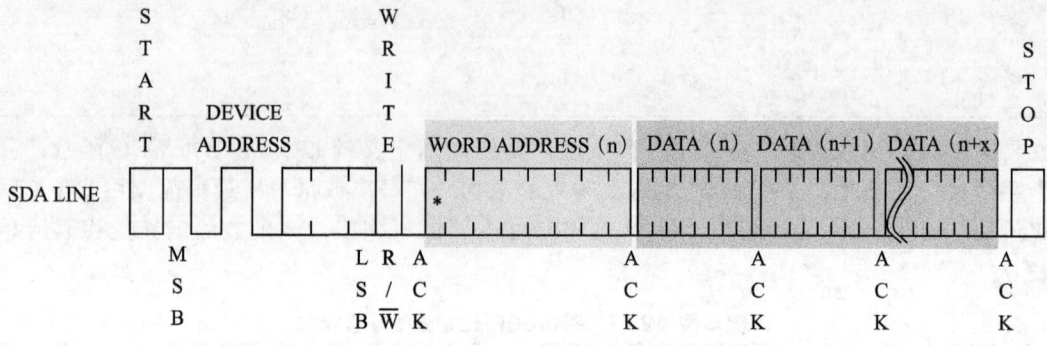

图 23-15　EEPROM 页写入时序（摘自《AT24C02》规格书）

根据页写入时序，第 1 个数据被解释为要写入的内存地址 address1，后续可连续发送 n 个数据，这些数据会依次写入内存中。其中 AT24C02 型号的芯片页写入时序最多可以一次发送 8 个数据（n = 8），该值也称为页大小。某些型号的芯片每个页写入时序最多可传输 16 个数据。EEPROM 的页写入代码实现见代码清单 23-8。

代码清单 23-8　EEPROM 的页写入

```
1
2  /**
3   * @brief     在 EEPROM 的一个写循环中可以写多个字节，但一次写入的字节数
4   *            不能超过 EEPROM 页的大小，AT24C02 每页有 8 个字节
5   * @param
6   * @param     pBuffer: 缓冲区指针
7   * @param     WriteAddr: 写地址
8   * @param     NumByteToWrite: 要写的字节数要求 NumByToWrite 小于页大小
9   * @retval    正常返回 1, 异常返回 0
10  */
11 uint8_t I2C_EE_PageWrite(uint8_t* pBuffer, uint8_t WriteAddr,
12                          uint8_t NumByteToWrite)
13 {
14     I2CTimeout = I2CT_LONG_TIMEOUT;
15
16     while (I2C_GetFlagStatus(EEPROM_I2Cx, I2C_FLAG_BUSY))
17     {
18         if ((I2CTimeout--) == 0) return I2C_TIMEOUT_UserCallback(4);
19     }
20
21     /* 产生 I2C 起始信号 */
22     I2C_GenerateSTART(EEPROM_I2Cx, ENABLE);
23
24     I2CTimeout = I2CT_FLAG_TIMEOUT;
25
26     /* 检测 EV5 事件并清除标志 */
27     while (!I2C_CheckEvent(EEPROM_I2Cx, I2C_EVENT_MASTER_MODE_SELECT))
28     {
29         if ((I2CTimeout--) == 0) return I2C_TIMEOUT_UserCallback(5);
30     }
31
```

```c
32      /* 发送EEPROM设备地址 */
33  I2C_Send7bitAddress(EEPROM_I2Cx,EEPROM_ADDRESS,I2C_Direction_Transmitter);
34
35      I2CTimeout = I2CT_FLAG_TIMEOUT;
36
37      /* 检测EV6事件并清除标志 */
38      while (!I2C_CheckEvent(EEPROM_I2Cx,
39                              I2C_EVENT_MASTER_TRANSMITTER_MODE_SELECTED))
40      {
41          if ((I2CTimeout--) == 0) return I2C_TIMEOUT_UserCallback(6);
42      }
43      /* 发送要写入的EEPROM内部地址（即EEPROM内部存储器的地址）*/
44      I2C_SendData(EEPROM_I2Cx, WriteAddr);
45
46      I2CTimeout = I2CT_FLAG_TIMEOUT;
47
48      /* 检测EV8事件并清除标志 */
49      while (!I2C_CheckEvent(EEPROM_I2Cx, I2C_EVENT_MASTER_BYTE_TRANSMITTED))
50      {
51          if ((I2CTimeout--) == 0) return I2C_TIMEOUT_UserCallback(7);
52      }
53      /* 循环发送NumByteToWrite个数据 */
54      while (NumByteToWrite--)
55      {
56          /* 发送缓冲区中的数据 */
57          I2C_SendData(EEPROM_I2Cx, *pBuffer);
58
59          /* 指向缓冲区中的下一个数据 */
60          pBuffer++;
61
62          I2CTimeout = I2CT_FLAG_TIMEOUT;
63
64          /* 检测EV8事件并清除标志 */
65          while (!I2C_CheckEvent(EEPROM_I2Cx, I2C_EVENT_MASTER_BYTE_TRANSMITTED))
66          {
67              if ((I2CTimeout--) == 0) return I2C_TIMEOUT_UserCallback(8);
68          }
69      }
70      /* 发送停止信号 */
71      I2C_GenerateSTOP(EEPROM_I2Cx, ENABLE);
72      return 1;
73  }
```

这段页写入函数主体与单字节写入函数是一样的，只是它在发送数据的时候，使用for循环控制发送多个数据，发送完多个数据后才产生 I²C 停止信号。只要每次传输的数据小于等于EEPROM时序规定的页大小，就能正常传输。

（7）快速写入多字节

利用 EEPROM 的页写入方式，可以改进前面的"多字节写入"函数，加快传输速度，见代码清单23-9。

代码清单23-9　快速写入多字节函数

```c
1  // AT24C01/02每页有8个字节
2  #define I2C_PageSize           8
```

```c
 3
 4  /**
 5    * @brief    将缓冲区中的数据写到 I2C EEPROM 中
 6    * @param
 7    * @arg pBuffer:缓冲区指针
 8    * @arg WriteAddr:写地址
 9    * @arg NumByteToWrite:写的字节数
10    * @retval  无
11    */
12  void I2C_EE_BufferWrite(u8* pBuffer, u8 WriteAddr,
13                          u16 NumByteToWrite)
14  {
15      u8 NumOfPage=0,NumOfSingle=0,Addr =0,count=0,temp =0;
16
17      /* mod 运算求余,若 writeAddr 是 I2C_PageSize 整数倍,运算结果 Addr 值为 0*/
18
19      Addr = WriteAddr % I2C_PageSize;
20
21      /* 差 count 个数据值,刚好可以对齐到页地址 */
22      count = I2C_PageSize - Addr;
23
24      /* 计算出要写多少整数页 */
25      NumOfPage =  NumByteToWrite / I2C_PageSize;
26
27      /* mod 运算求余,计算出剩余不满一页的字节数 */
28      NumOfSingle = NumByteToWrite % I2C_PageSize;
29
30      // Addr=0,则 WriteAddr 刚好按页对齐 aligned
31      // 这样就很简单了,直接写就可以,写完整页后
32      // 把剩下的不满一页的写完即可
33      if (Addr == 0) {
34          /* 如果 NumByteToWrite < I2C_PageSize */
35          if (NumOfPage == 0) {
36              I2C_EE_PageWrite(pBuffer, WriteAddr, NumOfSingle);
37              I2C_EE_WaitEepromStandbyState();
38          }
39          /* 如果 NumByteToWrite > I2C_PageSize */
40          else {
41              /*先把整数页都写了 */
42              while (NumOfPage--) {
43                  I2C_EE_PageWrite(pBuffer, WriteAddr, I2C_PageSize);
44                  I2C_EE_WaitEepromStandbyState();
45                  WriteAddr +=  I2C_PageSize;
46                  pBuffer += I2C_PageSize;
47              }
48              /*若有多余的不满一页的数据,把它写完 */
49              if (NumOfSingle!=0) {
50                  I2C_EE_PageWrite(pBuffer, WriteAddr, NumOfSingle);
51                  I2C_EE_WaitEepromStandbyState();
52              }
53          }
54      }
55      // 如果 WriteAddr 不是按 I2C_PageSize 对齐
56      // 那就算出对齐到页地址还需要多少个数据,然后
57      // 先把这几个数据写完,剩下开始的地址就已经对齐
```

```c
58          // 到页地址了，代码重复上面的即可
59          else {
60              /* 如果 NumByteToWrite < I2C_PageSize */
61              if (NumOfPage== 0) {
62                  /* 若NumOfSingle>count, 当前面写不完时, 要写到下一页 */
63                  if (NumOfSingle > count) {
64                      // temp 的数据要写到哪一页
65                      temp = NumOfSingle - count;
66
67                      I2C_EE_PageWrite(pBuffer, WriteAddr, count);
68                      I2C_EE_WaitEepromStandbyState();
69                      WriteAddr += count;
70                      pBuffer += count;
71
72                      I2C_EE_PageWrite(pBuffer, WriteAddr, temp);
73                      I2C_EE_WaitEepromStandbyState();
74                  } else { /* 若count 比 NumOfSingle 大 */
75                      I2C_EE_PageWrite(pBuffer, WriteAddr, NumByteToWrite);
76                      I2C_EE_WaitEepromStandbyState();
77                  }
78              }
79              /* 如果 NumByteToWrite > I2C_PageSize */
80              else {
81                  /*地址不对齐多出的count 分开处理, 不加入这个运算 */
82                  NumByteToWrite -= count;
83                  NumOfPage = NumByteToWrite / I2C_PageSize;
84                  NumOfSingle = NumByteToWrite % I2C_PageSize;
85
86                  /* 先把WriteAddr 所在页的剩余字节写了 */
87                  if (count != 0) {
88                      I2C_EE_PageWrite(pBuffer, WriteAddr, count);
89                      I2C_EE_WaitEepromStandbyState();
90
91                      /*WriteAddr 加上count 后, 地址就对齐到页了 */
92                      WriteAddr += count;
93                      pBuffer += count;
94                  }
95                  /* 把整数页都写了 */
96                  while (NumOfPage--) {
97                      I2C_EE_PageWrite(pBuffer, WriteAddr, I2C_PageSize);
98                      I2C_EE_WaitEepromStandbyState();
99                      WriteAddr += I2C_PageSize;
100                     pBuffer += I2C_PageSize;
101                 }
102                 /* 若有多余的不满一页的数据, 把它写完 */
103                 if (NumOfSingle != 0) {
104                     I2C_EE_PageWrite(pBuffer, WriteAddr, NumOfSingle);
105                     I2C_EE_WaitEepromStandbyState();
106                 }
107         }
108     }
109 }
```

很多读者觉得这段代码的运算很复杂，看不懂，其实它的主旨就是对输入的数据进行分页（本型号芯片每页8个字节），见表23-2。通过"整除"计算要写入的数据

NumByteToWrite 能写满多少"完整的页",计算得的值存储在 NumOfPage 中。但有时数据不是刚好能写满完整页的,会多一点出来,通过"求余"计算得出"不满一页的数据个数"就存储在 NumOfSingle 中。计算后通过按页传输 NumOfPage 次整页数据及最后的 NumOfSingle 个数据,使用页传输,比之前的单个字节数据传输要快很多。

除了基本的分页传输,还要考虑首地址的问题,见表 23-3。若首地址不是刚好对齐到页的首地址,会需要一个 count 值,用于存储从该首地址开始写满该地址所在的页,还能写多少个数据。实际传输时,先把这部分 count 个数据先写入,填满该页,然后把剩余的数据(NumByteToWrite-count),再重复上述求出 NumOfPage 及 NumOfSingle 的过程,按页传输到 EEPROM。

首地址对齐到页时的计算举例:
1)若 writeAddress=16,计算得 Addr=16%8= 0,count=8-0= 8;
2)若 NumOfPage=22,计算得 NumOfPage=22/8= 2,NumOfSingle=22%8= 6;
3)数据传输情况见表 23-2。

表 23-2　首地址对齐到页时的情况

不影响	0	1	2	3	4	5	6	7
不影响	8	9	10	11	12	13	14	15
第1页	16	17	18	19	20	21	22	23
第2页	24	25	26	27	28	29	30	31
NumOfSingle=6	32	33	34	35	36	37	38	39

首地址不对齐到页时的计算举例:
1)若 writeAddress=17,计算得 Addr=17%8= 1,count=8-1= 7;
2)同时,若 NumByteToWrite=22,
3)先把 count 去掉,特殊处理,计算得新的 NumByteToWrite=22-7= 15;
4)计算得 NumOfPage=15/8= 1,NumOfSingle=15%8 = 7;
5)数据传输情况见表 23-3。

表 23-3　首地址未对齐到页时的情况

不影响	0	1	2	3	4	5	6	7
不影响	8	9	10	11	12	13	14	15
count=7	16	17	18	19	20	21	22	23
第1页	24	25	26	27	28	29	30	31
NumOfSingle=7	32	33	34	35	36	37	38	39

最后,强调一下,EEPROM 支持的页写入只是一种加速的 I^2C 的传输时序,实际上并不要求每次都以页为单位进行读写,EEPROM 是支持随机访问的(直接读写任意一个地址),如前面的单个字节写入。某些存储器,如 NAND Flash,是必须按照 Block 写入的,例如每个 Block 为 512 或 4096 字节,数据写入的最小单位是 Block,写入前都需要擦除整个 Block;NOR Flash 则是写入前必须以 Sector/Block 为单位擦除,然后才可以按字节写入。

而 EEPROM 数据写入和擦除的最小单位是"字节"而不是"页",数据写入前不需要擦除整页。

(8) 从 EEPROM 读取数据

从 EEPROM 读取数据是一个复合的 I²C 时序,它实际上包含一个写过程和一个读过程,见图 23-16。

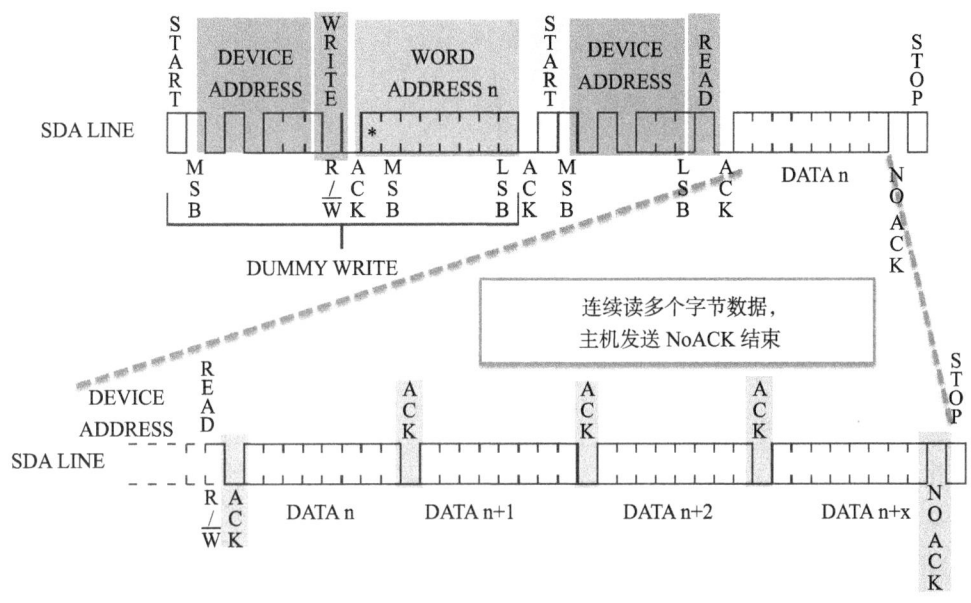

图 23-16　EEPROM 数据读取时序

在读时序的第 1 个通信过程中,使用 I²C 发送设备地址寻址(写方向),接着发送要读取的"内存地址";在第 2 个通信过程中,再次使用 I²C 发送设备地址寻址,但这个时候的数据方向是读方向;在这个过程之后,EEPROM 会向主机返回从"内存地址"开始的数据,一个字节一个字节地传输,只要主机的响应为"应答信号",它就会一直传输下去。主机想结束传输时,就发送"非应答信号",并以"停止信号"结束通信,作为从机的 EEPROM 也会停止传输。实现代码见代码清单 23-10。

代码清单23-10　从EEPROM读取数据

```
 1
 2 /**
 3   * @brief   从EEPROM里面读取一块数据
 4   * @param   pBuffer: 存放从EEPROM读取的数据的缓冲区指针
 5   * @param   ReadAddr: 接收数据的EEPROM的地址
 6   * @param   NumByteToRead: 要从EEPROM读取的字节数
 7   * @retval  正常返回1,异常返回0
 8   */
 9 uint8_t I2C_EE_BufferRead(uint8_t* pBuffer, uint8_t ReadAddr,
10                           u16 NumByteToRead)
11 {
```

```
12        I2CTimeout = I2CT_LONG_TIMEOUT;
13
14        while (I2C_GetFlagStatus(EEPROM_I2Cx, I2C_FLAG_BUSY))
15        {
16            if ((I2CTimeout--) == 0) return I2C_TIMEOUT_UserCallback(9);
17        }
18
19        /* 产生 I2C 起始信号 */
20        I2C_GenerateSTART(EEPROM_I2Cx, ENABLE);
21
22        I2CTimeout = I2CT_FLAG_TIMEOUT;
23
24        /* 检测 EV5 事件并清除标志 */
25        while (!I2C_CheckEvent(EEPROM_I2Cx, I2C_EVENT_MASTER_MODE_SELECT))
26        {
27            if ((I2CTimeout--) == 0) return I2C_TIMEOUT_UserCallback(10);
28        }
29
30        /* 发送 EEPROM 设备地址 */
31 I2C_Send7bitAddress(EEPROM_I2Cx,EEPROM_ADDRESS,I2C_Direction_Transmitter);
32
33        I2CTimeout = I2CT_FLAG_TIMEOUT;
34
35        /* 检测 EV6 事件并清除标志 */
36        while (!I2C_CheckEvent(EEPROM_I2Cx,
37                               I2C_EVENT_MASTER_TRANSMITTER_MODE_SELECTED))
38        {
39            if ((I2CTimeout--) == 0) return I2C_TIMEOUT_UserCallback(11);
40        }
41        /* 通过重新设置 PE 位清除 EV6 事件 */
42        I2C_Cmd(EEPROM_I2Cx, ENABLE);
43
44        /* 发送要读取的 EEPROM 内部地址 ( 即 EEPROM 内部存储器的地址 ) */
45        I2C_SendData(EEPROM_I2Cx, ReadAddr);
46
47        I2CTimeout = I2CT_FLAG_TIMEOUT;
48
49        /* 检测 EV8 事件并清除标志 */
50        while (!I2C_CheckEvent(EEPROM_I2Cx,I2C_EVENT_MASTER_BYTE_TRANSMITTED))
51        {
52            if ((I2CTimeout--) == 0) return I2C_TIMEOUT_UserCallback(12);
53        }
54        /* 产生第 2 次 I2C 起始信号 */
55        I2C_GenerateSTART(EEPROM_I2Cx, ENABLE);
56
57        I2CTimeout = I2CT_FLAG_TIMEOUT;
58
59        /* 检测 EV5 事件并清除标志 */
60        while (!I2C_CheckEvent(EEPROM_I2Cx, I2C_EVENT_MASTER_MODE_SELECT))
61        {
62            if ((I2CTimeout--) == 0) return I2C_TIMEOUT_UserCallback(13);
```

```
 63      }
         /* 发送 EEPROM 设备地址 */
 65      I2C_Send7bitAddress(EEPROM_I2Cx, EEPROM_ADDRESS, I2C_Direction_Receiver);
 66
 67      I2CTimeout = I2CT_FLAG_TIMEOUT;
 68
         /* 检测 EV6 事件并清除标志 */
 70      while (!I2C_CheckEvent(EEPROM_I2Cx,
 71                          I2C_EVENT_MASTER_RECEIVER_MODE_SELECTED))
 72      {
 73          if ((I2CTimeout--) == 0) return I2C_TIMEOUT_UserCallback(14);
 74      }
         /* 读取 NumByteToRead 个数据 */
 76      while (NumByteToRead)
 77      {
         /* 若 NumByteToRead=1，表示已经接收到最后一个数据了,
 79            发送非应答信号，结束传输 */
 80          if (NumByteToRead == 1)
 81          {
                /* 发送非应答信号 */
 83             I2C_AcknowledgeConfig(EEPROM_I2Cx, DISABLE);
 84
                /* 发送停止信号 */
 86             I2C_GenerateSTOP(EEPROM_I2Cx, ENABLE);
 87          }
 88
 89          I2CTimeout = I2CT_LONG_TIMEOUT;
 90      while (I2C_CheckEvent(EEPROM_I2Cx, I2C_EVENT_MASTER_BYTE_RECEIVED)==0)
 91          {
 92             if ((I2CTimeout--) == 0) return I2C_TIMEOUT_UserCallback(3);
 93          }
 94          {
                /* 通过 I2C, 从设备中读取一个字节的数据 */
 96             *pBuffer = I2C_ReceiveData(EEPROM_I2Cx);
 97
 98             /* 存储数据的指针指向下一个地址 */
 99             pBuffer++;
100
101             /* 接收数据自减 */
102             NumByteToRead--;
103          }
104      }
105
         /* 使能应答，方便下一次 I2C 传输 */
107      I2C_AcknowledgeConfig(EEPROM_I2Cx, ENABLE);
108      return 1;
109  }
```

这段代码中的写过程与前面的写字节函数类似，而读过程中接收数据时，需要使用库函数 I2C_ReceiveData 来读取。响应信号则通过库函数 I2C_AcknowledgeConfig 来发送，

DISABLE 时为非应答信号，ENABLE 为应答信号。

3. main 文件

（1）EEPROM 读写测试函数

完成基本的读写函数后，接下来我们编写一个读写测试函数来检验驱动程序，见代码清单 23-11。

代码清单23-11　EEPROM读写测试函数

```c
/**
 * @brief   I2C(AT24C02) 读写测试
 * @param   无
 * @retval  正常返回1, 不正常返回 0
 */
uint8_t I2C_Test(void)
{
    u16 i;
    EEPROM_INFO("写入的数据");

    for ( i=0; i<=255; i++ )  //填充缓冲
    {
        I2c_Buf_Write[i] = i;

        printf("0x%02X ", I2c_Buf_Write[i]);
        if (i%16 == 15)
            printf("\n\r");
    }

    // 将 I2c_Buf_Write 中顺序递增的数据写入 EERPOM 中
    // 页写入方式
    //I2C_EE_BufferWrite( I2c_Buf_Write, EEP_Firstpage, 256);
    // 字节写入方式
    I2C_EE_ByetsWrite( I2c_Buf_Write, EEP_Firstpage, 256);

    EEPROM_INFO("写结束");

    EEPROM_INFO("读出的数据");
    // 将 EEPROM 读出数据顺序保持到 I2c_Buf_Read 中
    I2C_EE_BufferRead(I2c_Buf_Read, EEP_Firstpage, 256);

    // 将 I2c_Buf_Read 中的数据通过串口打印
    for (i=0; i<256; i++)
    {
        if (I2c_Buf_Read[i] != I2c_Buf_Write[i])
        {
            printf("0x%02X ", I2c_Buf_Read[i]);
            EEPROM_ERROR("错误:I2C EEPROM写入与读出的数据不一致");
            return 0;
        }
        printf("0x%02X ", I2c_Buf_Read[i]);
        if (i%16 == 15)
            printf("\n\r");

    }
    EEPROM_INFO("I2C(AT24C02)读写测试成功");
```

```
47        return 1;
48    }
```

代码中先填充一个数组，数组的内容为1、2、3至N，接着把这个数组的内容写入EEPROM中，写入时可以采用单字节写入的方式或页写入的方式。写入完毕后再从EEPROM的地址中读取数据，把读取得到的与写入的数据进行校验，若一致说明读写正常，否则读写过程有问题或者EEPROM芯片不正常。其中代码用到的EEPROM_INFO与EEPROM_ERROR宏类似，都是对printf函数的封装，使用和阅读代码时把它直接当成printf函数就好。具体的宏定义在bsp_i2c_ee.h文件中，在以后的代码中我们常常会用类似的宏来输出调试信息。

（2）main 函数

最后编写 main 函数，函数中初始化串口、I²C 外设，然后调用上面的 I2C_Test 函数进行读写测试，见代码清单 23-12。

代码清单23-12　main函数

```
1
2  /**
3    * @brief  main 函数
4    * @param  无
5    * @retval 无
6    */
7  int main(void)
8  {
9      LED_GPIO_Config();
10
11     LED_BLUE;
12     /* 初始化 USART1 */
13     Debug_USART_Config();
14
15     printf("\r\n 欢迎使用秉火  STM32 F103 开发板。\r\n");
16
17     printf("\r\n 这是一个 I2C 外设 (AT24C02) 读写测试例程 \r\n");
18
19     /* I2C 外设 (AT24C02) 初始化 */
20     I2C_EE_Init();
21
22     if (I2C_Test() ==1)
23     {
24         LED_GREEN;
25     }
26     else
27     {
28         LED_RED;
29     }
30
31     while (1)
32     {
33     }
34
35  }
36
```

23.4.3 下载验证

用 USB 线连接开发板"USB 转串口"接口与电脑,在电脑端打开串口调试助手,把编译好的程序下载到开发板。在串口调试助手可看到 EEPROM 测试的调试信息,见图 23-17。

图 23-17　EEPROM 测试信息

第 24 章
SPI——读写串行 Flash 存储器

24.1 SPI 协议简介

SPI（Serial Peripheral Interface）协议是由摩托罗拉公司提出的通信协议，即串行外围设备接口，是一种高速全双工的通信总线。它被广泛地使用在 ADC、LCD 等设备与 MCU 间，适用于对通信速率要求较高的场合。

学习本章时，可与 I^2C 章节对比阅读，体会两种通信总线的差异以及 EEPROM 存储器与 Flash 存储器的区别。下面我们分别对 SPI 协议的物理层及协议层进行讲解。

24.1.1 SPI 物理层

SPI 通信设备之间的常用连接方式见图 24-1。

SPI 通信使用 3 条总线及片选线，3 条总线分别为 SCK、MOSI、MISO，片选线为 $\overline{SS}$，它们的作用介绍如下。

1) $\overline{SS}$（Slave Select）：从设备选择信号线，常称为片选信号线，也称为 NSS、CS，以下用 NSS 表示。当有多个 SPI 从设备与 SPI 主机相连时，设备的其他信号线 SCK、MOSI 及 MISO 同时并联到相同的 SPI 总线上，即无论有多少个从设备，都共同使用这 3 条总线；而每个从设备都有独立的一条 NSS 信号线，本信号线独占主机的一个引脚，即有多少个从设备，就

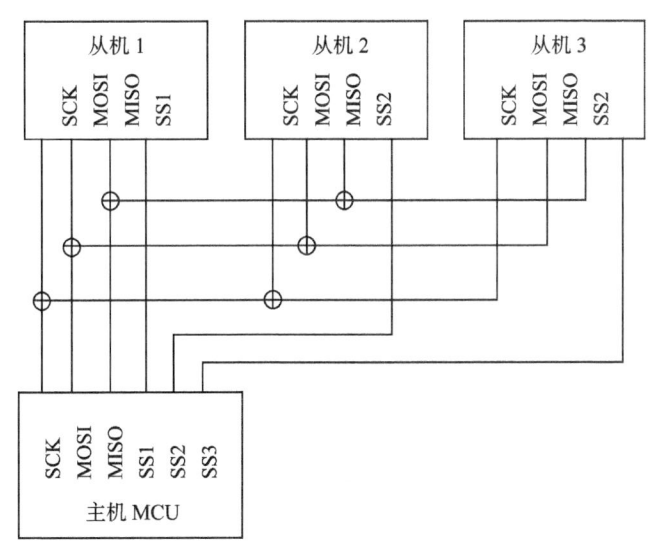

图 24-1 常见的 SPI 通信系统

有多少条片选信号线。I^2C 协议中通过设备地址来寻址、选中总线上的某个设备并与其进行通信；而 SPI 协议中没有设备地址，它使用 NSS 信号线来寻址，当主机要选择从设备时，把该从设备的 NSS 信号线设置为低电平，该从设备即被选中，即片选有效，主机便可开始与被选中的从设备进行 SPI 通信。所以 SPI 通信以 NSS 线置低电平为开始信号，以 NSS 线被拉高作为结束信号。

2）SCK（Serial Clock）：时钟信号线，用于通信数据同步。它由通信主机产生，决定了通信的速率。不同的设备支持的最高时钟频率不一样，如 STM32 的 SPI 时钟频率最大为 $f_{pclk}/2$。两个设备之间通信时，通信速率受限于低速设备。

3）MOSI（Master Output，Slave Input）：主设备输出/从设备输入引脚。主机的数据从这条信号线输出，从机由这条信号线读入主机发送的数据，即这条线上数据的方向为主机到从机。

4）MISO（Master Input，Slave Output）：主设备输入/从设备输出引脚。主机从这条信号线读入数据，从机的数据由这条信号线输出到主机，即在这条线上数据的方向为从机到主机。

24.1.2 协议层

与 I^2C 的类似，SPI 协议定义了通信的起始和停止信号、数据有效性、时钟同步等环节。

1. SPI 基本通信过程

先看看 SPI 通信的通信时序，见图 24-2。

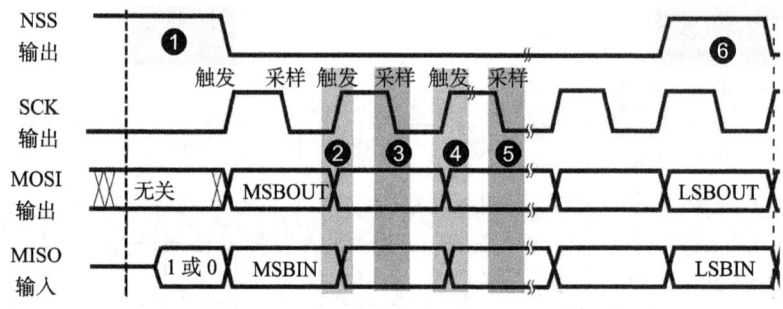

图 24-2 SPI 通信时序

这是一个主机的通信时序。NSS、SCK、MOSI 信号都由主机控制产生，而 MISO 的信号由从机产生，主机通过该信号线读取从机的数据。MOSI 与 MISO 的信号只在 NSS 为低电平的时候才有效，在 SCK 的每个时钟周期，MOSI 和 MISO 传输一位数据。

2. 通信的起始和停止信号

上过通信流程中包含的各个信号分解如下。

在图 24-2 中的标号①处，NSS 信号线由高变低，是 SPI 通信的起始信号。NSS 是每个从机各自独占的信号线，当从机在自己的 NSS 线检测到起始信号后，就知道自己被主机选中了，开始准备与主机通信。在图中的标号⑥处，NSS 信号由低变高，是 SPI 通信的停止信号，表示本次通信结束，从机的选中状态被取消。

3. 数据有效性

SPI 使用 MOSI 及 MISO 信号线来传输数据，使用 SCK 信号线进行数据同步。MOSI 及 MISO 数据线在 SCK 的每个时钟周期传输一位数据，且数据输入输出是同时进行的。数据传输时，MSB 先行或 LSB 先行并没有作硬性规定，但要保证两个 SPI 通信设备之间使用同样的协定，一般都会采用图 24-2 中的 MSB 先行模式。

观察图中的②③④⑤标号处，MOSI 及 MISO 的数据在 SCK 的上升沿期间变化输出，在 SCK 的下降沿时被采样。即在 SCK 的下降沿时刻，MOSI 及 MISO 的数据有效，高电平时表示数据"1"，为低电平时表示数据"0"。在其他时刻，数据无效，MOSI 及 MISO 为下一次表示数据做准备。

SPI 每次数据传输可以 8 位或 16 位为单位，每次传输的单位数不受限制。

4. CPOL/CPHA 及通信模式

上面讲述的图 24-2 中的时序只是 SPI 中的一种通信模式，SPI 一共有 4 种通信模式，它们的主要区别是总线空闲时 SCK 的时钟状态以及数据采样时刻。为方便说明，在此引入"时钟极性 CPOL"和"时钟相位 CPHA"的概念。

时钟极性 CPOL 是指 SPI 通信设备处于空闲状态时，SCK 信号线的电平信号（即 SPI 通信开始前、NSS 线为高电平时 SCK 的状态）。CPOL=0 时，SCK 在空闲状态时为低电平，CPOL=1 时，则相反。

时钟相位 CPHA 是指数据的采样时刻。当 CPHA=0 时，MOSI 或 MISO 数据线上的信号将会在 SCK 时钟线的"奇数边沿"被采样；当 CPHA=1 时，数据线在 SCK 的"偶数边沿"被采样，见图 24-3 及图 24-4。

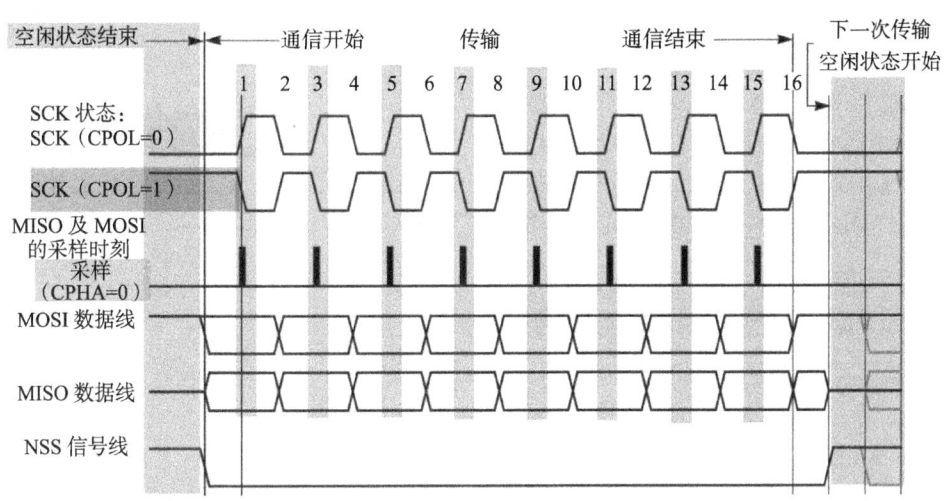

图 24-3 CPHA=0 时的 SPI 通信模式

我们来分析 CPHA=0 的时序图。首先，根据 SCK 在空闲状态时的电平，分为两种情况。SCK 信号线在空闲状态为低电平时，CPOL=0；空闲状态为高电平时，CPOL=1。

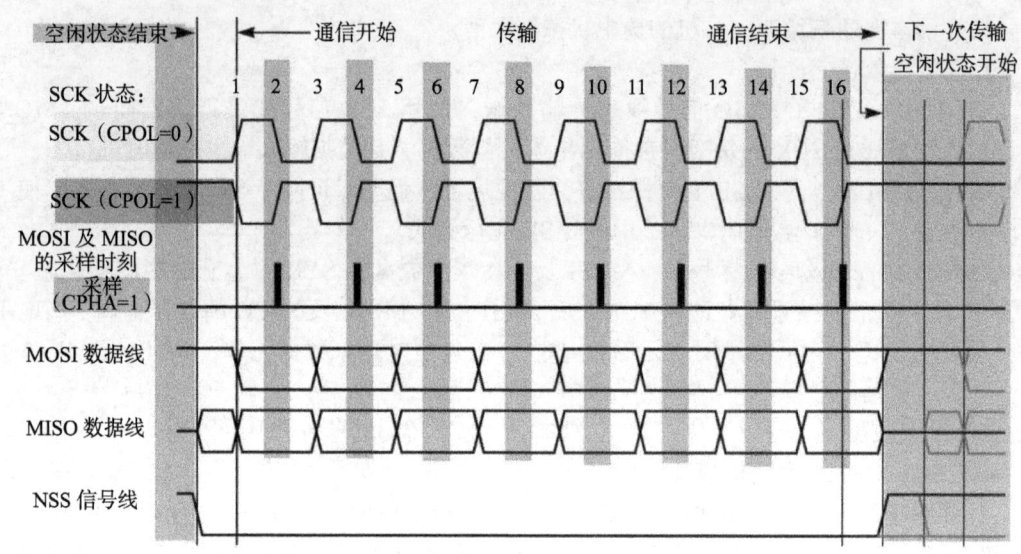

图 24-4 CPHA=1 时的 SPI 通信模式

无论 CPOL 是 0 还是 1，因为我们配置的时钟相位 CPHA=0，在图中可以看到，采样时刻都是在 SCK 的奇数边沿。注意当 CPOL=0 的时候，时钟的奇数边沿是上升沿，而 CPOL=1 的时候，时钟的奇数边沿是下降沿。所以 SPI 的采样时刻不是由上升/下降沿决定的。MOSI 和 MISO 数据线的有效信号在 SCK 的奇数边沿保持不变，数据信号将在 SCK 奇数边沿时被采样，在非采样时刻，MOSI 和 MISO 的有效信号才发生切换。

类似地，当 CPHA=1 时，不受 CPOL 的影响，数据信号在 SCK 的偶数边沿被采样，见图 24-4。

由 CPOL 及 CPHA 的不同状态，SPI 分成了 4 种模式，见表 24-1。主机与从机需要工作在相同的模式下才可以正常通信，实际中采用较多的是"模式 0"与"模式 3"。

表 24-1 SPI 的 4 种模式

SPI 模式	CPOL	CPHA	空闲时 SCK 时钟	采样时刻
0	0	0	低电平	奇数边沿
1	0	1	低电平	偶数边沿
2	1	0	高电平	奇数边沿
3	1	1	高电平	偶数边沿

24.2 STM32 的 SPI 特性及架构

与 I^2C 外设一样，STM32 芯片也集成了专门用于 SPI 协议通信的外设。

24.2.1 STM32 的 SPI 外设简介

STM32 的 SPI 外设可用作通信的主机及从机，支持最高的 SCK 时钟频率为 $f_{pclk}/2$（STM32F103 型号的芯片默认 f_{pclk1} 为 72MHz，f_{pclk2} 为 36MHz），完全支持 SPI 协议的 4 种模式，数据帧长度可设置为 8 位或 16 位，可设置数据 MSB 先行或 LSB 先行。它还支持双线全双工（前面小节说明的都是这种模式）、双线单向以及单线模式。其中双线单向模式可以同时使用 MOSI 及 MISO 数据线向一个方向传输数据，可以加快一倍的传输速度。而单线模式则可以减少硬件接线，当然这样速率会受到影响。我们只讲解双线全双工模式。

24.2.2 STM32 的 SPI 架构剖析

STM32 的 SPI 架构见图 24-5。

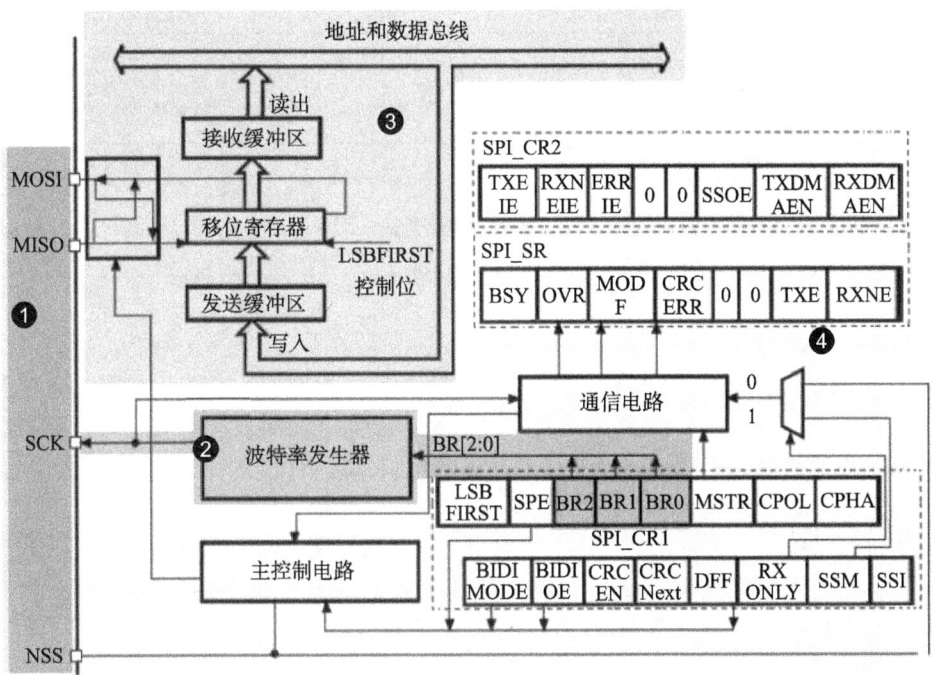

图 24-5　SPI 架构图

1. 通信引脚

SPI 的所有硬件架构都是从图 24-5 中左侧 MOSI、MISO、SCK 及 NSS 线展开的。STM32 芯片有多个 SPI 外设，它们的 SPI 通信信号引出到不同的 GPIO 引脚上，使用时必须配置到这些指定的引脚，见表 24-2（整理自《STM32F10x 规格书》）。关于 GPIO 引脚的复用功能，可查阅《STM32F10x 规格书》，以它为准。

其中 SPI1 是 APB2 上的设备，最高通信速率达 36Mbps，SPI2、SPI3 是 APB1 上的设备，最高通信速率为 18Mbps。除了通信速率，在其他功能上没有差异。其中 SPI3 用到了下载接口的引脚，这几个引脚默认功能是下载，第二功能才是 IO 口。如果想使用 SPI3 接口，则在程序上必须先禁用这几个 IO 口的下载功能。一般在资源不是十分紧张的情况下，这几个 IO 口是专门用于下载和调试程序，不会复用为 SPI3。

表 24-2　STM32F10x 的 SPI 引脚

引脚	SPI 编号		
	SPI1	SPI2	SPI3
NSS	PA4	PB12	PA15 下载口的 TDI
CLK	PA5	PB13	PB3 下载口的 TDO
MISO	PA6	PB14	PB4 下载口的 NTRST
MOSI	PA7	PB15	PB5

2. 时钟控制逻辑

SCK 线的时钟信号由波特率发生器根据"控制寄存器 CR1"中的 BR[0:2] 位控制，该位是对 f_{pclk} 时钟的分频因子，对 f_{pclk} 的分频结果就是 SCK 引脚的输出时钟频率，计算方法见表 24-3。

表 24-3 BR 位对 f_{pclk} 的分频

BR[0:2]	分频结果（SCK 频率）	BR[0:2]	分频结果（SCK 频率）
000	$f_{pclk}/2$	100	$f_{pclk}/32$
001	$f_{pclk}/4$	101	$f_{pclk}/64$
010	$f_{pclk}/8$	110	$f_{pclk}/128$
011	$f_{pclk}/16$	111	$f_{pclk}/256$

其中的 f_{pclk} 频率是指 SPI 所在的 APB 总线频率，APB1 为 f_{pclk1}，APB2 为 f_{pclk2}。

通过配置控制寄存器 CR 的 CPOL 位及 CPHA 位，可以把 SPI 设置成前面分析的 4 种 SPI 模式。

3. 数据控制逻辑

SPI 的 MOSI 及 MISO 都连接到数据移位寄存器上，数据移位寄存器的数据来源及目标接收、发送缓冲区以及 MISO、MOSI 线。当向外发送数据的时候，数据移位寄存器以"发送缓冲区"为数据源，把数据一位一位地通过数据线发送出去；当从外部接收数据的时候，数据移位寄存器把数据线采样到的数据一位一位地存储到"接收缓冲区"中。通过写 SPI 的数据寄存器 DR 把数据填充到发送 F 缓冲区中，通过读数据寄存器 DR，可以获取接收缓冲区中的内容。其中数据帧长度可以通过控制寄存器 CR1 的 DFF 位配置成 8 位及 16 位模式；配置 LSBFIRST 位可选择 MSB 先行还是 LSB 先行。

4. 整体控制逻辑

整体控制逻辑负责协调整个 SPI 外设，控制逻辑的工作模式根据我们配置的控制寄存器（CR1/CR2）的参数而改变，基本的控制参数包括前面提到的 SPI 模式、波特率、LSB 先行、主从模式、单双向模式等。在外设工作时，控制逻辑会根据外设的工作状态修改状态寄存器（SR），我们只要读取状态寄存器相关的寄存器位，就可以了解 SPI 的工作状态了。除此之外，控制逻辑还根据要求，负责控制产生 SPI 中断信号、DMA 请求及控制 NSS 信号线。

实际应用中，我们一般不使用 STM32 SPI 外设的标准 NSS 信号线，而是更简单地使用普通的 GPIO，软件控制它的电平输出，从而产生通信起始和停止信号。

24.2.3 通信过程

STM32 使用 SPI 外设通信时，在通信的不同阶段它会对"状态寄存器 SR"的不同数据位写入参数，我们通过读取这些寄存器标志来了解通信状态。

图 24-6 中的是"主模式"流程，即 STM32 作为 SPI 通信的主机端时的数据收发过程。主模式收发流程及事件说明如下：

1）控制 NSS 信号线，产生起始信号（图中没有画出）；

2）把要发送的数据写入数据寄存器 DR 中，该数据会被存储到发送缓冲区；

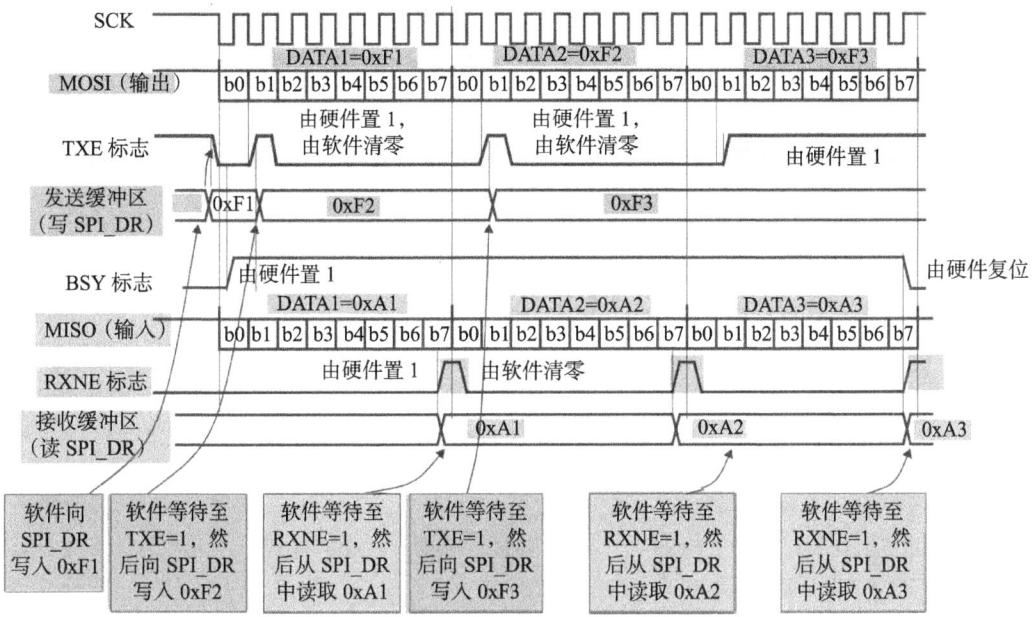

图 24-6 主发送器通信过程

3）通信开始，SCK 时钟开始运行。MOSI 把发送缓冲区中的数据一位一位地传输出去；MISO 则把数据一位一位地存储进接收缓冲区中；

4）当发送完一帧数据的时候，状态寄存器 SR 中的 TXE 标志位会被置 1，表示传输完一帧，发送缓冲区已空；类似地，当接收完一帧数据的时候，RXNE 标志位会被置 1，表示传输完一帧，接收缓冲区非空；

5）等到 TXE 标志位为 1 时，若还要继续发送数据，则再次往数据寄存器 DR 写入数据即可；等到 RXNE 标志位为 1 时，通过读取数据寄存器 DR 可以获取接收缓冲区中的内容。

假如我们使能了 TXE 或 RXNE 中断，TXE 或 RXNE 置 1 时会产生 SPI 中断信号，进入同一个中断服务函数。到 SPI 中断服务程序后，可通过检查寄存器位来了解是哪一个事件，再分别进行处理。也可以使用 DMA 方式来收发数据寄存器 DR 中的数据。

24.3 SPI 初始化结构体详解

跟其他外设一样，STM32 标准库提供了 SPI 初始化结构体及初始化函数来配置 SPI 外设。初始化结构体及函数定义在库文件 stm32f10x_spi.h 及 stm32f10x_spi.c 中，编程时我们可以结合这两个文件内的注释使用或参考库帮助文档。了解初始化结构体后我们就能对 SPI 外设运用自如了，见代码清单 24-1。

代码清单24-1　SPI初始化结构体

```
 1 typedef struct
 2 {
 3      uint16_t SPI_Direction;         /* 设置SPI的单双向模式 */
 4      uint16_t SPI_Mode;              /* 设置SPI的主/从端模式 */
 5      uint16_t SPI_DataSize;          /* 设置SPI的数据帧长度，可选8位或16位 */
 6      uint16_t SPI_CPOL;              /* 设置时钟极性CPOL，可选高或低电平 */
 7      uint16_t SPI_CPHA;              /* 设置时钟相位，可选奇或偶数边沿采样 */
 8      uint16_t SPI_NSS;               /* 设置NSS引脚由SPI硬件控制还是软件控制 */
 9      uint16_t SPI_BaudRatePrescaler; /* 设置时钟分频因子，fpclk/分频数=fSCK */
10      uint16_t SPI_FirstBit;          /* 设置MSB/LSB先行 */
11      uint16_t SPI_CRCPolynomial;     /* 设置CRC校验的表达式 */
12 } SPI_InitTypeDef;
```

这些结构体成员说明如下，其中括号内的文字是对应参数在STM32标准库中定义的宏。

（1）SPI_Direction

本成员设置SPI的通信方向，可设置为双线全双工（SPI_Direction_2Lines_FullDuplex）、双线只接收（SPI_Direction_2Lines_RxOnly）、单线只接收（SPI_Direction_1Line_Rx）、单线只发送模式（SPI_Direction_1Line_Tx）。

（2）SPI_Mode

本成员设置SPI工作在主机模式（SPI_Mode_Master）或从机模式（SPI_Mode_Slave），这两个模式的最大区别为SPI的SCK信号线的时序，SCK的时序是由通信中的主机产生的。若被配置为从机模式，STM32的SPI外设将接收外来的SCK信号。

（3）SPI_DataSize

本成员可以选择SPI通信的数据帧大小是为8位（SPI_DataSize_8b）还是16位（SPI_DataSize_16b）。

（4）SPI_CPOL和SPI_CPHA

这两个成员配置SPI的时钟极性CPOL和时钟相位CPHA，这两个配置影响SPI的通信模式，关于CPOL和CPHA的说明参考前面24.1.2节。

时钟极性CPOL成员，可设置为高电平（SPI_CPOL_High）或低电平（SPI_CPOL_Low）。

时钟相位CPHA则可以设置为SPI_CPHA_1Edge（在SCK的奇数边沿采集数据）或SPI_CPHA_2Edge（在SCK的偶数边沿采集数据）。

（5）SPI_NSS

本成员配置NSS引脚的使用模式，可以选择为硬件模式（SPI_NSS_Hard）与软件模式（SPI_NSS_Soft）。在硬件模式中，SPI片选信号由SPI硬件自动产生，而软件模式则需要我们亲自把相应的GPIO端口拉高或置低，而产生非片选或片选信号。实际中，软件模式应用比较多。

（6）SPI_BaudRatePrescaler

本成员设置波特率分频因子，分频后的时钟即为SPI的SCK信号线的时钟频率。这个成员参数可设置为fpclk的2、4、6、8、16、32、64、128、256分频。

（7）SPI_FirstBit

所有串行的通信协议都会有MSB先行（高位数据在前）还是LSB先行（低位数据在前）

的问题，而 STM32 的 SPI 模块可以通过这个结构体成员，对这个特性编程控制。

（8）SPI_CRCPolynomial

这是 SPI 的 CRC 校验中的多项式，若我们使用 CRC 校验时，就使用这个成员的参数（多项式），来计算 CRC 的值。

配置完这些结构体成员后，我们要调用 SPI_Init 函数把这些参数写入寄存器中，实现 SPI 的初始化，然后调用 SPI_Cmd 来使能 SPI 外设。

24.4 SPI——读写串行 Flash 存储器实验

Flash 存储器又称闪存，它与 EEPROM 都是掉电后数据不丢失的存储器，但 Flash 存储器容量普遍大于 EEPROM，现在基本取代了它的地位。我们生活中常用的 U 盘、SD 卡、SSD 固态硬盘以及 STM32 芯片内部用于存储程序的设备，都是 Flash 类型的存储器。在存储控制上，最主要的区别是 Flash 芯片只能一大片一大片地擦写，而在第 23 章中我们了解到 EEPROM 可以单个字节擦写。

本小节以一种使用 SPI 通信的串行 Flash 存储芯片的读写实验为例，讲解 STM32 的 SPI 使用方法。实验中 STM32 的 SPI 外设采用主模式，通过查询事件的方式来确保正常通信。

24.4.1 硬件设计

SPI 串行 Flash 硬件连接图见图 24-7。

本实验板中的 Flash 芯片（W25Q64）是一种使用 SPI 通信协议的 NOR Flash 存储器，它的 CS/CLK/DIO/DO 引脚分别连接到 STM32 对应的 SPI 引脚 NSS、SCK、MOSI、MISO 上，其中 STM32 的 NSS 引脚是一个普通的 GPIO，不是 SPI 的专用 NSS 引脚，所以程序中我们要使用软件控制的方式。

Flash 芯片中还有 WP 和 HOLD 引脚。WP 引脚可控制写保护功能，当该引脚为低电平时，禁止写入数据。我们直接接电源，不使用写保护功能。HOLD 引脚可用于暂停通信，该引脚为低电平时，通信暂停，数据输出引脚输出高阻抗状态，时钟和数据输入引脚无效。我们直接接电源，不使用通信暂停功能。

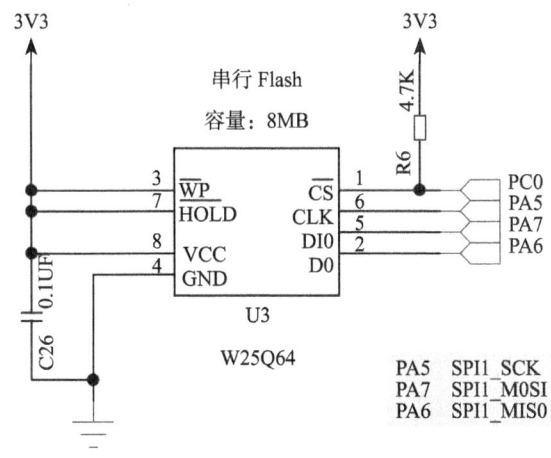

图 24-7 SPI 串行 Flash 硬件连接图

关于 Flash 芯片的更多信息，可参考 W25Q64 数据手册来了解。若你使用的实验板 Flash 的型号或控制引脚不一样，只需根据我们的工程修改即可，程序的控制原理相同。

24.4.2 软件设计

为了使工程更加有条理，我们把读写 Flash 相关的代码独立分开存储，方便以后移植。在"工程模板"之上新建 bsp_spi_flash.c 及 bsp_spi_ flash.h 文件，这些文件也可根据个人喜好命名，它们不属于 STM32 标准库的内容，是由我们自己根据应用需要编写的。

1. 编程要点

1）初始化通信使用的目标引脚及端口时钟；
2）使能 SPI 外设的时钟；
3）配置 SPI 外设的模式、地址、速率等参数并使能 SPI 外设；
4）编写基本 SPI 按字节收发的函数；
5）编写对 Flash 擦除及读写操作的函数；
6）编写测试程序，对读写数据进行校验。

2. 代码分析

（1）SPI 硬件相关宏定义

我们把 SPI 硬件相关的配置都以宏的形式定义到 bsp_spi_ flash.h 文件中，见代码清单 24-2。

代码清单24-2　SPI硬件配置相关的宏

```
1  /*SPI 接口定义－开头 *****************************/
2  #define        Flash_SPIx                      SPI1
3  #define        Flash_SPI_APBxClock_FUN         RCC_APB2PeriphClockCmd
4  #define        Flash_SPI_CLK                   RCC_APB2Periph_SPI1
5
6  //CS(NSS) 引脚 选普通 GPIO 即可
7  #define        Flash_SPI_CS_APBxClock_FUN      RCC_APB2PeriphClockCmd
8  #define        Flash_SPI_CS_CLK                RCC_APB2Periph_GPIOC
9  #define        Flash_SPI_CS_PORT               GPIOC
10 #define        Flash_SPI_CS_PIN                GPIO_Pin_0
11
12 //SCK 引脚
13 #define        Flash_SPI_SCK_APBxClock_FUN     RCC_APB2PeriphClockCmd
14 #define        Flash_SPI_SCK_CLK               RCC_APB2Periph_GPIOA
15 #define        Flash_SPI_SCK_PORT              GPIOA
16 #define        Flash_SPI_SCK_PIN               GPIO_Pin_5
17 //MISO 引脚
18 #define        Flash_SPI_MISO_APBxClock_FUN    RCC_APB2PeriphClockCmd
19 #define        Flash_SPI_MISO_CLK              RCC_APB2Periph_GPIOA
20 #define        Flash_SPI_MISO_PORT             GPIOA
21 #define        Flash_SPI_MISO_PIN              GPIO_Pin_6
22 //MOSI 引脚
23 #define        Flash_SPI_MOSI_APBxClock_FUN    RCC_APB2PeriphClockCmd
24 #define        Flash_SPI_MOSI_CLK              RCC_APB2Periph_GPIOA
25 #define        Flash_SPI_MOSI_PORT             GPIOA
26 #define        Flash_SPI_MOSI_PIN              GPIO_Pin_7
27
28 #define   Flash_SPI_CS_LOW()           GPIO_ResetBits( Flash_SPI_CS_PORT, Flash_SPI_CS_PIN )
29 #define   Flash_SPI_CS_HIGH()          GPIO_SetBits( Flash_SPI_CS_PORT, Flash_
```

```
SPI_CS_PIN )
30
31 /*SPI 接口定义 - 结尾 *****************************/
```

以上代码根据硬件连接,把与 Flash 通信使用的 SPI 号、GPIO 等都以宏封装起来,并且定义了控制 CS(NSS)引脚输出电平的宏,以便配置产生起始和停止信号时使用。

(2)初始化 SPI 的 GPIO

利用上面的宏,编写 SPI 的初始化函数,见代码清单 24-3。

代码清单24-3　SPI的初始化函数(GPIO初始化部分)

```
 1 /**
 2   * @brief  SPI_Flash 初始化
 3   * @param  无
 4   * @retval 无
 5
   */
 6 void SPI_Flash_Init(void)
 7 {
 8     SPI_InitTypeDef  SPI_InitStructure;
 9     GPIO_InitTypeDef GPIO_InitStructure;
10
11     /* 使能 SPI 时钟 */
12     Flash_SPI_APBxClock_FUN ( Flash_SPI_CLK, ENABLE );
13
14     /* 使能 SPI 引脚相关的时钟 */
15     Flash_SPI_CS_APBxClock_FUN ( Flash_SPI_CS_CLK|Flash_SPI_SCK_CLK|
16                     Flash_SPI_MISO_PIN|Flash_SPI_MOSI_PIN, ENABLE );
17
18     /* 配置SPI的CS引脚,普通IO即可 */
19     GPIO_InitStructure.GPIO_Pin = Flash_SPI_CS_PIN;
20     GPIO_InitStructure.GPIO_Speed = GPIO_Speed_50MHz;
21     GPIO_InitStructure.GPIO_Mode = GPIO_Mode_Out_PP;
22     GPIO_Init(Flash_SPI_CS_PORT, &GPIO_InitStructure);
23
24     /* 配置SPI的SCK引脚 */
25     GPIO_InitStructure.GPIO_Pin = Flash_SPI_SCK_PIN;
26     GPIO_InitStructure.GPIO_Mode = GPIO_Mode_AF_PP;
27     GPIO_Init(Flash_SPI_SCK_PORT, &GPIO_InitStructure);
28
29     /* 配置SPI的 MF103- 霸道引脚 */
30     GPIO_InitStructure.GPIO_Pin = Flash_SPI_MISO_PIN;
31     GPIO_Init(Flash_SPI_MISO_PORT, &GPIO_InitStructure);
32
33     /* 配置SPI的 MOSI 引脚 */
34     GPIO_InitStructure.GPIO_Pin = Flash_SPI_MOSI_PIN;
35     GPIO_Init(Flash_SPI_MOSI_PORT, &GPIO_InitStructure);
36
37     /* 停止信号 Flash: CS 引脚高电平 */
38     Flash_SPI_CS_HIGH();
39     // 为方便讲解,以下省略 SPI 模式初始化部分
40 }
```

与所有使用到 GPIO 的外设一样,都要先把使用到的 GPIO 引脚模式初始化,配置好复用功能。GPIO 初始化流程如下:

1)使用 GPIO_InitTypeDef 定义 GPIO 初始化结构体变量,以便下面用于存储 GPIO 配置。
2)调用库函数 RCC_APB2PeriphClockCmd 来使能 SPI 引脚使用的 GPIO 端口时钟。
3)向 GPIO 初始化结构体赋值,把 SCK/MOSI/MISO 引脚初始化成复用推挽模式。而由于使用软件控制,我们把 CS(NSS)引脚配置为普通的推挽输出模式。
4)使用以上初始化结构体的配置,调用 GPIO_Init 函数向寄存器写入参数,完成 GPIO 的初始化。

(3)配置 SPI 的模式

以上只是配置了 SPI 使用的引脚,对 SPI 外设模式的配置。在配置 STM32 的 SPI 模式前,我们要先了解从机端的 SPI 模式。本例子中可通过查阅 FlashW25Q64 数据手册获取。根据 Flash 芯片的说明,它支持 SPI 模式 0 及模式 3,支持双线全双工,使用 MSB 先行模式,支持最高通信时钟为 104MHz,数据帧长度为 8 位。我们要把 STM32 的 SPI 外设中的这些参数配置一致,见代码清单 24-4。

代码清单24-4 配置SPI模式

```
 1 /**
 2  * @brief  SPI_Flash 引脚初始化
 3  * @param  无
 4  * @retval 无
 5  */
 6 void SPI_Flash_Init(void)
 7 {
 8     /* 为方便讲解,省略了 SPI 的 GPIO 初始化部分 */
 9     //......
10
11     SPI_InitTypeDef  SPI_InitStructure;
12     /* SPI 模式配置 */
13     // Flash芯片支持SPI模式0及模式3,据此设置CPOL CPHA
14     SPI_InitStructure.SPI_Direction = SPI_Direction_2Lines_FullDuplex;
15     SPI_InitStructure.SPI_Mode = SPI_Mode_Master;
16     SPI_InitStructure.SPI_DataSize = SPI_DataSize_8b;
17     SPI_InitStructure.SPI_CPOL = SPI_CPOL_High;
18     SPI_InitStructure.SPI_CPHA = SPI_CPHA_2Edge;
19     SPI_InitStructure.SPI_NSS = SPI_NSS_Soft;
20     SPI_InitStructure.SPI_BaudRatePrescaler = SPI_BaudRatePrescaler_4;
21     SPI_InitStructure.SPI_FirstBit = SPI_FirstBit_MSB;
22     SPI_InitStructure.SPI_CRCPolynomial = 7;
23     SPI_Init(Flash_SPIx, &SPI_InitStructure);
24
25     /* 使能 SPI */
26     SPI_Cmd(Flash_SPIx, ENABLE);
27 }
```

这段代码中,把 STM32 的 SPI 外设配置为主机端,双线全双工模式,数据帧长度为 8 位,使用 SPI 模式 3(CPOL=1,CPHA=1),NSS 引脚由软件控制,MSB 先行模式。代码中把 SPI 的时钟频率配置成了 4 分频,实际上可以配置成 2 分频以提高通信速率,读者可亲自尝试一下。最后一个成员为 CRC 计算式,由于与 Flash 芯片通信不需要 CRC 校验,并没有使能 SPI 的 CRC 功能,这时 CRC 计算式的成员值是无效的。

赋值结束后调用库函数 SPI_Init 把这些配置写入寄存器,并调用 SPI_Cmd 函数使能外设。

(4)使用 SPI 发送和接收一个字节的数据

初始化好 SPI 外设后,就可以使用 SPI 通信了。复杂的数据通信都是由单个字节数据收发组成的,我们看看它的代码实现,见代码清单 24-5。

代码清单24-5　使用SPI发送和接收一个字节的数据

```
1  #define Dummy_Byte 0xFF
2  /**
3   * @brief  使用 SPI 发送一个字节的数据
4   * @param  byte: 要发送的数据
5   * @retval 返回接收到的数据
6   */
7  u8 SPI_Flash_SendByte(u8 byte)
8  {
9      SPITimeout = SPIT_FLAG_TIMEOUT;
10
11     /* 等待发送缓冲区为空,TXE 事件 */
12     while (SPI_I2S_GetFlagStatus(Flash_SPIx, SPI_I2S_FLAG_TXE) == RESET)
13     {
14         if ((SPITimeout--) == 0) return SPI_TIMEOUT_UserCallback(0);
15     }
16
17     /* 写入数据寄存器,把要写入的数据写入发送缓冲区 */
18     SPI_I2S_SendData(Flash_SPIx, byte);
19
20     SPITimeout = SPIT_FLAG_TIMEOUT;
21
22     /* 等待接收缓冲区非空,RXNE 事件 */
23     while (SPI_I2S_GetFlagStatus(Flash_SPIx, SPI_I2S_FLAG_RXNE) == RESET)
24     {
25         if ((SPITimeout--) == 0) return SPI_TIMEOUT_UserCallback(1);
26     }
27
28     /* 读取数据寄存器,获取接收缓冲区数据 */
29     return SPI_I2S_ReceiveData(Flash_SPIx);
30 }
31
32 /**
33  * @brief  使用 SPI 读取一个字节的数据
34  * @param  无
35  * @retval 返回接收到的数据
36  */
37 u8 SPI_Flash_ReadByte(void)
38 {
39     return (SPI_Flash_SendByte(Dummy_Byte));
40 }
```

SPI_Flash_SendByte 发送单字节函数中包含了等待事件的超时处理,这部分原理与 I^2C 中的一样,在此不赘述。

SPI_Flash_SendByte 函数实现了前面讲解的 "SPI 通信过程"。

1）本函数中不包含 SPI 起始和停止信号，只是收发的主要过程，所以在调用本函数前后要做好起始和停止信号的操作。

2）对 SPITimeout 变量赋值为宏 SPIT_FLAG_TIMEOUT。这个 SPITimeout 变量在下面的 while 循环中每次循环减 1，该循环通过调用库函数 SPI_I2S_GetFlagStatus 检测事件，若检测到事件，则进入通信的下一阶段，若未检测到事件则停留在此处一直检测。当检测 SPIT_FLAG_TIMEOUT 次还没等待到事件，则认为通信失败，调用的 SPI_TIMEOUT_UserCallback 输出调试信息，并退出通信。

3）通过检测 TXE 标志，获取发送缓冲区的状态，若发送缓冲区为空，则表示可能存在的上一个数据已经发送完毕；

4）等待发送缓冲区为空后，调用库函数 SPI_I2S_SendData 把要发送的数据 byte 写入 SPI 的数据寄存器 DR。写入 SPI 数据寄存器的数据会存储到发送缓冲区，由 SPI 外设发送出去。

5）写入完毕后等待 RXNE 事件，即接收缓冲区非空事件。由于 SPI 双线全双工模式下 MOSI 与 MISO 数据传输是同步的（请对比 24.2.3 节阅读），当接收缓冲区非空时，表示上面的数据发送完毕，且接收缓冲区也收到新的数据。

6）等待接收缓冲区非空时，通过调用库函数 SPI_I2S_ReceiveData 读取 SPI 的数据寄存器 DR，就可以获取接收缓冲区中的新数据了。代码中使用关键字 return 把接收到的这个数据作为 SPI_Flash_SendByte 函数的返回值，所以我们可以看到在下面定义的 SPI 接收数据函数 SPI_Flash_ReadByte，它只是简单地调用了 SPI_Flash_SendByte 函数发送数据 Dummy_Byte，然后获取其返回值（因为不关注发送的数据，所以此时的输入参数 Dummy_Byte 可以为任意值）。可以这样做的原因是 SPI 的接收过程和发送过程实质是一样的，收发同步进行，关键在于我们的上层应用中，关注的是发送还是接收的数据。

（5）控制 Flash 的指令

搞定 SPI 的基本收发单元后，还需要了解如何对 Flash 芯片进行读写。Flash 芯片自定义了很多指令，我们通过控制 STM32 利用 SPI 总线向 Flash 芯片发送指令，Flash 芯片收到后就会执行相应的操作。

而这些指令，对主机端（STM32）来说，只是它遵守最基本的 SPI 通信协议发送出的数据，但在设备端（Flash 芯片）把这些数据解释成不同的意义，所以才成为指令。查看 Flash 芯片的数据手册《W25Q64》，可了解它定义的指令的功能及指令格式，见表 24-4（摘自规格书《W25Q64》）。

该表中的第 1 列为指令名，第 2 列为指令编码，第 3～N 列的具体内容根据指令的不同而有不同的含义。其中带括号的字节参数，方向为 Flash 向主机传输，即命令响应，不带括号的则为主机向 Flash 传输。表中 A0~A23 指 Flash 芯片内部存储器组织的地址；M0～M7 为厂商号（MANUFACTURER ID）；ID0～ID15 为 Flash 芯片的 ID；dummy 指该处可为任意数据；D0～D7 为 Flash 内部存储矩阵的内容。

表 24-4 Flash 常用芯片指令表

指　令	第 1 字节 (指令编码)	第 2 字节	第 3 字节	第 4 字节	第 5 字节	第 6 字节	第 7～N 字节
Write Enable	06h						
Write Disable	04h						
Read Status Register	05h	(S7～S0)					
Write Status Register	01h	(S7～S0)					
Read Data	03h	A23～A16	A15～A8	A7～A0	(D7～D0)	(Next byte)	continuous
Fast Read	0Bh	A23～A16	A15～A8	A7～A0	dummy	(D7-D0)	(Next byte) continuous
Fast Read Dual Output	3Bh	A23～A16	A15～A8	A7～A0	dummy	I/O = (D6,D4,D2,D0) O=(D7,D5,D3,D1)	(one byte per 4 clocks, continuous)
Page Program	02h	A23～A16	A15～A8	A7～A0	D7-D0	Next byte	Up to 256 bytes
Block Erase (64KB)	D8h	A23～A16	A15～A8	A7～A0			
Sector Erase (4KB)	20h	A23～A16	A15～A8	A7～A0			
Chip Erase	C7h						
Power-down	B9h						
Release Power-down / Device ID	ABh	dummy	dummy	dummy	(ID7～ID0)		
Manufacturer/ Device ID	90h	dummy	dummy	00h	(M7～M0)	(ID7～ID0)	
JEDEC ID	9Fh	(M7～M0) 生产厂商	(ID15～ID8) 存储器类型	(ID7～ID0) 容量			

在 Flsah 芯片内部，存储有固定的厂商编号（M7～M0）和不同类型 Flash 芯片独有的编号（ID15～ID0），见表 24-5。

表 24-5　Flash 数据手册的设备 ID 说明

Flash 型号	厂商号（M7～M0）	Flash 型号（ID15～ID0）
W25Q64	EF h	4017 h
W25Q128	EF h	4018 h

通过指令表中的读 ID 指令"JEDEC ID"可以获取这两个编号，该指令编码为"9F h"，其中"9F h"是指十六进制数"9F"（相当于 C 语言中的 0x9F）。紧跟指令编码的 3 个字节分别为 Flash 芯片输出的（M7～M0）、（ID15～ID8）及（ID7～ID0）。

此处我们以该指令为例，配合其指令时序图进行讲解，见图 24-8。

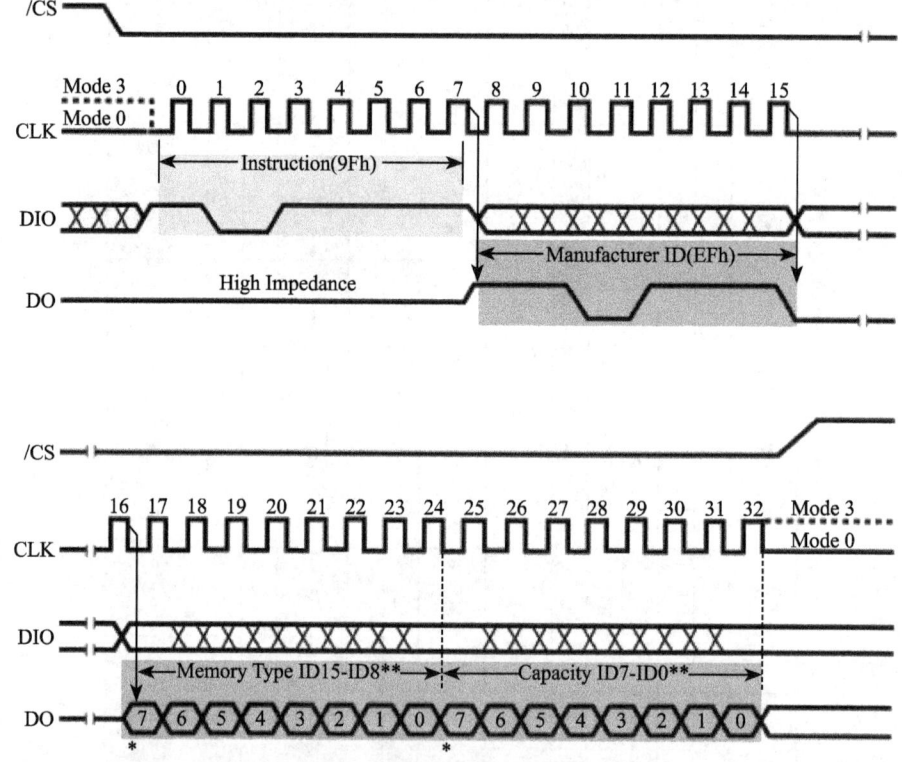

图 24-8　Flash 读 ID 指令"JEDEC ID"的时序（摘自规格书《W25Q64》）

主机首先通过 MOSI 线向 Flash 芯片发送第一个字节数据为"9F h"，当 Flash 芯片收到该数据后，它会解读成主机向它发送了"JEDEC 指令"，然后它就做出该命令的响应：通过 MISO 线把它的厂商 ID（M7～M0）及芯片类型（ID15～ID0）发送给主机，主机接收到指令响应后可进行校验。常见的应用是主机端通过读取设备 ID 来测试硬件是否连接正常，或用于识别设备。

Flash 芯片的其他指令都是类似的，只是有的指令包含多个字节，或者响应包含更多的数据。

实际上，编写设备驱动都是有一定的规律可循的。首先我们要确定设备使用的是什么通信协议。如上 1 章的 EEPROM 使用的是 I^2C，本章的 Flash 使用的是 SPI。那么我们就先根据它的通信协议，选择好 STM32 的硬件模块，并进行相应的 I^2C 或 SPI 模块初始化。接着，我们要了解目标设备的相关指令，因为不同的设备都会有相应的不同的指令。如 EEPROM 中会把第一个数据解释为内部存储矩阵的地址（实质就是指令）。而 Flash 则定义了更多的指令，有写指令、读指令、读 ID 指令等。最后，我们根据这些指令的格式要求，使用通信协议向设备发送指令，达到控制设备的目标。

（6）定义 Flash 指令编码表

为了方便使用，我们把 Flash 芯片的常用指令编码使用宏封装起来，后面需要发送指令编码的时候我们直接使用这些宏即可，见代码清单 24-6。

代码清单24-6　Flash指令编码表

```
1  /* Flash 常用命令 */
2  #define W25X_WriteEnable              0x06
3  #define W25X_WriteDisable             0x04
4  #define W25X_ReadStatusReg            0x05
5  #define W25X_WriteStatusReg           0x01
6  #define W25X_ReadData                 0x03
7  #define W25X_FastReadData             0x0B
8  #define W25X_FastReadDual             0x3B
9  #define W25X_PageProgram              0x02
10 #define W25X_BlockErase               0xD8
11 #define W25X_SectorErase              0x20
12 #define W25X_ChipErase                0xC7
13 #define W25X_PowerDown                0xB9
14 #define W25X_ReleasePowerDown         0xAB
15 #define W25X_DeviceID                 0xAB
16 #define W25X_ManufactDeviceID         0x90
17 #define W25X_JedecDeviceID            0x9F
18 /* 其他 */
19 #define  sFlash_ID                    0XEF4017
20 #define  Dummy_Byte                   0xFF
```

（7）读取 Flash 芯片 ID

根据"JEDEC"指令的时序，我们把读取 Flash 芯片 ID 的过程编写成一个函数，见代码清单 24-7。

代码清单24-7　读取Flash芯片ID

```
1  /**
2   * @brief   读取 Flash ID
3   * @param   无
4   * @retval  Flash ID
5   */
6  u32 SPI_Flash_ReadID(void)
7  {
8      u32 Temp = 0, Temp0 = 0, Temp1 = 0, Temp2 = 0;
```

```
 9
10      /* 开始通信：CS 低电平 */
11      SPI_Flash_CS_LOW();
12
13      /* 发送 JEDEC 指令，读取 ID */
14      SPI_Flash_SendByte(W25X_JedecDeviceID);
15
16      /* 读取一个字节数据 */
17      Temp0 = SPI_Flash_SendByte(Dummy_Byte);
18
19      /* 读取一个字节数据 */
20      Temp1 = SPI_Flash_SendByte(Dummy_Byte);
21
22      /* 读取一个字节数据 */
23      Temp2 = SPI_Flash_SendByte(Dummy_Byte);
24
25      /* 停止通信：CS 高电平 */
26      SPI_Flash_CS_HIGH();
27
28      /* 把数据组合起来，作为函数的返回值 */
29      Temp = (Temp0 << 16) | (Temp1 << 8) | Temp2;
30
31      return Temp;
32  }
```

这段代码利用控制 CS 引脚电平的宏 SPI_Flash_CS_LOW/HIGH 以及前面编写的单字节收发函数 SPI_Flash_SendByte，很清晰地实现了"JEDEC ID"指令的时序：发送一个字节的指令编码 W25X_JedecDeviceID，然后读取 3 个字节，获取 Flash 芯片对该指令的响应，最后把读取到的这 3 个数据合并到一个变量 Temp 中，作为函数返回值，把该返回值与我们定义的宏 sFlash_ID 对比，即可知道 Flash 芯片是否正常。

（8）Flash 写使能以及读取当前状态

在向 Flash 芯片存储矩阵写入数据前，首先要使能写操作，通过 Write Enable 命令即可写使能，见代码清单 24-8。

代码清单24-8 写使能命令

```
 1  /**
 2    * @brief  向 Flash 发送写使能命令
 3    * @param  none
 4    * @retval none
 5    */
 6  void SPI_Flash_WriteEnable(void)
 7  {
 8      /* 通信开始：CS 低 */
 9      SPI_Flash_CS_LOW();
10
11      /* 发送写使能命令 */
12      SPI_Flash_SendByte(W25X_WriteEnable);
13
14      /* 通信结束：CS 高 */
15      SPI_Flash_CS_HIGH();
16  }
```

与 EEPROM 一样，由于 Flash 芯片向内部存储矩阵写入数据需要花费一定的时间，并不是在总线通信结束的一瞬间完成的，所以在写操作后需要确认 Flash 芯片"空闲"时才能进行再次写入。为了表示自己的工作状态，Flash 芯片定义了一个状态寄存器，见图 24-9。

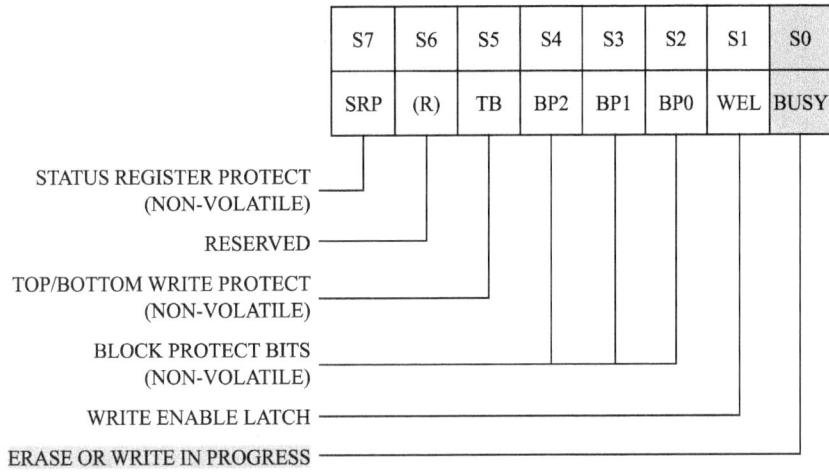

图 24-9　Flash 芯片的状态寄存器

我们只关注这个状态寄存器的第 0 位"BUSY"，当这个位为"1"时，表明 Flash 芯片处于忙碌状态，它可能正在对内部的存储矩阵进行"擦除"或"数据写入"的操作。

利用指令表中的 ReadStatusRegister 指令可以获取 Flash 芯片状态寄存器的内容，其时序见图 24-10。

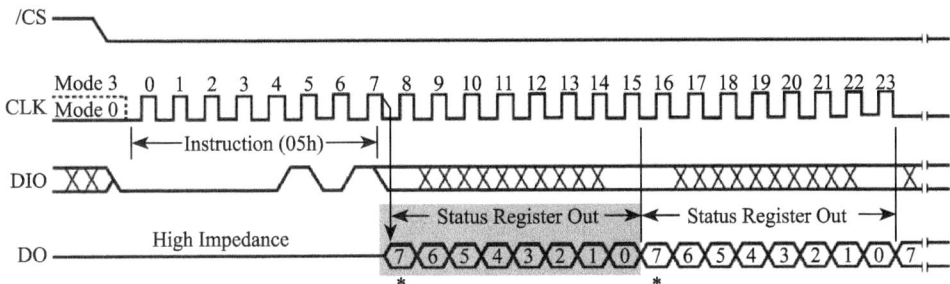

图 24-10　读取状态寄存器的时序

只要向 Flash 芯片发送了读状态寄存器的指令，Flash 芯片就会持续向主机返回最新的状态寄存器内容，直到收到 SPI 通信的停止信号。据此我们编写了具有等待 Flash 芯片写入结束功能的函数，见代码清单 24-9。

代码清单24-9　通过读状态寄存器等待Flash芯片空闲

```
1  /* WIP(busy) 标志，Flash 内部正在写入 */
2  #define WIP_Flag                  0x01
3
4  /**
```

```
 5   * @brief  等待WIP(BUSY)标志被置0,即等待到Flash内部数据写入完毕
 6   * @param  无
 7   * @retval 无
 8   */
 9  void SPI_Flash_WaitForWriteEnd(void)
10  {
11      u8 Flash_Status = 0;
12  
13      /* 选择Flash: CS 低 */
14      SPI_Flash_CS_LOW();
15  
16      /* 发送读状态寄存器命令 */
17      SPI_Flash_SendByte(W25X_ReadStatusReg);
18  
19      /* 若Flash忙碌,则等待 */
20      do
21      {
22          /* 读取Flash芯片的状态寄存器 */
23          Flash_Status = SPI_Flash_SendByte(Dummy_Byte);
24      }
25      while ((Flash_Status & WIP_Flag) == SET);   /* 正在写入标志 */
26  
27      /* 停止信号  Flash: CS 高 */
28      SPI_Flash_CS_HIGH();
29  }
```

这段代码发送读状态寄存器的指令编码 W25X_ReadStatusReg 后,在 while 循环里持续获取寄存器的内容并检验它的 WIP_Flag 标志(BUSY 位),一直等到该标志表示写入结束时才退出本函数,以便继续后面与 Flash 芯片的数据通信。

(9) Flash 扇区擦除

Flash 存储器的特性决定了它只能把原来为"1"的数据位改写成"0",而原来为"0"的数据位不能直接改写为"1",所以这里涉及数据"擦除"的概念,即在写入前,必须要对目标存储矩阵进行擦除操作,把矩阵中的数据位擦除为"1",在数据写入的时候,如果要存储数据"1",那就不修改存储矩阵,要存储数据"0"时,才更改该位。

通常,对存储矩阵擦除的基本操作单位是多个字节,如本例子中的 Flash 芯片支持"扇区擦除""块擦除"以及"整片擦除",见表 24-6。

Flash 芯片的最小擦除单位为扇区(Sector),而一个块(Block)包含 16 个扇区,其内部存储矩阵分布见图 24-11。

表 24-6 本实验 Flash 芯片的擦除单位

擦除单位	大 小
扇区擦除 Sector Erase	4kB
块擦除 Block Erase	64kB
整片擦除 Chip Erase	整个芯片完全擦除

使用扇区擦除指令 SectorErase 可控制 Flash 芯片开始擦写,其指令时序见图 24-12。

扇区擦除指令的第一个字节为指令编码,紧接着发送的 3 个字节用于表示要擦除的存储矩阵地址。要注意的是在扇区擦除指令前,还需要先发送"写使能"指令,发送扇区擦除指令后,通过读取寄存器状态,等待扇区擦除操作完毕,代码实现见代码清单 24-10。

这段代码调用的函数在前面都已讲解,只要注意发送擦除地址时高位在前即可。调用扇区擦除指令时注意输入的地址要对齐到 4KB。

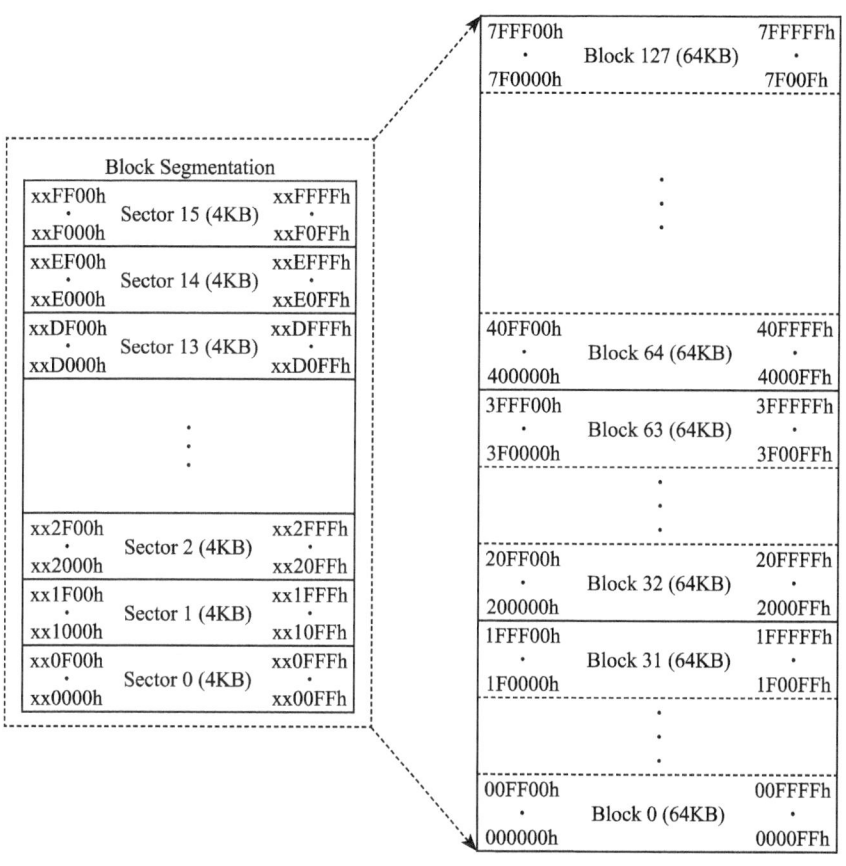

图 24-11　Flash 芯片的存储矩阵

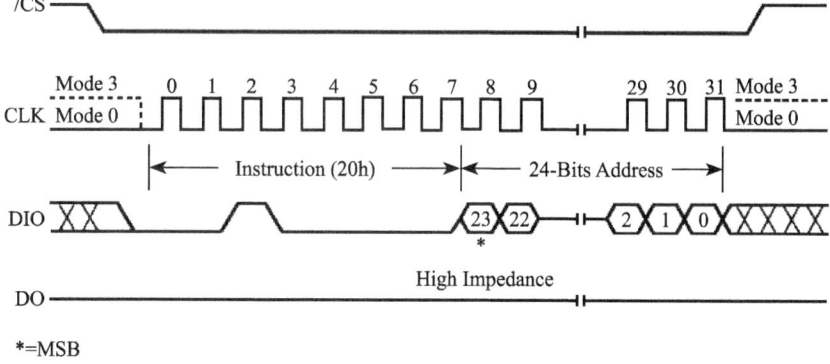

图 24-12　扇区擦除时序

代码清单 24-10　擦除扇区

```
1 /**
2  * @brief  擦除 Flash 扇区
```

```c
 3    * @param  SectorAddr: 要擦除的扇区地址
 4    * @retval 无
 5    */
 6   void SPI_Flash_SectorErase(u32 SectorAddr)
 7   {
 8       /* 发送Flash写使能命令 */
 9       SPI_Flash_WriteEnable();
10       SPI_Flash_WaitForWriteEnd();
11       /* 擦除扇区 */
12       /* 选择Flash: CS 低电平 */
13       SPI_Flash_CS_LOW();
14       /* 发送扇区擦除指令 */
15       SPI_Flash_SendByte(W25X_SectorErase);
16       /* 发送擦除扇区地址的高位 */
17       SPI_Flash_SendByte((SectorAddr & 0xFF0000) >> 16);
18       /* 发送擦除扇区地址的中位 */
19       SPI_Flash_SendByte((SectorAddr & 0xFF00) >> 8);
20       /* 发送擦除扇区地址的低位 */
21       SPI_Flash_SendByte(SectorAddr & 0xFF);
22       /* 停止信号Flash: CS 高电平 */
23       SPI_Flash_CS_HIGH();
24       /* 等待擦除完毕 */
25       SPI_Flash_WaitForWriteEnd();
26   }
```

（10）Flash 的页写入

目标扇区被擦除完毕后，就可以向它写入数据了。与EEPROM类似，Flash 芯片也有页写入命令，使用页写入命令最多可以一次向 Flash 传输 256 个字节的数据，我们把这个单位称为页大小。Flash 页写入的时序见图 24-13。

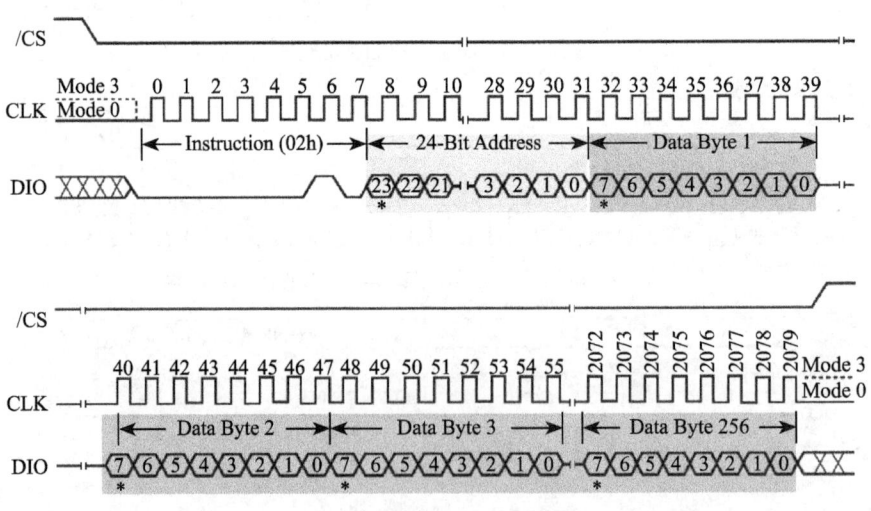

图 24-13　Flash 芯片页写入

从时序图可知，第 1 个字节为"页写入指令"编码，2～4 字节为要写入的"地址 A"，接着的是要写入的内容，最多个可以发送 256 字节数据，这些数据将会从"地址 A"开始，按顺序写入 Flash 的存储矩阵。若发送的数据超出 256 个字节，则会覆盖前面发送的数据。

与擦除指令不一样，页写入指令的地址并不要求按 256 字节对齐，只要确认目标存储单元是擦除状态即可（即被擦除后没有被写入过）。所以，若对"地址 x"执行页写入指令后，发送了 200 个字节数据后终止通信，下一次再执行页写入指令，从"地址（x+200）"开始写入 200 个字节也是没有问题的（小于 256 均可）。只是在实际应用中，由于基本擦除单元是 4KB，一般都以扇区为单位进行读写。想深入了解相关内容，可学习 25.1 节相关的例子。

把页写入时序封装成函数，其实现见代码清单 24-11。

代码清单24-11　Flash的页写入

```
1  /**
2    * @brief  对 Flash 按页写入数据，调用本函数写入数据前需要先擦除扇区
3    * @param  pBuffer，要写入数据的指针
4    * @param  WriteAddr，写入地址
5    * @param  NumByteToWrite，写入数据长度，必须小于等于页大小
6    * @retval 无
7    */
8  void SPI_Flash_PageWrite(u8* pBuffer, u32 WriteAddr, u16 NumByteToWrite)
9  {
10     /* 发送 Flash 写使能命令 */
11     SPI_Flash_WriteEnable();
12
13     /* 选择 Flash: CS 低电平 */
14     SPI_Flash_CS_LOW();
15     /* 写送写指令 */
16     SPI_Flash_SendByte(W25X_PageProgram);
17     /* 发送写地址的高位 */
18     SPI_Flash_SendByte((WriteAddr & 0xFF0000) >> 16);
19     /* 发送写地址的中位 */
20     SPI_Flash_SendByte((WriteAddr & 0xFF00) >> 8);
21     /* 发送写地址的低位 */
22     SPI_Flash_SendByte(WriteAddr & 0xFF);
23
24     if (NumByteToWrite > SPI_Flash_PerWritePageSize)
25     {
26         NumByteToWrite = SPI_Flash_PerWritePageSize;
27         Flash_ERROR("SPI_Flash_PageWrite too large!");
28     }
29
30     /* 写入数据 */
31     while (NumByteToWrite--)
32     {
33         /* 发送当前要写入的字节数据 */
34         SPI_Flash_SendByte(*pBuffer);
35         /* 指向下一字节数据 */
36         pBuffer++;
37     }
38
39     /* 停止信号 Flash: CS 高电平 */
40     SPI_Flash_CS_HIGH();
```

```
41
42      /* 等待写入完毕 */
43      SPI_Flash_WaitForWriteEnd();
44  }
```

这段代码的内容为：先发送"写使能"命令，接着才开始页写入时序，然后发送指令编码、地址，再把要写入的数据一个接一个地发送出去，发送完后结束通信，检查 Flash 状态寄存器，等待 Flash 内部写入结束。

（11）不定量数据写入

应用的时候我们常常要写入不定量的数据，直接调用"页写入"函数并不是特别方便，所以我们在它的基础上编写了"不定量数据写入"的函数，基实现见代码清单 24-12。

代码清单24-12 不定量数据写入

```
1   /**
2    * @brief   对 Flash 写入数据，调用本函数写入数据前需要先擦除扇区
3    * @param   pBuffer，要写入数据的指针
4    * @param   WriteAddr，写入地址
5    * @param   NumByteToWrite，写入数据长度
6    * @retval  无
7    */
8   void SPI_Flash_BufferWrite(u8* pBuffer, u32 WriteAddr, u16 NumByteToWrite)
9   {
10      u8 NumOfPage = 0, NumOfSingle = 0, Addr = 0, count = 0, temp = 0;
11
12      /*mod 运算求余，若 writeAddr 是 SPI_Flash_PageSize 整数倍，
13        运算结果 Addr 值为 0*/
14      Addr = WriteAddr % SPI_Flash_PageSize;
15
16      /* 差 count 个数据值，刚好可以对齐到页地址 */
17      count = SPI_Flash_PageSize - Addr;
18      /* 计算出要写多少整数页 */
19      NumOfPage =  NumByteToWrite / SPI_Flash_PageSize;
20      /* mod 运算求余，计算出剩余不满一页的字节数 */
21      NumOfSingle = NumByteToWrite % SPI_Flash_PageSize;
22
23      /* Addr=0，则 WriteAddr 刚好按页对齐 aligned */
24      if (Addr == 0)
25      {
26          /* NumByteToWrite < SPI_Flash_PageSize */
27          if (NumOfPage == 0)
28          {
29              SPI_Flash_PageWrite(pBuffer, WriteAddr,
30                                  NumByteToWrite);
31          }
32          else /* NumByteToWrite > SPI_Flash_PageSize */
33          {
34              /*先把整数页都写了 */
35              while (NumOfPage--)
36              {
37                  SPI_Flash_PageWrite(pBuffer, WriteAddr,
38                                      SPI_Flash_PageSize);
39                  WriteAddr +=  SPI_Flash_PageSize;
40                  pBuffer += SPI_Flash_PageSize;
```

```c
41              }
42              /* 若有多余的不满一页的数据,把它写完 */
43              SPI_Flash_PageWrite(pBuffer, WriteAddr,
44                                  NumOfSingle);
45          }
46      }
47      /* 若地址与 SPI_Flash_PageSize 不对齐 */
48      else
49      {
50          /* NumByteToWrite < SPI_Flash_PageSize */
51          if (NumOfPage == 0)
52          {
53              /* 当前页剩余的 count 个位置比 NumOfSingle 小,一页写不完 */
54              if (NumOfSingle > count)
55              {
56                  temp = NumOfSingle - count;
57                  /* 先写满当前页 */
58                  SPI_Flash_PageWrite(pBuffer, WriteAddr, count);
59
60                  WriteAddr +=  count;
61                  pBuffer += count;
62                  /* 再写剩余的数据 */
63                  SPI_Flash_PageWrite(pBuffer, WriteAddr, temp);
64              }
65              else /* 当前页剩余的 count 个位置能写完 NumOfSingle 个数据 */
66              {
67                  SPI_Flash_PageWrite(pBuffer, WriteAddr,
68                                      NumByteToWrite);
69              }
70          }
71          else /* NumByteToWrite > SPI_Flash_PageSize */
72          {
73              /* 地址不对齐多出的 count 分开处理,不加入这个运算 */
74              NumByteToWrite -= count;
75              NumOfPage =  NumByteToWrite / SPI_Flash_PageSize;
76              NumOfSingle = NumByteToWrite % SPI_Flash_PageSize;
77
78              /* 先写完 count 个数据,为的是让下一次要写的地址对齐 */
79              SPI_Flash_PageWrite(pBuffer, WriteAddr, count);
80
81              /* 接下来就重复地址对齐的情况 */
82              WriteAddr +=  count;
83              pBuffer += count;
84              /* 把整数页都写了 */
85              while (NumOfPage--)
86              {
87                  SPI_Flash_PageWrite(pBuffer, WriteAddr,
88                                      SPI_Flash_PageSize);
89                  WriteAddr +=  SPI_Flash_PageSize;
90                  pBuffer += SPI_Flash_PageSize;
91              }
92              /* 若有多余的不满一页的数据,把它写完 */
93              if (NumOfSingle != 0)
94              {
95                  SPI_Flash_PageWrite(pBuffer, WriteAddr,
96                                      NumOfSingle);
```

```
 97          }
 98        }
 99    }
100 }
```

这段代码与 EEPROM 章节中的"快速写入多字节"函数原理是一样的,运算过程在此不赘述。区别是页的大小以及实际数据写入的时候,使用的是针对 Flash 芯片的页写入函数,且在实际调用这个"不定量数据写入"函数时,还要注意确保目标扇区处于擦除状态。

(12) 从 Flash 读取数据

相对于写入,Flash 芯片的数据读取要简单得多,使用读取指令 ReadData 即可,其指令时序见图 24-14。

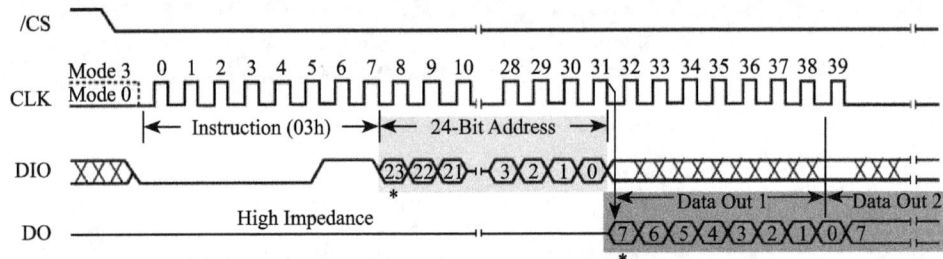

图 24-14　SPI Flash 读取数据时序

发送了指令编码及要读的起始地址后,Flash 芯片就会按地址递增的方式返回存储矩阵的内容。读取的数据量没有限制,只要没有停止通信,Flash 芯片就会一直返回数据。代码实现见代码清单 24-13。

代码清单24-13　从Flash读取数据

```
 1 /**
 2   * @brief  读取 Flash 数据
 3   * @param  pBuffer,存储读出数据的指针
 4   * @param  ReadAddr,读取地址
 5   * @param  NumByteToRead,读取数据长度
 6   * @retval 无
 7   */
 8 void SPI_Flash_BufferRead(u8* pBuffer, u32 ReadAddr, u16 NumByteToRead)
 9 {
10     /* 选择 Flash: CS 低电平 */
11     SPI_Flash_CS_LOW();
12
13     /* 发送读指令 */
14     SPI_Flash_SendByte(W25X_ReadData);
15
16     /* 发送读地址高位 */
17     SPI_Flash_SendByte((ReadAddr & 0xFF0000) >> 16);
18     /* 发送读地址中位 */
19     SPI_Flash_SendByte((ReadAddr& 0xFF00) >> 8);
20     /* 发送读地址低位 */
21     SPI_Flash_SendByte(ReadAddr & 0xFF);
```

第 24 章 SPI——读写串行 Flash 存储器

```
22
23      /* 读取数据 */
24      while (NumByteToRead--)
25      {
26          /* 读取一个字节 */
27          *pBuffer = SPI_Flash_SendByte(Dummy_Byte);
28          /* 指向下一个字节缓冲区 */
29          pBuffer++;
30      }
31
32      /* 停止信号 Flash: CS 高电平 */
33      SPI_Flash_CS_HIGH();
34  }
```

由于读取的数据量没有限制,所以发送读命令后一直接收 NumByteToRead 个数据,直到结束即可。

3. main 函数

最后我们来编写 main 函数,进行 Flash 芯片读写校验,见代码清单 24-14。

代码清单24-14　main函数

```
1   int main(void)
2   {
3       LED_GPIO_Config();
4       LED_BLUE;
5
6       /* 配置串口1为: 115200 8-N-1 */
7       USART_Config();
8       printf("\r\n 这是一个 8Mbyte 串行 flash(W25Q64) 实验 \r\n");
9
10      /* 8M 串行 Flash W25Q64 初始化 */
11      SPI_Flash_Init();
12
13      /* 获取 Flash Device ID */
14      DeviceID = SPI_Flash_ReadDeviceID();
15      Delay( 200 );
16
17      /* 获取 SPI Flash ID */
18      FlashID = SPI_Flash_ReadID();
19      printf("\r\n FlashID is 0x%X,\
20      Manufacturer Device ID is 0x%X\r\n", FlashID, DeviceID);
21
22      /* 检验 SPI Flash ID */
23      if (FlashID == sFlash_ID)
24      {
25          printf("\r\n 检测到串行 flash W25Q64 !\r\n");
26
27          /* 擦除将要写入的 SPI Flash 扇区,Flash 写入前要先擦除 */
28          // 这里擦除 4k,即一个扇区,擦除的最小单位是扇区
29          SPI_Flash_SectorErase(Flash_SectorToErase);
30
31          /* 将发送缓冲区的数据写到 Flash 中 */
32          // 这里写一页,一页的大小为 256 字节
33          SPI_Flash_BufferWrite(Tx_Buffer, Flash_WriteAddress, BufferSize);
34          printf("\r\n 写入的数据为:%s \r\t", Tx_Buffer);
```

```
35
36              /* 将刚刚写入的数据读出来放到接收缓冲区中 */
37              SPI_Flash_BufferRead(Rx_Buffer, Flash_ReadAddress, BufferSize);
38              printf("\r\n 读出的数据为: %s \r\n", Rx_Buffer);
39
40              /* 检查写入的数据与读出的数据是否相等 */
41              TransferStatus1 = Buffercmp(Tx_Buffer, Rx_Buffer, BufferSize);
42
43              if ( PASSED == TransferStatus1 )
44              {
45                  LED_GREEN;
46                  printf("\r\n 8M 串行 flash(W25Q64) 测试成功 !\n\r");
47              }
48              else
49              {
50                  LED_RED;
51                  printf("\r\n 8M 串行 flash(W25Q64) 测试失败 !\n\r");
52              }
53          }// if (FlashID == sFlash_ID)
54          else// if (FlashID == sFlash_ID)
55          {
56              LED_RED;
57              printf("\r\n 获取不到 W25Q64 ID!\n\r");
58          }
59
60          while (1);
61 }
```

函数中初始化了 LED、串口、SPI 外设,然后读取 Flash 芯片的 ID 进行校验,若 ID 校验通过则向 Flash 的特定地址写入测试数据,然后再从该地址读取数据,测试读写是否正常。

> **注意:**
> 由于实验板上的 Flash 芯片默认已经存储了特定用途的数据,如擦除了这些数据会影响到某些程序的运行。所以我们预留了 Flash 芯片的第 0 扇区(0~4096 地址)专门用于本实验,如非必要,请勿擦除其他地址的内容。如已擦除,可在配套资料里找到"刷外部 Flash 内容"程序,根据其说明给 Flash 重新写入出厂内容。

24.4.3 下载验证

用 USB 线连接开发板"USB 转串口"接口与电脑,在电脑端打开串口调试助手,把编译好的程序下载到开发板。在串口调试助手可看到 Flash 测试的调试信息。

第 25 章
串行 Flash 文件系统——FatFs

本章参考资料是《00index_e.html》，在 FatFs 源码目录的 doc 文件夹下，包含 FatFs 官方的编译好的 HTML 文档，见图 25-1。里面有 FatFs 所有函数的介绍和应用示例，学习 FatFs 看这个官方的文档即可。

25.1 文件系统

读者即使不了解文件系统，也一定对"文件"这个概念十分熟悉。数据在

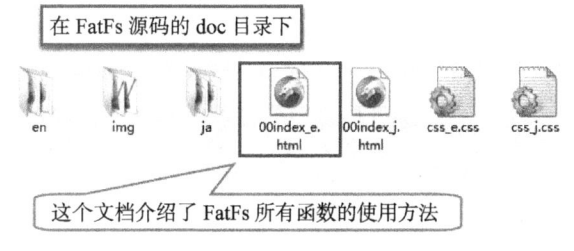

图 25-1 FatFs 参考资料

电脑上是以文件的形式储存在磁盘中的，这些数据的形式一般为 ASCII 码或二进制形式。在上一章我们已经写好了 SPI Flash 芯片的驱动函数，我们可以非常方便地在 SPI Flash 芯片上读写数据。如需要记录本章的标题"串行 Flash 文件系统——FatFs"，可以把这些文字转化成 ASCII 码，存储在数组中，然后调用 SPI_Flash_BufferWrite 函数，把数组内容写入 SPI Flash 芯片的指定地址上，在需要的时候从该地址把数据读取出来，再对读出来的数据以 ASCII 码的格式进行解读。

但是，这样直接存储数据会带来极大的不便，如难以记录有效数据的位置，难以确定存储介质的剩余空间，以及应以何种格式来解读数据。就如同一个巨大的图书馆无人管理，杂乱无章地存放着各种书籍，读者难以查找所需的文档。想象一下图书馆的采购人员购书后，把书籍往馆内一扔，不加整理编目，当有人来借阅某本书的时候，就不得不一本本地查找。这样直接存储数据的方式对于小容量的存储介质（如 EEPROM）还可以接受，但对于 SPI Flash 芯片或者 SD 卡之类的大容量设备，则需要用一种高效的方式来管理它的存储内容。

这些管理方式即为文件系统，它是为了存储和管理数据，而在存储介质中建立的一种组织结构，这些结构包括操作系统引导区、目录和文件。常见的 Windows 下的文件系统格式包括 FAT32、NTFS、exFAT。在使用文件系统前，要先对存储介质进行格式化。格式化

是先擦除原来内容，在存储介质上新建一个文件分配表和目录。这样，文件系统就可以记录数据存放的物理地址和剩余空间了。

使用文件系统时，数据都以文件的形式存储。写入新文件时，先在目录中创建一个文件索引，它指示了文件存放的物理地址，再把数据存储到该地址中。当需要读取数据时，可以从目录中找到该文件的索引，进而在相应的地址中读取出数据，具体还涉及逻辑地址、簇大小、不连续存储等一系列辅助结构或处理过程。

文件系统的存在使我们在存取数据时，不再是简单地向某物理地址直接读写，而是要遵循它的读写格式。如经过逻辑转换，一个完整的文件可能被分成多段，存储到不连续的物理地址，使用目录或链表的方式来获知下一段的位置。

上一章的 SPI Flash 芯片驱动只完成了向物理地址写入数据的工作，而基于文件系统格式的逻辑转换部分则需要额外的代码来完成。实质上，这个逻辑转换部分可以理解为当我们需要写入一段数据时，由它来求解向什么物理地址写入数据、以什么格式写入及写入一些原始数据以外的信息（如目录）。这个逻辑转换部分代码也习惯性地称为文件系统。

25.2 FatFs 文件系统简介

上面提到的逻辑转换部分代码（文件系统）即为本章的要点，文件系统庞大而复杂，它需要根据应用的文件系统格式而编写，而且一般与驱动层分离开来，很方便移植，所以工程应用中一般是移植现成的文件系统源码。

FatFs 是面向小型嵌入式系统的一种通用的 FAT 文件系统。它完全是用 ANSI C 语言编写并且完全独立于底层的 I/O 介质。因此它可以很容易被不加修改地移植到其他的处理器上，如 8051、PIC、AVR、SH、Z80、H8、ARM 等。FatFs 支持 FAT12、FAT16、FAT32 等格式，所以我们利用前面写好的 SPI Flash 芯片驱动，把 FatFs 文件系统代码移植到工程之中，就可以利用文件系统的各种函数，对 SPI Flash 芯片以"文件"格式进行读写操作了。

FatFs 文件系统的源码可以从以下 fatfs 官网下载：
http://elm-chan.org/fsw/ff/00index_e.html

25.2.1 FatFs 的目录结构

在移植 FatFs 文件系统到开发板之前，先要到 FatFs 的官网获取源码，官网上有对 FatFs 的详细介绍，有兴趣的用户可以了解。解压之后可看到里面有 doc 和 src 这两个文件夹，见图 25-2。doc 文件夹里面是一些使用帮助文档；src 才是 FatFs 文件系统的源码。

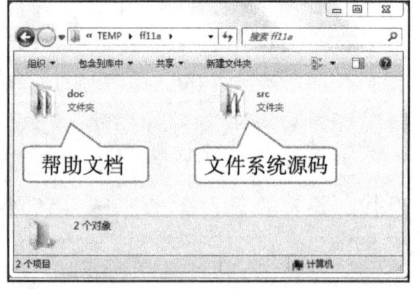

图 25-2 FatFs 文件目录

25.2.2 FatFs 帮助文档

打开 doc 文件夹，可看到如图 25-3 所示的文件目录。

其中 en 和 ja 这两个文件夹里面是编译好的 html 文档，讲的是 FatFs 里各个函数的使用方法，这些函数都是封装得非常好的函数，利用这些函数可以操作 SPI Flash 芯片。有关具体的函数我们在用到的时候再讲解。这两个文件夹的唯一区别就是 en 文件夹下的文档是英文的，ja 文件夹下的是日文的。img 文件夹包含 en 和 ja 文件夹下文件需要用到的图片，还有 4 个名为 app.c 的文件，内容都是 FatFs 具体应用例程。00index_e.html 和 00index_j.html 是一些关于 FatFs 的简介，至于另外两个文件可以不看。

25.2.3 FatFs 源码

打开 src 文件夹，可看到如图 25-4 所示的文件目录。

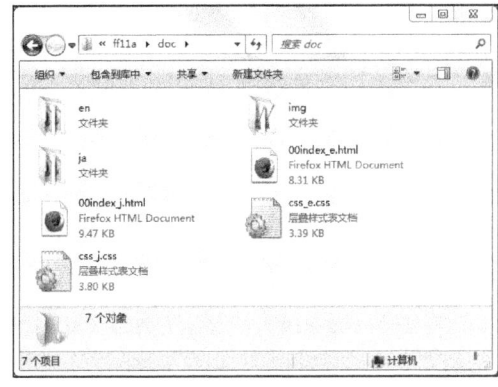

图 25-3 doc 文件夹的文件目录

option 文件夹下是一些可选的外部 C 文件，包含了多语言支持需要用到的文件和转换函数。

diskio.c 文件是 FatFs 移植最关键的文件，它为文件系统提供了最底层的访问 SPI Flash 芯片的方法，FatFs 有且仅有它需要用到与 SPI Flash 芯片相关的函数。

diskio.h 定义了 FatFs 用到的宏，以及 diskio.c 文件内与底层硬件接口相关的函数声明。

00history.txt 介绍了 FatFs 的版本更新情况。

00readme.txt 说明了当前目录下 diskio.c、diskio.h、ff.c、ff.h、integer.h 的功能。

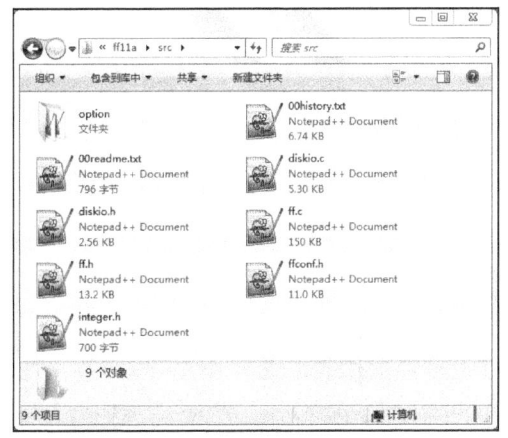

图 25-4 src 文件夹的文件目录

src 文件夹下的源码文件功能简介如下。

- integer.h：文件中包含了一些数值类型定义。
- diskio.c：包含底层存储介质的操作函数，这些函数需要用户自己实现，主要添加底层驱动函数。
- ff.c：FatFs 核心文件，文件管理的实现方法。该文件独立于底层介质操作文件的函数，利用这些函数实现文件的读写。
- cc936.c：本文件在 option 目录下，是简体中文支持所需要添加的文件，包含了简体中文的 GBK 和 Unicode 相互转换功能函数。
- ffconf.h：这个头文件包含了对 FatFs 功能配置的宏定义，通过修改这些宏定义就可以裁剪 FatFs 的功能。如需要支持简体中文，需要把 ffconf.h 中的 _CODE_PAGE 的宏改成 936，并把上面的 cc936.c 文件加入到工程之中。

建议阅读这些源码的顺序为：integer.h → diskio.c → ff.c。

阅读文件系统源码 ff.c 文件需要一定的功底，建议读者先阅读 FAT32 的文件格式，再去分析 ff.c 文件。若仅为使用文件系统，则只需要理解 integer.h 及 diskio.c 文件并会调用 ff.c 文件中的函数就可以了。本章主要讲解如何把 FatFs 文件系统移植到开发板上，并编写一个简单读写操作范例。

25.3 FatFs 文件系统移植实验

25.3.1 FatFs 程序结构图

移植 FatFs 之前，我们先通过 FatFs 的程序结构图了解 FatFs 在程序中的关系网络，见图 25-5。

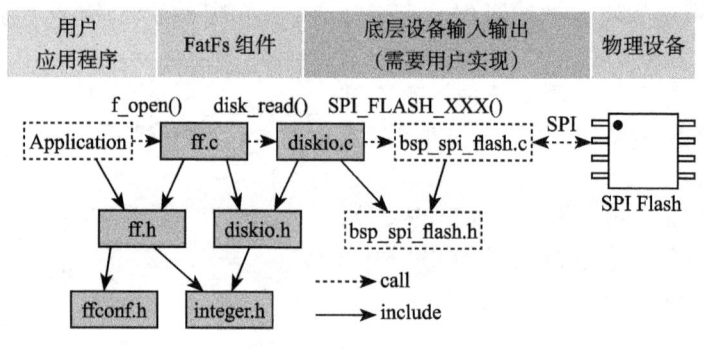

图 25-5 FatFs 程序结构图

用户应用程序需要由用户编写，想实现什么功能就编写什么程序，一般我们只用 f_mount()、f_open()、f_write()、f_read()，就可以实现文件的读写操作。

FatFs 组件是 FatFs 的主体，文件都在源码 src 文件夹中，其中 ff.c、ff.h、integer.h 以及 diskio.h 四个文件不需要改动，只需要修改 ffconf.h 和 diskio.c 两个文件。

底层设备输入输出要求实现存储设备的读写操作函数、存储设备信息获取函数等。我们使用 SPI Flash 芯片作为物理设备，在上一章节已经编写好了 SPI Flash 芯片的驱动程序，这里就直接使用。

25.3.2 硬件设计

FatFs 属于软件组件，不需要附带其他硬件电路。我们使用 SPI Flash 芯片作为物理存储设备，其硬件电路在上一章已经做了分析，这里就直接使用。

25.3.3 FatFs 移植步骤

上一章已经实现了 SPI Flash 芯片驱动程序，并实现了读写测试，为移植 FatFs 方便，我们直接复制一份工程，在此工程基础上添加 FatFs 组件，并修改 main 函数的用户程序即可。

1) 复制一份 SPI Flash 芯片测试的工程文件（整个文件夹），并修改文件夹名为 "SPI—

FatFs 文件系统"。将 FatFs 源码中的 src 文件夹整个复制一份至"SPI—FatFs 文件系统\User\"文件夹下，并修改名为 FATFS，见图 25-6。

2）使用 KEIL 软件打开工程文件（..\SPI—FatFs 文件系统\Project\RVMDK(uv5)\ BH-F103.uvprojx），并将 FatFs 组件文件添加到工程中，需要添加 ff.c、diskio.c 和 cc936.c 这 3 个文件，见图 25-7。

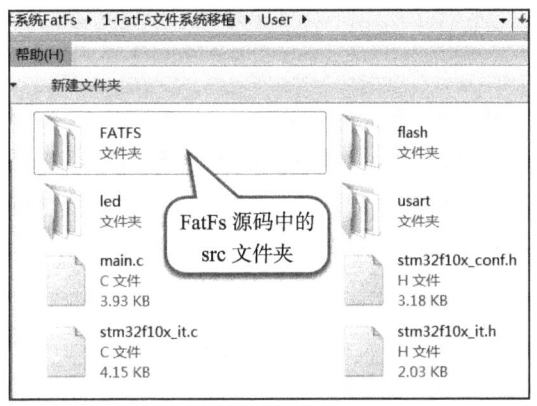
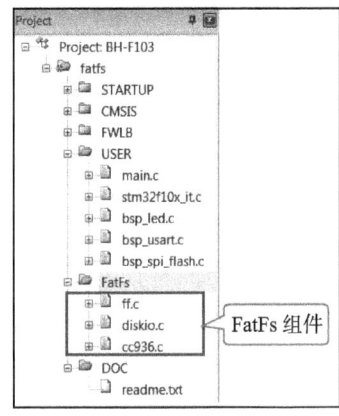

图 25-6　复制 FatFs 源码到工程　　　　图 25-7　添加 FatFs 文件到工程

3）添加 FATFS 文件夹到工程的 include 选项中。打开工程选项对话框，选择"C/C++"选项下的"Include Paths"项目，在弹出路径设置对话框中选择添加"FATFS"文件夹，见图 25-8。

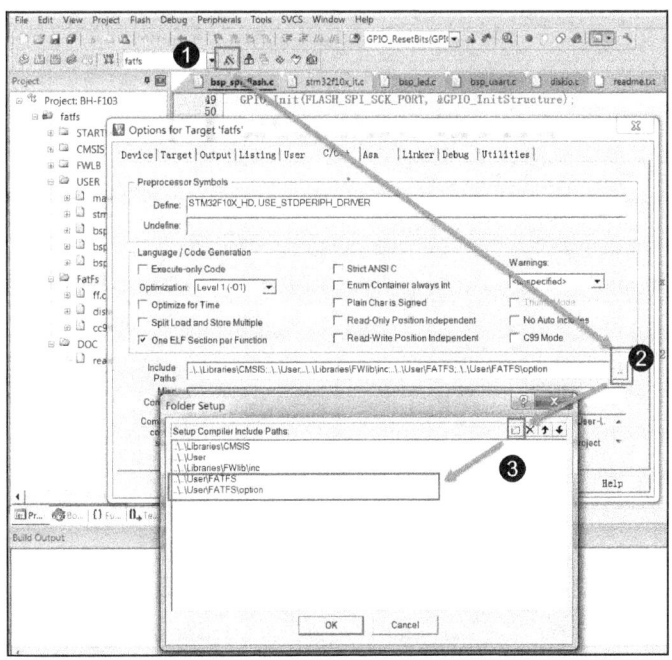

图 25-8　添加 FATFS 路径到工程选项

4）如果现在编译工程，可以发现有两个错误：一个来自 diskio.c 文件，提示有一些头文件没找到，diskio.c 文件内容是底层设备输入输出接口函数文件，不同硬件设计驱动就不同，需要的文件也不同；另外一个错误来自 cc936.c 文件，提示该文件不是工程所必需的，这是因为 FatFs 默认使用日语，我们想要使用简体中文需要修改 FatFs 的配置，即修改 ffconf.h 文件。

至此，将 FatFs 添加到工程的框架已经操作完成，接下来要做的就是修改 diskio.c 文件和 ffconf.h 文件。

25.3.4 FatFs 底层设备驱动函数

FatFs 文件系统与底层介质的驱动分离开来，对底层介质的操作都要交给用户去实现，它仅仅提供了一个函数接口而已。表 25-1 为 FatFs 移植时用户必须支持的函数。通过表 25-1 我们可以清晰地知道很多函数是在一定条件下才需要添加的，只有前 3 个函数是必须添加的。我们完全可以根据实际需求选择实现用到的函数。

前 3 个函数是实现读文件的最基本需求。接下来的 3 个函数是实现创建文件、修改文件需要的。为实现格式化功能，需要在 disk_ioctl 中添加两个获取物理设备信息选项。一般只要实现前面 6 个函数，就足够满足大部分功能。

为支持简体中文长文件名称，需要添加 ff_convert 和 ff_wtoupper 函数，实际上这两个已经在 cc936.c 文件中实现，我们只要直接把 cc936.c 文件添加到工程中就可以。

后面 6 个函数一般都不用。如真有需要，可以参考 syscall.c 文件（src\option 文件夹内）。

表 25-1 FatFs 移植需要用户支持函数

函　　数	条件 (ffconf.h)	备　　注
disk_status disk_initialize disk_read	总是需要	底层设备驱动函数
disk_write get_fattime disk_ioctl (CTRL_SYNC)	_FS_READONLY == 0	
disk_ioctl (GET_SECTOR_COUNT) disk_ioctl (GET_BLOCK_SIZE)	_USE_MKFS == 1	
disk_ioctl (GET_SECTOR_SIZE)	_MAX_SS != _MIN_SS	
disk_ioctl (CTRL_TRIM)	_USE_TRIM == 1	
ff_convert ff_wtoupper	_USE_LFN != 0	Unicode 支持，为支持简体中文，添加 cc936.c 到工程即可
ff_cre_syncobj ff_del_syncobj ff_req_grant ff_rel_grant	_FS_REENTRANT == 1	FatFs 可重入配置，需要多任务系统支持（一般不需要）
ff_mem_alloc ff_mem_free	_USE_LFN == 3	长文件名支持，缓冲区设置在堆空间（一般设置 _USE_LFN = 2）

底层设备驱动函数存放在 diskio.c 文件中，我们的目的就是把 diskio.c 中的函数接口与 SPI Flash 芯片驱动连接起来。总共有 5 个函数，分别为设备状态获取（disk_status）、设备初始化（disk_initialize）、扇区读取（disk_read）、扇区写入（disk_write）、其他控制（disk_ioctl）。

接下来，我们对每个函数结合 SPI Flash 芯片驱动做详细讲解。

（1）宏定义

代码清单25-1　物理编号宏定义

```
1  /* 为每个设备定义一个物理编号 */
2  #define ATA        0      // 预留SD卡使用
3  #define SPI_Flash  1      // 外部SPI Flash
```

这两个宏定义在FatFs中非常重要，FatFs是支持多物理设备的，必须为每个物理设备定义一个不同的编号。

SD卡是预留接口，在讲解SDIO接口相关章节后会用到，可以实现使用读写SD卡中的文件。

（2）设备状态获取

代码清单25-2　设备状态获取

```
1  DSTATUS disk_status (
2      BYTE pdrv   /* 物理编号 */
3  )
4  {
5
6      DSTATUS status = STA_NOINIT;
7
8      switch (pdrv) {
9      case ATA: /*SD卡*/
10         break;
11
12     case SPI_Flash:
13         /* SPI Flash状态检测：读取SPI Flash 设备ID */
14         if (sFlash_ID == SPI_Flash_ReadID()) {
15             /* 设备ID读取结果正确 */
16             status &= ~STA_NOINIT;
17         } else {
18             /* 设备ID读取结果错误 */
19             status = STA_NOINIT;;
20         }
21         break;
22
23     default:
24         status = STA_NOINIT;
25     }
26     return status;
27  }
```

disk_status函数只有一个参数pdrv，表示物理编号。一般我们使用switch函数实现对pdrv的分支判断。对于SD卡只是预留接口，留空即可。对于SPI Flash芯片，直接调用SPI_Flash_ReadID()获取设备ID，然后判断是否正确，如果正确，函数返回正常标准；如果错误，函数返回异常标志。SPI_Flash_ReadID()定义在文件bsp_spi_flash.c中，上一章已做了分析。

（3）设备初始化

代码清单25-3　设备初始化

```
1  DSTATUS disk_initialize (
```

```
 2      BYTE pdrv          /* 物理编号 */
 3  )
 4  {
 5      uint16_t i;
 6      DSTATUS status = STA_NOINIT;
 7      switch (pdrv) {
 8      case ATA:           /* SD卡 */
 9          break;
10
11      case SPI_Flash:     /* SPI Flash */
12          /* 初始化SPI Flash */
13          SPI_Flash_Init();
14          /* 延时一小段时间 */
15          i=500;
16          while (--i);
17          /* 唤醒SPI Flash */
18          SPI_Flash_WAKEUP();
19          /* 获取SPI Flash芯片状态 */
20          status=disk_status(SPI_Flash);
21          break;
22
23      default:
24          status = STA_NOINIT;
25      }
26      return status;
27  }
```

disk_initialize 函数也是只有一个参数 pdrv，用来指定设备物理编号。对于 SPI Flash 芯片，我们调用 SPI_Flash_Init() 函数实现对 SPI Flash 芯片引脚 GPIO 初始化配置，以及对 SPI 通信参数配置。SPI_Flash_WAKEUP() 函数唤醒 SPI Flash 芯片，当 SPI Flash 芯片处于睡眠模式时，需要唤醒芯片才可以进行读写操作。

最后调用 disk_status 函数获取 SPI Flash 芯片状态，并返回状态值。

（4）读取扇区

代码清单25-4　扇区读取

```
 1  DRESULT disk_read (
 2      BYTE pdrv,      /* 设备物理编号(0..) */
 3      BYTE *buff,     /* 数据缓存区 */
 4      DWORD sector,   /* 扇区首地址 */
 5      UINT count      /* 扇区个数(1～128) */
 6  )
 7  {
 8      DRESULT status = RES_PARERR;
 9      switch (pdrv) {
10      case ATA: /* SD卡 */
11          break;
12
13      case SPI_Flash:
14          /* 扇区偏移2MB，外部Flash文件系统空间放在SPI Flash后面6MB空间 */
15          sector+=512;
16          SPI_Flash_BufferRead(buff, sector <<12, count<<12);
17          status = RES_OK;
18          break;
```

```
19
20      default:
21          status = RES_PARERR;
22      }
23      return status;
24  }
```

disk_read 函数有 4 个形参：pdrv 为设备物理编号；buff 是一个 BYTE 类型指针变量，指向用来存放读取到数据的存储区首地址；sector 是一个 DWORD 类型变量，指定要读取数据的扇区首地址；count 是一个 UINT 类型变量，指定扇区个数。

BYTE 类型实际上是 unsigned char 类型，DWORD 类型实际上是 unsigned long 类型，UINT 类型实际上是 unsigned int 类型，类型定义在 integer.h 文件中。

开发板使用的 SPI Flash 芯片型号为 W25Q64FV，每个扇区大小为 4096 个字节（4KB），总共有 8MB 空间，为兼容后面实验程序，我们只将后面 6MB 空间分配给 FatFs 使用，前面 2MB 空间用于其他实验需要，即 FatFs 是从 2MB 空间开始。为实现这个效果需要将所有的读写地址都偏移 512 个扇区空间。

对于 SPI Flash 芯片，主要是使用 SPI_Flash_BufferRead() 实现在指定地址读取指定长度的数据，它接收 3 个参数：第 1 个参数为指定数据存放地址指针；第 2 个参数为指定数据读取地址，这里使用左移运算符，左移 12 位实际是乘以 4096，这与每个扇区大小是息息相关的；第 3 个参数为读取数据个数，也需要使用左移运算符。

（5）扇区写入

代码清单25-5 扇区写入

```
1   DRESULT disk_write (
2       BYTE pdrv,           /* 设备物理编号 (0..) */
3       const BYTE *buff,    /* 欲写入数据的缓存区 */
4       DWORD sector,        /* 扇区首地址 */
5       UINT count           /* 扇区个数 (1～128) */
6   )
7   {
8       uint32_t write_addr;
9       DRESULT status = RES_PARERR;
10      if (!count) {
11          return RES_PARERR;    /* 检查参数 */
12      }
13
14      switch (pdrv) {
15      case ATA: /* SD卡 */
16          break;
17
18      case SPI_Flash:
19          /* 扇区偏移2MB，外部Flash文件系统空间放在 SPI Flash 后面 6MB 空间 */
20          sector+=512;
21          write_addr = sector<<12;
22          SPI_Flash_SectorErase(write_addr);
23          SPI_Flash_BufferWrite((u8 *)buff,write_addr,count<<12);
24          status = RES_OK;
25          break;
26
```

```
27      default:
28          status = RES_PARERR;
29      }
30      return status;
31 }
```

disk_write 函数有 4 个形参：pdrv 为设备物理编号；buff 指向待写入扇区数据的首地址；sector 指定要写入数据的扇区首地址；count 指定扇区数量。对于 SPI Flash 芯片，在写入数据之前需要先擦除，所以用到扇区擦除函数（SPI_Flash_SectorErase），然后就是调用数据写入函数（SPI_Flash_BufferWrite）把数据写入指定位置内。

（6）其他控制

代码清单25-6　其他控制

```
 1 DRESULT disk_ioctl (
 2     BYTE pdrv,      /* 物理编号 */
 3     BYTE cmd,       /* 控制指令 */
 4     void *buff      /* 写入或者读取数据地址指针 */
 5 )
 6 {
 7     DRESULT status = RES_PARERR;
 8     switch (pdrv) {
 9     case ATA:  /* SD卡 */
10         break;
11
12     case SPI_Flash:
13         switch (cmd) {
14         /* 扇区数量: 1536*4096/1024/1024=6(MB) */
15         case GET_SECTOR_COUNT:
16             *(DWORD * )buff = 1536;
17             break;
18         /* 扇区大小 */
19         case GET_SECTOR_SIZE :
20             *(WORD * )buff = 4096;
21             break;
22         /* 同时擦除扇区个数 */
23         case GET_BLOCK_SIZE :
24             *(DWORD * )buff = 1;
25             break;
26         }
27         status = RES_OK;
28         break;
29
30     default:
31         status = RES_PARERR;
32     }
33     return status;
34 }
```

disk_ioctl 函数有 3 个形参：pdrv 为设备物理编号；cmd 为控制指令，包括发出同步信号、获取扇区数目、获取扇区大小、获取擦除块数量等指令；buff 为指令对应的数据指针。

对于 SPI Flash 芯片，为支持 FatFs 格式化功能，需要用到获取扇区数量（GET_SECTOR_COUNT）指令和获取擦除块数量（GET_BLOCK_SIZE）。另外，SD 卡扇区大小为 512 字节，SPI Flash 芯片一般设置扇区大小为 4096 字节，所以需要用到获取扇区大小（GET_SECTOR_SIZE）指令。

（7）时间戳获取

代码清单25-7　时间戳获取

```
1  __weak DWORD get_fattime(void)
2  {
3      /* 返回当前时间戳 */
4      return     ((DWORD)(2015 - 1980) << 25)  /* Year 2015 */
5             |   ((DWORD)1 << 21)              /* Month 1 */
6             |   ((DWORD)1 << 16)              /* Mday 1 */
7             |   ((DWORD)0 << 11)              /* Hour 0 */
8             |   ((DWORD)0 << 5)               /* Min 0 */
9             |   ((DWORD)0 >> 1);              /* Sec 0 */
10 }
```

get_fattime 函数用于获取当前时间戳，在 ff.c 文件中被调用。FatFs 在文件创建、被修改时会记录时间，这里我们直接使用赋值方法设定时间戳。为更好地记录时间，可以使用控制器 RTC 功能，具体要求返回值格式如下：

- bit31:25 ——从 1980 年至今年是多少年，范围是 0 ~ 127；
- bit24:21 ——月份，范围为 1 ~ 12；
- bit20:16 ——该月份中的第几日，范围为 1 ~ 31；
- bit15:11——时，范围为 0 ~ 23；
- bit10:5 ——分，范围为 0 ~ 59；
- bit4:0 ——秒 / 2，范围为 0 ~ 29。

25.3.5　FatFs 功能配置

ffconf.h 文件是 FatFs 功能配置文件，可以对文件内容进行修改，使得 FatFs 更符合我们的要求。ffconf.h 对每个配置选项都做了详细的使用情况说明，下面只列出修改的配置，其他配置采用默认即可。

代码清单25-8　FatFs功能配置选项

```
1 #define _USE_MKFS      1
2 #define _CODE_PAGE     936
3 #define _USE_LFN       2
4 #define _VOLUMES       2
5 #define _MIN_SS        512
6 #define _MAX_SS        4096
```

- _USE_MKFS：格式化功能选择，为使用 FatFs 格式化功能，需要把它设置为 1。
- _CODE_PAGE：语言功能选择，并要求把相关语言文件添加到工程宏。为支持简体中文，文件名需要使用 "936"，正如图 25-7 所示，我们已经把 cc936.c 文件添加到工程中。
- _USE_LFN：长文件名支持，默认不支持长文件名。这里配置为 2，支持长文件名，并指定使用栈空间为缓冲区。

- _VOLUMES：指定物理设备数量。这里设置为 2，包括预留 SD 卡和 SPI Flash 芯片。
- _MIN_SS、_MAX_SS：指定扇区大小的最小值和最大值。SD 卡扇区大小一般为 512 字节，SPI Flash 芯片扇区大小一般设置为 4096 字节，所以需要把 _MAX_SS 改为 4096。

25.3.6 FatFs 功能测试

移植操作到此，就已经把 FatFs 全部添加到我们的工程中了，这时编译功能，若顺利通过编译，没有错误。接下来，就可以编写图 25-5 中的用户应用程序了。

主要的测试包括格式化测试、文件写入测试和文件读取测试 3 个部分，主要程序都在 main.c 文件中实现。

（1）变量定义

代码清单25-9　变量定义

```
1  FATFS fs;                      /* FatFs 文件系统对象 */
2  FIL fnew;                      /* 文件对象 */
3  FRESULT res_flash;             /* 文件操作结果 */
4  UINT fnum;                     /* 文件成功读写数量 */
5  BYTE buffer[1024]= {0};        /* 读缓冲区 */
6  BYTE textFileBuffer[] =        /* 写缓冲区 */
7  "欢迎使用野火 STM32 开发板 今天是个好日子,新建文件系统测试文件 \r\n";
```

FATFS 是在 ff.h 文件中定义的一个结构体类型，针对的对象是物理设备，包含了物理设备的物理编号、扇区大小等信息，一般需要为每个物理设备定义一个 FATFS 变量。

FIL 也是在 ff.h 文件中定义的一个结构体类型，针对的对象是文件系统内具体的文件，包含了文件很多基本属性，比如文件大小、路径、当前读写地址等。如果需要在同一时间打开多个文件进行读写，才需要定义多个 FIL 变量，不然一般定义一个 FIL 变量即可。

FRESULT 也是在 ff.h 文件中定义的一个枚举类型，作为 FatFs 函数的返回值类型，主要管理 FatFs 运行中出现的错误，总共有 19 种错误类型，包括物理设备读写错误、找不到文件、没有挂载工作空间等。这在实际编程中非常重要，当有错误出现时，要停止文件读写，通过返回值，可以快速定位到错误发生的可能地点。如果运行没有错误，才返回 FR_OK。

fnum 是个 32 位无符号整型变量，用来记录实际读取或者写入数据的数组。

buffer 和 textFileBuffer 分别对应读取和写入数据缓存区，都是 8 位无符号整型数组。

（2）main 函数

代码清单25-10　main函数

```
1  int main(void)
2  {
3      /* 初始化 LED */
4      LED_GPIO_Config();
5      LED_BLUE;
6
7      /* 初始化调试串口,一般为串口 1 */
8      USART_Config();
9      printf("****** 这是一个 SPI Flash 文件系统实验 ******\r\n");
```

```c
10
11      // 在外部SPI Flash挂载文件系统,文件系统挂载时会对SPI设备初始化
12      // 初始化函数调用流程如下
13      //f_mount()->find_volume()->disk_initialize->SPI_Flash_Init()
14      res_flash = f_mount(&fs,"1:",1);
15
16      /*----------------------- 格式化测试 -----------------*/
17      /* 如果没有文件系统,就格式化创建文件系统 */
18      if (res_flash == FR_NO_FILESYSTEM)
19      {
20          printf("》Flash还没有文件系统,即将进行格式化...\r\n");
21          /* 格式化 */
22          res_flash=f_mkfs("1:",0,0);
23
24          if (res_flash == FR_OK)
25          {
26              printf("》Flash已成功格式化文件系统。\r\n");
27              /* 格式化后,先取消挂载 */
28              res_flash = f_mount(NULL,"1:",1);
29              /* 重新挂载 */
30              res_flash = f_mount(&fs,"1:",1);
31          }
32          else
33          {
34              LED_RED;
35              printf("《《格式化失败。》》\r\n");
36              while (1);
37          }
38      }
39      else if (res_flash!=FR_OK)
40      {
41          printf("!!外部Flash挂载文件系统失败。(%d)\r\n",res_flash);
42          printf("!!可能原因:SPI Flash初始化不成功。\r\n");
43          while (1);
44      }
45      else
46      {
47          printf("》文件系统挂载成功,可以进行读写测试\r\n");
48      }
49
50      /*----------------------- 文件系统测试:写测试 -------------------*/
51      /* 打开文件,每次都以新的形式打开,属性为可写 */
52      printf("\r\n****** 即将进行文件写入测试 ... ******\r\n");
53      res_flash = f_open(&fnew, "1:FatFs读写测试文件.txt",
54                          FA_CREATE_ALWAYS | FA_WRITE );
55      if ( res_flash == FR_OK )
56      {
57          printf("》打开/创建FatFs读写测试文件.txt成功,向文件写入数据。\r\n");
58          /* 将指定存储区内容写入文件内 */
59          res_flash=f_write(&fnew,WriteBuffer,sizeof(WriteBuffer),&fnum);
60          if (res_flash==FR_OK)
61          {
62              printf("》文件写入成功,写入字节数据:%d\n",fnum);
63              printf("》向文件写入的数据为:\r\n%s\r\n",WriteBuffer);
64          }
```

```c
 65             else
 66             {
 67                 printf("！！文件写入失败：(%d)\n",res_flash);
 68             }
 69             /* 不再读写，关闭文件 */
 70             f_close(&fnew);
 71         }
 72         else
 73         {
 74             LED_RED;
 75             printf("！！打开/创建文件失败。\r\n");
 76         }
 77
 78         /*-------------------- 文件系统测试：读测试 --------------------------*/
 79         printf("****** 即将进行文件读取测试... ******\r\n");
 80         res_flash = f_open(&fnew, "1:FatFs读写测试文件.txt",
 81                            FA_OPEN_EXISTING | FA_READ);
 82         if (res_flash == FR_OK)
 83         {
 84             LED_GREEN;
 85             printf("》打开文件成功。\r\n");
 86             res_flash = f_read(&fnew, ReadBuffer, sizeof(ReadBuffer), &fnum);
 87             if (res_flash==FR_OK)
 88             {
 89                 printf("》文件读取成功,读到字节数据：%d\r\n",fnum);
 90                 printf("》读取得的文件数据为：\r\n%s \r\n", ReadBuffer);
 91             }
 92             else
 93             {
 94                 printf("！！文件读取失败：(%d)\n",res_flash);
 95             }
 96         }
 97         else
 98         {
 99             LED_RED;
100             printf("！！打开文件失败。\r\n");
101         }
102         /* 不再读写，关闭文件 */
103         f_close(&fnew);
104
105         /* 不再使用文件系统，取消挂载文件系统 */
106         f_mount(NULL,"1:",1);
107
108         /* 操作完成，停机 */
109         while (1)
110         {
111         }
112 }
```

首先，初始化 RGB 彩灯和调试串口，用来指示程序进程。

FatFs 的第一步工作就是使用 f_mount 函数挂载工作区。f_mount 函数有 3 个形参。第 1 个参数是指向 FATFS 变量的指针，如果赋值为 NULL，可以取消物理设备挂载。第 2 个参数为逻辑设备编号，使用设备根路径表示，与物理设备编号挂钩，在代码清单 25-1 中我们定义 SPI Flash 芯片物理编号为 1，所以这里使用 "1:"。第 3 个参数可选 0 或 1，1 表示立即挂载，0 表示不立即挂载，延迟挂载。f_mount 函数会返回一个 FRESULT 类型值，指示运行情况。

如果 f_mount 函数返回值为 FR_NO_FILESYSTEM，说明没有 FAT 文件系统，比如新出厂的 SPI Flash 芯片就没有 FAT 文件系统，这时就必须对物理设备进行格式化处理。使用 f_mkfs 函数可以实现格式化操作。f_mkfs 函数有 3 个形参：第 1 个参数为逻辑设备编号；第 2 参数可选 0 或者 1，0 表示设备为一般硬盘，1 表示设备为软盘；第 3 个参数指定扇区大小，如果为 0，表示通过代码清单 25-6 中 disk_ioctl 函数获取。格式化成功后需要先取消挂载原来设备，再重新挂载设备。

在设备正常挂载后，就可以进行文件读写操作了。使用文件之前，必须使用 f_open 函数打开文件，不再使用文件必须通过 f_close 函数关闭文件，这个与电脑端操作文件步骤类似。f_open 函数有 3 个形参：第 1 个参数为文件对象指针；第 2 个参数为目标文件，包含绝对路径的文件名称和后缀名；第 3 个参数为访问文件模式选择，可以是打开已经存在的文件模式、读模式、写模式、新建模式、总是新建模式等或运行结果。比如对于写测试，使用 FA_CREATE_ALWAYS 和 FA_WRITE 组合模式，即总是新建文件并进行写模式。

f_close 函数用于不再对文件进行读写操作关闭文件，f_close 函数只有一个形参，为文件对象指针。f_close 函数运行可以确保缓冲区完全写入文件内。

成功打开文件之后就可以使用 f_write 函数和 f_read 函数对文件进行写操作和读操作。这两个函数用到的参数是一致的：一个是数据写入，一个是数据读取。f_write 函数的第 1 个形参为文件对象指针，使用与 f_open 函数一致即可。第 2 个参数为待写入数据的首地址，对于 f_read 函数就是用来存放读出数据的首地址。第 3 个参数为写入数据的字节数，对于 f_read 函数就是欲读取数据的字节数。第 4 个参数为 32 位无符号整型指针，这里使用 fnum 变量地址赋值给它，在运行读写操作函数后，fnum 变量指示成功读取或者写入的字节个数。

最后，不再使用文件系统时，使用 f_mount 函数取消挂载。

25.3.7 下载验证

保证开发板相关硬件连接正确，用 USB 线连接开发板"USB 转串口"接口与电脑，在电脑端打开串口调试助手，把编译好的程序下载到开发板。程序开始运行后，RGB 彩灯为蓝色，在串口调试助手可看到格式化测试、写文件检测和读文件检测 3 个过程；最后如果所有读写操作都正常，RGB 彩灯会指示为绿色，如果在运行中 FatFs 出现错误，RGB 彩灯指示为红色。

虽然我们通过 RGB 彩灯指示和串口调试助手信息打印方法来说明 FatFs 移植成功，并顺利通过测试，但心底总是很踏实，所谓眼见为实，虽然我们创建了"FatFs 读写测试文件 .txt"这个文件，却完全看不到实体。这个确实是个问题，因为我们这里使用 SPI Flash 芯片作为物理设备，并不像 SD 卡那样直接用读卡器就可以在电脑端打开验证。另外一个问题是，就目前来说，在 SPI Flash 芯片上挂载 FatFs 好像没有实际意义，无法发挥文件系统功能。

实际上，这里归根到底就是我们目前没办法在电脑端查看 SPI Flash 芯片内 FatFs 的内容，没办法非常方便地复制、删除文件。我们当然不会做无用功，STM32 控制器还有一个硬件资源可以解决上面的问题，就是 USB。我们可以通过编程把整个开发板变成一个 U 盘，而 U 盘存储空间就是 SPI Flash 芯片的空间，这样非常方便地实现文件的读写。

25.4 FatFs 功能使用实验

上个实验实现了 FatFs 的格式化、读文件和写文件功能，这个已经满足大部分人的运用需要。有时，我们需要更多的文件操作功能，FatFs 也提供了很多功能，比如设备存储空间信息获取、读写文件指针定位、创建目录、文件移动和重命名、文件或目录信息获取等。接下来这个实验范例就是展示 FatFs 的众多功能，以供用户参考。

25.4.1 硬件设计

本实验主要使用 FatFs 软件功能，不需要其他硬件模块，使用与 FatFs 移植实验相同硬件配置即可。

25.4.2 软件设计

上个实验已经移植好了 FatFs，这个例程主要是应用，所以简单起见，直接复制上个实验的工程文件，保持 FatFs 底层驱动程序，只改 main.c 文件内容，即可实现应用程序。

（1）FatFs 多项功能测试

代码清单25-11　FatFs多项功能测试

```
1  /* FatFs 多项功能测试 */
2  static FRESULT miscellaneous(void)
3  {
4      DIR dir;
5      FATFS *pfs;
6      DWORD fre_clust, fre_sect, tot_sect;
7
8      printf("\n*************** 设备信息获取 ***************\r\n");
9      /* 获取设备信息和空簇大小 */
10     res_flash = f_getfree("1:", &fre_clust, &pfs);
11
12     /* 计算得到总的扇区个数和空扇区个数 */
13     tot_sect = (pfs->n_fatent - 2) * pfs->csize;
14     fre_sect = fre_clust * pfs->csize;
15
16     /* 打印信息 (4096 字节 / 扇区) */
17     printf("》设备总空间：%10lu KB。\n》可用空间： %10lu KB。\n",
18             tot_sect *4, fre_sect *4);
19
20     printf("\n******** 文件定位和格式化写入功能测试 ********\r\n");
21     res_flash = f_open(&fnew, "1:FatFs 功能测试文件.txt",
22                     FA_CREATE_ALWAYS|FA_WRITE|FA_READ );
23     res_flash=f_write(&fnew,"欢迎使用秉火 STM32 开发板",50,&fnum);
```

```
24       if ( res_flash == FR_OK )
25       {
26           /* 文件定位,定位到文件的末尾 */
27           res_flash = f_lseek(&fnew,f_size(&fnew)-1);
28           if (res_flash == FR_OK)
29           {
30               /* 格式化写入,参数格式类似printf函数 */
31               f_printf(&fnew,"\n在原来文件新添加一行内容\n");
32               f_printf(&fnew,"》设备总空间:%10lu KB。\n》可用空间;%10lu KB。\n",
33                        tot_sect *4, fre_sect *4);
34               /* 文件定位到文件起始位置 */
35               res_flash = f_lseek(&fnew,0);
36               /* 读取文件所有内容到缓存区 */
37               res_flash = f_read(&fnew,readbuffer,f_size(&fnew),&fnum);
38               if (res_flash == FR_OK)
39               {
40                   printf("》文件内容:\n%s\n",readbuffer);
41               }
42           }
43           f_close(&fnew);
44
45           printf("\n********** 目录创建和重命名功能测试 **********\r\n");
46           /* 尝试打开目录 */
47           res_flash=f_opendir(&dir,"1:TestDir");
48           if (res_flash!=FR_OK)
49           {
50               /* 打开目录失败,就创建目录 */
51               res_flash=f_mkdir("1:TestDir");
52           }
53           else
54           {
55               /* 如果目录已经存在,关闭它 */
56               res_flash=f_closedir(&dir);
57               /* 删除文件 */
58               f_unlink("1:TestDir/testdir.txt");
59           }
60           if (res_flash==FR_OK)
61           {
62               /* 重命名并移动文件 */
63               res_flash=f_rename("1:FatFs功能测试文件.txt",
64                                  "1:TestDir/testdir.txt");
65               if (res_flash==FR_OK)
66               {
67                   printf("》重命名并移动文件操作成功\n");
68               }
69               else
70               {
71                   printf("》重命名并移动文件操作失败:%d\n",res_flash);
72               }
73           }
74       }
75       else
76       {
77           printf("!! 打开文件失败:%d\n",res_flash);
78           printf("!! 或许需要再次运行"FatFs移植与读写测试"工程\n");
```

```
79        }
80        return res_flash;
81 }
```

1)获取设备存储信息,目的是获取设备总容量和剩余可用空间。f_getfree 函数是设备空闲簇信息获取函数,有 3 个形参:第 1 个参数为逻辑设备编号;第 2 个参数为返回空闲簇数量,这里 1 簇等于 1 个扇区;第 3 个参数为返回指向文件系统对象的指针。通过计算可得到设备总的扇区个数以及空闲扇区个数,对于 SPI Flash 芯片,我们设置每个扇区为4096 字节大小,即 4KB。这样很容易就能算出设备存储信息。

2)文件读写指针定位和格式化输入功能测试。文件定位在一些场合非常有用,比如需要记录多项数据,但每项数据长度不确定,但有个最长长度时,就可以使用文件定位 lseek 函数把数据存放在规定好的地址空间上。当需要读取文件内容时就使用文件定位函数定位到对应地址读取。

使用文件读写操作之前都必须使用 f_open 函数打开文件,开始的时候读写指针在文件起始位置,马上写入数据的话会覆盖原来文件内容。这里,使用 f_lseek 函数定位到文件末尾位置,再写入内容。f_lseek 函数有两个形参:第 1 个参数为文件对象指针;第 2 个参数为需要定位的字节数,这个字节数是相对文件起始位置的,比如设置为 0,则将文件读写指针定位到文件起始位置。

f_printf 函数是格式化写入函数,需要把 ffconf.h 文件中的 _USE_STRFUNC 配置为 1才支持。f_printf 函数的用法类似于 C 库函数 printf 函数,只是它将数据直接写入文件中。

3)目录创建、文件移动和重命名功能。使用 f_opendir 函数可以打开路径(这里不区分目录和路径概念,下同),如果路径不存在,则创建,如果存在,则使用 f_closedir 函数关闭已经打开的路径,并把以前创建的文件删除。新版的 FatFs 支持相对路径功能,使路径操作更加灵活。f_opendir 函数有两个形参:第 1 个参数为指向路径对象的指针;第 2 个参数为路径。f_closedir 函数只需要指向路径对象的指针这一个形参。

f_mkdir 函数用于创建路径,如果指定的路径不存在,就创建它,创建的路径存在形式就是文件夹。f_mkdir 函数只要一个形参,就是指定路径。

f_rename 函数是带有移动功能的重命名函数,它有两个形参:第 1 个参数为源文件名称;第 2 个参数为目标名称。目标名称可附带路径,如果路径与源文件路径不同,则移动文件到目标路径下。

(2)文件信息获取

代码清单25-12   文件信息获取

```
1 static FRESULT file_check(void)
2 {
3       static FILINFO fno;
4
5       /* 获取文件信息,必须确保文件存在 */
6       res_flash=f_stat("1:TestDir/testdir.txt",&fno);
7       if (res_flash==FR_OK) {
8           printf(""testdir.txt"文件信息:\n");
9           printf("》文件大小:%ld(字节)\n", fno.fsize);
```

```
10              printf("》时间戳：%u/%02u/%02u, %02u:%02u\n",
11                      (fno.fdate >> 9) + 1980, fno.fdate >> 5 & 15, fno.fdate & 31,
12                      fno.ftime >> 11, fno.ftime >> 5 & 63);
13              printf("》属性：%c%c%c%c%c\n\n",
14                      (fno.fattrib & AM_DIR) ? 'D' : '-',      // 目录
15                      (fno.fattrib & AM_RDO) ? 'R' : '-',      // 只读文件
16                      (fno.fattrib & AM_HID) ? 'H' : '-',      // 隐藏文件
17                      (fno.fattrib & AM_SYS) ? 'S' : '-',      // 系统文件
18                      (fno.fattrib & AM_ARC) ? 'A' : '-');     // 档案文件
19          }
20          return res_flash;
21 }
```

f_stat 函数用于获取文件的属性，有两个形参：第 1 个参数为文件路径；第 2 个参数为返回指向文件信息结构体变量的指针。文件信息结构体变量包含文件的大小、最后修改时间和日期、文件属性、短文件名以及长文件名等信息。

（3）路径扫描

代码清单25-13　路径扫描

```
1  static FRESULT scan_files (char* path)
2  {
3      FRESULT res;      // 部分在递归过程被修改的变量，不用全局变量
4      FILINFO fno;
5      DIR dir;
6      int i;
7      char *fn;         // 文件名
8
9  #if _USE_LFN
10     /* 长文件名支持 */
11     /* 简体中文需要用2字节保存一个"字" */
12     static char lfn[_MAX_LFN*2 + 1];
13     fno.lfname = lfn;
14     fno.lfsize = sizeof(lfn);
15 #endif
16     // 打开目录
17     res = f_opendir(&dir, path);
18     if (res == FR_OK) {
19         i = strlen(path);
20         for (;;) {
21             // 读取目录下的内容，再读时，会自动读下一个文件
22             res = f_readdir(&dir, &fno);
23             // 为空时表示所有项目读取完毕，跳出
24             if (res != FR_OK || fno.fname[0] == 0) break;
25 #if _USE_LFN
26             fn = *fno.lfname ? fno.lfname : fno.fname;
27 #else
28             fn = fno.fname;
29 #endif
30             // 点表示当前目录，跳过
31             if (*fn == '.') continue;
32             // 目录，递归读取
33             if (fno.fattrib & AM_DIR) {
34                 // 合成完整目录名
```

```
35                    sprintf(&path[i], "/%s", fn);
36                    // 递归遍历
37                    res = scan_files(path);
38                    path[i] = 0;
39                    // 打开失败，跳出循环
40                    if (res != FR_OK)
41                        break;
42                } else {
43                    printf("%s/%s\r\n", path, fn);              // 输出文件名
44                    /* 可以在这里提取特定格式的文件路径 */
45                }//else
46          } //for
47     }
48     return res;
49 }
```

1）scan_files 函数用来扫描指定路径下的文件。比如我们设计一个 mp3 播放器，需要提取 mp3 格式文件，诸如 *.txt、*.c 之类的文件则统统不要，这时就必须扫描路径下所有的文件，并把 *.mp3 或 *.MP3 格式文件提取出来。这里不提取特定格式文件，而是把所有文件名称都通过串口打印出来。

2）我们在 ffconf.h 文件中定义了长文件名支持（_USE_LFN=2），一般用到简体中文文件名称的都要长文件名支持。短文件名是 8.3 格式，即名称是 8 个字节，后缀名是 3 个字节，对于使用英文名称还可以，使用中文名称一般长度就不够了。使能了长文件名支持后，在使用它之前一定需要指定文件名的存储区及其大小。

3）使用 f_opendir 函数打开指定的路径。如果路径存在，就使用 f_readdir 函数读取路径下内容。f_readdir 函数可以读取路径下的文件或者文件夹，并保存信息到文件信息对象变量内。f_readdir 函数有两个形参：第 1 个参数为指向路径对象变量的指针；第 2 个参数为指向文件信息对象的指针。f_readdir 函数的另外一个特性是自动读取下一个文件对象，即循环运行该函数可以读取该路径下的所有文件。所以，在程序中，我们使用 for 循环让 f_readdir 函数读取所有文件，并在读取所有文件之后退出循环。

4）在 f_readdir 函数成功读取到一个对象时，我们还不清楚它是一个文件还是一个文件夹，此时就可以使用文件信息对象变量的文件属性来判断，如果判断得出是个文件，那就直接通过串口打印出来；如果是个文件夹，就要进入该文件夹进行扫描，这时重新调用扫描函数 scan_files 就可以了，形成一个递归调用结构，只是这次用的参数与最开始是不同的，是使用子文件夹名称。

（4）main 函数

代码清单25-14　main函数

```
1 int main(void)
2 {
3     /* 初始化调试串口，一般为串口1 */
4     USART_Config();
5     printf("******** 这是一个SPI Flash 文件系统实验 *******\r\n");
6
7     // 在外部SPI Flash挂载文件系统，文件系统挂载时会对SPI设备初始化
```

```
 8      res_flash = f_mount(&fs,"1:",1);
 9      if (res_flash!=FR_OK) {
10          printf("！！外部Flash挂载文件系统失败。(%d)\r\n",res_flash);
11          printf("！！可能原因：SPI Flash初始化不成功。\r\n");
12          while (1);
13      } else {
14          printf("》文件系统挂载成功，可以进行测试 \r\n");
15      }
16
17      /* FatFs 多项功能测试 */
18      res_flash = miscellaneous();
19
20
21      printf("\n*************** 文件信息获取测试 ***************\r\n");
22      res_flash = file_check();
23
24
25      printf("*************** 文件扫描测试 ***************\r\n");
26      strcpy(fpath,"1:");
27      scan_files(fpath);
28
29
30      /* 不再使用文件系统，取消挂载文件系统 */
31      f_mount(NULL,"1:",1);
32
33      /* 操作完成，停机 */
34      while (1) {
35      }
36  }
```

串口在程序调试中经常使用，可以把变量值直观地打印到串口调试助手，这个信息非常重要，同样在使用之前需要调用 Debug_USART_Config 函数完成调试串口初始化。

使用 FatFs 进行文件操作之前都使用 f_mount 函数挂载物理设备，这里使用 SPI Flash 芯片上的 FAT 文件系统。

接下来直接调用 miscellaneous 函数进行 FatFs 设备信息获取、文件定位和格式化写入功能以及目录创建和重命名功能测试。调用 file_check 函数进行文件信息获取测试。

scan_files 函数用来扫描路径下的所有文件，fpath 是我们定义的一个包含 100 个元素的字符型数组，将其赋值为 SPI Flash 芯片物理编号对应的根目录。这样允许 scan_files 函数打印 SPI Flash 芯片内 FatFs 所有文件到串口调试助手。注意，这里定义的 fpaht 数组是必不可少的，因为 scan_files 函数本身是个递归函数，要求实际参数有较大空间的缓存区。

25.4.3 下载验证

保证开发板相关硬件连接正确，用 USB 线连接开发板"USB 转串口"接口与电脑，在电脑端打开串口调试助手，把编译好的程序下载到开发板。程序开始运行，在串口调试助手可看到每个阶段测试的相关信息情况。

第二部分
提 高 篇

  通过基础篇内容的学习，读者对STM32库函数的开发已经相当熟悉了，并且也能够利用它进行常用外设、通信接口的开发。在提高篇部分将讲解更复杂的外设接口和编译原理，如第35章介绍如何读写SD卡，26.4节介绍如何驱动液晶屏并显示中英文字符，第38章介绍编译原理以及MDK软件的方方面面。

  提高篇属于高级例程，学习的时候并不一定按照书中的章节顺序，可根据需要跳跃式地学习。

  希望可跳跃学习不会成为读者懒惰的借口，因为学透这部分提高篇的内容是成为高手的必经之路。

第 26 章
LCD——液晶显示器

26.1 显示器简介

显示器属于计算机的 I/O 设备,即输入输出设备。它是一种将特定电子信息输出到屏幕上再反射到人眼的显示工具。常见的有 CRT 显示器、液晶显示器、LED 点阵显示器及 OLED 显示器。

26.1.1 液晶显示器

液晶显示器,简称 LCD(Liquid Crystal Display),相对于上一代 CRT 显示器(阴极射线管显示器),LCD 显示器具有功耗低、体积小、承载的信息量大及不伤眼的优点,因而成为现在的主流电子显示设备,包括电视、电脑显示器、手机屏幕及各种嵌入式设备的显示器。图 26-1 是液晶电视与 CRT 电视的外观对比,很明显液晶电视更薄,"时尚"是液晶电视给人的第一印象,而 CRT 电视则感觉很"笨重"。

液晶是一种介于固体和液体之间的特殊物质,它是一种有机化合物,常态下呈液态,但是它的分子排列却和固体晶体一样非常规则,因此取名液晶。如果给液晶施加电场,会改变它的分子排列,从而改变光线的传播方向,配合偏振光片,它就具有控制光线透过率的作用。若再配合彩色滤光片,改变加给液晶电压大小,就能改变某一颜色透光量的多少,图 26-2 中的就是绿色显示结构。利用这种原理,做出可控制红、绿、蓝光输出强度的显示结构,把 3 种显示结构组成一个显示单位,通过控制红、绿、蓝光的强度,可以使该单位混合输出不同的色彩,这样的一个显示单位被称为像素。

液晶电视　　　　　　CRT 电视

图 26-1　液晶电视与 CRT 电视对比

注意液晶本身是不发光的,所以需要有一个背光灯提供光源,光线经过一系列处理过程才到输出,所以输出的光线强度要比光源的强度低很多,比较浪费能源(当然,比 CRT

显示器还是节能多了）。而且这些处理过程会导致显示方向比较窄，也就是它的视角较小，从侧面看屏幕会看不清它的显示内容。另外，输出的色彩变换时，液晶分子转动也需要消耗一定的时间，导致屏幕的响应速度低。

26.1.2 LED 和 OLED 显示器

LED 点阵显示器不存在以上液晶显示器的问题，LED 点阵彩色显示器的单个像素点内包含红绿蓝三色 LED，显示原理类似我们实验板上的 LED 彩灯，通过控制红绿蓝颜色的强度进行混色，实现全彩颜色输出，多个像素点构成一个屏幕。由于每个像素点都是 LED 自发光的，所以在户外或白天也显示得非常清晰。但由于 LED 体积较

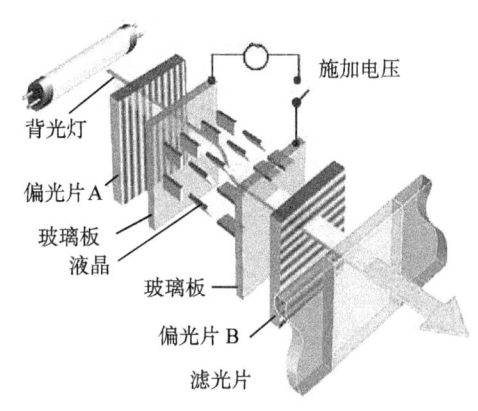

图 26-2 液晶屏的绿色显示结构

大，导致屏幕的像素密度低，所以它一般只适合用于广场上的巨型显示器。相对来说，单色的 LED 点阵显示器应用得更广泛，如公交车上的信息展示牌、店招等，见图 26-3。

图 26-3 LED 点阵彩屏及 LED 单色显示屏

新一代的 OLED 显示器与 LED 点阵彩色显示器的原理类似，但由于它采用的像素单元是"有机发光二极管"（Organic Light Emitting Diode），所以像素密度比普通 LED 点阵显示器高得多，见图 26-4。

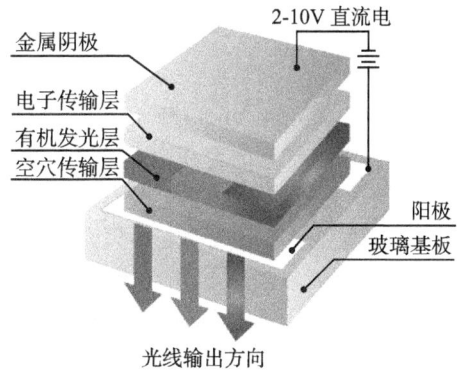

图 26-4 OLED 像素结构

OLED 显示器具有不需要背光源、对比度高、既轻又薄、视角广及响应速度快等优点，待到生产工艺更加成熟时，必将取代现在液晶显示器的地位，见图 26-5。

26.1.3 显示器的基本参数

不管是哪一种显示器，都有一定的参数用于描述它们的特性。各个参数介绍如下：

（1）像素

像素是组成图像的最基本单元要素，显示器的像素指它成像最小的点，即前面讲解液晶原理中提到的一个显示单元。

图 26-5　采用 OLED 屏幕的电视及智能手表

（2）分辨率

一些嵌入式设备的显示器常常以"行像素值 × 列像素值"表示屏幕的分辨率。如分辨率 800×480 表示该显示器的每一行有 800 个像素点，每一列有 480 个像素点，也可理解为有 800 列，480 行。

（3）色彩深度

色彩深度指显示器的每个像素点能表示多少种颜色，一般用"位"（bit）来表示。如单色屏的每个像素点能表示亮或灭两种状态（实际上能显示 2 种颜色），用 1 个数据位就可以表示像素点的所有状态，所以它的色彩深度为 1bit。其他常见的显示屏色深为 16bit、24bit。

（4）显示器尺寸

显示器的大小一般以英寸表示，如 5 英寸、21 英寸、24 英寸等，这个长度是指屏幕对角线的长度，通过显示器的对角线长度及长宽比可确定显示器的实际长宽尺寸。

（5）点距

点距指两个相邻像素点之间的距离，它会影响画质的细腻度及观看距离。相同尺寸的屏幕，若分辨率越高，则点距越小，画质越细腻。如现在有些手机的屏幕分辨率比电脑显示器的还大，这是手机屏幕点距小的原因。LED 点阵显示屏的点距一般都比较大，所以适合远距离观看。

26.2　液晶控制原理

图 26-6 是几种适合于 STM32 芯片使用的显示屏，我们以它们为例讲解控制液晶屏的基本原理。

一个完整的显示屏由液晶显示面板、电容触摸面板以及 PCB 底板构成。图 26-6 中的触摸面板带有触摸控制芯片，该芯片处理触摸信号并通过引出的信号线与外部器件通信。触摸面板中间是透明的，它贴在液晶面板上面，一起构成屏幕的主体。触摸面板与液晶面板引出的排线连接到 PCB 底板上，根据实际需要，PCB 底板上可能会带有"液晶控制器芯片"，图 26-6 中右侧的液晶屏 PCB 上带有 RA8875 液晶控制器。因为控制液晶面板需要比较多的资源，所以大部分低级微控制器都不能直接控制液晶面板，需要额外配套一个专用液晶控制器来处理显示过程，外部微控制器只要把它希望显示的数据直接交给液晶控制器即可。而不带液晶控制器的 PCB 底板，只有小部分的电源管理电路，液晶面板的信号线与外部微控制器相连，直接控制。STM32F429 系列的芯片不需要额外的液晶控制器，也就是说它把专用液晶控制器的功能集成到 STM32F429 芯片内部了，可以理解为电脑的 CPU 集成显卡，它节约了额外的控制器成本。而 STM32F1 系列的芯片由于没有集成液晶控制器到芯片内部，所以它只能驱动自带控制器的屏幕，可以理解为电脑的外置显卡。

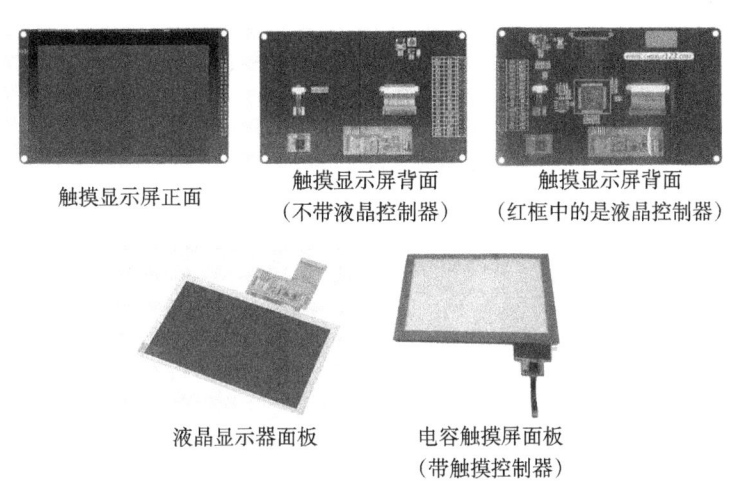

图 26-6　适合 STM32 控制的显示屏实物图

总的来说，这两类屏幕的控制框图如图 26-7 所示。

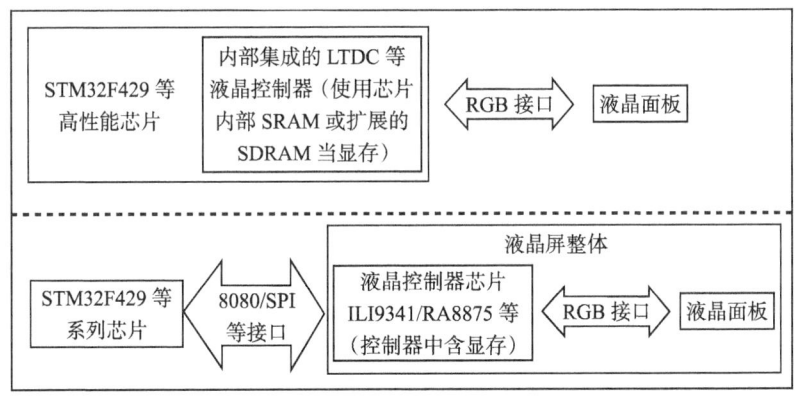

图 26-7　两类液晶屏控制框图

26.2.1　液晶面板的控制信号

本章我们主要讲解如何控制液晶面板，液晶面板的控制信号线即图 26-6 中液晶面板引出的 FPC 排线，其说明见表 26-1。液晶面板通过这些信号线与液晶控制器通信，使用这种通信信号的被称为 RGB 接口（RGB Interface）。

表 26-1　液晶面板的信号线

信号名称	说　明	信号名称	说　明
R[7:0]	红色数据	HSYNC	水平同步信号
G[7:0]	绿色数据	VSYNC	垂直同步信号
B[7:0]	蓝色数据	DE	数据使能信号
CLK	像素同步时钟信号		

（1）RGB 信号线

RGB 信号线各有 8 根，分别用于表示液晶屏一个像素点的红、绿、蓝颜色分量。使用红、绿、蓝颜色分量来表示颜色是一种通用的做法，打开 Windows 系统自带的画板调色工具，可看到颜色的红、绿、蓝分量值，见图 26-8。常见的颜色表示会在"RGB"后面附带各个颜色分量值的数据位数，如 RGB565 表示红绿蓝的数据线数分别为 5、6、5 根，一共为 16 个数据位，可表示 2^{16} 种颜色；而这个液晶屏的种颜色分量的数据线都有 8 根，所以它支持 RGB888 格式，一共 24 位数据线，可表示的颜色为 2^{24} 种。

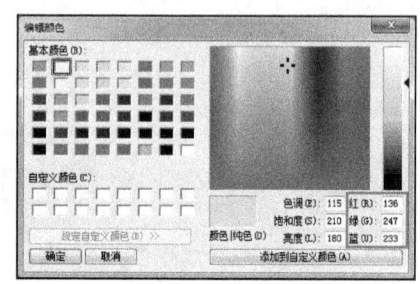

图 26-8　调色工具界面

（2）同步时钟信号 CLK

液晶屏与外部使用同步通信方式，以 CLK 信号作为同步时钟，在同步时钟的驱动下，每个时钟传输一个像素点数据。

（3）水平同步信号 HSYNC

水平同步信号 HSYNC（Horizontal Sync）用于表示液晶屏一行像素数据的传输结束，每传输完成液晶屏的一行像素数据时，HSYNC 会发生电平跳变，如分辨率为 800×480 的显示屏（800 列，480 行），传输一帧的图像 HSYNC 的电平会跳变 480 次。

（4）垂直同步信号 VSYNC

垂直同步信号 VSYNC（Vertical Sync）用于表示液晶屏一帧像素数据的传输结束，每传输完成一帧像素数据时，VSYNC 会发生电平跳变。其中"帧"是图像的单位，一幅图像称为一帧，在液晶屏中，一帧指一个完整屏液晶像素点。人们常常用"帧/秒"来表示液晶屏的刷新特性，即液晶屏每秒可以显示多少帧图像，如液晶屏以 60 帧/秒的速率运行时，VSYNC 每秒钟电平会跳变 60 次。

（5）数据使能信号 DE

数据使能信号 DE（Data Enable）用于表示数据的有效性，当 DE 信号线为高电平时，RGB 信号线表示的数据有效。

26.2.2　液晶数据传输时序

通过上述信号线向液晶屏传输像素数据时，各信号线的时序见图 26-9。图中表示的是向液晶屏传输一帧图像数据的时序，中间省略了多行及多个像素点。

第 26 章 LCD——液晶显示器

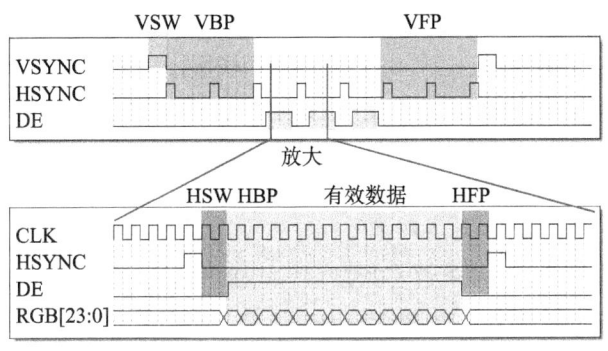

图 26-9 液晶时序图

液晶屏显示的图像可看作一个矩形，结合图 26-10 来理解。液晶屏有一个显示指针，它指向将要显示的像素。显示指针的扫描方向从左到右、从上到下，一个像素点一个像素点地描绘图形。这些像素点的数据通过 RGB 数据线传输至液晶屏，它们在同步时钟 CLK 的驱动下一个一个地传输到液晶屏中，交给显示指针，传输完成一行时，水平同步信号 HSYNC 电平跳变一次，而传输完一帧时 VSYNC 电平跳变一次。

但是，液晶显示指针在行与行之间、帧与帧之间切换时需要延时，而且 HSYNC 及 VSYNC 信号本身也有宽度，这些时间参数说明见表 26-2。

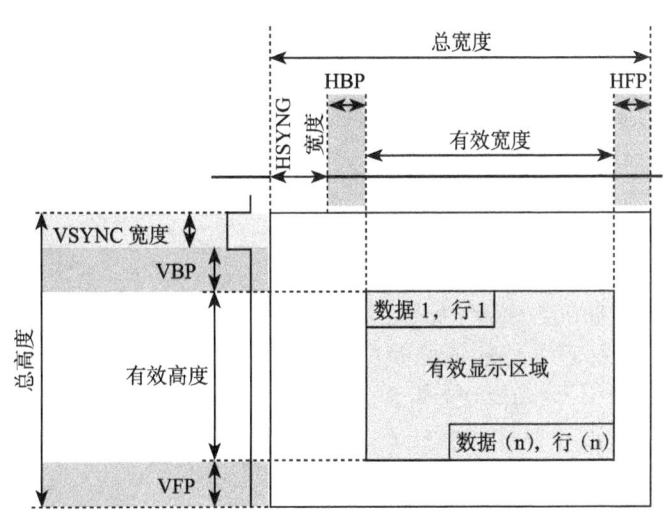

图 26-10 液晶数据传输图解

表 26-2 液晶通信中的时间参数

时间参数	参数说明
VBP (vertical back porch)	表示在一帧图像开始时，垂直同步信号以后的无效的行数
VFP (vertical front porch)	表示在一帧图像结束后，垂直同步信号以前的无效的行数
HBP (horizontal back porch)	表示从水平同步信号开始到一行的有效数据开始之间的 CLK 的个数
HFP (horizontal front porth)	表示从一行的有效数据结束到下一个水平同步信号开始之间的 CLK 的个数
VSW (vertical sync width)	表示垂直同步信号的宽度，单位为行
HSW (horizontal sync width)	表示水平同步信号的宽度，单位为同步时钟 CLK 的个数

在这些时间参数控制的区域，数据使能信号线"DE"都为低电平，RGB 数据线的信号无效，当"DE"为高电平时，表示的数据有效，传输的数据会直接影响液晶屏的显示区域。

26.2.3 显存

液晶屏中的每个像素点都是数据,在实际应用中需要把每个像素点的数据缓存起来,再传输给液晶屏,一般会使用 SRAM 或 SDRAM 性质的存储器,而这些专门用于存储显示数据的存储器,则被称为显存。显存一般至少要能存储液晶屏的一帧显示数据,如分辨率为 800×480 的液晶屏,使用 RGB888 格式显示,它的一帧显示数据大小为 3×800×480=1 152 000 字节;若使用 RGB565 格式显示,一帧显示数据大小为 2×800×480=768 000 字节。

一般来说,外置的液晶控制器会自带显存,而像 STM32F429 这样的集成液晶控制器的芯片,可使用内部 SRAM 或外扩 SDRAM 用于显存空间。

26.3 秉火 3.2 寸液晶屏简介

26.3.1 3.2 寸电阻触摸屏实物

上面讲解的屏幕其液晶控制器与液晶屏是完全分离的,且具有带控制器和不带控制器的版本,易于理解。下面我们再来分析实验板标配的分辨率为 320×240 的 3.2 寸电阻触摸液晶屏,见图 26-11。

图中的标号③部分是液晶屏幕的整体,通过引出的排针接入实验板上,可对它进行控制,它分为液晶触摸面板(标号①)和 PCB 底板(标号②)两部分。

标号①处的液晶触摸面板由液晶屏和触摸屏组成,屏幕表面的灰色线框即为电阻触摸屏的信号线,触摸屏的下方即为液晶面板,在它的内部包含了一个型号为 ILI9341 的液晶控制器芯片(由于集成度高,所以图中无法看见)。该液晶控制器使用 8080 接口与单片机通信,图中液晶面板引出的 FPC 信号线即 8080 接口(RGB 接口已在内部直接与 ILI9341 相连),且控制器中包含有显存,单片机把要显示的数据通过引出的 8080 接口发送到液晶控制器,这些数据会被存储到它内部的显存中,然后液晶控制器不断把显存的内容刷新到液晶面板,显示内容。

标号②处是 PCB 底板,它主要包含了一个电阻触摸屏的控制器 XPT2046。电阻触摸屏控制器实质上是一个 ADC 芯片,

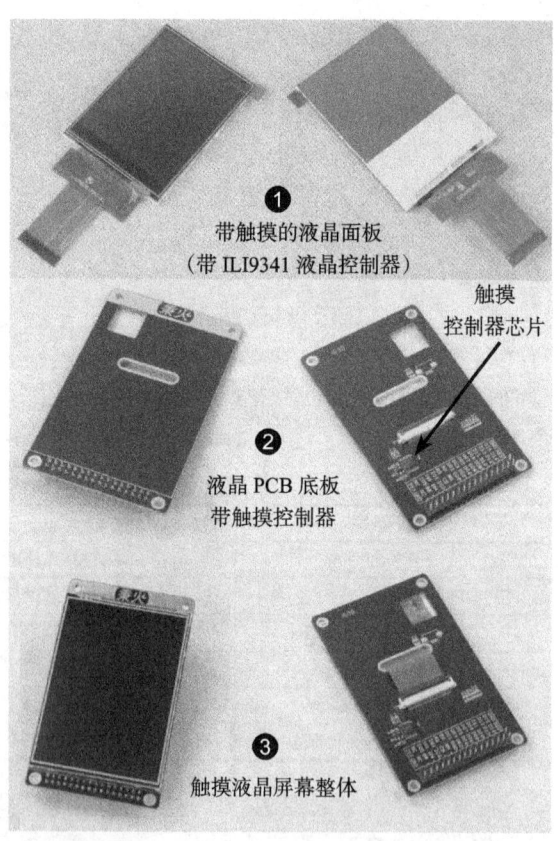

图 26-11 实验板标配的 3.2 寸电阻触摸屏

通过检测电压值来计算触摸坐标。PCB 底板与液晶触摸面板通过 FPC 排线座连接，然后引出到排针，方便与实验板的排母连接。

26.3.2 ILI9341 液晶控制器简介

本液晶屏内部包含有一个液晶控制芯片 ILI9341，它的内部结构非常复杂，见图 26-12。该芯片最核心部分是位于中间的 GRAM（Graphics RAM），它就是显存。GRAM 中每个存储单元都对应着液晶面板的一个像素点。它右侧的各种模块共同作用把 GRAM 存储单元的数据转化成液晶面板的控制信号，使像素点呈现特定的颜色，而像素点组合起来则成为一幅完整的图像。

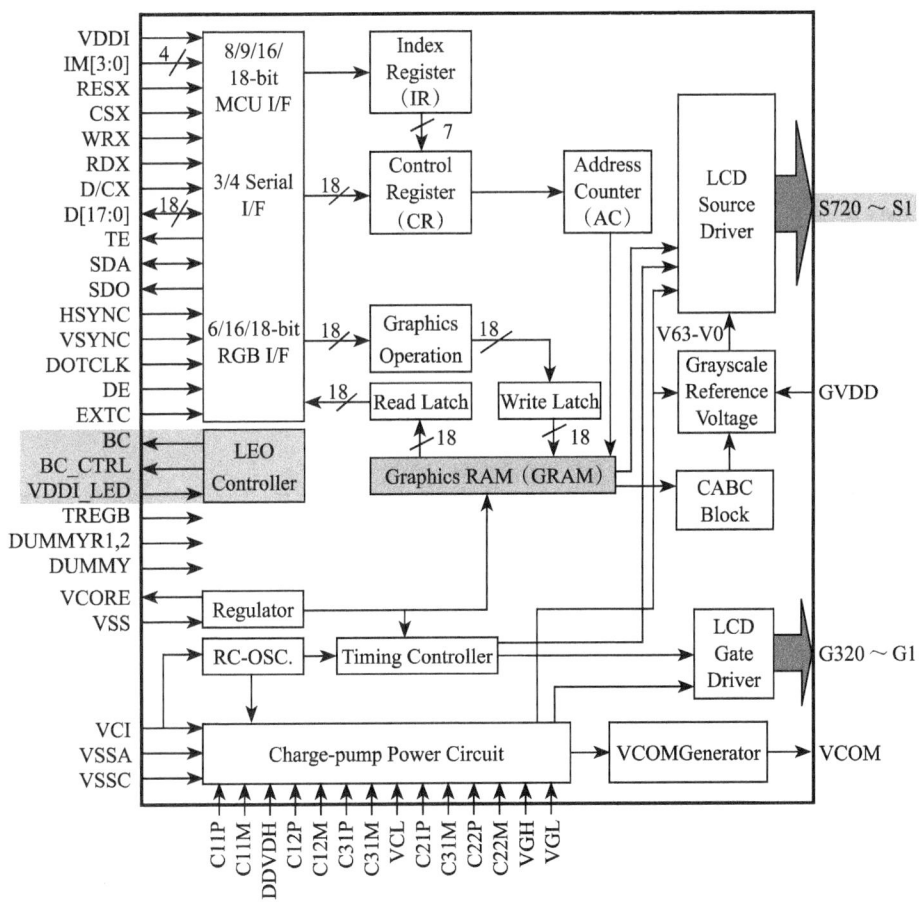

图 26-12　ILI9341 控制器内部框图

框图的左上角为 ILI9341 的主要控制信号线和配置引脚，根据其不同状态设置可以使芯片工作在不同的模式，如每个像素点的位数是 6 位、16 位还是 18 位；可配置使用 SPI 接口、8080 接口还是 RGB 接口与 MCU 进行通信。MCU 通过 SPI、8080 接口或 RGB 接口与 ILI9341 进行通信，从而访问它的控制寄存器（CR）、地址计数器（AC）及 GRAM。

在 GRAM 的左侧还有一个 LED 控制器（LED Controller）。LCD 为非发光性的显示装置，它需要借助背光源才能达到显示功能，LED 控制器用来控制液晶屏中的 LED 背光源。

26.3.3 液晶屏的信号线及 8080 时序

ILI9341 控制器根据自身的 IM[3:0] 信号线电平决定它与 MCU 的通信方式，它本身支持 SPI 及 8080 通信方式，本示例中液晶屏的 ILI9341 控制器在出厂前就已经按规定配置好（内部已连接硬件电路），它被配置为通过 8080 接口通信，使用 16 根数据线的 RGB565 格式。内部硬件电路连接完，剩下的其他信号线被引出到 FPC 排线，最后该排线由 PCB 底板引出到排针，排针再与实验板上的 STM32 芯片连接，引出的排针信号线见图 26-13。

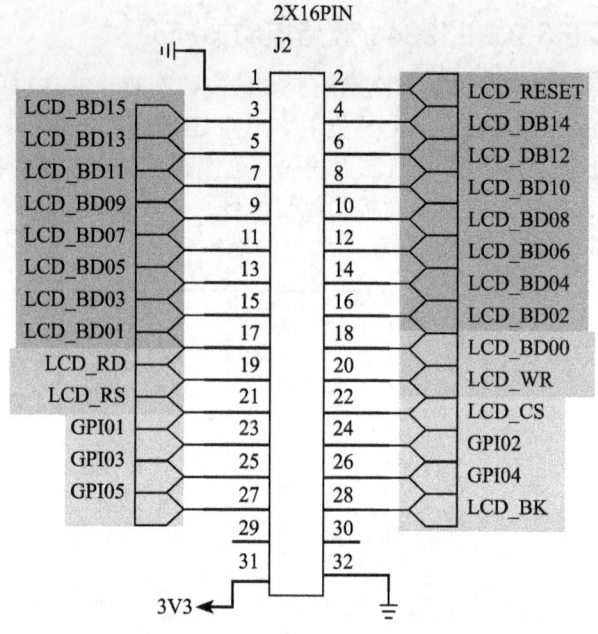

图 26-13 液晶屏引出的信号线

这些信号线的说明见表 26-3。

表 26-3 液晶屏引出的信号线说明

信号线	ILI9341 对应的信号线	说 明
LCD_DB[15:0]	D[15:0]	数据信号
LCD_RD	RDX	读数据信号，低电平有效
LCD_RS	D/CX	数据/命令信号，高电平时，D[15:0] 表示的是数据（RGB 像素数据或命令数据），低电平时 D[15:0] 表示控制命令
LCD_RESET	RESX	复位信号，低电平有效
LCD_WR	WRX	写数据信号，低电平有效
LCD_CS	CSX	片选信号，低电平有效
LCD_BK	—	背光信号，低电平点亮
GPIO[5:1]	—	触摸屏的控制信号线，下一章介绍

这些信号线即 8080 通信接口，带 X 的表示低电平有效。STM32 通过该接口与 ILI9341 芯片进行通信，实现对液晶屏的控制。通信的内容主要包括命令和显存数据，显存数据即各个像素点的 RGB565 内容；命令是指针对 ILI9341 的控制指令，MCU 可通过 8080 接口发送命令编码控制 ILI9341 的工作方式，例如复位指令、设置光标指令、睡眠模式指令等，具体的指令在《ILI9341.pdf》数据手册均有详细说明。写命令时序图见图 26-14。

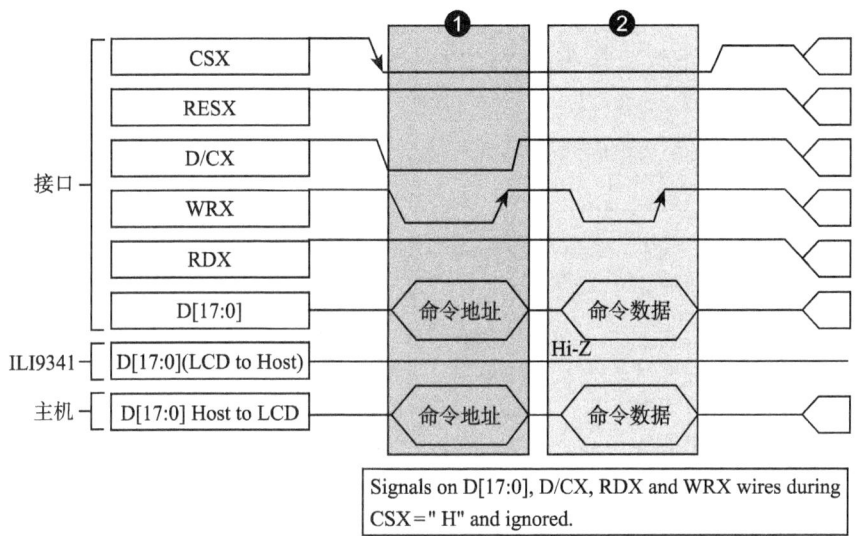

图 26-14 使用 18 条数据线的 8080 接口写命令时序

由图可知，写命令时序由片选信号 CSX 拉低开始，对数据/命令选择信号线 D/CX 也置低电平，表示写入的是命令地址（可理解为命令编码，如软件复位命令：0x01），以写信号 WRX 为低，读信号 RDX 为高表示数据传输方向为写入。同时，在数据线 D[17:0]（或 D[15:0]）输出命令地址。在第 2 个传输阶段传送的是命令的参数，所以 D/CX 要置高电平，表示写入的是命令数据。命令数据是某些指令带的参数，如复位指令编码为 0x01，它后面可以带一个参数，该参数表示多少秒后复位（实际的复位命令不含参数，此处只是为了讲解指令编码与参数的区别）。

当需要把像素数据写入 GRAM 时，过程很类似，把片选信号 CSX 拉低后，再把数据/命令选择信号线 D/CX 置为高电平，这时由 D[17:0] 传输的数据则会被 ILI9341 保存至它的 GRAM 中。

26.4 使用 STM32 的 FSMC 模拟 8080 接口时序

ILI9341 的 8080 通信接口时序可以由 STM32 使用普通 I/O 接口进行模拟，但这样效率太低，STM32 提供了一种特别的控制方法——使用 FSMC 接口实现 8080 时序。

26.4.1 FSMC 简介

STM32F1 系列芯片使用 FSMC 外设来管理扩展的存储器。FSMC 是 Flexible Static Memory Controller 的缩写，译为灵活的静态存储控制器。它可以用于驱动 SRAM、NOR Flash 及 NAND Flash 类型的存储器，但不能驱动如 SDRAM 这种动态的存储器。而在 STM32F429 系列的控制器中，它具有 FMC 外设，支持控制 SDRAM 存储器。

由于 FSMC 外设可以用于控制扩展的外部存储器，而 MCU 对液晶屏的操作实际上就是把显示数据写入显存中，与控制存储器非常类似，且 8080 接口的通信时序完全可以使用 FSMC 外设产生，因而非常适合使用 FSMC 控制液晶屏。

FSMC 外设的结构见图 26-15。

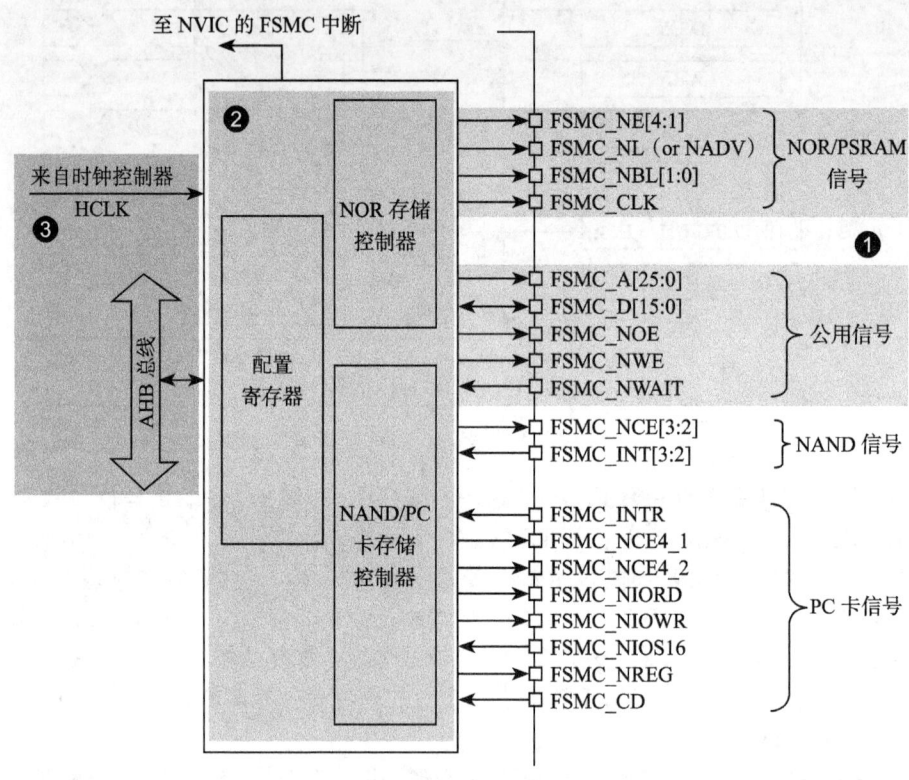

图 26-15　FSMC 结构

1. 通信引脚

在图 26-15 的右侧是 FSMC 外设相关的控制引脚，由于控制不同类型存储器的时候会有一些不同的引脚，看起来引脚非常多，其中地址线 FSMC_A 和数据线 FSMC_D 是所有控制器共用的。这些 FSMC 引脚具体对应的 GPIO 端口及引脚号可在《STM32F103 规格书》中查找到，不在此列出。

在本章示例中，控制 LCD 时，使用 FSMC 的 NOR/PSRAM 模式，而且控制 LCD 时使用的是 NOR Flash 类型的模式 B，所以我们重点分析图 26-15 中 NOR Flash 控制信号线部分。控制 NOR Flash 主要使用的信号线见表 26-4。

在控制 LCD 时，使用的是类似异步、地址与数据线独立的 NOR Flash 控制方式，所以实际上 CLK、NWAIT、NADV 引脚并没有使用到。

其中比较特殊的 FSMC_NE 是用于控制存储器芯片的片选控制信号线，STM32 具有 FSMC_NE1/2/3/4 号引脚，不同的引脚对应 STM32 内部不同的地址区域。例如，当 STM32 访问 0x68000000～0x6BFFFFFF 地址空间时，FSMC_NE3 引脚会自动设置为低电平，由于它一般连接到外部存储器的片选引脚且低电平有效，所以外部存储器的片选被使能，而访问 0x60000000 ～ 0x63FFFFFF 地址时，FSMC_NE1 会输出低电平。当使用不同的 FSMC_NE 引脚连接外部存储器时，STM32 访问外部存储的地址不一样，从而达到控制多个外部存储器芯片的目的。各引脚对应的地址会在后面 26.4.2 节讲解。

表 26-4　FSMC 控制 NOR Flash 的信号线

FSMC 信号名称	信号方向	功　能
CLK	输出	时钟（同步突发模式使用）
A[25:0]	输出	地址总线
D[15:0]	输入/输出	双向数据总线
NE[x]	输出	片选，x = 1 ～ 4
NOE	输出	输出使能
NWE	输出	写使能
NWAIT	输入	NOR 闪存要求 FSMC 等待的信号
NADV	输出	地址、数据线复用时用作锁存信号

2. 存储器控制器

上面不同类型的引脚是连接到 FSMC 内部对应的存储控制器中的。NOR、PSRAM、SRAM 设备使用相同的控制器，NAND、PC 卡设备使用相同的控制器，不同的控制器有专用的寄存器用于配置其工作模式。

控制 NOR Flash 的有 FSMC_BCR1/2/3/4 控制寄存器、FSMC_BTR1/2/3/4 片选时序寄存器以及 FSMC_BWTR1/2/3/4 写时序寄存器。每种寄存器都有 4 个，分别对应于 4 个不同的存储区域。各种寄存器介绍如下：

- FSMC_BCR 控制寄存器可配置要控制的存储器类型、数据线宽度以及信号有效极性能参数。
- FMC_BTR 时序寄存器用于配置 SRAM 访问时的各种时间延迟，如数据保持时间、地址保持时间等。
- FMC_BWTR 写时序寄存器与 FMC_BTR 寄存器控制的参数类似，专门用于控制写时序的时间参数。

3. 时钟控制逻辑

FSMC 外设挂载在 AHB 总线上，时钟信号来自 HCLK（默认 72MHz），控制器的同步时钟输出就是由它分频得到。例如，NOR 控制器的 FSMC_CLK 引脚输出的时钟，它可用于与同步类型的 NOR Flash 芯片进行同步通信，它的时钟频率可通过 FSMC_BTR 寄存器的 CLKDIV 位配置，可以配置为 HCLK 的 1/2 或 1/3，也就是说，若它与同步类型的 NOR Flash 通信时，同步时钟最高频率为 36MHz。本示例中的 NOR Flash 为异步类型的存储器，不使用同步时钟信号，所以时钟分频配置不起作用。

26.4.2　FSMC 的地址映射

FSMC 连接好外部的存储器并初始化后，就可以直接通过访问地址来读写数据，这种地址访问与 I²C EEPROM、SPI Flash 的不一样，后两种方式都需要控制 I²C 或 SPI 总线给存储器发送地址，然后获取数据；在程序里，这个地址和数据需要分别使用不同的变量存储，并且访问时还需要使用代码控制发送读写命令。而使用 FSMC 外接存储器时，其存储单元是映射到 STM32 的内部寻址空间的；在程序里，定义一个指向这些地址的指针，然后

286 第二部分 提 高 篇

就可以通过指针直接修改该存储单元的内容，FSMC 外设会自动完成数据访问过程，读写命令之类的操作不需要程序控制。访问示例代码见代码清单 26-1。

代码清单26-1 使用FSMC访问外部存储器示例代码

```
1
2  #define Bank1_SRAM3_ADDR     ((uint32_t)(0x68000000))
3
4  /*写/读16位数据*/
5  *( uint16_t*) (Bank1_SRAM3_ADDR+10 ) = (uint16_t)0xBBBB;
6  printf("指针访问SRAM,写入数据0xBBBB \r\n");
7
8  temp = *( uint16_t*) (Bank1_SRAM3_ADDR+10 );
9  printf("读取数据: 0x%X \r\n",temp);
```

以上代码实际上就是标准的 C 语言对特定地址的指针式访问，只是由于该地址被 STM32 映射到 FSMC 外设，所以访问这些地址时，FSMC 会自动输出地址、数据等访问时序。

FSMC 的地址映射见图 26-16。

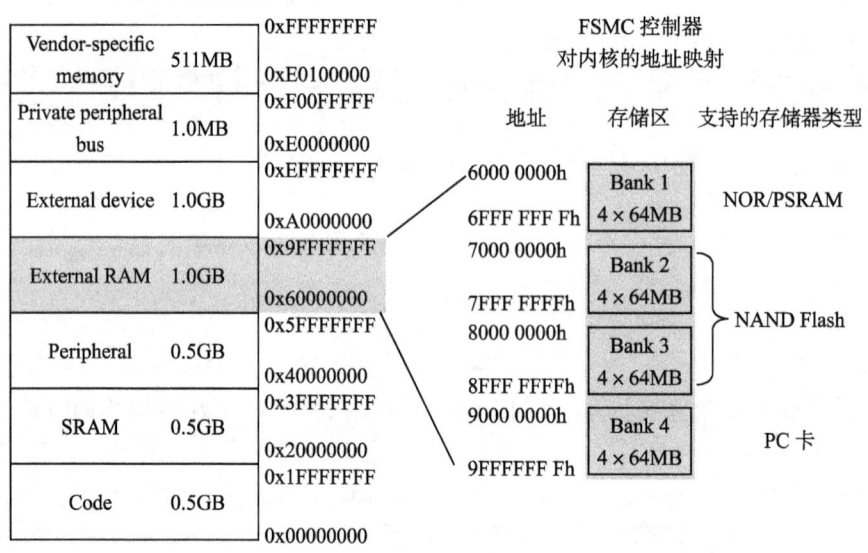

图 26-16 FSMC 的地址映射

图 26-16 中左侧的是 Cortex-M3 内核的存储空间分配，右侧是 STM32 FSMC 外设的地址映射。可以看到 FSMC 的 NOR、PSRAM、SRAM、NAND Flash 以及 PC 卡的地址都在 External RAM 地址空间内。正是因为存在这样的地址映射，使得访问 FSMC 控制的存储器时，就像访问 STM32 的片上外部寄存器一样（片上外设的地址映射即图中左侧的 Peripheral 区域）。

FSMC 把整个 External RAM 存储区域分成了 4 个 Bank 区域，并分配了地址范围及适用的存储器类型，如 NOR 及 SRAM 存储器只能使用 Bank1 的地址。在每个 Bank 的内部又分成了4个小块，每个小块有相应的控制引脚用于连接片选信号，如FSMC_NE[4:1]信号线可用于选择BANK1内部的4小块地址区域，见图26-17。当STM32访问0x6C000000～0x6FFFFFFF地址空间时，会访问到Bank1的第1小块区域，相应的FSMC_NE1信号线会输出控制信号。

图 26-17　Bank1 内部的小块地址分配

26.4.3　FSMC 控制异步 NOR Flash 存储器的时序

FSMC 外设支持输出多种不同的时序，以便控制不同的存储器，它具有 ABCD 4 种模式。下面我们仅针对控制异步 NOR Flash 使用的模式 B 进行讲解，其读写时序见图 26-18 和图 26-19。

当内核发出访问某个指向外部存储器地址时，FSMC 外设会根据配置控制信号线产生的时序访问存储器，图 26-18、图 26-19 中的是访问外部异步 NOR Flash（模式 B）时 FSMC 外设的读写时序。

以读时序为例，该图表示一个存储器操作

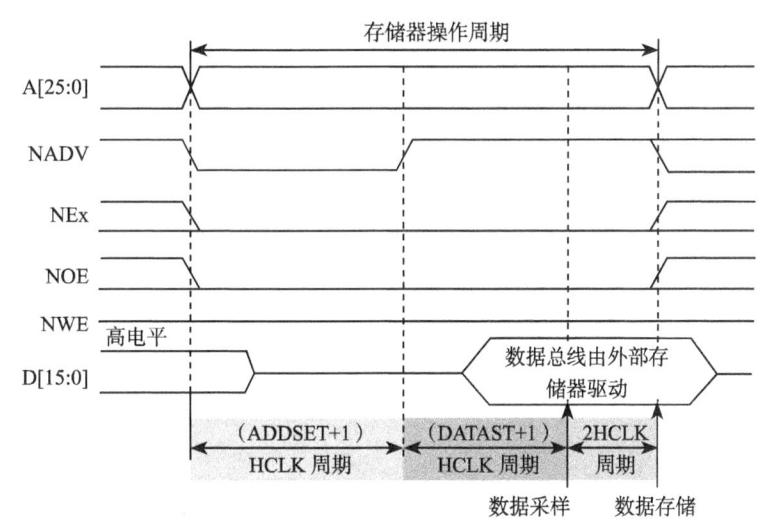

图 26-18　FSMC 读 NOR Flash 的时序图（模式 B）

周期由地址建立周期（ADDSET）、数据建立周期（DATAST）以及 2 个 HCLK 周期组成。在地址建立周期中，地址线发出要访问的地址，数据掩码信号线指示出要读取地址的高、低字节部分，片选信号使能存储器芯片；地址建立周期结束后读使能信号线发出读使能信号，接着存储器通过数据信号线把目标数据传输给 FSMC，FSMC 把它交给内核。

写时序类似，区别是它的一个存储器操作周期仅由地址建立周期（ADDSET）和数据建立周期（DATAST）组成，且在数据建立周期期间写使能信号线发出写信号，接着 FSMC 把数据通过数据线传输到存储器中。

根据 STM32 对寻址空间的地址映射，地址 0x6000 0000～0x9FFF FFFF 是映射到外部存储器的，而其中的 0x6000 0000 ~ 0x6FFF FFFF 则分配给 NOR Flash、PSRAM 这类可直接寻址的器件。

当 FSMC 外设被配置成正常工作，并且外部接了 NOR Flash 时，若向 0x60000000 地址写入数据如 0xABCD，FSMC 会自动在各信号线上产生相应的电平信号，写入数据。FSMC 会控制片选信号 NE1 选择相应的 NOR 芯片，然后使用地址线 A[25:0] 输出 0x60000000，在 NWE 写使能信号线上发出低电平的写使能信号，而要写入的数据 0xABCD 则从数据线 D[15:0] 输出，然后被保存到 NOR Flash 中。

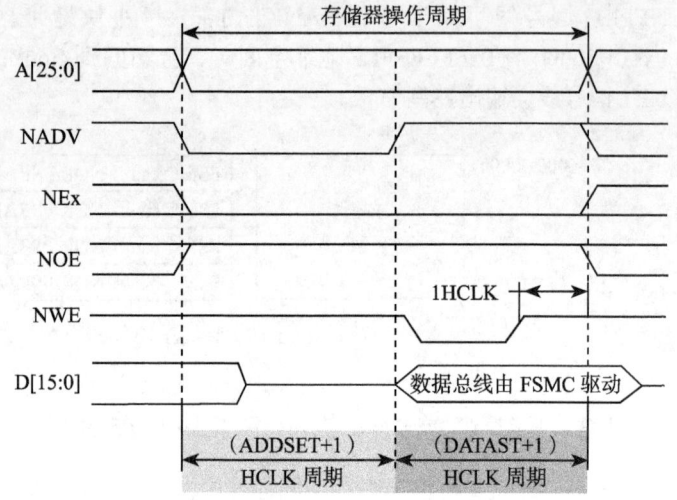

图 26-19　FSMC 写 NOR Flash 的时序图（模式 B）

26.4.4　用 FSMC 模拟 8080 时序

用 FSMC 模拟 8080 时序如图 26-20 所示。

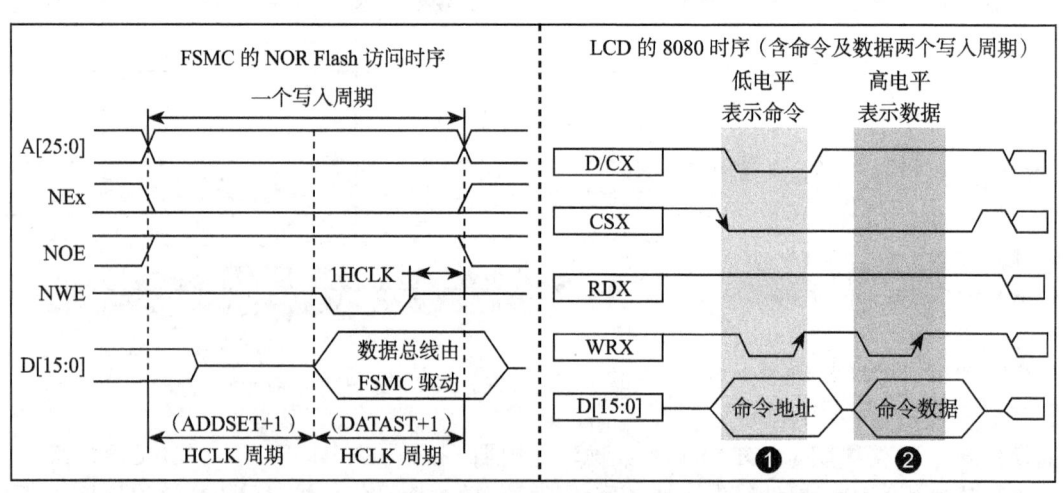

图 26-20　FSMC 模式 B 时序与 8080 时序对比（写过程）

对比 FSMC NOR/PSRAM 中的模式 B 时序与 ILI9341 液晶控制器芯片使用的 8080 时序可发现，这两个时序是十分相似的（除了 FSMC 的地址线 A 和 8080 的 D/CX 线以外，可以说是完全一样），它们的信号线对比见表 26-5。

比较 FSMC 和 8080 接口，前 4 种信号线是完全一样的，仅仅是 FSMC 的地址信号线 A[25:0] 与 8080 的数据 / 命令选择线 D/CX 有区别。而对于 D/CX 线，它为高电平的时候表示数值，为低电平的时候表示命令，如果能使用 FSMC 的 A 地址线根据不同的情况产生对应的电平，那么就完全可以使用 FSMC 来产生 8080 接口需要的时序了。

为了模拟出 8080 时序，我们可以把 FSMC 的 A0 地址线（也可以使用其他 A1、A2 等地址线）与 ILI9341 芯片 8080 接口的 D/CX 信号线连接，那么当 A0 为高电平时（即 D/CX 为高电平），数据线 D[15:0] 的信号会被 ILI9341 理解为数值，若 A0 为低电平时（D/CX 为低电平），传输的信号则会被理解为命令。

表 26-5　FSMC 的 NOR 与 8080 信号线对比

FSMC-NOR 信号线	功能	8080 信号线	功能
NEx	片选信号	CSX	片选信号
NWR	写使能	WRX	写使能
NOE	读使能	RDX	读使能
D[15:0]	数据信号	D[15:0]	数据信号
A[25:0]	地址信号	D/CX	数据/命令选择

由于 FSMC 会自动产生地址信号，当使用 FSMC 向 0x6xxx xxx1、0x6xxx xxx3、0x6xxx xxx5 等这些奇数地址写入数据时，地址最低位的值均为 1，所以它会控制地址线 A0（D/CX）输出高电平，那么这时通过数据线传输的信号会被理解为数值；若向 0x6xxx xxx0、0x6xxx xxx2、0x6xxx xxx4 等这些偶数地址写入数据时，地址最低位的值均为 0，所以它会控制地址线 A0（D/CX）输出低电平，因此这时通过数据线传输的信号会被理解为命令，见表 26-6。

表 26-6　使用 FSMC 输出地址示例

地　　址	地址的二进制值（仅列出低 4 位）	A0（D/CX）的电平	控制 ILI9341 时的意义
0x6xxx xxx1	0001	1 高电平	D 数值
0x6xxx xxx3	0011	1 高电平	D 数值
0x6xxx xxx5	0101	1 高电平	D 数值
0x6xxx xxx0	0000	0 低电平	C 命令
0x6xxx xxx2	0010	0 低电平	C 命令
0x6xxx xxx4	0100	0 低电平	C 命令

有了这个基础，只要配置好 FSMC 外设，然后在代码中利用指针变量，向不同的地址单元写入数据，就能够由 FSMC 模拟的 8080 接口向 ILI9341 写入控制命令或 GRAM 的数据了。

注意：在实际控制时，以上地址计算方式还不完整，还需要注意 HADDR 内部地址与 FSMC 地址信号线的转换，关于这部分内容在代码讲解时再详细举例说明。

26.5　NOR Flash 存储器时序结构体

在讲解程序前，再来了解一下与 FSMC NOR Flash 控制相关的结构体。

控制 FSMC 使用 NOR Flash 存储器时主要是配置时序寄存器以及控制寄存器，利用 ST 标准库的时序结构体以及初始化结构体可以很方便地写入参数。

NOR Flash 时序结构体的成员见代码清单 26-2。

代码清单26-2　NOR Flash时序结构体FSMC_NORSRAMTimingInitTypeDef

```
1  typedef struct
2  {
3      uint32_t FSMC_AddressSetupTime;        /* 地址建立时间, 0 ～ 0xF 个 HCLK 周期 */
4      uint32_t FSMC_AddressHoldTime;         /* 地址保持时间, 0 ～ 0xF 个 HCLK 周期 */
5      uint32_t FSMC_DataSetupTime;           /* 地址建立时间, 0 ～ 0xF 个 HCLK 周期 */
6      uint32_t FSMC_BusTurnAroundDuration;   /* 总线转换周期, 0 ～ 0xF 个 HCLK 周期, 在
                                                  NOR Flash */
7      uint32_t FSMC_CLKDivision;/* 时钟分频因子, 1 ～ 0xF, 若控制异步存储器, 本参数无效 */
8      uint32_t FSMC_DataLatency;             /* 数据延迟时间, 若控制异步存储器, 本参数无效 */
9      uint32_t FSMC_AccessMode;              /* 设置访问模式 */
10 }FSMC_NORSRAMTimingInitTypeDef;
```

这个结构体与 SRAM 中的时序结构体完全一样，以下仅列出控制 NOR Flash 时使用模式 B 用到的结构体成员说明。

（1）FSMC_AddressSetupTime

本成员设置地址建立时间，即 FSMC 写时序图 26-19 中的 ADDSET 值，它可以被设置为 0 ～ 0xF 个 HCLK 周期数。按 STM32 标准库的默认配置，HCLK 的时钟频率为 72MHz，即一个 HCLK 周期为 1/72μs。

（2）FSMC_DataSetupTime

本成员设置数据建立时间，即 FSMC 写时序图 26-19 中的 DATAST 值，它可以被设置为 0 ～ 0xF 个 HCLK 周期数。

（3）FSMC_DataSetupTime

本成员设置数据建立时间，即 FSMC 读时序图 26-18 中的 DATAST 值，它可以被设置为 0 ～ 0xF 个 HCLK 周期数。

（4）FSMC_BusTurnAroundDuration

本成员设置总线转换周期，在 NOR Flash 存储器中，地址线与数据线可以分时复用。总线转换周期就是指总线在这两种状态间切换需要的延时，防止冲突。控制其他存储器时这个参数无效，配置为 0 即可。

（5）FSMC_CLKDivision

本成员用于设置时钟分频，它以 HCLK 时钟作为输入，经过 FSMC_CLKDivision 分频后输出到 FSMC_CLK 引脚作为通信使用的同步时钟。控制其他异步通信的存储器时这个参数无效，配置为 0 即可。

（6）FSMC_DataLatency

本成员设置数据保持时间，它表示在读取第 1 个数据之前要等待的周期数，该周期指同步时钟的周期。本参数仅用于同步 NOR Flash 类型的存储器，控制其他类型的存储器时，本参数无效。

（7）FSMC_AccessMode

本成员设置存储器访问模式，不同的模式下 FSMC 访问存储器地址时引脚输出的时序不一样，可选 FSMC_AccessMode_A、B、C、D 模式。控制异步 NOR Flash 时使用 B 模式。

这个 FSMC_NORSRAMTimingInitTypeDef 时序结构体配置的延时参数，将作为下一节的 FSMC NOR Flash 初始化结构体的一个成员。

26.6 FSMC 初始化结构体

FSMC 控制 NOR Flash 相关的结构体，初始化结构体见代码清单 26-3。

代码清单26-3　NOR Flash初始化结构体FSMC_NORSRAMInitTypeDef

```
1  /**
2   * @brief  FSMC NOR/SRAM Init structure definition
3   */
4  typedef struct
5  {
6      uint32_t FSMC_Bank;                  /* 设置要控制的 Bank 区域 */
7      uint32_t FSMC_DataAddressMux;        /* 设置地址总线与数据总线是否复用 */
8      uint32_t FSMC_MemoryType;            /* 设置存储器的类型 */
9      uint32_t FSMC_MemoryDataWidth;       /* 设置存储器的数据宽度 */
10     uint32_t FSMC_BurstAccessMode;       /* 设置是否支持突发访问模式，只支持同步类型
                                               的存储器 */
11     uint32_t FSMC_AsynchronousWait;      /* 设置是否使能在同步传输时的等待信号 */
12     uint32_t FSMC_WaitSignalPolarity;    /* 设置等待信号的极性 */
13     uint32_t FSMC_WrapMode;              /* 设置是否支持对齐的突发模式 */
14     uint32_t FSMC_WaitSignalActive;      /* 设置等待信号在等待前有效还是等待期间有效 */
15     uint32_t FSMC_WriteOperation;        /* 设置是否写使能 */
16     uint32_t FSMC_WaitSignal;            /* 设置是否使能等待状态插入 */
17     uint32_t FSMC_ExtendedMode;          /* 设置是否使能扩展模式 */
18     uint32_t FSMC_WriteBurst;            /* 设置是否使能写突发操作 */
19     /* 当不使用扩展模式时，本参数用于配置读写时序，否则用于配置读时序 */
20     FSMC_NORSRAMTimingInitTypeDef* FSMC_ReadWriteTimingStruct;
21     /* 当使用扩展模式时，本参数用于配置写时序 */
22     FSMC_NORSRAMTimingInitTypeDef* FSMC_WriteTimingStruct;
23 }FSMC_NORSRAMInitTypeDef;
```

这个结构体，除最后两个成员是上一节讲解的时序配置外，其他结构体成员的配置都对应 FSMC_BCR 中的寄存器位。各个成员意义介绍如下，括号中的是 STM32 标准库定义的宏。

（1）FSMC_Bank

本成员用于选择 FSMC 映射的存储区域，它的可选参数以及相应的内核地址映射范围见表 26-7。

（2）FSMC_DataAddressMux

本成员用于设置地址总线与数据总线是否复用（FSMC_DataAddressMux_Enable/Disable），在控制 NOR Flash 时，地址总线与数据总线可以分时复用，以减少使用 STM32 信号线的数量。

（3）FSMC_MemoryType

本成员用于设置要控制的存储器类型，它可控制的存储器类型为 SRAM、PSRAM 以及

表 26-7　可以选择的存储器区域及区域对应的地址范围

可以输入的宏	对应的地址区域
FSMC_Bank1_NORSRAM1	0x60000000 ～ 0x63FFFFFF
FSMC_Bank1_NORSRAM2	0x64000000 ～ 0x67FFFFFF
FSMC_Bank1_NORSRAM3	0x68000000 ～ 0x6BFFFFFF
FSMC_Bank1_NORSRAM4	0x6C000000 ～ 0x6FFFFFFF

NOR Flash（FSMC_MemoryType_SRAM/PSRAM/NOR）。

（4）FSMC_MemoryDataWidth

本成员用于设置要控制的存储器的数据宽度，可选择设置成 8 位或 16 位（FSMC_MemoryDataWidth_8b /16b）。

（5）FSMC_BurstAccessMode

本成员用于设置是否使用突发访问模式（FSMC_BurstAccessMode_Enable/Disable），突发访问模式是指发送一个地址后连续访问多个数据，非突发模式下每访问一个数据都需要输入一个地址。仅在控制同步类型的存储器时才能使用突发模式。

（6）FSMC_AsynchronousWait

本成员用于设置是否使能在同步传输时使用的等待信号（FSMC_AsynchronousWait_Enable/Disable），在控制同步类型的 NOR 或 PSRAM 时，存储器可以使用 FSMC_NWAIT 引脚通知 STM32 需要等待。

（7）FSMC_WaitSignalPolarity

本成员用于设置等待信号的有效极性，即要求等待时，使用高电平还是低电平（FSMC_WaitSignalPolarity_High/Low）。

（8）FSMC_WrapMode

本成员用于设置是否支持把非对齐的 AHB 突发操作分割成 2 次线性操作（FSMC_WrapMode_Enable/Disable）。该配置仅在突发模式下有效。

（9）FSMC_WaitSignalActive

本成员用于配置在突发传输模式时，决定存储器是在等待状态之前的一个数据周期有效还是在等待状态期间有效（FSMC_WaitSignalActive_BeforeWaitState/DuringWaitState）。

（10）FSMC_WriteOperation

这个成员用于设置是否写使能（FSMC_WriteOperation_ Enable /Disable），禁止写使能的话 FSMC 只能从存储器中读取数据，不能写入。

（11）FSMC_WaitSignal

本成员用于设置当存储器处于突发传输模式时，是否允许通过 NWAIT 信号插入等待状态（FSMC_WaitSignal_Enable/Disable）。

（12）FSMC_ExtendedMode

本成员用于设置是否使用扩展模式（FSMC_ExtendedMode_Enable/Disable），在非扩展模式下，对存储器读写的时序都只使用 FSMC_BCR 寄存器中的配置，即下面的 FSMC_ReadWriteTimingStruct 结构体成员；在扩展模式下，对存储器的读写时序可以分开配置，读时序使用 FSMC_BCR 寄存器的配置，写时序使用 FSMC_BWTR 寄存器的配置，即后面的 FSMC_WriteTimingStruct 结构体成员。

（13）FSMC_ReadWriteTimingStruct

本成员是一个指针，赋值时使用上一节中讲解的时序结构体 FSMC_NORSRAM-InitTypeDef 设置，当不使用扩展模式时，读写时序都使用本成员的参数配置。

（14）FSMC_WriteTimingStruct

同样地，本成员也是一个时序结构体的指针，只有使用扩展模式时，本配置才有效，它是写操作使用的时序。

对本结构体赋值完成后,调用 FSMC_NORSRAMInit 库函数即可把配置参数写入 FSMC_BCR 及 FSMC_BTR/BWTR 寄存器中。

26.7 FSMC——液晶显示实验

本节讲解如何使用 FSMC 外设控制实验板配套的 3.2 寸 ILI9341 液晶屏,见图 26-21。该液晶屏的分辨率为 320×240,支持 RGB565 格式。

学习本节内容时,请打开配套的"FSMC—液晶显示英文"工程配合阅读。

图 26-21 液晶屏实物图

26.7.1 硬件设计

图 26-21 液晶屏背面的 PCB 电路对应图 26-22、图 26-23、图 26-24 中的原理图,分别是屏幕 PCB 底板原理图、触摸部分原理图、液晶排针接口线序图。

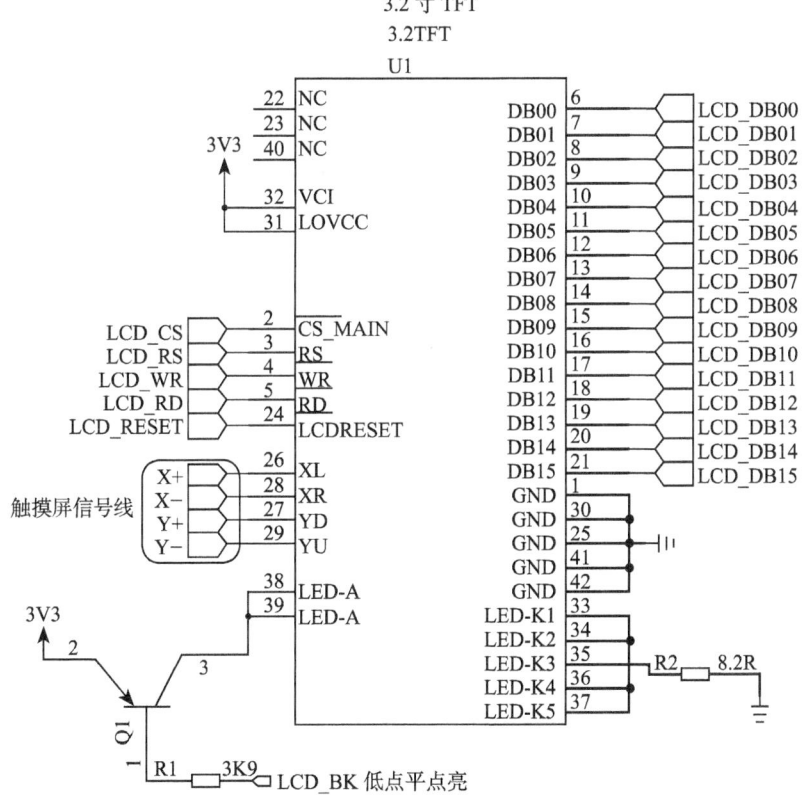

图 26-22 屏幕 PCB 底板原理图(截图于《3.2 寸液晶原理图 .pdf》)

屏幕的 PCB 底板引出的信号线会通过 PCB 底板上的 FPC 接口与液晶面板连接，这些信号包括液晶控制相关的 CS、RS 等信号及 DB0-DB15 数据线，其中 RS 引脚以高电平表示传输数据，低电平表示传输命令。另外还有引出 LCD_BK 引脚用于控制屏幕的背光供电，可以通过该引脚控制背光的强度，该引脚为低电平时打开背光。图 26-22 中的 X+、X-、Y+、Y- 引脚是液晶面板上触摸屏引出的信号线，它们会被连接到 PCB 底板的电阻触摸屏控制器，用于检测触摸信号，其原理图见图 26-23。

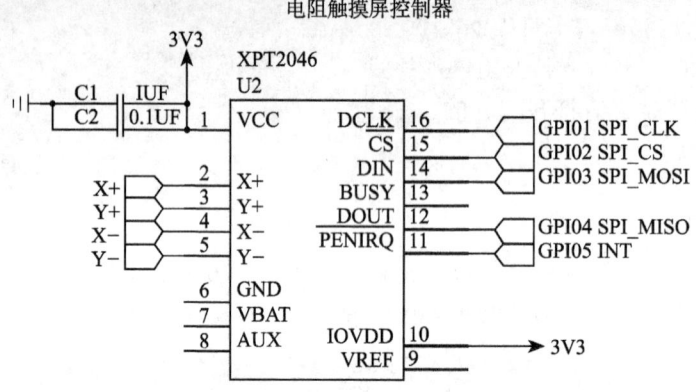

图 26-23　屏幕 PCB 底板的触摸部分原理图（截图于《3.2 寸液晶原理图 .pdf》）

触摸检测的主体是型号为 XPT2046 的芯片，它接收触摸屏的 X+、X-、Y+、Y- 信号进行处理，把触摸信息使用 SPI 接口输出到 STM32 等控制器，在第 28 章将会详细讲解其检测原理。

图 26-24 表示的是 PCB 底板引出的排针线序，屏幕整体通过这些引出的排针与开发板或其他控制器连接。

图 26-25 是指南者开发板上的液晶排母接口原理图，它说明了配套的 3.2 寸屏幕接入到开发板上的信号连接关系。其中着重关注图中液晶屏 LCD_CS 及 LCD_RS（DC 引脚）与 FSMC 存储区选择引脚 FSMC_NE 及地址信号 FSMC_A 的编号，它们决定 STM32 使用什么内存地址来控制与液晶屏的通信。

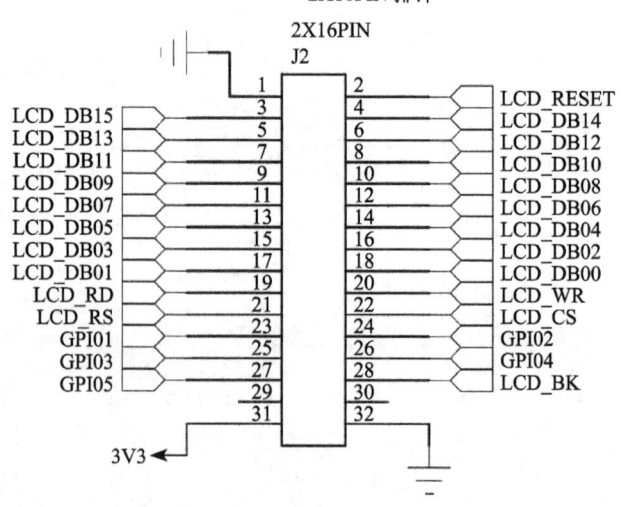

图 26-24　液晶屏接口（截图于《3.2 寸液晶原理图 .pdf》）

以上原理图可查阅《3.2 寸液晶原理图 .pdf》及《指南者开发板原理图 .pdf》文档获。若您使用的液晶屏或实验板不一样，请根据实际连接的引脚修改程序。

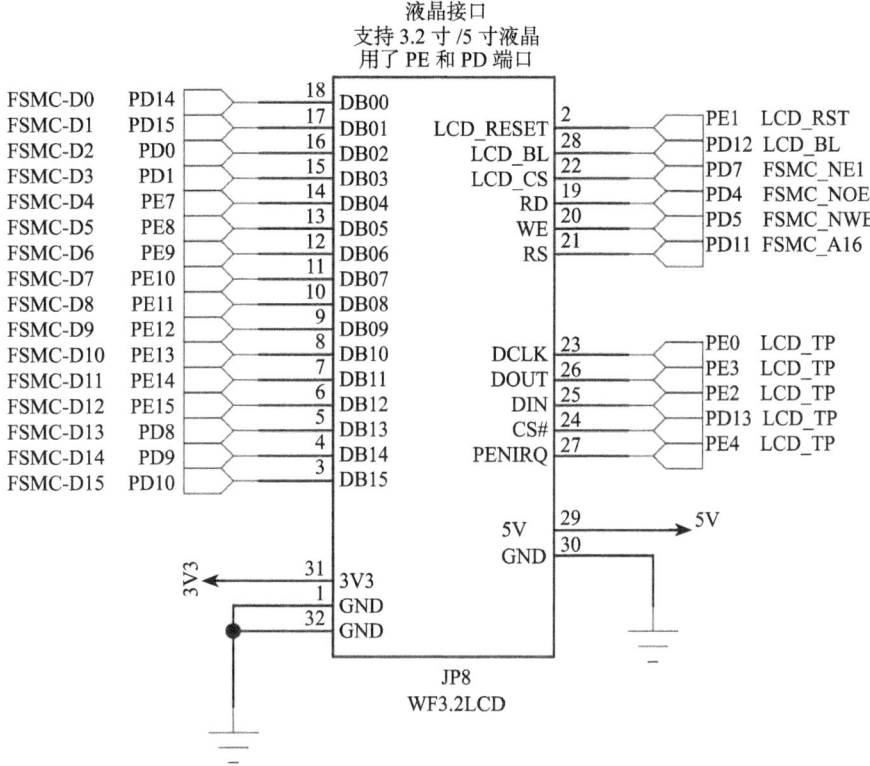

图 26-25　开发板与屏幕的连接的信号说明（截图于《指南者开发板原理图 .pdf》）

26.7.2　软件设计

为了使工程更加有条理，我们把 LCD 控制相关的代码独立分开存储，以方便以后移植。在"USART——串口通信"工程的基础上新建 bsp_ili9341_lcd.c 及 bsp_ili9341_lcd.h 文件，这些文件也可根据个人喜好命名，它们不属于 STM32 标准库的内容，是由我们自己根据应用需要编写的。

1. 编程要点

1）初始化通信使用的目标引脚及端口时钟；
2）使能 FSMC 外设的时钟；
3）配置 FSMC 为异步 NOR Flash 模式以仿真 8080 时序；
4）建立机制使用 FSMC 向液晶屏发送命令及数据；
5）发送控制命令初始化液晶屏；
6）编写液晶屏的绘制像素点函数；
7）利用描点函数制作各种不同的液晶显示应用。

2. 代码分析

（1）液晶 LCD 硬件相关宏定义

我们把 FSMC 控制液晶屏硬件相关的配置都以宏的形式定义到 bsp_ili9341_lcd.h 文件

中,见代码清单 26-4。

代码清单26-4 FSMC硬件配置相关的宏(省略了部分数据线)

```
1   // 由片选引脚决定的 NOR/SRAM 块
2   #define     FSMC_Bank1_NORSRAMx         FSMC_Bank1_NORSRAM1
3
4   /********** ILI9341 显示屏 8080通信引脚定义 **********/
5   /****** 控制信号线 ******/
6   // 片选,选择 NOR/SRAM 块
7   #define     ILI9341_CS_CLK              RCC_APB2Periph_GPIOD
8   #define     ILI9341_CS_PORT             GPIOD
9   #define     ILI9341_CS_PIN              GPIO_Pin_7
10
11  //DC 引脚,使用 FSMC 的地址信号控制,本引脚决定了访问 LCD 时使用的地址
12  //PE2 为 FSMC_A23
13  #define     ILI9341_DC_CLK              RCC_APB2Periph_GPIOD
14  #define     ILI9341_DC_PORT             GPIOD
15  #define     ILI9341_DC_PIN              GPIO_Pin_11
16
17  // 写使能
18  #define     ILI9341_WR_CLK              RCC_APB2Periph_GPIOD
19  #define     ILI9341_WR_PORT             GPIOD
20  #define     ILI9341_WR_PIN              GPIO_Pin_5
21
22  // 读使能
23  #define     ILI9341_RD_CLK              RCC_APB2Periph_GPIOD
24  #define     ILI9341_RD_PORT             GPIOD
25  #define     ILI9341_RD_PIN              GPIO_Pin_4
26
27  // 复位引脚
28  #define     ILI9341_RST_CLK             RCC_APB2Periph_GPIOE
29  #define     ILI9341_RST_PORT            GPIOE
30  #define     ILI9341_RST_PIN             GPIO_Pin_1
31
32  // 背光引脚
33  #define     ILI9341_BK_CLK              RCC_APB2Periph_GPIOD
34  #define     ILI9341_BK_PORT             GPIOD
35  #define     ILI9341_BK_PIN              GPIO_Pin_12
36
37  /******** 数据信号线 ***************/
38  #define     ILI9341_D0_CLK              RCC_APB2Periph_GPIOD
39  #define     ILI9341_D0_PORT             GPIOD
40  #define     ILI9341_D0_PIN              GPIO_Pin_14
41  /******* 此处省略其他数据线 ********/
```

以上代码根据硬件的连接,把与 FSMC 与液晶屏通信使用的引脚号、引脚源以及复用功能映射都以宏封装起来。其中着重关注代码中液晶屏 LCD_CS 及 LCD_RS(DC 引脚)与 FSMC 存储区选择引脚 FSMC_NE 及地址信号 FSMC_A 的编号,它们决定 STM32 使用什么内存地址来控制与液晶屏的通信。

(2)初始化 FSMC 的 GPIO

利用上面的宏编写 FSMC 的 GPIO 引脚初始化函数,见代码清单 26-5。

代码清单26-5 FSMC的GPIO初始化函数(省略了部分数据线)

```
1   /**
2    * @brief  初始化 ILI9341 的 IO 引脚
```

```c
  3      * @param  无
  4      * @retval 无
  5      */
  6  static void ILI9341_GPIO_Config ( void )
  7  {
  8      GPIO_InitTypeDef GPIO_InitStructure;
  9
 10      /* 使能 FSMC 对应相应引脚时钟 */
 11      RCC_APB2PeriphClockCmd (
 12          /* 控制信号 */
 13          ILI9341_CS_CLK|ILI9341_DC_CLK|ILI9341_WR_CLK|
 14          ILI9341_RD_CLK  |ILI9341_BK_CLK|ILI9341_RST_CLK|
 15          /* 数据信号 */
 16          ILI9341_D0_CLK|ILI9341_D1_CLK, ENABLE );
 17      /* 此处省略部分信号线 */
 18
 19      /* 配置 FSMC 相对应的数据线，FSMC-D0~D15 */
 20      GPIO_InitStructure.GPIO_Speed = GPIO_Speed_50MHz;
 21      GPIO_InitStructure.GPIO_Mode =  GPIO_Mode_AF_PP;
 22
 23      GPIO_InitStructure.GPIO_Pin = ILI9341_D0_PIN;
 24      GPIO_Init ( ILI9341_D0_PORT, & GPIO_InitStructure );
 25
 26      GPIO_InitStructure.GPIO_Pin = ILI9341_D1_PIN;
 27      GPIO_Init ( ILI9341_D1_PORT, & GPIO_InitStructure );
 28
 29      /* 此处省略部分数据信号线 */
 30
 31      /* 配置 FSMC 相对应的控制线
 32       * FSMC_NOE   :LCD-RD
 33       * FSMC_NWE   :LCD-WR
 34       * FSMC_NE1   :LCD-CS
 35       * FSMC_A16   :LCD-DC
 36       */
 37      GPIO_InitStructure.GPIO_Speed = GPIO_Speed_50MHz;
 38      GPIO_InitStructure.GPIO_Mode =  GPIO_Mode_AF_PP;
 39
 40      GPIO_InitStructure.GPIO_Pin = ILI9341_RD_PIN;
 41      GPIO_Init (ILI9341_RD_PORT, & GPIO_InitStructure );
 42
 43      GPIO_InitStructure.GPIO_Pin = ILI9341_WR_PIN;
 44      GPIO_Init (ILI9341_WR_PORT, & GPIO_InitStructure );
 45
 46      GPIO_InitStructure.GPIO_Pin = ILI9341_CS_PIN;
 47      GPIO_Init ( ILI9341_CS_PORT, & GPIO_InitStructure );
 48
 49      GPIO_InitStructure.GPIO_Pin = ILI9341_DC_PIN;
 50      GPIO_Init ( ILI9341_DC_PORT, & GPIO_InitStructure );
 51
 52      /* 配置 LCD 复位 RST 控制引脚 */
 53      GPIO_InitStructure.GPIO_Mode = GPIO_Mode_Out_PP;
 54      GPIO_InitStructure.GPIO_Speed = GPIO_Speed_50MHz;
 55
 56      GPIO_InitStructure.GPIO_Pin = ILI9341_RST_PIN;
 57      GPIO_Init ( ILI9341_RST_PORT, & GPIO_InitStructure );
 58
 59      /* 配置 LCD 背光控制引脚 BK */
 60      GPIO_InitStructure.GPIO_Mode = GPIO_Mode_Out_PP;
```

```
61     GPIO_InitStructure.GPIO_Speed = GPIO_Speed_50MHz;
62
63     GPIO_InitStructure.GPIO_Pin = ILI9341_BK_PIN;
64     GPIO_Init ( ILI9341_BK_PORT, & GPIO_InitStructure );
65  }
66
```

与控制 SRAM 中的 GPIO 初始化类似,对于 FSMC 引脚,全部直接初始化为复用推挽输出模式即可,而背光 BK 引脚及液晶复信 RST 信号则被初始化成普通的推挽输出模式,这两个液晶控制信号直接输出普通的电平控制即可。

(3) 配置 FSMC 的模式

接下来需要配置 FSMC 的工作模式,见代码清单 26-6。

代码清单26-6 配置FSMC的模式

```
1   /**
2     * @brief   LCD   FSMC 模式配置
3     * @param  无
4     * @retval 无
5     */
6   static void ILI9341_FSMC_Config ( void )
7   {
8       FSMC_NORSRAMInitTypeDef  FSMC_NORSRAMInitStructure;
9       FSMC_NORSRAMTimingInitTypeDef  readWriteTiming;
10
11      /* 使能 FSMC 时钟 */
12      RCC_AHBPeriphClockCmd ( RCC_AHBPeriph_FSMC, ENABLE );
13
14      // 地址建立时间(ADDSET)+1 个 HCLK, 2/72MHz=28ns
15      readWriteTiming.FSMC_AddressSetupTime       = 0x01;   // 地址建立时间
16      // 数据保持时间(DATAST)+ 1 个 HCLK = 5/72MHz=70ns
17      readWriteTiming.FSMC_DataSetupTime          = 0x04;   // 数据建立时间
18      // 选择控制的模式
19      // 模式 B, 异步 NOR Flash 模式,与 ILI9341 的 8080 时序匹配
20      readWriteTiming.FSMC_AccessMode             = FSMC_AccessMode_B;
21
22      /* 以下配置与模式 B 无关 */
23      // 地址保持时间(ADDHLD)模式 A 未用到
24      readWriteTiming.FSMC_AddressHoldTime        = 0x00;   // 地址保持时间
25      // 设置总线转换周期,仅用于复用模式的 NOR 操作
26      readWriteTiming.FSMC_BusTurnAroundDuration  = 0x00;
27      // 设置时钟分频,仅用于同步类型的存储器
28      readWriteTiming.FSMC_CLKDivision            = 0x00;
29      // 数据保持时间,仅用于同步类型的 NOR
30      readWriteTiming.FSMC_DataLatency            = 0x00;
31
32      FSMC_NORSRAMInitStructure.FSMC_Bank             = FSMC_Bank1_NORSRAMx;
33      FSMC_NORSRAMInitStructure.FSMC_DataAddressMux   = FSMC_DataAddressMux_
                                                          Disable;
34      FSMC_NORSRAMInitStructure.FSMC_MemoryType       = FSMC_MemoryType_NOR;
35      FSMC_NORSRAMInitStructure.FSMC_MemoryDataWidth  = FSMC_MemoryDataWidth_
                                                          16b;
36      FSMC_NORSRAMInitStructure.FSMC_BurstAccessMode  = FSMC_BurstAccessMode_
                                                          Disable;
```

```
37     FSMC_NORSRAMInitStructure.FSMC_WaitSignalPolarity  = FSMC_WaitSignal
                                                            Polarity_Low;
38     FSMC_NORSRAMInitStructure.FSMC_WrapMode            = FSMC_WrapMode_Disable;
39     FSMC_NORSRAMInitStructure.FSMC_WaitSignalActive = FSMC_WaitSignalActive_
BeforeWaitState;
40     FSMC_NORSRAMInitStructure.FSMC_WriteOperation      = FSMC_WriteOperation_
Enable;
41     FSMC_NORSRAMInitStructure.FSMC_WaitSignal          = FSMC_WaitSignal_
Disable;
42     FSMC_NORSRAMInitStructure.FSMC_ExtendedMode        = FSMC_ExtendedMode_
Disable;
43     FSMC_NORSRAMInitStructure.FSMC_WriteBurst          = FSMC_WriteBurst_
Disable;
44     FSMC_NORSRAMInitStructure.FSMC_ReadWriteTimingStruct =
&readWriteTiming;
45     FSMC_NORSRAMInitStructure.FSMC_WriteTimingStruct   = &readWriteTiming;
46
47     FSMC_NORSRAMInit ( & FSMC_NORSRAMInitStructure );
48
49     /* 使能 FSMC_Bank1_NORSRAM4 */
50     FSMC_NORSRAMCmd ( FSMC_Bank1_NORSRAMx, ENABLE );
51
52 }
```

这个函数的主体是把 FSMC 配置成异步 NOR Flash 使用的模式 B，使用该方式模拟 8080 时序控制液晶屏。执行流程如下：

1）初始化 FSMC 时钟。函数开头使用库函数 RCC_AHBPeriphClockCmd 使能 FSMC 外设的时钟。

2）对时序结构体 FSMC_NORSRAMTimingInitTypeDef 赋值。在这个时序结构体配置中，由于我们要使用异步 NOR Flash 的方式模拟 8080 时序，所以选择 FSMC 为模式 B，在该模式下配置 FSMC 的控制时序结构体中，实际上只有地址建立时间 FSMC_AddressSetupTime(ADDSET 的值) 以及数据建立时间 FSMC_DataSetupTime(DATAST 的值) 成员的配置值是有效的，其他异步 NOR Flash 没使用到的成员值全配置为 0 即可。而且，这些成员值使用的单位为：1 个 HCLK 的时钟周期，而 HCLK 的时钟频率为 72MHz，对应每个时钟周期为 1/72 微秒。

由图 26-26 及图 26-27 中的 ILI9341 时序参数说明及要求可大致得知，ILI9341 的写周期为最小 t_{wc} = 66ns，而读周期最小为 $t_{rdl}+t_{rod}$=45+20=65ns。（在读周期表中对 trcfm 和 trc 时间参数的要

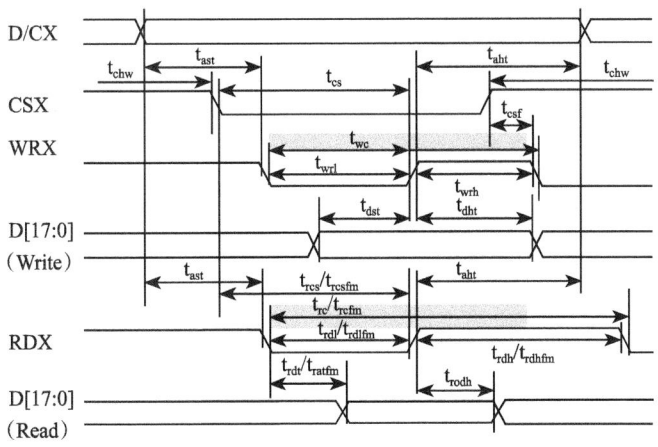

图 26-26　ILI9341 时序参数说明图（摘自 ILI9341 数据手册）

求分别为不少于 450ns 及 160ns，但测试证明并不需要遵照它们的指标要求。）

Signal	Symbol	Parameter	min	max	Unit	Description
DCX	tast	Address setup time	0	-	ns	
	taht	Address hold time (Write/Read)	0	-	ns	
CSX	tchw	CSX "H" pulse width	0	-	ns	
	tcs	Chip Select setup time (Write)	15	-	ns	
	trcs	Chip Select setup time (Read ID)	45	-	ns	
	trcsfm	Chip Select setup time (Read FM)	355	-	ns	
	tcsf	Chip Select Wait time (Write/Read)	10	-	ns	
WRX	twc	Write cycle	66	-	ns	
	twrh	Write Control pulse H duration	15	-	ns	
	twrl	Write Control pulse L duration	15	-	ns	
RDX (FM)	trcfm	Read Cycle (FM)	450	-	ns	
	trdhfm	Read Control H duration (FM)	90	-	ns	
	trdlfm	Read Control L duration (FM)	355	-	ns	
RDX (ID)	trc	Read cycle (ID)	160	-	ns	
	trdh	Read Control pulse H duration	90	-	ns	
	trdl	Read Control pulse L duration	45	-	ns	
D[17:0], D[15:0], D[8:0], D[7:0]	tdst	Write data setup time	10	-	ns	For maximum CL=30pF For minimum CL=8pF
	tdht	Write data hold time	10	-	ns	
	trat	Read access time	-	40	ns	
	tratfm	Read access time	-	340	ns	
	trod	Read output disable time	20	80	ns	

图 26-27　ILI9341 的时序参数要求（摘自 ILI9341 数据手册）

在 FSMC 代码中使用结构体中的 FSMC_AddressSetupTime（ADDSET 的值）及 FSMC_DataSetupTime（DATAST 的值）成员控制 FSMC 的读写周期，见图 26-28。

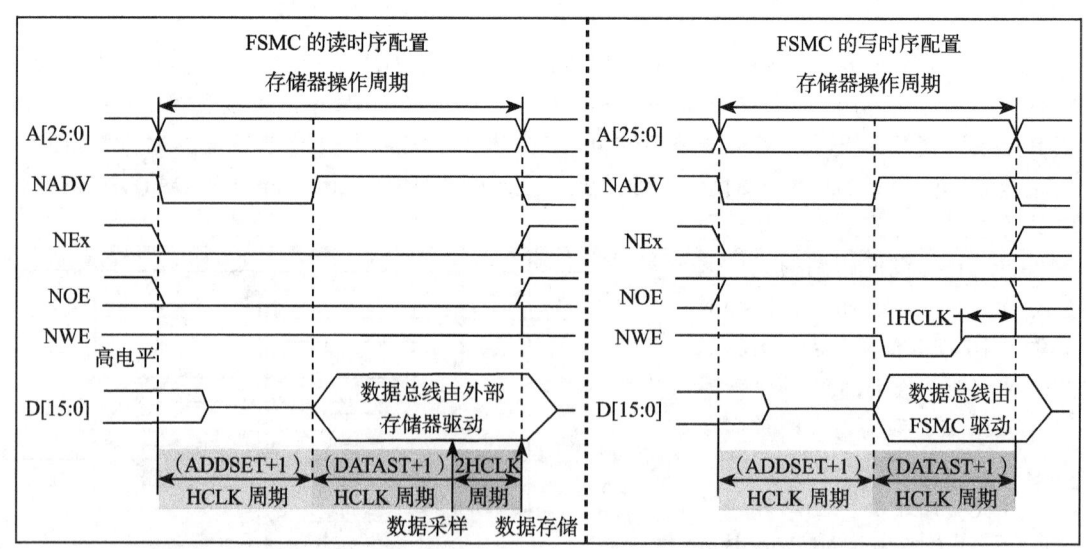

图 26-28　FSMC 的读写时序配置

结合 ILI9341 的时序要求和 FSMC 的配置，代码中按照读写时序周期均要求至少 66ns 来计算，配置结果为 ADDSET = 1 及 DATST = 4，把时间单位 1/72μs（1000/72us）代入，因此读写周期的时间被配置如下。

读周期：t_{rc} =((ADDSET+1)+(DATST+1)+2) × 1000/72 = ((1+1)+(4+1)+2) × 1000/72 = 125ns
写周期：t_{wc} =((ADDSET+1)+(DATST+1)) × 1000/72 = ((1+1)+(4+1)) × 1000/72 = 97ns

所以把这两个参数值写入 FSMC 后，它控制的读写周期比 ILI9341 的最低要求值大。（经测试，这两个参数值也可以适当减小，可以亲自试一下。）

把计算得到的参数赋值到时序结构体中的 FSMC_AddressSetupTime（ADDSET 的值）及 FSMC_DataSetupTime（DATAST 的值）中，然后再把时序结构体作为指针赋值到下面的 FSMC 初始化结构体中，作为读写的时序参数，最后再调用 FSMC_NORSRAMInit 函数即可把参数写入相应的寄存器中。

3）配置 FSMC 初始化结构体。函数接下来对 FSMC SRAM 的初始化结构体赋值。主要包括存储映射区域、存储器类型以及数据线宽度等，这些是根据外部电路设置的。

- 设置存储区域 FSMC_Bank

FSMC_Bank 成员设置 FSMC 的 NOR Flash 存储区域映射选择为宏 FSMC_Bank1_NORSRAMx（FSMC_Bank1_NORSRAM4），这是由于我们的 SRAM 硬件连接到 FSMC_NE4 和 NOR/PSRAM 相关引脚，所以对应到存储区域 Bank1 SRAM4，对应的基地址为 0X6C00 0000。

- 存储器类型 FSMC_MemoryType

由于使用异步 NOR Flash 模式模拟 8080 时序，所以 FSMC_MemoryType 成员要选择相应的 FSMC_MemoryType_NOR。

- 数据线宽度 FSMC_MemoryDataWidth

根据硬件的数据线连接，数据线宽度被配置为 16 位宽 FSMC_MemoryDataWidth_16b。

- 写使能 FSMC_WriteOperation

FSMC_WriteOperation 用于设置写使能，只有使能了才能正常使用 FSMC 向外部存储器写入数据。

- 扩展模式以及读写时序

在 FSMC_ExtendedMode 成员中可以配置是否使用扩展模式，当配置扩展模式时，读时序使用 FSMC_ReadWriteTimingStruct 中的配置，写时序使用 FSMC_WriteTimingStruct 中的配置，两种配置互相独立，可以赋值为不同的读写时序结构体。在本实例中不使用扩展模式，即读写时序使用相同的配置，都是赋值为前面的 readWriteTiming 结构体。

- 其他

配置 FSMC 还涉及其他的结构体成员，但这些结构体成员与异步 NOR Flash 控制不相关，都被设置为 Disable 即可。

赋值完成后调用库函数 FSMC_NORSRAMInit，把初始化结构体配置的各种参数写入 FSMC_BCR 控制寄存器及 FSMC_BTR 时序寄存器中。最后调用 FSMC_NORSRAMCmd 函数使能要控制的存储区域 FSMC_Bank1_NORSRAM4。

（4）计算控制液晶屏时使用的地址

初始化完 FSMC 后，即可使用类似扩展外部 SRAM 中的读取方式：通过访问某个地址，由 FSMC 产生时序与外部存储器通信进行读写。

同样地，当访问特定地址时，FSMC 会产生相应的模拟 8080 时序，控制地址线输出要访问的内存地址，使用数据信号线接收或发送数据，片选信号 NE、读使能信号 NOE、写使能信号 NWE 辅助产生完整的时序。而由于控制液晶屏的硬件连接中，使用如图 26-29 中的连接来模拟 8080 时序，所以 FSMC 产生的这些信号会被 ILI9341 接收，并且使用其中一根 FSMC_Ax 地址控制命令 / 数据选择引脚 RS（即 D/CX），因此，需要重点理解当 STM32 访问什么地址时，对应的 FSMC_Ax 引脚会输出高电平表示传输的是数据，访问什么地址时，对应的 FSMC_Ax 引脚会输出低电平表示传输的是命令。若理解了计算过程，以后就可以根据自己制作的硬件电路来计算访问地址了。

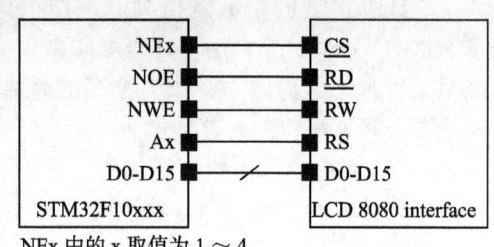

图 26-29　FSMC 与 8080 端口连接简图

计算地址的过程如下：

1）本工程中使用 FSMC_NE1 作为 8080_CS 片选信号，所以首先可以确认地址范围，当访问 0X6000 0000 ~ 0X63FF FFFF 地址时，FSMC 均会对外产生片选有效的访问时序。

2）本工程中使用 FSMC_A16 地址线作为命令 / 数据选择线 RS 信号，所以在以上地址范围内，再选出使得 FSMC_A16 输出高电平的地址；即可控制表示数据，选出使得 FSMC_A16 输出低电平的地址，即可控制表示命令。

- 要使 FSMC_A16 地址线为高电平，实质是输出地址信号的第 16 位为 1 即可，使用 0X6000 0000~0X63FF FFFF 内的任意地址，作如下运算：
  设置地址的第 16 位为 1：0X6000 0000 |= (1<<16) = 0x6001 0000
- 要使 FSMC_A16 地址线为低电平，实质是输出地址信号的第 16 位为 0 即可，使用 0X6000 0000~0X63FF FFFF 内的任意地址，作如下运算：
  设置地址的第 16 位为 0：0X6000 0000 &= ~ (1<<16) = 0x6000 0000

3）但是，以上方法计算的地址还不完全正确，根据《STM32 参考手册》对 FSMC 访问 NOR Flash 的说明（见图 26-30），STM32 内部访问地址时使用的是内部 HADDR 总线，它是需要转换到外部存储器的内部 AHB 地址线，它是字节地址（8 位），而存储器访问不都是按字节访问的，因此接到存储器的地址线按照存储器的数据宽度有所不同。

数据宽度[1]	连到存储器的地址线	最大访问存储器空间（位）
8 位	HADDR[25:0] 与 FSMC_A[25:0] 对应相连	64M 字节 ×8=512M 位
16 位	HADDR[25:1] 与 FSMC_A[24:0] 对应相连，HADDR[0] 未接	64M 字节 /2×16=512M 位

（1）对于 16 位宽度的外部存储器，FSMC 将在内部使用 HADDR[25:1] 产生外部存储器的地址 FSMC_A[24:0]。不论外部存储器的宽度是多少（16 位或 8 位），FSMC_A[0] 始终应该连到外部存储器的地址线 A[0]。

图 26-30　《STM32 参考手册》中对 HADDR 与 FSMC 地址线的说明

在本工程中使用的是 16 位的数据访问方式，所以 HADDR 与 FSMC_A 的地址线连接关系会左移一位，如 HADDR1 与 FSMC_A0 对应、HADDR2 与 FSMC_A1 对应。因此，当

FSMC_A0 地址线为 1 时，实际上内部地址的第 1 位为 1，FSMC_A1 地址线为 1 时，实际上内部地址的第 2 位为 1。同样地，当希望 FSMC_A16 地址输出高电平或低电平时，需要重新调整计算公式。

- 要使 FSMC_A16 地址线为高电平，实质是访问内部 HADDR 地址的第 (16+1) 位为 1 即可，使用 0X6000 0000~0X63FF FFFF 内的任意地址，作如下运算：
  使 FSMC_A16 地址线为高电平：0X6000 0000 |= (1<<(16+1)) = 0x6002 0000
- 要使 FSMC_A16 地址线为低电平，实质是访问内部 HADDR 地址的第 (16+1) 位为 0 即可，使用 0X6000 0000~0X63FF FFFF 内的任意地址，作如下运算：
  使 FSMC_A16 地址线为低电平：0X6000 0000 &= ~ (1<<(16+1)) = 0x6000 0000

根据最终的计算结果，总结如下：当 STM32 访问内部的 0x6002 0000 地址时，FSMC 自动输出时序，且使得与液晶屏的数据/命令选择线 RS（即 D/CX）相连的 FSMC_A16 输出高电平，使得液晶屏会把传输过程理解为数据传输；类似地，当 STM32 访问内部的 0X6000 0000 地址时，FSMC 自动输出时序，且使得与液晶屏的数据/命令选择线 RS（即 D/CX）相连的 FSMC_A16 输出低电平，使得液晶屏把传输过程理解为命令传输。

在工程代码中，把以上计算结果封装成了宏，见代码清单 26-7。

代码清单26-7 使用FSMC访问数据及访问命令的地址（bsp_ili9341_lcd.h文件）

```
1  /***************************************************************
2   2^26 =0X0400 0000 = 64MB,每个 BANK 有 4×64MB = 256MB
3   64MB:FSMC_Bank1_NORSRAM1:0X6000 0000 ~ 0X63FF FFFF
4   64MB:FSMC_Bank1_NORSRAM2:0X6400 0000 ~ 0X67FF FFFF
5   64MB:FSMC_Bank1_NORSRAM3:0X6800 0000 ~ 0X6BFF FFFF
6   64MB:FSMC_Bank1_NORSRAM4:0X6C00 0000 ~ 0X6FFF FFFF
7
8   选择 BANK1-BORSRAM1 连接 TFT,地址范围为 0X6000 0000 ~ 0X63FF FFFF
9   FSMC_A16 接 LCD 的 DC（寄存器/数据选择）脚
10  寄存器基地址 = 0X6C00 0000
11  RAM 基地址 = 0X6002 0000 = 0X6000 0000+2^16*2 = 0X6000 0000 + 0x2 0000 =
                                                0X6002 0000
12  当选择不同的地址线时,地址要重新计算
13  ***************************************************************/
14
15  /*************** ILI9341 显示屏的 FSMC 参数定义 ****************/
16  //FSMC_Bank1_NORSRAM用于 LCD 命令操作的地址
17  #define      FSMC_Addr_ILI9341_CMD         ( ( uint32_t ) 0x60020000 )
18
19  //FSMC_Bank1_NORSRAM用于 LCD 数据操作的地址
20  #define      FSMC_Addr_ILI9341_DATA        ( ( uint32_t ) 0x60000000 )
21
```

利用这样的宏，再使用指针的形式访问其地址，即可控制 FSMC 产生相应的时序，工程代码中把发送命令及发送数据的操作封装成了内联函数，以方便后面调用，见代码清单 26-8。

代码清单26-8 向液晶屏发送命令及发送数据的操作

```
1  /**
2    * @brief   向 ILI9341 写入命令
3    * @param   usCmd :要写入的命令（表寄存器地址）
```

```
 4       * @retval 无
 5       */
 6  __inline void ILI9341_Write_Cmd ( uint16_t usCmd )
 7  {
 8       * ( __IO uint16_t * ) ( FSMC_Addr_ILI9341_CMD ) = usCmd;
 9
10  }
11
12
13  /**
14       * @brief   向ILI9341写入数据
15       * @param  usData :要写入的数据
16       * @retval 无
17       */
18  __inline void ILI9341_Write_Data ( uint16_t usData )
19  {
20       * ( __IO uint16_t * ) ( FSMC_Addr_ILI9341_DATA ) = usData;
21
22  }
23
```

需要写操作时,只要把要发送的命令代码或数据作为参数输入到函数中然后调用即可,对于液晶屏的读操作,把向指针赋值的过程改为读取指针内容即可。

(5)向液晶屏写入初始化配置

利用上面的发送命令及数据操作,可以向液晶屏写入一些初始化配置,见代码清单26-9。

代码清单26-9　向液晶屏写入初始化配置

```
 1  /**
 2       * @brief   初始化ILI9341寄存器
 3       * @param  无
 4       * @retval 无
 5       */
 6  static void ILI9341_REG_Config ( void )
 7  {
 8           /*  Power control B (CFh)   */
 9           DEBUG_DELAY ();
10           ILI9341_Write_Cmd ( 0xCF );
11           ILI9341_Write_Data ( 0x00 );
12           ILI9341_Write_Data ( 0x81 );
13           ILI9341_Write_Data ( 0x30 );
14
15           /*  Power on sequence control (EDh) */
16           DEBUG_DELAY ();
17           ILI9341_Write_Cmd ( 0xED );
18           ILI9341_Write_Data ( 0x64 );
19           ILI9341_Write_Data ( 0x03 );
20           ILI9341_Write_Data ( 0x12 );
21           ILI9341_Write_Data ( 0x81 );
22
23           /* 以下省略大量配置内容 */
24
25  }
26
```

以上列出的代码中省略了大量的配置内容，本质上它们都是使用 ILI9341_Write_Cmd 发送代码，然后使用 ILI9341_Write_Data 函数发送命令对应的参数对液晶屏进行配置。

这个初始化过程中发送的代码及参数主要是配置了液晶屏的上电过程、显示屏的伽玛参数、分辨率、像素格式等内容，这些配置主要由液晶屏生产厂家提供，本教程后面只针对常用命令进行讲解，此处不详细说明，关于命令及参数可以查询《ILI9341 数据手册》获知，在该文档中搜索命令代码即可方便定位到相应的说明。例如，要查找代码中的 0xCF 命令说明，在文档中搜索"CFh"即可，见图 26-31。

图 26-31　在《ILI9341 数据手册》中 CFh 命令的部分说明

（6）设置液晶显示窗口

根据液晶屏的要求，在发送显示数据前，需要先设置显示窗口确定后面发送的像素数据的显示区域，见代码清单 26-10。

代码清单26-10　设置液晶显示窗口

```
 1 /********* ILI934 命令 ****************************/
 2 #define         CMD_SetCoordinateX         0x2A         // 设置X坐标
 3 #define         CMD_SetCoordinateY         0x2B         // 设置Y坐标
 4
 5 /**
 6   * @brief  在ILI9341显示器上开辟一个窗口
 7   * @param  usX : 在特定扫描方向下窗口的起点X坐标
 8   * @param  usY : 在特定扫描方向下窗口的起点Y坐标
 9   * @param  usWidth : 窗口的宽度
10   * @param  usHeight : 窗口的高度
11   * @retval 无
12   */
13 void ILI9341_OpenWindow ( uint16_t usX, uint16_t usY,
uint16_t usWidth, uint16_t usHeight )
14 {
15         ILI9341_Write_Cmd ( CMD_SetCoordinateX );       /* 设置X坐标 */
16         ILI9341_Write_Data ( usX >> 8 );                /* 先高8位，然后低8位 */
17         ILI9341_Write_Data ( usX & 0xff );              /* 设置起始点和结束点 */
18         ILI9341_Write_Data ( ( usX + usWidth - 1 ) >> 8 );
19         ILI9341_Write_Data ( ( usX + usWidth - 1 ) & 0xff );
20
```

```
21      ILI9341_Write_Cmd ( CMD_SetCoordinateY );      /* 设置 Y 坐标 */
22      ILI9341_Write_Data ( usY >> 8 );
23      ILI9341_Write_Data ( usY & 0xff );
24      ILI9341_Write_Data ( ( usY + usHeight - 1 ) >> 8 );
25      ILI9341_Write_Data ( ( usY + usHeight - 1) & 0xff );
26 }
```

代码中定义的 ILI9341_OpenWindow 函数实现了图 26-32 及图 26-33 中的 0x2A 和 0x2B 命令，它们分别用于设置显示窗口的起始及结束的 X 坐标和 Y 坐标，每个命令后包含 4 个 8 位的参数，这些参数组合成起始坐标和结束坐标，各 1 个用 16 位表示。

2Ah					CASET (Column Address Set)								
	D/CX	RDX	WRX	D17-8	D7	D6	D5	D4	D3	D2	D1	D0	HEX
Command	0	1	↑	XX	0	0	1	0	1	0	1	0	2Ah
1st Parameter	1	1	↑	XX	SC15	SC14	SC13	SC12	SC11	SC10	SC9	SC8	Note1
2nd Parameter	1	1	↑	XX	SC7	SC6	SC5	SC4	SC3	SC2	SC1	SC0	Note1
3rd Parameter	1	1	↑	XX	EC15	EC14	EC13	EC12	EC11	EC10	EC9	EC8	Note1
4th Parameter	1	1	↑	XX	EC7	EC6	EC5	EC4	EC3	EC2	EC1	EC0	
Description	This command is used to define area of frame memory where MCU can access. This command makes no change on the other driver status. The values of SC [15:0] and EC [15:0] are referred when RAMWR command comes. Each value represents one column line in the Frame Memory. X = Don't care												

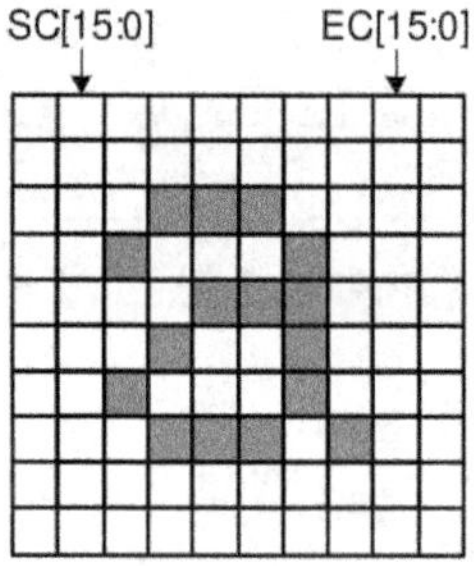

图 26-32　设置显示窗口的 X 坐标 (2Ah 命令)（摘自《ILI9341 数据手册》）

ILI9341_OpenWindow 把它的 4 个函数输入参数 X、Y 起始坐标、宽度、高度转化成命令参数的格式，写入液晶屏中，从而设置出一个显示窗口。

（7）发送像素数据

调用上面的 ILI9341_OpenWindow 函数设置显示窗口后，再向液晶屏发送像素数据时，这些数据就会直接显示在它设定的窗口位置中。发送像素数据的操作见代码清单 26-11。

发送像素数据的命令非常简单，见图 26-34。首先发送命令代码 0x2C，后面紧跟着要传输的像素数据即可。按照本液晶屏的配置，像素点的格式为 RGB565，所以像素数据就是要显示的 RGB565 格式的颜色值。

本 ILI9341_FillColor 函数包含两个输入参数，分别用于设置要发送的像素数据个数 ulAmout_Point 及像素点的颜色值 usColor。在代码实现中它调用 ILI9341_Write_Cmd 发送一次命令代码，接着使用 for 循环调用 ILI9341_Write_Data 写入 ulAmout_Point 个同样的颜色值。

这些颜色值会按顺序填充到前面使用 ILI9341_OpenWindow 函数设置的显示窗口中。例如，若设置了一个 usX=10，usY=30，usWidth=50，usHeight=20 的窗口，然后再连续填充 50×20 个颜色值为 0XFFFF 的像素数据，即可在 (10,30) 的起始坐标处显示一个宽 50 像素、高 20 像素的白色矩形。

图 26-33　设置液晶显示窗口的 Y 坐标（2Bh 命令）(摘自《ILI9341 数据手册》)

代码清单26-11　发送像素数据

```
1
2  #define         CMD_SetPixel                    0x2C        // 填充像素
3
4  /**
5    * @brief  在ILI9341显示器上以某一颜色填充像素点
6    * @param  ulAmout_Point : 要填充颜色的像素点的总数目
7    * @param  usColor : 颜色
8    * @retval 无
9    */
10 static __inline void ILI9341_FillColor ( uint32_t ulAmout_Point, uint16_t usColor )
11 {
12     uint32_t i = 0;
13
14     /* memory write */
15     ILI9341_Write_Cmd ( CMD_SetPixel );
16
17     for ( i = 0; i < ulAmout_Point; i ++ )
18         ILI9341_Write_Data ( usColor );
19 }
```

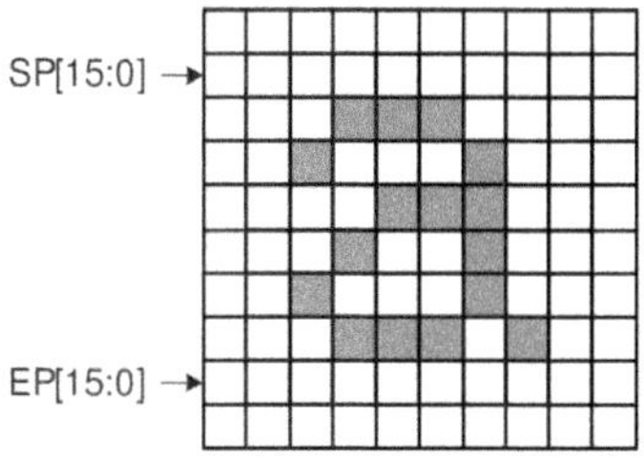

（8）绘制单个像素点

利用前面的 ILI9341_OpenWindow 和 ILI9341_FillColor 函数，可以正式开始控制液晶屏绘制特定的图像，而所有图像都是由多个像素点组成的。单个像素点的绘制函数见代码清单 26-12。

2Ch				RAMWR (Memory Write)							
	D/CX	RDX	WRX	D17-8	D7	D6	D5	D4	D3	D2	D1	D0	HEX
Command	0	1	↑	XX	0	0	1	0	1	1	0	0	2Ch
1st Parameter	1	1	↑	D1 [17:0]									XX
:	1	1	↑	Dx [17:0]									XX
Nth Parameter	1	1	↑	Dn [17:0]									XX
Description	This command is used to transfer data from MCU to frame memory. This command makes no change to the other driver status. When this command is accepted, the column register and the page register are reset to the Start Column/Start Page positions. The Start Column/Start Page positions are different in accordance with MADCTL setting.) Then D [17:0] is stored in frame memory and the column register and the page register incremented. Sending any other command can stop frame Write. X = Don't care.											

图 26-34　发送像素数据（2Ch 命令）(摘自《ILI9341 数据手册》)

代码清单26-12　绘制单个像素点

```
1
2  static uint16_t CurrentTextColor    = BLACK;// 前景色
3  static uint16_t CurrentBackColor    = WHITE;// 背景色
4
5  /**
6    * @brief  设定ILI9341的光标坐标
7    * @param  usX : 在特定扫描方向下光标的X坐标
8    * @param  usY : 在特定扫描方向下光标的Y坐标
9    * @retval 无
10   */
11 static void ILI9341_SetCursor ( uint16_t usX, uint16_t usY )
12 {
13     ILI9341_OpenWindow ( usX, usY, 1, 1 );
14 }
15
16
17 /**
18   * @brief  对ILI9341显示器的某一点以某种颜色进行填充
19   * @param  usX : 在特定扫描方向下该点的X坐标
20   * @param  usY : 在特定扫描方向下该点的Y坐标
21   * @note   可使用LCD_SetBackColor、LCD_SetTextColor、LCD_SetColors 函数设置颜色
22   * @retval 无
23   */
24 void ILI9341_SetPointPixel ( uint16_t usX, uint16_t usY )
25 {
26     if ( ( usX < LCD_X_LENGTH ) && ( usY < LCD_Y_LENGTH ) ) {
27         ILI9341_SetCursor ( usX, usY );
28
29         ILI9341_FillColor ( 1, CurrentTextColor );
30     }
31 }
```

ILI9341_SetPointPixel 函数直接调用了 ILI9341_SetCursor(实质上是 ILI9341_OpenWindow 函数的封装)设置单个像素点的绘制窗口，然后调用 ILI9341_FillColor 填充单个像素点，而像素点的颜色由全局变量 CurrentTextColor 表示。

利用这个 ILI9341_SetPointPixel 函数，可以向液晶屏指定的 XY 坐标描绘单个像素点。

（9）绘制矩形

类似地，使用 ILI9341_OpenWindow 和 ILI9341_FillColor 编写的绘制矩形操作见代码

清单 26-13。

代码清单26-13 绘制矩形

```c
/**
  * @brief   在 ILI9341 显示器上绘制一个矩形
  * @param   usX_Start:在特定扫描方向下矩形的起始点 X 坐标
  * @param   usY_Start:在特定扫描方向下矩形的起始点 Y 坐标
  * @param   usWidth:矩形的宽度（单位：像素）
  * @param   usHeight:矩形的高度（单位：像素）
  * @param   ucFilled :选择是否填充该矩形
  *          该参数为以下值之一：
  *             @arg 0 :空心矩形
  *             @arg 1 :实心矩形
  * @note 可使用 LCD_SetBackColor、LCD_SetTextColor、LCD_SetColors 函数设置颜色
  * @retval 无
  */
void ILI9341_DrawRectangle ( uint16_t usX_Start, uint16_t usY_Start,
                uint16_t usWidth, uint16_t usHeight, uint8_t ucFilled )
{
    if ( ucFilled ) {
        ILI9341_OpenWindow ( usX_Start, usY_Start, usWidth, usHeight );
        ILI9341_FillColor ( usWidth * usHeight ,CurrentTextColor);
    } else {
        ILI9341_DrawLine ( usX_Start, usY_Start,
                    usX_Start + usWidth - 1, usY_Start );
        ILI9341_DrawLine ( usX_Start, usY_Start + usHeight - 1,
                   usX_Start + usWidth - 1, usY_Start + usHeight - 1 );
        ILI9341_DrawLine ( usX_Start, usY_Start, usX_Start,
                      usY_Start + usHeight - 1 );
        ILI9341_DrawLine ( usX_Start + usWidth - 1, usY_Start,
                   usX_Start + usWidth - 1, usY_Start + usHeight - 1 );
    }
}
```

ILI9341_DrawRectangle 函数分成两部分，它根据输入参数 ucFilled 是否为真决定绘制的是实心矩形还是只有边框的空心矩形。绘制实心矩形时，直接使用 ILI9341_OpenWindow 函数根据输入参数设置显示矩形窗口，然后根据实心矩形的像素点个数调用 ILI9341_FillColor 即可完成；而绘制空心矩形时，实质上是绘制 4 条边框线，它调用 ILI9341_DrawLine 函数绘制，ILI9341_DrawLine 函数的输入参数是用于表示直接的两个坐标点 (x1,y1) 与 (x2,y2)，该函数内部根据数据关系，使用这两个点确定一条直线，最后调用 ILI9341_SetPointPixel 函数一点一点地绘制出完整的直线。

关于 ILI9341_DrawLine 画线函数、ILI9341_DrawCircle 画圆函数等代码不再讲解，它们都是根据数学关系在特定的位置显示坐标点而已。另外关于工程中的显示字符串的原理将在第 27 章中详细说明。

（10）设置液晶的扫描方向

控制液晶屏时，还有一个非常重要的参数，就是设置液晶屏的扫描方向，见代码清单 26-14。

代码清单26-14 设置液晶的扫描方向

```c
#define    ILI9341_LESS_PIXEL       240    //液晶屏较短方向的像素宽度
```

```
 3  #define           ILI9341_MORE_PIXEL        320         //液晶屏较长方向的像素宽度
 4
 5  // 根据液晶扫描方向而变化的 XY 像素宽度
 6  // 调用 ILI9341_GramScan 函数设置方向时会自动更改
 7  uint16_t LCD_X_LENGTH = ILI9341_LESS_PIXEL;
 8  uint16_t LCD_Y_LENGTH = ILI9341_MORE_PIXEL;
 9
10  // 液晶屏扫描模式，本变量主要用于选择触摸屏的计算参数
11  // 参数可选值为 0～7
12  // 调用 ILI9341_GramScan 函数设置方向时会自动更改
13  // LCD 刚初始化完成时会使用本默认值
14  uint8_t LCD_SCAN_MODE = 6;
15
16  /**
17    * @brief  设置 ILI9341 的 GRAM 的扫描方向
18    * @param  ucOption : 选择 GRAM 的扫描方向
19    * @arg 0～7 : 参数可选值为 0～7 这 8 个方向
20    *
21    *   ！！！其中 0、3、5、6 模式适合从左至右显示文字
22    *        不推荐使用其他模式显示文字，其他模式显示文字会有镜像效果
23    *
24    *   其中 0、2、4、6 模式的 X 方向像素为 240，Y 方向像素为 320
25    *   其中 1、3、5、7 模式下 X 方向像素为 320，Y 方向像素为 240
26    *
27    *   其中 6 模式为大部分液晶例程的默认显示方向
28    *   其中 3 模式为摄像头例程使用的方向
29    *   其中 0 模式为 BMP 图片显示例程使用的方向
30    *
31    * @retval 无
32    * @note   坐标图例：A 表示向上，V 表示向下，< 表示向左，> 表示向右
33    *         X 表示 X 轴，Y 表示 Y 轴
34    *
35   ------------------------------------------------------------
36   模式 0:          . 模式 1:        . 模式 2:        . 模式 3:
37        A          .       A        .       A        .       A
38        |          .       |        .       |        .       |
39        Y          .       X        .       Y        .       X
40        0          .       1        .       2        .       3
41    <--- X0 o      . <----Y1 o      .     o 2X--->   .     o 3Y--->
42   ------------------------------------------------------------
43   模式 4:          . 模式 5:        . 模式 6:        . 模式 7:
44    <--- X4 o      . <--- Y5 o      .     o 6X--->   .     o 7Y--->
45        4          .       5        .       6        .       7
46        Y          .       X        .       Y        .       X
47        |          .       |        .       |        .       |
48        V          .       V        .       V        .       V
49   ------------------------------------------------------------
50                       LCD 屏示例
51                    |----------------|
52                    |    秉火 Logo   |
53                    |                |
54                    |                |
55                    |                |
56                    |                |
57                    |                |
```

```c
58                  |                        |
59                  |                        |
60                  |                        |
61                  |------------------------|
62                         屏幕正面(宽240,高320)
63
64  ***********************************************************/
65  void ILI9341_GramScan ( uint8_t ucOption )
66  {
67      // 参数检查,只可输入0～7
68      if (ucOption >7 )
69          return;
70
71      // 根据模式更新LCD_SCAN_MODE的值,主要用于触摸屏选择计算参数
72      LCD_SCAN_MODE = ucOption;
73
74      // 根据模式更新XY方向的像素宽度
75      if (ucOption%2 == 0) {
76          //0 2 4 6模式下X方向像素宽度为240,Y方向为320
77          LCD_X_LENGTH = ILI9341_LESS_PIXEL;
78          LCD_Y_LENGTH =  ILI9341_MORE_PIXEL;
79      } else {
80          //1 3 5 7模式下X方向像素宽度为320,Y方向为240
81          LCD_X_LENGTH = ILI9341_MORE_PIXEL;
82          LCD_Y_LENGTH =  ILI9341_LESS_PIXEL;
83      }
84
85      //0x36命令参数的高3位可用于设置GRAM扫描方向
86      ILI9341_Write_Cmd ( 0x36 );
87  ILI9341_Write_Data ( 0x08 |(ucOption<<5));// 根据ucOption的值设置LCD参数,共8种模式
88      ILI9341_Write_Cmd ( CMD_SetCoordinateX );
89      ILI9341_Write_Data ( 0x00 );     /* x 起始坐标高8位 */
90      ILI9341_Write_Data ( 0x00 );     /* x 起始坐标低8位 */
91     ILI9341_Write_Data ( ((LCD_X_LENGTH-1)>>8)&0xFF );/* x 结束坐标高8位 */
92      ILI9341_Write_Data ( (LCD_X_LENGTH-1)&0xFF );    /* x 结束坐标低8位 */
93
94      ILI9341_Write_Cmd ( CMD_SetCoordinateY );
95      ILI9341_Write_Data ( 0x00 );     /* y 起始坐标高8位 */
96      ILI9341_Write_Data ( 0x00 );     /* y 起始坐标低8位 */
97      ILI9341_Write_Data ( ((LCD_Y_LENGTH-1)>>8)&0xFF );/*y 结束坐标高8位 */
98      ILI9341_Write_Data ( (LCD_Y_LENGTH-1)&0xFF );    /*y 结束坐标低8位 */
99
100     /* write gram start */
101     ILI9341_Write_Cmd ( CMD_SetPixel );
102 }
```

当设置了液晶显示窗口,再连续向液晶屏写入像素点时,它会一个点一个点地往液晶屏的X方向填充,填充完一行X方向的像素点后,向Y方向下移一行,X坐标回到起始位置,再往X方向一个点一个点地填充,如此循环直至填充完整个显示窗口。

而屏幕的坐标原点和XY方向都可以根据实际需要使用0X36命令来配置的,该命令的说明见图26-35。

36h				MADCTL (Memory Access Control)							
	D/CX	RDX	WRX	D17-8	D7	D6	D5	D4	D3	D2	D1	D0	HEX
Command	0	1	↑	XX	0	0	1	1	0	1	1	0	36h
Parameter	1	1	↑	XX	MY	MX	MV	ML	BGR	MH	0	0	00

This command defines read/write scanning direction of frame memory.

This command makes no change on the other driver status.

Bit	Name	Description
MY	Row Address Order	These 3 bits control MCU to memory write/read direction.
MX	Column Address Order	
MV	Row / Column Exchange	
ML	Vertical Refresh Order	LCD vertical refresh direction control.
BGR	RGB-BGR Order	Color selector switch control (0=RGB color filter panel, 1=BGR color filter panel)
MH	Horizontal Refresh ORDER	LCD horizontal refreshing direction control.

图 26-35　液晶扫描模式命令（摘自《ILI9341 数据手册》）

0X36 命令参数中的 MY、MX、MV 这 3 个数据位用于配置扫描方向，因此一共有 $2^3 = 8$ 种模式。ILI9341_GramScan 函数就是根据输入的模式设置这 3 个数据位，并且根据相应的模式更改 XY 方向的分辨率 LCD_X_LENGTH 和 LCD_Y_LENGTH，使得其他函数可以利用这两个全局变量获取屏幕实际的 XY 方向分辨率信息。同时，函数内还设置了全局变量 LCD_SCAN_MODE 的值，用于记录当前的屏幕扫描模式，这在后面计算触摸屏坐标的时候会使用到。设置完扫描方向后，代码中还调用设置液晶显示窗口的命令 CMD_SetCoordinateX/Y（0X2A/0X2B 命令），默认打开一个与屏幕大小一致的显示窗口，方便后续的显示操作。

调用 ILI9341_GramScan 函数设置 0～7 模式时，各个模式的坐标原点及 XY 方向如图 26-36 所示。

其中模式 6 最符合我们的阅读习惯，扫描方向与文字方向一致，都是从左到右，从上到下，所以本开发板中的大部分液晶程序都默认使用模式 6。

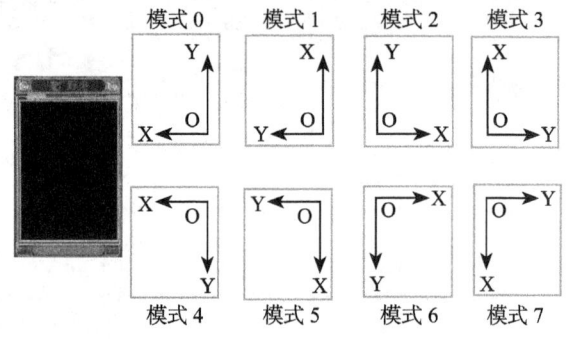

图 26-36　液晶屏的 8 种扫描模式

其实模式 0、3、5、6 的液晶扫描方向都与文字方向一致，比较适合显示文字，只要适当旋转屏幕即可，使得用屏幕 4 个边沿作为正面看去都有适合的文字显示模式。而其他模式由于扫描方向与文字方向不一致，要想实现同样的效果非常麻烦，也没有实现的必要。

（11）液晶屏全局初始化

利用前面介绍的各种函数，我们把它封装成 ILI9341_Init 函数，见代码清单 26-15。

代码清单26-15　液晶屏全局初始化函数

```
1 // 液晶屏扫描模式，本变量主要用于方便选择触摸屏的计算参数
2 // 参数可选值为 0 ～ 7
3 // 调用 ILI9341_GramScan 函数设置方向时会自动更改
4 //LCD 刚初始化完成时会使用本默认值
5 uint8_t LCD_SCAN_MODE = 6;
6
7 /**
```

```
 8    * @brief  ILI9341 初始化函数,如果要用到 LCD,一定要调用这个函数
 9    * @param  无
10    * @retval 无
11    */
12   void ILI9341_Init ( void )
13   {
14       ILI9341_GPIO_Config ();
15       ILI9341_FSMC_Config ();
16
17       ILI9341_BackLed_Control ( ENABLE );       // 点亮 LCD 背光灯
18       ILI9341_Rst ();// 复位液晶屏
19       ILI9341_REG_Config ();// 写入寄存器配置
20
21       // 设置默认扫描方向,其中模式 6 为大部分液晶例程的默认显示方向
22       ILI9341_GramScan(LCD_SCAN_MODE);
23   }
24
```

本函数初始化 GPIO、FSMC 外设,然后开启液晶屏的背光,复位液晶屏,并且写入基本的液晶屏配置,最后调用 ILI9341_GramScan 函数设置默认的液晶扫描方向。在需要使用液晶屏的时候,直接调用本函数即可完成初始化。

3. 基本液晶显示例程的 main 函数

本章内容中配套了两个工程进行演示,它们的液晶驱动完全一样,仅是 main 函数里的应用层展示不同效果时稍有区别。先讲解基本的"液晶显示"例程,其 main 函数内容见代码清单 24-16。

代码清单26-16　main函数

```
 1   /**
 2    *  @brief   main 函数
 3    *  @param   无
 4    *  @retval  无
 5    */
 6   int main ( void )
 7   {
 8       ILI9341_Init ();          // LCD 初始化
 9
10       USART_Config();
11
12       printf("\r\n ********** 液晶屏英文显示程序 *********** \r\n");
13       printf("\r\n 本程序不支持中文,显示中文的程序请学习下一章 \r\n");
14
15   // 其中 0、3、5、6 模式适合从左至右显示文字
16   // 不推荐使用其他模式显示文字,其他模式显示文字会有镜像效果
17   // 其中模式 6 为大部分液晶例程的默认显示方向
18       ILI9341_GramScan ( 6 );
19       while ( 1 ) {
20           LCD_Test();
21       }
22   }
```

程序中,调用了 ILI9341_Init 函数初始化液晶屏,然后再初始化串口。(在实际测试中,若先初始化串口再初始化液晶屏,会导致错误,原因不明。所以在应用时,注意先初始化

液晶屏再初始化串口。）

　　初始化完成后，调用 LCD_Test 函数显示各种图形进行测试（如直线、矩形、圆形），见代码清单 26-17。具体内容请直接在工程中阅读源码。LCD_Test 中还调用了文字显示函数，关于文字显示的原理在第 27 章再详细说明。

代码清单26-17　液晶效果演示测试

```
1
2
3   /* 用于测试各种液晶显示的函数 */
4   void LCD_Test(void)
5   {
6       /* 演示显示变量 */
7       static uint8_t testCNT = 0;
8       char dispBuff[100];
9
10      testCNT++;
11
12      LCD_SetFont(&Font8x16);
13      LCD_SetColors(RED,BLACK);
14
15      ILI9341_Clear(0,0,LCD_X_LENGTH,LCD_Y_LENGTH); /* 清屏，显示全黑 */
16      /******** 显示字符串示例 *******/
17      ILI9341_DispStringLine_EN(LINE(0),"BH 3.2 inch LCD para:");
18      ILI9341_DispStringLine_EN(LINE(1)," Image resolution:240x320 px");
19      ILI9341_DispStringLine_EN(LINE(2)," ILI9341 LCD driver ");
20      ILI9341_DispStringLine_EN(LINE(3)," XPT2046 Touch Pad driver");
21
22      /******** 显示变量示例 *******/
23      LCD_SetFont(&Font16x24);
24      LCD_SetTextColor(GREEN);
25
26      /* 使用 C 标准库把变量转化成字符串 */
27      sprintf(dispBuff,"Count : %d ",testCNT);
28      LCD_ClearLine(LINE(4)); /* 清除单行文字 */
29
30      /* 然后显示该字符串即可，其他变量也这样处理 */
31      ILI9341_DispStringLine_EN(LINE(4),dispBuff);
32
33      /******* 显示图形示例 ******/
34      LCD_SetFont(&Font24x32);
35      /* 画直线 */
36
37      LCD_ClearLine(LINE(4));/* 清除单行文字 */
38      LCD_SetTextColor(BLUE);
39
40      ILI9341_DispStringLine_EN(LINE(4),"Draw line:");
41
42      LCD_SetTextColor(RED);
43      ILI9341_DrawLine(50,170,210,230);
44      ILI9341_DrawLine(50,200,210,240);
45      /* 省略部分内容 */
46
47      ILI9341_Clear(0,16*8,LCD_X_LENGTH,LCD_Y_LENGTH-16*8); /* 清屏，显示全黑 */
48
```

```
49
50      /* 画矩形 */
51
52      LCD_ClearLine(LINE(4));    /* 清除单行文字 */
53      LCD_SetTextColor(BLUE);
54
55      ILI9341_DispStringLine_EN(LINE(4),"Draw Rect:");
56
57      LCD_SetTextColor(RED);
58      ILI9341_DrawRectangle(50,200,100,30,1);
59      /* 省略部分内容 */
60
61      Delay(0xFFFFFF);
62
63      ILI9341_Clear(0,16*8,LCD_X_LENGTH,LCD_Y_LENGTH-16*8); /* 清屏，显示全黑 */
64
65      /* 画圆 */
66      LCD_ClearLine(LINE(4));    /* 清除单行文字 */
67      LCD_SetTextColor(BLUE);
68
69      ILI9341_DispStringLine_EN(LINE(4),"Draw Cir:");
70
71      LCD_SetTextColor(RED);
72      ILI9341_DrawCircle(100,200,20,0);
73      /* 省略部分内容 */
74      Delay(0xFFFFFF);
75
76      ILI9341_Clear(0,16*8,LCD_X_LENGTH,LCD_Y_LENGTH-16*8); /* 清屏，显示全黑 */
77
78  }
```

4. 液晶坐标方向演示的 main 函数

打开"液晶坐标方向演示"例程，可看到其 main 函数与上一个工程有些区别，见代码清单 26-18。

代码清单26-18 液晶坐标方向演示例程的main函数

```
1
2   /**
3     * @brief  main 函数
4     * @param  无
5     * @retval 无
6     */
7   int main ( void )
8   {
9
10      ILI9341_Init ();            // LCD 初始化
11
12      USART_Config();
13
14      printf("\r\n ********** 液晶屏显示方向说明程序 ********** \r\n");
15      printf("\r\n 本程序不支持中文,显示中文的程序请学习下一章 \r\n");
16
17      while ( 1 ) {
18          // 展示 LCD 的 8 种方向模式
```

```
19              LCD_Direction_Show();
20         }
21  }
22
23
24  /* 用于展示 LCD 的 8 种方向模式 */
25  void LCD_Direction_Show(void)
26  {
27
28      uint8_t i = 0;
29      char dispBuff[100];
30
31      // 轮流展示各个方向模式
32      for (i=0; i<8; i++) {
33          LCD_SetFont(&Font16x24);
34          LCD_SetColors(RED,BLACK);
35
36          ILI9341_Clear(0,0,LCD_X_LENGTH,LCD_Y_LENGTH);  /* 清屏,显示全黑 */
37
38          // 其中 0、3、5、6 模式适合从左至右显示文字
39          // 不推荐使用其他模式显示文字,其他模式显示文字会有镜像效果
40          // 其中模式 6 为大部分液晶例程的默认显示方向
41          ILI9341_GramScan ( i );
42
43          sprintf(dispBuff,"o%d. X --->",i);
44          ILI9341_DispStringLine_EN(LINE(0),dispBuff);// 沿 X 方向显示文字
45
46          sprintf(dispBuff,"o%d.Y|V",i);
47          ILI9341_DispString_EN_YDir(0,0,dispBuff);// 沿 Y 方向显示文字
48
49          Delay(0xFFFFFF);
50
51          // 显示测试
52          //  !!!其中 0、3、5、6
53          // 模式适合从左至右显示文字,不推荐使用其他模式显示文字
54          // 其他模式显示文字会有镜像效果
55          LCD_Test();
56      }
57
58  }
```

本工程的 main 了函数中主要调用了 LCD_Direction_Show 函数,该函数主要添加了液晶屏在不同扫描模式下的显示效果演示,请直接观看程序的演示效果,了解液晶屏的各个扫描模式。注意:其中部分模式显示文字时会因为镜像效果导致无法阅读,这是由扫描模式决定的,并不是代码错误,只要使用适当的模式即可实现正常的文字显示效果。

26.7.3 下载验证

用 USB 线连接开发板,编译程序下载到实验板,并上电复位,液晶屏会显示各种内容。

第 27 章
LCD——液晶显示中英文

在前面我们学习了如何使用 FSMC 外设控制液晶屏，并用它显示各种图形，本章讲解如何控制液晶屏显示文字。使用液晶屏显示文字时，涉及字符编码与字模的知识。

27.1 字符编码

由于计算机只能识别 0 和 1，文字也只能以 0 和 1 的形式在计算机里存储，所以我们需要对文字进行编码才能让计算机处理，编码的过程就是规定特定的 01 数字串来表示特定的文字，最简单的字符编码例子是 ASCII 码。

27.1.1 ASCII 编码

学习 C 语言时，我们知道在程序设计中使用 ASCII 编码表约定了一些控制字符、英文及数字。它们在存储器中，本质也是二进制数，只是我们约定这些二进制数可以表示某些特殊意义，如以 ASCII 编码解释数字 "0x41" 时，它表示英文字符 "A"。ASCII 编码表分为两部分，第 1 部分是控制字符或通信专用字符，它们的数字编码从 0~31，见表 27-1。它们并没有特定的图形显示，但会根据不同的应用程序，而对文本显示有不同的影响。ASCII 码的第 2 部分包括空格、阿拉伯数字、标点符号、大小写英文字母以及 "DEL"（删除控制），这部分符号的数字编码为 32 ~ 127，除最后一个 DEL 符号外，都能以图形的方式来表示，它们属于传统文字书写系统的一部分，见表 27-2。

表 27-1 ASCII 码中的控制字符或通信专用字符

十进制	十六进制	缩写/字符	解释
0	0	NUL(null)	空字符
1	1	SOH(start of headline)	标题开始
2	2	STX (start of text)	正文开始
3	3	ETX (end of text)	正文结束
4	4	EOT (end of transmission)	传输结束

（续）

十进制	十六进制	缩写/字符	解释
5	5	ENQ (enquiry)	请求
6	6	ACK (acknowledge)	收到通知
7	7	BEL (bell)	响铃
8	8	BS (backspace)	退格
9	9	HT (horizontal tab)	水平制表符
10	0A	LF (NL line feed, new line)	换行键
11	0B	VT (vertical tab)	垂直制表符
12	0C	FF (NP form feed, new page)	换页键
13	0D	CR (carriage return)	回车键
14	0E	SO (shift out)	不用切换
15	0F	SI (shift in)	启用切换
16	10	DLE (data link escape)	数据链路转义
17	11	DC1 (device control 1)	设备控制1
18	12	DC2 (device control 2)	设备控制2
19	13	DC3 (device control 3)	设备控制3
20	14	DC4 (device control 4)	设备控制4
21	15	NAK (negative acknowledge)	拒绝接收
22	16	SYN (synchronous idle)	同步空闲
23	17	ETB (end of trans. block)	传输块结束
24	18	CAN (cancel)	取消
25	19	EM (end of medium)	介质中断
26	1A	SUB (substitute)	替补
27	1B	ESC (escape)	换码（溢出）
28	1C	FS (file separator)	文件分隔符
29	1D	GS (group separator)	分组符
30	1E	RS (record separator)	记录分隔符
31	1F	US (unit separator)	单元分隔符

表 27-2 ASCII 码中的字符及数字

十进制	十六进制	缩写/字符	十进制	十六进制	缩写/字符	十进制	十六进制	缩写/字符
32	20	(space) 空格	41	29	)	50	32	2
33	21	!	42	2A	*	51	33	3
34	22	"	43	2B	+	52	34	4
35	23	#	44	2C	,	53	35	5
36	24	$	45	2D	-	54	36	6
37	25	%	46	2E	.	55	37	7
38	26	&	47	2F	/	56	38	8
39	27	'	48	30	0	57	39	9
40	28	(	49	31	1	58	3A	:

(续)

十进制	十六进制	缩写/字符	十进制	十六进制	缩写/字符	十进制	十六进制	缩写/字符
59	3B	;	82	52	R	105	69	i
60	3C	<	83	53	S	106	6A	j
61	3D	=	84	54	T	107	6B	k
62	3E	>	85	55	U	108	6C	l
63	3F	?	86	56	V	109	6D	m
64	40	@	87	57	W	110	6E	n
65	41	A	88	58	X	111	6F	o
66	42	B	89	59	Y	112	70	p
67	43	C	90	5A	Z	113	71	q
68	44	D	91	5B	[	114	72	r
69	45	E	92	5C	\	115	73	s
70	46	F	93	5D	]	116	74	t
71	47	G	94	5E	^	117	75	u
72	48	H	95	5F	_	118	76	v
73	49	I	96	60	`	119	77	w
74	4A	J	97	61	a	120	78	x
75	4B	K	98	62	b	121	79	y
76	4C	L	99	63	c	122	7A	z
77	4D	M	100	64	d	123	7B	{
78	4E	N	101	65	e	124	7C	|
79	4F	O	102	66	f	125	7D	}
80	50	P	103	67	g	126	7E	~
81	51	Q	104	68	h	127	7F	DEL（delete）删除

后来，计算机发展到其他国家的时候，由于他们使用的不是英语，他们使用的字母在 ASCII 码表中没有定义，所以他们采用 127 号之后的位来表示这些新的字母，还加入了各种形状，一直编号到 255。从 128 到 255 这些字符被称为 ASCII 扩展字符集。至此基本存储单位 Byte（char）能表示的编号都被用完了。

27.1.2 中文编码

由于英文书写系统都是由 26 个基本字母组成的，利用 26 个字母可组合出不同的单词，所以用 ASCII 码表就能表达整个英文书写系统。而中文书写系统中的汉字是独立的方块，若参考单词拆解成字母的表示方式，汉字可以拆解成部首、笔画来表示，但这样会非常复杂（可参考五笔输入法编码）。所以中文编码直接对方块字进行编码，一个汉字使用一个号码。

由于汉字非常多，常用字就有 6000 多个，如果像 ASCII 编码表那样只使用 1 个字节，最多只能表示 256 个汉字，所以我们使用 2 个字节来编码。

1. GB2312 标准

我们首先定义的是 GB2312 标准。它把 ASCII 码表 127 号之后的扩展字符集直接取消，并规定小于 127 的编码按原来 ASCII 标准解释字符。当两个大于 127 的字符连在一起时，就表示 1 个汉字，第 1 个字节使用（0xA1～0xFE）编码，第 2 个字节使用（0xA1～0xFE）编码，这样的编码组合起来可以表示了 7000 多个符号，其中包含 6763 个汉字。在这些编码里，还把数学符号、罗马字母、日文假名等都编进表中，就连在 ASCII 里原本就有的数字、标点以及字母也重新编了 2 字节长的编码，这就是平时在输入法里可切换的"全角"字符，而标准的 ASCII 码表中 127 号以下的就被称为"半角"字符。

表 27-3 说明了 GB2312 是如何兼容 ASCII 码的，当我们设定系统使用 GB2312 标准的时候，它遇到一个字符串时，会按字节检测字符值的大小，若遇到连续两个字节的数值都大于 127 时就把这两个连续的字节合在一起，用 GB2312 解码；若遇到的数值小于 127，就直接用 ASCII 把它解码。

表 27-3 GB2312 兼容 ASCII 码的原理

第 1 字节	第 2 字节	表示的字符	说明
0x68	0x69	(hi)	两个字节的值都小于 127(0x7F)，使用 ASCII 解码
0xB0	0xA1	（啊）	两个字节的值都大于 127(0x7F)，使用 GB2312 解码

在 GB2312 编码的实际使用中，有时会用到区位码的概念，见图 27-1。GB2312 编码对所收录字符进行了"分区"处理，共 94 个区，每区含有 94 个位，共 8836 个码位。而区位码实际上是 GB2312 编码的内部形式，它规定对收录的每个字符采用两个字节表示，第 1 个字节为"高字节"，对应 94 个区；第 2 个字节为"低字节"，对应 94 个位。所以它的区位码范围是：0101～9494。为兼容 ASCII 码，区号和位号分别加上 0xA0 偏移就得到 GB2312 编码。在区位码上加上 0xA0 偏移，可求得 GB2312 编码范围：0xA1A1～0xFEFE，其中汉字的编码范围为 0xB0A1～0xF7FE，第 1 字节 0xB0～0xF7（对应区号：16～87），第 2 个字节 0xA1～0xFE（对应位号：01～94）。

例如，"啊"字是 GB2312 编码中的第一个汉字，它位于 16 区的 01 位，所以它的区位码就是 1601，加上 0xA0 偏移，其 GB2312 编码为 0xB0A1。其中区位码为 0101 的码位表示的是"空格"符。

2. GBK 编码

据统计，GB2312 编码中表示的 6763 个汉字已经覆盖中国大陆 99.75% 的汉字使用率，单看这个数字已经很令人满意了，但是我们不能因为有些文字不常用就不让它们进入信息时代，而且生僻字在人名、文言文中的出现频率是非常高的。为此在 GB2312 标准的基础上又增加了 14240 个新汉字（包括后面介绍的 Big5 中的所有汉字）和符号，这个方案被称为 GBK 标准。增加这么多字符，按照 GB2312 原来的格式来编码，2 字节已经没有足够的编码，我们聪明的程序员修改了一下格式，不再要求第 2 字节的编码值必须大于 127，只要第 1 字节大于 127 就表示这是一个汉字的开始，这样就做到了兼容 ASCII 和 GB2312 标准。

1区	01	0	1	2	3	4	5	6	7	8	9
	0			、	。	·	ˉ	ˇ	¨	〃	々
	1	—	～	‖	…	‘	’	“	”	〔	〕
	2	<	>	《	》	「	」	『	』	〖	〗
	3	【	】	±	×	÷	∶	∨	∧	∑	∏
	4	∪	∩	∈	∷	√	⊥	∥	∠	⌒	⊙
	5	∫	∮	≡	≌	≈	∽	∝	≠	≮	≯
	6	≤	≥	∞	∵	∴	♂	♀	°	′	″
	7	℃	$	¤	¢	£	‰	§	№	☆	★
	8	○	●	◎	◇	◆	□	■	△	▲	※
	9	→	←	↑	↓	〓					

2区	02	0	1	2	3	4	5	6	7	8	9
	0		i	ii	iii	iv	v	vi	vii	viii	ix
	1	x							1.	2.	3.
	2	4.	5.	6.	7.	8.	9.	10.	11.	12.	13.
	3	14.	15.	16.	17.	18.	19.	20.	(1)	(2)	(3)
	4	(4)	(5)	(6)	(7)	(8)	(9)	(10)	(11)	(12)	(13)
	5	(14)	(5)	(16)	(17)	(18)	(19)	(20)	①	②	③
	6	④	⑤	⑥	⑦	⑧	⑨	⑩	∈		㈠
	7	㈡	㈢	㈣	㈤	㈥	㈦	㈧	㈨	㈩	
	8		Ⅰ	Ⅱ	Ⅲ	Ⅳ	Ⅴ	Ⅵ	Ⅶ	Ⅷ	Ⅸ
	9	Ⅹ	Ⅺ	Ⅻ							

16区	16	0	1	2	3	4	5	6	7	8	9
	0		啊	阿	埃	挨	哎	唉	哀	皑	癌
	1	蔼	矮	艾	碍	爱	隘	鞍	氨	安	俺
	2	按	暗	岸	胺	案	肮	昂	盎	凹	敖
	3	熬	翱	袄	傲	奥	懊	澳	芭	捌	扒
	4	叭	吧	笆	八	疤	巴	拔	跋	靶	把
	5	耙	坝	霸	罢	爸	白	柏	百	摆	佰
	6	败	拜	稗	斑	班	搬	扳	般	颁	板
	7	版	扮	拌	伴	瓣	半	办	绊	邦	帮
	8	梆	榜	膀	绑	棒	磅	蚌	镑	傍	谤
	9	苞	胞	包	褒	剥					

17区	17	0	1	2	3	4	5	6	7	8	9
	0		薄	雹	保	堡	饱	宝	抱	报	暴
	1	豹	鲍	爆	杯	碑	悲	卑	北	辈	背
	2	贝	钡	倍	狈	备	惫	焙	被	奔	苯
	3	本	笨	崩	绷	甭	泵	蹦	迸	逼	鼻
	4	比	鄙	笔	彼	碧	蓖	蔽	毕	毙	毖
	5	币	庇	痹	闭	敝	弊	必	辟	壁	臂
	6	避	陛	鞭	边	编	贬	扁	便	变	卞
	7	辨	辩	辫	遍	标	彪	膘	表	鳖	憋
	8	别	瘪	彬	斌	濒	滨	宾	摈	兵	冰
	9	柄	丙	秉	饼	炳					

图 27-1　GB2312 的部分区位码

表 27-4 说明了 GBK 是如何兼容 ASCII 和 GB2312 标准的。当我们设定系统使用 GBK 标准的时候，它按顺序遍历字符串，按字节检测字符值的大小，若遇到一个字符的值大于 127 时，就再读取它后面的一个字符，把这两个字符值合在一起，用 GBK 解码，解码完后，再读取第 3 个字符，重新开始以上过程；若该字符值小于 127，则直接用 ASCII 解码。

表 27-4　GBK 兼容 ASCII 和 GB2312 的原理

第 1 字节	第 2 字节	第 3 字节	表示的字符	说　明
0x68(<7F)	0xB0(>7F)	0xA1(>7F)	(h 啊)	第 1 个字节小于 127，使用 ASCII 解码，每 2 个字节大于 127，直接使用 GBK 解码，兼容 GB2312
0xB0(>7F)	0xA1(>7F)	0x68(<7F)	(啊 h)	第 1 个字节大于 127，直接使用 GBK 解码，第 3 个字节小于 127，使用 ASCII 解码
0xB0(>7F)	0x56(<7F)	0x68(<7F)	(癡 h)	第 1 个字节大于 127，第 2 个字节虽然小于 127，但也直接使用 GBK 解码，第 3 个字节小于 127，使用 ASCII 解码

3. GB18030

随着计算机技术的普及，后来又在 GBK 的标准上不断扩展字符，这些标准被称为 GB18030，如 GB18030-2000、GB18030-2005 等（“-”号后面的数字是制定标准时的年号）。GB18030 的编码使用 4 个字节，它利用前面标准中的第 2 字节未使用的 0x30 ～ 0x39 编码表示扩充 4 字节的后缀，兼容 GBK、GB2312 及 ASCII 标准。

GB18030-2000 主要在 GBK 的基础上增加了“CJK（中日韩）统一汉字扩充 A”的汉字。加上前面 GBK 的内容，GB18030-2000 一共规定了 27533 个汉字（包括部首、部件等）的编码，还有一些常用非汉字符号。

GB18030-2005 的主要特点是在 GB18030-2000 的基础上增加了"CJK（中日韩）统一汉字扩充 B"的汉字。增加了 42711 个汉字和我国多种少数民族（如藏、蒙古、傣、彝、朝鲜、维吾尔等）文字的编码。加上前面 GB18030-2000 的内容，一共收录了 70244 个汉字。

GB2312、GBK 及 GB18030 是汉字的国家标准编码，新版向下兼容旧版，各个标准简要说明见表 27-5，目前比较流行的是 GBK 编码，因为每个汉字只占用 2 字节，而且它编码的字符已经能满足大部分的需求，但国家要求一些产品必须支持 GB18030 标准。

表 27-5　汉字国家标准

类别	编码范围	汉字编码范围	扩充汉字数	说　明
GB2312	第 1 字节 0xA1 ~ 0xFE 第 2 字节 0xA1 ~ 0xFE	第 1 字节 0xB0 ~ 0xF7 第 2 字节 0xA1 ~ 0xFE	6763	除汉字外，还包括拉丁字母、希腊字母、日文平假名及片假名字母、俄语西里尔字母在内的 682 个全角字符
GBK	第 1 字节 0x81 ~ 0xFE 第 2 字节 0x40 ~ 0xFE	第 1 字节 0x81 ~ 0xA0 第 2 字节 0x40 ~ 0xFE	6080	包括部首和构件，中日韩汉字，包含了 BIG5 编码中的所有汉字，加上 GB2312 的原内容，一共有 21003 个汉字
		第 1 字节 0xAA ~ 0xFE 第 2 字节 0x40 ~ 0xA0	8160	
GB18030-2000	第 1 字节 0x81 ~ 0xFE 第 2 字节 0x30 ~ 0x39 第 3 字节 0x81 ~ 0xFE 第 4 字节 0x30 ~ 0x39	第 1 字节 0x81 ~ 0x82 第 2 字节 0x30 ~ 0x39 第 3 字节 0x81 ~ 0xFE 第 4 字节 0x30 ~ 0x39	6530	在 GBK 基础上增加了中日韩统一汉字扩充 A 的汉字，加上 GB2312、GBK 的内容，一共有 27533 个汉字
GB18030-2005	第 1 字节 0x81 ~ 0xFE 第 2 字节 0x30 ~ 0x39 第 3 字节 0x81 ~ 0xFE 第 4 字节 0x30 ~ 0x39	第 1 字节 0x95 ~ 0x98 第 2 字节 0x30 ~ 0x39 第 3 字节 0x81 ~ 0xFE 第 4 字节 0x30 ~ 0x39	42711	在 GB18030-2000 的基础上增加了中日韩统一汉字扩充 B 中的汉字和多种我国少数民族（如藏、蒙古、傣、彝、朝鲜、维吾尔等）文字的编码，加上前面 GB2312、GBK、GB18030-2000 的内容，一共 70244 个汉字

4. Big5 编码

在中国的台湾、香港等地区，使用较多的是 Big5 编码，它的主要特点是收录了繁体字。而从 GBK 编码开始，已经把 Big5 中的所有汉字收录进编码了。即对于汉字部分，GBK 是 Big5 的超集，Big5 能表示的汉字，在 GBK 都能找到相应的编码。但它们的编码是不一样的，两个标准不兼容，如 GBK 中的"啊"字编码是"0xB0A1"，而 Big5 标准中的编码为"0xB0DA"。

27.1.3　Unicode 字符集和编码

由于各个国家或地区都根据自己使用的文字系统制定标准，同一个编码在不同的标准里表示不一样的字符，各个标准互不兼容，而又没有一个标准能够囊括所有的字符，即无法用一个标准表达所有字符。国际标准化组织（ISO）为解决这一问题，它舍弃了地区性的方案，重新给全球上所有文化使用的字母和符号进行编号，对每个字符指定一个唯一的编号（ASCII 中原有的字符编号不变），这些字符的号码从 0x000000 到 0x10FFFF，该编号集被称为 Universal Multiple-Octet Coded Character Set，简称 UCS，也被称为 Unicode。最新版的 Unicode 标准还包含了表情符号（聊天软件中的部分 emoji 表情），可访问 Unicode 官网了解：http://www.unicode.org。

Unicode 字符集只是对字符进行编号，但具体怎么对每个字符进行编码，Unicode 并没指定，因此也衍生出了如下几种 Unicode 编码方案（Unicode Transformation Format）。

27.1.4 UTF-32

对 Unicode 字符集编码，最自然的就是 UTF-32 方式了。编码时，它对 Unicode 字符集里的每个字符都用 4 字节来表示，转换方式很简单，直接将字符对应的编号数字转换为 4 字节的二进制数，见表 27-6。由于 UTF-32 把每个字符都用 4 字节来存储，因此 UTF-32 不兼容 ASCII 编码，也就是说 ASCII 编码的文件用 UTF-32 标准来打开会成为乱码。

表 27-6 UTF-32 编码示例

字符	GBK 编码	Unicode 编号	UTF-32 编码
A	0x41	0x0000 0041	大端格式 0x0000 0041
啊	0xB0A1	0x0000 554A	大端格式 0x0000 554A

对 UTF-32 数据进行解码的时候，以 4 字节为单位进行解析即可，根据编码可直接找到 Unicode 字符集中对应编号的字符。

UTF-32 的优点是编码简单，解码也很方便，读取编码的时候每次都直接读 4 字节，不需要加其他的判断。它的缺点首先是浪费存储空间，大量常用字符的编号只需要 2 字节就能表示。其次，在存储的时候需要指定字节顺序，是高位字节存储在前（大端格式），还是低位字节存储在前（小端格式）。

27.1.5 UTF-16

针对 UTF-32 的缺点，人们改进出了 UTF-16 的编码方式，见表 27-7。它采用 2 字节或 4 字节的变长编码方式（UTF-32 定长为 4 字节）。对 Unicode 字符编号为 0～65535 的统一用 2 字节来表示，将每个字符的编号转换为 2 字节的二进制数，即 0x0000～0xFFFF。而由于 Unicode 字符集在 0xD800～0xDBFF 这个区间是没有表示任何字符的，所以 UTF-16 就利用这段空间，对 Unicode 中编号超出 0xFFFF 的字符，利用它们的编号做某种运算与该空间建立映射关系，从而利用该空间表示 4 字节扩展。感兴趣的读者可查阅相关资料了解具体的映射过程。

表 27-7 UTF-16 编码示例

字符	GB18030 编码	Unicode 编号	UTF-16 编码
A	0x41	0x0000 0041	大端格式 0x0041
啊	0xB0A1	0x0000 554A	大端格式 0x554A
𧏓	0x9735 F832	0x0002 75CC	大端格式 0xD85D DDCC

注：𧏓五笔，TLHH（不支持 GB18030 码的输入法无法找到该字，可搜索它的 Unicode 编号找到）

UTF-16 解码时，按两个字节去读取，如果这两个字节不在 0xD800～0xDFFF 范围内，那就是双字节编码的字符，以双字节进行解析，找到对应编号的字符。如果这两个字节在 0xD800 ~ 0xDFFF 之间，那它就是 4 字节编码的字符，以 4 字节进行解析，找到对应编号的字符。

UTF-16 编码的优点是比 UTF-32 节约了存储空间，缺点是仍不兼容 ASCII 码，仍有大小端格式问题。

27.1.6 UTF-8

UTF-8 是目前 Unicode 字符集中使用最广的编码方式，目前大部分网页文件已使用 UTF-8 编码，如使用浏览器查看百度首页源文件，可以在前几行 HTML 代码中找到如下代码：

```
1  <meta http-equiv=Content-Type content="text/html;charset=utf-8">
```

其中 "charset" 等号后面的 "utf-8" 即表示该网页字符的编码方式为 UTF-8。

UTF-8 也是一种变长的编码方式，它的编码有 1、2、3、4 字节长度的方式，每个 Unicode 字符根据自己的编号范围进行对应的编码，见表 27-8。它的编码符合以下规律：

- 对于 UTF-8 单字节的编码，该字节的第 1 位设为 0（从左边数起第 1 位，即最高位），剩余的位用来写入字符的 Unicode 编号。即对于 Unicode 编号从 0x0000 0000 ~ 0x0000 007F 的字符，UTF-8 编码只需要 1 字节，因为这个范围 Unicode 编号的字符与 ASCII 码完全相同，所以 UTF-8 兼容了 ASCII 码表。
- 对于 UTF-8 使用 N 个字节的编码（N > 1），第 1 个字节的前 N 位设为 1，第 N+1 位设为 0，后面字节的前两位都设为 10，这 N 个字节的其余空位填充该字符的 Unicode 编号，高位用 0 补足。

表 27-8 UTF-8 编码原理（x 的位置用于填充 Unicode 编号）

Unicode（十六进制）	UTF-8（二进制）				
编号范围	第 1 字节	第 2 字节	第 3 字节	第 4 字节	第 5 字节
00000000 ~ 0000007F	0xxxxxxx				
00000080 ~ 000007FF	110xxxxx	10xxxxxx			
00000800 ~ 0000FFFF	1110xxxx	10xxxxxx	10xxxxxx		
00010000 ~ 0010FFFF	11110xxx	10xxxxxx	10xxxxxx	10xxxxxx	
…	111110xx	10xxxxxx	10xxxxxx	10xxxxxx	10xxxxxx

注：实际上 UTF-8 编码长度最大为 4 字节，所以最多只能表示 Unicode 编码值的二进制数为 21 位的 Unicode 字符。但是已经能表示所有的 Unicode 字符，因为 Unicode 的最大码位 0x10FFFF 也只有 21 位。

UTF-8 解码的时候以字节为单位，如果第 1 字节的 bit 位以 0 开头，那就是 ASCII 字符，以单字节进行解析；如果第 1 字节的数据位以 "110" 开头，就按双字节进行解析，3、4 字节的解析方法类似。

UTF-8 的优点是兼容了 ASCII 码，节约空间，且没有字节顺序的问题，它直接根据第 1 字节前面数据位中连续的 1 个数决定后面有多少个字节。不过使用 UTF-8 编码，每个汉字平均需用 3 字节，比 GBK 编码要多 1 字节。

27.1.7 BOM

由于 UTF 系列有多种编码方式，而且对于 UTF-16 和 UTF-32 而言还有大小端的区分，那么计算机软件在打开文档的时候到底应该用什么编码方式去解码呢？有的人就想到在文档最前面加标记，一种标记对应一种编码方式，这些标记就叫 BOM（Byte Order Mark），它们位于文本文件的开头，见表 27-9。注意，BOM 是对 Unicode 的几种编码而言的，ANSI 编码没有 BOM。

表 27-9 BOM 标记

BOM 标记	表示的编码
0xEF 0xBB 0xBF	UTF-8
0xFF 0xFE	UTF-16 小端格式
0xFE 0xFF	UTF-16 大端格式
0xFF 0xFE 0x00 0x00	UTF-32 小端格式
0x00 0x00 0xFE 0xFF	UTF-32 大端格式

但由于带 BOM 的设计很多规范不兼容，不能跨平台，所以这种带 BOM 的设计没有流行起来。Linux 系统下默认不带 BOM。

27.2 什么是字模

有了编码，我们就能在计算机中处理、存储字符了。但是如果计算机处理完字符后直接以编码的形式输出，人类将难以识别。谁能在 2 秒内告诉我 ASCII 编码的 "0x25" 表示什么字符？不容易吧？要是觉得容易，再来告诉我 GBK 编码的 "0xBCC6" 表示什么字符？因此计算机与人交互时，如显示、打印的时候，一般会把字符转化成人类习惯的表现形式进行输出。

但是如果仅有字符编码，计算机还不知道该如何表达该字符，因为字符实际上是一个个独特的图形，计算机必须把字符编码转化成对应的字符图形，人类才能正常识别。因此我们要给计算机提供字符的图形数据，这些数据就是字模，多个字模数据组成的文件被称为字库。计算机显示字符时，根据字符编码与字模数据的映射关系找到它相应的字模数据，液晶屏根据字模数据显示该字符。

27.2.1 字模的构成

已知字模是图形数据，而图形在计算机中是由一个个像素点组成的，所以字模的实质是一个个像素点数据。为方便处理，我们把字模定义成方块形的像素点阵，且每个像素点只有 0 和 1 这两种状态（可以理解为单色图像数据）。见图 27-2，这是由两个宽 16、高 16 的像素点阵组成的汉字图形，其中的黑色像素点即为文字的笔迹。计算机要表示这样的图形，只需使用 16×16 个二进制数据位，

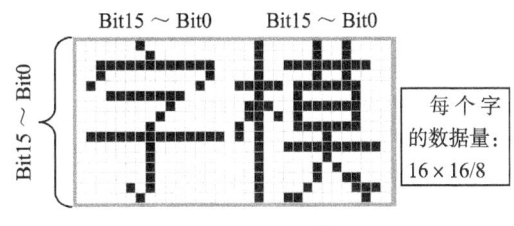

图 27-2 字模

每个数据位记录一个像素点的状态，把黑色像素点以 "1" 表示，无色像素点以 "0" 表示即可。这样的一个汉字图形，使用 16×16/8＝32 个字节来就可以记录下来。

16×16 的 "字" 的字模数据以 C 语言数组的方式表示，见代码清单 27-1。在这样的字模中，以 2 字节表示一行像素点，16 行构成一个字模。

代码清单27-1 "字" 的字模数据

```
1  /* 字 */
2  unsigned char code Bmp003[]=
3  {
4  /*--------------------------------------------------------------
5  ;  源文件 / 文字 : 字
6  ;  宽 × 高 (像素) : 16×16
7  ;  字模格式 / 大小 : 单色点阵液晶字模，横向取模，字节正序 /32 字节
8  --------------------------------------------------------------*/
9
10 0x02,0x00,0x01,0x00,0x3F,0xFC,0x20,0x04,0x40,0x08,0x1F,0xE0,0x00,0x40,0x00,0x80,
11 0xFF,0xFF,0x7F,0xFE,0x01,0x00,0x01,0x00,0x01,0x00,0x01,0x00,0x05,0x00,0x02,0x00,
12 };
```

27.2.2 字模显示原理

如果使用 LCD 的画点函数，按位来扫描这些字模数据，把为 1 的位以黑色来显示（也可以使用其他颜色），为 0 的数据位以白色来显示，即可把整个点阵还原出来，显示在液晶屏上。

为便于理解，我们编写了一个使用串口利用字模打印字符到串口上位机的代码数，见代码清单 27-2 中演示的字模显示原理。

代码清单27-2 使用串口利用字模打印字符到上位机

```
1
2
3  /*"当"字符的字模 16×16 */
4  unsigned char charater_matrix[] = {
5      /*"当",0*/
6      0x01,0x00,0x21,0x08,0x11,0x08,0x09,0x10,
7      0x09,0x20,0x01,0x00,0x7F,0xF8,0x00,0x08,
8      0x00,0x08,0x00,0x08,0x3F,0xF8,0x00,0x08,
9      0x00,0x08,0x00,0x08,0x7F,0xF8,0x00,0x08,
10 };
11
12 /**
13  * @brief  使用串口在上位机打印字模
14  *         演示字模显示原理
15  * @retval 无
16  */
17 void Printf_Charater(void)
18 {
19     int i,j;
20     unsigned char kk;
21
22     /* i 用作行计数 */
23     for ( i=0; i<16; i++) {
```

```
24              /* j用作一字节内数据的移位计数 */
25              /* 一行像素的第 1 个字节 */
26              for (j=0; j<8; j++) {
27                  /*一个数据位一个数据位地处理 */
28                  kk = charater_matrix[2*i] << j ;    //左移j位
29                  if ( kk & 0x80) {
30                      printf("*"); //如果最高位为1，输出＊号，表示笔迹
31                  } else {
32                      printf(" "); //如果最高位为0，输出空格，表示空白
33                  }
34              }
35              /*一行像素的第 2 个字节 */
36              for (j=0; j<8; j++) {
37                  kk = charater_matrix[2*i+1] << j ;    //左移j位
38
39                  if ( kk & 0x80) {
40                      printf("*"); //如果最高位为1，输出＊号，表示笔迹
41                  } else {
42                      printf(" "); //如果最高位为0，输出空格，表示空白
43                  }
44              }
45          printf("\n");       // 输出完一行像素，换行
46      }
47      printf("\n\n");          // 一个字输出完毕
48 }
49
```

在 main 函数中运行这段代码，连接好开发板到上位机，可以看到如图 27-3 所示的显示。该函数中，利用 printf 函数对字模数据中为 1 的数据位打印"*"号，为 0 的数据位打印出"空格"，从而在串口接收区域中使用"*"号显示出了一个"当"字。

27.2.3 如何制作字模

以上只是某几个字符的字模，为方便使用，我们需要制作所有常用字符的字模，如程序只需要英文显示，那就需要制作包含 ASCII 码表格 27-2 中所有字符的字模；如程序只需要使用一些常用汉字，我们可以选择制作 GB2312 编码

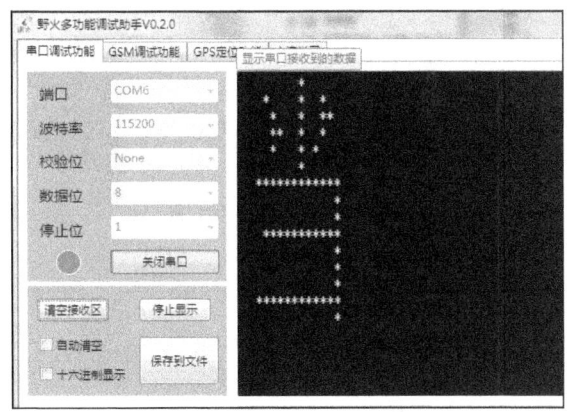

图 27-3 使用串口打印字模

里所有字符的字模，而且希望字模数据与字符编码有固定的映射关系，以便在程序中使用字符编码作为索引，查找字模。在网上搜索可找到一些制作字模的软件工具，可满足这些需求。在我们提供的"液晶显示中英文"的工程目录下提供了一个取模软件 PCtoLCD，这里以它为例讲解如何制作字模，其他字模软件也是类似的。

（1）配置字模格式

打开取模软件，单击"选项"菜单，会弹出一个对话框，见图 27-4。

328　第二部分　提　高　篇

- 选项"点阵格式"中的阴、阳码是指字模点阵中有笔迹像素位的状态是"1"还是"0",像我们前文介绍的那种就是阴码,反过来就是阳码。本工程中使用阴码。
- 选项"取模方式"是指字模图形的扫描方向,修改这部分的设置后,选项框的右侧会有相应的说明及动画显示。这里我们依然按前文介绍的字模类型,把它配置成"逐行式"。
- 在选项"每行显示数据"里,我们把点阵和索引都配置成 16,设置这个点阵的像素大小为 16×16。

字模选项的其他格式保持不变,设置完单击"确定"按钮即可。字模选项的这些配置会影响显示代码的编写方式,即类似前文代码清单 27-2 中的程序。

(2) 生成 GB2312 字模

配置完字模选项后,单击软件中的导入文本图标,会弹出一个"生成字库"的对话框,单击右下角的"生成国标汉字库"按钮即可生成包含了 GB2312 编码里所有字符的字模文件,见图 27-5。在"液晶显示中英文"工程目录下的 GB2312_H1616.FON 是作者用这个取模软件生成的字模原文件,若不想自己制作字模,可直接使用该文件。

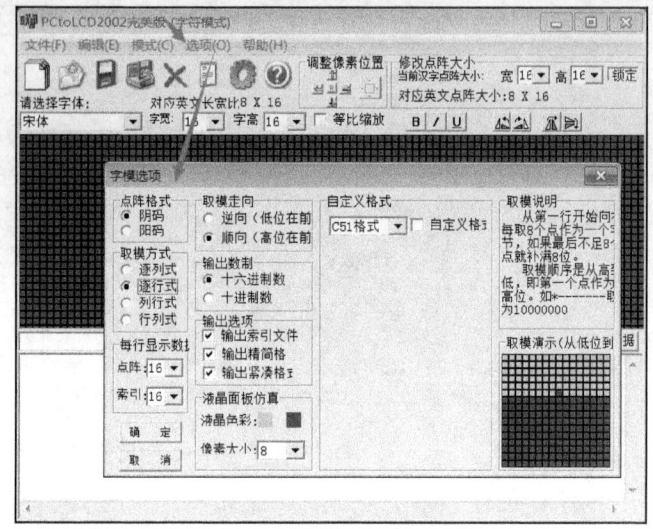

图 27-4　配置字模格式

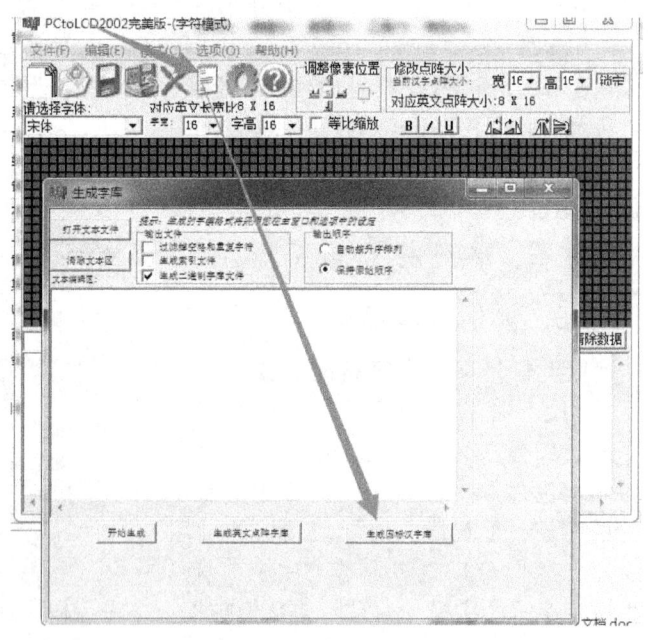

图 27-5　生成国标汉字库

27.2.4　字模寻址公式

使用字模软件制作的字模数据一般会按照编码格式排列。如我们利用以上软件生成的字模文件 GB2312_H2424.FON 中的数据,是根据 GB2312 的区位码表的顺序存储的,它存储了区位码为 0101～9494 的字符,每个字模的大小为 16×16/8=32 字节。其中第 1 个字符"空格"的区位码为0101，它是首个字符，所以文件的前32字节存储的是它的字模数据；同理，32～64字节存储的则是0102字符"、"的字模数据。所以我们可以导出任意字符的寻址公式：

$$Addr = (((Code_H - 0xA0 - 1) \times 94) + (Code_L - 0xA0 - 1)) \times 16 \times 16/8$$

其中 $Code_H$ 和 $Code_L$ 分别是 GB2312 编码的第1字节和第2字节；94是指一个区中有94个位（94个字符）。公式的实质是根据字符的 GB2312 编码，求出区位码，然后区位码乘以每个字符占据的字节数，求出地址偏移。

27.2.5 存储字模文件

上面生成的 GB2312_H1616.FON 文件的大小为 256kB，比很多 STM32 芯片内部的所有 Flash 空间都大。如果我们还是在程序中直接以 C 语言数组的方式存储字模数据，STM32 芯片的程序空间会非常紧张。一般的做法是把字模数据存储到外部存储器，如 SD 卡或 SPI-Flash 芯片，当需要显示某个字符时，控制器根据字符的编码算好字模的存储地址，再从存储器中读取。而 Flash 芯片在生产前就固化好字模内容，直接把 Flash 芯片贴到电路板上，作为整个系统的一部分即可。

27.3 各种模式的液晶显示字符实验

本节讲解如何利用字模在液晶屏上显示字符。

根据编码或字模存储位置、使用方式的不同，讲解中涉及多个工程，见表 27-10 中的说明。在讲解特定实验的时候，请打开相应的工程来阅读。

表 27-10 各种模式的液晶显示字符实验

工程名称	说　　明
液晶显示	仅包含 ASCII 码字符显示功能，字库直接以 C 语言常量数组的方式存储在 STM32 芯片的内部 Flash 空间
液晶显示中英文（字库在外部 Flash）	包含 ASCII 码字符及 GB2312 码字符的显示功能，ASCII 字符存储在 STM32 内部 Flash，GB2312 码字符存储在外部 SPI-Flash 芯片中
液晶显示中英文（字库在 SD 卡）	包含 ASCII 码字符及 GB2312 码字符的显示功能，ASCII 字符存储在 STM32 内部 Flash，GB2312 码字符直接以文件的格式存储在 SD 卡中
液晶显示中英文（任意大小）	在基础字库的支持下，使用字库缩放函数，使得只用一种字库，就能显示任意大小的字符。包含 ASCII 码字符及 GB2312 码字符的显示功能，ASCII 字符存储在 STM32 内部 Flash，GB2312 码字符存储在外部 SPI-Flash 芯片中

这些实验是在"液晶显示"工程的基础上修改的，主要添加字符显示相关的内容，本节只讲解这部分新增的函数。关于液晶驱动的原理在此不赘述，不理解这部分的可阅读前面的相关章节。

27.3.1 硬件设计

针对不同模式的液晶显示字符工程，需要有不同的硬件支持。字库存储在 STM32 芯片内部 Flash 的工程跟普通液晶显示的硬件需求无异。需要外部字库的工程，要有额外的 SPI-Flash、SD 支持，使用外部 Flash 时，我们的实验板上直接用板子上的 SPI-Flash 芯片存储字库，出厂前我们已给 Flash 芯片烧录了前面的 GB2312_H1616.FON 字库文件。如果想把我们的程序移植到自己设计的产品上，请确保该系统包含有存储了字库的 Flash 芯片，才能正常显示汉字。使用 SD 卡时，需要给板子接入存储有 GB2312_H1616.FON 字库文件的 MicroSD 卡，SD 卡的文件系统格式需要是 FAT 格式，且字库文件所在的目录需要与程序里使用的文件目录一致。

关于 SPI-Flash 和 SD 卡的原理图及驱动说明可参考其他的章节。给外部 SPI-Flash 和 SD 卡存储字库的操作我们将在另一个文档中说明。本章的教程默认您已配置好 SPI-Flash 和 SD 卡相关的字库环境。

27.3.2 显示 ASCII 编码的字符

我们先来看如何显示 ASCII 码表中的字符，请打开"液晶显示"的工程文件。本工程中我们把字库数据相关的函数代码写在 fonts.c 及 fonts.h 文件中，字符显示的函数仍存储在 LCD 驱动文件 bsp_ili9341_lcd.c 及 bsp_ili9341_lcd.h 中。

1. 编程要点

1）获取字模数据；
2）根据字模格式，编写液晶显示函数；
3）编写测试程序，控制液晶显示英文。

2. 代码分析

（1）ASCII 字模数据

要显示字符首先要有字库数据，在工程的 fonts.c 文件中我们定义了一系列大小为 24×32、16×24、8×16 的 ASCII 码表的字模数据，其形式见代码清单 27-3。

代码清单27-3　部分英文字库16×24大小（fonts.c文件）

```
1  /*
2   * 常用 ASCII 表，偏移量 32，大小:24（高度）×16（宽度）
3   */
4  //@conslons字体，阴码点阵格式，逐行顺向取模
5  const uint8_t ASCII16x24_Table [ ] = {
6      0x00,0x00,0x00,0x00,0x00,0x00,0x00,0x00,
7      0x00,0x00,0x00,0x00,0x00,0x00,0x00,0x00,
8      0x00,0x00,0x00,0x00,0x00,0x00,0x00,0x00,
9      0x00,0x00,0x00,0x00,0x00,0x00,0x00,0x00,
10     0x00,0x00,0x00,0x00,0x00,0x00,0x00,0x00,
11     0x00,0x00,0x00,0x00,0x00,0x00,0x00,0x00,
12     0x00,0x00,0x00,0x00,0x00,0x00,0x00,0x00,
13     0x00,0x00,0x03,0x80,0x01,0x80,0x01,0x80,
14     0x01,0x80,0x01,0x80,0x01,0x80,0x01,0x80,
15     0x01,0x80,0x01,0x80,0x01,0x80,0x00,0x00,
16     0x00,0x00,0x03,0xc0,0x03,0xc0,0x00,0x00,
17     0x00,0x00,0x00,0x00,0x00,0x00,0x00,0x00,
18
19     /* 以下部分省略......，包含从空格至波浪号的 ASCII 码图形字模数据 */
```

由于 ASCII 中的字符并不多，所以本工程中直接以 C 语言数组的方式存储这些字模数据。C 语言的 const 数组是作为常量直接存储到 STM32 芯片的内部 Flash 中的，所以如果不需要显示中文，可以不用外部的 SPI-Flash 芯片，省去烧录字库的麻烦。以上代码定义的 ASCII16x24_Table 数组是 16×24 大小的 ASCII 字库。

（2）管理英文字模的结构体

为了方便使用各种不同的字体，工程中定义了一个 sFont 结构体类型，并利用它定义存储了不同字体信息的结构体变量，见代码清单 27-4。

代码清单27-4　管理英文字模的结构体（fonts.c文件）

```
1
2  /* 字体格式 */
3  typedef struct _tFont {
4      const uint8_t *table; /* 指向字模数据的指针 */
5      uint16_t Width;       /* 字模的像素宽度 */
6      uint16_t Height;      /* 字模的像素高度 */
7
8  } sFONT;
9
10 sFONT Font8x16 = {
11     ASCII8x16_Table,
12     8,  /* 字模宽 */
13     16, /* 字模高 */
14 };
15
16 sFONT Font16x24 = {
17     ASCII16x24_Table,
18     16, /* 字模宽 */
19     24, /* 字模高 */
20 };
21
22 sFONT Font24x32 = {
23     ASCII24x32_Table,
24     24, /* 字模宽 */
25     32, /* 字模高 */
26 };
```

这个结构体类型定义了 3 个变量，第 1 个是指向字模数据的指针，即前面提到的 C 语言数组，第 2、第 3 个变量存储了该字模单个字符的像素宽度和高度。利用这个类型定义了 Font8x16、Font16x24 之类的变量，方便显示时寻址。

（3）切换字体

在程序中若要方便切换字体，还需要定义一个存储了当前选择字体的变量 LCD_Currentfonts，见代码清单 27-5。

代码清单27-5　切换字体（bsp_lcd.c文件）

```
1  /* 用于存储当前选择的字体格式的全局变量 */
2  static sFONT *LCD_Currentfonts;
3  /**
4    * @brief  设置字体格式（英文）
5    * @param  fonts: 选择要设置的字体格式
```

```c
 6    * @retval None
 7    */
 8   void LCD_SetFont(sFONT *fonts)
 9   {
10       LCD_Currentfonts = fonts;
11   }
```

使用 LCD_SetFont 可以切换 LCD_Currentfonts 指向的字体类型,函数的可输入参数即前面的 Font8x16、Font16x24 之类的变量。

(4)ASCII 字符显示函数

利用字模数据以及上述结构体变量,我们可以编写一个 ASCII 字符通用的显示函数,支持下 Font 8×16、Font 16×24 等字符,见代码清单 27-6。

代码清单27-6　ASCII字符显示函数

```c
 1
 2   /**
 3    * @brief  在 ILI9341 显示器上显示一个英文字符
 4    * @param  usX : 在特定扫描方向下字符的起始 X 坐标
 5    * @param  usY : 在特定扫描方向下字符的起始 Y 坐标
 6    * @param  cChar : 要显示的英文字符
 7    * @note 可使用 LCD_SetBackColor、LCD_SetTextColor、LCD_SetColors 函数设置颜色
 8    * @retval 无
 9    */
10   void ILI9341_DispChar_EN ( uint16_t usX, uint16_t usY, const char cChar )
11   {
12       uint8_t  byteCount, bitCount,fontLength;
13       uint16_t ucRelativePositon;
14       uint8_t *Pfont;
15
16       // 对 ASCII 码表偏移(字模表不包含 ASCII 表的前 32 个非图形符号)
17       ucRelativePositon = cChar - ' ';
18
19       // 每个字模的字节数
20       fontLength = (LCD_Currentfonts->Width*LCD_Currentfonts->Height)/8;
21
22       // 字模首地址
23       /* ASCII 码表偏移值乘以每个字模的字节数,求出字模的偏移位置 */
24       Pfont = (uint8_t *)&LCD_Currentfonts->table[ucRelativePositon * fontLength];
25
26       // 设置显示窗口
27   ILI9341_OpenWindow ( usX, usY, LCD_Currentfonts->Width, LCD_Currentfonts->Height);
28
29       ILI9341_Write_Cmd ( CMD_SetPixel );
30
31       // 按字节读取字模数据
32       // 由于前面直接设置了显示窗口,显示数据会自动换行
33       for ( byteCount = 0; byteCount < fontLength; byteCount++ ) {
34           // 一位一位地处理要显示的颜色
35           for ( bitCount = 0; bitCount < 8; bitCount++ ) {
36               if ( Pfont[byteCount] & (0x80>>bitCount) )
37                   ILI9341_Write_Data ( CurrentTextColor );
```

```
38                   else
39                       ILI9341_Write_Data ( CurrentBackColor );
40               }
41           }
42   }
```

这个函数与前文中的串口打印字模到上位机的那个函数原理是一样的，只是这个函数要使用液晶显示，且字模数据并不是一个个独立的数组，而是所有字符的字模都放到同一个数组里，所以显示时，要根据字符编码计算字模数据的偏移，并把串口打印的处理改成像素点显示。该函数的说明如下：

1）输入参数。这个字符显示函数有 usX、usY 及 cChar 参数。其中 usX 和 usY 分别表示字符显示位置的 (X,Y) 坐标；而输入参数 cChar 是要显示的英文字符，如字符 "A"，字符 "空格" 等。

2）根据字符计算字模的数组偏移。在显示前，首先要提取出字符相应的字模数据。由于 ASCII 码中的编码 0～31（NULL～US 符号）是不存在图形表示的，为节省空间，字模表中只包含图形符号相关的数据，例如，对于 Font8x16 的字模表，每个字符的字模数据长度 =8×16/8=16 字节，那么 0~15 字节表示的是 "空格" 字模，16~31 字节表示的是 "!" 号字模，32~47 字节表示的是 """ 号字模。

因此，显示函数中通过 cChar 获知要显示的字符后，使用 ucRelativePositon 变量存储 cChar 减去字符 "空格" 的 ASCII 码值，即求出图形 ASCII 码的偏移值；然后使用 fontLength 变量存储根据当前选择的字体宽度与高度计算出的单个字模数据长度；最后根据它在字模数组表中的偏移值（ucRelativePositon 与 fontLength 的乘积）求出该字模的地址指针，存储在指针变量 Pfont 中，后面就可以直接使用该指针获取字模数据了。从 Pfont 至 (Pfont+fontLength-1) 范围内的都是输入字符 cChar 的字模数据。

3）设置显示窗口并发送显示命令。计算出字模数据的指针后，可以准备开始显示，函数中使用 ILI9341_OpenWindow 函数根据输入的显示坐标及字模的宽和高设置一个字符的显示窗口，并使用 ILI9341_Write_Cmd 函数发送设置像素点的命令（CMD_SetPixel）。有了这两个操作后，下面使用的 ILI9341_Write_Data 函数发送的像素点数据将会一行一行地显示到窗口中（沿 X 方向，到达 X 结尾后沿 Y 方向显示下一行），见图 27-6。

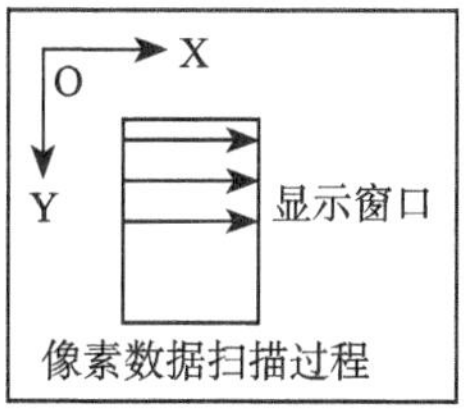

4）行循环与列循环。由于根据字模大小设置了显示窗口，使用 ILI9341_Write_Data 函数发送像素数据时到达单行的结尾它会自动换行，所以在发送数据时不需要再考虑换行。代码中直接使用两层循环处理字模数据，其中外层 for 循环用于遍历字模的字节数据，一个字节一个字节地读取，而字节数据的处理则交给内层 for 循环，当外层 for 循环遍历完 fontLength 个字节表示处理完一个字符的字模，即显示完一个字符；内层 for 循环用于遍历字模单个字节数据的每个数据位，数据位为 1 时就发送一个点的字体颜色（CurrentTextColor），数据位为 0 时就发送背景颜色（CurrentBackColor）。

图 27-6　设置显示窗口后的像素数据扫描过程

经过 ILI9341_DispChar_EN 函数的处理，可显示一个英文字符，要显示字符串时，重复调用本函数即可。

（5）显示字符串

对 ILI9341_DispChar_EN 函数进行封装，我们可以得到 ASCII 字符的字符串显示函数，见代码清单 27-7。

代码清单27-7　字符串显示函数

```
 1  /**
 2   * @brief   在 ILI9341 显示器上显示英文字符串
 3   * @param   usX : 在特定扫描方向下字符的起始 X 坐标
 4   * @param   usY : 在特定扫描方向下字符的起始 Y 坐标
 5   * @param   pStr : 要显示的英文字符串的首地址
 6   * @note 可使用 LCD_SetBackColor、LCD_SetTextColor、LCD_SetColors 函数设置颜色
 7   * @retval 无
 8   */
 9  void ILI9341_DispString_EN ( uint16_t usX ,uint16_t usY, char * pStr )
10  {
11      while ( * pStr != '\0' ) {
12  if ( ( usX - ILI9341_DispWindow_X_Star + LCD_Currentfonts->Width )> LCD_X_LENGTH) {
13              usX = ILI9341_DispWindow_X_Star;
14              usY += LCD_Currentfonts->Height;
15          }
16
17      if ( ( usY -ILI9341_DispWindow_Y_Star + LCD_Currentfonts->Height )>LCD_Y_LENGTH ) {
18              usX = ILI9341_DispWindow_X_Star;
19              usY = ILI9341_DispWindow_Y_Star;
20          }
21
22          ILI9341_DispChar_EN ( usX, usY, * pStr);
23
24          pStr ++;
25          usX += LCD_Currentfonts->Width;
26      }
27  }
```

本函数中的输入参数 pStr 为指向要显示的字符串的指针，在函数的内部利用 while 循环把字符串中的字符一个个地利用 ILI9341_DispChar_EN 函数显示到液晶屏上，当遇到字符串结束符 '\0' 时完成显示，退出 while 循环，结束函数。在 while 循环的开头，有两个 if 判断操作，它们分别用于判断显示字符时的 X 及 Y 坐标是否超出屏幕的边沿，若超出了则换到下一行。使用这个函数，可以很方便地利用 "ILI9341_DispString_EN (10, 20,"test")" 这样的格式在液晶屏上直接显示一串字符。

（6）使用宏计算 Y 坐标

使用 ILI9341_DispString_EN 函数显示时，需要注意 Y 方向字符覆盖的问题，例如在 (10,20) 坐标处显示了一行字体高度为 16 像素的字符串，如果再显示另一串字符时指定的坐标为 (10,25)，那么由于高度预留不足，会出现字符覆盖的现象，因此调用时需要小心计算 Y 方向的坐标。为了简化操作，代码中定义了一个宏 LINE 及函数 ILI9341_DispStringLine_

EN 来显示字符串，见代码清单 27-8。

代码清单27-8 使用宏计算Y坐标

```
1
2  #define LINE(x) ((x) * (((sFONT *)LCD_GetFont())->Height))
3
4  /**
5    * @brief  在 ILI9341 显示器上显示英文字符串
6    * @param  line : 在特定扫描方向下字符串的起始 Y 坐标
7    *           本参数可使用宏 LINE(0)、LINE(1) 等方式指定文字坐标
8    *           宏 LINE(x) 会根据当前选择的字体来计算 Y 坐标值
9    *           显示中文且使用 LINE 宏时，需要把英文字体设置成 Font8x16
10   * @param  pStr : 要显示的英文字符串的首地址
11   * @note 可使用 LCD_SetBackColor、LCD_SetTextColor、LCD_SetColors 函数设置颜色
12   * @retval 无
13   */
14 void ILI9341_DispStringLine_EN ( uint16_t line,  char * pStr )
15 {
16         uint16_t usX = 0;
17
18         while ( * pStr != '\0' ) {
19 if(( usX - ILI9341_DispWindow_X_Star + LCD_Currentfonts->Width ) > LCD_X_LENGTH ) {
20             usX = ILI9341_DispWindow_X_Star;
21             line += LCD_Currentfonts->Height;
22         }
23
24 if((line - ILI9341_DispWindow_Y_Star + LCD_Currentfonts->Height )> LCD_Y_LENGTH ) {
25             usX = ILI9341_DispWindow_X_Star;
26             line = ILI9341_DispWindow_Y_Star;
27         }
28
29         ILI9341_DispChar_EN ( usX, line, * pStr);
30
31         pStr ++;
32
33         usX += LCD_Currentfonts->Width;
34     }
35 }
```

本函数主体与 ILI9341_DispString_EN 差异不大，主要是删减了 X 方向的坐标，另外使用输入参数 line 来指定 Y 方向的坐标。调用本函数时，一般配合上面的 LINE 宏来使用，该宏会根据当前选择的字体高度来计算字符 Y 方向的间隔，如当前字体为 8×16 时，字体高度为 16 像素，所以 LINE(1) 会返回数值 16，LINE(3) 会返回数值 48。利用它配合本函数可以使用"ILI9341_DispStringLine_EN (LINE(1),"test");"的形式来使字符串显示在第 1 行，即 Y 方向为 16 像素处。当然，使用前面的函数"ILI9341_DispString_EN (10,LINE(1),"test");"同样也是可以的，并且可指定 X 坐标。

（7）清除屏幕字符

在实际应用中，还经常需要把当前屏幕显示的内容清除掉，这时可以使用代码清单 27-9

中的函数。

代码清单27-9　清除屏幕字符

```c
 1 /**
 2    * @brief   对ILI9341显示器的某一窗口以某种颜色进行清屏
 3    * @param   usX : 在特定扫描方向下窗口的起点X坐标
 4    * @param   usY : 在特定扫描方向下窗口的起点Y坐标
 5    * @param   usWidth : 窗口的宽度
 6    * @param   usHeight : 窗口的高度
 7    * @note 可使用LCD_SetBackColor、LCD_SetTextColor、LCD_SetColors函数设置颜色
 8    * @retval 无
 9    */
10 void ILI9341_Clear ( uint16_t usX, uint16_t usY,
                       uint16_t usWidth, uint16_t usHeight )
11 {
12     ILI9341_OpenWindow ( usX, usY, usWidth, usHeight );
13
14     ILI9341_FillColor ( usWidth * usHeight, CurrentBackColor );
15
16 }
17
18
19 /**
20    * @brief   清除某行文字
21    * @param   Line: 指定要删除的行
22    *    本参数可使用宏LINE(0)、LINE(1)等方式指定要删除的行
23    *    宏LINE(x)会根据当前选择的字体来计算Y坐标值,并删除当前字体高度的第x行
24    * @retval None
25    */
26 void LCD_ClearLine(uint16_t Line)
27 {/* 清屏,显示背景颜色 */
28     ILI9341_Clear(0,Line,LCD_X_LENGTH,((sFONT *)LCD_GetFont())->Height);
29
30 }
```

代码中的ILI9341_Clear函数可以直接清除一个指定的矩形,它会把该矩形显示成当前设置的背景颜色CurrentBackColor,实现清除图像的效果。而LCD_ClearLine函数对它进行了封装,使用LINE宏配合,可以比较方便地清除单行字符串,如调用LCD_ClearLine(LINE(1))可以清除第1行的字符串。

(8) 显示ASCII码示例

下面我们再来看main文件是如何利用这些函数显示ASCII码字符的,见代码清单27-10。

代码清单27-10　显示ASCII码的main函数

```c
 1 /**
 2    * @brief   main 函数
 3    * @param   无
 4    * @retval  无
 5    */
 6 int main ( void )
 7 {
 8     ILI9341_Init ();         // LCD初始化
 9
```

```
10      USART_Config();
11
12      printf("\r\n ********** 液晶屏英文显示程序 ********** \r\n");
13      printf("\r\n 本程序不支持中文,显示中文的程序请学习下一章 \r\n");
14
15  // 其中0、3、5、6 模式适合从左至右显示文字,
16  // 不推荐使用其他模式显示文字,其他模式显示文字会有镜像效果
17  // 其中模式6为大部分液晶例程的默认显示方向
18      ILI9341_GramScan ( 6 );
19      while ( 1 ) {
20          LCD_Test();
21      }
22  }
```

main 函数中主要是对液晶屏初始化,初始化完成后就能够显示 ASCII 码字符了,而无需利用 SPI-Flash 及 SD 卡。在 while 循环中调用的 LCD_Test 函数包含了显示字符的函数调用示例,见代码清单 27-11。

代码清单27-11 LCD_Test函数中的ASCII码显示示例

```
 1
 2
 3  /* 用于测试各种液晶显示的函数 */
 4  void LCD_Test(void)
 5  {
 6      /* 演示显示变量 */
 7      static uint8_t testCNT = 0;
 8      char dispBuff[100];
 9
10      testCNT++;
11
12      LCD_SetFont(&Font8x16);
13      LCD_SetColors(RED,BLACK);
14
15      ILI9341_Clear(0,0,LCD_X_LENGTH,LCD_Y_LENGTH); /* 清屏,显示全黑 */
16      /******** 显示字符串示例 *******/
17      ILI9341_DispStringLine_EN(LINE(0),"BH 3.2 inch LCD para:");
18      ILI9341_DispStringLine_EN(LINE(1),"Image resolution:240x320 px");
19      ILI9341_DispStringLine_EN(LINE(2),"ILI9341 LCD driver");
20      ILI9341_DispStringLine_EN(LINE(3),"XPT2046 Touch Pad driver");
21
22      /******** 显示变量示例 *******/
23      LCD_SetFont(&Font16x24);
24      LCD_SetTextColor(GREEN);
25
26      /* 使用C标准库把变量转化成字符串 */
27      sprintf(dispBuff,"Count : %d",testCNT);
28      LCD_ClearLine(LINE(4)); /* 清除单行文字 */
29
30      /* 然后显示该字符串即可,其他变量也是这样处理 */
31      ILI9341_DispStringLine_EN(LINE(4),dispBuff);
32      /* 以下省略其他液晶显示示例 */
33  }
```

这段代码包含了使用字符串显示函数显示常量字符和变量的示例。显示常量字符串时,

直接使用双引号括起要显示的字符串即可,根据 C 语言的语法,这些字符串会被转化成常量数组,数组内存储对应字符的 ASCII 码,然后存储到 STM32 的 Flash 空间,函数调用时通过指针来找到对应的 ASCII 码,液晶显示函数使用前面分析过的流程,转换成液晶显示输出。

在很多场合下,我们可能需要使用液晶屏显示代码中变量的内容,这时很多用户就不知道该如何解决了,上面的 LCD_Test 函数结尾处演示了如何处理。它主要是使用一个 C 语言标准库里的函数 sprintf,把变量转化成 ASCII 码字符串,转化后的字符串存储到一个数组中,然后再利用液晶显示字符串的函数显示该数组的内容即可。sprintf 函数的用法与 printf 函数类似,使用它时需要包含头文件 string.h。

27.3.3 显示 GB2312 编码的字符

显示 ASCII 编码比较简单,由于字库文件小,甚至不需要使用外部的存储器。而显示汉字时,由于我们的字库是存储到外部存储器上的,这涉及额外的获取字模数据的操作。

我们分别制作了两个工程来演示如何显示汉字,以下部分的内容请打开"液晶显示中英文(字库在外部 Flash)"和"液晶显示中英文(字库在 SD 卡)"工程阅读理解。这两个工程使用的字库文件内容相同,只是字库存储的位置不一样,工程中我们把获取字库数据相关的函数代码写在 fonts.c 及 fonts.h 文件中,字符显示的函数仍存储在 LCD 驱动文件 bsp_ili9341_lcd.c 及 bsp_ili9341_lcd.h 中。

1. 编程要点

1)获取字模数据;
2)根据字模格式,编写液晶显示函数;
3)编写测试程序,控制液晶显示汉字。

2. 代码分析

(1)显示汉字字符

由于我们的 GB2312 字库文件与 ASCII 字库文件是使用同一种方式生成的,但字符的编码不同导致字模偏移地址计算有区别,且字模数据存储的位置不同。所以为了显示汉字,需要另外编写一个字符显示函数,它利用前文生成的 GB2312_H1616.FON 字库显示 GB2312 编码里的字符,见代码清单 27-12。

代码清单27-12 显示GB2312编码字符的函数(bsp_ili9341_ldc.c文件)

```
1
2 #define        WIDTH_CH_CHAR                16        // 中文字符宽度
3 #define        HEIGHT_CH_CHAR               16        // 中文字符高度
4
5 /**
6   * @brief    在 ILI9341 显示器上显示一个中文字符
7   * @param    usX :在特定扫描方向下字符的起始 X 坐标
8   * @param    usY :在特定扫描方向下字符的起始 Y 坐标
9   * @param    usChar :要显示的中文字符(国标码)
10  * @note 可使用 LCD_SetBackColor、LCD_SetTextColor、LCD_SetColors 函数设置颜色
11  * @retval 无
12  */
13 void ILI9341_DispChar_CH ( uint16_t usX, uint16_t usY, uint16_t usChar )
```

```
14  {
15      uint8_t rowCount, bitCount;
16      uint8_t ucBuffer [ WIDTH_CH_CHAR*HEIGHT_CH_CHAR/8 ];
17      uint16_t usTemp;
18
19      // 设置显示窗口
20      ILI9341_OpenWindow ( usX, usY, WIDTH_CH_CHAR, HEIGHT_CH_CHAR );
21
22      ILI9341_Write_Cmd ( CMD_SetPixel );
23
24      // 取字模数据
25      GetGBKCode ( ucBuffer, usChar );
26
27      for ( rowCount = 0; rowCount < HEIGHT_CH_CHAR; rowCount++ ) {
28          /* 取出两个字节的数据，在 LCD 上即是一个汉字的一行 */
29          usTemp = ucBuffer [ rowCount * 2 ];
30          usTemp = ( usTemp << 8 );
31          usTemp |= ucBuffer [ rowCount * 2 + 1 ];
32
33          for ( bitCount = 0; bitCount < WIDTH_CH_CHAR; bitCount ++ ) {
34              if ( usTemp & ( 0x8000 >> bitCount ) )   // 高位在前
35                  ILI9341_Write_Data ( CurrentTextColor );
36              else
37                  ILI9341_Write_Data ( CurrentBackColor );
38          }
39      }
40  }
```

这个 GB2312 码的显示函数与 ASCII 码的显示函数很类似，它的输入参数有 usX、usY 及 usChar。其中 usX 和 usY 用于设定字符的显示位置，usChar 是字符的编码，这是一个 16 位的变量，因为 GB2312 编码中每个字符是 2 字节的。函数的执行流程介绍如下：

1）使用 ILI9341_OpenWindow 和 ILI9341_Write_Cmd 来设置显示窗口，并发送显示像素命令。

2）使用 macGetGBKCode 函数获取字模数据，向该函数输入 usChar 参数（字符的编码），它会从外部 SPI-Flash 芯片或 SD 卡中读取该字符的字模数据，读取得的数据被存储到数组 ucBuffer 中。关于 GetGBKCode 函数我们在后面详细讲解。

3）遍历像素点。这个代码在遍历时还使用了 usTemp 变量用来缓存一行的字模数据（本字模一行有 2 字节），然后一位一位地判断这些数据，数据位为 1 的时候，像素点就显示字体颜色，否则显示背景颜色。原理与 ASCII 字符显示一样。

（2）显示中英文字符串

类似地，我们希望希望汉字也能直接以字符串的形式来调用函数显示，而且最好是中英文字符可以混在一个字符串里。为此，我们编写了 LCD_DisplayStringLine_EN_CH 函数，见代码清单 27-13。

代码清单27-13　显示中英文的字符串

```
1
2  /**
3    * @brief 在 ILI9341 显示器上显示中英文字符串
```

```c
 4   *  @param   usX  : 在特定扫描方向下字符的起始 X 坐标
 5   *  @param   usY  : 在特定扫描方向下字符的起始 Y 坐标
 6   *  @param   pStr : 要显示的字符串的首地址
 7   *  @note 可使用 LCD_SetBackColor、LCD_SetTextColor、LCD_SetColors 函数设置颜色
 8   *  @retval 无
 9   */
10  void ILI9341_DispString_EN_CH (uint16_t usX , uint16_t usY, char * pStr )
11  {
12      uint16_t usCh;
13
14      while ( * pStr != '\0' ) {
15          if ( * pStr <= 126 ) {                      // 英文字符
16  if(( usX - ILI9341_DispWindow_X_Star + LCD_Currentfonts->Width ) > LCD_X_LENGTH ) {
17              usX = ILI9341_DispWindow_X_Star;
18              usY += LCD_Currentfonts->Height;
19          }
20
21  if(( usY - ILI9341_DispWindow_Y_Star + LCD_Currentfonts->Height )> LCD_Y_LENGTH ) {
22              usX = ILI9341_DispWindow_X_Star;
23              usY = ILI9341_DispWindow_Y_Star;
24          }
25
26              ILI9341_DispChar_EN ( usX, usY, * pStr );
27
28              usX += LCD_Currentfonts->Width;
29              pStr ++;
30          }
31
32          else {                                      // 汉字字符
33  if ( ( usX - ILI9341_DispWindow_X_Star + WIDTH_CH_CHAR ) > LCD_X_LENGTH ) {
34              usX = ILI9341_DispWindow_X_Star;
35              usY += HEIGHT_CH_CHAR;
36          }
37
38   if ( ( usY - ILI9341_DispWindow_Y_Star + HEIGHT_CH_CHAR ) > LCD_Y_LENGTH ) {
39              usX = ILI9341_DispWindow_X_Star;
40              usY = ILI9341_DispWindow_Y_Star;
41          }
42
43              usCh = * ( uint16_t * ) pStr;
44
45              usCh = ( usCh << 8 ) + ( usCh >> 8 );
46
47              ILI9341_DispChar_CH ( usX, usY, usCh );
48
49              usX += WIDTH_CH_CHAR;
50              pStr += 2;           // 一个汉字两个字节
51          }
52      }
53  }
```

这个函数根据字符串中的编码值，判断它是 ASCII 码还是国标码中的字符，然后做不同处理。英文部分与前方中的英文字符串显示函数是一样的，中文部分也很类似，需要注

意的是中文字符每个占 2 个字节，而且由于 STM32 芯片的数据是小端格式存储的，国标码是大端格式存储的，所以函数中对输入参数 pStr 指针获取的编码 usCh 交换了字节顺序，再输入到单个字符的显示函数 LCD_DispChar_CH 中。

（3）获取 SPI-Flash 中的字模数据

前面提到的 GetGBKCode 函数用于获取汉字字模数据，它根据字库文件的存储位置，有 SPI-Flash 和 SD 卡两个版本，我们先来分析比较简单的 SPI-Flash 版本，见代码清单 27-14。该函数定义在"液晶显示中英文（字库在外部 Flash）"工程中的 fonts.c 和 fonts.h 文件中。

代码清单27-14　从SPI-Flash获取字模数据

```
1
2  /*************fonts.h 文件中的定义 **********************************/
3
4  /* 使用 Flash 字模 */
5  /* 中文字库存储在 Flash 的起始地址 */
6  /* Flash */
7  #define GBKCODE_START_ADDRESS    387*4096
8
9
10 /* 获取字库的函数 */
11 // 定义获取中文字符字模数组的函数名，ucBuffer 为存放字模数组名，usChar 为中文字符（国标码）
12
13 #define GetGBKCode( ucBuffer, usChar )   GetGBKCode_from_EXFlash( ucBuffer, usChar )
14 int GetGBKCode_from_EXFlash( uint8_t * pBuffer, uint16_t c);
15
16 /************************************************************************/
17
18 /************fonts.c 文件中的定义 ***********************************/
19
20 /* 使用 Flash 字模 */
21 // 字模 GB2312_H1616 配套的函数
22
23 /**
24   * @brief   获取 Flash 中文显示字库数据
25   * @param   pBuffer：存储字库矩阵的缓冲区
26   * @param   c : 要获取的文字
27   * @retval None.
28   */
29 int GetGBKCode_from_EXFlash( uint8_t * pBuffer, uint16_t c)
30 {
31     unsigned char High8bit,Low8bit;
32     unsigned int pos;
33
34     static uint8_t everRead=0;
35
36     /* 第 1 次使用，初始化 Flash */
37     if (everRead == 0) {
38         SPI_Flash_Init();
39         everRead = 1;
40     }
41
42     High8bit= c >> 8;       /* 取高 8 位数据 */
```

```
43            Low8bit= c & 0x00FF;   /* 取低8位数据 */
44
45            /* GB2312 公式 */
46            pos = ((High8bit-0xa1)*94+Low8bit-0xa1)*WIDTH_CH_CHAR*HEIGHT_CH_CHAR/8;
47            // 读取字库数据 SPI_Flash_BufferRead(pBuffer,GBKCODE_START_ADDRESS+pos,
48                                           WIDTH_CH_CHAR*HEIGHT_CH_CHAR/8);
49            return 0;
50       }
```

这个 GetGBKCode 实质上是一个宏，当使用 SPI-Flash 作为字库数据源时，它等效于 GetGBKCode_from_EXFlash 函数。它的执行过程如下：

1）初始化 SPI 外设，以确保后面使用 SPI 读取 Flash 内容时 SPI 已正常工作。初始化后做一个标记，以后再读取字模数据的时候就不需要再次初始化 SPI 了。

2）取出要显示字符的 GB2312 编码的高位字节和低位字节，以便后面用于计算字符的字模地址偏移。

3）根据字符的编码及字模的大小导出的寻址公式，计算当前要显示字模数据在字库中的地址偏移。

4）利用 SPI_Flash_BufferRead 函数，从 SPI-Flash 中读取该字模的数据，输入参数中的 GBKCODE_START_ADDRESS 是在代码头部定义的一个宏，它是字库文件存储在 SPI-Flash 芯片的基地址，该基地址加上字模在字库中的地址偏移，即可求出字模在 SPI-Flash 中存储的实际位置。这个基地址具体数值是在我们烧录 Flash 字库时决定的，程序中定义的是实验板出厂时默认烧录的位置。

5）将获取到的字模数据存储到 pBuffer 指针指向的存储空间，显示汉字的函数直接利用它来显示字符。

（4）获取 SD 卡中的字模数据

类似地，从 SD 卡中获取字模数据时，使用 GetGBKCode_from_sd 函数，见代码清单 27-15。该函数定义在"液晶显示中英文（字库在 SD 卡）"工程中的 fonts.c 和 fonts.h 文件中。

代码清单27-15 从SD卡中获取字模数据

```
1
2  /*************fonts.h 文件中的定义 ***********************************/
3
4  /* 使用 SD 字模 */
5
6  /* SD 卡字模路径 */
7  #define GBKCODE_FILE_NAME        "0:/srcdata/GB2312_H1616.FON"
8
9  /* 获取字库的函数 */
10 // 定义中文字符字模数组的函数名，ucBuffer 为存放字模数组名，usChar 为中文字符（国标码）
11
12 #define GetGBKCode( ucBuffer, usChar )  GetGBKCode_from_sd( ucBuffer, usChar )
13 int GetGBKCode_from_sd ( uint8_t * pBuffer, uint16_t c);
14
15 /*******************************************************************/
16
17 /*************fonts.c 文件中的定义 ***********************************/
```

```
18
19  /* 使用SD字模 */
20
21  static FIL fnew;                          /* 文件句柄 */
22  static FATFS fs;                          /* 文件系统句柄 */
23  static FRESULT res_sd;
24  static UINT br;                           /* 文件R/W计数 */
25
26  /**
27    * @brief   获取SD卡中文显示字库数据
28    * @param   pBuffer:存储字库矩阵的缓冲区
29    * @param   c : 要获取的文字
30    * @retval None.
31    */
32  int GetGBKCode_from_sd ( uint8_t * pBuffer, uint16_t c)
33  {
34      unsigned char High8bit,Low8bit;
35      unsigned int pos;
36
37      static uint8_t everRead = 0;
38
39      High8bit= c >> 8;      /* 取高8位数据 */
40      Low8bit= c & 0x00FF;   /* 取低8位数据 */
41
42      pos = ((High8bit-0xa1)*94+Low8bit-0xa1)*WIDTH_CH_CHAR*HEIGHT_CH_CHAR/8;
43
44      /* 第1次使用，挂载文件系统，初始化SD*/
45      if (everRead == 0) {
46          res_sd = f_mount(&fs," 0:",1);
47          everRead = 1;
48
49      }
50
51   res_sd = f_open(&fnew , GBKCODE_FILE_NAME, FA_OPEN_EXISTING | FA_READ);
52
53      if ( res_sd == FR_OK ) {
54          f_lseek (&fnew, pos);      // 指针偏移
55
56          //16×16大小的汉字其字模占用16×16/8个字节
57      res_sd = f_read( &fnew, pBuffer, WIDTH_CH_CHAR*HEIGHT_CH_CHAR/8, &br );
58
59          f_close(&fnew);
60
61          return 0;
62      } else
63          return -1;
64  }
65
```

当字库的数据源在SD卡时，GetGBKCode宏指向的是这个GetGBKCode_from_sd函数。由于字库是使用SD卡的文件系统存储的，从SD卡中获取字模数据实质上是直接读取字库文件，利用f_lseek函数偏移文件的读取指针，使它能够读取特定字符的字模数据。

由于使用文件系统的方式读取数据比较慢，而SD卡大多数都会使用文件系统，所以我

们一般使用 SPI-Flash 直接存储字库（不带文件系统地使用）。市场上有一些厂商直接生产专用的字库芯片，可以直接使用，省去自己制作字库的麻烦。

（5）显示 GB2312 字符示例

下面我们再来看 main 文件是如何利用这些函数显示 GB2312 的字符的。由于我们用 GetGBKCode 宏屏蔽了差异，所以在上层使用字符串函数时，不需要针对不同的字库来源写不同的代码，见代码清单 27-16。

代码清单27-16　main函数

```
1
2 int main(void)
3 {
4     ILI9341_Init ();            // LCD 初始化
5
6
7     /* USART config */
8     USART_Config();
9
10    printf("\r\n ****** 液晶屏中文显示程序（字模文件在 SD 卡）**** \r\n");
11 printf("\r\n 实验前请阅读工程中的 readme.txt 文件说明，存储字模数据到 SPI-Flash 或 SD 卡\r\n");
12
13
14 // 其中 0、3、5、6 模式适合从左至右显示文字
15 // 不推荐使用其他模式显示文字，其他模式显示文字会有镜像效果
16 // 其中模式 6 为大部分液晶例程的默认显示方向
17     ILI9341_GramScan ( 6 );
18
19
20
21     while ( 1 ) {
22         LCD_Test();
23     }
24
25
26 }
```

main 文件中的初始化流程与普通的液晶初始化没有区别，这里也不需要初始化 SPI 或 SDIO，因为我们在获取字库的函数中包含了相应的初始化流程。在 while 循环里调用的 LCD_Test 包含了显示 GB2312 字符串的示例，见代码清单 27-17。

代码清单27-17　显示GB2312字符示例

```
1
2
3 /* 用于测试各种液晶显示的函数 */
4 void LCD_Test(void)
5 {
6     /* 演示显示变量 */
7     static uint8_t testCNT = 0;
8     char dispBuff[100];
9
10    testCNT++;
11
```

第 27 章　LCD——液晶显示中英文

```
12        LCD_SetFont(&Font8x16);
13        LCD_SetColors(RED,BLACK);
14
15        ILI9341_Clear(0,0,LCD_X_LENGTH,LCD_Y_LENGTH); /* 清屏，显示全黑 */
16        /******** 显示字符串示例 *******/
17        ILI9341_DispStringLine_EN_CH(LINE(0),"秉火3.2寸LCD参数:");
18        ILI9341_DispStringLine_EN_CH(LINE(1),"分辨率: 240x320 px");
19        ILI9341_DispStringLine_EN_CH(LINE(2),"ILI9341 液晶驱动");
20        ILI9341_DispStringLine_EN_CH(LINE(3),"XPT2046 触摸屏驱动");
21
22        /******** 显示变量示例 *******/
23        LCD_SetTextColor(GREEN);
24
25        /* 使用 C 标准库把变量转化成字符串 */
26        sprintf(dispBuff,"显示变量: %d",testCNT);
27        LCD_ClearLine(LINE(5)); /* 清除单行文字 */
28
29        /* 然后显示该字符串即可，其他变量也这样处理 */
30        ILI9341_DispStringLine_EN_CH(LINE(5),dispBuff);
31
32        /****** 其他液晶显示示例省略 ******/
```

在调用字符串显示函数的时候，我们也是直接使用双引号括起要显示的中文字符。为什么这样就能正常显示呢？字符串显示函数需要的输入参数是字符的 GB2312 编码，编译器会自动转化这些中文字符成相应的 GB2312 编码吗？为什么编译器不把它转化成 UTF-8 编码？这跟我们的开发环境配置有关，在 MDK 软件中，可在"Edit → Configuration → Editor → >Encoding"选项中设定编码，见图 27-7。

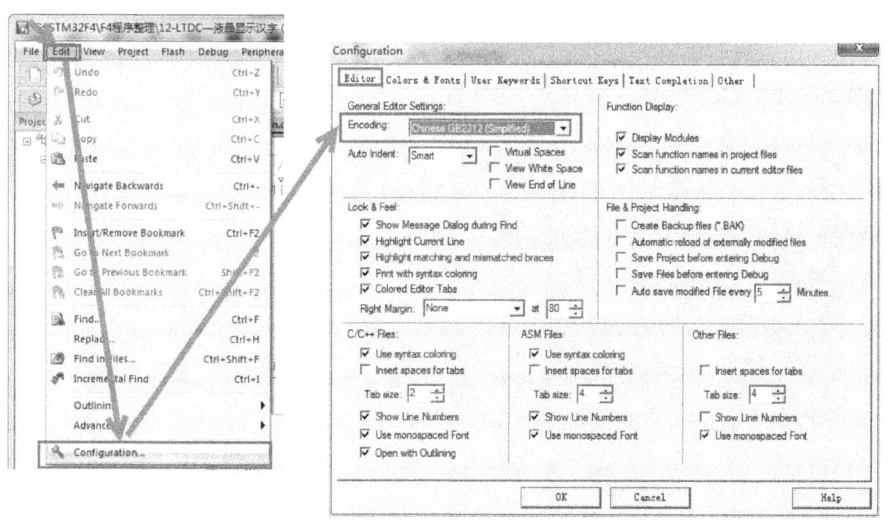

图 27-7　MDK 中的字符编码选项

编译环境会把文件中的字符串转换成这里配置的编码，然后存储到 STM32 的程序空间中，所以这里的设定要与字库编码格式一样。如果你的实验板显示的时候出现乱码，请确保以下所有环节都正常：
- SPI-Flash 或 SD 卡中有字库文件。
- 文件存储的位置或路径与程序的配置一致。
- 开发环境中的字符编码选项与字库的编码一致。

27.3.4　显示任意大小的字符

前文中，无论是 ASCII 字符还是 GB2312 的字符，都只能显示字库中设定的字体大小。例如，我们想显示一些像素大小为 48×48 的字符，那我们又得制作相应的字库，非常麻烦。为此我们编写了一些函数，简便地实现显示任意大小字符的目的。本节的内容请打开"液晶显示中英文（任意大小）"工程配合阅读。

1. 编程要点

1）编写缩放字模数据的函数；
2）编写利用缩放字模的结果进行字符显示的函数；
3）编写测试程序，控制显示不同大小的字符。

2. 代码分析

（1）缩放字模数据

显示任意大小字符的功能，其核心是缩放字模，通过 LCD_zoomChar 函数可对原始字模数据进行缩放，见代码清单 27-18。

代码清单27-18　缩放字模数据

```
1  /********************* 缩放字模 ***************************/
2  #define ZOOMMAXBUFF 16384
3  uint8_t zoomBuff[ZOOMMAXBUFF] = {0};     //用于缩放的缓存，最大支持128×128
4  uint8_t zoomTempBuff[1024] = {0};
5
6  /**
7    * @brief   缩放字模，缩放后的字模的1个像素点由8个数据位来表示
8    *          0x01 表示笔迹，0x00 表示空白区
9    * @param   in_width : 原始字符宽度
10   * @param   in_heig : 原始字符高度
11   * @param   out_width : 缩放后的字符宽度
12   * @param   out_heig: 缩放后的字符高度
13   * @param   in_ptr : 字库输入指针  注意：1bit 表示 1pixel
14   * @param   out_ptr : 缩放后的字符输出指针  注意：8bit 表示 1pixel
15   *     out_ptr 实际上没有正常输出，改成了直接输出到全局指针 zoomBuff 中
16   * @param   en_cn : 0 为英文，1 为中文
17   * @retval  无
18   */
19  void ILI9341_zoomChar(uint16_t in_width,   // 原始字符宽度
20                        uint16_t in_heig,    // 原始字符高度
21                        uint16_t out_width,  // 缩放后的字符宽度
22                        uint16_t out_heig,   // 缩放后的字符高度
23                        uint8_t *in_ptr,     // 字库输入指针  注意：1bit 表示 1pixel
24                        uint8_t *out_ptr,    // 缩放后的字符输出指针  注意：8bit 表示 1pixel
25                        uint8_t en_cn)       //0 为英文，1 为中文
26  {
```

```c
27      uint8_t *pts,*ots;
28  // 根据源字模及目标字模大小，设定运算比例因子，左移16是为了把浮点运算转成定点运算
29
30      unsigned int xrIntFloat_16=(in_width<<16)/out_width+1;
31      unsigned int yrIntFloat_16=(in_heig<<16)/out_heig+1;
32
33      unsigned int srcy_16=0;
34      unsigned int y,x;
35      uint8_t *pSrcLine;
36
37      uint16_t byteCount,bitCount;
38
39      // 检查参数是否合法
40      if (in_width >= 32) return;                         // 源字库不允许超过32像素
41      if (in_width * in_heig == 0) return;
42      if (in_width * in_heig >= 1024 ) return;            // 限制输入最大 32×32
43
44      if (out_width * out_heig == 0) return;
45  if (out_width * out_heig >= ZOOMMAXBUFF ) return;   // 限制最大缩放128×128
46      pts = (uint8_t*)&zoomTempBuff;
47
48      // 为方便运算，字库的数据由 1 pixel/1bit 映射到 1pixel/8bit
49      // 0x01 表示笔迹，0x00 表示空白区
50      if (en_cn == 0x00) { // 英文
51          // 英文和中文字库上下边界不对，可在此处调整。需要注意tempBuff防止溢出
52          for (byteCount=0; byteCount<in_heig*in_width/8; byteCount++) {
53              for (bitCount=0; bitCount<8; bitCount++) {
54                  // 把源字模数据由位映射到字节
55                  //in_ptr 里 bitX 为 1，则 pts 里整个字节值为 1
56                  //in_ptr 里 bitX 为 0，则 pts 里整个字节值为 0
57                  *pts++ = (in_ptr[byteCount] & (0x80>>bitCount))?1:0;
58              }
59          }
60      } else { // 中文
61          for (byteCount=0; byteCount<in_heig*in_width/8; byteCount++) {
62              for (bitCount=0; bitCount<8; bitCount++) {
63                  // 把源字模数据由位映射到字节
64                  //in_ptr 里 bitX 为 1，则 pts 里整个字节值为 1
65                  //in_ptr 里 bitX 为 0，则 pts 里整个字节值为 0
66                  *pts++ = (in_ptr[byteCount] & (0x80>>bitCount))?1:0;
67              }
68          }
69      }
70
71      //zoom 过程
72      pts = (uint8_t*)&zoomTempBuff;          // 映射后的源数据指针
73      ots = (uint8_t*)&zoomBuff;              // 输出数据的指针
74      for (y=0; y<out_heig; y++) {            /* 行遍历 */
75          unsigned int srcx_16=0;
76          pSrcLine=pts+in_width*(srcy_16>>16);
77          for (x=0; x<out_width; x++) {       /* 行内像素遍历 */
78              ots[x]=pSrcLine[srcx_16>>16];   // 把源字模数据复制到目标指针中
79              srcx_16+=xrIntFloat_16;         // 按比例偏移源像素点
80          }
81          srcy_16+=yrIntFloat_16;             // 按比例偏移源像素点
```

```
82              ots+=out_width;
83          }
84  /*!!!缩放后的字模数据直接存储到全局指针 zoomBuff 里了 */
85  //out_ptr 没有正确传出，后面调用直接改成了全局变量指针
86      out_ptr = (uint8_t*)&zoomBuff;
87  /* 实际中如果使用 out_ptr 不需要下面这一句！！！
88      只是因为 out_ptr 没有使用，会导致 warning*/
89      out_ptr++;
90  }
```

缩放字模的本质是按照缩放比例，减少或增加矩阵中的像素点，见图 27-8。只要把左侧的矩阵隔一行、隔一列地取出像素点，即可得到右侧按比例缩小了的矩阵。而右侧的小矩阵按比例填充复制像素点即可得到左侧放大的矩阵，上述函数就是完成了这样的工作。

该函数的说明如下：

1）输入参数。函数包含输入参数源字模、缩放后字模的宽度及高度：in_width、inheig、out_width、out_heig，源字模数据指针 in_ptr、缩放后的字符指针 out_ptr 以及用于指示字模是英文还是中文的标志 en_cn。其中 out_ptr 指针实质上没有用到，这个函数缩放后的数据最后直接存储在全局变量 zoomBuff 中了。

2）计算缩放比例。根据输入字模与要求的输出字模大小，计算出缩放比例存储到 xrIntFloat_16 及 yrIntFloat_16 变量中，运算式中的左移 16 位是典型的把浮点型运算转换成定点运算的处理方式。理解的时候可把左移 16 位的运算去掉，把它当成一个自然的数学小数运算即可。

3）检查输入参数。由于运算变量及数组的一些限制，函数中要检查输入参数的范围。本函数限制最大输出字模的大小为 128×128 像素，输入字模限制不可以超过 32×32 像素。

4）映射字模。输入源的字模都是 1 个数据位表示 1 个像素点的，为方便后面的运算，函数把输入字模转化成 1 字节（8 个数据位）表示 1 个像素点，该字节的值为 0x01 表示笔迹像素，0x00 表示空白像素。把字模数据的 1 个数据位映射为 1 字节，可以方便后面直接使用指针和数组索引运算。

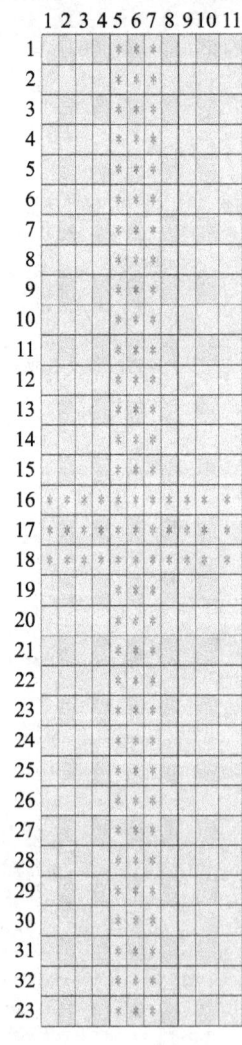
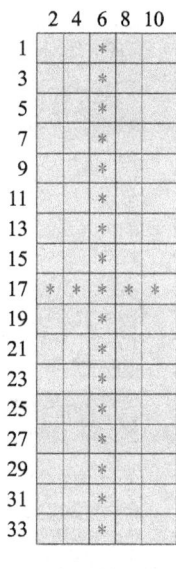

图 27-8　缩放矩阵

5）缩放字符。缩放字符这部分代码比较难理解，但总的来说它就是利用前面计算得的比例因子，以它为步长复制源字模的数据到目标字模的缓冲区中，具体的抽象运算只能意会了。其中的右移 16 位是把比例因子由定点数转换回原始的数值。如果还是觉得难以理解，可以把函数的宽度及高度输入参数 in_width、inheig、out_width 及 out_heig 都设置成 16，然后代入运算来阅读这段代码。

6）缩放结果。经过运算，缩放的结果存储在 zoomBuff 中，它只是存储了一个字模的缩放结果，所以每显示一个字模都需要先调用这个函数更新 zoomBuff 中的字模数据，而且它也是用 1 字节表示 1 个像素位的。

（2）利用缩放的字模数据显示字符

由于缩放后的字模数据格式与我们原来用的字模数据格式不一样，所以也要重新编写字符显示函数，见代码清单 27-19。

代码清单27-19　利用缩放的字模显示字符

```
 1
 2  /**
 3    * @brief   利用缩放后的字模显示字符
 4    * @param   Xpos: 字符显示位置 x
 5    * @param   Ypos: 字符显示位置 y
 6    * @param   Font_width: 字符宽度
 7    * @param   Font_Heig: 字符高度
 8    * @param   c : 要显示的字模数据
 9    * @param   DrawModel: 是否反色显示
10    * @retval 无
11    */
12  void ILI9341_DrawChar_Ex(uint16_t usX,       // 字符显示位置 x
13                           uint16_t usY,       // 字符显示位置 y
14                           uint16_t Font_width,   // 字符宽度
15                           uint16_t Font_Height,  // 字符高度
16                           uint8_t *c,            // 字模数据
17                           uint16_t DrawModel)    // 是否反色显示
18  {
19      uint32_t index = 0, counter = 0;
20
21      // 设置显示窗口
22      ILI9341_OpenWindow ( usX, usY, Font_width, Font_Height);
23
24      ILI9341_Write_Cmd ( CMD_SetPixel );
25
26      // 按字节读取字模数据
27      // 由于前面直接设置了显示窗口，显示数据会自动换行
28      for ( index = 0; index < Font_Height; index++ ) {
29          // 一位一位处理要显示的颜色
30          for ( counter = 0; counter < Font_width; counter++ ) {
31              // 缩放后的字模数据，以 1 字节表示 1 个像素位
32              // 整个字节值为 1 表示该像素为笔迹
33              // 整个字节值为 0 表示该像素为背景
34              if ( *c++ == DrawModel )
35                  ILI9341_Write_Data ( CurrentBackColor );
36              else
37                  ILI9341_Write_Data ( CurrentTextColor );
```

```
38          }
39       }
40  }
```

注意，在这个函数中，并没有对中英文模区分显示代码，因为本函数的字模是由输入参数 c 指针中获取的，在调用本函数时，需要输入要显示的字模数据指针，而不是字符编码。在其他方面这个函数主体与前面介绍的字符显示函数都很类似，只是它在判断字模数据位的时候，直接用一整个字节来判断，区分显示分支，而且还支持了反色显示模式。

（3）利用缩放的字模显示字符串

单个字符显示的函数并不包含字模的获取过程，为便于使用，我们把它直接封装成字符串显示函数，见代码清单 27-20。

代码清单27-20　利用缩放的字模显示字符串

```
1   /**
2    * @brief    利用缩放后的字模显示字符串
3    * @param    Xpos : 字符显示位置 x
4    * @param    Ypos : 字符显示位置 y
5    * @param    Font_width : 字符宽度，英文字符在此基础上 /2。注意为偶数
6    * @param    Font_Heig: 字符高度，注意为偶数
7    * @param    c : 要显示的字符串
8    * @param    DrawModel : 是否反色显示
9    * @retval  无
10   */
11  void ILI9341_DisplayStringEx(uint16_t x,       // 字符显示位置 x
12                                uint16_t y,       // 字符显示位置 y
13                                uint16_t Font_width,
14                                                  // 要显示的字体宽度，英文字符在此基础上 /2。注意为偶数
15                                uint16_t Font_Height,   // 要显示的字体高度，注意为偶数
16                                uint8_t *ptr,     // 显示的字符内容
17                                uint16_t DrawModel)// 是否反色显示
18
19
20
21  {
22      uint16_t Charwidth = Font_width;  // 默认为 Font_width, 英文宽度为中文宽度的一半
23      uint8_t *psr;
24      uint8_t Ascii;    // 英文
25      uint16_t usCh;    // 中文
26      uint8_t ucBuffer [ WIDTH_CH_CHAR*HEIGHT_CH_CHAR/8 ];
27
28      while ( *ptr != '\0' ) {
29          /**** 处理换行 *****/
30  if ( ( x - ILI9341_DispWindow_X_Star + Charwidth ) > LCD_X_LENGTH ) {
31              x = ILI9341_DispWindow_X_Star;
32              y += Font_Height;
33          }
34
35  if ( ( y - ILI9341_DispWindow_Y_Star + Font_Height ) > LCD_Y_LENGTH ) {
36              x = ILI9341_DispWindow_X_Star;
37              y = ILI9341_DispWindow_Y_Star;
38          }
39
```

```
40              if (*ptr > 0x80) { // 如果是中文
41                  Charwidth = Font_width;
42                  usCh = * ( uint16_t * ) ptr;
43                  usCh = ( usCh << 8 ) + ( usCh >> 8 );
44                  GetGBKCode ( ucBuffer, usCh );   // 取字模数据
45                  // 缩放字模数据，源字模为 16×16
46                  ILI9341_zoomChar(WIDTH_CH_CHAR,HEIGHT_CH_CHAR,Charwidth,
                                    Font_Height,(uint8_t *)&ucBuffer,psr,1);
47                  // 显示单个字符
48                  ILI9341_DrawChar_Ex(x,y,Charwidth,Font_Height,
                                        (uint8_t*)&zoomBuff,DrawModel);
49                  x+=Charwidth;
50                  ptr+=2;
51              } else {// 英文
52                  Charwidth = Font_width / 2;
53                  Ascii = *ptr - 32;
54                  // 使用 16×24 字体缩放字模数据
55                  ILI9341_zoomChar(16,24,Charwidth,Font_Height,
56          (uint8_t *)&Font16x24.table[Ascii * Font16x24.Height*Font16x24.
                Width/8],psr,0);
                    // 显示单个字符
57
58                  ILI9341_DrawChar_Ex(x,y,Charwidth,Font_Height,(uint8_t*)&zoomBuff,
                        DrawModel);
59                  x+=Charwidth;
60                  ptr++;
61              }
62          }
63      }
64
```

这个函数包含了从字符编码到源字模获取、字模缩放及单个字符显示的过程，多个这样的过程组合起来，就实现了简单易用的字符串显示函数。而且可了解到它使用的英文源字模数据是 Font16x24 字体，而中文源字模数据仍是采用 GetGBKCode 函数获取，使得数据源的获取与上层分离，支持从 SPI Flash 及 SD 卡中获取数据源。

（4）利用缩放的字模显示示例

利用缩放的字模显示时，液晶的初始化过程与前面的工程无异。以下我们给出 LCD_Test 函数中调用字符串函数显示不同字符时的示例，见代码清单 27-21。

代码清单27-21 利用缩放的字模显示示例

```
1  /* 用于测试各种液晶显示的函数 */
2  void LCD_Test(void)
3  {
4      /* 演示显示变量 */
5      static uint8_t testCNT = 0;
6      char dispBuff[100];
7
8      testCNT++;
9
10     LCD_SetFont(&Font8x16);
11     LCD_SetColors(RED,BLACK);
12
13     ILI9341_Clear(0,0,LCD_X_LENGTH,LCD_Y_LENGTH);  /* 清屏，显示全黑 */
```

```
14      /******** 显示字符串示例 ********/
15      ILI9341_DispStringLine_EN_CH(LINE(0),"秉火BH");
16      // 显示指定大小的字符
17      ILI9341_DisplayStringEx(0,1*24,24,24,(uint8_t *)"秉火BH",0);
18      ILI9341_DisplayStringEx(2*48,0*48,48,48,(uint8_t *)"秉火BH",0);
19
20      /******** 显示变量示例 ********/
21      LCD_SetTextColor(GREEN);
22
23      /* 使用C标准库把变量转化成字符串 */
24      sprintf(dispBuff,"显示变量：%d ",testCNT);
25      LCD_ClearLine(LINE(5));   /* 清除单行文字 */
26
27      /* 然后显示该字符串即可，其他变量也这样处理 */
28      ILI9341_DispStringLine_EN_CH(LINE(5),dispBuff);
29      /*... 以下部分省略 */
30      }
```

27.3.5 下载验证

用USB线连接开发板，编译程序下载到实验板，并上电复位，各个不同的工程会有不同的液晶屏显示字符示例。

第 28 章
电阻触摸屏——触摸画板

在前面我们学习了如何使用 FSMC 外设控制液晶屏,并用它显示各种图形及文字。利用液晶屏,STM32 的系统具有了高级信息输出功能,然而我们还希望有用户友好的输入设备,触摸屏是不二之选。目前大部分电子设备都使用触摸屏配合液晶显示器组成人机交互系统。

28.1 触摸屏简介

触摸屏又称触控面板,它是一种把触摸位置转化成坐标数据的输入设备,根据触摸屏的检测原理,主要分为电阻式触摸屏和电容式触摸屏。相对来说,电阻屏造价便宜,能适应较恶劣的环境,但它只支持单点触控(一次只能检测面板上的一个触摸位置),触摸时需要一定的压力,使用久了容易造成表面磨损,影响寿命;而电容屏具有支持多点触控、检测精度高的特点,电容屏通过与导电物体产生的电容效应来检测触摸动作,只能感应导电物体的触摸,湿度较大或屏幕表面有水珠时会影响电容屏的检测效果。

图 28-1 和图 28-2 分别是带电阻触摸屏及电容触摸屏的两种屏幕,从外观上并没有明显的区别,区分电阻屏与电容屏最直接的方法就是使用绝缘物体点击屏幕,因为电阻屏通过压力能正常检测触摸动作,而该绝缘物体无法影响电容屏所检测的信号,因而无法检测到触摸动作。目前电容式触摸屏大多应用在智能手机、平板电脑等电子设备中,而在汽车导航、工控机等设备中电阻式触摸屏仍占主流。

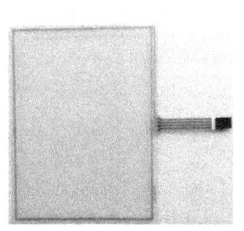
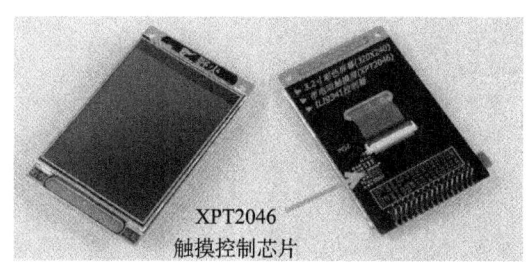

图 28-1　单电阻屏、电阻液晶屏(带触摸控制芯片)

图 28-2 单电容屏、电容液晶屏（带触摸控制芯片）

28.1.1 电阻式触摸屏检测原理

电阻式的触摸屏结构见图 28-3。它主要由表面硬涂层、两个 ITO 层、间隔点以及玻璃底层构成。这些结构层都是透明的，整个触摸屏覆盖在液晶面板上，透过触摸屏可看到液晶面板。表面涂层起到保护作用，玻璃底层起承载的作用，而两个 ITO 层是触摸屏的关键结构，它们是涂有铟锡金属氧化物的导电层。两个 ITO 层之间有间隔点使两层分开，当触摸屏表面受到压力时，表面弯曲使得上层 ITO 与下层 ITO 接触，在触点处连通电路。

两个 ITO 涂层的两端分别引出 X-、X+、Y-、Y+ 四个电极，见图 28-4。这是电阻屏最常见的四线结构，通过这些电极，外部电路向这两个涂层可以施加匀强电场或检测电压。

当触摸屏被按下时，两个 ITO 层相互接触，从触点处把 ITO 层分为两个电阻，且由于 ITO 层均匀导电，两个电阻的大小与触点离两电极的距离成比例关系。利用这个特性，可通过以下过程来检测坐标，这也正是电阻触摸屏名称的由来，见图 28-5。

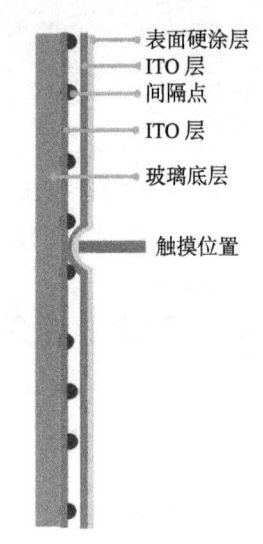

图 28-3 电阻式触摸屏结构

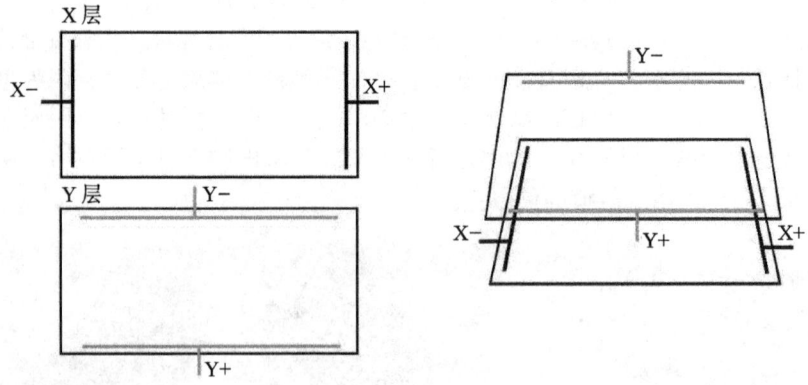

图 28-4 XY 的 ITO 层结构

计算 X 坐标时，在 X+ 电极施加驱动电压 V_{ref}，X- 极接地，所以 X+ 与 X- 处形成了匀强电场，而触点处的电压通过 Y+ 电极采集得到。由于 ITO 层均匀导电，触点电压与 V_{ref} 之比等于触点 X 坐标与屏宽度之比，从而：

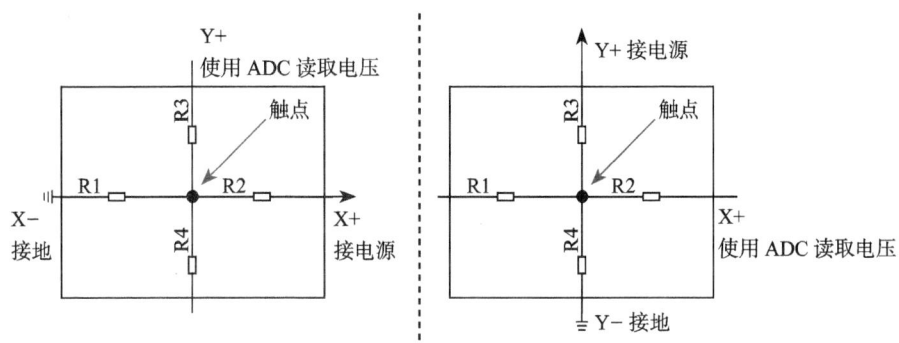

图 28-5　触摸检测等效电路

$$x = \frac{V_{Y+}}{V_{ref}} \times 宽度$$

计算 Y 坐标时，在 Y+ 电极施加驱动电压 V_{ref}，Y− 极接地，所以 Y+ 与 Y− 处形成了匀强电场，而触点处的电压通过 X+ 电极采集得到。由于 ITO 层均匀导电，触点电压与 V_{ref} 之比等于触点 Y 坐标与屏高度之比，从而：

$$y = \frac{V_{Y+}}{V_{ref}} \times 高度$$

触摸检测等效电路见图 28-5。

28.1.2　电阻触摸屏控制芯片

为了方便检测触摸的坐标，一些芯片厂商制作了电阻屏专用的控制芯片，控制上述采集过程、采集电压，外部微控制器直接与触摸控制芯片通信直接获得触点的电压或坐标。如图 28-1 中这款 3.2 寸电阻触摸屏就是采用 XPT2046 芯片作为触摸控制芯片，XPT2046 芯片控制四线电阻触摸屏，STM32 与 XPT2046 采用 SPI 通信获取采集得的电压，然后转换成坐标。

XPT2046 是专用在四线电阻屏的触摸屏控制器，STM32 可通过 SPI 接口向它写入控制字，由它测得 X、Y 方向的触点电压返回给 STM32，见图 28-6。

图中，电阻屏两层阻性材料的两端分别接入到 XPT2046 的 X+、X− 和 Y+、Y−。当要测量 X 坐标时，STM32 通过 SPI 接口写命令到 XPT2046，使它通过内部的模拟开关使 X+、X− 接通电源，于是在电阻屏的 X 方向上产生一个匀强电场；把 Y+、Y− 连接到 XPT2046 的 ADC。当电阻屏被触摸时，上、下两层的阻性材料接触，在 PENIRQ 引脚产生一个中断信号，通知 STM32。该触点的电压由 Y+ 或 Y−（此时的 Y+Y− 电阻很小，可忽略）引入到 ADC 进行测量，STM32 读取该电压，进行软件转换，就可以测得触点 X 方向的坐标。同理可以测得 Y 方向的坐标。

XPT2046 输出的 ADC 电压值是 12 位的，这也是它型号中 2046 名称的来源。

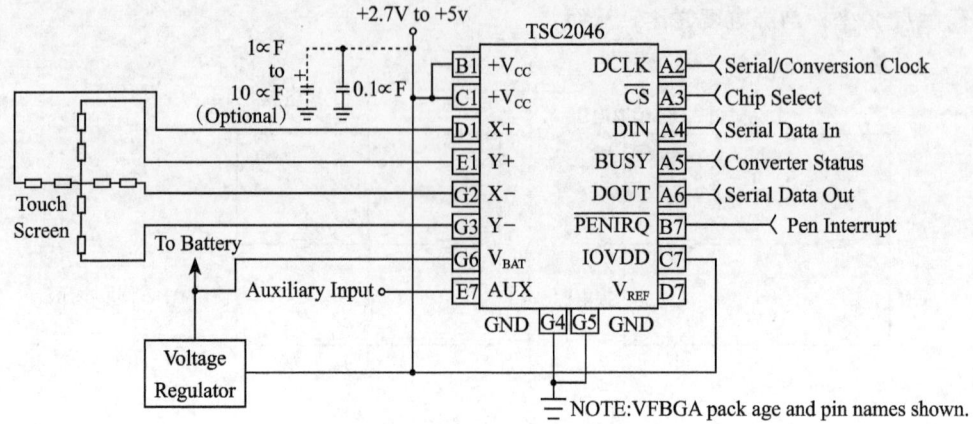

图 28-6　TSC2046 与电阻屏的连接图

28.1.3　电容式触摸屏检测原理

与电阻式触摸屏不同，电容式触摸屏不需要通过压力使触点变形，再通过触点处电压值来检测坐标，它的基本原理和前面定时器章节中介绍的电容按键类似，都是利用充电时间检测电容大小，从而通过检测出电容值的变化来获知触摸信号。见图 28-7，电容屏的最上层是玻璃（不会像电阻屏那样形变），核心层部分也是由 ITO 材料构成的，这些导电材料在屏幕里构成了人眼看不见的静电网。静电网由多行 X 轴电极和多列 Y 轴电极构成，两个电极之间会形成电容。触摸屏工作时，X 轴电极发出 AC 交流信号，而交流信号能穿过电容，即通过 Y 轴能感应出该信号，

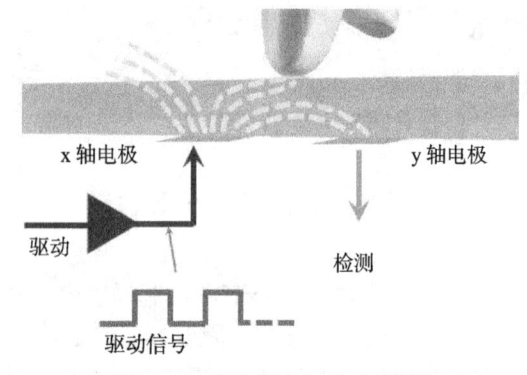

图 28-7　电容触摸屏基本原理

当交流电穿越时电容会有充放电过程，检测该充电时间可获知电容量。若手指触摸屏幕，会影响触摸点附近两个电极之间的耦合，从而改变两个电极之间的电容量，若检测到某电容的电容量发生了改变，即可获知该电容处有触摸动作（这就是为什么它被称为电容式触摸屏以及绝缘体触摸没有反应的原因）。

电容屏 ITO 层的结构见图 28-8。这是比较常见的形式，电极由多个菱形导体组成，生产时使用蚀刻工艺在 ITO 层生成这样的结构。

X 轴电极与 Y 轴电极在交叉处形成电容，即这两组电极构成了电容的两极，这样的结构覆盖了整个电容屏，每个电容单元在触摸屏中都有其特定的物理位置，即电容的位置就是它在触摸屏的 XY 坐标。检测触摸的坐标时，第 1 条 X 轴的电极发出激励信号，而所有 Y 轴的电极同时接收信号，通过检测充电时间可检测出各个 Y 轴与第 1 条 X 轴相交的各个互电容的大小，各个 X 轴依次发出激励信号，重复上述步骤，即可得到整个触摸屏二维平

面的所有电容大小。当手指接近时，会导致局部电容改变，根据得到的触摸屏电容量变化的二维数据表，可以得知每个触摸点的坐标，因此电容触摸屏支持多点触控。

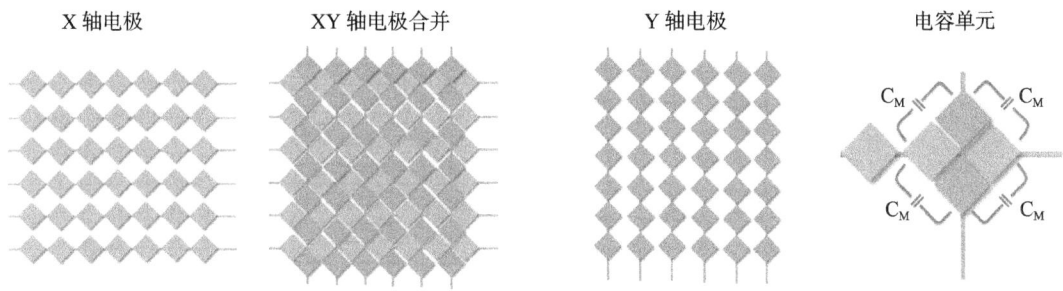

图 28-8　电容触摸屏的 ITO 层结构

其实电容触摸屏可看作多个电容按键组合而成，就像机械按键中独立按键和矩阵按键的关系一样，甚至电容触摸屏的坐标扫描方式与矩阵按键都是很相似的。

在秉火的 F4 系列产品中使用电容触摸屏，感兴趣可以了解一下。

28.2　电阻触摸屏——触摸画板实验

本节讲解如何驱动电阻触摸屏，并利用触摸屏制作一个简易的触摸画板应用。

学习本节内容时，请打开配套的"电阻触摸屏——触摸画板"工程配合阅读。

28.2.1　硬件设计

图 28-9 液晶屏背面的 PCB 电路对应图 28-10、图 28-11、图 28-12 中的原理图，分别是屏幕 PCB 底板原理图、触摸部分原理图、液晶排针接口线序图。

图 28-9　液晶屏实物图

屏幕的 PCB 底板引出的信号线会通过 PCB 底板上的 FPC 接口与液晶面板连接，这些信包括液晶控制相关的 CS、RS 等信号及 DB0-DB15 数据线，其中 RS 引脚以高电平表示传输数据，低电平表示传输命令；另外还有引出 LCD_BK 引脚用于控制屏幕的背光供电，可以通过该引脚控制背光的强度，该引脚为低电平时打开背光。图中的 X+、X-、Y+、Y- 引脚是液晶面板上触摸屏引出的信号线，它们被连接到 PCB 底板的电阻触摸屏控制器，用于检测触摸信号，其原理图见图 28-11。

触摸检测的主体是型号为 XPT2046 的芯片，它接收触摸屏的 X+、X-、Y+、Y- 信号进行处理，把触摸信息使用 SPI 接口输出到 STM32 等控制器。注意，由于控制 XPT2046 芯片的并不是 STM32 专用的硬件 SPI 接口，所以在编写程序时，需要使用软件模拟 SPI 时序与触摸芯片进行通信。

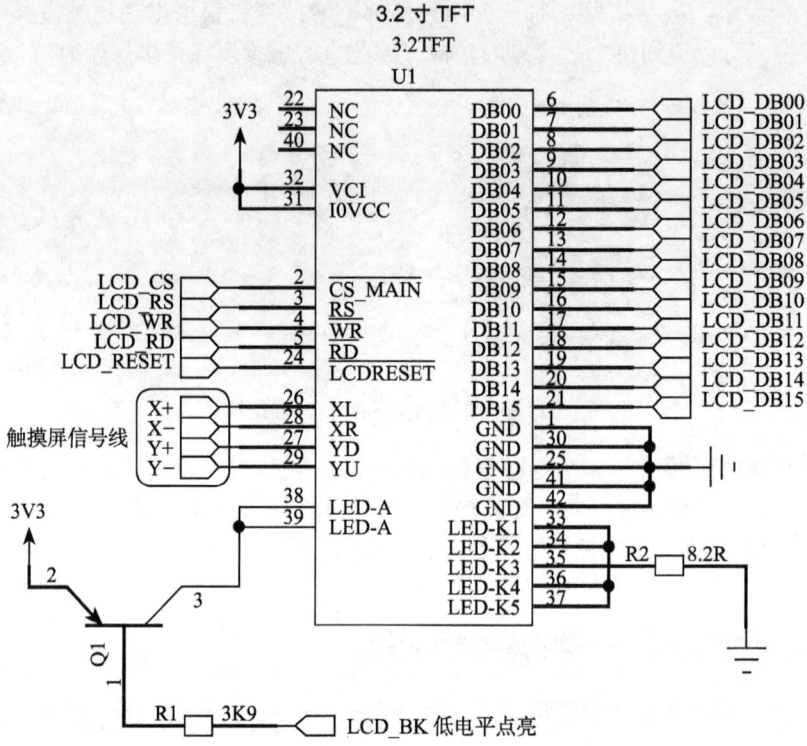

图 28-10　屏幕 PCB 底板原理图（截图于《3.2 寸液晶原理图 .pdf》）

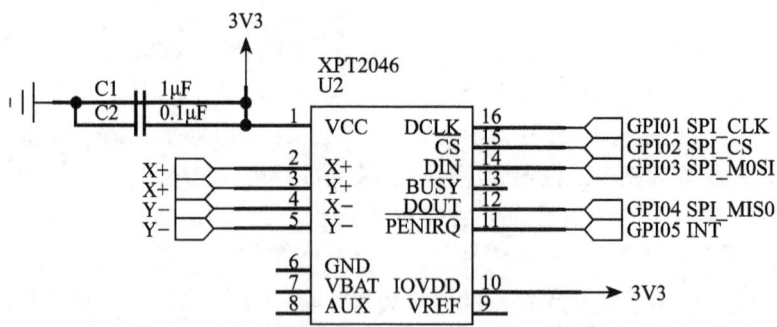

图 28-11　屏幕 PCB 底板的触摸部分原理图（截图于《3.2 寸液晶原理图 .pdf》）

图 28-12 表示的是 PCB 底板引出的排针线序，屏幕整体通过这些引出的排针与开发板或其他控制器连接。

图 28-13 是指南者开发板上的液晶排母接口原理图，它说明了配套的 3.2 寸屏幕接入开发板上时的信号连接关系。其中请着重关注图中液晶屏 LCD_CS 及 LCD_RS（DC 引脚）与 FSMC 存储区选择引脚 FSMC_NE 及地址信号 FSMC_A 的编号，它们决定 STM32 使用什么内存地址来控制与液晶屏的通信。

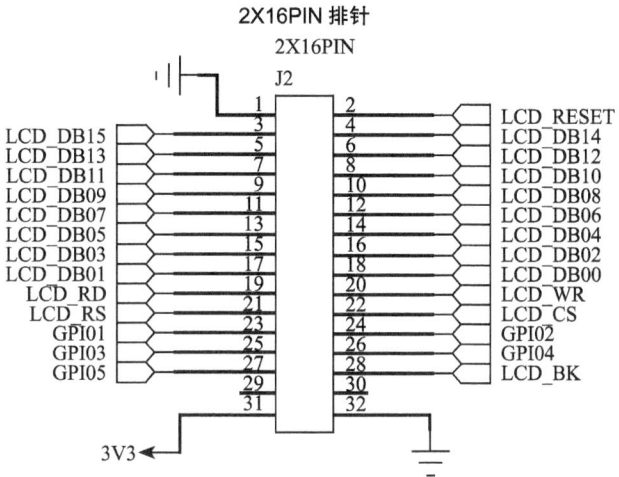

图 28-12　液晶屏接口（截图于《3.2 寸液晶原理图 .pdf》）

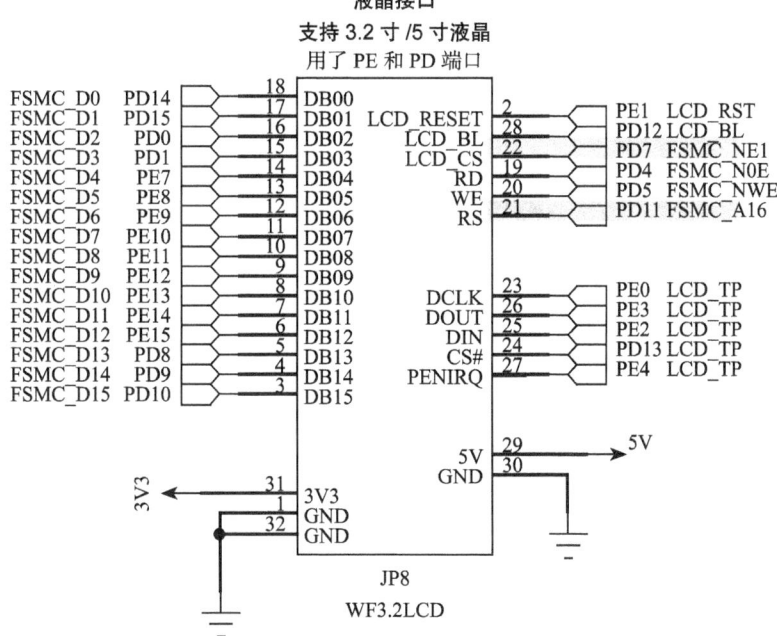

图 28-13　开发板与屏幕的连接的信号说明（截图于《指南者开发板原理图 .pdf》）

以上原理图可查阅《3.2 寸液晶原理图 .pdf》及《指南者开发板原理图 .pdf》文档获知，若您使用的液晶屏或实验板不一样，请根据实际连接的引脚修改程序。

28.2.2　软件设计

本工程中的把触摸屏相关的控制代码都存储到 bsp_xpt2046_lcd.c 及 bsp_xpt2046_lcd.h

文件中,这些文件也可根据个人喜好命名,它们不属于 STM32 标准库的内容,是由我们自己根据应用需要编写的。

1. 编程要点

1)编写软件模拟 SPI 协议的驱动;
2)编写触摸芯片的控制驱动,如发送命令字、获取触摸坐标等;
3)编写触摸校正程序;
4)编写测试程序检验驱动。

2. 代码分析

(1)触摸屏硬件相关宏定义

根据触摸屏与 STM32 芯片的硬件连接,我们把触摸屏硬件相关的配置都以宏的形式定义到 bsp_xpt2046_lcd.h 文件中,见代码清单 28-1。

代码清单28-1 触摸屏硬件配置相关的宏(bsp_xpt2046_lcd.h文件)

```
1  /************ XPT2046 触摸屏触摸信号指示引脚定义(不使用中断)*******/
2  #define    XPT2046_PENIRQ_GPIO_CLK     RCC_APB2Periph_GPIOE
3  #define    XPT2046_PENIRQ_GPIO_PORT    GPIOE
4  #define    XPT2046_PENIRQ_GPIO_PIN     GPIO_Pin_4
5
6  // 触屏信号有效电平
7  #define    XPT2046_PENIRQ_ActiveLevel   0
8  #define    XPT2046_PENIRQ_Read()        GPIO_ReadInputDataBit ( XPT2046_PENIRQ_
                                            GPIO_PORT, XPT2046_PENIRQ_GPIO_PIN )
9
10 /********* XPT2046 触摸屏模拟 SPI 引脚定义 **************/
11 #define    XPT2046_SPI_GPIO_CLK     RCC_APB2Periph_GPIOE| RCC_APB2Periph_GPIOD
12
13 #define    XPT2046_SPI_CS_PIN       GPIO_Pin_13
14 #define    XPT2046_SPI_CS_PORT      GPIOD
15
16 #define    XPT2046_SPI_CLK_PIN      GPIO_Pin_0
17 #define    XPT2046_SPI_CLK_PORT     GPIOE
18
19 #define    XPT2046_SPI_MOSI_PIN     GPIO_Pin_2
20 #define    XPT2046_SPI_MOSI_PORT    GPIOE
21
22 #define    XPT2046_SPI_MISO_PIN     GPIO_Pin_3
23 #define    XPT2046_SPI_MISO_PORT    GPIOE
24
25 #define    XPT2046_CS_ENABLE()      GPIO_SetBits ( XPT2046_SPI_CS_PORT, XPT2046_
                                        SPI_CS_PIN )
26 #define    XPT2046_CS_DISABLE()    GPIO_ResetBits ( XPT2046_SPI_CS_PORT, XPT2046_
                                        SPI_CS_PIN )
27
28 #define XPT2046_CLK_HIGH()          GPIO_SetBits ( XPT2046_SPI_CLK_PORT, XPT2046_
                                        SPI_CLK_PIN )
29 #define    XPT2046_CLK_LOW()        GPIO_ResetBits ( XPT2046_SPI_CLK_PORT,
                                        XPT2046_SPI_CLK_PIN )
30
31 #define    XPT2046_MOSI_1()         GPIO_SetBits ( XPT2046_SPI_MOSI_PORT,
                                        XPT2046_SPI_MOSI_PIN )
```

```
32 #define    XPT2046_MOSI_0()         GPIO_ResetBits ( XPT2046_SPI_MOSI_PORT,
                                         XPT2046_SPI_MOSI_PIN )
33
34 #define    XPT2046_MISO()           GPIO_ReadInputDataBit ( XPT2046_SPI_MISO_
                                         PORT, XPT2046_SPI_MISO_PIN )
35
```

以上代码根据硬件的连接,把 STM32 与触摸屏通信使用的引脚号和控制 CS/CLK/MOSI 引脚输出高低电平的操作、读取 MISO 引脚电平状态的操作都使用宏封装了起来,以便后面制作模拟 SPI 时序的驱动。另外,本驱动中 XPT2046 的 PENIRQ 触摸信号并没有使用中断检测,而是使用普通的引脚电平轮询获取状态。

(2) 初始化触摸屏控制引脚

利用上面的宏,编写触摸屏控制引脚的初始化函数,见代码清单 28-2。

代码清单28-2　触摸屏控制引脚的GPIO初始化函数(bsp_xpt2046_lcd.c文件)

```
1
2  /**
3    * @brief  XPT2046 初始化函数
4    * @param  无
5    * @retval 无
6    */
7  void XPT2046_Init ( void )
8  {
9      GPIO_InitTypeDef  GPIO_InitStructure;
10     /* 开启 GPIO 时钟 */
11 RCC_APB2PeriphClockCmd ( XPT2046_SPI_GPIO_CLK|XPT2046_PENIRQ_GPIO_CLK,
12 ENABLE );
13
14     /* 模拟 SPI GPIO 初始化 */
15     GPIO_InitStructure.GPIO_Pin=XPT2046_SPI_CLK_PIN;
16     GPIO_InitStructure.GPIO_Speed=GPIO_Speed_10MHz ;
17     GPIO_InitStructure.GPIO_Mode=GPIO_Mode_Out_PP;
18     GPIO_Init(XPT2046_SPI_CLK_PORT, &GPIO_InitStructure);
19
20     GPIO_InitStructure.GPIO_Pin = XPT2046_SPI_MOSI_PIN;
21     GPIO_Init(XPT2046_SPI_MOSI_PORT, &GPIO_InitStructure);
22
23     GPIO_InitStructure.GPIO_Pin = XPT2046_SPI_MISO_PIN;
24     GPIO_InitStructure.GPIO_Speed = GPIO_Speed_10MHz ;
25     GPIO_InitStructure.GPIO_Mode = GPIO_Mode_IPU;
26     GPIO_Init(XPT2046_SPI_MISO_PORT, &GPIO_InitStructure);
27
28     GPIO_InitStructure.GPIO_Pin = XPT2046_SPI_CS_PIN;
29     GPIO_InitStructure.GPIO_Speed = GPIO_Speed_10MHz ;
30     GPIO_InitStructure.GPIO_Mode = GPIO_Mode_Out_PP;
31     GPIO_Init(XPT2046_SPI_CS_PORT, &GPIO_InitStructure);
32
33     /* 拉低片选,选择 XPT2046 */
34     XPT2046_CS_DISABLE();
35
36     // 触摸屏触摸信号指示引脚,不使用中断
37     GPIO_InitStructure.GPIO_Pin = XPT2046_PENIRQ_GPIO_PIN;
```

```
38      GPIO_InitStructure.GPIO_Mode = GPIO_Mode_IPU;    // 上拉输入
39      GPIO_Init(XPT2046_PENIRQ_GPIO_PORT, &GPIO_InitStructure);
40  }
```

以上函数直接初始化了触摸屏用到的 SPI 信号线,由于使用软件模拟 SPI 协议的方式,所以它把 MISO 设置为输入,其余的 MOSI、CLK、CS 引脚均配置为普通的推挽输出模式,而 PENIRQ 作为触摸信号的输入检测,它也被设置成输入模式。

(3)模拟 SPI 协议的读写时序

初始化完引脚,即可编写 SPI 协议的模拟时序,见代码清单 28-3。

代码清单28-3　模拟SPI的读写时序(bsp_xpt2046_lcd.c文件)

```
1
2   /**
3     * @brief   用于 XPT2046 的简单微秒级延时函数
4     * @param   nCount : 延时计数值,单位为微秒
5     * @retval  无
6     */
7   static void XPT2046_DelayUS ( __IO uint32_t ulCount )
8   {
9       uint32_t i;
10
11      for ( i = 0; i < ulCount; i ++ ) {
12          uint8_t uc = 12;        // 设置值为12,大约延1微秒
13          while ( uc -- );        // 延1微秒
14      }
15  }
16
17  /**
18    * @brief   XPT2046 的写入命令
19    * @param   ucCmd : 命令
20    *          该参数为以下值之一:
21    *          @arg 0x90 : 通道 Y+ 的选择控制字
22    *          @arg 0xd0 : 通道 X+ 的选择控制字
23    * @retval  无
24    */
25  static void XPT2046_WriteCMD ( uint8_t ucCmd )
26  {
27      uint8_t i;
28
29      XPT2046_MOSI_0();
30      XPT2046_CLK_LOW();
31
32      for ( i = 0; i < 8; i ++ ) {
33  ( ( ucCmd >> ( 7 - i ) ) & 0x01 ) ? XPT2046_MOSI_1() : XPT2046_MOSI_0();
34          XPT2046_DelayUS ( 5 );
35          XPT2046_CLK_HIGH();
36          XPT2046_DelayUS ( 5 );
37          XPT2046_CLK_LOW();
38      }
39  }
40
41  /**
42    * @brief   XPT2046 的读取数据
43    * @param   无
```

```
44      * @retval 读取到的数据
45      */
46  static uint16_t XPT2046_ReadCMD ( void )
47  {
48      uint8_t i;
49      uint16_t usBuf=0, usTemp;
50
51      XPT2046_MOSI_0();
52      XPT2046_CLK_HIGH();
53
54      for ( i=0; i<12; i++ ) {
55          XPT2046_CLK_LOW();
56          usTemp = XPT2046_MISO();
57          usBuf |= usTemp << ( 11 - i );
58          XPT2046_CLK_HIGH();
59      }
60      return usBuf;
61  }
```

SPI 协议的读写时序都比较简单,只要驱动好一个时钟信号传输一个数据位即可,发送数据时使用 MOSI 引脚输出电平,读取数据时从 MISO 引脚获取状态。

代码中的 XPT2046_WriteCMD 函数主要在后面用于发送控制触摸芯片的命令代码,发送不同的命令可以控制触摸芯片检测 X 坐标或 Y 坐标的触摸信号,该命令代码一般为 8 个数据位;而 XPT2046_ReadCMD 函数主要在后面用于读取触摸芯片输出的 ADC 电压值,这些 ADC 电压值一般为 12 个数据位。

(4) 获取触摸原始数据

利用 XPT2046_WriteCMD 及 XPT2046_ReadCMD 函数,可控制触摸屏检测并获取触摸的原始 ADC 数据,见代码清单 28-4。

代码清单28-4 获取触摸原始数据(bsp_xpt2046_lcd.c文件)

```
1
2   #define  XPT2046_CHANNEL_X    0x90      // 通道 Y+ 的选择控制字
3   #define  XPT2046_CHANNEL_Y    0xd0      // 通道 X+ 的选择控制字
4
5
6   /**
7     * @brief   对 XPT2046 选择一个模拟通道后,启动 ADC,并返回 ADC 采样结果
8     * @param   ucChannel
9     *          该参数为以下值之一:
10    *          @arg 0x90 :通道 Y+ 的选择控制字
11    *          @arg 0xd0 :通道 X+ 的选择控制字
12    * @retval  该通道的 ADC 采样结果
13    */
14  static uint16_t XPT2046_ReadAdc ( uint8_t ucChannel )
15  {
16      XPT2046_WriteCMD ( ucChannel );
17      return  XPT2046_ReadCMD ();
18  }
19
20
21  /**
22    * @brief   读取 XPT2046 的 X 通道和 Y 通道的 AD 值(12 位,最大是 4096)
```

```c
23    *  @param    sX_Ad : 存放 X 通道 AD 值的地址
24    *  @param    sY_Ad : 存放 Y 通道 AD 值的地址
25    *  @retval   无
26    */
27   static void XPT2046_ReadAdc_XY ( int16_t * sX_Ad, int16_t * sY_Ad )
28   {
29       int16_t sX_Ad_Temp, sY_Ad_Temp;
30
31       sX_Ad_Temp = XPT2046_ReadAdc ( XPT2046_CHANNEL_X );
32       XPT2046_DelayUS ( 1 );
33       sY_Ad_Temp = XPT2046_ReadAdc ( XPT2046_CHANNEL_Y );
34
35       * sX_Ad = sX_Ad_Temp;
36       * sY_Ad = sY_Ad_Temp;
37   }
```

根据触摸芯片的要求，发送命令代码 XPT2046_CHANNEL_X(0x90) 后，电阻屏的 X 方向会通电，然后触摸屏使用 Y 通道检测得电压，获取到触摸点 X 方向的 ADC 原始值；发送命令代码 XPT2046_CHANNEL_Y(0xd0) 后，电阻屏的 Y 方向会通电，然后触摸屏使用 X 通道检测得电压，获取到触摸点 Y 方向的 ADC 原始值。把该过程封装起来，即可得到 XPT2046_ReadAdc 及 XPT2046_ReadAdc_XY 函数，实际应用中通常直接调用 XPT2046_ReadAdc_XY 函数，以检测两个方向的触摸数据。

（5）多次采样求平均值

为了使得采样更精确，工程中使用代码清单 28-5 中的函数来采集最终使用的数据。

代码清单28-5　多次采样求平均值（bsp_xpt2046_lcd.c文件）

```c
1
2    typedef struct {          // 液晶坐标结构体
3        /* 负数值表示无新数据 */
4        int16_t x;            // 记录最新的触摸参数值
5        int16_t y;
6
7        /*用于记录连续触摸时（长按）的上一次触摸位置 */
8        int16_t pre_x;
9        int16_t pre_y;
10
11   } strType_XPT2046_Coordinate;
12
13   /**
14     * @brief   在触摸 XPT2046 屏幕时获取一组坐标的 AD 值，并对该坐标进行滤波
15     * @param   无
16     * @retval  滤波之后的坐标 AD 值
17     */
18   static uint8_t XPT2046_ReadAdc_Smooth_XY ( strType_XPT2046_Coordinate *
19                                              pScreenCoordinate )
20   {
21       uint8_t ucCount = 0, i;
22           int16_t sAD_X, sAD_Y;
23           // 对坐标 X 和 Y 进行多次采样
24           int16_t sBufferArray [ 2 ] [ 10 ] = { { 0 },{ 0 } };
25
26           // 存储采样中的最小值、最大值
```

```
27          int32_t lX_Min, lX_Max, lY_Min, lY_Max;
28
29          /* 循环采样 10 次 */
30          do {
31              XPT2046_ReadAdc_XY ( & sAD_X, & sAD_Y );
32              sBufferArray [ 0 ] [ ucCount ] = sAD_X;
33              sBufferArray [ 1 ] [ ucCount ] = sAD_Y;
34
35              ucCount ++;
36          } while ( ( XPT2046_PENIRQ_Read() == XPT2046_PENIRQ_ActiveLevel ) &&
37                    ( ucCount < 10 ) );
38          //用户点击触摸屏时即 TP_INT_IN 信号为低, 并且 ucCount<10
39
40          /* 如果触摸释放 */
41          if ( XPT2046_PENIRQ_Read() != XPT2046_PENIRQ_ActiveLevel )
42              ucXPT2046_TouchFlag = 0;              // 中断标志复位
43
44          /* 成功采样 10 个样本 */
45          if ( ucCount ==10 ) {
46              lX_Max = lX_Min = sBufferArray [ 0 ] [ 0 ];
47              lY_Max = lY_Min = sBufferArray [ 1 ] [ 0 ];
48
49              for ( i = 1; i < 10; i ++ ) {
50                  if ( sBufferArray[ 0 ] [ i ] < lX_Min )
51                      lX_Min = sBufferArray [ 0 ] [ i ];
52
53                  else if ( sBufferArray [ 0 ] [ i ] > lX_Max )
54                      lX_Max = sBufferArray [ 0 ] [ i ];
55
56              }
57
58              for ( i = 1; i < 10; i ++ ) {
59                  if ( sBufferArray [ 1 ] [ i ] < lY_Min )
60                      lY_Min = sBufferArray [ 1 ] [ i ];
61
62                  else if ( sBufferArray [ 1 ] [ i ] > lY_Max )
63                      lY_Max = sBufferArray [ 1 ] [ i ];
64
65              }
66
67              /* 去除最小值和最大值之后求平均值 */
68              pScreenCoordinate ->x =  ( sBufferArray [ 0 ] [ 0 ] +
69                                         sBufferArray [ 0 ] [ 1 ] +
70                                         sBufferArray [ 0 ] [ 2 ] +
71                                         sBufferArray [ 0 ] [ 3 ] +
72                                         sBufferArray [ 0 ] [ 4 ] +
73                                         sBufferArray [ 0 ] [ 5 ] +
74                                         sBufferArray [ 0 ] [ 6 ] +
75                                         sBufferArray [ 0 ] [ 7 ] +
76                                         sBufferArray [ 0 ] [ 8 ] +
77                                         sBufferArray [ 0 ] [ 9 ] - lX_Min-lX_Max ) >> 3;
78
79              pScreenCoordinate ->y =  ( sBufferArray [ 1 ] [ 0 ] +
80                                         sBufferArray [ 1 ] [ 1 ] +
81                                         sBufferArray [ 1 ] [ 2 ] +
82                                         sBufferArray [ 1 ] [ 3 ] +
```

```
83                                              sBufferArray [ 1 ] [ 4 ] +
84                                              sBufferArray [ 1 ] [ 5 ] +
85                                              sBufferArray [ 1 ] [ 6 ] +
86                                              sBufferArray [ 1 ] [ 7 ] +
87                                              sBufferArray [ 1 ] [ 8 ] +
88                                  sBufferArray [ 1 ] [ 9 ] - lY_Min-lY_Max ) >> 3;
89
90          return 1;
91      }
92      return 0;
93 }
```

本函数有一个输入参数 strType_XPT2046_Coordinate 类型的结构体，它主要包含 x/y/pre_x/pre_y 四个结构体成员，其中 x/y 是用来存储最新的触摸参数值的，而 pre_x/pre_y 用于存储上一次的触摸点。本函数中仅使用了 x/y 结构体成员值，且使用它存储触摸屏的原始触摸数据，即 ADC 值。

代码中对 X、Y 坐标各采样 10 次，然后去除最大值、最小值后再取平均，计算结果存储在结构体中的 x/y 成员值中。

（6）根据原始数据计算坐标值

由 XPT2046_ReadAdc_Smooth_XY 函数得到触摸原始数据后，再使用代码清单 28-6 中的 XPT2046_Get_TouchedPoint，即可计算出对应的触摸坐标。

代码清单28-6 根据原始数据计算坐标值（bsp_xpt2046_lcd.c文件）

```
1
2  typedef struct {            // 校准系数结构体（最终使用）
3      float dX_X,
4            dX_Y,
5            dX,
6            dY_X,
7            dY_Y,
8            dY;
9  } strType_XPT2046_TouchPara;
10
11 // 默认触摸参数，不同的屏幕稍有差异，可重新调用触摸校准函数获取
12 strType_XPT2046_TouchPara strXPT2046_TouchPara[] = {
13     -0.006464,  -0.073259,   280.358032,    0.074878,    0.002052,
       -6.545977,// 扫描方式 0
14      0.086314,   0.001891,   -12.836658,   -0.003722,   -0.065799,
       254.715714,// 扫描方式 1
15      0.002782,   0.061522,   -11.595689,    0.083393,    0.005159,
       -15.650089,// 扫描方式 2
16      0.089743,  -0.000289,   -20.612209,   -0.001374,    0.064451,
       -16.054003,// 扫描方式 3
17      0.000767,  -0.068258,   250.891769,   -0.085559,   -0.000195,
       334.747650,// 扫描方式 4
18     -0.084744,   0.000047,   323.163147,   -0.002109,   -0.066371,
       260.985809,// 扫描方式 5
19     -0.001848,   0.066984,   -12.807136,   -0.084858,   -0.000805,
       333.395386,// 扫描方式 6
20     -0.085470,  -0.000876,   334.023163,   -0.003390,    0.064725,
       -6.211169,// 扫描方式 7
```

```c
 21 };
 22
 23 // 液晶屏扫描模式，本变量主要用于方便选择触摸屏的计算参数
 24 // 参数可选值为 0～7
 25 // 调用 ILI9341_GramScan 函数设置方向时会自动更改
 26 // LCD 刚初始化完成时会使用本默认值
 27 uint8_t LCD_SCAN_MODE = 6;
 28
 29 /**
 30   * @brief   获取 XPT2046 触摸点（校准后）的坐标
 31   * @param   pDisplayCoordinate: 该指针存放获取到的触摸点坐标
 32   * @param   pTouchPara: 坐标校准系数
 33   * @retval  获取情况
 34   *    该返回值为以下值之一：
 35   *       @arg 1 : 获取成功
 36   *       @arg 0 : 获取失败
 37   */
 38 uint8_t XPT2046_Get_TouchedPoint ( strType_XPT2046_Coordinate * pDisplayCoordinate,
 39                                    strType_XPT2046_TouchPara * pTouchPara )
 40 {
 41     uint8_t ucRet = 1;              // 若正常，则返回 0
 42     strType_XPT2046_Coordinate strScreenCoordinate;
 43
 44     if ( XPT2046_ReadAdc_Smooth_XY ( & strScreenCoordinate ) ) {
 45         pDisplayCoordinate ->x = ( ( pTouchPara[LCD_SCAN_MODE].dX_X *
 46                                     strScreenCoordinate.x ) +
 47             ( pTouchPara[LCD_SCAN_MODE].dX_Y * strScreenCoordinate.y ) +
 48                                     pTouchPara[LCD_SCAN_MODE].dX );
 49
 50         pDisplayCoordinate ->y = ( ( pTouchPara[LCD_SCAN_MODE].dY_X *
 51                                     strScreenCoordinate.x ) +
 52             ( pTouchPara[LCD_SCAN_MODE].dY_Y * strScreenCoordinate.y ) +
 53                                     pTouchPara[LCD_SCAN_MODE].dY );
 54     } else ucRet = 0;               // 如果获取的触点信息有误，则返回 0
 55
 56     return ucRet;
 57 }
 58
```

在实际应用中，并不会使用前面介绍触摸原理时讲解的直接按比例运算把触摸原始数据物理坐标转换成与液晶屏像素对应的 XY 逻辑坐标（如触摸屏输出的原始数据范围为 0～2045，液晶屏的像素 X、Y 坐标为 0～239 及 0～319），那种直接转换的方式误差比较大，所以通常会采用"多点触摸校正法"来转换坐标。使用这种方式时，在应用前需要校正屏幕。校正时，使用液晶屏在特定的位置显示几个点要求用户点击，根据触摸校准算法的数学关系把逻辑坐标与物理坐标转换公式的各个系数计算出来。

这些触摸转换系数，在我们上述代码中使用 strType_XPT2046_TouchPara 类型来存储，一共有 6 个系数。利用这个数据类型，代码中定义了一个数组 strXPT2046_TouchPara，它存储了液晶屏在 8 个扫描方向时使用的转换系数，这些系数是编写代码时使用某个液晶屏测试出来的，作为默认转换系数，不同的液晶屏，这些转换系数会稍有差异，若在实际使用中感觉触摸不准确，可以使用校准函数 XPT2046_Touch_Calibrate 来重新计算自己屏幕的

转换系数。

而本代码中列出的 XPT2046_Get_TouchedPoin 函数,可利用两用的转换系数计算出当前的触摸逻辑坐标。它有两个输入参数:一个参数 pDisplayCoordinate 用于存储计算后得到的触摸逻辑坐标,作为计算输出,这坐标与液晶屏对应;而参数 pTouchPara 即为校准系数,作为计算输入。在函数的内部,它先调用 XPT2046_ReadAdc_Smooth_XY 检测触摸点的原始数据物理坐标,然后代入公式中计算输出逻辑坐标。

(7) 触摸校正

触摸校正函数 XPT2046_Touch_Calibrate 的代码涉及的都是数学函数映射关系的运算,比较复杂,此处仅讲解原理,在工程应用需要校正时,可采用代码清单28-7中的 Calibrate_or_Get_TouchParaWithFlash 函数。

代码清单28-7　校正并存储转换系数到SPI Flash(bsp_xpt2046_lcd.c文件)

```
1
2  //触摸参数写到Flash里的标志
3  #define    Flash_TOUCH_PARA_FLAG_VALUE     0xA5
4
5  //触摸标志写到Flash里的地址
6  #define    Flash_TOUCH_PARA_FLAG_ADDR      (1*1024)
7
8  //触摸参数写到Flash里的地址
9  #define    Flash_TOUCH_PARA_ADDR           (2*1024)
10
11 /**
12   * @brief   从Flash中获取或重新校正触摸参数(校正后会写入SPI Flash中)
13   * @note    若Flash中从未写入过触摸参数,会触发校正程序校正LCD_Mode指定模式的触摸参数
14   *          此时其他模式写入默认值
15   *
16   *          若Flash中已有触摸参数,且不强制重新校正
17   *            会直接使用Flash里的触摸参数值
18   *
19   *          每次校正时只会更新指定的LCD_Mode模式的触摸参数,其他模式的不变
20   * @note    本函数调用后会把液晶模式设置为LCD_Mode
21   *
22   * @param   LCD_Mode:要校正触摸参数的液晶模式
23   * @param   forceCal:是否强制重新校正参数,可以为以下值
24   *     @arg 1:强制重新校正
25   *     @arg 0:只有当Flash中不存在触摸参数标志时才重新校正
26   * @retval  无
27   */
28 void Calibrate_or_Get_TouchParaWithFlash(uint8_t LCD_Mode,
                                            uint8_t forceCal)
29 {
30     uint8_t para_flag=0;
31
32     //初始化Flash
33     SPI_Flash_Init();
34
35     //读取触摸参数标志
36     SPI_Flash_BufferRead(&para_flag,Flash_TOUCH_PARA_FLAG_ADDR,1);
37
```

```
38        // 若不存在标志或 florceCal=1 时，重新校正参数
39        if (para_flag != Flash_TOUCH_PARA_FLAG_VALUE | forceCal ==1) {
40             // 若标志存在，说明原本 Flash 内有触摸参数
41             // 先读回所有 LCD 模式的参数值，以便稍后强制更新时只更新指定 LCD 模式的参数
42             // 其他模式的不变
43        if ( para_flag == Flash_TOUCH_PARA_FLAG_VALUE && forceCal == 1) {
44 SPI_Flash_BufferRead((uint8_t *)&strXPT2046_TouchPara,Flash_TOUCH_PARA_
   ADDR,4*6*8);
45        }
46
47             // 等待触摸屏校正完毕，更新指定 LCD 模式的触摸参数值
48             while ( ! XPT2046_Touch_Calibrate (LCD_Mode) );
49
50             // 擦除扇区
51             SPI_Flash_SectorErase(0);
52
53             // 设置触摸参数标志
54             para_flag = Flash_TOUCH_PARA_FLAG_VALUE;
55             // 写入触摸参数标志
56             SPI_Flash_BufferWrite(&para_flag,Flash_TOUCH_PARA_FLAG_ADDR,1);
57             // 写入最新的触摸参数
58 SPI_Flash_BufferWrite((uint8_t*)&strXPT2046_TouchPara,Flash_TOUCH_PARA_
   ADDR,4*6*8);
59        } else {    // 若标志存在且不强制校正，则直接从 Flash 中读取
60 SPI_Flash_BufferRead((uint8_t *)&strXPT2046_TouchPara,Flash_TOUCH_PARA_
   ADDR,4*6*8);
61        }
62 }
```

本函数实际上对触摸校正函数 XPT2046_Touch_Calibrate 做了封装，加入了把转换系数存储在外部 SPI Flash 的功能，以便下次板子重新上电也能使用上一次的校正得到的系数。在调用时，使用 LCD_Mode 参数选择要校正的液晶扫描模式，使用 forceCal 选择是否要强制校正；该函数调用后会触发 XPT2046_Touch_Calibrate 的校正函数，在屏幕上显示几个触点提示用户点击，若校正成功，则会把转换系数写入外部的 SPI Flash 空间中，并加入记录标志，下次再调用本函数的时候，若不是使用 forceCal 设置成强制校正是不会触发重新校正的过程的。

（8）触摸检测状态机

前面介绍的函数都是与获取坐标相关的，然而那些函数并不需要长期调用，只在检测到触摸信号的时候，再去检测坐标即可。检测触摸信号可以使用代码清单 28-8 中的触摸状态机检测。

代码清单28-8　触摸检测状态机（bsp_xpt2046_lcd.c文件）

```
1
2 /****** 触摸状态机相关 ******/
3
4 // 触屏信号有效电平
5 #define   XPT2046_PENIRQ_ActiveLevel   0
6 #define   XPT2046_PENIRQ_Read()        GPIO_ReadInputDataBit ( XPT2046_PENIRQ_
  GPIO_PORT, XPT2046_PENIRQ_GPIO_PIN )
```

```c
 7
 8
 9 typedef enum {
10     XPT2046_STATE_RELEASE  = 0,   //触摸释放
11     XPT2046_STATE_WAITING,        //触摸消抖等待
12     XPT2046_STATE_PRESSED,        //触摸按下
13 } enumTouchState  ;
14
15 #define TOUCH_PRESSED            1
16 #define TOUCH_NOT_PRESSED        0
17
18 //触摸消抖阈值
19 #define DURIATION_TIME           2
20
21 /**
22   * @brief  触摸屏检测状态机
23   * @retval 触摸状态
24   *    该返回值为以下值之一:
25   *      @arg TOUCH_PRESSED :触摸按下
26   *      @arg TOUCH_NOT_PRESSED :无触摸
27   */
28 uint8_t XPT2046_TouchDetect(void)
29 {
30     static enumTouchState touch_state = XPT2046_STATE_RELEASE;
31     static uint32_t i;
32     uint8_t detectResult = TOUCH_NOT_PRESSED;
33
34     switch (touch_state) {
35     case XPT2046_STATE_RELEASE:
36         if (XPT2046_PENIRQ_Read() == XPT2046_PENIRQ_ActiveLevel) {
37             //第一次出现触摸信号
38             touch_state = XPT2046_STATE_WAITING;
39             detectResult =TOUCH_NOT_PRESSED;
40         } else {  //无触摸
41             touch_state = XPT2046_STATE_RELEASE;
42             detectResult =TOUCH_NOT_PRESSED;
43         }
44         break;
45
46     case XPT2046_STATE_WAITING:
47         if (XPT2046_PENIRQ_Read() == XPT2046_PENIRQ_ActiveLevel) {
48             i++;
49             //等待时间大于阈值则认为触摸按下
50             //消抖时间 = DURIATION_TIME * 本函数被调用的时间间隔
51     //如在定时器中调用,每10ms调用一次,则消抖时间为:DURIATION_TIME×10ms
52             if (i > DURIATION_TIME) {
53                 i=0;
54                 touch_state = XPT2046_STATE_PRESSED;
55                 detectResult = TOUCH_PRESSED;
56             } else {          //等待时间累加
57                 touch_state = XPT2046_STATE_WAITING;
58                 detectResult =   TOUCH_NOT_PRESSED;
59             }
60         } else {   //等待时间值未达到阈值就为无效电平,当成抖动处理
61             i = 0;
```

```
62                touch_state = XPT2046_STATE_RELEASE;
63                detectResult = TOUCH_NOT_PRESSED;
64            }
65            break;
66
67        case XPT2046_STATE_PRESSED:
68            if (XPT2046_PENIRQ_Read() == XPT2046_PENIRQ_ActiveLevel) {
69                // 触摸持续按下
70                touch_state = XPT2046_STATE_PRESSED;
71                detectResult = TOUCH_PRESSED;
72            } else {    // 触摸释放
73                touch_state = XPT2046_STATE_RELEASE;
74                detectResult = TOUCH_NOT_PRESSED;
75            }
76            break;
77
78        default:
79            touch_state = XPT2046_STATE_RELEASE;
80            detectResult = TOUCH_NOT_PRESSED;
81            break;
82    }
83    return detectResult;
84 }
85
```

当触摸屏有触点按下时，PENIRQ 引脚会输出低电平，直到没有触摸的时候，它才会输出高电平；而且 STM32 的中断只支持边沿触发（上升沿或下降沿），不支持电平触发，在触摸屏上存在类似机械按键的信号抖动，所以如果使用中断的方式来检测触摸状态并不适合，难以辨别触摸按下及释放的情况。

状态机编程是一种非常高效的编程方式，它非常适合应用在涉及状态转换的过程控制中。上述代码采用状态机的编程方式对触摸状态进行检测，主要涉及触摸的按下、消抖及释放这 3 种状态转换。在应用时，本函数需要在循环体里调用，或定时调用（如每隔 10ms 调用一次），其状态转换关系见图 28-14。

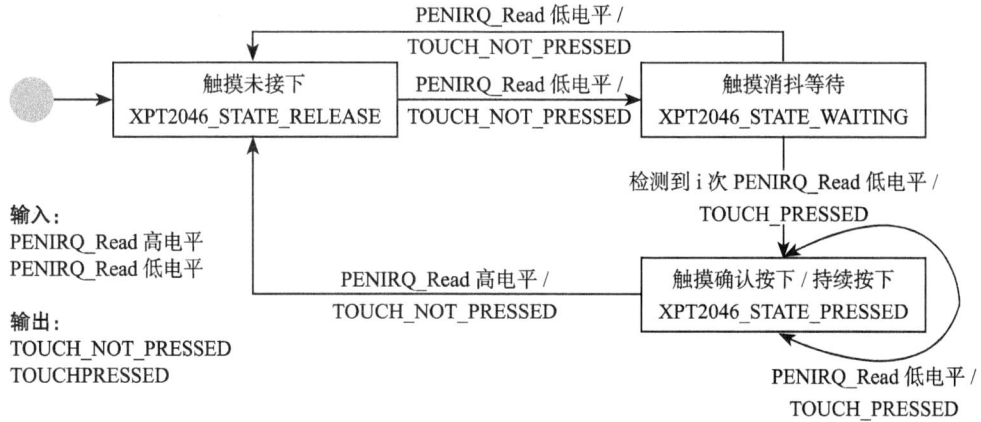

图 28-14　触摸检测状态转换图

在代码中，通过使用 XPT2046_PENIRQ_Read 函数获取当前 PENIRQ 引脚的电平，再根据当前的状态决定是否转换进入下一个状态。若经过消抖处理后进入"触摸确认按下/持续按下（XPT2046_STATE_PRESSED）"状态时，函数会返回 TOUCH_PRESSED 表示触摸被按下，其余状态返回 TOUCH_NOT_PRESSED 表示触摸无按下或释放状态。代码中的触摸消抖等待状态中，实质是通过延时、多次检测 PENIRQ 引脚的电平达到消抖的目的，若 XPT2046_TouchDetect 函数每隔 10ms 被调用一次，那么消抖的延时值则为 DURIATION_TIME×10ms，可以根据实际情况适当调整该消抖阈值。

（9）触摸坐标获取及处理

XPT2046_TouchDetect 函数只是检测了触摸是否被按下的状态，当触摸被按下时，还要调用前面介绍的 XPT2046_Get_TouchedPoint 函数获取触摸点的坐标，然后再处理。为便于使用，我们把这方面的操作封装到代码清单28-9 中的 XPT2046_TouchEvenHandler 函数中。

代码清单28-9　触摸坐标获取及处理（bsp_xpt2046_lcd.c文件）

```
1
2  typedef struct {         // 液晶坐标结构体
3      /* 负数值表示无新数据 */
4      int16_t x;            // 记录最新的触摸参数值
5      int16_t y;
6
7      /* 用于记录连续触摸时（长按）的上一次触摸位置 */
8      int16_t pre_x;
9      int16_t pre_y;
10
11 } strType_XPT2046_Coordinate;
12
13 /**
14  * @brief    检测到触摸中断时调用的处理函数，通过它调用 tp_down 和 tp_up 汇报触摸点
15  * @note     本函数需要在 while 循环里被调用，也可使用定时器定时调用
16  *
17  * 例如，可以每隔 5ms 调用一次，消抖阈值宏 DURIATION_TIME 可设置为 2
18  * 这样每秒最多可以检测 100 个点
19  * 可在 XPT2046_TouchDown 及 XPT2046_TouchUp 函数中编写自己的触摸应用
20  * @param    无
21  * @retval   无
22  */
23 void XPT2046_TouchEvenHandler(void )
24 {
25     static strType_XPT2046_Coordinate cinfo= {-1,-1,-1,-1};
26
27     if (XPT2046_TouchDetect() == TOUCH_PRESSED) {
28         LED_GREEN;
29
30         // 获取触摸坐标
31         XPT2046_Get_TouchedPoint(&cinfo,strXPT2046_TouchPara);
32
33         // 输出调试信息到串口
34         XPT2046_DEBUG( "x=%d,y=%d",cinfo.x,cinfo.y);
35
36         // 调用触摸被按下时的处理函数，可在该函数中编写自己的触摸按下处理过程
```

```c
37              XPT2046_TouchDown(&cinfo);
38
39              /* 更新触摸信息到 pre xy */
40              cinfo.pre_x = cinfo.x;
41              cinfo.pre_y = cinfo.y;
42          } else {
43              LED_BLUE;
44
45              // 调用触摸被释放时的处理函数，可在该函数中编写自己的触摸释放处理过程
46              XPT2046_TouchUp(&cinfo);
47
48              /* 触笔释放，把 xy 重置为负 */
49              cinfo.x = -1;
50              cinfo.y = -1;
51              cinfo.pre_x = -1;
52              cinfo.pre_y = -1;
53          }
54  }
55
56
57
58  /**
59    * @brief   触摸屏被按下的时候会调用本函数
60    * @param   touch 包含触摸坐标的结构体
61    * @note    请在本函数中编写自己的触摸按下处理应用
62    * @retval  无
63    */
64  void XPT2046_TouchDown(strType_XPT2046_Coordinate * touch)
65  {
66      // 若为负值表示之前已处理过
67      if (touch->pre_x == -1 && touch->pre_x == -1)
68          return;
69
70      /*** 在此处编写自己的触摸按下处理应用 ***/
71
72      /* 处理触摸画板的选择按钮 */
73      Touch_Button_Down(touch->x,touch->y);
74
75      /* 处理描绘轨迹 */
76      Draw_Trail(touch->pre_x,touch->pre_y,touch->x,touch->y,&brush);
77
78      /*** 在上面编写自己的触摸按下处理应用 ***/
79
80
81  }
82
83  /**
84    * @brief   触摸屏释放的时候会调用本函数
85    * @param   touch 包含触摸坐标的结构体
86    * @note    请在本函数中编写自己的触摸释放处理应用
87    * @retval  无
88    */
89  void XPT2046_TouchUp(strType_XPT2046_Coordinate * touch)
90  {
91      // 若为负值表示之前已处理过
```

```c
 92        if (touch->pre_x == -1 && touch->pre_x == -1)
 93            return;
 94
 95        /*** 在此处编写自己的触摸释放处理应用 ***/
 96
 97        /* 处理触摸画板的选择按钮 */
 98        Touch_Button_Up(touch->pre_x,touch->pre_y);
 99
100         /*** 在上面编写自己的触摸释放处理应用 ***/
101    }
```

由于 XPT2046_TouchEvenHandler 函数带有 XPT2046_TouchDetect 状态机检测,所以它需要被循环或定时调用,以实现状态转换。当确认有触摸按下时,它会调用 XPT2046_Get_TouchedPoint 获取当前触摸坐标,并使用 XPT2046_TouchDown 函数根据触摸坐标进行处理,当触摸释放时,调用 XPT2046_TouchUp 函数处理释放坐标。

XPT2046_TouchDown 和 XPT2046_TouchUp 函数是一个接口,用户可以根据自己的应用编写相应的触摸处理程序,把触摸按下和释放的处理加入到上述函数即可。在本工程中加入了触摸画板的按钮处理(Touch_Button_Down/Up)和绘制触摸笔迹(Draw_Trail)的操作,关于触摸画板应用的内容在 palette.c 及 palette.h 文件中,这些都是与 STM32 无关的上层应用,感兴趣的读者可在工程中阅读,本书就不讲解这些内容了。

3. main 函数

完成了触摸屏的驱动,就可以应用了。以下我们来看工程的主体 main 函数,见代码清单 28-10。

代码清单28-10　main函数

```c
 1
 2
 3 int main(void)
 4 {
 5      // LCD 初始化
 6      ILI9341_Init();
 7
 8      // 触摸屏初始化
 9      XPT2046_Init();
10      // 从 Flash 里获取校正参数,若 Flash 无参数,则使用模式 3 进行校正
11      Calibrate_or_Get_TouchParaWithFlash(3,0);
12
13      /* USART config */
14      USART_Config();
15      LED_GPIO_Config();
16
17      printf("\r\n ********** 触摸画板程序 ********** \r\n");
18      printf("\r\n 若汉字显示不正常,请阅读工程中的 readme.
19              txt 文件说明,根据要求给 Flash 重刷字模数据 \r\n");
20
21      // 其中 0、3、5、6 模式适合从左至右显示文字,
22      // 不推荐使用其他模式显示文字,其他模式显示文字会有镜像效果
23      // 其中模式 6 为大部分液晶例程的默认显示方向
24      ILI9341_GramScan ( 3 );
```

```
25
26          // 绘制触摸画板界面
27          Palette_Init(LCD_SCAN_MODE);
28
29          while ( 1 ) {
30              // 触摸检测函数，本函数至少 10ms 调用一次
31              XPT2046_TouchEvenHandler();
32          }
33
34      }
```

main 函数中使用 XPT2046_Init 初始化触摸屏相关的引脚，然后调用 Calibrate_or_Get_TouchParaWithFlash 进行触摸校正；触摸画板应用程序的初始化都包含在 Palette_Init 函数中，它会绘制触摸画板的按钮和白板界面；在 main 函数的 while 循环里调用了 XPT2046_TouchEvenHandler 函数，以实现状态机检测和对触摸进行处理，当有触摸按下和释放时，都通过其内部调用的 XPT2046_TouchDown 和 XPT2046_TouchUp 函数完成画板相关的操作。

28.2.3 下载验证

编译程序下载到实验板，并上电复位，液晶屏会显示出触摸画板的界面，点击屏幕可以在该界面画出简单的图形。

第 29 章
ADC——电压采集

29.1 ADC 简介

STM32F103 系列有 3 个 ADC，精度为 12 位，每个 ADC 最多有 16 个外部通道。其中 ADC1 和 ADC2 都有 16 个外部通道，ADC3 根据 CPU 引脚的不同通道数也不同，一般都有 8 个外部通道。ADC 的模式非常多，功能非常强大，我们将在功能框图中具体分析每个部分的功能。

29.2 ADC 功能框图剖析

掌握了 ADC 的功能框图，就可以对 ADC 有一个整体的把握，在编程的时候可以做到了然如胸，不会一知半解。框图讲解采用从左到右的方式，与 ADC 采集数据、转换数据、传输数据的方向大概一致，见图 29-1。

1. 电压输入范围

ADC 输入范围为：$V_{REF-} \leq V_{IN} \leq V_{REF+}$，具体电压由 V_{REF-}、V_{REF+}、V_{DDA}、V_{SSA} 这 4 个外部引脚决定。

我们在设计原理图的时候，一般把 V_{SSA} 和 V_{REF-} 接地，把 V_{REF+} 和 V_{DDA} 接 3V3，得到 ADC 的输入电压范围为 0 ~ 3.3V。

如果我们想让输入的电压范围变宽，达到可以测试负电压或者更高的正电压，则可以在外部加一个电压调理电路，把需要转换的电压抬升或者降压到 0~3.3V，这样 ADC 就可以测量。

2. 输入通道

我们确定好 ADC 的输入电压之后，那么电压怎么输入到 ADC？这里我们引入通道的概念，STM32 的 ADC 有多达 18 个通道，其中外部的 16 个通道就是框图中的 ADCx_IN0、ADCx_IN1、……、ADCx_IN15。这 16 个通道对应着不同的 IO 口，具体是哪一个 IO 口可以从手册查询到。其中 ADC1/2/3 还有内部通道：ADC1 的通道 16 连接到了芯片内部的温度传感器，Vrefint 连接到了通道 17；ADC2 的模拟通道 16 和 17 连接到了内部的 VSS；ADC3 的模拟通道 9、14、15、16 和 17 连接到了内部的 VSS，见图 29-2。

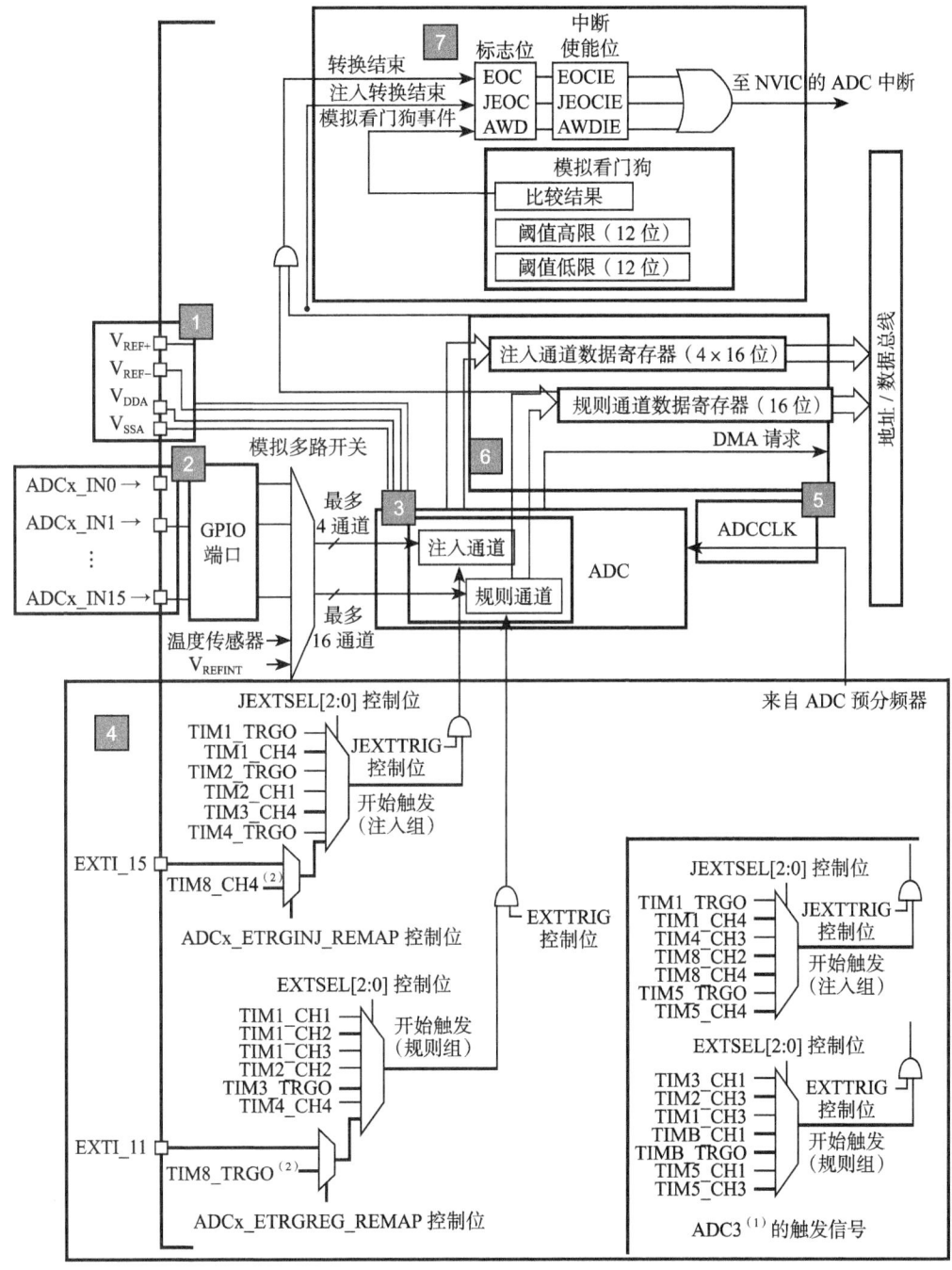

图 29-1　单个 ADC 功能框图

STM32F103VET6 ADC IO 分配					
ADC1	IO	ADC2	IO	ADC3	IO
通道 0	PA0	通道 0	PA0	通道 0	PA0
通道 1	PA1	通道 1	PA1	通道 1	PA1
通道 2	PA2	通道 2	PA2	通道 2	PA2
通道 3	PA3	通道 3	PA3	通道 3	PA3
通道 4	PA4	通道 4	PA4	通道 4	没有通道 4
通道 5	PA5	通道 5	PA5	通道 5	没有通道 5
通道 6	PA6	通道 6	PA6	通道 6	没有通道 6
通道 7	PA7	通道 7	PA7	通道 7	没有通道 7
通道 8	PB0	通道 8	PB0	通道 8	没有通道 8
通道 9	PB1	通道 9	PB1	通道 9	连接内部 VSS
通道 10	PC0	通道 10	PC0	通道 10	PC0
通道 11	PC1	通道 11	PC1	通道 11	PC1
通道 12	PC2	通道 12	PC2	通道 12	PC2
通道 13	PC3	通道 13	PC3	通道 13	PC3
通道 14	PC4	通道 14	PC4	通道 14	连接内部 VSS
通道 15	PC5	通道 15	PC5	通道 15	连接内部 VSS
通道 16	连接内部温度传感器	通道 16	连接内部 VSS	通道 16	连接内部 VSS
通道 17	连接内部 Vreifint	通道 17	连接内部 VSS	通道 17	连接内部 VSS

图 29-2　STM32F103VET6 ADC 通道

外部的 16 个通道在转换的时候又分为规则通道和注入通道，其中规则通道最多有 16 路，注入通道最多有 4 路。那这两个通道有什么区别？在什么时候使用？

（1）规则通道

顾名思义，规则通道就是很规矩的意思。我们平时一般使用的就是这个通道，或者应该说我们用到的都是这个通道，没有什么特别要注意的可讲。

（2）注入通道

注入，可以理解为插入、插队的意思，注入通道是一种不安分的通道。它是一种在规则通道转换的时候强行插入要转换的一种通道。如果在规则通道转换过程中有注入通道插队，那么就要先转换完注入通道，等注入通道转换完成后，再回到规则通道的转换流程。这点与中断程序很像，都是不安分的。所以，注入通道只有在规则通道存在时才会出现。

3. 转换顺序

（1）规则序列

规则序列寄存器有 3 个，分别为 SQR3、SQR2、SQR1，见图 29-3。SQR3 控制着规则序列中的第 1～6 个转换，对应的位为：SQ1[4:0]~SQ6[4:0]，第一次转换的是位 4:0 SQ1[4:0]，如果通道 16 想第一次转换，那么在 SQ1[4:0] 写为 16 即可。SQR2 控制着规则序列中的第 7～12 个转换，对应的位为：SQ7[4:0]~SQ12[4:0]，如果通道 1 想第 8 个转换，则 SQ8[4:0] 写为 1 即可。SQR1 控制着规则序列中的第 13～16 个转换，对应位为：

SQ13[4:0]~SQ16[4:0]，如果通道 6 想第 10 个转换，则 SQ10[4:0] 写为 6 即可。具体使用多少个通道，由 SQR1 的位 L[3:0] 决定，最多 16 个通道。

（2）注入序列

注入序列寄存器 JSQR 只有一个，最多支持 4 个通道，具体多少个由 JSQR 的 JL[2:0] 决定，见图 29-4。如果 JL 的值小于 4，则 JSQR 与 SQR 决定转换顺序的设置不一样，第一次转换的不是 JSQR1[4:0]，而是 JCQRx[4:0]，x =（4-JL），与 SQR 刚好相反。如果 JL=00（1 个转换），那么转换的顺序从 JSQR4[4:0] 开始，而不是从 JSQR1[4:0] 开始，这个要注意，编程的时候不要搞错。当 JL 等于 4 时，与 SQR 一样。

4. 触发源

通道选好了，转换的顺序也设置好了，那接下来就该开始转换了。ADC 可以由 ADC 控制寄存器 2（ADC_CR2）的 ADON 这个位来控制，写 1 的时候开始转换，写 0 的时候停止转换，这个是开启 ADC 转换最简单也是最好理解的控制方式。

除了这种庶民式的控制方法，ADC 还支持触发转换，这个触发包括内部定时器触发和外部 IO 触发。触发源有很多，具体选择哪一种触发源，由 ADC 控制寄存器 2（ADC_CR2）的 EXTSEL[2:0] 和 JEXTSEL[2:0] 位来控制。EXTSEL[2:0] 用于选择规则通道的触发源，JEXTSEL[2:0] 用于选择注入通道的触发源。选定好触发源之后，触发源是否要激活，则由 ADC 控制寄存器 2（ADC_CR2）的 EXTTRIG 和 JEXTTRIG 这两位来激活。其中 ADC3 的规则转换和注入转换的触发源与 ADC1/2 的有所不同，在框图上已经表示出来。

5. 转换时间

（1）ADC 时钟

ADC 输入时钟 ADC_CLK 由 PCLK2 经过分频产生，最大是 14MHz。分频因子由 RCC

规则序列寄存器 SQRx, x（1, 2, 3）			
寄存器	寄存器位	功能	取值
SQR3	SQ1[4:0]	设置第 1 个转换的通道	通道 1～16
	SQ2[4:0]	设置第 2 个转换的通道	通道 1～16
	SQ3[4:0]	设置第 3 个转换的通道	通道 1～16
	SQ4[4:0]	设置第 4 个转换的通道	通道 1～16
	SQ5[4:0]	设置第 5 个转换的通道	通道 1～16
	SQ6[4:0]	设置第 6 个转换的通道	通道 1～16
SQR2	SQ7[4:0]	设置第 7 个转换的通道	通道 1～16
	SQ8[4:0]	设置第 8 个转换的通道	通道 1～16
	SQ9[4:0]	设置第 9 个转换的通道	通道 1～16
	SQ10[4:0]	设置第 10 个转换的通道	通道 1～16
	SQ11[4:0]	设置第 11 个转换的通道	通道 1～16
	SQ12[4:0]	设置第 12 个转换的通道	通道 1～16
SQR1	SQ13[4:0]	设置第 13 个转换的通道	通道 1～16
	SQ14[4:0]	设置第 14 个转换的通道	通道 1～16
	SQ15[4:0]	设置第 15 个转换的通道	通道 1～16
	SQ16[4:0]	设置第 16 个转换的通道	通道 1～16
	SQL[3:0]	需要转换多少个通道	1～16

图 29-3　规则序列寄存器

注入序列寄存器 JSQR			
寄存器	寄存器位	功能	取值
JSQR	JSQ1[4:0]	设置第 1 个转换的通道	通道 1～4
	JSQ2[4:0]	设置第 2 个转换的通道	通道 1～4
	JSQ3[4:0]	设置第 3 个转换的通道	通道 1～4
	JSQ4[4:0]	设置第 4 个转换的通道	通道 1～4
	JL[1:0]	需要转换多少个通道	1～4

图 29-4　注入序列寄存器

时钟配置寄存器 RCC_CFGR 的位 15:14 ADCPRE[1:0] 设置，可以是 2、4、6、8 分频。注意，这里没有 1 分频。一般设置 PCLK2=HCLK=72MHz。

（2）采样时间

ADC 使用若干个 ADC_CLK 周期对输入的电压进行采样，采样的周期数可通过 ADC 采样时间寄存器 ADC_SMPR1 和 ADC_SMPR2 中的 SMP[2:0] 位设置，ADC_SMPR2 控制的是通道 0～9，ADC_SMPR1 控制的是通道 10～17。每个通道可以分别用不同的时间采样。其中采样周期最小是 1.5 个，即如果我们要达到最快的采样，那么应该设置采样周期为 1.5 周期，这里说的周期就是 1/ADC_CLK。

ADC 的转换时间与 ADC 的输入时钟和采样时间有关，公式为：T_{conv} = 采样时间 + 12.5 个周期。ADCLK = 14MHz（最高），采样时间设置为 1.5 周期（最快），那么总的转换时间（最短）T_{conv} = 1.5 周期 + 12.5 周期 = 14 周期 = 1μs。

一般我们设置 PCLK2 = 72MHz，经过 ADC 预分频器能分频到的最大时钟只能是 12MHz，采样周期设置为 1.5 周期，算出最短的转换时间为 1.17μs，这个才是最常用的。

6. 数据寄存器

ADC 转换后的数据根据转换组的不同，规则组的数据放在 ADC_DR 寄存器中，注入组的数据放在 JDRx 中。

（1）规则数据寄存器

ADC 规则组数据寄存器 ADC_DR 只有一个，它是一个 32 位的寄存器，低 16 位在单 ADC 时使用，高 16 位用于在 ADC1 的双模式下保存 ADC2 转换的规则数据，双模式就是 ADC1 和 ADC2 同时使用。在单模式下，ADC1/2/3 都不使用高 16 位。因为 ADC 的精度是 12 位，无论 ADC_DR 的高 16 或者低 16 位都放不满，只能左对齐或者右对齐，具体以哪一种方式存放，由 ADC_CR2 的第 11 位 ALIGN 设置。

规则通道可以有 16 个之多，可规则数据寄存器只有一个，如果使用多通道转换，那转换的数据就全部都挤在了 DR 里面，前一个时间点转换的通道数据，就会被下一个时间点的另外一个通道转换的数据覆盖掉。所以当通道转换完成后就应该把数据取走，或者开启 DMA 模式，把数据传输到内存里面，不然就会造成数据的覆盖。最常用的做法就是开启 DMA 传输。

（2）注入数据寄存器

ADC 注入组最多有 4 个通道，刚好注入数据寄存器也有 4 个，每个通道对应着自己的寄存器，不会像规则寄存器那样产生数据覆盖的问题。ADC_JDRx 是 32 位的，低 16 位有效，高 16 位保留，数据同样分为左对齐和右对齐，具体以哪一种方式存放，由 ADC_CR2 的第 11 位 ALIGN 设置。

7. 中断

（1）转换结束中断

数据转换结束后，可以产生中断。中断分为 3 种：规则通道转换结束中断、注入转换通道转换结束中断、模拟看门狗中断。其中转换结束中断很好理解，与我们平时接触的中断一样，有相应的中断标志位和中断使能位，我们还可以根据中断类型写相应配套的中断服务程序。

（2）模拟看门狗中断

当被 ADC 转换的模拟电压低于低阈值或者高于高阈值时，就会产生中断，前提是我们开启了模拟看门狗中断，其中低阈值和高阈值由 ADC_LTR 和 ADC_HTR 设置。例如，如果设置高阈值是 2.5V，那么当模拟电压超过 2.5V 的时候，就会产生模拟看门狗中断，反之低阈值也一样。

（3）DMA 请求

规则和注入通道转换结束后，除了产生中断外，还可以产生 DMA 请求，把转换好的数据直接存储在内存里面。要注意的是，只有 ADC1 和 ADC3 可以产生 DMA 请求。有关 DMA 请求需要配合《STM32F10X-中文参考手册》中"DMA 控制器"这一章来学习。一般我们在使用 ADC 的时候都会开启 DMA 传输。

8. 电压转换

模拟电压经过 ADC 转换后，变成一个 12 位的数字值，如果通过串口以十六进制数输出，可读性比较差，因此有时候我们就需要把数字电压转换成模拟电压，也可以与实际的模拟电压（用万用表测）对比，看看转换是否准确。

我们一般在设计原理图的时候会把 ADC 的输入电压范围设定在 0 ～ 3.3V，因为 ADC 是 12 位的，那么 12 位满量程对应的就是 3.3V，12 位满量程对应的数字值是：2^{12}。数值 0 对应的就是 0V。如果转换后的数值为 X，X 对应的模拟电压为 Y，那么会有以下等式成立：

$$2^{12} / 3.3 = X / Y => Y = (3.3X) / 2^{12}$$

29.3　ADC 初始化结构体详解

标准库函数对每个外设都建立了一个初始化结构体 xxx_InitTypeDef（xxx 为外设名称），结构体成员用于设置外设工作参数，并由标准库函数 xxx_Init() 调用这些设定参数进入设置外设相应的寄存器，达到配置外设工作环境的目的。

结构体 xxx_InitTypeDef 和库函数 xxx_Init 配合使用是标准库精髓所在，理解了结构体 xxx_InitTypeDef 每个成员的意义，基本上就可以对该外设运用自如了。结构体 xxx_InitTypeDef 定义在 stm32f10x_xxx.h 文件中，库函数 xxx_Init 定义在 stm32f10x_xxx.c 文件中，编程时我们可以结合这两个文件内的注释使用。

ADC_InitTypeDef 结构体定义在 stm32f10x_adc.h 文件内，具体定义如下：

```
 1 typedef struct
 2 {
 3     uint32_t ADC_Mode;                          // ADC 工作模式选择
 4     FunctionalState ADC_ScanConvMode;           /* ADC 扫描（多通道）
 5                                                    或者单次（单通道）模式选择 */
 6     FunctionalState ADC_ContinuousConvMode;     // ADC 单次转换或者连续转换选择
 7     uint32_t ADC_ExternalTrigConv;              // ADC 转换触发信号选择
 8     uint32_t ADC_DataAlign;                     // ADC 数据寄存器对齐格式
 9     uint8_t ADC_NbrOfChannel;                   // ADC 采集通道数
10 } ADC_InitTypeDef;
```

- ADC_Mode：配置 ADC 的模式，当使用一个 ADC 时是独立模式，使用两个 ADC 时是双模式，在双模式下还有很多细分模式可选，我们一般使用一个 ADC 的独立模式。
- ADC_ScanConvMode：可选参数为 ENABLE 和 DISABLE，配置是否使用扫描。如果是单通道 AD 转换使用 DISABLE，如果是多通道 AD 转换使用 ENABLE。
- ADC_ContinuousConvMode：可选参数为 ENABLE 和 DISABLE，配置是启动自动连续转换还是单次转换。使用 ENABLE 配置为使能自动连续转换；使用 DISABLE 配置为单次转换，转换一次后停止需要手动控制才重新启动转换。一般设置为连续转换。
- ADC_ExternalTrigConv：外部触发选择，图 29-1 中列举了很多外部触发条件，可根据项目需求配置触发来源。实际上，我们一般使用软件自动触发。
- ADC_DataAlign：转换结果数据对齐模式，可选右对齐 ADC_DataAlign_Right 或者左对齐 ADC_DataAlign_Left。一般我们选择右对齐模式。
- ADC_NbrOfChannel：AD 转换通道数目，根据实际设置即可。

29.4 独立模式单通道采集实验

STM32 的 ADC 功能繁多，我们设计 3 个实验，尽量完整地展示 ADC 的功能。首先是比较基础实用的单通道采集，实现开发板上电位器的动触点输出引脚电压的采集，并通过串口输出至 PC 端串口调试助手。单通道采集适用 AD 转换完成中断，在中断服务函数中读取数据，不使用 DMA 传输，在多通道采集时才使用 DMA 传输。

29.4.1 硬件设计

开发板板载一个贴片滑动变阻器，电路设计见图 29-5。

贴片滑动变阻器的动触点连接至 STM32 芯片的 ADC 通道引脚。当我们使用旋转滑动变阻器调节旋钮时，其动触点电压也会随之改变，电压变化范围为 0～3.3V，亦是开发板默认的 ADC 电压采集范围。

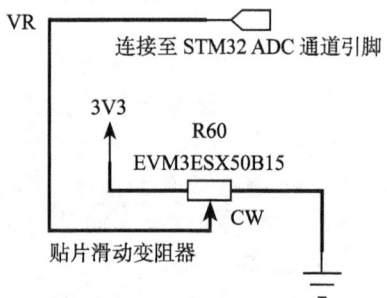

图 29-5 开发板电位器部分原理图

29.4.2 软件设计

这里只讲解部分核心的代码，有些变量的设置、头文件的包含等并没有涉及，完整的代码请参考本章配套的工程。

我们编写两个 ADC 驱动文件 bsp_adc.h 和 bsp_adc.c，用来存放 ADC 所用 IO 引脚的初始化函数以及 ADC 配置相关函数。

1. 编程要点

1）初始化 ADC 用到的 GPIO；

2）设置 ADC 的工作参数并初始化；

3）设置 ADC 工作时钟；

4）设置 ADC 转换通道顺序及采样时间；

5）配置使能 ADC 转换完成中断，在中断内读取转换完的数据；

6）使能 ADC；

7）使能软件触发 ADC 转换。

ADC 转换结果数据使用中断方式读取，这里没有使用 DMA 进行数据传输。

2. 代码分析

（1）ADC 宏定义

代码清单29-1　ADC宏定义

```
1  // ADC 编号选择
2  // 可以是 ADC1/2，如果使用 ADC3，中断相关的结果数据要改成 ADC3 的
3  #define    ADC_APBxClock_FUN              RCC_APB2PeriphClockCmd
4  #define    ADCx                           ADC2
5  #define    ADC_CLK                        RCC_APB2Periph_ADC2
6
7  // ADC GPIO 宏定义
8  // 注意：用作 ADC 采集的 IO 必须没有复用，否则采集电压会有影响
9  #define    ADC_GPIO_APBxClock_FUN         RCC_APB2PeriphClockCmd
10 #define    ADC_GPIO_CLK                   RCC_APB2Periph_GPIOC
11 #define    ADC_PORT                       GPIOC
12 #define    ADC_PIN                        GPIO_Pin_1
13 // ADC 通道宏定义
14 #define    ADC_CHANNEL                    ADC_Channel_11
15
16 // ADC 中断相关宏定义
17 #define    ADC_IRQ                        ADC1_2_IRQn
18 #define    ADC_IRQHandler                 ADC1_2_IRQHandler
```

使用宏定义引脚信息，以方便硬件电路改动时程序移植。

（2）ADC GPIO 初始化函数

代码清单29-2　ADC GPIO初始化

```
1  static void ADCx_GPIO_Config(void)
2  {
3      GPIO_InitTypeDef GPIO_InitStructure;
4
5      // 打开 ADC IO 端口时钟
6      ADC_GPIO_APBxClock_FUN ( ADC_GPIO_CLK, ENABLE );
7
8      // 配置 ADC IO 引脚模式
9      // 必须为模拟输入
10     GPIO_InitStructure.GPIO_Pin = ADC_PIN;
11     GPIO_InitStructure.GPIO_Mode = GPIO_Mode_AIN;
12
13     // 初始化 ADC IO
14     GPIO_Init(ADC_PORT, &GPIO_InitStructure);
15 }
```

使用到 GPIO 时候都必须开启对应的 GPIO 时钟，GPIO 用于 AD 转换功能必须配置为

模拟输入模式。

（3）配置 ADC 工作模式

代码清单29-3　ADC工作模式配置

```
1  static void ADCx_Mode_Config(void)
2  {
3      ADC_InitTypeDef ADC_InitStructure;
4  
5      // 打开 ADC 时钟
6      ADC_APBxClock_FUN ( ADC_CLK, ENABLE );
7  
8      // ADC 模式配置
9      // 只使用一个ADC，属于独立模式
10     ADC_InitStructure.ADC_Mode = ADC_Mode_Independent;
11 
12     // 禁止扫描模式，多通道才需要，单通道不需要
13     ADC_InitStructure.ADC_ScanConvMode = DISABLE ;
14 
15     // 连续转换模式
16     ADC_InitStructure.ADC_ContinuousConvMode = ENABLE;
17 
18     // 不用外部触发转换，软件开启即可
19     ADC_InitStructure.ADC_ExternalTrigConv = ADC_ExternalTrigConv_None;
20 
21     // 转换结果右对齐
22     ADC_InitStructure.ADC_DataAlign = ADC_DataAlign_Right;
23 
24     // 转换通道 1 个
25     ADC_InitStructure.ADC_NbrOfChannel = 1;
26 
27     // 初始化 ADC
28     ADC_Init(ADCx, &ADC_InitStructure);
29 
30     // 配置 ADC 时钟为 CLK2 的 8 分频，即 9MHz
31     RCC_ADCCLKConfig(RCC_PCLK2_Div8);
32 
33     // 配置 ADC 通道转换顺序为1，第一个转换，采样时间为 55.5 个时钟周期
34     ADC_RegularChannelConfig(ADCx, ADC_CHANNEL, 1,
35                              ADC_SampleTime_55Cycles5);
36 
37     // ADC 转换结束产生中断，在中断服务程序中读取转换值
38     ADC_ITConfig(ADCx, ADC_IT_EOC, ENABLE);
39 
40     // 开启 ADC，并开始转换
41     ADC_Cmd(ADCx, ENABLE);
42 
43     // 初始化 ADC 校准寄存器
44     ADC_ResetCalibration(ADCx);
45     // 等待校准寄存器初始化完成
46     while (ADC_GetResetCalibrationStatus(ADCx));
47 
48     // ADC 开始校准
49     ADC_StartCalibration(ADCx);
50     // 等待校准完成
51     while (ADC_GetCalibrationStatus(ADCx));
```

```
52
53      // 由于没有采用外部触发，所以使用软件触发 ADC 转换
54      ADC_SoftwareStartConvCmd(ADCx, ENABLE);
55  }
```

首先，定义一个 ADC 初始化结构体 ADC_InitTypeDef，用来配置 ADC 具体的工作模式。然后调用 RCC_APB2PeriphClockCmd() 开启 ADC 时钟。

ADC 工作参数具体配置为：独立模式，单通道采集不需要扫描，启动连续转换，使用内部软件触发无需外部触发事件，使用右对齐数据格式，转换通道为 1，并调用 ADC_Init 函数完成 ADC1 工作环境配置。

RCC_ADCCLKConfig() 函数用来配置 ADC 的工作时钟，接收一个参数，设置的是 PCLK2 的分频系数，ADC 的时钟最大不能超过 14MHz。

ADC_RegularChannelConfig 函数用来绑定 ADC 通道的转换顺序和时间。它接收 4 个形参：第 1 个形参选择 ADC 外设，可为 ADC1、ADC2 或 ADC3；第 2 个形参通道选择，总共可选 18 个通道；第 3 个形参为通道的转换顺序，可选为 1～16；第 4 个形参为采样周期选择，采样周期越短，ADC 转换数据输出周期就越短，但数据精度也越低；采样周期越长，ADC 转换数据输出周期就越长，同时数据精度越高。

利用 ADC 转换完成中断可以非常方便地保证我们读取到的数据是转换完成后的数据，而不用担心该数据可能是 ADC 正在转换时"不稳定"的数据。我们使用 ADC_ITConfig 函数使能 ADC 转换完成中断，并在中断服务函数中读取转换结果数据。

ADC_Cmd 函数控制 ADC 转换启动和停止。

在 ADC 校准之后调用 ADC_SoftwareStartConvCmd 函数进行软件触发 ADC 开始转换。

（4）ADC 中断配置

代码清单29-4　ADC中断配置

```
1  static void ADC_NVIC_Config(void)
2  {
3      NVIC_InitTypeDef NVIC_InitStructure;
4
5      NVIC_PriorityGroupConfig(NVIC_PriorityGroup_1);
6
7      NVIC_InitStructure.NVIC_IRQChannel = ADC_IRQ;
8      NVIC_InitStructure.NVIC_IRQChannelPreemptionPriority = 1;
9      NVIC_InitStructure.NVIC_IRQChannelSubPriority = 1;
10     NVIC_InitStructure.NVIC_IRQChannelCmd = ENABLE;
11
12     NVIC_Init(&NVIC_InitStructure);
13 }
```

我们使能了 ADC 转换完成中断，需要配置中断源和中断优先级。

（5）ADC 中断服务函数

代码清单29-5　ADC中断服务函数

```
1  void ADC_IRQHandler(void)
2  {
3      if (ADC_GetITStatus(ADCx,ADC_IT_EOC)==SET) {
```

```
  4              // 读取ADC的转换值
  5              ADC_ConvertedValue = ADC_GetConversionValue(ADCx);
  6
  7          }
  8          ADC_ClearITPendingBit(ADCx,ADC_IT_EOC);
  9
 10 }
```

中断服务函数一般定义在 stm32f10x_it.c 文件内，我们使能了 ADC 转换完成中断，在 ADC 转换完成后就会进入中断服务函数，我们在中断服务函数内直接读取 ADC 转换结果，保存在变量 ADC_ConvertedValue（在 main.c 中定义）中。

ADC_GetConversionValue 函数是获取 ADC 转换结果值的库函数，只有一个形参为 ADC 外设，可选为 ADC1、ADC2 或 ADC3，该函数还返回一个 16 位的 ADC 转换结果值。

（6）main 函数

代码清单29-6　main函数

```
 1  int main(void)
 2  {
 3      // 配置串口
 4      USART_Config();
 5
 6      // ADC 初始化
 7      ADCx_Init();
 8
 9      printf("\r\n ---- 这是一个 ADC 实验 (DMA 传输) ----\r\n");
10
11      while (1)
12      {
13          ADC_ConvertedValueLocal =(float) ADC_ConvertedValue/4096*3.3;
14
15          printf("\r\n The current AD value = 0x%04X \r\n",
16                  ADC_ConvertedValue);
17          printf("\r\n The current AD value = %f V \r\n",
18                  ADC_ConvertedValueLocal);
19          printf("\r\n\r\n");
20
21          Delay(0xffffee);
22      }
23 }
```

main 函数先调用 USART_Config 函数配置调试串口相关参数，函数定义在 bsp_debug_usart.c 文件中。

接下来调用 ADCx_Init 函数进行 ADC 初始化配置并启动 ADC。ADCx_Init 函数定义在 bsp_adc.c 文件中，它只是简单地分别调用 ADC_GPIO_Config()、ADC_Mode_Config() 和 Rheostat_ADC_NVIC_Config()。

Delay 函数只是一个简单的延时函数。

在 ADC 中断服务函数中我们把 AD 转换结果保存在变量 ADC_ConvertedValue 中，根据我们之前的分析可以非常清楚地计算出对应的电位器动触点的电压值。

最后把相关数据输出至串口调试助手。

29.4.3 下载验证

用 USB 线连接开发板 "USB 转串口" 接口与电脑，在电脑端打开串口调试助手，把编译好的程序下载到开发板中。在串口调试助手可看到不断有数据从开发板传输过来，此时我们旋转电位器改变其电阻值，那么对应的数据也会有变化。

29.5 独立模式多通道采集实验

29.5.1 硬件设计

开发板已通过排针接口把部分 ADC 通道引脚引出，其中电位器通过跳线帽默认接了一个 ADC 的 IO，其他的 ADC IO 在做实验的时候可以用杜邦线连接到开发板上的 GND 或者 3V3 来获取模拟信号。要注意的是，用来做 ADC 输入的 IO 不能复用，否则会导致采集到的信号不准确。

29.5.2 软件设计

这里只讲解部分核心的代码，有些变量的设置、头文件的包含等并没有涉及，完整的代码请参考本章配套的工程。

与单通道例程一样，我们编写两个 ADC 驱动文件 bsp_adc.h 和 bsp_adc.c，用来存放 ADC 所用 IO 引脚的初始化函数以及 ADC 配置相关函数，实际上这两个文件与单通道实验的文件差不多。

1. 编程要点

1）初始化 ADC GPIO；
2）初始化 ADC 工作参数；
3）配置 DMA 工作参数；
4）读取 ADC 采集的数据；

ADC 转换结果数据使用 DMA 方式传输至指定的存储区，这样取代单通道实验使用中断服务的读取方法。实际上，多通道 ADC 采集使用 DMA 数据传输方式更加高效方便。

2. 代码分析

（1）ADC 宏定义

代码清单29-7　多通道ADC相关宏定义

```
 1  // ADC 宏定义
 2  #define     ADCx                        ADC1
 3  #define     ADC_APBxClock_FUN           RCC_APB2PeriphClockCmd
 4  #define     ADC_CLK                     RCC_APB2Periph_ADC1
 5
 6  #define     ADC_GPIO_APBxClock_FUN      RCC_APB2PeriphClockCmd
 7  #define     ADC_GPIO_CLK                RCC_APB2Periph_GPIOC
 8  #define     ADC_PORT                    GPIOC
 9
10  // 转换通道个数
```

```
11 #define    NOFCHANEL                       5
12
13 #define    ADC_PIN1                        GPIO_Pin_0
14 #define    ADC_CHANNEL1                    ADC_Channel_10
15
16 #define    ADC_PIN2                        GPIO_Pin_1
17 #define    ADC_CHANNEL2                    ADC_Channel_11
18
19 #define    ADC_PIN3                        GPIO_Pin_3
20 #define    ADC_CHANNEL3                    ADC_Channel_13
21
22 #define    ADC_PIN4                        GPIO_Pin_4
23 #define    ADC_CHANNEL4                    ADC_Channel_14
24
25 #define    ADC_PIN5                        GPIO_Pin_5
26 #define    ADC_CHANNEL5                    ADC_Channel_15
27
28 // ADC1 对应 DMA1 通道 1，ADC3 对应 DMA2 通道 5，ADC2 没有 DMA 功能
29 #define    ADC_DMA_CHANNEL                 DMA1_Channel1
```

定义 NOFCHANEL 个通道进行多通道 ADC 实验，并且定义 DMA 相关配置。

（2）ADC GPIO 初始化函数

代码清单29-8　ADC GPIO初始化

```
 1 static void ADCx_GPIO_Config(void)
 2 {
 3     GPIO_InitTypeDef GPIO_InitStructure;
 4
 5     // 打开 ADC IO端口时钟
 6     ADC_GPIO_APBxClock_FUN ( ADC_GPIO_CLK, ENABLE );
 7
 8     // 配置ADC IO引脚模式
 9     GPIO_InitStructure.GPIO_Pin = ADC_PIN1
10                                 |ADC_PIN2
11                                 |ADC_PIN3
12                                 |ADC_PIN4
13                                 |ADC_PIN5;
14     GPIO_InitStructure.GPIO_Mode = GPIO_Mode_AIN;
15     // 初始化ADC IO
16     GPIO_Init(ADC_PORT, &GPIO_InitStructure);
17 }
```

使用 GPIO 时都必须开启对应的 GPIO 时钟，GPIO 用于 AD 转换功能，必须配置为模拟输入模式。

（3）配置 ADC 工作模式

代码清单29-9　ADC工作模式配置

```
 1 static void ADCx_Mode_Config(void)
 2 {
 3     DMA_InitTypeDef DMA_InitStructure;
 4     ADC_InitTypeDef ADC_InitStructure;
 5
 6     // 打开DMA时钟
```

```c
7    RCC_AHBPeriphClockCmd(RCC_AHBPeriph_DMA1, ENABLE);
8    // 打开 ADC 时钟
9    ADC_APBxClock_FUN ( ADC_CLK, ENABLE );
10
11   /* ------------------DMA 模式配置---------------- */
12   // 复位 DMA 控制器
13   DMA_DeInit(ADC_DMA_CHANNEL);
14   // 配置 DMA 初始化结构体
15   // 外设基地址为：ADC 数据寄存器地址
16   DMA_InitStructure.DMA_PeripheralBaseAddr = (u32)(&( ADCx->DR ));
17   // 存储器地址
18   DMA_InitStructure.DMA_MemoryBaseAddr = (u32)ADC_ConvertedValue;
19   // 数据源来自外设
20   DMA_InitStructure.DMA_DIR = DMA_DIR_PeripheralSRC;
21   // 缓冲区大小，应该等于数据目的地的大小
22   DMA_InitStructure.DMA_BufferSize = NOFCHANEL;
23   // 外部寄存器只有一个，地址不用递增
24   DMA_InitStructure.DMA_PeripheralInc = DMA_PeripheralInc_Disable;
25   // 存储器地址递增
26   DMA_InitStructure.DMA_MemoryInc = DMA_MemoryInc_Enable;
27   // 外设数据大小为半字，即 2 字节
28   DMA_InitStructure.DMA_PeripheralDataSize =
29       DMA_PeripheralDataSize_HalfWord;
30   // 内存数据大小也为半字，与外设数据大小相同
31   DMA_InitStructure.DMA_MemoryDataSize = DMA_MemoryDataSize_HalfWord;
32   // 循环传输模式
33   DMA_InitStructure.DMA_Mode = DMA_Mode_Circular;
34   // DMA 传输通道优先级为高，当使用一个 DMA 通道时，优先级设置不受影响
35   DMA_InitStructure.DMA_Priority = DMA_Priority_High;
36   // 禁止存储器到存储器模式，而是从外设到存储器
37   DMA_InitStructure.DMA_M2M = DMA_M2M_Disable;
38   // 初始化 DMA
39   DMA_Init(ADC_DMA_CHANNEL, &DMA_InitStructure);
40   // 使能 DMA 通道
41   DMA_Cmd(ADC_DMA_CHANNEL , ENABLE);
42
43   /* ----------------ADC 模式配置-------------------- */
44   // 只使用一个 ADC，属于单模式
45   ADC_InitStructure.ADC_Mode = ADC_Mode_Independent;
46   // 扫描模式
47   ADC_InitStructure.ADC_ScanConvMode = ENABLE ;
48   // 连续转换模式
49   ADC_InitStructure.ADC_ContinuousConvMode = ENABLE;
50   // 不用外部触发转换，软件开启即可
51   ADC_InitStructure.ADC_ExternalTrigConv = ADC_ExternalTrigConv_None;
52   // 转换结果右对齐
53   ADC_InitStructure.ADC_DataAlign = ADC_DataAlign_Right;
54   // 转换通道个数
55   ADC_InitStructure.ADC_NbrOfChannel = NOFCHANEL;
56   // 初始化 ADC
57   ADC_Init(ADCx, &ADC_InitStructure);
58   // 配置 ADC 时钟为 CLK2 的 8 分频，即 9MHz
59   RCC_ADCCLKConfig(RCC_PCLK2_Div8);
60   // 配置 ADC 通道的转换顺序和采样时间
61   ADC_RegularChannelConfig(ADCx, ADC_CHANNEL1, 1,
62                            ADC_SampleTime_55Cycles5);
```

```
63     ADC_RegularChannelConfig(ADCx, ADC_CHANNEL2, 2,
64                              ADC_SampleTime_55Cycles5);
65     ADC_RegularChannelConfig(ADCx, ADC_CHANNEL3, 3,
66                              ADC_SampleTime_55Cycles5);
67     ADC_RegularChannelConfig(ADCx, ADC_CHANNEL4, 4,
68                              ADC_SampleTime_55Cycles5);
69     ADC_RegularChannelConfig(ADCx, ADC_CHANNEL5, 5,
70                              ADC_SampleTime_55Cycles5);
71     // 使能 ADC DMA 请求
72     ADC_DMACmd(ADCx, ENABLE);
73     // 开启 ADC, 并开始转换
74     ADC_Cmd(ADCx, ENABLE);
75     // 初始化 ADC 校准寄存器
76     ADC_ResetCalibration(ADCx);
77     // 等待校准寄存器初始化完成
78     while (ADC_GetResetCalibrationStatus(ADCx));
79     // ADC 开始校准
80     ADC_StartCalibration(ADCx);
81     // 等待校准完成
82     while (ADC_GetCalibrationStatus(ADCx));
83     // 由于没有采用外部触发, 所以使用软件触发 ADC 转换
84     ADC_SoftwareStartConvCmd(ADCx, ENABLE);
85 }
```

ADCx_Mode_Config 函数主要做了两个工作：一个是配置 ADC 的工作参数，另外一个是配置 DMA 的工作参数。

ADC 的工作参数具体如下：打开 ADC 外设时钟；因为只使用一个 ADC，所有模式配置为独立模式；多通道采集，开启扫描模式；需要不断地采集外部的模拟数据，所以使能连续转换模式；不使用外部触发转换信号；转换结果右对齐；设置需要转换的通道的个数；调用 ADC_Init() 函数把这些参数写入 ADC 的寄存器，完成配置。因为是多通道采集，所以调用 ADC_RegularChannelConfig() 函数设置每个通道的转换顺序和采样实际。

DMA 的工作参数具体如下：把 ADC 采集到的数据通过 DMA 传输到存储器上，则外设地址为 ADC 的数据寄存器；存储器的地址是我们定义的用来存放 ADC 数据的数组的地址；传输方向为外设到存储器；缓冲区大小等于等于我们定义的存储 ADC 数据的数组大小；所有通道转换的数据都放在一个数据寄存器中，则外设地址不变；采集存储的数据有多个，则存储器地址递增；外设和存储器单位均为 2 字节；开启循环传输模式；只有一个 DMA 通道工作，优先级随便设置；禁用存储器到存储器模式；调用 DMA_Init() 函数把这些参数写入 DMA 的寄存器，完成配置。

完成配置之后则使能 ADC 和 DMA，开启软件触发，让 ADC 开始采集数据。

（4）main 函数

代码清单29-10　main函数

```
1 int main(void)
2 {
3     // 配置串口
4     USART_Config();
5
6     // ADC 初始化
```

```c
 7      ADCx_Init();
 8
 9      printf("\r\n ---- 这是一个 ADC 多通道采集实验 ----\r\n");
10
11      while (1)
12      {
13
14          ADC_ConvertedValueLocal[0] =(float)
15                              ADC_ConvertedValue[0]/4096*3.3;
16          ADC_ConvertedValueLocal[1] =(float)
17                              ADC_ConvertedValue[1]/4096*3.3;
18          ADC_ConvertedValueLocal[2] =(float)
19                              ADC_ConvertedValue[2]/4096*3.3;
20          ADC_ConvertedValueLocal[3] =(float)
21                              ADC_ConvertedValue[3]/4096*3.3;
22          ADC_ConvertedValueLocal[4] =(float)
23                              ADC_ConvertedValue[4]/4096*3.3;
24
25          printf("\r\n CH1 value = %f V \r\n",ADC_ConvertedValueLocal[0]);
26          printf("\r\n CH2 value = %f V \r\n",ADC_ConvertedValueLocal[1]);
27          printf("\r\n CH3 value = %f V \r\n",ADC_ConvertedValueLocal[2]);
28          printf("\r\n CH2 value = %f V \r\n",ADC_ConvertedValueLocal[3]);
29          printf("\r\n CH3 value = %f V \r\n",ADC_ConvertedValueLocal[4]);
30
31          printf("\r\n\r\n");
32          Delay(0xffffee);
33
34      }
35  }
36
```

main 函数中我们配置好串口，初始化好 ADC 之后，把采集到的电压经过转换之后通过串口在到电脑的调试助手中显示。要注意的是，在做实验时需要给每个 ADC 通道提供模拟电源，可以用杜邦线从开发板的 GND 或者 3V3 取信号来做实验。

29.5.3 下载验证

将待测电压通过杜邦线接在对应引脚上，用 USB 线连接开发板"USB 转串口"接口与电脑，在电脑端打开串口调试助手，把编译好的程序下载到开发板中。在串口调试助手可看到不断有数据从开发板传输过来，此时我们改变输入电压值，对应的数据也会有变化。

29.6 双重 ADC 同步规则模式采集实验

AD 转换包括采样阶段和转换阶段，在采样阶段才对通道数据进行采集；而在转换阶段只是将采集到的数据转换为数字量输出，此刻通道数据变化不会改变转换结果。

独立模式的 ADC 采集需要在一个通道采集并且转换完成后，才会进行下一个通道的采集。而双重 ADC 的机制就是使用两个 ADC 同时采样一个或者多个通道。双重 ADC 模式较独立模式一个最大的优势就是提高了采样率，弥补了单个 ADC 采样不够快的缺点。

启用双 ADC 模式的时候，通过配置 ADC_CR1 寄存器的 DUALMOD[3:0] 位，可以设置为几种不同的模式,具体见表29-1。

表29-1 双ADC模式的各种模式汇总

模式	简要说明
同步注入模式	ADC1和ADC2同时转换一个注入通道组,其中ADC1为主,ADC2为从。转换的数据存储在每个ADC接口的ADC_JDRx寄存器中
同步规则模式	ADC1和ADC2同时转换一个规则通道组,其中ADC1为主,ADC2为从。ADC1转换的结果放在ADC1_DR的低16位,ADC2转换的结果放在ADC1_DR的高16位
快速交叉模式	ADC1和ADC2交替采集一个规则通道组(通常为一个通道)。当ADC2触发之后,ADC1需要等待7个ADCCLK之后才能触发
慢速交叉模式	ADC1和ADC2交替采集一个规则通道组(只能为一个通道)。当ADC2触发之后,ADC1需要等待14个ADCCLK之后才能触发
交替触发模式	ADC1和ADC2轮流采集注入通道组,当ADC1所有通道采集完毕之后再采集ADC2的通道,如此循环。与交叉采集不一样
混合的规则/注入同步模式	规则组同步转换被中断,以启动注入组的同步转换。分开两个模式来理解就可以了,区别就是注入组可以中断规则组的转换
混合的同步规则+交替触发模式	规则组同步转换被中断,以启动注入组交替触发转换。分开两个模式来理解就可以了,区别就是注入组可以中断规则组的转换
混合同步注入+交叉模式	交叉转换可以被同步注入模式中断。这种情况下,交叉转换被中断,注入转换被启动

这里只对这些模式做了简要的说明,更具体的信息请参考数据手册中"ADC"章节的"双ADC模式"小节。

这里我们选取同步规则模式作为实验来讲解。同步规则模式是ADC1和ADC2同时转换一个规则通道组,ADC1是主,ADC2是从,ADC1转换的结果放在ADC1_DR的低16位,ADC2转换的结果放在ADC1_DR的高16位。并且必须开启DMA功能。

外部触发来自ADC1的规则组多路开关(由ADC1_CR2寄存器的EXTSEL[2:0]选择),它同时给ADC2提供同步触发。为了简单起见,ADC1我们选择软件触发,ADC2必须选择外部触发,这个外部触发来自于ADC1的规则组多路开关。

为了简单起见,实验中我们选取ADC1和ADC2各采集一个通道,见图29-6。

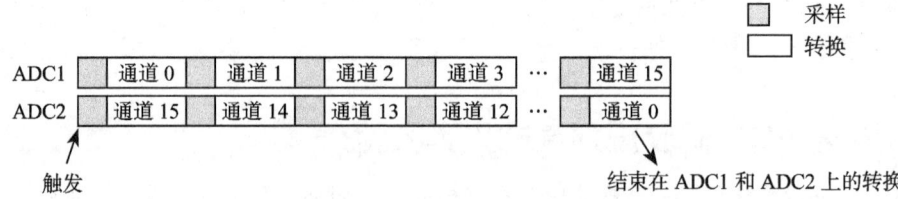

图29-6 双重ADC同步规则模式

29.6.1 硬件设计

开发板引出了6路ADC,实验中选取其中的两路(根据软件配置来选择)接开发板中的电位器、GND、3V3,来获取模拟信号,即可做实验。

29.6.2 软件设计

这里只讲解部分核心的代码,有些变量的设置、头文件的包含等并没有涉及,完整的代码请参考本章配套的工程。

与单通道例程一样,我们编写两个 ADC 驱动文件 bsp_adc.h 和 bsp_adc.c,用来存放 ADC 所用 IO 引脚的初始化函数以及 ADC 配置相关函数,实际上这两个文件与单通道实验的文件差不多。

1. 编程要点

1) 初始化 ADC GPIO;
2) 初始化 DMA 配置;
3) 初始化 ADC 参数;
4) 读取 ADC 采集的数据,并输出以进行校正。

2. 代码分析

(1) ADC 宏定义

代码清单29-11 多通道ADC相关宏定义

```
1  // 双模式时,ADC1 和 ADC2 转换的数据都存放在 ADC1 的数据寄存器中
2  // ADC1 的在低 16 位,ADC2 的在高 16 位
3  // 双 ADC 模式的第 1 个 ADC,必须是 ADC1
4  #define     ADCx_1                      ADC1
5  #define     ADCx_1_APBxClock_FUN        RCC_APB2PeriphClockCmd
6  #define     ADCx_1_CLK                  RCC_APB2Periph_ADC1
7
8  #define     ADCx_1_GPIO_APBxClock_FUN   RCC_APB2PeriphClockCmd
9  #define     ADCx_1_GPIO_CLK             RCC_APB2Periph_GPIOC
10 #define     ADCx_1_PORT                 GPIOC
11 #define     ADCx_1_PIN                  GPIO_Pin_1
12 #define     ADCx_1_CHANNEL              ADC_Channel_11
13
14 // 双 ADC 模式的第 2 个 ADC,必须是 ADC2
15 #define     ADCx_2                      ADC2
16 #define     ADCx_2_APBxClock_FUN        RCC_APB2PeriphClockCmd
17 #define     ADCx_2_CLK                  RCC_APB2Periph_ADC2
18
19 #define     ADCx_2_GPIO_APBxClock_FUN   RCC_APB2PeriphClockCmd
20 #define     ADCx_2_GPIO_CLK             RCC_APB2Periph_GPIOC
21 #define     ADCx_2_PORT                 GPIOC
22 #define     ADCx_2_PIN                  GPIO_Pin_4
23 #define     ADCx_2_CHANNEL              ADC_Channel_14
24
25 #define     NOFCHANEL                   1
26
27 // ADC1 对应 DMA1 通道 1,ADC3 对应 DMA2 通道 5,ADC2 没有 DMA 功能
28 #define     ADC_DMA_CHANNEL             DMA1_Channel1
```

ADC1 和 ADC2 的通道由宏来定义,当硬件环境改变时,方便修改。

(2) ADC GPIO 初始化函数

代码清单29-12 ADC GPIO初始化

```
1 static void ADCx_GPIO_Config(void)
```

```
  2  {
  3      GPIO_InitTypeDef GPIO_InitStructure;
  4  
  5      // ADCx_1 GPIO 初始化
  6      ADCx_1_GPIO_APBxClock_FUN ( ADCx_1_GPIO_CLK, ENABLE );
  7      GPIO_InitStructure.GPIO_Pin = ADCx_1_PIN;
  8      GPIO_InitStructure.GPIO_Mode = GPIO_Mode_AIN;
  9      GPIO_Init(ADCx_1_PORT, &GPIO_InitStructure);
 10  
 11      // ADCx_2 GPIO 初始化
 12      ADCx_1_GPIO_APBxClock_FUN ( ADCx_2_GPIO_CLK, ENABLE );
 13      GPIO_InitStructure.GPIO_Pin = ADCx_2_PIN;
 14      GPIO_InitStructure.GPIO_Mode = GPIO_Mode_AIN;
 15      GPIO_Init(ADCx_2_PORT, &GPIO_InitStructure);
 16  }
```

使用到 GPIO 时都必须开启对应的 GPIO 时钟，GPIO 用于 AD 转换功能，必须配置为模拟输入模式。

（3）配置双重 ADC 规则同步模式

代码清单29-13　规则同步模式配置

```
  1  static void ADCx_Mode_Config(void)
  2  {
  3      DMA_InitTypeDef DMA_InitStructure;
  4      ADC_InitTypeDef ADC_InitStructure;
  5  
  6      // 打开 DMA 时钟
  7      RCC_AHBPeriphClockCmd(RCC_AHBPeriph_DMA1, ENABLE);
  8      // 打开 ADC 时钟
  9      ADCx_1_APBxClock_FUN ( ADCx_1_CLK, ENABLE );
 10      ADCx_2_APBxClock_FUN ( ADCx_2_CLK, ENABLE );
 11  
 12      /* ------------------DMA 模式配置---------------- */
 13      // 复位 DMA 控制器
 14      DMA_DeInit(ADC_DMA_CHANNEL);
 15      // 配置 DMA 初始化结构体
 16      // 外设基址为：ADC 数据寄存器地址
 17      DMA_InitStructure.DMA_PeripheralBaseAddr = (uint32_t)(&( ADCx_1->DR ));
 18      // 存储器地址
 19      DMA_InitStructure.DMA_MemoryBaseAddr = (uint32_t)ADC_ConvertedValue;
 20      // 数据源来自外设
 21      DMA_InitStructure.DMA_DIR = DMA_DIR_PeripheralSRC;
 22      // 缓冲区大小，应该等于数据目的地的大小
 23      DMA_InitStructure.DMA_BufferSize = NOFCHANEL;
 24      // 外部寄存器只有一个，地址不用递增
 25      DMA_InitStructure.DMA_PeripheralInc = DMA_PeripheralInc_Disable;
 26      // 存储器地址递增
 27      DMA_InitStructure.DMA_MemoryInc = DMA_MemoryInc_Enable;
 28      // 外设数据大小
 29      DMA_InitStructure.DMA_PeripheralDataSize =
 30          DMA_PeripheralDataSize_Word;
 31      // 内存数据大小，与外设数据大小相同
 32      DMA_InitStructure.DMA_MemoryDataSize = DMA_MemoryDataSize_Word;
 33      // 循环传输模式
```

```c
34    DMA_InitStructure.DMA_Mode = DMA_Mode_Circular;
35    // DMA 传输通道优先级为高, 当使用一个 DMA 通道时, 优先级设置不受影响
36    DMA_InitStructure.DMA_Priority = DMA_Priority_High;
37    // 禁止存储器到存储器模式, 而是从外设到存储器
38    DMA_InitStructure.DMA_M2M = DMA_M2M_Disable;
39    // 初始化 DMA
40    DMA_Init(ADC_DMA_CHANNEL, &DMA_InitStructure);
41    // 使能 DMA 通道
42    DMA_Cmd(ADC_DMA_CHANNEL , ENABLE);
43
44    /* ----------------ADCx_1 模式配置-------------------- */
45    // 双 ADC 的规则同步
46    ADC_InitStructure.ADC_Mode = ADC_Mode_RegSimult;
47    // 扫描模式
48    ADC_InitStructure.ADC_ScanConvMode = ENABLE ;
49    // 连续转换模式
50    ADC_InitStructure.ADC_ContinuousConvMode = ENABLE;
51    // 不用外部触发转换, 软件开启即可
52    ADC_InitStructure.ADC_ExternalTrigConv = ADC_ExternalTrigConv_None;
53    // 转换结果右对齐
54    ADC_InitStructure.ADC_DataAlign = ADC_DataAlign_Right;
55    // 转换通道个数
56    ADC_InitStructure.ADC_NbrOfChannel = NOFCHANEL;
57    // 初始化 ADC
58    ADC_Init(ADCx_1, &ADC_InitStructure);
59    // 配置 ADC 时钟为 PCLK2 的 8 分频, 即 9MHz
60    RCC_ADCCLKConfig(RCC_PCLK2_Div8);
61    // 配置 ADC 通道的转换顺序和采样时间
62    ADC_RegularChannelConfig(ADCx_1, ADCx_1_CHANNEL, 1,
63                             ADC_SampleTime_239Cycles5);
64    // 使能 ADC DMA 请求
65    ADC_DMACmd(ADCx_1, ENABLE);
66
67
68    /* ----------------ADCx_2 模式配置-------------------- */
69    // 双 ADC 的规则同步
70    ADC_InitStructure.ADC_Mode = ADC_Mode_RegSimult;
71    // 扫描模式
72    ADC_InitStructure.ADC_ScanConvMode = ENABLE ;
73    // 连续转换模式
74    ADC_InitStructure.ADC_ContinuousConvMode = ENABLE;
75    // 不用外部触发转换, 软件开启即可
76    ADC_InitStructure.ADC_ExternalTrigConv =
77        ADC_ExternalTrigConv_None;
78    // 转换结果右对齐
79    ADC_InitStructure.ADC_DataAlign = ADC_DataAlign_Right;
80    // 转换通道个数
81    ADC_InitStructure.ADC_NbrOfChannel = NOFCHANEL;
82    // 初始化 ADC
83    ADC_Init(ADCx_2, &ADC_InitStructure);
84    // 配置 ADC 时钟为 CLK2 的 8 分频, 即 9MHz
85    RCC_ADCCLKConfig(RCC_PCLK2_Div8);
86    // 配置 ADC 通道的转换顺序和采样时间
87    ADC_RegularChannelConfig(ADCx_2, ADCx_2_CHANNEL, 1,
88                             ADC_SampleTime_239Cycles5);
89    /* 使能 ADCx_2 的外部触发转换 */
```

```c
 90         ADC_ExternalTrigConvCmd(ADC2, ENABLE);
 91
 92         /* -----------------ADCx_1 校准--------------------- */
 93         // 开启 ADC,并开始转换
 94         ADC_Cmd(ADCx_1, ENABLE);
 95         // 初始化 ADC 校准寄存器
 96         ADC_ResetCalibration(ADCx_1);
 97         // 等待校准寄存器初始化完成
 98         while (ADC_GetResetCalibrationStatus(ADCx_1));
 99         // ADC 开始校准
100         ADC_StartCalibration(ADCx_1);
101         // 等待校准完成
102         while (ADC_GetCalibrationStatus(ADCx_1));
103
104         /* -----------------ADCx_2 校准--------------------- */
105         // 开启 ADC,并开始转换
106         ADC_Cmd(ADCx_2, ENABLE);
107         // 初始化 ADC 校准寄存器
108         ADC_ResetCalibration(ADCx_2);
109         // 等待校准寄存器初始化完成
110         while (ADC_GetResetCalibrationStatus(ADCx_2));
111         // ADC 开始校准
112         ADC_StartCalibration(ADCx_2);
113         // 等待校准完成
114         while (ADC_GetCalibrationStatus(ADCx_2));
115
116         // 由于没有采用外部触发,所以使用软件触发 ADC 转换
117         ADC_SoftwareStartConvCmd(ADCx_1, ENABLE);
118     }
```

ADCx_Mode_Config() 与独立模式多通道配置基本一样,只是有几点需要注意:ADC 工作模式要设置为同步规则模式;两个 ADC 的通道的采样时间需要一致;ADC1 设置为软件触发;ADC2 设置为外部触发。其他的基本一样,看代码注释理解即可。

(4) main 函数

代码清单29-14　main函数

```c
 1  int main(void)
 2  {
 3      uint16_t temp0=0 ,temp1=0;
 4      // 配置串口
 5      USART_Config();
 6
 7      // ADC 初始化
 8      ADCx_Init();
 9
10      printf("\r\n ---- 这是一个 ADC 多通道采集实验 ----\r\n");
11
12      while (1)
13      {
14          // 取出 ADC1 数据寄存器的高 16 位,这个是 ADC2 的转换数据
15          temp0 = (ADC_ConvertedValue[0]&0XFFFF0000) >> 16;
16          // 取出 ADC1 数据寄存器的低 16 位,这个是 ADC1 的转换数据
17          temp1 = (ADC_ConvertedValue[0]&0XFFFF);
18
```

```
19          ADC_ConvertedValueLocal[0] =(float) temp0/4096*3.3;
20          ADC_ConvertedValueLocal[1] =(float) temp1/4096*3.3;
21
22          printf( "\r\n ADCx_1 value = %f V \r\n",
23                  ADC_ConvertedValueLocal[1]);
24          printf( "\r\n ADCx_2 value = %f V \r\n",
25                  ADC_ConvertedValueLocal[0]);
26
27          printf( "\r\n\r\n" );
28          Delay(0xffffee);
29
30      }
31 }
```

配置好串口，初始化好 ADC，然后把 ADC1 和 ADC2 采集的数据分离出来，最后调用 printf 函数输出到电脑的串口调试助手。

29.6.3 下载验证

保证开发板相关硬件连接正确，用 USB 线连接开发板"USB 转串口"接口与电脑，在电脑端打开串口调试助手，把编译好的程序下载到开发板中。在串口调试助手中可看到不断有数据从开发板传输过来，此时我们旋转电位器改变其电阻值，对应的数据也会有变化。

第 30 章
TIM——基本定时器

30.1 定时器分类

STM32F1 系列中，除了互联型的产品，共有 8 个定时器，分为基本定时器、通用定时器和高级定时器之类。基本定时器 TIM6 和 TIM7 是 16 位的只能向上计数的定时器，只能定时，没有外部 IO。通用定时器 TIM2/3/4/5 是 16 位的可以向上/下计数的定时器，可以定时，可以输出比较，可以输入捕捉，每个定时器有 4 个外部 IO。高级定时器 TIM1/8 是 16 位的可以向上/下计数的定时器，可以定时，可以输出比较，可以输入捕捉，还可以有三相电机互补输出信号，每个定时器有 8 个外部 IO。更加具体的分类详情见图 30-1。

	定时器	计数器分辨率	计数器类型	预分频系数	产生 DMA	捕获/比较通道	互补输出
高级定时器	TIM1	16 位	向上/向下	1～65535	可以	4	有
	TIM8	16 位	向上/向下	1～65535	可以	4	有
通用定时器	TIM2	16 位	向上/向下	1～65535	可以	4	没有
	TIM3	16 位	向上/向下	1～65535	可以	4	没有
	TIM4	16 位	向上/向下	1～65535	可以	4	没有
	TIM5	16 位	向上/向下	1～65535	可以	4	没有
基本定时器	TIM6	16 位	向上	1～65535	可以	0	没有
	TIM7	16 位	向上	1～65535	可以	0	没有

图 30-1　定时器分类

30.2 基本定时器功能框图剖析

基本定时器的核心是时基，不仅基本定时器有，通用定时器和高级定时器也有。学习定时器时，我们先从简单的基本定时器学起，到了后面的通用和高级定时器的学习中，我们直接跳过时基部分的讲解即可。基本定时器的功能框图见图 30-2。

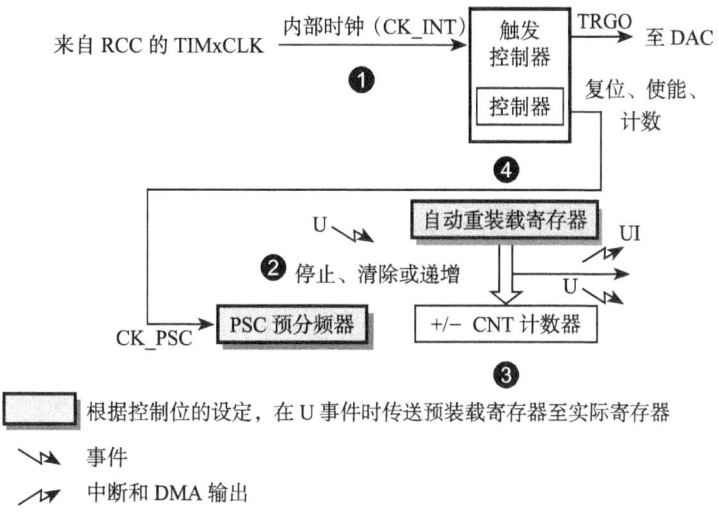

图 30-2 基本定时器功能框图

1. 时钟源

定时器时钟 TIMxCLK，即内部时钟 CK_INT，经 APB1 预分频器分频提供，如果 APB1 预分频系数等于 1，则频率不变，否则频率乘以 2，库函数中 APB1 预分频的系数是 2，即 PCLK1 = 36MHz，所以定时器时钟 TIMxCLK=36×2 = 72MHz。

2. 计数器时钟

定时器时钟经过 PSC 预分频器之后，即 CK_CNT，用来驱动计数器计数。PSC 是一个 16 位的预分频器，可以对定时器时钟 TIMxCLK 的 1～65536 之间的任何一个数进行分频。具体计算方式为：CK_CNT=TIMxCLK/(PSC+1)。

3. 计数器

计数器 CNT 是一个 16 位的计数器，只能往上计数，最大计数值为 65535。当计数达到自动重装载寄存器的时候产生更新事件，并清零从头开始计数。

4. 自动重装载寄存器

自动重装载寄存器 ARR 是一个 16 位的寄存器，这里面装着计数器能计数的最大数值。当计数到这个值的时候，如果使能中断的话，定时器就产生溢出中断。

5. 定时时间的计算

定时器的定时时间等于计数器的中断周期乘以中断的次数。计数器在 CK_CNT 的驱动下，计一个数的时间是 CK_CLK 的倒数，等于 1/（TIMxCLK/(PSC+1)），产生一次中断的时间等于 1/（CK_CLK × ARR）。如果在中断服务程序里面设置一个变量 time，用来记录中断的次数，那么就可以计算出我们需要的定时时间等于 1/CK_CLK ×（ARR+1）× time。

30.3 定时器初始化结构体详解

在标准库函数头文件 stm32f10x_tim.h 中对定时器外设建立了 4 个初始化结构体，基本定时器只用到其中一个，即 TIM_TimeBaseInitTypeDef，具体的见代码清单 30-1。其他 3 个我们在高级定时器章节讲解。

代码清单30-1　定时器基本初始化结构体

```
1  typedef struct {
2      uint16_t TIM_Prescaler;              // 预分频器
3      uint16_t TIM_CounterMode;            // 计数模式
4      uint32_t TIM_Period;                 // 定时器周期
5      uint16_t TIM_ClockDivision;          // 时钟分频
6      uint8_t  TIM_RepetitionCounter;      // 重复计算器
7  } TIM_TimeBaseInitTypeDef;
```

1）TIM_Prescaler：定时器预分频器设置，时钟源经该预分频器才是定时器时钟，它设定 TIMx_PSC 寄存器的值。可设置范围为 0～65535，实现 1～65536 分频。

2）TIM_CounterMode：定时器计数方式，可是在为向上计数、向下计数以及 3 种中心对齐模式。基本定时器只能是向上计数，即 TIMx_CNT 只能从 0 开始递增，并且无需初始化。

3）TIM_Period：定时器周期，实际就是设定自动重载寄存器的值，在事件生成时更新到影子寄存器。可设置范围为 0～65535。

4）TIM_ClockDivision：时钟分频，设置定时器时钟 CK_INT 频率与数字滤波器采样时钟频率分频比，基本定时器没有此功能，不用设置。

5）TIM_RepetitionCounter：重复计数器，属于高级控制寄存器专用寄存器位，利用它可以非常容易控制输出 PWM 的个数。这里不用设置。

虽然定时器基本初始化结构体有 5 个成员，但对于基本定时器，只需设置其中两个即可。使用基本定时器就是简单。

30.4　基本定时器定时实验

30.4.1　硬件设计

本实验利用基本定时器 TIM6/7 定时 1s，1s 时间到 LED 翻转一次。基本定时器是单片机内部的资源，没有外部 IO，不需要接外部电路，只需要一个 LED 即可。

30.4.2　软件设计

这里只讲解核心的部分代码，有些变量的设置、头文件的包含等并没有涉及，完整的代码请参考本章配套的工程。我们编写两个定时器驱动文件 bsp_TiMbase.h 和 bsp_TiMbase.h，用来配置定时器中断优先级和和初始化定时器。

1. 编程要点

1）开定时器时钟 TIMx_CLK, x[6,7]；
2）初始化时基初始化结构体；
3）使能 TIMx, x[6,7] update 中断；
4）打开定时器；
5）编写中断服务程序。

通用定时器和高级定时器的定时编程要点与基本定时器差不多，只是还要再选择计数器的计数模式,是向上还是向下。因为基本定时器只能向上计数,且没有配置计数模式的寄存器,默认是向上。

2. 软件分析

(1) 基本定时器宏定义

代码清单30-2 宏定义

```
1  /******************* 基本定时器TIM参数定义,只限TIM6、TIM7***********/
2  #define BASIC_TIM6   // 如果使用TIM7,注释掉这个宏即可
3
4  #ifdef BASIC_TIM6    // 使用基本定时器TIM6
5  #define          BASIC_TIM                  TIM6
6  #define          BASIC_TIM_APBxClock_FUN    RCC_APB1PeriphClockCmd
7  #define          BASIC_TIM_CLK              RCC_APB1Periph_TIM6
8  #define          BASIC_TIM_IRQ              TIM6_IRQn
9  #define          BASIC_TIM_IRQHandler       TIM6_IRQHandler
10
11 #else    // 使用基本定时器TIM7
12 #define          BASIC_TIM                  TIM7
13 #define          BASIC_TIM_APBxClock_FUN    RCC_APB1PeriphClockCmd
14 #define          BASIC_TIM_CLK              RCC_APB1Periph_TIM7
15 #define          BASIC_TIM_IRQ              TIM7_IRQn
16 #define          BASIC_TIM_IRQHandler       TIM7_IRQHandler
17
18 #endif
```

基本定时器有 TIM6 和 TIM7,我们可以有选择地使用。为了提高代码的可移植性,我们把当需要修改定时器时修改的代码定义成宏,默认使用的是 TIM6。如果想修改成 TIM7,只需要把宏 BASIC_TIM6 注释掉即可。

(2) 基本定时器配置

代码清单30-3 基本定时器模式配置

```
1  void BASIC_TIM_Config(void)
2  {
3      TIM_TimeBaseInitTypeDef  TIM_TimeBaseStructure;
4
5      // 开启定时器时钟,即内部时钟CK_INT=72MHz
6      BASIC_TIM_APBxClock_FUN(BASIC_TIM_CLK, ENABLE);
7
8      // 自动重装载寄存器周的值(计数值)
9      TIM_TimeBaseStructure.TIM_Period=1000;
10
11     // 累计 TIM_Period个频率后产生一个更新或者中断
12     // 时钟预分频数为71,则驱动计数器的时钟 CK_CNT = CK_INT / (71+1)=1MHz
13     TIM_TimeBaseStructure.TIM_Prescaler= 71;
14
15     // 时钟分频因子,基本定时器没有,不用管
16     //TIM_TimeBaseStructure.TIM_ClockDivision=TIM_CKD_DIV1;
17
18     // 计数器计数模式,基本定时器只能向上计数,没有计数模式的设置
19     //TIM_TimeBaseStructure.TIM_CounterMode=TIM_CounterMode_Up;
20
21     // 重复计数器的值,基本定时器没有,不用管
```

```
22       //TIM_TimeBaseStructure.TIM_RepetitionCounter=0;
23
24       // 初始化定时器
25       TIM_TimeBaseInit(BASIC_TIM, &TIM_TimeBaseStructure);
26
27       // 清除计数器中断标志位
28       TIM_ClearFlag(BASIC_TIM, TIM_FLAG_Update);
29
30       // 开启计数器中断
31       TIM_ITConfig(BASIC_TIM,TIM_IT_Update,ENABLE);
32
33       // 使能计数器
34       TIM_Cmd(BASIC_TIM, ENABLE);
35
36       // 暂时关闭定时器的时钟，等待使用
37       BASIC_TIM_APBxClock_FUN(BASIC_TIM_CLK, DISABLE);
38   }
```

我们把定时器设置自动重装载寄存器 ARR 的值为 1000，设置时钟预分频器为 71，驱动计数器的时钟：CK_CNT=CK_INT / (71+1)=1MHz，计数器计数一次的时间等于：1/CK_CNT=1μs，当计数器计数到 ARR 的值 1000 时，产生一次中断，则中断一次的时间为：1/CK_CNT × ARR=1ms。

在初始化定时器的时候，我们定义了一个结构体 TIM_TimeBaseInitTypeDef。TIM_TimeBaseInitTypeDef 结构体里面有 5 个成员，TIM6 和 TIM7 的寄存器里面只有 TIM_Prescaler 和 TIM_Period，另外 3 个成员基本定时器是没有的，所以使用 TIM6 和 TIM7 的时候只需初始化这两个成员即可，另外 3 个成员通用定时器和高级定时器才有。具体说明如下：

```
1 typedef struct {
2     TIM_Prescaler            // 都有
3     TIM_CounterMode          // TIMx,x[6,7] 没有，其他都有
4     TIM_Period               // 都有
5     TIM_ClockDivision        // TIMx,x[6,7] 没有，其他都有
6     TIM_RepetitionCounter    // TIMx,x[1,8,15,16,17] 才有
7 } TIM_TimeBaseInitTypeDef;
```

其中 TIM15/16/17 只存在于互联型产品中，在 F1 大 / 中 / 小容量型号中没有。

（3）定时器中断优先级配置

```
1 // 中断优先级配置
2 void BASIC_TIM_NVIC_Config(void)
3 {
4     NVIC_InitTypeDef NVIC_InitStructure;
5     // 设置中断组为 0
6     NVIC_PriorityGroupConfig(NVIC_PriorityGroup_0);
7     // 设置中断来源
8     NVIC_InitStructure.NVIC_IRQChannel = BASIC_TIM_IRQ ;
9     // 设置主优先级为 0
10    NVIC_InitStructure.NVIC_IRQChannelPreemptionPriority = 0;
11    // 设置子优先级为 3
12    NVIC_InitStructure.NVIC_IRQChannelSubPriority = 3;
```

```
13        NVIC_InitStructure.NVIC_IRQChannelCmd = ENABLE;
14        NVIC_Init(&NVIC_InitStructure);
15 }
```

我们设置中断分组为 0，主优先级为 0，抢占优先级为 3。

（4）定时器中断服务程序

```
1 void  BASIC_TIM_IRQHandler (void)
2 {
3     if ( TIM_GetITStatus( BASIC_TIM, TIM_IT_Update) != RESET ) {
4         time++;
5         TIM_ClearITPendingBit(BASIC_TIM , TIM_FLAG_Update);
6     }
7 }
```

定时器中断一次的时间是 1ms，我们定义一个全局变量 time，每当进一次中断的时候，让 time 来记录进入中断的次数。如果我们想实现一个 1s 的定时，我们只需要判断 time 是否等于 1000 即可，1000 个 1ms 就是 1s。然后把 time 清 0，重新计数，如此循环往复。在中断服务程序的最后，要把相应的中断标志位清除掉，切记。

（5）main 函数

```
1 int main(void)
2 {
3     /* LED 端口配置 */
4     LED_GPIO_Config();
5
6     /* 基本定时器 TIMx,x[6,7] 定时配置 */
7     BASIC_TIM_Config();
8
9     /* 配置基本定时器 TIMx,x[6,7]的中断优先级 */
10    BASIC_TIM_NVIC_Config();
11
12    /* 基本定时器 TIMx,x[6,7] 重新开时钟，开始计时 */
13    BASIC_TIM_APBxClock_FUN(BASIC_TIM_CLK, ENABLE);
14
15    while (1) {
16        if ( time == 1000 ) { /* 1000 * 1 ms = 1s 时间到 */
17            time = 0;
18            /* LED1 取反 */
19            LED1_TOGGLE;
20        }
21    }
22 }
```

main 函数做一些必需的初始化，然后在一个死循环中不断地判断 time 的值，time 的值会在定时器中断中改变，每加一次表示定时器过了 1ms，当 time 等于 1000 时，1s 时间到，LED1 翻转一次，并把 time 清 0。

30.4.3 下载验证

把编写好的程序下载到开发板，可以看到 LED1 以 1s 的频率闪烁一次。

第 31 章 TIM——高级定时器

31.1 高级控制定时器

高级控制定时器（TIM1 和 TIM8）和通用定时器在基本定时器的基础上引入了外部引脚，可以实现输入捕获和输出比较功能。高级控制定时器比通用定时器增加了可编程死区互补输出、重复计数器、带刹车（断路）功能，这些功能都是针对工业电机控制应用的。这几个功能在本书不做详细的介绍，主要介绍常用的输入捕获和输出比较功能。

高级控制定时器时基单元包含一个 16 位自动重装载寄存器 ARR，一个 16 位的计数器 CNT，可向上 / 下计数，一个 16 位可编程预分频器 PSC，预分频器时钟源有多种可选，有内部的时钟、外部时钟。还有一个 8 位的重复计数器 RCR，这样最高可实现 40 位的可编程定时。

STM32F103ZET6 的高级 / 通用定时器的 IO 分配具体见表 3-1。配套开发板因为 IO 资源紧缺，定时器的 IO 很多已经复用，故表 31-1 中的 IO 只有部分可用于定时器的实验。

表 31-1 高级控制和通用定时器通道引脚分布

	高级定时器		通用定时器			
	TIM1	TIM8	TIM2	TIM5	TIM3	TIM4
CH1	PA8/PE9	PC6	PA0/PA15	PA0	PA6/PC6/PB4	PB6/PD12
CH1N	PB13/PA7/PE8	PA7				
CH2	PA9/PE11	PC7	PA1/PB3	PA1	PA7/PC7/PB5	PB7/PD13
CH2N	PB14/PB0/PE10	PB0				
CH3	PA10/PE13	PC8	PA2/PB10	PA2	PB0/PC8	PB8/PD14
CH3N	PB15/PB1/PE12	PB1				
CH4	PA11/PE14	PC9	PA3/PB11	PA3	PB1/PC9	PB9/PD15
ETR	PA12/PE7	PA0	PA0/PA15		PD2	PE0
BKIN	PB12/PA6/PE15	PA6				

31.2 高级控制定时器功能框图剖析

高级控制定时器功能框图包含了高级控制定时器最核心内容，见图 31-1。掌握了功能框图，对高级控制定时器就有一个整体的把握，在编程时思路就非常清晰。图中有些寄存器是带影子的，表示其有影子寄存器。

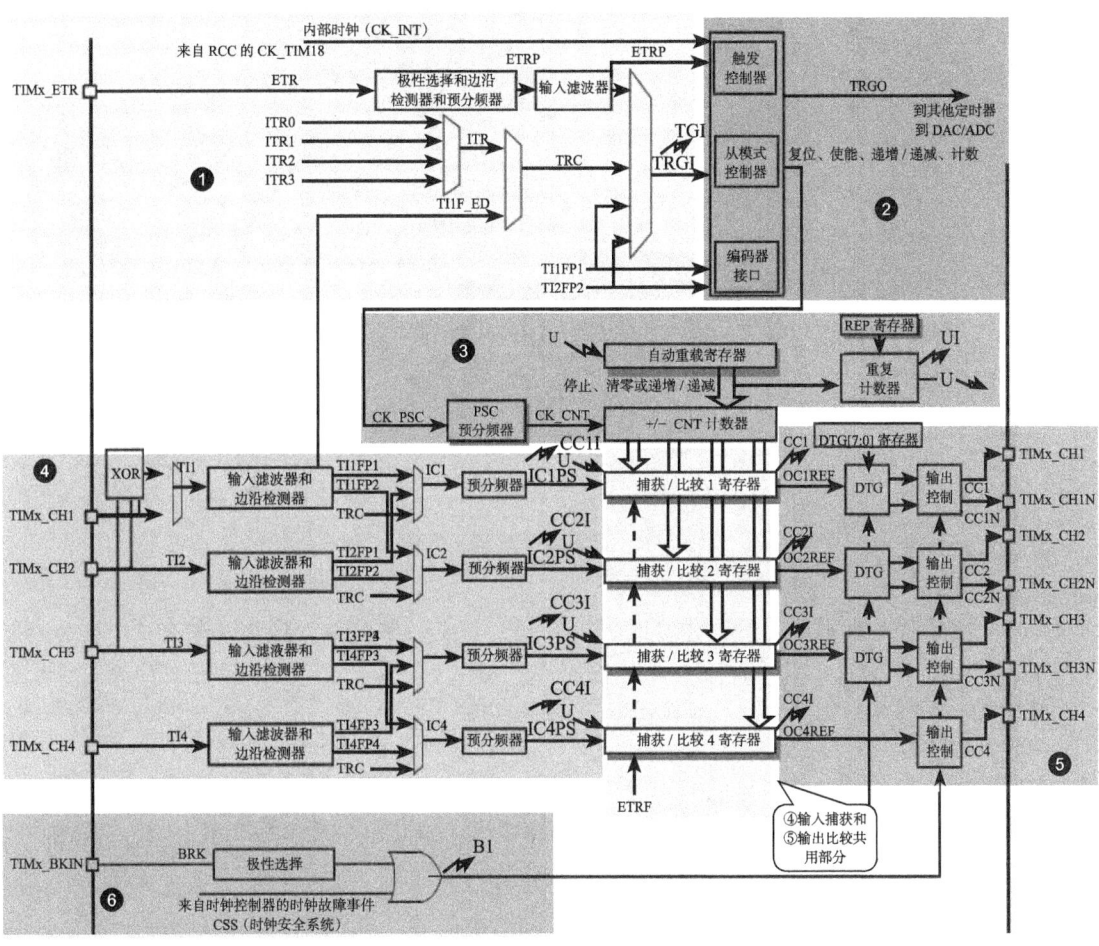

图 31-1 高级控制定时器功能框图

1. 时钟源

高级控制定时器有 4 个时钟源可选：
- 内部时钟源 CK_INT
- 外部时钟模式 1：外部输入引脚 TIx（x=1、2、3、4）
- 外部时钟模式 2：外部触发输入 ETR
- 内部触发输入 (ITRx)

(1) 内部时钟源 (CK_INT)

内部时钟 CK_INT 来自于芯片内部,等于 72MHz。一般情况下,我们都是使用内部时钟。当从模式控制寄存器 TIMx_SMCR 的 SMS 位等于 000 时,则使用内部时钟。

(2) 外部时钟模式 1

外部时钟模式 1 框图见图 31-2。

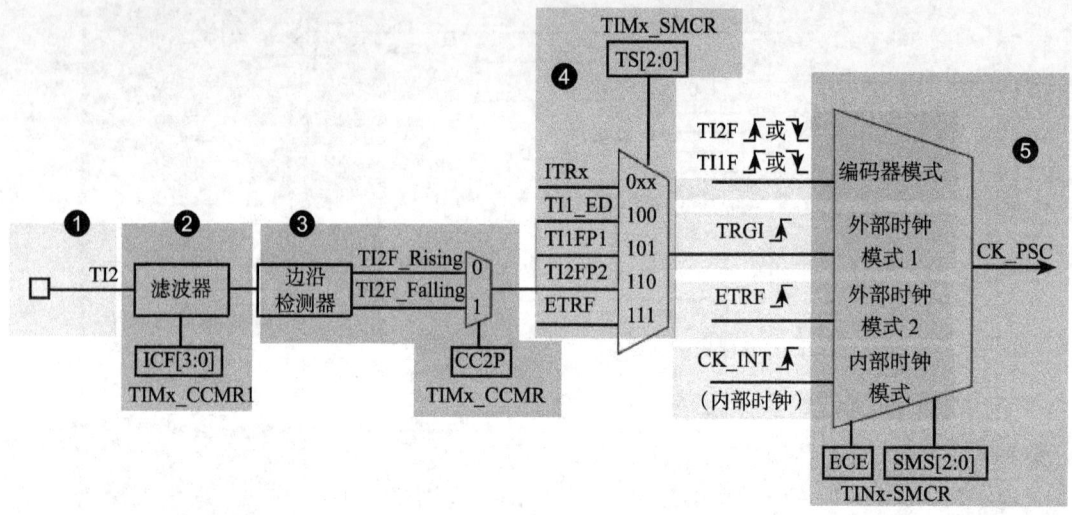

图 31-2 外部时钟模式 1 框图

① 时钟信号输入引脚

当使用外部时钟模式 1 的时候,时钟信号来自于定时器的输入通道,共有 4 个,分别为 TI1/2/3/4,即 TIMx_CH1/2/3/4。具体使用哪一路信号,由 TIM_CCMRx 的位 CCxS[1:0] 配置,其中 CCMR1 控制 TI1/2,CCMR2 控制 TI3/4。

② 滤波器

如果来自外部的时钟信号的频率过高或者混杂有高频干扰信号的话,我们就需要使用滤波器对信号重新采样,来达到降频或者去除高频干扰的目的,具体由 TIMx_CCMRx 的位 ICxF[3:0] 配置。

③ 边沿检测器

边沿检测的信号来自于滤波器的输出,在成为触发信号之前,需要进行边沿检测,决定是上升沿有效还是下降沿有效,具体由 TIMx_CCER 的位 CCxP 和 CCxNP 配置。

④ 触发选择

当使用外部时钟模式 1 时,触发源有两个:滤波后的定时器输入 1(TI1FP1)和滤波后的定时器输入 2(TI2FP2),具体由 TIMxSMCR 的位 TS[2:0] 配置。

⑤ 从模式选择

选定了触发源信号后,最后我们需把信号连接到 TRGI 引脚,让触发信号成为外部时钟模式 1 的输入,最终等于 CK_PSC,然后驱动计数器 CNT 计数。具体配置 TIMx_SMCR 的位 SMS[2:0] 为 000,即可选择外部时钟模式 1。

⑥使能计数器

经过上面的 5 个步骤之后，最后我们只需使能计数器开始计数，外部时钟模式 1 的配置就算完成。使能计数器由 TIMx_CR1 的位 CEN 配置。

（3）外部时钟模式 2

外部时钟模式 2 框图见图 31-3。

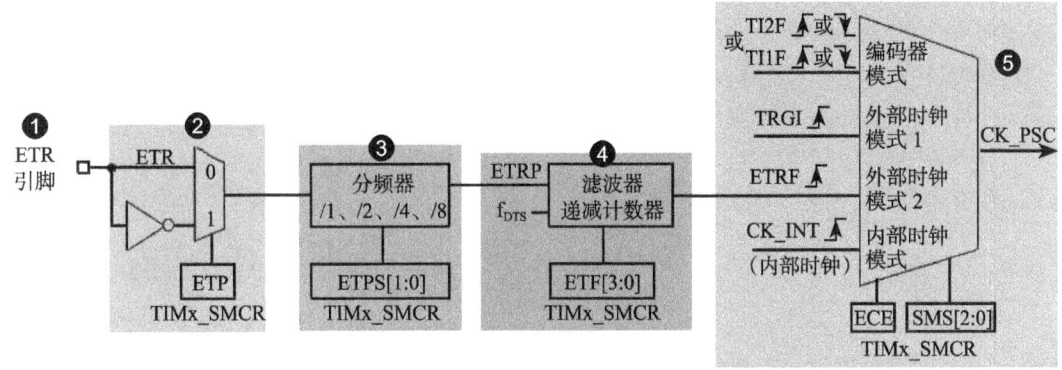

图 31-3　外部时钟模式 2 框图

①时钟信号输入引脚

当使用外部时钟模式 2 的时候，时钟信号来自于定时器的特定输入通道 TIMx_ETR，只有 1 个。

②外部触发极性

来自 ETR 引脚输入的信号可以选择为上升沿或者下降沿有效，具体由 TIMx_SMCR 的位 ETP 配置。

③外部触发预分频器

由于 ETRP 的信号的频率不能超过 TIMx_CLK（72M）的 1/4，在触发信号的频率很高的情况下，就必须使用分频器来降频，具体由 TIMx_SMCR 的位 ETPS[1:0] 配置。

④滤波器

如果 ETRP 的信号的频率过高或者混杂有高频干扰信号的话，我们就需要使用滤波器对 ETRP 信号重新采样，来达到降频或者去除高频干扰的目的。具体由 TIMx_SMCR 的位 ETF[3:0] 配置，其中的 f_{DTS} 由内部时钟 CK_INT 分频得到，具体由 TIMx_CR1 的位 CKD[1:0] 配置。

⑤从模式选择

经过滤波器滤波的信号连接到 ETRF 引脚后，触发信号成为外部时钟模式 2 的输入，最终等于 CK_PSC，然后驱动计数器 CNT 计数。具体配置 TIMx_SMCR 的位 ECE 为 1，即可选择外部时钟模式 2。

⑥使能计数器

经过上面的 5 个步骤之后，最后我们只需使能计数器开始计数，外部时钟模式 2 的配置就算完成。使能计数器由 TIMx_CR1 的位 CEN 配置。

（4）内部触发输入

内部触发输入是使用一个定时器作为另一个定时器的预分频器。硬件上高级控制定时器和通用定时器在内部连接在一起，可以实现定时器同步或级联。主模式的定时器可以对从模式定时器执行复位、启动、停止或提供时钟。

2. 控制器

高级控制定时器控制器部分包括触发控制器、从模式控制器以及编码器接口。触发控制器用来针对片内外设输出触发信号，比如为其他定时器提供时钟和触发 DAC/ADC 转换。编码器接口专门针对编码器计数而设计。从模式控制器可以控制计数器复位、启动、递增/递减、计数。有关控制器部分只需阅读寄存器描述即可。

3. 时基单元

高级定时器时基单元框图见图 31-4。

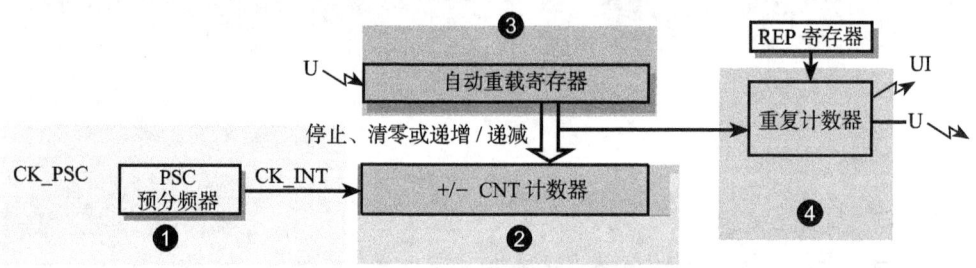

图 31-4 高级定时器时基单元

高级控制定时器时基单元包括 4 个寄存器，分别是计数器寄存器（CNT）、预分频器寄存器（PSC）、自动重载寄存器（ARR）和重复计数器寄存器（RCR）。其中重复计数器 RCR 是高级定时器独有的，通用和基本定时器没有。前面 3 个寄存器都是 16 位有效，TIMx_RCR 寄存器是 8 位有效。

（1）预分频器 PSC

预分频器 PSC，有一个输入时钟 CK_PSC 和一个输出时钟 CK_CNT。输入时钟 CK_PSC 就是上面时钟源的输出，输出 CK_CNT 则用来驱动计数器 CNT 计数。通过设置预分频器 PSC 的值可以得到不同的 CK_CNT，实际计算为：f_{CK_CNT} 等于 $f_{CK\_PSC}/(PSC[15:0]+1)$，可以实现 1 ~ 65536 分频。

（2）计数器 CNT

高级控制定时器的计数器有 3 种计数模式，分别为递增计数模式、递减计数模式和递增/递减（中心对齐）计数模式。

1）递增计数模式下，计数器从 0 开始计数，每来一个 CK_CNT 脉冲计数器就增加 1，直到计数器的值与自动重载寄存器 ARR 值相等，然后计数器又从 0 开始计数并生成计数器上溢事件，计数器总是如此循环计数。如果禁用重复计数器，计数器生成上溢事件就马上生成更新事件（UEV）；如果使能重复计数器，每生成一次上溢事件，重复计数器内容就减 1，直到重复计数器内容为 0 时才会生成更新事件。

2)递减计数模式下,计数器从自动重载寄存器 ARR 值开始计数,每来一个 CK_CNT 脉冲计数器就减 1,直到计数器值为 0,然后计数器又从自动重载寄存器 ARR 值开始递减计数并生成计数器下溢事件,计数器总是如此循环计数。如果禁用重复计数器,计数器生成下溢事件就马上生成更新事件;如果使能重复计数器,每生成一次下溢事件重复计数器内容就减 1,直到重复计数器内容为 0 时才会生成更新事件。

3)中心对齐模式下,计数器从 0 开始递增计数,直到计数值等于 (ARR-1) 值,生成计数器上溢事件,然后从 ARR 值开始递减计数直到 1,生成计数器下溢事件。然后又从 0 开始计数,如此循环。每次发生计数器上溢和下溢事件都会生成更新事件。

(3)自动重载寄存器 ARR

自动重载寄存器 ARR 用来存放与计数器 CNT 比较的值,如果两个值相等就递减重复计数器。可以通过 TIMx_CR1 寄存器的 ARPE 位控制自动重载影子寄存器功能,如果 ARPE 位置 1,自动重载影子寄存器有效,只有在事件更新时才把 TIMx_ARR 值赋给影子寄存器。如果 ARPE 位为 0,则修改 TIMx_ARR 值马上有效。

(4)重复计数器 RCR

在基本 / 通用定时器发生上 / 下溢事件时直接就生成更新事件,但对于高级控制定时器却不是这样,高级控制定时器在硬件结构上多出了重复计数器,在定时器发生上溢或下溢事件时递减重复计数器的值,只有当重复计数器为 0 时才会生成更新事件。在发生 N+1 个上溢或下溢事件(N 为 RCR 的值)时产生更新事件。

4. 输入捕获

输入捕获功能框图见图 31-5。

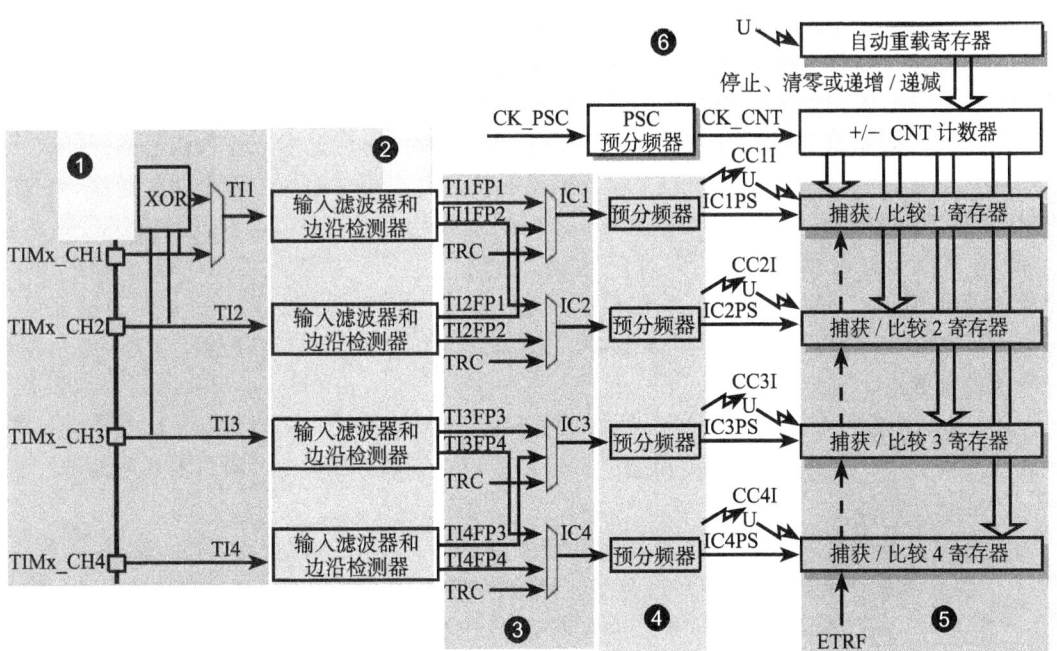

图 31-5 输入捕获功能框图

输入捕获可以对输入的信号的上升沿、下降沿或者双边沿进行捕获，常用的有测量输入信号的脉宽和测量 PWM 输入信号的频率和占空比这两种。

输入捕获的大概原理就是，当捕获到信号的跳变沿的时候，把计数器 CNT 的值锁存到捕获寄存器 CCR 中，把前后两次捕获到的 CCR 寄存器中的值相减，就可以算出脉宽或者频率。如果捕获的脉宽的时间长度超过你的捕获定时器的周期，就会发生溢出，这个我们需要做额外的处理。

① 输入通道

需要被测量的信号从定时器的外部引脚 TIMx_CH1/2/3/4 进入，通常叫 TI1/2/3/4，在后面的捕获讲解中，对于要被测量的信号我们都以 TIx 为标准叫法。

② 输入滤波器和边沿检测器

当输入的信号存在高频干扰的时候，我们需要对输入信号进行滤波，即进行重新采样。根据采样定律，采样的频率必须大于等于两倍的输入信号频率。比如输入的信号为 1MHz，又存在高频的信号干扰，那么此时就很有必要进行滤波，我们可以设置采样频率为 2MHz，这样可以在保证采样到有效信号的基础上把高于 2MHz 的高频干扰信号过滤掉。

滤波器的配置由 CR1 寄存器的位 CKD[1:0] 和 CCMR1/2 的位 ICxF[3:0] 控制。从 ICxF 位的描述可知，采样频率 f_{SAMPLE} 可以由 f_{CK_INT} 和 f_{DTS} 分频后的时钟提供，其中 f_{CK_INT} 是内部时钟，f_{DTS} 是 f_{CK_INT} 经过分频后得到的频率，分频因子由 CKD[1:0] 决定，可以是不分频，2 分频或者是 4 分频。

边沿检测器用来设置信号在捕获的时候在什么边沿有效，可以是上升沿、下降沿或者双边沿，具体的由 CCER 寄存器的位 CCxP 和 CCxNP 决定。

③ 捕获通道

捕获通道就是图中的 IC1/2/3/4，每个捕获通道都有相对应的捕获寄存器 CCR1/2/3/4，当发生捕获的时候，计数器 CNT 的值就会被锁存到捕获寄存器中。

这里我们要搞清楚输入通道和捕获通道的区别，输入通道是用来输入信号的，捕获通道是用来捕获输入信号的通道，一个输入通道的信号可以同时输入给两个捕获通道。比如输入通道 TI1 的信号经过滤波边沿检测器之后的 TI1FP1 和 TI1FP2 可以进入捕获通道 IC1 和 IC2，其实这就是我们后面要讲的 PWM 输入捕获，只有一路输入信号（TI1）却占用了两个捕获通道（IC1 和 IC2）。当只需要测量输入信号的脉宽时候，用一个捕获通道即可。输入通道和捕获通道的映射关系具体由寄存器 CCMRx 的位 CCxS[1:0] 配置。

④ 预分频器

ICx 的输出信号会经过一个预分频器，用于决定发生多少个事件时进行一次捕获。具体的由寄存器 CCMRx 的位 ICxPSC 配置，如果希望捕获信号的每一个边沿，则不分频。

⑤ 捕获寄存器

经过预分频器的信号 ICxPS 是最终被捕获的信号，当发生捕获时（第 1 次），计数器 CNT 的值会被锁存到捕获寄存器 CCR 中，还会产生 CCxI 中断，相应的中断位 CCxIF（在 SR 寄存器中）会被置位，通过软件或者读取 CCR 中的值可以将 CCxIF 清 0。如果发生第 2 次捕获（即重复捕获：CCR 寄存器中已捕获到计数器值且 CCxIF 标志已置 1），则捕获溢出标志位 CCxOF（在 SR 寄存器中）会被置位，CCxOF 只能通过软件清零。

⑥时基单元

时基单元部分见图 31-4。

5. 输出比较

输出比较功能框图见图 31-6。

输出比较就是通过定时器的外部引脚对外输出控制信号，有冻结、将通道 X（x=1,2,3,4）设置为匹配时输出有效电平、将通道 X 设置为匹配时输出无效电平、翻转、强制变为无效电平、强制变为有效电平、PWM1 和 PWM2 这 8 种模式，具体使用哪种模式由寄存器 CCMRx 的位 OCxM[2:0] 配置。其中 PWM 模式是输出比较中的特例，使用的也最多。

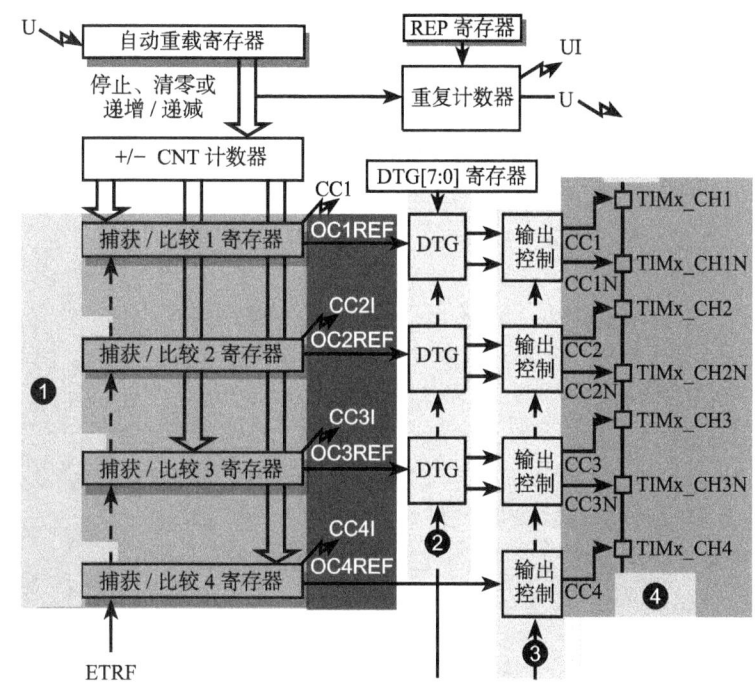

图 31-6　输出比较功能框图

①比较寄存器

当计数器 CNT 的值与比较寄存器 CCR 的值相等的时候，输出参考信号 OCxREF 的信号的极性就会改变，其中 OCxREF=1（高电平）称为有效电平，OCxREF=0（低电平）称为无效电平，并且会产生比较中断 CCxI，相应的标志位 CCxIF（SR 寄存器中）会置位。然后 OCxREF 再经过一系列的控制之后就成为真正的输出信号 OCx/OCxN。

②死区发生器

在生成的参考波形 OCxREF 的基础上，可以插入死区时间，用于生成两路互补的输出信号 OCx 和 OCxN。死区时间的大小具体由 BDTR 寄存器的位 DTG[7:0] 配置。死区时间的大小必须根据与输出信号相连接的器件及其特性来调整。下面我们简单举例说明带死区的 PWM 信号的应用，我们以一个半桥驱动电路为例，见图 31-7。

在这个半桥驱动电路中，Q1 导通，Q2 截止，此时若想让 Q1 截止 Q2 导通，肯定要先让 Q1 截止一段时间之后，再等一段时间才让 Q2 导通，这段等待的时间就称为死区时间，因为 Q1 关闭需要时间（由 MOS 管的工艺决定）。如果 Q1 关闭之后，马上打开 Q2，那么此时一段时间内相当于 Q1 和 Q2 都导通了，这样电路会短路。

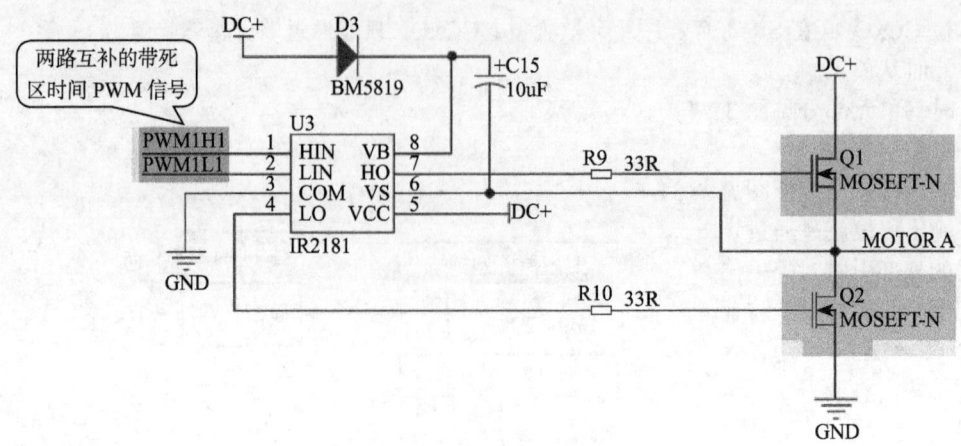

图 31-7 半桥驱动电路

图 31-8 是针对上面的半桥驱动电路而画的带死区插入的 PWM 信号，图中的死区时间要根据 MOS 管的工艺来调节。

③输出控制

输出比较（通道 1～3）的输出控制框图见 31-9。

在输出比较的输出控制中，参考信号 OCxREF 在经过死区发生器之后会产生两路带死区的互补信号 OCx_DT 和 OCxN_DT（通道 1～3 才有互补信号，通道 4 没有，其余与通道 1～3 一样）。这两路带死区的互补信号就进入输出控制电路，如果没有加入死区控制，那么进入输出控制电路的信号就是 OCxREF。

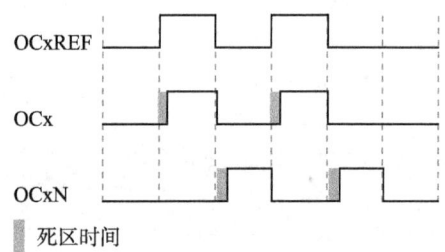

图 31-8 带死区插入的互补输出

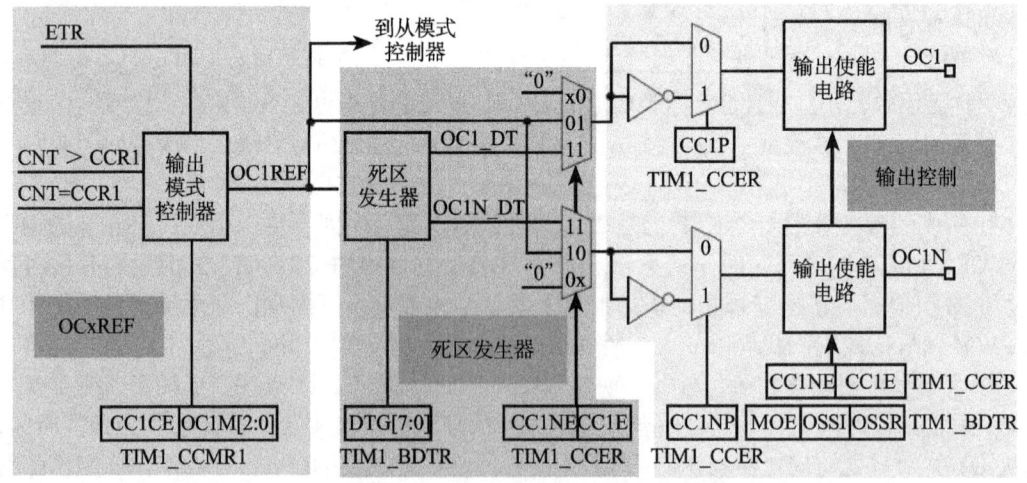

图 31-9 输出比较（通道 1～3）的输出控制框图

进入输出控制电路的信号会被分成两路：一路是原始信号，一路是被反向的信号，具体由寄存器 CCER 的位 CCxP 和 CCxNP 控制。经过极性选择的信号是否由 OCx 引脚输出到外部引脚 CHx/CHxN 则由寄存器 CCER 的位 CxE/CxNE 配置。

如果加入了断路（刹车）功能，则断路和死区寄存器 BDTR 的 MOE、OSSI 和 OSSR 这 3 个位会共同影响输出的信号。

④输出引脚

输出比较的输出信号最终是通过定时器的外部 IO 来输出的，分别为 CH1～4，其中前 3 个通道还有互补的输出通道 CH1/2/3N。更加详细的 IO 说明请查阅相关的数据手册。

6. 断路功能

断路功能就是电机控制的刹车功能。使能断路功能时，根据相关控制位状态修改输出信号电平。在任何情况下，OCx 和 OCxN 输出都不能同时为有效电平，这与电机控制常用的 H 桥电路结构有关。

断路源可以是时钟故障事件，由内部复位时钟控制器中的时钟安全系统（CSS）生成，也可以是外部断路输入 IO，两者是或的关系。

系统复位启动都默认关闭断路功能，将断路和死区寄存器（TIMx_BDTR）的 BKE 为置 1，使能断路功能。可通过 TIMx_BDTR 寄存器的 BKP 位设置断路输入引脚的有效电平，设置为 1 时输入 BRK 为高电平有效，否则低电平有效。

发生断路时，将产生以下效果：

- TIMx_BDTR 寄存器中主输出模式使能（MOE）位被清零，输出处于无效、空闲或复位状态；
- 根据相关控制位状态控制输出通道引脚电平；当使能通道互补输出时，会根据情况自动控制输出通道电平；
- 将 TIMx_SR 寄存器中的 BIF 位置 1，并可产生中断和 DMA 传输请求；
- 如果 TIMx_BDTR 寄存器中的自动输出使能（AOE）位置 1，则 MOE 位会在发生下一个 UEV 事件时自动再次置 1。

31.3 输入捕获应用

输入捕获一般应用在两个方面：一个方面是脉冲跳变沿时间测量，另一个方面是 PWM 输入测量。

31.3.1 测量脉宽或者频率

测量脉宽或频率示意图见图 31-10。

1. 测量频率

当捕获通道 TIx 上第 1 次出现上升沿时，发生第 1 次捕获，计数器 CNT 的值会被锁存到捕获寄存器 CCR 中，而且还会进入捕获中断，在中断服务程序中记录一次捕获（可以用一个标志变量来记录），并把捕获寄存器中的值读取到 value1 中。当出现第 2 次上升沿时，发生第 2 次捕获，计数器 CNT 的值会再次被锁存到捕获寄存器 CCR 中，并再次进入捕获中断，在捕获中断中，把捕获寄存器的值读取到 value3 中，并清除捕获记录标志。利用 value3 和 value1 的差值我们就可以算出信号的周期（频率）。

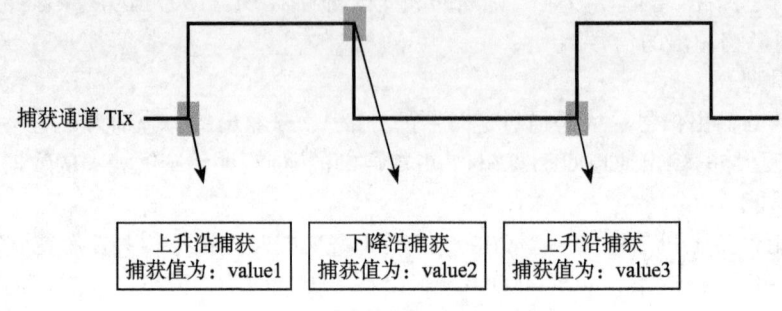

图 31-10　脉宽或频率测量示意图

2. 测量脉宽

当捕获通道 TIx 上第 1 次出现上升沿时，发生第 1 次捕获，计数器 CNT 的值会被锁存到捕获寄存器 CCR 中，而且还会进入捕获中断，在中断服务程序中记录一次捕获（可以用一个标志变量来记录），并把捕获寄存器中的值读取到 value1 中。然后把捕获边沿改变为下降沿捕获，目的是捕获后面的下降沿。当下降沿到来的时候，发生第 2 次捕获，计数器 CNT 的值会再次被锁存到捕获寄存器 CCR 中，并再次进入捕获中断，在捕获中断中，把捕获寄存器的值读取到 value3 中，并清除捕获记录标志。然后把捕获边沿设置为上升沿捕获。利用 value1 可以求出脉冲宽度，利用 value1 与 value3 的比值可以求出占空比。

在测量脉宽过程中需要来回的切换捕获边沿的极性，如果测量的脉宽时间比较长，定时器就会发生溢出，溢出的时候会产生更新中断，我们可以在中断里面对溢出进行记录处理。

31.3.2　PWM 输入模式

测量脉宽和频率还有一个更简便的方法，就是使用 PWM 输入模式。该模式是输入捕获的特例，只能使用通道 1 和通道 2，通道 3 和通道 4 使用不了。与上面那种只使用一个捕获寄存器测量脉宽和频率的方法相比，PWM 输入模式需要占用两个捕获寄存器，见图 31-11。

当使用 PWM 输入模式的时候，因为一个输入通道（TIx）会占用两个捕获通道（ICx），所以一个定时器在使用 PWM 输入的时候最多只能使用两个输入通道（TIx）。

我们以输入通道 TI1 工作在 PWM 输入模式为例来讲解具体的工作原理，其他通道以此类推即可。

PWM 信号由输入通道 TI1

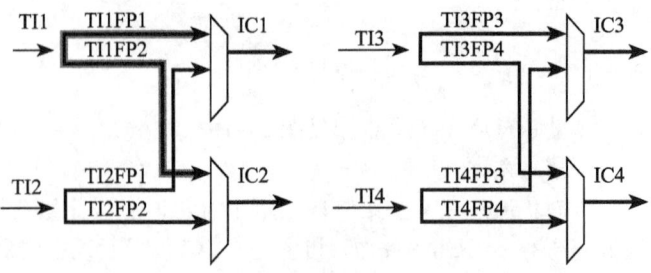

图 31-11　输入通道和捕获通道的关系映射图

进入，因为是 PWM 输入模式的缘故，信号会被分为两路：一路是 TI1FP1，另外一路是 TI2FP2。其中一路是周期，另一路是占空比，具体一路信号对应周期还是占空比，得从程序上设置哪一路信号作为触发输入，作为触发输入的哪一路信号对应的就是周期，另一路就是对应占空比。作为触发输入的那一路信号还需要设置极性，是上升沿还是下降沿捕获。一旦设置好触发输入的极性，另外一路硬件就会自动配置为相反的极性捕获，无需软件配置。一句话概括就是：选定输入通道，确定触发信号，然后设置触发信号的极性即可。因为是 PWM 输入的缘故，另一路信号则由硬件配置，无需软件配置。

使用 PWM 输入模式的时候必须将从模式控制器配置为复位模式（配置寄存器 SMCR 的位 SMS[2:0] 来实现），即当我们启动触发信号开始进行捕获的时候，同时把计数器 CNT 复位清零。

下面我们以一个更加具体的时序图来分析下 PWM 输入模式，见图 31-12。

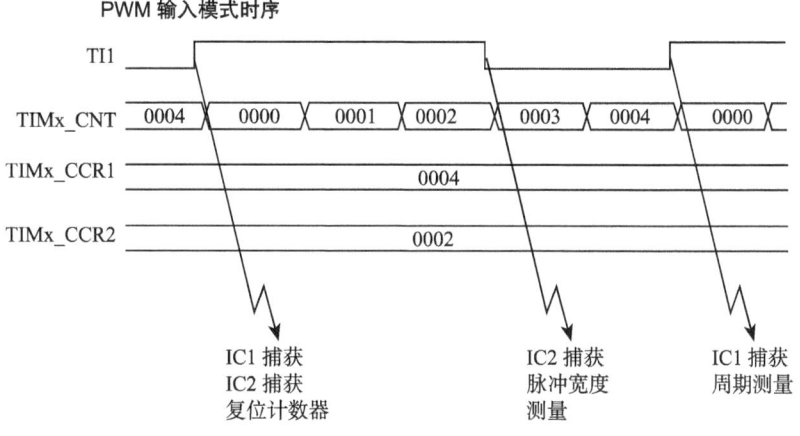

图 31-12　PWM 输入模式时序

PWM 信号由输入通道 TI1 进入，配置 TI1FP1 为触发信号，上升沿捕获。当上升沿的时候 IC1 和 IC2 同时捕获，计数器 CNT 清零，到了下降沿的时候，IC2 捕获，此时计数器 CNT 的值被锁存到捕获寄存器 CCR2 中，到了下一个上升沿的时候，IC1 捕获，计数器 CNT 的值被锁存到捕获寄存器 CCR1 中。其中 CCR2+1 测量的是脉宽，CCR1+1 测量的是周期。这里要注意的是：CCR2 和 CCR1 的值在计算占空比和频率的时候都必须加 1，因为计数器是从 0 开始计数的。

从软件上来说，用 PWM 输入模式测量脉宽和周期更容易，付出的代价是需要占用两个捕获寄存器。

31.4　输出比较应用

输出比较模式总共有 8 种，具体的由寄存器 CCMRx 的位 OCxM[2:0] 配置。我们这里只讲解最常用的 PWM 模式，其他几种模式看数据手册即可。

PWM 输出就是对外输出脉宽(占空比)可调的方波信号,信号频率由自动重装寄存器 ARR 的值决定,占空比由比较寄存器 CCR 的值决定。

PWM 模式分为两种,PWM1 和 PWM2,总得来说二者差不多,具体的区别见表 31-2。

表 31-2 PWM1 与 PWM2 模式的区别

模式	计数器 CNT 计算方式	说 明
PWM1	递增	CNT<CCR,通道 CH 为有效,否则为无效
	递减	CNT>CCR,通道 CH 为无效,否则为有效
PWM2	递增	CNT<CCR,通道 CH 为无效,否则为有效
	递减	CNT>CCR,通道 CH 为有效,否则为无效

下面我们以 PWM1 模式来讲解,以计数器 CNT 计数的方向不同还分为边沿对齐模式和中心对齐模式。PWM 信号主要都是用来控制电机,一般的电机控制用的都是边沿对齐模式,FOC 电机一般用中心对齐模式。我们这里只分析这两种模式在信号感官上(信号波形)的区别,具体在电机控制中的区别不做讨论,到了真正需要使用的时候就会知道了。

1. PWM 边沿对齐模式

在递增计数模式下,计数器从 0 计数到自动重载值(TIMx_ARR 寄存器的内容),然后重新从 0 开始计数并生成计数器上溢事件,见图 31-13。

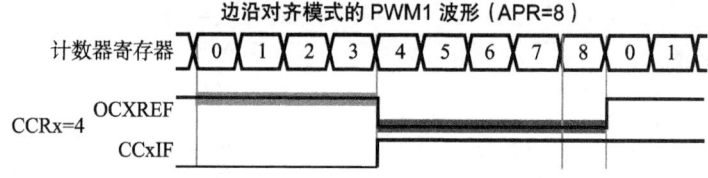

图 31-13 PWM1 模式的边沿对齐波形

在边沿对齐模式下,计数器 CNT 只工作在一种模式,递增或者递减模式。这里我们以 CNT 工作在递增模式为例,在图 31-13 中,ARR=8,CCR=4,CNT 从 0 开始计数,当 CNT<CCR 的值时,OCxREF 为有效的高电平,与此同时,比较中断寄存器 CCxIF 置位。当 CCR≤CNT≤ARR 时,OCxREF 为无效的低电平。然后 CNT 又从 0 开始计数并生成计数器上溢事件,以此循环往复。

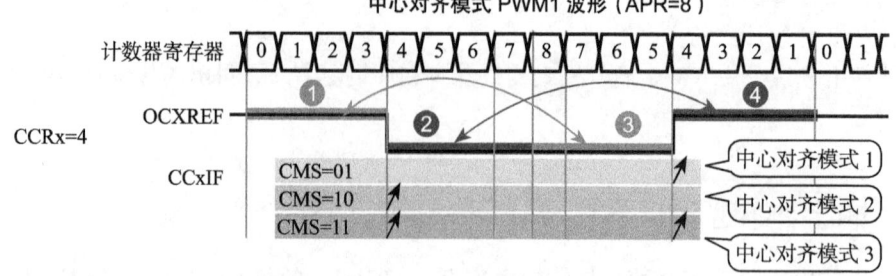

图 31-14 PWM1 模式的中心对齐波形

2. PWM 中心对齐模式

在中心对齐模式下，计数器 CNT 是工作做递增/递减模式下。开始的时候，计数器 CNT 从 0 开始计数到自动重载值减 1（ARR-1），生成计数器上溢事件；然后从自动重载值开始向下计数到 1 并生成计数器下溢事件。之后从 0 开始重新计数。

图 31-14 是 PWM1 模式的中心对齐波形，ARR=8，CCR=4。第 1 阶段计数器 CNT 工作在递增模式下，从 0 开始计数，当 CNT < CCR 的值时，OCxREF 为有效的高电平，当 CCR ≤ CNT << ARR 时，OCxREF 为无效的低电平。第 2 阶段计数器 CNT 工作在递减模式，从 ARR 的值开始递减，当 CNT > CCR 时，OCxREF 为无效的低电平，当 CCR ≥ CNT ≥ 1 时，OCxREF 为有效的高电平。

在波形图上我们把波形分为两个阶段，第 1 个阶段是计数器 CNT 工作在递增模式的波形，这个阶段又分为①和②两个阶段；第 2 个阶段是计数器 CNT 工作在递减模式的波形，这个阶段又分为③和④两个阶段。要说中心对齐模式下的波形有什么特征的话，那就是①和③阶段的时间相等，②和④阶段的时间相等。

中心对齐模式又分为中心对齐模式 1、2、3 三种，具体由寄存器 CR1 位 CMS[1:0] 配置。三者的区别就是比较中断中断标志位 CCxIF 在何时置 1：中心对齐模式 1 在 CNT 递减计数的时候置 1，中心对齐模式 2 在 CNT 递增计数时置 1，中心对齐模式 3 在 CNT 递增和递减计数时都置 1。

31.5 定时器初始化结构体详解

在标准库函数头文件 stm32f10x_tim.h 中，对定时器外设建立了 4 个初始化结构体，分别为时基初始化结构体 TIM_TimeBaseInitTypeDef、输出比较初始化结构体 TIM_OCInitTypeDef、输入捕获初始化结构体 TIM_ICInitTypeDef、断路和死区初始化结构体 TIM_BDTRInitTypeDef，高级控制定时器可以用到所有初始化结构体，通用定时器不能使用 TIM_BDTRInitTypeDef 结构体，基本定时器只能使用时基结构体。接下来我们具体讲解这 4 个结构体。

1. TIM_TimeBaseInitTypeDef

时基结构体 TIM_TimeBaseInitTypeDef 用于定时器基础参数设置，与 TIM_TimeBaseInit 函数配合使用完成配置。

代码清单31-1　定时器基本初始化结构体

```
1 typedef struct {
2      uint16_t TIM_Prescaler;           // 预分频器
3      uint16_t TIM_CounterMode;         // 计数模式
4      uint32_t TIM_Period;              // 定时器周期
5      uint16_t TIM_ClockDivision;       // 时钟分频
6      uint8_t TIM_RepetitionCounter;    // 重复计算器
7 } TIM_TimeBaseInitTypeDef;
```

- TIM_Prescaler：定时器预分频器设置，时钟源经该预分频器才是定时器计数时钟

CK_CNT，它设定 PSC 寄存器的值。计算公式为：计数器时钟频率（f_{CK_CNT}）=f_{CK_PSC}/（PSC[15:0]+1），可实现 1～65536 分频。
- TIM_CounterMode：定时器计数模式，可设置为向上计数、向下计数以及中心对齐。高级控制定时器允许选择任意一种。
- TIM_Period：定时器周期，实际就是设定自动重载寄存器 ARR 的值，ARR 为要装载到实际自动重载寄存器（影子寄存器）的值，可设置范围为 0～65535。
- TIM_ClockDivision：时钟分频，设置定时器时钟 CK_INT 频率与死区发生器以及数字滤波器采样时钟频率分频比。可以选择 1、2、4 分频。
- TIM_RepetitionCounter：重复计数器，只有 8 位，只存在于高级定时器中。

2. TIM_OCInitTypeDef

输出比较结构体 TIM_OCInitTypeDef 用于输出比较模式，与 TIM_OCxInit 函数配合使用完成指定定时器输出通道初始化配置。高级控制定时器有四个定时器通道，使用时都必须单独设置。

代码清单31-2　定时器比较输出初始化结构体

```
 1 typedef struct {
 2     uint16_t TIM_OCMode;          // 比较输出模式
 3     uint16_t TIM_OutputState;     // 比较输出使能
 4     uint16_t TIM_OutputNState;    // 比较互补输出使能
 5     uint32_t TIM_Pulse;           // 脉冲宽度
 6     uint16_t TIM_OCPolarity;      // 输出极性
 7     uint16_t TIM_OCNPolarity;     // 互补输出极性
 8     uint16_t TIM_OCIdleState;     // 空闲状态下比较输出状态
 9     uint16_t TIM_OCNIdleState;    // 空闲状态下比较互补输出状态
10 } TIM_OCInitTypeDef;
```

- TIM_OCMode：比较输出模式选择，总共有 8 种，常用的为 PWM1/PWM2。它设定 CCMRx 寄存器 OCxM[2:0] 位的值。
- TIM_OutputState：比较输出使能，决定最终的输出比较信号 OCx 是否通过外部引脚输出。它设定 TIMx_CCER 寄存器 CCxE/CCxNE 位的值。
- TIM_OutputNState：比较互补输出使能，决定 OCx 的互补信号 OCxN 是否通过外部引脚输出。它设定 CCER 寄存器 CCxNE 位的值。
- TIM_Pulse：比较输出脉冲宽度，实际设定比较寄存器 CCR 的值，决定脉冲宽度。可设置范围为 0～65535。
- TIM_OCPolarity：输出极性，可选 OCx 为高电平有效或低电平有效。它决定着定时器通道有效电平。它设定 CCER 寄存器的 CCxP 位的值。
- TIM_OCNPolarity：比较互补输出极性，可选 OCxN 为高电平有效或低电平有效。它设定 TIMx_CCER 寄存器的 CCxNP 位的值。
- TIM_OCIdleState：空闲状态下通道输出电平设置，可选输出 1 或输出 0，即在空闲状态（BDTR_MOE 位为 0）时，经过死区时间后定时器通道输出高电平或低电平。它设定 CR2 寄存器的 OISx 位的值。

- TIM_OCNIdleState：空闲状态下互补通道输出电平设置，可选输出 1 或输出 0，即在空闲状态（BDTR_MOE 位为 0）时，经过死区时间后定时器互补通道输出高电平或低电平，设定值必须与 TIM_OCIdleState 相反。它设定 CR2 寄存器的 OISxN 位的值。

3. TIM_ICInitTypeDef

输入捕获结构体 TIM_ICInitTypeDef 用于输入捕获模式，与 TIM_ICInit 函数配合使用完成定时器输入通道初始化配置。如果使用 PWM 输入模式需要与 TIM_PWMIConfig 函数配合使用，完成定时器输入通道初始化配置。

代码清单31-3　定时器输入捕获初始化结构体

```
1 typedef struct {
2     uint16_t TIM_Channel;         // 输入通道选择
3     uint16_t TIM_ICPolarity;      // 输入捕获触发选择
4     uint16_t TIM_ICSelection;     // 输入捕获选择
5     uint16_t TIM_ICPrescaler;     // 输入捕获预分频器
6     uint16_t TIM_ICFilter;        // 输入捕获滤波器
7 } TIM_ICInitTypeDef;
```

- TIM_Channel：捕获通道 ICx 选择，可选 TIM_Channel_1、TIM_Channel_2、TIM_Channel_3 或 TIM_Channel_4 四个通道。它设定 CCMRx 寄存器 CCxS 位 的值。
- TIM_ICPolarity：输入捕获边沿触发选择，可选上升沿触发、下降沿触发或边沿跳变触发。它设定 CCER 寄存器 CCxP 位和 CCxNP 位的值。
- TIM_ICSelection：输入通道选择，捕获通道 ICx 的信号可来自 3 个输入通道，分别为 TIM_ICSelection_DirectTI、TIM_ICSelection_IndirectTI、TIM_ICSelection_TRC，具体的区别见图 31-15。如果是普通的输入捕获，4 个通道都可以使用，如果是 PWM 输入则只能使用通道 1 和通道 2。它设定 CCRMx 寄存器的 CCxS[1:0] 位的值。
- TIM_ICPrescaler：输入捕获通道预分频器，可设置 1、2、4、8 分频，它设定 CCMRx 寄存器的 ICxPSC[1:0] 位的值。如果需要捕获输入信号的每个有效边沿，则设置 1 分频即可。

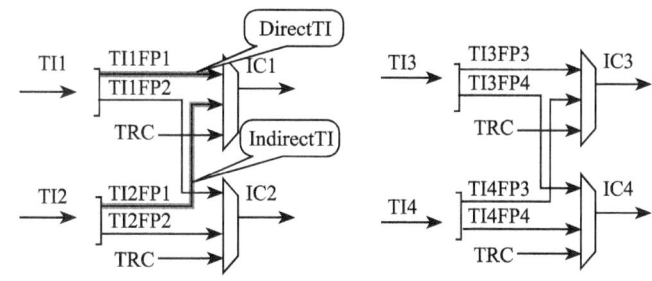

图 31-15　输入通道与捕获通道 IC 的映射图

- TIM_ICFilter：输入捕获滤波器设置，可选设置 0x0 ~ 0x0F。它设定 CCMRx 寄存器 ICxF[3:0] 位的值。一般我们不使用滤波器，即设置为 0。

4. TIM_BDTRInitTypeDef

断路和死区结构体 TIM_BDTRInitTypeDef 用于断路和死区参数的设置，属于高级定时器专用，用于配置断路时通道输出状态，以及死区时间。它与 TIM_BDTRConfig 函数配置使用完成参数配置。这个结构体的成员只对应 BDTR 这个寄存器，有关成员的具体使用配置请参考手册 BDTR 寄存器的详细描述。

代码清单31-4 断路和死区初始化结构体

```
1  typedef struct {
2      uint16_t TIM_OSSRState;         // 运行模式下的关闭状态选择
3      uint16_t TIM_OSSIState;         // 空闲模式下的关闭状态选择
4      uint16_t TIM_LOCKLevel;         // 锁定配置
5      uint16_t TIM_DeadTime;          // 死区时间
6      uint16_t TIM_Break;             // 断路输入使能控制
7      uint16_t TIM_BreakPolarity;     // 断路输入极性
8      uint16_t TIM_AutomaticOutput;   // 自动输出使能
9  } TIM_BDTRInitTypeDef;
```

- TIM_OSSRState：运行模式下的关闭状态选择，它设定 BDTR 寄存器 OSSR 位的值。
- TIM_OSSIState：空闲模式下的关闭状态选择，它设定 BDTR 寄存器 OSSI 位的值。
- TIM_LOCKLevel：锁定级别配置，它设定 BDTR 寄存器 LOCK[1:0] 位的值。
- TIM_DeadTime：配置死区发生器，定义死区持续时间，可选设置范围为 0x0 ～ 0xFF。它设定 BDTR 寄存器 DTG[7:0] 位的值。
- TIM_Break：断路输入功能选择，可选使能或禁止。它设定 BDTR 寄存器 BKE 位的值。
- TIM_BreakPolarity：断路输入通道 BRK 极性选择，可选高电平有效或低电平有效。它设定 BDTR 寄存器 BKP 位的值。
- TIM_AutomaticOutput：自动输出使能，可选使能或禁止。它设定 BDTR 寄存器 AOE 位的值。

31.6 PWM 互补输出实验

输出比较模式比较多，这里我们以 PWM 输出为例讲解，并通过示波器来观察波形。实验中不仅在主输出通道输出波形，还在互补通道输出与主通道互补的波形，并且添加了断路和死区功能。

31.6.1 硬件设计

根据开发板引脚使用情况，并且参考表 31-1 中定时器引脚信息，使用高级定时器 TIM1 的通道 1 及其互补通道作为本实验的波形输出通道，对应选择 PA8 和 PB13 引脚。将示波器的两个输入通道分别与 PA8 和 PB13 引脚连接，用于观察波形，还要注意共地。在指南者开发板里面，PA8 通过一个跳帽默认连接了蜂鸣器，如果跳帽不拔掉的话，PA8 输出的 PWM 信号会使蜂鸣器响。

为增加断路功能，需要用到 TIM1_BKIN 引脚，这里选择 PB12 引脚。在程序中我们设置该引脚为高电平有效，当 BKIN 引脚被置高电平的时候，两路互补的 PWM 输出就被停止，就好像刹车一样。

31.6.2 软件设计

这里只讲解核心的部分代码，有些变量的设置、头文件的包含等并没有涉及，完整代码请参考本章配套的工程。我们创建了两个文件 bsp_AdvanceTim.c 和 bsp_AdvanceTim.h，用来存储定时器驱动程序及相关宏定义。

1. 编程要点

1）定时器用到的 GPIO 初始化；

2）定时器时基结构体 TIM_TimeBaseInitTypeDef 初始化；

3）定时器输出比较结构体 TIM_OCInitTypeDef 初始化；

4）定时器刹车和死区结构体 TIM_BDTRInitTypeDef 初始化。

2. 软件分析

（1）宏定义

代码清单31-5　宏定义

```
1  /*********** 高级定时器 TIM 参数定义, 只限 TIM1 和 TIM8 ***********/
2  // 当使用不同的定时器的时候, 对应的 GPIO 是不一样的, 这点要注意
3  // 这里我们使用高级控制定时器 TIM1
4
5  #define          ADVANCE_TIM                TIM1
6  #define          ADVANCE_TIM_APBxClock_FUN  RCC_APB2PeriphClockCmd
7  #define          ADVANCE_TIM_CLK            RCC_APB2Periph_TIM1
8  // PWM 信号的频率 F = TIM_CLK/{(ARR+1)*(PSC+1)}
9  #define          ADVANCE_TIM_PERIOD         (8-1)
10 #define          ADVANCE_TIM_PSC            (9-1)
11 #define          ADVANCE_TIM_PULSE          4
12
13 #define          ADVANCE_TIM_IRQ            TIM1_UP_IRQn
14 #define          ADVANCE_TIM_IRQHandler     TIM1_UP_IRQHandler
15
16 // TIM1 输出比较通道
17 #define          ADVANCE_TIM_CH1_GPIO_CLK   RCC_APB2Periph_GPIOA
18 #define          ADVANCE_TIM_CH1_PORT       GPIOA
19 #define          ADVANCE_TIM_CH1_PIN        GPIO_Pin_8
20
21 // TIM1 输出比较通道的互补通道
22 #define          ADVANCE_TIM_CH1N_GPIO_CLK  RCC_APB2Periph_GPIOB
23 #define          ADVANCE_TIM_CH1N_PORT      GPIOB
24 #define          ADVANCE_TIM_CH1N_PIN       GPIO_Pin_13
25
26 // TIM1 输出比较通道的刹车通道
27 #define          ADVANCE_TIM_BKIN_GPIO_CLK  RCC_APB2Periph_GPIOB
28 #define          ADVANCE_TIM_BKIN_PORT      GPIOB
29 #define          ADVANCE_TIM_BKIN_PIN       GPIO_Pin_12
```

使用宏定义非常方便程序升级、移植。有关每个宏的具体含义看代码中的注释即可。

（2）定时器复用功能引脚初始化

代码清单31-6　定时器复用功能引脚初始化

```
1  static void ADVANCE_TIM_GPIO_Config(void)
2  {
3      GPIO_InitTypeDef GPIO_InitStructure;
4
5      // 输出比较通道 GPIO 初始化
```

```c
 6    RCC_APB2PeriphClockCmd(ADVANCE_TIM_CH1_GPIO_CLK, ENABLE);
 7    GPIO_InitStructure.GPIO_Pin =  ADVANCE_TIM_CH1_PIN;
 8    GPIO_InitStructure.GPIO_Mode = GPIO_Mode_AF_PP;
 9    GPIO_InitStructure.GPIO_Speed = GPIO_Speed_50MHz;
10    GPIO_Init(ADVANCE_TIM_CH1_PORT, &GPIO_InitStructure);
11
12    // 输出比较通道互补通道GPIO初始化
13    RCC_APB2PeriphClockCmd(ADVANCE_TIM_CH1N_GPIO_CLK, ENABLE);
14    GPIO_InitStructure.GPIO_Pin =  ADVANCE_TIM_CH1N_PIN;
15    GPIO_InitStructure.GPIO_Mode = GPIO_Mode_AF_PP;
16    GPIO_InitStructure.GPIO_Speed = GPIO_Speed_50MHz;
17    GPIO_Init(ADVANCE_TIM_CH1N_PORT, &GPIO_InitStructure);
18
19    // 输出比较通道刹车通道GPIO初始化
20    RCC_APB2PeriphClockCmd(ADVANCE_TIM_BKIN_GPIO_CLK, ENABLE);
21    GPIO_InitStructure.GPIO_Pin =  ADVANCE_TIM_BKIN_PIN;
22    GPIO_InitStructure.GPIO_Mode = GPIO_Mode_AF_PP;
23    GPIO_InitStructure.GPIO_Speed = GPIO_Speed_50MHz;
24    GPIO_Init(ADVANCE_TIM_BKIN_PORT, &GPIO_InitStructure);
25    // BKIN 引脚默认先输出低电平
26    GPIO_ResetBits(ADVANCE_TIM_BKIN_PORT,ADVANCE_TIM_BKIN_PIN);
27 }
```

ADVANCE_TIM_GPIO_Config() 函数初始化了定时器用到的相关的 GPIO，当使用不同的 GPIO 的时候，只需要修改头文件里面的宏定义即可，而不需要修改这个函数。

（3）定时器模式配置

代码清单31-7　定时器模式配置

```c
 1 static void ADVANCE_TIM_Mode_Config(void)
 2 {
 3    // 开启定时器时钟，即内部时钟CK_INT=72MHz
 4    ADVANCE_TIM_APBxClock_FUN(ADVANCE_TIM_CLK,ENABLE);
 5
 6    /*-------------------- 时基结构体初始化 ------------------------*/
 7    TIM_TimeBaseInitTypeDef  TIM_TimeBaseStructure;
 8    // 自动重装载寄存器的值，累计TIM_Period+1个频率后产生一个更新或者中断
 9    TIM_TimeBaseStructure.TIM_Period=ADVANCE_TIM_PERIOD;
10    // 驱动CNT计数器的时钟 = Fck_int/(psc+1)
11    TIM_TimeBaseStructure.TIM_Prescaler= ADVANCE_TIM_PSC;
12    // 时钟分频因子，配置死区时间时需要用到
13    TIM_TimeBaseStructure.TIM_ClockDivision=TIM_CKD_DIV1;
14    // 计数器计数模式，设置为向上计数
15    TIM_TimeBaseStructure.TIM_CounterMode=TIM_CounterMode_Up;
16    // 重复计数器的值，没用到，不用管
17    TIM_TimeBaseStructure.TIM_RepetitionCounter=0;
18    // 初始化定时器
19    TIM_TimeBaseInit(ADVANCE_TIM, &TIM_TimeBaseStructure);
20
21    /*-------------------- 输出比较结构体初始化 ------------------*/
22    TIM_OCInitTypeDef  TIM_OCInitStructure;
23    // 配置为PWM模式1
24    TIM_OCInitStructure.TIM_OCMode = TIM_OCMode_PWM1;
25    // 输出使能
26    TIM_OCInitStructure.TIM_OutputState = TIM_OutputState_Enable;
```

```
27      // 互补输出使能
28      TIM_OCInitStructure.TIM_OutputNState = TIM_OutputNState_Enable;
29      // 设置占空比大小
30      TIM_OCInitStructure.TIM_Pulse = ADVANCE_TIM_PULSE;
31      // 输出通道电平极性配置
32      TIM_OCInitStructure.TIM_OCPolarity = TIM_OCPolarity_High;
33      // 互补输出通道电平极性配置
34      TIM_OCInitStructure.TIM_OCNPolarity = TIM_OCNPolarity_High;
35      // 输出通道空闲电平极性配置
36      TIM_OCInitStructure.TIM_OCIdleState = TIM_OCIdleState_Set;
37      // 互补输出通道空闲电平极性配置
38      TIM_OCInitStructure.TIM_OCNIdleState = TIM_OCNIdleState_Reset;
39      TIM_OC1Init(ADVANCE_TIM, &TIM_OCInitStructure);
40      TIM_OC1PreloadConfig(ADVANCE_TIM, TIM_OCPreload_Enable);
41
42      /*-------------------- 刹车和死区结构体初始化 --------------------*/
43      // 有关刹车和死区结构体的成员具体可参考 BDTR 寄存器的描述
44      TIM_BDTRInitTypeDef TIM_BDTRInitStructure;
45      TIM_BDTRInitStructure.TIM_OSSRState = TIM_OSSRState_Enable;
46      TIM_BDTRInitStructure.TIM_OSSIState = TIM_OSSIState_Enable;
47      TIM_BDTRInitStructure.TIM_LOCKLevel = TIM_LOCKLevel_1;
48      // 输出比较信号死区时间配置,具体如何计算可参考 BDTR:UTG[7:0] 的描述
49      // 这里配置的死区时间为 152ns
50      TIM_BDTRInitStructure.TIM_DeadTime = 11;
51      TIM_BDTRInitStructure.TIM_Break = TIM_Break_Enable;
52      // 当 BKIN 引脚检测到高电平的时候,输出比较信号被禁止,就好像刹车一样
53      TIM_BDTRInitStructure.TIM_BreakPolarity = TIM_BreakPolarity_High;
54      TIM_BDTRInitStructure.TIM_AutomaticOutput = TIM_AutomaticOutput_Enable;
55      TIM_BDTRConfig(ADVANCE_TIM, &TIM_BDTRInitStructure);
56
57      // 使能计数器
58      TIM_Cmd(ADVANCE_TIM, ENABLE);
59      // 主输出使能,当使用的是通用定时器时,这句不需要
60      TIM_CtrlPWMOutputs(ADVANCE_TIM, ENABLE);
61  }
```

ADVANCE_TIM_Mode_Config() 函数中初始化了 3 个结构体,有关这 3 个结构体成员的具体含义可参考 31.5 节,剩下的程序参考注释阅读即可。如果需要修改 PWM 的周期和占空比,修改头文件里面的 ADVANCE_TIM_PERIOD、ADVANCE_TIM_PSC 和 ADVANCE_TIM_PULSE 这 3 个宏即可。PWM 信号的频率的计算公式为:F = TIM_CLK/{(ARR+1)*(PSC+1)},其中 TIM_CLK 等于 72MHz,ARR 为自动重装载寄存器的值,对应 ADVANCE_TIM_PERIOD 这个宏,PSC 为计数器时钟的分频因子,对应 ADVANCE_TIM_PSC 这个宏。

(4)main 函数

代码清单31-8　main函数

```
1  int main(void)
2  {
3      /* 高级定时器初始化 */
4      ADVANCE_TIM_Init();
5
6      while (1) {
7      }
8  }
```

main 函数很简单，调用了 ADVANCE_TIM_Init() 函数，该函数调用了 ADVANCE_TIM_GPIO_Config() 和 ADVANCE_TIM_Mode_Config() 这两个函数，完成了定时器 GPIO 引脚和工作模式的初始化。这时，在相应的 GPIO 引脚上就可以检测到互补输出的 PWM 信号，而且带死区时间。如果程序运行的过程中，BKIN 引脚被拉高的话，PWM 输出会被禁止，就好像断路或者刹车一样。

31.6.3 下载验证

根据实验的硬件设计内容接好示波器输入通道和开发板引脚连接，编译实验程序并下载到开发板上，调整示波器到合适参数，在示波器显示屏上会看到一路互补的带死区时间的 PWM 波形，见图 31-16。至于图中的信号有毛刺，是因为信号的输出引脚还接了其他的芯片，受到了影响。

当 BKIN 引脚接高电平时，PWM 输出被禁止，就好像刹车一样，具体见图 31-17。

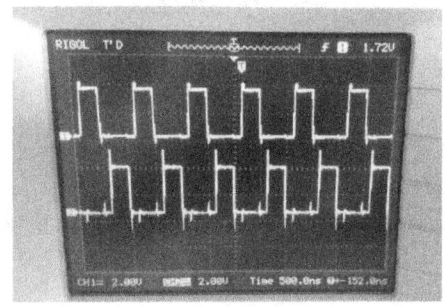
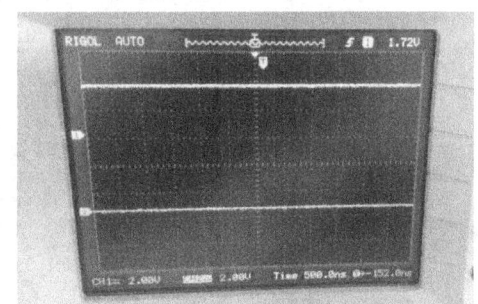

图 31-16　PWM 互补带死区时间波形输出　　　　图 31-17　PWM 刹车输出

31.7　脉宽测量输入捕获实验

上一节我们讲了输出比较，这一节我们讲输入捕获。输入捕获有常见的测量脉宽和特殊的 PWM 输入，这节我们先讲测量一个信号的脉宽，下一节再讲 PWM 输入。

31.7.1　硬件设计

根据开发板引脚使用情况，我们选用通用定时器 TIM5 的 CH1，就 PA0 这个 GPIO 来测量信号的脉宽。在开发板中 PA0 接的是一个按键，默认接 GND，当按键按下的时候 IO 口会被拉高，这个时候我们可以利用定时器的输入捕获功能来测量按键按下的这段高电平的时间，按键的具体原理图见图 31-18。

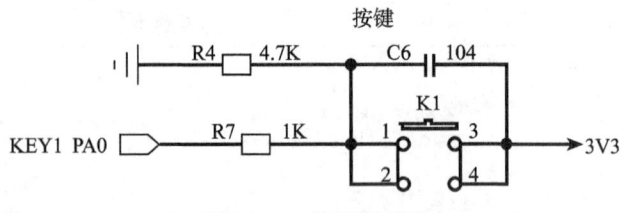

图 31-18　按键原理图

31.7.2 软件设计

这里只讲解核心的部分代码，有些变量的设置、头文件的包含等并没有涉及，完整的代码请参考本章配套的工程。我们创建了两个文件 bsp_GeneralTim.c 和 bsp_GeneralTim.h，用来存储定时器驱动程序及相关宏定义。

1. 编程要点

1）定时器用到的 GPIO 初始化；
2）定时器时基结构体 TIM_TimeBaseInitTypeDef 初始化；
3）定时器输入捕获结构体 TIM_ICInitTypeDef 初始化；
4）编写中断服务函数，读取捕获值，计算脉宽的时间。

2. 软件分析

（1）宏定义

代码清单31-9 宏定义

```
1  /*********** 通用定时器 TIM 参数定义, 只限 TIM2、3、4、5***********/
2  // 当使用不同的定时器的时候，对应的 GPIO 是不一样的，这点要注意
3  // 这里默认使用 TIM5
4
5  #define           GENERAL_TIM                    TIM5
6  #define           GENERAL_TIM_APBxClock_FUN      RCC_APB1PeriphClockCmd
7  #define           GENERAL_TIM_CLK                RCC_APB1Periph_TIM5
8  #define           GENERAL_TIM_Period             0XFFFF
9  #define           GENERAL_TIM_Prescaler          (72-1)
10
11 // TIM 输入捕获通道 GPIO 相关宏定义
12 #define           GENERAL_TIM_CH1_GPIO_CLK       RCC_APB2Periph_GPIOA
13 #define           GENERAL_TIM_CH1_PORT           GPIOA
14 #define           GENERAL_TIM_CH1_PIN            GPIO_Pin_0
15 #define           GENERAL_TIM_CHANNEL_x          TIM_Channel_1
16
17 // 中断相关宏定义
18 #define           GENERAL_TIM_IT_CCx             TIM_IT_CC1
19 #define           GENERAL_TIM_IRQ                TIM5_IRQn
20 #define           GENERAL_TIM_INT_FUN            TIM5_IRQHandler
21
22 // 获取捕获寄存器值函数宏定义
23 #define       GENERAL_TIM_GetCapturex_FUN        TIM_GetCapture1
24 // 捕获信号极性函数宏定义
25 #define       GENERAL_TIM_OCxPolarityConfig_FUN  TIM_OC1PolarityConfig
26
27 // 测量的起始边沿
28 #define           GENERAL_TIM_STRAT_ICPolarity   TIM_ICPolarity_Rising
29 // 测量的结束边沿
30 #define           GENERAL_TIM_END_ICPolarity     TIM_ICPolarity_Falling
```

使用宏定义非常便于程序升级、移植。有关具体每个宏的含义看注释即可。

（2）定时器复用功能引脚初始化

代码清单31-10 定时器复用功能引脚初始化

```
1 static void GENERAL_TIM_GPIO_Config(void)
2 {
```

```
 3      GPIO_InitTypeDef GPIO_InitStructure;
 4
 5      // 输入捕获通道 GPIO 初始化
 6      RCC_APB2PeriphClockCmd(GENERAL_TIM_CH1_GPIO_CLK, ENABLE);
 7      GPIO_InitStructure.GPIO_Pin   =  GENERAL_TIM_CH1_PIN;
 8      GPIO_InitStructure.GPIO_Mode = GPIO_Mode_IN_FLOATING;
 9      GPIO_Init(GENERAL_TIM_CH1_PORT, &GPIO_InitStructure);
10   }
```

GENERAL_TIM_GPIO_Config() 函数初始化了定时器用到的相关的 GPIO，当使用不同的 GPIO 的时候，只需要修改头文件里面的宏定义即可，而不需要修改这个函数。

（3）定时器模式配置

代码清单31-11　定时器模式配置

```
 1  static void GENERAL_TIM_Mode_Config(void)
 2  {
 3      // 开启定时器时钟,即内部时钟 CK_INT=72MHz
 4      GENERAL_TIM_APBxClock_FUN(GENERAL_TIM_CLK,ENABLE);
 5
 6      /*-------------------- 时基结构体初始化 ------------------------*/
 7      TIM_TimeBaseInitTypeDef  TIM_TimeBaseStructure;
 8      // 自动重装载寄存器的值,累计 TIM_Period+1 个频率后产生一个更新或者中断
 9      TIM_TimeBaseStructure.TIM_Period=GENERAL_TIM_PERIOD;
10      // 驱动 CNT 计数器的时钟 = Fck_int/(psc+1)
11      TIM_TimeBaseStructure.TIM_Prescaler= GENERAL_TIM_PSC;
12      // 时钟分频因子,配置死区时间时需要用到
13      TIM_TimeBaseStructure.TIM_ClockDivision=TIM_CKD_DIV1;
14      // 计数器计数模式,设置为向上计数
15      TIM_TimeBaseStructure.TIM_CounterMode=TIM_CounterMode_Up;
16      // 重复计数器的值,没用到,不用管
17      TIM_TimeBaseStructure.TIM_RepetitionCounter=0;
18      // 初始化定时器
19      TIM_TimeBaseInit(GENERAL_TIM, &TIM_TimeBaseStructure);
20
21      /*-------------------- 输入捕获结构体初始化 --------------------*/
22      TIM_ICInitTypeDef TIM_ICInitStructure;
23      // 配置输入捕获的通道,需要根据具体的 GPIO 来配置
24      TIM_ICInitStructure.TIM_Channel = GENERAL_TIM_CHANNEL_x;
25      // 输入捕获信号的极性配置
26      TIM_ICInitStructure.TIM_ICPolarity = GENERAL_TIM_STRAT_ICPolarity;
27      // 输入通道和捕获通道的映射关系,有直连和非直连两种
28      TIM_ICInitStructure.TIM_ICSelection = TIM_ICSelection_DirectTI;
29      // 输入需要被捕获的信号的分频系数
30      TIM_ICInitStructure.TIM_ICPrescaler = TIM_ICPSC_DIV1;
31      // 输入需要被捕获的信号的滤波系数
32      TIM_ICInitStructure.TIM_ICFilter = 0;
33      // 定时器输入捕获初始化
34      TIM_ICInit(GENERAL_TIM, &TIM_ICInitStructure);
35
36      // 清除更新和捕获中断标志位
37      TIM_ClearFlag(GENERAL_TIM, TIM_FLAG_Update|GENERAL_TIM_IT_CCx);
38      // 开启更新和捕获中断
39      TIM_ITConfig (GENERAL_TIM, TIM_IT_Update | GENERAL_TIM_IT_CCx, ENABLE );
40
41      // 使能计数器
```

```
42     TIM_Cmd(GENERAL_TIM, ENABLE);
43 }
```

ADVANCE_TIM_Mode_Config() 函数中初始化了两个结构体，有关这两个结构体成员的具体含义可参考 31.5 节，剩下的程序参考注释阅读即可。

在初始化时基结构体的周期和时钟分频因子这两个成员时，我们使用了两个宏 GENERAL_TIM_PERIOD 和 GENERAL_TIM_PSC。GENERAL_TIM_PERIOD 配置的是 ARR 寄存器的值，决定了计数器一个周期的计数时间，默认配置为 0XFFFF，即最大。GENERAL_TIM_PSC 配置的是分频因子，默认配置为 71（72-1），则可以计算出计数器的计数周期为 (GENERAL_TIM_PSC+1)/72M=1μs。所以输入捕获能捕获的最小的时间为 1μs，最长的时间为 1μs×(0Xffff+1)=65536μs=65.536ms，当超过这个计数周期的时候，就会产生中断，然后在中断里面做额外的处理，需要记录好产生了多少次更新中断，最后把这个更新时间加入脉宽的时间里面。

（4）中断优先级配置函数

```
1  // 中断优先级配置
2  static void GENERAL_TIM_NVIC_Config(void)
3  {
4      NVIC_InitTypeDef NVIC_InitStructure;
5      // 设置中断组为 0
6      NVIC_PriorityGroupConfig(NVIC_PriorityGroup_0);
7      // 设置中断来源
8      NVIC_InitStructure.NVIC_IRQChannel = GENERAL_TIM_IRQ ;
9      // 设置主优先级为 0
10     NVIC_InitStructure.NVIC_IRQChannelPreemptionPriority = 0;
11     // 设置子优先级为 3
12     NVIC_InitStructure.NVIC_IRQChannelSubPriority = 3;
13     NVIC_InitStructure.NVIC_IRQChannelCmd = ENABLE;
14     NVIC_Init(&NVIC_InitStructure);
15 }
```

因为只有一个中断源，所以优先级可以随便配置。

（5）中断服务函数

```
1  void GENERAL_TIM_INT_FUN(void)
2  {
3      // 当要被捕获的信号的周期大于定时器的最长定时时，定时器就会溢出，产生更新中断
4      // 这个时候我们需要把这个最长的定时周期加到捕获信号的时间里面去
5      if ( TIM_GetITStatus ( GENERAL_TIM, TIM_IT_Update) != RESET ) {
6          TIM_ICUserValueStructure.Capture_Period ++;
7          TIM_ClearITPendingBit ( GENERAL_TIM, TIM_FLAG_Update );
8      }
9
10     // 上升沿捕获中断
11     if ( TIM_GetITStatus (GENERAL_TIM, GENERAL_TIM_IT_CCx ) != RESET) {
12         // 第 1 次捕获
13         if ( TIM_ICUserValueStructure.Capture_StartFlag == 0 ) {
14             // 计数器清 0
15             TIM_SetCounter ( GENERAL_TIM, 0 );
16             // 自动重装载寄存器更新标志清 0
```

```
17              TIM_ICUserValueStructure.Capture_Period = 0;
18              // 存放捕获比较寄存器值的变量清 0
19              TIM_ICUserValueStructure.Capture_CcrValue = 0;
20
21              // 当第 1 次捕获到上升沿之后,就把捕获边沿配置为下降沿
22              GENERAL_TIM_OCxPolarityConfig_FUN(GENERAL_TIM, TIM_ICPolarity_
                    Falling);
23              // 捕获开始标志置 1
24              TIM_ICUserValueStructure.Capture_StartFlag = 1;
25          }
26          // 下降沿捕获中断
27          else { // 第 2 次捕获
28              // 获取捕获比较寄存器的值,这个值就是捕获到的高电平的时间的值
29              TIM_ICUserValueStructure.Capture_CcrValue =
30                  GENERAL_TIM_GetCapturex_FUN (GENERAL_TIM);
31
32              // 当第 2 次捕获到下降沿之后,就把捕获边沿配置为上升沿,好开启新的一轮捕获
33              GENERAL_TIM_OCxPolarityConfig_FUN(GENERAL_TIM, TIM_ICPolarity_
                    Rising);
34              // 开始捕获标志清 0
35              TIM_ICUserValueStructure.Capture_StartFlag = 0;
36              // 捕获完成标志置 1
37              TIM_ICUserValueStructure.Capture_FinishFlag = 1;
38          }
39
40          TIM_ClearITPendingBit (GENERAL_TIM,GENERAL_TIM_IT_CCx);
41      }
42  }
```

在 GENERAL_TIM_Mode_Config() 函数中,我们配置输入捕获的起始边沿为 GENERAL_TIM_STRAT_ICPolarity,这是一个宏,默认配置为上升沿。我们的按键默认是接 GND,当按键按下的时候会被拉高,这个时候这个由低到高的上升沿会被捕获到,这是第 1 次捕获,此时我们把计数器清 0,开始计数,同时把捕获边沿改成下降沿捕获。当第 2 次进入中断服务函数的时候,说明捕获到下降沿,这个时候表示脉宽捕获完毕,我们读取捕获寄存器的值即可,然后我们就可以通过这个值算出脉宽的时间。最后把捕获编译配置为上升沿,为的是下一次捕获。如果脉宽的时间超过了计数器的最大计数时间,那么就会产生更新中断,我们需要做额外的处理,将产生了多少次更新中断记录下来,最后在算脉宽的时间的时候把这个更新的时间加进去即可。

中断服务函数里面用到的捕获结束标志位、捕获开始标志位、捕获寄存器的值和自动重装载更新标志这几个成员,是在一个结构体里面定义,具体声明见代码清单 31-12。声明是在 bsp_GeneralTim.h 这个头文件中,定义和初始化则在 bsp_GeneralTim.c 文件中。

代码清单31-12 定时器输入捕获用户自定义变量结构体声明

```
1  // 定时器输入捕获用户自定义变量结构体声明
2  typedef struct {
3      uint8_t    Capture_FinishFlag;    // 捕获结束标志位
4      uint8_t    Capture_StartFlag;     // 捕获开始标志位
5      uint16_t   Capture_CcrValue;      // 捕获寄存器的值
6      uint16_t   Capture_Period;        // 自动重装载寄存器更新标志
7  } TIM_ICUserValueTypeDef;
```

（6）main 函数

代码清单31-13　main函数

```
1  int main(void)
2  {
3      uint32_t time;
4
5      // TIM 计数器的驱动时钟
6      uint32_t TIM_PscCLK = 72000000 / (GENERAL_TIM_PSC+1);
7
8      /* 串口初始化 */
9      USART_Config();
10
11     /* 定时器初始化 */
12     GENERAL_TIM_Init();
13
14     printf ( "\r\n秉火 STM32 输入捕获实验 \r\n" );
15     printf ( "\r\n按下 K1, 测试 K1 按下的时间 \r\n" );
16
17     while ( 1 ) {
18         if (TIM_ICUserValueStructure.Capture_FinishFlag == 1) {
19             // 计算高电平时间的计数器的值
20             time = TIM_ICUserValueStructure.Capture_Period * (GENERAL_TIM_
                    PERIOD+1) +
21                    (TIM_ICUserValueStructure.Capture_CcrValue+1);
22
23             // 打印高电平脉宽时间
24             printf ( "\r\n测得高电平脉宽时间: %d.%d  s\r\n",time/TIM_PscCLK,time%TIM_
                    PscCLK );
25
26             TIM_ICUserValueStructure.Capture_FinishFlag = 0;
27         }
28     }
29  }
```

main 函数很简单，主要是一些初始化，然后在一个 while 循环中打印测量的脉宽时间。在计算的时候，记得把周期 GENERAL_TIMPERIOD 和 Capture_CcrValue 的值都加 1 后再运算，因为计数器是从 0 开始计数的。

31.7.3　下载验证

把编译好的程序烧写进开发板，用 USB 线连接好电脑与开发板的 USB 转串口接口，按下 K1 按键，电脑的串口调试助手就会打印出按键按下的时间，具体见图 31-19。

图 31-19　测试按键按下的时间

31.8 PWM 输入捕获实验

上一节我们讲了用输入捕获测量了信号的脉宽,这一节我们讲输入捕获的一个特例——PWM 输入。普通的输入捕获可以使用定时器的 4 个通道,一路捕获占用一个捕获寄存器,而 PWM 输入则只能使用两个通道:通道 1 和通道 2,且一路 PWM 输入要占用两个捕获寄存器,一个用于捕获周期,一个用于捕获占空比。在本节实验中,我们用通用定时器产生一路 PWM 信号,然后用高级定时器的通道 1 或者通道 2 来捕获。

31.8.1 硬件设计

实验中用到两个引脚:一个是通用定时器 TIM3 的通道 1,即 PA6,用于输出 PWM 信号;另一个是高级控制定时器 TIM1 的通道 1,即 PA8,用于 PWM 输入捕获。实验中直接用一根杜邦线短接 PA6 和 PA8 即可,同时可用示波器监控 PA6 的波形,看看实验捕获的数据是否正确。

31.8.2 软件设计

这里只讲解核心的部分代码,有些变量的设置、头文件的包含等并没有涉及,完整的代码请参考本章配套的工程。我们创建了 4 个文件:bsp_ AdvanceTim.c 和 bsp_ AdvanceTim.h 文件用来存高级定时器 PWM 输入捕获驱动程序及相关宏定义;bsp_ GeneralTim.c 和 bsp_ GeneralTim.h 文件用来存通用定时器 PWM 信号输出驱动程序及相关宏定义。

1. 编程要点

1)通用定时器产生 PWM 配置;
2)高级定时器 PWM 输入配置;
3)编写中断服务程序,计算测量的频率和占空比,并打印出来比较。

编程的要点主要分成两部分:一个是通用定时器的 PWM 信号输出,另一个是 PWM 信号输入捕获。

2. 通用定时器 PWM 信号输出软件分析

(1)通用定时器宏定义

代码清单31-14　宏定义

```
1  /************ 通用定时器 TIM 参数定义,只限 TIM2、3、4、5************/
2  // 当使用不同的定时器的时候,对应的 GPIO 是不一样的,这点要注意
3  // 这里默认使用 TIM3
4
5  #define        GENERAL_TIM                   TIM3
6  #define        GENERAL_TIM_APBxClock_FUN     RCC_APB1PeriphClockCmd
7  #define        GENERAL_TIM_CLK               RCC_APB1Periph_TIM3
8  // 输出 PWM 的频率为 72MHz/((ARR+1)*(PSC+1))
9  #define        GENERAL_TIM_PERIOD            (10-1)
10 #define        GENERAL_TIM_PSC               (72-1)
11
12 #define        GENERAL_TIM_CCR1              5
13
```

```
14  // TIM3 输出比较通道 1
15  #define         GENERAL_TIM_CH1_GPIO_CLK      RCC_APB2Periph_GPIOA
16  #define         GENERAL_TIM_CH1_PORT          GPIOA
17  #define         GENERAL_TIM_CH1_PIN           GPIO_Pin_6
```

使用宏定义非常便于程序升级、移植。通过上面的宏,我们可以算出 PWM 信号的频率 F 为:72MHz/(10×72)=100kHz,占空比为 GENERAL_TIM_CCR1/(GENERAL_TIM_PERIOD+1)=50%。

(2)通用定时器引脚初始化

代码清单31-15　通用定时器引脚初始化

```
 1  /**
 2    * @brief  通用定时器 PWM 输出用到的 GPIO 初始化
 3    * @param  无
 4    * @retval 无
 5    */
 6  static void GENERAL_TIM_GPIO_Config(void)
 7  {
 8      GPIO_InitTypeDef GPIO_InitStructure;
 9
10      // 输出比较通道 1 GPIO 初始化
11      RCC_APB2PeriphClockCmd(GENERAL_TIM_CH1_GPIO_CLK, ENABLE);
12      GPIO_InitStructure.GPIO_Pin =  GENERAL_TIM_CH1_PIN;
13      GPIO_InitStructure.GPIO_Mode = GPIO_Mode_AF_PP;
14      GPIO_InitStructure.GPIO_Speed = GPIO_Speed_50MHz;
15      GPIO_Init(GENERAL_TIM_CH1_PORT, &GPIO_InitStructure);
16  }
```

GENERAL_TIM_GPIO_Config() 函数初始化了定时器用到的相关的 GPIO,当使用不同的 GPIO 的时候,只需要修改头文件里面的宏定义即可,而不需要修改这个函数。

(3)通用定时器 PWM 输出

代码清单31-16　通用定时器PWM输出

```
 1  /**
 2    * @brief  通用定时器 PWM 输出初始化
 3    * @param  无
 4    * @retval 无
 5    * @note
 6    */
 7  static void GENERAL_TIM_Mode_Config(void)
 8  {
 9      // 开启定时器时钟,即内部时钟 CK_INT=72MHz
10      GENERAL_TIM_APBxClock_FUN(GENERAL_TIM_CLK,ENABLE);
11
12      /*-------------------- 时基结构体初始化 ------------------------*/
13      // 配置周期,这里配置为 100K
14
15      TIM_TimeBaseInitTypeDef  TIM_TimeBaseStructure;
16      // 自动重装载寄存器的值,累计 TIM_Period+1 个频率后产生一个更新或者中断
17      TIM_TimeBaseStructure.TIM_Period=GENERAL_TIM_PERIOD;
18      // 驱动 CNT 计数器的时钟 = Fck_int/(psc+1)
19      TIM_TimeBaseStructure.TIM_Prescaler= GENERAL_TIM_PSC;
```

```
20      // 时钟分频因子，配置死区时间时需要用到
21      TIM_TimeBaseStructure.TIM_ClockDivision=TIM_CKD_DIV1;
22      // 计数器计数模式，设置为向上计数
23      TIM_TimeBaseStructure.TIM_CounterMode=TIM_CounterMode_Up;
24      // 重复计数器的值，没用到，不用管
25      TIM_TimeBaseStructure.TIM_RepetitionCounter=0;
26      // 初始化定时器
27      TIM_TimeBaseInit(GENERAL_TIM, &TIM_TimeBaseStructure);
28
29      /*-------------------- 输出比较结构体初始化 --------------------*/
30      TIM_OCInitTypeDef   TIM_OCInitStructure;
31      // 配置为PWM模式1
32      TIM_OCInitStructure.TIM_OCMode = TIM_OCMode_PWM1;
33      // 输出使能
34      TIM_OCInitStructure.TIM_OutputState = TIM_OutputState_Enable;
35      // 输出通道电平极性配置
36      TIM_OCInitStructure.TIM_OCPolarity = TIM_OCPolarity_High;
37
38      // 输出比较通道 1
39      TIM_OCInitStructure.TIM_Pulse = GENERAL_TIM_CCR1;
40      TIM_OC1Init(GENERAL_TIM, &TIM_OCInitStructure);
41      TIM_OC1PreloadConfig(GENERAL_TIM, TIM_OCPreload_Enable);
42
43      // 使能计数器
44      TIM_Cmd(GENERAL_TIM, ENABLE);
45  }
```

GENERAL_TIM_Mode_Config() 函数中初始化了两个结构体，有关这两个结构体成员的具体含义可参考 31.5 节，剩下的程序参考注释阅读即可。

如果需要修改 PWM 的周期和占空比，修改头文件里面的 GENERAL_TIM_PERIOD、GENERAL_TIM_PSC 和 GENERAL_TIM_CCR1 这 3 个宏即可。PWM 信号的频率的计算公式为：$F=TIM\_CLK/\{(ARR+1)*(PSC+1)\}$，其中 TIM_CLK 等于 72MHz，ARR 即自动重装载寄存器的值，对应 GENERAL_TIM_PERIOD 这个宏，PSC 即计数器时钟的分频因子，对应 GENERAL_TIM_PSC 这个宏。

（4）通用定时器初始化

```
1   /**
2    *  @brief   通用定时器PWM输出用到的GPIO和PWM模式初始化
3    *  @param   无
4    *  @retval  无
5    */
6   void GENERAL_TIM_Init(void)
7   {
8       GENERAL_TIM_GPIO_Config();
9       GENERAL_TIM_Mode_Config();
10  }
```

当调用函数 GENERAL_TIM_Init() 之后，相应的引脚就会输出 PWM 信号。

3. 高级定时器 PWM 输入捕获软件分析

输入到高级定时器捕获引脚的 PWM 信号来自通用定时器的输出。

（1）高级定时器宏定义

```
1  /*********** 高级定时器TIM参数定义，只限TIM1和TIM8***********/
2  // 当使用不同的定时器的时候，对应的GPIO是不一样的，这点要注意
3  // 这里使用高级控制定时器TIM1
4
5  #define             ADVANCE_TIM                  TIM1
6  #define             ADVANCE_TIM_APBxClock_FUN    RCC_APB2PeriphClockCmd
7  #define             ADVANCE_TIM_CLK              RCC_APB2Periph_TIM1
8
9  // 输入捕获能捕获到的最小的频率为72MHz/((ARR+1)*(PSC+1))
10 #define             ADVANCE_TIM_Period           (1000-1)
11 #define             ADVANCE_TIM_Prescaler        (72-1)
12
13 // 中断相关宏定义
14 #define             ADVANCE_TIM_IRQ              TIM1_CC_IRQn
15 #define             ADVANCE_TIM_IRQHandler       TIM1_CC_IRQHandler
16
17 // TIM1 输入捕获通道1
18 #define             ADVANCE_TIM_CH1_GPIO_CLK     RCC_APB2Periph_GPIOA
19 #define             ADVANCE_TIM_CH1_PORT         GPIOA
20 #define             ADVANCE_TIM_CH1_PIN          GPIO_Pin_8
21
22 #define             ADVANCE_TIM_IC1PWM_CHANNEL   TIM_Channel_1
```

在上面的宏定义里面，我们可以算出计数器的计数周期为 T=72MHz/（1000×72）=1ms，这个是定时器在不溢出的情况下的最大计数周期，也就是说周期小于1ms的PWM信号都可以被捕获到，转换成频率就是能捕获到的最小的频率为1kHz。所以我们要根据捕获的PWM信号来调节 ADVANCE_TIM_PERIOD 和 ADVANCE_TIM_PSC 这两个宏。

（2）高级定时器PWM输入模式

代码清单31-17　高级定时器PWM输入模式

```
1  /**
2    * @brief  高级定时器PWM输入初始化和用到的GPIO初始化
3    * @param  无
4    * @retval 无
5    */
6  static void ADVANCE_TIM_Mode_Config(void)
7  {
8      // 开启定时器时钟,即内部时钟CK_INT=72MHz
9      ADVANCE_TIM_APBxClock_FUN(ADVANCE_TIM_CLK,ENABLE);
10
11     /*--------------------- 时基结构体初始化 ------------------------*/
12     TIM_TimeBaseInitTypeDef  TIM_TimeBaseStructure;
13     // 自动重装载寄存器的值，累计TIM_Period+1个频率后产生一个更新或者中断
14     TIM_TimeBaseStructure.TIM_Period=ADVANCE_TIM_PERIOD;
15     // 驱动CNT计数器的时钟 = Fck_int/(psc+1)
16     TIM_TimeBaseStructure.TIM_Prescaler= ADVANCE_TIM_PSC;
17     // 时钟分频因子，配置死区时间时需要用到
18     TIM_TimeBaseStructure.TIM_ClockDivision=TIM_CKD_DIV1;
19     // 计数器计数模式，设置为向上计数
20     TIM_TimeBaseStructure.TIM_CounterMode=TIM_CounterMode_Up;
21     // 重复计数器的值，没用到，不用管
```

```c
22      TIM_TimeBaseStructure.TIM_RepetitionCounter=0;
23      // 初始化定时器
24      TIM_TimeBaseInit(ADVANCE_TIM, &TIM_TimeBaseStructure);
25
26      /*-------------------- 输入捕获结构体初始化 --------------------*/
27      // 使用 PWM 输入模式时,需要占用两个捕获寄存器,一个测周期,另一个测占空比
28
29      TIM_ICInitTypeDef   TIM_ICInitStructure;
30      // 捕获通道 IC1 配置
31      // 选择捕获通道
32      TIM_ICInitStructure.TIM_Channel = ADVANCE_TIM_IC1PWM_CHANNEL;
33      // 设置捕获的边沿
34      TIM_ICInitStructure.TIM_ICPolarity = TIM_ICPolarity_Rising;
35      // 设置捕获通道的信号来自于哪个输入通道,有直连和非直连两种
36      TIM_ICInitStructure.TIM_ICSelection = TIM_ICSelection_DirectTI;
37      // 1 分频,即捕获信号的每个有效边沿都捕获
38      TIM_ICInitStructure.TIM_ICPrescaler = TIM_ICPSC_DIV1;
39      // 不滤波
40      TIM_ICInitStructure.TIM_ICFilter = 0x0;
41      // 初始化 PWM 输入模式
42      TIM_PWMIConfig(ADVANCE_TIM, &TIM_ICInitStructure);
43
44      // 当工作于 PWM 输入模式时,只需要设置触发信号的那一路即可(用于测量周期)
45      // 另外一路(用于测量占空比)会由硬件自带设置,不需要再配置
46
47      // 捕获通道 IC2 配置
48 //   TIM_ICInitStructure.TIM_Channel = ADVANCE_TIM_IC1PWM_CHANNEL;
49 //   TIM_ICInitStructure.TIM_ICPolarity = TIM_ICPolarity_Falling;
50 //   TIM_ICInitStructure.TIM_ICSelection = TIM_ICSelection_IndirectTI;
51 //   TIM_ICInitStructure.TIM_ICPrescaler = TIM_ICPSC_DIV1;
52 //   TIM_ICInitStructure.TIM_ICFilter = 0x0;
53 //   TIM_PWMIConfig(ADVANCE_TIM, &TIM_ICInitStructure);
54
55      // 选择输入捕获的触发信号
56      TIM_SelectInputTrigger(ADVANCE_TIM, TIM_TS_TI1FP1);
57
58      // 选择从模式:复位模式
59      // PWM 输入模式时,从模式必须工作在复位模式,当捕获开始时,计数器 CNT 会被复位
60      TIM_SelectSlaveMode(ADVANCE_TIM, TIM_SlaveMode_Reset);
61      TIM_SelectMasterSlaveMode(ADVANCE_TIM,TIM_MasterSlaveMode_Enable);
62
63      // 使能捕获中断,这个中断针对的是主捕获通道(测量周期那个)
64      TIM_ITConfig(ADVANCE_TIM, TIM_IT_CC1, ENABLE);
65      // 清除中断标志位
66      TIM_ClearITPendingBit(ADVANCE_TIM, TIM_IT_CC1);
67
68      // 使能高级控制定时器,计数器开始计数
69      TIM_Cmd(ADVANCE_TIM, ENABLE);
70 }
```

ADVANCE_TIM_Mode_Config() 函数中初始化了两个结构体,有关这两个结构体成员的具体含义可参考 31.5 节,剩下的程序参考注释阅读即可。

因为是 PWM 输入模式,只能使用通道 1 和通道 2,假如我们使用的是通道 1,即 TI1,输入的 PWM 信号会被分成两路,分别是 TI1FP1 和 TI1FP2,两路都可以是触发信号。如果选择

TI1FP1 为触发信号,那么 IC1 捕获到的是 PWM 信号的周期,IC2 捕获到的是占空比,这种输入通道 TI 和捕获通道 IC 的映射关系叫直连,输入捕获结构体的 TIM_ICSelection 要配置为 TIM_ICSelection_DirectTI。如果选择 TI1FP2 为触发信号,则 IC2 捕获到的是周期,IC1 捕获到的是占空比,这种输入通道 TI 和捕获通道 IC 的映射关系叫非直连,输入捕获结构体的 TIM_ICSelection 要配置为 TIM_ICSelection_IndirectTI。有关输入通道 TI 和捕获通道 IC 的具体映射关系见图 31-20,有直连和非直连两种。

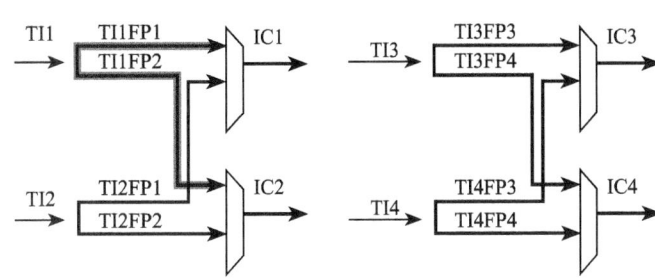

图 31-20　输入通道 TI 和捕获通道 IC 的映射图

（3）高级定时器中断优先级

```
 1  /**
 2    *  @brief   高级控制定时器 TIMx,x[1,8]中断优先级配置
 3    *  @param  无
 4    *  @retval 无
 5    */
 6  static void ADVANCE_TIM_NVIC_Config(void)
 7  {
 8      NVIC_InitTypeDef NVIC_InitStructure;
 9      // 设置中断组为 0
10      NVIC_PriorityGroupConfig(NVIC_PriorityGroup_0);
11      // 设置中断来源
12      NVIC_InitStructure.NVIC_IRQChannel = ADVANCE_TIM_IRQ;
13      // 设置抢占优先级
14      NVIC_InitStructure.NVIC_IRQChannelPreemptionPriority = 0;
15      // 设置子优先级
16      NVIC_InitStructure.NVIC_IRQChannelSubPriority = 3;
17      NVIC_InitStructure.NVIC_IRQChannelCmd = ENABLE;
18      NVIC_Init(&NVIC_InitStructure);
19  }
```

因为只有一个中断源,优先级可以随便配置。

（4）高级定时器中断服务函数

```
 1  void ADVANCE_TIM_IRQHandler(void)
 2  {
 3      /* 清除中断标志位 */
 4      TIM_ClearITPendingBit(ADVANCE_TIM, TIM_IT_CC1);
 5
 6      /* 获取输入捕获值 */
 7      IC1Value = TIM_GetCapture1(ADVANCE_TIM);
 8      IC2Value = TIM_GetCapture2(ADVANCE_TIM);
 9
10      // 注意:捕获寄存器 CCR1 和 CCR2 的值在计算占空比和频率的时候必须加 1
11      if (IC1Value != 0) {
12          /* 占空比计算 */
```

```
13            DutyCycle = (float)((IC2Value+1) * 100) / (IC1Value+1);
14
15            /* 频率计算 */
16            Frequency = (72000000/(ADVANCE_TIM_PSC+1))/(float)(IC1Value+1);
17            printf("占空比:%0.2f%%    频率:%0.2fHz\n",DutyCycle,Frequency);
18        } else {
19            DutyCycle = 0;
20            Frequency = 0;
21        }
22    }
```

当捕获到PWM信号的第1个上升沿时,产生中断,计数器被复位,锁存到捕获寄存器IC1和IC2的值都为0。当下降沿到来时,IC2会捕获,对应的是占空比,但是会产生中断。当捕获到第2个下降沿时,IC1会捕获,对应的是周期,而且会再次进入中断,这个时间就可以根据IC1和IC2的值计算出频率和占空比。有关PWM输入的时序见图31-21。

中断复位函数中,我们获取输入捕获寄存器CCR1和CCR2寄存器中的值,当CCR1的值不为0时,说明有效捕获到了一个周期,然后计算出频率和占空比。在计算的时候CCR1和CCR2的值都必须要加1,因为计数器是从0开始计数的。

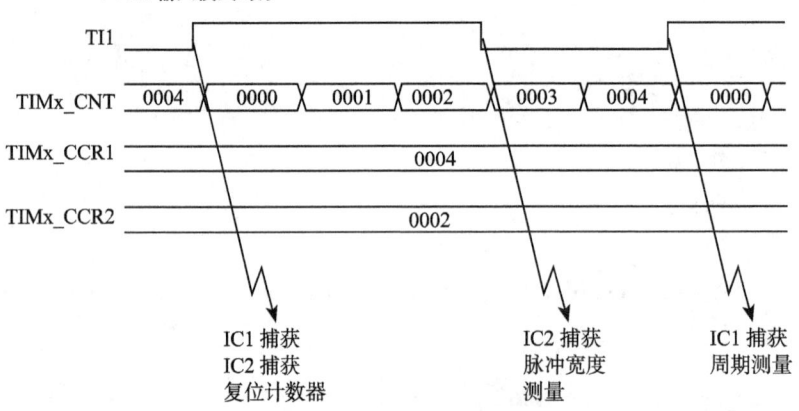

图31-21　PWM输入模式时序图

4. main函数

代码清单31-18　main函数

```
 1  /**
 2    * @brief  main 函数
 3    * @param  无
 4    * @retval 无
 5    */
 6  int main(void)
 7  {
 8      /* 串口初始化 */
 9      USART_Config();
10
11      /* 通用定时器初始化,用于生成PWM信号 */
```

```
12        GENERAL_TIM_Init();
13
14        /* 高级定时器初始化,用户捕获 PWM 信号 */
15        ADVANCE_TIM_Init();
16
17        while (1) {
18        }
19   }
```

main 函数非常简单,通用定时器初始化完之后用于输出 PWM 信号,高级定时器初始化完之后用于捕获通用定时器输出的 PWM 信号。

31.8.3 下载验证

把编译好的程序烧写到开发板,用杜邦线把通用定时器的 PWM 输出引脚连接到高级定时器的 PWM 输入引脚。然后用 USB 线连接电脑与开发板的 USB 转串口。打开串口调试助手,即可看到捕获到的 PWM 信号的频率和占空比,具体见图 31-22。与此同时,可用示波器监控通用定时器输出的 PWM 信号,看下捕获到的信号是否正确,具体见图 31-23。

图 31-22　串口调试助手打印的捕获信息

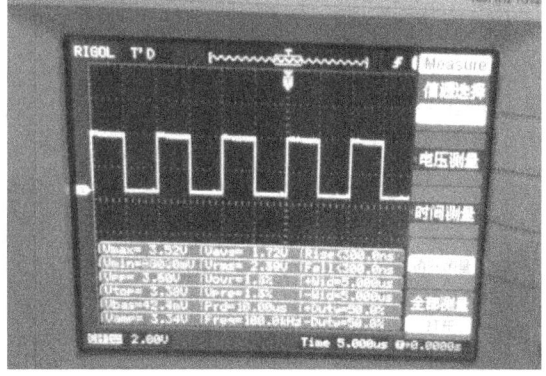

图 31-23　示波器监控的波形

从图 31-22 和图 31-23 我们可以看到,程序捕获计算出的频率和占空比与示波器监控到的波形的频率和占空比一致,所以我们的程序是正确的。

第 32 章
TIM——电容按键检测

前面章节讲解了基本定时器和高级控制定时器的功能,这一章将介绍定时器输入捕获的应用实例——电容按键检测,以加深对定时器的理解。

32.1 电容按键原理

电容器(简称电容)就是可以容纳电荷的器件,两个金属块中间隔一层绝缘体就可以构成一个最简单的电容。见图 32-1(俯视图),有两个金属片,之间有一层绝缘介质,这样就构成了一个电容。这样的电容在电路板上非常容易实现,一般使四周的铜片与电路板地信号连通,此种结构就是电容按键的模型。当电路板形状固定之后,该电容的容量也是相对稳定的。

电路板制作时都会在表面上覆盖一层绝缘层,用于防腐蚀和绝缘,所以实际的电路板设计见图 32-2。电路板最上层是绝缘材料,下面一层是导电铜箔,我们根据电路走线设计决定铜箔的形状。再下面一层一般是 FR-4 板材。金属感应片与地信号之间由绝缘材料隔着,整个可以等效为一个电容 C_x。一般在设计时候,把金属感应片设计成方便手指触摸大小。

图 32-1 片状电容器

在电路板未上电时,可以认为电容 C_x 是没有电荷的,在上电时,在电阻作用下,电容 C_x 就会有一个充电过程,直到电容充满,即 V_c 电压值为 3.3V。充电过程的时间长短受电阻 R 阻值和电容 C_x 容值的直接影响,但是在选择合适电阻 R 并将其焊接固定到电路板上后,这个充电时间就基本上不会变了,因为此时电阻 R 已经是固定的,电容 C_x 在无外界明显干扰情况下基本上也是保持不变的。

现在来看看当用手指触摸时会是怎样一个情况。如图 32-3 所示,当用手指触摸时,金属感应片除了与地信号形成一个等效电容 C_x 外,还会与手指形成一个等效电容 C_s。

此时整个电容按键可以容纳的电荷数量就比没有手指触摸时要多了,可以看成 C_x 和 C_s 叠加的效果。在相同的电阻 R 情况下,因为电容容值增大了,导致需要更长的充电时间。也正是因为这个充电时间变长，使得我们可以区分有无手指触摸的情况，也就是电容按键是否被按下。

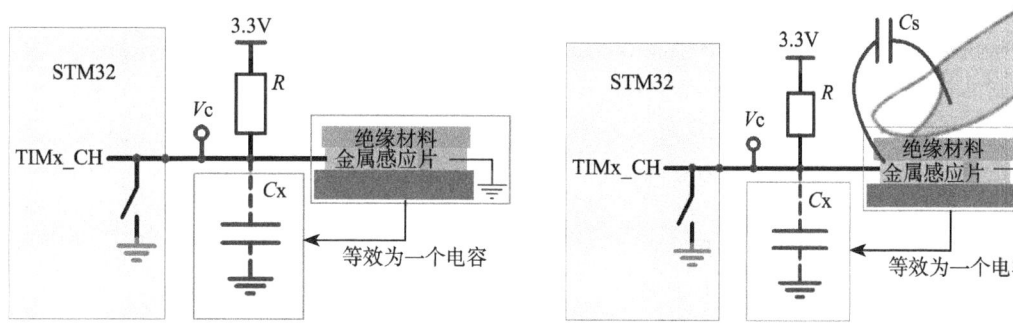

图 32-2　无手指触摸情况　　　　　图 32-3　有手指触摸情况

现在最主要的任务就是测量充电时间。充电过程可以看成一个信号从低电平变成高电平的过程，现在就是要求出这个变化过程的时间。可以利用定时器输入捕获功能计算充电时间，即设置 TIMx_CH 为定时器输入捕获模式通道。这样先测量得到无触摸时的充电时间作为比较基准，然后再定时循环测量充电时间与无触摸时的充电时间，进行比较，如果超过一定的阈值就认为是有手指触摸。

图 32-4 为 V_C 跟随时间变化情况，可以看出在无触摸情况下，电压变化较快；而在有触摸时，总的电容量增大了，电压变化缓慢一些。

为了测量充电时间，需要设置定时器输入捕获功能为上升沿触发，图 32-4 中 V_H 就是被触发上升沿的电压值，也是 STM32 认为是高电平的最低电压值，大约为 1.8V。$t1$ 和 $t2$ 可以通过定时器捕获/比较寄存器得到。

不过，在测量充电时间之前，必须想办法制作这个充电过程。之前的分析是在电路板上电时会有充电过程，现在要求在程序运行中循环检测按键，所以必须控制充电过程的发生。我们可以控制 TIMx_CH 引脚作为普通

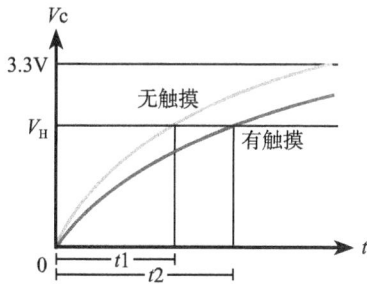

图 32-4　V_C 电压与充电时间关系

的 GPIO 使用，使其输出一小段时间的低电平，即电容 C_X 放电，即 V_C 为 0V。当我们重新配置 TIMx_CH 为输入捕获时，电容 C_X 在电阻 R 的作用下就可以产生充电过程。

32.2　电容按键检测实验

电容按键不需要任何外部机械部件，使用方便，成本低，很容易制成与周围环境相密封的键盘，以起到防潮防湿的作用。电容按键优势突出，使得越来越多的电子产品使用它代替传统的机械按键。

本实验实现电容按键状态检测方法，并提供一个编程实例。

32.2.1 硬件设计

开发板板载一个电容按键,原理图设计参考图 32-5。

在电路板上,标示 TPAD1 就是电容按键实体,默认通过一个跳帽连接到 PA1,即通用定时器 TIM5 的通道 2。充电电阻的阻值为 5.1MΩ,电阻的大小决定了电容按键充电的时间。

实验还用到调试串口和蜂鸣器功能,用来打印输入捕获信息和指示按键状态,这两个模块电路可参考之前相关章节。

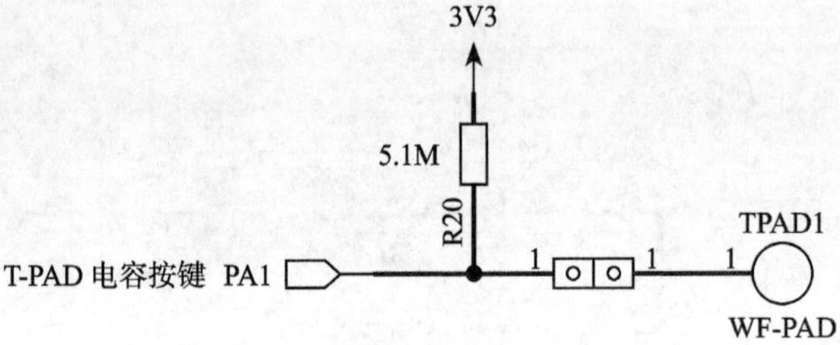

图 32-5 电容按键电路设计原理图

32.2.2 软件设计

这里只讲解核心的部分代码,有些变量的设置、头文件的内容等并没有涉及,完整的代码请参考本章配套的工程。我们创建了两个文件 bsp_tpad.c 和 bsp_tpad.h,用来存放电容按键检测相关函数和宏定义。

1. 编程要点

1) 编写定时器输入捕获相关函数;
2) 测量电容按键空载的充电时间 T1;
3) 测量电容按键有手触摸的充电时间 T2;
4) 只需要比较 T2 与 T1 的时间,即可检测出按键是否有手指触摸。

2. 软件分析

(1) 电容按键宏定义

代码清单32-1 宏定义

```
 1 #define     TPAD_TIM                    TIM5
 2 #define     TPAD_TIM_APBxClock_FUN      RCC_APB1PeriphClockCmd
 3 #define     TPAD_TIM_CLK                RCC_APB1Periph_TIM5
 4 #define     TPAD_TIM_Period             0XFFFF
 5 #define     TPAD_TIM_Prescaler          (72-1)
 6
 7 // TIM 输入捕获通道 GPIO 相关宏定义
 8 #define     TPAD_TIM_CH_GPIO_CLK        RCC_APB2Periph_GPIOA
 9 #define     TPAD_TIM_CH_PORT            GPIOA
10 #define     TPAD_TIM_CH_PIN             GPIO_Pin_1
11 #define     TPAD_TIM_CHANNEL_x          TIM_Channel_2
12
13 // 中断相关宏定义
14 #define     TPAD_TIM_IT_CCx             TIM_IT_CC2
15 #define     TPAD_TIM_IRQ                TIM5_IRQn
16 #define     TPAD_TIM_INT_FUN            TIM5_IRQHandler
17
18 // 获取捕获寄存器值函数宏定义
```

```
19 #define         TPAD_TIM_GetCapturex_FUN        TIM_GetCapture2
20 // 捕获信号极性函数宏定义
21 #define         TPAD_TIM_OCxPolarityConfig_FUN  TIM_OC2PolarityConfig
22
23 // 电容按键被按下的时候阈值,需要根据不同的硬件实际测试
24 // 减小这个阈值可以提高响应速度
25 #define         TPAD_GATE_VAL                   70
26 // 电容按键空载的时候的最大和最小的充电时间,不同的硬件不一样,指南者约为 76
27 #define         TPAD_DEFAULT_VAL_MIN            70
28 #define         TPAD_DEFAULT_VAL_MAX            80
29
30 #define         TPAD_ON                         1
31 #define         TPAD_OFF                        0
```

有关宏的具体含义配合注释阅读即可。对于定时器计数器的时钟分频因子,通过宏 TPAD_TIM_Prescaler 默认配置为 71,则计数器的计数时间为 (71+1)/72M = 1μs,自动重装载寄存器 ARR 的值通过 TPAD_TIM_Period 默认配置为 0XFFFF,即 65535。所以,计数器在不发生溢出的情况下,能计数的最长时间为 65.535ms,而一般电容按键的充电时间都是 μs 级别,所以定时器的这个配置合理。

(2)电容按键 GPIO 配置

```
1 static void TPAD_TIM_GPIO_Config(void)
2 {
3     GPIO_InitTypeDef GPIO_InitStructure;
4
5     // 输入捕获通道 GPIO 初始化
6     RCC_APB2PeriphClockCmd(TPAD_TIM_CH_GPIO_CLK, ENABLE);
7     GPIO_InitStructure.GPIO_Pin = TPAD_TIM_CH_PIN;
8     GPIO_InitStructure.GPIO_Mode = GPIO_Mode_IN_FLOATING;
9     GPIO_Init(TPAD_TIM_CH_PORT, &GPIO_InitStructure);
10 }
```

TPAD_TIM_GPIO_Config() 函数初始化了定时器用到的 GPIO,当使用不同的 GPIO 时,只需要修改头文件里面的宏定义即可,而不需要修改这个函数。

(3)电容按键 TIM 模式配置

```
1 static void TPAD_TIM_Mode_Config(void)
2 {
3     TIM_TimeBaseInitTypeDef  TIM_TimeBaseStructure;
4     TIM_ICInitTypeDef TIM_ICInitStructure;
5     // 开启定时器时钟,即内部时钟 CK_INT=72MHz
6     TPAD_TIM_APBxClock_FUN(TPAD_TIM_CLK,ENABLE);
7
8     /*--------------------- 时基结构体初始化 ------------------------*/
9     // 自动重装载寄存器的值,累计 TIM_Period+1 个频率后产生一个更新或者中断
10    TIM_TimeBaseStructure.TIM_Period=TPAD_TIM_Period;
11    // 驱动 CNT 计数器的时钟 = Fck_int/(psc+1)
12    TIM_TimeBaseStructure.TIM_Prescaler= TPAD_TIM_Prescaler;
13    // 时钟分频因子,配置死区时间时需要用到
14    TIM_TimeBaseStructure.TIM_ClockDivision=TIM_CKD_DIV1;
15    // 计数器计数模式,设置为向上计数
16    TIM_TimeBaseStructure.TIM_CounterMode=TIM_CounterMode_Up;
```

```
17        // 重复计数器的值，若没用到，则不用管
18        TIM_TimeBaseStructure.TIM_RepetitionCounter=0;
19        // 初始化定时器
20        TIM_TimeBaseInit(TPAD_TIM, &TIM_TimeBaseStructure);
21
22        /*-------------------- 输入捕获结构体初始化 --------------------*/
23        // 配置输入捕获的通道，需要根据具体的 GPIO 来配置
24        TIM_ICInitStructure.TIM_Channel = TPAD_TIM_CHANNEL_x;
25        // 输入捕获信号的极性配置
26        TIM_ICInitStructure.TIM_ICPolarity = TIM_ICPolarity_Rising;
27        // 输入通道和捕获通道的映射关系有直连和非直连两种
28        TIM_ICInitStructure.TIM_ICSelection = TIM_ICSelection_DirectTI;
29        // 输入的需要被捕获的信号的分频系数
30        TIM_ICInitStructure.TIM_ICPrescaler = TIM_ICPSC_DIV1;
31        // 输入的需要被捕获的信号的滤波系数
32        TIM_ICInitStructure.TIM_ICFilter = 0;
33        // 定时器输入捕获初始化
34        TIM_ICInit(TPAD_TIM, &TIM_ICInitStructure);
35
36        // 使能计数器
37        TIM_Cmd(TPAD_TIM, ENABLE);
38    }
```

TPAD_TIM_Mode_Config() 函数中初始化了两个结构体，有关这两个结构体成员的具体含义可参考 31.5 节，剩下的代码参考注释阅读即可。要注意的地方是捕获信号的极性配置，需要配置为上升沿。因为电容按键在放电之后再充电的时候是一个电平由低到高的过程。

（4）电容按键复位

```
1   /**
2     * @brief   复位电容按键，放电，重新充电
3     * @param   无
4     * @retval  无
5     * 说明：
6     * 开发板上电之后，电容按键默认已经充满了电，要想测得电容按键的充电时间
7     * 就必须先把电容按键的电放掉，方法为让接电容按键的 IO 输出低电平
8     * 放电完毕之后，再把连接电容按键的 IO 配置为输入，然后通过输入捕获的方法
9     * 测量电容按键的充电时间，这个充电时间是没有手指触摸时的充电时间
10    * 而且空载的充电时间非常稳定，因为电路板的硬件已经确定了
11    *
12    * 当有手指触摸，充电时间会变长，只需要对比这两个时间就可以
13    * 知道电容按键是否有手指触摸
14    */
15  void TPAD_Reset(void)
16  {
17      GPIO_InitTypeDef GPIO_InitStructure;
18
19      // 输入捕获通道 1 GPIO 初始化
20      RCC_APB2PeriphClockCmd(TPAD_TIM_CH_GPIO_CLK, ENABLE);
21      GPIO_InitStructure.GPIO_Pin =   TPAD_TIM_CH_PIN;
22      GPIO_InitStructure.GPIO_Mode = GPIO_Mode_Out_PP;
23      GPIO_InitStructure.GPIO_Speed = GPIO_Speed_50MHz;
24      GPIO_Init(TPAD_TIM_CH_PORT, &GPIO_InitStructure);
```

```
25
26      // 连接TPAD的IO配置为输出,然后输出低电平,延时一会儿,确保电容按键放电完毕
27      GPIO_ResetBits(TPAD_TIM_CH_PORT,TPAD_TIM_CH_PIN);
28
29      // 放电是很快的,一般是μs级别
30      SysTick_Delay_Ms( 5 );
31
32      // 连接TPAD的IO配置为输入,用于输入捕获
33      GPIO_InitStructure.GPIO_Mode = GPIO_Mode_IN_FLOATING;
34      GPIO_Init(TPAD_TIM_CH_PORT, &GPIO_InitStructure);
35  }
```

开发板上电之后,电容按键默认已经充满了电,要想测得电容按键的充电时间,就必须先把电容按键的电放掉,方法为让接电容按键的IO输出低电平即可,这个放电的时间一般都是μs级别,可以稍微延时一下即可。放电完毕之后,再把连接电容按键的IO配置为输入,然后通过输入捕获的方法测量电容按键的充电时间,这个充电时间T1是没有手指触摸时的充电时间,而且这个空载的充电时间非常稳定,因为电路板的硬件已经确定了。当有手指触摸的情况下,相当于电容变大,充电时间T2会变长,我们只需要对比这两个时间就可以知道电容按键是否有手指触摸。

(5)电容按键初始化

```
1   /**
2    *   @brief  初始化触摸按键,获得空载的时候触摸按键的充电时间
3    *   @param  无
4    *   @retval 0:成功,1:失败
5    *   @note   空载值一般很稳定,由硬件电路决定,该函数只需要调用一次即可
6    *           而且对于这个空载的充电时间,每个硬件都不一样,最好要实际测试
7    */
8   uint8_t TPAD_Init(void)
9   {
10      uint16_t temp;
11
12      // 电容按键用到的输入捕获的IO和捕获模式参数初始化
13      TPAD_TIM_Init();
14
15      temp = TPAD_Get_Val();
16
17      // 电容按键空载的充电时间非常稳定,不同的硬件充电时间不一样
18      // 需要实际测试所得,指南者上的电容按键空载充电时间稳定为76
19      // 如果觉得单次测量不准确,可以多次测量,然后取平均值
20      if ( (TPAD_DEFAULT_VAL_MIN<temp) && (temp<TPAD_DEFAULT_VAL_MAX) ) {
21          tpad_default_val = temp;
22          // 调试的时候可以把捕获的值打印出来,看看默认的充电时间是多少
23          printf("电容按键默认充电时间为:%d us\n",tpad_default_val);
24          return 0;   // 成功
25      } else {
26          return 1;   // 失败
27      }
28  }
```

TPAD_Init()函数用来获取电容按键空载的充电时间,当获取到之后,把值存在tpad_default_val这个全局变量当中。空载的充电时间在不同的硬件上是不一样的,需要实际测

试。在调试的过程中,可把捕获到的值打印出来看看。霸道开发板上这个值稳定在218,指南者则稳定在76。

在 TPAD_Init() 函数中,我们是通过调用 TPAD_Get_Val() 函数来获取电容按键的充电时间。当电容按键从0开始充电到STM32能够识别的高电平时,定时器发生捕获,此时计数器的值会被锁存到输入捕获寄存器,只需要读取输入捕获寄存器的值,就可以算出这个充电的时间。通过 TPAD_Get_Val() 这个函数,还可以测出电容按键的空载充电时间 T1 和有手触摸时的充电时间 T2。

(6)获取定时器输入捕获值

```
 1  /**
 2    * @brief   获取定时器捕获值
 3    * @param   无
 4    * @retval  定时器捕获值。如果超时,则直接返回定时器的计数值
 5    */
 6  uint16_t TPAD_Get_Val(void)
 7  {
 8      // 每次捕获的时候,必须先复位放电
 9      TPAD_Reset();
10  
11      // 当电容按键复位放电之后,计数器清0开始计数
12      TIM_SetCounter (TPAD_TIM,0);
13      // 清除相关的标志位
14      TIM_ClearITPendingBit (TPAD_TIM, TPAD_TIM_IT_CCx | TIM_IT_Update);
15  
16      // 等待捕获上升沿,当电容按键充电到1.8V左右的时候,就会被认为是上升沿
17      while (TIM_GetFlagStatus (TPAD_TIM, TPAD_TIM_IT_CCx) == RESET) {
18          // 如果超时了,直接返回 CNT 的值
19          // 一般充电时间都是在 ms 级别以内,很少会超过定时器的最大计数值
20          if (TIM_GetCounter(TPAD_TIM) > TPAD_TIM_Period-100) {
21              return TIM_GetCounter (TPAD_TIM);
22          }
23      }
24  
25      // 获取捕获比较寄存器的值
26      return TPAD_TIM_GetCapturex_FUN(TPAD_TIM);
27  }
```

(7)获取最大输入捕获值

```
 1  /**
 2    * @brief   读取若干次定时器捕获值,并返回最大值
 3    * @param   num : 读取次数
 4    * @retval  读取到的最大定时器捕获值
 5    */
 6  uint16_t TPAD_Get_MaxVal( uint8_t num )
 7  {
 8      uint16_t temp=0, res=0;
 9  
10      while (num--) {
11          temp = TPAD_Get_Val();
12          if ( temp > res )
13              res = temp;
```

```
14     }
15     return res;
16 }
```

该函数接收一个参数,用来指定获取电容按键捕获值的循环次数,函数的返回值则为 num 次发生捕获中最大的捕获值。

当我们用手指触摸电容按键的时候,常常会有干扰或者误触发,所以一般选取最大的值为有效值。

(8)电容按键状态扫描

```
 1 /**
 2   * @brief  按键扫描函数
 3   * @param  无
 4   * @retval 1: 按键有效, 0: 按键无效
 5   */
 6 uint8_t TPAD_Scan(void)
 7 {
 8     // keyen: 按键检测使能标志
 9     // 0: 可以开始检测
10     // >0: 还不能开始检测,表示按键一直被按下
11     // 注意: keytn 这个变量由 static 修饰
12     // 相当于一个全局变量,但是因为是在函数内部定义
13     // 所以相当于这个函数的全局变量,每次修改之前保留的是上一次的值
14     static uint8_t keyen=0;
15
16     uint8_t res=0,sample=3;
17     uint16_t scan_val;
18
19     // 根据 sample 值采样多次,并取最大值,小的一般是干扰或者误触摸
20     scan_val = TPAD_Get_MaxVal(sample);
21
22     // 当扫描的值大于空载值加上默认的阈值之后,表示按键按下
23     // 这个 TPAD_GATE_VAL 根据硬件决定,需要实际测试
24     if (scan_val > (tpad_default_val+TPAD_GATE_VAL)) {
25         // 再次检测,类似于机械按键的去抖
26         scan_val = TPAD_Get_MaxVal(sample);
27          if ( ( keyen == 0 )&& (scan_val > (tpad_default_val+TPAD_GATE_VAL)))
28             res = 1;  // 有效的按键
29
30         // 如果按键一直被按下,keyen 的值会一直在 keyen 的初始值和 keyen-1 之间循环
31         // 永远不会等于 0
32         keyen = 2;
33     }
34
35     // 当按键没有被按下或者 keyen>0 时,会执行 keyen--
36     if ( keyen > 0)
37         keyen--;
38
39     return res;
40 }
```

按键扫描函数不断地检测充电时间,当大于 tpad_default_val+TPAD_GATE_VAL 时,

表示按键被按下，其中 TPAD_GATE_VAL 是一个宏，具体多大需要实际测试。具体可以通过调用 TPAD_Get_Val() 函数来测试按键有手触摸时的充电值，然后再减去 tpad_default_val 的值，就可以得到 TPAD_GATE_VAL，减小这个阈值，可以提高按键的灵敏度。

在按键扫描函数中，引入了一个按键检测标志 keyen，其由关键字 static 修饰，相当于一个全局变量，每次修改这个变量的时候其保留的都是上一次的值。引入一个按键检测标志是为了消除按键是否一直按下的情况，如果按键一直被按下，keyen 的值会一直在 keyen 的初始值和 keyen-1 之间循环，永远不会等于 0，即永远都不会被认为按键按下，需要等待释放。有关函数更加详细的说明看代码中的注释即可。

（9）main 函数

```
 1  int main(void)
 2  {
 3      /* 蜂鸣器初始化 */
 4      Beep_Init();
 5  
 6      /* 串口初始化 */
 7      USART_Config();
 8      printf ( "\r\n秉火STM32 输入捕获电容按键检测实验 \r\n" );
 9      printf ( "\r\n触摸电容按键，蜂鸣器则会响 \r\n" );
10  
11      // 初始化电容按键
12      while ( TPAD_Init() );
13  
14      while (1) {
15          if ( TPAD_Scan() == TPAD_ON ) {
16              BEEP_ON();
17              SysTick_Delay_Ms(25);
18              BEEP_OFF();
19          }
20      }
21  }
```

main 函数初始化了蜂鸣器和串口，然后等待电容按键初始化成功，如果不成功，则会一直等待。初始化成功之后，在一个 while 无限循环中不断地扫描按键，当按键按下之后蜂鸣器响 25ms，然后关掉。

32.2.3 下载验证

把编译好的程序下载到开发板，用手指触摸电容按键，蜂鸣器会响。

第 33 章 IWDG——独立看门狗

33.1 IWDG 简介

STM32 有两个看门狗：一个是独立看门狗（IWDG），另外一个是窗口看门狗。独立看门狗也称宠物狗，窗口看门狗也称警犬。本章我们主要分析独立看门狗的功能框图和它的应用。独立看门狗用通俗一点的话来解释就是一个 12 位的递减计数器，当计数器的值从某个值一直减到 0 的时候，系统就会产生一个复位信号，即 IWDG_RESET。如果在计数器没减到 0 之前，刷新了计数器的值的话，那么就不会产生复位信号，这个动作就是我们经常说的"喂狗"。看门狗功能由 VDD 电压供电，在停止模式和待机模式下仍能工作。

33.2 IWDG 功能框图剖析

IWDG 功能框图见图 33-1。

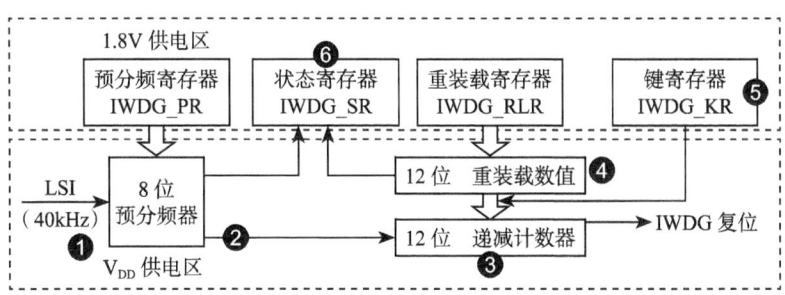

图 33-1 IWDG 功能框图

1. 独立看门狗时钟

独立看门狗的时钟由独立的 RC 振荡器 LSI 提供，即使主时钟发生故障它仍然有效，非常独立。LSI 的频率一般为 30 ~ 60kHz，根据温度和工作场合情况会有一定的漂移，我们一般取 40kHz，所以独立看门狗的定时时间不是非常精确，只适用于对时间精度要求比较低的场合。

2. 计数器时钟

递减计数器的时钟由 LSI 经过一个 8 位的预分频器得到，我们可以操作预分频器寄存器 IWDG_PR 来设置分频因子，分频因子可以是：[4,8,16,32,64,128,256]，计数器时钟 CK_CNT= 40/ 4×2^PRV，一个计数器时钟周期计数器就减一。

3. 计数器

独立看门狗的计数器是一个 12 位的递减计数器，最大值为 0XFFF。当计数器减到 0 时，会产生一个复位信号 IWDG_RESET，让程序重新启动运行。如果在计数器减到 0 之前刷新了计数器的值的话，就不会产生复位信号，重新刷新计数器值的这个动作俗称"喂狗"。

4. 重装载寄存器

重装载寄存器是一个 12 位的寄存器，里面装着要刷新到计数器的值，这个值的大小决定独立看门狗的溢出时间。超时时间 $T_{out} = (4 \times 2^{prv}) / 40 \times rlv$（s），prv 是预分频器寄存器的值，rlv 是重装载寄存器的值。

5. 键寄存器

键寄存器 IWDG_KR 可以说是独立看门狗的一个控制寄存器，主要有 3 种控制方式，往这个寄存器写入下面 3 个不同的值有不同的效果。

通过写往键寄存器写 0XCCC 来启动看门狗属于软件启动的方式，一旦独立看门狗启动，它就关不掉，只有复位才能关掉它。

表 33-1　键寄存器取值枚举

键值	键值作用
0XAAAA	把 RLR 的值重装载到 CNT
0X5555	PR 和 RLR 这两个寄存器可写
0XCCCC	启动 IWDG

6. 状态寄存器

状态寄存器 SR 只有位 0：PVU 和位 1：RVU 有效，这两位只能由硬件操作，软件操作不了。

RVU：看门狗计数器重装载值更新，硬件置 1 表示重装载值的更新正在进行中，更新完毕之后由硬件清 0。

PVU：看门狗预分频值更新，硬件置 1 指示预分频值的更新正在进行中，当更新完成后，由硬件清 0。

所以只有当 RVU、PVU 都等于 0 的时候，才可以更新重装载寄存器和预分频寄存器。

33.3　怎么用 IWDG

独立看门狗一般用来检测和解决由程序引起的故障，比如一个程序正常运行的时间是 50ms，在运行完这个段程序之后紧接着进行喂狗。我们设置独立看门狗的定时溢出时间为 60ms，比我们需要监控的程序 50ms 多一点。如果超过 60ms 还没有喂狗，那就说明我们监控的程序出故障了，运行出意外了，那么就会产生系统复位，让程序重新运行。

33.4 IWDG 超时实验

33.4.1 硬件设计

- IWDG 一个
- 按键一个
- LED 一个

IWDG 属于单片机内部资源，不需要外部电路，只需要一个外部的按键和 LED。通过按键来喂狗，喂狗成功 LED 亮；喂狗失败，程序重启，LED 灭。

33.4.2 软件设计

我们编写两个 IWDG 驱动文件 bsp_iwdg.h 和 bsp_iwdg.c，用来存放 IWDG 的初始化相关内容。

代码分析

这里只讲解核心的部分代码，有些变量的设置、头文件的包含等并没有涉及，完整的代码请参考本章配套的工程。

（1）IWDG 配置函数

代码清单 33-1　IWDG 配置函数

```
1  void IWDG_Config(uint8_t prv ,uint16_t rlv)
2  {
3      // 使能预分频寄存器 PR 和重装载寄存器 RLR 可写
4      IWDG_WriteAccessCmd( IWDG_WriteAccess_Enable );
5
6      // 设置预分频器值
7      IWDG_SetPrescaler( prv );
8
9      // 设置重装载寄存器值
10     IWDG_SetReload( rlv );
11
12     // 把重装载寄存器的值放到计数器中
13     IWDG_ReloadCounter();
14
15     // 使能 IWDG
16     IWDG_Enable();
17 }
```

IWDG 配置函数有两个形参，prv 用来设置预分频的值，可取值见代码清单 33-2。

代码清单 33-2　形参 prv 取值

```
1  /*
2   *    @arg IWDG_Prescaler_4:     IWDG prescaler set to 4
3   *    @arg IWDG_Prescaler_8:     IWDG prescaler set to 8
4   *    @arg IWDG_Prescaler_16:    IWDG prescaler set to 16
5   *    @arg IWDG_Prescaler_32:    IWDG prescaler set to 32
6   *    @arg IWDG_Prescaler_64:    IWDG prescaler set to 64
7   *    @arg IWDG_Prescaler_128:   IWDG prescaler set to 128
8   *    @arg IWDG_Prescaler_256:   IWDG prescaler set to 256
9   */
```

这些宏在 stm32f10x_iwdg.h 中定义，宏展开是 8 位的十六进制数，具体作用是配置预分频寄存器 IWDG_PR，获得各种分频系数。形参 rlv 用来设置重装载寄存器 IWDG_RLR 的值，取值范围为 0~0XFFF。溢出时间 T_{out} = prv/40 * rlv(s)，prv 可以是 [4,8,16,32,64,128,256]。如果我们需要设置 1s 的超时溢出，prv 可以取 IWDG_Prescaler_64，rlv 取 625，即调用 IWDG_Config（IWDG_Prescaler_64,625），使得 T_{out} = 64/40*625=1s。

（2）喂狗函数

代码清单 33-3　喂狗函数

```
1  void IWDG_Feed(void)
2  {
3      // 把重装载寄存器的值放到计数器中，喂狗，防止 IWDG 复位
4      // 当计数器的值减到 0 的时候会产生系统复位
5      IWDG_ReloadCounter();
6  }
```

（3）main 函数

代码清单 33-4　main 函数

```
1  int main(void)
2  {
3      // 配置 LED GPIO，并关闭 LED
4      LED_GPIO_Config();
5
6      Delay(0X8FFFFF);
7  /*-------------------------------------------------------------*/
8      /* 检查是否为独立看门狗复位 */
9      if (RCC_GetFlagStatus(RCC_FLAG_IWDGRST) != RESET)
10     {
11         /* 独立看门狗复位 */
12         /* 亮红灯 */
13         LED_RED;
14
15         /* 清除标志 */
16         RCC_ClearFlag();
17
18         /* 如果一直不喂狗，会一直复位，加上前面的延时，会看到红灯闪烁
19         在 1s 时间内喂狗的话，则会持续亮绿灯 */
20     }
21     else
22     {
23         /* 不是独立看门狗复位（可能为上电复位或者手动按键复位之类的操作） */
24         /* 亮蓝灯 */
25         LED_BLUE;
26     }
27  /*-------------------------------------------------------------*/
28
29     // 配置按键 GPIO
30     Key_GPIO_Config();
31     // IWDG 1s 超时溢出
32     IWDG_Config(IWDG_Prescaler_64 ,625);
33
34     //while 部分是我们在项目中具体需要写的代码，这部分的程序可以用独立看门狗来监控
```

```
 35        //  如果我们知道这部分代码的执行时间,比如500ms,那么我们可以设置独立看门狗的
 36        //  溢出时间是600ms,比500ms多一点,如果要被监控的程序没出意外,正常执行的话,那么
 37        //  执行完毕之后就会执行喂狗的程序,如果程序出意外了那程序就会超时,到达不了喂狗
 38        //  的程序,此时就会产生系统复位。但是也不排除程序出意外了又恢复正常了,刚好喂狗了,
 39        //  歪打正着。所以要想更精确地监控程序,可以使用窗口看门狗,窗口看门狗规定必须在
 40        //  规定的窗口时间内喂狗
 41        while (1)
 42        {
 43  // 这里添加需要被监控的代码,如果有就去掉按键模拟喂狗,把按键扫描程序去掉
 44  //-----------------------------------------------------------------
 45            if ( Key_Scan(KEY1_GPIO_PORT,KEY1_GPIO_PIN) == KEY_ON )
 46            {
 47                // 喂狗,如果不喂狗,系统则会复位,LED1则会灭一次
 48                // 如果在1s时间内准时喂狗的话,则绿灯会亮,否则红灯闪烁
 49                IWDG_Feed();
 50                // 喂狗后亮绿灯
 51                LED_GREEN;
 52            }
 53        }
 54  //-----------------------------------------------------------------
 55  }
```

main 函数中我们初始化好 LED 和按键相关的配置,设置 IWDG 1s 超时溢出之后,进入 while 死循环,通过按键来"喂狗",如果喂狗成功,则亮绿灯,如果喂狗失败的话,系统重启,程序重新执行。当执行到 RCC_GetFlagStatus 函数的时候,则会检测到是 IWDG 复位,然后让红灯亮。如果喂狗一直失败的话,则会一直产生系统复位,加上前面延时的效果,会看到红灯一直闪烁。

我们这里是通过按键来模拟一个喂狗程序,真正的项目中则不是这样使用的。while 部分是我们在项目中具体需要写的代码,这部分的程序可以用独立看门狗来监控,如果我们知道这部分代码的执行时间,比如是 500ms,那么我们可以设置独立看门狗的溢出时间是 600ms,比 500ms 多一点,如果要被监控的程序没有出意外正常执行的话,那么执行完毕之后就会执行喂狗的程序,如果程序出意外了那程序就会超时,到达不了喂狗的程序,此时就会产生系统复位。但是也不排除程序出意外了又恢复正常了,刚好喂狗了,歪打正着。所以要想更精确地监控程序,可以使用窗口看门狗,窗口看门狗规定必须在规定的窗口时间内喂狗,早了不行,晚了也不行。

33.4.3 下载验证

把编译好的程序下载到开发板,在 1s 的时间内通过按键来不断地喂狗。如果喂狗失败,红灯闪烁;如果一直喂狗成功,则绿灯常亮。

第 34 章
WWDG——窗口看门狗

34.1 WWDG 简介

STM32 有两个看门狗：一个是独立看门狗，一个是窗口看门狗（WWDG）。我们知道独立看门狗的工作原理就是一个递减计数器不断地递减计数，当减到 0 之前如果没有喂狗的话，产生复位。窗口看门狗跟独立看门狗一样，也是一个递减计数器不断地递减计数，当减到一个固定值 0X40 时还不喂狗的话，产生复位，这个值叫窗口的下限，是固定的值，不能改变。这个是与独立看门狗类似的地方，不同的地方是窗口看门狗的计数器的值在减到某一个数之前喂狗的话也会产生复位，这个值叫窗口的上限，由用户自主设置。窗口看门狗计数器的值必须在上窗口和下窗口之间才可以喂狗，这就是窗口看门狗中窗口两个字的含义，见图 34-1。

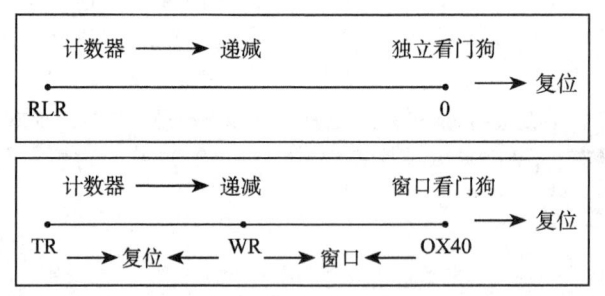

图 34-1 IWDG 与 WWDG 区别

RLR 是重装载寄存器，用来设置独立看门狗的计数器的值。TR 是窗口看门狗的计数器的值，由用户自主设置，WR 是窗口看门狗的上窗口值，由用户自主设置。

34.2 WWDG 功能框图剖析

WWDG 功能框图见图 34-2。

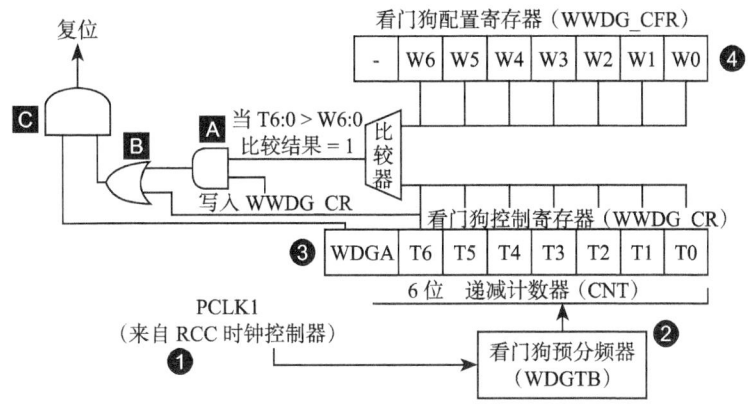

图 34-2　窗口看门狗功能框图

1. 窗口看门狗时钟

窗口看门狗时钟来自 PCLK1，PCLK1 最大是 36MHz，由 RCC 时钟控制器开启。

2. 计数器时钟

计数器时钟由 CK 计时器时钟经过预分频器分频得到，分频系数由配置寄存器 CFR 的位 8:7 WDGTB[1:0] 配置，可以是 [0,1,2,3]，其中 CK 计时器时钟 =PCLK1/4096，除以 4096 是手册规定的。所以计数器的时钟 CNT_CK=PCLK1/4096/（2^WDGTB），这就可以算出计数器减一个数的时间 T= 1/CNT_CK = Tpclk1 × 4096 ×（2^WDGTB）。

3. 计数器

窗口看门狗的计数器是一个递减计数器，共有 7 位，其值存在控制寄存器 CR 的位 6:0，即 T[6:0]，当 7 位全部为 1 时是 0X7F，这是最大值。当递减到 T6 位变成 0 时，即从 0X40 变为 0X3F 时候，会产生看门狗复位，这个值 0X40 是看门狗能够递减到的最小值。所以计数器的值只能是 0X40～0X7F，实际上真正用来计数的是 T[5:0]。当递减计数器递减到 0X40 的时候，还不会马上产生复位，如果使能了提前唤醒中断：CFR 位 9 EWI 置 1，则产生提前唤醒中断。如果真进入了这个中断的话，就说明程序肯定是出问题了，那么在中断服务程序里面我们就需要做最重要的工作，比如保存重要数据或者报警等。这个中断也叫"死前中断"。

4. 窗口值

我们知道，窗口看门狗必须当计数器的值在一个范围内才可以喂狗，其中下窗口的值是固定的 0X40，上窗口的值可以改变，具体的由配置寄存器 CFR 的位 6:0 W[6:0] 设置。其值必须大于 0X40，如果小于或者等于 0X40 就失去了窗口的价值，而且也不能大于计数器的值，所以必须得小于 0X7F。窗口值具体要设置成多大，得根据我们需要监控的程序的运行时间来决定。如果我们要监控的程序段 A 运行的时间为 Ta，当执行完这段程序之后就要进行喂狗，如果在窗口时间内没有喂狗的话，那程序肯定是出问题了。一般计数器的值 TR 设置成最大 0X7F，窗口值为 WR，计数器减一个数的时间为 T，那么时间（TR-WR）×T 稍微大于 Ta 即可，这样就能做到刚执行完程序段 A 之后喂狗，就起到监控的作用，这样也就可以算出 WR 的值是多少。

5. 计算看门狗超时时间

窗口看门狗时间图见图 34-3。

图 34-3 来自数据手册，从图我们知道看门狗超时时间：Twwdg=Tpclk1 × 4096 × 2^wdgtb ×（T[5:0]+1）ms，当 PCLK1=36MHz 时，WDGTB 取不同的值时有最小和最大的超时时间，那这个最小和最大的超时时间该怎么理解？又是怎么算出来的？讲起来有点绕，这里稍微讲解下 WDGTB=0 时是怎么算的。递减计数器有 7 位 T[6:0]，当位 6 变为 0 的时候就会产生复位，实际上有效的计数位是 T[5:0]，而且 T6 必须先设置为 1。如果 T[5:0]=0 时，递减计数器再减一次，就产生复位了，那这减 1 的时间就等于计数器的周期 =1/CNT_CK = Tpclk1 × 4096 ×（2^WDGTB）= 1/36 × 4096 × 2^0 = 113.7μs，这个就是最短的超时时间。如果 T[5:0] 全部为 1，即 63，当由 0X40 变成 0X3F 时，所需的时间就是最大的超时时间 =113.7 × 2^5 = 113.7 × 64 = 7.2768ms。同理，当 WDGTB 等于 1、2、3 时，代入公式即可。

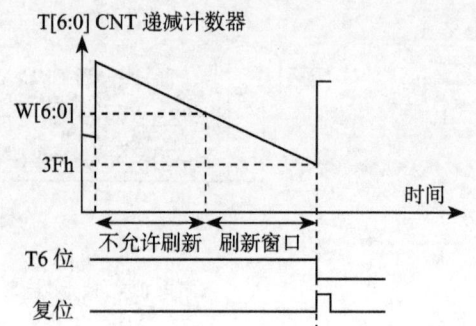

计算超时的公式如下：

$$T_{WWDG} = T_{PCLK1} \times 4096 \times 2^{WDGTB} \times (T[5:0] + 1);\ (ms)$$

其中：

T_{WWDG} = WWDG 超时时间

T_{PCLK1} = APB1 以 ms 为单位的时钟间隔

在 PCLK1 = 36MHz 时的最小 – 最大超时值

WDGTB	最小超时值	最大超时值
0	113μs	7.28ms
1	227μs	14.56ms
2	455μs	29.12ms
3	910μs	58.25ms

图 34-3　窗口看门狗时序图

34.3 怎么用 WWDG

WWDG 一般用来监测由外部干扰或不可预见的逻辑条件造成的应用程序背离正常的运行序列而产生的软件故障。比如一个程序段正常运行的时间是 50ms，在运行完这个段程序之后紧接着进行喂狗，如果在规定的时间窗口内还没有喂狗，那就说明我们监控的程序出故障了，跑飞了，那么就会产生系统复位，让程序重新运行。

34.4 WWDG 喂狗实验

34.4.1 硬件设计

- WWDG 一个
- LED 两个

WWDG 属于单片机内部资源，不需要外部电路，只需要两个 LED 来指示程序的运行状态。

34.4.2 软件设计

我们编写两个 WWDG 驱动文件 bsp_wwdg.h 和 bsp_wwdg.c，共同存放 WWDG 的初始化配置函数。

代码分析

这里只讲解核心的部分代码,有些变量的设置、头文件的包含等并没有涉及,完整的代码请参考本章配套的工程。

(1) WWDG 配置函数

代码清单 34-1 WWDG 配置函数

```
1  /* WWDG 配置函数
2   * tr : 递减计时器的值,取值范围为 0x7f~0x40
3   * wr : 窗口值,取值范围为 0x7f~0x40
4   * prv: 预分频器值,取值如下
5   *      @arg WWDG_Prescaler_1: WWDG counter clock = (PCLK1/4096)/1
6   *      @arg WWDG_Prescaler_2: WWDG counter clock = (PCLK1/4096)/2
7   *      @arg WWDG_Prescaler_4: WWDG counter clock = (PCLK1/4096)/4
8   *      @arg WWDG_Prescaler_8: WWDG counter clock = (PCLK1/4096)/8
9   */
10 void WWDG_Config(uint8_t tr, uint8_t wr, uint32_t prv)
11 {
12     // 开启 WWDG 时钟
13     RCC_APB1PeriphClockCmd(RCC_APB1Periph_WWDG, ENABLE);
14
15     // 设置递减计数器的值
16     WWDG_SetCounter( tr );
17
18     // 设置预分频器的值
19     WWDG_SetPrescaler( prv );
20
21     // 设置上窗口值
22     WWDG_SetWindowValue( wr );
23
24     // 设置计数器的值,使能 WWDG
25     WWDG_Enable(WWDG_CNT);
26
27     // 清除提前唤醒中断标志位
28     WWDG_ClearFlag();
29     // 配置 WWDG 中断优先级
30     WWDG_NVIC_Config();
31     // 开 WWDG 中断
32     WWDG_EnableIT();
33 }
```

WWDG 配置函数有 3 个形参:tr 是计数器的值,一般设置成最大值 0X7F;wr 是上窗口的值,这个要根据监控的程序的运行时间来设置,但是必须在 0X40 和计数器的值之间;prv 用来设置预分频的值,取值见代码清单 34-2。

代码清单 34-2 形参 prv 取值

```
1 /*
2  *      @arg WWDG_Prescaler_1: WWDG counter clock = (PCLK1/4096)/1
3  *      @arg WWDG_Prescaler_2: WWDG counter clock = (PCLK1/4096)/2
4  *      @arg WWDG_Prescaler_4: WWDG counter clock = (PCLK1/4096)/4
5  *      @arg WWDG_Prescaler_8: WWDG counter clock = (PCLK1/4096)/8
6  */
```

这些宏在 stm32f10x_wwdg.h 中定义，宏展开是 32 位的十六进制数，具体作用是设置配置寄存器 CFR 的位 8:7 WDGTB[1:0]，获得各种分频系数。

（2）WWDG 中断优先级函数

```
1  // WWDG 中断优先级初始化
2  static void WWDG_NVIC_Config(void)
3  {
4      NVIC_InitTypeDef NVIC_InitStructure;
5
6      NVIC_PriorityGroupConfig(NVIC_PriorityGroup_1);
7      NVIC_InitStructure.NVIC_IRQChannel = WWDG_IRQn;
8      NVIC_InitStructure.NVIC_IRQChannelPreemptionPriority = 0;
9      NVIC_InitStructure.NVIC_IRQChannelSubPriority = 0;
10     NVIC_InitStructure.NVIC_IRQChannelCmd = ENABLE;
11     NVIC_Init(&NVIC_InitStructure);
12 }
```

在递减计数器减到 0X40 的时候，我们开启了提前唤醒中断，这个中断称为 "死前中断" 或者叫 "遗嘱中断"，在中断函数里面我们应该处理最重要的事情，而且必须得快，因为递减计数器再减一次，就会产生系统复位。

（3）提前唤醒中断复位程序

代码清单 34-3　提前唤醒中断服务程序

```
1  // WWDG 中断复服务程序，如果发生了此中断，表示程序已经出现了故障
2  // 这是一个死前中断。在此中断服务程序中应该干最重要的事
3  // 比如保存重要的数据等
4  // 这个时间具体有多长，要由 WDGTB 的值决定：
5  // WDGTB:0    113μs
6  // WDGTB:1    227μs
7  // WDGTB:2    455μs
8  // WDGTB:3    910μs
9  void WWDG_IRQHandler(void)
10 {
11     // 清除中断标志位
12     WWDG_ClearFlag();
13
14     // LED2 亮，点亮 LED 只是示意性的操作
15     // 实际应用中，这里应该做最重要的事情
16     LED2(ON);
17 }
```

（4）喂狗函数

代码清单 34-4　喂狗函数

```
1      // 喂狗
2  void WWDG_Feed(void)
3  {
4      // 喂狗，刷新递减计数器的值，设置成最大 WDG_CNT=0X7F
5      WWDG_SetCounter( WWDG_CNT );
6  }
```

喂狗就是刷新递减计数器的值，防止系统复位，喂狗一般是在 main 函数中进行。

（5）main 函数

代码清单 34-5　main 函数

```
 1  int main(void)
 2  {
 3      uint8_t wwdg_tr, wwdg_wr;
 4
 5      // 配置 LED GPIO，并关闭 LED
 6      LED_GPIO_Config();
 7
 8      LED1(ON) ;
 9      SOFT_Delay(0X00FFFFFF);
10
11      // 初始化 WWDG
12      WWDG_Config(0X7F, 0X5F, WWDG_Prescaler_8);
13
14          // 窗口值，我们在初始化的时候设置成 0X7F，这个值不会改变
15      wwdg_wr = WWDG->CFR & 0X7F;
16
17      while (1) {
18          LED1(OFF);
19          //----------------------------------------------------
20          // 这部分应该写需要被 WWDG 监控的程序
21          // 这段程序运行的时间决定了窗口值设置成多大
22          //----------------------------------------------------
23
24          // 计时器值，初始化成最大 0X7F，当开启 WWDG 时候，这个值会不断减小
25          // 当计数器的值大于窗口值时喂狗的话，会复位，当计数器减少到 0X40
26          // 还没有喂狗的话就非常非常危险了，计数器再减一次到了 0X3F 时就复位
27          // 所以要当计数器的值在窗口值和 0X40 之间的时候喂狗，其中 0X40 是固定的
28          wwdg_tr = WWDG->CR & 0X7F;
29
30          if ( wwdg_tr < wwdg_wr ) {
31          // 喂狗，重新设置计数器的值为最大 0X7F
32              WWDG_Feed();
33          }
34      }
35  }
```

main 函数中我们把 WWDG 的计数器的值设置为 0X7F，上窗口值设置为 0X5F，分频系数为 8 分频。在 while 死循环中，我们不断读取计数器的值，当计数器的值减小到小于上窗口值的时候，我们喂狗，让计数器重新计数。

在 while 死循环中，一般是我们需要监控的程序，这部分代码的运行时间，决定了上窗口值应该设置为多少。当监控的程序运行完毕之后，我们需要执行喂狗程序，比起独立看门狗，这个喂狗的窗口时间是非常短的，对时间要求很精确。如果没有在这个窗口时间内喂狗的话，那就说明程序出故障了，会产生提前唤醒中断，最后系统复位。

34.4.3　下载验证

把编译好的程序下载到开发板，LED1 被点亮，一段时间之后熄灭，之后 LED1 一直没再点亮过，说明系统没有产生复位。如果产生复位的话，LED1 会再被点亮一次。中断服务程序中的 LED2 也没被点亮过，说明喂狗正常。

第 35 章
SDIO——SD 卡读写测试

35.1 SDIO 简介

SD 卡（Secure Digital Memory Card）在我们生活中已经非常常见了。控制器对 SD 卡进行读写通信操作一般有两种通信接口可选：一种是 SPI 接口，另外一种就是 SDIO 接口。SDIO 全称是安全数字输入/输出接口。多媒体卡（MMC）、SD 卡、SD I/O 卡都有 SDIO 接口。STM32F10x 系列控制器有一个 SDIO 主机接口，它可以与 MMC 卡、SD 卡、SD I/O 卡以及 CE-ATA 设备进行数据传输。MMC 卡可以说是 SD 卡的前身，现阶段用得很少。SD I/O 卡本身不是用于存储的卡，它是指利用 SDIO 传输协议的一种外设。比如 Wi-Fi 卡，它主要提供 Wi-Fi 功能，有些 Wi-Fi 模块是使用串口或者 SPI 接口进行通信的，但 Wi-Fi SDI/O 卡是使用 SDIO 接口进行通信的。并且一般设计 SD I/O 卡可以插入 SD 的插槽。CE-ATA 是专为轻薄笔记本硬盘设计的硬盘高速通信接口。

多媒体卡协会网站 www.mmca.org 中提供了 MMCA 技术委员会发布的多媒体卡系统规范。

SD 卡协会网站 www.sdcard.org 中提供了 SD 存储卡和 SDIO 卡系统规范。

CE-ATA 工作组网站 www.ce-ata.org 中提供了 CE_ATA 系统规范。

随着科技的发展，SD 卡容量需求越来越大，SD 卡发展到现在也是有几个版本的，关于 SDIO 接口的设备分类见图 35-1。

关于 SD 卡和 SD I/O 卡的部分内容可以在 SD 协会网站获取详细的介绍，比如各种 SD 卡尺寸规则、读写速度标示方法、应用扩展等信息。

本章针对 SD 卡的使用进行讲解，对于其他类型卡的应用可以参考相关系统规范实现。关于控制器中针对其他类型卡的内容可能在本

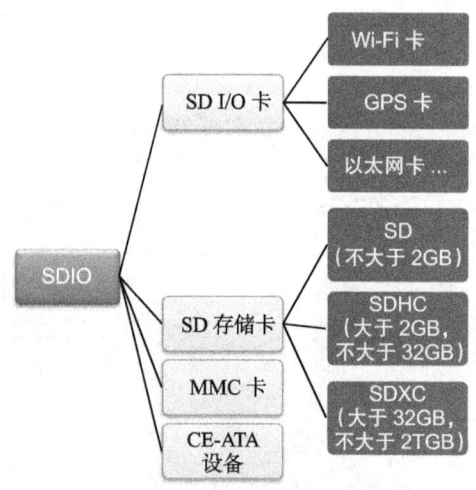

图 35-1 SDIO 接口的设备

章中简单提及或者被忽略,本章内容不区分 SDI/O 卡和 SD 卡这两个概念。虽然目前 SD 协议提供的 SD 卡规范最新版本是 4.01 版本,但 STM32F10x 系列控制器只支持 SD 卡规范版本 2.0,即只支持标准容量 SD 和高容量 SDHC 标准卡,不支持超大容量 SDXC 标准卡,所以可以支持的最高卡容量是 32GB。

35.2 SD 卡物理结构

一张 SD 卡包括有存储单元、存储单元接口、电源检测、卡及接口控制单元和接口驱动器 5 个部分,见图 35-2。存储单元是存储数据的部件,存储单元通过存储单元接口与卡控制单元进行数据传输;电源检测单元保证 SD 卡工作在合适的电压下,在出现掉电或上电状态时,它会使控制单元和存储单元接口复位;卡及接口控制单元控制 SD 卡的运行状态,它包括 8 个寄存器;接口驱动器控制 SD 卡引脚的输入输出。

SD 卡共有 8 个寄存器,用于设定或表示 SD 卡信息,见表 35-1。这些寄存器只能通过对应的命令访问,对 SD 卡进行控制操作并不像操作控制器 GPIO 相关寄存器那样一次读写一个寄存器,它是通过命令来控制的。SDIO 定义了 64 个命令,每个命令都有特殊意义,可以实现某一特定功能,SD 卡接收到命令后,根据命令要求对 SD 卡内部寄存器进行修改。程序控制中只需要发送组合命令就可以实现 SD 卡的控制以及读写操作。

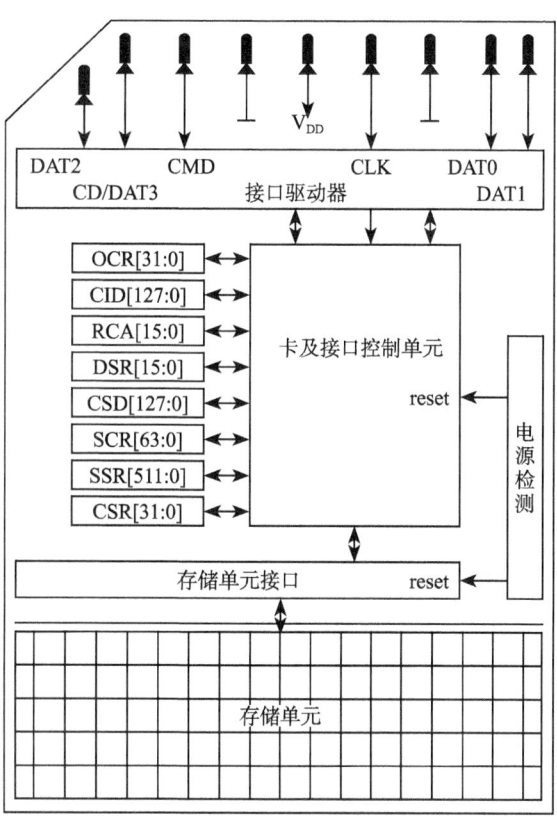

图 35-2 SD 卡物理结构

表 35-1 SD 卡寄存器

名称	位宽度	描述
CID	128	卡识别号(Card identification number):用来识别卡的个体号码(唯一的)
RCA	16	相对地址(Relative card address):卡的本地系统地址,初始化时,动态地由卡建议,由主机核准
DSR	16	驱动级寄存器(Driver Stage Register):配置卡的输出驱动
CSD	128	卡的特定数据(Card Specific Data):卡的操作条件信息
SCR	64	SD 配置寄存器(SD Configuration Register):SD 卡特殊特性的信息

(续)

名称	位宽度	描述
OCR	32	操作条件寄存器（Operation Conditions Register）
SSR	512	SD 状态（SD Status）：SD 卡专有特征的信息
CSR	32	卡状态（Card Status）：卡状态信息

每个寄存器位的含义可以参考 SD 简易规格文件《Physical Layer Simplified Specification V2.0》第 5 章的内容。

35.3 SDIO 总线

35.3.1 总线拓扑

SD 卡一般都支持 SDIO 和 SPI 这两种接口，本章只介绍 SDIO 接口操作方式，如果需要使用 SPI 操作方式，可以参考第 24 章。另外，STM32F10x 系列控制器的 SDIO 是不支持 SPI 通信模式的，如果需要用到 SPI 通信，只能使用 SPI 外设。

SD 卡总线拓扑见图 35-3。虽然可以共用总线，但不推荐多卡槽共用总线信号，要求一个单独 SD 总线连接一个单独的 SD 卡。

SD 卡使用 9 引脚接口通信，其中 3 根电源线、1 根时钟线、1 根命令线和 4 根数据线。具体说明如下。

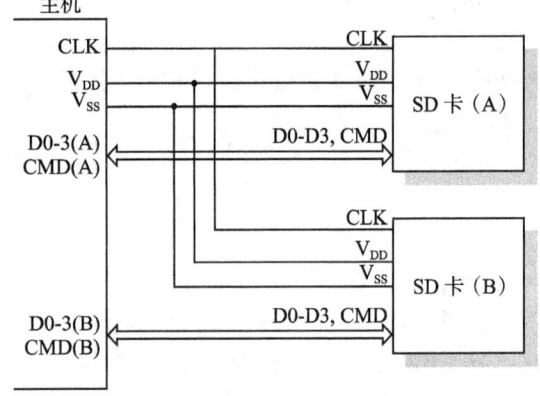

图 35-3　SD 卡总线拓扑

- CLK：时钟线，由 SDIO 主机产生，即由 STM32 控制器输出。
- CMD：命令控制线，SDIO 主机通过该线发送命令控制 SD 卡，如果命令要求 SD 卡提供应答（响应），SD 卡也通过该线传输应答信息。
- D0-3：数据线，传输读写数据；SD 卡可将 D0 拉低表示忙状态。
- V_{DD}、V_{SS1}、V_{SS2}：电源和地信号。

第 23 章和第 24 章都详细讲解了对应的通信时序。实际上，SDIO 的通信时序很简单，不管是从主机控制器向 SD 卡传输，还是 SD 卡向主机控制器传输都只以 CLK 时钟线的上升沿有效。SD 卡操作过程会使用两种不同频率的时钟同步数据，一个是识别卡阶段的时钟频率 FOD，最高为 400kHz，另一个是数据传输模式下的时钟频率 FPP，默认最高为 25MHz，如果通过相关寄存器配置使 SDIO 工作在高速模式下，此时数据传输模式最高频率为 50MHz。

由于 STM32 控制器只有一个 SDIO 主机，所以只能连接一个 SDIO 设备，开发板上集成了一个 Micro SD 卡槽和 SDIO 接口的 WiFi 模块，要求只能使用其中一个设备。SDIO 接口的 WiFi 模块一般集成有使能线，如果需要用到 SD 卡，需要先控制该使能线，禁用 WiFi 模块。

35.3.2 总线协议

SD 总线通信是基于命令和数据传输的。通信从一个起始位（"0"）开始，以一个停止位（"1"）终止。SD 通信一般是主机发送一个命令（Command），从设备在接收到命令后做出响应（Response），如有需要，会有数据（Data）传输参与。

SD 总线的基本交互是命令与响应交互，见图 35-4。

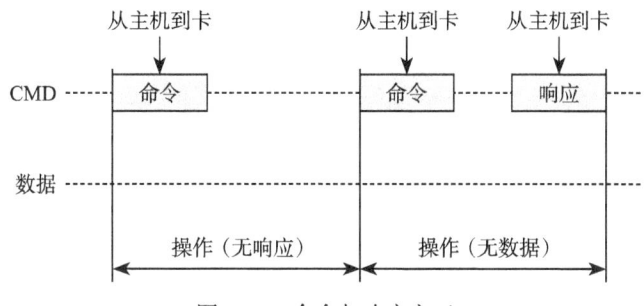

图 35-4 命令与响应交互

SD 数据是以块（Black）形式传输的，SDHC 卡数据块长度一般为 512 字节，数据传输可以从主机到卡，也可以是从卡到主机。数据块需要 CRC 位来保证数据传输成功。CRC 位由 SD 卡系统硬件生成。STM32 控制器可以控制使用单线或 4 线传输，本开发板设计使用 4 线传输。图 35-5 为主机向 SD 卡写入数据块操作的示意图。

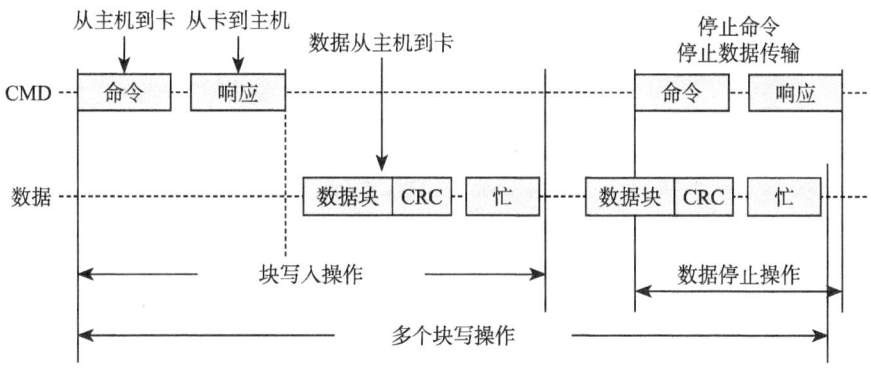

图 35-5 多块写入操作

SD 数据传输支持单块和多块读写，它们分别对应不同的操作命令，多块写入还需要使用命令来停止整个写入操作。数据写入前需要检测 SD 卡忙状态，因为 SD 卡在接收到数据后，编程方式写入存储器的过程需要一定的操作时间。SD 卡忙状态通过把 D0 线拉低表示。

数据块读操作与之类似，只是无需忙状态检测。

使用四数据线传输时，每次传输 4 位数据，每根数据线都必须有起始位、终止位以及

CRC 位。CRC 位每根数据线都要分别检查，并把检查结果汇总，在数据传输完后通过 D0 线反馈给主机。

SD 卡数据包有两种格式，一种是常规数据（8 位宽），它先发低字节再发高字节，而每个字节则是先发高位再发低位。8 位宽数据包传输示意见图 35-6。

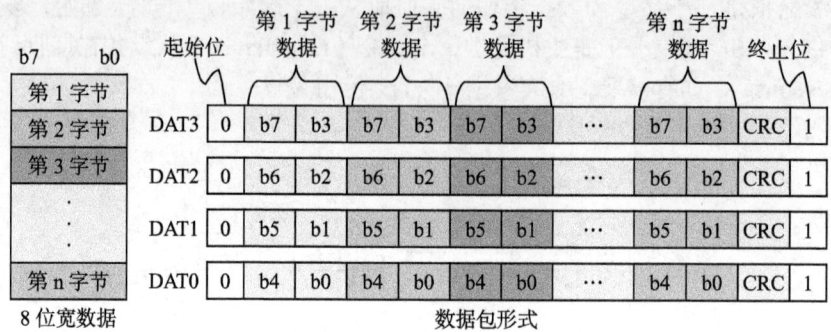

图 35-6　8 位宽数据包传输

使用四线同步发送时，每根线发送一个字节的其中两个位，数据位在四线上按顺序排列、发送，DAT3 数据线发较高位，DAT0 数据线发较低位。

另一种数据包发送格式是宽位数据包格式。对 SD 卡而言，宽位数据包发送方式是针对 SD 卡 SSR（SD 状态）寄存器内容发送的，SSR 寄存器总共有 512 位，在主机发出 ACMD13 命令后，SD 卡将 SSR 寄存器内容通过 DAT 线发送给主机。宽位数据包传输示意见图 35-7。

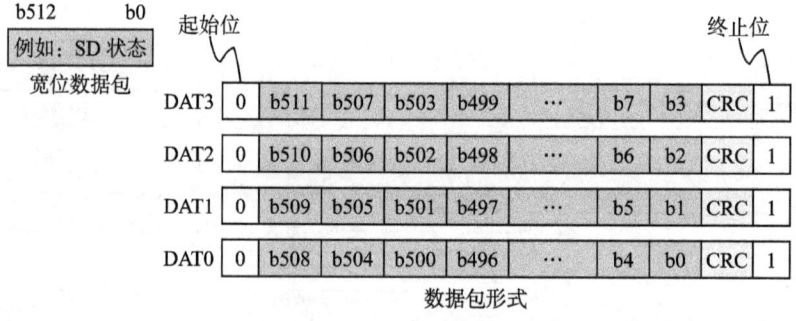

图 35-7　宽位数据包传输

35.3.3　命令

SD 命令由主机发出，以广播命令和寻址命令为例，广播命令是针对与 SD 主机总线连接的所有从设备发送的，寻址命令是指定某个地址设备进行命令传输。

1. 命令格式

SD 命令的格式固定为 48 位，这些位都是通过 CMD 线连续传输的（数据线不参与），见图 35-8。

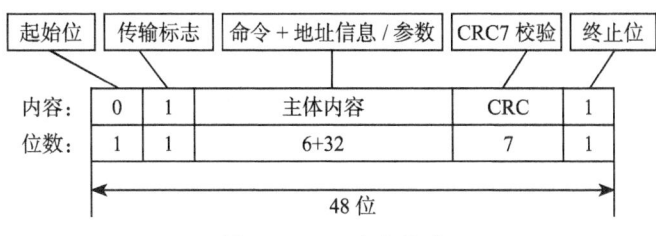

图 35-8 SD 命令格式

SD 命令的组成如下。
- 起始位和终止位：命令的主体包含在起始位与终止位之间，它们都只包含一个数据位，起始位为 0，终止位为 1。
- 传输标志：用于区分传输方向，该位为 1 时表示命令，方向为从主机传输到 SD 卡；该位为 0 时表示响应，方向为从 SD 卡传输到主机。

命令主体内容包括命令、地址信息/参数和 CRC 校验 3 个部分。
- 命令号：它固定占用 6 位，所以共有 64 个命令（代号：CMD0～CMD63），每个命令都有特定的用途，部分命令不适用于 SD 卡操作，只是专门用于 MMC 卡或者 SD I/O 卡。
- 地址/参数：每个命令有 32 位地址信息/参数用于命令附加内容，例如，广播命令没有地址信息，这 32 位用于指定参数，而寻址命令这 32 位用于指定目标 SD 卡的地址。
- CRC7 校验：长度为 7 位的校验位用于验证命令传输内容的正确性，如果发生外部干扰，导致传输数据个别位状态改变，将使校准失败，也意味着命令传输失败，SD 卡不执行命令。

2. 命令类型

SD 命令有 4 种类型：
- 无响应广播命令（bc），发送到所有卡，不返回任务响应。
- 带响应广播命令（bcr），发送到所有卡，同时接收来自所有卡响应。
- 寻址命令（ac），发送到选定卡，DAT 线无数据传输。
- 寻址数据传输命令（adtc），发送到选定卡，DAT 线有数据传输。

另外，SD 卡主机模块系统旨在为各种应用程序类型提供一个标准接口。在此环境中，需要有特定的客户/应用程序功能。为实现这些功能，在标准中定义了两种类型的通用命令：特定应用命令（ACMD）和常规命令（GEN_CMD）。要使用 SD 卡制造商特定的 ACMD 命令，如 ACMD6，需要在发送该命令之前先发送 CMD55 命令，告知 SD 卡接下来的命令为特定应用命令。CMD55 命令只对紧接着的第一个命令有效，SD 卡如果检测到 CMD55 之后的第一条命令为 ACMD 则执行其特定应用功能；如果检测发现不是 ACMD 命令，则执行标准命令。

3. 命令描述

SD 卡系统的命令分为几类，每类支持一种"卡的功能设置"。表 35-2 列举了 SD 卡部分命令的信息，更多详细信息可以参考 SD 简易规格文件说明，表中填充位和保留位都必须设置为 0。

虽然没有必要完全记住每个命令的详细信息，但熟悉命令对后面理解程序代码非常有帮助。

表 35-2　SD 卡部分命令描述

命令序号	类型	参数	响应	缩写	描述
基本命令（Class 0）					
CMD0	bc	[31:0]填充位	-	GO_IDLE_STATE	复位所有的卡到空闲状态
CMD2	bcr	[31:0]填充位	R2	ALL_SEND_CID	通知所有卡通过 CMD 线返回 CID 值
CMD3	bcr	[31:0]填充位	R6	SEND_RELATIVE_ADDR	通知所有卡发布新 RCA
CMD4	bc	[31:16]DSR [15:0]填充位	–	SET_DSR	编程所有卡的 DSR
CMD7	ac	[31:16]RCA [15:0]填充位	R1b	SELECT/DESELECT_CARD	选择/取消选择 RCA 地址卡
CMD8	bcr	[31:12]保留位 [11:8]VHS[7:0]检查模式	R7	SEND_IF_COND	发送 SD 卡接口条件，包含主机支持的电压信息，并询问卡是否支持
CMD9	ac	[31:16]RCA [15:0]填充位	R2	SEND_CSD	选定卡通过 CMD 线发送 CSD 内容
CMD10	ac	[31:16]RCA [15:0]填充位	R2	SEND_CID	选定卡通过 CMD 线发送 CID 内容
CMD12	ac	[31:0]填充位	R1b	STOP_TRANSMISSION	强制卡停止传输
CMD13	ac	[31:16]RCA [15:0]填充位	R1	SEND_STATUS	选定卡通过 CMD 线发送它的状态寄存器
CMD15	ac	[31:16]RCA [15:0]填充位	–	GO_INACTIVE_STATE	使选定卡进入 inactive 状态
面向块的读操作（Class 2）					
CMD16	ac	[31:0]块长度	R1	SET_BLOCK_LEN	对于标准 SD 卡，设置块命令的长度；对于 SDHC 卡，块命令长度固定为 512 字节
CMD17	adtc	[31:0]数据地址	R1	READ_SINGLE_BLOCK	对于标准卡，读取 SEL_BLOCK_LEN 长度字节的块；对于 SDHC 卡，读取 512 字节的块
CMD18	adtc	[31:0]数据地址	R1	READ_MULTIPLE_BLOCK	连续从 SD 卡读取数据块，直到被 CMD12 中断。块长度同 CMD17
面向块的写操作（Class 4）					
CMD24	adtc	[31:0]数据地址	R1	WRITE_BLOCK	对于标准卡，写入 SEL_BLOCK_LEN 长度字节的块；对于 SDHC 卡，写入 512 字节的块

(续)

命令序号	类型	参数	响应	缩写	描述
CMD25	adtc	[31:0]数据地址	R1	WRITE_MILTIPLE_BLOCK	连续向 SD 卡写入数据块，直到被 CMD12 中断。每块长度同 CMD17
CMD27	adtc	[31:0]填充位	R1	PROGRAM_CSD	对 CSD 的可编程位进行编程
擦除命令（Class 5）					
CMD32	ac	[31:0]数据地址	R1	ERASE_WR_BLK_START	设置擦除的起始块地址
CMD33	ac	[31:0]数据地址	R1	ERASE_WR_BLK_END	设置擦除的结束块地址
CMD38	ac	[31:0]填充位	R1b	ERASE	擦除预先选定的块
加锁命令（Class 7）					
CMD42	adtc	[31:0]保留	R1	LOCK_UNLOCK	加锁/解锁 SD 卡
特定应用命令（Class 8）					
CMD55	ac	[31:16]RCA [15:0]填充位	R1	APP_CMD	指定下个命令为特定应用命令，不是标准命令
CMD56	adtc	[31:1]填充位 [0]读/写	R1	GEN_CMD	通用命令，或者特定应用命令中，用于传输一个数据块，最低位为 1 表示读数据，为 0 表示写数据
SD 卡特定应用命令					
ACMD6	ac	[31:2]填充位 [1:0]总线宽度	R1	SET_BUS_WIDTH	定义数据总线宽度（'00' = 1bit，'10' = 4bit）
ACMD13	adtc	[31:0]填充位	R1	SD_STATUS	发送 SD 状态
ACMD41	Bcr	[32]保留位 [30]HCS（OCR [30]） [29:24]保留位 [23:0] VDD 电压（OCR [23:0]）	R3	SD_SEND_OP_COND	主机要求卡发送它的支持信息（HCS）和 OCR 寄存器内容
ACMD51	adtc	[31:0]填充位	R1	SEND_SCR	读取配置寄存器 SCR

35.3.4 响应

响应由 SD 卡向主机发出，部分命令要求 SD 卡作出响应，这些响应多用于反馈 SD 卡的状态。SDIO 总共有 7 个响应类型（代号：R1～R7），其中 SD 卡没有 R4、R5 类型响应。特定的命令对应有特定的响应类型，比如当主机发送 CMD3 命令时，可以得到响应 R6。与命令一样，SD 卡的响应也是通过 CMD 线连续传输的。根据响应内容大小可以分为短响应和长响应。短响应是 48 位长度，只有 R2 类型是长响应，其长度为 136 位。各类响应具体情况见表 35-3。

除了 R3 类型之外，其他响应都使用 CRC7 校验来校验，对于 R2 类型使用 CID 和 CSD 寄存器内部 CRC7 校验。

表 35-3 SD 卡响应类型

描述	起始位	传输位	命令号	卡状态	CRC7	终止位
R1（正常响应命令）						
位	47	46	[45:40]	[39:8]	[7:1]	0
位宽	1	1	6	32	7	1
值	"0"	"0"	x	x	x	"1"
备注	如果有传输到卡的数据，那么在数据上线可能有 busy 信号					

描述	起始位	传输位	保留	[127:1]		终止位
R2（CID,CSD 寄存器）						
位	135	134	[133:128]	127		0
位宽	1	1	6	x		1
值	"0"	"0"	"111111"	CID 或者 CSD 寄存器 [127:1] 位的值		"1"
备注	CID 寄存器内容作为 CMD2 和 CMD10 响应，CSD 寄存器内容作为 CMD9 响应					

描述	起始位	传输位	保留	OCR 寄存器	保留	终止位
R3（OCR 寄存器）						
位	47	46	[45:40]	[39:8]	[7:1]	0
位宽	1	1	6	32	7	1
值	"0"	"0"	"111111"	x	"1111111"	"1"
备注	OCR 寄存器的值作为 ACMD41 的响应					

描述	起始位	传输位	CMD3	RCA 寄存器	卡状态位	CRC7	终止位
R6（发布的 RCA 寄存器响应）							
位	47	46	[45:40]	[39:8]		[7:1]	0
位宽	1	1	6	16	16	7	1
值	"0"	"0"	"000011"	x	x	x	"1"
备注	专用于命令 CMD3 的响应						

描述	起始位	传输位	CMD8	保留	接收电压	检测模式	CRC7	终止位
R7（发布的 RCA 寄存器响应）								
位	47	46	[45:40]	[39:20]	[19:16]	[15:8]	[7:1]	0
位宽	1	1	6	20	4	8	7	1
值	"0"	"0"	"001000"	"00000h"	x	x	x	"1"
备注	专用于命令 CMD8 的响应，返回卡支持的电压范围和检测模式							

35.4　SD 卡的操作模式及切换

35.4.1　SD 卡的操作模式

　　SD 卡有多个版本，STM32 控制器目前最高支持 Physical Layer Simplified Specification V2.0 定义的 SD 卡。STM32 控制器对 SD 卡进行数据读写之前需要识别卡的种类：V1.0 标准卡、V2.0 标准卡、V2.0 高容量卡或者无法识别卡的。

　　SD 卡系统（包括主机和 SD 卡）定义了两种操作模式：卡识别模式和数据传输模式。

在系统复位后，主机处于卡识别模式，寻找总线上可用的 SDIO 设备；同时，SD 卡也处于卡识别模式，直到被主机识别到，即当 SD 卡接收到 SEND_RCA（CMD3）命令后，SD 卡就会进入数据传输模式，而主机在总线上所有卡被识别后也进入数据传输模式。在每个操作模式下，SD 卡都有几种状态（见表 35-4），通过命令控制实现卡状态的切换。

表 35-4　SD 卡状态与操作模式

操作模式	SD 卡状态
无效模式（Inactive）	无效状态（Inactive State）
卡识别模式（Card identification mode）	空闲状态（Idle State）
	准备状态（Ready State）
	识别状态（Identification State）
数据传输模式（Data transfer mode）	待机状态（Stand-by State）
	传输状态（Transfer State）
	发送数据状态（Sending-data State）
	接收数据状态（Receive-data State）
	编程状态（Programming State）
	断开连接状态（Disconnect State）

35.4.2　卡识别模式

在卡识别模式下，主机会复位所有处于"卡识别模式"的 SD 卡，确认其工作电压范围，识别 SD 卡类型，并且获取 SD 卡的相对地址（卡相对地址较短，便于寻址）。在卡识别过程中，要求 SD 卡工作在识别时钟频率 FOD 的状态下。卡识别模式下 SD 卡状态转换见图 35-9。

主机上电后，所有卡处于空闲状态，包括当前处于无效状态的卡。主机也可以发送 GO_IDLE_STATE（CMD0）让所有卡软复位，从而进入空闲状态。但当前处于无效状态的卡并不会复位。

主机在开始与卡通信前，需要先确定双方在互相支持的电压范围内。SD 卡有一个电压支持范围，主机当前电压必须在该范围才能与卡正常通信。SEND_IF_COND（CMD8）命令就是用于验证卡接口操作条件的（主要是电压支持）。卡会根据命令的参数来检测操作条件匹配性，如果卡支持主机电压就产生响应，否则不响应。而主机则根据响应内容确定卡的电压匹配性。CMD8 是 SD 卡标准 V2.0 版本才有的新命令，所以如果主机接收到响应，可以判断卡为 V2.0 或更高版本 SD 卡。

SD_SEND_OP_COND（ACMD41）命令可以识别或拒绝不匹配它的电压范围的卡。ACMD41 命令的 VDD 电压参数用于设置主机支持电压范围，卡响应会返回卡支持的电压范围。对于对 CMD8 有响应的卡，把 ACMD41 命令的 HCS 位设置为 1，可以测试卡的容量类型，如果卡响应的 CCS 位为 1 说明为高容量 SD 卡，否则为标准卡。卡在响应 ACMD41 之后进入准备状态，不响应 ACMD41 的卡为不可用卡，进入无效状态。ACMD41 是应用特定命令，发送该命令之前必须先发 CMD55。

ALL_SEND_CID（CMD2）用来控制所有卡返回它们的卡识别号（CID），处于准备状态的卡在发送 CID 之后就进入识别状态。之后主机就发送 SEND_RELATIVE_ADDR（CMD3）命令，让卡自己推荐一个相对地址（RCA）并响应命令。这个 RCA 是 16 位地址，而 CID 是 128 位地址，使用 RCA 简化通信。卡在接收到 CMD3 并发出响应后就进入数据传输模式，并处于待机状态，主机在获取所有卡 RCA 之后也进入数据传输模式。

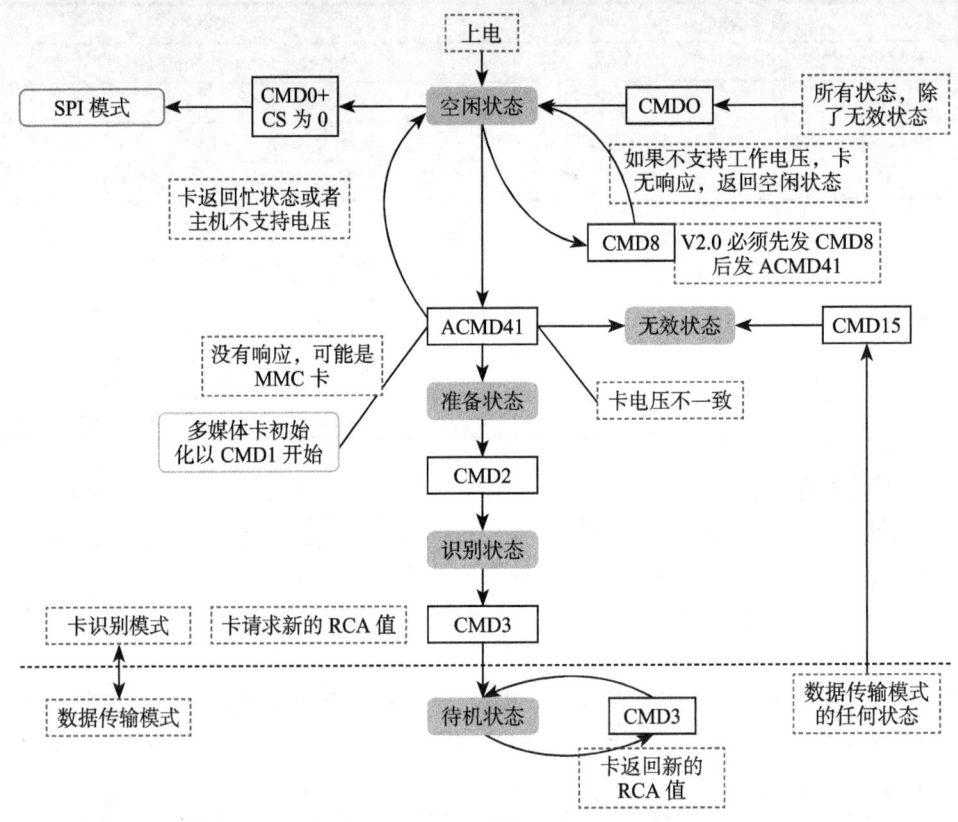

图 35-9　卡识别模式状态转换图

35.4.3　数据传输模式

只有 SD 卡系统处于数据传输模式下才可以进行数据读写操作。数据传输模式下可以将主机 SD 时钟频率设置为 FPP，默认最高为 25MHz，频率切换可以通过 CMD4 命令来实现。数据传输模式下，SD 卡状态转换过程见图 35-10。

CMD7 用来选定和取消指定的卡，卡在待机状态下还不能进行数据通信，因为总线上可能有多个卡都处于待机状态，必须选择一个 RCA 地址目标卡，使其进入传输状态才可以进行数据通信。同时通过 CMD7 命令也可以让已经被选择的目标卡返回待机状态。

数据传输模式下的数据通信都是主机和目标卡之间通过寻址命令点对点进行的。卡处于传输状态下可以使用表 35-2 中面向块的读写以及擦除命令对卡进行数据读写、擦除。

CMD12 可以中断正在进行的数据通信，让卡返回传输状态。CMD0 和 CMD15 会中止任何数据编程操作，返回卡识别模式，这可能导致卡中数据被损坏。

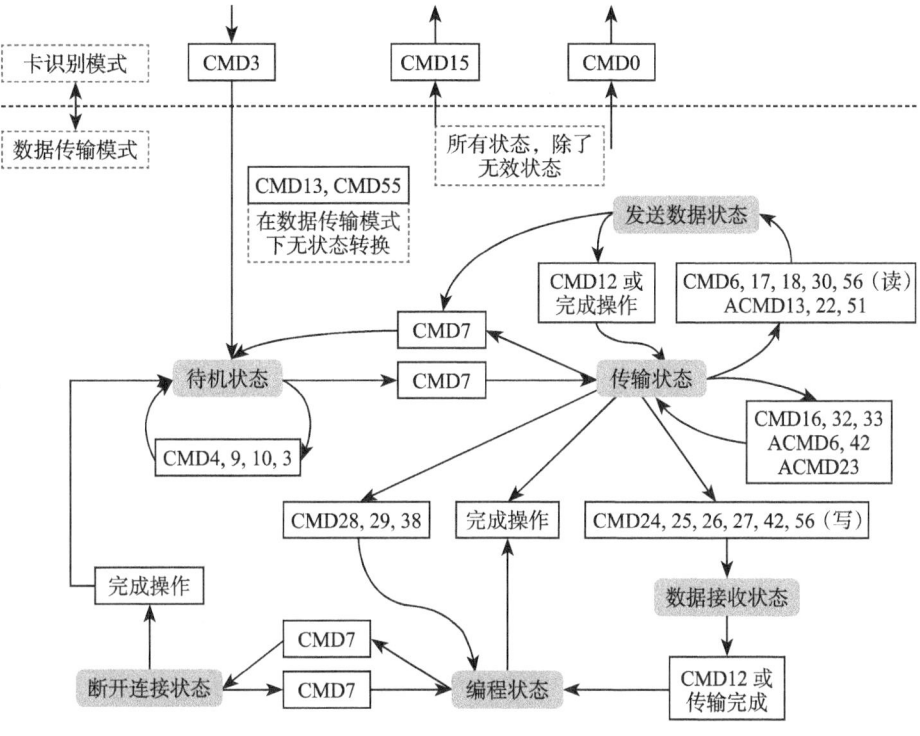

图 35-10　数据传输模式下卡状态转换

35.5　STM32 的 SDIO 功能框图剖析

STM32 控制器有一个 SDIO，由两部分组成：SDIO 适配器和 AHB 接口，见图 35-11。SDIO 适配器提供 SDIO 主机功能，可以提供 SD 时钟、发送命令和进行数据传输。AHB 接口用于控制器访问 SDIO 适配器寄存器，并且可以产生中断和 DMA 请求信号。

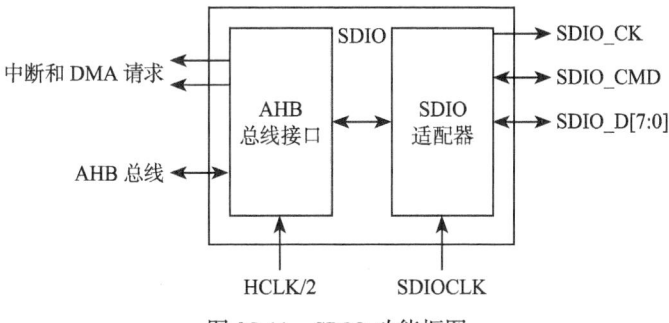

图 35-11　SDIO 功能框图

SDIO 使用两个时钟信号：一个是 SDIO 适配器时钟（SDIOCLK=HCLK=72MHz），另一个是 AHB 总线时钟的二分频（HCLK/2，一般为 36MHz）。适配器寄存器和 FIFO 使用 AHB 总线一侧的时钟（HCLK/2），控制单元、命令通道和数据通道使用 SDIO 适配器一侧的时钟（SDIOCLK）。

SDIO_CK 是 SDIO 接口与 SD 卡用于同步的时钟信号。它使用 SDIOCLK 作为 SDIO_CK 的时钟来源，可以通过设置 BYPASS 模式直接得到，这时 SDIO_CK = SDIOCLK= HCLK。若禁止 BYPASS 模式，可以通过配置时钟寄存器的 CLKDIV 位控制分频因子，即 SDIO_CK=SDIOCLK/(2+CLKDIV) = HCLK/(2+CLKDIV)。配置时钟时要注意，SD 卡普遍要求 SDIO_CK 时钟频率不能超过 25MHz。

STM32 控制器的 SDIO 是针对 MMC 卡和 SD 卡的主设备，所以预留的 8 根数据线，对于 SD 卡最多用 4 根数据线。

SDIO 适配器是 SD 卡系统的主机部分，是 STM32 控制器与 SD 卡数据通信的中间设备。SDIO 适配器由 5 个单元组成，分别是控制单元、命令通道单元、数据通道单元、寄存器单元以及 FIFO，见图 35-12。

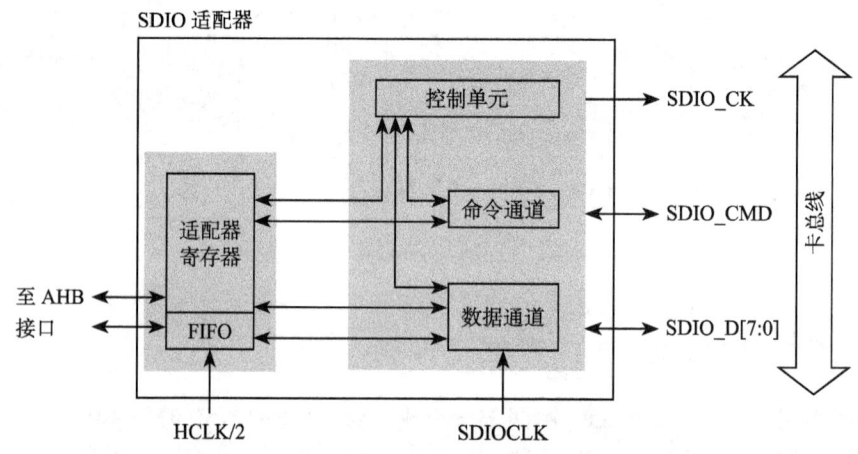

图 35-12　SDIO 适配器框图

1. 控制单元

控制单元包含电源管理和时钟管理功能，结构见图 35-13。电源管理部件会在系统断电和上电阶段禁止 SD 卡总线输出信号。时钟管理部件控制 CLK 线时钟信号的生成，一般使用 SDIOCLK 分频得到。

2. 命令通道

命令通道控制命令发送，并接收卡的响应，结构见图 35-14。

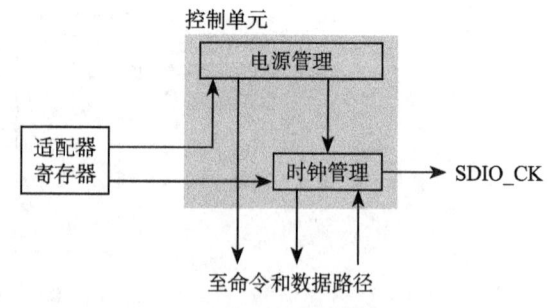

图 35-13　SDIO 适配器控制单元

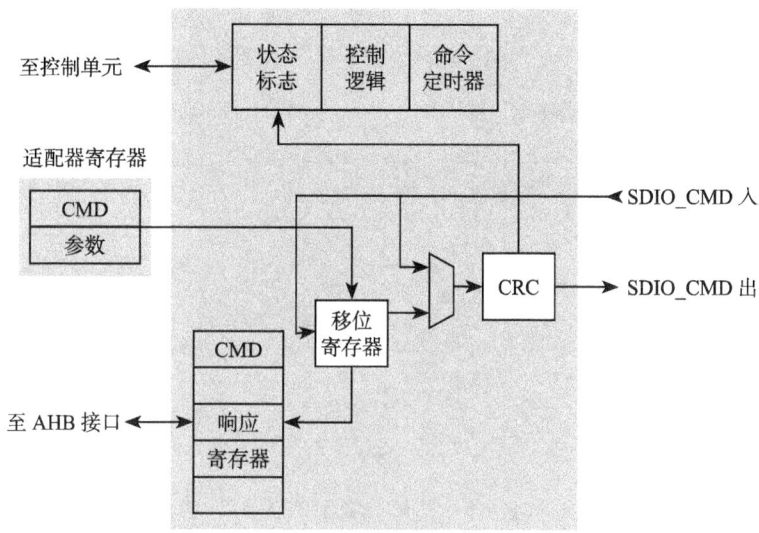

图 35-14 SDIO 适配器命令通道

关于 SDIO 适配器状态的转换流程可以参考图 35-9，当 SD 卡处于某一状态时，SDIO 适配器必然处于特定状态与之对应。STM32 控制器以命令路径状态机（CPSM）来描述 SDIO 适配器的状态变化，并加入了等待超时检测功能，以便退出永久等待的情况。CPSM 的描述见图 35-15。

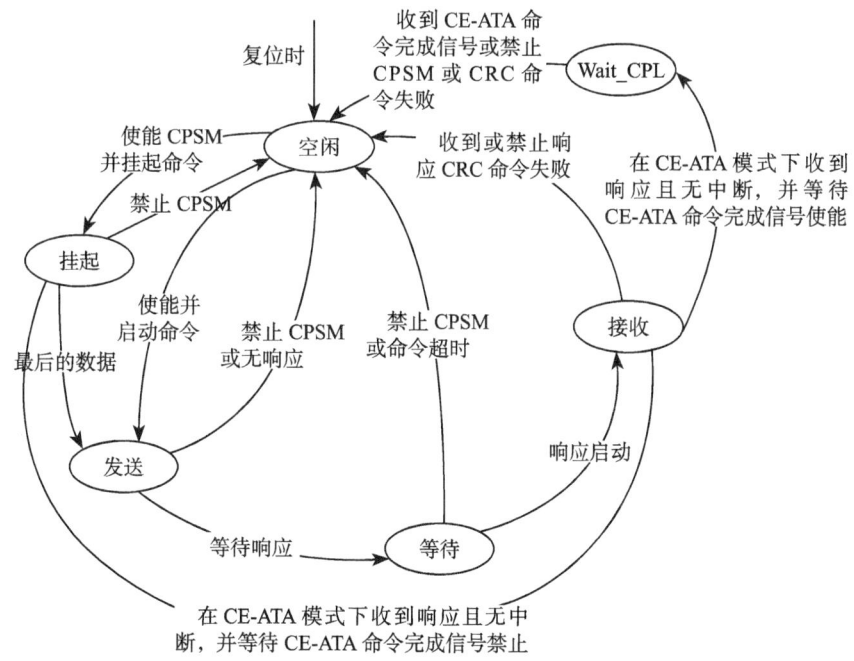

图 35-15 CPSM 状态机描述图

3. 数据通道

数据通道部件负责与 SD 卡之间相互的数据传输,内部结构见图 35-16。

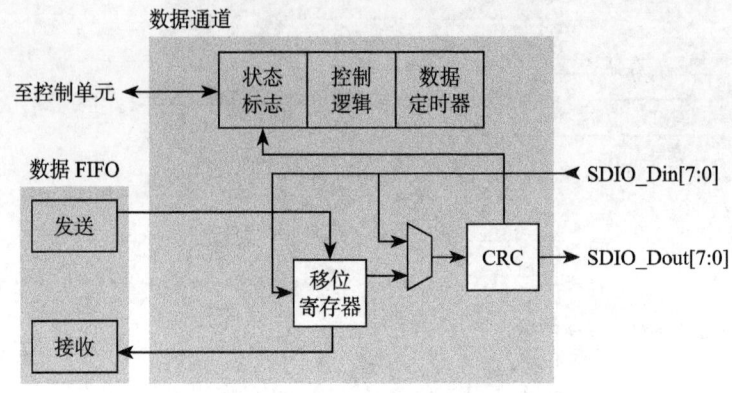

图 35-16 SDIO 适配器数据通道

SD 卡系统数据传输状态转换参考图 35-10,SDIO 适配器以数据路径状态机(DPSM)来描述 SDIO 适配器状态变化情况,并加入了等待超时检测功能,以便退出永久等待情况。发送数据时,DPSM 处于等待发送(Wait_S)状态,如果数据 FIFO 不为空,DPSM 变成发送状态,并且数据通道部件启动向卡发送数据。接收数据时,DPSM 处于等待接收状态,当 DPSM 收到起始位时变成接收状态,并且数据通道部件开始从卡接收数据。DPSM 状态机描述见图 35-17。

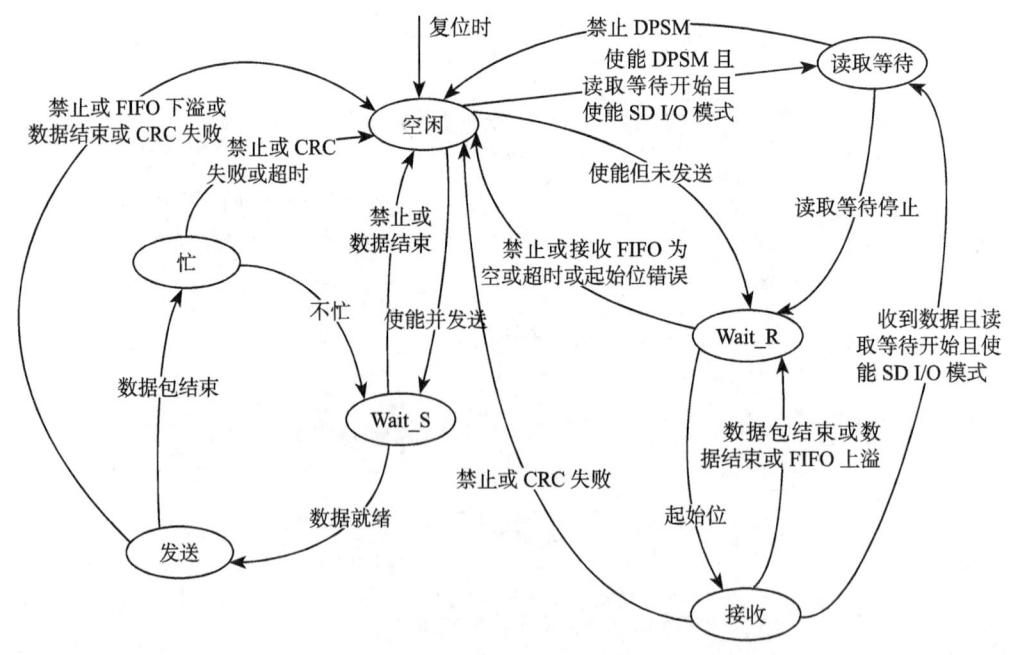

图 35-17 DPSM 状态机描述图

4. 数据 FIFO

数据 FIFO（先进先出）部件是一个数据缓冲器，带发送和接收单元。控制器的 FIFO 包含宽度为 32 位、深度为 32 字的数据缓冲器和发送/接收逻辑。其中 SDIO 状态寄存器（SDIO_STA）的 TXACT 位指示当前正在发送数据，RXACT 位指示当前正在接收数据，这两个位不可能同时为 1。

- 当 TXACT 为 1 时，可以通过 AHB 接口将数据写入传输 FIFO。
- 当 RXACT 为 1 时，接收 FIFO 存放从数据通道部件接收到的数据。

根据 FIFO 空或满状态会把 SDIO_STA 寄存器位置 1，并可以产生中断和 DMA 请求。

5. 适配器寄存器

适配器寄存器包含了控制 SDIO 外设的各种控制寄存器及状态寄存器，内容较多，可以通过 SDIO 提供的各种结构体来了解，这些寄存器的功能都被整合到了结构体或 ST 标准库之中。

35.6 SDIO 初始化结构体

标准库函数对 SDIO 外设建立了 3 个初始化结构体，分别为 SDIO 初始化结构体 SDIO_InitTypeDef、SDIO 命令初始化结构体 SDIO_CmdInitTypeDef 和 SDIO 数据初始化结构体 SDIO_DataInitTypeDef。这些结构体成员用于设置 SDIO 工作环境参数，并由 SDIO 相应初始化配置函数或功能函数调用，这些参数将会被写入 SDIO 相应的寄存器，达到配置 SDIO 工作环境的目的。

初始化结构体和初始化库函数配合使用是标准库精髓所在，理解了初始化结构体每个成员的意义基本上就可以对该外设运用自如了。初始化结构体定义在 stm32f10x_sdio.h 文件中，初始化库函数定义在 stm32f10x_sdio.c 文件中，编程时我们可以结合这两个文件内的注释使用。

SDIO 初始化结构体用于配置 SDIO 基本工作环境，比如时钟分频、时钟沿、数据宽度等。它被 SDIO_Init 函数调用。

代码清单 35-1　SDIO 初始化结构体

```
1 typedef struct {
2     uint32_t SDIO_ClockEdge;              // 时钟沿
3     uint32_t SDIO_ClockBypass;            // 旁路时钟
4     uint32_t SDIO_ClockPowerSave;         // 节能模式
5     uint32_t SDIO_BusWide;                // 数据宽度
6     uint32_t SDIO_HardwareFlowControl;    // 硬件流控制
7     uint8_t SDIO_ClockDiv;                // 时钟分频
8 } SDIO_InitTypeDef;
```

各结构体成员的作用介绍如下。

1）SDIO_ClockEdge：主时钟 SDIOCLK 产生 CLK 引脚时钟有效沿选择，可选上升沿或下降沿，它设定 SDIO 时钟控制寄存器（SDIO_CLKCR）的 NEGEDGE 位，一般选择设置为上升沿（宏 SDIO_ClockEdge_Rising）。

2）SDIO_ClockBypass：时钟分频旁路使用，可选使能或禁用，它设定 SDIO_CLKCR

寄存器的 BYPASS 位。如果使能旁路，SDIOCLK 直接驱动 CLK 线输出时钟；如果禁用，使用 SDIO_CLKCR 寄存器的 CLKDIV 位值分频 SDIOCLK，然后输出到 CLK 线。一般选择禁用时钟分频旁路。

3）SDIO_ClockPowerSave：节能模式选择，可选使能或禁用，它设定 SDIO_CLKCR 寄存器的 PWRSAV 位的值。如果使能节能模式，CLK 线只有在总线激活时才有时钟输出；如果禁用节能模式，始终使能 CLK 线输出时钟。

4）SDIO_BusWide：数据线宽度选择，可选 1 位数据总线、4 位数据总线或 8 位数据总线，系统默认使用 1 位数据总线，操作 SD 卡时，在数据传输模式下一般选择 4 位数据总线。它设定 SDIO_CLKCR 寄存器的 WIDBUS 位的值。

5）SDIO_HardwareFlowControl：硬件流控制选择，可选使能或禁用，它设定 SDIO_CLKCR 寄存器的 HWFC_EN 位。硬件流控制功能可以避免 FIFO 发生上溢和下溢错误。

6）SDIO_ClockDiv：时钟分频系数，它设定 SDIO_CLKCR 寄存器的 CLKDIV 位的值，设置 SDIOCLK 与 CLK 线输出时钟分频系数如下：

$$\text{CLK 线时钟频率} = \text{SDIOCLK}/(\text{CLKDIV}+2)$$

35.7 SDIO 命令初始化结构体

SDIO 命令初始化结构体用于设置命令相关内容，比如命令号、命令参数、响应类型等。它被 SDIO_SendCommand 函数调用。

代码清单 35-2　SDIO 命令初始化接口

```
1  typedef struct {
2      uint32_t SDIO_Argument;       // 命令参数
3      uint32_t SDIO_CmdIndex;       // 命令号
4      uint32_t SDIO_Response;       // 响应类型
5      uint32_t SDIO_Wait;           // 等待使能
6      uint32_t SDIO_CPSM;           // 命令通道状态机
7  } SDIO_CmdInitTypeDef;
```

各个结构体成员介绍如下。

1）SDIO_Argument：作为命令的一部分发送到卡的命令参数，它设定 SDIO 参数寄存器（SDIO_ARG）的值。

2）SDIO_CmdIndex：命令号选择，它设定 SDIO 命令寄存器（SDIO_CMD）的 CMDINDEX 位的值。

3）SDIO_Response：响应类型，SDIO 定义两个响应类型，长响应和短响应。根据命令号选择对应的响应类型。SDIO 定义了 4 个 32 位的 SDIO 响应寄存器（SDIO_RESPx,x = 1…4），短响应只用到 SDIO_RESP1。

4）SDIO_Wait：等待类型选择，有 3 种状态可选：一种是无等待状态，超时检测功能启动；一种是等待中断；一种是等待传输完成。它设定 SDIO_CMD 寄存器的 WAITPEND 位和 WAITINT 位的值。

5）SDIO_CPSM：命令通道状态机控制，可选使能或禁用 CPSM。它设定 SDIO_CMD 寄存器的 CPSMEN 位的值。

35.8　SDIO 数据初始化结构体

SDIO 数据初始化结构体用于配置数据发送和接收参数，比如传输超时、数据长度、传输模式等。它被 SDIO_DataConfig 函数使用。

代码清单 35-3　SDIO 数据初始化结构体

```
1  typedef struct {
2      uint32_t SDIO_DataTimeOut;      // 数据传输超时
3      uint32_t SDIO_DataLength;       // 数据长度
4      uint32_t SDIO_DataBlockSize;    // 数据块大小
5      uint32_t SDIO_TransferDir;      // 数据传输方向
6      uint32_t SDIO_TransferMode;     // 数据传输模式
7      uint32_t SDIO_DPSM;             // 数据通道状态机
8  } SDIO_DataInitTypeDef;
```

各结构体成员介绍如下。

1）SDIO_DataTimeOut：设置数据传输以卡总线时钟周期表示的超时周期，它设定 SDIO 数据定时器寄存器（SDIO_DTIMER）的值。在 DPSM 进入 Wait_R 或忙状态后开始递减，直到 0 还处于以上两种状态则将超时状态标志置 1。

2）SDIO_DataLength：设置传输数据长度，它设定 SDIO 数据长度寄存器（SDIO_DLEN）的值。

3）SDIO_DataBlockSize：设置数据块大小，有多种尺寸可选，不同命令要求的数据块可能不同。它设定 SDIO 数据控制寄存器（SDIO_DCTRL）的 DBLOCKSIZE 位的值。

4）SDIO_TransferDir：数据传输方向，可选从主机到卡的写操作，或从卡到主机的读操作。它设定 SDIO_DCTRL 寄存器的 DTDIR 位的值。

5）SDIO_TransferMode：数据传输模式，可选数据块或数据流模式。对于 SD 卡操作使用数据块类型。它设定 SDIO_DCTRL 寄存器的 DTMODE 位的值。

6）SDIO_DPSM：数据通道状态机控制，可选使能或禁用 DPSM。它设定 SDIO_DCTRL 寄存器的 DTEN 位的值。要实现数据传输必须使能 SDIO_DPSM。

35.9　SD 卡读写测试实验

SD 卡广泛用于便携式设备上，比如数码相机、手机、多媒体播放器等。对于嵌入式设备来说，它是一种重要的存储数据部件。类似于 SPI Flash 芯片数据操作，可以直接对它进行读写，也可以写入文件系统，然后使用文件系统读写函数，使用文件系统操作。本实验是进行 SD 卡最底层的数据读写操作，直接使用 SDIO 对 SD 卡进行读写，可能损坏 SD 卡原本的内容，导致数据丢失，实验前请注意备份 SD 卡的原内容。由于 SD 卡容量很大，我们平时使用的 SD 卡已经包含有文件系统，因此一般不会使用本章的操作方式编写 SD 卡的应用。但它是 SD 卡操作的基础，对于原理学习是非常有必要的，在它的基础上移植文件系统到 SD 卡的应用将在下一章讲解。

35.9.1　硬件设计

STM32 控制器的 SDIO 引脚被设计成固定不变的，开发板设计采用 4 根数据线模式。

对于命令线和数据线需要加一个上拉电阻,见图 35-18。

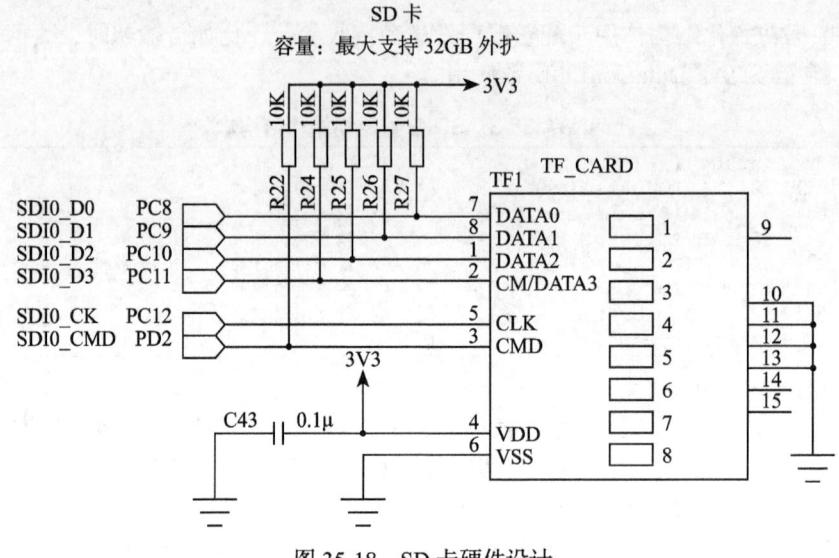

图 35-18 SD 卡硬件设计

35.9.2 软件设计

这里只讲解部分核心的代码,有些变量的设置、头文件的包含等没有全部罗列出来,完整的代码请参考本章配套的工程。有了相关 SDIO 知识的基础,我们就可以开始编写 SD 卡驱动程序了,根据之前内容,操作的大概流程如下:

1)初始化相关 GPIO 及 SDIO 外设;

2)配置 SDIO 基本通信环境进入卡识别模式,通过几个命令处理后得到卡类型;

3)如果是可用卡就进入数据传输模式,接下来可以进行读、写、擦除的操作。

虽然看起来只有 3 步,但它们有非常多的细节需要处理。实际上,SD 卡是非常常用的外设部件,ST 公司在其测试板上也有 SD 卡卡槽,并提供了完整的驱动程序,我们直接参考移植使用即可。类似 SDIO、USB 这些复杂的外设,它们的通信协议相当庞大,要自行编写完整、严谨的驱动程序不是一件轻松的事情,这时我们就可以利用 ST 官方例程的驱动文件,根据自己硬件移植到自己开发的平台上即可。

第 9 章重点讲解了标准库的源代码,及启动文件和库使用帮助文档这两部分内容,实际上 Utilities 文件夹的内容是非常有参考价值的,该文件夹包含了基于 ST 官方实验板的驱动文件,比如 LCD、SRAM、SD 卡、音频解码 IC 等底层驱动程序,另外还有第三方软件库,如 emWin 图像软件库和 FatFs 文件系统。虽然,我们的开发平台与 ST 官方实验平台硬件的设计略有差别,但移植程序方法是完全可行的。学会移植程序可以减少很多工作量,加快项目进程,更何况 ST 官方的驱动代码是经过严格验证的。

在 ST 固件库 STM32F10x_StdPeriph_Lib_V3.5.0\Utilities\STM32_EVAL\Common 文件夹下可以找到 SD 卡驱动文件,见图 35-19。我们需要 stm32_eval_sdio_sd.c 和 stm32_eval_sdio_sd.h 两个文件的完整内容。另外还可以参考目录 STM32F10x_StdPeriph_Lib_V3.5.0\

Project\STM32F10x_StdPeriph_Examples\SDIO\uSDCard 下中的示例代码编写测试。为简化工程，本章配置工程代码是将这些与 SD 卡相关的内容都添加到 stm32_eval_sdio_sd.c 文件中，具体可以参考工程文件。

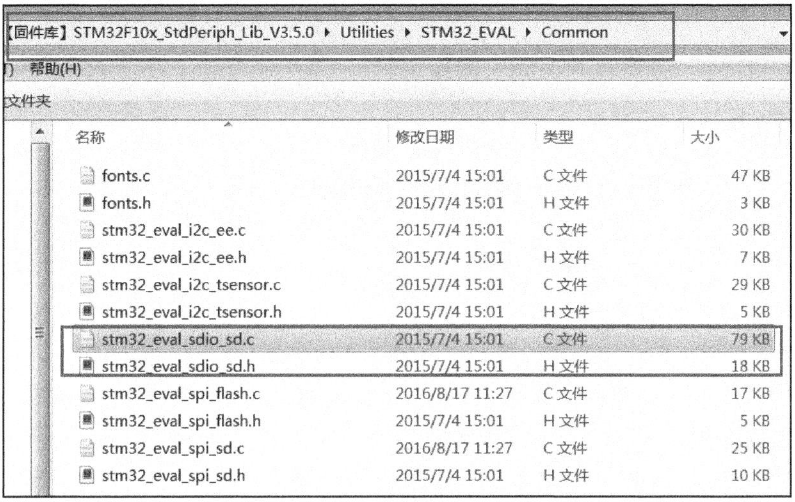

图 35-19　ST 官方实验板 SD 卡驱动文件

我们把 stm32_eval_sdio_sd.c 和 stm32_eval_sdio_sd.h 两个文件复制到我们的工程文件夹中，并将其改名为 bsp_sdio_sdcard.c 和 bsp_sdio_sdcard.h，见图 35-20。另外，添加的 sdio_test.c 和 sdio_test.h 文件中包含了 SD 卡读、写、擦除测试代码。

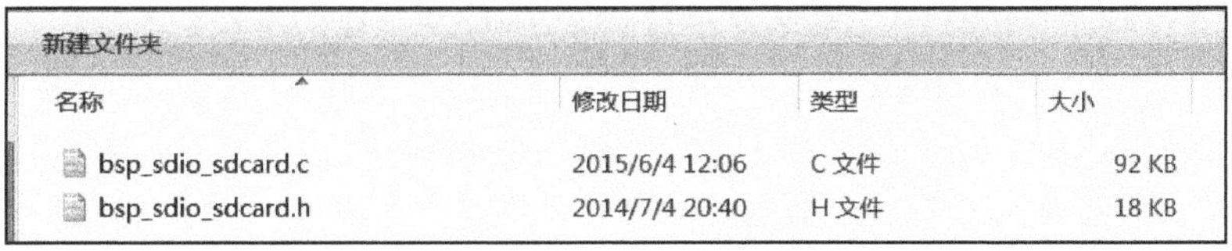

图 35-20　SD 卡驱动文件

本实验中讲解的代码，大部分是从 ST 提供的这个 SDIO 驱动示例整理而来的。

1. GPIO 初始化和 DMA 配置

SDIO 用到 CLK 线、CMD 线和 4 根 DAT 线，使用之前必须初始化相关的 GPIO，并设置复用模式为 SDIO 的类型。而 SDIO 外设又支持生成 DMA 请求，使用 DMA 传输可以提高数据传输效率，因此在 SDIO 的控制代码中，可以把它设置为 DMA 传输模式或轮询模式，ST 标准库提供 SDIO 示例中针对这两个模式做了区分处理。由于应用中一般都使用 DMA 传输模式，所以接下来的代码都采用 DMA 传输模式。

（1）SDIO 模式、地址及时钟分频配置相关的宏定义

代码清单 35-4　SDIO 模式、地址及时钟分频配置相关的宏定义（bsp_sdio_sdcard.h 文件）

```
1 /* 宏定义 */
2 //SDIO_FIOF 地址 =SDIO 地址 +0x80 至 sdio 地址 +0xfc
```

```
 3  #define SDIO_FIFO_ADDRESS                        ((uint32_t)0x40018080)
 4  /**
 5    * @brief  SDIO 初始化时钟频率（最大 400kHz）
 6    */
 7  #define SDIO_INIT_CLK_DIV                        ((uint8_t)0xB2)
 8  /**
 9    * @brief  SDIO 数据传输时钟频率（最大 25MHz）
10    */
11  /*!< SDIOCLK = HCLK, SDIO_CK = HCLK/(2 + SDIO_TRANSFER_CLK_DIV) */
12  #define SDIO_TRANSFER_CLK_DIV                    ((uint8_t)0x01)
13
14
15  /* 通过注释，选择 SDIO 传输时使用的模式，可选 DMA 模式或普通模式 */
16  #define SD_DMA_MODE                              ((uint32_t)0x00000000)
17  /*#define SD_POLLING_MODE                        ((uint32_t)0x00000002)*/
18
```

代码中主要定义了如下内容：

1）定义了 SDIO 外设的 FIFO 地址。SDIO 进行传输时，数据会存储在 FIFO 中，该 FIFO 的大小为 32 字节，即 0x40018080 ～ 0x400180fc（可从《STM32 参考手册》的 SDIO 寄存器说明中查询到）。把 FIFO 的起始地址定义成宏，方便后面配置 DMA 传输时使用。

2）定义卡识别模式和数据传输模式下的时钟分频因子。SDIO_CK 引脚的时钟信号在卡识别模式时要求不超过 400kHz，而在识别后的数据传输模式时则希望有更高的速度（最大不超过 25MHz），所以会针对这两种模式配置 SDIOCLK 的时钟。代码中的 SDIO_INIT_CLK_DIV 分频因子用于卡识别模式，SDIO_TRANSFER_CLK_DIV 用于数据传输模式。把两种模式的分频因子代入公式计算：

$$SDIOCLK = HCLK = 72MHz$$
$$SDIO\_CK = HCLK/(2 + CLK\_DIV)$$

可得卡识别模式 SDIO_CK 时钟为 400kHz，数据传输模式 SDIO_CK 时钟为 24MHz。

3）定义 SDIO 传输使用 DMA 还是普通的轮询模式。宏 SD_DMA_MODE 和 SD_POLLING_MODE 可用于选择是否使用 DMA，只要定义了其中一个宏并把另一个注释掉，即可选择宏对应的模式。上述代码中选择了 DMA 模式。

（2）GPIO 初始化

代码清单 35-5　GPIO 初始化（bsp_sdio_sdcard.c 文件）

```
 1
 2  /*
 3    * 函数名：GPIO_Configuration
 4    * 描述  ：初始化 SDIO 用到的引脚，开启时钟
 5    * 输入  ：无
 6    * 输出  ：无
 7    * 调用  ：内部调用
 8    */
 9  static void GPIO_Configuration(void)
10  {
11      GPIO_InitTypeDef  GPIO_InitStructure;
12
13      /*!< 使能端口时钟 */
14      RCC_APB2PeriphClockCmd(RCC_APB2Periph_GPIOC | RCC_APB2Periph_GPIOD
```

```
 , ENABLE);
15
16   /*!< 配置 PC.08, PC.09, PC.10, PC.11,PC.12 引脚: D0, D1, D2, D3,CLK 引脚 */
17         GPIO_InitStructure.GPIO_Pin = GPIO_Pin_8 | GPIO_Pin_9 |
             GPIO_Pin_10 | GPIO_Pin_11 | GPIO_Pin_12;
18         GPIO_InitStructure.GPIO_Speed = GPIO_Speed_50MHz;
19         GPIO_InitStructure.GPIO_Mode = GPIO_Mode_AF_PP;
20         GPIO_Init(GPIOC, &GPIO_InitStructure);
21
22         /*!< 配置 PD.02 CMD 引脚 */
23         GPIO_InitStructure.GPIO_Pin = GPIO_Pin_2;
24         GPIO_Init(GPIOD, &GPIO_InitStructure);
25
26         /*!< 使能 SDIO AHB 时钟 */
27         RCC_AHBPeriphClockCmd(RCC_AHBPeriph_SDIO, ENABLE);
28
29         /*!< 使能 DMA2 时钟 */
30         RCC_AHBPeriphClockCmd(RCC_AHBPeriph_DMA2, ENABLE);
31   }
```

由于 SDIO 对应的 IO 引脚都是固定的,所以这里没有使用宏定义的方式给出,直接使用 GPIO 引脚。该函数初始化引脚之后还使能了 SDIO 和 DMA2 时钟。

(3) DMA 传输配置

代码清单 35-6　DMA 传输配置(bsp_sdio_sdcard.c 文件)

```
1
2   //SDIO_FIOF 地址 =SDIO 地址 +0x80 至 sdio 地址 +0xfc
3   #define SDIO_FIFO_ADDRESS                    ((uint32_t)0x40018080)
4
5   /*
6    * 函数名: SD_DMA_RxConfig
7    * 描述  : 为 SDIO 接收数据配置 DMA2 的通道 4 的请求
8    * 输入  : BufferDST:用于装载数据的变量指针
9    *         BufferSize:缓冲区大小
10   * 输出  : 无
11   */
12  void SD_DMA_RxConfig(uint32_t *BufferDST, uint32_t BufferSize)
13  {
14         DMA_InitTypeDef DMA_InitStructure;
15
16         DMA_ClearFlag(DMA2_FLAG_TC4 | DMA2_FLAG_TE4 |
17             DMA2_FLAG_HT4 | DMA2_FLAG_GL4);// 清除 DMA 标志位
18
19         /*!< 配置前先禁止 DMA */
20         DMA_Cmd(DMA2_Channel4, DISABLE);
21
22         /*!< DMA2 传输配置 */
23         // 外设地址, FIFO
24     DMA_InitStructure.DMA_PeripheralBaseAddr = (uint32_t)SDIO_FIFO_ADDRESS;
25         // 目标地址
26         DMA_InitStructure.DMA_MemoryBaseAddr = (uint32_t)BufferDST;
27         // 外设为源地址
28         DMA_InitStructure.DMA_DIR = DMA_DIR_PeripheralSRC;
29         // 除以 4,把字转成字节单位
30         DMA_InitStructure.DMA_BufferSize = BufferSize / 4;
31         // 外设地址不自增
32         DMA_InitStructure.DMA_PeripheralInc = DMA_PeripheralInc_Disable;
```

```
33              // 存储目标地址自增
34              DMA_InitStructure.DMA_MemoryInc = DMA_MemoryInc_Enable;
35              // 外设数据大小为字, 32 位
36              DMA_InitStructure.DMA_PeripheralDataSize = DMA_PeripheralDataSize_Word;
37              // 外设数据大小为字, 32 位
38              DMA_InitStructure.DMA_MemoryDataSize = DMA_MemoryDataSize_Word;
39              // 不循环
40              DMA_InitStructure.DMA_Mode = DMA_Mode_Normal;
41              // 通道优先级高
42              DMA_InitStructure.DMA_Priority = DMA_Priority_High;
43              // 非存储器至存储器模式
44              DMA_InitStructure.DMA_M2M = DMA_M2M_Disable;
45
46              DMA_Init(DMA2_Channel4, &DMA_InitStructure);
47
48              /*!< 使能 DMA 通道 */
49              DMA_Cmd(DMA2_Channel4, ENABLE);
50      }
51
52      /*
53       * 函数名:SD_DMA_RxConfig
54       * 描述   :为SDIO发送数据配置DMA2 的通道 4 的请求
55       * 输入   :BufferDST:装载了数据的变量指针
56                BufferSize:缓冲区大小
57       * 输出   :无
58       */
59      void SD_DMA_TxConfig(uint32_t *BufferSRC, uint32_t BufferSize)
60      {
61              DMA_InitTypeDef DMA_InitStructure;
62
63              DMA_ClearFlag(DMA2_FLAG_TC4 | DMA2_FLAG_TE4 |
64                      DMA2_FLAG_HT4 | DMA2_FLAG_GL4);
65
66              /*!< 配置前先禁止 DMA */
67              DMA_Cmd(DMA2_Channel4, DISABLE);
68
69              /*!< DMA2 传输配置 */
70          DMA_InitStructure.DMA_PeripheralBaseAddr = (uint32_t)SDIO_FIFO_ADDRESS;
71              DMA_InitStructure.DMA_MemoryBaseAddr = (uint32_t)BufferSRC;
72              DMA_InitStructure.DMA_DIR = DMA_DIR_PeripheralDST;// 外设为写入目标
73              DMA_InitStructure.DMA_BufferSize = BufferSize / 4;
74              DMA_InitStructure.DMA_PeripheralInc = DMA_PeripheralInc_Disable;
75              DMA_InitStructure.DMA_MemoryInc = DMA_MemoryInc_Enable;
76          DMA_InitStructure.DMA_PeripheralDataSize = DMA_PeripheralDataSize_Word;
77              DMA_InitStructure.DMA_MemoryDataSize = DMA_MemoryDataSize_Word;
78              DMA_InitStructure.DMA_Mode = DMA_Mode_Normal;
79              DMA_InitStructure.DMA_Priority = DMA_Priority_High;
80              DMA_InitStructure.DMA_M2M = DMA_M2M_Disable;
81              DMA_Init(DMA2_Channel4, &DMA_InitStructure);
82
83              /*!< 使能 DMA 通道 */
84              DMA_Cmd(DMA2_Channel4, ENABLE);
85      }
86
```

SD_DMA_RxConfig 函数用于配置 DMA 的 SDIO 接收请求参数,并指定接收存储器地

址和大小。SD_DMA_TxConfig 函数用于配置 DMA 的 SDIO 发送请求参数，并指定发送存储器地址和大小。这两个函数在 SDIO 数据传输时会被调用来对 DMA 进行配置，使得传输过程采用 DMA 传输数据。函数有两个输入参数：BufferSRC 在接收时用于指定接收到的数据存储的内存地址，发送时用于指定要对外发送的数据的内存地址；而 BufferSize 用于指定数据的大小，它是 32 个字节的，所以在配置 DMA 传输的数据大小时，要把它由字的单位转换成字节，也就是 1/4 大小。另外，DMA 配置中的外设地址在接收和发送时都是 SDIO 的 FIFO，在代码中使用了宏 SDIO_FIFO_ADDRESS 来定义。接收和发送函数非常类似，只是数据的方向和来源不一样而已，对于 DMA 相关配置的详细解释可以参考第 21 章内容。

2. 相关类型定义

打开 bsp_sdio_sdcard.h 文件可以发现其中有非常多的枚举类型定义、结构体类型定义以及宏定义，把所有的定义在这里罗列出来不太现实，这部分代码内容请直接打开工程查看。针对这些内容在此处简要介绍如下。

（1）枚举类型定义

有 SD_Error、SDTransferState 和 SDCardState 三个。SD_Error 列举了控制器可能出现的错误，比如 CRC 校验错误、CRC 校验错误、通信等待超时、FIFO 上溢或下溢、擦除命令错误等。这些错误类型一部分是控制器系统寄存器的标志位，另一部分是通过命令的响应内容得到的。SDTransferState 定义了 SDIO 传输状态，有传输正常状态、传输忙状态和传输错误状态。SDCardState 定义卡的当前状态，比如准备状态、识别状态、待机状态、传输状态等，具体状态转换过程参考图 35-9 和图 35-10。

（2）结构体类型定义

有 SD_CSD、SD_CID、SD_CardStatus 以及 SD_CardInfo。SD_CSD 定义了 SD 卡的特定数据（CSD）寄存器位，一般提供 R2 类型的响应可以得到 CSD 寄存器内容。SD_CID 结构体类似于 SD_CSD 结构体，它定义 SD 卡 CID 寄存器的内容，也通过 R2 响应类型得到。SD_CardStatus 结构体定义了 SD 卡状态，有数据宽度、卡类型、速度等级、擦除宽度、传输偏移地址等 SD 卡状态。SD_CardInfo 结构体定义了 SD 卡信息，包括了 SD_CSD 类型和 SD_CID 类型成员，还定义了卡容量、卡块大小、卡相对地址 RCA 和卡类型成员。

（3）宏定义内容

包含有命令号定义、SDIO 传输方式、SD 卡插入状态以及 SD 卡类型定义。表 35-2 列举并描述了部分命令，文件中为每个命令号定义一个宏，比如将复位 CMD0 定义为 SD_CMD_GO_IDLE_STATE，这与表 35-2 中的缩写部分是类似的，所以熟悉命名用途可以更好地理解 SD 卡操作过程。SDIO 数据传输可以选择是否使用 DMA 传输，前面提到的 SD_DMA_MODE 和 SD_POLLING_MODE 就定义在这里，两种方式只能二选一使用。为提高系统性能，一般使用 DMA 传输模式。接下来还定义了检测 SD 卡是否正确插入的宏 SD_PRESENT 和 SD_NOT_PRESENT，ST 官方的原 SD 卡驱动程序以一个输入引脚电平判断 SD 卡是否正确插入，由于我们的硬件没有使用该引脚，所以我们的程序里把 ST 驱动中原来的引脚检测部分的代码删除掉了，但保留了 SD_PRESENT 和 SD_NOT_PRESENT 两个宏定义。最后定义 SD 卡具体的类型，有 V1.1 版本标准卡、V2.0 版本标准卡、高容量 SD 卡以及其他类型卡，前 3 个是常用的类型。

在 bsp_sdio_sdcard.c 文件中也有部分宏定义，这部分宏定义只能在该文件中使用。这部分宏定义包括命令超时时间定义、OCR 寄存器位掩码、R6 响应位掩码等，这些定义更多是为提取特定响应位内容而设计的掩码。

因为类型定义和宏定义内容没有在本文中列举出来，所以读者有必要使用 KEIL 工具打开本章配套例程理解清楚，同时了解 bsp_sdio_sdcard.c 文件中定义的多个不同变量类型。

接下来我们就开始根据 SD 卡识别过程和数据传输过程，理解 SD 卡驱动函数代码。这部分代码内容也非常庞大，不可能全部在文档中列出，对于部分函数只介绍其功能。

3. SD 卡初始化

SD 卡初始化过程主要是卡识别和相关 SD 卡状态获取。整个初始化函数可以实现图 35-21 中的功能。

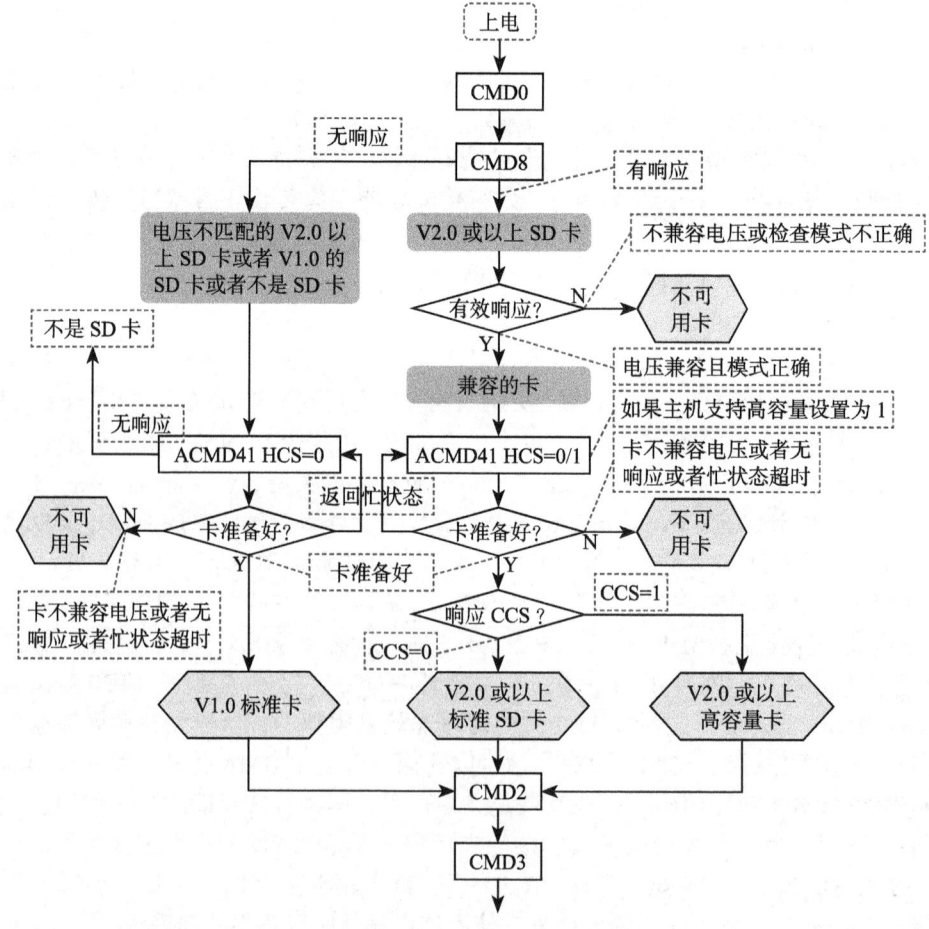

图 35-21　SD 卡初始化和识别流程

（1）SD 卡初始化函数

代码清单 35-7　SD_Init 函数

```
1  /*
2   * 函数名：NVIC_Configuration
3   * 描述  ：SDIO 优先级配置为最高优先级
4   * 输入  ：无
5   * 输出  ：无
6   */
7  static void NVIC_Configuration(void)
8  {
9      NVIC_InitTypeDef NVIC_InitStructure;
10
11     /* Configure the NVIC Preemption Priority Bits */
12     NVIC_PriorityGroupConfig(NVIC_PriorityGroup_1);
13
14     NVIC_InitStructure.NVIC_IRQChannel = SDIO_IRQn;
15     NVIC_InitStructure.NVIC_IRQChannelPreemptionPriority = 0;
16     NVIC_InitStructure.NVIC_IRQChannelSubPriority = 0;
17     NVIC_InitStructure.NVIC_IRQChannelCmd = ENABLE;
18     NVIC_Init(&NVIC_InitStructure);
19 }
20
21 /**
22   * 函数名：SD_Init
23   * 描述  ：初始化 SD 卡，使卡处于就绪状态（准备传输数据）
24   * 输入  ：无
25   * 输出  ：SD_Error SD 卡错误代码
26   *         SD_OK 成功
27   * 调用  ：外部调用
28   */
29 SD_Error SD_Init(void)
30 {
31     /* 重置 SD_Error 状态 */
32     SD_Error errorstatus = SD_OK;
33
34     NVIC_Configuration();
35
36     /* SDIO 外设底层引脚初始化 */
37     GPIO_Configuration();
38
39     /* 对 SDIO 的所有寄存器进行复位 */
40     SDIO_DeInit();
41
42     /* 上电并进行卡识别流程，确认卡的操作电压 */
43     errorstatus = SD_PowerON();
44
45     /* 如果上电，识别不成功，返回 "响应超时" 错误 */
46     if (errorstatus != SD_OK) {
47         /*!< CMD Response TimeOut (wait for CMDSENT flag) */
48         return (errorstatus);
49     }
50
51     /* 卡识别成功，进行卡初始化 */
52     errorstatus = SD_InitializeCards();
```

```
53
54              if (errorstatus != SD_OK) {    // 失败返回
55                      /*!< CMD Response TimeOut (wait for CMDSENT flag) */
56                      return (errorstatus);
57              }
58
59              /* 配置 SDIO 外设
60               * 上电识别，卡初始化都完成后，进入数据传输模式，提高读写速度
61               */
63
64              /* SDIOCLK = HCLK, SDIO_CK = HCLK/(2 + SDIO_TRANSFER_CLK_DIV) */
65              SDIO_InitStructure.SDIO_ClockDiv = SDIO_TRANSFER_CLK_DIV;
66
67              /* 上升沿采集数据 */
68              SDIO_InitStructure.SDIO_ClockEdge = SDIO_ClockEdge_Rising;
69
70              /* 若Bypass模式使能，SDIO_CK 不经过 SDIO_ClockDiv 分频 */
71              SDIO_InitStructure.SDIO_ClockBypass = SDIO_ClockBypass_Disable;
72
73              /* 若开启此功能，在总线空闲时关闭sd_clk时钟 */
74              SDIO_InitStructure.SDIO_ClockPowerSave = SDIO_ClockPowerSave_Disable;
75
76              /* 暂时配置成1bit 模式 */
77              SDIO_InitStructure.SDIO_BusWide = SDIO_BusWide_1b;
78
79              /* 硬件流，若开启，在 FIFO 不能进行发送和接收数据时，数据传输暂停 */
80              SDIO_InitStructure.SDIO_HardwareFlowControl = SDIO_HardwareFlowControl_Disable;
81
82              SDIO_Init(&SDIO_InitStructure);
83
84              if (errorstatus == SD_OK) {
85                      /* 用来读取 CSD/CID 寄存器 */
86                      errorstatus = SD_GetCardInfo(&SDCardInfo);
87              }
88
89              if (errorstatus == SD_OK) {
90                      /* 通过 cmd7 命令 rca 选择要操作的卡 */
91                      errorstatus = SD_SelectDeselect((uint32_t) (SDCardInfo.RCA << 16));
92              }
93
94              if (errorstatus == SD_OK) {
95                      /* 为了提高读写，开启4位模式 */
96                      errorstatus = SD_EnableWideBusOperation(SDIO_BusWide_4b);
97              }
98
99              return (errorstatus);
100     }
```

该函数的部分执行流程如下：

1）配置 NVIC，SD 卡通信用到 SDIO 中断，如果用到 DMA 传输还需要配置 DMA 中断。中断服务函数 SDIO_IRQHandler 定义在 stm32f10x_it.c 文件中。为了移植方便，也可以把它直接定义在 bsp_sdio_sdcard.c 文件中。中断服务函数定义在哪个文件中问题都不大，

只要定义正确就可以，编译器会自动寻找，只是在移植的时候，要注意别漏掉该函数。

2）执行 GPIO_Configuration 函数，其功能是对底层 SDIO 引脚进行初始化以及开启相关时钟，该函数在之前已经讲解。

3）SDIO_DeInit 函数用于解除初始化 SDIO 接口，它的功能与 GPIO_Configuration 函数相反，它关闭相关时钟，关闭 SDIO 电源，让 SDIO 接近上电复位状态。恢复复位状态后再进行相关配置，可以防止部分没有配置的参数采用非默认值而导致错误，这是 ST 官方驱动常用的一种初始化方式。

4）调用 SD_PowerON 函数，它用于查询卡的工作电压和时钟控制配置，并返回 SD_Error 类型错误，该函数是整个 SD 识别的精髓，有必要详细分析。

（2）SD_POWERON 函数

代码清单 35-8 SD_POWERON 函数

```
 1
 2  /*
 3    * 函数名：SD_PowerON
 4    * 描述  ：确保SD卡的工作电压和配置控制时钟
 5    * 输入  ：无
 6    * 输出  ：SD_Error SD卡错误代码
 7    *         SD_OK 成功
 8    * 调用  ：在 SD_Init() 中调用
 9    */
10  SD_Error SD_PowerON(void)
11  {
12      SD_Error errorstatus = SD_OK;
13      uint32_t response = 0, count = 0, validvoltage = 0;
14      uint32_t SDType = SD_STD_CAPACITY;
15
16      /***************************************************************/
17      /* 上电初始化
18       * 配置SDIO的外设
19       * SDIOCLK = HCLK, SDIO_CK = HCLK/(2 + SDIO_INIT_CLK_DIV)
20       * 初始化时的时钟不能大于400kHz
21       */
22      /* HCLK = 72MHz, SDIOCLK = 72MHz, SDIO_CK = HCLK/(178 + 2) = 400 kHz */
23      SDIO_InitStructure.SDIO_ClockDiv = SDIO_INIT_CLK_DIV;
24
25      SDIO_InitStructure.SDIO_ClockEdge = SDIO_ClockEdge_Rising;
26
27      /* 不使用bypass模式，直接用HCLK进行分频得到SDIO_CK */
28      SDIO_InitStructure.SDIO_ClockBypass = SDIO_ClockBypass_Disable;
29
30      /* 空闲时不关闭时钟电源 */
31      SDIO_InitStructure.SDIO_ClockPowerSave = SDIO_ClockPowerSave_Disable;
32
33      /* 初始化的时候暂时把数据线配置成1根 */
34      SDIO_InitStructure.SDIO_BusWide = SDIO_BusWide_1b;
35
36      /* 禁止使能硬件流控制 */
37      SDIO_InitStructure.SDIO_HardwareFlowControl = SDIO_HardwareFlowControl_Disable;
38
```

```c
39          SDIO_Init(&SDIO_InitStructure);
40
41          /* 开启 SDIO 外设的电源 */
42          SDIO_SetPowerState(SDIO_PowerState_ON);
43
44          /* 使能 SDIO 时钟 */
45          SDIO_ClockCmd(ENABLE);
46          /******************************************************************/
47          /* 下面发送一系列命令，开始卡识别流程
48           * CMD0: GO_IDLE_STATE（复位所有 SD 卡，进入空闲状态）
49           * 没有响应
50           */
51          SDIO_CmdInitStructure.SDIO_Argument = 0x0;
52          SDIO_CmdInitStructure.SDIO_CmdIndex = SD_CMD_GO_IDLE_STATE;
53
54          /* 没有响应 */
55          SDIO_CmdInitStructure.SDIO_Response = SDIO_Response_No;
56
57          /* 关闭等待中断 */
58          SDIO_CmdInitStructure.SDIO_Wait = SDIO_Wait_No;
59
60          /* CPSM 在开始发送命令之前等待数据传输结束 */
61          SDIO_CmdInitStructure.SDIO_CPSM = SDIO_CPSM_Enable;
62          SDIO_SendCommand(&SDIO_CmdInitStructure);
63
64          /* 检测是否正确接收到 cmd0 */
65          errorstatus = CmdError();
66
67          /* 命令发送出错，返回 */
68          if (errorstatus != SD_OK) {
69              /* CMD 响应超时 */
70              return (errorstatus);
71          }
72          /******************************************************************/
73          /* CMD8: SEND_IF_COND
74           *  发送 CMD8 检查 SD 卡的电压操作条件
75           *
76           *  参数： - [31:12]: 保留（要设置为 '0'）
77           *         - [11:8] : 支持的电压（VHS）0x1（范围：2.7～3.6 V)
78           *         - [7:0]  : 校验模式（推荐 0xAA)
79           *  响应类型：R7
80           */
81          /* 接收到命令 SD 会返回这个参数 */
82          SDIO_CmdInitStructure.SDIO_Argument = SD_CHECK_PATTERN;
83
84          SDIO_CmdInitStructure.SDIO_CmdIndex = SDIO_SEND_IF_COND;
85          SDIO_CmdInitStructure.SDIO_Response = SDIO_Response_Short;
86          SDIO_CmdInitStructure.SDIO_Wait = SDIO_Wait_No;
87          SDIO_CmdInitStructure.SDIO_CPSM = SDIO_CPSM_Enable;
88          SDIO_SendCommand(&SDIO_CmdInitStructure);
89
90          /* 检查是否接收到命令 */
91          errorstatus = CmdResp7Error();
92
93          /* 有响应则 Card 遵循 SD 协议 2.0 版本 */
94          if (errorstatus == SD_OK) {
```

```c
 95                        /* SD Card 2.0，先把它定义为SDSC类型的卡 */
 96                        CardType = SDIO_STD_CAPACITY_SD_CARD_V2_0;
 97
 98                        /* 这个变量用作ACMD41的参数，用来询问是SDSC卡还是SDHC卡 */
 99                        SDType = SD_HIGH_CAPACITY;
100                } else {  /* 无响应，说明是1.x或MMC卡 */
101                        /* 发命令CMD55 */
102                        SDIO_CmdInitStructure.SDIO_Argument = 0x00;
103                        SDIO_CmdInitStructure.SDIO_CmdIndex = SD_CMD_APP_CMD;
104                        SDIO_CmdInitStructure.SDIO_Response = SDIO_Response_Short;
105                        SDIO_CmdInitStructure.SDIO_Wait = SDIO_Wait_No;
106                        SDIO_CmdInitStructure.SDIO_CPSM = SDIO_CPSM_Enable;
107                        SDIO_SendCommand(&SDIO_CmdInitStructure);
108                        errorstatus = CmdResp1Error(SD_CMD_APP_CMD);
109                }
110
111           /* CMD55
112            * 发送CMD55，用于检测是SD卡还是MMC卡，或者是不支持的卡
113            * CMD 响应：R1
114            */
115           SDIO_CmdInitStructure.SDIO_Argument = 0x00;
116           SDIO_CmdInitStructure.SDIO_CmdIndex = SD_CMD_APP_CMD;
117           SDIO_CmdInitStructure.SDIO_Response = SDIO_Response_Short;
118           SDIO_CmdInitStructure.SDIO_Wait = SDIO_Wait_No;
119           SDIO_CmdInitStructure.SDIO_CPSM = SDIO_CPSM_Enable;
120           SDIO_SendCommand(&SDIO_CmdInitStructure);
121
122           /* 是否响应，没响应的是MMC或不支持的卡 */
123           errorstatus = CmdResp1Error(SD_CMD_APP_CMD);
124           /****************************************************************/
125           /* 若errorstatus为Command TimeOut，说明是MMC卡
126            * 若errorstatus为SD_OK，说明是SD card：SD卡2.0（电压范围不匹配）
127            * 或SD卡1.x
128            */
129           if (errorstatus == SD_OK) { // 响应了CMD55，是SD卡，可能为1.x，可能为2.0
130                   /*下面开始循环地发送SDIO支持的电压范围，循环一定次数*/
131
132                   /* SD卡
133                    * 发送ACMD41 SD_APP_OP_COND，带参数 0x80100000
134                    */
135                   while ((!validvoltage) && (count < SD_MAX_VOLT_TRIAL)) {
136                           /* 在发送ACMD命令前都要先向卡发送CMD55
137                            * 发送CMD55 APP_CMD，RCA为0
138                            */
139                           SDIO_CmdInitStructure.SDIO_Argument = 0x00;
140                           SDIO_CmdInitStructure.SDIO_CmdIndex = SD_CMD_APP_CMD;
141                           SDIO_CmdInitStructure.SDIO_Response = SDIO_Response_Short;
142                           SDIO_CmdInitStructure.SDIO_Wait = SDIO_Wait_No;
143                           SDIO_CmdInitStructure.SDIO_CPSM = SDIO_CPSM_Enable;
144                           SDIO_SendCommand(&SDIO_CmdInitStructure);
145
146                           errorstatus = CmdResp1Error(SD_CMD_APP_CMD);
147
148                           if (errorstatus != SD_OK) {
149                                   return (errorstatus);
150                           }
```

```c
151
152                            /* ACMD41
153                             * 命令参数由支持的电压范围及HCS位组成,HCS位置1来区分卡是SDSC还是SDHC
154                             * 0:SDSC
155                             * 1:SDHC
156                             * 响应:R3,对应的是OCR寄存器
157                             */
158                    SDIO_CmdInitStructure.SDIO_Argument = SD_VOLTAGE_WINDOW_SD | SDType;
159                    SDIO_CmdInitStructure.SDIO_CmdIndex = SD_CMD_SD_APP_OP_COND;
160                    SDIO_CmdInitStructure.SDIO_Response = SDIO_Response_Short;
161                    SDIO_CmdInitStructure.SDIO_Wait = SDIO_Wait_No;
162                    SDIO_CmdInitStructure.SDIO_CPSM = SDIO_CPSM_Enable;
163                    SDIO_SendCommand(&SDIO_CmdInitStructure);
164
165                    errorstatus = CmdResp3Error();
166
167                    if (errorstatus != SD_OK) {
168                            return (errorstatus);
169                    }
170
171                    /* 若卡需求电压在SDIO的供电电压范围内,会自动上电并标志pwr_up位
172                     * 读取卡寄存器,卡状态
173                     */
174                    response = SDIO_GetResponse(SDIO_RESP1);
175
176                    /* 读取卡的ocr寄存器的pwr_up位,看是否已工作在正常电压 */
177                    validvoltage = (((response >> 31) == 1) ? 1 : 0);
178                    count++;          /* 计算循环次数 */
179            }
180
181            if (count >= SD_MAX_VOLT_TRIAL) {   /* 循环检测超过一定次数还没
                                                        上电 */
182                    errorstatus = SD_INVALID_VOLTRANGE; /* SDIO不支持卡的供电电
                                                            压 */
183                    return (errorstatus);
184            }
185
186            /* 检查卡返回信息中的HCS位 */
187            /* 判断ocr中的ccs位,如果是sdsc卡则不执行下面的语句 */
188            if (response &= SD_HIGH_CAPACITY) {
189    CardType = SDIO_HIGH_CAPACITY_SD_CARD;
       /* 把卡类型从初始化的SDSC型改为SDHC型 */
190            }
191
192    }/* 否则是MMC卡 */
193
194            return (errorstatus);
195    }
```

SD_PowerON函数执行流程如下:

1)配置SDIO_InitStructure结构体变量成员,并调用SDIO_Init库函数,完成SDIO外设的基本配置。注意此处的SDIO时钟分频,由于处于卡识别阶段,其时钟不能超过400kHz。

2）调用 SDIO_SetPowerState 库函数控制 SDIO 的电源状态，给 SDIO 提供电源，并调用 SDIO_ClockCmd 库函数使能 SDIO 时钟。

3）发送命令给 SD 卡，首先发送 CMD0，复位所有 SD 卡，CMD0 命令无需响应，所以调用 CmdError 函数检测错误即可。CmdError 函数用于无需响应的命令发送检测，带有等待超时检测功能，它通过不断检测 SDIO_STA 寄存器的 CMDSENT 位即可知道命令发送成功与否。如果遇到超时错误则直接退出 SD_PowerON 函数；如果无错误则执行下面程序。

4）发送 CMD8 命令，检测 SD 卡支持的操作条件，主要是电压匹配。CMD8 的响应类型是 R7，使用 CmdResp7Error 函数可获取得到 R7 响应结果，它是通过检测 SDIO_STA 寄存器相关位完成的，并具有等待超时检测功能。如果 CmdResp7Error 函数返回值为 SD_OK，即 CMD8 有响应，可以判定 SD 卡为 V2.0 及以上的高容量 SD 卡；如果没有响应可能是 V1.1 版本卡或者是不可用卡。

5）使用 ACMD41 命令判断卡的具体类型。因为是 A 类命令，所以在发送 ACMD41 之前必须先发送 CMD55，CMD55 命令的响应类型的 R1。如果 CMD55 命令没有响应，说明是 MMC 卡或不可用卡。在正确发送 CMD55 之后就可以发送 ACMD41，并根据响应判断卡类型，ACMD41 的响应号为 R3。CmdResp3Error 函数用于检测命令正确发送并带有超时检测功能，但并不具备响应内容接收功能，需要在判定命令正确发送之后调用 SDIO_GetResponse 函数才能获取响应的内容。实际上，在有响应时，SDIO 外设会自动把响应存放在 SDIO_RESPx 寄存器中，SDIO_GetResponse 函数只是根据形参返回对应响应寄存器的值。通过判定响应内容值即可确定 SD 卡类型。

6）执行 SD_PowerON 函数无错误后就已经确定了 SD 卡类型，并说明卡和主机电压是匹配的，SD 卡处于卡识别模式下的准备状态。退出 SD_PowerON 函数返回 SD_Init 函数，执行接下来代码。判断执行 SD_PowerON 函数无错误后，执行下面的 SD_InitializeCards 函数，进行与 SD 卡相关的初始化，使得卡进入数据传输模式下的待机模式。

（3）SD_InitializeCards 函数

代码清单 35-9　SD_InitializeCards 函数

```
1
2  /*
3   * 函数名：SD_InitializeCards
4   * 描述  ：初始化所有的卡或者单个卡进入就绪状态
5   * 输入  ：无
6   * 输出  ：SD_Error SD卡错误代码
7   *         SD_OK 成功
8   * 调用：在 SD_Init()中调用，在调用 power_on()上电卡识别完毕后，调用此函数进行卡初始化
9   */
10 SD_Error SD_InitializeCards(void)
11 {
12     SD_Error errorstatus = SD_OK;
13     uint16_t rca = 0x01;
14
15     if (SDIO_GetPowerState() == SDIO_PowerState_OFF) {
16         errorstatus = SD_REQUEST_NOT_APPLICABLE;
17         return (errorstatus);
```

```
18      }
19
20          /* 判断卡的类型 */
21      if (SDIO_SECURE_DIGITAL_IO_CARD != CardType) {
22              /* 发送 CMD2 ALL_SEND_CID
23               * 响应: R2, 对应 CID 寄存器
24               */
25              SDIO_CmdInitStructure.SDIO_Argument = 0x0;
26              SDIO_CmdInitStructure.SDIO_CmdIndex = SD_CMD_ALL_SEND_CID;
27              SDIO_CmdInitStructure.SDIO_Response = SDIO_Response_Long;
28              SDIO_CmdInitStructure.SDIO_Wait = SDIO_Wait_No;
29              SDIO_CmdInitStructure.SDIO_CPSM = SDIO_CPSM_Enable;
30              SDIO_SendCommand(&SDIO_CmdInitStructure);
31
32              errorstatus = CmdResp2Error();
33
34              if (SD_OK != errorstatus) {
35                      return (errorstatus);
36              }
37
38              /* 将返回的 CID 信息存储起来 */
39              CID_Tab[0] = SDIO_GetResponse(SDIO_RESP1);
40              CID_Tab[1] = SDIO_GetResponse(SDIO_RESP2);
41              CID_Tab[2] = SDIO_GetResponse(SDIO_RESP3);
42              CID_Tab[3] = SDIO_GetResponse(SDIO_RESP4);
43      }
44      /****************************************************************/
45      if (   (SDIO_STD_CAPACITY_SD_CARD_V1_1 == CardType)
46              ||(SDIO_STD_CAPACITY_SD_CARD_V2_0 == CardType)
47              ||(SDIO_SECURE_DIGITAL_IO_COMBO_CARD == CardType)
48          ||(SDIO_HIGH_CAPACITY_SD_CARD == CardType) ) { /* 使用的是 2.0 的卡 */
49              /* 发送 CMD3 SET_REL_ADDR, 带参数 0
50               * 要求各个 SD 卡返回自身的 RCA 地址
51               * 响应: R6, 对应 RCA 寄存器
52               */
53              SDIO_CmdInitStructure.SDIO_Argument = 0x00;
54              SDIO_CmdInitStructure.SDIO_CmdIndex = SD_CMD_SET_REL_ADDR;
55              SDIO_CmdInitStructure.SDIO_Response = SDIO_Response_Short;
56              SDIO_CmdInitStructure.SDIO_Wait = SDIO_Wait_No;
57              SDIO_CmdInitStructure.SDIO_CPSM = SDIO_CPSM_Enable;
58              SDIO_SendCommand(&SDIO_CmdInitStructure);
59
60              /* 把接收到的卡相对地址存起来 */
61              errorstatus = CmdResp6Error(SD_CMD_SET_REL_ADDR, &rca);
62
63              if (SD_OK != errorstatus) {
64                      return (errorstatus);
65              }
66      }
67      /****************************************************************/
68      if (SDIO_SECURE_DIGITAL_IO_CARD != CardType) {
69              RCA = rca;
70
71              /* Send CMD9 SEND_CSD with argument as card's RCA
72               * 响应 :R2, 对应寄存器 CSD(Card-Specific Data)
73               */
```

```
74                SDIO_CmdInitStructure.SDIO_Argument = (uint32_t)(rca << 16);
75                SDIO_CmdInitStructure.SDIO_CmdIndex = SD_CMD_SEND_CSD;
76                SDIO_CmdInitStructure.SDIO_Response = SDIO_Response_Long;
77                SDIO_CmdInitStructure.SDIO_Wait = SDIO_Wait_No;
78                SDIO_CmdInitStructure.SDIO_CPSM = SDIO_CPSM_Enable;
79                SDIO_SendCommand(&SDIO_CmdInitStructure);
80
81                errorstatus = CmdResp2Error();
82
83                if (SD_OK != errorstatus) {
84                        return (errorstatus);
85                }
86
87                CSD_Tab[0] = SDIO_GetResponse(SDIO_RESP1);
88                CSD_Tab[1] = SDIO_GetResponse(SDIO_RESP2);
89                CSD_Tab[2] = SDIO_GetResponse(SDIO_RESP3);
90                CSD_Tab[3] = SDIO_GetResponse(SDIO_RESP4);
91        }
92        /*******************************************************************/
93        /* 全部卡初始化成功 */
94        errorstatus = SD_OK;
95
96        return (errorstatus);
97 }
```

SD_InitializeCards 函数执行流程如下：

1）判断 SDIO 电源是否启动，如果没有启动电源返回错误。

2）SD 卡不是 SD I/O 卡时会进入 if 判断，执行发送 CMD2。CMD2 用于通知所有卡通过 CMD 线返回 CID 值，执行 CMD2 发送之后就可以使用 CmdResp2Error 函数获取 CMD2 命令发送情况。发送无错误后即可以使用 SDIO_GetResponse 函数获取响应内容，它是个长响应，我们把 CMD2 响应内容存放在 CID_Tab 数组内。

3）发送 CMD2 之后紧接着就发送 CMD3，用于指示 SD 卡自行推荐 RCA 地址，CMD3 的响应为 R6 类型。CmdResp6Error 函数用于检查 R6 响应错误，它有两个形参：一个是命令号，这里为 CMD3；另一个是 RCA 数据指针。这里使用 rca 变量的地址赋值给它，使得在 CMD3 正确响应之后 rca 变量即存放 SD 卡的 RCA。R6 响应还有一部分位用于指示卡的状态，CmdResp6Error 函数通常会对每个错误位进行必要的检测，如果发现有错误存在则直接返回对应错误类型。执行完 CmdResp6Error 函数之后返回 SD_InitializeCards 函数中，如果判断无错误，说明此刻 SD 卡已经处于数据传输模式。

4）发送 CMD9 给指定 RCA 的 SD 卡，使其发送返回其 CSD 寄存器内容，这里的 RCA 就是在 CmdResp6Error 函数获取得到的 rca。最后把响应内容存放在 CSD_Tab 数组中。

执行 SD_InitializeCards 函数无错误后 SD 卡就已经处于数据传输模式下的待机状态，退出 SD_InitializeCards 后会返回前面的 SD_Init 函数，执行接下来代码。以下是 SD_Init 函数的后续执行过程：

1）重新配置 SDIO 外设，提高时钟频率，之前的卡识别模式设定 CMD 线时钟为小于 400kHz，进入数据传输模式可以把时钟设置为小于 25MHz，以便提高数据传输速率。

2）调用 SD_GetCardInfo 函数获取 SD 卡信息,它需要一个指向 SD_CardInfo 类型变量地址的指针形参,这里赋值为 SDCardInfo 变量的地址。SD 卡信息主要是 CID 和 CSD 寄存器内容,这两个寄存器内容在 SD_InitializeCards 函数中都完成了读取过程,并将其分别存放在 CID_Tab 数组和 CSD_Tab 数组中,所以 SD_GetCardInfo 函数只是简单地把这两个数组内容整合、复制到 SDCardInfo 变量对应成员内。正确执行 SD_GetCardInfo 函数后,SDCardInfo 变量中就存放了 SD 卡的很多状态信息,这在之后应用中使用频率是很高的。

3）调用 SD_SelectDeselect 函数选择特定 RCA 的 SD 卡,它实际是向 SD 卡发送 CMD7。执行之后,卡就从待机状态转变为传输模式,可以说数据传输已经是万事俱备了。

4）扩展数据线宽度,之前的所有操作都是使用 1 根数据线传输完成的,使用 4 根数据线可以提高传输性能,调用 SD_EnableWideBusOperation 函数可以设置数据线宽度,函数只有一个形参,用于指定数据线宽度。在 SD_EnableWideBusOperation 函数中,调用了 SDEnWideBus 函数使能使用宽数据线,然后传输 SDIO_InitTypeDef 类型变量,并使用 SDIO_Init 函数完成使用 4 根数据线的配置。

至此,SD_Init 函数已经全部执行完毕。如果程序可以正确执行,接下来就可以进行 SD 卡读写以及擦除等操作。虽然 bsp_sdio_sd.c 文件看起来非常长,但在 SD_Init 函数分析过程中就已经涉及了差不多一半内容,另外一半内容主要就是读、写或擦除相关函数。

4. SD 卡数据操作

SD 卡数据操作一般包括数据读取、数据写入以及存储区擦除。数据读取和写入都可以分为单块操作和多块操作。

（1）擦除函数

代码清单 35-10　SD_Erase 函数

```
1
2  /**
3    * @brief   控制 SD 卡擦除指定的数据区域
4    * @param   startaddr: 擦除的开始地址
5    * @param   endaddr: 擦除的结束地址
6    * @retval  SD_Error: SD 返回的错误代码
7    */
8  SD_Error SD_Erase(uint32_t startaddr, uint32_t endaddr)
9  {
10         SD_Error errorstatus = SD_OK;
11         uint32_t delay = 0;
12         __IO uint32_t maxdelay = 0;
13         uint8_t cardstate = 0;
14
15         /* 检查 SD 卡是否支持擦除操作 */
16         if (((CSD_Tab[1] >> 20) & SD_CCCC_ERASE) == 0) {
17             errorstatus = SD_REQUEST_NOT_APPLICABLE;
18             return (errorstatus);
19         }
20         // 延时,根据时钟分频设置来计算
21         maxdelay = 120000 / ((SDIO->CLKCR & 0xFF) + 2);
22
```

```c
23          if (SDIO_GetResponse(SDIO_RESP1) & SD_CARD_LOCKED) { //卡已上锁
24              errorstatus = SD_LOCK_UNLOCK_FAILED;
25              return (errorstatus);
26          }
27
28          if (CardType == SDIO_HIGH_CAPACITY_SD_CARD) { //sdhc 卡
29              // 在 SDHC 卡中，地址参数为块地址，每块 512 字节，而 SDSC 卡地址为字节地址
30              // 所以若是 SDHC 卡要对地址 /512 进行转换
31              startaddr /= 512;
32              endaddr /= 512;
33          }
34
35          /* ERASE_GROUP_START (CMD32)设置擦除的起始地址
36             erase_group_end(CMD33)设置擦除的结束地址 */
37          if ((SDIO_STD_CAPACITY_SD_CARD_V1_1 == CardType) ||
38              (SDIO_STD_CAPACITY_SD_CARD_V2_0 == CardType) ||
39              (SDIO_HIGH_CAPACITY_SD_CARD == CardType)) {
40              /* 发送命令 CMD32 SD_ERASE_GRP_START，带参数 startaddr */
41              SDIO_CmdInitStructure.SDIO_Argument = startaddr;
42              SDIO_CmdInitStructure.SDIO_CmdIndex = SD_CMD_SD_ERASE_GRP_START;
43              SDIO_CmdInitStructure.SDIO_Response = SDIO_Response_Short;   //R1
44              SDIO_CmdInitStructure.SDIO_Wait = SDIO_Wait_No;
45              SDIO_CmdInitStructure.SDIO_CPSM = SDIO_CPSM_Enable;
46              SDIO_SendCommand(&SDIO_CmdInitStructure);
47
48              errorstatus = CmdResp1Error(SD_CMD_SD_ERASE_GRP_START);
49              if (errorstatus != SD_OK) {
50                  return (errorstatus);
51              }
52
53              /* 发送命令 CMD33 SD_ERASE_GRP_END，带参数 endaddr */
54              SDIO_CmdInitStructure.SDIO_Argument = endaddr;
55              SDIO_CmdInitStructure.SDIO_CmdIndex = SD_CMD_SD_ERASE_GRP_END;
56              SDIO_CmdInitStructure.SDIO_Response = SDIO_Response_Short;
57              SDIO_CmdInitStructure.SDIO_Wait = SDIO_Wait_No;
58              SDIO_CmdInitStructure.SDIO_CPSM = SDIO_CPSM_Enable;
59              SDIO_SendCommand(&SDIO_CmdInitStructure);
60
61              errorstatus = CmdResp1Error(SD_CMD_SD_ERASE_GRP_END);
62              if (errorstatus != SD_OK) {
63                  return (errorstatus);
64              }
65          }
66
67          /* 发送 CMD38 ERASE 命令，开始擦除 */
68          SDIO_CmdInitStructure.SDIO_Argument = 0;
69          SDIO_CmdInitStructure.SDIO_CmdIndex = SD_CMD_ERASE;
70          SDIO_CmdInitStructure.SDIO_Response = SDIO_Response_Short;
71          SDIO_CmdInitStructure.SDIO_Wait = SDIO_Wait_No;
72          SDIO_CmdInitStructure.SDIO_CPSM = SDIO_CPSM_Enable;
73          SDIO_SendCommand(&SDIO_CmdInitStructure);
74
75          errorstatus = CmdResp1Error(SD_CMD_ERASE);
76
77          if (errorstatus != SD_OK) {
78              return (errorstatus);
```

```
79          }
80
81          for (delay = 0; delay < maxdelay; delay++) {
82          }
83
84          /* 等待SD卡的内部时序操作完成 */
85          errorstatus = IsCardProgramming(&cardstate);
86
87          while ((errorstatus == SD_OK) && ((SD_CARD_PROGRAMMING == cardstate) ||
88                  (SD_CARD_RECEIVING == cardstate)))
89          {
90              errorstatus = IsCardProgramming(&cardstate);
91          }
92          return (errorstatus);
93 }
```

SD_Erase 函数用于擦除 SD 卡指定地址范围内的数据。该函数接收两个参数：一个是擦除的起始地址，另一个是擦除的结束地址。对于高容量 SD 卡都是以块大小为 512 字节进行擦除的，所以保证字节对齐是程序员的责任。SD_Erase 函数的执行流程如下：

1）检查 SD 卡是否支持擦除功能，如果不支持则直接返回错误。为保证擦除指令正常进行，要求主机一定要遵循下面的命令序列发送指令：CMD32->CMD33->CMD38。如果发送顺序不对，SD 卡会设置 ERASE_SEQ_ERROR 位到状态寄存器。

2）SD_Erase 函数发送 CMD32 指令用于设定擦除块开始地址，在执行无错误后发送 CMD33 设置擦除块的结束地址。

3）发送擦除命令 CMD38，使得 SD 卡进行擦除操作。SD 卡擦除操作由 SD 卡内部控制完成，不同卡擦除后是 0xff 还是 0x00 由厂家决定。擦除操作需要花费一定时间，这段时间不能对 SD 卡进行其他操作。

4）通过 IsCardProgramming 函数可以检测 SD 卡是否处于编程状态（即卡内部的擦写状态），需要确保 SD 卡擦除完成才退出 SD_Erase 函数。IsCardProgramming 函数先通过发送 CMD13 命令，让 SD 卡发送它的状态寄存器内容，并对响应内容进行分析，得出当前 SD 卡的状态以及可能发生的错误。

（2）数据写入操作

数据写入可分为单块数据写入和多块数据写入，这里只分析单块数据写入，多块的与之类似。SD 卡数据写入之前并没有硬性要求擦除写入块，这与 SPI Flash 芯片写入是不同的。ST 官方的 SD 卡写入函数包括扫描查询方式和 DMA 传输方式，我们这里只介绍 DMA 传输模式。

代码清单 35-11　SD_WriteBlock 函数

```
1
2  /**
3    * @brief  向SD卡写入一个BLOCK的数据（512字节）
4    * @note   本函数使用后需要调用如下两个函数来等待数据传输完成
5    *         SD_WaitWriteOperation()：确认DMA已把数据传输到SDIO接口
6    *         SD_GetStatus()：确认SD卡内部已经把数据写入完毕
7    * @param  writebuff：指向要写入的数据
8    * @param  WriteAddr：要把数据写入到SD卡的地址
```

```c
 9      * @param  BlockSize: 块大小, SDHC 卡为 512 字节
10      * @retval SD_Error: 返回的 SD 错误代码
11      */
12 SD_Error SD_WriteBlock(uint8_t *writebuff, uint32_t WriteAddr, uint16_t BlockSize)
13 {
14         SD_Error errorstatus = SD_OK;
15
16         TransferError = SD_OK;
17         TransferEnd = 0;
18         StopCondition = 0;
19
20         SDIO->DCTRL = 0x0;
21
22         if (CardType == SDIO_HIGH_CAPACITY_SD_CARD) {
23                 BlockSize = 512;
24                 WriteAddr /= 512;
25         }
26
27         /*---- 以下这段是在 ST 驱动库上添加的, 没有这一段容易卡死在 DMA 检测中 ---*/
28         /* 设置块 BLOCK 的大小, cmd16
29          * 若是 SDSC 卡, 可以用来设置块大小
30          * 若是 SDHC 卡, 块大小为 512 字节, 不受 cmd16 影响
31          */
32         SDIO_CmdInitStructure.SDIO_Argument = (uint32_t) BlockSize;
33         SDIO_CmdInitStructure.SDIO_CmdIndex = SD_CMD_SET_BLOCKLEN;
34         SDIO_CmdInitStructure.SDIO_Response = SDIO_Response_Short;
35         SDIO_CmdInitStructure.SDIO_Wait = SDIO_Wait_No;
36         SDIO_CmdInitStructure.SDIO_CPSM = SDIO_CPSM_Enable;
37         SDIO_SendCommand(&SDIO_CmdInitStructure);
38
39         errorstatus = CmdResp1Error(SD_CMD_SET_BLOCKLEN);
40
41         if (SD_OK != errorstatus) {
42                 return (errorstatus);
43         }
44         /***********************************************************/
45
46         /* 发送 CMD24 WRITE_SINGLE_BLOCK 写入 */
47         SDIO_CmdInitStructure.SDIO_Argument = WriteAddr;       //写入地址
48         SDIO_CmdInitStructure.SDIO_CmdIndex = SD_CMD_WRITE_SINGLE_BLOCK;
49         SDIO_CmdInitStructure.SDIO_Response = SDIO_Response_Short;   //r1
50         SDIO_CmdInitStructure.SDIO_Wait = SDIO_Wait_No;
51         SDIO_CmdInitStructure.SDIO_CPSM = SDIO_CPSM_Enable;
52         SDIO_SendCommand(&SDIO_CmdInitStructure);
53
54         errorstatus = CmdResp1Error(SD_CMD_WRITE_SINGLE_BLOCK);
55
56         if (errorstatus != SD_OK) {
57                 return (errorstatus);
58         }
59
60         // 配置 SDIO 的写数据寄存器
61         SDIO_DataInitStructure.SDIO_DataTimeOut = SD_DATATIMEOUT;
62         SDIO_DataInitStructure.SDIO_DataLength = BlockSize;
63             SDIO_DataInitStructure.SDIO_DataBlockSize = (uint32_t) 9 << 4;
```

```
//512 字节
   64                SDIO_DataInitStructure.SDIO_TransferDir = SDIO_TransferDir_
ToCard;// 写数据
   65                SDIO_DataInitStructure.SDIO_TransferMode = SDIO_TransferMode_
Block;
   66                SDIO_DataInitStructure.SDIO_DPSM = SDIO_DPSM_Enable;   // 开启数据通
道状态机
   67                SDIO_DataConfig(&SDIO_DataInitStructure);
   68
   69                SDIO_ITConfig(SDIO_IT_DATAEND, ENABLE);   // 数据传输结束中断
   70                SD_DMA_TxConfig((uint32_t *)writebuff, BlockSize); // 配置 DMA，跟 RX 类似
   71                SDIO_DMACmd(ENABLE);     // 使能 SDIO 的 DMA 请求
   72
   73                return (errorstatus);
   74 }
```

SD_WriteBlock 函数用于向指定的目标地址写入一个块的数据，它有 3 个形参，分别为指向待写入数据的首地址的指针变量、目标写入地址和块大小。块大小一般都设置为 512 字节。SD_WriteBlock 写入函数的执行流程如下：

1）SD_WriteBlock 函数开始时将 SDIO 数据控制寄存器（SDIO_DCTRL）清零，复位之前的传输设置。

2）对 SD 卡进行数据读写之前，都必须发送 CMD16，指定块的大小。对于标准卡，要写入 BlockSize 长度字节的块；对于 SDHC 卡，写入固定为 512 字节的块。接下来就可以发送块写入命令 CMD24，通知 SD 卡要进行数据写入操作，并指定待写入数据的目标地址。

3）利用 SDIO_DataInitTypeDef 结构体类型变量配置数据传输的超时、块数量、数据块大小、数据传输方向等参数，并使用 SDIO_DataConfig 函数完成数据传输环境配置。

4）调用 SDIO_ITConfig 函数，使能 SDIO 数据结束传输结束中断，传输结束时，会跳转到 SDIO 的中断服务函数运行。

5）调用前面讲解的 SD_DMA_TxConfig 函数，配置使能 SDIO 数据向 SD 卡的数据传输的 DMA 请求，该函数可以参考代码清单 35-6。为使 SDIO 发送 DMA 请求，需要调用 SDIO_DMACmd 函数使能。对于高容量的 SD 卡，要求块大小必须为 512 字节，程序员有责任保证数据写入地址与块大小的字节对齐问题。

执行完以上代码后，SDIO 外设会自动生成 DMA 发送请求，将指定数据使用 DMA 传输写入 SD 卡内。

（3）写入操作等待函数

SD_WaitWriteOperation 函数用于检测和等待数据写入完成，在调用数据写入函数之后一般都需要调用它。SD_WaitWriteOperation 函数适用于单块及多块写入函数。

代码清单 35-12　SD_WaitWriteOperation 函数

```
1
2 /**
3   * @brief  本函数会一直等待到 DMA 传输结束
4   *         在 SDIO_WriteBlock() 和 SDIO_WriteMultiBlocks() 函数后
5   *         必须被调用以确保 DMA 数据传输完成
6   * @param  无
```

```
 7          * @retval SD_Error: 返回的SD错误代码
 8          */
 9  SD_Error SD_WaitWriteOperation(void)
10  {
11          SD_Error errorstatus = SD_OK;
12          //等待DMA传输结束
13          while ((SD_DMAEndOfTransferStatus() == RESET) &&
14                  (TransferEnd == 0) && (TransferError == SD_OK)) {
15          }
16
17          if (TransferError != SD_OK) {
18                  return (TransferError);
19          }
20
21          /* 清除标志 */
22          SDIO_ClearFlag(SDIO_STATIC_FLAGS);
23
24          return (errorstatus);
25  }
```

上述代码调用库函数 SD_DMAEndOfTransferStatus 一直检测 DMA 的传输完成标志，当 DMA 传输结束时，该函数会返回 SET 值。另外，while 循环中的判断条件使用的 TransferEnd 和 TransferError 是全局变量，它们会在 SDIO 的中断服务函数根据传输情况被设置，传输结束后，根据 TransferError 的值来确认是否正确传输，若不正确则直接返回错误代码。在 SD_WaitWriteOperation 函数的最后清除相关标志位并返回错误。由于这个函数里的 while 循环的存在，可确保 DMA 的传输结束。

（4）数据读取操作

与向 SD 卡写入数据类似，从 SD 卡读取数据可分为单块读取和多块读取。这里仅介绍单块读操作函数，多块读操作类似。

代码清单 35-13 SD_ReadBlock 函数

```
 1
 2  /**
 3    * @brief   从SD卡读取一个BLOCK的数据（512字节）
 4    * @note    本函数使用后需要调用如下两个函数来等待数据传输完成
 5    *          - SD_ReadWaitOperation(): 确认DMA已从SDIO传输到数据到内存
 6    *          - SD_GetStatus(): 确认SD卡传输完成
 7    * @param   writebuff: 指向要接收数据的缓冲区
 8    * @param   WriteAddr: 要把数据写入SD卡的地址
 9    * @param   BlockSize: 块大小，SDHC卡为512字节
10    * @retval  SD_Error: 返回的SD错误代码
11    */
12  SD_Error SD_ReadBlock(uint8_t *readbuff, uint32_t ReadAddr, uint16_t BlockSize)
13  {
14          SD_Error errorstatus = SD_OK;
15
16          TransferError = SD_OK;
17          TransferEnd = 0;       // 传输结束标志位，在中断服务中置1
18          StopCondition = 0;
19
20          SDIO->DCTRL = 0x0;
```

```c
21
22
23       if (CardType == SDIO_HIGH_CAPACITY_SD_CARD) {
24               BlockSize = 512;
25               ReadAddr /= 512;
26       }
27       /***************** 没有这一段容易卡死在 DMA 检测中 *************/
28       /* 使用 cmd16 设置卡的块大小,
29        * 若是 SDSC 卡, 可以用来设置块大小
30        * 若是 SDHC 卡, 块大小为 512 字节, 不受 CMD16 影响
31        */
32       SDIO_CmdInitStructure.SDIO_Argument = (uint32_t) BlockSize;
33       SDIO_CmdInitStructure.SDIO_CmdIndex = SD_CMD_SET_BLOCKLEN;
34       SDIO_CmdInitStructure.SDIO_Response = SDIO_Response_Short; //r1 短响应
35       SDIO_CmdInitStructure.SDIO_Wait = SDIO_Wait_No;
36       SDIO_CmdInitStructure.SDIO_CPSM = SDIO_CPSM_Enable;
37       SDIO_SendCommand(&SDIO_CmdInitStructure);
38
39       errorstatus = CmdResp1Error(SD_CMD_SET_BLOCKLEN);
40
41       if (SD_OK != errorstatus) {
42               return (errorstatus);
43       }
44       /***********************************************************/
45       SDIO_DataInitStructure.SDIO_DataTimeOut = SD_DATATIMEOUT;
46       SDIO_DataInitStructure.SDIO_DataLength = BlockSize;
47       SDIO_DataInitStructure.SDIO_DataBlockSize = (uint32_t) 9 << 4;
48       SDIO_DataInitStructure.SDIO_TransferDir = SDIO_TransferDir_ToSDIO;
49       SDIO_DataInitStructure.SDIO_TransferMode = SDIO_TransferMode_Block;
50       SDIO_DataInitStructure.SDIO_DPSM = SDIO_DPSM_Enable;
51       SDIO_DataConfig(&SDIO_DataInitStructure);
52
53       /* 发送 CMD17 READ_SINGLE_BLOCK 命令 */
54       SDIO_CmdInitStructure.SDIO_Argument = (uint32_t)ReadAddr;
55       SDIO_CmdInitStructure.SDIO_CmdIndex = SD_CMD_READ_SINGLE_BLOCK;
56       SDIO_CmdInitStructure.SDIO_Response = SDIO_Response_Short;
57       SDIO_CmdInitStructure.SDIO_Wait = SDIO_Wait_No;
58       SDIO_CmdInitStructure.SDIO_CPSM = SDIO_CPSM_Enable;
59       SDIO_SendCommand(&SDIO_CmdInitStructure);
60
61       errorstatus = CmdResp1Error(SD_CMD_READ_SINGLE_BLOCK);
62
63       if (errorstatus != SD_OK) {
64               return (errorstatus);
65       }
66
67       SDIO_ITConfig(SDIO_IT_DATAEND, ENABLE);
68       SDIO_DMACmd(ENABLE);
69       SD_DMA_RxConfig((uint32_t *)readbuff, BlockSize);
70
71       return (errorstatus);
72  }
```

数据读取操作与数据写入操作编程流程类似,只是数据传输方向改变,使用到的 SD 命

令号也有所不同而已。SD_ReadBlock 函数有 3 个形参，分别为数据读取存储器的指针、数据读取起始目标地址和单块长度。SD_ReadBlock 函数执行流程如下：

1）将 SDIO 外设的数据控制寄存器（SDIO_DCTRL）清零，复位之前的传输设置。

2）对 SD 卡进行数据读写之前，必须发送 CMD16 指定块的大小，对于标准卡，读取 BlockSize 长度字节的块；对于 SDHC 卡，固定读取 512 字节的块。

3）利用 SDIO_DataInitTypeDef 结构体类型变量配置数据传输的超时、块数量、数据块大小、数据传输方向等参数，并使用 SDIO_DataConfig 函数完成数据传输环境配置。

4）向 SD 卡发送单块读数据命令 CMD17，SD 卡在接收到命令后就会通过数据线把数据传输到 SDIO 的数据 FIFO 内。

5）调用 SDIO_ITConfig 函数使能相关中断数据结束中断，当数据传输完成时会进入 SDIO 的中断服务函数。

6）最后调用 SD_DMA_RxConfig 函数，配置使能 SDIO 从 SD 卡读取数据的 DMA 请求，该函数可以参考代码清单 35-6。为使 SDIO 发送 DMA 请求，需要调用 SDIO_DMACmd 函数使能，配置完成后，SD 卡发出的数据将会传输到 STM32 的 SDIO 外设，而 SDIO 外设会发送 DMA 请求，把数据传送到内存中。

对于高容量的 SD 卡，要求块大小必须为 512 字节，程序员有责任保证目标读取地址与块大小的字节对齐问题。

（5）读取操作等待函数

SD_WaitReadOperation 函数用于等待数据读取操作完成，只有在确保数据读取完成了才可以放心使用数据。SD_WaitReadOperation 函数适用于单块及多块读取函数。

代码清单 35-14　SD_WaitReadOperation 函数

```
1  /**
2    * @brief   本函数会一直等待 DMA 传输结束
3    *          调用 SDIO_ReadMultiBlocks() 函数后
4    *          本函数必须被调用以确保 DMA 数据传输完成
5    * @param 无
6    * @retval SD_Error: 返回的 SD 错误代码.
7    */
8  SD_Error SD_WaitReadOperation(void)
9  {
10       SD_Error errorstatus = SD_OK;
11       // 等待 DMA 传输结束
12       while ((SD_DMAEndOfTransferStatus() == RESET) &&
13              (TransferEnd == 0) && (TransferError == SD_OK)) {
14       }
15
16       if (TransferError != SD_OK) {
17            return (TransferError);
18       }
19
20       return (errorstatus);
21  }
```

本段代码与写入等待函数类似，利用 SD_DMAEndOfTransferStatus 函数及 TransferEnd

和 TransferError 全局变量确认是否传输完成，并检查传输是否正常结束，若不正常则直接返回错误代码。SD_WaitReadOperation 函数最后清除相关标志位并返回错误。由于这个函数里的 while 循环的存在，它会确保 DMA 的传输结束。

5. SDIO 中断服务函数

在进行数据传输操作时都会使能相关标志中断，用于跟踪传输进程和错误检测。中断服务函数存储在 stm32f10x_it.c 文件中，在移植 SDIO 驱动时要注意添加。

代码清单 35-15　SDIO 中断服务函数

```
1  /*
2   * 函数名: SDIO_IRQHandler
3   * 描述 : 在 SDIO_ITConfig() 这个函数开启了 SDIO 中断
4             数据传输结束时产生中断
5   * 输入 : 无
6   * 输出 : 无
7   */
8  void SDIO_IRQHandler(void)
9  {
10      /* SDIO 中断相关的处理 */
11      SD_ProcessIRQSrc();
12  }
13
14
15  /*
16   * 函数名: SD_ProcessIRQSrc
17   * 描述 : 数据传输结束中断
18   * 输入 : 无
19   * 输出 : SD 错误类型
20   */
21  SD_Error SD_ProcessIRQSrc(void)
22  {
23      if (StopCondition == 1) {    // 发送读取、多块读写命令时置 1
24          SDIO->ARG = 0x0;         // 命令参数寄存器
25          SDIO->CMD = 0x44C;       // 命令寄存器: 0100  01    001100
26          //                  [7:6]     [5:0]
27
28          //   开启命令状态机短响应  cmd12 STOP_ TRANSMISSION
29          TransferError = CmdResp1Error(SD_CMD_STOP_TRANSMISSION);
30      } else {
31          TransferError = SD_OK;
32      }
33      SDIO_ClearITPendingBit(SDIO_IT_DATAEND);   // 清中断
34      SDIO_ITConfig(SDIO_IT_DATAEND, DISABLE);   // 关闭 SDIO 中断使能
35      TransferEnd = 1;
36      return (TransferError);
37  }
38
```

SDIO 中断服务函数 SDIO_IRQHandler 会直接调用 SD_ProcessIRQSrc 函数执行。SD_ProcessIRQSrc 函数首先判断全局变量 StopCondition 变量是否为 1，该全局变量在 SDIO 的多块读写函数中被置 1（前面分析的单块读写函数中 StopCondition 均为 0），因为根据 SD 卡的要求，多块读写命令由 CMD12 结束，SD 卡在接收到该命令时才停止多块的传输，此

处正是根据 StopCondition 的情况控制是否发送 CMD12 命令，它发送命令时采用直接往寄存器写入命令和参数的方式。

在中断服务函数的其他部分，根据传输情况设置全局变量 TransferError 和 TransferEnd。

至此，我们已经介绍了 SD 卡初始化、SD 卡数据操作的基础功能函数以及 SDIO 相关中断服务函数内容，利用这个 SDIO 驱动，可以编写一些简单的 SD 卡读写测试程序。

6. 测试函数

测试 SD 卡部分的函数是我们自己编写的，存放在 sdio_test.c 文件中。

（1）SD 卡测试函数

代码清单 35-16 SD_Test

```
1  void SD_Test(void)
2  {
3          LED_BLUE;
4          /*-------------------------- SD Init --------------------------*/
5          /* SD 卡使用 SDIO 中断及 DMA 中断接收数据，中断服务程序位于 bsp_sdio_sd.c 文件尾 */
6          if ((Status = SD_Init()) != SD_OK) {
7              LED_RED;
8    printf("SD 卡初始化失败，请确保 SD 卡已正确接入开发板，或换一张 SD 卡测试 !\n");
9          } else {
10             printf("SD 卡初始化成功 !\n");
11         }
12         if (Status == SD_OK) {
13             LED_BLUE;
14             /* 擦除测试 */
15             SD_EraseTest();
16
17             LED_BLUE;
18             /* 单块读写测试 */
19             SD_SingleBlockTest();
20
21             LED_BLUE;
22         }
23  }
```

测试程序以开发板上的 LED 指示测试结果，同时打印相关测试结果到串口调试助手。测试程序先调用 SD_Init 函数完成 SD 卡初始化，该函数具体代码参考代码清单 35-7，如果初始化成功就可以进行数据操作测试。

（2）SD 卡擦除测试

代码清单 35-17 SD_EraseTest

```
1  void SD_EraseTest(void)
2  {
3      /*------------------- 块擦除 -----------------------------*/
4      if (Status == SD_OK) {
5          /* 擦除 NumberOfBlocks 个块，每个块长度为 512 字节 */
6          Status = SD_Erase(0x00, (BLOCK_SIZE * NUMBER_OF_BLOCKS));
7      }
8
9      if (Status == SD_OK) {
10         Status = SD_ReadMultiBlocks(Buffer_MultiBlock_Rx, 0x00,
```

```
11                    BLOCK_SIZE, NUMBER_OF_BLOCKS);
12
13        /* 等待传输完成 */
14        Status = SD_WaitReadOperation();
15
16        /* 检查传输是否正常 */
17        while (SD_GetStatus() != SD_TRANSFER_OK);
18    }
19
20    /* 校验数据 */
21    if (Status == SD_OK) {
22        EraseStatus = eBuffercmp(Buffer_MultiBlock_Rx, MULTI_BUFFER_SIZE);
23    }
24
25    if (EraseStatus == PASSED) {
26        LED_GREEN;
27        printf("SD卡擦除测试成功!\n");
28    } else {
29        LED_BLUE;
30        printf("SD卡擦除测试失败!\n");
31        printf(" 温馨提示:部分SD卡不支持擦除测试,若SD卡能通过下面的single \
32            读写测试,即表示SD卡能够正常使用。\n");
33    }
34 }
```

SD_EraseTest 函数主要编程思路是擦除一定数量的数据块,接着读取已擦除块的数据,把读取到的数据与 0xff 或者 0x00 比较,得出擦除结果。

SD_Erase 函数用于擦除指定地址空间,源代码参考代码清单 35-10,它接收两个参数,指定擦除空间的起始地址和终止地址。如果 SD_Erase 函数返回正确,表示擦除成功则执行数据块读取;如果 SD_Erase 函数返回错误,表示 SD 卡擦除失败。并不是所有卡都能擦除成功的,部分卡虽然擦除失败,但数据读写操作也是可以正常执行的。这里使用多块读取函数 SD_ReadMultiBlocks,它有 4 个形参,分别为读取数据存储器、读取数据目标地址、块大小以及块数量,函数后面都会跟随等待数据传输完成相关处理代码。接下来会调用 eBuffercmp 函数判断擦除结果,它有两个形参,分别为数据指针和数据字节长度,它实际上是把数据存储器内所有数据都与 0xff 或 0x00 做比较,只要与这两个数不相符就报错并退出。

(3)单块读写测试

代码清单 35-18 SD_SingleBlockTest 函数

```
1 void SD_SingleBlockTest(void)
2 {
3        /*-------------------- 块读写 --------------------------*/
4        /* 向数组填充要写入的数据 */
5        Fill_Buffer(Buffer_Block_Tx, BLOCK_SIZE, 0x320F);
6
7        if (Status == SD_OK) {
8            /* 把 512 个字节写入 SD 卡的 0 地址 */
9            Status = SD_WriteBlock(Buffer_Block_Tx, 0x00, BLOCK_SIZE);
10           /* 检查传输 */
11           Status = SD_WaitWriteOperation();
```

```
12                while (SD_GetStatus() != SD_TRANSFER_OK);
13            }
14            if (Status == SD_OK) {
15                /* 从 SD 卡的 0 地址读取 512 个字节 */
16                Status = SD_ReadBlock(Buffer_Block_Rx, 0x00, BLOCK_SIZE);
17                /* 检查传输 */
18                Status = SD_WaitReadOperation();
19                while (SD_GetStatus() != SD_TRANSFER_OK);
20            }
21            /* 校验读出的数据与写入的数据是否一致 */
22            if (Status == SD_OK) {
23                TransferStatus1 = Buffercmp(Buffer_Block_Tx,
24                    Buffer_Block_Rx, BLOCK_SIZE);
25            }
26            if (TransferStatus1 == PASSED) {
27                LED_GREEN;
28                printf("Single block 测试成功!\n");
29            } else {
30                LED_RED;
31     printf("Single block 测试失败,请确保SD卡正确接入开发板,或换一张SD卡测试!\n");
32            }
33 }
```

SD_SingleBlockTest 函数主要编程思想是首先填充一个块大小的存储器,通过写入操作把数据写入 SD 卡内,然后通过读取操作读取数据到另外的存储器,再对比存储器内容,检验读写操作是否正确。

SD_SingleBlockTest 函数一开始调用 Fill_Buffer 函数填充存储器内容,它只是简单地使用 for 循环赋值方法给存储区填充数据,它有 3 个形参,分别为存储区指针、填充字节数和起始数选择,这里的起始数选择参数对本测试没有实际意义。SD_WriteBlock 函数和 SD_ReadBlock 函数分别执行数据写入和读取操作,具体可以参考代码清单 35-11 和代码清单 35-13。Buffercmp 函数用于比较两个存储区内容是否完全相等,它有 3 个形参,分别为第 1 个存储区指针、第 2 个存储区指针和存储器长度,该函数只是循环比较两个存储区对应位置的两个数据是否相等,只要发现不相等就报错退出。

SD_MultiBlockTest 函数与 SD_SingleBlockTest 函数执行过程类似,这里不详细分析。

(4) main 函数

代码清单 35-19　main 函数

```
1
2  /**
3    * @brief   main 函数
4    * @param   无
5    * @retval  无
6    */
7  int main(void)
8  {
9       /* 初始化 LED */
10      LED_GPIO_Config();
11      LED_BLUE;
12      /* 初始化独立按键 */
13      Key_GPIO_Config();
```

```
14
15              /* 初始化 USART1 */
16              USART_Config();
17
18              printf("\r\n 欢迎使用秉火 STM32 开发板。\r\n");
19
20              printf(" 在开始进行 SD 卡基本测试前，请给开发板插入 32G 以内的 SD 卡 \r\n");
21              printf(" 本程序会对 SD 卡进行 非文件系统 方式读写，会删除 SD 卡的文件系统 \r\n");
22              printf(" 实验后可通过电脑格式化或使用 SD 卡文件系统的例程恢复 SD 卡文件系统 \r\n");
23  printf("\r\n 但 SD 卡内的原文件不可恢复,实验前务必备份 SD 卡内的原文件!!!\r\n");
24
25              printf("\r\n 若已确认,请按开发板的 KEY1 按键,开始 SD 卡测试实验....\r\n");
26
27              /* Infinite loop */
28              while (1) {
29                  /* 按下按键开始进行 SD 卡读写实验，会损坏 SD 卡原文件 */
30                  if ( Key_Scan(KEY1_GPIO_PORT,KEY1_GPIO_PIN) == KEY_ON) {
31                      printf("\r\n 开始进行 SD 卡读写实验 \r\n");
32                      SD_Test();
33                  }
34              }
35  }
```

测试过程中用到 LED、独立按键和调试串口，所以需要对这些模块进行初始化配置。在无限循环中不断检测按键状态，如果有被按下就执行 SD 卡测试函数。由于本实验尚未移植文件系统，所以运行后会破坏原 SD 卡存储的内容，实验前注意备份 SD 卡的数据。

35.9.3 下载验证

把 Micro SD 卡插入开发板右侧的卡槽内，使用 USB 线连接开发板上的 "USB 转串口"接口到电脑，电脑端配置好串口调试助手参数。编译实验程序并下载到开发板上，程序运行后在串口调试助手可接收到开发板发过来的提示信息，按下开发板左下边沿的 K1 按键，开始执行 SD 卡测试，测试结果在串口调试助手可观察到，板子上 LED 也可以指示测试结果。

第 36 章
基于 SD 卡的 FatFs 文件系统

上一章全面介绍了 SD 卡的识别和简单的数据读写，也进行了简单的读写测试，不过像这样直接操作 SD 卡存储单元，在实际应用中是不现实的。SD 卡一般用来存放文件，所以都需要加载文件系统到里面。类似于串行 Flash 芯片，我们将 FatFs 文件系统移植到 SD 卡内。

对于 FatFs 文件系统的介绍和具体移植过程参考第 25 章，这里不过多介绍，重点放在 SD 卡与 FatFs 接口函数的编写上。与串行 Flash 的 FatFs 文件系统移植例程相比，FatFs 文件系统部分的代码只有 diskio.c 文件有所不同，其他的不用修改，所以一个简易的移植方法是利用原来的工程进行修改。下面讲解如何利用原来的工程实现 SD 卡的 FatFs 文件系统。

36.1 FatFs 移植步骤

上一章我们已经完成了 SD 卡驱动程序，并进行了简单的读写测试。该工程有很多东西是这里可以使用的，所以我们先把上一章的工程文件完整地复制一份，并修改文件夹名为"SDIO—FatFs 移植与读写测试"。如果此时使用 KEIL 软件打开该工程，应该是编译无错误并可实现上一章的测试功能。

接下来，我们到串行 Flash 文件系统中移植工程文件的"\SPI—FatFs 移植与读写测试\User"文件夹下复制 FATFS 整个文件夹，到现在工程文件的"\SDIO—FatFs 移植与读写测试\User"文件夹下，见图 36-1。该文件夹是 FatFs 文件系统的所有代码文件，在串行 Flash 移植 FatFs 文件系统时我们对部分文件做了修改，这里主要是想要保留之前的配置，而使用 FatFs 官方源码还需要重新配置。

现在就可以使用 KEIL 软件打开"SDIO—FatFs 移植与读写测试"工程文件，并把 FatFs 相关文件添加到工程内，同时移除 sdio_test.c 文件，见图 36-2。

添加文件之后还必须打开工程选项对话框，添加文件系统的头文件路径，见图 36-3。

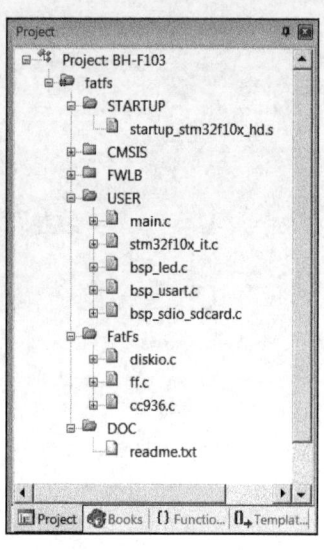

图 36-1 拷贝 FATFS 文件夹　　　　图 36-2 FatFs 工程文件结构

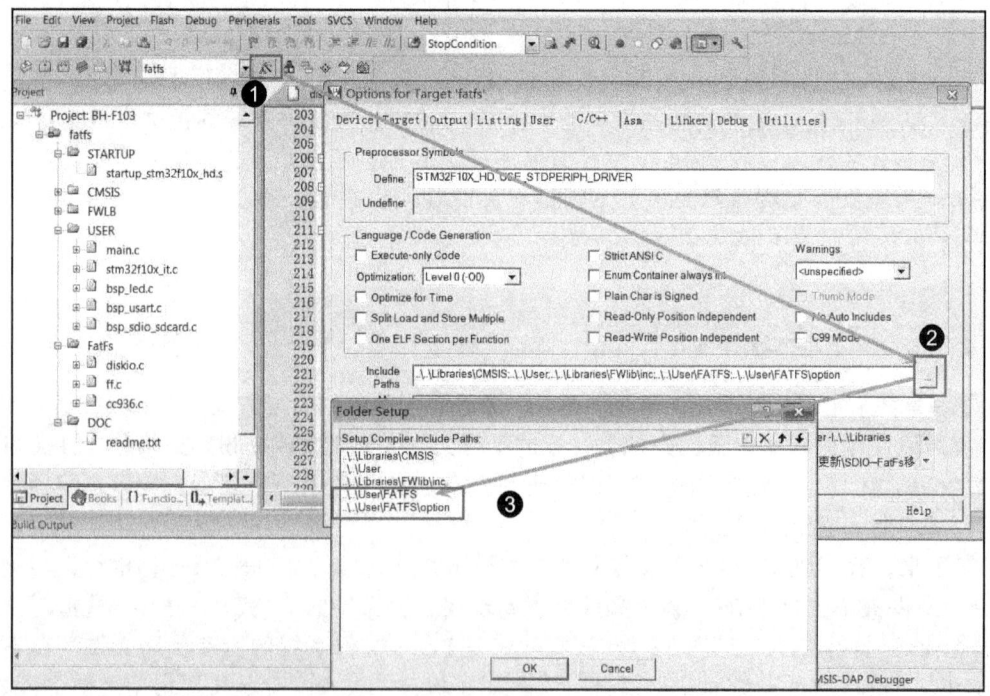

图 36-3 添加 FatFs 路径到工程

操作到这里，工程文件结构就算完整了，接下来就是修改文件代码了。这里有两个文件需要修改：diskio.c 文件和 main.c 文件。main.c 文件内容可以参考"SPI—FatFs 移植与读写测试"工程中的 main.c 文件，只做小细节修改而已。这里重点讲解 diskio.c 文件，它也是整个移植的重点。

36.2 FatFs 接口函数

FatFs 文件系统与存储设备的接口函数在 diskio.c 文件中，主要有 5 个函数需要我们编写的。

（1）宏定义和存储设备状态获取函数

代码清单 36-1 宏定义和 disk_status 函数

```
1  // 宏定义
2  #define ATA            0    // SD 卡
3  #define SPI_Flash      1    // 预留外部 SPI Flash 使用
4  // SD 卡块大小
5  #define SD_BLOCKSIZE   512
6
7  // 存储设备状态获取
8  DSTATUS disk_status (
9      BYTE pdrv          /* 物理编号 */
10 )
11 {
12     DSTATUS status = STA_NOINIT;
13     switch (pdrv) {
14     case ATA: /* SD CARD */
15         status &= ~STA_NOINIT;
16         break;
17
18     case SPI_Flash:  /* SPI Flash */
19         break;
20
21     default:
22         status = STA_NOINIT;
23     }
24     return status;
25 }
```

FatFs 支持同时挂载多个存储设备，通过定义为不同编号加以区别。SD 卡一般定义为编号 0，编号 1 预留给串行 Flash 芯片使用。使用宏定义方式给出 SD 卡块大小，方便修改。实际上，SD 卡块大小一般都设置为 512 字节，不管是标准 SD 卡还是高容量 SD 卡。

disk_status 函数要求返回存储设备的当前状态，对于 SD 卡一般返回 SD 卡插入状态，这里直接返回正常状态。

（2）存储设备初始化函数

代码清单 36-2 disk_initialize 函数

```
1  DSTATUS disk_initialize (
2      BYTE pdrv          /* 物理编号 */
3  )
4  {
5      DSTATUS status = STA_NOINIT;
6      switch (pdrv) {
7      case ATA:          /* SD 卡 */
8          if (SD_Init()==SD_OK) {
9              status &= ~STA_NOINIT;
10         } else {
```

```
11              status = STA_NOINIT;
12          }
13
14          break;
15
16      case SPI_Flash:    /* SPI Flash */
17          break;
18
19      default:
20          status = STA_NOINIT;
21      }
22      return status;
23  }
```

该函数用于初始化存储设备,一般包括相关 GPIO 初始化、外设环境初始化、中断配置等。对于 SD 卡,直接调用 SD_Init 函数实现对 SD 卡初始化,如果函数返回 SD_OK 说明 SD 卡正确插入,并且控制器可以与之正常通信。

(3)存储设备数据读取函数

代码清单 36-3 disk_read 函数

```
1  DRESULT disk_read (
2      BYTE pdrv,           /* 设备物理编号 (0..) */
3      BYTE *buff,          /* 数据缓存区 */
4      DWORD sector,        /* 扇区首地址 */
5      UINT count           /* 扇区个数 (1…128) */
6  )
7  {
8      DRESULT status = RES_PARERR;
9      SD_Error SD_state = SD_OK;
10
11     switch (pdrv) {
12     case ATA: /* SD CARD */
13         if ((DWORD)buff&3) {
14             DRESULT res = RES_OK;
15             DWORD scratch[SD_BLOCKSIZE / 4];
16
17             while (count--) {
18                 res = disk_read(ATA,(void *)scratch, sector++, 1);
19
20                 if (res != RES_OK) {
21                     break;
22                 }
23                 memcpy(buff, scratch, SD_BLOCKSIZE);
24                 buff += SD_BLOCKSIZE;
25             }
26             return res;
27         }
28
29         SD_state=SD_ReadMultiBlocks(buff,sector*SD_BLOCKSIZE,
30                 SD_BLOCKSIZE,count);
31         if (SD_state==SD_OK) {
32             /* Check if the Transfer is finished */
33             SD_state=SD_WaitReadOperation();
34             while (SD_GetStatus() != SD_TRANSFER_OK);
35         }
36         if (SD_state!=SD_OK)
```

```
37                  status = RES_PARERR;
38              else
39                  status = RES_OK;
40              break;
41
42      case SPI_Flash:
43              break;
44
45      default:
46              status = RES_PARERR;
47      }
48      return status;
49 }
```

disk_read 函数用于从存储设备指定地址开始读取一定数量的数据到指定存储区内。对于 SD 卡，最重要是使用 SD_ReadMultiBlocks 函数读取多块数据到存储区。这里需要注意的地方是，SD 卡数据操作是使用 DMA 传输的，并设置数据尺寸为 32 位大小，为实现数据正确传输，要求存储区是 4 字节对齐。在某些情况下，FatFs 提供的 buff 地址不是 4 字节对齐，这会导致 DMA 数据传输失败。所以为保证数据传输正确，可以先判断存储区地址是否是 4 字节对齐。如果存储区地址已经是 4 字节对齐，无需其他处理，直接使用 SD_ReadMultiBlocks 函数执行多块读取即可；如果判断得到地址不是 4 字节对齐，则先申请一个 4 字节对齐的临时缓冲区，即局部数组变量 scratch，通过定义为 DWORD 类型可以使得其自动 4 字节对齐。scratch 所占的总存储空间也是一个块大小，这样把一个块数据读取到 scratch 内，然后把 scratch 存储器内容复制到 buff 地址空间上就可以了。

SD_ReadMultiBlocks 函数用于从 SD 卡内读取多个块数据，它有 4 个形参，分别为存储区地址指针、起始块地址、块大小以及块数量。为保证数据传输完整，还需要调用 SD_WaitReadOperation 函数和 SD_GetStatus 函数，检测和保证传输完成。

（4）存储设备数据写入函数

代码清单 36-4　disk_write 函数

```
 1 #if _USE_WRITE
 2 DRESULT disk_write (
 3     BYTE pdrv,                  /* 设备物理编号 (0…255) */
 4     const BYTE *buff,           /* 欲写入数据的缓存区 */
 5     DWORD sector,               /* 扇区首地址 */
 6     UINT count                  /* 扇区个数 (1…128) */
 7 )
 8 {
 9     DRESULT status = RES_PARERR;
10     SD_Error SD_state = SD_OK;
11
12     if (!count) {
13         return RES_PARERR;      /* 检查参数 */
14     }
15
16     switch (pdrv) {
17     case ATA: /* SD卡 */
18         if ((DWORD)buff&3) {
19             DRESULT res = RES_OK;
20             DWORD scratch[SD_BLOCKSIZE / 4];
```

```
21
22              while (count--) {
23                  memcpy( scratch,buff,SD_BLOCKSIZE);
24                  res = disk_write(ATA,(void *)scratch, sector++, 1);
25                  if (res != RES_OK) {
26                      break;
27                  }
28                  buff += SD_BLOCKSIZE;
29              }
30              return res;
31          }
32
33          SD_state=SD_WriteMultiBlocks((uint8_t *)buff,sector*SD_BLOCKSIZE,
34                      SD_BLOCKSIZE,count);
35          if (SD_state==SD_OK) {
36              /* 检查SDIO传输是否完成 */
37              SD_state=SD_WaitReadOperation();
38
39              /* 等待至DMA传输完成 */
40              while (SD_GetStatus() != SD_TRANSFER_OK);
41          }
42          if (SD_state!=SD_OK)
43              status = RES_PARERR;
44          else
45              status = RES_OK;
46          break;
47
48      case SPI_Flash:
49          break;
50
51      default:
52          status = RES_PARERR;
53      }
54      return status;
55 }
56 #endif
```

disk_write 函数用于向存储设备指定地址写入指定数量的数据。对于 SD 卡，执行过程与 disk_read 函数非常相似，也必须先检测存储区地址是否是 4 字节对齐，如果是 4 字节对齐，则直接调用 SD_WriteMultiBlocks 函数，完成多块数据写入操作；如果不是 4 字节对齐，申请一个 4 字节对齐的临时缓冲区，先把待写入的数据复制到该临时缓冲区内，然后再写入 SD 卡。

SD_WriteMultiBlocks 函数是向 SD 卡写入多个块数据，它有 4 个形参，分别为存储区地址指针、起始块地址、块大小以及块数量，它与 SD_ReadMultiBlocks 函数执行相互过程。最后也需要使用相关函数保证数据写入完整，才退出 disk_write 函数。

（5）其他控制函数

代码清单 36-5　disk_ioctl 函数

```
1 #if _USE_IOCTL
2 DRESULT disk_ioctl (
3     BYTE pdrv,          /* 物理编号 */
4     BYTE cmd,           /* 控制指令 */
5     void *buff          /* 写入或者读取数据地址指针 */
```

```
 6  )
 7  {
 8      DRESULT status = RES_PARERR;
 9      switch (pdrv) {
10      case ATA: /* SD 卡 */
11              switch (cmd) {
12              // 获取 sector 的大小
13              case GET_SECTOR_SIZE :
14                  *(WORD * )buff = SD_BLOCKSIZE;
15                  break;
16              // 获取每次擦除是多少个 sector
17              case GET_BLOCK_SIZE :
18                  *(DWORD * )buff = SDCardInfo.CardBlockSize;
19                  break;
20
21              case GET_SECTOR_COUNT:
22          *(DWORD*)buff = SDCardInfo.CardCapacity/SDCardInfo.CardBlockSize;
23                  break;
24              case CTRL_SYNC :
25                  break;
26              }
27              status = RES_OK;
28              break;
29
30      case SPI_Flash:
31              break;
32
33      default:
34              status = RES_PARERR;
35      }
36      return status;
37  }
38  #endif
```

disk_ioctl 函数有 3 个形参：pdrv 为设备物理编号；cmd 为控制指令，包括发出同步信号、获取扇区数目、获取扇区大小、获取擦除块数量等指令；buff 为指令对应的数据指针。

对于 SD 卡，为支持格式化功能，需要用到获取扇区数量（GET_SECTOR_COUNT）指令和获取块尺寸（GET_BLOCK_SIZE）。另外，SD 卡扇区大小为 512 字节，串行 Flash 芯片一般设置扇区大小为 4096 字节，所以需要用到获取扇区大小（GET_SECTOR_SIZE）指令。

至此，基于 SD 卡的 FatFs 文件系统移植就已经完成了，最重要就是 diskio.c 文件中 5 个函数的编写。接下来就编写 FatFs 基本的文件操作，检测移植代码是否可以正确执行。

36.3 FatFs 功能测试

主要的测试包括格式化测试、文件写入测试和文件读取测试 3 个部分，主要程序都在 main.c 文件中实现。

（1）变量定义

代码清单 36-6　变量定义

```
1 FATFS fs;                       /* FatFs 文件系统对象 */
2 FIL fnew;                       /* 文件对象 */
```

```
3  FRESULT res_sd;                              /* 文件操作结果 */
4  UINT fnum;                                   /* 文件成功读写数量 */
5  BYTE ReadBuffer[1024]= {0};                  /* 读缓冲区 */
6  BYTE WriteBuffer[] =                         /* 写缓冲区 */
7       "欢迎使用野火 STM32 开发板 今天是个好日子,新建文件系统测试文件 \r\n";
```

FATFS 是在 ff.h 文件中定义的一个结构体类型,针对的对象是物理设备,包含了物理设备的物理编号、扇区大小等信息,一般需要为每个物理设备定义一个 FATFS 变量。

FIL 也是在 ff.h 文件中定义的一个结构体类型,针对的对象是文件系统内具体的文件,包含了文件很多基本属性,比如文件大小、路径、当前读写地址等。如果需要在同一时间打开多个文件进行读写,就需要定义多个 FIL 变量,不然一般定义一个 FIL 变量即可。

FRESULT 是也在 ff.h 文件中定义的一个枚举类型,作为 FatFs 函数的返回值类型,主要管理 FatFs 运行中出现的错误。总共有 19 种错误类型,包括物理设备读写错误、找不到文件、没有挂载工作空间等。这在实际编程中非常重要,当有错误出现时,我们要停止文件读写,通过返回值我们可以快速定位到错误发生的可能地点。如果运行没有错误才返回 FR_OK。

fnum 是个 32 位无符号整型变量,用来记录实际读取或者写入数据的数组。

buffer 和 textFileBuffer 分别对应读取和写入数据缓存区,都是 8 位无符号整型数组。

(2) main 函数

代码清单 36-7 main 函数

```
1  int main(void)
2  {
5
6      /* 初始化 LED */
7      LED_GPIO_Config();
8      LED_BLUE;
9
10     /* 初始化调试串口,一般为串口1 */
11     Debug_USART_Config();
12     printf("\r\n****** 这是一个SD卡文件系统实验 ******\r\n");
13
14     // 在外部 SPI Flash 挂载文件系统,文件系统挂载时会对 SPI 设备初始化
15     res_sd = f_mount(&fs,"0:",1);
16
17     /*----------------------- 格式化测试 -----------------------*/
18     /* 如果没有文件系统就格式化创建创建文件系统 */
19     if (res_sd == FR_NO_FILESYSTEM) {
20         printf("》SD卡还没有文件系统,即将进行格式化...\r\n");
21         /* 格式化 */
22         res_sd=f_mkfs("0:",0,0);
23
24         if (res_sd == FR_OK) {
25             printf("》SD卡已成功格式化文件系统。\r\n");
26             /* 格式化后,先取消挂载 */
27             res_sd = f_mount(NULL,"0:",1);
28             /* 重新挂载 */
29             res_sd = f_mount(&fs,"0:",1);
30         } else {
31             LED_RED;
32             printf("《《格式化失败。》》\r\n");
```

```c
33          while (1);
34      }
35  } else if (res_sd!=FR_OK) {
36      printf("!!SD卡挂载文件系统失败。(%d)\r\n",res_sd);
37      printf("!! 可能原因：SD卡初始化不成功。\r\n");
38      while (1);
39  } else {
40      printf("》文件系统挂载成功，可以进行读写测试\r\n");
41  }
42
43  /*-------------------- 文件系统测试：写测试 ----------------------*/
44  /* 打开文件，如果文件不存在则创建它 */
45  printf("\r\n****** 即将进行文件写入测试... ******\r\n");
46  res_sd=f_open(&fnew,"0:FatFs读写测试文件.txt",FA_CREATE_ALWAYS|FA_WRITE);
47  if ( res_sd == FR_OK ) {
48      printf("》打开/创建FatFs读写测试文件.txt文件成功，向文件写入数据。\r\n");
49      /* 将指定存储区内容写入到文件内 */
50      res_sd=f_write(&fnew,WriteBuffer,sizeof(WriteBuffer),&fnum);
51      if (res_sd==FR_OK) {
52          printf("》文件写入成功，写入字节数据：%d\n",fnum);
53          printf("》向文件写入的数据为：\r\n%s\r\n",WriteBuffer);
54      } else {
55          printf("!! 文件写入失败：(%d)\n",res_sd);
56      }
57      /* 不再读写，关闭文件 */
58      f_close(&fnew);
59  } else {
60      LED_RED;
61      printf("!! 打开/创建文件失败。\r\n");
62  }
63
64  /*------------------ 文件系统测试：读测试 -------------------------*/
65  printf("****** 即将进行文件读取测试... ******\r\n");
66  res_sd=f_open(&fnew,"0:FatFs读写测试文件.txt",FA_OPEN_EXISTING|FA_READ);
67  if (res_sd == FR_OK) {
68      LED_GREEN;
69      printf("》打开文件成功。\r\n");
70      res_sd = f_read(&fnew, ReadBuffer, sizeof(ReadBuffer), &fnum);
71      if (res_sd==FR_OK) {
72          printf("》文件读取成功，读到字节数据：%d\r\n",fnum);
73          printf("》读取得的文件数据为：\r\n%s \r\n", ReadBuffer);
74      } else {
75          printf("!! 文件读取失败：(%d)\n",res_sd);
76      }
77  } else {
78      LED_RED;
79      printf("!! 打开文件失败。\r\n");
80  }
81  /* 不再读写，关闭文件 */
82  f_close(&fnew);
83
84  /* 不再使用文件系统，取消挂载文件系统 */
85  f_mount(NULL,"0:",1);
86
87  /* 操作完成，停机 */
88  while (1) {
89  }
90 }
```

程序的开头首先初始化 RGB 彩灯和调试串口，用来指示程序进程。

FatFs 的第 1 步工作就是使用 f_mount 函数挂载工作区。f_mount 函数有 3 个形参。第 1 个参数是指向 FATFS 变量指针，如果赋值为 NULL 可以取消物理设备挂载。第 2 个参数为逻辑设备编号，使用设备根路径表示，与物理设备编号挂钩，在代码清单 36-1 中我们定义 SD 卡物理编号为 0，所以这里使用"0:"。第 3 个参数可选 0 或 1，1 表示立即挂载，0 表示不立即挂载，延迟挂载。f_mount 函数会返回一个 FRESULT 类型值，指示运行情况。

如果 f_mount 函数返回值为 FR_NO_FILESYSTEM，说明 SD 卡中没有 FAT 文件系统，我们就必须对 SD 卡进行格式化处理。使用 f_mkfs 函数可以实现格式化操作。f_mkfs 函数有 3 个形参，第 1 个参数为逻辑设备编号；第 2 参数可选 0 或者 1，0 表示设备为一般硬盘，1 表示设备为软盘；第 3 个参数指定扇区大小，如果为 0，表示通过代码清单 36-5 中 disk_ioctl 函数获取。格式化成功后需要先取消挂载原来设备，再重新挂载设备。

在设备正常挂载后，就可以进行文件读写操作了。使用文件之前，必须使用 f_open 函数打开文件，不再使用文件必须使用 f_close 函数关闭文件，这个与电脑端操作文件步骤类似。f_open 函数有 3 个形参。第 1 个参数为文件对象指针。第 2 参数为目标文件，包含绝对路径的文件名称和后缀名。第 3 个参数为访问文件模式选择，可以是打开已经存在的文件模式、读模式、写模式、新建模式、总是新建模式等的或操作结果。比如对于写测试，使用 FA_CREATE_ALWAYS 和 FA_WRITE 组合模式，就是总是新建文件并进行写模式。

f_close 函数用于不再对文件进行读写操作关闭文件，f_close 函数只有一个形参，为文件对象指针。f_close 函数运行可以确保缓冲区完全写入文件内。

成功打开文件之后就可以使用 f_write 函数和 f_read 函数对文件进行写操作和读操作。这两个函数用到的参数是一致的，只不过一个是数据写入，一个是数据读取。f_write 函数第 1 个形参为文件对象指针，使用与 f_open 函数一致即可。第 2 个参数为待写入数据的首地址，对于 f_read 函数就是用来存放读出数据的首地址。第 3 个参数为写入数据的字节数，对于 f_read 函数就是欲读取数据的字节数。第 4 个参数为 32 位无符号整型指针，这里使用 fnum 变量地址赋值给它，在运行读写操作函数后，fnum 变量指示成功读取或者写入的字节个数。

最后，不再使用文件系统时，使用 f_mount 函数取消挂载。

36.4　下载验证

保证开发板相关硬件连接正确，用 USB 线连接开发板"USB 转串口"接口与电脑，在电脑端打开串口调试助手，把编译好的程序下载到开发板。程序开始运行后，RGB 彩灯为蓝色，在串口调试助手可看到格式化测试、写文件检测和读文件检测 3 个过程；最后如果所有读写操作都正常，RGB 彩灯会指示为绿色，如果在运行中 FatFs 出现错误，RGB 彩灯指示为红色。正确执行程序后可以使用读卡器将 SD 卡在电脑端打开，我们可以在 SD 卡根目录下看到"FatFs 读写测试文件 .txt"文件，这与程序设计是相吻合的。

第 37 章
电源管理——实现低功耗

37.1 STM32 的电源管理简介

电源对电子设备的重要性不言而喻，它是保证系统稳定运行的基础。而保证系统能稳定运行后，又有低功耗的要求。在很多应用场合中都对电子设备的功耗有非常苛刻的要求，如某些传感器信息采集设备，仅靠小型的电池提供电源，要求工作长达数年之久，且期间不需要任何维护；由于智慧穿戴设备的小型化要求，电池体积不能太大，导致容量也比较小，所以也很有必要从控制功耗入手，提高设备的续航时间。因此，STM32 有专门的电源管理外设监控电源并管理设备的运行模式，确保系统正常运行，并尽量降低器件的功耗。

37.1.1 电源监控器

STM32 芯片主要通过引脚 VDD 从外部获取电源，在它的内部具有电源监控器，用于检测 VDD 的电压，以实现复位功能及掉电紧急处理功能，保证系统可靠地运行。

1. 上电复位与掉电复位

当检测到 VDD 的电压低于阈值 VPOR 及 VPDR 时，无需外部电路辅助，STM32 芯片会自动保持在复位状态，防止因电压不足强行工作而带来严重的后果。见图 37-1，在刚开始电压低于 VPOR 时（约 1.92V），STM32 保持在上电复位状态（POR，Power On Reset）；当 VDD 电压持续上升至大于 VPOR 时，芯片开始正常运行，而在芯片正常运行的时候，当检测到 VDD 电压下降至低于 VPDR 阈值（约 1.88V），会进入掉电复位状态（PDR，Power Down Reset）。

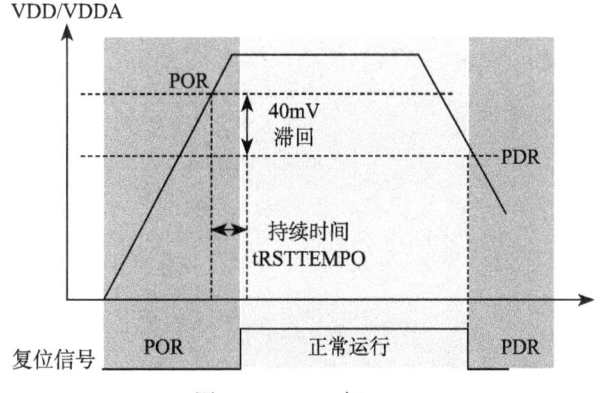

图 37-1　POR 与 PDR

2. 可编程电压检测器 PVD

上述 POR、PDR 功能是使用其电压阈值与外部供电电压 VDD 比较，当低于工作阈值时，会直接进入复位状态，这可防止电压不足导致的误操作。除此之外，STM32 还提供了可编程电压检测器 PVD，它也是实时检测 VDD 的电压，当检测到电压低于编程的 VPVD 阈值时，会向内核产生一个 PVD 中断（EXTI16 线中断），以使内核在复位前进行紧急处理。该电压阈值可通过电源控制寄存器 PWR_CSR 设置。

使用 PVD 可配置 8 个等级，见表 37-1。其中的上升沿和下降沿分别表示类似表 37-1 中 VDD 电压上升过程及下降过程的阈值。

表 37-1 PVD 的阈值等级

阈值等级	条件	最小值（V）	典型值（V）	最大值（V）
级别 0	上升沿	2.1	2.18	2.26
	下降沿	2	2.08	2.16
级别 1	上升沿	2.19	2.28	2.37
	下降沿	2.09	2.18	2.27
级别 2	上升沿	2.28	2.38	2.48
	下降沿	2.18	2.28	2.38
级别 3	上升沿	2.38	2.48	2.58
	下降沿	2.28	2.38	2.48
级别 4	上升沿	2.47	2.58	2.69
	下降沿	2.37	2.48	2.59
级别 5	上升沿	2.57	2.68	2.79
	下降沿	2.47	2.58	2.69
级别 6	上升沿	2.66	2.78	2.9
	下降沿	2.56	2.68	2.8
级别 7	上升沿	2.76	2.88	3
	下降沿	2.66	2.78	2.9

37.1.2 STM32 的电源系统

为了方便进行电源管理，STM32 把它的外设、内核等模块根据功能划分了供电区域，其内部电源区域划分见图 37-2。

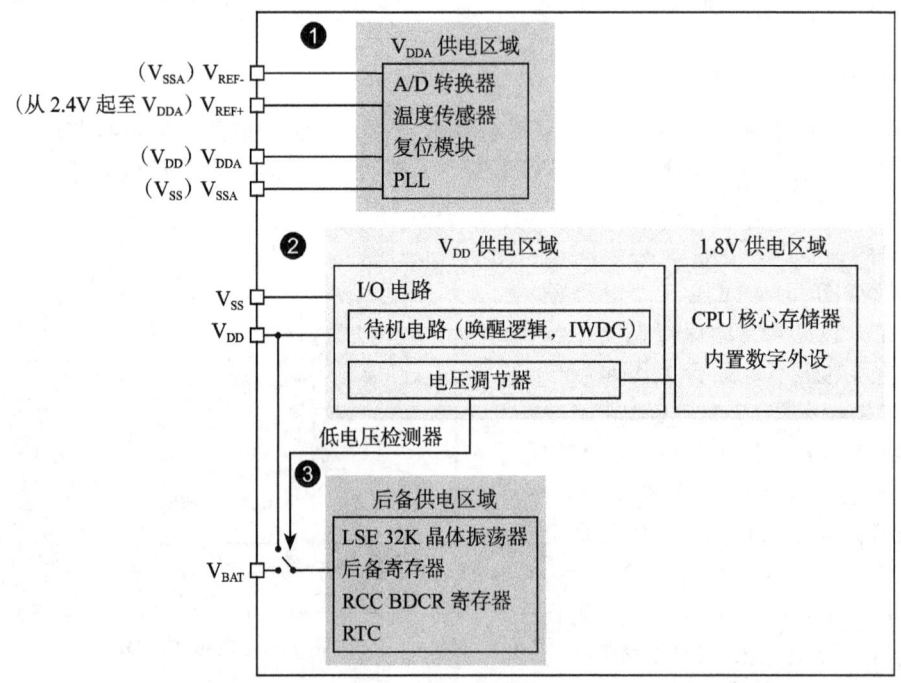

图 37-2 STM32 的电源系统

从框图了解到，STM32 的电源系统主要分为备份域电路、内核电路以及 ADC 电路 3 部分，介绍如下：

（1）ADC 电源及参考电压（V_{DDA} 供电区域）

为了提高转换精度，STM32 的 ADC 配有独立的电源接口，方便进行单独的滤波。ADC 的工作电源使用 V_{DDA} 引脚输入，使用 V_{SSA} 作为独立的地连接，V_{REF} 引脚则为 ADC 提供测量使用的参考电压。

（2）调压器供电电路（V_{DD}/1.8V 供电区域）

在 STM32 的电源系统中调压器供电的电路是最主要的部分，调压器为备份域及待机电路以外的所有数字电路供电，其中包括内核、数字外设以及 RAM。调压器的输出电压约为 1.8V，因而使用调压器供电的这些电路区域被称为 1.8V 区域。

调压器可以运行在"运行模式""停止模式"以及"待机模式"。在运行模式下，1.8V 区域全功率运行；在停止模式下 1.8V 区域运行在低功耗状态，1.8V 区域的所有时钟都被关闭，相应的外设都停止了工作，但它会保留内核寄存器以及 SRAM 的内容；在待机模式下，整个 1.8V 区域都断电，该区域的内核寄存器及 SRAM 内容都会丢失（备份区域的寄存器不受影响）。

（3）备份域电路（后备供电区域）

STM32 的 LSE 振荡器、RTC 及备份寄存器这些器件被包含进备份域电路中，这部分的电路可以通过 STM32 的 V_{BAT} 引脚获取供电电源，在实际应用中一般会使用 3V 的纽扣电池对该引脚供电。

在图中备份域电路的左侧有一个电源开关结构，它的功能类似图 37-3 中的双二极管，在它的"1"处连接了 V_{BAT} 电源，"2"处连接了 V_{DD} 主电源（一般为 3.3V），右侧"3"处引出到备份域电路中。当 V_{DD} 主电源存在时，由于 V_{DD} 电压较高，备份域电路通过 V_{DD} 供电，节省纽扣电池的电源；仅当 V_{DD} 掉电时，备份域电路由纽扣电池通过 V_{BAT} 供电，保证电路能持续运行，从而可利用它保留关键数据。

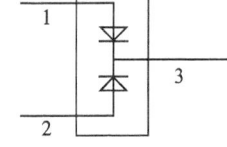

图 37-3　双二极管结构

37.1.3　STM32 的功耗模式

按功耗由高到低排列，STM32 具有运行、睡眠、停止和待机 4 种工作模式。上电复位后 STM32 处于运行状态时，当内核不需要继续运行，就可以选择进入后面的 3 种低功耗模式，以降低功耗。这 3 种模式中，电源消耗不同、唤醒时间不同、唤醒源不同，用户需要根据应用需求，选择最佳的低功耗模式。3 种低功耗的模式说明见表 37-2。

表 37-2　STM32 的低功耗模式说明

模式	说　明	进入方式	唤醒方式	对 1.8V 区域时钟的影响	对 VDD 区域时钟的影响	调压器
睡眠	内核停止，所有外设包括 M3 核心的外设，如 NVIC、系统时钟（SysTick）等仍在运行	调用 WFI 命令	任一中断	内核时钟关，对其他时钟和 ADC 时钟无影响	无	开
		调用 WFE 命令	唤醒事件			

(续)

模式	说　明	进入方式	唤醒方式	对 1.8V 区域时钟的影响	对 VDD 区域时钟的影响	调压器
停止	所有的时钟都已停止	配置 PWR_CR 寄存器的 PDDS + LPDS 位 + SLEEP DEEP 位 + WFI 或 WFE 命令	任一外部中断（在外部中断寄存器中设置）	关闭所有 1.8V 区域的时钟	HSI 和 HSE 的振荡器关闭	开启或处于低功耗模式（依据电源控制寄存器的设定）
待机	1.8V 电源关闭	配置 PWR_CR 寄存器的 PDDS + SLEEPDEEP 位 + WFI 或 WFE 命令	WKUP 引脚的上升沿、RTC 闹钟事件、NRST 引脚上的外部复位、IWDG 复位			关

从表中可以看到，这 3 种低功耗模式层层递进，运行的时钟或芯片功能越来越少，因而功耗越来越低。

1. 睡眠模式

在睡眠模式中，仅关闭了内核时钟，内核停止运行，但其片上外设、CM3 核心的外设全都照常运行。有两种方式进入睡眠模式，分别是 WFI（wait for interrupt）和 WFE（wait for event），它的进入方式决定了从睡眠唤醒的方式，即由等待"中断"唤醒和由"事件"唤醒。睡眠模式的各种特性见表 37-3。

表 37-3　睡眠模式的各种特性

特性	说　明
立即睡眠	在执行 WFI 或 WFE 指令时立即进入睡眠模式
退出时睡眠	在退出优先级最低的中断服务程序后才进入睡眠模式
进入方式	内核寄存器的 SLEEPDEEP = 0，然后调用 WFI 或 WFE 指令即可进入睡眠模式 另外，若内核寄存器的 SLEEPONEXIT=0 时，进入"立即睡眠"模式；SLEEPONEXIT=1 时，进入"退出时睡眠"模式
唤醒方式	如果是使用 WFI 指令睡眠的，则可使用任意中断唤醒 如果是使用 WFE 指令睡眠的，则由事件唤醒
睡眠时	关闭内核时钟，内核停止，而外设正常运行，在软件上表现为不再执行新的代码。这个状态会保留睡眠前的内核寄存器、内存的数据
唤醒延迟	无延迟
唤醒后	若由中断唤醒，先进入中断，退出中断服务程序后，接着执行 WFI 指令后的程序；若由事件唤醒，直接接着执行 WFE 后的程序

2. 停止模式

在停止模式中，进一步关闭了其他所有的时钟，于是所有的外设都停止了工作。但由于其 1.8V 区域的部分电源没有关闭，还保留了内核的寄存器、内存的信息，所以从停止模式唤醒，并重新开启时钟后，还可以从上次停止处继续执行代码。停止模式可以由任意一个外部中断（EXTI）唤醒，在停止模式中可以选择电压调节器为开模式或低功耗模式。停止模式的各种特性见表 37-4。

表 37-4 停止模式的各种特性

特性	说 明
调压器低功耗模式	在停止模式下调压器可工作在正常模式或低功耗模式，可进一步降低功耗
进入方式	内核寄存器的 SLEEPDEEP = 1，PWR_CR 寄存器中的 PDDS=0，然后调用 WFI 或 WFE 指令即可进入停止模式 PWR_CR 寄存器的 LPDS=0 时，调压器工作在正常模式，LPDS=1 时工作在低功耗模式
唤醒方式	如果是使用 WFI 指令睡眠的，可使用任意 EXTI 线的中断唤醒 如果是使用 WFE 指令睡眠的，可使用任意配置为事件模式的 EXTI 线事件唤醒
停止时	内核停止，片上外设也停止。这个状态会保留停止前的内核寄存器、内存的数据
唤醒延迟	基础延迟为 HSI 振荡器的启动时间，若调压器工作在低功耗模式，还需要加上调压器从低功耗切换至正常模式下的时间
唤醒后	若由中断唤醒，先进入中断，退出中断服务程序后，接着执行 WFI 指令后的程序；若由事件唤醒，直接接着执行 WFE 后的程序。唤醒后，STM32 会使用 HSI 作为系统时钟

3. 待机模式

待机模式，它除了关闭所有的时钟，还把 1.8V 区域的电源也完全关闭了。也就是说，从待机模式唤醒后，由于没有之前代码的运行记录，只能对芯片复位，重新检测 boot 条件，从头开始执行程序。它有 4 种唤醒方式，分别是 WKUP（PA0）引脚的上升沿、RTC 闹钟事件、NRST 引脚的复位和 IWDG（独立看门狗）复位。

表 37-5 待机模式的各种特性

特性	说 明
进入方式	内核寄存器的 SLEEPDEEP = 1，PWR_CR 寄存器中的 PDDS=1，PWR_CR 寄存器中的唤醒状态位 WUF=0，然后调用 WFI 或 WFE 指令即可进入待机模式
唤醒方式	通过 WKUP 引脚的上升沿，RTC 闹钟、唤醒、入侵、时间戳事件或 NRST 引脚外部复位及 IWDG 复位唤醒
待机时	内核停止，片上外设也停止；内核寄存器、内存的数据会丢失；除复位引脚、RTC_AF1 引脚及 WKUP 引脚，其他 I/O 口均工作在高阻态
唤醒延迟	芯片复位的时间
唤醒后	相当于芯片复位，在程序表现为从头开始执行代码

在以上讲解的睡眠模式、停止模式及待机模式中，若备份域电源正常供电，备份域内的 RTC 都可以正常运行，备份域内的寄存器的数据会被保存，不受功耗模式影响。

37.2 电源管理相关的库函数及命令

STM32 标准库对电源管理提供了完善的函数及命令，使用它们可以方便地进行控制，本小节对这些内容进行讲解。

37.2.1 配置 PVD 监控功能

PVD 可监控 VDD 的电压，当它低于阈值时可产生 PVD 中断，以让系统进行紧急处理。这个阈值可以直接使用库函数 PWR_PVDLevelConfig，配置成前面表 37-1 中说明的阈值等级。

37.2.2　WFI 与 WFE 命令

我们了解到进入各种低功耗模式时都需要调用 WFI 或 WFE 命令，它们实质上都是内核指令，在库文件 core_cm3.h 中把这些指令封装成了函数，见代码清单 37-1。

代码清单 37-1　WFI 与 WFE 的指令定义（core_cm3.h 文件）

```
1
2  /** brief   等待中断
3
4       等待中断是一个暂停执行指令
5       暂停至任意中断产生后被唤醒
6   */
7  #define __WFI                                          __wfi
8
9
10 /** brief   等待事件
11
12      等待事件是一个暂停执行指令
13      暂停至任意事件产生后被唤醒
14  */
15 #define __WFE                                          __wfe
```

对于这两个指令，我们应用时一般只需要知道，调用它们都能进入低功耗模式，需要使用函数的格式"__WFI();"和"__WFE();"来调用（因为 __wfi 及 __wfe 是编译器内置的函数，函数内部调用了相应的汇编指令）。其中 WFI 指令决定了它需用中断唤醒，而 WFE 则决定了它可用事件来唤醒，关于它们更详细的区别可查阅《Cortex-CM3/CM4 权威指南》了解。

37.2.3　进入停止模式

直接调用 WFI 和 WFE 指令可以进入睡眠模式，而要进入停止模式则还需要在调用指令前设置一些寄存器位，STM32 标准库把这部分的操作封装到 PWR_EnterSTOPMode 函数中了，它的定义见代码清单 37-2。

代码清单 37-2　进入停止模式

```
1
2  /**
3   * @brief 进入停止模式
4   *
5   * @note    在停止模式下所有 I/O 会保持在停止前的状态
6   * @note    从停止模式唤醒后，会使用 HSI 作为时钟源
7   * @note    调压器若工作在低功耗模式，可减少功耗，但唤醒时会增加延迟
8   * @param   PWR_Regulator: 设置停止模式时调压器的工作模式
9   *            @arg PWR_MainRegulator_ON：调压器正常运行
10  *            @arg PWR_Regulator_LowPower：调压器低功耗运行
11  * @param   PWR_STOPEntry: 设置使用 WFI 还是 WFE 进入停止模式
12  *            @arg PWR_STOPEntry_WFI：使用 WFI 进入停止模式
```

```
13  *               @arg PWR_STOPEntry_WFE：使用WFE进入停止模式
14  * @retval None
15  */
16  void PWR_EnterSTOPMode(uint32_t PWR_Regulator, uint8_t PWR_STOPEntry)
17  {
18      uint32_t tmpreg = 0;
19      /* 检查参数 */
20      assert_param(IS_PWR_REGULATOR(PWR_Regulator));
21      assert_param(IS_PWR_STOP_ENTRY(PWR_STOPEntry));
22
23      /* 设置调压器的模式 ------------*/
24      tmpreg = PWR->CR;
25      /* 清除 PDDS 及 LPDS 位 */
26      tmpreg &= CR_DS_MASK;
27      /* 根据PWR_Regulator 的值 ( 调压器工作模式 ) 配置 LPDS、MRLVDS 及 LPLVDS 位 */
28      tmpreg |= PWR_Regulator;
29      /* 写入参数值到寄存器 */
30      PWR->CR = tmpreg;
31      /* 设置内核寄存器的SLEEPDEEP位 */
32      SCB->SCR |= SCB_SCR_SLEEPDEEP;
33
34      /* 设置进入停止模式的方式 ------------------*/
35      if (PWR_STOPEntry == PWR_STOPEntry_WFI) {
36          /* 需要中断唤醒 */
37          __WFI();
38      } else {
39          /* 需要事件唤醒 */
40          __WFE();
41      }
42
43      /* 以下的程序是当重新唤醒时才执行的，清除SLEEPDEEP位的状态 */
44      SCB->SCR &= (uint32_t)~((uint32_t)SCB_SCR_SLEEPDEEP);
45  }
46
```

这个函数有两个输入参数，分别用于控制调压器的模式及选择使用WFI或WFE停止，代码中先是根据调压器的模式配置PWR_CR寄存器，再把内核寄存器的SLEEPDEEP位置1，这样再调用WFI或WFE命令时，STM32就不是睡眠，而是进入停止模式了。函数结尾处的语句用于复位SLEEPDEEP位的状态，由于它是在WFI及WFE指令之后的，所以这部分代码是在STM32被唤醒的时候才会执行。

要注意的是进入停止模式后，STM32的所有I/O都保持在停止前的状态，而当它被唤醒时，STM32使用HSI作为系统时钟（8MHz）运行，由于系统时钟会影响很多外设的工作状态，所以一般我们在唤醒后会重新开启HSE，把系统时钟设置成原来的状态。

37.2.4　进入待机模式

类似地，STM32标准库也提供了控制进入待机模式的函数，其定义见代码清单37-3。

代码清单37-3　进入待机模式

```
1  /**
2   * @brief 进入待机模式
```

```
3   * @note    待机模式时,除以下引脚,其余引脚都在高阻态:
4   *                 - 复位引脚
5   *                 - RTC_AF1 引脚 (PC13)（需要使能侵入检测、时间戳事件或 RTC 闹钟事件）
6   *                 - RTC_AF2 引脚 (PI8) （需要使能侵入检测或时间戳事件）
7   *                 - WKUP 引脚 (PA0) （需要使能 WKUP 唤醒功能）
8   * @note    在调用本函数前还需要清除 WUF 寄存器位
9   * @param   无
10  * @retval  无
11  */
12  void PWR_EnterSTANDBYMode(void)
13  {
14      /* 清除 Wake-up 标志 */
15      PWR->CR |= PWR_CR_CWUF;
16      /* 选择待机模式 */
17      PWR->CR |= PWR_CR_PDDS;
18      /* 设置内核寄存器的 SLEEPDEEP 位 */
19      SCB->SCR |= SCB_SCR_SLEEPDEEP;
20      /* 存储操作完毕才能进入待机模式,使用以下语句确保存储操作执行完毕 */
21  #if defined ( __CC_ARM   )
22      __force_stores();
23  #endif
24      /* 等待中断唤醒 */
25      __WFI();
26  }
```

该函数中先配置了 PDDS 寄存器位及 SLEEPDEEP 寄存器位,接着调用 __force_stores 函数确保存储操作完毕后再调用 WFI 指令,从而进入待机模式。这里值得注意的是,待机模式也可以使用 WFE 指令进入,如果有需要可以自行修改。

在进入待机模式后,除了被使能了的用于唤醒的 I/O,其余 I/O 都进入高阻态,而从待机模式唤醒后,相当于复位 STM32 芯片,程序重新从头开始执行。

37.3　PWR——睡眠模式实验

在本小节中,我们以实验的形式讲解如何控制 STM32 进入低功耗睡眠模式。

37.3.1　硬件设计

实验中的硬件主要使用到了按键、LED 彩灯以及使用串口输出调试信息,这些硬件都与前面相应实验中的一致,涉及硬件设计的可参考原理图或前面章节中的内容。

37.3.2　软件设计

本小节讲解的是"PWR——睡眠模式"实验,请打开配套的代码工程阅读理解。

1. 编程要点

1）初始化用于唤醒的中断按键;
2）进入睡眠状态;
3）使用按键中断唤醒芯片。

2. 代码分析

（1）main 函数

睡眠模式的程序比较简单，我们直接阅读它的 main 函数了解执行流程，见代码清单 37-4。

代码清单 37-4　睡眠模式的 main 函数（main.c 文件）

```
1
2  /**
3    * @brief  main 函数
4    * @param  无
5    * @retval 无
6    */
7  int main(void)
8  {
9
10         LED_GPIO_Config();
11
12         /* 初始化 USART1*/
13         USART_Config();
14
15         /* 初始化按键为中断模式，按下中断后会进入中断服务函数  */
16         EXTI_Key_Config();
17
18         printf("\r\n 欢迎使用秉火  STM32 开发板。\r\n");
19         printf("\r\n 秉火 STM32 睡眠模式例程 \r\n");
20
21         printf("\r\n 实验说明：\r\n");
22
23         printf("\r\n 1.本程序中，绿灯表示STM32 正常运行，红灯表示睡眠状态，蓝灯表示刚从睡眠状态被唤醒 \r\n");
24         printf("\r\n 2.程序运行一段时间后自动进入睡眠状态，在睡眠状态下，可使用 KEY1 或 KEY2 唤醒 \r\n");
25         printf("\r\n 3.本实验执行这样一个循环：\r\n");
26  printf("\r\n --》亮绿灯（正常运行）-> 亮红灯（睡眠模式）-> 按KEY1或KEY2 唤醒 -> 亮蓝灯（刚被唤醒）--》\r\n");
27         printf("\r\n 4.在睡眠状态下，DAP 下载器无法给STM32 下载程序，\r\n");
28         printf("\r\n 可按KEY1、KEY2 唤醒后下载，\r\n");
29         printf("\r\n 或按复位键使芯片处于复位状态，然后在电脑上点击下载按钮，再释放复位按键，即可下载 \r\n");
30
31         while (1) {
32             /********* 执行任务 *************************/
33             printf("\r\n STM32 正常运行，亮绿灯 \r\n");
34
35             LED_GREEN;
36             Delay(0x3FFFFF);
37
38             /***** 任务执行完毕，进入睡眠降低功耗 ************/
39
40
41             printf("\r\n 进入睡眠模式，按 KEY1 或 KEY2 按键可唤醒 \r\n");
42
43             // 亮红灯指示，进入睡眠状态
44             LED_RED;
45             // 进入睡眠模式
46             __WFI();   //WFI 指令进入睡眠
```

```
47
48              // 等待中断唤醒 K1 或 K2 按键中断
49
50              /*** 被唤醒，亮蓝灯指示 ***/
51              LED_BLUE;
52              Delay(0x1FFFFF);
53
54              printf("\r\n 已退出睡眠模式 \r\n");
55              // 继续执行 while 循环
56          }
57 }
```

这个 main 函数的执行流程见图 37-4。

1）程序中首先初始化了 LED 及串口以便用于指示芯片的运行状态，并且把实验板上的两个按键都初始化成了中断模式，以便当系统进入睡眠模式的时候可以通过按键来唤醒。这些硬件的初始化过程与前面章节中的一模一样。

2）初始化完成后使用 LED 及串口表示运行状态，在本实验中，LED 彩灯为绿色时表示正常运行，红灯时表示睡眠状态，蓝灯时表示刚从睡眠状态中被唤醒。

3）程序执行一段时间后，直接使用 WFI 指令进入睡眠模式，由于 WFI 睡眠模式可以使用任意中断唤醒，所以我们可以使用按键中断唤醒。在实际应用中，也可以把它改成串口中断、定时器中断等。

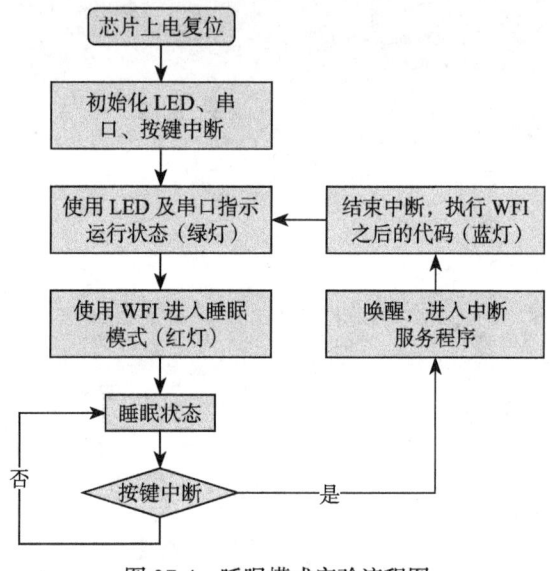

图 37-4 睡眠模式实验流程图

4）当系统进入停止状态后，我们按下实验板上的 KEY1 或 KEY2 按键，即可使系统回到正常运行的状态，当执行完中断服务函数后，会继续执行 WFI 指令后的代码。

（2）中断服务函数

系统刚被唤醒时会进入中断服务函数，见代码清单 37-5。

代码清单 37-5　按键中断的服务函数（stm32f10x_it.c 文件）

```
1
2  void KEY1_IRQHandler(void)
3  {
4      // 确认是否产生了 EXTI Line 中断
5      if (EXTI_GetITStatus(KEY1_INT_EXTI_LINE) != RESET) {
6          LED_BLUE;
7          printf("\r\n KEY1 按键中断唤醒 \r\n");
8          EXTI_ClearITPendingBit(KEY1_INT_EXTI_LINE);
9      }
10 }
11
12 void KEY2_IRQHandler(void)
```

```
13  {
14      // 确认是否产生了 EXTI Line 中断
15      if (EXTI_GetITStatus(KEY2_INT_EXTI_LINE) != RESET) {
16          LED_BLUE;
17          printf("\r\n KEY2 按键中断唤醒 \r\n");
18          // 清除中断标志位
19          EXTI_ClearITPendingBit(KEY2_INT_EXTI_LINE);
20      }
21  }
```

用于唤醒睡眠模式的中断，其中断服务函数也没有特殊要求，与普通的应用一样。

37.3.3 下载验证

下载这个实验测试时，可连接上串口，在电脑端的串口调试助手获知调试信息。当系统进入睡眠状态的时候，可以按 KEY1 或 KEY2 按键唤醒系统。

注意：
当系统处于睡眠模式低功耗状态时（包括后面讲解的停止模式及待机模式），使用 DAP 下载器是无法给芯片下载程序的，所以下载程序时要先把系统唤醒。或者使用如下方法：按着板子的复位按键，使系统处于复位状态，然后单击电脑端的"下载"按钮下载程序，这时再释放复位按键，就能正常给板子下载程序了。

37.4 PWR——停止模式实验

在睡眠模式实验的基础上，我们进一步讲解如何进入停止模式及唤醒后的状态恢复。

37.4.1 硬件设计

本实验中的硬件与睡眠模式中的一致，主要使用到了按键、LED 彩灯以及使用串口输出调试信息。

37.4.2 软件设计

本小节讲解的是"PWR——停止模式"实验，请打开配套的代码工程阅读理解。
1. 编程要点
1）初始化用于唤醒的中断按键；
2）选择电压调节器的工作模式并进入停止状态；
3）使用按键中断唤醒芯片；
4）重启 HSE 时钟，使系统完全恢复停止前的状态。
2. 代码分析
（1）重启 HSE 时钟
与睡眠模式不一样，系统从停止模式被唤醒时，是使用 HSI 作为系统时钟的，在

STM32F103 中，HSI 时钟一般为 8MHz，与我们常用的 72MHz 相差太远，它会影响各种外设的工作频率。所以在系统从停止模式唤醒后，若希望各种外设恢复正常的工作状态，就要恢复停止模式前使用的系统时钟。本实验中定义了一个 SYSCLKConfig_STOP 函数，用于恢复系统时钟，它的定义见代码清单 37-6。

代码清单 37-6　恢复系统时钟（main.c 文件）

```
1  /**
2    * @brief  停机唤醒后配置系统时钟：使能 HSE、PLL
3    *         并且选择 PLL 作为系统时钟
4    * @param  无
5    * @retval 无
6    */
7  static void SYSCLKConfig_STOP(void)
8  {
9      /* 停机唤醒后配置系统时钟 */
10     /* 使能 HSE */
11     RCC_HSEConfig(RCC_HSE_ON);
12
13     /* 等待 HSE 准备就绪 */
14     while (RCC_GetFlagStatus(RCC_FLAG_HSERDY) == RESET);
15
16     /* 使能 PLL */
17     RCC_PLLCmd(ENABLE);
18
19     /* 等待 PLL 准备就绪 */
20     while (RCC_GetFlagStatus(RCC_FLAG_PLLRDY) == RESET);
21
22     /* 选择 PLL 作为系统时钟源 */
23     RCC_SYSCLKConfig(RCC_SYSCLKSource_PLLCLK);
24
25     /* 等待 PLL 被选择为系统时钟源 */
26     while (RCC_GetSYSCLKSource() != 0x08);
27 }
```

这个函数主要是调用了各种 RCC 相关的库函数，开启了 HSE 时钟、使能 PLL，并且选择 PLL 作为时钟源，从而恢复停止前的时钟状态。

（2）main 函数

停止模式实验的 main 函数流程与睡眠模式的类似，主要是调用指令方式的不同及唤醒后增加了恢复时钟的操作，见代码清单 37-7。

代码清单 37-7　停止模式的 main 函数（main.c 文件）

```
1
2  /**
3    * @brief  main 函数
4    * @param  无
5    * @retval 无
6    */
7  int main(void)
8  {
9      LED_GPIO_Config();
10
```

```c
11          /* 初始化 USART1*/
12          USART_Config();
13
14          /* 初始化按键为中断模式,按下中断后会进入中断服务函数 */
15          EXTI_Key_Config();
16
17          printf("\r\n 欢迎使用秉火 STM32 开发板。\r\n");
18          printf("\r\n 秉火 STM32 停止模式例程 \r\n");
19
20          printf("\r\n 实验说明: \r\n");
21
22          printf("\r\n 1.本程序中,绿灯表示 STM32 正常运行,红灯表示停止状态,蓝灯表示刚从停止状态被唤醒 \r\n");
23          printf("\r\n 2.程序运行一段时间后自动进入停止状态,在停止状态下,可使用 KEY1 或 KEY2 唤醒 \r\n");
24          printf("\r\n 3.本实验执行这样一个循环: \r\n");
25          printf("\r\n --》亮绿灯(正常运行)-> 亮红灯(停止模式)-> 按 KEY1 或 KEY2 唤醒 -> 亮蓝灯(刚被唤醒)---》\r\n");
26          printf("\r\n 4.在停止状态下,DAP 下载器无法给 STM32 下载程序, \r\n");
27          printf("\r\n 可按 KEY1、KEY2 唤醒后下载, \r\n");
28          printf("\r\n 或按复位键使芯片处于复位状态,然后在电脑上点击下载按钮,再释放复位按键,即可下载 \r\n");
29
30          while (1) {
31              /********* 执行任务 *************************/
32              printf("\r\n STM32 正常运行,亮绿灯 \r\n");
33
34              LED_GREEN;
35              Delay(0x3FFFFF);
36
37              /***** 任务执行完毕,进入停止模式,降低功耗 ***********/
38
39              printf("\r\n 进入停止模式,按 KEY1 或 KEY2 按键可唤醒 \r\n");
40
41              // 使用红灯指示,进入停止状态
42              LED_RED;
43
46              /* 进入停止模式,设置电压调节器为低功耗模式,等待中断唤醒 */
47              PWR_EnterSTOPMode(PWR_Regulator_LowPower,PWR_STOPEntry_WFI);
48
49              // 等待中断唤醒  K1 或 K2 按键中断
50              /******************* 被唤醒 *********************/
51              // 获取刚被唤醒时的时钟状态
52              // 时钟源
53              clock_source_wakeup = RCC_GetSYSCLKSource ();
54              // 时钟频率
55              RCC_GetClocksFreq(&clock_status_wakeup);
56
57              // 从停止模式下被唤醒后使用的是 HSI 时钟,此处重启 HSE 时钟,使用 PLLCLK
58              SYSCLKConfig_STOP();
59
60              // 获取重新配置后的时钟状态
61              // 时钟源
62              clock_source_config = RCC_GetSYSCLKSource ();
63              // 时钟频率
64              RCC_GetClocksFreq(&clock_status_config);
65              // 因为刚唤醒的时候使用的是 HSI 时钟,会影响串口波特率,输出不对,所以在重新配置时钟源后才使用串口输出
```

```
66                printf("\r\n 重新配置后的时钟状态：\r\n");
67                printf(" SYSCLK 频率:%d,\r\n HCLK 频率:%d,\r\n PCLK1 频率:%d,
68                \r\n PCLK2 频率:%d,\r\n 时钟源:%d (0 表示 HSI, 8 表示 PLLCLK)\n",
69                        clock_status_config.SYSCLK_Frequency,
70                        clock_status_config.HCLK_Frequency,
71                        clock_status_config.PCLK1_Frequency,
72                        clock_status_config.PCLK2_Frequency,
73                        clock_source_config);
74                printf("\r\n 刚唤醒的时钟状态：\r\n");
75                printf(" SYSCLK 频率:%d,\r\n HCLK 频率:%d,\r\n PCLK1 频率:%d,
76                \r\n PCLK2 频率:%d,\r\n 时钟源:%d (0 表示 HSI, 8 表示 PLLCLK)\n",
77                        clock_status_wakeup.SYSCLK_Frequency,
78                        clock_status_wakeup.HCLK_Frequency,
79                        clock_status_wakeup.PCLK1_Frequency,
80                        clock_status_wakeup.PCLK2_Frequency,
81                        clock_source_wakeup);
82
83                /* 蓝色指示灯亮 */
84                LED_BLUE;
85                Delay(0x1FFFFF);
86
87                printf("\r\n 已退出停止模式 \r\n");
88                // 继续执行 while 循环
89          }
90  }
```

这个 main 函数的执行流程见图 37-5。

1）程序中首先初始化了 LED 及串口以便用于指示芯片的运行状态，并且把实验板上的两个按键都初始化成了中断模式，以便当系统进入停止模式的时候可以通过按键来唤醒。这些硬件的初始化过程与前面章节中的一模一样。

2）初始化完成后使用 LED 及串口表示运行状态，在本实验中，LED 彩灯为绿色时表示正常运行，红灯时表示停止状态，蓝灯时表示刚从停止状态中被唤醒。在停止模式下，I/O 口会保持停止前的状态，所以 LED 彩灯在停止模式时也会保持亮红灯。

3）程序执行一段时间后，调用库函数 PWR_EnterSTOPMode 把调压器设置在低功耗模式，并使用 WFI 指令进入停止状态。由于 WFI 停止模式可以使用任意 EXTI 的中断唤醒，所以我们可以使用按键中断唤醒。

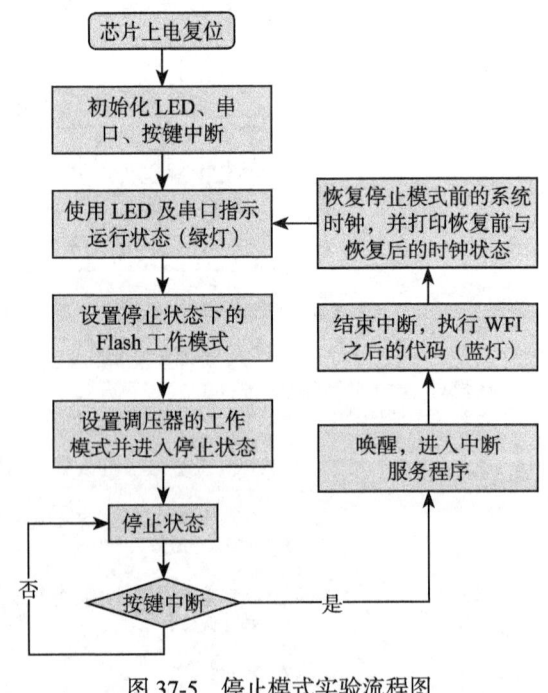

图 37-5　停止模式实验流程图

4）当系统进入睡眠状态后，我们按下实验板上的 KEY1 或 KEY2 按键，即可唤醒系统，当执行完中断服务函数后，会继续执行 WFI 指令（PWR_EnterSTOPMode 函数）后的代码。

5）为了更清晰地展示停止模式的影响，在刚唤醒后，我们调用了库函数 RCC_GetSYSCLKSource 以及 RCC_GetClocksFreq，获取刚唤醒后的系统的时钟源以及时钟频率，在使用 SYSCLKConfig_STOP 恢复时钟后，我们再次获取这些时状态，最后再通过串口打印出来。

6）通过串口调试信息我们知道，刚唤醒时系统时钟使用的是 HSI 时钟，频率为 8MHz，恢复后的系统时钟采用 HSE 倍频后的 PLL 时钟，时钟频率为 72MHz。

37.4.3 下载验证

下载这个实验测试时，可连接上串口，在电脑端的串口调试助手获知调试信息。当系统进入停止状态的时候，可以按 KEY1 或 KEY2 按键唤醒系统。

注意：

当系统处于停止模式低功耗状态时（包括睡眠模式及待机模式），使用 DAP 下载器是无法给芯片下载程序的，所以下载程序时要先把系统唤醒。或者使用如下方法：按着板子的复位按键，使系统处于复位状态，然后单击电脑端的下载按钮下载程序，这时再释放复位按键，就能正常给板子下载程序了。

37.5 PWR——待机模式实验

最后我们来学习最低功耗的待机模式。

37.5.1 硬件设计

本实验中的硬件与睡眠模式、停止模式中的一致，主要使用按键、LED 彩灯以及使用串口输出调试信息。要强调的是，由于 WKUP 引脚（PA0）必须使用上升沿才能唤醒待机状态的系统，所以我们硬件设计的 PA0 引脚连接到按键 KEY1，且按下按键的时候会在 PA0 引脚产生上升沿，从而可实现唤醒的功能，按键的具体电路请查看配套的原理图。

37.5.2 软件设计

本小节讲解的是"PWR——待机模式"实验，请打开配套的代码工程阅读理解。

1. 编程要点

1）清除 WUF 标志位；
2）使能 WKUP 唤醒功能；
3）进入待机状态。

2. 代码分析

main 函数

待机模式实验的执行流程比较简单，见代码清单 37-8。

代码清单 37-8 停止模式的 main 函数（main.c 文件）

```c
 1
 2 /**
 3   * @brief  main 函数
 4   * @param  无
 5   * @retval 无
 6   */
 7 int main(void)
 8 {
 9     /* 使能电源管理单元的时钟，必须要使能时钟才能进入待机模式 */
10     RCC_APB1PeriphClockCmd(RCC_APB1Periph_PWR , ENABLE);
11
12     LED_GPIO_Config();
13
14     /* 初始化 USART1 */
15     USART_Config();
16
17     /* 初始化按键，不需要中断，仅初始化 KEY2 即可，只用于唤醒的 PA0 引脚不需要这样初始化 */
18     Key_GPIO_Config();
19
20     printf("\r\n 欢迎使用秉火 STM32 开发板。\r\n");
21     printf("\r\n 秉火 STM32 待机模式例程 \r\n");
22
23     printf("\r\n 实验说明：\r\n");
24
25     printf("\r\n 1.本程序中，绿灯表示本次复位是上电或引脚复位，
26                   红灯表示即将进入待机状态，蓝灯表示本次是待机唤醒的复位 \r\n");
27     printf("\r\n 2.长按 KEY2 按键后，会进入待机模式 \r\n");
28     printf("\r\n 3.在待机模式下，按 KEY1 按键可唤醒，
29                   唤醒后系统会进行复位，程序从头开始执行 \r\n");
30     printf("\r\n 4.可通过检测 WU 标志位确定复位来源 \r\n");
31
32 printf("\r\n 5.在待机状态下，DAP 下载器无法给 STM32 下载程序，需要唤醒后才能下载 ");
33
34
35     // 检测复位来源
36     if (PWR_GetFlagStatus(PWR_FLAG_WU) == SET) {
37         LED_BLUE;
38         printf("\r\n 待机唤醒复位 \r\n");
39     } else {
40         LED_GREEN;
41         printf("\r\n 非待机唤醒复位 \r\n");
42     }
43
44     while (1) {
45         // K2 按键长按进入待机模式
46         if (KEY2_LongPress()) {
47             printf("\r\n 即将进入待机模式，进入待机模式后可按 KEY1 唤醒，
48                     唤醒后会进行复位，程序从头开始执行 \r\n");
49             LED_RED;
50             Delay(0xFFFF);
51
52             /*清除 WU 状态位 */
53             PWR_ClearFlag (PWR_FLAG_WU);
54
```

```
55                    /* 使能 WKUP 引脚的唤醒功能，使能 PA0*/
56                    PWR_WakeUpPinCmd (ENABLE);
57
58                    /* 进入待机模式 */
59                    PWR_EnterSTANDBYMode();
60            }
61        }
62 }
```

这个 main 函数的执行流程见图 37-6。

1）使用库函数 RCC_APB1PeriphClockCmd 和参数 RCC_APB1Periph_PWR 初始化电源管理外设的时钟。要先使能该时钟，后面才能正常使用命令进入待机状态和唤醒。

2）初始化 LED 及串口以便用于指示芯片的运行状态。由于待机模式唤醒使用 WKUP 引脚并不需要特别的引脚初始化，所以我们调用的按键初始化函数 Key_GPIO_Config，它的内部只初始化了 KEY2 按键，而且是普通的输入模式，对唤醒用的 PA0 引脚可以不初始化。当然，如果不初始化 PA0 的话，在正常运行模式中 KEY1 按键是不能正常运行的，我们这里只是强调待机模式的 WKUP 唤醒不需要中断，也不需要像按键那样初始化。本工程中使用的 Key_GPIO_Config 函数定义如代码清单 37-9 所示。

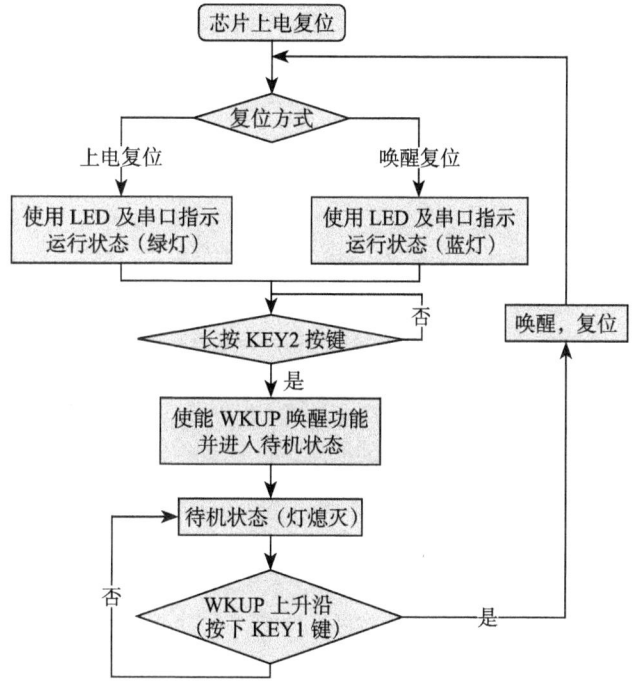

图 37-6 待机模式实验流程图

代码清单 37-9 Key_GPIO_Config 函数（bsp_key.c 文件）

```
1
2  /**
3    * @brief  配置按键用到的 I/O 口
4    * @param  无
5    * @retval 无
6    */
7  void Key_GPIO_Config(void)
8  {
9        GPIO_InitTypeDef GPIO_InitStructure;
10
11       /* 开启按键 GPIO 口的时钟 */
12       RCC_AHB1PeriphClockCmd(KEY2_GPIO_CLK,ENABLE);
13
```

```
14              /* 设置引脚为输入模式 */
15              GPIO_InitStructure.GPIO_Mode = GPIO_Mode_IN;
16
17              /* 设置引脚不上拉也不下拉 */
18              GPIO_InitStructure.GPIO_PuPd = GPIO_PuPd_NOPULL;
19
20              /* 选择按键的引脚 */
21              GPIO_InitStructure.GPIO_Pin = KEY2_GPIO_PIN;
22
23              /* 使用上面的结构体初始化按键 */
24              GPIO_Init(KEY2_GPIO_PORT, &GPIO_InitStructure);
25      }
```

3）使用库函数 PWR_GetFlagStatus 检测 PWR_FLAG_WU 标志位，当这个标志位为 SET 状态的时候，表示本次系统是从待机模式唤醒的复位，否则可能是上电复位。我们利用这个区分两种复位形式，分别使用蓝色 LED 或绿色 LED 来指示。

4）在 while 循环中，使用自定义的函数 KEY2_LongPress 来检测 KEY2 按键是否被长时间按下，若长时间按下则进入待机模式，否则继续 while 循环。KEY2_LongPress 函数不是本章分析的重点，感兴趣的读者请自行查阅工程中的代码。

5）检测到 KEY2 按键被长时间按下，要进入待机模式。在使用库函数 PWR_EnterSTANDBYMode 发送待机命令前，要先使用库函数 PWR_ClearFlag 清除 PWR_FLAG_WU 标志位，并且使用库函数 PWR_WakeUpPinCmd 使能 WKUP 唤醒功能，这样进入待机模式后才能使用 WKUP 唤醒。

6）在进入待机模式前我们控制了 LED 彩灯为红色，但在待机状态时，由于 I/O 口会处于高阻态，所以 LED 会熄灭。

7）按下 KEY1 按键，会使 PA0 引脚产生一个上升沿，从而唤醒系统。

8）系统唤醒后会进行复位，从头开始执行上述过程。与第一次上电时不同的是，这样的复位会使 PWR_FLAG_WU 标志位改为 SET 状态，所以这个时候 LED 彩灯会亮蓝色。

37.5.3 下载验证

下载这个实验测试时，可连接上串口，在电脑端的串口调试助手读取调试信息。长按实验板上的 KEY2 按键，系统会进入待机模式，按 KEY1 按键可唤醒系统。

37.6 PWR——PVD 电源监控实验

这一小节我们学习如何使用 PVD 监控供电电源，增强系统的鲁棒性。

37.6.1 硬件设计

本实验中使用 PVD 监控 STM32 芯片的 VDD 引脚，当监测到供电电压低于阈值时会产生 PVD 中断，系统进入中断服务函数进入紧急处理过程。所以进行这个实验时需要使用一个可调的电压源给实验板供电，改变 STM32 芯片的供电电压，为此我们需要先了解实验板的电源供电系统，见图 37-7。

第 37 章 电源管理——实现低功耗

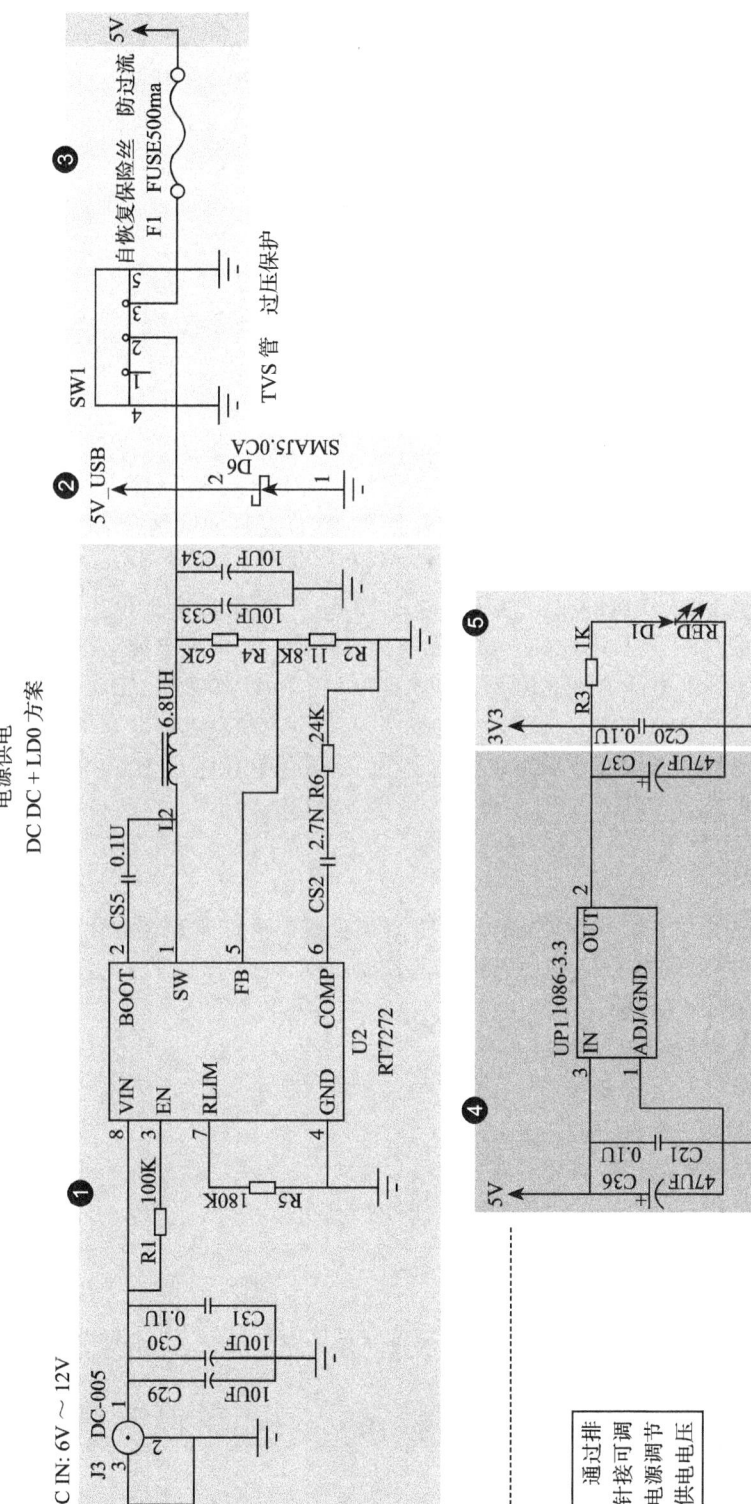

图 37-7 实验板的电源供电系统

整个电源供电系统主要分为以下 5 部分：

1）6～12V 的 DC 电源供电系统，这部分使用 DC 电源接口引入 6～12V 的电源，经过 RT7272 进行电压转换成 5V 电源，再与第 2 部分的"5V_USB"电源线连接在一起。

2）第 2 部分使用 USB 接口，使用 USB 线从外部引入 5V 电源，引入的电源经过电源开关及保险丝连接到"5V"电源线。

3）第 3 部分的是电源开关及保险丝，即当我们的实验板使用 DC 电源或"5V_USB"线供电时，可用电源开关控制通断，保险丝也会起保护作用。

4）"5V"电源线遍布整个板子，板子上各个位置引出的标有"5V"丝印的排针都与这个电源线直接相连。5V 电源线给板子上的某些工作电压为 5V 的芯片供电。5V 电源还经过 LDO 稳压芯片，输出 3.3V 电源连接到"3.3V"电源线。

5）同样，"3.3V"电源线也遍布整个板子，各个引出的标有"3.3V"丝印的排针都与它直接相连，3.3V 电源给工作电压为 3.3V 的各种芯片供电。STM32 芯片的 V_{DD} 引脚就是直接与这个 3.3V 电源相连的，所以通过 STM32 的 PVD 监控的就是这个"3.3V"电源线的电压。

当我们进行这个 PVD 实验时，为方便改变"3.3V"电源线的电压，可以把可调电源通过实验板上引出的"5V"及"GND"排针给实验板供电，当可调电源电压降低时，LDO 在"3.3V"电源线的供电电压会随之降低，即 STM32 的 PVD 监控的 VDD 引脚电压会降低，这样我们就可以模拟 VDD 电压下降的实验条件，对 PVD 进行测试了。不过，由于这样供电不经过保险丝，所以在调节电压的时候要小心，不要给它供远高于 5V 的电压，否则可能会烧坏实验板上的芯片。

37.6.2 软件设计

本小节讲解的是"PWR——PVD 电源监控"实验，请打开配套的代码工程阅读理解。为了便于把这个工程的 PVD 监控功能移植到其他应用，我们把 PVD 电源监控相关的主要代码都写到 bsp_pvd.c 及 bsp_pvd.h 文件中，这些文件是我们自己编写的，不属于标准库的内容，可根据个人喜好命名文件。

1. 编程要点

1）初始化 PVD 中断；
2）设置 PVD 电源监控等级并使能 PVD；
3）编写 PVD 中断服务函数，处理紧急任务。

2. 代码分析

（1）初始化 PVD

使用 PVD 功能前需要先初始化，我们把这部分代码封装到 PVD_Config 函数中，见代码清单 37-10。

代码清单 37-10　初始化 PVD（bsp_pvd.c 文件）

```
1
2  /**
```

```
 3      *  @brief   配置 PVD
 4      *  @param   无
 5      *  @retval  无
 6      */
 7  void PVD_Config(void)
 8  {
 9          NVIC_InitTypeDef NVIC_InitStructure;
10          EXTI_InitTypeDef EXTI_InitStructure;
11
12          /* 使能 PWR 时钟 */
13          RCC_APB1PeriphClockCmd(RCC_APB1Periph_PWR, ENABLE);
14
15          NVIC_PriorityGroupConfig(NVIC_PriorityGroup_1);
16
17          /* 使能 PVD 中断 */
18          NVIC_InitStructure.NVIC_IRQChannel = PVD_IRQn;
19          NVIC_InitStructure.NVIC_IRQChannelPreemptionPriority = 0;
20          NVIC_InitStructure.NVIC_IRQChannelSubPriority = 0;
21          NVIC_InitStructure.NVIC_IRQChannelCmd = ENABLE;
22          NVIC_Init(&NVIC_InitStructure);
23
24          /* 配置 EXTI16 线 (PVD 输出) 来产生上升下降沿中断 */
25          EXTI_ClearITPendingBit(EXTI_Line16);
26          EXTI_InitStructure.EXTI_Line = EXTI_Line16;
27          EXTI_InitStructure.EXTI_Mode = EXTI_Mode_Interrupt;
28          EXTI_InitStructure.EXTI_Trigger = EXTI_Trigger_Rising_Falling;
29          EXTI_InitStructure.EXTI_LineCmd = ENABLE;
30          EXTI_Init(&EXTI_InitStructure);
31
32          // 配置 PVD 级别 PWR_PVDLevel_2V6
33          // (PVD 检测电压的阈值为 2.6V，VDD 电压低于 2.6V 时产生 PVD 中断)
35          /*具体级别根据自己的实际应用要求配置*/
36          PWR_PVDLevelConfig(PWR_PVDLevel_2V6);
37
38          /* 使能 PVD 输出 */
39          PWR_PVDCmd(ENABLE);
40  }
```

在这段代码中，执行的流程如下：

1）配置 PVD 的中断优先级。由于电压下降是非常危急的状态，所以尽量把它配置成最高优先级。

2）配置了 EXTI16 线的中断源，设置 EXTI16 是因为 PVD 中断是通过 EXTI16 产生中断的（GPIO 的中断是 EXTI0-EXTI15）。

3）使用库函数 PWR_PVDLevelConfig 设置 PVD 监控的电压阈值等级，各个阈值等级表示的电压值请查阅表 37-1 或 STM32 的数据手册。

4）使用库函数 PWR_PVDCmd 使能 PVD 功能。

（2）PVD 中断服务函数

配置完成 PVD 后，还需要编写中断服务函数，在其中处理紧急任务，本工程的 PVD 中断服务函数见代码清单 37-11。

代码清单 37-11　PVD 中断服务函数（stm32f10x_it.c 文件）

```
1
2  /**
3   * @brief   PVD 中断请求
4   * @param   无
5   * @retval  无
6   */
7  void PVD_IRQHandler(void)
8  {
9      /* 检测是否产生了 PVD 警告信号 */
10     if (PWR_GetFlagStatus (PWR_FLAG_PVDO)==SET) {
11         /* 亮红灯，实际应用中应进入紧急状态处理 */
12         LED_RED;
13
14     }
15     /* 清除中断信号 */
16     EXTI_ClearITPendingBit(EXTI_Line16);
17
18 }
19
```

注意，这个中断服务函数的名是 PVD_IRQHandler 而不是 EXTI16_IRQHandler（STM32 没有这样的中断函数名），示例中我们仅点亮了 LED 红灯，不同的应用中要根据需求进行相应的紧急处理。

（3）main 函数

本电源监控实验的 main 函数执行流程比较简单，仅调用了 PVD_Config 配置监控功能，当 VDD 供电电压正常时，板子亮绿灯；当电压低于阈值时，会跳转到中断服务函数中，板子亮红灯，见代码清单 37-12。

代码清单 37-12　停止模式的 main 函数（main.c 文件）

```
1  /**
2   * @brief   main 函数
3   * @param   无
4   * @retval  无
5   */
6  int main(void)
7  {
8       LED_GPIO_Config();
9
10      // 亮绿灯，表示正常运行
11      LED_GREEN;
12
13      // 配置 PVD，当电压过低时，会进入中断服务函数，亮红灯
14      PVD_Config();
15
16      while (1) {
17
18          /* 正常运行的程序 */
19
20      }
21
22 }
```

```
23
24
```

37.6.3　下载验证

本工程的验证步骤如下：

1）通过电脑把本工程编译并下载到实验板；

2）把下载器、USB 及 DC 电源等外部供电设备都拔掉；

3）按"硬件设计"小节中的说明，使用可调电源通过"5V"及"GND"排针给实验板供 5V 电源（注意要先调好可调电源的电压再连接，防止烧坏实验板）；

4）复位实验板，确认板子亮绿灯，表示正常状态；

5）持续降低可调电源的输出电压，直到实验板亮红灯，这时表示 PVD 检测到电压低于阈值。

本工程中，我们实测 PVD 阈值等级为"PWR_PVDLevel_2V6"时，当可调电源电压降至 4.1V 时，板子亮红灯，此时的"3.3V"电源引脚的实测电压为 2.55V。可以设置其他电压阈值来进行测试。

第 38 章
MDK 的编译过程及文件类型全解

相信你已经可以非常熟练地使用 MDK 创建应用程序了，平时使用 MDK 编写源代码，然后编译生成机器码，再把机器码下载到 STM32 芯片上运行，但是这个编译、下载的过程 MDK 究竟做了什么工作？它编译后生成的各种文件又有什么作用？本章节将对这些过程进行讲解。了解编译及下载过程有助于理解芯片的工作原理，这些知识对制作 IAP（BootLoader）以及读写控制器内部 Flash 的应用非常重要。

38.1 编译过程

38.1.1 编译过程简介

首先我们简单了解 MDK 的编译过程，它与其他编译器的工作过程是类似的，该过程见图 38-1。

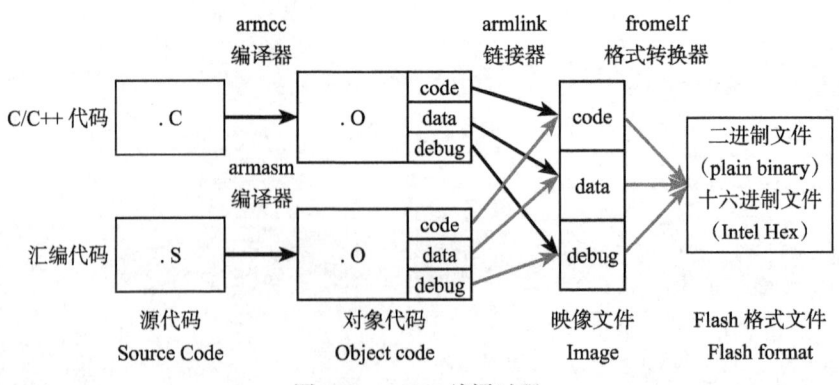

图 38-1 MDK 编译过程

编译过程生成的不同文件将在后面的小节详细说明，此处先抓住主要流程来理解。

1) 编译。MDK 软件使用的编译器是 armcc 和 armasm，它们根据每个 C/C++ 和汇编源文件编译成对应的以".o"为后缀名的对象文件（Object Code，也称目标文件），其内容主要是从源文件编译得到的机器码，包含了代码、数据以及调试使用的信息。

2）链接。链接器 armlink 把各个 .o 文件及库文件链接成一个映像文件".axf"或".elf"。

3）格式转换。一般来说，Windows 或 Linux 系统使用链接器直接生成可执行映像文件 elf 后，内核根据该文件的信息加载后，就可以运行程序了。但在单片机平台上，需要把该文件的内容加载到芯片上，所以还需要对链接器生成的 elf 映像文件利用格式转换器 fromelf 转换成".bin"或".hex"文件，交给下载器下载到芯片的 Flash 或 ROM 中。

38.1.2 具体工程中的编译过程

下面我们打开"多彩流水灯"工程，以它为例进行讲解，其他工程的编译过程也是一样的，只是文件有差异。打开工程后，单击 MDK 的 rebuild 按钮，它会重新构建整个工程，构建的过程会在 MDK 下方的"Build Output"窗口输出提示信息，见图 38-2。

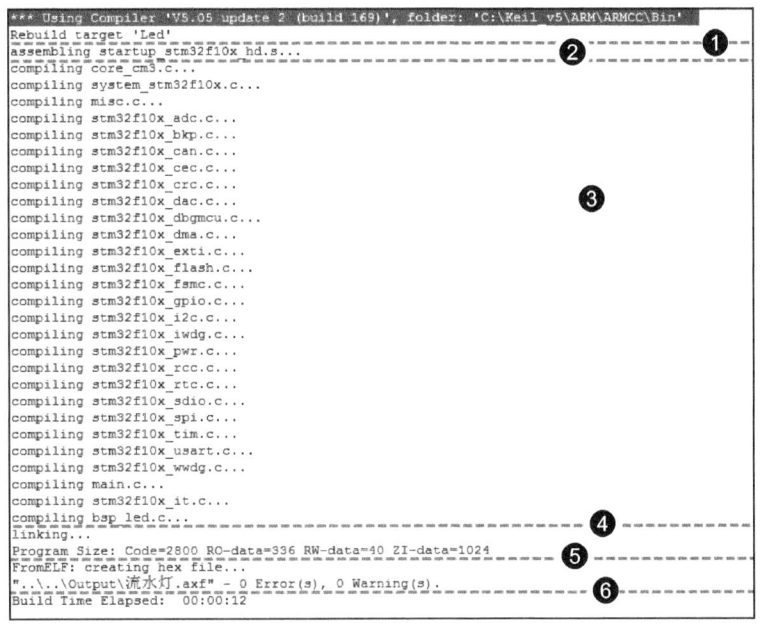

图 38-2　编译工程时的编译提示

构建工程的提示输出主要分 6 个部分，说明如下：

1）提示信息的第 1 部分说明构建过程调用的编译器。图中的编译器名字是"V5.05 update 2（build 169）"，后面附带了该编译器所在的文件夹。在电脑上打开该路径，可看到该编译器包含图 38-3 中的各个编译工具，如 armar、armasm、armcc、armlink 及 fromelf。后面 4 个工具在图 38-1 中已讲解，而 armar 是用于把 .o 文件打包成 lib 文件的。

2）使用 armasm 编译汇编文件。图 38-2 中列出了编译 startup 启动文件时的提示，编译后每个汇编源文件都对应有一个独立的 .o 文件。

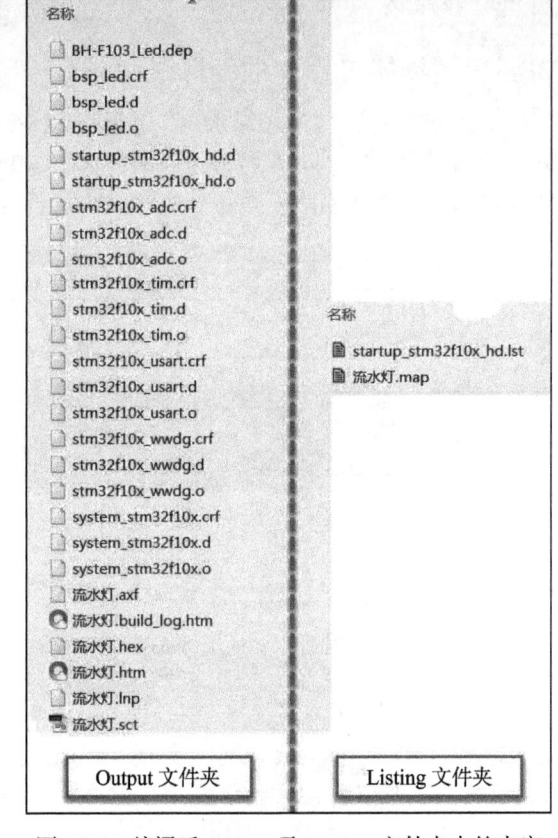

图 38-3 编译工具

3）使用 armcc 编译 C/C++ 文件。图 38-2 中列出了工程中所有的 C/C++ 文件的提示，同样，编译后每个 C/C++ 源文件都对应一个独立的 .o 文件。

4）使用 armlink 链接对象文件，根据程序的调用把各个 .o 文件的内容链接起来，最后生成程序的 axf 映像文件，并附带程序各个域大小的说明，包括 Code、RO-data、RW-data 及 ZI-data 的大小。

5）使用 fromelf 生成下载格式文件，它根据 axf 映像文件转化成 hex 文件，并列出编译过程中出现的错误（Error）和警告（Warning）数量。

6）最后一段提示给出了整个构建过程花费的时间。

构建完成后，可在工程的 Output 及 Listing 目录下找到由以上过程生成的各种文件，见图 38-4。

可以看到，每个 C 源文件都对应生成了 .o、.d 及 .crf 后缀的文件，还有一些额外的 .dep、.hex、.axf、.htm、.lnp、.sct、.lst 及 .map 文件。

图 38-4 编译后 Output 及 Listing 文件夹中的内容

38.2 程序的组成、存储与运行

38.2.1 CODE、RO、RW、ZI Data 域及堆栈空间

在工程的编译提示输出信息中有一个语句" Program Size：Code=xx RO-data=xx RW-data=xx ZI-data=xx"，它说明了程序各个域的大小。编译后，应用程序中所有具有同一性质的数据（包括代码）被归到一个域，程序在存储或运行的时候，不同的域会呈现不同的状态。这些域的意义如下。

- Code：代码域，它指的是编译器生成的机器指令，这些内容被存储到 ROM 区。

- RO-data：Read Only data，即只读数据域，它指程序中用到的只读数据，这些数据被存储在 ROM 区，因而程序不能修改其内容。例如 C 语言中 const 关键字定义的变量就是典型的 RO-data。
- RW-data：Read Write data，即可读写数据域，它指初始化为"非 0 值"的可读写数据，程序刚运行时，这些数据具有非 0 的初始值，且运行的时候它们会常驻在 RAM 区，因而应用程序可以修改其内容。例如 C 语言中使用定义的全局变量，且定义时赋予"非 0 值"给该变量进行初始化。
- ZI-data：Zero Initialie data，即 0 初始化数据，它指初始化为"0 值"的可读写数据域，它与 RW-data 的区别是程序刚运行时这些数据初始值全都为 0，而后续运行过程与 RW-data 的性质一样，它们也常驻在 RAM 区，因而应用程序可以更改其内容。例如 C 语言中使用定义的全局变量，且定义时赋予"0 值"给该变量进行初始化（若定义该变量时没有赋予初始值，编译器会把它当 ZI-data 来对待，初始化为 0）。
- ZI-data 的栈空间（Stack）及堆空间（Heap）：在 C 语言中，函数内部定义的局部变量属于栈空间，进入函数的时候从向栈空间申请内存给局部变量，退出时释放局部变量，归还内存空间。而使用 malloc 动态分配的变量属于堆空间。在程序中的栈空间和堆空间都是属于 ZI-data 区域的，这些空间都会被初始值化为 0 值。编译器给出的 ZI-data 占用的空间值中包含了堆栈的大小（经实际测试，若程序中完全没有使用 malloc 动态申请堆空间，编译器会优化，不把堆空间计算在内）。

综上所述，以程序的组成构件为例，它们所属的区域类别见表 38-1。

38.2.2 程序的存储与运行

RW-data 和 ZI-data 仅仅是初始值不一样而已，为什么编译器非要把它们区分开？这就涉及程序的存储状态了。应用程序具有静止状态和运行状态。静止状态的程序被存储在非易失存储器中，如 STM32 的内部 Flash，因而系统掉电后也能正常保存。但是当程序在运行状态的时候，程序常常需要

表 38-1 程序组件所属的区域

程序组件	所属类别
机器代码指令	Code
常量	RO-data
初值非 0 的全局变量	RW-data
初值为 0 的全局变量	ZI-data
局部变量	ZI-data 栈空间
使用 malloc 动态分配的空间	ZI-data 堆空间

修改一些暂存数据，由于运行速度的要求，这些数据往往存放在内存（RAM）中，掉电后这些数据会丢失。因此，程序在静止与运行的时候，在存储器中的表现是不一样的，见图 38-5。

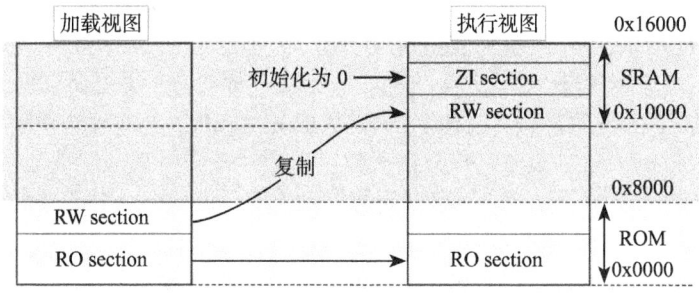

图 38-5 应用程序的加载视图与执行视图

图中的左侧是应用程序的存储状态,右侧是运行状态,而上方是 RAM 存储器区域,下方是 ROM 存储器区域。

程序在存储状态时,RO 节(RO section)及 RW 节都被保存在 ROM 区。当程序开始运行时,内核直接从 ROM 中读取代码,并且在执行主体代码前,会先执行一段加载代码,它把 RW 节数据从 ROM 复制到 RAM,并且在 RAM 加入 ZI 节,ZI 节的数据都被初始化为 0。加载完后 RAM 区准备完毕,正式开始执行主体程序。

编译生成的 RW-data 的数据属于图 38-5 中的 RW 节,ZI-data 的数据属于图 38-5 中的 ZI 节。是否需要掉电保存,这就是把 RW-data 与 ZI-data 区别开来的原因,因为在 RAM 创建数据的时候,默认值为 0,但如果有的数据要求初值非 0,那就需要使用 ROM 记录该初始值,运行时再复制到 RAM。

STM32 的 RO 区域不需要加载到 SRAM,内核直接从 Flash 读取指令运行。计算机系统的应用程序运行过程很类似,不过计算机系统的程序在存储状态时位于硬盘,执行的时候甚至会把上述的 RO 区域(代码、只读数据)加载到内存,加快运行速度,还有虚拟内存管理单元(MMU)辅助加载数据,使得可以运行比物理内存还大的应用程序。而 STM32 没有 MMU,所以无法支持 Linux 和 Windows 系统。

当程序存储到 STM32 芯片的内部 Flash(ROM 区)时,它占用的空间是 Code、RO-data 及 RW-data 的总和,所以如果这些内容比 STM32 芯片的 Flash 空间大,程序就无法被正常保存了。当程序在执行的时候,需要占用内部 SRAM 空间(RAM 区),占用的空间包括 RW-data 和 ZI-data。应用程序在各个状态时各区域的组成见表 38-2。

表 38-2 程序状态区域的组成

程序状态与区域	组 成
程序执行时的只读区域(RO)	Code + RO data
程序执行时的可读写区域(RW)	RW data + ZI data
程序存储时占用的 ROM 区	Code + RO data + RW data

在 MDK 中,我们建立的工程一般会选择芯片型号,选择后就有确定的 Flash 及 SRAM 大小。若代码超出了芯片的存储器的极限,编译器会提示错误,这时就需要裁剪程序了,裁剪时可针对超出的区域来优化。

38.3 编译工具链

在前面编译过程中,MDK 调用了各种编译工具,平时我们直接配置 MDK,不需要学习如何使用它们,但了解它们是非常有好处的。例如,若希望使用 MDK 编译生成 bin 文件的,需要在 MDK 中输入指令控制 fromelf 工具;在本章后面讲解 AXF 及 O 文件的时候,需要利用 fromelf 工具查看其文件信息,这都是无法直接通过 MDK 做到的。关于这些工具链的说明,在 MDK 的帮助手册《ARM Development Tools》都有详细讲解,单击 MDK 界面的 "help->μVision Help" 菜单可打开该文件。

38.3.1 设置环境变量

调用这些编译工具,需要用到 Windows 的 "命令行提示符工具",为了让命令行方便地找到这些工具,我们先把工具链的目录添加到系统的环境变量中。查看本机工具链所在的具体目录可根据上一小节讲解的工程编译提示输出信息中找到，如本机的路径为 D:\work\keil5\ARM\ARMCC\bin。

添加路径到 PATH 环境变量

这里以 Windows 7 系统为例，添加工具链的路径到 PATH 环境变量，其他系统是类似的。

1）右键电脑系统的"计算机图标"，在弹出的菜单中选择"属性"，见图 38-6。

2）在弹出的"属性"页面中依次单击"高级系统设置"→"环境变量"，在用户变量一栏中找到名为 PATH 的变量，若没有该变量，则新建一个。编辑 PATH 变量，在它的变量值中输入工具链的路径，如本机的是" D:\work\keil5\ARM\ARMCC\bin"，注意要使用"分号 ;"让它与其他路径分隔开，输入完毕后依次单击"确定"按钮，见图 38-7。

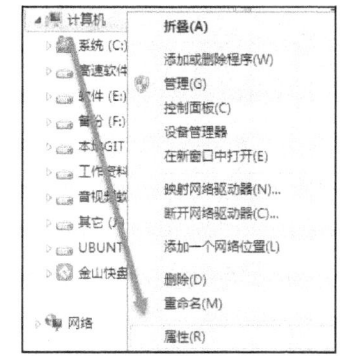

图 38-6 选择"属性"

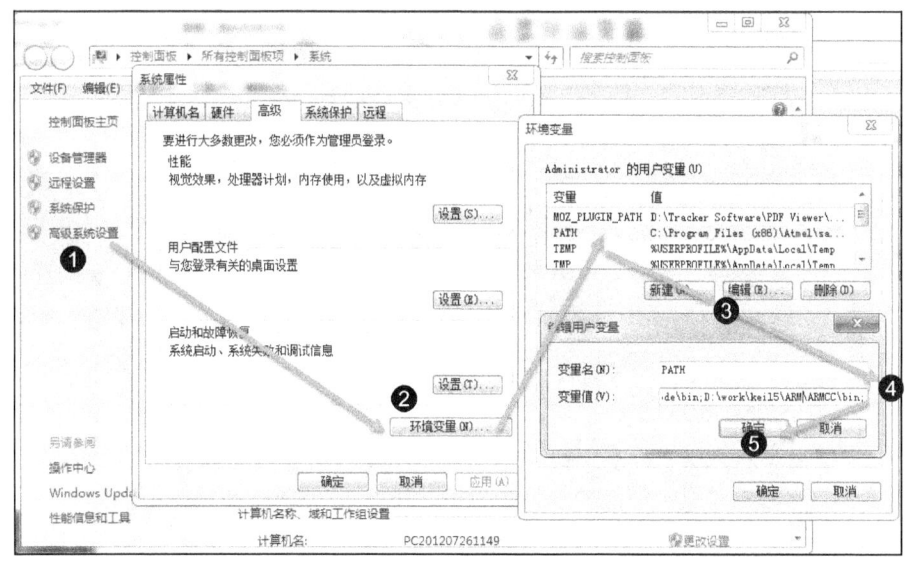

图 38-7 添加工具链路径到 PATH 变量

3）打开 Windows 的命令行，单击系统的"开始菜单"，在搜索框输入"cmd"，在搜索结果中单击"cmd.exe"即可打开命令行，见图 38-8。

4）在弹出的命令行窗口中输入"fromelf"回车，若窗口打印出 fromelf 的帮助说明，那么路径正常，就可以开始后面的工作了；若提示"不是内部名外部命令，也不是可运行的程序…"信息，说明路径不对，请重新配置环境变量，并确认该工作目录下有编译工具链。

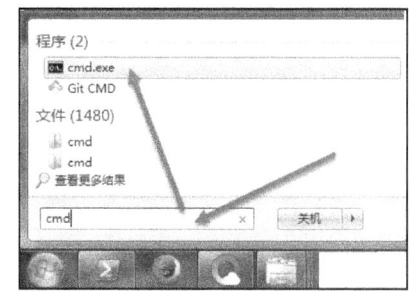

图 38-8 打开命令行

这个过程本质就是让命令行通过"PATH"路径找到 fromelf.exe 程序运行，默认运行 fromelf.exe 时它会输出自己的帮助信息，这就是工具链的调用过程，MDK 本质上也是如此调用工具链的，只是它集成为 GUI，相对于命令行对用户更友好，毕竟上述配置环境变量的过程是很麻烦的。

38.3.2 armcc、armasm 及 armlink

接下来我们看看各个工具链的具体用法，主要以 armcc 为例。

1.armcc

armcc 用于把 C/C++ 文件编译成 ARM 指令代码，编译后会输出 elf 格式的 o 文件（对象、目标文件），在命令行中输入"armcc"回车可调用该工具，它会打印帮助说明，见图 38-9。

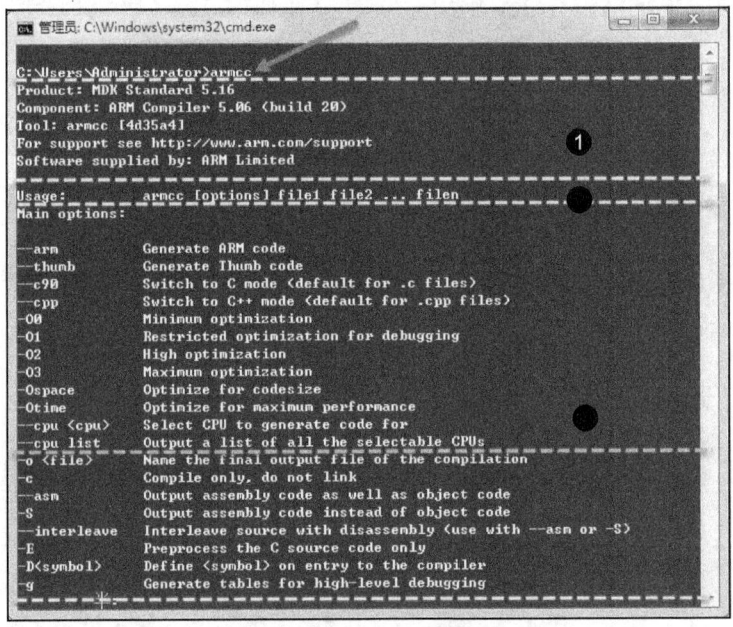

图 38-9 armcc 的帮助提示

帮助提示中分 3 部分：第 1 部分是 armcc 版本信息，第 2 部分是命令的用法，第 3 部分是主要命令选项。

命令用法如下：

armcc [options] file1 file2 ... filen

在 [option] 位置可输入下面的"--arm"、"--cpu list"选项，若选项带文件输入，则把文件名填充在 file1、file2…的位置，这些文件一般是 C/C++ 文件。

例如，根据它的帮助说明，"--cpu list"可列出编译器支持的所有 CPU，我们在命令行中输入"armcc --cpu list"，可看到如图 38-10 的字的 CPU 列表。

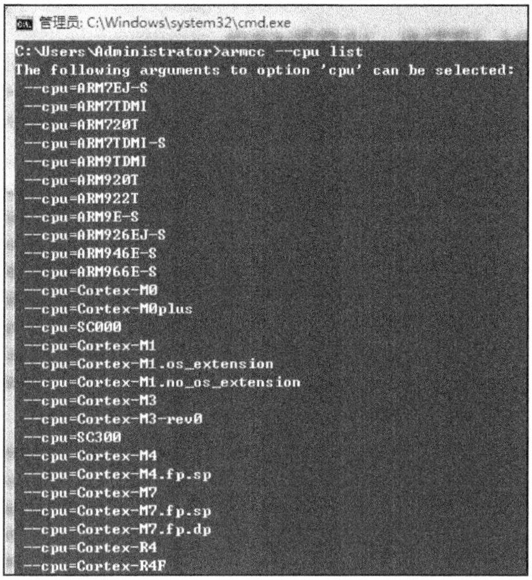

图 38-10　查看 CPU 列表

打开 MDK 的 Options for Targe → C/C++ 菜单，可看到 MDK 对编译器的控制命令，见图 38-11。

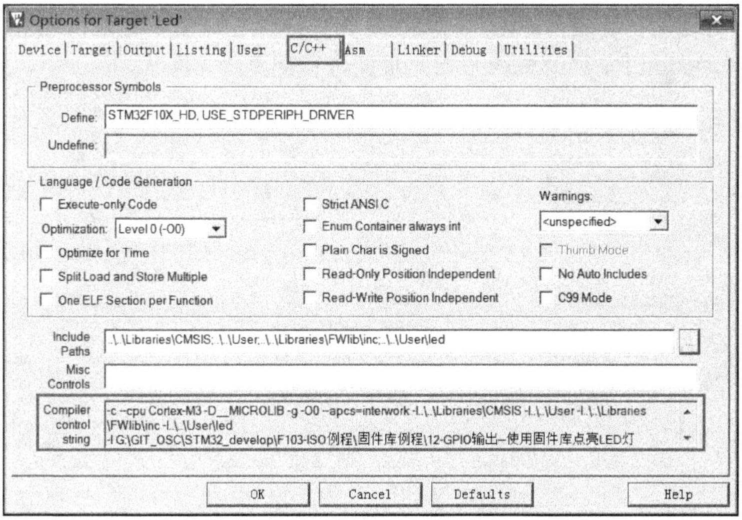

图 38-11　MDK 的 armcc 编译选项

从该图中的命令可看到，它调用了 -c、-cpu、-D、-g、-O0 等编译选项，当我们修改 MDK 的编译配置时，可看到该控制命令也会有相应的变化。然而我们无法在该编译选项框中输入命令，只能通过 MDK 提供的选项修改。

了解这些，我们就可以查询具体的 MDK 编译选项的具体信息了，如 C/C++ 选项中的

"Optimization：Leve 1（-O1）"是什么功能呢？首先可了解到它是"-O"命令，命令后还带个数字，查看 MDK 的帮助手册，在 armcc 编译器说明章节可详细了解，见图 38-12。

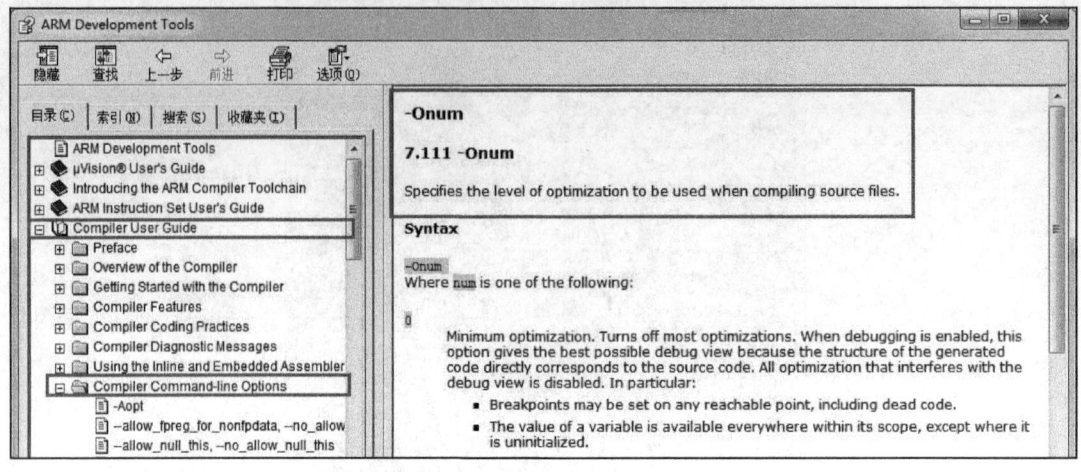

图 38-12　编译器选项说明

利用 MDK，我们一般不需要自己调用 armcc 工具，但经过这样的过程我们就会对 MDK 有更深入的认识，面对它的各种编译选项，就不会那么头疼了。

2. armasm

armasm 是汇编器，它把汇编文件编译成 O 文件。与 armcc 类似，MDK 对 armasm 的调用选项可在"Option for Target → Asm"页面进行配置，见图 38-13。

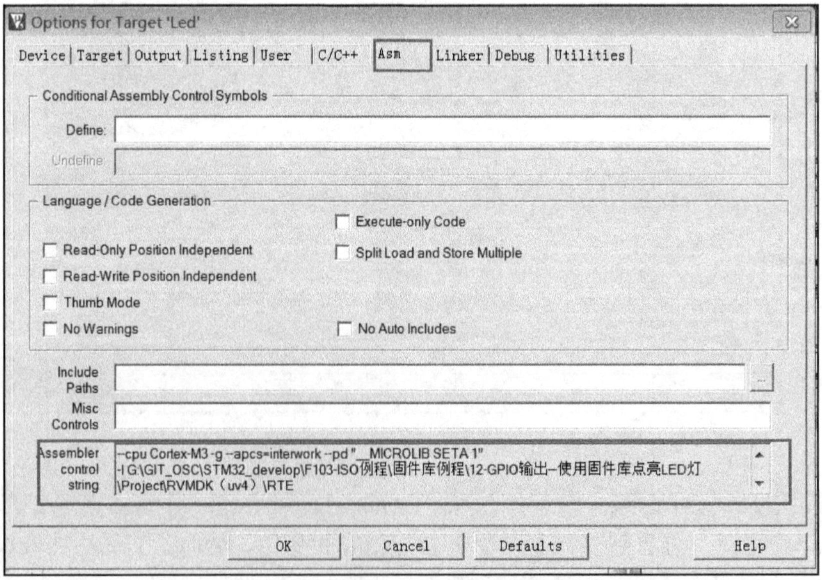

图 38-13　armasm 与 MDK 的编译选项

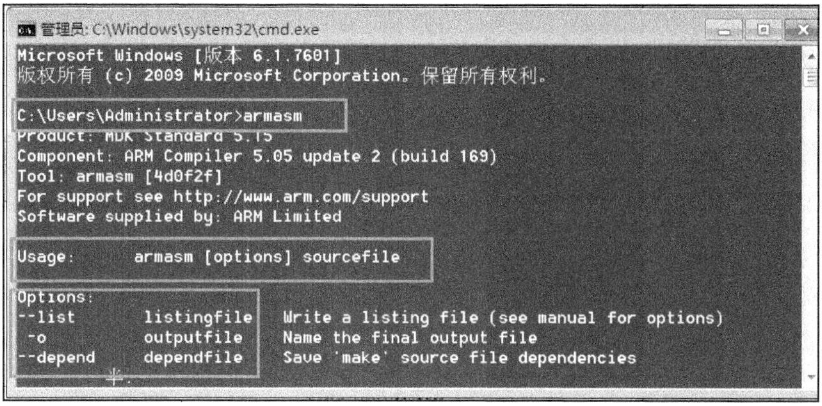

图 38-13 （续）

3.armlink

armlink 是链接器，它把各个 O 文件链接组合在一起生成 ELF 格式的 AXF 文件，AXF 文件是可执行的，下载器把该文件中的指令代码下载到芯片后，该芯片就能运行程序了。利用 armlink 还可以控制程序存储到指定的 ROM 或 RAM 地址。在 MDK 中可在 "Option for Target → Linker" 页面配置 armlink 选项，见图 38-14。

链接器默认是根据芯片类型的存储器分布来生成程序的，该存储器分布被记录在工程里的以 sct 为后缀的文件中，有特殊需要的话可自行编辑该文件，改变链接器的链接方式，具体后面我们会详细讲解。

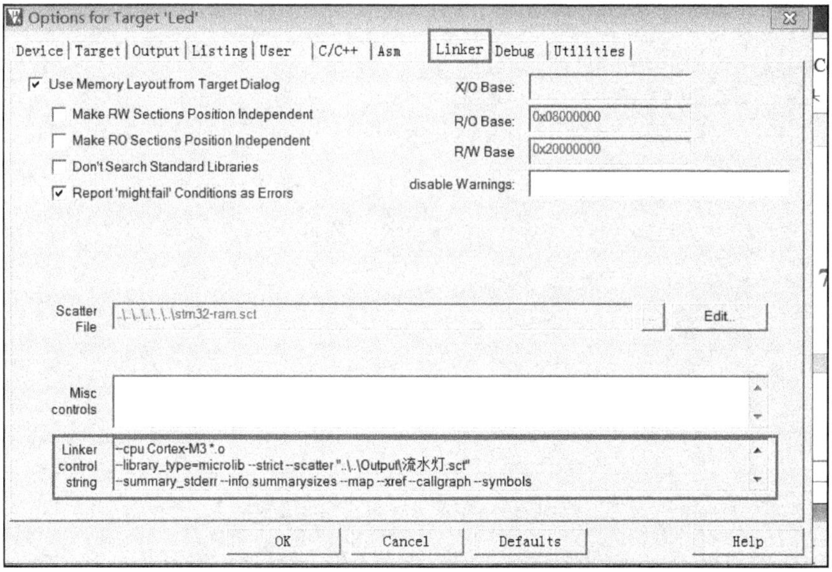

图 38-14 armlink 与 MDK 的配置选项

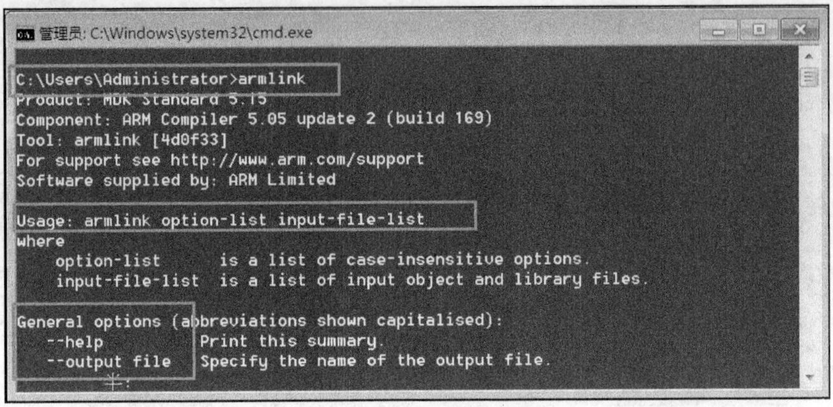

图 38-14 （续）

38.3.3 armar、fromelf 及用户指令

armar 工具用于把工程打包成库文件，fromelf 可根据 axf 文件生成 hex、bin 文件，hex 和 bin 文件是大多数下载器支持的下载文件格式。

在 MDK 中，针对 armar 和 fromelf 工具的选项几乎没有，仅集成了生成 HEX 或 Lib 的选项，见图 38-15。

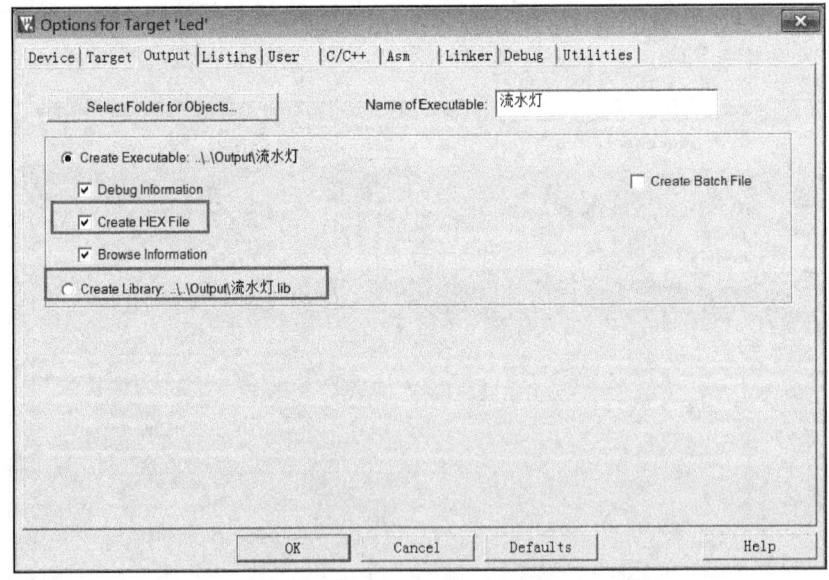

图 38-15　生成 hex 或 lib 的选项

如果我们想利用 fromelf 生成 bin 文件，可以在 MDK 的"Option for Target → User"页中添加调用 fromelf 的指令，见图 38-16。

在 User 配置页面中，提供了 3 种类型的用户指令输入框，在不同组的框输入指令，可控制指令的执行时间，分别是编译前（Before Compile C/C++ file）、构建前（Before Build/Rebuild）及构建后（After Build/Rebuild）执行。这些指令并没有限制必须是 arm 的编译工具链，如果自己编写了 Python 脚本，也可以在这里输入用户指令执行该脚本。

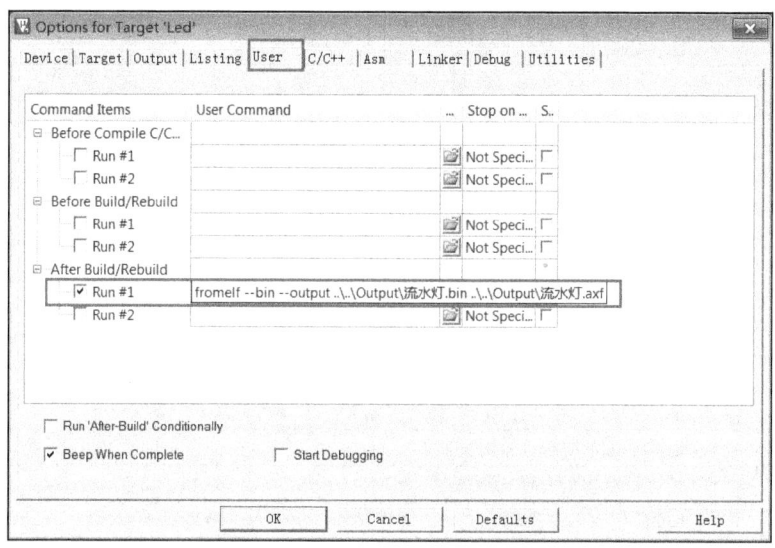

图 38-16　在 MDK 中添加指令

图中的生成 bin 文件指令调用了 fromelf 工具，紧跟后面的是工具的选项及输出文件名、输入文件名。由于 fromelf 是根据 axf 文件生成 bin 的，而 axf 文件又是构建（build）工程后才生成，所以我们把该指令放到"After Build/Rebuild"一栏。

38.4　MDK 工程的文件类型

除了上述编译过程生成的文件，MDK 工程中还包含了各种各样的文件，下面我们统一介绍，MDK 工程的常见文件类型见表 38-3。

表 38-3　MDK 常见的文件类型（不分大小写）

后缀	说　　明
Project 目录下的工程文件	
*.uvguix	MDK5 工程的窗口布局文件，在 MDK4 中 *.UVGUI 后缀的文件功能相同
*.uvprojx	MDK5 的工程文件，它使用了 XML 格式记录了工程结构，双击它可以打开整个工程，在 MDK4 中 *.UVPROJ 后缀的文件功能相同
*.uvoptx	MDK5 的工程配置选项，包含 debugger、trace configuration、breakpoionts 以及当前打开的文件，在 MDK4 中 *.UVOPT 后缀的文件功能相同
*.ini	某些下载器的配置记录文件
源文件	
*.c	C 语言源文件
*.cpp	C++ 语言源文件

(续)

后缀	说　　明
*.h	C/C++ 的头文件
*.s	汇编语言的源文件
*.inc	汇编语言的头文件（使用"$include"来包含）
Output 目录下的文件	
*.lib	库文件
*.dep	整个工程的依赖文件
*.d	描述了对应 .o 的依赖的文件
*.crf	交叉引用文件，包含了浏览信息（定义、引用及标识符）
*.o	可重定位的对象文件（目标文件）
*.bin	二进制格式的映像文件，是纯粹的 Flash 映像，不含任何额外信息
*.hex	Intel Hex 格式的映像文件，可理解为带存储地址描述格式的 bin 文件
*.elf	由 GCC 编译生成的文件，功能与 axf 文件一样，该文件不可重定位
*.axf	由 ARMCC 编译生成的可执行对象文件，可用于调试，该文件不可重定位
*.sct	链接器控制文件（分散加载）
*.scr	链接器产生的分散加载文件
*.lnp	MDK 生成的链接输入文件，用于调用链接器时的命令输入
*.htm	链接器生成的静态调用图文件
*.build_log.htm	构建工程的日志记录文件
Listing 目录下的文件	
*.lst	C 及汇编译器产生的列表文件
*.map	链接器生成的列表文件，包含存储器映像分布
其他	
*.ini	仿真、下载器的脚本文件

这些文件主要分为 MDK 相关文件、源文件以及编译、链接器生成的文件。我们以"多彩流水灯"工程为例讲解各种文件的功能。

38.4.1　uvprojx、uvoptx 及 uvguix 工程文件

在工程的 Project 目录下主要是 MDK 工程相关的文件，见图 38-17。

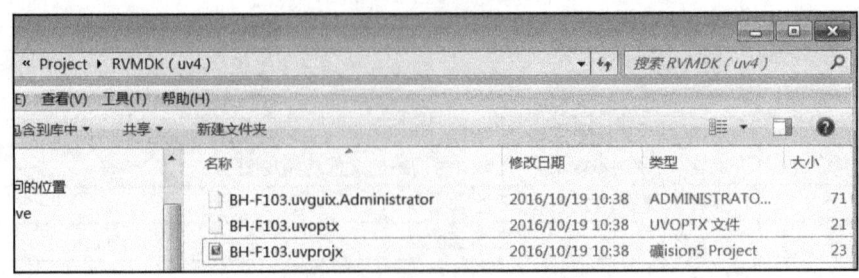

图 38-17　Project 目录下的文件

1. uvprojx 文件

uvprojx 文件就是我们平时双击打开的工程文件，它记录了整个工程的结构，如芯片类型、工程包含了哪些源文件等内容，见图 38-18。

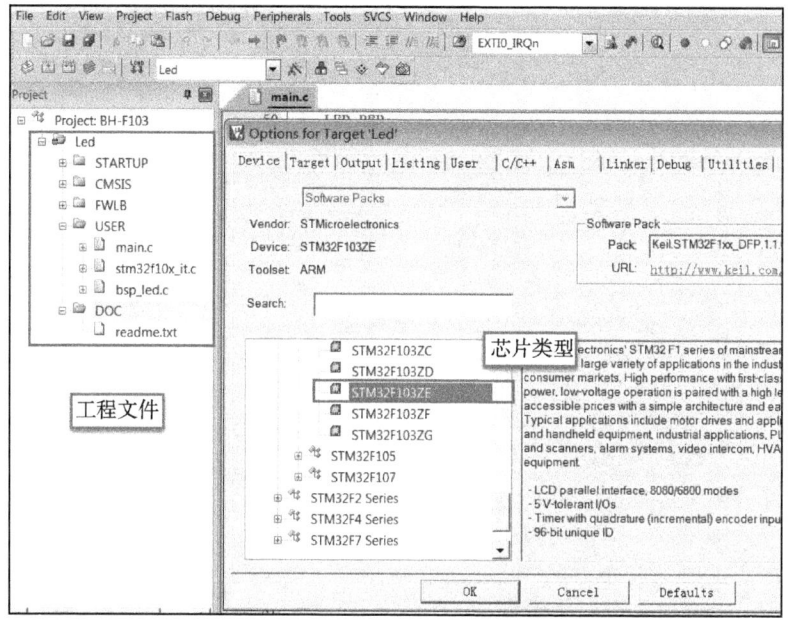

图 38-18　工程包含的文件、芯片类型等内容

2. uvoptx 文件

uvoptx 文件记录了工程的配置选项，如下载器的类型、变量跟踪配置、断点位置以及当前已打开的文件等，见图 38-19。

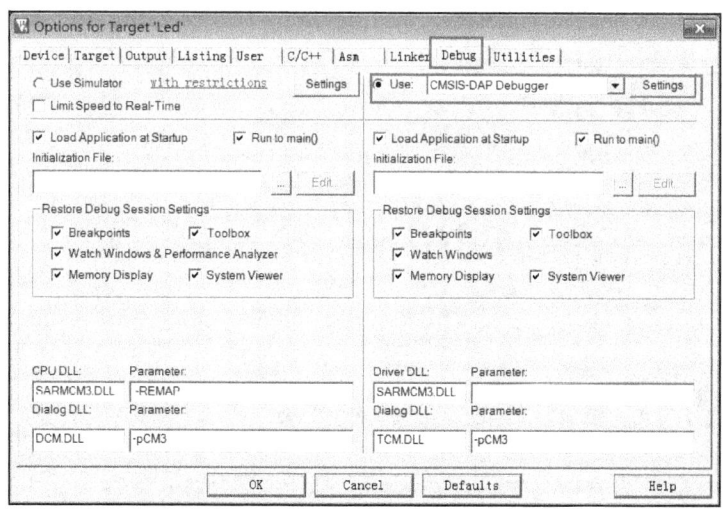

图 38-19　工程配置选项

3. uvguix 文件

uvguix 文件记录了 MDK 软件的 GUI 布局，如代码编辑区窗口的大小、编译输出提示窗口的位置等，见图 38-20。

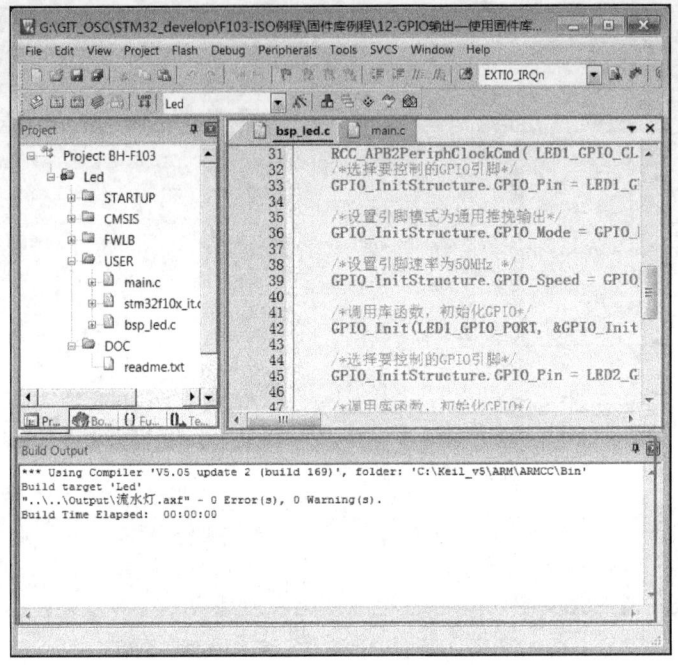

图 38-20 软件的 GUI 布局

uvprojx、uvoptx 及 uvguix 都是使用 XML 格式记录的文件，若使用记事本打开可以看到 XML 代码，见图 38-21。而当使用 MDK 软件打开时，它根据这些文件的 XML 记录加载工程的各种参数，使得我们每次重新打开工程时，都能恢复上一次的工作环境。

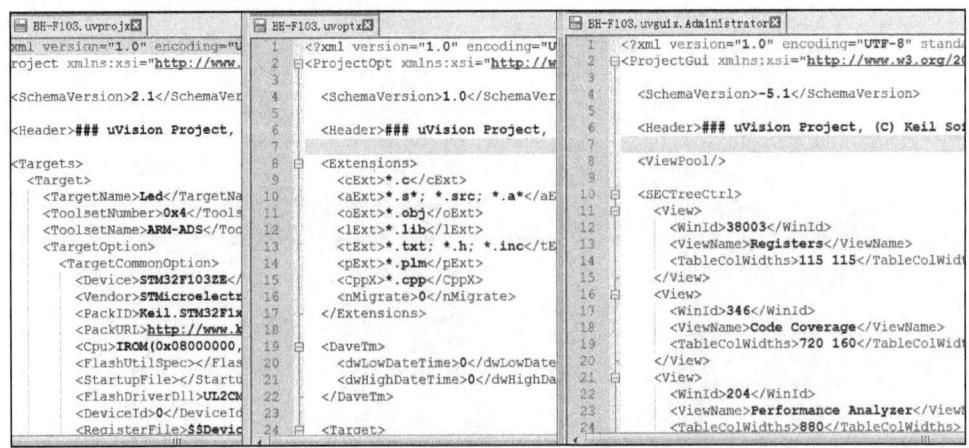

图 38-21 使用记事本打开 XML 格式的记录

这些工程参数都是当 MDK 正常退出时才会被写入保存的，所以若 MDK 错误退出时（如使用 Windows 的任务管理器强制关闭），工程配置参数的最新更改是不会被记录的，重新打开工程时要再次配置。根据这几个文件的记录类型可以知道，uvprojx 文件是最重要的，删掉它我们就无法再正常打开工程了。而 uvoptx 及 uvguix 文件并不是必需的，可以删除，重新使用 MDK 打开 uvprojx 工程文件后，会以默认参数重新创建 uvoptx 及 uvguix 文件。所以当使用 Git、SVN 等代码管理的时候，往往只保留 uvprojx 文件。

38.4.2　源文件

源文件是工程中我们最熟悉的内容了，它们就是我们编写的各种源代码，MDK 支持 c、cpp、h、s、inc 类型的源代码文件，其中 c、cpp 分别是 C/C++ 语言的源代码，h 是它们的头文件，s 是汇编文件，inc 是汇编文件的头文件，可使用 "$include" 语法包含。编译器根据工程中的源文件最终生成机器码。

38.4.3　Output 目录下生成的文件

单击 MDK 中的编译按钮，它会根据工程的配置及工程中的源文件输出各种对象和列表文件，在工程的 "Options for Targe → Output → Select Folder for Objects" 和 "Options for Targe → Listing → Select Folder for Listings" 选项下设置它们的输出路径，见图 38-22 和图 38-23。

编译后 Output 和 Listing 目录下生成的文件见图 38-24。

接下来我们讲解 Output 路径下的文件。

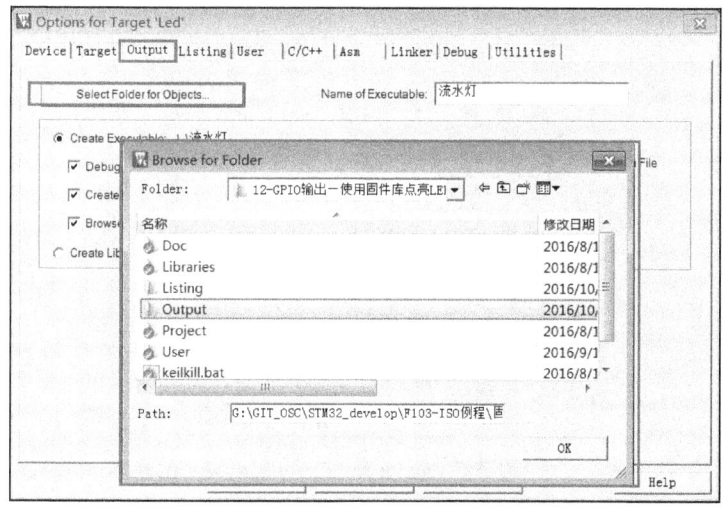

图 38-22　设置 Output 输出路径

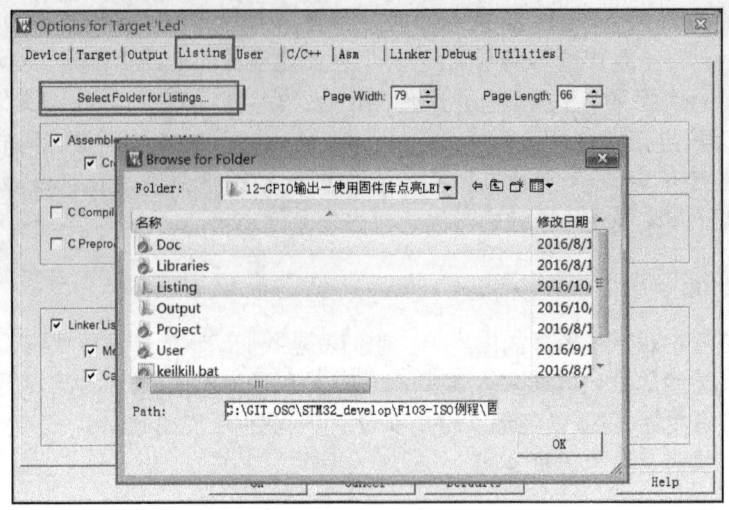

图 38-23　设置 Listing 输出路径

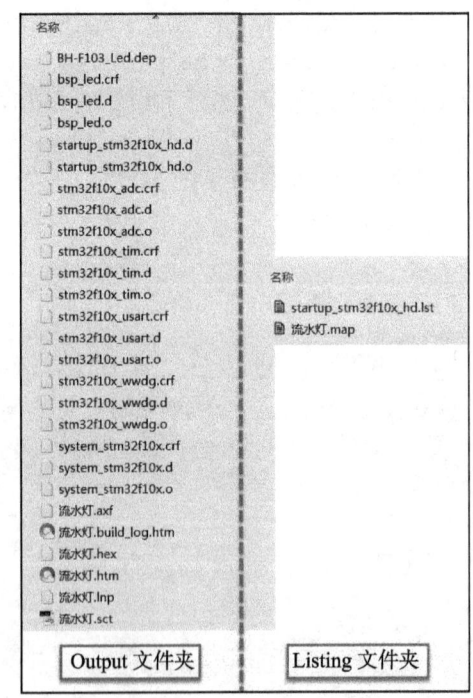

图 38-24　编译后 Output 及 Listing 文件夹中的内容

1. lib 库文件

在某些场合下我们希望提供给第三方一个可用的代码库,但不希望对方看到源码,这个时候我们就可以把工程生成 lib 文件(Library file)提供给对方。在 MDK 中可配置"Options for Target → Output → Create Library"选项把工程编译成库文件,见图 38-25。

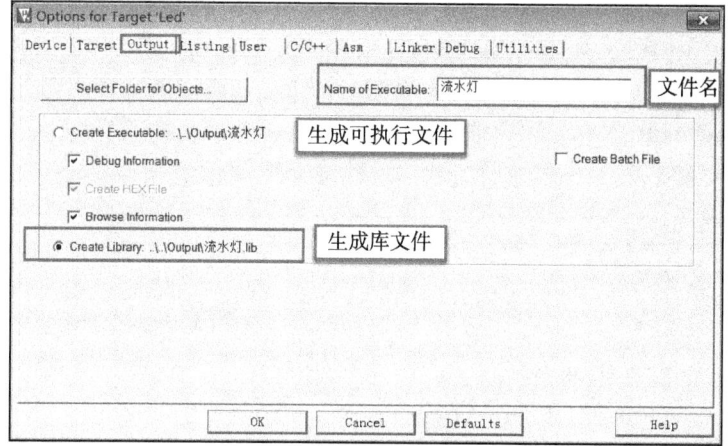

图 38-25　配置生成库文件

工程中生成可执行文件或库文件只能二选一，默认编译生成可执行文件，可执行文件即我们下载到芯片上可直接运行的机器码。

得到生成的 *.lib 文件后，可把它像 C 文件一样添加到其他工程中，并在该工程调用 lib 提供的函数接口，除了不能看到 *.lib 文件的源码，在应用方面它与 C 源文件没有区别。

2. dep、d 依赖文件

*.dep 和 *.d 文件（Dependency file）记录的是工程或其他文件的依赖，主要记录了引用的头文件路径，其中 *.dep 是整个工程的依赖，它以工程名命名，而 *.d 是单个源文件的依赖，它们以对应的源文件名命名。这些记录使用文本格式存储，可直接使用记事本打开，见图 38-26 和图 38-27。

```
Dependencies for Project 'BH-F103', Target 'Led': (DO NOT MODIFY !)
F (..\..\Libraries\CMSIS\startup\startup_stm32f10x_hd.s)(0x57B3E0C6)(--cpu Cortex-M3 -g --apcs=inte

-I G:\GIT_OSC\STM32_develop\F103-ISO例程\固件库例程\MDK编译过程及文件全解\MDK文件详解-GPIO输出—使用

-I C:\Keil_v5\ARM\PACK\Keil\STM32F1xx_DFP\1.1.0\Device\Include

-I C:\Keil_v5\ARM\CMSIS\Include

--pd "__UVISION_VERSION SETA 515" --pd "STM32F10X_HD SETA 1"

--list ..\..\listing\startup_stm32f10x_hd.lst --xref -o ..\..\output\startup_stm32f10x_hd.o --deper
```

图 38-26　工程的 dep 文件内容

```
..\..\output\bsp_led.o: ..\..\User\Led\bsp_led.c
..\..\output\bsp_led.o: ..\..\User\Led\bsp_led.h
..\..\output\bsp_led.o: ..\..\Libraries\CMSIS\stm32f10x.h
..\..\output\bsp_led.o: ..\..\Libraries\CMSIS\core_cm3.h
..\..\output\bsp_led.o: C:\Keil_v5\ARM\ARMCC\Bin\..\include\stdint.h
..\..\output\bsp_led.o: ..\..\Libraries\CMSIS\system_stm32f10x.h
..\..\output\bsp_led.o: ..\..\User\stm32f10x_conf.h
..\..\output\bsp_led.o: ..\..\Libraries\FWlib\inc\stm32f10x_adc.h
..\..\output\bsp_led.o: ..\..\Libraries\CMSIS\stm32f10x.h
..\..\output\bsp_led.o: ..\..\Libraries\FWlib\inc\stm32f10x_bkp.h
..\..\output\bsp_led.o: ..\..\Libraries\FWlib\inc\stm32f10x_can.h
..\..\output\bsp_led.o: ..\..\Libraries\FWlib\inc\stm32f10x_cec.h
```

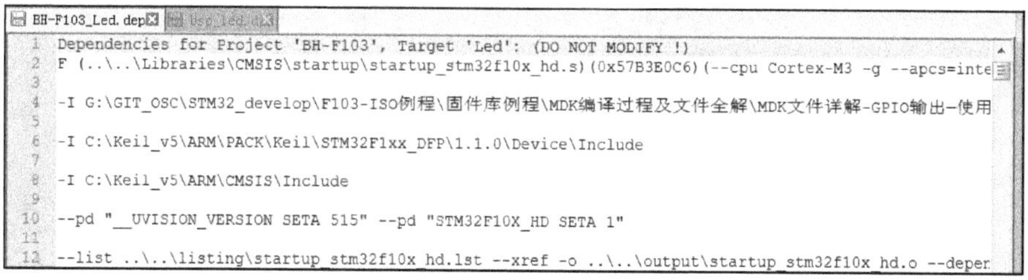

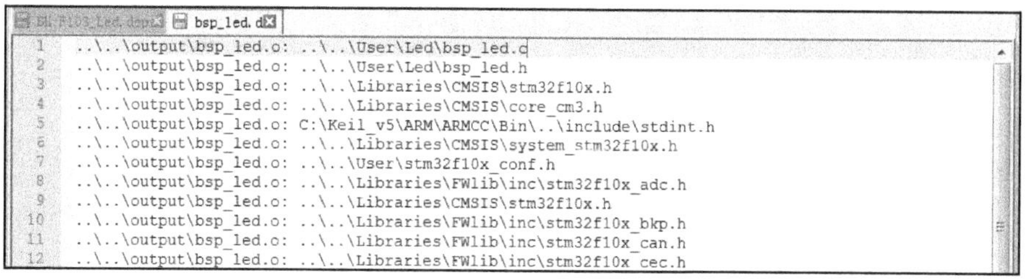

图 38-27　bsp_led.d 文件的内容

3. crf 交叉引用文件

*.crf 是交叉引用文件（Cross-Reference file），它主要包含了浏览信息（browse information），即源代码中的宏定义、变量及函数的定义和声明的位置。

在代码编辑器中单击"Go To Definition Of 'xxxx'"可实现浏览跳转，见图 38-28。跳转的时候，MDK 就是通过 *.crf 文件查找出跳转位置的。

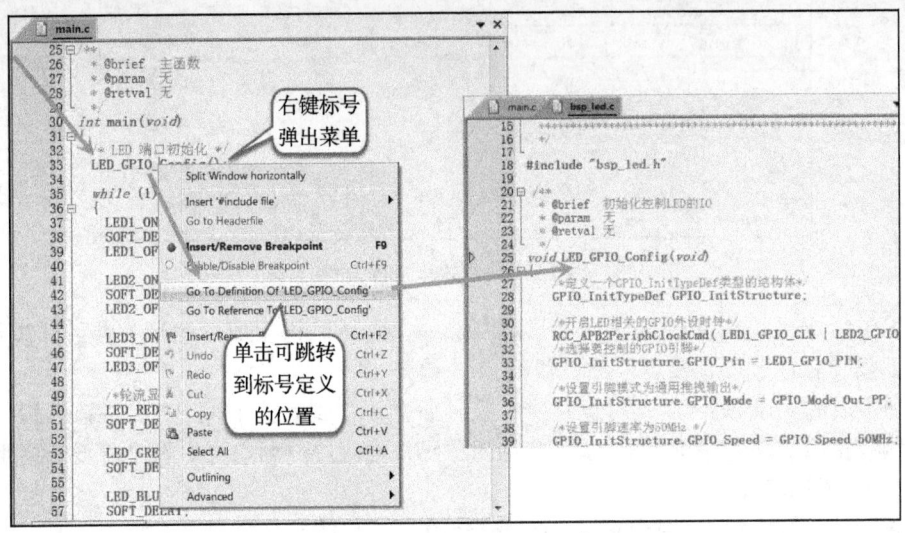

图 38-28　浏览信息

通过配置 MDK 中的"Option for Target → Output → Browse Information"选项可以设置编译时是否生成浏览信息，见图 38-29。只有勾选该选项并编译后，才能实现上面的浏览跳转功能。

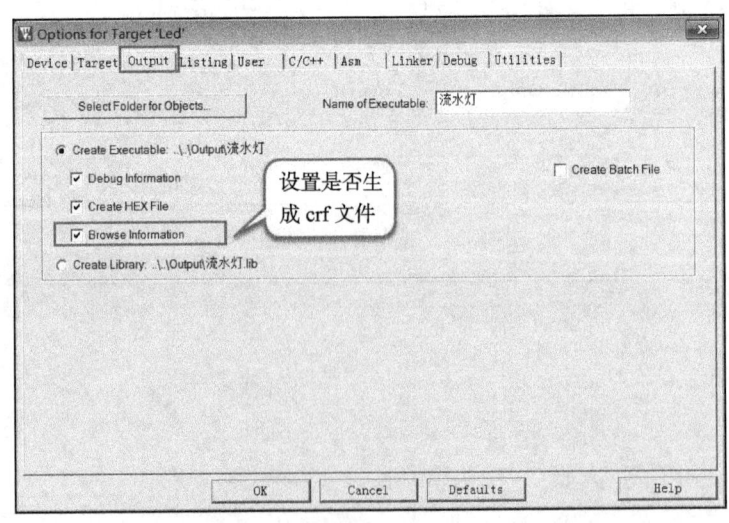

图 38-29　在 Options for Target 中设置是否生成浏览信息

*.crf 文件使用了特定的格式表示，直接用文本编辑器打开会看到大部分乱码，见图 38-30。对此我们不做深入研究。

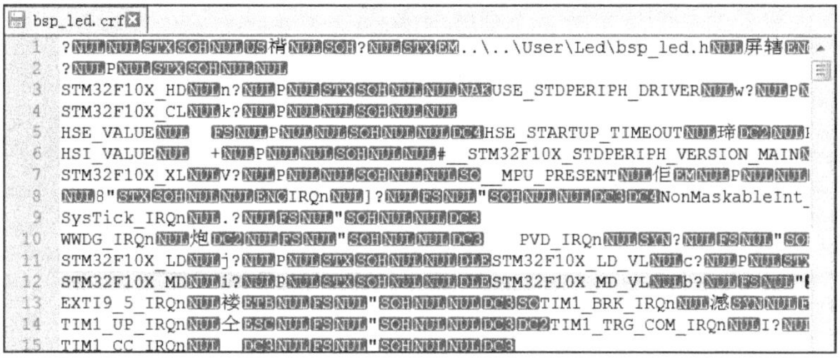

图 38-30 crf 文件内容

4. o、axf 及 elf 文件

.o、.elf、*.axf、*.bin 及 *.hex 文件都存储了编译器根据源代码生成的机器码，根据应用场合的不同，它们又有所区别。

（1）ELF 文件说明

.o、.elf、*.axf 以及前面提到的 lib 文件都属于目标文件，它们都是使用 ELF 格式来存储的。关于 ELF 格式的详细内容请参考配套资料里的《ELF 文件格式》文档了解，它讲解的是 Linux 下的 ELF 格式，与 MDK 使用的格式有点区别，但大致相同。在本教程中，仅讲解 ELF 文件的核心概念。

ELF 是 Executable and Linking Format 的缩写，译为可执行链接格式，该格式用于记录目标文件的内容。在 Linux 及 Windows 系统下都有使用该格式的文件（或类似格式）记录应用程序的内容，它告诉操作系统如何链接、加载及执行该应用程序。

目标文件主要有如下 3 种类型：

1）可重定位的文件（Relocatable File），包含基础代码和数据，但它的代码及数据都没有指定绝对地址，因此它适合于与其他目标文件链接来创建可执行文件或者共享目标文件。这种文件一般由编译器根据源代码生成。

例如 MDK 的 armcc 和 armasm 生成的 *.o 文件就是这一类，另外还有 Linux 的 *.o 文件，Windows 的 *.obj 文件。

2）可执行文件（Executable File），它包含适合于执行的程序，它内部组织的代码数据都有固定的地址（或相对于基地址的偏移），系统可根据这些地址信息把程序加载到内存执行。这种文件一般由链接器根据可重定位文件链接而成，它主要是组织各个可重定位文件，给它们的代码及数据一一打上地址标号，固定其在程序内部的位置。链接后，程序内部各种代码及数据段不可再重定位（即不能再参与链接器的链接）。

例如 MDK 的 armlink 生成的 *.elf 及 *.axf 文件（使用 gcc 编译工具可生成 *.elf 文件，用 armlink 生成的是 *.axf 文件，*.axf 文件在 *.elf 之外，增加了调试使用的信息，其余区别不大，后面我们仅讲解 *.axf 文件），另外还有 Linux 的 /bin/bash 文件，Windows 的 *.exe

文件。

3）共享目标文件（Shared Object File），它的定义比较难理解，我们直接举例。MDK生成的 *.lib 文件就属于共享目标文件，它可以继续参与链接，加入可执行文件之中。另外，Linux 的 .so（如 /lib/ glibc-2.5.so）、Windows 的 DLL 都属于这一类。

（2）o 文件与 axf 文件的关系

根据上面的分类，我们了解到，*.axf 文件是由多个 *.o 文件链接而成的，而 *.o 文件由相应的源文件编译而成，一个源文件对应一个 *.o 文件。它们的关系见图 38-31。

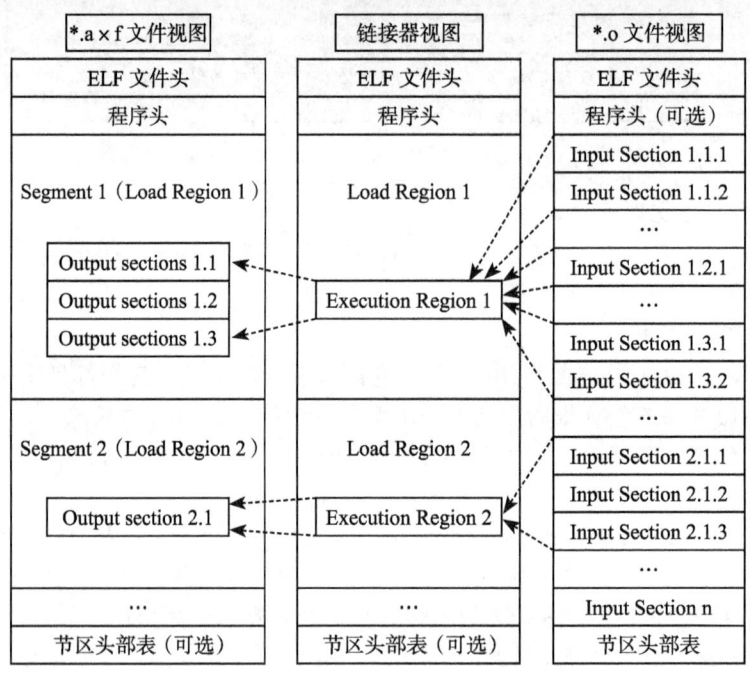

图 38-31　*.axf 文件与 *.o 文件的关系

图中的中间部分代表的是 armlink 链接器，在它的右侧是输入链接器的 *.o 文件，左侧是它输出的 *axf 文件。

可以看到，由于都使用 ELF 文件格式，*.o 与 *.axf 文件的结构是类似的，它们包含 ELF 文件头、程序头、节区（section）以及节区头部表。各个部分的功能说明如下：

- ELF 文件头用来描述整个文件的组织，例如数据的大小端格式，程序头、节区头在文件中的位置等。
- 程序头告诉系统如何加载程序，例如程序主体存储在本文件的哪个位置，程序的大小，程序要加载到内存什么地址等。MDK 的可重定位文件 *.o 不包含这部分内容，因为它还不是可执行文件，而 armlink 输出的 *.axf 文件就包含该内容了。
- 节区是 *.o 文件的独立数据区域，它包含提供给链接视图使用的大量信息，如指令（Code）、数据（RO、RW、ZI-data）、符号表（函数、变量名）、重定位信息等，例如每个由 C 语言定义的函数在 *.o 文件中都会有一个独立的节区。
- 存储在最后的节区头则包含了本文件节区的信息，如节区名称、大小等。

总的来说，链接器把各个 *.o 文件的节区归类、排列，根据目标器件的情况编排地址生成输出，汇总到 *.axf 文件。例如，见图 38-32，"多彩流水灯"工程中在"bsp_led.c"文件中有一个 LED_GPIO_Config 函数，而它内部调用了 stm32f10x_gpio.c 的 GPIO_Init 函数，经过 armcc 编译后，LED_GPIO_Config 及 GPIO_Iint 函数都成了指令代码，分别存储在 bsp_led.o 及 stm32f10x_gpio.o 文件中，这些指令在 *.o 文件都没有指定地址，仅包含了内容、大小以及调用的链接信息，而经过链接

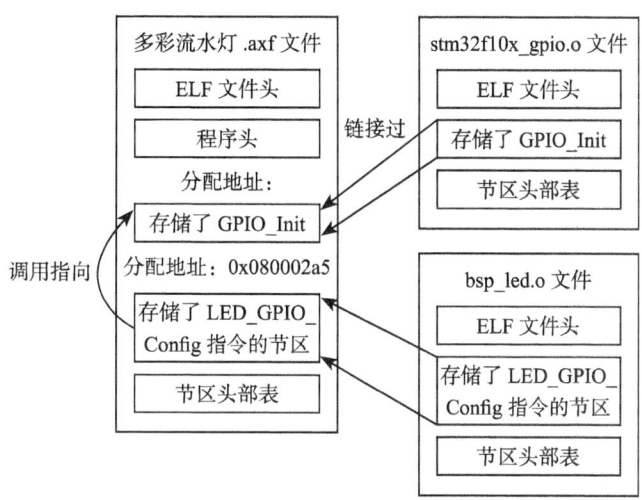

图 38-32　具体的链接过程

器后，链接器给它们都分配了特定的地址，并且把地址根据调用指向链接起来。

（3）ELF 文件头

接下来我们看看具体文件的内容，使用 fromelf 文件可以查看 *.o、*.axf 及 *.lib 文件的 ELF 信息。

使用命令行，切换到文件所在的目录，输入" fromelf –text –v bsp_led.o"命令，可控制输出 bsp_led.o 的详细信息，见图 38-33。利用"-c、-z"等选项还可输出反汇编指令文件、代码及数据文件等信息。

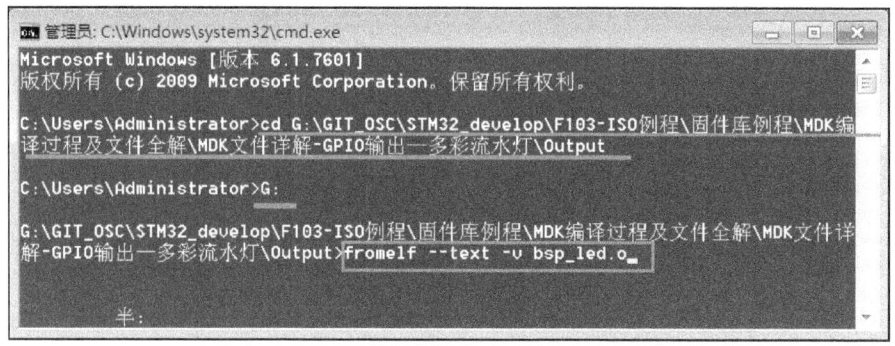

图 38-33　使用 fromelf 查看 o 文件信息

为了便于阅读，使用 fromelf 指令生成了"多彩流水灯 .axf"" bsp_led.o"及"多彩流水灯 .lib"的 ELF 信息，并把这些信息保存在独立的文件中，在配套资料的"elf 信息输出"文件夹下可查看，见表 38-4。

表 38-4 配套资料里使用 fromelf 生成的文件

fromelf 选项	可查看的信息	生成到配套资料里相应的文件
-v	详细信息	bsp_led_o_elfInfo_v.txt/ 多彩流水灯 _axf_elfInfo_v.txt
-a	数据的地址	bsp_led_o_elfInfo_a.txt/ 多彩流水灯 _axf_elfInfo_a.txt
-c	反汇编代码	bsp_led_o_elfInfo_c.txt/ 多彩流水灯 _axf_elfInfo_c.txt
-d	data section 的内容	bsp_led_o_elfInfo_d.txt/ 多彩流水灯 _axf_elfInfo_d.txt
-e	异常表	bsp_led_o_elfInfo_e.txt/ 多彩流水灯 _axf_elfInfo_e.txt
-g	调试表	bsp_led_o_elfInfo_g.txt/ 多彩流水灯 _axf_elfInfo_g.txt
-r	重定位信息	bsp_led_o_elfInfo_r.txt/ 多彩流水灯 _axf_elfInfo_r.txt
-s	符号表	bsp_led_o_elfInfo_s.txt/ 多彩流水灯 _axf_elfInfo_s.txt
-t	字符串表	bsp_led_o_elfInfo_t.txt/ 多彩流水灯 _axf_elfInfo_t.txt
-y	动态段内容	bsp_led_o_elfInfo_y.txt/ 多彩流水灯 _axf_elfInfo_y.txt
-z	代码及数据的大小信息	bsp_led_o_elfInfo_z.txt/ 多彩流水灯 _axf_elfInfo_z.txt

直接打开"elf 信息输出"目录下的 bsp_led_o_elfInfo_v.txt 文件,可看到代码清单 38-1 中的内容。

代码清单 38-1 bsp_led.o 文件的 ELF 文件头

```
1
2  ============================================================================
3
4  ** ELF Header Information
5
6  File Name:
7  bsp_led.o                                         // bsp_led.o 文件
8
9  Machine class: ELFCLASS32 (32-bit)                // 32 位机
10     Data encoding: ELFDATA2LSB (Little endian)    // 小端格式
11     Header version: EV_CURRENT (Current version)
12     Operating System ABI: none
13     ABI Version: 0
14     File Type: ET_REL (Relocatable object) (1)    // 可重定位类型
15     Machine: EM_ARM (ARM)
16
17     Entry offset (in SHF_ENTRYSECT section): 0x00000000
18     Flags: None (0x05000000)
19
20     ARM ELF revision: 5 (ABI version 2)
21
22     Header size: 52 bytes (0x34)
23     Program header entry size: 0 bytes (0x0)      // 程序头大小
24     Section header entry size: 40 bytes (0x28)
25
26     Program header entries: 0
27     Section header entries: 178
28
29     Program header offset: 0 (0x00000000)         // 程序头在文件中的位置(没有程序头)
30     Section header offset: 378972 (0x0005c85c)    // 节区头在文件中的位置
31
32     Section header string table index: 175
```

在上述代码中已加入了部分注释，解释了相应项的意义。值得一提的是在这个 *.o 文件中，它的 ELF 文件头中告诉我们它的程序头（Program header）大小为"0 bytes"，且程序头所在的文件位置偏移也为"0"，这说明它是没有程序头的。

（4）程序头

接下来打开"多彩流水灯_axf_elfInfo_v.txt"文件，查看工程的 *.axf 文件的详细信息，见代码清单 38-2。

代码清单 38-2　　*.axf 文件中的 elf 文件头及程序头

```
1
2   ========================================================================
3
4   ** ELF Header Information
5
6   File Name:
7   流水灯.axf                                          // 流水灯.axf 文件
8
9   Machine class: ELFCLASS32 (32-bit)                  // 32 位机
10      Data encoding: ELFDATA2LSB (Little endian)      // 小端格式
11      Header version: EV_CURRENT (Current version)
12      Operating System ABI: none
13      ABI Version: 0
14      File Type: ET_EXEC (Executable) (2)             // 可执行文件类型
15      Machine: EM_ARM (ARM)
16
17      Image Entry point: 0x08000131
18      Flags: EF_ARM_HASENTRY (0x05000002)
19
20      ARM ELF revision: 5 (ABI version 2)
21
22      Built with
23  Component: ARM Compiler 5.05 update 2 (build 169) Tool: armasm [4d0f2f]
24  Component: ARM Compiler 5.05 update 2 (build 169) Tool: armlink [4d0f33]
25
26      Header size: 52 bytes (0x34)
27      Program header entry size: 32 bytes (0x20) // 程序头大小
28      Section header entry size: 40 bytes (0x28)
29
30      Program header entries: 1
31      Section header entries: 16
32
33      Program header offset: 279836 (0x0004451c) // 程序头在文件中的位置
34      Section header offset: 279868 (0x0004453c) // 节区头在文件中的位置
35
36      Section header string table index: 15
37
38  ========================================================================
39
40      ** Program header #0
41
42      Type            : PT_LOAD (1)                   // 表示这是可加载的内容
```

```
43     File Offset       : 52 (0x34)                           // 在文件中的偏移
44     Virtual Addr      : 0x08000000                          // 虚拟地址（此处等于物理地址）
45     Physical Addr     : 0x08000000                          // 物理地址
46     Size in file      : 3176 bytes (0xc68)                  // 程序在文件中占据的大小
47     Size in memory:   4200 bytes (0x1068)                   // 若程序加载到内存，占据的内存空间
48     Flags             : PF_X + PF_W + PF_R + PF_ARM_ENTRY (0x80000007)
49     Alignment         : 8                                   // 地址对齐
50
51
52     ================================================================================
```

对比之下，可发现 *.axf 文件的 ELF 文件头对程序头的大小说明为非 0 值，且给出了它在文件的偏移地址，在输出信息之中，包含了程序头的详细信息。可看到，程序头中的 Physical Addr 描述了本程序要加载到的内存地址 "0x0800 0000"，正好是 STM32 内部 Flash 的首地址；Size in file 描述了本程序占据的空间大小为 "3176 bytes"，它正是程序烧录到 Flash 中需要占据的空间。

（5）节区头

在 ELF 的原文件中，紧接着程序头的一般是节区的主体信息，在节区主体信息之后是描述节区主体信息的节区头。我们先来看看节区头中的信息了解概况。通过对比 *.o 文件及 *.axf 文件的节区头部信息，可以清楚地看出这两种文件的区别，见代码清单 38-3。

代码清单 38-3 *.o 文件的节区信息（bsp_led_O_elfmfo_v.txt 文件）

```
 1  ================================================================================
 2  ** Section #1
 3
 4  Name           :
 5  i.LED_GPIO_Config                         // 节区名
 6  // 此节区包含程序定义的信息，其格式和含义都由程序来解释
 7  Type           : SHT_PROGBITS (0x00000001)
 9  // 此节区在进程执行过程中占用内存。节区包含可执行的机器指令
10  Flags          : SHF_ALLOC + SHF_EXECINSTR (0x00000006)
12  Addr           : 0x00000000           // 地址
13  File Offset    : 52 (0x34)            // 在文件中的偏移
14  Size           : 96 bytes (0x60)      // 大小
15  Link           :
16  SHN_UNDEF
17  Info           : 0
18  Alignment      : 4                    // 字节对齐
19  Entry Size     : 0
20  ==================================
```

这个节区的名称为 LED_GPIO_Config，它正好是我们在 bsp_led.c 文件中定义的函数名。注意：编译时要勾选 "Options for Target → C/C++ → One ELF Section per Function" 中的选项，生成的 *.o 文件内部的代码区域才会与 C 文件中定义的函数名一致，否则它会把多个函数合成一个代码段，名字一般跟 C 文件中的函数名不同，见图 38-34。

这个节区头描述的是该函数被编译后的节区信息，其中包含了节区的类型（指令类型 SHT_PROGBITS）、节区应存储到的地址（0x00000000）、它的主体信息在文件位置中的偏移（52），以及节区的大小（96 bytes）。

第 38 章 MDK 的编译过程及文件类型全解 563

图 38-34 勾选 One ELF Section per Function

由于 *.o 文件是可重定位文件,所以它的地址并没有被分配,是 0x00000000(假如文件中还有其他函数,该函数生成的节区中,对应的地址描述也都是 0)。当链接器链接时,根据这个节区头信息,在文件中找到它的主体内容,并根据它的类型,把它加入主程序中,并分配实际地址。链接后生成的 *.axf 文件,我们再来看看它的内容,见代码清单 38-4。

代码清单 38-4 *.axf 文件的节区信息(流水灯 _axf_elfInfo_c.txt 文件)

```
1  ====================================================================
2  ** Section #1
3
4  Name         : ER_IROM1      // 节区名
6  // 此节区包含程序定义的信息,其格式和含义都由程序来解释
7  Type         : SHT_PROGBITS (0x00000001)
9  // 此节区在进程执行过程中占用内存。节区包含可执行的机器指令
10 Flags        :
11 SHF_ALLOC + SHF_EXECINSTR (0x00000006)
12 Addr         : 0x08000000    // 地址
13 File Offset  : 52 (0x34)
14 Size         : 3136 bytes (0xc40)// 大小
15 Link         :
16 SHN_UNDEF
17 Info         : 0
18 Alignment    : 4
19 Entry Size   : 0
20 ==================================
21 ** Section #2
22
23 Name         : RW_IRAM1      // 节区名
25 // 包含将出现在程序的内存映像中的为初始化数据
26 // 根据定义,当程序开始执行时
27 // 系统将把这些数据初始化为 0
28
29 Type         : SHT_PROGBITS (0x00000001)
```

```
31  // 此节区在进程执行过程中占用内存。节区包含进程执行过程中将可写的数据
32  Flags          :
33  SHF_ALLOC + SHF_WRITE (0x00000003)
34  Addr           : 0x20000000       // 地址
35  File Offset    : 3188 (0xc74)     // 大小
36  Size           : 40 bytes (0x28)
37  Link           :
38  SHN_UNDEF
39  Info           : 0
40  Alignment      : 4
41  Entry Size     : 0
42  ===================================
```

在 *.axf 文件中，主要包含了两个节区：一个名为 ER_IROM1，一个名为 RW_IRAM1。这些节区头信息中除了具有 *.o 文件中节区头描述的节区类型、文件位置偏移、大小之外，更重要的是它们都有具体的地址描述，其中 ER_IROM1 的地址为 0x08000000，而 RW_IRAM1 的地址为 0x20000000，它们正好是 STM32 内部 Flash 及 SRAM 的首地址，对应节区的大小就是程序需要占用 Flash 及 SRAM 空间的实际大小。

也就是说，经过链接器后，它生成的 *.axf 文件已经汇总了其他 *.o 文件的所有内容，生成的 ER_IROM1 节区内容可直接写入 STM32 内部 Flash 的具体位置。例如，前面 *.o 文件中的 i.LED_GPIO_Config 节区已经被加入 *.axf 文件的 ER_IROM1 节区的某地址。

（6）节区主体及反汇编代码

使用 fromelf 的 -c 选项可以查看部分节区的主体信息，对于指令节区，可根据其内容查看相应的反汇编代码，打开 bsp_led_o_elfInfo_c.txt 文件可查看这些信息，见代码清单 38-5。

代码清单 38-5 *.o 文件的 LED_GPIO_Config 节区及反汇编代码

```
 1  ============================================================================
 2
 3  ** Section #1 'i.LED_GPIO_Config' (SHT_PROGBITS) [SHF_ALLOC + SHF_EXECINSTR]
 4      Size   : 96 bytes (alignment 4)
 5      Address: 0x00000000
 6
 7      $t
 8      i.LED_GPIO_Config
 9      LED_GPIO_Config
10      // 地址           内容       [ASCII 码（无意义）]    内容对应的指令
11      0x00000000:     b508         ..        PUSH     {r3,lr}
12      0x00000002:     2101         .!        MOVS     r1,#1
13      0x00000004:     2008         .         MOVS     r0,#8
14      0x00000006:     f7fffffe     ....      BL       RCC_APB2PeriphClockCmd
15      0x0000000a:     2020                   MOVS     r0,#0x20
16      0x0000000c:     f8ad0000     ....      STRH     r0,[sp,#0]
17      0x00000010:     2010         .         MOVS     r0,#0x10
18      0x00000012:     f88d0003               STRB     r0,[sp,#3]
19      0x00000016:     2003         .         MOVS     r0,#3
20      0x00000018:     f88d0002     ....      STRB     r0,[sp,#2]
21      0x0000001c:     4669         iF        MOV      r1,sp
22      0x0000001e:     480f         .H        LDR      r0,[pc,#60] ; [0x5c] = 0x40010c00
23      0x00000020:     f7fffffe     ....      BL       GPIO_Init
```

```
24    0x00000024:    2001              .       MOVS      r0,#1
25    /* 以下内容省略...*/
```

可看到，由于这是 *.o 文件，它的节区地址还是没有分配的，基地址为 0x00000000。接着在 LED_GPIO_Config 标号之后，列出了一个表，表中包含了地址偏移、相应地址中的内容以及根据内容反汇编得到的指令。细看汇编指令，还可看到它包含了跳转到 RCC_AHB1PeriphClockCmd 及 GPIO_Init 标号的语句，而且这两个跳转语句原来的内容都是"f7fffffe"，这是因为 *.o 文件中并没有 RCC_AHB1PeriphClockCmd 及 GPIO_Init 标号的具体地址索引，在 *.axf 文件中，这是不一样的。

接下来我们打开"流水灯_axf_elfInfo_c.txt"文件，查看 *.axf 文件中 ER_IROM1 节区中对应 LED_GPIO_Config 的内容，见代码清单 38-6。

代码清单 38-6   *.axf 文件的 LED_GPIO_Config 反汇编代码

```
 1  LED_GPIO_Config
 2  0x08000b7c:     b508            ..      PUSH      {r3,lr}
 3  0x08000b7e:     2101            .!      MOVS      r1,#1
 4  0x08000b80:     2008            .       MOVS      r0,#8
 5  0x08000b82:     f7fffefd        ....    BL        RCC_APB2PeriphClockCmd ; 0x8000980
 6  0x08000b86:     2020            ..      MOVS      r0,#0x20
 7  0x08000b88:     f8ad0000        ....    STRH      r0,[sp,#0]
 8  0x08000b8c:     2010            .       MOVS      r0,#0x10
 9  0x08000b8e:     f88d0003        ....    STRB      r0,[sp,#3]
10  0x08000b92:     2003            .       MOVS      r0,#3
11  0x08000b94:     f88d0002        ....    STRB      r0,[sp,#2]
12  0x08000b98:     4669            iF      MOV       r1,sp
13  0x08000b9a:     480f            .H      LDR       r0,[pc,#60] ; [0x8000bd8] = 0x40010c00
14  0x08000b9c:     f7fffc34        ..4.    BL        GPIO_Init ; 0x8000408
15  0x08000ba0:     2001            .       MOVS      r0,#1
16  0x08000ba2:     f8ad0000        ....    STRH      r0,[sp,#0]
17  0x08000ba6:     4669            iF      MOV       r1,sp
18  0x08000ba8:     480b            .H      LDR       r0,[pc,#44] ; [0x8000bd8] = 0x40010c00
19  /* 以下内容省略...*/
```

可看到，除了基地址以及跳转地址不同之外，LED_GPIO_Config 中的内容跟 *.o 文件中的一样。另外，由于 *.o 是独立的文件，而 *.axf 是整个工程汇总的文件，所以在 *.axf 中包含了所有调用 *.o 文件节区的内容。例如，在 bsp_led_o_elfInfo_c.txt（bsp_led.o 文件的反汇编信息）中不包含 RCC_AHB1PeriphClockCmd 及 GPIO_Init 的内容，而在"流水灯_axf_elfInfo_c.txt"（流水灯.axf 文件的反汇编信息）中则可找到它们的具体信息，且它们也有具体的地址空间。

在 *.axf 文件中，跳转到 RCC_AHB1PeriphClockCmd 及 GPIO_Init 标号的这两个指令后都有注释，分别是"; 0x8000980"及"; 0x8000408"，它们是这两个标号所在的具体地址。而且这两个跳转语句的跟 *.o 中的也有区别，内容分别为"f7fffefd"及"f7fffc34"（*.o

中的均为f7fffffe)。这就是链接器链接的含义,它把不同 *.o 中的内容链接起来了。

(7) 分散加载代码

学习至此,还有一个疑问,前面提到程序有存储态及运行态,它们之间应有一个转化过程,把存储在 Flash 中的 RW-data 数据复制至 SRAM。然而我们的工程中并没有编写这样的代码,在汇编文件中也查不到该过程,芯片是如何知道 Flash 的哪些数据应复制到 SRAM 的哪些区域呢?

通过查看"流水灯_axf_elfInfo_c.txt"的反汇编信息,了解到程序中具有一段名为"__scatterload"的分散加载代码,见代码清单38-7。它是由 armlink 链接器自动生成的。

代码清单38-7 分散加载代码(多彩流水灯_axf_elfInfo_c.txt 文件)

```
    1 .text
    2 __scatterload
    3 __scatterload_rt2
    4     0x08000bdc:    4c06         .L       LDR      r4,[pc,#24] ; [0x8000bf8] = 0x8000c20
    5     0x08000bde:    4d07         .M       LDR      r5,[pc,#28] ; [0x8000bfc] = 0x8000c40
    6     0x08000be0:    e006         ..       B        0x8000bf0 ; __scatterload + 20
    7     0x08000be2:    68e0         .h       LDR      r0,[r4,#0xc]
    8     0x08000be4:    f0400301     @...     ORR      r3,r0,#1
    9     0x08000be8:    e8940007     ....     LDM      r4,{r0-r2}
   10     0x08000bec:    4798         .G       BLX      r3
   11     0x08000bee:    3410         .4       ADDS     r4,r4,#0x10
   12     0x08000bf0:    42ac         .B       CMP      r4,r5
   13     0x08000bf2:    d3f6         ..       BCC      0x8000be2 ; __scatterload + 6
   14     0x08000bf4:    f7fffaa0     ....     BL       __main_after_scatterload ; 0x8000138
   15 $d
   16     0x08000bf8:    08000c20     ...      DCD      134220832
   17     0x08000bfc:    08000c40     @...     DCD      134220864
   18 $t
   19 i.__scatterload_copy
   20 __scatterload_copy
   21     0x08000c00:    e002         ..       B        0x8000c08 ; __scatterload_copy + 8
   22     0x08000c02:    c808         ..       LDM      r0!,{r3}
   23     0x08000c04:    1f12         ..       SUBS     r2,r2,#4
   24     0x08000c06:    c108         ..       STM      r1!,{r3}
   25     0x08000c08:    2a00         .*       CMP      r2,#0
   26     0x08000c0a:    d1fa         ..       BNE      0x8000c02 ; __scatterload_copy + 2
   27     0x08000c0c:    4770         pG       BX       lr
   28 i.__scatterload_null
   29 __scatterload_null
   30     0x08000c0e:    4770         pG       BX       lr
   31 i.__scatterload_zeroinit
   32 __scatterload_zeroinit
```

33	0x08000c10:	2000	.	MOVS	r0,#0
34	0x08000c12:	e001	..	B	0x8000c18 ; __scatterload_zeroinit + 8
35	0x08000c14:	c101	..	STM	r1!,{r0}
36	0x08000c16:	1f12	..	SUBS	r2,r2,#4
37	0x08000c18:	2a00	.*	CMP	r2,#0
38	0x08000c1a:	d1fb	..	BNE	0x8000c14 ; __scatterload_zeroinit + 4
39	0x08000c1c:	4770	pG	BX	lr
40	0x08000c1e:	0000	..	MOVS	r0,r0

这段分散加载代码包含了复制过程（主要使用 LDM 复制指令），而 LDM 指令的操作数中包含了加载的源地址，这些地址中包含了内部 Flash 存储的 RW-data 数据，执行这些指令后，数据就会从 Flash 地址加载到内部 SRAM 的地址。而"__scatterload"的代码会被"__main"函数调用，见代码清单 38-8。__main 在启动文件中的"Reset_Handler"会被调用，因而，在主体程序执行前，已经完成了分散加载过程。

代码清单 38-8　__main 的反汇编代码（部分，流水灯 _axf_elfInfo_c.txt 文件）

```
1  $t
2  .ARM.Collect$$$$00000000
3  .ARM.Collect$$$$00000001
4  __Vectors_End
5  __main
6  _main_stk
7      0x08000130: f8dfd00c  ....  LDR   sp,__lit__00000000 ; [0x8000140] = 0x20000428
8  .ARM.Collect$$$$00000004
9  _main_scatterload
10     0x08000134: f000fd52  ..R.  BL    __scatterload ; 0x8000bdc
```

5. hex 文件及 bin 文件

若编译过程无误，即可把工程生成前面对应的 *.axf 文件，而在 MDK 中使用下载器（DAP、JLINK、ULINK 等）下载程序或仿真的时候，MDK 调用的就是 *.axf 文件。它解释该文件，控制下载器把 *.axf 中的代码内容下载到 STM32 芯片对应的存储空间，然后复位后芯片就开始执行代码了。

然而，脱离了 MDK 或 IAR 等工具，下载器就无法直接使用 *.axf 文件下载代码了，它们一般仅支持 hex 和 bin 格式的代码数据文件。默认情况下 MDK 都不会生成 hex 及 bin 文件，需要配置工程选项或使用 fromelf 命令。

（1）生成 hex 文件

生成 hex 文件的配置比较简单，在"Options for Target → Output → Create Hex File"中勾选该选项，然后编译工程即可，见图 38-35。

（2）生成 bin 文件

使用 MDK 生成 bin 文件需要使用 fromelf 命令，在 MDK 的"Options For Target → Users"中加入如图 38-36 所示的命令。

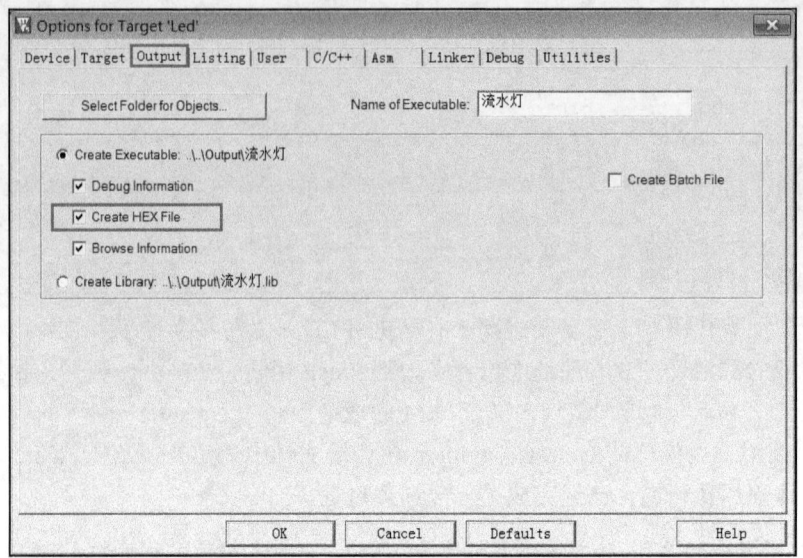

图 38-35 生成 hex 文件的配置

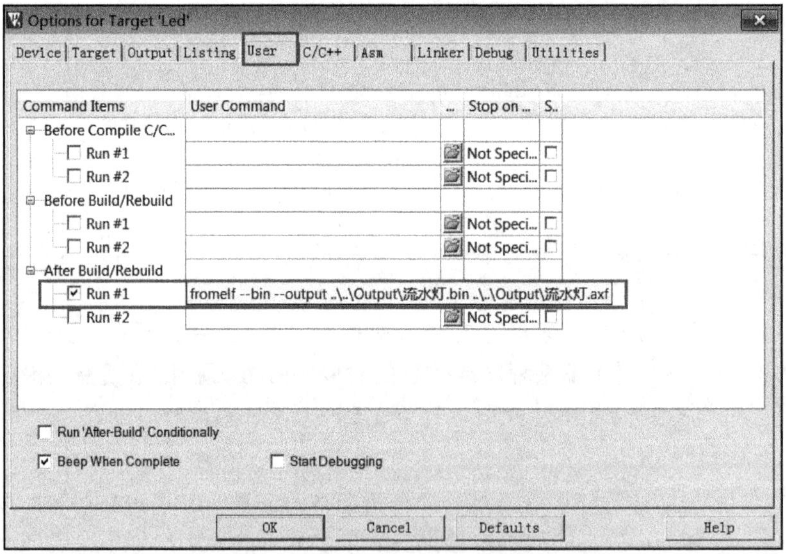

图 38-36 使用 fromelf 指令生成 bin 文件

指令内容如下：

fromelf --bin --output ..\..\Output\ 流水灯 .bin ..\..\Output\ 流水灯 .axf

该指令是根据本机及工程的配置而写的，在不同的系统环境或不同的工程中，指令内容都不一样，我们需要理解它，才能为自己的工程定制指令。首先看看 fromelf 的帮助，见图 38-37。

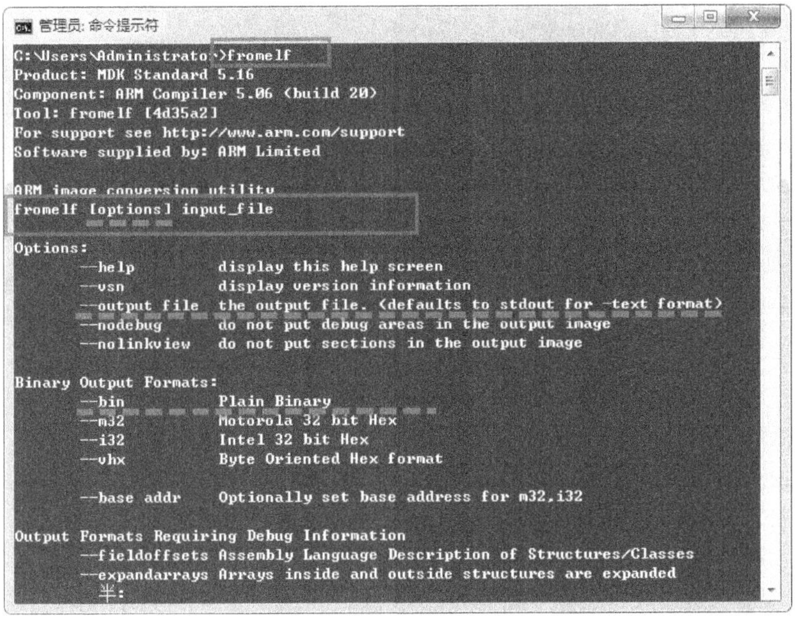

图 38-37　fromelf 的帮助

我们在 MDK 输入的指令格式是遵守 fromelf 帮助里的指令格式说明的，其格式为：

```
fromelf [options] input_file
```

其中 options 是指令选项，一个指令支持输入多个选项，每个选项之间使用空格隔开，我们的实例中使用"--bin"选项设置输出 bin 文件，使用"--output file"选项设置输出文件的名字为"..\..\Output\ 流水灯 .bin"。这个名字是一个相对路径格式，一个"..\"表示当前目录的上一层，两个"..\"表示上两层目录（当前目录是指 uvprojx 工程文件所在的位置）。如果不了解如何使用"..\"表示路径，可使用 MDK 命令输入框后面的文件夹图标打开文件浏览器选择文件，加入绝对路径，在命令的最后使用"..\..\Output\ 流水灯 .axf"作为命令的输入文件。具体的格式分解见图 38-38。

fromelf	--bin	--output	..\..\Output\ 流水灯 .bin	..\..\Output\ 流水灯 .axf
			输出文件名（含路径）	输入文件名（含路径）
工具路径	选项 1	选项 2		输入文件
fromelf		[options]		inputfile

图 38-38　fromelf 命令格式分解

fromelf 需要根据工程的 *.axf 文件输入来转换得到 bin 文件，所以在命令的输入文件参数中要选择本工程对应的 *.axf 文件。在 MDK 命令输入栏中，我们把 fromelf 指令放置在"After Build/Rebuild"（工程构建完成后执行）一栏也是基于这个考虑。这样设置后，工程构建完成生成了最新的 *.axf 文件，MDK 再执行 fromelf 指令，从而得到最新的 bin 文件。

设置完成生成 hex 的选项或添加了生成 bin 的用户指令后，单击工程的编译（build）按钮，重新编译工程，成功后可看到如图 38-39 所示的输出。打开相应的目录即可找到文件，若找不到 bin 文件，请查看提示输出栏执行指令的信息，根据信息改正 fromelf 指令。

```
Build Output
*** Using Compiler 'V5.05 update 2 (build 169)', folder: 'C:\Keil_v5\ARM\ARMCC\Bin'
Build target 'Led'
After Build - User command #1: fromelf --bin --output ..\..\Output\流水灯.bin ..\..\Output\流水灯.axf
"..\..\Output\流水灯.axf" - 0 Error(s), 0 Warning(s).
Build Time Elapsed:  00:00:00
```

图 38-39 fromelf 生成 hex 及 bin 文件的提示

其中 bin 文件是纯二进制数据，无特殊格式。

（3）hex 文件格式

hex 是 Intel 公司制定的一种使用 ASCII 文本记录机器码或常量数据的文件格式，这种文件常常用来记录将要存储到 ROM 中的数据，绝大多数下载器支持该格式。

一个 hex 文件由多条记录组成，而每条记录由 5 个部分组成，格式形如 ":llaaaatt[dd…]cc"，例如本"多彩流水灯"工程生成的 hex 文件前几条记录见代码清单 38-9。

代码清单 38-9 Hex 文件实例

```
1 :020000040800F2
2 :100000000004002045010008290300008BF02000881
3 :100010002503000B8D0100089D0400080000000071
4 :10002000000000000000000000000004D03000878
5 :1000300091010008000000002B03000839040008AB
6 :100040005F0100085F0100085F0100085F01000810
```

记录的各个部分介绍如下：
- ":"：每条记录的开头都使用冒号来表示一条记录的开始。
- ll：以十六进制数表示这条记录的主体数据区的长度（即后面 [dd…] 的长度）。
- aaaa：表示这条记录中的内容应存放到 Flash 中的起始地址。
- tt：表示这条记录的类型，它包含的各种类型见表 38-5。
- dd：表示一个字节的数据，一条记录中可以有多个字节数据，ll 区表示了它有多少个字节的数据。
- cc：表示本条记录的校验和，它是前面所有 16 进制数据（除冒号外，两个为一组）的和对 256 取模运算的结果的补码。

表 38-5 tt 值所代表的类型说明

tt 的值	代表的类型
00	数据记录
01	本文件结束记录
02	扩展地址记录
04	扩展线性地址记录（表示后面的记录按个这地址递增）
05	表示一个线性地址记录的起始（只适用于 ARM）

例如，代码清单 38-9 中的第 1 条记录解释如下。

1）02：表示这条记录数据区的长度为 2 字节；

2）0000：表示这条记录要存储到的地址；

3）04：表示这是一条扩展线性地址记录；

4）0800：由于这是一条扩展线性地址记录，所以这部分表示地址的高 16 位，与前面的 "0000" 结合在一起，表示要扩展的线性地址为 "0x0800 0000"，这正好是 STM32 内部 Flash 的首地址；

5）F2：表示校验和，它的值为（0x02+0x00+0x00+0x04+0x08+0x00）%256 的值再取补码。

再来看第 2 条记录。

1）10：表示这条记录数据区的长度为 2 字节；

2）0000：表示这条记录所在的地址，与前面的扩展记录结合，表示这条记录要存储的 Flash 首地址为 0x0800 0000+0x0000；

3）00：表示这是一条数据记录，数据区的是地址；

4）00040020450100082903008BF020008：这是要按地址存储的数据；

5）81：表示校验和。

（4）hex、bin 及 axf 文件的区别与联系

为了更清楚地对比 bin、hex 及 axf 文件的差异，我们来查看这些文件内部记录的信息来进行对比。

bin、hex 及 axf 文件都包含了指令代码，但它们的信息丰富程度是不一样的。

- bin 文件是最直接的代码映像，它记录的内容就是要存储到 Flash 的二进制数据（机器码本质上就是二进制数据），在 Flash 中是什么形式它就是什么形式，没有任何辅助信息，包括大小端格式也没有，因此下载器需要有针对芯片 Flash 平台的辅助文件才能正常下载（一般下载器程序会有匹配的这些信息）。
- hex 文件是一种使用十六进制符号表示的代码记录，记录了代码应该存储到 Flash 的哪个地址，下载器可以根据这些信息辅助下载。
- axf 文件在前文已经解释，它不仅包含代码数据，还包含了工程的各种信息，因此它也是 3 个文件中最大的。

同一个工程生成的 bin、hex 及 axf 文件的大小见图 38-40。

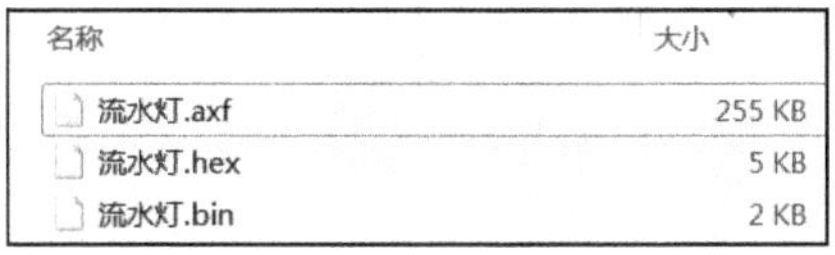

图 38-40　同一个工程的 bin、bex 及 axf 文件大小

实际上，这个工程要烧写到 Flash 的内容总大小为 1492 字节，然而在 Windows 中查看的 bin 文件却比它大（bin 文件是 Flash 的代码映像，大小应一致），这是因为 Windows 文件显示单位的原因，使用右键查看文件的属性，可以查看它实际记录内容的大小，见图 38-41。

接下来我们打开本工程的 "流水灯 .bin" "流水灯 .hex" 及由 "流水灯 .axf" 使用 fromelf 工具输出的反汇编文件 "流水灯 _axf_elfInfo_c.txt" 文件，清晰地对比它们的差异，见图 38-42。如果想要亲自阅读自己电脑上的 bin 文件，推荐使用 Sublime 软件打开，它可以把二进制数以 ASCII 码呈现出来，便于阅读。

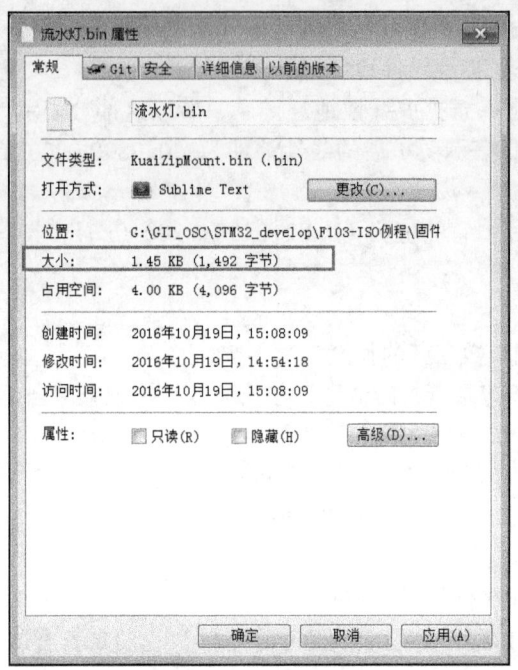

图 38-41　bin 文件大小

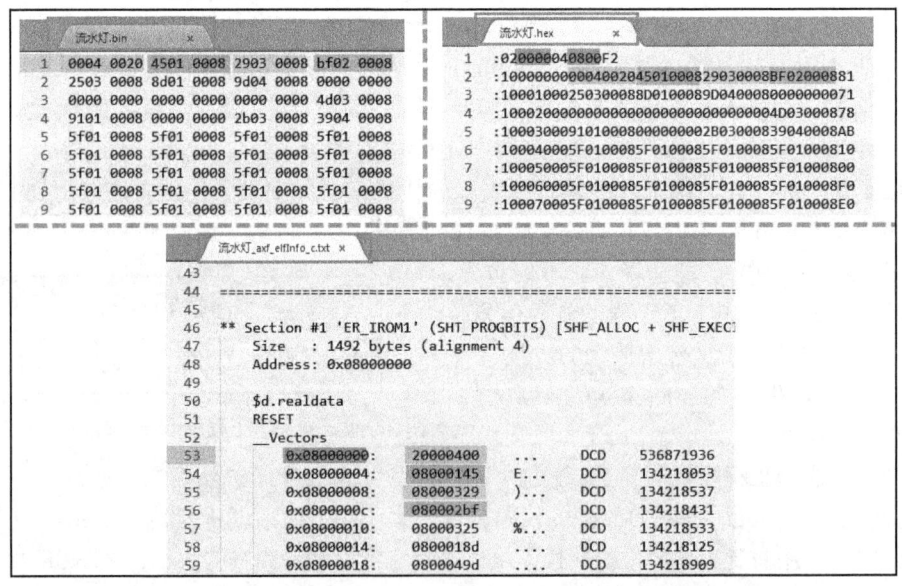

图 38-42　同一个工程的 bin、hex 及 axf 文件对代码的记录

在"流水灯_axf_elfInfo_c.txt"文件中不仅可以看到代码数据，还有具体的标号、地址以及反汇编得到的代码，虽然它不是 *.axf 文件的原始内容，但因为它是通过 *.axf 文件 fromelf 工具生成的，我们可认为 *.axf 文件本身记录了大量这些信息，它的内容非常丰富，

熟悉汇编语言的人可轻松阅读。

在 hex 文件中包含了地址信息以及地址中的内容，而在 bin 文件中仅包含了内容，连存储的地址信息都没有。观察可知，bin、hex 及 axf 文件中的数据内容都是相同的，它们存储的都是机器码。这就是它们三者之间的区别与联系。

由于文件中存储的都是机器码，见图 38-43，该图是我根据 axf 文件的 GPIO_Init 函数的机器码，在 bin 及 hex 中找到的对应位置。所以经验丰富的人是有可能从 bin 或 hex 文件中恢复出汇编代码的，只是成本较高，但不是不可能。

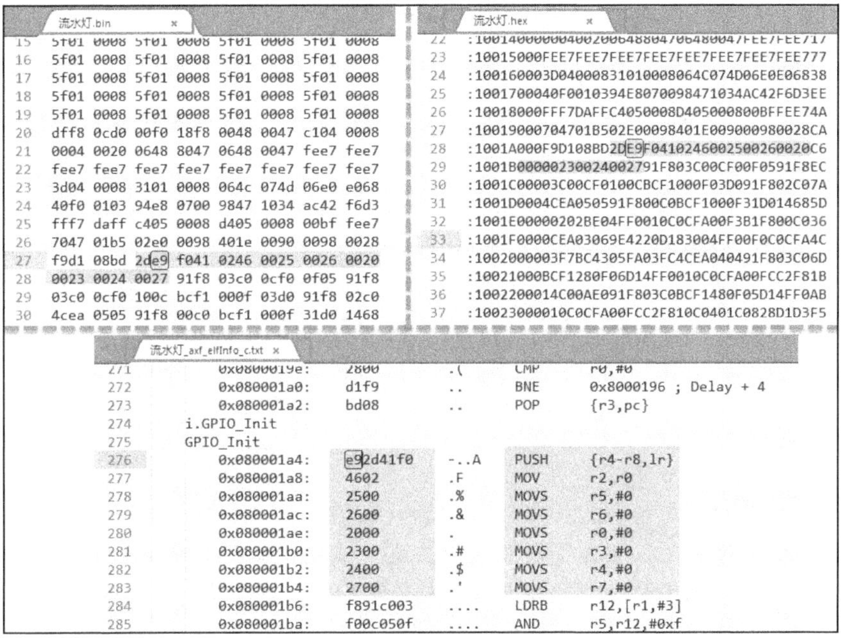

图 38-43　GPIO_Init 函数的代码数据在 3 个文件中的表示

如果芯片没有做任何加密措施，使用下载器可以直接从芯片读出它存储在 Flash 中的数据，从而得到 bin 映像文件。根据芯片型号还原出部分代码即可进行修改，甚至不用修改代码，直接根据目标产品的硬件 PCB，抄出一样的板子，再把 bin 映像下载芯片，直接复制出目标产品。所以在实际的生产中，一定要注意做好自己产品的加密措施。由于 axf 文件中含有大量的信息，且直接使用 fromelf 即可反汇编代码，所以更不要随便泄露 axf 文件。lib 文件也能反过来使用 fromelf 文件反汇编代码，不过它不能还原出 C 代码，由于 lib 文件的主要目的是为了保护 C 源代码，也算是实现了这个要求。

6. htm 静态调用图文件

在 Output 目录下，有以工程文件命名的后缀为 *.bulid_log.htm 及 *.htm 文件，如"流水灯.bulid_log.htm"及"流水灯.htm"，它们都可以使用浏览器打开。其中 *.build_log.htm 是工程的构建过程日志，而 *.htm 是链接器生成的静态调用图文件。

在静态调用图文件中包含了整个工程各种函数之间互相调用的关系图，而且它还给出了静态占用最深的栈空间数量以及它对应的调用关系链。

例如图38-44是"流水灯.htm"文件顶部的说明。

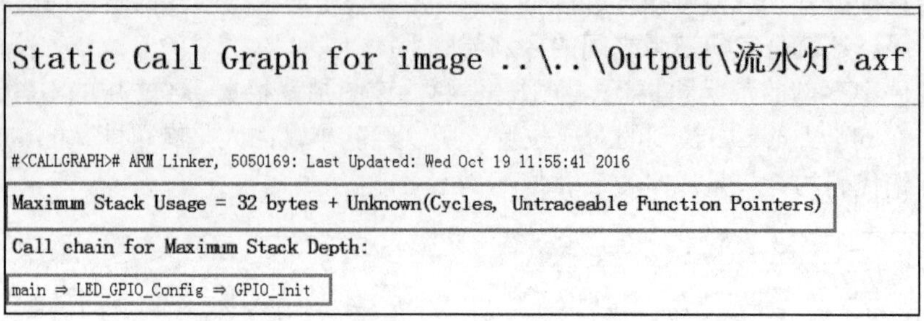

```
Static Call Graph for image ..\..\Output\流水灯.axf

#<CALLGRAPH># ARM Linker, 5050169: Last Updated: Wed Oct 19 11:55:41 2016
Maximum Stack Usage = 32 bytes + Unknown(Cycles, Untraceable Function Pointers)
Call chain for Maximum Stack Depth:
main ⇒ LED_GPIO_Config ⇒ GPIO_Init
```

图38-44 "流水灯.htm"中的静态占用最深的栈空间说明

该文件说明了本工程的静态栈空间最大占用56字节（Maximum Stack Usage:32bytes），这个占用最深的静态调用为"main → LED_GPIO_Config → GPIO_Init"。注意这里给出的空间只是静态的栈使用统计，链接器无法统计动态使用情况，例如，链接器无法知道递归函数的递归深度。在本文件的后面还可查询到其他函数的调用情况及其他细节。

利用这些信息，我们可以大致了解工程中应该分配多少空间给栈，有空间余量的情况下，一般会设置比这个静态最深栈使用量大一倍，在STM32中可修改启动文件，改变堆栈的大小；如果空间不足，可从该文件中了解到调用深度的信息，然后优化该代码。

注意：

查看了各个工程的静态调用图文件统计后，我们发现本书提供的一些比较大规模的工程例子，静态栈调用最大深度都已超出STM32启动文件默认的栈空间大小0x00000400，即1024字节。但在当时的调试过程中却没有发现错误，所以当时没有修改栈的默认大小（有一些工程调试时已发现问题，它们的栈空间就已经被我们改大了）。虽然这些工程实际运行并没有错误，但这可能只是因为它使用的栈溢出RAM空间恰好没被程序其他部分修改而已。所以，建议在实际的大型工程应用中（特别是使用了各种外部库时，如Lwip、emWin、Fatfs等），要查看本静态调用图文件，了解程序的栈使用情况，给程序分配合适的栈空间。

38.4.4 Listing目录下的文件

在Listing目录下包含了*.map及*.lst文件，它们都是文本格式的，可使用Windows的记事本软件打开。其中lst文件仅包含了一些汇编符号的链接信息，我们重点分析map文件。

1. map文件说明

map文件是由链接器生成的，它主要包含交叉链接信息，查看该文件可以了解工程中各种符号之间的引用，以及整个工程的Code、RO-data、RW-data以及ZI-data的详细及汇总信息。它的内容中主要包含了"节区的跨文件引用""删除无用节区""符号映像表""存储器映像索引"以及"映像组件大小",各部分介绍如下。

（1）节区的跨文件引用

打开"流水灯.map"文件,可看到它的第 1 部分——节区的跨文件引用（Section Cross References）,见代码清单 38-10。

代码清单 38-10　节区的跨文件引用（部分,流水灯 .map 文件）

```
1  ==========================================================
2
3  Section Cross References
4
5      startup_stm32f10x_hd.o(RESET) refers to startup_stm32f10x_hd.o(STACK) for __initial_sp
6      startup_stm32f10x_hd.o(RESET) refers to startup_stm32f10x_hd.o(.text) for Reset_Handler
7      startup_stm32f10x_hd.o(RESET) refers to stm32f10x_it.o(i.SysTick_Handler) for SysTick_Handler
8  /**... 以下部分省略 ****/
9      main.o(i.main) refers to bsp_led.o(i.LED_GPIO_Config) for LED_GPIO_Config
10     main.o(i.main) refers to main.o(i.Delay) for Delay
11     bsp_led.o(i.LED_GPIO_Config) refers to stm32f10x_rcc.o(i.RCC_APB2Periph-ClockCmd) for RCC_APB2PeriphClockCmd
12     bsp_led.o(i.LED_GPIO_Config) refers to stm32f10x_gpio.o(i.GPIO_Init) for GPIO_Init
13     bsp_led.o(i.LED_GPIO_Config) refers to stm32f10x_gpio.o(i.GPIO_SetBits) for GPIO_SetBits
14 /**... 以下部分省略 ****/
```

在这部分中,详细列出了各个 *.o 文件之间的符号引用。由于 *.o 文件是由 asm 或 C/C++ 源文件编译后生成的,各个文件及文件内的节区间互相独立,链接器根据它们之间的互相引用链接起来,链接的详细信息在这个 Section Cross References 中一一列出。

例如,开头部分说明的是 startup_stm32f10x.o 文件中的 RESET 节区分为它使用的 "__initial_sp" 符号引用了同文件 STACK 节区。

也许我们对启动文件不熟悉,不清楚这究竟是什么,那我们继续浏览,可看到 main.o 文件的引用说明,如说明 main.o 文件的 i.main 节区为它使用的 LED_GPIO_Config 符号引用了 bsp_led.o 文件的 i.LED_GPIO_Config 节区。

同样,下面还有 bsp_led.o 文件的引用说明,如说明了 bsp_led.o 文件的 i.LED_GPIO_Config 节区为它使用的 GPIO_Init 符号引用了 stm32f10x_gpio.o 文件的 i.GPIO_Init 节区。

可以了解到,这些跨文件引用的符号其实就是源文件中的函数名、变量名。有时在构建工程的时候,编译器会输出"Undefined symbol xxx（referred from xxx.o）"这样的提示,该提示的原因就是在链接过程中,某个文件无法在外部找到它引用的标号,因而产生链接错误。例如,见图 38-45,我们把 bsp_led.c 文件中定义的函数 LED_GPIO_Config 改名为 LED_GPIO_ConfigABCD,而不修改 main.c 文件中的调用,就会出现 main 文件无法找到 LED_GPIO_Config 符号的提示（Undefined symbol xxxx from xxx.o）。

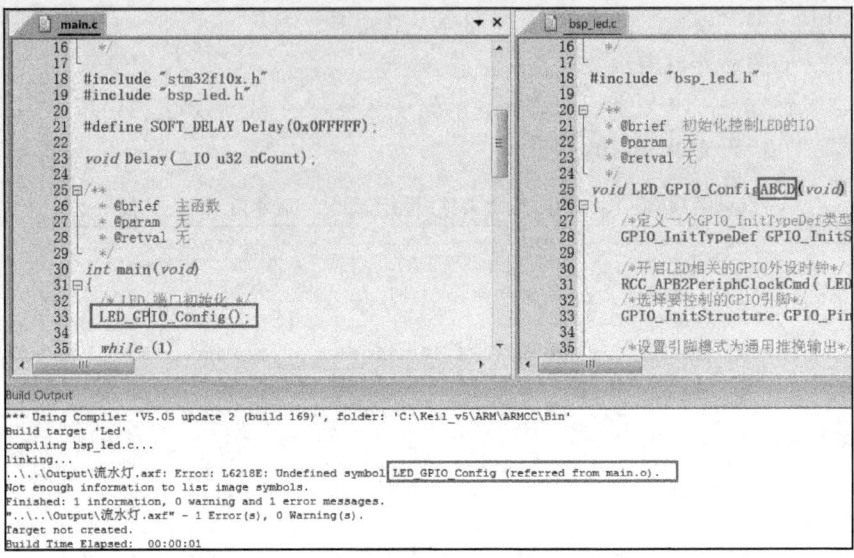

图 38-45 找不到符号的错误提示

（2）删除无用节区

map 文件的第 2 部分是删除无用节区的说明（Removing Unused input sections from the image），见代码清单 38-11。

代码清单 38-11 删除无用节区（部分，流水灯 .map 文件）

```
1  ================================================================
2
3  Removing Unused input sections from the image.
4
5      Removing startup_stm32f10x_hd.o(HEAP), (512 bytes).
6      Removing core_cm3.o(.emb_text), (32 bytes).
7      Removing system_stm32f10x.o(i.SystemCoreClockUpdate), (164 bytes).
8      Removing system_stm32f10x.o(.data), (20 bytes).
9      Removing misc.o(i.NVIC_Init), (112 bytes).
10     Removing misc.o(i.NVIC_PriorityGroupConfig), (20 bytes).
11     Removing misc.o(i.NVIC_SetVectorTable), (20 bytes).
12     Removing misc.o(i.NVIC_SystemLPConfig), (32 bytes).
13     Removing misc.o(i.SysTick_CLKSourceConfig), (40 bytes).
14     Removing stm32f10x_adc.o(i.ADC_AnalogWatchdogCmd), (20 bytes).
15     Removing stm32f10x_adc.o(i.ADC_AnalogWatchdogSingleChannelConfig), (16 bytes).
16     Removing stm32f10x_adc.o(i.ADC_AnalogWatchdogThresholdsConfig), (6 bytes).
17     Removing stm32f10x_adc.o(i.ADC_AutoInjectedConvCmd), (22 bytes).
18     Removing stm32f10x_adc.o(i.ADC_ClearFlag), (6 bytes).
19     Removing stm32f10x_adc.o(i.ADC_ClearITPendingBit), (10 bytes).
20     Removing stm32f10x_adc.o(i.ADC_Cmd), (22 bytes).
21     Removing stm32f10x_adc.o(i.ADC_DMACmd), (22 bytes).
22     Removing stm32f10x_adc.o(i.ADC_DeInit), (92 bytes).
23     Removing stm32f10x_adc.o(i.ADC_DiscModeChannelCountConfig), (24 bytes).
24     /*…以下部分省略 */
```

这部分列出了在链接过程它发现工程中未被引用的节区，这些未被引用的节区将会被

第 38 章　MDK 的编译过程及文件类型全解　577

删除（指不加入 *.axf 文件中，而不是在 *.o 文件中删除），这样可以防止这些无用数据占用程序空间。

例如，上面的信息中说明 startup_stm32f10x.o 中的 HEAP（在启动文件中定义的用于动态分配的"堆"区）以及 stm32f10x_adc.o 的各个节区都被删除了，因为在这个工程中没有使用动态内存分配，也没有引用任何 stm32f10x_adc.c 中的内容。由此也可以知道，虽然我们把 STM32 标准库的各个外设对应的 C 库文件都添加到了工程，但不必担心这会使工程变得臃肿，因为未被引用的节区内容不会被加入最终的机器码文件中。

（3）符号映像表

map 文件的第 3 部分是符号映像表（Image Symbol Table），见代码清单 38-12。

代码清单 38-12　符号映像表（部分，流水灯 .map 文件）

```
 1
 2 Image Symbol Table
 3
 4     Local Symbols
 5
 6     Symbol Name                    Value       Ov Type       Size       Object(Section)
 7     /**...省略部分****/
 8     ../clib/microlib/init/entry.s  0x00000000     Number     0          entry7b.o ABSOLUTE
 9     ../clib/microlib/init/entry.s  0x00000000     Number     0          entry11b.o ABSOLUTE
10     ../clib/microlib/init/entry.s  0x00000000     Number     0          entry11a.o ABSOLUTE
11     ../clib/microlib/init/entry.s  0x00000000     Number     0          entry10b.o ABSOLUTE
12
13     i.DebugMon_Handler             0x08000190     Section    0          stm32f10x_it.o(i.DebugMon_Handler)
14     i.Delay                        0x08000192     Section    0          main.o(i.Delay)
15     i.GPIO_Init                    0x080001a4     Section    0          stm32f10x_gpio.o(i.GPIO_Init)
16     i.GPIO_SetBits                 0x080002ba     Section    0          stm32f10x_gpio.o(i.GPIO_SetBits)
17     i.HardFault_Handler            0x080002be     Section    0          stm32f10x_it.o(i.HardFault_Handler)
18     i.LED_GPIO_Config              0x080002c4     Section    0          bsp_led.o(i.LED_GPIO_Config)
19     i.RCC_APB2PeriphClockCmd       0x0800032c     Section    0          stm32f10x_rcc.o(i.RCC_APB2PeriphClockCmd)
20     i.main                         0x080004c0     Section    0          main.o(i.main)
21     STACK                          0x20000000     Section    1024       startup_stm32f10x_hd.o(STACK)
22
23     Global Symbols
24
25     Symbol Name                    Value       Ov Type       Size       Object(Section)
```

```
    26          /**...省略部分****/
                LED_GPIO_Config                 0x080002c5     Thumb Code     90    bsp_
led.o(i.LED_GPIO_Config)
    27          RCC_APB2PeriphClockCmd          0x0800032d     Thumb Code     26
stm32f10x_rcc.o(i.RCC_APB2PeriphClockCmd)
    28          SVC_Handler                     0x0800034d     Thumb Code     2
stm32f10x_it.o(i.SVC_Handler)
    29          SysTick_Handler                 0x08000439     Thumb Code     2
stm32f10x_it.o(i.SysTick_Handler)
    30          SystemInit                      0x0800043d     Thumb Code     78    system_
stm32f10x.o(i.SystemInit)
    31          main                            0x080004c1     Thumb Code     252   main.
o(i.main)
    32          Region$$Table$$Base             0x080005c4     Number         0
anon$$obj.o(Region$$Table)
    33          Region$$Table$$Limit            0x080005d4     Number         0
anon$$obj.o(Region$$Table)
    34          __initial_sp                    0x20000400     Data           0     startup_
stm32f10x_hd.o(STACK)
    35
    36          /**...以下部分省略****/
```

代码中的这个表列出了被引用的各个符号在存储器中的具体地址、占据的空间大小等信息。如我们可以查到 LED_GPIO_Config 符号存储在 0x080002c4 地址，它属于 Thumb Code 类型，大小为 90 字节，它所在的节区为 bsp_led.o 文件的 i.LED_GPIO_Config 节区。

（4）存储器映像索引

map 文件的第 4 部分是存储器映像索引（Memory Map of the image），见代码清单 38-13。

代码清单 38-13　存储器映像索引（部分，流水灯 .map 文件）

```
 1
 2  Memory Map of the image
 3
 4      Image Entry point : 0x08000131
 5
 6      Load Region LR_IROM1 (Base: 0x08000000, Size: 0x000005d4, Max: 0x00080000,
ABSOLUTE)
 7
 8      Execution Region ER_IROM1 (Base: 0x08000000, Size: 0x000005d4, Max:
0x00080000, ABSOLUTE)
 9
10      Base Addr    Size          Type    Attr    Idx     E Section Name
Object
11
12
13      0x08000190   0x00000002    Code    RO      3130      i.DebugMon_Handler
stm32f10x_it.o
14      0x08000192   0x00000012    Code    RO      3108      i.Delay
main.o
15      0x080001a4   0x00000116    Code    RO      1292      i.GPIO_Init
stm32f10x_gpio.o
16      0x080002ba   0x00000004    Code    RO      1300      i.GPIO_SetBits
stm32f10x_gpio.o
```

```
    17    0x080002be   0x00000004   Code   RO    3131   i.HardFault_Handler
stm32f10x_it.o
    18    0x080002c2   0x00000002   PAD
    19    0x080002c4   0x00000060   Code   RO    3192   i.LED_GPIO_Config
bsp_led.o
    20    0x08000324   0x00000004   Code   RO    3132   i.MemManage_Handler
stm32f10x_it.o
    21    0x08000328   0x00000002   Code   RO    3133   i.NMI_Handler
stm32f10x_it.o
    22    0x0800032a   0x00000002   Code   RO    3134   i.PendSV_Handler
stm32f10x_it.o
    23    0x0800032c   0x00000020   Code   RO    1710   i.RCC_
APB2PeriphClockCmd  stm32f10x_rcc.o
    24
    25    0x080004be   0x00000002   PAD
    26    0x080004c0   0x00000104   Code   RO    3109   i.main
main.o
    27    0x080005c4   0x00000010   Data   RO    3226   Region$$Table
anon$$obj.o
    28
    29
    30    Execution Region RW_IRAM1 (Base: 0x20000000, Size: 0x00000400, Max:
0x00010000, ABSOLUTE)
    31
    32    Base Addr    Size         Type   Attr   Idx   E Section Name
Object
    33
    34    0x20000000   0x00000400   Zero   RW     1     STACK
startup_stm32f10x_hd.o
```

本工程的存储器映像索引分为 ER_IROM1 及 RW_IRAM1 两部分，它们分别对应 STM32 内部 Flash 及 SRAM 的空间。相对于符号映像表，这个索引表描述的单位是节区，而且它描述的主要信息中包含了节区的类型及属性，由此可以区分 Code、RO-data、RW-data 及 ZI-data。

例如，从上面的表中我们可以看到 i.LED_GPIO_Config 节区存储在内部 Flash 的 0x080002c4 地址，大小为 0x00000060，类型为 Code，属性为 RO。而程序的 STACK 节区（栈空间）存储在 SRAM 的 0x20000000 地址，大小为 0x00000400，类型为 Zero，属性为 RW（RW-data）。

（5）映像组件大小

map 文件的最后一部分是包含映像组件大小的信息（Image component sizes），这也是最常查询的内容，见代码清单 38-14。

代码清单 38-14　映像组件大小（部分，多彩流水灯 .map 文件）

```
1
2  Image component sizes
3
4       Code (inc. data)   RO Data   RW Data  ZI Data   Debug   Object Name
5
6         96       6         0         0        0       622    bsp_led.o
7          0       0         0         0        0      4504    core_cm3.o
```

```
 8       278      8      0      0      0       1675      main.o
 9        36      8      0    304      0       1024       932      startup_stm32f10x_hd.o
10       282      0      0      0      0       2771      stm32f10x_gpio.o
11        26      0      0      0      0       4726      stm32f10x_it.o
12        32      6      0      0      0        665      stm32f10x_rcc.o
13       328     28      0      0      0     214041      system_stm32f10x.o
14       ----------------------------------------------------------------
15      1084     56    320      0   1024     229936      Object Totals
16         0      0     16      0      0                 (incl. Generated)
17         6      0      0      0      0                 (incl. Padding)
18       ----------------------------------------------------------------
19     /*... 省略部分 */
20     ==================================================================
21        Code (inc. data)   RO Data      RW Data   ZI Data    Debug
22
23       1172      72        320            0       1024     229428     Grand Totals
24       1172      72        320            0       1024     229428     ELF Image Totals
25       1172      72        320            0          0                ROM Totals
26     ==================================================================
27       Total RO  Size (Code + RO Data)              1492 (   1.46kB)
28       Total RW  Size (RW Data + ZI Data)           1024 (   1.00kB)
29       Total ROM Size (Code + RO Data + RW Data)    1492 (   1.46kB)
30     ==================================================================
```

这部分包含了各个使用到的 *.o 文件的空间汇总信息、整个工程的空间汇总信息以及占用不同类型存储器的空间汇总信息，它们分类描述了具体占据的 Code、RO-data、RW-data 及 ZI-data 的大小，并根据这些大小统计出占据的 ROM 总空间。

我们仅分析最后两部分信息，如 Grand Totals 一项，它表示整个代码占据的所有空间信息，其中 Code 类型的数据大小为 1172 字节，这部分包含了 72 字节的指令数据（inc.data）已算在内，另外 RO-data 占 320 字节，RW-data 占 0 字节，ZI-data 占 1024 字节。在它的下面两行有一项 ROM Totals 信息，它列出了各个段所占据的 ROM 空间，除了 ZI-data 不占 ROM 空间外，其余项都与 Grand Totals 中相等（RW-data 也占据 ROM 空间，只是本工程中没有 RW-data 类型的数据而已）。

最后一部分列出了只读数据（RO）、可读写数据（RW）及占据的 ROM 大小。其中只读数据大小为 1492 字节，它包含 Code 段及 RO-data 段；可读写数据大小为 1024 字节，它包含 RW-data 及 ZI-data 段；占据的 ROM 大小为 1492 字节，它除了 Code 段和 RO-data 段，还包含了运行时需要从 ROM 加载到 RAM 的 RW-data 数据（本工程中 RW-data 数据为 0 字节）。

综合整个 map 文件的信息，可以分析出，当程序下载到 STM32 的内部 Flash 时，需要使用的内部 Flash 是从 0x0800 0000 地址开始的大小为 1492 字节的空间；当程序运行时，需要使用的内部 SRAM 是从 0x20000000 地址开始的大小为 1024 字节的空间。

粗略一看，发现这个小程序竟然需要 1024 字节的 SRAM，实在说不过去，但仔细分析 map 文件后，可了解到这 1024 字节都是 STACK 节区的空间（栈空间），栈空间大小是在启动文件中定义的，这 1024 字节是默认值（0x00000400）。它是提供给 C 语言程序局部变量申请使用的空间，若我们确认自己的应用程序不需要这么大的栈，完全可以修改启动文件，把它改小一点。查看前面讲解的 htm 静态调用图文件可了解静态的栈调用情况，可以用它作为参考。

38.4.5 sct 分散加载文件的格式与应用

1. sct 分散加载文件简介

当工程按默认配置构建时，MDK 会根据我们选择的芯片型号，获知芯片的内部 Flash 及内部 SRAM 存储器概况，生成一个以工程名命名的后缀为 *.sct 的分散加载文件（Linker Control File，scatter loading）。链接器根据该文件的配置分配各个节区地址，生成分散加载代码，因此我们通过修改该文件可以定制具体节区的存储位置。

例如，可以设置源文件中定义的所有变量自动按地址分配到外部 SRAM，这样就不需要再使用关键字"__attribute__"按具体地址来指定了。利用它还可以控制代码的加载区与执行区的位置，例如可以把程序代码存储到单位容量价格便宜的 NAND-Flash 中，但在 NAND-Flash 中的代码是不能像内部 Flash 中的代码那样直接提供给内核运行的，这时可通过修改分散加载文件，把代码加载区设定为 NAND-Flash 的程序位置，而程序的执行区设定为 SRAM 中的位置，这样链接器就会生成一个配套的分散加载代码，该代码会把 NAND-Flash 中的代码加载到 SRAM 中，内核再从 SRAM 中运行主体代码。大部分运行 Linux 系统的代码都是这样加载的。

2. 分散加载文件的格式

下面先来看看 MDK 默认使用的 sct 文件，在 Output 目录下可找到"流水灯.sct"，该文件记录的内容见代码清单 38-15。

代码清单 38-15　默认的分散加载文件内容（"流水灯.sct"）

```
1  ; *************************************************************
2  ; *** Scatter-Loading Description File generated by uVision ***
3  ; *************************************************************
4
5  LR_IROM1 0x08000000 0x00100000    { //加载域，基地址空间大小
6      ER_IROM1 0x08000000 0x00100000 { //加载地址 = 执行地址
7       *.o (RESET, +First)
8       *(InRoot$$Sections)
9       .ANY (+RO)
10     }
11     RW_IRAM1 0x20000000 0x00030000  { //可读写数据
12       .ANY (+RW +ZI)
13     }
14  }
15
```

在默认的 sct 文件配置中仅分配了 Code、RO-data、RW-data 及 ZI-data 这些大区域的地址，链接时各个节区（函数、变量等）直接根据属性排列到具体的地址空间。

sct 文件中主要包含描述加载域及执行域两部分，一个文件中可包含有多个加载域，而一个加载域可由多个部分的执行域组成。同等级的域之间使用花括号"{}"分隔开，最外层的是加载域，第二层"{}"内的是执行域，其整体结构见图 38-46。

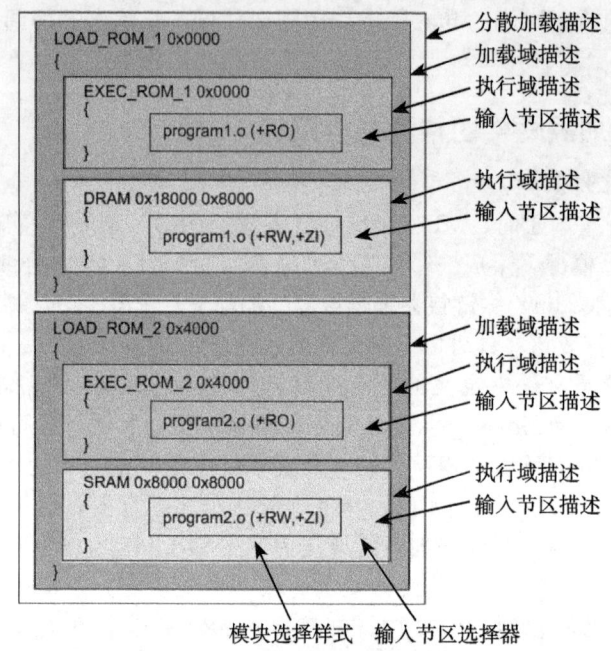

图 38-46　分散加载文件的整体结构

（1）加载域

sct 文件的加载域格式见代码清单 38-16。

代码清单 38-16　加载域格式

```
1 //方括号中的为选填内容
2 加载域名 (基地址 | ("+" 地址偏移)) [ 属性列表 ] [ 最大容量 ]
3 "{"
4     执行区域描述 +
5 "}"
```

配合前面代码清单 38-15 中的分散加载文件内容，各部分介绍如下。

- 加载域名：名称，在 map 文件中的描述会使用该名称来标识空间。如本例中只有一个加载域，该域名为 LR_IROM1。
- 基地址 + 地址偏移：这部分说明了本加载域的基地址，可以使用 + 号连接一个地址偏移，算进基地址中，整个加载域以它们的结果为基地址。如本例中的加载域基地址为 0x08000000，刚好是 STM32 内部 Flash 的基地址。
- 属性列表：属性列表说明了加载域的是否为绝对地址、N 字节对齐等属性。该配置是可选的。本例中没有描述加载域的属性。
- 最大容量：最大容量说明了这个加载域可使用的最大空间。该配置也是可选的。加上这个配置后，当链接器发现工程要分配到该区域的空间比容量还大，它会在工程构建过程给出提示。本例中的加载域最大容量为 0x00080000，即 512KB，正是本型号 STM32 内部 Flash 的空间大小。

（2）执行域
sct 文件的执行域格式见代码清单 38-17。

代码清单 38-17　执行域格式

```
1 //方括号中的为选填内容
2 执行域名 （基地址 | "+" 地址偏移） [属性列表] [最大容量]
3 "{"
4     输入节区描述
5 "}"
```

执行域的格式与加载域是类似的，区别只是输入节区的描述有所不同，在代码清单 38-15 的例子中包含了 ER_IROM1 及 RW_IRAM 两个执行域，它们分别对应描述了 STM32 的内部 Flash 及内部 SRAM 的基地址及空间大小。而它们内部的"输入节区描述"说明了哪些节区要存储到这些空间，链接器会根据它来处理、编排这些节区。

（3）输入节区描述

配合加载域及执行域的配置，在相应的域配置"输入节区描述"，即可控制该节区存储到域中，其格式见代码清单 38-18。

代码清单 38-18　输入节区描述的几种格式

```
1 //除模块选择样式部分外，其余部分都为可选项
2 模块选择样式 "(" 输入节区样式 ","" +" 输入节区属性 ")"
3 模块选择样式 "(" 输入节区样式 ","" +" 节区特性 ")"
4
5 模块选择样式 "(" 输入符号样式 ","" +" 节区特性 ")"
6 模块选择样式 "(" 输入符号样式 ","" +" 输入节区属性 ")"
```

配合前面代码清单 38-15 中的分散加载文件内容，各部分介绍如下。

- **模块选择样式**：模块选择样式可用于选择 o 及 lib 目标文件作为输入节区，它可以直接使用目标文件名或 "*" 通配符，也可以使用 ".ANY"。例如，使用语句 "bsp_led.o" 可以选择 bsp_led.o 文件，使用语句 "*.o" 可以选择所有 o 文件，使用 "*.lib" 可以选择所有 lib 文件，使用 "*" 或 ".ANY" 可以选择所有的 o 文件及 lib 文件。其中 ".ANY" 选择语句的优先级是最低的，所有其他选择语句选择完剩下的数据才会被 ".ANY" 语句选中。

- **输入节区样式**：我们知道在目标文件中会包含多个节区或符号，通过输入节区样式可以选择要控制的节区。代码清单 38-15 中 "(RESET，+First)" 语句的 RESET 就是输入节区样式，它选择了名为 RESET 的节区，并使用后面介绍的节区特性控制字 "+First" 表示它要存储到本区域的第一个地址。代码清单 38-15 中的 "*(InRoot$$Sections)" 是一个链接器支持的特殊选择符号，它可以选择所有标准库里要求存储到 root 区域的节区，如 __main.o、__scatter*.o 等内容。

- **输入符号样式**：同样，使用输入符号样式可以选择要控制的符号，符号样式需要使用 ":gdef:" 来修饰。例如，可以使用 "*(:gdef:Value_Test)" 来控制选择符号 "Value_Test"。

- **输入节区属性**：通过在模块选择样式后面加入输入节区属性，可以选择样式中不同的内容，每个节区属性描述符前要写一个 "+" 号，使用空格或 "," 号分隔开，可

以使用的节区属性描述符见表 38-6。

例如，代码清单 38-15 中使用 ".ANY(+RO)"选择将剩余所有节区 RO 属性的内容都分配到执行域 ER_IROM1 中，使用 ".ANY(+RW +ZI)"选择将剩余所有节区 RW 及 ZI 属性的内容都分配到执行域 RW_IRAM1 中。

表 38-6 属性描述符及其意义

节区属性描述符	说　　明
RO-CODE 及 CODE	只读代码段
RO-DATA 及 CONST	只读数据段
RO 及 TEXT	包括 RO-CODE 及 RO-DATA
RW-DATA	可读写数据段
RW-CODE	可读写代码段
RW 及 DATA	包括 RW-DATA 及 RW-CODE
ZI 及 BSS	初始化为 0 的可读写数据段
XO	只可执行的区域
ENTRY	节区的入口点

- 节区特性：节区特性可以使用 "+FIRST" 或 "+LAST" 选项配置它要存储到的位置，FIRST 存储到区域的头部，LAST 存储到尾部。通常重要的节区会放在头部，而 CheckSum（校验和）之类的数据会放在尾部。

例如，代码清单 38-15 中使用 "(RESET+First)"选择了 RESET 节区，并要求把它放置到本区域第一个位置，而 RESET 是工程启动代码中定义的向量表，见代码清单 38-19。该向量表中定义的堆栈顶和复位向量指针必须要存储在内部 Flash 的前两个地址，这样 STM32 才能正常启动，所以必须使用 FIRST 控制它们存储到首地址。

代码清单 38-19　startup_stm32f10x.s 文件中定义的 RESET 区（部分）

```
1 ; Vector Table Mapped to Address 0 at Reset
2                   AREA    RESET, DATA, READONLY
3                   EXPORT  __Vectors
4                   EXPORT  __Vectors_End
5                   EXPORT  __Vectors_Size
6
7 __Vectors         DCD     __initial_sp              ; Top of Stack
8                   DCD     Reset_Handler             ; Reset Handler
9                   DCD     NMI_Handler               ; NMI Handler
```

总的来说，我们的 sct 示例文件配置如下：程序的加载域为内部 Flash 的 0x08000000，最大空间为 0x00080000；程序的执行基地址与加载基地址相同，其中 RESET 节区定义的向量表要存储在内部 Flash 的首地址，且所有 o 文件及 lib 文件的 RO 属性内容都存储在内部 Flash 中；程序执行时 RW 及 ZI 区域都存储在以 0x20000000 为基地址，大小为 0x00010000 的空间（64KB），这部分正好是 STM32 内部主 SRAM 的大小。

链接器根据 sct 文件链接，链接后各个节区、符号的具体地址信息可以在 map 文件中查看。

3. 通过 MDK 配置选项来修改 sct 文件

了解 sct 文件的格式后，可以手动编辑该文件，控制整个工程的分散加载配置。但 sct 文件格式比较复杂，所以 MDK 提供了相应的配置选项，可以方便地修改该文件。这些选项配置能满足基本的使用需求，本小节将对这些选项进行说明。

（1）选择 sct 文件的产生方式

首先需要选择 sct 文件产生的方式，选择使用 MDK 还是用户自定义的 sct 文件生成。

选择 MDK 的 "Options for Target → Linker → Linker → Use Memory Layout from Target Dialog" 选项即可，见图 38-47。

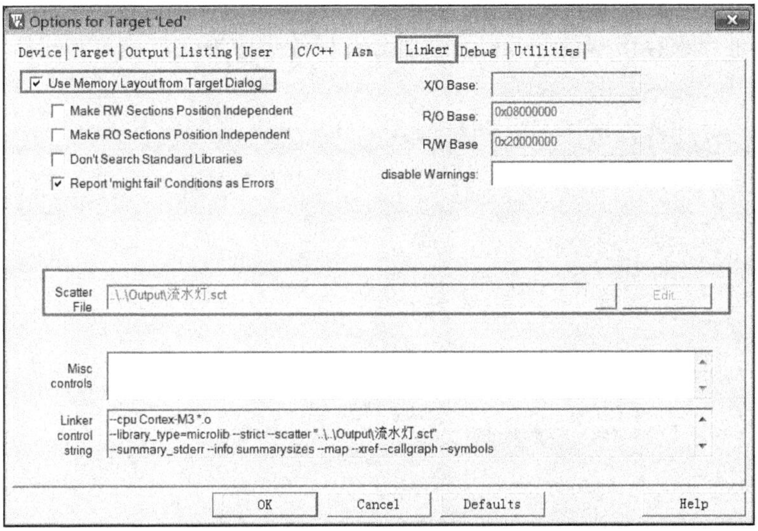

图 38-47 选择使用 MDK 生成的 sct 文件

该选项的译文为"是否使用 Target 对话框中的存储器分布配置"，勾选后，它会根据 Options for Target 对话框中的选项生成 sct 文件，这种情况下，即使手动打开它生成的 sct 文件进行编辑也是无效的，因为每次构建工程的时候，MDK 都会生成新的 sct 文件覆盖旧文件。该选项在 MDK 中是默认勾选的，若希望 MDK 使用我们手动编辑的 sct 文件构建工程，则需要取消勾选，并通过 Scatter File 框中指定 sct 文件的路径，见图 38-48。

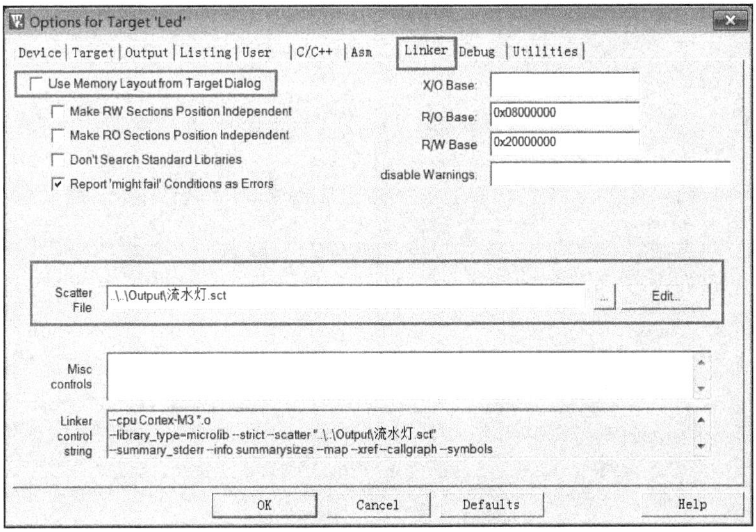

图 38-48 使用指定的 sct 文件构建工程

（2）通过 Target 对话框控制存储器分配

若我们在 Linker 中勾选了"使用 Target 对话框的存储器布局"选项，那么 Options for Target 对话框中的存储器配置就生效了。主要配置是在 Device 标签页中选择芯片的类型、设定芯片基本的内部存储器信息，以及在 Target 标签页中细化具体的存储器配置（包括外部存储器），见图 38-49 及图 38-50。

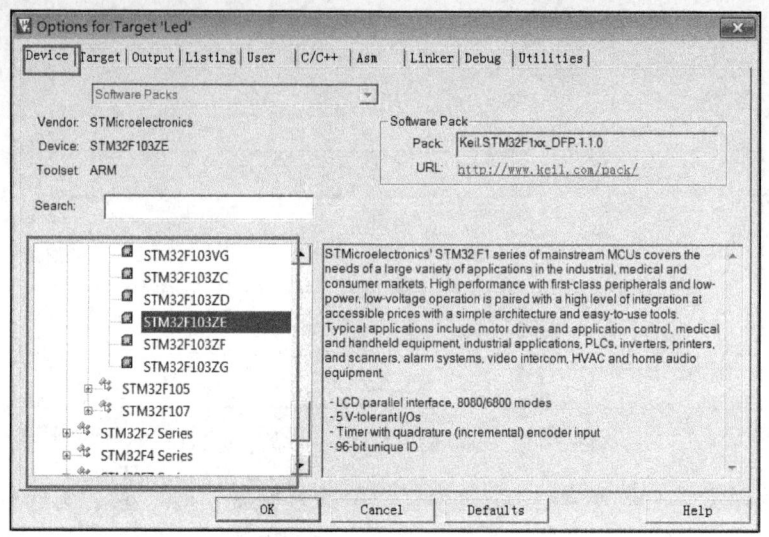

图 38-49　选择芯片类型

在图 38-49 中的 Device 标签页中选定了芯片的型号为 STM32F103ZE，选中后，在 Target 标签页中的存储器信息会根据芯片更新。

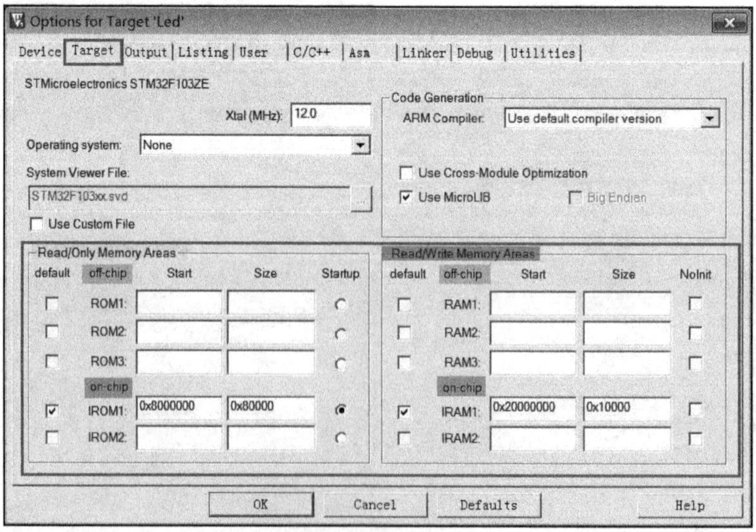

图 38-50　Target 对话框中的存储器分配

在 Target 标签页中存储器信息分成只读存储器（Read/Only Memory Areas）和可读写存储器（Read/Write Memory Areas）两类，即 ROM 和 RAM，而且它们又细分成了片外存储器（off-chip）和片内存储器（on-chip）两类。

例如，由于我们已经选定了芯片的型号，MDK 会自动根据芯片型号填充片内的 ROM 及 RAM 信息，其中，IROM1 起始地址为 0x80000000，大小为 0x80000，正是该 STM32 型号的内部 Flash 地址及大小；而 IRAM1 起始地址为 0x20000000，大小为 0x10000，正是该 STM32 内部主 SRAM 的地址及大小。图 38-50 中的 IROM1 及 IRAM1 前面都打上了勾，表示这个配置信息会被采用，若取消勾选，则该存储配置信息是不会被使用的。

在某些芯片中会有多个内部 SRAM 空间，如 STM32F429 系列。它会在标签页中的 IRAM2 一栏默认也填写了配置信息，设置 STM32F4 系列特有的内部高速 SRAM（被称为 CCM）。

而如果希望设置外部 SRAM 空间，可以把外部 SRAM 的信息写到对话框里 off-chip 的 RAM1 配置中。

下面我们尝试修改 Target 标签页中的这些存储信息，例如，把 STM32 内部的 SRAM 分成两等份，按照图 38-51 中的配置，把 IRAM1 的基地址设置为 0x20000000，大小改为 0x8000，把 IRAM2 的基地址设置为 0x20008000，大小为 0x8000，然后编译工程，查看到工程的 sct 文件如代码清单 38-20 所示。虽然修改后 IRAM1 和 IRAM2 加起来还是原来的内部 SRAM 空间，但它演示了对 Target 选项的修改是如何影响 sct 文件的。也可以尝试其他配置，观察 sct 文件，以学习 sct 文件的语法。

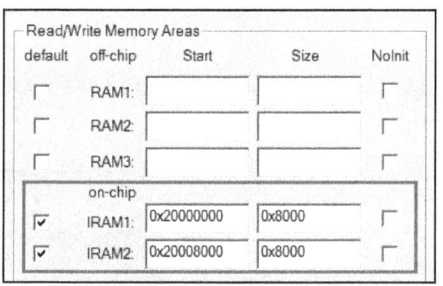

图 38-51 修改 IRAM1 的基地址及仅使用 IRAM2 的配置

代码清单 38-20 修改了 IRAM1 基地址后的 sct 文件内容

```
1  ; *************************************************************
2  ; *** Scatter-Loading Description File generated by uVision ***
3  ; *************************************************************
4
5  LR_IROM1 0x08000000 0x00080000  {   ; load region size_region
6    ER_IROM1 0x08000000 0x00080000 {  ; load address = execution address
7     *.o (RESET, +First)
8     *(InRoot$$Sections)
9     .ANY (+RO)
10   }
11   RW_IRAM1 0x20000000 0x00008000  {  ; RW data
12     .ANY (+RW +ZI)
13   }
14   RW_IRAM2 0x20008000 0x00008000  {
15     .ANY (+RW +ZI)
16   }
17 }
```

可以发现，sct 文件根据 Target 标签页做出了相应的改变。除了这种修改外，在 Target

标签页上还控制同时使用 IRAM1 和 IRAM2、加入外部 RAM（如外接的 SRAM）、外部 Flash 等。

（3）控制文件分配到指定的存储空间

设定好存储器的信息后，可以控制各个源文件定制到哪个部分存储器。在 MDK 的工程文件栏中，选中要配置的文件，右击，在弹出的菜单中选择"Options for File xxxx"，即可弹出一个文件配置对话框，在该对话框中进行存储器定制，见图 38-52。

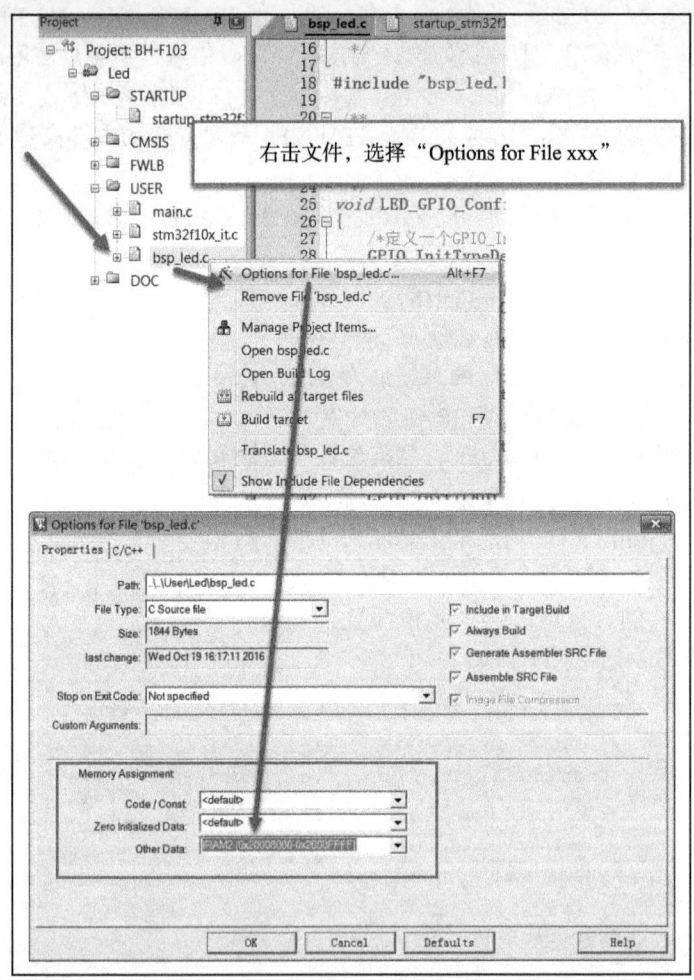

图 38-52　配置文件

在弹出的对话框中有一个"Memory Assignment"（存储器分配）区域，在该区域中可以针对文件的各种属性内容进行分配，如 Code/Const 内容（RO）、Zero Initialized Data 内容（ZI-data）以及 Other Data 内容（RW-data）。单击下拉菜单可以找到在前面 Target 页面配置的 IROM1、IRAM1、IRAM2 等存储器。例如，图 38-52 中我们把这个 bsp_led.c 文件的 Other Data 属性的内容分配到了 IRAM2 存储器（在 Target 标签页中我们勾选了 IRAM1 及

IRAM2），当在 bsp_led.c 文件中定义了一些 RW-data 内容（如初值非 0 的全局变量）时，该变量将会被分配到 IRAM2 空间，配置完成后单击 OK 按钮，然后编译工程，查看 sct 文件内容，见代码清单 38-21。

代码清单 38-21　修改 bsp_led.c 配置后的 sct 文件

```
 1 LR_IROM1 0x08000000 0x00080000  { ; load region size_region
 2 ER_IROM1 0x08000000 0x00080000  { ; load address = execution address
 3     *.o (RESET, +First)
 4     *(InRoot$$Sections)
 5     .ANY (+RO)
 6 }
 7 RW_IRAM1 0x20000000 0x00008000  { ; RW data
 8     .ANY (+RW +ZI)
 9 }
10 RW_IRAM2 0x20008000 0x00008000  {
11     bsp_led.o (+RW)
12     .ANY (+RW +ZI)
13     }
14 }
```

可以看到在 sct 文件中的 RW_IRAM2 执行域中增加了一个选择 bsp_led.o 中 RW 内容的语句。

类似地，我们还可以设置某些文件的代码段被存储到特定的 ROM 中，或者设置某些文件使用的 ZI-data 或 RW-data 存储到外部 SRAM 中（控制 ZI-data 到外部 SRAM 时要注意，还需要修改启动文件设置堆栈对应的地址，原启动文件中的地址是指向内部 SRAM 的）。

虽然 MDK 的这些存储器配置选项很方便，但有很多高级的配置还是需要手动编写 sct 文件实现的，例如 MDK 选项中的内部 ROM 选项最多只可以填充两个选项位置，若想把内部 ROM 分成多片地址管理就无法实现了；另外 MDK 配置可控的最小粒度为文件，若想控制特定的节区，也需要直接编辑 sct 文件。

接下来我们将讲解几个实验，通过编写 sct 文件定制存储空间。

38.5　实验：自动分配变量到指定的 SRAM 空间

最常见的 sct 文件通常应用于管理外部扩展的存储器空间，如秉火 F103- 霸道开发板扩展的外部 SRAM、秉火 F429- 挑战者开发板扩展的外部 SDRAM，使用 sct 文件可以轻松地将堆、栈以及各种变量自动分配到这些扩展的空间。由于本书介绍的 F103- 指南者开发板使用的 STM32VET6 型号芯片无法扩展外部 SRAM，所以在本教程中使用内部 SRAM 进行演示，在内部 SRAM 中划分一块区域进行管理。这些 sct 文件管理方法的核心与扩展外部存储空间的使用情况完全一致，但管理的存储器地址不同，外部存储器需要额外的初始化。不会影响我们学习 sct 文件的原理，如果需要完全针对于外部存储器空间管理的说明，可以查询上述开发板的教程学习。

由于内存管理对应用程序非常重要，若修改 sct 文件，不使用默认配置，对工程影响非常大，容易导致出错。所以我们使用两个实验配置来讲解 sct 文件的应用细节，希望你学

习后不仅知其然而且知其所以然，清楚地了解修改后对应用程序的影响，还可以举一反三，根据自己的需求进行各种存储器定制。

38.5.1 补充关于"__attribute__"关键字的说明

在程序中，当需要指定某个变量的内存地址时，MDK 提供了一个关键字"__attribute__"实现该功能，这种用法通常也是为了把变量指定到外部扩展的存储器，而 sct 文件存储器管理取代或改进了这种地址分配方式。在此处先补充一下关键字"__attribute__"的使用说明，见代码清单 38-22。

代码清单 38-22　直接指定变量地址

```
1  /* 定义一个要指定的地址 */
2  #define USER_ADDR      ((uint32_t)0x20005000)
3  /* 使用 atribute 指定该变量存储到 USER_ADDR，这种方式必须定义成全局变量 */
4  uint8_t testValue __attribute__((at(USER_ADDR)));
5  testValue = 0xDD;
```

这种方式使用"__attribute__((at()))"来指定变量的地址，代码中指定 testValue 存储到 USER_ADDR 地址 0x20005000 中，若把该地址改为外部存储器 SRAM 的地址，变量就会被存储到外部 SRAM 了，因而利用该关键字在一定程度上可以定制各种存储器的空间分配。要注意使用这种方法定义变量时，必须在函数外把它定义成全局变量，才可以存储到指定地址上。

然而，当有多个这样的变量时，为了防止变量占用的空间重叠，或减少碎片，对空间进行充分利用，就需要手动计算各个变量的地址，非常麻烦。在本实验中，我们将修改 sct 文件，让链接器自动分配全局变量到指定的存储区域并进行管理，使得利用指定存储区域时与普通的变量定义一样简单。

上文中提到的"指定存储空间"可以是内部 SRAM，也可以是外部扩展的 SRAM、SDRAM 存储器，它们的管理方法都一样，只是空间地址不同而已。下面将不再强调它们的区别，当使用不同的存储器时，只要指定不同的地址即可。

38.5.2 硬件设计

本小节使用内部 SRAM 的 0x20005000～0x2000C000 地址，大小为 28K 字节的区域作为"指定的存储空间"，演示如何使用 sct 控制变量自动分配到指定的存储空间，而无需使用其他硬件。

38.5.3 软件设计

本小节中提供的例程名为"SCT 文件应用——自动分配变量到指定的空间"，学习时请打开该工程来理解，该工程是由基础实验"点亮 LED"改写而来的。

为方便讲解，本实验直接使用手动编写的 sct 文件，所以在 MDK 的"Options for Target → Linker → Use Memory Layout from Target Dialog"选项被取消勾选，取消勾选后可直接单击 Edit 按钮编辑工程的 sct 文件，也可到工程目录下打开编辑，见图 38-53。

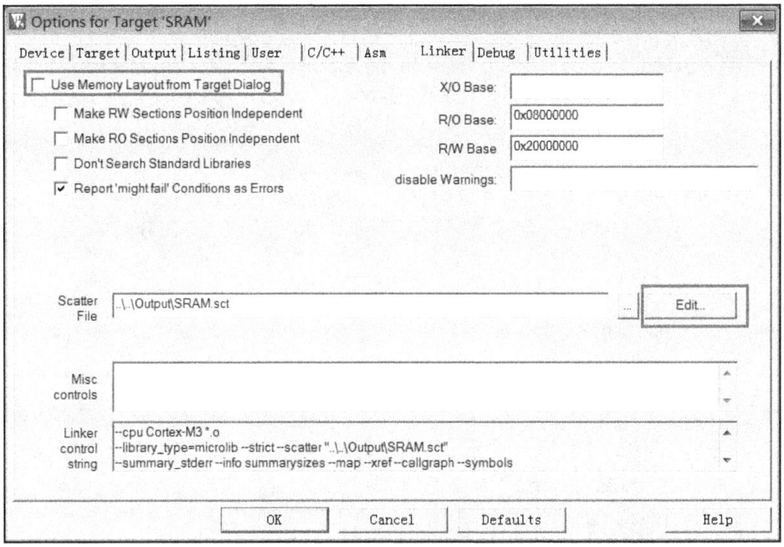

图 38-53　使用手动编写的 sct 文件

取消了这个勾选后，在 MDK 的 Target 对话框及文件配置的存储器分布选项都会失效，仅以 sct 文件中的为准，而更改对话框及文件配置选项不会影响 sct 文件的内容。

1. 编程要点

1）修改启动文件，在 __main 执行之前初始化"指定的存储空间"的硬件；
2）在 sct 文件中增加"指定的存储空间"对应的执行域；
3）使用节区选择语句选择要分配到"指定的存储空间"的内容；
4）编写测试程序，编译正常后，查看 map 文件的空间分配情况。

2. 代码分析

（1）在 __main 之前初始化外部"指定的存储空间"的硬件

在前面讲解 ELF 文件格式的小节中我们了解到，芯片启动后，会通过 __main 函数调用分散加载代码 __scatterload，分散加载代码会把存储在 Flash 中的 RW-data 复制到 RAM 中，然后在 RAM 区开辟一块 ZI-data 的空间，并将其初始化为 0 值。因此，为了保证在程序中定义到"指定的存储空间"中的变量能被正常初始化，我们需要在系统执行分散加载代码之前使该空间使用的存储器正常运转，使它能够正常保存数据。如果把存储器的初始化放到 C 语言的 main 函数才执行，那么由于 __scatterload 时存储器没有正常工作，所以复制过程无效，那么 RW-data 类型变量的初值都会不正常，这会导致程序运行不符合预期。

为了解决这个问题，可修改工程的 startup_stm32f10x.s 启动文件，见代码清单 38-23。

代码清单 38-23　修改启动文件中的 Reset_handler 函数（startup_stm32f10x.s 文件）

```
1  // Reset handler
2  Reset_Handler    PROC
3                   EXPORT  Reset_Handler            [WEAK]
4                   IMPORT  SystemInit
5                   IMPORT  __main
```

```
 6
 7              // 从外部文件引入声明，格式：IMPORT 要调用的初始化函数名
 8              // 以下语句仅作演示，使用外部存储器时请去掉注释用的";"号，本工程使用内部 SRAM，无需初始化
 9                      ;IMPORT  FSMC_SRAM_Init
10                      LDR     R0, =SystemInit
11                      BLX     R0
12              // 在 __main 之前调用 FSMC_SRAM_Init 进行初始化
13              // 以下语句仅作演示，使用外部存储器时请去掉注释用的";"号，本工程使用内部 SRAM，无需初始化
14                      ;LDR    R0, =FSMC_SRAM_Init
15                      ;BLX    R0
16
17                      LDR     R0, =__main
18                      BX      R0
19                      ENDP
```

在原来的启动文件中可以增加上述加粗表示的代码，增加的代码中使用到汇编语法 IMPOR，引入用户在其他 C 语言文件中定义的名为 FSMC_SRAM_Init 的函数（函数名要根据具体的程序来改），接着使用 LDR 指令加载函数的代码地址到寄存器 R0，最后使用 BLX R0 指令跳转到 FSMC_SRAM_Init 的代码地址执行。

加入的代码实现了 Reset_handler 在执行 __main 函数前先调用了我们自定义的 FSMC_SRAM_Init 函数，从而为分散加载代码准备好正常的硬件工作环境。

注意：

在本工程中，由于使用内部 SRAM 空间，不需要初始化，所以实际上不需要修改启动文件，保持与普通的工程一致即可。

（2）sct 文件初步应用

接下来修改 sct 文件，控制使得在 C 源文件中定义的全局变量都自动由链接器分配到"指定的存储空间"（0x20005000 ~ 0x2000C000 地址的内部 SRAM 空间），见代码清单 38-24。

代码清单 38-24 配置 sct 文件（SRAM.sct 文件）

```
 1 ; *************************************************************
 2 ; *** Scatter-Loading Description File generated by uVision ***
 3 ; *************************************************************
 4
 5 LR_IROM1 0x08000000 0x00080000{             // 加载域
 6  ER_IROM1 0x08000000 0x00080000{            // 加载地址 = 执行地址
 7    *.o (RESET, +First)
 8    *(InRoot$$Sections)
 9    .ANY (+RO)
10  }
11
12
13  RW_IRAM1 0x20000000 0x00005000 {           // 内部 SRAM
14    *.o(STACK)                               // 选择 STACK 节区，栈
15    stm32f10x_rcc.o(+RW)                     // 选择 stm32f10x_rcc 的 RW 内容
16    .ANY (+RW +ZI)                           // 其余的 RW/ZI-data 都分配到这里
17  }
18
19  RW_ERAM1 0x20005000 0x00007000{            // "指定的存储空间"
```

```
20
21         .ANY (+RW +ZI)                   // 其余的 RW/ZI-data 都分配到这里
22     }
23 }
```

加粗部分是本例子中增加的代码，我们从后面开始，先分析比较简单的外部 SRAM 执行域部分。

1）RW_ERAM1 0x20005000 0x00007000{}

RW_ERAM1 是我们配置的"指定的存储空间"的执行域。该执行域的名字是可以随便取的，最重要的是它的基地址及空间大小，在本工程中，这两个值均指向内部 SRAM，正是我们预设的 0x20005000～0x2000C000 地址区域，若使用外扩存储器，把它设置为该存储器的基地址及大小即可。在 RW_ERAM1 执行域内部，它使用".ANY(+RW +ZI)"语句，选择了所有的 RW/ZI 类型的数据都分配到这个"指定的存储空间"，所以我们在工程中的 C 文件定义的全局变量都会被分配到该区域，若使用外扩存储器，这些数据就会存储到相应的存储器中。

2）RW_IRAM1 执行域

RW_IRAM1 是 STM32 原内部 SRAM 的执行域，因为实验需要，工程中只给它分配了 0x5000 字节的空间。我们在它的执行域配置中增加了 *.o（STACK）及 stm32f10x_rcc.o（+RW）语句。本来上面配置外部 SRAM 执行域后已经达到使全局变量分配的目的，为何还要修改原内部 SRAM 的执行域呢？

这是由于如果在 __main 之前调用的 FSMC_SRAM_Init 外部存储器初始化函数调用了很多库函数，且这些函数内部定义了一些局部变量，而函数内的局部变量需要分配到"栈"空间（STACK），所以在 FSMC_SRAM_Init 函数执行之前，栈空间必须要被准备好。然而在 FSMC_SRAM_Init 函数执行之前，外部存储器却并未正常工作，这样的矛盾导致栈空间不能被分配到外部存储器区域。

虽然内部 SRAM 的执行域 RW_IRAM1 及"指定的存储空间"执行域 RW_ERAM1 中都使用".ANY（+RW +ZI）"语句，选择了所有 RW 及 ZI 属性的内容，但对于符合两个相同选择语句的内容，链接器会优先选择使用空间较大的执行域，即这种情况下只有当"指定的存储空间"执行域的空间使用完了，RW/ZI 属性的内容才会被分配到内部 SRAM。

所以在大部分情况下，内部 SRAM 执行域中的".ANY(+RW +ZI)"语句是不起作用的，而栈节区（STACK）又属于 ZI-data 类，如果我们的内部 SRAM 执行域还是按原来的默认配置的话，栈节区会被分配到"指定的存储空间"，若此时"指定的存储空间"使用的是外部存储器，将会导致出错。为了避免这个问题，我们把栈节区使用"*.o（STACK）"语句分配到内部 SRAM 的执行域。

增加"stm32f10x_rcc.o（+RW）"语句是因为：初始化外部存储器的 FSMC_SRAM_Init 函数可能会调用 stm32f10x_rcc.c 文件中的 RCC_AHBPeriphClockCmd 函数，而查看 map 文件后了解到，stm32f10x_rcc.c 定义了一些 RW-data 类型的变量，见图 38-54。不管这些数据是否在 FSMC_SRAM_Init 调用过程中使用到，保险起见，我们直接把这部分内容也分配到内部 SRAM 的执行区。

```
SRAM.map    ×
799  ==============================================================
800
801  Image component sizes
802
803
804         Code (inc. data)   RO Data   RW Data   ZI Data   Debug   Object Name
805
806           96        6        0        0        0      634    bsp_led.o
807          188       10        0        0        0     1091    bsp_usart.o
808            0        0        0        0        0     4504    core_cm3.o
809          436      242        0        0        1     2271    main.o
810         1172      188        0        0        0     2764    sram.o
811           44       12      304        0     1024      944    startup_stm32f10x_hd.o
812         1548       18        0        0        0     5567    stm32f10x_fsmc.o
813          860       38        0        0        0     5869    stm32f10x_gpio.o
814           26        0        0        0        0     1318    stm32f10x_it.o
815          932       36        0       20        0     9144    stm32f10x_rcc.o
816         1032       22        0        0        0     8596    stm32f10x_usart.o
817          480       38        0       20        0   236987    system_stm32f10x.o
818
819         ----------------------------------------------------------------
820         6816      610      336       40     1028   279689    Object Totals
821            0        0       32        0        0        0    (incl. Generated)
822            2        0        0        0        3        0    (incl. Padding)
823
824
```

图 38-54　stm32f10x_rcc.o 文件统计信息

注意：
　　由于本工程"指定的存储空间"也是属于内部 SRAM，所以不添加"*.o（STACK）及 stm32f10x_rcc.o（+RW）"语句也是没有问题的。此处是为了兼容当该空间为外部存储器时的情况。

（3）变量分配测试及结果

接下来查看本工程中的 main 文件，它定义了各种变量测试空间分配，见代码清单 38-25。

代码清单 38-25　main 文件

```
1
2
3  // 定义变量到"指定的存储空间"
4  uint32_t testValue   =7 ;
5  // 定义变量到"指定的存储空间"
6  uint32_t testValue2  =0;
7
8
9
10 // 定义数组到"指定的存储空间"
11 uint8_t testGrup[100]  = {0};
12 // 定义数组到"指定的存储空间"
13 uint8_t testGrup2[100] = {1,2,3};
14
15
16 /* 本实验中的 sct 配置，若使用外部存储器时，堆区工作可能不正常，
17    使用 malloc 无法得到正常的地址，不推荐在实际工程中应用 */
18 /* 另一种我们推荐的配置请参考教程中的说明 */
19
```

```c
20  /**
21    *  @brief    main 函数
22    *  @param  无
23    *  @retval 无
24    */
25  int main(void)
26  {
27      uint32_t inerTestValue =10;
28
29      /* LED 端口初始化 */
30      LED_GPIO_Config();
31
32      /* 初始化串口 */
33      USART_Config();
34
35      printf("\r\nSCT 文件应用——自动分配变量到"指定的存储空间"实验 \r\n");
36
37      printf("\r\n 使用 " uint32_t inerTestValue =10;"语句定义的局部变量: \r\n");
38      printf("结果: 它的地址为: 0x%x, 变量值为: %d\r\n",
39              (uint32_t)&inerTestValue,inerTestValue);
40
41      printf("\r\n 使用"uint32_t testValue  =7 ;"语句定义的全局变量: \r\n");
42      printf("结果: 它的地址为: 0x%x, 变量值为: %d\r\n",
43              (uint32_t)&testValue,testValue);
44
45      printf("\r\n 使用"uint32_t testValue2  =0 ; "语句定义的全局变量: \r\n");
46      printf("结果: 它的地址为: 0x%x, 变量值为: %d\r\n",
47              (uint32_t)&testValue2,testValue2);
48
49
50      printf("\r\n 使用"uint8_t testGrup[100]  ={0};"语句定义的全局数组: \r\n");
51      printf("结果: 它的地址为: 0x%x, 变量值为: %d,%d,%d\r\n",
52              (uint32_t)&testGrup,testGrup[0],testGrup[1],testGrup[2]);
53
54      printf("\r\n 使用"uint8_t testGrup2[100] ={1,2,3};"语句定义的全局数组: \r\n");
55      printf("结果: 它的地址为: 0x%x, 变量值为: %d, %d,%d\r\n",
56              (uint32_t)&testGrup2,testGrup2[0],testGrup2[1],testGrup2[2]);
57
58
59      /* 本实验中的 sct 配置,若使用外部存储器时,堆区工作可能不正常,
60         使用 malloc 无法得到正常的地址,不推荐在实际工程中应用 */
61      /* 另一种我们推荐的配置请参考教程中的说明 */
62
63      uint32_t * pointer = (uint32_t*)malloc(sizeof(uint32_t)*3);
64      if (pointer != NULL) {
65          *(pointer)=1;
66          *(++pointer)=2;
67          *(++pointer)=3;
68
69          printf("\r\n 使用 " uint32_t *pointer = (uint32_t*)malloc(
70                  sizeof(uint32_t)*3); "动态分配的变量 \r\n");
71          printf("\r\n 定义后的操作为: \r\n*(pointer++)=1;\r\n*(pointer++)=2;\r\n
72                  *pointer=3;\r\n\r\n");
```

```
73          printf("结果:操作后它的地址为:0x%x,查看变量值操作: \r\n",
74                  (uint32_t)pointer);
75          printf("*(pointer--)=%d, \r\n",*(pointer--));
76          printf("*(pointer--)=%d, \r\n",*(pointer--));
77          printf("*(pointer)=%d, \r\n",*(pointer));
78
79          free(pointer);
80      } else {
81          printf("\r\n 使用 malloc 动态分配变量出错!!! \r\n");
82      }
83      LED_BLUE;
84
85      while (1);
86  }
```

代码中定义了局部变量、初值非 0 的全局变量及数组、初值为 0 的全局变量及数组以及动态分配内存,并把它们的值和地址通过串口打印到上位机,通过这些变量,我们可以测试栈、ZI/RW-data 及堆区的变量是否能正常分配。构建工程后,首先查看工程的 map 文件,观察变量的分配情况,见图 38-55 和图 38-56。

上述 map 文件中的".data"表示 RW-data 类型的节区,".bss"表示 ZI-data 类型的节区。

从 map 文件中可看到,stm32f10x_rcc 的 RW-data 及栈空间节区(STACK)都被分配到了 RW_IRAM1 区域,即 STM32 的内部 SRAM 空间中;而 main 文件中定义的 RW-data、ZI-data 以及堆空间节区(HEAP)都被分配到了 RW_ERAM1 区域,即"指定的存储空间"。map 文件显示,这些变量的分配与 sct 文件配置的目标一致。

堆空间属于 ZI-data,由于没有像控制栈节区那样指定到内部 SRAM,所以它被默认分配到"指定的存储空间"了,在 main 文件中我们定义了一个初值为 0 的全局变量 testValue2,及初值为 0 的数组 testGrup[100],它们本应占用 104 字节的 ZI-data 空间,但在 map 文件中却查看到它仅使用了 100 字节的 RW-data 空间,这是因为链接器把 testValue2 分配为 RW-data 类型的变量了,这是链接器本身的特性,它对像 testGrup[100] 这样的数组才优化作为 ZI-data 分配,这不是 sct 文件导致的空间分配错误。

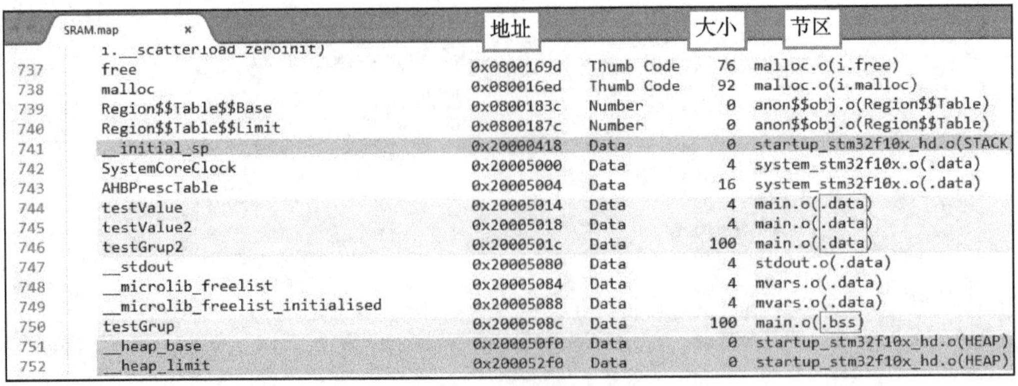

图 38-55 在 map 文件中查看工程的存储分布 1(SRAM.map 文件)

```
SRAM.map

    Execution Region RW_IRAM1 (Base: 0x20000000, Size: 0x00000418, Max: 0x00005000, ABSOLUTE)

    Base Addr    Size         Type   Attr      Idx    E Section Name        Object

    0x20000000   0x00000014   Data   RW         318     .data               stm32f10x_rcc.o
    0x20000014   0x00000004   PAD
    0x20000018   0x00000400   Zero   RW           1     STACK               startup_stm32f10x_hd.o


    Execution Region RW_ERAM1 (Base: 0x20005000, Size: 0x000002f0, Max: 0x00007000, ABSOLUTE)

    Base Addr    Size         Type   Attr      Idx    E Section Name        Object

    0x20005000   0x00000014   Data   RW          25     .data               system_stm32f10x.o
    0x20005014   0x0000006c   Data   RW         406     .data               main.o
    0x20005080   0x00000004   Data   RW         781     .data               mc_w.l(stdout.o)
    0x20005084   0x00000004   Data   RW         790     .data               mc_w.l(mvars.o)
    0x20005088   0x00000004   Data   RW         791     .data               mc_w.l(mvars.o)
    0x2000508c   0x00000064   Zero   RW         404     .bss                main.o
    0x200050f0   0x00000200   Zero   RW           2     HEAP                startup_stm32f10x_hd.o


==============================================================================

Image component sizes


      Code (inc. data)   RO Data    RW Data    ZI Data      Debug   Object Name

        96          6          0          0          0        638   bsp_led.o
       188         10          0          0          0       1095   bsp_usart.o
         0          0          0          0          0       4504   core_cm3.o
       844        588        227        108        100       3183   main.o
        36          8        304          0       1536        948   startup_stm32f10x_hd.o
       860         38          0          0          0       5877   stm32f10x_gpio.o
        26          0          0          0          0       1322   stm32f10x_it.o
       932         36          0         20          0       9160   stm32f10x_rcc.o
      1032         22          0          0          0       8608   stm32f10x_usart.o
       480         38          0         20          0     228979   system_stm32f10x.o

    ----------------------------------------------------------------------
      4496        746        596        148       1640     264314   Object Totals
         0          0         64          0          0          0   (incl. Generated)
         2          0          1          0          4          0   (incl. Padding)
```

图 38-56　在 map 文件中查看工程的存储分布 2（SRAM.map 文件）

接下来把程序下载到实验板进行测试，串口打印的调试信息见图 38-57。

从调试信息中可发现，变量都定义到了正确的位置，如内部变量定义在内部 SRAM 的栈区域，全局变量定义到了“指定的存储空间”。

经过测试，使用外部存储器即外扩 SRAM 或 SDRAM 时，曾出现过堆空间分配错误的情况，该情况下即使在 sct 文件中使用“*.o（HEAP)”语句指定堆区到内部 SRAM 或外部外部存储器区域，也无法正常使用 malloc 分配空间。另外，由于外部存储器的读写速度比内部 SRAM 的速度慢，所以我们更希望默认定义的变量先使用内部 SRAM，当它的空间使用完毕后再把变量分配到外部存储器。

```
SCT文件应用——自动分配变量到外部SRAM实验

使用“  uint32_t inerTestValue =10, ”语句定义的局部变量:
结果: 它的地址为: 0x2000040c,变量值为: 10

使用“uint32_t testValue  =7 ;”语句定义的全局变量:
结果: 它的地址为: 0x20005014,变量值为: 7

使用“uint32_t testValue2  =0 ; ”语句定义的全局变量:
结果: 它的地址为: 0x20005018,变量值为: 0

使用“uint8_t testGrup[100]  ={0};”语句定义的全局数组:
结果: 它的地址为: 0x2000508c,变量值为: 0,0,0

使用“uint8_t testGrup2[100] ={1,2,3};”语句定义的全局数组:
结果: 它的地址为: 0x2000501c,变量值为: 1, 2,3

使用“  uint32_t *pointer = (uint32_t*)malloc(sizeof(uint32_t)*3);
”动态分配的变量

定义后的操作为:
*(pointer++)=1;
*(pointer++)=2;
*pointer=3;

结果: 操作后它的地址为: 0x20005100,查看变量值操作:
*(pointer--)=3,
*(pointer--)=2,
*(pointer)=1,
```

图 38-57　空间分配实验实测结果

在下一小节中我们将改进 sct 的文件配置，解决这两个问题。

38.5.4 下载验证

用 USB 线连接开发板"USB 转串口"接口与电脑，在电脑端打开串口调试助手，把编译好的程序下载到开发板。在串口调试助手查看各个变量输出的变量值及地址值是否与 sct 文件配置的目标一致。

38.6 实验：优先使用内部 SRAM 并把堆区分配到指定空间

本实验使用另一种方案配置 sct 文件，使得默认情况下优先使用内部 SRAM 空间，在需要的时候使用一个关键字指定变量存储到"指定的存储空间"。另外，我们还把系统默认的堆空间（HEAP）映射到"指定的存储空间"，从而可以使用 C 语言标准库的 malloc 函数动态地分配变量，利用标准库对该空间内存管理，这在外部内存管理中非常有用。

38.6.1 硬件设计

本小节与上一个实验一样，使用内部 SRAM 的 0x20005000 ~ 0x2000C000 地址、大小为 28K 字节的区域作为"指定的存储空间"，无需使用其他硬件。

38.6.2 软件设计

本小节中提供的例程名为"SCT 文件应用—优先使用内部 SRAM 并把堆分配到指定空间"，学习时请打开该工程来理解，该工程从上一小节的实验改写而来的。同样，本工程只使用手动编辑的 sct 文件配置，不使用 MDK 选项配置，在"Options for Target → Linker"的选项设置见图 38-58。

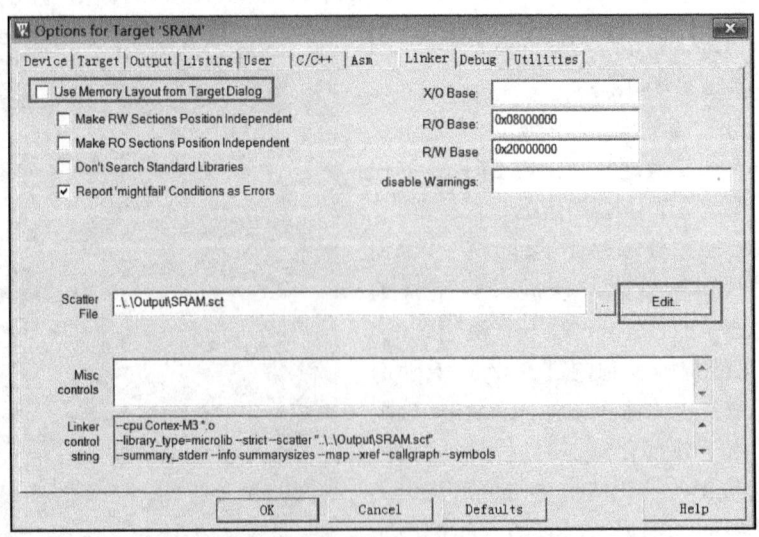

图 38-58　使用手动编写的 sct 文件

取消了这个默认的"Use Memory Layout from Target Dialog"勾选后，在 MDK 的 Target 对话框及文件配置的存储器分布选项都会失效，仅以 sct 文件中的为准，更改对话框及文件配置选项都不会影响 sct 文件的内容。

1. 编程要点

1) 修改启动文件，在 __main 执行之前初始化"指定的存储空间"的硬件；
2) 在 sct 文件中增加"指定的存储空间"对应的执行域；
3) 在"指定的存储空间"的执行域中选择一个自定义节区 EXRAM；
4) 使用 __attribute__ 关键字指定变量分配到节区 EXRAM；
5) 使用宏封装 __attribute__ 关键字，简化变量定义；
6) 根据需要，把堆区分配到内部 SRAM 或"指定的存储空间"；
7) 编写测试程序，编译正常后，查看 map 文件的空间分配情况。

2. 代码分析

（1）在 __main 之前初始化外部"指定的存储空间"的硬件

同样，若"指定的存储空间"是外部存储器，为了使定义到该空间的变量能被正常初始化，需要修改工程 startup_stm32f10x.s 启动文件中的 Reset_handler 函数，在 __main 函数之前调用该存储器的初始化函数，使硬件正常运转，见代码清单 38-26。

代码清单 38-26　修改启动文件中的 Reset_handler 函数

```
1  // Reset handler
2  Reset_Handler    PROC
3              EXPORT  Reset_Handler             [WEAK]
4              IMPORT  SystemInit
5              IMPORT  __main
6
7  // 从外部文件引入声明，格式：IMPORT 要调用的初始化函数名
8  // 以下语句仅作演示，使用外部存储器时请去掉注释用的";"号,本工程使用内部 SRAM, 无需初始化
9              ;IMPORT  FSMC_SRAM_Init
10             LDR     R0, =SystemInit
11             BLX     R0
12 ; 在 __main 之前调用 FSMC_SRAM_Init 进行初始化
13 ; 以下语句仅作演示，使用外部存储器时请去掉注释用的";"号,本工程使用内部 SRAM, 无需初始化
14             ;LDR    R0, =FSMC_SRAM_Init
15             ;BLX    R0
16
17             LDR     R0, =__main
18             BX      R0
19             ENDP
```

它与上一小节中一样，当芯片上电运行 Reset_handler 函数时，在执行 __main 函数前先调用了自定义的外部存储器初始化函数 FSMC_SRAM_Init，从而为分散加载代码准备好正常的硬件工作环境。本工程使用的演示空间为内部 SRAM 区域，不需要初始化，因此代码该部分额外的代码都注释掉了。

（2）sct 文件配置

接下来分析本实验中的 sct 文件配置与上一小节有什么差异，见代码清单 38-27。

代码清单 38-27　本实验的 sct 文件内容（SRAM.sct）

```
1  // ***************************************************************
```

```
 2  // *** Scatter-Loading Description File generated by uVision ***
 3  // ****************************************************************
 4  LR_IROM1 0x08000000 0x00080000{       // load region size_region
 5  ER_IROM1 0x08000000 0x00080000{       // load address = execution address
 6      *.o (RESET, +First)
 7      *(InRoot$$Sections)
 8      .ANY (+RO)
 9  }
10
11
12      RW_IRAM1 0x20000000 0x00005000 {  // 内部 SRAM
13      .ANY (+RW +ZI)                    // 其余的 RW/ZI-data 都分配到这里
14      }
15
16      RW_ERAM1 0x20005000 0x00007000{   // 指定的存储空间
17      *.o(HEAP)                         // 选择堆区
18      .ANY (EXRAM)                      // 选择 EXRAM 节区
19      }
20  }
```

本实验的 sct 文件中的 RW_IRAM1 执行域是 STM32 原内部 SRAM 的执行域，因为实验需要，工程中只给它分配了 0x5000 字节的空间。另外新增了一个"指定的存储空间"执行域 RW_ERAM1，它的基地址和大小正是我们预设的 0x20005000 ~ 0x2000C000 地址区域。代码中还使用了 "*.o（HEAP）"语句把堆区分配到了 RW_ERAM1，使用 ".ANY (EXRAM)"语句把名为"EXRAM"的节区分也配到 RW_ERAM1。

这个"EXRAM"节区是由我们自定义的，在语法上与在 C 文件中定义全局变量类似，只要它跟工程中的其他原有节区名不一样即可。有了这个节区选择配置，当我们需要定义变量到"指定的存储空间"时，只需要指定该变量分配到该节区，它就会被分配到该空间中。

本实验中的 sct 配置就是这么简单，接下来直接使用就可以了。

（3）指定变量定义到节区

当我们需要把变量分配到"指定的存储空间"时，需要使用 __attribute__ 关键字指定节区，它的语法见代码清单 38-28。

代码清单 38-28 指定变量定义到某节区的语法

```
 1  //使用 __attribute__ 关键字定义指定变量定义到某节区
 2  //语法：变量定义 __attribute__ ((section ("节区名"))) = 变量值;
 3  uint32_t testValue __attribute__ ((section ("EXRAM"))) =7 ;
 4
 5  //使用宏封装
 6  //设置变量定义到"EXRAM"节区的宏
 7  #define __EXRAM    __attribute__ ((section ("EXRAM")))
 8
 9  //使用该宏定义变量到"指定的存储空间"
10  uint32_t testValue __EXRAM =7 ;
11
```

上述代码介绍了基本的指定节区语法：

变量定义 __attribute__ ((section ("节区名"))) = 变量值;

它的主体跟普通的 C 语言变量定义语法无异，在赋值"="号前（可以不赋初值）加

了个"__attribute__ ((section ("节区名")))"描述它要分配到的节区。本例中的节区名为"EXRAM",即我们在 sct 文件中选择分配到"指定的存储空间"执行域的节区,所以该变量就被分配到该存储器中了。

由于"__attribute__"关键字写起来比较繁琐,我们可以使用宏定义把它封装起来,简化代码。本例中我们把指定到"EXRAM"的描述语句"__attribute__ ((section ("EXRAM")))"封装成了宏"__EXRAM",应用时只需要使用宏的名字替换原来"__attribute__"关键字的位置即可,如"uint32_t testValue __EXRAM =7;"。有 51 单片机使用经验的读者会发现,这种变量定义方法就跟使用 KEIL 51 特有的关键字 xdata 定义变量到外部 RAM 空间差不多。

类似地,如果工程中还使用了其他存储器也可以用这样的方法实现变量分配,例如 STM32F429 的高速内部 SRAM(CCM),可以在 sct 文件增加该高速 SRAM 的执行域,然后在执行域中选择一个自定义节区,在工程源文件中使用"__attribute__"关键字指定变量到该节区,就可以可把变量分配到高速内部 SRAM 了。

根据我们 sct 文件的配置,如果定义变量时没有指定节区,它会默认优先使用内部 SRAM,把变量定义到内部 SRAM 空间,而且由于局部变量属于栈节区(STACK),它不能使用"__attribute__"关键字指定节区。在本例中的栈节区被分配到内部 SRAM 空间。

(4)变量分配测试及结果

接下来查看本工程中的 main 文件,它定义了各种变量测试空间分配,见代码清单 38-29。

代码清单 38-29　main 文件

```
1
2  // 设置变量定义到"EXRAM"节区的宏
3  #define __EXRAM    __attribute__ ((section ("EXRAM")))
4
5  // 定义变量到"指定的存储空间"
6  uint32_t testValue __EXRAM =7 ;
7  // 上述语句等效于:
8  //uint32_t testValue  __attribute__ ((section ("EXRAM"))) =7 ;
9
10 // 定义变量到 SRAM
11 uint32_t testValue2   =7 ;
12
13 // 定义数组到"指定的存储空间"
14 uint8_t testGrup[3]  __EXRAM = {1,2,3};
15 // 定义数组到 SRAM
16 uint8_t testGrup2[3] = {1,2,3};
17
18
19 /**
20   * @brief   main 函数
21   * @param   无
22   * @retval  无
23   */
24 int main(void)
25 {
26     uint32_t inerTestValue =10;
27
28     /* LED 端口初始化 */
29     LED_GPIO_Config();
```

```c
30
31      /* 初始化串口 */
32      USART_Config();
33
34      printf( "\r\nSCT 文件应用——自动分配变量到"指定的存储空间"实验 \r\n");
35
36      printf("\r\n 使用 " uint32_t inerTestValue =10; "语句定义的局部变量: \r\n");
37      printf( "结果: 它的地址为: 0x%x, 变量值为: %d\r\n",
38              (uint32_t)&inerTestValue,inerTestValue);
39
40      printf("\r\n 使用 "uint32_t testValue  __EXRAM =7 ;"语句定义的全局变量: \r\n");
41      printf( "结果: 它的地址为: 0x%x, 变量值为: %d\r\n",
42              (uint32_t)&testValue,testValue);
43
44      printf( "\r\n 使用 "uint32_t testValue2  =7 ; "语句定义的全局变量: \r\n");
45      printf( "结果: 它的地址为: 0x%x, 变量值为: %d\r\n",
46              (uint32_t)&testValue2,testValue2);
47
48
49      printf("\r\n 使用 "uint8_t testGrup[3] __EXRAM ={1,2,3};"语句定义的全局数组: \r\n");
50      printf( "结果: 它的地址为: 0x%x, 变量值为: %d,%d,%d\r\n",
51              (uint32_t)&testGrup,testGrup[0],testGrup[1],testGrup[2]);
52
53      printf("\r\n 使用 "uint8_t testGrup2[3] ={1,2,3};"语句定义的全局数组: \r\n");
54      printf( "结果: 它的地址为: 0x%x, 变量值为: %d, %d,%d\r\n",
55              (uint32_t)&testGrup2,testGrup2[0],testGrup2[1],testGrup2[2]);
56
57
58      /* 使用 malloc 从外部 SRAM 中分配空间 */
59      uint32_t *pointer = (uint32_t*)malloc(sizeof(uint32_t)*3);
60
61      if (pointer != NULL) {
62          *(pointer)=1;
63          *(++pointer)=2;
64          *(++pointer)=3;
65
66          printf("\r\n 使用 " uint32_t *pointer = (uint32_t*)malloc(sizeof(uint32_t)*3);
67                 " 动态分配的变量 \r\n" );
68          printf("\r\n 定义后的操作为: \r\n*(pointer++)=1;\r\n*(pointer++)=2;\r\n
69                 *pointer=3;\r\n\r\n" );
70          printf("结果:操作后它的地址为: 0x%x, 查看变量值操作: \r\n",(uint32_t)pointer);
71          printf( "*(pointer--)=%d, \r\n" ,*(pointer--));
72          printf( "*(pointer--)=%d, \r\n" ,*(pointer--));
73          printf( "*(pointer)=%d, \r\n" ,*(pointer));
74
75          free(pointer);
76      } else {
77          printf( "\r\n 使用 malloc 动态分配变量出错!!! \r\n" );
78      }
79      /* 蓝灯亮 */
80      LED_BLUE;
81      while (1);
82  }
```

代码中定义了普通变量、指定到 EXRAM 节区的变量并使用动态分配内存, 还把它们的值和地址通过串口打印到上位机, 通过这些变量, 我们可以检查变量是否能正常分配。

构建工程后, 查看工程的 map 文件, 观察变量的分配情况, 见图 38-59。

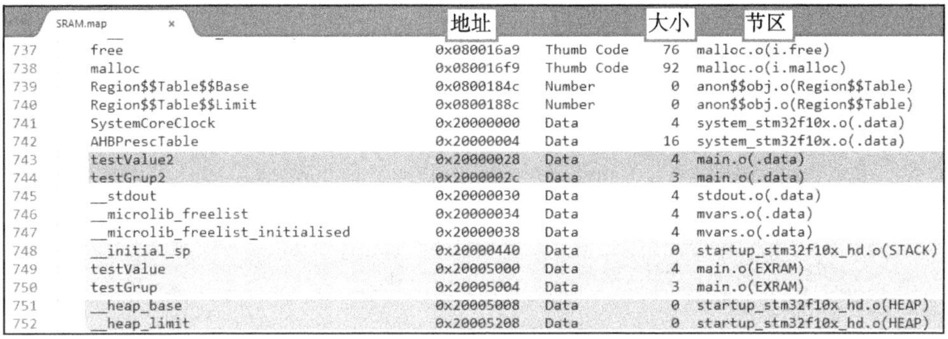

第 38 章 MDK 的编译过程及文件类型全解

		地址		大小	节区
737	free	0x080016a9	Thumb Code	76	malloc.o(i.free)
738	malloc	0x080016f9	Thumb Code	92	malloc.o(i.malloc)
739	Region$$Table$$Base	0x0800184c	Number	0	anon$$obj.o(Region$$Table)
740	Region$$Table$$Limit	0x0800188c	Number	0	anon$$obj.o(Region$$Table)
741	SystemCoreClock	0x20000000	Data	4	system_stm32f10x.o(.data)
742	AHBPrescTable	0x20000004	Data	16	system_stm32f10x.o(.data)
743	testValue2	0x20000028	Data	4	main.o(.data)
744	testGrup2	0x2000002c	Data	3	main.o(.data)
745	__stdout	0x20000030	Data	4	stdout.o(.data)
746	__microlib_freelist	0x20000034	Data	4	mvars.o(.data)
747	__microlib_freelist_initialised	0x20000038	Data	4	mvars.o(.data)
748	__initial_sp	0x20000440	Data	0	startup_stm32f10x_hd.o(STACK)
749	testValue	0x20005000	Data	4	main.o(EXRAM)
750	testGrup	0x20005004	Data	3	main.o(EXRAM)
751	__heap_base	0x20005008	Data	0	startup_stm32f10x_hd.o(HEAP)
752	__heap_limit	0x20005208	Data	0	startup_stm32f10x_hd.o(HEAP)

图 38-59 在 map 文件中查看工程的分配情况

从 map 文件中可看到,普通变量及栈节区都被分配到了内部 SRAM 的地址区域,而指定到 EXRAM 节区的变量及堆空间都被分配到了"指定的存储空间"地址区域,与我们的要求一致。

再把程序下载到实验板进行测试,串口打印的调试信息如图 38-60 所示。

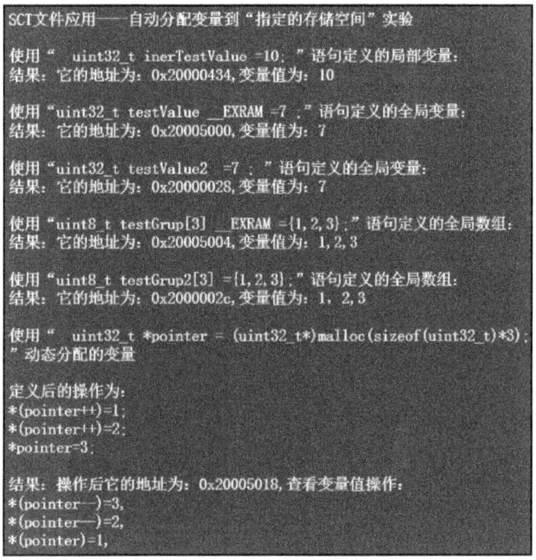

从调试信息中可发现,实际运行结果也完全正常,本实验中的 sct 文件配置达到了优先分配变量到内部 SRAM 的目的,而且堆区也能使用 malloc 函数正常分配空间。

(5)把堆区分配到内部 SRAM 空间

若希望堆区(HEAP)按照默认配置,使它还是分配到内部 SRAM 空间,只要把"*.o(HEAP)"选择语句从"指定的存储空

图 38-60 空间分配实验板测试结果

间"的执行域删除掉即可,堆节区就会默认分配到内部 SRAM,"指定的存储空间"仅选择 EXRAM 节区的内容进行分配,见代码清单 38-30。

代码清单 38-30 按默认配置分配堆区到内部 SRAM 的 sct 文件范例

```
1  LR_IROM1 0x08000000 0x00080000{    ; load region size_region
2  ER_IROM1 0x08000000 0x00080000{    ; load address = execution address
3      *.o (RESET, +First)
4      *(InRoot$$Sections)
5      .ANY (+RO)
6  }
7  RW_IRAM1 0x20000000 0x00005000 {   // 内部 SRAM
8      .ANY (+RW +ZI)                 // 其余的 RW/ZI-data 都分配到这里
9  }
10
11 RW_ERAM1 0x20005000 0x00007000 {   // "指定的存储空间"
12     .ANY (EXRAM)                   // 选择 EXRAM 节区
```

```
13    }
14 }
```

（6）屏蔽链接过程的 warning

在我们的实验配置的 sct 文件中使用了"*.o（HEAP）"语句选择堆区，但有时我们的工程完全没有使用堆（如整个工程都没有使用 malloc），这时链接器会把堆占用的空间删除，构建工程后会输出警告，提示该语句仅匹配到无用节区，见图 38-61。

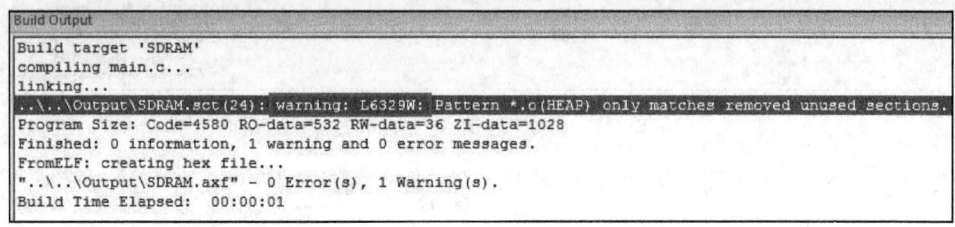

图 38-61 仅匹配到无用节区的警告

这并无什么大碍，但若有人不希望看到警告，可以在"Options for Target → Linker → disable Warnings"中输入 warning 号屏蔽它。warning 号可在提示信息中找到，如上图提示信息中"warning：L6329W"表示它的 warning 号为 6329，把它输入图 38-62 中的对话框中即可。

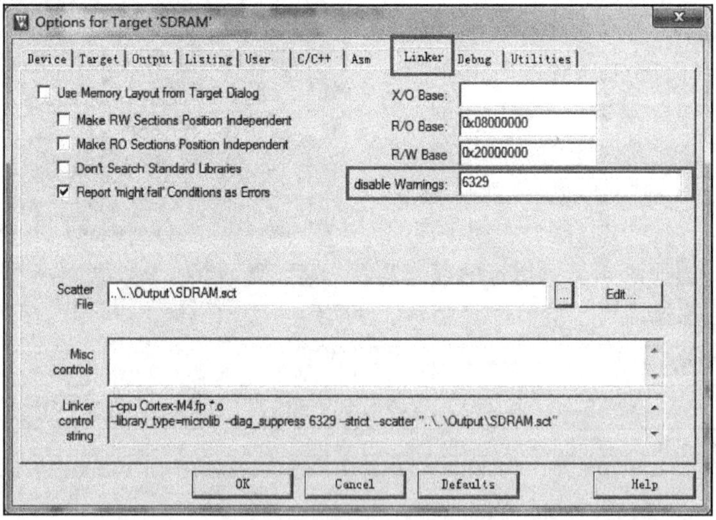

图 38-62 屏蔽链接过程的警告

38.6.3 下载验证

用 USB 线连接开发板"USB 转串口"接口与电脑，在电脑端打开串口调试助手，把编译好的程序下载到开发板。在串口调试助手查看各个变量输出的变量值及地址值与 sct 文件配置的目标是否一致。

第 39 章
在 SRAM 中调试代码

39.1 在 RAM 中调试代码

一般情况下，我们在 MDK 中编写工程应用后，调试时都是把程序下载到芯片的内部 Flash 中运行测试的，代码的 CODE 及 RW-data 的内容被写入内部 Flash 中存储，但在某些应用场合下却不希望或不能修改内部 Flash 的内容，这时就可以使用 RAM 调试功能了。它的本质是把原来存储在内部 Flash 的代码（CODE 及 RW-data 的内容）改为存储到 SRAM 中（内部 SRAM 或外部 SDRAM 均可），芯片复位后从 SRAM 中加载代码并运行。

把代码下载到 RAM 中调试有如下优点：

1）下载程序非常快。RAM 存储器的写入速度比在内部 Flash 中要快得多，且没有擦除过程，因此在 RAM 上调试程序时程序几乎是瞬间下载的，对于需要频繁改动代码的调试过程，能节约很多时间，省去了烦人的擦除与写入 Flash 的过程。另外，STM32 的内部 Flash 可擦除次数为 1 万次，虽然一般的调试过程都不会擦除这么多次而导致 Flash 失效，但这确实也是一个考虑使用 RAM 的因素。

2）不改写内部 Flash 的原有程序。

3）对于内部 Flash 被锁定的芯片，可以把解锁程序下载到 RAM 上进行解锁。

相对地，把代码下载到 RAM 中调试有如下缺点：

1）存储在 RAM 上的程序掉电后会丢失，不能像 Flash 那样保存。

2）若使用 STM32 的内部 SRAM 存储程序，程序的执行速度与在 Flash 上的执行速度无异，但 SRAM 空间较小。

3）若使用外部扩展的 SRAM 存储程序，程序空间非常大，但 STM32 读取外部 SRAM 的速度比读取内部 Flash 慢，这会导致程序总执行时间增加，因此在外部 SRAM 中调试的程序无法完美仿真在内部 Flash 运行时的环境。另外，由于 STM32 无法直接从外部 SRAM 中启动；且应用程序复制到外部 SRAM 的过程比较复杂（下载程序前需要使 STM32 能正常控制外部 SRAM），所以很少会在 STM32 的外部 SRAM 中调试程序。

39.2 STM32 的启动方式

在前面讲解的 STM32 启动代码章节中了解到，CM-3 内核在离开复位状态后的工作过程如下，见图 39-1。

1）从地址 0x00000000 处取出栈指针 MSP 的初始值，该值就是栈顶的地址。

2）从地址 0x00000004 处取出程序指针 PC 的初始值，该值指向复位后应执行的第一条指令。

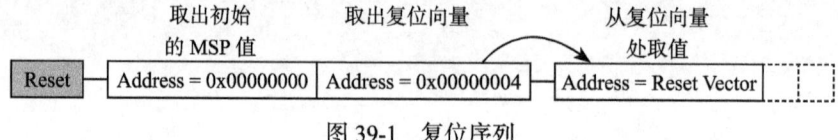

图 39-1　复位序列

上述过程由内核自动设置运行环境并执行主体程序，因此它被称为自举过程。

虽然内核是固定访问 0x00000000 和 0x00000004 地址的，但实际上这两个地址可以被重映射到其他地址空间。以 STM32F103 为例，根据芯片引出的 BOOT0 及 BOOT1 引脚的电平情况，这两个地址可以被映射到内部 Flash、内部 SRAM 以及系统存储器中，不同的映射配置见表 39-1。

表 39-1　BOOT 引脚的不同设置对 0 地址的映射

BOOT1	BOOT0	映射到的存储器	0x00000000 地址映射到	0x00000004 地址映射到
x	0	内部 Flash	0x08000000	0x08000004
1	1	内部 SRAM	0x20000000	0x20000004
0	1	系统存储器	0x1FFFB000	0x1FFFB004

内核在离开复位状态后会从映射的地址中取值给栈指针 MSP 及程序指针 PC，然后执行指令，我们一般以存储器的类型来区分自举过程，例如内部 Flash 启动方式、内部 SRAM 启动方式以及系统存储器启动方式。

（1）内部 Flash 启动方式

当芯片上电后采样到 BOOT0 引脚为低电平时，0x00000000 和 0x00000004 地址被映射到内部 Flash 的首地址 0x08000000 和 0x08000004。因此，内核离开复位状态后，读取内部 Flash 的 0x08000000 地址空间存储的内容，赋值给栈指针 MSP，作为栈顶地址，再读取内部 Flash 的 0x08000004 地址空间存储的内容，赋值给程序指针 PC，作为将要执行的第一条指令所在的地址。具备这两个条件后，内核就可以开始从 PC 指向的地址中读取指令执行了。

（2）内部 SRAM 启动方式

类似地，当芯片上电后采样到 BOOT0 和 BOOT1 引脚均为高电平时，0x00000000 和 0x00000004 地址被映射到内部 SRAM 的首地址 0x20000000 和 0x20000004，内核从 SRAM 空间获取内容进行自举。

在实际应用中，由启动文件 starttup_stm32f10x.s 决定了 0x00000000 和 0x00000004 地址存储什么内容，链接时，由分散加载文件（sct）决定这些内容的绝对地址，即分配到内部

Flash 还是内部 SRAM。下一小节将以实例讲解。

（3）系统存储器启动方式

当芯片上电后采样到 BOOT0 引脚为高电平、BOOT1 为低电平时，内核将从系统存储器的 0x1FFFF000 及 0x1FFFF004 获取 MSP 及 PC 值进行自举。系统存储器是一段特殊的空间，用户不能访问，ST 公司在芯片出厂前就在系统存储器中固化了一段代码。因而使用系统存储器启动方式时，内核会执行该代码，该代码运行时，会为 ISP 提供支持（In System Program），如检测 USART1/2、CAN2 及 USB 通信接口传输过来的信息，并根据这些信息更新自己内部 Flash 的内容，达到升级产品应用程序的目的。因此这种启动方式也称为 ISP 启动方式。

39.3 内部 Flash 的启动过程

下面以最常规的内部 Flash 启动方式来分析自举过程，主要理解 MSP 和 PC 内容是怎样被存储到 0x08000000 和 0x08000004 这两个地址的。

见图 39-2，这是 STM32F103 默认的启动文件的代码，启动文件的开头定义了一个大小为 0x400 的栈空间，且栈顶的地址使用标号"__initial_sp"来表示；在图下方定义了一个名为"Reset_Handler"的子程序，它就是总提到的在芯片启动后第一个执行的代码。在汇编语法中，程序的名字和标号都包含它所在的地址，因此，我们的目标是把"__initial_sp"和"Reset_Handler" 赋值到 0x08000000 和 0x08000004 地址空间存储，这样内核自举的时候就可以获得栈顶地址以及第一条要执行的指令了。在启动代码的中间部分，使用了汇编

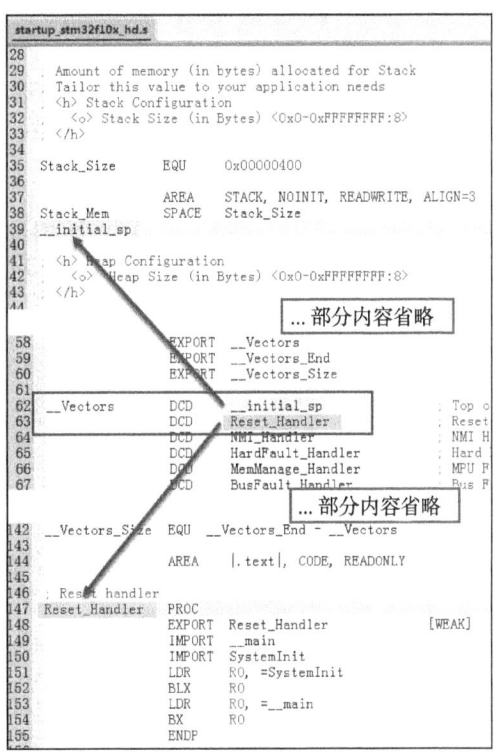

图 39-2 STM32F103 默认的启动文件代码

关键字"DCD"把"__initial_sp"和"Reset_Handler"定义到了最前面的地址空间。

在启动文件中把设置栈顶及首条指令地址定位到了最前面的地址空间，但这并没有指定绝对地址，各种内容的绝对地址是由链接器根据分散加载文件（*.sct）分配的，STM32F103 的默认分散加载文件配置见代码清单 39-1。

代码清单 39-1　默认分散加载文件的空间配置

```
1 ;************************************************************
2 ; *** Scatter-Loading Description File generated by uVision ***
3 ;************************************************************
4
5 LR_IROM1 0x08000000 0x00080000  {    ; load region size_region
```

```
 6 ER_IROM1 0x08000000 0x00080000 {  ; load address = execution address
 7     *.o (RESET, +First)
 8     *(InRoot$$Sections)
 9     .ANY (+RO)
10   }
11   RW_IRAM1 0x20000000 0x00010000 {  ; RW data
12     .ANY (+RW +ZI)
13   }
14 }
15
```

分散加载文件把加载区和执行区的首地址都设置为 0x08000000，正好是内部 Flash 的首地址，因此汇编文件中定义的栈顶及首条指令地址会被存储到 0x08000000 和 0x08000004 地址空间。

类似地，如果修改分散加载文件，把加载区和执行区的首地址设置为内部 SRAM 的首地址 0x20000000，那么栈顶和首条指令地址将会被存储到 0x20000000 和 0x20000004 地址空间。

为了进一步消除疑虑，可以查看反汇编代码及 map 文件信息，以了解各个地址空间存储的内容，见图 39-3。这是"多彩流水灯"工程编译后的信息，它的启动文件及分散加载文件都按默认配置。其中反汇编代码是使用 fromelf 工具从 axf 文件生成的，具体过程可参考前面的章节。

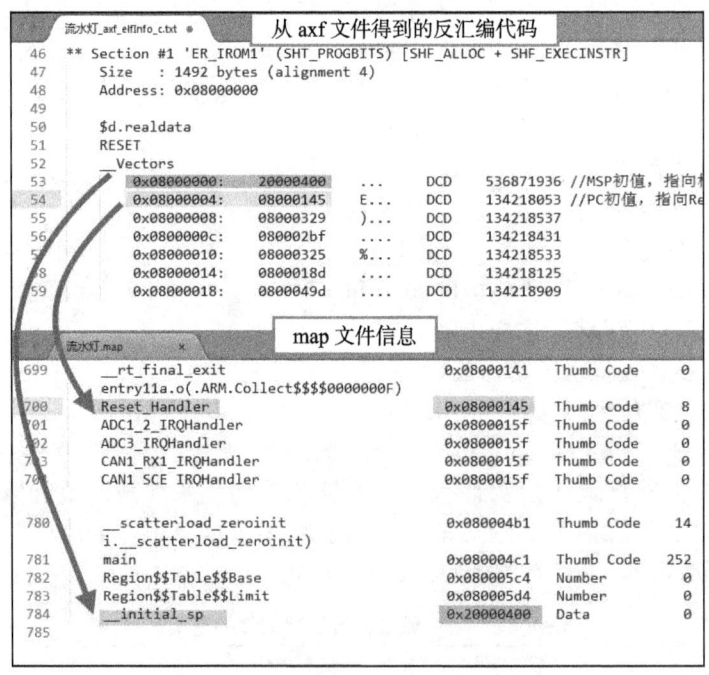

图 39-3 从反汇编代码及 map 文件查看存储器的内容

从反汇编代码可了解到，这个工程的 0x08000000 地址存储的值为 0x20000400，

0x08000004 地址存储的值为 0x08000145，查看 map 文件，这两个值正好是栈顶地址 __initial_sp 以及首条指令 Reset_Handler 的地址。下载器会根据 axf 文件（bin、hex 类似）存储相应的内容到内部 Flash 中。

由此可知，BOOT0 为低电平时，内核复位后，从 0x08000000 读取到栈顶地址为 0x20000400，了解到子程序的栈空间范围，再从 0x08000004 读取到第一条指令的存储地址为 0x08000145，于是跳转到该地址执行代码，即从 Reset-Handler 开始运行，运行 SystemInit、__main（包含分散加载代码），最后跳转到 C 语言的 main 函数。

对比在内部 Flash 中运行代码的过程可了解到，若希望在内部 SRAM 中调试代码，需要设置启动方式为从内部 SRAM 启动，修改分散加载文件控制代码空间到内部 SRAM 地址，并把生成程序下载到芯片的内部 SRAM 中。

39.4 实验：在内部 SRAM 中调试代码

本实验将演示如何设置工程选项，实现在内部 SRAM 中调试代码，实验的示例代码名为"RAM 调试——多彩流水灯"。学习以下内容时请打开该工程来理解，它是从普通的"多彩流水灯"例程改造而来的。

39.4.1 硬件设计

本小节中使用到的流水灯硬件不再介绍，主要讲解与 SRAM 调试相关的硬件配置。在 SRAM 上调试程序，需要修改 STM32 芯片的启动方式，见图 39-4。

在我们的实验板左侧有引出 STM32 芯片的 BOOT0 和 BOOT1 引脚，可使用跳线帽设置它们的电平，从而控制芯片的启动方式。它支持从内部 Flash 启动、系统存储器启动以及内部 SRAM 启动方式。

本实验在 SRAM 中调试代码，因此把 BOOT0 和 BOOT1 引脚都使用跳线帽连接到 3.3V，使芯片从 SRAM 中启动。

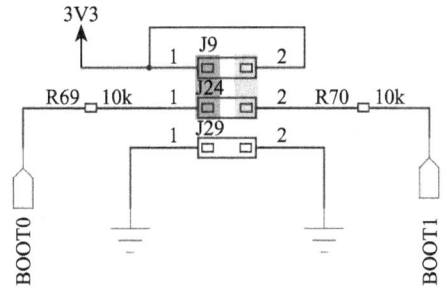

BOOT 设置

BOOT0	BOOT1	启动方式
0	X	用户闪存
1	0	系统存储器 / ISP
1	1	内嵌 SRAM

默认配置是用户闪存（即内部 Flash）

图 39-4 实验板的 boot 引脚配置

39.4.2 软件设计

本实验的工程从普通的"多彩流水灯"工程改写而来，主要修改了分散加载文件及一些程序的下载选项。

1. 主要步骤

1）在原工程的基础上创建一个调试版本；
2）修改分散加载文件，使链接器把代码分配到内部 SRAM 空间；

3）添加宏修改 STM32 的向量表地址；
4）修改仿真器和下载器的配置，使程序能通过下载器存储到内部 SRAM；
5）根据使用情况选择是否需要使用仿真器命令脚本文件 *.ini；
6）尝试向 SRAM 中下载程序或进行仿真调试。

2. 创建工程的调试版本

由于在 SRAM 中运行的代码一般只是用于调试，调试完毕后，在实际生产环境中仍然使用在内部 Flash 中运行的代码，因此我们希望能够便捷地在调试版和发布版代码之间切换。MDK 的"Manage Project Items"可实现这样的功能，使用它可管理多个不同配置的工程，见图 39-5。单击"Manage Project Items"按钮，在弹出对话框左侧的"Project Targets"一栏中包含了原工程的名字，如图中的原工程名为"Led"。右侧是该工程包含的文件。为了便于调试，我们在左侧的"Project Targets"一栏添加一个工程名，如图中的"SRAM_调试"，输入后单击 OK 按钮即可。这个"SRAM_调试"版本的工程会复制原"Led"工程的配置，后面再进行修改。

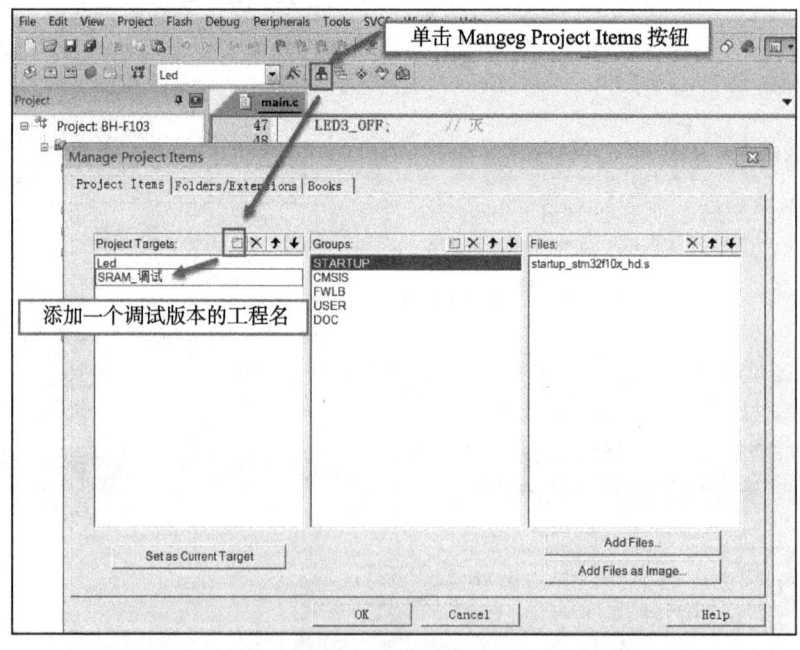

图 39-5　使用 Manage Project Items 添加一个工程

当需要切换工程版本时，单击 MDK 工程名的下拉菜单可选择目标工程，见图 39-6。在不同的工程中，所有配置都是独立的，例如芯片型号、下载配置等，但如果两个工程共用了同一个文件，对该文件的修改会同时影响两个工程，例如这两个工程都使用同一个 main 文件，那么在 main 文件中修改代码，两个工程都会被修改。

下面的教程将切换到"SRAM_调试"版本的工程，配置出一个代码会被存储到 SRAM 的多彩流水灯工程。

第 39 章 在 SRAM 中调试代码

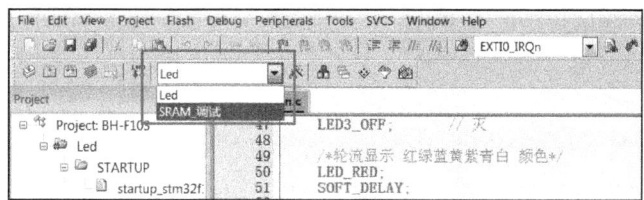

图 39-6 切换工程

3. 配置分散加载文件

为方便讲解，本工程的分散加载只使用手动编辑的 sct 文件配置，不使用 MDK 的对话框选项配置，"Options for Target → Linker" 中的选项见图 39-7。

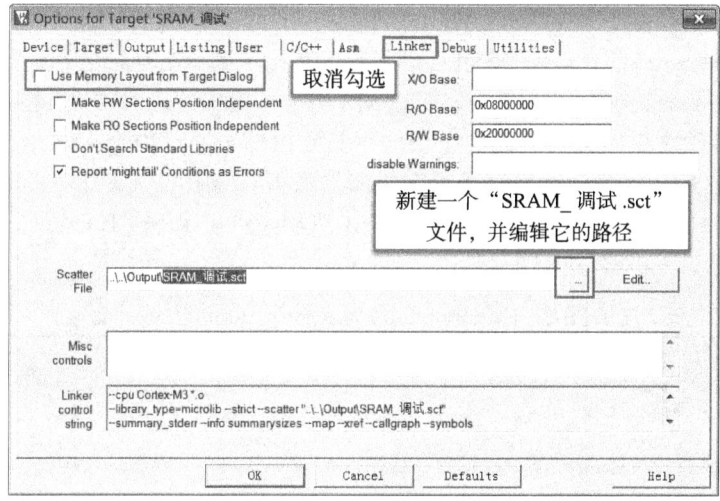

图 39-7 使用新建的 "SRAM_ 调试 .sct" 文件

为了防止 "Led" 工程的分散加载文件受到影响，我们在工程的 Output 路径下新建了一个名为 "SRAM_ 调试 .sct" 的文件，并在上图中把它配置为 "SRAM_ 调试" 工程专用的分散加载文件，该文件的内容见代码清单 39-2。若不了解分散加载文件的使用，请参考前面的章节。

代码清单 39-2 分散加载文件配置（SRAM_ 调试 .sct）

```
1  ; *************************************************************
2  ; *** Scatter-Loading Description File generated by uVision ***
3  ; *************************************************************
4
5  LR_IROM1 0x20000000 0x00008000{    ; load region size_region
6  ER_IROM1 0x20000000 0x00008000{    ; load address = execution address
7      *.o (RESET, +First)
8      *(InRoot$$Sections)
9      .ANY (+RO)
10     }
11 RW_IRAM1 0x20008000 0x00008000{   ; RW data
```

```
12          .ANY (+RW +ZI)
13      }
14  }
15
```

在这个分散加载文件配置中，把原本分配到内部 Flash 空间的加载域和执行域改到了从地址 0x20000000 开始的 32KB（0x00008000）空间，而 RW data 空间改到了从地址 0x20008000 开始的 32KB 空间（0x00008000）。也就是说，它把 STM32 的内部 SRAM 分成了虚拟 ROM 区域以及 RW data 数据区域，链接器会根据它的配置将工程中的各种内容分配到 SRAM 地址。

在具体的应用中，虚拟 ROM 及 RW 区域的大小可根据自己的程序定制，配置完编译工程后可在 map 文件中查看具体的空间地址分配。

4. 配置中断向量表

由于 startup_stm32f10x.s 文件中的启动代码不是指定到绝对地址的，经过它由链接器决定应存储到内部 Flash 还是 SRAM，所以 SRAM 版本工程中的启动文件不需要任何修改。

重点在于启动文件定义的中断向量表被存储到内部 Flash 和内部 SRAM 时，这两种情况对内核的影响是不同的，内核会根据它的向量表偏移寄存器（VTOR）配置来获取向量表，即中断服务函数的入口。VTOR 寄存器是由启动文件里 Reset_Handler 中调用的库函数 SystemInit 配置的，见代码清单 39-3。

代码清单 39-3　SystemInit 函数（system_stm32f10x.c 文件）

```
1  void SystemInit(void)
2  {
3      /* 其他代码部分省略 */
4
5      /* 配置向量表添加的偏移地址 */
6  #ifdef VECT_TAB_SRAM
7      SCB->VTOR = SRAM_BASE | VECT_TAB_OFFSET;  /* 向量表存储在 SRAM */
8  #else
9      SCB->VTOR = Flash_BASE | VECT_TAB_OFFSET; /* 向量表存储在内部 Flash */
10
11 #endif
12 }
```

代码中根据是否存储宏定义 VECT_TAB_SRAM 来决定 VTOR 的配置，默认情况下代码中没有定义宏 VECT_TAB_SRAM，所以默认情况下 VTOR 指示向量表存储在内部 Flash 空间中。

由于本工程的分散加载文件配置，在启动文件中定义的中断向量表会被分配到 SRAM 空间，所以要定义这个宏，使得 SystemInit 函数修改 VTOR 寄存器，将内核指示向量表存储到内部 SRAM 空间，见图 39-8。在"Options for Target → C/C++ → Define"文本框中输入宏 VECT_TAB_SRAM，注意它与其他宏之间要使用英文逗号分隔开。

配置完成后重新编译工程，即可生成存储到 SRAM 空间地址的代码指令。

相对于直接在文件中定义宏，使用这种方式定义该宏的好处是，若切换回 Flash 版本的 Led 工程，该工程不受影响；若把宏定义到文件中，那么由于两个版本共用文件而受到影响。

第 39 章 在 SRAM 中调试代码

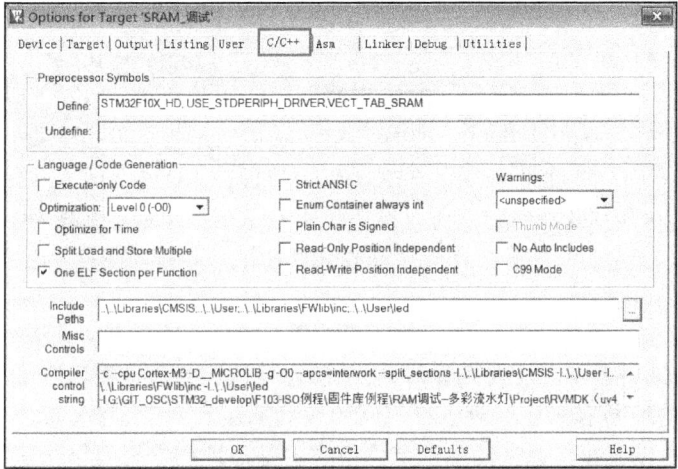

图 39-8 在 C/C++ 编译选项中加入宏 VECT_TAB_SRAM

5. 修改 Flash 下载配置

得到 SRAM 版本的代码指令后，为了把它下载到芯片的 SRAM 中，还需要修改下载器的配置，"Options for Target → Utilities → Settings"中的选项见图 39-9。

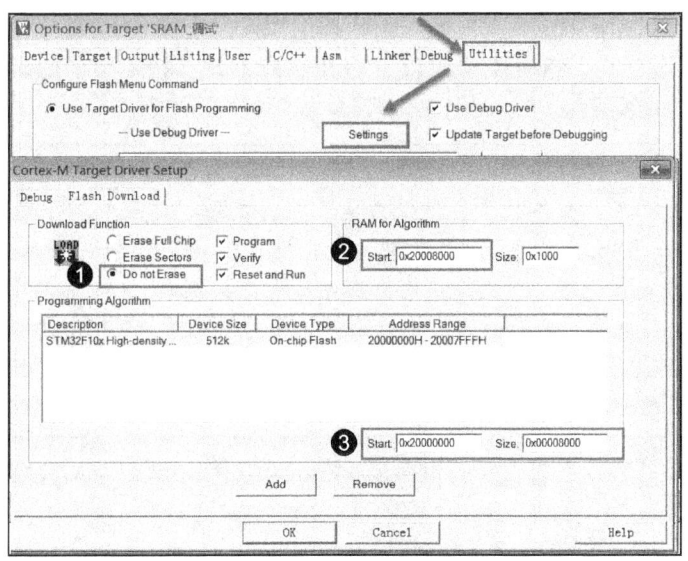

图 39-9 下载配置

这个配置对话框原本是用于设置芯片内部 Flash 信息的，当我们单击 MDK 的 （下载）或 （调试）按钮时，它会从此处加载配置，然后下载程序到 Flash 中，而在图 39-9 中我们把它的配置修改成下载到内部 SRAM 了。各个配置的解释如下：

- 把"Download Function"中的擦除选项配置为"Do not Erase"。这是因为数据写入内部 SRAM 中不需要像 Flash 那样先擦除后写入。在本工程中，如果不选择"Do

not Erase"的话，会因为擦除过程而导致下载出错。
- "RAM for Algorithm"一栏是指"编程算法"（Programming Algorithm）可使用的RAM空间，下载程序到Flash时运行的编程算法需要使用RAM空间，在默认配置中它的首地址为0x20000000，即内部SRAM的首地址，但由于我们的分散加载文件配置，0x20000000地址开始的32KB实际为虚拟ROM空间，实际的RAM空间是从地址0x20008000开始的，所以这里把算法RAM首地址更改为本工程中实际作为RAM使用的地址。若编程算法使用的RAM地址与虚拟ROM空间地址重合的话，会导致下载出错。
- "Programming Algorithm"一栏中设置内部Flash的编程算法，编程算法主要描述了Flash的地址、大小以及扇区等信息，MDK根据这些信息把程序下载到芯片的Flash中，不同的控制器芯片一般会有不同的编程算法。由于MDK没有内置SRAM的编程算法，所以直接在原来的基础上修改它的基地址和空间大小，把它改成虚拟ROM的空间信息。

从这个例子可知，这里的配置与我们的分散加载文件的实际RAM空间和虚拟ROM空间信息是一致的，若分散加载文件采用不同的配置，这个下载选项也要做出相应的修改，不能照抄本例子的空间信息。

这个配置是针对程序下载的，配置完成后单击MDK的 ▦ 按钮（下载），程序会被下载到STM32的内部SRAM中。根据前面介绍的理论知识，若将STM32的BOOT0和BOOT1引脚都接到高电平，那么STM32将被设置为SRAM启动，按下板子的复位键后，程序会从内部SRAM中加载运行。

注意：

非常遗憾的是，我们在各种平台做了大量测试，发现程序虽然被下载到SRAM了，但复位后STM32的程序PC指针和SP指针却莫名其妙地指向非预设的Reset-Handler及栈顶位置，导致程序无法正常运行（测试时，均使用电压表直接测量STM32芯片BOOT引脚的电压，确认它们都是高电平，后面小节给出测试不正常的情况下，PC和SP指针的值）。另外，当使用STM32F429芯片时，根据前面介绍的理论做类似的配置，程序下载到SRAM后，完全能正常运行，而在STM32F1系列各型号的芯片上，均无法实现。

由于直接下载到芯片上复位运行的方式无法正常工作，所以下面介绍另一种折中的解决办法，即使用仿真器指定PC指针及SP指针设置。

6. 指定PC及SP指针值的仿真器配置

前面介绍的下载配置主要指定了程序的下载位置，使得程序能够加载到SRAM，而由于实际应用在SRAM启动方式时PC和SP指针加载不正常，因此需要使用仿真器辅助修改PC及SP指针，然后在仿真器的控制下在SRAM中调试运行，即在MDK中使用 ▦ 按钮（调试）时进行的硬件在线调试、单步运行等功能，该功能与在Flash中的硬件调试一样，但针对本实验在SRAM的运行环境下，需要对配置进行修改。配置如下：

- 添加"Download options"配置。在"Options for Target → Debug → Settings"中勾选"Verify Code Download"及"Download to Flash"配置，见图39-10。

第 39 章 在 SRAM 中调试代码 615

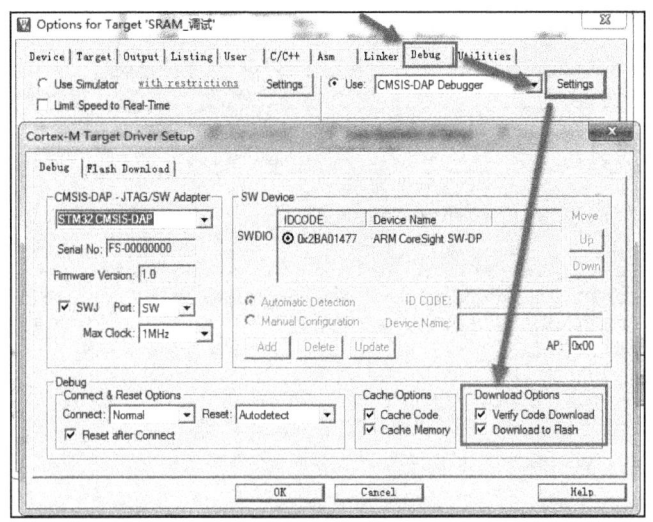

图 39-10 设置仿真前检查代码并下载程序到 Flash 中

在勾选了"Verify Code Download"及"Download to Flash"选项后，当单击调试按钮后，本工程的程序会被下载到内部 SRAM 中，只有勾选了这两个选项才能正常仿真。

- 添加仿真器加载指令，见图 39-11。在"Options for Target → Debug"对话框中取消勾选"Load Application at startup"选项。单击"Initialization File"文本框右侧的文件浏览按钮，在弹出的对话框中新建一个名为"Debug_RAM.ini"的文件。

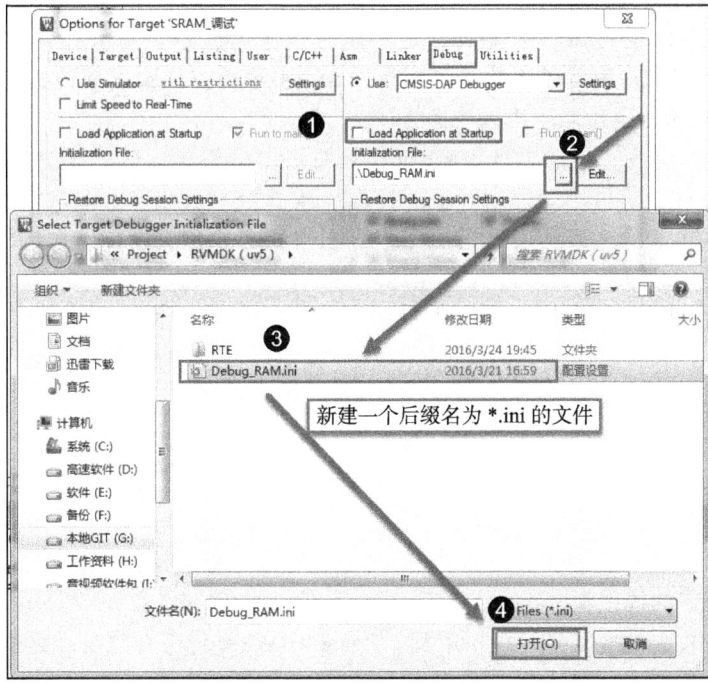

图 39-11 新建一个 .ini 文件

在 Debug_RAM.ini 文件中输入如代码清单 39-4 中的内容。

代码清单 39-4　Debug_RAM.ini 文件内容

```
1   /*****************************************************/
2   /* Debug_RAM.ini: 调试时使用的内部 RAM               */
3   /*****************************************************/
4   /* 本文件是 μVision/ARM 工具的一部分                */
5   /*****************************************************/
6
7   FUNC void Setup (void) {
8       SP = _RDWORD(0x20000000);   // 设置栈指针 SP, 把 0x20000000 地址中的内容赋值给 SP
9       PC = _RDWORD(0x20000004);   // 设置程序指针 PC, 把 0x20000004 地址中的内容赋值给 PC
10      _WDWORD(0xE000ED08, 0x20000000);  // 设置向量表寄存器
11  }
12
13  LOAD %L INCREMENTAL             // 下载 axf 文件到 RAM
14  Setup();                        // 调用上面定义的 setup 函数设置运行环境
15
16  //g, main                       // 跳转到 main 函数, 本示例调试时不需要从 main 函数执行,
                                    // 注释掉了, 程序从启动代码开始执行
```

上述配置过程是控制 MDK 执行仿真器的脚本文件 Debug_RAM.ini, 而该脚本文件在下载程序到 SRAM 后, 初始化了 SP 指针 (MSP) 和 PC 指针, 使它们分别指向了 0x20000000 和 0x20000004, 这样的操作强制芯片上电后从该地址获取 SP 和 PC 的内容, 而根据程序配置, 该地址分别存储了栈顶和 Reset_Handler 的地址值。

有了这样的配置, 就能解决 STM32F1 系列芯片在 SRAM 启动方式下 SP 和 PC 指针乱指的问题了。单击调试按钮 , 即可启动仿真过程, 由于强制配置指针, 所以即使 BOOT0 和 BOOT1 引脚不设置为 SRAM 启动, 也能正常仿真。但单击下载按钮 把程序下载到 SRAM 后按复位按钮, 依然是不能全速运行的 (这种运行方式脱离了仿真器的控制, SP 和 PC 指针无法被初始化以指向正确的位置)。

经过这样的配置后, 硬件仿真与 Flash 仿真所用程序基本无异, 可进行单步运行、全速运行以及查看各种变量值等。但由于上述仿真加载的指令只在单击调试按钮后才会运行一次, 所以在调试时如果单击复位按钮, 程序的 SP 和 PC 仍然会指向错误的位置。所以每次希望复位程序时, 都需要重新单击 按钮加载调试。

上述 Debug_RAM.ini 文件是从 STM32F1 的 MDK 芯片包里复制过来的, 若读者感兴趣, 可到 MDK 安装目录搜索该文件名, 该文件的语法可以从 MDK 的帮助手册的 "μVision User's Guide → Debug Commands" 章节学习。

7. 关于复位后 PC 和 SP 指针的调试情况

为了更好地了解 RAM 调试的运行情况, 在仿真时, 可以单击 MDK 仿真环境左栏底部的 "Registers" 按钮查看内核寄存器的情况。

当仿真器配置使用 "Debug_RAM.ini" 文件强制设置 SP 和 PC 寄存器的加载地址时, 它们都获取了正常的栈顶和 Reset-Handler 的地址值, 见图 39-12。

从图 39-12 中的 map 文件可以了解到, Reset_Handler 程序存储的地址值为 0x20000145 (PC 指针加载时会减 1, 即从 0x20000144 可加载到正常的 Reset-Handler 代码), 栈顶指针

__initial_sp 的地址值为 0x20008400。

图 39-12　加载 Debug_RAM.ini 文件调试，初始时的 SP 和 PC 指针正常

查看图 39-12 中左栏的 PC 与 SP 寄存器的值，正好是 0x20000144 和 0x20008400，也正因如此，使用这种方式调试时，SRAM 中的程序能正常运行。

反观后面的图 39-13，它呈现的是当仿真器不使用"Debug_RAM.ini"文件强制设置 SP 和 PC 寄存器的加载地址，或者单击复位按钮时的情况，这时 PC 寄存器的值为 0x200001E0，经查询该地址存储的是 GPIO_Init 函数的部分指令，而 SP 寄存器的值为 0x20005000，指向未知的存储区域。由于 PC 寄存器存储的地址不是 Reset-Handler，当程序运行时，就无法按照预定的设计运行，从而导致出错。

这种情况不使用仿真器强制配置，PC 和 SP 寄存器的值是由芯片复位后自动加载的，而图中的实验运行平台 BOOT0 和 BOOT1 已设置为高电平，即 SRAM 启动方式，根据 STM32 的说明，它本应直接从 0x20000000 及 0x20000004 地址加载到正常的栈顶和 Reset-Handler 地址，而且经我们调试查询到在 SRAM 的这两个地址中确实存储了正确的栈顶和 Reset-Handler 地址，所以无法得知 STM32F1 系列的芯片为何加载到错误的数据。

由于存在上述无法解决的问题，STM32F1 系列的芯片只能将就使用这种调试方式来使程序在 SRAM 中运行了。

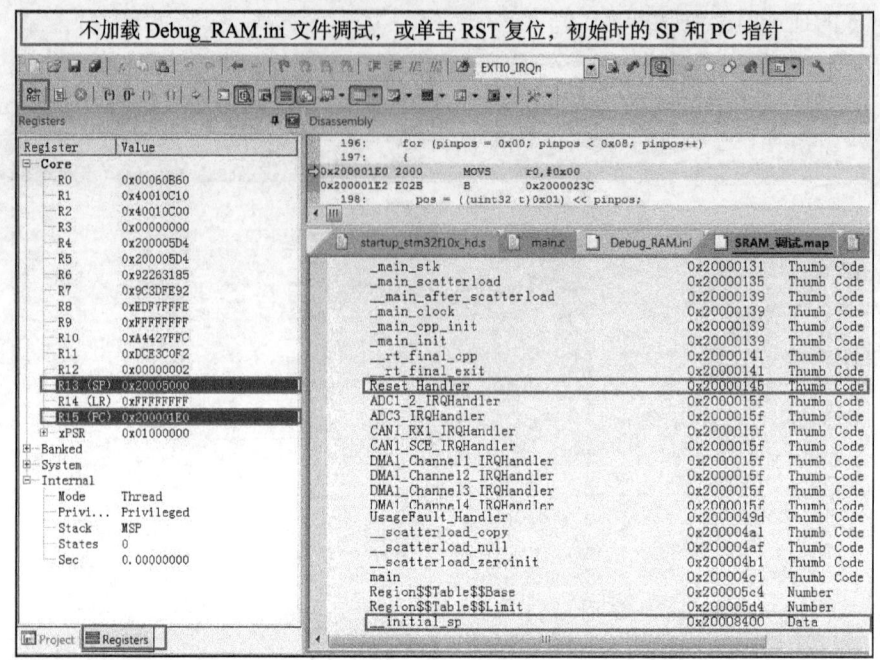

图 39-13 不加载 Debug_RAM.ini 文件调试或单击复位按钮,初始时的 SP 和 PC 指针不正常

39.4.3 下载验证

用 USB 线连接开发板"USB 转串口"接口与电脑,把 BOOT0 及 BOOT1 引脚使用跳帽连接到低电平,在电脑端打开串口调试助手,单击下载按钮,把编译好的程序下载到芯片的内部 SRAM 中,复位运行,观察流水灯是否正常闪烁;给开发板断电再重新上电,观察程序是否还能正常运行。

第 40 章
读写内部 Flash

40.1 STM32 的内部 Flash 简介

在 STM32 芯片内部有一个 Flash 存储器，它主要用于存储代码，我们在电脑上编写好应用程序后，使用下载器把编译后的代码文件烧录到该内部 Flash 中。由于 Flash 存储器的内容在掉电后不会丢失，芯片重新上电复位后，内核可从内部 Flash 中加载代码并运行，见图 40-1。

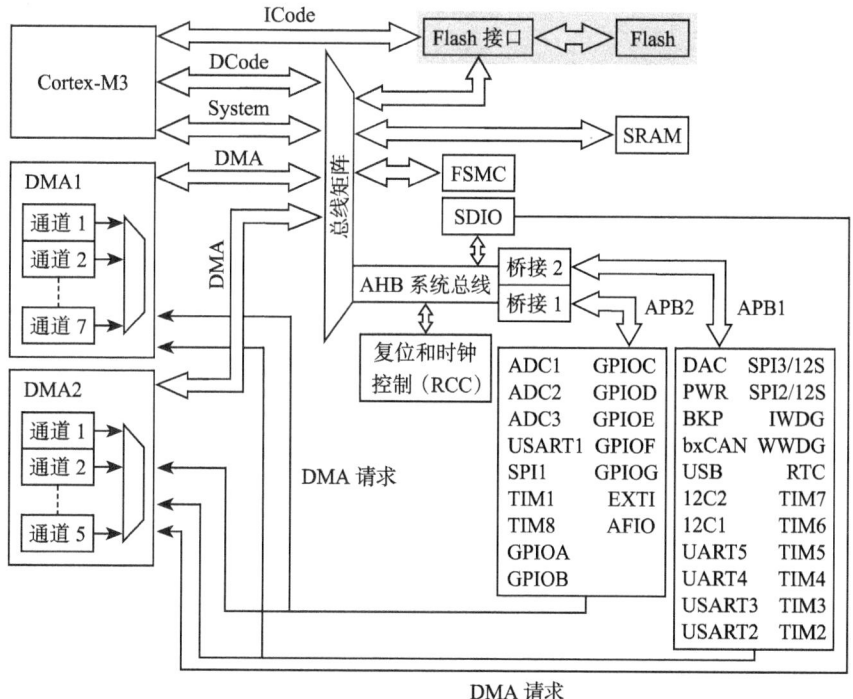

图 40-1 STM32 的内部框架图

除了使用外部的工具（如下载器）读写内部 Flash 外，STM32 芯片在运行的时候，也能对自身的内部 Flash 进行读写，因此，若内部 Flash 存储了应用程序后还有剩余的空间，我们可以把它像利用外部 SPI-Flash 那样利用起来，存储一些程序运行时产生的需要掉电保存的数据。

由于访问内部 Flash 的速度要比外部的 SPI-Flash 快得多，所以在紧急状态下常常会使用内部 Flash 存储关键记录；为了防止应用程序被抄袭，有的应用会禁止读写内部 Flash 中的内容，或者在第一次运行时计算加密信息并记录到某些区域，然后删除自身的部分加密代码，这些应用都涉及内部 Flash 的操作。

1. 内部 Flash 的构成

STM32 的内部 Flash 包含主存储器、系统存储器以及选项字节区域，它们的地址分布及大小见表 40-1（在《STM32 参考手册》中没有关于其内部 Flash 的说明，需要了解这些内容时，要查阅《STM32F10x 闪存编程参考手册》）。

表 40-1　STM32 大容量产品内部 Flash 的构成

区　　域	名　　称	块　地　址	大　　小
主存储器	页 0	0x0800 0000 ～ 0x0800 07FF	2 kbytes
	页 1	0x0800 0800 ～ 0x0800 0FFF	2 kbytes
	页 2	0x0800 1000 ～ 0x0801 17FF	2 kbytes
	页 3	0x0800 1800 ～ 0x0801 FFFF	2 kbytes
	……	……	……
	……	……	……
	页 255	0x0807 F800 ～ 0x0807 FFFF	2 kbytes
系统存储区		0x1FFF F000 ～ 0x1FFF F7FF	2 kbytes
选项字节		0x1FFF F800 ～ 0x1FFF F80F	16 bytes

2. 各个存储区域的说明

（1）主存储器

一般我们说 STM32 内部 Flash 的时候，都是指这个主存储器区域，它是存储用户应用程序的空间，芯片型号说明中的 256k Flash、512k Flash 都是指这个区域的大小。

主存储器分为 256 页，每页大小为 2KB，共 512KB。这个分页的概念，实质就是 Flash 存储器的扇区，与其他 Flash 一样，在写入数据前，要先按页（扇区）擦除。

注意上表中的主存储器是本实验板使用的 STM32VET6 型号芯片的参数，即 STM32F1 大容量产品。若使用超大容量、中容量或小容量产品，它们主存储器的页数量、页大小均有不同，使用的时候要注意区分。

STM32 内部 Flash 的容量类型可根据它的型号名获知，见表 40-2。

表 40-2　STM32 芯片的命名规则

型号范例	STM32	F	103	V	E	T	6
家族	STM32 表示 32 位的 MCU						
产品类型	F 表示基础型						

(续)

型号范例	STM32	F	103	V	E	T	6
具体特性			103 基础型				
引脚数目			V 表示 100 个引脚 其他常用的为： C 表示 48 引脚 R 表示 64 引脚 V 表示 100 引脚 Z 表示 144 引脚 B 表示 208 引脚 N 表示 216 引脚				
Flash 大小			E 表示 512kB 其他常用的为： 4 表示 16kB（小容量 ld） 6 表示 32kB（小容量 ld） 8 表示 64kB（中容量 md） B 表示 128kB（中容量 md） C 表示 256kB（大容量 hd） E 表示 512kB（大容量 hd） F 表示 768kB（超大容量 xl） G 表示 1024kB（超大容量 xl）				
封装			T 表示 QFP 封装，这个是最常用的封装				
温度			6 表示温度等级为 A：-40 ~ 85℃				

（2）系统存储区

系统存储区是用户不能访问的区域，它在芯片出厂时已经固化了启动代码，它负责实现串口、USB 以及 CAN 等 ISP 烧录功能。

（3）选项字节

选项字节用于配置 Flash 的读写保护、待机/停机复位、软件/硬件看门狗等功能，这部分共 16 字节。可以通过修改 Flash 的选项控制寄存器修改。

40.2 对内部 Flash 的写入过程

1. 解锁

由于内部 Flash 空间主要存储的是应用程序，是非常关键的数据，为了防止因误操作修改了这些内容，芯片复位后默认会给控制寄存器 Flash_CR 上锁，这个时候不允许设置 Flash 的控制寄存器，从而不能修改 Flash 中的内容。

所以对 Flash 写入数据前，需要先给它解锁。解锁的操作步骤如下：

1）往 FPEC 键寄存器 Flash_KEYR 中写入 KEY1 = 0x45670123。
2）再往 FPEC 键寄存器 Flash_KEYR 中写入 KEY2 = 0xCDEF89AB。

2. 页擦除

在写入新的数据前，需要先擦除存储区域，STM32 提供了页（扇区）擦除指令和整个

Flash 擦除（批量擦除）的指令，批量擦除指令仅针对主存储区。

页擦除的过程如下：
1）检查 Flash_SR 寄存器中的"忙碌寄存器位 BSY"，以确认当前未执行任何 Flash 操作；
2）在 Flash_CR 寄存器中，将"激活页擦除寄存器位 PER"置 1；
3）用 Flash_AR 寄存器选择要擦除的页；
4）将 Flash_CR 寄存器中的"开始擦除寄存器位 STRT"置 1，开始擦除；
5）等待 BSY 位被清零时，表示擦除完成。

3. 写入数据

擦除完毕后即可写入数据，写入数据的过程并不是仅仅使用指针向地址赋值，赋值前还需要配置一系列的寄存器，步骤如下：
1）检查 Flash_SR 中的 BSY 位，以确认当前未执行任何其他的内部 Flash 操作；
2）将 Flash_CR 寄存器中的"激活编程寄存器位 PG"置 1；
3）向指定的 Flash 存储器地址执行数据写入操作，每次只能以 16 位的方式写入；
4）等待 BSY 位被清零时，表示写入完成。

40.3 查看工程的空间分布

由于内部 Flash 本身存储程序数据，若不是有意删除某段程序代码，一般不应修改程序空间的内容。所以在使用内部 Flash 存储其他数据前，需要了解哪一些空间已经写入了程序代码，存储了程序代码的扇区都不应做任何修改。通过查询应用程序编译时产生的"*.map"后缀文件，可以了解程序存储到了哪些区域。它在工程中的打开方式见图 40-2，也可以到工程目录中的"Listing"文件夹中找到。关于 map 文件的详细说明可参考前面的第 38 章。

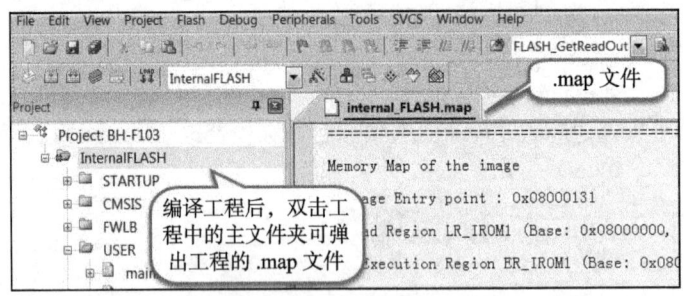

图 40-2 打开工程的 .map 文件

打开 map 文件后，查看文件最后部分的区域，可以看到一段以"Memory Map of the image"开头的记录（若找不到可用查找功能定位），见代码清单 40-1。

代码清单 40-1 map 文件中的存储映像分布说明

```
1  ============================================================
2  Memory Map of the image  // 存储分布映像
3
4  Image Entry point : 0x08000131
5  /* 程序 ROM 加载空间 */
```

```
   6 Load Region LR_IROM1 (Base: 0x08000000, Size: 0x000017a8, Max: 0x00080000,
ABSOLUTE)
   7 /*程序ROM执行空间*/
   8 Execution Region ER_IROM1 (Base: 0x08000000, Size: 0x0000177c, Max:
0x00080000, ABSOLUTE)
   9 /*地址分布列表*/
  10 Base Addr     Size         Type     Attr  Idx   E Section Name           Object
  11
  12 0x08000000    0x00000130   Data     RO    3       RESET                  startup_stm32f10x_hd.o
  13 0x08000130    0x00000000   Code     RO    479     *.ARM.Collect$$$$00000000    mc_w.l(entry.o)
  14 0x08000130    0x00000004   Code     RO    742     .ARM.Collect$$$$00000001     mc_w.l(entry2.o)
  15 0x08000134    0x00000004   Code     RO    745     .ARM.Collect$$$$00000004     mc_w.l(entry5.o)
  16 /*...此处省略大部分内容*/
  17 0x080016e8    0x00000024   Code     RO    772     .text                   mc_w.l(init.o)
  18 0x0800170c    0x00000010   Code     RO    483     i.__0printf$bare        mc_w.l(printfb.o)
  19 0x0800171c    0x0000000e   Code     RO    784     i.__scatterload_copy    mc_w.l(handlers.o)
  20 0x0800172a    0x00000002   Code     RO    785     i.__scatterload_null    mc_w.l(handlers.o)
  21 0x0800172c    0x0000000e   Code     RO    786     i.__scatterload_zeroinit   mc_w.l(handlers.o)
  22 0x0800173a    0x00000022   Code     RO    490     i._printf_core          mc_w.l(printfb.o)
  23 0x0800175c    0x00000020   Data     RO    782     Region$$Table           anon$$obj.o
```

这一段是某工程的 ROM 存储器分布映像，在 STM32 芯片中，ROM 区域的内容就是指存储到内部 Flash 的代码。

1. 程序 ROM 的加载与执行空间

上述说明中有两段分别以"Load Region LR_ROM1"及"Execution Region ER_IROM1"开头的内容，它们分别描述程序的加载及执行空间。在芯片刚上电运行时，会加载程序及数据，例如它会从程序的存储区域加载到程序的执行区域，还把一些已初始化的全局变量从 ROM 复制到 RAM 空间，以便程序运行时可以修改变量的内容。加载完成后，程序开始从执行区域开始执行。

在上面 map 文件的描述中，我们了解到加载及执行空间的基地址（Base）都是 0x08000000，它正好是 STM32 内部 Flash 的首地址，即 STM32 的程序存储空间直接就是执行空间；它们的大小（Size）分别为 0x000017a8 及 0x0000177c，执行空间的 ROM 比较小的原因就是因为部分 RW-data 类型的变量被拷贝到 RAM 空间了；它们的最大空间（Max）均为 0x00080000，即 512K 字节，它指的是内部 Flash 的最大空间。

计算程序占用的空间时，需要使用加载区域的大小进行计算，本例子中应用程序使用的内部 Flash 是从 0x08000000 至（0x08000000+0x000017a8）地址的空间区域。

2. ROM 空间分布表

在加载及执行空间总体描述之后，紧接着一个 ROM 详细地址分布表，它列出了工程中的各个段（如函数、常量数据）所在的地址 Base Addr 及占用的空间 Size，列表中的 Type 说明了该段的类型，CODE 表示代码，DATA 表示数据，而 PAD 表示段之间的填充区域，它是无效的内容，PAD 区域往往是为了解决地址对齐的问题。

观察表中的最后一项，它的基地址是 0x0800175c，大小为 0x00000020，可知它占用的最高的地址空间为 0x0800177c，与执行区域的最高地址 0x0000177c 一样，但它们比加载区域说明中的最高地址 0x80017a8 要小，所以我们以加载区域的大小为准。对比表 40-1 的内部 Flash 页地址分布表，可知仅使用页 0 ～ 2 就可以完全存储本应用程序，所以从页 3（地址 0x08001800）以后的存储空间都可以用于其他用途，使用这些存储空间时不会篡改应用程序空间的数据。

40.4 操作内部 Flash 的库函数

为简化编程，STM32 标准库提供了一些库函数，它们封装了对内部 Flash 写入数据操作寄存器的过程。

1. Flash 解锁、上锁函数

对内部 Flash 解锁、上锁的函数见代码清单 40-2。

代码清单 40-2　Flash 解锁、上锁

```
1
2  #define Flash_KEY1              ((uint32_t)0x45670123)
3  #define Flash_KEY2              ((uint32_t)0xCDEF89AB)
4  /**
5    * @brief  对 Flash 控制寄存器解锁，使能访问
6    * @param  无
7    * @retval 无
8    */
9  void Flash_Unlock(void)
10 {
11     if ((Flash->CR & Flash_CR_LOCK) != RESET) {
12         /* 写入确认验证码 */
13         Flash->KEYR = Flash_KEY1;
14         Flash->KEYR = Flash_KEY2;
15     }
16 }
17
18 /**
19   * @brief  对 Flash 控制寄存器上锁，禁止访问
20   * @param  无
21   * @retval 无
22   */
23 void Flash_Lock(void)
24 {
25     /* 设置 Flash 寄存器的 LOCK 位 */
26     Flash->CR |= Flash_CR_LOCK;
27 }
```

解锁的时候，它对 Flash_KEYR 寄存器写入两个解锁参数，上锁的时候，对 Flash_CR

寄存器的 Flash_CR_LOCK 位置 1。

2. 设置操作位数及页擦除

解锁后擦除扇区操作可调用 Flash_EraseSector 完成，见代码清单 40-3。

代码清单 40-3　擦除扇区

```
1  /**
2   * @brief   擦除指定的页
3   * @param   Page_Address：要擦除的页地址
4   * @retval Flash Status：
5            可能的返回值：Flash_BUSY, Flash_ERROR_PG,
6   *        Flash_ERROR_WRP, Flash_COMPLETE, Flash_TIMEOUT
7   */
8  Flash_Status Flash_ErasePage(uint32_t Page_Address)
9  {
10     Flash_Status status = Flash_COMPLETE;
11     /* 检查参数 */
12     assert_param(IS_Flash_ADDRESS(Page_Address));
13     /*...此处省略 XL 超大容量芯片的控制部分 */
14     /* 等待上一次操作完成 */
15     status = Flash_WaitForLastOperation(EraseTimeout);
16
17     if (status == Flash_COMPLETE) {
18         /* 若上次操作完成，则开始页擦除 */
19         Flash->CR|= CR_PER_Set;
20         Flash->AR = Page_Address;
21         Flash->CR|= CR_STRT_Set;
22
23         /* 等待操作完成 */
24         status = Flash_WaitForLastOperation(EraseTimeout);
25
26         /* 复位 PER 位 */
27         Flash->CR &= CR_PER_Reset;
28     }
29
30     /* 返回擦除结果 */
31     return status;
32  }
```

本函数包含一个输入参数，用于设置要擦除的页地址，即目标页在内部 Flash 的首地址。函数获取地址后，根据前面的流程检查状态位、向控制寄存器 Flash_CR 及地址寄存器 Flash_AR 写入参数，配置开始擦除后，需要等待一段时间，函数中使用 Flash_WaitForLastOperation 等待，擦除完成的时候才会退出 Flash_EraseSector 函数。

3. 写入数据

对内部 Flash 写入数据不像对外部 SRAM 操作那样直接用指针操作就完成了，还要设置一系列的寄存器，利用 Flash_ProgramWord 和 Flash_ProgramHalfWord 函数，可按字、半字单位写入数据，见代码清单 40-4。

代码清单 40-4　写入数据

```
1  /**
```

```
 2      * @brief    向指定的地址写入一个字的数据（32位）
 3      * @param    Address: 要写入的地址
 4      * @param    Data: 要写入的数据
 5      * @retval Flash Status:
 6          可能的返回值：Flash_ERROR_PG,
 7      *            Flash_ERROR_WRP, Flash_COMPLETE, Flash_TIMEOUT
 8      */
 9  Flash_Status Flash_ProgramWord(uint32_t Address, uint32_t Data)
10  {
11      Flash_Status status = Flash_COMPLETE;
12      __IO uint32_t tmp = 0;
13
14      /* 检查参数 */
15      assert_param(IS_Flash_ADDRESS(Address));
16      /*...此处省略XL超大容量芯片的控制部分 */
17      /* Wait for last operation to be completed */
18      status = Flash_WaitForLastOperation(ProgramTimeout);
19
20      if (status == Flash_COMPLETE) {
21          /* 若上次操作完成，则开始写入低16位的数据（输入参数的第1部分）*/
22          Flash->CR |= CR_PG_Set;
23
24          *(__IO uint16_t*)Address = (uint16_t)Data;
25          /* 等待上一次操作完成 */
26          status = Flash_WaitForLastOperation(ProgramTimeout);
27
28          if (status == Flash_COMPLETE) {
29              /* 若上次操作完成，则开始写入高16位的数据（输入参数的第2部分）*/
30              tmp = Address + 2;
31
32              *(__IO uint16_t*) tmp = Data >> 16;
33
34              /* 等待操作完成 */
35              status = Flash_WaitForLastOperation(ProgramTimeout);
36
37              /* 复位PG位 */
38              Flash->CR &= CR_PG_Reset;
39          } else {
40              /* 复位PG位 */
41              Flash->CR &= CR_PG_Reset;
42          }
43      }
44
45      /* 返回写入结果 */
46      return status;
47  }
```

从函数代码可了解到，它设置Flash→CR寄存器的PG位允许写入后，使用16位的指针往指定的地址写入数据。由于每次只能按16位写入，所以这个按字写入的过程使用了两次指针赋值，分别写入指定数据的低16位和高16位。每次赋值操作后，调用Flash_WaitForLastOperation函数等待写操作完毕。标准库里还提供了Flash_ProgramHalfWord函数，用于每次写入半字，即16位，该函数内部的执行过程类似。

40.5 实验：读写内部 Flash

在本小节中我们以实例讲解如何使用内部 Flash 存储数据。

40.5.1 硬件设计

本实验仅操作了 STM32 芯片内部的 Flash 空间，无需额外的硬件。

40.5.2 软件设计

本小节讲解的是"读写内部 Flash"实验，请打开配套的代码工程阅读理解。为了方便展示及移植，我们把操作内部 Flash 相关的代码都编写到 bsp_internal_Flash.c 及 bsp_internal_Flash.h 文件中，这些文件是我们自己编写的，不属于标准库的内容，可根据个人喜好命名文件。

1. 编程要点

1）对内部 Flash 解锁；
2）找出空闲页，擦除目标页；
3）进行读写测试。

2. 代码分析

（1）硬件定义

读写内部 Flash 不需要用到任何外部硬件，不过在编写测试时我们要先确定内部 Flash 的页大小以及要往哪些地址写入数据。在本工程中，这些定义在 bsp_internal_Flash.h 头文件中，见代码清单 40-5。

代码清单 40-5　各个扇区的基地址

```
1  /* STM32 大容量产品每页大小 2kB，中、小容量产品每页大小 1kB */
2  #if defined (STM32F10X_HD) || defined (STM32F10X_HD_VL) ||\
   defined (STM32F10X_CL) || defined (STM32F10X_XL)
3      #define Flash_PAGE_SIZE    ((uint16_t)0x800)//2048
4  #else
5      #define Flash_PAGE_SIZE    ((uint16_t)0x400)//1024
6  #endif
7
8  // 写入的起始地址与结束地址
9  #define WRITE_START_ADDR    ((uint32_t)0x08008000)
10 #define WRITE_END_ADDR      ((uint32_t)0x0800C000)
```

代码中首先根据芯片类型定义了宏 Flash_PAGE_SIZE，由于本工程使用的是 STM32 VET6 芯片，在工程的 C/C++ 选项中包含了 STM32F10X_HD 的定义，所以 Flash_PAGE_SIZE 被定义成 0x800，即 2048 字节。

另外，WRITE_START_ADDR 和 WRITE_END_ADDR 定义了后面本工程测试读写内部 Flash 的起始地址与结束地址，这部分区域与 map 文件指示的程序本身占用的空间不重合，所以在后面修改这些地址的内容时，它不会修改自身的程序。

（2）读写内部 Flash

一切准备就绪，可以开始对内部 Flash 进行擦写，这个过程不需要初始化任何外设，只要按解锁、擦除及写入的流程走就可以了,见代码清单 40-6。

代码清单 40-6 对内部 Flash 进行读写测试(bsp_internal_Flash.c 文件)

```c
1  /**
2    * @brief    InternalFlash_Test,对内部 Flash 进行读写测试
3    * @param    无
4    * @retval   无
5    */
6  int InternalFlash_Test(void)
7  {
8      uint32_t EraseCounter = 0x00;            // 记录要擦除多少页
9      uint32_t Address = 0x00;                 // 记录写入的地址
10     uint32_t Data = 0x3210ABCD;              // 记录写入的数据
11     uint32_t NbrOfPage = 0x00;               // 记录写入多少页
12
13     Flash_Status FlashStatus = Flash_COMPLETE;  // 记录每次擦除的结果
14     TestStatus MemoryProgramStatus = PASSED;    // 记录整个测试结果
15
16
17     /* 解锁 */
18     Flash_Unlock();
19
20     /* 计算要擦除多少页 */
21     NbrOfPage = (WRITE_END_ADDR - WRITE_START_ADDR) / Flash_PAGE_SIZE;
22
23     /* 清空所有标志位 */
24     Flash_ClearFlag(Flash_FLAG_EOP | Flash_FLAG_PGERR | Flash_FLAG_WRPRTERR);
25
26     /* 按页擦除 */
27     for (EraseCounter = 0; (EraseCounter < NbrOfPage) && (FlashStatus == Flash_COMPLETE); EraseCounter++) {
28         FlashStatus = Flash_ErasePage(WRITE_START_ADDR + (Flash_PAGE_SIZE * EraseCounter));
29
30     }
31
32     /* 向内部 Flash 写入数据 */
33     Address = WRITE_START_ADDR;
34
35     while ((Address < WRITE_END_ADDR) && (FlashStatus == Flash_COMPLETE)) {
36         FlashStatus = Flash_ProgramWord(Address, Data);
37         Address = Address + 4;
38     }
39
40     Flash_Lock();
41
42     /* 检查写入的数据是否正确 */
43     Address = WRITE_START_ADDR;
44
45     while ((Address < WRITE_END_ADDR) && (MemoryProgramStatus != FAILED)) {
46         if ((*(__IO uint32_t*) Address) != Data) {
47             MemoryProgramStatus = FAILED;
48         }
49         Address += 4;
50     }
```

```
51     return MemoryProgramStatus;
52 }
```

该函数的执行过程如下：

1）调用 Flash_Unlock 解锁；

2）根据起始地址及结束地址计算要擦除多少页；

3）调用 Flash_ClearFlag 清除各种标志位；

4）使用循环调用 Flash_ErasePage 擦除页，每次擦除一页；

5）使用循环调用 Flash_ProgramWord 函数向起始地址至结束地址的存储区域都写入变量 Data 中存储的数值；

6）调用 Flash_Lock 上锁；

7）使用指针读取写入的数据内容并校验。

（3）main 函数

最后我们来看看 main 函数的执行流程，见代码清单 40-7。

代码清单 40-7　main 函数

```
 1 int main(void)
 2 {
 3     /* 初始化 USART，配置模式为 115200 8-N-1*/
 4     USART_Config();
 5     LED_GPIO_Config();
 6
 7     LED_BLUE;
 8     printf("\r\n 欢迎使用秉火 STM32 开发板。\r\n");
 9     printf(" 正在进行读写内部 Flash 实验，请耐心等待 \r\n");
10
11     if (InternalFlash_Test()== PASSED) {
12         LED_GREEN;
13         printf(" 读写内部 Flash 测试成功 \r\n");
14
15     } else {
16         printf(" 读写内部 Flash 测试失败 \r\n");
17         LED_RED;
18     }
19
20
21     while (1) {
22     }
23 }
```

main 函数中初始化了用于指示调试信息的 LED 及串口后，直接调用了 InternalFlash_Test 函数，进行读写测试，并根据测试结果输出调试信息。

40.5.3　下载验证

用 USB 线连接开发板"USB 转串口"接口与电脑，在电脑端打开串口调试助手，把编译好的程序下载到开发板。在串口调试助手可看到擦写内部 Flash 的调试信息。

第 41 章
设置 Flash 的读写保护及解除

41.1 选项字节与读写保护

在实际发布的产品中,在 STM32 芯片的内部 Flash 存储了控制程序,如果不设置任何保护措施的话,别人就可以使用下载器直接把内部 Flash 中的内容读取出来,得到 bin 或 hex 文件格式的代码拷贝,别有用心的人会利用该方法盗版产品。为此,STM32 芯片提供了多种方式保护内部 Flash 的程序不被非法读取。但在默认情况下该保护功能是不开启的,若要开启该功能,需要改写内部 Flash 选项字节(Option Bytes)中的配置。

41.1.1 选项字节的内容

选项字节是一段特殊的 Flash 空间,STM32 芯片会根据它的内容进行读写保护配置。选项字节的构成见表 41-1。

STM32F103 系列芯片的选项字节有 8 个配置项,即上表中的 USER、RDP、DATA0/1 及 WRP0/1/2/3,而表中带 n 的同类项是该项的反码,即 nUSER 的值等于(~USER),nRDP 的值等于(~RDP),STM32 利用反码来确保选项字节内容的正确性。

表 41-1 选项字节的构成

地址	[31:24]	[23:16]	[15:8]	[7:0]
0x1FFF F800	nUSER	USER	nRDP	RDP
0x1FFF F804	nData1	Data1	nData0	Data0
0x1FFF F808	nWRP1	WRP1	nWRP0	WRP0
0x1FFF F80C	nWRP3	WRP3	nWRP2	WRP2

选项字节的 8 个配置项具体的数据位配置说明见表 41-2。

表 41-2 选项字节具体的数据位配置说明

选项字节
地址 0x1FFF F800
位 [7:0] RDP:读保护选项字节 读保护用于保护 Flash 中存储的软件代码 - 把 RDP 配置为值 0xA5 时,内部 Flash 处于无读保护状态 - 把 RDP 配置为其他非 0xA5 的值时,内部的 Flash 处于读保护状态

(续)

选项字节	
位 [23:16] USER：用户选项字节 这个字节用于配置下列功能 - 选择看门狗事件：硬件或软件 - 进入停机（STOP）模式时的复位事件 - 进入待机模式时的复位事件	
位 [19:23]	0xF8：不用
位 18	nRST_STDBY 待机模式复位事件 0：当进入待机模式时产生复位 1：进入待机模式时不产生复位
位 17	nRST_STOP 停机复位事件 0：当进入停机（STOP）模式时产生复位 1：进入停机（STOP）模式时不产生复位
位 16	WDG_SW 门狗事件 1：硬件看门狗 0：软件看门狗
地址 0x1FFF F804	
Datax：2 个字节的用户数据 这个地址可以使用选项字节的编程方式编程	
地址 0x1FFF F808~0x1FFE F80C	
WRPx(0-3)：Flash 写保护选项字节 对于小容量产品，选项字节 WRPx 中的每一位用于保护主存储器中 4 个存储页（1kB/页） -0：实施写保护 -1：不实施写保护 每个用户选项字节用于保护 32kB 的主存储器 WRP0：第 0 ～ 31 页的写保护 对于中容量产品，选项字节 WRPx 中的每位用于保护主存储器中 4 个存储页（1kB/页） -0：实施写保护 -1：不实施写保护 4 个用户选择字节用于保护总共 128kB 的主存储器 WRP0：第 0 ～ 31 页的写保护 WRP1：第 32 ～ 63 页的写保护 WRP2：第 64 ～ 95 页的写保护 WRP3：第 96 ～ 127 页的写保护 对于大容量产品，选择字节 WRPx 中的每一位用于保护主存储器中 2 个存储页（2kB/页），但是 WRP3 的位 7 用于保护第 62 ～ 255 页 -0：实施写保护 -1：不实施写保护 4 个用户选择字节用于保护总共 512kB 的主存储器 WRP0：第 0 ～ 15 页的写保护 WRP1：第 16 ～ 31 页的写保护 WRP2：第 32 ～ 47 页的写保护 WRP3：位 0 ～ 6 提供第 48 ～ 61 页的写保护；位 7 提供第 62 ～ 255 页的写保护	

我们主要讲解选项字节配置中的 RDP 位和 WRP 位,它们分别用于配置读保护和写保护。

41.1.2　RDP 读保护

修改选项字节的 RDP 位的值可设置内部 Flash 为以下保护级别。

(1) 0xA5:无保护

这是 STM32 的默认保护级别,它没有任何读保护,读取内部 Flash 的内容都没有任何限制。也就是说,第三方可以使用调试器等工具获取该芯片 Flash 中存储的程序,然后可以把获得的程序以 bin 和 hex 的格式下载到另一块 STM32 芯片中,加上 PCB 抄板技术,轻易复制出同样的产品。

(2) 其他值:使能读保护

把 RDP 配置成除 0xA5 外的任意数值,都会使能读保护。在这种情况下,若使用调试功能(使用下载器、仿真器)或者从内部 SRAM 自举时,都不能对内部 Flash 进行任何访问(读写、擦除都被禁止);而如果 STM32 是从内部 Flash 自举时,它允许对内部 Flash 的任意访问。也就是说,任何尝试从外部访问内部 Flash 内容的操作都被禁止。例如,无法通过下载器读取它的内容,或编写一个从内部 SRAM 启动的程序,若该 SRAM 启动的程序读取内部 Flash,会被禁止。而如果是芯片原本的内部 Flash 程序自己访问内部 Flash(即从 Flash 自举的程序),是完全没有问题的,例如芯片本身的程序,若包含有指针对内部 Flash 某个地址进行的读取操作,它能获取正常的数据。

另外,被设置成读保护后,Flash 前 4kB 的空间会强制加上写保护,也就是说,即使是从 Flash 启动的程序,也无法擦写这 4kB 空间的内容;而对于前 4kB 以外的空间,读保护并不影响它对其他空间的擦除/写入操作。利用这个特性,可以编写 IAP 代码(In Application Program)更新 Flash 中的程序。它的原理是通过某个通信接口获取将要更新的程序内容,然后利用内部 Flash 擦写操作把这些内容烧录到自己的内部 Flash 中,实现应用程序的更新。该原理类似串口 ISP 程序下载功能,只不过 ISP 这个接收数据并更新的代码由 ST 提供,且存放在系统存储区域,而 IAP 是由用户自行编写的,存放在用户自定义的 Flash 区域,且通信方式可根据用户自身的需求定制,如 IIC、SPI 等,只要能接收到数据均可。

(3) 解除保护

当需要解除芯片的读保护时,要把选项字节的 RDP 位重新设置为 0xA5。在解除保护前,芯片会自动触发擦除主 Flash 存储器的全部内容,即解除保护后原内部 Flash 的代码会丢失,从而防止降级后原内容被读取到。

芯片被配置成读保护后,根据不同的使用情况,访问权限不同,见表 41-3。

表 41-3　读保护模式下不同区域的访问限制

存储区	保护设置	从 RAM 自举(SRAM 调试模式)			从内部 Flash 自举		
		读	写	擦除	读	写	擦除
主 Flash 前 4kB	读保护	否	否	否	是	否	否
主 Flash 前 4kB 外的空间	读保护	否			是		
选项字节	读保护	是			是		

41.1.3 WRP 写保护

使用选项字节的 WRP0/1/2/3 可以设置主 Flash 的写保护，防止它存储的程序内容被修改。

（1）设置写保护

写保护的配置一般以 4kB 为单位，除 WRP3 的最后一位比较特殊外，每个 WRP 选项字节的一位用于控制 4kB 的写访问权限，把对应 WRP 的位置 0 即可把它匹配的空间加入写保护。被设置成写保护后，主 Flash 中的内容使用任何方式都不能被擦除和写入。写保护不会影响读访问权限，读访问权限完全由前面介绍的读保护设置限制。

（2）解除写保护

解除写保护是上面的逆过程，把对应 WRP 的位置 1 即可把它匹配的空间解除写保护。解除写保护后，主 Flash 中的内容不会像解读保护那样丢失，它会被原样保留。

41.2 修改选项字节的过程

根据前面的说明，修改选项字节的内容可修改读写保护配置，不过选项字节复位后的默认状态是始终可以读但被写保护的，因此它具有类似前面 40.5 节提到的 Flash_CR 寄存器的访问限制，要想修改，需要先对 Flash_OPTKEYR 寄存器写入解锁编码。由于修改选项字节时也需要访问 Flash_CR 寄存器，所以同样也要对 Flash_KEYR 写入解锁编码。

修改选项字节的整个过程如下：

1）解除 Flash_CR 寄存器的访问限制。
- 往 FPEC 键寄存器 Flash_KEYR 中写入 KEY1 = 0x45670123。
- 往 FPEC 键寄存器 Flash_KEYR 中写入 KEY2 = 0xCDEF89AB。

2）解除对选项字节的访问限制。
- 往 Flash_OPTKEYR 中写入 KEY1 = 0x45670123。
- 往 Flash_OPTKEYR 中写入 KEY2 = 0xCDEF89AB。

3）配置 Flash_CR 的 OPTPG 位，准备修改选项字节。

4）直接使用指针操作修改选项字节的内容，根据需要修改 RDP、WRP 等内容。

5）对于读保护的解除，由于它会擦除 Flash 的内容，所以需要检测状态寄存器标志位，以确认 Flash 擦除操作完成。

6）若是设置读保护及其解除，需要给芯片重新上电复位，以使新配置的选项字节生效；对于设置写保护及其解除，需要给芯片进行系统复位，以使新配置的选项字节生效。

41.3 操作选项字节的库函数

为简化编程，STM32 标准库提供了一些库函数，它们封装了前面介绍的修改选项字节时的操作过程。

1. 选项字结构体定义

对选项字节结构体定义的见代码清单 41-1。

代码清单 41-1　选项字节结构体的定义（stm32f10x.h 文件）

```c
1  /**
2    * @brief 选项字节结构体
3    */
4  typedef struct {
5      __IO uint16_t RDP;   /*RDP 及 nRDP*/
6      __IO uint16_t USER;  /*USER 及 nUSER，下面类似 */
7      __IO uint16_t Data0;
8      __IO uint16_t Data1;
9      __IO uint16_t WRP0;
10     __IO uint16_t WRP1;
11     __IO uint16_t WRP2;
12     __IO uint16_t WRP3;
13 } OB_TypeDef;
14
15 /* 强制转换为选项字节结构体指针 */
16 #define OB                 ((OB_TypeDef *) OB_BASE)
17 /* 选项字节基地址 */
18 #define OB_BASE            ((uint32_t)0x1FFFF800)
```

标准库中定义的选项字节结构体，包含了 RDP、USER、DATA0/1 及 WRP0/1/2/3 这些内容，每个结构体成员指向选项字节对应选项的原始配置码及反码。不过，根据手册中的说明可了解到，当向选项字节的这些地址写入配置时，它会自动取低位字节计算出高位字节的值再存储，即自动取反码，非常方便。例如程序中执行操作给结构体成员 WRP0 赋值为 0x0011 时，最终它会自动写入 0xEE11（0xEE 是 0x11 的反码）。最后，从 OB_BASE 宏的定义可以确认它所指向的正是前面介绍的选项字节基地址，说明若在程序中给该结构体赋值，会直接把内容写入选项字节地址对应的空间中。

2. 设置写保护及解除

库文件提供了 Flash_EnableWriteProtection 函数，可用于设置写保护及解除，见代码清单 41-2。

代码清单 41-2　设置写保护及解除（stm32f10x_flash.c 文件）

```c
1  /* 掩码 */
2  #define RDPRT_Mask                 ((uint32_t)0x00000002)
3  #define WRP0_Mask                  ((uint32_t)0x000000FF)
4  #define WRP1_Mask                  ((uint32_t)0x0000FF00)
5  #define WRP2_Mask                  ((uint32_t)0x00FF0000)
6  #define WRP3_Mask                  ((uint32_t)0xFF000000)
7
8  /* 大容量产品页保护的宏定义，每位控制 4kB（2 页）*/
9  #define Flash_WRProt_Pages0to1     ((uint32_t)0x00000001)
10 #define Flash_WRProt_Pages2to3     ((uint32_t)0x00000002)
11 #define Flash_WRProt_Pages4to5     ((uint32_t)0x00000004)
12 #define Flash_WRProt_Pages6to7     ((uint32_t)0x00000008)
13 /*..部分省略 */
14 /*!< 特殊位，最后一位，页 62 ~ 页 511 */
15 #define Flash_WRProt_Pages62to511  ((uint32_t)0x80000000)
16 /* 保护所有页 */
17 #define Flash_WRProt_AllPages      ((uint32_t)0xFFFFFFFF)
18
19
```

```c
20 /**
21  * @brief   对指定的页设置写保护
22  * @param   Flash_Pages：指定要设置写保护的页
23  *      可输入参数：
24  *      STM32 大容量产品：Flash_WRProt_Pages0to1 至 Flash_WRProt_Pages60to61
25  *      或 Flash_WRProt_Pages62to255 和 Flash_WRProt_AllPages
26  *
27  * @retval Flash Status:
28  *      可能的返回值：Flash_ERROR_PG, Flash_ERROR_WRP,
29  *          Flash_COMPLETE, Flash_TIMEOUT.
30  */
31 Flash_Status Flash_EnableWriteProtection(uint32_t Flash_Pages)
32 {
33     uint16_t WRP0_Data = 0xFFFF, WRP1_Data = 0xFFFF,
                WRP2_Data = 0xFFFF, WRP3_Data = 0xFFFF;
34
35     Flash_Status status = Flash_COMPLETE;
36
37     /* 检查参数 */
38     assert_param(IS_Flash_WRPROT_PAGE(Flash_Pages));
39     /* 根据输入计算要设置的值 */
40     Flash_Pages = (uint32_t)(~Flash_Pages);
41     WRP0_Data = (uint16_t)(Flash_Pages & WRP0_Mask);
42     WRP1_Data = (uint16_t)((Flash_Pages & WRP1_Mask) >> 8);
43     WRP2_Data = (uint16_t)((Flash_Pages & WRP2_Mask) >> 16);
44     WRP3_Data = (uint16_t)((Flash_Pages & WRP3_Mask) >> 24);
45
46     /* 等待上一次操作完毕 */
47     status = Flash_WaitForLastOperation(ProgramTimeout);
48
49     if (status == Flash_COMPLETE) {
50         /* 对选项字节进行解锁 */
51         Flash->OPTKEYR = Flash_KEY1;
52         Flash->OPTKEYR = Flash_KEY2;
53         Flash->CR |= CR_OPTPG_Set; // 准备写入选项字节
54         if (WRP0_Data != 0xFF) {
55             OB->WRP0 = WRP0_Data;
57             /* 等待上一次操作完毕 */
58             status = Flash_WaitForLastOperation(ProgramTimeout);
59         }
60         if ((status == Flash_COMPLETE) && (WRP1_Data != 0xFF)) {
61             OB->WRP1 = WRP1_Data;
62             status = Flash_WaitForLastOperation(ProgramTimeout);
63         }
64         if ((status == Flash_COMPLETE) && (WRP2_Data != 0xFF)) {
65             OB->WRP2 = WRP2_Data;
66             status = Flash_WaitForLastOperation(ProgramTimeout);
67         }
68         if ((status == Flash_COMPLETE)&& (WRP3_Data != 0xFF)) {
69             OB->WRP3 = WRP3_Data;
70             status = Flash_WaitForLastOperation(ProgramTimeout);
71         }
72         if (status != Flash_TIMEOUT) {
73             /* 若写入完成，对选项字节重新上锁 */
74             Flash->CR &= CR_OPTPG_Reset;
75         }
```

```
76      }
77      /* 返回设置结果 */
78      return status;
79  }
```

该函数的输入参数可选 Flash_WRProt_Pages0to1 至 Flash_WRProt_Pages62to511 等宏，该参数用于指定要对哪些页进行写保护。

从该宏的定义方式可了解到，它用一个 32 位的数值表示 WRP0/1/2/3，而宏名中的页码使用数据位 1 在 WRP0/1/2/3 中对应的位作掩码指示。如控制页 0 至页 1 的宏 Flash_WRProt_Pages0to1，它由 WRP0 最低位控制，所以其宏值为 0x00000001（bit0 为 1）；类似地，控制页 2 至页 3 的宏 Flash_WRProt_Pages2to3，由 WRP0 的 bit1 控制，所以其宏值为 0x00000002（bit1 为 1）。

理解了输入参数宏的结构后，即可分析函数中的具体代码。其中最核心要理解的是对输入参数的运算，输入参数 Flash_Pages 自身会进行取反操作，从而用于指示要保护页的宏对应的数据位会被置 0，而在选项字节 WRP 中，被写 0 的数据位对应的页会被保护。Flash_Pages 取反后的值被分解成 WRP0/1/2/3_Data 四个部分，所以在后面的代码中，可以直接把 WRP0/1/2/3_Data 变量的值写入选项字节中。关于这部分运算，可以亲自代入几个宏进行运算，加深理解。

得到数据后，函数开始对 Flash_OPTKEYR 寄存器写入解锁码，然后操作 Flash_CR 寄存器的 OPTPG 位准备写入，写入的时候它直接往指向选项字节的结构体 OB 赋值，如 OB->WRP0 = WRP0_Data。注意在这部分写入的时候，根据前面的运算，可知 WRP0_Data 中只包含了 WRP0 的内容，而 nWRP0 的值为 0，这个 nWRP0 的值最终会由芯片自动产生。代码后面的 WRP1/2/3 操作类似。

仔细研究了这个库函数后，可知它内部并没有对 Flash_CR 的访问进行解锁操作，所以在调用本函数前，需要先调用 Flash_Unlock 解锁。另外，库文件中并没有直接的函数用于解除保护，但实际上解除保护也可以使用这个函数来处理，例如使用输入参数 0 来调用函数 Flash_EnableWriteProtection（0），根据代码的处理，它最终会向 WRP0/1/2/3 选项字节中全写入 1，从而达到解除整片 Flash 写保护的目的。

3. 设置读保护及解除

类似地，库文件中提供了函数 Flash_ReadOutProtection 来设置 Flash 的读保护及解除，见代码清单 41-3。

代码清单 41-3　设置读保护及解除（stm32f10x_flash.c 文件）

```
1
2
3  #define RDP_Key                    ((uint16_t)0x00A5)
4
5
6  /**
7    * @brief 使能或关闭读保护
8    * @note  若芯片本身有对选项字节进行其他操作，
9             请先读出然后再重新写入，因为本函数会擦除所有选项字节的内容
10
```

```
11      *  @param    Newstate: 使能（ENABLE）或关闭（DISABLE）
12      *  @retval   Flash Status: 可能的返回值：Flash_ERROR_PG,
13      *            Flash_ERROR_WRP, Flash_COMPLETE, Flash_TIMEOUT
14      */
15  Flash_Status Flash_ReadOutProtection(FunctionalState NewState)
16  {
17      Flash_Status status = Flash_COMPLETE;
18      /* 检查参数 */
19      assert_param(IS_FUNCTIONAL_STATE(NewState));
20      status = Flash_WaitForLastOperation(EraseTimeout);
21      if (status == Flash_COMPLETE) {
22          /* 写入选项字节解锁码 */
23          Flash->OPTKEYR = Flash_KEY1;
24          Flash->OPTKEYR = Flash_KEY2;
25          Flash->CR |= CR_OPTER_Set;  // 擦除选项字节
26          Flash->CR |= CR_STRT_Set;   // 开始擦除
27          /* 等待上一次操作完毕 */
28          status = Flash_WaitForLastOperation(EraseTimeout);
29          if (status == Flash_COMPLETE) {
30              /* 若擦除操作完成，复位 OPTER 位 */
31              Flash->CR &= CR_OPTER_Reset;
32              /* 准备写入选项字节 */
33              Flash->CR |= CR_OPTPG_Set;
34              if (NewState != DISABLE) {
35                  OB->RDP = 0x00;      // 写入非 0xA5 值，进行读保护
36              } else {
37                  OB->RDP = RDP_Key;  // 写入 0xA5，解除读保护
38              }
39              /* 等待上一次操作完毕 */
40              status = Flash_WaitForLastOperation(EraseTimeout);
41
42              if (status != Flash_TIMEOUT) {
43                  /* 若操作完毕，复位 OPTPG 位 */
44                  Flash->CR &= CR_OPTPG_Reset;
45              }
46          } else {
47              if (status != Flash_TIMEOUT) {
48                  /* 复位 OPTER 位 */
49                  Flash->CR &= CR_OPTER_Reset;
50              }
51          }
52      }
53      /* 返回设置结果 */
54      return status;
55  }
```

由于读保护都是针对整个芯片的，所以读保护的配置函数相对简单，它通过输入参数 ENABLE 或 DISABL 参数来进行保护或解除。它的内部处理与前面介绍的修改选项字节的过程完全一致，当要进行读保护时，往选项字节结构体 OB → RDP 写入 0x00（实际上写入非 0xA5 的值均可达到目的），而要解除读保护时，则写入 0xA5。

要注意的是，本函数同样有对 Flash_CR 寄存器的访问，但并没有进行解锁操作，所以调用本函数前，同样需要先使用 Flash_Unlock 函数解锁。

41.4 实验：设置读写保护及解除

在本实验中，我们将以实例讲解如何修改选项字节的配置，设置读写保护及解除。

本实验要进行的操作比较特殊，由于设置成读写保护状态后，若不解除保护状态或者解除代码工作不正常，将无法给芯片的 Flash 下载新的程序，所以本程序在开发过程中使用内部 SRAM 调试的方式开发，便于测试程序（读写保护只影响 Flash，SRAM 调试时程序下载到 SRAM 中，不受影响）。工程中，提供了 FLASH 版本和 RAM 版本，见图 41-1。

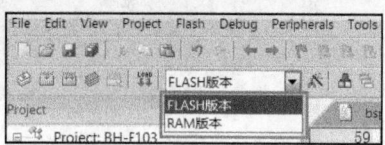

图 41-1 两种版本的程序

工程的 FLASH 版本程序包含完整的保护及解除方案，程序下载到内部 Flash 后，它自身可以正常地进行保护及解除。另外，在学习过程中如果想亲自修改该代码进行测试，也不用担心把解除操作的代码修改至工作不正常而导致芯片无法解锁报废，处于这种情况时，只要将本工程的 RAM 版本下载到芯片中，即可实现解锁。只要具备前面章节介绍的 SRAM 调试知识并备份了 RAM 版本的工程即可大胆尝试。

41.4.1 硬件设计

本实验完全针对内部 Flash 的操作，对外部硬件无特殊要求。即使是在 SRAM 调试模式下，由于使用 Debug 强制加载 PC 和 SP 指针，所以也无须设置 BOOT0 和 BOOT1 的引脚。

41.4.2 软件设计

本实验的工程名称为 "设置读写保护与解除"，学习时请打开该工程配合阅读。为了方便展示及移植，我们把读写保护相关的代码都编写到 bsp_readWriteProtect.c 及 bsp_readWriteProtect.h 文件中，这些文件是我们自己编写的，不属于标准库的内容，可根据个人喜好命名文件。

代码分析

（1）设置写保护及解除

在本工程中，定义了一个 WriteProtect_Toggle 函数用于设置写保护及解除，见代码清单 41-4。

代码清单 41-4 设置写保护及解除（bsp_readWriteProtect.c 文件）

```
 1  /**
 2    *  @brief  反转写保护的配置，用于演示
 3              若芯片处于写保护状态，则解除
 4              若不是写保护状态，则设置成写保护
 5    *  @param  无
 6    *  @retval 无
 7    */
 8  void WriteProtect_Toggle(void)
 9  {
10      /* 获取写保护寄存器的值进行判断，寄存器位为 0 表示有保护，为 1 表示无保护 */
11      /* 若不等于 0xFFFFFFFF，则说明有部分页被写保护了 */
12      if (Flash_GetWriteProtectionOptionByte() != 0xFFFFFFFF ) {
```

```
13              Flash_DEBUG("芯片处于写保护状态,即将执行解保护过程...");
14
15              // 解除对 Flash_CR 寄存器的访问限制
16              Flash_Unlock();
17
18              /* 擦除所有选项字节的内容 */
19              Flash_EraseOptionBytes();
20
21              /* 对所有页解除写保护 */
22              Flash_EnableWriteProtection(0x00000000);
23
24              Flash_DEBUG("配置完成,芯片将自动复位加载新配置,
25                           复位后芯片会解除写保护状态\r\n");
26
27              /* 复位芯片,以使选项字节生效 */
28              NVIC_SystemReset();
29      } else { // 无写保护
30              Flash_DEBUG("芯片处于无写保护状态,即将执行写保护过程...");
31
32              // 解除对 Flash_CR 寄存器的访问限制
33              Flash_Unlock();
34
35              /* 先擦除所有选项字节的内容
36                 防止因为原有的写保护导致无法写入新的保护配置 */
37              Flash_EraseOptionBytes();
38
39              /* 对所有页进行写保护 */
40              Flash_EnableWriteProtection(Flash_WRProt_AllPages);
41
42              Flash_DEBUG("配置完成,芯片将自动复位加载新配置,
43                           复位后芯片会处于写保护状态\r\n");
44
45              /* 复位芯片,以使选项字节生效 */
46              NVIC_SystemReset();
47      }
48 }
```

本函数主要演示写保护及其解除功能,若芯片本身处于写保护状态,则解除保护,若芯片本身处于无写保护状态,则设置加入写保护。

WriteProtect_Toggle 在操作前会先使用库函数 Flash_GetWriteProtectionOptionByte 检测芯片当前的写保护状态,该函数的返回值为 Flash_WRPR 寄存器的内容,它反映了选项字节 WRP0/1/2/3 的配置。所以在代码中,它判断该函数的返回值不等于 0xFFFFFFFF 时,可知道芯片至少存在一页被写保护,则程序开始执行解除写保护分支。

在解除写保护分支中,先调用 Flash_Unlock 解除 Flash_CR 的访问限制,再使用参数 0 调用前面介绍的 Flash_EnableWriteProtection 函数对所有页解除写保护。解除配置写入完成后,调用库函数 NVIC_SystemReset 使芯片产生系统复位,从而使配置生效。

若 WriteProtect_Toggle 在执行判断时发现芯片本身处于无写保护的状态,则以上述同样的过程向选项字节写入配置,调用 Flash_EnableWriteProtection 函数时使用 Flash_WRProt_AllPages 宏,对所有 Flash 页加入写保护,最后同样调用 NVIC_SystemReset 产生系统复位使配置生效。

（2）设置读保护及解除

针对读保护及其解除，本工程定义了 ReadProtect_Toggle 函数，见代码清单 41-5。

代码清单 41-5　配置 PCROP 保护（internalFlash_reset.c 文件）

```
1  /**
2   * @brief 反转读保护的配置,用于演示
3   *        若芯片处于读保护状态,则解除
4   *        若不是读保护状态,则设置成读保护
5   * @param 无
6   * @retval 无
7   */
8  void ReadProtect_Toggle(void)
9  {
10     if (Flash_GetReadOutProtectionStatus () == SET ) {
11         Flash_DEBUG("芯片处于读保护状态\r\n");
12
13         // 解除对 Flash_CR 寄存器的访问限制
14         Flash_Unlock();
15
16         Flash_DEBUG("即将解除读保护,解除读保护会把 Flash 的所有内容清空");
17         Flash_DEBUG("由于解除后程序被清空,所以后面不会有任何提示输出");
18         Flash_DEBUG("等待 20 秒后即可给芯片下载新的程序...\r\n");
19
20         Flash_ReadOutProtection (DISABLE);
21
22         // 即使在此处加入 printf 串口调试也不会执行的
23         // 因为存储程序的整片 Flash 都已被擦除
24         Flash_DEBUG("由于 Flash 程序被清空,
25                     所以本代码不会被执行,
26                     串口不会有本语句输出(SRAM 调试模式下例外)\r\n");
27     } else {
28         Flash_DEBUG("芯片处于无读保护状态,即将执行读保护过程...\r\n");
29
30         // 解除对 Flash_CR 寄存器的访问限制
31         Flash_Unlock();
32
33         Flash_ReadOutProtection (ENABLE);
34
35         printf("芯片已被设置为读保护,
36                 上电复位后生效(必须重新给开发板上电,只按复位键无效)\r\n");
37         printf("处于保护状态下无法正常下载新程序,
38                 必须要先解除保护状态再下载\r\n");
39     }
40  }
```

类似地，本函数主要演示读保护及其解除功能，若芯片本身处于读保护状态，则解除保护，若芯片本身处于无读保护状态，则设置加入读保护。

ReadProtect_Toggle 在操作前会先使用库函数 Flash_GetReadOutProtectionStatus 检测芯片当前的读保护状态，该函数内部通过判断选项字节的 RDP 值，返回 SET（读保护状态）和 RESET（无读保护状态）。

判断后，若进入解除读保护分支，会先调用 Flash_Unlock 解除 Flash_CR 的访问限制，然后使用前面介绍的 Flash_ReadOutProtection 函数以 DISABLE 作为参数解除读保护。

必须注意的是，该函数执行后，所有存储在内部 Flash 中的代码都会被删除，以防止原程序被读出。而由于自身代码已被清除，所以代码中在 Flash_ReadOutProtection（DISABLE）语句后的串口输出是不会被执行的，因为此时这个程序已经不存在了。但如果使用 RAM 版本的程序测试，它是会有输出的，因为这时本程序自身是存储在内部 SRAM 空间的。

由于解除读保护后会触发芯片 Flash 的整片擦除操作，所以要稍等一段时间，等待 20 秒后，解除操作完成，可以重新给芯片的 Flash 下载新的程序。

若 ReadProtect_Toggle 在执行判断时发现芯片本身处于无读保护的状态，它会使用 Flash_ReadOutProtection（ENABLE）语句把芯片设置为读保护状态。仔细对比读写保护的配置函数，可以发现读保护设置后并没有调用 NVIC_SystemReset 函数使芯片产生系统复位，这是因为读保护的设置与解除，是要使用上电复位才能生效的（即重新给芯片上电），系统复位不会产生任何效果。

（3）main 函数

最后来看看本实验的 main 函数，见代码清单 41-6。

代码清单 41-6　main 函数

```
1  //【！！】注意事项：
2  //1) 当芯片处于读写保护状态时，均无法下载新的程序，需要先解除保护状态后再下载
3  //2) 本工程包含两个版本，可在 MDK 的"Load"下载按钮旁边的下拉框选择：
4  //     FLASH 版本：程序下载到 STM32 的 Flash 中，与普通的程序无异
5  //     RAM 版本  ：程序下载到 STM32 的内部 SRAM 中，需要使用 RAM 调试方式
6  //                只能单击 Debug 按钮运行（该运行方法可参考第 39 章中的说明）
7
8  //3) 若自己修改程序导致芯片处于读写保护状态而无法下载
9  //   且 Flash 程序自身又不包含自解除状态的程序
10 //   可以按 SRAM 调试的方式运行本工程的"RAM 版本"解除，解除后即可重新下载
11
12
13 /*
14  * 函数名:main
15  * 描述  :main 函数
16  * 输入  :无
17  * 输出  :无
18  */
19 int main(void)
20 {
21     /* 初始化 USART，配置模式为 115200 8-N-1*/
22     USART_Config();
23     LED_GPIO_Config();
24     Key_GPIO_Config();
25
26     LED_BLUE;
27
28     // 芯片自动复位后，串口可能有小部分异常输出，如输出一个"?"号
29     printf("\r\n 欢迎使用秉火　STM32　开发板。\r\n");
30     printf("这是读写保护测试实验 \r\n");
31
32     /* 获取写保护寄存器的值进行判断，寄存器位为 0 表示有保护，为 1 表示无保护 */
33     /* 若不等于 0xFFFFFFFF，则说明有部分页被写保护了 */
34     if (Flash_GetWriteProtectionOptionByte() !=0xFFFFFFFF ) {
35         printf("\r\n 目前芯片处于写保护状态，按 Key1 键解除保护 \r\n");
36         printf("写保护寄存器的值：WRPR=0x%x\r\n",Flash_GetWriteProtectionOpt
```

```
ionByte());
37          } else {  // 无写保护
38              printf("\r\n目前芯片无写保护,按 Key1 键可设置成写  保护 \r\n");
39              printf("写保护寄存器的值:WRPR=0x%x\r\n",Flash_GetWriteProtectionOpt
ionByte());
40          }
41
42          /* 若等于 SET,说明处于读保护状态 */
43          if (Flash_GetReadOutProtectionStatus () == SET ) {
44              printf("\r\n目前芯片处于读保护状态,按 Key2 键解除保护 \r\n");
45          } else {
46              printf("\r\n目前芯片无读保护,按 Key2 键可设置成读保护 \r\n");
47          }
48
49          while (1) {
50              if ( Key_Scan(KEY1_GPIO_PORT,KEY1_GPIO_PIN) == KEY_ON  ) {
51                  LED1_TOGGLE;
52                  WriteProtect_Toggle();
53              }
54
55              if ( Key_Scan(KEY2_GPIO_PORT,KEY2_GPIO_PIN) == KEY_ON  ) {
56                  LED2_TOGGLE;
57                  ReadProtect_Toggle();
58              }
59          }
60      }
61
```

在 main 函数中,初始化了串口、LED、按键等外设,根据芯片当前的保护状态输出调试信息。接着轮询按键,若按了 KEY1 按键,则执行前面的 WriteProtect_Toggle 反转写保护状态,若按了 KEY2 键,则执行前面的 ReadProtect_Toggle 反转读保护状态。

41.4.3 下载验证

本工程包含两个版本,可在 MDK 的 "Load" 下载按钮旁边的下拉框选择:

(1) FLASH 版本

接上串口调试助手后,直接单击 MDK 的 "Load" 按钮,把程序下载到 STM32 的 Flash 中,复位运行,串口会输出当前芯片的保护状态,可使用 KEY1 和 KEY2 切换。切换写保护状态时,芯片会自动复位,程序重新执行;切换读保护状态时,按键后需要重新给开发板上电复位,配置才会有效(断电时,串口与电脑的连接会断开,所以上电后注意重新打开串口调试助手)。若是执行解除读保护过程,运行后芯片 Flash 中自身的代码都会消失,所以要重新给开发板下载程序。

(2) RAM 版本

若无 SRAM 调试程序的经验,请先学习前面的第 39 章。接上串口调试助手后,只能使用 MDK 的 "Debug" 按钮把程序下载到 STM32 的内部 SRAM 中,然后单击全速运行,可在串口查看调试输出。由于在 SRAM 调试状态下,复位会使芯片程序指针乱指,所以每次切换状态复位后,都要重新单击 "Debug" 按钮下载 SRAM 程序,再全速运行,才能正常查看输出。

第 42 章
OV7725 摄像头驱动

STM32 的处理速度比传统的 8 位、16 位机快得多，所以使用它驱动摄像头采集图像信息并进行基本的加工处理非常适合，本章讲解如何使用 STM32 驱动 OV7725 型号的摄像头。

42.1 摄像头简介

在各类信息中，图像含有最丰富的信息，作为机器视觉领域的核心部件，摄像头广泛应用在安防、探险以及车牌检测等场合。从摄像头按输出信号的类型来看，可以分为数字摄像头和模拟摄像头，从摄像头图像传感器材料构成来看，可以分为 CCD 和 CMOS。现在智能手机的摄像头绝大部分都是 CMOS 类型的数字摄像头。

42.1.1 数字摄像头与模拟摄像头的区别

- 输出信号类型：数字摄像头输出信号为数字信号，模拟摄像头输出信号为标准的模拟信号。
- 接口类型：数字摄像头有 USB 接口（比如常见的 PC 端免驱摄像头）、IEE1394 火线接口（由苹果公司领导的开发联盟开发的一种高速度传送接口，数据传输率高达 800Mbps）、千兆网接口（网络摄像头）。模拟摄像头多采用 AV 视频端子（信号线 + 地线）或 S-VIDEO（即莲花头——SUPER VIDEO，是一种 5 芯的接口，由两路视频亮度信号、两路视频色度信号和一路公共屏蔽地线共 5 条芯线组成）。
- 分辨率：模拟摄像头的感光器件，其像素指标一般维持在 752(H) × 582(V) 左右，像素数一般情况下维持在 41W 左右。数字摄像头分辨率一般从数十万到数百万，甚至数千万，但这并不能说明数字摄像头的成像分辨率就比模拟摄像头的高，原因在于模拟摄像头输出的是模拟视频信号，一般直接输入至电视或监视器，其感光器件的分辨率与电视信号的扫描数呈一定的换算关系，图像的显示介质已经确定，因此模拟摄像头的感光器件分辨率不是不能做高，而是依据于实际情况没必要做这么高。

42.1.2 CCD 与 CMOS 的区别

摄像头的图像传感器 CCD 与 CMOS 传感器主要区别如下。

（1）成像材料

CCD 与 CMOS 的名称与它们成像使用的材料有关，CCD 是"电荷耦合器件"（Charge Coupled Device）的简称，而 CMOS 是"互补金属氧化物半导体"（Complementary Metal Oxide Semiconductor）的简称。

（2）功耗

由于 CCD 的像素由 MOS 电容构成，读取电荷信号时需使用电压相当大（至少 12V）的二相或三相或四相时序脉冲信号，才能有效地传输电荷。因此 CCD 的取像系统除了要有多个电源外，其外设电路也会消耗相当大的功率。有的 CCD 取像系统需消耗 2～5W 的功率，而 CMOS 光电传感器件只需使用一个单电源 5V 或 3V，耗电量非常小，仅为 CCD 的 1/8～1/10，有的 CMOS 取像系统只消耗 20～50mW 的功率。

（3）成像质量

CCD 传感器件制作技术起步早，技术成熟，采用 PN 结或二氧化硅隔离层隔离噪声，所以噪声低，成像质量好。与 CCD 相比，CMOS 的主要缺点是噪声高及灵敏度低，不过现在随着 CMOS 电路消噪技术的不断发展，为生产高密度优质的 CMOS 传感器件提供了良好的条件，现在的 CMOS 传感器已经占领了大部分的市场，主流的单反相机、智能手机都已普遍采用 CMOS 传感器。

42.2 OV7725 摄像头

本章主要讲解实验板配套的摄像头，它的实物见图 42-1，该摄像头主要由镜头、图像传感器、板载电路、FIFO 缓存及下方的信号引脚组成。

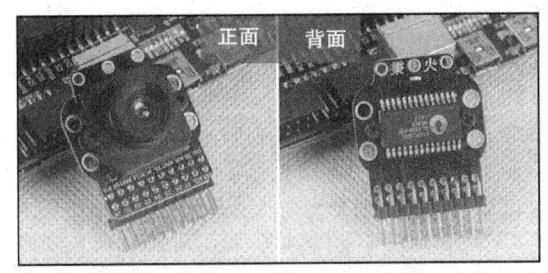

图 42-1　实验板配套的 OV7725 摄像头

镜头部件包含一个镜头座和一个可旋转调节距离的凸透镜，通过旋转可以调节焦距，正常使用时，镜头座覆盖在电路板上遮光，光线只能经过镜头传输到正中央的图像传感器，它采集光线信号，采集得到的数据被缓存到摄像头背面的 FIFO 缓存中，然后外部器件通过下方的信号引脚获取拍摄得到的图像数据。

42.2.1 OV7725 传感器简介

若拆开摄像头座，在摄像头的正下方可看到 PCB 上的一个方形器件，它是摄像头的核心部件，型号为 OV7725 的 CMOS 类型数字图像传感器。该传感器支持输出最大为 30 万像素的图像（640×480 分辨率），它的体积小，工作电压低，支持使用 VGA 时序输出图像数据，输出图像的数据格式支持 YUV（422/420）、YCbCr422 以及 RGB565 格式。它还可以对采集得的图像进行补偿，支持伽玛曲线、白平衡、饱和度、色度等基础处理。

42.2.2 OV7725 引脚及功能框图剖析

OV7725 传感器采用 BGA 封装，它的前端是采光窗口，引脚都在背面引出，引脚的分布见图 42-2。

图中的非灰底部分是电源相关的引脚，灰底部分是主要的信号引脚，其介绍如表 42-1。

表 42-1 OV7725 引脚

引脚名称	引脚类型	引脚描述
RSTB	输入	系统复位引脚，低电平有效
PWDN	输入	掉电/省电模式（高电平有效）
HREF	输出	行同步信号
VSYNC	输出	场同步信号
PCLK	输出	像素同步时钟
XCLK	输入	系统时钟输入端口
SCL	输入	SCCB 总线的时钟线
SDA	I/O	SCCB 总线的数据线
D0～D9	输出	像素数据端口

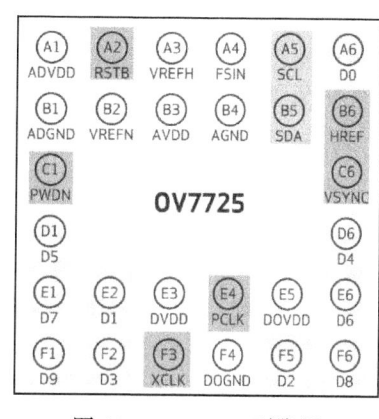

图 42-2 OV7725 引脚图

下面配合图 42-3 中的 OV7725 功能框图讲解这些信号引脚。

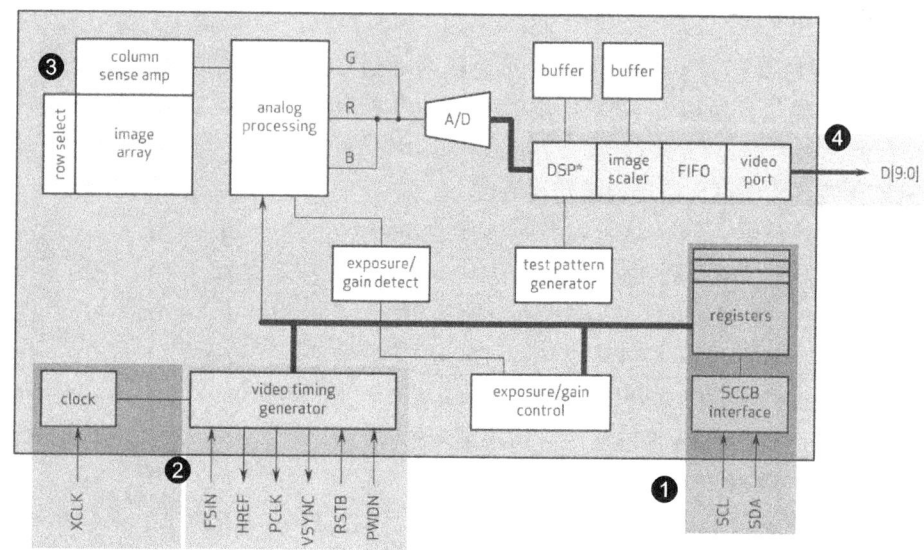

图 42-3 OV7725 功能框图

(1)控制寄存器

标号①处的是 OV7725 的控制寄存器,它根据这些寄存器配置的参数来运行,而这些参数是由外部控制器通过 SCL 和 SDA 引脚写入的,SCL 与 SDA 使用的通信协议 SCCB 跟 I^2C 十分类似,在 STM32 中,我们完全可以直接用 I^2C 硬件外设来控制。

(2)通信、控制信号及时钟

标号②处包含了 OV7725 的通信、控制信号及外部时钟,其中 PCLK、HREF 及 VSYNC 分别是像素同步时钟、行同步信号以及场同步信号,这与液晶屏控制中的 VGA 信号是很类似的。RSTB 引脚为低电平时,用于复位整个传感器芯片,PWDN 用于控制芯片进入低功耗模式。注意最后的一个 XCLK 引脚,它跟 PCLK 是完全不同的,XCLK 是用于驱动整个传感器芯片的时钟信号,是外部输入到 OV7725 的信号;而 PCLK 是 OV7725 输出数据时的同步信号,它是由 OV7725 输出的信号。XCLK 可以外接晶振或由外部控制器提供,若要类比 XCLK 之于 OV7725,就相当于 HSE 时钟输入引脚与 STM32 芯片的关系,PCLK 引脚可类比 STM32 的 I^2C 外设的 SCL 引脚。

(3)感光矩阵

标号③处的是感光矩阵,光信号在这里转化成电信号,经过各种处理,这些信号存储为由一个个像素点表示的数字图像。

(4)数据输出信号

标号④处包含了 DSP 处理单元,它会根据控制寄存器的配置做一些基本的图像处理运算。这部分还包含了图像格式转换单元及压缩单元,转换出的数据最终通过 D0 ~ D9 引脚输出,一般来说,我们使用 8 根据数据线来传输,这时仅使用 D2 ~ D9 引脚。

42.2.3 SCCB 时序

外部控制器对 OV7725 寄存器的配置参数是通过 SCCB 总线传输过去的,而 SCCB 总线跟 I^2C 十分类似,所以在 STM32 驱动中可以直接使用片上 I^2C 外设与它通信。关于 SCCB 协议的完整内容,可查看配套资料里的《SCCB 协议》文档,下面进行简单介绍。

1. SCCB 的起始、停止信号及数据有效性

SCCB 的起始信号、停止信号及数据有效性与 I^2C 完全一样,见图 42-4 及图 42-5。

- 起始信号:在 SCL(图 42-4 中为 SIO_C)为高电平时,SDA(图 42-4 中为 SIO_D)出现一个下降沿,则 SCCB 开始传输。
- 停止信号:在 SCL 为高电平时,SDA 出现一个上升沿,则 SCCB 停止传输。
- 数据有效性:除了开始和停止状态,在数据传输过程中,当 SCL 为高电平时,必须保证 SDA 上的数据稳定,也就是说,SDA 上的电平变换只能发生在 SCL 为低电平的时候,SDA 的信号在 SCL 为高电平时被采集。

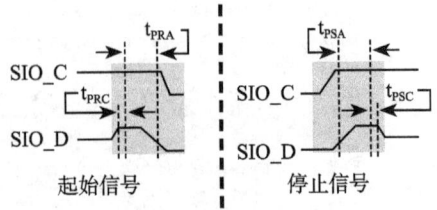

图 42-4 SCCB 停止信号

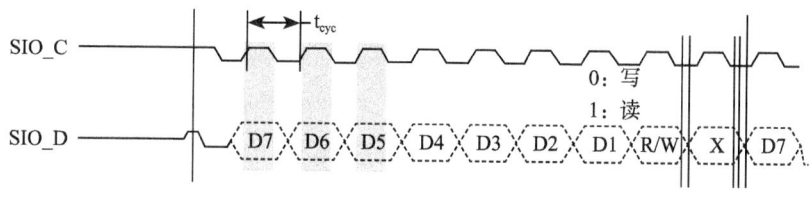

图 42-5　SCCB 的数据有效性

2. SCCB 数据读写过程

在 SCCB 协议中定义的读写操作与 I²C 也是一样的，只是换了一种说法。它定义了两种写操作，即三步写操作和两步写操作。三步写操作可向从设备的一个目的寄存器中写入数据，见图 42-6。在三步写操作中，第一阶段发送从设备的 ID 地址 +W 标志（等于 I²C 的设备地址：7 位设备地址 + 读写方向标志），第二阶段发送从设备目标寄存器的 8 位地址，第三阶段发送要写入寄存器的 8 位数据。图 42-6 中的"X"数据位可写入 1 或 0，对通信无影响。

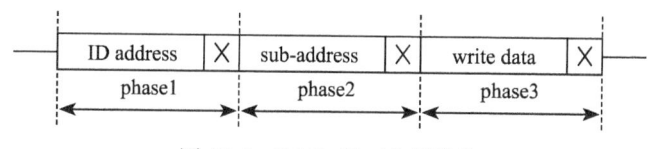

图 42-6　SCCB 的三步写操作

而两步写操作没有第三阶段，即只向从器件传输了设备 ID+W 标志和目的寄存器的地址，见图 42-7。两步写操作是用来配合后面的读寄存器数据操作的，它与读操作一起使用，实现 I²C 的复合过程。

两步读操作，它用于读取从设备目的寄存器中的数据，见图 42-8。在第一阶段中发送从设备的设备 ID+R 标志（设备地址 + 读方向标志）和自由位，在第二阶段中读取寄存器中的 8 位数据和写 NA 位（非应答信号）。由于两步读操作没有确定目的寄存器的地址，所以在读操作前，必需有一个两步写操作，以提供读操作中的寄存器地址。

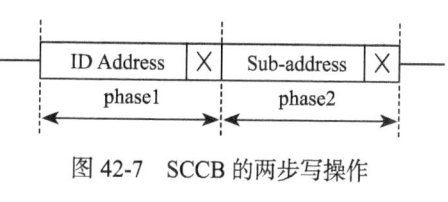

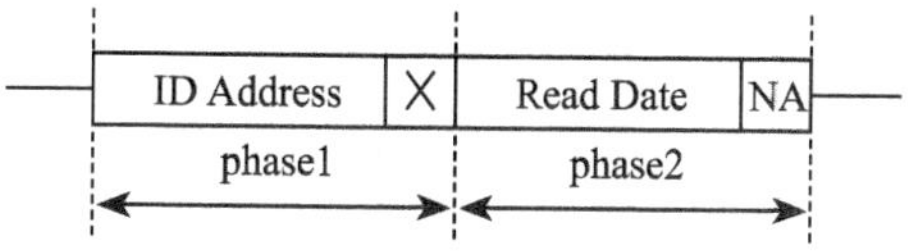

图 42-7　SCCB 的两步写操作

图 42-8　SCCB 的两步读操作

可以看到，以上介绍的 SCCB 特性都与 I²C 无区别，完全可以使用 STM32 的 I²C 外设与 OV7725 进行 SCCB 通信。

42.2.4　OV7725 的寄存器

要控制 OV7725 涉及它的很多寄存器，可直接查询《OV7725 数据手册》了解，通过这些寄存器的配置，可以控制输出图像的分辨率大小、图像格式、图像处理及图像方向等，见图 42-9。

Address (Hex)	Register Name	Default (Hex)	R/W	Description
10	AEC	40	RW	Exposure Value Bit[7:0]: AEC[7:0] (see register AECH for AEC[15:8])
11	CLKRC	80	RW	Internal Clock Bit[7]: Reserved Bit[6]: Use external clock directly (no clock pre-scale available) Bit[5:0]: Internal clock pre-scalar 　F(internal clock) = F(input clock)/(Bit[5:0]+1)/2 　• Range: [0 0000] to [1 1111]
12	COM7	00	RW	Common Control 7 Bit[7]: SCCB Register Reset 　0: No change 　1: Resets all registers to default values Bit[6]: Resolution selection 　0: VGA 　1: QVGA Bit[5]: BT.656 protocol ON/OFF selection Bit[4]: Sensor RAW Bit[3:2]: RGB output format control 　00: GBR4:2:2 　01: RGB565 　10: RGB555 　11: RGB444 Bit[1:0]: Output format control 　00: YUV 　01: Processed Bayer RAW 　10: RGB 　11: Bayer RAW

图 42-9 0xFF=0 时的 DSP 相关寄存器说明（部分）

官方还提供了一个《OV7725 Software Application Note》的文档，它针对不同的配置需求，提供了配置范例，见图 42-10。其中 write_SCCB 是一个利用 SCCB 向寄存器写入数据的函数，第一个参数为要写入的寄存器的地址，第二个参数为要写入的内容。

42.2.5　像素数据输出时序

主控器控制 OV7725 时采用 SCCB 协议读写其寄存器，而它输出图像时则使用 VGA 或 QVGA 时序，其中 VGA 在输出图像分辨率为 480×640 时采用，QVGA 是 Quarter VGA，其输出分辨率为 240×320，这些时序跟控制液晶屏输出图像数据的十分类似。

```
15fps, PCLK = 13MHz
SCCB_salve_Address = 0x42;
write_SCCB（0x11, 0x03）;
write_SCCB（0x0d, 0x41）;
write_SCCB（0x2a, 0x00）;
write_SCCB（0x2b, 0x00）;
write_SCCB（0x33, 0x2b）;
write_SCCB（0x34, 0x00）;
write_SCCB（0x2d, 0x00）;
write_SCCB（0x2e, 0x00）;
write_SCCB（0x0e, 0x65）;
```

图 42-10　调节帧率的寄存器配置范例

OV7725 传感器输出图像时，一帧帧地输出，在帧内的数据一般从左到右，从上到下，一个像素一个像素地输出（也可通过寄存器修改方向），见图 42-11。

如图 42-12 和图 42-13 所示，若使用 D2～D9 数据线，图像格式设置为 RGB565，进行数据输出时，D2～D9 数据线在 PCLK 为上升沿阶段维持稳定，并且会在 1 个像素同步时钟 PCLK 的驱动下发送 1 字节的数据信号，所以两个 PCLK 时钟可发送 1 个 RGB565 格式的像素数据。当 HREF 为高电平时，像素数据依次传输，每传输完一行数据时，行同步信号 HREF 会输出一个电平跳变信号间隔开当前行和下一行的数据；一帧的图像由 N 行数据组成，当 VSYNC 为低电平时，各行的像素数据依次传输，每传输完一帧图像时，VSYNC 会输出一个电平跳变信号。

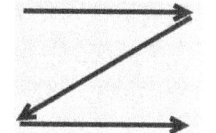

图 42-11　摄像头数据输出

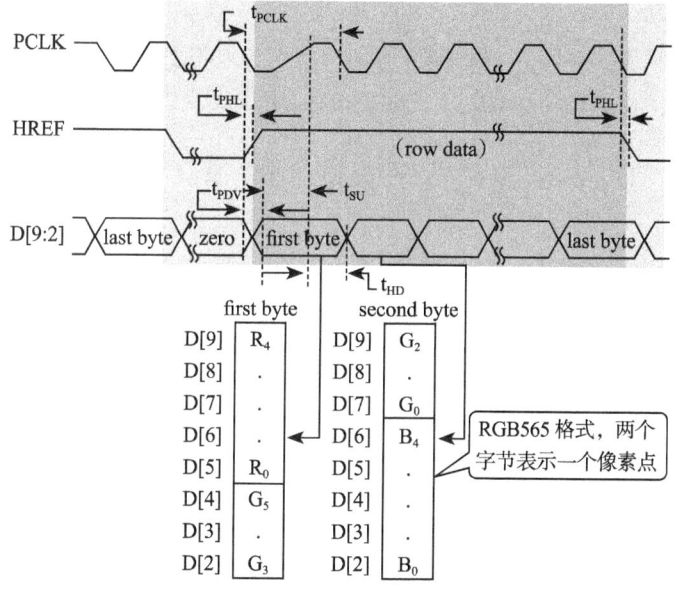

图 42-12　像素同步时序

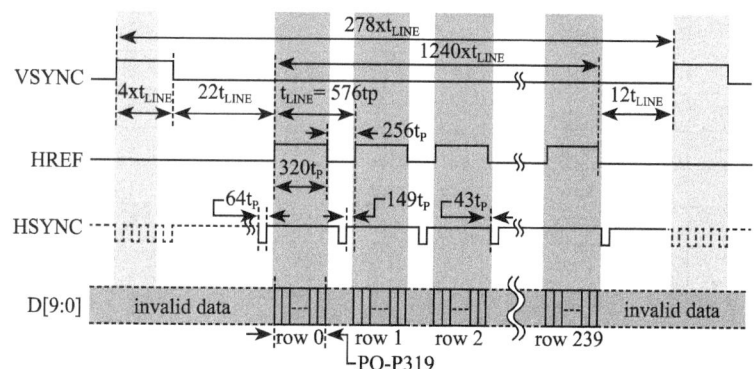

图 42-13　QVGA 帧图像同步时序

42.2.6　FIFO 读写时序

STM32F4 系列的控制器主频高、一般会扩展外部 SRAM、SDRAM 等存储器，且具有 DCMI 外设，可以直接根据 VGA 时序接收并存储摄像头输出的图像数据；而 STM32F1 系列的控制器一般主频较低，为节省成本可能不扩展 SRAM 存储器，而且不具 DCMI 外设，难以直接接收和存储 OV7725 图像传感器输出的数据。

为了解决上述问题，针对类似 STM32F1 或更低级的控制器，秉火的 OV7725 摄像头在图像传感器之外还添加了一个型号为 AL422B 的 FIFO，用于缓冲数据。AL422B 实际上是一种 RAM 存储器，见图 42-14，它的容量大小为 393216 字节，支持同时写入和读出数据，这正是专门针对 FIFO 缓冲功能而设计的，关于它的详细说明可查阅《AL422 数据手册》文档。

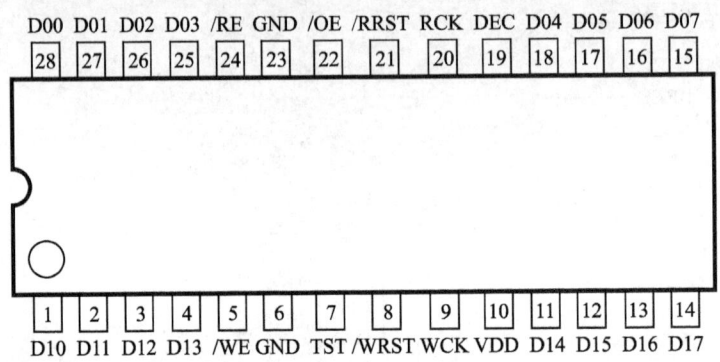

图 42-14　AL422B FIFO 引脚图

AL422B 的各引脚功能介绍见表 42-2。

表 42-2　AL422B 引脚功能说明

引脚名称	引脚类型	引脚描述
DI[0:7]	输入	数据输入引脚
WCK	输入	数据输入同步时钟
/WE	输入	写使能信号，低电平有效
/WRST	输入	写指针复位信号，低电平有效
DO[0:7]	输出	数据输出引脚
RCK	输入	数据输出同步时钟
/RE	输入	读使能信号，低电平有效
/RRST	输入	读指针复位信号，低电平有效
/OE	输入	数据输出使能，低电平有效
TST	输入	测试引脚，实际使用时设置为低电平

由于 AL422B 支持同时写入和读出数据，所以它的输入和输出的控制信号线都是互相独立的。写入和读出数据的时序类似，跟 VGA 的像素输出时序一致，读写时序介绍如下：

（1）写时序

写 FIFO（AL422B，下面统称为 FIFO）时序见图 42-15。

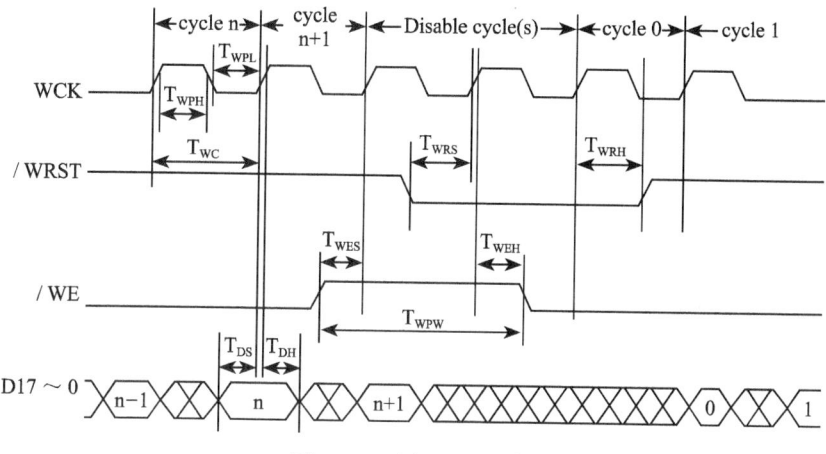

图 42-15 写 FIFO 时序

在写时序中，当 WE 引脚为低电平时，FIFO 写入处于使能状态，随着读时钟 WCK 的运转，DI[0:7] 表示的数据就会按地址递增的方式存入 FIFO；当 WE 引脚为高电平时，关闭输入，DI[0:7] 的数据不会被写入 FIFO。

在控制写入数据时，一般会先控制写指针做一个复位操作：把 WRST 设置为低电平，写指针会复位到 FIFO 的 0 地址，然后 FIFO 接收到的数据会从该地址开始按自增的方式写入。

（2）读时序

读 FIFO 时序见图 42-16。

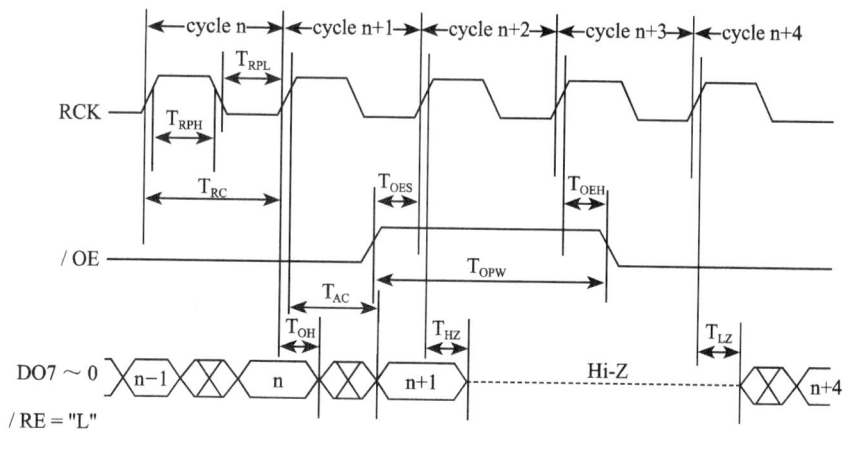

图 42-16 读 FIFO 时序

FIFO 的读时序类似，不过读使能由两个引脚共同控制，即 OE 和 RE 引脚均为低电平时，输出处于使能状态，随着读时钟 RCK 的运转，数据输出引脚 DO[0:7] 就会按地址递增的方式输出数据。

类似地，在控制读取数据时，一般会先控制读指针做复位操作：把 RRST 设置为低电平，读指针会复位到 FIFO 的 0 地址，然后 FIFO 数据从该地址开始按自增的方式输出。

42.2.7 摄像头的驱动原理

秉火 OV7725 摄像头中包含有 FIFO，所以外部控制器驱动摄像头时，需要协调好 FIFO 与 OV7725 传感器的关系，下面配合摄像头的原理图讲解其驱动原理。

原理图主要分为外部引出接口、OV7725 及 FIFO 部分，见图 42-17。

摄像头引出的接口包含了 OV7725 传感器及 FIFO 的混合引脚，外部的控制器使用这些引脚即可驱动摄像头，其说明见表 42-3。

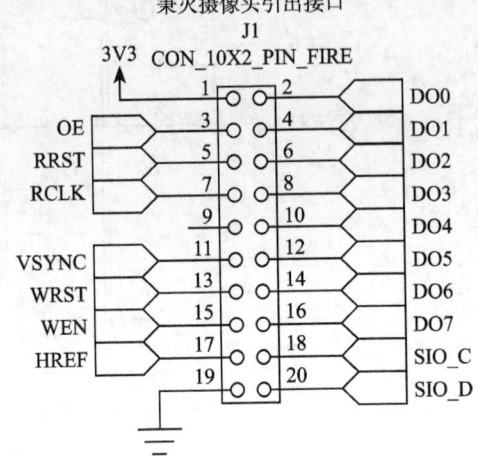

图 42-17 秉火摄像头引出的排母接口

表 42-3 摄像头引脚列表

引脚名称	引脚关系	引脚描述
OE	FIFO 的 OE 引脚	数据输出使能，低电平有效
RRST	FIFO 的 RRST 引脚	读指针复位信号，低电平有效
RCLK	FIFO 的 RCK 引脚	数据输出同步时钟
VSYNC	OV7725 的 VSYNC 引脚	场同步信号
WRST	FIFO 的 WRST 引脚	写指针复位信号，低电平有效
WEN	与下面的 HREF 共同组成与非门的输入	与 HREF 共同控制 FIFO 的 WE 引脚，WEN 与 HREF 同时为高电平时，WE 为低电平，OV7725 可以向 FIFO 写入数据
HREF	OV7725 的 HREF 引脚	行同步信号
DO[0:7]	FIFO 的 DO[0:7] 引脚	数据输出引脚
SIO_C	OV7725 的 SCL 引脚	SCCB 总线的时钟线
SIO_D	OV7725 的 SDA 引脚	SCCB 总线的数据线

由上述列表与下面的图 42-18 和图 42-19 可知，与 OV7725 传感器像素输出相关的 PCLK 和 D[0:7] 并没有引出，因为这些引脚连接到了 FIFO 的输入部分，OV7725 的像素输出时序与 FIFO 的写入数据时序是一致的，所以在 OV7725 时钟 PCLK 的驱动下，它输出的数据会一个字节一个字节地被 FIFO 接收并存储起来。

其中最为特殊的是 WEN 引脚，它与 OV7725 的 HREF 连接到一个与非门的输入，与非门的输出连接到 FIFO 的 WE 引脚，因此，当 WEN 与 HREF 均为高电平时，FIFO 的 WE 为低电平，此时允许 OV7725 向 FIFO 写入数据。

外部控制器通过控制 WEN 引脚，可防止 OV7725 覆盖了还未被控制器读取的旧 FIFO 数据。另外，在 OV7725 输出时序中，只有当 HREF 为高电平时，PCLK 驱动下 D[0:7] 线表示的才是有效像素数据，因此，利用 HREF 控制 FIFO 的 WE 可以确保只有有效数据才被写入到 FIFO 中。

第 42 章　OV7725 摄像头驱动

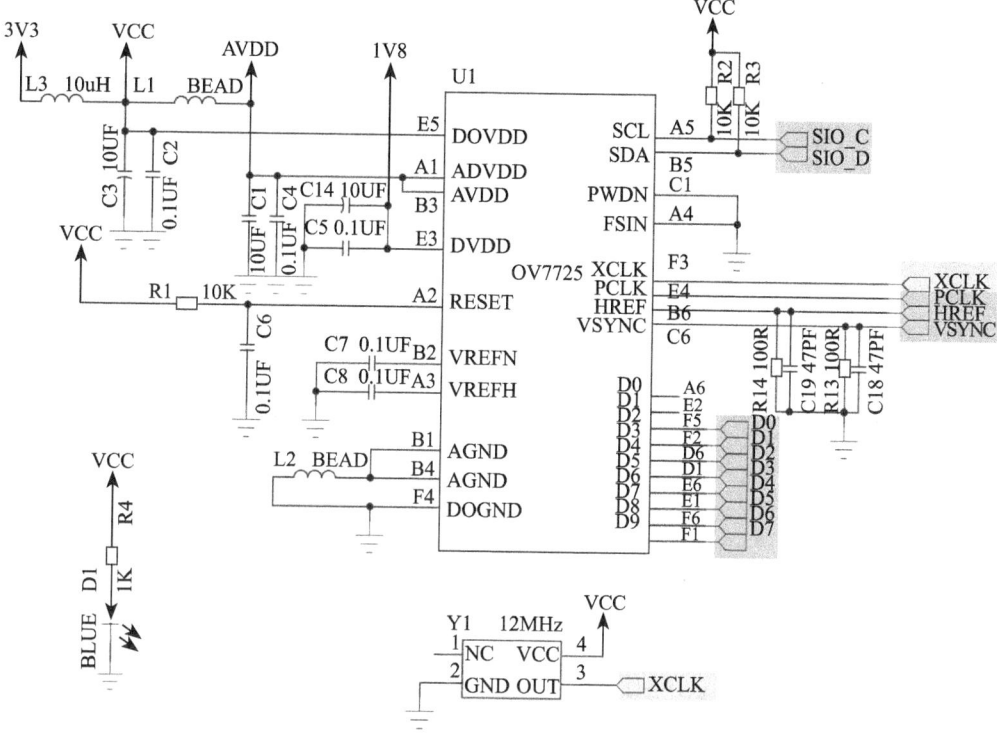

图 42-18　摄像头的 OV7725 部分硬件连接

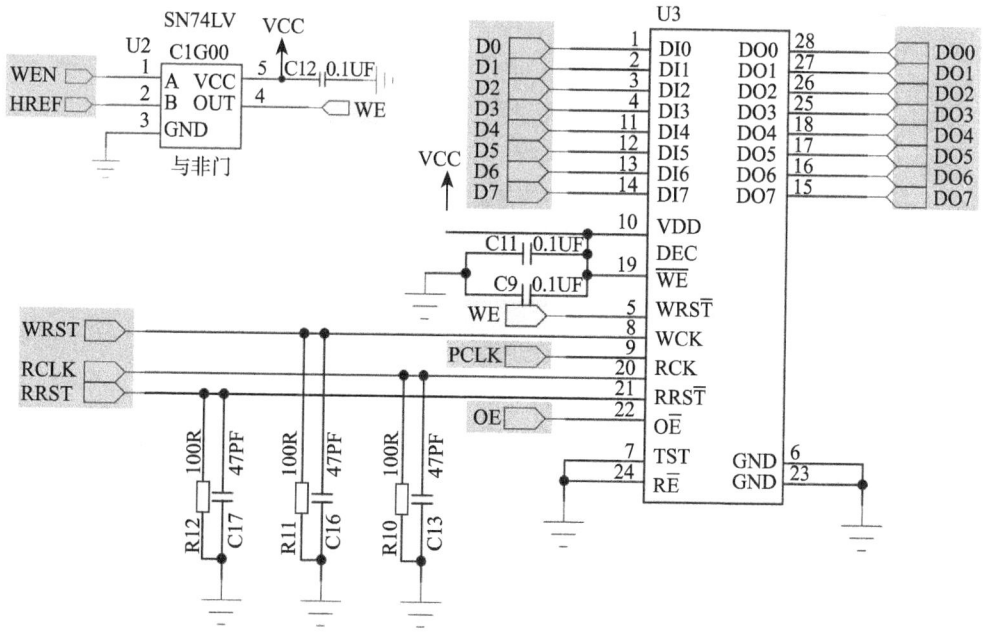

图 42-19　摄像头的 FIFO 部分硬件连接

配合摄像头的原理图、OV7725、FIFO 的时序图，可总结出摄像头采集数据的过程如下：

1）利用 SIO_C、SIO_D 引脚通过 SCCB 协议向 OV7725 的寄存器写入初始化配置。

2）初始化完成后，OV7725 传感器会使用 VGA 时序输出图像数据，它的 VSYNC 会首先输出帧有效信号（低电平跳变），当外部的控制器（如 STM32）检测到该信号时，把 WEN 引脚设置为高电平，并且使用 WRST 引脚复位 FIFO 的写指针到 0 地址。

3）随着 OV7725 继续按 VGA 时序输出图像数据，它在传输每行有效数据时，HREF 引脚都会持续输出高电平，由于 WEN 和 HREF 同时为高电平输入至与非门，使得其连接到 FIFO WE 引脚的输出为低电平，允许向 FIFO 写入数据，所以在这期间，OV7725 通过它的 PCLK 和 D[0:7] 信号线把图像数据存储到 FIFO 中，由于前面复位了写指针，所以图像数据是从 FIFO 的 0 地址开始记录的。

4）各行图像数据持续传输至 FIFO，受 HREF 控制的 WE 引脚确保了写入到 FIFO 中的都是有效的图像数据，OV7725 输出完一帧数据时，VSYNC 会再次输出帧有效信号，表示一帧图像已输出完成。

5）控制器检测到上述 VSYNC 信号后，可知 FIFO 中已存储好一帧图像数据，这时控制 WEN 引脚为低电平，使得 FIFO 禁止写入，防止 OV7725 持续输出的下一帧数据覆盖当前 FIFO 数据。

6）控制器使用 RRST 复位读指针到 FIFO 的 0 地址，然后通过 FIFO 的 RCLK 和 DO[0:7] 引脚，从 0 地址开始把 FIFO 缓存的整帧图像数据读取出来。在这期间，OV7725 是持续输出它采集到的图像数据的，但由于禁止写入 FIFO，这些数据被丢弃了。

7）控制器使用 WRST 复位写指针到 FIFO 的 0 地址，然后等待新的 VSYNC 有效信号到来，检测到后把 WEN 引脚设置为高电平，恢复 OV7725 向 FIFO 的写入权限，OV7725 输出的新一帧图像数据会被写入到 FIFO 的 0 地址中，重复上述过程。

摄像头的整个控制过程见图 42-20。

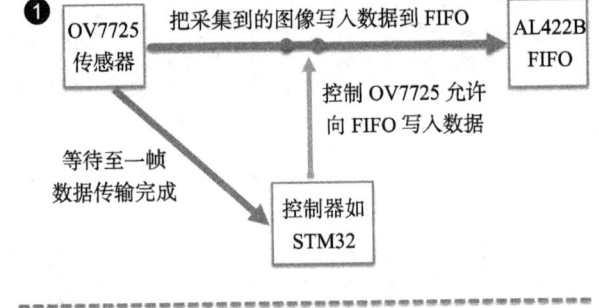
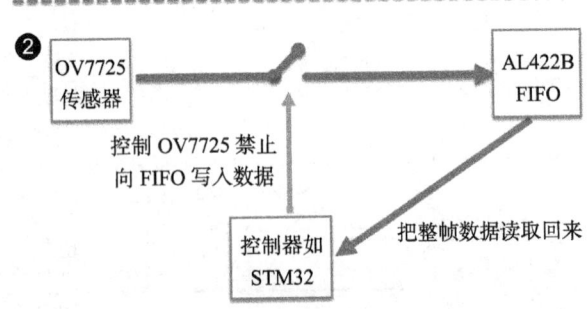

图 42-20 摄像头控制过程

在使用本摄像头时，我们一般配套开发板的液晶屏，把 OV7725 配置为 240×320 分辨率（QVGA）、RGB565 格式，那么 OV7725 输出一帧的图像大小为 240×320×2=153 600 字节，而本摄像头采用的 FIFO 型号 AL422B 容量为 393 216 字节，最多可以缓存两帧这样的图像，通过这样的方式，STM32 无需直接处理 OV7725 高速输出的数据。但是，如果配置 OV7725 为 480×640 分辨率时，其一帧图像大小为 480×640×2=614 400 字节，FIFO 的容量不足以直接存储一帧这样的图像，因此，当 OV7725 往 FIFO 写数据的时候，STM32 端要同时读取数据，确保在 OV7725 覆盖旧数据之前，STM32 端已经把这部分数据读取出来了。

42.3 摄像头驱动实验

本小节讲解如何使用如何利用 OV7725 摄像头采集 RGB565 格式的图像数据，并把这些数据实时显示到液晶屏上。

学习本小节内容时，请打开配套的"摄像头-OV7725-液晶实时显示"工程配合阅读。

42.3.1 硬件设计

关于摄像头的原理图此处不再分析。在我们的实验板上有引出一个摄像头专用的排母，可直接与摄像头引出的引脚连，接入后它与 STM32 引脚的连接关系见图 42-21。

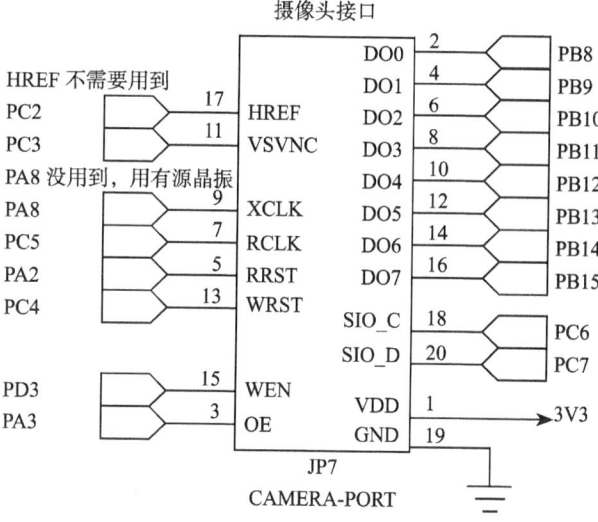

图 42-21 STM32 实验板引出的摄像头接口

摄像头与 STM32 连接关系中主要分为 SCCB 控制、VGA 时序控制、FIFO 数据读取部分，介绍如下：

（1）SCCB 控制相关

摄像头中的 SIO_C 和 SIO_D 引脚直接连接到 STM32 普通的 GPIO，它们不具有硬件 I^2C 的功能，所以在后面的代码中采用模拟 I^2C 时序，实际上直接使用硬件 I^2C 是完全可以实现 SCCB 协议的，本设计采用模拟 I^2C 是芯片资源分配妥协的结果。

（2）VGA 时序相关

检测 VGA 时序的 HREF、VSYNC 引脚，它们与 STM32 连接的 GPIO 均设置为输入模式，其中 HREF 在本实验中并没有使用，它已经通过摄像头内部的与非门控制了 FIFO 的写使能；VSYNC 与 STM32 连接的 GPIO 引脚会在程序中配置成中断模式，STM32 利用该中断信号获知新的图像是否采集完成,从而控制 FIFO 是否写使能。

（3）FIFO 相关

与 FIFO 控制相关的 RCLK、RRST、WRST、WEN 及 OE 与 STM32 连接的引脚均直接配置成推挽输出,STM32 根据图像的采集情况利用这些引脚控制 FIFO;读取 FIFO 数据内容使用的数据引脚 DO[0:7] 均连接到 STM32 同一个 GPIO 端口连续的高 8 位引脚 PB[8:15],这些引脚使用时均配置成输入,程序设计中直接读取 GPIO 端口的高 8 位状态直接获取一个字节的 FIFO 内容,建议在连接这部分数据信号时,参考本设计采用同一个 GPIO 端口连续的 8 位（高 8 位或低 8 位均可）,否则会导致读取数据的程序非常复杂。

（4）XCLK 信号

本设计中 STM32 的摄像头接口还预留了 PA8 引脚用于与摄像头的 XCLK 连接,STM32 的 PA8 可以对外输出时钟信号,所以在使用不带晶振的摄像头时,可以通过该引脚给摄像头提供时钟,秉火摄像头内部已自带晶振,在程序中没有使用 PA8 引脚。

以上原理图可查阅《指南者开发板——原理图》文档获知,若您使用的摄像头或实验板不一样,请根据实际连接的引脚修改程序。

42.3.2 软件设计

本实验的工程名称为"液晶实时显示",学习时请打开该工程配合阅读。为了方便展示及移植,我们把模拟 SCCB 时序相关的代码写到 bsp_sccb.c 及 bsp_sccb.h 文件中,而摄像头模式控制相关的代码都编写到"bsp_ov7725.c""bsp_ov7725.h"文件中,这些文件是我们自己编写的,不属于标准库的内容,可根据你的喜好命名文件。

1. 编程要点

1）初始化 SCCB 通信使用的目标引脚及端口时钟;
2）初始化 OV7725 的 VGA 和 FIFO 控制相关的引脚和时钟;
3）使用 SCCB 协议向 OV7725 写入初始化配置;
4）配置筛选器的工作方式;
5）编写测试程序,收发报文并校验。

2. 代码分析

摄像头硬件相关宏定义

我们把摄像头控制硬件相关的配置以宏的形式定义到"bsp_ov7725.h"及"bsp_sccb.h"文件中,其中包括 VGA 部分接口、FIFO 控制及 SCCB（模拟 I^2C）相关的引脚,见代码清单 42-1。

代码清单 42-1　摄像头硬件配置相关的宏（bsp_ov7725.h 文件）

```
1 /*************** OV7725 连接引脚定义 *******************************/
2 // FIFO 输出使能,即模块中的 OE
3 #define    OV7725_OE_GPIO_CLK      RCC_APB2Periph_GPIOA
4 #define    OV7725_OE_GPIO_PORT     GPIOA
5 #define    OV7725_OE_GPIO_PIN      GPIO_Pin_3
6
7 // FIFO 写复位
```

```c
 8  #define     OV7725_WRST_GPIO_CLK              RCC_APB2Periph_GPIOC
 9  #define     OV7725_WRST_GPIO_PORT             GPIOC
10  #define     OV7725_WRST_GPIO_PIN              GPIO_Pin_4
11
12  // FIFO读复位
13  #define     OV7725_RRST_GPIO_CLK              RCC_APB2Periph_GPIOA
14  #define     OV7725_RRST_GPIO_PORT             GPIOA
15  #define     OV7725_RRST_GPIO_PIN              GPIO_Pin_2
16
17  // FIFO读时钟
18  #define     OV7725_RCLK_GPIO_CLK              RCC_APB2Periph_GPIOC
19  #define     OV7725_RCLK_GPIO_PORT             GPIOC
20  #define     OV7725_RCLK_GPIO_PIN              GPIO_Pin_5
21
22  // FIFO写使能
23  #define     OV7725_WE_GPIO_CLK                RCC_APB2Periph_GPIOD
24  #define     OV7725_WE_GPIO_PORT               GPIOD
25  #define     OV7725_WE_GPIO_PIN                GPIO_Pin_3
26
27  // 8位数据口
28  #define     OV7725_DATA_GPIO_CLK              RCC_APB2Periph_GPIOB
29  #define     OV7725_DATA_GPIO_PORT             GPIOB
30  #define     OV7725_DATA_0_GPIO_PIN            GPIO_Pin_8
31  #define     OV7725_DATA_1_GPIO_PIN            GPIO_Pin_9
32  #define     OV7725_DATA_2_GPIO_PIN            GPIO_Pin_10
33  #define     OV7725_DATA_3_GPIO_PIN            GPIO_Pin_11
34  #define     OV7725_DATA_4_GPIO_PIN            GPIO_Pin_12
35  #define     OV7725_DATA_5_GPIO_PIN            GPIO_Pin_13
36  #define     OV7725_DATA_6_GPIO_PIN            GPIO_Pin_14
37  #define     OV7725_DATA_7_GPIO_PIN            GPIO_Pin_15
38
39  // OV7725场中断
40  #define     OV7725_VSYNC_GPIO_CLK             RCC_APB2Periph_GPIOC
41  #define     OV7725_VSYNC_GPIO_PORT            GPIOC
42  #define     OV7725_VSYNC_GPIO_PIN             GPIO_Pin_3
43
44  #define     OV7725_VSYNC_EXTI_SOURCE_PORT     GPIO_PortSourceGPIOE
45  #define     OV7725_VSYNC_EXTI_SOURCE_PIN      GPIO_PinSource3
46  #define     OV7725_VSYNC_EXTI_LINE            EXTI_Line3
47  #define     OV7725_VSYNC_EXTI_IRQ             EXTI3_IRQn
48  #define     OV7725_VSYNC_EXTI_INT_FUNCTION    EXTI3_IRQHandler
49
50  /*FIFO输出使能,低电平使能 */
51  #define FIFO_OE_H()     OV7725_OE_GPIO_PORT->BSRR  =OV7725_OE_GPIO_PIN
52  #define FIFO_OE_L()     OV7725_OE_GPIO_PORT->BRR   =OV7725_OE_GPIO_PIN
53
54  /*FIFO写复位,低电平复位 */
55  #define FIFO_WRST_H()   OV7725_WRST_GPIO_PORT->BSRR =OV7725_WRST_GPIO_PIN
56  #define FIFO_WRST_L()   OV7725_WRST_GPIO_PORT->BRR  =OV7725_WRST_GPIO_PIN
57
58  /*FIFO读复位,低电平复位 */
59  #define FIFO_RRST_H()   OV7725_RRST_GPIO_PORT->BSRR =OV7725_RRST_GPIO_PIN
60  #define FIFO_RRST_L()   OV7725_RRST_GPIO_PORT->BRR  =OV7725_RRST_GPIO_PIN
61
62  /*FIFO输出数据时钟,上升沿有效 */
63  #define FIFO_RCLK_H()   OV7725_RCLK_GPIO_PORT->BSRR =OV7725_RCLK_GPIO_PIN
```

```c
64 #define FIFO_RCLK_L()        OV7725_RCLK_GPIO_PORT->BRR   =OV7725_RCLK_GPIO_PIN
65
66 /*WE 引脚,高电平使能,与 HREF 通过与非门控制 FIFO 的 WEN*/
67 #define FIFO_WE_H()          OV7725_WE_GPIO_PORT->BSRR    =OV7725_WE_GPIO_PIN
68 #define FIFO_WE_L()          OV7725_WE_GPIO_PORT->BRR     =OV7725_WE_GPIO_PIN
```

代码清单 42-2 SCCB 接口相关的宏定义

```c
 1 /********************** SCCB 引脚定义 **********************/
 2 #define      OV7725_SIO_C_SCK_APBxClock_FUN   RCC_APB2PeriphClockCmd
 3 #define      OV7725_SIO_C_GPIO_CLK            RCC_APB2Periph_GPIOC
 4 #define      OV7725_SIO_C_GPIO_PORT           GPIOC
 5 #define      OV7725_SIO_C_GPIO_PIN            GPIO_Pin_6
 6
 7 #define      OV7725_SIO_D_SCK_APBxClock_FUN   RCC_APB2PeriphClockCmd
 8 #define      OV7725_SIO_D_GPIO_CLK            RCC_APB2Periph_GPIOC
 9 #define      OV7725_SIO_D_GPIO_PORT           GPIOC
10 #define      OV7725_SIO_D_GPIO_PIN            GPIO_Pin_7
11
12 /* 模拟时序的引脚控制 */
13 #define SCL_H    GPIO_SetBits(OV7725_SIO_C_GPIO_PORT , OV7725_SIO_C_GPIO_PIN)
14 #define SCL_L    GPIO_ResetBits(OV7725_SIO_C_GPIO_PORT , OV7725_SIO_C_GPIO_PIN)
15
16 #define SDA_H    GPIO_SetBits(OV7725_SIO_D_GPIO_PORT , OV7725_SIO_D_GPIO_PIN)
17 #define SDA_L    GPIO_ResetBits(OV7725_SIO_D_GPIO_PORT , OV7725_SIO_D_GPIO_PIN)
18
19 #define SCL_read GPIO_ReadInputDataBit(OV7725_SIO_C_GPIO_PORT,OV7725_SIO_C_GPIO_PIN)
20 #define SDA_read GPIO_ReadInputDataBit(OV7725_SIO_D_GPIO_PORT, OV7725_SIO_D_GPIO_PIN)
21
22 #define ADDR_OV7725    0x42
23
```

以上代码根据硬件的连接,使用宏封装了各种控制信号,包括控制输出电平或读取输入时使用的库函数操作。若使用 STM32 和摄像头的引脚连接与我们的设计的不同,修改这两个文件的引脚连接关系即可。

SCCB 总线的软件实现

本设计中使用普通 GPIO 来模拟 SCCB 时序,需要根据 SCCB 时序,编写读、写字节的模拟函数,在后面的 OV7725_Init 会利用这些函数向 OV7725 相应的寄存器写入配置参数,初始化摄像头。本小节介绍的与 SCCB 时序相关函数都位于 bsp_sccb.c 文件中,这些函数跟模拟 I^2C 的基本一致。

(1)初始化 SCCB 用到的 GPIO

在本实验中,使用 SCCB_GPIO_Config 函数初始化 SCCB 使用的两个通信引脚,把它们初始化为普通开漏输出模式,其代码见代码清单 42-3。

代码清单 42-3 SCCB_GPIO_Config 函数

```c
1 /****************************************************************
2      * 函数名: SCCB_Configuration
3      * 描述  : SCCB 引脚配置
```

```
4      * 输入    : 无
5      * 输出    : 无
6      * 注意    : 无
7     ************************************************************/
8    void SCCB_GPIO_Config(void)
9    {
10       GPIO_InitTypeDef  GPIO_InitStructure;
11       /* SCL、SDA引脚配置 */
12       OV7725_SIO_C_SCK_APBxClock_FUN ( OV7725_SIO_C_GPIO_CLK, ENABLE );
13       GPIO_InitStructure.GPIO_Pin =  OV7725_SIO_C_GPIO_PIN ;
14       GPIO_InitStructure.GPIO_Speed = GPIO_Speed_50MHz;
15       GPIO_InitStructure.GPIO_Mode = GPIO_Mode_Out_OD;
16       GPIO_Init(OV7725_SIO_C_GPIO_PORT, &GPIO_InitStructure);
17
18       OV7725_SIO_D_SCK_APBxClock_FUN ( OV7725_SIO_D_GPIO_CLK, ENABLE );
19       GPIO_InitStructure.GPIO_Pin =  OV7725_SIO_D_GPIO_PIN ;
20       GPIO_Init(OV7725_SIO_D_GPIO_PORT, &GPIO_InitStructure);
21    }
```

（2）SCCB起始与结束时序

SCCB通信需要有起始与结束信号，这分别由SCCB_Start和SCCB_Stop函数实现。SCCB_Start代码见代码清单42-4。

代码清单42-4　SCCB_Start函数

```
1    /************************************************************
2     * 函数名: SCCB_Start
3     * 描述   : SCCB起始信号
4     * 输入   : 无
5     * 输出   : 无
6     * 注意   : 内部调用
7     ************************************************************/
8    static int SCCB_Start(void)
9    {
10       SDA_H;
11       SCL_H;
12       SCCB_delay();
13       if (!SDA_read)
14          return DISABLE; /* SDA线为低电平则总线忙，退出 */
15       SDA_L;
16       SCCB_delay();
17       if (SDA_read)
18          return DISABLE; /* SDA线为高电平则总线出错，退出 */
19       SDA_L;
20       SCCB_delay();
21       return ENABLE;
22    }
```

参照前面介绍的SCCB时序，当SCL线为高电平时，SDA线出现下降沿，表示SCCB时序的起始信号，SCCB_Start函数就是实现了这样功能，其中的SDA_H和SCL_H是用于控制SDA和SCL引脚电平的宏。为了提高程序的健壮性，还使用SDA_read宏检测SDA线是否忙碌或是否正常。

SCCB结束信号的函数实现类似，其SCCB_Stop代码见代码清单42-5。

代码清单 42-5　SCCB_Stop 函数

```
1  /****************************************************************
2   *  函数名: SCCB_Stop
3   *  描  述: SCCB 停止信号
4   *  输  入: 无
5   *  输  出: 无
6   *  注  意: 内部调用
7   ****************************************************************/
8  static void SCCB_Stop(void)
9  {
10     SCL_L;
11     SCCB_delay();
12     SDA_L;
13     SCCB_delay();
14     SCL_H;
15     SCCB_delay();
16     SDA_H;
17     SCCB_delay();
18  }
```

参照前面 SCCB 时序的介绍，当 SCL 线为高电平的时候，使 SDA 线出现一个上升沿，表示 SCCB 时序的结束信号。

（3）写寄存器与读寄存器

与 I^2C 时序类似，在 SCCB 时序也使用自由位（Don't care bit）和非应答（NA）信号来保证正常通信。自由位和非应答信号位于 SCCB 每个传输阶段中的第 9 位。

在写数据的第一个传输阶段中，第 9 位为自由位，在一般的正常通信中，第 9 位时，主机的 SDA 线输出高电平，而从机把 SDA 线拉低作为响应，第二、三阶段类似，只是传输的内容分别为目的寄存器地址和要写入的数据。见图 42-22。

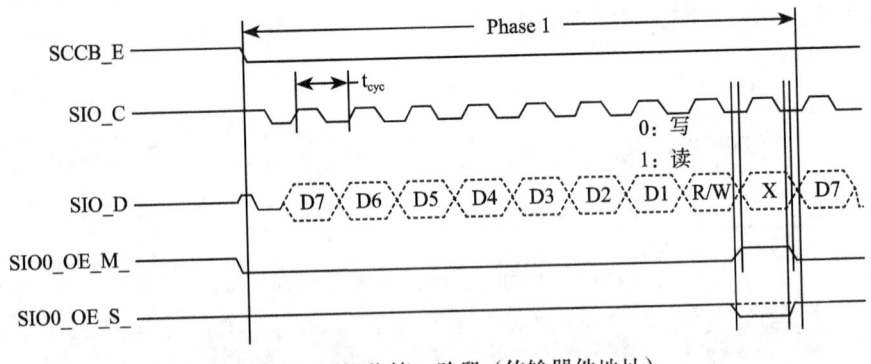

图 42-22　写操作第一阶段（传输器件地址）

因此，在数据传输的第 9 位，主机使用 SCCB_WaitAck 函数来等待从机的应答，代码见代码清单 42-6。

代码清单 42-6　SCCB_WaitAck 函数

```
1  /****************************************************************
2   *  函数名: SCCB_WaitAck
3   *  描  述: SCCB 等待应答
```

```
 4      *  输入    : 无
 5      *  输出    : 返回为 :=1 有 ACK, =0 无 ACK
 6      *  注意    : 内部调用
 7      *********************************************************/
 8  static int SCCB_WaitAck(void)
 9  {
10      SCL_L;
11      SCCB_delay();
12      SDA_H;
13      SCCB_delay();
14      SCL_H;
15      SCCB_delay();
16      if (SDA_read) {
17          SCL_L;
18          return DISABLE;
19      }
20      SCL_L;
21      return ENABLE;
22  }
```

该函数让主机把 SDA 线设为高电平,延时一段时间后再检测 SDA 线的电平,若为低电平则返回 ENABLE 表示接收到从机的应答,反之返回 DISABLE。

最后,整个三相写过程由函数 SCCB_WriteByte 实现,它的具体代码见代码清单 42-7。

代码清单 42-7 SCCB_WriteByte 函数

```
 1  /* 以下宏位于bsp_ov7725.h 文件 */
 2  #define ADDR_OV7725    0x42
 3  /* 以下宏位于bsp_sccb.h 文件 */
 4  #define DEV_ADR    ADDR_OV7725
 5
 6  /*********************************************************
 7   * 函数名: SCCB_WriteByte
 8   * 描述  : 写一字节数据
 9   * 输入  : -WriteAddress:待写入地址 - SendByte:待写入数据 - DeviceAddress:器件类型
10   * 输出  : 返回为 :=1 成功写入 ,=0 失败
11   * 注意  : 无
12   *********************************************************/
13  int SCCB_WriteByte( uint16_t WriteAddress , uint8_t SendByte )
14  {
15      if (!SCCB_Start()) {
16          return DISABLE;
17      }
18      SCCB_SendByte( DEV_ADR );                          /* 器件地址 */
19      if ( !SCCB_WaitAck() ) {
20          SCCB_Stop();
21          return DISABLE;
22      }
23      SCCB_SendByte((uint8_t)(WriteAddress & 0x00FF));   /* 设置低起始地址 */
24      SCCB_WaitAck();
25      SCCB_SendByte(SendByte);
26      SCCB_WaitAck();
27      SCCB_Stop();
28      return ENABLE;
29  }
```

SCCB_WriteByte 函数调用 SCCB_Start 产生起始信号,接着调用 SCCB_SendByte 把

器件地址 DEV_ADR（这是一个宏，数值是 0x42）一位一位地发送出去，在第 9 位时，调用 SCCB_WaitAck 函数检测从机的应答，若接收到应答则进入第二阶段——发送目的寄存器地址，再进入第三阶段——发送要写入的内容。在第二、三阶段没有加条件判断语句判断是否接收到从机的应答，这是因为 SCCB 规定在数据传输阶段允许从机不应答（实际上，OV7725 芯片在这两个阶段都会有应答信号）。在最后，三阶段都传输结束时，要调用 SCCB_Stop 函数结束本次 SCCB 传输。

与自由位相对应的非应答信号用在两相读操作的第二阶段的第 9 位，见图 42-23。在这第 9 位中，从机把 SDA 线置为高电平，而主机把 SDA 线拉低表示非应答，接着本次读数据的操作就结束了。

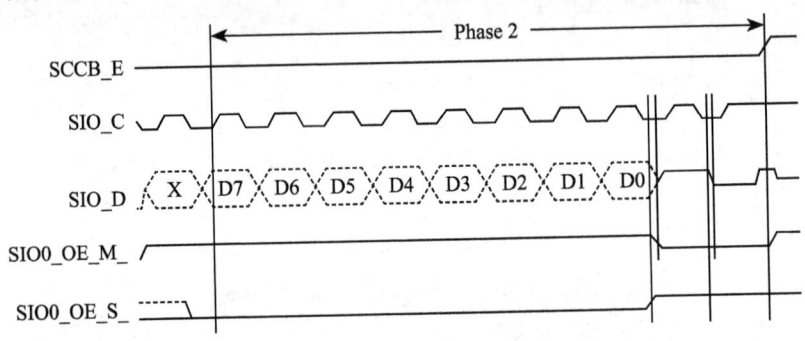

图 42-23 两相读操作第二阶段（读寄存器内容）

主机的非应答信号，由 SCCB_NoAck 函数实现，其代码见代码清单 42-8。

代码清单 42-8 SCCB_NoAck 函数

```
1  /**************************************************************
2   * 函数名：SCCB_NoAck
3   * 描述  ：SCCB 无应答方式
4   * 输入  ：无
5   * 输出  ：无
6   * 注意  ：内部调用
7   **************************************************************/
8  static void SCCB_NoAck(void)
9  {
10     SCL_L;
11     SCCB_delay();
12     SDA_H;
13     SCCB_delay();
14     SCL_H;
15     SCCB_delay();
16     SCL_L;
17     SCCB_delay();
18  }
```

最后，整个读寄存器的过程由 SCCB_ReadByte 函数完成，其代码见代码清单 42-9。

代码清单 42-9 SCCB_ReadByte 函数

```
1  /**************************************************************
```

第42章 OV7725摄像头驱动

```
 2  *  函数名: SCCB_ReadByte
 3  *  描述   : 读取一串数据
 4  *  输入: - pBuffer: 存放读出数据 - length: 待读出长度 - ReadAddress: 待读出地址 -
 5     DeviceAddress: 器件类型
 6  *  输出   : 返回为 :=1 成功读入，=0 失败
 7  *  注意   : 无
 8  ***********************************************************/
 9  int SCCB_ReadByte(uint8_t* pBuffer, uint16_t length, uint8_t ReadAddress)
10  {
11      if (!SCCB_Start()) {
12          return DISABLE;
13      }
14      SCCB_SendByte( DEV_ADR );              /* 器件地址 */
15      if ( !SCCB_WaitAck() ) {
16          SCCB_Stop();
17          return DISABLE;
18      }
19      SCCB_SendByte( ReadAddress );          /* 设置低起始地址 */
20      SCCB_WaitAck();
21      SCCB_Stop();
22
23      if (!SCCB_Start()) {
24          return DISABLE;
25      }
26      SCCB_SendByte( DEV_ADR + 1 );          /* 器件地址 */
27      if (!SCCB_WaitAck()) {
28          SCCB_Stop();
29          return DISABLE;
30      }
31      while (length) {
32          *pBuffer = SCCB_ReceiveByte();
33          if (length == 1) {
34              SCCB_NoAck();
35          } else {
36              SCCB_Ack();
37          }
38          pBuffer++;
39          length--;
40      }
41      SCCB_Stop();
42      return ENABLE;
43  }
```

本函数在两相读操作前，加入了一个两相写操作，用于向从机发送要读取的寄存器地址。在两相写操作的第一个阶段（第26行），使用 SCCB_SendByte 函数发送的数据是 DEV_ADR+1（0x43），这与写操作中发送的 DEV_ADR 有区别，这是因为在第一阶段发送的这个器件地址的最低位是用于表示数据传送方向的，最低位为0时表示主机写数据，最低位为1时表示主机读数据，所以 DEV_ADR+1 就表示读数据了。读操作的第二阶段使用 SCCB_ReceiveByte 函数，一位一位地接收数据，然后存放到 PBuffer 指向的单元中。接收完8位数据后，主机调用 SCCB_NoAck 发送非应答位，最后调用 SCCB_Stop 结束本次读操作。

初始化 OV7725

在上一小节编写了模拟 SCCB 的读写寄存器的时序后,就可以向 OV7725 的寄存器发送配置参数,对 OV7725 进行初始化了。该过程由 bsp_ov7725.c 文件中的 OV7725_Init 函数完成,代码见代码清单 42-10。

代码清单 42-10 OV7725_Init 函数(bsp_ov7725.c 文件)

```
1  /*****************************************
2   * 函数名: Sensor_Init
3   * 描述  : Sensor 初始化
4   * 输入  : 无
5   * 输出  : 返回 1 成功,返回 0 失败
6   * 注意  : 无
7   *****************************************/
8  ErrorStatus OV7725_Init(void)
9  {
10     uint16_t i = 0;
11     uint8_t Sensor_IDCode = 0;
12
13     // 开始配置 ov7725
14     if ( 0 == SCCB_WriteByte ( 0x12, 0x80 ) ) { /* 复位 ov7725 */
15         //sccb 写数据错误
16         return ERROR ;
17     }
18         /* 读取 ov7725 ID 号 */
19     if ( 0 == SCCB_ReadByte( &Sensor_IDCode, 1, 0x0b ) ) {
20         // 读取 ov7725 ID 失败
21         return ERROR;
22     }
23
24     if (Sensor_IDCode == OV7725_ID) {
25         for ( i = 0 ; i < OV7725_REG_NUM ; i++ ) {
26             if ( 0 == SCCB_WriteByte(Sensor_Config[i].Address, Sensor_Config[i].Value) )
27                 {  //DEBUG( "write reg faild" , Sensor_Config[i].Address);
28                 return ERROR;
29             }
30         }
31     } else {
32         return ERROR;
33     }
34     //ov7725 寄存器配置成功
35     return SUCCESS;
36  }
```

这个函数的执行流程如下:

1) 调用 SCCB_WriteByte 向地址为 0x12 的寄存器写入数据 0x80,进行复位操作。根据 OV7725 的数据手册,把该寄存器的位 7 置 1,可控制它对寄存器进行复位。

2) 调用 SCCB_ReadByte 函数从地址为 0x0b 的寄存器读取出 OV7725 芯片的 ID 号,并与默认值进行对比,这个操作可以用来确保 OV7725 是否正常工作。

3) 利用 for 语句循环调用 SCCB_WriteByte 函数,向各个寄存器写入配置参数,其中 SCCB_WriteByte 的输入参数为 Sensor_Config[i].Address 和 Sensor_Config[i].Value,这是

自定义的结构体数组,分别对应于要配置的寄存器地址和寄存器配置参数。Sensor_Config 数组是在 bsp_ov7725.c 文件定义的,文件中首先定义了 Reg_Info 结构体类型,它包含地址和寄存器两个结构体成员,见代码清单 42-11。

代码清单 42-11　Register_Info 结构体

```
1 typedef struct Reg {
2     uint8_t Address;   /* 寄存器地址 */
3     uint8_t Value;     /* 寄存器值 */
4 } Reg_Info;
```

再利用这个自定义的结构体定义结构体数组,每组的内容就表示了寄存器地址及相应的配置参数。若要修改对 OV7725 的配置,可参考 OV7725 数据手册的说明,修改相应地址的内容即可,SCCB_WriteByte 函数会在 for 循环中把这些参数写入 OV7725 芯片,下面是结构体数组的部分代码,它省略了部分寄存器,完整部分请参考源代码,见代码清单 42-12。

代码清单 42-12　部分寄存器控制参数

```
 1
 2 /* (bsp_ov7725.h 文件) 寄存器地址宏定义 */
 3 #define REG_GAIN        0x00
 4 #define REG_BLUE        0x01
 5 #define REG_RED         0x02
 6 #define REG_GREEN       0x03
 7 #define REG_BAVG        0x05
 8 #define REG_GAVG        0x06
 9 #define REG_RAVG        0x07
10 #define REG_AECH        0x08
11 #define REG_COM2        0x09
12 /*... 以下省略大部分寄存器地址 */
13
14
15 /* (bsp_ov7725.c 文件) 寄存器参数配置,左侧为地址,右侧为要写入的值 */
16 Reg_Info Sensor_Config[] = {
17     {REG_CLKRC,      0x00},  /* 时钟配置 */
18     {REG_COM7,       0x46},  /* QVGA RGB565 */
19     {REG_HSTART,     0x3f},  /* 水平图像开始 */
20     {REG_HSIZE,      0x50},  /* 水平图像宽度 */
21     {REG_VSTRT,      0x03},  /* 垂直开始 */
22     {REG_VSIZE,      0x78},  /* 垂直高度 */
23     {REG_HREF,       0x00},  /* 杂项 */
24     {REG_HOutSize,   0x50},  /* 水平输出宽度 */
25     {REG_VOutSize,   0x78},  /* 垂直输出高度 */
26     {REG_EXHCH,      0x00},  /* 杂项 */
27
28     /*... 以下省略大部分内容 .*/
29 };
```

采集并显示图像

OV7725 初始始化完成后,该芯片开始正常工作,由于 OV7725 采集得的图像保存到 FIFO,我们使用 STM32 只需要检测摄像头模块的 VSYNC 输出的帧结束信号,然后从 FIFO 中读取图像数据即可。

(1) 初始化 VSYNC 引脚

由于使用中断的方式来检测 VSYNC 的信号,所以要把相应的引脚初始化并为它配置 EXTI 中断,本实验使用 VSYNC_GPIO_Config 函数完成该工作,见代码清单 42-13。

代码清单 42-13　VSYNC_GPIO_Config 函数(bsp_ov7725.c 文件)

```
1  /*****************************************
2   * 函数名:VSYNC_GPIO_Config
3   * 描述  :OV7725 VSYNC 中断相关配置
4   * 输入  :无
5   * 输出  :无
6   * 注意  :无
7   *****************************************/
8  static void VSYNC_GPIO_Config(void)
9  {
10     GPIO_InitTypeDef GPIO_InitStructure;
11     EXTI_InitTypeDef EXTI_InitStructure;
12     NVIC_InitTypeDef NVIC_InitStructure;
13
14     /* 初始化时钟,注意中断要开 AFIO*/
15     RCC_APB2PeriphClockCmd ( RCC_APB2Periph_AFIO|
OV7725_VSYNC_GPIO_CLK, ENABLE );
16
17     /* 初始化引脚 */
18     GPIO_InitStructure.GPIO_Pin =  OV7725_VSYNC_GPIO_PIN;
19     GPIO_InitStructure.GPIO_Mode = GPIO_Mode_IN_FLOATING;
20     GPIO_InitStructure.GPIO_Speed = GPIO_Speed_50MHz;
21     GPIO_Init(OV7725_VSYNC_GPIO_PORT, &GPIO_InitStructure);
22
23     /* 配置中断 */
24     GPIO_EXTILineConfig(OV7725_VSYNC_EXTI_SOURCE_PORT,
OV7725_VSYNC_EXTI_SOURCE_PIN);
25     EXTI_InitStructure.EXTI_Line = OV7725_VSYNC_EXTI_LINE;
26     EXTI_InitStructure.EXTI_Mode = EXTI_Mode_Interrupt;
27     EXTI_InitStructure.EXTI_Trigger = EXTI_Trigger_Falling ;
28     EXTI_InitStructure.EXTI_LineCmd = ENABLE;
29     EXTI_Init(&EXTI_InitStructure);
30     EXTI_GenerateSWInterrupt(OV7725_VSYNC_EXTI_LINE);
31
32     /* 配置优先级 */
33     NVIC_PriorityGroupConfig(NVIC_PriorityGroup_1);
34     NVIC_InitStructure.NVIC_IRQChannel = OV7725_VSYNC_EXTI_IRQ;
35     NVIC_InitStructure.NVIC_IRQChannelPreemptionPriority = 0;
36     NVIC_InitStructure.NVIC_IRQChannelSubPriority = 3;
37     NVIC_InitStructure.NVIC_IRQChannelCmd = ENABLE;
38     NVIC_Init(&NVIC_InitStructure);
39  }
```

代码中把 VSYNC 引脚配置为浮空模式,并使用下降沿中断(配置成上升沿中断也是可以的),正好对应 VGA 时序中 VSYNC 输出信号时电平跳变产生的下降沿。

(2) 编写检测 VSYNC 的中断服务函数

由于 VSYNC 出现两次下降沿,才表示 FIFO 保存了一幅图像,所以在检测 VSYNC 下降沿的中断服务函数中,使用一个变量 Ov7725_vsync 作为标志。Ov7725_vsync 标志的初始值为 0,当检测到第一次上升沿时,控制 FIFO 的相应 GPIO 引脚,允许 OV7725 向 FIFO

写入图像数据,并把标志值设置为 1;检测到第二次上升沿时,禁止 OV7725 写 FIFO,把标志设置为 2,而我们将会在 main 函数的循环中对该标志进行判断,当 Ov7725_vsync=2 时,STM32 开始从 FIFO 读取数据并显示,读取完毕后把 Ov7725_vsync 标置复位为 0,重新开始下一幅图像的采集。

中断服务函数位于 stm32f10x_it.c 文件,见代码清单 42-14。

代码清单 42-14　VSYNC 的中断服务函数

```
1
2  #define         OV7725_VSYNC_EXTI_INT_FUNCTION              EXTI3_IRQHandler
3
4  /* ov7725 场中断 服务程序 */
5  void OV7725_VSYNC_EXTI_INT_FUNCTION ( void )
6  {
7                                     // 检查 EXTI_Line 线路上的中断请求是否发送到了 NVIC
8      if ( EXTI_GetITStatus(OV7725_VSYNC_EXTI_LINE) != RESET ) {
9          if ( Ov7725_vsync == 0 ) {
10             FIFO_WRST_L();       // 拉低使 FIFO 写 ( 数据 from 摄像头 ) 指针复位
11             FIFO_WE_H();         // 拉高使 FIFO 写允许
12
13             Ov7725_vsync = 1;
14             FIFO_WE_H();         // 使 FIFO 写允许
15             FIFO_WRST_H();       // 允许使 FIFO 写 ( 数据 from 摄像头 ) 指针运动
16         } else if ( Ov7725_vsync == 1 ) {
17             FIFO_WE_L();         // 拉低使 FIFO 写暂停
18             Ov7725_vsync = 2;
19         }
20                                   // 清除 EXTI_Line 线路挂起标志位
21         EXTI_ClearITPendingBit(OV7725_VSYNC_EXTI_LINE);
22     }
23 }
24
```

(3)读 FIFO 并显示图像

采集得的图像数据都保存到摄像头模块的 FIFO 中,在 Ov7725_vsync 标志变为 2 的时候,STM32 即可读取它并显示在 LCD 上。与 FIFO 相关的函数有 FIFO_GPIO_Config、FIFO_PREPARE 和 ImagDisp。

1) FIFO_GPIO_Config 类似 SCCB_GPIO_Config 函数,完成了基本的 GPIO 初始化,见代码清单 42-15。

代码清单 42-15　FIFO_GPIO_Config 函数

```
1  /************************************************
2   * 函数名: FIFO_GPIO_Config
3   * 描述  : FIFO GPIO 配置
4   * 输入  : 无
5   * 输出  : 无
6   * 注意  : 无
7   ************************************************/
8  static void FIFO_GPIO_Config(void)
9  {
10     GPIO_InitTypeDef GPIO_InitStructure;
```

```
11
12        /* 开启时钟 */
13        RCC_APB2PeriphClockCmd (OV7725_OE_GPIO_CLK|OV7725_WRST_GPIO_CLK|
14                        OV7725_RRST_GPIO_CLK|OV7725_RCLK_GPIO_CLK|
15                  OV7725_WE_GPIO_CLK|OV7725_DATA_GPIO_CLK, ENABLE );
16
17        /*(FIFO_OE--FIFO 输出使能)*/
18        GPIO_InitStructure.GPIO_Mode  = GPIO_Mode_Out_PP;
19        GPIO_InitStructure.GPIO_Speed = GPIO_Speed_50MHz;
20        GPIO_InitStructure.GPIO_Pin = OV7725_OE_GPIO_PIN;
21        GPIO_Init(OV7725_OE_GPIO_PORT, &GPIO_InitStructure);
22
23        /*(FIFO_WRST--FIFO 写复位)*/
24        GPIO_InitStructure.GPIO_Pin = OV7725_WRST_GPIO_PIN;
25        GPIO_Init(OV7725_WRST_GPIO_PORT, &GPIO_InitStructure);
26
27        /*(FIFO_RRST--FIFO 读复位) */
28        GPIO_InitStructure.GPIO_Pin = OV7725_RRST_GPIO_PIN;
29        GPIO_Init(OV7725_RRST_GPIO_PORT, &GPIO_InitStructure);
30
31        /*(FIFO_RCLK-FIFO 读时钟)*/
32        GPIO_InitStructure.GPIO_Pin = OV7725_RCLK_GPIO_PIN;
33        GPIO_Init(OV7725_RCLK_GPIO_PORT, &GPIO_InitStructure);
34
35        /*(FIFO_WE--FIFO 写使能)*/
36        GPIO_InitStructure.GPIO_Pin = OV7725_WE_GPIO_PIN;
37        GPIO_Init(OV7725_WE_GPIO_PORT, &GPIO_InitStructure);
38
39        /*(FIFO_DATA--FIFO 输出数据)*/
40        GPIO_InitStructure.GPIO_Pin =OV7725_DATA_0_GPIO_PIN | OV7725_DATA_1_GPIO_PIN |
41                              OV7725_DATA_2_GPIO_PIN | OV7725_DATA_3_GPIO_PIN |
42                              OV7725_DATA_4_GPIO_PIN | OV7725_DATA_5_GPIO_PIN |
43                              OV7725_DATA_6_GPIO_PIN | OV7725_DATA_7_GPIO_PIN;
44        GPIO_InitStructure.GPIO_Mode = GPIO_Mode_IN_FLOATING;
45        GPIO_InitStructure.GPIO_Speed = GPIO_Speed_50MHz;
46        GPIO_Init(OV7725_DATA_GPIO_PORT, &GPIO_InitStructure);
47
48        FIFO_OE_L();              /* 拉低使 FIFO 输出使能 */
49        FIFO_WE_H();              /* 拉高使 FIFO 写允许 */
50    }
```

2）FIFO_PREPAGE 实际是一个宏，它是在 main 函数中，判断到接收完成一幅图像后被调用的，它的作用是把 FIFO 读指针复位，使后面的数据读取从 FIFO 的 0 地址开始，其代码见代码清单 42-16（在工程中，要把宏定义写在同一行或用续行符）。

代码清单 42-16　FIFO_PREPAGE 宏

```
1 #define FIFO_PREPARE            do{\
2                                 FIFO_RRST_L();\
3                                 FIFO_RCLK_L();\
4                                 FIFO_RCLK_H();\
```

```
5                                FIFO_RRST_H();\
6                                FIFO_RCLK_L();\
7                                FIFO_RCLK_H();\
8                             }while(0)
```

3）ImagDisp 函数完成了从 FIFO 读取图像及显示到 LCD 的工作，每当 OV7725 输出完一幅图像，它被调用一次，在调用前，要用上面的 FIFO_PREAGE 宏复位 FIFO 读指针。它的代码见代码清单 42-17。

代码清单 42-17　ImagDisp 函数

```
1  /**
2    * @brief    设置显示位置
3    * @param    sx:x 起始显示位置
4    * @param    sy:y 起始显示位置
5    * @param    width:显示窗口宽度，要求跟 OV7725_Window_Set 函数中的 width 一致
6    * @param    height:显示窗口高度，要求跟 OV7725_Window_Set 函数中的 height 一致
7    * @retval   无
8    */
9  void ImagDisp(uint16_t sx,uint16_t sy,uint16_t width,uint16_t height)
10 {
11     uint16_t i, j;
12     uint16_t Camera_Data;
13
14     ILI9341_OpenWindow(sx,sy,width,height);
15     ILI9341_Write_Cmd ( CMD_SetPixel );
16
17     for (i = 0; i < width; i++) {
18         for (j = 0; j < height; j++) {
19             /* 从 FIFO 读出一个 rgb565 像素到 Camera_Data 变量 */
20             READ_FIFO_PIXEL(Camera_Data);
21             ILI9341_Write_Data(Camera_Data);
22         }
23     }
24 }
```

在代码中，先根据输入参数在液晶屏设置了显示窗口，然后循环调用宏 READ_FIFO_PIXEL 读取 FIFO 数据，循环的次数就是摄像头输出的像素个数，代码中使用 width 和 height 控制，最后使用 LCD_WR_Data 函数把该图像数据显示到 LCD 上。宏 READ_FIFO_PIXEL 代码见代码清单 42-18（在工程中，要把宏定义写在同一行或用续行符）。

代码清单 42-18　READ_FIFO_PIXEL 宏

```
1  #define READ_FIFO_PIXEL(RGB565)           do{\
2                                            RGB565=0;\
3                                            FIFO_RCLK_L();\
4                       RGB565 = (OV7725_DATA_GPIO_PORT->IDR) & 0xff00;\
5                                            FIFO_RCLK_H();\
6                                            FIFO_RCLK_L();\
7                       RGB565 |= (OV7725_DATA_GPIO_PORT->IDR >>8) & 0x00ff;\
8                                            FIFO_RCLK_H();\
9                                          }while(0)
```

这个宏把 FIFO 读取到的数据按 RGB565 的处理，保存到一个 16 位的变量中，LCD_WR_Data 函数可以直接利用这个数据，显示一个像素点到 LCD 上。

main 文件

利用前面介绍的函数，可以驱动摄像头采集并显示图像，关于摄像头模式或分辨率的配置本工程还提供了其他函数进行修改，首先了解一下实现了采集流程的最基本的 main 函数，见代码清单 42-19。

代码清单 42-19　摄像头例程的 main 函数（main.c 文件）

```
1
2   /**
3     * @brief  主函数
4     * @param  无
5     * @retval 无
6     */
7   int main(void)
8   {
9       float frame_count = 0;
10      uint8_t retry = 0;
11
12      /* 液晶初始化 */
13      ILI9341_Init();
14      ILI9341_GramScan ( 3 );
15
16      LCD_SetFont(&Font8x16);
17      LCD_SetColors(RED,BLACK);
18
19      ILI9341_Clear(0,0,LCD_X_LENGTH,LCD_Y_LENGTH); /* 清屏，显示全黑 */
20
21      /******** 显示字符串示例 *******/
22      ILI9341_DispStringLine_EN(LINE(0),"BH OV7725 Test Demo");
23
24      USART_Config();
25      LED_GPIO_Config();
26
27      SysTick_Init();
28      printf("\r\n ** OV7725摄像头实时液晶显示例程 ** \r\n");
29
30      /* ov7725 gpio初始化 */
31      OV7725_GPIO_Config();
32
33      LED_BLUE;
34      /* ov7725 寄存器默认配置初始化 */
35      while (OV7725_Init() != SUCCESS) {
36          retry++;
37          if (retry>5) {
38              printf("\r\n没有检测到OV7725摄像头\r\n");
39              ILI9341_DispStringLine_EN(LINE(2),"No OV7725 module detected!");
40              while (1);
41          }
42      }
43
44      /* 设置液晶扫描模式 */
45      ILI9341_GramScan( 3 );
46
47      ILI9341_DispStringLine_EN(LINE(2)," OV7725 initialize success!");
```

```c
48      printf("\r\nOV7725摄像头初始化完成\r\n");
49
50      Ov7725_vsync = 0;
51
52      while (1) {
53          /* 接收到新图像进行显示 */
54          if ( Ov7725_vsync == 2 ) {
55              frame_count++;
56              FIFO_PREPARE;                   /* FIFO准备 */
57              ImagDisp(0,0,320,240);          /* 采集并显示 */
58
59              Ov7725_vsync = 0;
60              LED1_TOGGLE;
61
62          }
63
64          /* 每隔一段时间计算一次帧率 */
65          if (Task_Delay[0] == 0) {
66              printf("\r\nframe_ate = %.2f fps\r\n",frame_count/10);
67              frame_count = 0;
68              Task_Delay[0] = 10000;// 该变量在SysTick每ms减1,
69          }
70      }
71  }
72
```

main 函数的执行流程说明如下：

1）main 函数首先调用了 ILI9341_Init、USART_Config、SysTick_Init 和 LED_GPIO_Config 等函数初始化液晶、串口、Systick 定时器和 LED 外设，其中 SysTick 每毫秒中断一次，为下面计算帧率的代码提供时间。

2）接下来 OV7725_GPIO_Config 函数，该函数内部封装了前面介绍的 SCCB_GPIO_Config、FIFO_GPIO_Config 及 VSYNC_GPIO_Config 函数，对控制摄像头使用的相关引脚都进行了初始化。

3）初始化好 SCCB 相关的引脚，就可通过 OV7725_Init 向 OV7725 芯片写入配置参数，代码中使用 while 循环在初始化失败时进行多次尝试。

4）调用 ILI9341_GramScan 设置液晶屏的扫描方向，使得液晶屏与摄像头的分辨率一致，做好显示的准备。

5）在 while 循环中，根据 Ov7725_vsync 标志，判断 FIFO 是否接收完了一幅图像。在中断服务程序中，若检测到两次 VSYNC 的下降沿（表示接收完一幅图像），会把 Ov7725_vsync 变量设置为 2。

6）判断接收完成一幅图像后，调用宏 FIFO_PREPARE 使读 FIFO 指针复位，使 ImagDisp 读取 FIFO 时，能读取正确的数据并显示到液晶屏。

7）记录帧数目的变量 frame_count 加 1，这个变量用来统计帧率，每过一段时间后计算帧率通过串口输出到上位机。最后把 Ov7725_vsync 置 0，使重新开始计数。

OV7725 的其他模式配置

以上是最基本的摄像头采集过程，而提供的工程在以上基础还增加了一些摄像头的配置，包括分辨率、光照度、饱和度、对比度及特殊模式等，如OV7725_Window_Set、OV7725_Brightness、OV7725_Color_Saturation、OV7725_Contrast 和 OV7725_Special_Effect 等函数，这些函数的本质都是根据函数的输入参数，转化成对应的配置写入到OV7725摄像头的寄存器中，完成相应的配置，下面仅以 OV7725_Special_Effect 函数为例进行介绍，见代码清单 42-20。

代码清单 42-20　OV7725_Special_Effect 函数

```
 1  /**
 2    * @brief   设置特殊效果
 3    * @param   eff:特殊效果，参数范围 [0~6]:
 4    *     @arg 0: 正常
 5    *     @arg 1: 黑白
 6    *     @arg 2: 偏蓝
 7    *     @arg 3: 复古
 8    *     @arg 4: 偏红
 9    *     @arg 5: 偏绿
10    *     @arg 6: 反相
11    * @retval 无
12    */
13  void OV7725_Special_Effect(uint8_t eff)
14  {
15      switch (eff) {
16      case 0:// 正常
17          SCCB_WriteByte(0xa6, 0x06);
18          SCCB_WriteByte(0x60, 0x80);
19          SCCB_WriteByte(0x61, 0x80);
20          break;
21  
22      case 1:// 黑白
23          SCCB_WriteByte(0xa6, 0x26);
24          SCCB_WriteByte(0x60, 0x80);
25          SCCB_WriteByte(0x61, 0x80);
26          break;
27  
28      case 2:// 偏蓝
29          SCCB_WriteByte(0xa6, 0x1e);
30          SCCB_WriteByte(0x60, 0xa0);
31          SCCB_WriteByte(0x61, 0x40);
32          break;
33  
34      case 3:// 复古
35          SCCB_WriteByte(0xa6, 0x1e);
36          SCCB_WriteByte(0x60, 0x40);
37          SCCB_WriteByte(0x61, 0xa0);
38          break;
39  
40      case 4:// 偏红
41          SCCB_WriteByte(0xa6, 0x1e);
42          SCCB_WriteByte(0x60, 0x80);
43          SCCB_WriteByte(0x61, 0xc0);
44          break;
45  
46      case 5:// 偏绿
```

```
47          SCCB_WriteByte(0xa6, 0x1e);
48          SCCB_WriteByte(0x60, 0x60);
49          SCCB_WriteByte(0x61, 0x60);
50          break;
51
52      case 6://反相
53          SCCB_WriteByte(0xa6, 0x46);
54          break;
55
56      default:
57          OV7725_DEBUG("Special Effect error!");
58          break;
59      }
60  }
```

从代码中可了解到,函数支持 0～6 作为输入参数,分别对应不同的模式,在函数内部根据不同的输入对寄存器写入相应配置。

摄像头配置结构体

由于分辨率、光照度、饱和度、对比度及特殊模式等摄像头配置涉及众多内容,特别是关于分辨率的配置,需要与液晶扫描方向匹配,否则容易出现显示错误,为了方便使用,工程中定义了一个结构体类型专门用于设置摄像头的这些配置,在初始化摄像头或想修改配置的时候,修改该变量的内容,然后把它作为参数输入到各种配置函数调用即可。该摄像头配置结构体类型见代码清单 42-21。

代码清单 42-21   摄像头配置结构体(bsp_ov7725.h 文件)

```
1  /*摄像头配置结构体*/
2  typedef struct {
3      uint8_t QVGA_VGA;        //0: QVGA 模式,1: VGA 模式
4
5      /*VGA:sx + width ≤ 320 或 240 ,sy+height ≤ 320 或 240 */
6      /*QVGA:sx + width ≤ 320 ,sy+height ≤ 240*/
7      uint16_t cam_sx;         // 摄像头窗口 X 起始位置
8      uint16_t cam_sy;         // 摄像头窗口 Y 起始位置
9
10     uint16_t cam_width;      // 图像分辨率,宽
11     uint16_t cam_height;     // 图像分辨率,高
12
13     uint16_t lcd_sx;         // 图像显示在液晶屏的 X 起始位置
14     uint16_t lcd_sy;         // 图像显示在液晶屏的 Y 起始位置
15     uint8_t lcd_scan;        // 液晶屏的扫描模式(0-7)
16
17     uint8_t light_mode;      // 光照模式,参数范围[0~5]
18     int8_t saturation;       // 饱和度,参数范围[-4 ～ +4]
19     int8_t brightness;       // 光照度,参数范围[-4~+4]
20     int8_t contrast;         // 对比度,参数范围[-4~+4]
21     uint8_t effect;          // 特殊效果,参数范围[0~6]:
22
23 } OV7725_MODE_PARAM;
```

结构体类型定义中的代码注释有注明各种配置参数的范围,其中 QVGA_VGA 可以配置采样图像的模式,cam_sx/y 可以设置摄像头采样坐标的原点,cam_width/height 可设置图

像分辨率，分辨率调小时，可以提高图像的采集帧率，lcd_sx/y 可以配置图像显示在液晶屏的起始位置，而 lcd_scan 可以设置液晶屏的扫描模式，其余的配置如光照度、饱和度等可以按需求设置。

在配置分辨率时，必须注意调节范围，如 QVGA 模式下最大为 320×240（宽 × 高），若设置分辨率为 240×320（宽 × 高）时，由于设置分辨率的高度超出 QVGA 的 240 限制，会导致出错，此时把对应的模式改成 VGA 模式即可，因为 VGA 模式的最大分辨率为 640×480（宽 × 高），除了不超过 QVGA、VGA 模式的极限外，还要注意它们在液晶屏的扫描模式和起始位置的配置不会超出液晶显示范围。

在工程中，提供了三组摄像头及显示配置范例，实验时可以亲自尝试一下来了解，见代码清单 42-22。

代码清单 42-22　三组摄像头初始化配置（bsp_ov7725.c 文件）

```
1   // 摄像头初始化配置
2   // 注意：使用这种方式初始化结构体，要在 c/c++ 选项中选择 C99 mode
3   OV7725_MODE_PARAM cam_mode = {
4
5       /* 以下包含几组摄像头配置，可自行测试，保留一组，把其余配置注释掉即可 */
6       /*********** 配置1********* 横屏显示 ****************************/
7
8       .QVGA_VGA = 0,        //QVGA 模式
9       .cam_sx = 0,
10      .cam_sy = 0,
11
12      .cam_width = 320,
13      .cam_height = 240,
14
15      .lcd_sx = 0,
16      .lcd_sy = 0,
17      .lcd_scan = 3,        //LCD 扫描模式，本横屏配置可用 1、3、5、7 模式
18
19      // 以下可根据自己的需要调整，参数范围见结构体类型定义
20      .light_mode = 0,      // 自动光照模式
21      .saturation = 0,
22      .brightness = 0,
23      .contrast = 0,
24      .effect = 0,          // 正常模式
25
26      /********** 配置2********* 竖屏显示 ****************************/
27      /* 竖屏显示需要 VGA 模式，同分辨率情况下，比 QVGA 帧率稍低 */
28      /*VGA 模式分辨率为 640×480，从中取出 240×320 的图像进行竖屏显示 */
29      /* 本工程不支持超过 320×240 或 240×320 的分辨率配置 */
30
31  //    .QVGA_VGA = 1,        //VGA 模式
32  //    // 取 VGA 模式居中的窗口，可根据实际需要调整
33  //    .cam_sx = (640-240)/2,
34  //    .cam_sy = (480-320)/2,
35  //
36  //    .cam_width = 240,
37  //    .cam_height = 320,    // 在 VGA 模式下，此值才可以大于240
38  //
39  //    .lcd_sx = 0,
```

```
40  //    .lcd_sy = 0,
41  //    .lcd_scan = 0,        // LCD 扫描模式，本竖屏配置可用 0、2、4、6 模式
42  //
43  //    // 以下可根据自己的需要调整，参数范围见结构体类型定义
44  //    .light_mode = 0,      // 自动光照模式
45  //    .saturation = 0,
46  //    .brightness = 0,
47  //    .contrast = 0,
48  //    .effect = 0,          // 正常模式
49
50       /******* 配置 3************ 小分辨率 ************************/
51       /* 小于 320×240 分辨率的，可使用 QVGA 模式，设置的时候注意液晶屏边界 */
52
53  //    .QVGA_VGA = 0,        //QVGA 模式
54  //    // 取 QVGA 模式居中的窗口，可根据实际需要调整
55  //    .cam_sx = (320-100)/2,
56  //    .cam_sy = (240-150)/2,
57  //
58  //    .cam_width = 100,
59  //    .cam_height = 150,
60  //
61  //    /* 液晶屏的显示位置也可以根据需要调整，注意不要超过边界即可 */
62  //    .lcd_sx = 50,
63  //    .lcd_sy = 50,
64  //    .lcd_scan = 3,        //LCD 扫描模式，0～7 模式都支持，注意不要超过边界即可
65
66  //    // 以下可根据自己的需要调整，参数范围见结构体类型定义
67  //    .light_mode = 0,      // 自动光照模式
68  //    .saturation = 0,
69  //    .brightness = 0,
70  //    .contrast = 0,
71  //    .effect = 0,          // 正常模式
72
73  };
```

代码中使用 OV7725_MODE_PARAM 类型定义了一个 cam_mode 变量，并对其结构体成员赋予了初始值。本工程默认使用以上第一组配置，采集 320×240 的 QVGA 图像在液晶屏上横屏显示；而第二组配置是 240×320 的 VGA 图像在液晶屏上竖屏显示，注意两组配置中 QVGA_VGA 和 lcd_mode 变量值的区别；第三组配置是 50×50 的分辨率，由于分辨率比较小，其宽和高都没有超出 QVGA 及液晶屏显示范围，所以液晶 0～7 的扫描方式都支持。可亲自尝试以上各组配置，使用时注释掉其余两组即可，也可以在范例的基础上，自己进行修改测试。

使用摄像头配置结构体时，在初始化摄像头时要调用相应的函数对寄存器进行赋值，所以，main 函数需要做出相应的修改，见代码清单 42-23。

代码清单 42-23　根据摄像头配置结构体初始化的 main 函数

```
1
2  extern OV7725_MODE_PARAM cam_mode;
3  /**
4   * @brief   主函数
5   * @param   无
```

```
 6    * @retval 无
 7    */
 8  int main(void)
 9  {
10      float frame_count = 0;
11      uint8_t retry = 0;
12  
13      /* 液晶初始化 */
14      ILI9341_Init();
15      ILI9341_GramScan ( 3 );
16  
17      LCD_SetFont(&Font8x16);
18      LCD_SetColors(RED,BLACK);
19  
20      ILI9341_Clear(0,0,LCD_X_LENGTH,LCD_Y_LENGTH);  /* 清屏,显示全黑 */
21      ILI9341_DispStringLine_EN(LINE(0),"BH OV7725 Test Demo");
22  
23      USART_Config();
24      LED_GPIO_Config();
25      Key_GPIO_Config();
26      SysTick_Init();
27      printf("\r\n ** OV7725 摄像头实时液晶显示例程 ** \r\n");
28  
29      /* ov7725 gpio 初始化 */
30      OV7725_GPIO_Config();
31  
32      LED_BLUE;
33      /* ov7725 寄存器默认配置初始化 */
34      while (OV7725_Init() != SUCCESS) {
35          retry++;
36          if (retry>5) {
37              printf("\r\n 没有检测到 OV7725 摄像头 \r\n");
38      ILI9341_DispStringLine_EN(LINE(2),"No OV7725 module detected!");
39              while (1);
40          }
41      }
42  
43      /* 根据摄像头参数组配置模式 */
44      OV7725_Special_Effect(cam_mode.effect);
45      /* 光照模式 */
46      OV7725_Light_Mode(cam_mode.light_mode);
47      /* 饱和度 */
48      OV7725_Color_Saturation(cam_mode.saturation);
49      /* 光照度 */
50      OV7725_Brightness(cam_mode.brightness);
51      /* 对比度 */
52      OV7725_Contrast(cam_mode.contrast);
53      /* 特殊效果 */
54      OV7725_Special_Effect(cam_mode.effect);
55  
56      /* 设置图像采样及模式大小 */
57      OV7725_Window_Set(cam_mode.cam_sx,
58                       cam_mode.cam_sy,
59                       cam_mode.cam_width,
60                       cam_mode.cam_height,
61                       cam_mode.QVGA_VGA);
```

```c
62
63      /* 设置液晶扫描模式 */
64      ILI9341_GramScan( cam_mode.lcd_scan );
65
66
67
68      ILI9341_DispStringLine_EN(LINE(2),"OV7725 initialize success!");
69      printf("\r\nOV7725摄像头初始化完成\r\n");
70
71      Ov7725_vsync = 0;
72
73      while (1) {
74          /* 接收到新图像进行显示 */
75          if ( Ov7725_vsync == 2 ) {
76              frame_count++;
77              FIFO_PREPARE;          /*FIFO准备 */
78              ImagDisp(cam_mode.lcd_sx,
79                       cam_mode.lcd_sy,
80                       cam_mode.cam_width,
81                       cam_mode.cam_height);       /* 采集并显示 */
82
83              Ov7725_vsync = 0;
84              LED1_TOGGLE;
85
86          }
87
88          /* 检测按键 */
89          if ( Key_Scan(KEY1_GPIO_PORT,KEY1_GPIO_PIN) == KEY_ON ) {
90              /*LED 反转 */
91              LED2_TOGGLE;
92
93          }
94          /* 检测按键 */
95          if ( Key_Scan(KEY2_GPIO_PORT,KEY2_GPIO_PIN) == KEY_ON ) {
96              /*LED 反转 */
97              LED3_TOGGLE;
98
99              /* 动态配置摄像头的模式,
100                有需要可以添加使用串口、用户界面下拉选择框等方式修改这些变量,
101                达到程序运行时更改摄像头模式的目的 */
102
103             cam_mode.QVGA_VGA = 0,    //QVGA模式
104             cam_mode.cam_sx = 0,
105             cam_mode.cam_sy = 0,
106
107             cam_mode.cam_width = 320,
108             cam_mode.cam_height = 240,
109
110             cam_mode.lcd_sx = 0,
111             cam_mode.lcd_sy = 0,
112             cam_mode.lcd_scan = 3, //LCD扫描模式,本横屏配置可用1、3、5、7模式
113
114             // 以下可根据自己的需要调整,参数范围见结构体类型定义
115             cam_mode.light_mode = 0,// 自动光照模式
116             cam_mode.saturation = 0,
117             cam_mode.brightness = 0,
```

```c
118            cam_mode.contrast = 0,
119            cam_mode.effect = 1,        // 黑白模式
120
121            /* 根据摄像头参数写入配置 */
122            OV7725_Special_Effect(cam_mode.effect);
123            /* 光照模式 */
124            OV7725_Light_Mode(cam_mode.light_mode);
125            /* 饱和度 */
126            OV7725_Color_Saturation(cam_mode.saturation);
127            /* 光照度 */
128            OV7725_Brightness(cam_mode.brightness);
129            /* 对比度 */
130            OV7725_Contrast(cam_mode.contrast);
131            /* 特殊效果 */
132            OV7725_Special_Effect(cam_mode.effect);
133
134            /* 设置图像采样及模式大小 */
135            OV7725_Window_Set(cam_mode.cam_sx,
136                              cam_mode.cam_sy,
137                              cam_mode.cam_width,
138                              cam_mode.cam_height,
139                              cam_mode.QVGA_VGA);
140
141            /* 设置液晶扫描模式 */
142            ILI9341_GramScan( cam_mode.lcd_scan );
143        }
144
145        /* 每隔一段时间计算一次帧率 */
146        if (Task_Delay[0] == 0) {
147            printf( "\r\nframe_ate = %.2f fps\r\n" ,frame_count/10);
148            frame_count = 0;
149            Task_Delay[0] = 10000;
150        }
151    }
152 }
```

相对于前面介绍的摄像头基本初始化过程，本 main 函数主要增加了对 OV7725_Window_Set、OV7725_Brightness、OV7725_Color_Saturation、OV7725_Contrast 和 OV7725_Special_Effect 等函数的调用，根据摄像头配置结构体 cam_mode 向 OV7725 写入寄存器内容，初始化好后，摄像头图像的采集和显示与普通方式无异。

代码中还增加了按键检测，按下了开发板的 KEY2 按键后，会向摄像头配置结构体 cam_mode 赋予新的配置并写入到 OV7725 寄存器中，以上代码把采集的图像设置成了黑白模式。

42.3.3 下载验证

把摄像头模块接入到开发板的摄像头接口上，用 USB 线连接开发板，编译程序下载到实验板并上电复位。即可看到 LCD 上输出摄像头拍到的图像，若图片显示不够清晰，可调整镜头进行调焦，使得到清晰的图像。

第 43 章
移植 Huawei LiteOS 到 STM32

Huawei LiteOS⊖是华为面向 IoT 领域，构建的"统一物联网操作系统和中间件软件平台"，以轻量级（内核小于 10k）、低功耗（1 节 5 号电池最多可以工作 5 年）、快速启动，互联互通，安全等关键能力，为开发者提供"一站式"完整软件平台，有效降低物联网应用开发门槛、缩短开发周期。

43.1 Huawei LiteOS 简介

2015 年，华为在 HNC 网络大会上，正式推出了 "1+2+1" 物联网战略，即 "一个物联网平台，两种接入方式，一个轻量级物联网操作系统"，具体见图 43-1。

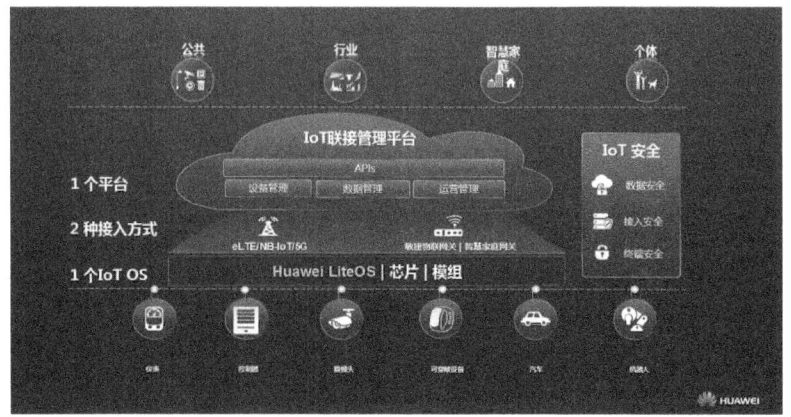

图 43-1 轻量级的物联网操作系统，终端设备智能化使能平台

自发布以来，Huawei LiteOS 以 1 个轻量级、低功耗、快速启动内核为基础，增加 N 个框架，满足终端设备智能化的需要：

⊖ 后续内容如无特别说明，提到的 LiteOS 均指 Huawei LiteOS。

- 提供互联框架，支持长短距连接，实现全连接覆盖，提供多 Profile 支持与共享，支撑更多业务场景，同时可伸缩连接能力有显著提升。
- 提供传感框架，支持多传感协同，使得终端数据采集更智能，数据处理更精准。
- 提供安全框架，支持端侧安全环境、安全传输及云端鉴权，全方位提供端、管、云安全能力。

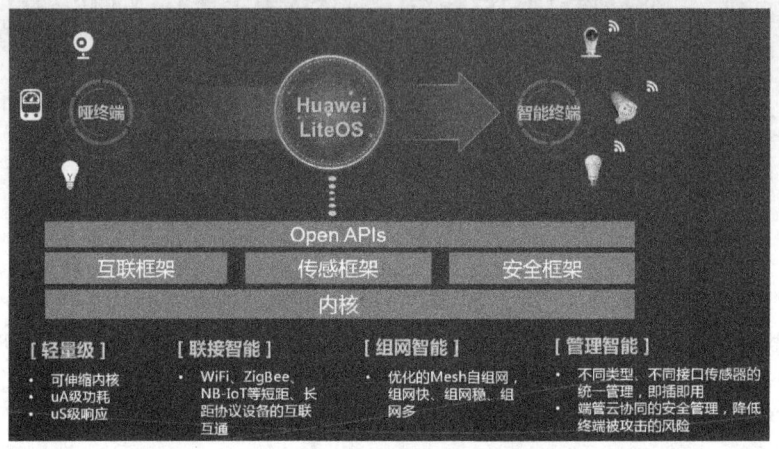

图 43-2　Huawei LiteOS 架构

Huawei LiteOS 基于商业友好的 BSD 3-clause 协议在 github 上开源，通过提供统一的 API，可广泛应用于智能家居、穿戴式、车联网、制造业等领域，并与奋进、杭州熊迈、海康威视、海尔、美的、Intel、WRTNode 等企业和机构共建开放物联网生态，帮助合作伙伴快速开发物联网产品，加速物联网产业发展。

请访问 Huawei LiteOS 官网获取开发手册了解更多：www.huawei.com/liteos。

后续内容将介绍如何移植 Huawe LiteOS 的 Kernel 到秉火指南者开发板，通过该过程让读者了解移植 Huawei LiteOS 需要做哪些工作。

43.2　Huawei LiteOS 内核移植

在讲解移植之前，读者需了解 Huawei LiteOS 内核的一些基础内容，这些内容有助于开发者理解内核采用的算法以及提供的功能。

43.2.1　Huawei LiteOS 内核简介

Huawei LiteOS Kernel 是轻量级的实时操作系统，是华为 IoT OS 的内核，包括任务管理、内存管理、时间管理、通信机制、中断管理、队列管理、事件管理、定时器、异常管理等操作系统基础组件，可以单独运行。

（1）多线程机制特点
- 支持多种线程管理功能（线程激活和休眠、线程挂起和唤醒、线程延时、修改线程优先级等）。
- 可配置的多优先级数目，默认支持32优先级（可扩展）。
- 不同优先级线程采用优先级调度，相同优先级线程间采用时间片调度。
- 提供锁定和解锁任务调度功能。

（2）IPC 机制特点
- 支持常见 IPC 机制（信号量、互斥量、消息队列、邮箱、事件标记等），充分总结以上各种 IPC 机制的共性和特性，基于通用 IPC 控制结构和操作流程，做了完整、规则并且简洁的实现。
- 消息以先进先出方式排队，支持异步读写工作方式。
- 读队列和写队列都支持超时机制。
- 发送消息类型由通信双方约定，可以允许不同长度（不超过队列节点最大值）消息。
- 一个任务能够从任一个消息队列接受和发送消息。
- 多个任务能够从同一个消息队列接受和发送消息。
- 当队列使用结束后，如果是动态申请的内存，需要通过释放内存函数回收。

（3）定时器机制特点
- 软件定时器的触发遵循队列规则，先进先出。定时时间短的定时器总是比定时时间长的靠近队列头，满足优先被触发的准则。
- 内核内置定时器处理线程，在线程里完成具体的用户定时操作。

（4）ISR 机制特点
- Huawei LiteOS 支持中断动态注册与销毁。

（5）内存管理特点
- 提供静态内存和动态内存两种算法，支持内存申请、释放。
- 目前支持的内存管理算法有固定大小的 BOX 算法、动态申请 DLINK 算法。

（6）Huawei LiteOS 优点
- 高实时性，高稳定性。
- 超小内核，基础内核体积可以裁剪至不到 10K。
- 低功耗。
- 支持动态加载、分散加载。
- 支持功能静态裁剪

（7）参数统计
基于秉火指南者 STM32F103VE 的处理器 (72M 主频、64K SRAM)，采用全功能默认配置，移植后的内核参数如下：
- ROM 使用小于 10KB
- RAM 使用可裁剪至 6.5K 以下⊖

⊖ 裁剪后的内核没有默认配置提供的资源充足（比如任务栈的大小），编程时需特别注意。静态分配给 LiteOS 的内存越小，LiteOS 能够提供的资源（比如 task 个数、信号量个数）将会越少。

43.2.2 内核源代码简介

Huawei LiteOS 内核源代码可以从 github 上获取,详细的链接地址是:https://github.com/LITEOS/LiteOS_Kernel.git。通过 Git Clone 代码或者直接在网页上点击下载 ZIP 包格式的代码包均可以获取到开源的内核代码。下载到的源代码结构具体见图 43-3。

Huawei LiteOS 源码目录下各个目录存放的源代码的相关内容具体见表 43-1。

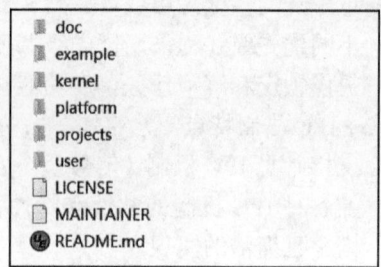

图 43-3 Huawei LiteOS 源码结构

表 43-1 Huawei LiteOS 源码目录下文件夹的内容

一级目录	二级目录	说明
doc		此目录存放的是 LiteOS 的移植参考文档和内核 API 说明文档
example	api	此目录存放的是内核功能测试用的相关用例的代码
	include	api 功能头文件存放目录
kernel	base	此目录存放的是与平台无关的内核代码,包含核心提供给外部调用的接口的头文件以及内核中进程调度、进程通信、内存管理等功能的核心代码。用户一般不需要修改此目录下的相关内容
	cmsis	LiteOS 提供的 cmsis 接口
	config	此目录下是内核资源配置相关的代码,在头文件中配置了 LiteOS 所提供的各种资源所占用的内存池的总大小以及各种资源的数量,例如 task 的最大个数、信号量的最大个数等
	cpu	此目录以及以下目录存放的是与体系架构紧密相关的适配 LiteOS 的代码。比如目前我们适配了 arm/cortex-m4 及 arm/cortex-m3 系列对应的初始化内容
	include	内核的相关头文件存放目录
	link	与 IDE 相关的编译链接相关宏定义
platform	GD32F190R-EVAL	GD190 开发板 systick 以及 led、uart、key 驱动 bsp 适配代码
	GD32F450i-EVAL	GD450 开发板 systick 以及 led、uart、key 驱动 bsp 适配代码
	STM32F412ZG-NUCLEO	STM32F412 开发板 systick 以及 led、uart、key 驱动 bsp 适配代码
	STM32F429I_DISCO	STM32F429 开发板 systick 以及 led、uart、key 驱动 bsp 适配代码
	STM32L476RG_NUCLEO	STM32L476 开发板 systick 以及 led、uart、key 驱动 bsp 适配代码
projects	STM32F412ZG-NUCLEO-KEIL	stm32f412 开发板的 keil 工程目录
	STM32F429I_DISCO_IAR	stm32f429 开发板的 iar 工程目录
	STM32F429I_DISCO_KEIL	stm32f429 开发板的 keil 工程目录
	STM32L476R-Nucleo	stm32f476 开发板的 keil 工程目录
	GD32F190R-EVAL-KEIL	gd32f190 开发板的 keil 工程目录
	GD32F450i-EVAL-KEIL	gd32f450 开发板的 keil 工程目录
user		此目录存放用户测试代码,LiteOS 的初始化和使用示例在 main.c 中

移植 LiteOS 到不同的 cpu 以及开发板时,需要开发者开发的代码比较少,主要集中

在 kernel\cpu 目录以及 platform 目录。比如移植 LiteOS 内核到秉火指南者开发板，那么我们需要在 kenel\cpu 目录下添加一个 arm\cortex-m3 目录，然后在 platform 下增加一个 FIRESTM32F103VE 目录。

注意：

目前 Huwei LiteOS Kernel 的移植主要是使用 KEIL 作为 IDE。后续介绍都是基于 KEIL 这款 IDE 的。

43.2.3 内核移植详细介绍

（1）移植 Huawei LiteOS 内核启动文件以及驱动

内核启动文件以及驱动都在 platform 目录下，需要实现的内容参考 LOS_EXPAND_XXX 目录下的文件。文件如下：

- los_startup_keil.s
- los_bsp_adapter.c
- los_bsp_uart.c
- los_bsp_led.c
- los_bsp_key.c

其中 los_bsp_uart.c、los_bsp_led.c、los_bsp_key.c（串口、led 灯、按键等的驱动抽象层），在移植 LiteOS 内核的时候可以将这些文件中接口均实现为空接口。

los_startup_keil.s 文件是 LiteOS 的汇编级别的启动文件，需要根据 CPU 来实现，具体见代码清单 43-1。

1）内核启动文件 los_startup_keil.s

代码清单 43-1 内核启动文件 los_startup_keil.s 代码清单

```
1  PRESERVE8
2
3  Stack_Size    EQU     0x00000400
4  Heap_Size     EQU     0x00000200
5  ;自定义栈区
6      AREA    STACK, NOINIT, READWRITE, ALIGN=3
7  Stack_Mem SPACE    Stack_Size
8  __initial_sp
9  ;自定义堆区
10     AREA    HEAP, NOINIT, READWRITE, ALIGN=3
11 __heap_base
12 Heap_Mem   SPACE    Heap_Size
13 __heap_limit
14 ;定义代码区
15     AREA    RESET, CODE, READONLY
16     THUMB
17
18     ;IMPORT  ||Image$$ARM_LIB_STACKHEAP$$ZI$$Limit||
19     IMPORT  PendSV_Handler
```

```
20      IMPORT    SysTick_Handler;SysTick_Handler
21
22      EXPORT    _BootVectors
23      EXPORT    Reset_Handler
24  ;定义中断向量表
25  _BootVectors
26      DCD       __initial_sp  ;MSP 地址
27      DCD       Reset_Handler ;Reset 中断处理函数
28      DCD       0                    ; NMI Handler
29      DCD       0                    ; Hard Fault Handler
30      DCD       0                    ; MPU Fault Handler
31      DCD       0                    ; Bus Fault Handler
32      DCD       0                    ; Usage Fault Handler
33      DCD       0                              ; Reserved
34      DCD       0                              ; Reserved
35      DCD       0                              ; Reserved
36      DCD       0                              ; Reserved
37      DCD       0                       ; SVCall Handler
38      DCD       0                  ; Debug Monitor Handler
39      DCD       0                              ; Reserved
40      DCD       PendSV_Handler          ; PendSV Handler
41      DCD       SysTick_Handler ;系统时钟中断
42  ;实现 CPU 在 Reset 时执行的 Reset 函数
43  Reset_Handler
44      IMPORT    __main
45      LDR       R0, =__main;获取 keil 的系统函数 __main 函数的起始地址
46      BX        R0;跳转到 __main 函数开始执行
47  ;__main 函数,会自动调用 main.c 中的 main()函数,从而初始化 LiteOS,然后开启任
48  ;务调度。
49
50      ALIGN
51  ;确定堆栈的使用,如果使用了 keil 中的 __MICROLIB 则使用在汇编文件
52  ;开始处自定义的堆栈,否则使用系统定义的堆栈。
53      IF        :DEF:__MICROLIB
54
55      EXPORT    __initial_sp
56      EXPORT    __heap_base
57      EXPORT    __heap_limit
58
59      ELSE
60
61      IMPORT    __use_two_region_memory
62      EXPORT    __user_initial_stackheap
63
64  __user_initial_stackheap
65
66      LDR       R0, = Heap_Mem
67      LDR       R1, =(Stack_Mem + Stack_Size)
68      LDR       R2, = (Heap_Mem + Heap_Size)
69      LDR       R3, = Stack_Mem
70      BX        LR
71
72      ALIGN
```

```
73          ENDIF
74
75
76          END
```

关于 Cortex M3 的 cpu 的内核启动汇编文件为什么要定义中断向量表以及堆栈为什么要定义为 __heap_base 等，请参考《ARM Cortex-M3 与 Cortex-M4 权威指南》以及 keil 工具的 help 文档。图 43-4 是 keil 中关于使用堆栈的命名的说明。

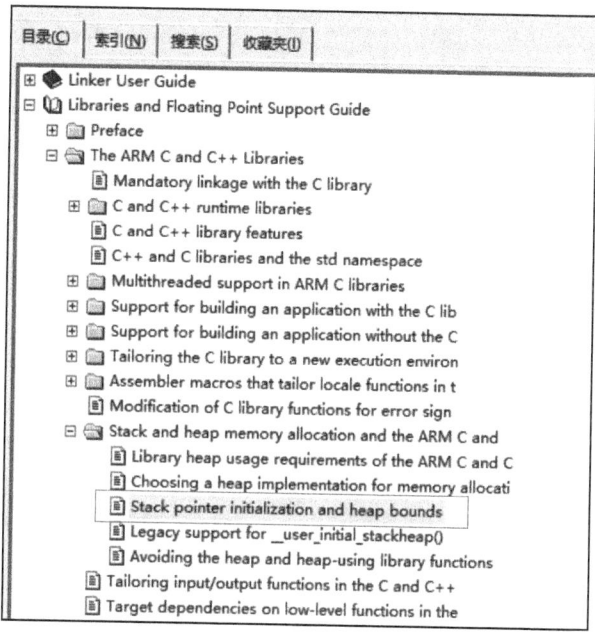

图 43-4　keil 中关于使用堆栈的命名说明

注意：

此处介绍的仅仅是为了启动 Huawei LiteOS 内核而编写的最小启动代码，与外部中断相关的内容均没有编写。在移植的过程中，开发者可以直接使用开发板配套的软件包提供汇编启动文件（开发板配套代码中的中断向量定义是比较完整的）。

2）系统时钟配置以及中断优先级设置

los_bsp_adapter.c 是 Huawei LiteOS 移植时需要修改的文件（该文件可以从其他已经移植过的 platform 目录下拷贝一份然后修改）。其中如下内容需要修改。

const unsigned int sys_clk_freq = 8000000；系统默认时钟（参考 STM32F103VE 的 datasheet），如果更改了时钟配置，则该变量根据实际设置的值修改。

unsigned int osTickStart(void) 接口中可以调用 SysTick_Config(g_ucycle_per_tick); 来设置 system tick 中断的相关寄存器。或者直根据时钟寄存器设置时钟参数。

void SysTick_Handler(void) 接口中是系统时钟中断的处理接口的实现，该接口中必须调用 LOS_TickHandler();,并且可以在此接口中添加其他非用户功能代码。

void LosAdapIntInit(void)、void LosAdapIrpEnable(unsigned int irqnum, unsigned shortprior)、void LosAdapIrqDisable(unsigned int irqnum) 这 3 个接口是与 Huawei LiteOS 中断机制相关的实现的接口，需要使用的情况下可以用移植平台的对应接口替换该接口中的实现。

const unsigned char g_use_ram_vect = 0; 该变量是配置中断向量表的位置，0 表示中断向量表使用系统默认配置位于 rom 的 0x0 地址（即使用 los_startup_keil.s 中定义的中断向量表），1 表示中断向量表位于 ram 中，地址是通过 osGetVectorAddr(); 获取到的（该函数是在 los_hwi.c 中定义的，中断向量表也是使用该 c 文件中的中断向量表）。关于中断向量表的描述可参考《ARM CORTEX-M3 与 CORTEX-M4 权威指南》。

（2）LiteOS 中断注册机制以及分散加载

los_hwi.c 中定义了 Huawei LiteOS 的终端向量表以及中端注册和销毁接口。要使用 Huawei LiteOS 的终端注册机制，必须使用分散加载文件，将中端向量在内核初始化的时候指定到 ram 中。在 Huawei LiteOS 内核中，分散加载文件放到了 platform 目录下对应的开发板的目录下（即与 los_startup_keil.s 文件同一个目录），具体内容见代码清单 43-2。

代码清单 43-2 分散加载文件内容

```
1  ; *************************************************************
2  ; *** Scatter-Loading Description File generated by uVision ***
3  ; *************************************************************
4
5  LR_IROM1 0x08000000 0x00080000  {    ; load region size_region
6    ER_IROM1 0x08000000 0x00080000  {  ; load address = execution address
7     *.o (RESET, +First)
8     *(InRoot$$Sections)
9     .ANY (+RO)
10   }
11   VECTOR 0x20000000 0x400 { ;vector
12    * (.vector.bss)
13   }
14
15   RW_IRAM1 0x20000400 0x0000FC00  {  ; RW data
16    .ANY (+RW +ZI)
17    * (.data, .bss)
18   }
19  }
```

其中红色内容是为 Huawei LiteOS 的中断向量表而增加的内容。LiteOS 开辟 1K 的内存来保存所有的中断向量，当然如果外部中断比较多也是可以增加的容量的，增加的时候分散加载文件以及 los_hwi.c 中对应的全局数组也需要对应的修改。⊖

注意：

关于 keil 中分散加载文件的描述以及 Cortex-M3 中断向量表在 ram 中的位置等知识，请

⊖ 要使用 LiteOS 中断注册机制，必须配置分散加载文件，并且定义了 .vector.bss 段。

参考 keil help 手册中关于 scatter file 的描述，具体见图 43-5，以及《ARM CORTEX-M3 与 CORTEX-4 权威指南》。

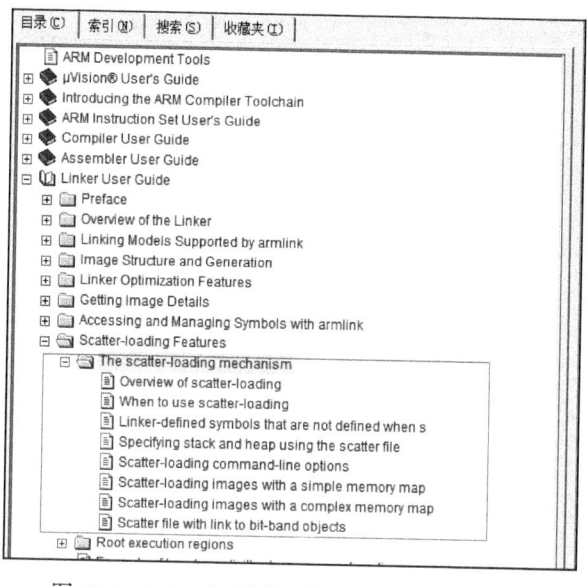

图 43-5　keil help 手册中关于 scatter file 的描述

（3）移植 Huwei LiteOS 内核与 cpu 密切关联功能

内核任务调度的内容都在 arm\cortex-m3 目录下，需要实现的内容如下：

- los_dispatch_keil.s
- los_hw.c
- los_hw_tick.c
- los_hwi.c

对于 Cortex-M3 核移植，los_hw.c 实现与调度相关的接口，los_hw_tick.c 实现时钟中断处理函数以及时钟获取等接口，los_hwi.c 实现 Huawei LiteOS 的中断向量表以及中断动态注册与删除等接口。los_dispatch_keil.s 则是实现调度核心接口以及禁止使能中断等功能。

表 43-2　调度相关核心函数

函　　数	功　　能	所在文件
PendSV_Handler	PendSV 中断处理函数	los_dispatch_keil.s
LOS_IntLock	关闭处理器中断	los_dispatch_keil.s
LOS_IntRestore	打开处理器中断	los_dispatch_keil.s
LOS_StartToRun	开始 task 调度	los_dispatch_keil.s
osTaskSchedule	task 切换	los_dispatch_keil.s
osTskStackInit	task 栈初始化	los_hw.c

1）task 栈初始化

task 栈的初始化函数 osTskStackInit()，具体见代码清单 43-3。该函数的作用是伪造一个中断现场，把 task 的上下文初始值保存到线程栈中，然后通过 PendSV 中断来将这个 task 的上下文恢复到处理器，这样就实现了线程的第一次调度运行。

代码清单 43-3　osTskStackInit()

```
1  VOID *osTskStackInit(UINT32 uwTaskID, UINT32 uwStackSize, VOID *pTopStack)
2  {
3      UINT32 uwIdx;
4      TSK_CONTEXT_S  *pstContext;
5
6      /*initialize the task stack, write magic num to stack top*/
7      for (uwIdx = 1; uwIdx < (uwStackSize/sizeof(UINT32)); uwIdx++) {
8          *((UINT32 *)pTopStack + uwIdx) = OS_TASK_STACK_INIT;
9      }
10     *((UINT32 *)(pTopStack)) = OS_TASK_MAGIC_WORD;
11
12     pstContext = (TSK_CONTEXT_S *)(((UINT32)pTopStack + uwStackSize) - sizeof
       (TSK_CONTEXT_S));
13     pstContext->uwR4   = 0x04040404L;
14     pstContext->uwR5   = 0x05050505L;
15     pstContext->uwR6   = 0x06060606L;
16     pstContext->uwR7   = 0x07070707L;
17     pstContext->uwR8   = 0x08080808L;
18     pstContext->uwR9   = 0x09090909L;
19     pstContext->uwR10  = 0x10101010L;
20     pstContext->uwR11  = 0x11111111L;
21     pstContext->uwPriMask = 0;
22     pstContext->uwR0   = uwTaskID;
23     pstContext->uwR1   = 0x01010101L;
24     pstContext->uwR2   = 0x02020202L;
25     pstContext->uwR3   = 0x03030303L;
26     pstContext->uwR12  = 0x12121212L;
27     pstContext->uwLR   = (UINT32)osTaskExit;
28     pstContext->uwPC   = (UINT32)osTaskEntry;
29     pstContext->uwxPSR = 0x01000000L;
30     return (VOID *)pstContext;
31 }
32
```

2）PendSV 中断管理函数

前面的章节中，没有明确说明内核在 Cortex-M3 处理器上具体如何完成线程调度的。其实在内核中，所有线程的调度并不是立刻完成的，而是通过函数 osTaskSchedule() 来触发 PendSV 来实现的。

PendSV 中断处理函数是 PendSV_Handler()，它是线程调度的核心代码，这段汇编代码虽然很短，但涉及的技术细节很多。PendSV 中断处理函数具体见代码清单 43-4。

代码清单 43-4　PendSV 中断处理函数

```
1  ;Cortex-M3 进入异常服务例程时，自动压栈了 R0-R3,R12,LR(R14,连接寄存
2  ;器),PSR(程序状态寄存器)和 PC(R15)。
3  ;PSP 不自动压栈，需要保存到栈中，而是保存到线程结构中
4  PendSV_Handler
5      MRS     R12, PRIMASK
6      CPSID   I   ;关中断
```

```
 7  ;本接口主要是调用TaskSwitch执行task切换
 8      LDR     R2, =g_pfnTskSwitchHook
 9      LDR     R2, [R2]
10      CBZ     R2, TaskSwitch
11      PUSH    {LR};PUSH    {R12, LR}
12      BLX     R2
13      POP     {LR};POP     {R12, LR}
14
15  TaskSwitch
16      MRS     R0, PSP
17  ;将寄存器的值压栈到PSP指定的栈
18      STMFD   R0!, {R4-R12}
19  ;获取g_stLosTask中的当前运行的task信息并保存现场数据,更改task运行状态
20      LDR     R5, =g_stLosTask
21      LDR     R6, [R5]
22      STR     R0, [R6]
23
24  ;更改task状态为非running状体
25      LDRH    R7, [R6 , #4]
26      MOV     R8,#OS_TASK_STATUS_RUNNING
27      BIC     R7, R8 ;BIC     R7, R7, R8
28      STRH    R7, [R6 , #4]
29
30  ;获取新待运行的task地址,
31      LDR     R0, =g_stLosTask
32      LDR     R0, [R0, #4]
33      STR     R0, [R5]
34
35  ;更改task运行状态为running
36      LDRH    R7, [R0 , #4]
37      MOV     R8, #OS_TASK_STATUS_RUNNING
38      ORR     R7, R8;ORR     R7, R7, R8
39      STRH    R7, [R0 , #4]
40  ;加载task的状态到寄存器,psp的值设置为新的task的堆栈,
41      LDR     R1, [R0]
42      LDMFD   R1!, {R4-R12}
43      MSR     PSP, R1
44
45      MSR     PRIMASK, R12
46      BX      LR
47
48      NOP
49      ALIGN
50      END
```

3）临界区管理函数

函数 LOS_IntLock() 通过 CPSID 禁中断和 LOS_IntRestore() 恢复中断状态。

4）内核多任务启动函数

函数 LOS_StartToRun() 由 main() 调用，在 LOS_KernelInit() 执行后，调用进入无限循环。

（4）内核资源配置以及功能剪裁

Huawei LiteOS 的文件目录结构是比较清晰的，并且各个文件很独立。在 los_config.h 在这个文件中，有很多内核功能的宏开关，通过对这些宏的配置，可以对内核功能做出最合适的剪裁。这些宏具体见代码清单 43-5。

代码清单43-5　los_config.h 宏定义

```
1  // 配置是否使用 LiteOS 中断机制
2  #define LOSCFG_PLATFORM_HWI                          NO
3  // 配置内核最大用户使用的 task 数目
4  #define LOSCFG_BASE_CORE_TSK_LIMIT                   15
5  // 配置默认的 task 的 stack 大小
6  #define LOSCFG_BASE_CORE_TSK_DEFAULT_STACK_SIZE      SIZE(0x2D0)
7  // task 运行最高优先级
8  #define LOS_TASK_PRIORITY_HIGHEST                    0
9  // task 运行最低优先级
10 #define LOS_TASK_PRIORITY_LOWEST                     31
11 // 配置内核是否提供信号量功能,其他 ipc 也提供类似的配置宏
12 #define LOSCFG_BASE_IPC_SEM                          YES
13 // 配置内核提供的互斥锁的最大个数,其他资源也存在类似的宏
14 #define LOSCFG_BASE_IPC_MUX_LIMIT                    5
15 // 配置内核系统资源使用的内存池的总大小
16 #define OS_SYS_MEM_SIZE                              0x00008000
17 // 注:更多配置详细内容请仔细阅读 los_config.h 中的相关定义。
```

（5）内核资源初始化简介

这里我们结合代码和注释来分析内核是如何初始化的,具体见代码清单43-6。内核初始化函数在文件 los_config.c 中。

代码清单43-6　内核初始化函数

```
1  int osMain(void)
2  {
3      UINT32 uwRet;
4
5      osRegister();
6  // 初始化内核内存池
7      uwRet = osMemSystemInit();
8      if (uwRet != LOS_OK) {
9          PRINT_ERR("osMemSystemInit error %d\n", uwRet);
10         return uwRet;
11     }
12 // 初始化 liteos 中断向量
13 #if (LOSCFG_PLATFORM_HWI == YES)
14     {
15         if (g_use_ram_vect) {
16             osHwiInit();
17         }
18     }
19 #endif
20 // 初始化 task 资源
21     uwRet =osTaskInit();
22     if (uwRet != LOS_OK) {
23         PRINT_ERR("osTaskInit error\n");
24         return uwRet;
25     }
26 // 初始化信号量
27 #if (LOSCFG_BASE_IPC_SEM == YES)
28     {
29         uwRet = osSemInit();
30         if (uwRet != LOS_OK) {
```

```
31              return uwRet;
32          }
33      }
34  #endif
35  // 初始化互斥锁
36  #if (LOSCFG_BASE_IPC_MUX == YES)
37      {
38          uwRet = osMuxInit();
39          if (uwRet != LOS_OK) {
40              return uwRet;
41          }
42      }
43  #endif
44  // 初始化队列
45  #if (LOSCFG_BASE_IPC_QUEUE == YES)
46      {
47          uwRet = osQueueInit();
48          if (uwRet != LOS_OK) {
49              PRINT_ERR("osQueueInit error\n");
50              return uwRet;
51          }
52      }
53  #endif
54  // 初始化软 timer
55  #if (LOSCFG_BASE_CORE_SWTMR == YES)
56      {
57          uwRet = osSwTmrInit();
58          if (uwRet != LOS_OK) {
59              PRINT_ERR("osSwTmrInit error\n");
60              return uwRet;
61          }
62      }
63  #endif
64  // 初始化 task 的时间片
65  #if(LOSCFG_BASE_CORE_TIMESLICE == YES)
66      osTimesliceInit();
67  #endif
68  // 创建 idle 任务
69      uwRet = osIdleTaskCreate();
70      if (uwRet != LOS_OK) {
71          return uwRet;
72      }
73
74      return LOS_OK;
75  }
```

43.2.4 Huawei LiteOS 多任务编程

本小节主要通过 LiteOS 提供的多任务机制实现 LED 的 blink 功能。代码清单 43-7 演示了如何使用线程延时 API。我们的目标是在评估板上通过一个 LED 线程不停的按照 500ms 的延时，延时结束后点亮或者熄灭 LED，使得 LED 灯作出点亮 – 熄灭的闪烁效果。

代码清单 43-7 多任务编程

```c
1  /*    线程延时 API 演示 */
2  #include "los_sys.h"
3  #include "los_tick.h"
4  #include "los_task.ph"
5  #include "los_config.h"
6
7  #include "los_bsp_led.h"
8  #include "los_bsp_key.h"
9  #include "los_bsp_uart.h"
10
11 #include <string.h>
12
13 extern void LOS_EvbSetup(void);
14
15 static UINT32 g_uwboadTaskID;
16 LITE_OS_SEC_TEXT VOID LOS_BoadExampleTskfunc(VOID)
17 {
18     while (1) {
19         LOS_EvbLedControl(LOS_LED2, LED_ON);
20         LOS_EvbUartWriteStr("Board Test\n");
21         LOS_TaskDelay(500);
22         LOS_EvbLedControl(LOS_LED2, LED_OFF);
23         LOS_TaskDelay(500);
24     }
25 }
26 void LOS_BoadExampleEntry(void)
27 {
28     UINT32 uwRet;
29     TSK_INIT_PARAM_S stTaskInitParam;
30 // 初始化演示程序 task 参数，并创建 task
31     (VOID)memset((void *)(&stTaskInitParam), 0, sizeof(TSK_INIT_PARAM_S));
32     stTaskInitParam.pfnTaskEntry = (TSK_ENTRY_FUNC)LOS_BoadExampleTskfunc;
33     stTaskInitParam.uwStackSize = LOSCFG_BASE_CORE_TSK_IDLE_STACK_SIZE;
34     stTaskInitParam.pcName = "BoardDemo";
35     stTaskInitParam.usTaskPrio = 10;
36     uwRet = LOS_TaskCreate(&g_uwboadTaskID, &stTaskInitParam);
37
38     if (uwRet != LOS_OK) {
39         return ;
40     }
41     return ;
42 }
43
44 /*****************************************************************
45    函数名         : main
46    描述           : Main 函数
47    输入参数       : 无
48    输出参数       : 无
49    返回值 : 无
50 *****************************************************************/
51 LITE_OS_SEC_TEXT_INIT
52 int main(void)
53 {
54     UINT32 uwRet;
```

```
55      /*
56       * 添加硬件初始化代码，比如 flash、I2C、系统时钟 ...
57       *
58       */
59      //HAL_init();....
60
61      /* 初始化 LiteOS 内核 */
62      uwRet = LOS_KernelInit();
63      if (uwRet != LOS_OK) {
64          return LOS_NOK;
65      }
66      /* 使能 LiteOS 系统时钟中断 */
67      LOS_EnableTick();
68
69      /*
70       * 注意：在此添加新代码
71       * 此处可以添加类似如下的代码：创建用户 task、
72       * 初始化需要使用 System tick 作为延时功能的硬件
73       */
74      LOS_EvbSetup();
75      LOS_BoadExampleEntry();
76
77      /* 开始运行内核，执行任务调度 */
78      LOS_Start();
79      for (;;);
80      /* 使用新的代码移除上面注释所描述的内容 */
81  }
```

在 LiteOS 多任务编程时，需要在内核启动之前，注册用户应用程序入口函数。用户可以在这个函数里初始化应用线程，对 BSP 和设备进行初始化。下面代码也演示了如何注册一个恰当的用户应用函数。

在代码清单 43-7，函数 LOS_BoardExampleEntry() 就是所说的用户应用程序入口函数，在该函数里，创建了一个 task，task 的任务中首先点亮 LED，然后会延时一段时间，最后再把 LED 熄灭。这样就实现了 LED 闪烁的效果。之后内核将通过 LOS_Start() 启动多任务。程序的执行流具体见图 43-6。

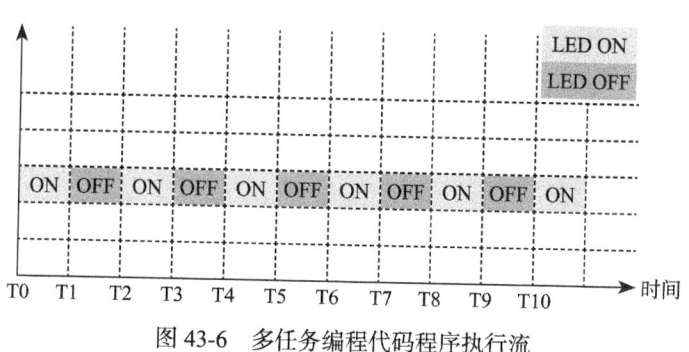

图 43-6 多任务编程代码程序执行流

在本例中，虽然也是通过 delay 功能来实现间隔操作 LED 的，这和 bare metal 编程处理 LED 的方式有明显区别的。值得读者结合前面章节和本章的介绍的知识仔细体会。

推荐阅读

STM32库开发实战指南：基于STM32F4

书号：978-7-111-55745-6　作者：刘火良 杨森 编著　定价：129.00元

深入剖析STM32官方库及其使用的权威指南。

从什么是寄存器，怎么用寄存器编程开始讲起，再到如何在寄存器编程的基础上构建库函数雏形，最后到如何熟练的使用固件库编程。全书由浅入深，步步为营，配套秉火STM32开发板，提供完整源代码，极具操作性。